KOMPENDIUM

DER

THEORETISCHEN PHYSIK.

Von

Dr. WOLDEMAR VOIGT,

O. Ö. PROFESSOR DER PHYSIK AN DER UNIVERSITÄT GÖTTINGEN.

IN ZWEI BÄNDEN.

ERSTER BAND.

MECHANIK STARRER UND NICHTSTARRER KÖRPER.
WÄRMELEHRE.

LEIPZIG,
VERLAG VON VEIT & COMP.
1895.

Druck von Metzger & Wittig in Leipzig.

Vorwort.

Je weiter die theoretische Physik sich entwickelt, und je gewaltiger die Werke anschwellen, welche einzelne Teile derselben erschöpfend zu behandeln bestrebt sind, um so gebieterischer stellt sich das Bedürfnis nach einer kurzen zusammenfassenden Darstellung der gewonnenen Resultate heraus, welche dem Lernenden nach Bewältigung einiger Spezialgebiete einen Überblick über die gesamte Disziplin zu erwerben gestattet. Eine solche Darstellung, die, wenn sie die Kürze nicht auf Kosten der Strenge und Vollständigkeit erzielt, auch dem reifen Forscher willkommen sein dürfte, fehlte bisher in der deutschen Litteratur; das vorliegende Werk sucht diese Lücke, die ich in meiner Lehrthätigkeit häufig empfunden habe, auszufüllen.

Was dem Lernenden die Gewinnung eines umfassenden Standpunktes auf Grund der vorliegenden Handbücher erschwert, sind nach meiner Ansicht nur zum geringeren Teile die Schwierigkeiten der allgemeinen Theorieen, zum größeren die umständlichen mathematischen Entwickelungen, welche zur Durchführung spezieller Probleme nötig sind und häufig die allgemeinen physikalischen Überlegungen auf lange Zeit fremdartig unterbrechen, ohne immer zu Resultaten von wirklich physikalischem Interesse zu führen.

Da nun das Verständnis der Grundlehren der theoretischen Physik bis zu einem gewissen Grade von der Fähigkeit, spezielle Probleme analytisch zu bewältigen, unabhängig ist, so habe ich gemeint, die zur Ermöglichung eines Überblicks erforderliche Kürze der Darstellung in erster Linie dadurch erzielen zu müssen, daß ich auf alle Anwendungen der Theorie von speziellem und besonders von spezifisch mathematischem Charakter verzichtete. Die

Möglichkeit ihrer Lösung und der Weg zu ihrer Durchführung ist zwar häufig angedeutet; ausführliche Behandlung haben aber nur Probleme von allgemeiner physikalischer Bedeutung gefunden.

Bezüglich der hierbei inne zu haltenden Grenze war ein Schein von Willkür mitunter nicht ganz zu vermeiden.

Daß spezielle Probleme, welche selbst wieder zu einer ausgedehnten Theorie Veranlassung geben und daneben höchste praktische Bedeutung besitzen, wie die Fälle der Platten und der Stäbe in der Elasticitätslehre, behandelt sind, wird allerdings nicht beanstandet werden. Dagegen wird man vielleicht die Entwickelung derjenigen allgemeinen Integrationsmethoden, welche Analoga zu den GREEN'schen Funktionen verwenden, als dem oben gegebenen Programme entgegen ansehen, während ich sie um der Aufklärung willen, die sie über den Anteil der einzelnen Volumen- und Oberflächenelemente an dem Zustandekommen einer Erscheinung liefern, für physikalisch interessant halte. Ebenso könnte man etwa die in der Hydrodynamik und Optik, der Elasticitäts- und Elektricitätslehre besprochenen Reflexionserscheinungen beim Vorhandensein ebener Grenzflächen als aus dem Rahmen des Buches fallend betrachten, während ich sie zur Verdeutlichung der Vorgänge, welche in den allgemeineren Fällen an jedem Oberflächenelement stattfinden, aufgenommen habe. Und so darf ich auch versichern, daß in anderen vielleicht strittigen Fällen für die Entscheidung jederzeit ähnliche allgemeine Erwägungen maßgebend gewesen sind.

Der Verzicht auf die Behandlung spezieller Fälle hat manche Vorteile zur Folge gehabt. Nicht nur rücken zusammengehörige theoretische Entwickelungen dichter zusammen, treten die allgemeinen Gesetze und die Beziehungen verschiedener Gebiete zu einander schärfer hervor, es wird auch eine sonst vielfach merkliche Ungleichförmigkeit beseitigt, welche daraus fließt, daß Gebiete, die sich analytisch einfach darstellen, unabhängig von dem wirklichen physikalischen Interesse durch die Breite der Behandlung und die Zahl der durchgeführten Einzelprobleme ein Übergewicht über diejenigen erhalten, welche der Analysis größere Schwierigkeiten bieten. Diese Vorteile dürften in dem vorliegenden ersten Bande besonders in dem dritten, die Wärmelehre umfassenden Teile hervortreten, der unter Einwirkung des gesteckten Zieles umfassender Darstellung eine gegenüber der sonst gegebenen sehr abweichende Gestalt erhalten hat. Beispielsweise stellt sich in demselben die meist als selbständiges Kapitel breit behandelte Wärmeleitung als ein spezieller Fall der allgemeinen, nicht umkehrbaren Zustandsänderungen dar, und die thermisch-chemischen Umsetzungen schließen sich den thermisch-mechanischen eng an.

Auch die Mechanik hat unter dem Einflusse der allgemeinen Tendenz des Buches eine absonderliche Gestalt gewonnen. Jene speziellen Gebiete, welche wegen der Einfachheit der physikalischen Grundlagen bereits fast zu einer Domäne der Mathematik geworden sind, insbesondere die Mechanik starrer Körper und idealer Flüssigkeiten, sind überaus kurz behandelt; dagegen nehmen einen beträchtlichen Raum die mechanischen Theorieen anderer Gebiete der Physik ein, die ich in diesen Teil, gewissermaßen als spezielle Probleme der allgemeinen Mechanik, aufgenommen habe, um in jenen Gebieten die Grundgesetze später frei von speziellen Vorstellungen allein aus den Resultaten der Beobachtung entwickeln zu können. Beanspruchen auch manche dieser Theorieen, wie z. B. die hydrodynamischen der Wärme- und Elektricitätsbewegung, nichts anderes zu sein, als mechanische Analogieen zu den behandelten Vorgängen, so sind sie doch zur Veranschaulichung derselben so nützlich, daß sie nicht fehlen durften.

Die Theorieen exakter Beobachtungsmethoden sind nach der Gesamtdisposition, als zu speziell, im allgemeinen bei Seite gelassen; indessen ist doch häufig Gelegenheit genommen, auf Beobachtungsmethoden und ihre Resultate, soweit sie prinzipielle Bedeutung besitzen, hinzuweisen.

In der Einleitung habe ich die Frage der physikalischen Einheiten und Dimensionen etwas ausführlicher behandelt, als gewöhnlich geschieht, weil ich gefunden habe, daß die allgemeinen Grundlagen für das numerische Rechnen in der Physik keineswegs überall so klar erfaßt werden, als wünschenswert ist.

Obgleich das Hauptziel meiner Arbeit nur die zusammenfassende Darstellung bereits bekannter Resultate war, so hat doch die eigenartige Gestaltung des Buches nicht selten die Einfügung eigner neuer Untersuchungen nötig gemacht, bestimmt, bald spezielle Resultate zu verallgemeinern, bald nähere Verbindungen zwischen Verschiedenartigem herzustellen. Der Kundige wird diese Stücke leicht erkennen. —

Während des Druckes dieses Bandes sind die „Elemente der theoretischen Physik“, von Herrn C. Christiansen (Leipzig 1894) erschienen, die in mancher Hinsicht dasselbe erstreben, wie das vorliegende Buch. Indessen erreicht der Verfasser das Ziel einer kurzen Übersicht fast auf dem entgegengesetzten Wege, wie ich, nämlich wesentlich durch Beschränkung der Anzahl der behandelten Gebiete, während er eine große Menge spezieller Probleme durchführt. Charakteristisch ist, daß bei ihm die Eigenschaften der Krystalle nur in der Optik erwähnt werden, während sie in meiner Darstellung, ihrer großen prinzipiellen Bedeutung entsprechend, in allen Gebieten ausführlichst behandelt sind, so daß die isotropen Körper oft nur die Stellung spezieller Fälle einnehmen.

Was die äußere Form des Buches anlangt, so bin ich Herrn Dr. Pockels für vielfältige Hilfe bei der Schlußredaktion, sowie für die Aufstellung der Litteraturnachweise zu großem Danke verpflichtet. Letztere, die an das Ende der einzelnen Teile gestellt sind, sollen Aufschluß darüber geben, wo sich neue Begriffe und allgemeine Sätze zum ersten Male finden; sie beziehen sich aber nur in seltenen Fällen auf die Form der Entwickelung, die für die speziellen Zwecke des Buches oft stark verändert und nach Möglichkeit vereinfacht ist. Von Handbüchern ist nur eine Auswahl der neueren angeführt.

Korrekturen haben die Herren Prof. Riecke, Dr. Pockels und Dr. Brodmann gelesen, und ich darf hoffen, daß bei so vielfacher Prüfung der Satz von wesentlichen Fehlern frei sein wird.

Zu besonderem Dank bin ich dem Herrn Verleger dafür verpflichtet, daß er nicht die neue Satzweise für die Formeln gewählt hat, welche auch den kompliziertesten Ausdruck in eine Zeile zu zwängen sucht. Selbst wenn durch jene der Preis eines Buches um eine Kleinigkeit herabgedrückt wird, halte ich diese Neuerung für sehr wenig glücklich; wo man sonst den Aufbau einer Gleichung mit einem Blick übersah, muß man jetzt zuvor ein System von Klammern entwirren, was einen unnötigen Aufwand an Zeit und Aufmerksamkeit erfordert. Ich glaube, es ist nützlich, diese Ansicht einmal nachdrücklich auszusprechen.

Göttingen, im September 1894.

W. Voigt.

Inhalt.

Seite

Einleitung.

Physikalische Gesetze und Konstanten, Einheiten und Dimensionen . . . 1

Erster Teil. Mechanik starrer Körper.

I. Kapitel. Bewegung eines materiellen Punktes.

§ 1. Geschwindigkeit und Beschleunigung 9
§ 2. Kraft und Masse 14
§ 3. Die Bewegungsgleichungen 19
§ 4. Lebendige Kraft, Arbeit, Potential, Energie 21
§ 5. Beispiele konservativer und nichtkonservativer Kräfte 28

II. Kapitel. Bewegung eines Systemes von materiellen Punkten.

§ 6. Die Schwerpunkts- und Flächensätze; die Gleichungen der lebendigen Kraft und der Energie 36
§ 7. Wechselwirkungen, die nur Funktionen der Entfernung sind. Die Gesetze von Newton und Coulomb 43
§ 8. Konservative Wechselwirkungen allgemeiner Art. Das W. Weber'sche Grundgesetz 48
§ 9. Der Satz vom Virial; kinetische Theorie der Gase und Lösungen . 53
§ 10. Weitere Ausbildung der kinetischen Theorie; die mittlere Weglänge der Moleküle. Innere Reibung, adiabatische Erwärmung, Effusion, Diffusion 62
§ 11. Weitere Ausbildung der kinetischen Theorie; das Gesetz der Verteilung der Geschwindigkeiten 75
§ 12. Die Gleichungen von Hamilton und Lagrange. Cyklische Systeme 78

III. Kapitel. Bewegung starrer Körper.

§ 13. Starre Körper; unendlich kleine Verrückungen, lebendige Kraft, Trägheitsmoment, Arbeit äußerer Kräfte 93
§ 14. Bewegungsgleichungen und Gleichgewichtsbedingungen 102
§ 15. Konservative Wechselwirkungen zwischen starren Körpern 113
§ 16. Molekulare Theorie der Elasticität 119
§ 17. Die Einführung der Symmetrieelemente in physikalische Gesetze, welche sich auf Krystalle beziehen 128
§ 18. Cyklische Systeme, welche starre Körper enthalten. Maxwell's Theorie der Elektrodynamik 145

IV. Kapitel. Die Potentialfunktionen.

Seite

§ 19. Die NEWTON'sche Potentialfunktion von stetigen Massenverteilungen 155
§ 20. Die NEWTON'sche Potentialfunktion von neutralen Polsystemen. Molekulare Theorie der diëlektrischen und magnetischen Influenz, der Pyro- und Piëzoelektricität 162
§ 21. Die NEWTON'sche Potentialfunktion von Doppelflächen 172
§ 22. Der GREEN'sche Satz und die GREEN'schen Funktionen 179
§ 23. Die Zerlegung von Vektorkomponenten in potentielle und rotatorische Glieder; ihre Anwendung auf die Momente neutraler Körper 188
§ 24. Die NEWTON'sche Potentialfunktion mit zwei Unabhängigen . . . 195
§ 25. Weitere aus der NEWTON'schen abgeleitete Potentialfunktionen . . 201

Litteratur zum I. Teil 208

Zweiter Teil. Mechanik nichtstarrer Körper.

I. Kapitel. Die Grundgleichungen für das Gleichgewicht und die Bewegung nichtstarrer Körper.

§ 1. Unendlich kleine stetige Verrückungen in einem nichtstarren Körper 211
§ 2. Die inneren Kräfte eines nichtstarren Körpers 219
§ 3. Die HAMILTON'sche Gleichung für nichtstarre Körper. Einführung eines rotierenden Koordinatensystemes 227

II. Kapitel. Hydrostatik.

§ 4. Die allgemeinen Gleichgewichtsbedingungen; der Druck im Innern einer ruhenden Flüssigkeit 233
§ 5. Zurückführung der Grenzdrucke auf Oberflächenspannungen; der erste Hauptsatz der Kapillaritätstheorie 239
§ 6. Über die Gestalt einer unter gegebenen Kräften im Gleichgewicht befindlichen Flüssigkeit. Der zweite Hauptsatz der Kapillaritätstheorie 244
§ 7. Resultierende Komponenten und Momente de hydrostatischen Druckes gegen starre Körper. Kapillare Kräfte 253
§ 8. Das Gleichgewicht der Elektricität in einem Leitersystem 260

III. Kapitel. Dynamik idealer Flüssigkeiten.

§ 9. Die EULER'schen Gleichungen 264
§ 10. Potentialbewegungen, begrenzt durch feste und bewegte Wände. . 272
§ 11. Allgemeinste Flüssigkeitsbewegungen ohne freie Grenzen 282
§ 12. Grundgleichungen für die Bewegung imponderabler Fluida innerhalb ponderabler Körper. Strömung von Wärme oder Elektricität in einem Leitersystem und verwandte Erscheinungen 289
§ 13. Die Bewegung imponderabler Fluida innerhalb ponderabler Körper; allgemeine Sätze über den stationären Zustand 299
§ 14. Die Bewegung imponderabler Fluida innerhalb ponderabler Körper; allgemeine Sätze über den veränderlichen Zustand. Diffusion . 308
§ 15. Bewegungen tropfbarer Flüssigkeiten mit freier Oberfläche. Wellenbewegungen 318
§ 16. Andere Formen der hydrodynamischen Grundgleichungen 327

IV. Kapitel. Elasticität und Akustik.

Seite

§ 17. Das Gesetz der elastischen Kräfte 330
§ 18. Eindeutigkeit des elastischen Problems 340
§ 19. Elastische Flüssigkeiten. Ebene und Kugelwellen im unendlichen Raume. Reflexion und Brechung an einer ebenen Grenze . . 345
§ 20. Elastische Flüssigkeiten mit beliebiger Begrenzung bei beliebiger Erregung. Resonanzerscheinungen 366
§ 21. Isotrope elastische Körper. Gleichgewicht und Bewegung in einem unendlichen Medium 379
§ 22. Gleichgewicht isotroper Medien bei beliebiger Begrenzung. Der Betti'sche Satz 391
§ 23. Ein durch Einwirkungen auf seine Grundflächen gleichförmig gespannter Cylinder aus beliebiger homogener Substanz 406
§ 24. Gleichgewicht und Bewegung eines unendlich dünnen Stabes. Der Kirchhoff'sche Satz 412
§ 25. Unendlich kleine Verrückungen ursprünglich gerader Stäbe; Saiten 418
§ 26. Gleichgewicht einer gleichförmig gespannten Platte aus beliebiger homogener Substanz 436
§ 27. Gleichgewicht und Bewegung einer unendlich dünnen elastischen Platte 440
§ 28. Unendlich kleine Verrückungen ursprünglich ebener elastischer Platten; Membranen 442

V. Kapitel. Innere Reibung und elastische Nachwirkung.

§ 29. Die Druckkomponenten der inneren Reibung und der elastischen Nachwirkung 456
§ 30. Die hydrodynamischen Gleichungen bei Berücksichtigung der inneren Reibung 462
§ 31. Die elastischen Gleichungen bei Berücksichtigung der inneren Reibung 467
§ 32. Ebene Wellen in einem unendlichen elastischen und absorbierenden Medium 471
§ 33. Beziehungen zur Theorie des Lichtes 478
§ 34. Medien ohne innere Kräfte; mechanische Analogie zu den Gleichungen des elektromagnetischen Feldes 486

Litteratur zum II. Teil 492

Dritter Teil. Wärmelehre.

I. Kapitel. Thermisch-mechanische Umsetzungen.

§ 1. Grunddefinitionen. Die erste Hauptgleichung der mechanischen Wärmetheorie. 495
§ 2. Allgemeine Bestimmung des zu vorgeschriebenen Zustandsänderungen erforderlichen Aufwandes von Arbeit und Wärme. Die zweite Hauptgleichung der mechanischen Wärmetheorie 500
§ 3. Spezifische und Reaktionswärmen 509
§ 4. Mechanische Wärmetheorie für ideale Gase. Bestimmung der Carnot'schen Funktion 513
§ 5. Allgemeines über Energie und Entropie 517

Seit

§ 6. Mechanische Wärmetheorie für elastische Körper 523
§ 7. Thermische Dilatation. Adiabatische Deformation. 532
§ 8. Nicht umkehrbare Vorgänge ohne Wärmebewegung 540
§ 9. Nicht umkehrbare Vorgänge, die mit Wärmebewegung verbunden sind. Theorie der Wärmeleitung 547
§ 10. Die allgemeinen Bedingungen des thermisch-mechanischen Gleichgewichtes 561

II. Kapitel. Thermisch-chemische Umsetzungen.

§ 11. Grundvorstellungen und Definitionen. 566
§ 12. Allgemeine Sätze über das thermisch-chemische Gleichgewicht . . 569
§ 13. Eine Komponente in h Phasen. Gleichgewicht zwischen verschiedenen Aggregatzuständen desselben Körpers 576
§ 14. Eine Komponente in h Phasen. Eigenschaften eines Gemisches von zwei coexistierenden Phasen. Einfluß der Oberflächenspannung in der Grenzfläche 587
§ 15. $(n + 1)$ Komponenten in einer Phase. Dissociation der Gase und Lösungen 593
§ 16. Zwei Phasen mit mehreren Komponenten, deren eine beiden Phasen gemeinsam ist. Siede- und Gefrierpunkte von Lösungen; der osmotische Druck 602

Litteratur zum III. Teil 609

EINLEITUNG.

Physikalische Gesetze und Konstanten, Einheiten und Dimensionen.

Bei der Erschließung neuer Gebiete der Physik sind zwei Stufen der Entwickelung jederzeit zu unterscheiden. Auf der ersten, der Vorstufe, handelt es sich um die Erforschung der Qualität der beobachteten Erscheinungen, um ihre Unterscheidung von verwandten oder fremden, um die Feststellung der Umstände, unter denen sie eintreten oder nicht eintreten, sich wandeln oder ungeändert bleiben. Auf der zweiten, der Hauptstufe, mit deren Erreichung das Gebiet erst als der exakten Wissenschaft gewonnen zu betrachten ist, gilt es die Quantität der Veränderungen festzustellen, deren Summe die beobachtete Erscheinung ausmacht, und zahlenmäßige Relationen zwischen ihrer Größe und derjenigen der die Erscheinung bedingenden Umstände zu gewinnen. Die gefundenen Beziehungen werden mit oder ohne Mitwirkung theoretischer Betrachtungen in mathematische Formeln gefaßt und gestalten sich dadurch zu physikalischen Gesetzen.

Je nach den Gebieten, denen die behandelten Erscheinungen angehören, haben diese Gesetze wesentlich verschiedene Formen. In einigen Gebieten ist es möglich gewesen, geschlossene Ausdrücke zu finden, welche innerhalb des ganzen, der Beobachtung zugänglichen Größenbereichs der Variabeln die Beobachtungen anscheinend vollkommen darstellen; von solcher Art sind u. a. das NEWTON'sche Gesetz der Gravitation, das FRESNEL'sche Gesetz der Doppelbrechung, das NEUMANN'sche Gesetz für die Wechselwirkung zweier Stromkreise. In anderen Gebieten muß man sich mit dem Ansatz unendlicher Reihen begnügen und die Beobachtung entscheiden lassen, eine wie große Zahl von Gliedern zur befriedigenden

Wiedergabe der Thatsachen nötig ist; dies geschieht u. a. bei der Darstellung der Erscheinungen der Elasticität, der Farbenzerstreuung, der thermischen Dilatation. In einzelnen Fällen gewinnt man allerdings eine für die Praxis genügende Genauigkeit schon bei Beschränkung aut die ersten Reihenglieder, indesen darf dies nicht darüber täuschen, daß das betreffende physikalische Gesetz allgemein zu erkennen und in einen geschlossenen Ausdruck zu fassen bisher noch nicht gelungen ist.

Die Parameter der mathematisch formulierten physikalischen Gesetze sind die physikalischen Konstanten.

Von ihnen sind zwei Arten zu unterscheiden: universelle, die mit gleichem Zahlwert in Geltung bleiben, wenn das betreffende Naturgesetz auf verschiedene ihm unterworfene Körper angewandt wird, und die daher ein für allemal angebbar sind — und individuelle, welche von der Art dieser Körper abhängen und demnach für eine jede Substanz einzeln bestimmt werden müssen. Die Beschleunigung durch die Schwere an irgend einer Stelle der Erdoberfläche ist in diesem Sinne eine universelle Konstante, der elastische Dehnungswiderstand eines Stabes, eine der Substanz desselben individuelle; die Oberflächenspannung in der Grenze zweier Flüssigkeiten ist dieser bestimmten Kombination eigentümlich.

Mit der mathematischen Formulierung des physikalischen Gesetzes und der zahlenmäßigen Bestimmung seiner Konstanten ist die Erforschung eines Erscheinungsgebietes zu einem gewissen Abschluß gelangt, die Herrschaft über dasselbe gewonnen. —

Die erste Vorbedingung für die Erreichung dieses Zieles ist die Entdeckung einer Methode zum zahlenmäßigen Ausdrücken oder Messen der betreffenden physikalischen Erscheinungen.

Unter der Messung einer Größe Γ versteht man ihre Vergleichung mit einer als Einheit gewählten Normalgröße $\mathfrak{G}$ derselben Art; ihr Verhältnis zu dieser, nämlich

$$\frac{\Gamma}{\mathfrak{G}} = G$$

heißt ihr Zahlwert oder ihre Zahlgröße; die physikalischen Gesetze sind daher Gleichungen zwischen den Zahlwerten verschiedener physikalischer Größen.

Die vorstehende Definition führt sogleich zu dem Satz:

Der Zahlwert einer Größe ist der gewählten Einheit indirekt proportional.

Normalgrößen oder Etalons, welche geeignet sein sollen, als Einheiten für die bezügliche Größenart zu dienen, müssen sich entweder unveränderlich aufbewahren oder aber jederzeit in derselben Größe wieder herstellen oder auf dieselbe Größe zurückführen lassen; sie müssen außerdem eine genaue Beobachtung und dadurch eine scharfe Vergleichung mit den auszumessenden gleichartigen Größen gestatten.

Etalons dieser Art bietet uns in einigen Gebieten die Natur selbst in wünschenswertester Brauchbarkeit, in anderen müssen sie künstlich hergestellt werden; ersteres findet statt bei der Zeitmessung, für welche durch die gleichförmige Rotation der Erde ein immer gleichmäßig abgegrenzter Normalzeitraum (der Sterntag, oder, weniger einfach definiert, der mittlere Sonnentag) geliefert wird; letzteres bei der Längenmessung, wo ein im wesentlichen willkürlich gewählter Stab von möglichst sicherer Begrenzung und von bekanntem Verhalten äußeren Einflüssen gegenüber die Einheit, das Meter, darstellt.

Für alle Arten physikalischer Größen kann man die Einheiten willkürlich festsetzen, solange man sie ohne Beziehung aufeinander betrachtet; eine zwischen mehreren von ihnen stattfindende mathematische Beziehung läßt entweder für eine der darin auftretenden Größen eine Verfügung geeigneter erscheinen, als alle anderen, oder bestimmt sogar in speziellen Fällen ihre Einheit vollständig durch die der übrigen.

Diese Verhältnisse werden an einem höchst einfachen Beispiel aus der Geometrie noch klarer werden.

Von der Fläche S eines Rechteckes läßt sich leicht beweisen, daß sie dem Produkt der Seiten x und y proportional ist, d. h., daß zwischen den betreffenden Zahlgrößen eine Formel von der Gestalt besteht

$$S = f.x.y,$$

in der f eine allen Rechtecken gemeinsame Konstante ist; ähnliche Formeln, aber mit verschiedenen Konstanten, gelten für Flächen von anderer Begrenzung.

Die Größe von f hängt dabei von den für Längen und Flächen gewählten Maßeinheiten ab, die zunächst ganz willkürlich festgesetzt werden können. Sind dieselben z. B. so bestimmt, daß ein Quadrat von der Seitenlänge a gleich der Flächeneinheit gesetzt ist, so gilt außer der obigen Formel noch

$$1 = f.a^2,$$

wodurch f gegeben ist.

Die erstere Formel würde sich nun aber am einfachsten gestalten — und diese Rücksicht ist bei der Ausgestaltung auch sehr vieler physikalischer Gesetze maßgebend — wenn der Faktor f gleich Eins wäre; nach der zweiten Formel ist dies erreicht, wenn speziell die Fläche eines Quadrates, dessen Seite der Längeneinheit gleich ist, zur Flächeneinheit gewählt wird. Dann gilt

$$S = x . y ,$$

d. h. das Produkt der Zahlgrößen der Seiten giebt unmittelbar die Zahlgröße der Rechtecksfläche.

Genau ebenso erhält man durch geeignete Wahl der Volumeneinheit den Inhalt V eines rechtwinkligen Prismas von den Seiten x, y, z gegeben durch die Formel

$$V = x . y . z .$$

Diese Beispiele erläutern, wie eine Beziehung zwischen verschiedenartigen Größen, welche keinerlei willkürliche Konstanten mehr enthält, die Einheit einer dieser Größen durch diejenigen der anderen bestimmt; die so gewonnenen Einheiten nennt man abgeleitete oder zusammengesetzte, die sie bestimmenden, willkürlich gewählten, aber fundamentale oder Grund-Einheiten.

Den Zusammenhang zwischen den fundamentalen und den aus ihnen abgeleiteten Einheiten kann man anschaulich auf folgende Weise durch eine Art von Erweiterung des gewöhnlichen Multiplikationsverfahrens hervortreten lassen. In den obigen Formeln für S und V sind alle auftretenden Größen zunächst reine Zahlen, nämlich die Zahlwerte der Längen x, y, z der Fläche S, des Volumens V; x, y, z erscheinen als unabhängige, S und V als abhängige Variable. Man fügt nun auf beiden Seiten die Einheiten der Unabhängigen, hier also Meter, so oft hinzu, bis rechts alle Zahlwerte in die bezüglichen physikalischen Größen verwandelt sind; die Formeln nehmen hierdurch die Gestalt an:

$$S(\text{Meter})^2 = x(\text{Meter}) . y(\text{Meter}),$$
$$V(\text{Meter})^3 = x(\text{Meter}) . y(\text{Meter}) . z(\text{Meter}).$$

Die jetzt links neben S und V auftretenden Faktoren geben die Einheiten (Quadratmeter, Kubikmeter) an, in welchen sich die Abhängigen S und V gemäß den bestehenden Relationen ausdrücken, oder setzen die Benennungen fest, welche S und V beizulegen sind, wenn man den Unabhängigen die gewählten Benennungen erteilt. Das eben skizzierte Verfahren erfährt in allen Gebieten der Physik die größte Anwendung und Verallgemeinerung.

Ist z. B., was sehr häufig vorkommt, eine physikalische Größe oder Funktion F einem Produkt von Potenzen verschiedener Variabeln $x, y, z, \ldots$ proportional, also

$$F = f \cdot x^{\xi} \cdot y^{\eta} \cdot z^{\zeta} \cdot \ldots, \tag{I}$$

wobei f die Proportionalitätskonstante bezeichnet, und werden die Einheiten von $x, y, z, \ldots$ (welche fundamentale oder auch abgeleitete, teilweise einander gleich oder sämtlich verschieden sein können) mit $\mathfrak{x}, \mathfrak{y}, \mathfrak{z} \ldots$ bezeichnet, so geht man aus von dem wie oben gebildeten Ausdruck

$$F' \cdot \mathfrak{x}^{\xi} \cdot \mathfrak{y}^{\eta} \cdot \mathfrak{z}^{\zeta} \ldots = f \cdot (x\,\mathfrak{x})^{\xi} \cdot (y\,\mathfrak{y})^{\eta} \cdot (z\,\mathfrak{z})^{\zeta} \ldots \tag{II}$$

Für seine Verwertung sind die zwei Fälle zu unterscheiden, daß die Einheit $\mathfrak{F}$ von F bereits festgesetzt oder aber noch unbestimmt ist.

Ist **erstens** die Einheit von F noch verfügbar, so kann man zur Vereinfachung der Formel dem Faktor f einen bequemen, universellen Zahlenwert beilegen. Die Formel II ergiebt dann für die Einheit von F zunächst den Wert

$$\mathfrak{F} = \frac{\mathfrak{x}^{\xi} \cdot \mathfrak{y}^{\eta} \cdot \mathfrak{z}^{\zeta} \ldots}{f}. \tag{III}$$

Nun mögen die Einheiten $\mathfrak{x}, \mathfrak{y}, \mathfrak{z}, \ldots$, soweit sie zusammengesetzte sind, mit Produkten von Potenzen der Fundamentaleinheiten $\mathfrak{a}, \mathfrak{b}, \mathfrak{c}, \ldots$ proportional sein und diese Werte in den Ausdruck von $\mathfrak{F}$ eingesetzt werden; die dadurch gewonnene Formel

$$\mathfrak{F} = \frac{\mathfrak{a}^{\alpha} \cdot \mathfrak{b}^{\beta} \cdot \mathfrak{c}^{\gamma} \ldots}{f'}, \tag{IV}$$

stellt die Einheit oder die Benennung von F, in welcher der Faktor f' im allgemeinen von f verschieden ist, in ihrer Zusammensetzung aus den Fundamentaleinheiten $\mathfrak{a}, \mathfrak{b}, \mathfrak{c}, \ldots$ dar.

Die abgeleiteten Einheiten werden meist nicht, wie oben „Quadratmeter", „Kubikmeter", vollständig ausgesprochen, sondern mit einem abgekürzten Namen belegt.

Was den Zahlwert F anbetrifft, so ergiebt für ihn der auf S. 2 angeführte Satz, daß derselbe bei Veränderung der Fundamentaleinheiten dem Aggregat $\mathfrak{a}^{\alpha} \cdot \mathfrak{b}^{\beta} \cdot \mathfrak{c}^{\gamma} \ldots$ indirekt, bei Änderung der Konstanten f' dieser direkt proportional bleibt. Besonders häufig und wichtig ist der schon in den obigen geometrischen Beispielen vorliegende Fall, daß f' gleich Eins ist.

Ist **zweitens** über die Einheit $\mathfrak{F}$ für F bereits verfügt, entweder, weil von der Natur ein Normalwert von F bequem dargeboten wird, oder aber weil F noch durch eine andere Beziehung mit Fundamentalgrößen in Verbindung steht, dann wird durch die Gleichung II die Konstante f bestimmt. Schreibt man diese Gleichung nämlich in die Form

$$\text{V)} \qquad f\left(\frac{\mathfrak{F}}{\mathfrak{x}^{\xi} \cdot \mathfrak{y}^{\eta} \cdot \mathfrak{z}^{\zeta} \ldots}\right) = \frac{(F \cdot \mathfrak{F})}{(x\,\mathfrak{x})^{\xi} \cdot (y\,\mathfrak{y})^{\eta} \cdot (z\,\mathfrak{z})^{\zeta} \ldots},$$

so erscheint der Faktor von f als die Einheit dieser Größe; ihr Zahlwert bestimmt sich durch ein einziges System zusammengehöriger Werte von $F, x, y, z, \ldots$

Wir schließen aus dieser Betrachtung den allgemeinen Satz:

Die Konstanten physikalischer Gesetze sind keineswegs stets reine und ohne weiteres ein für allemal angebbare Zahlen, sondern im allgemeinen von den gewählten Fundamentaleinheiten abhängig. —

Wir haben uns bisher nur mit solchen Funktionen F beschäftigt, welche die Gestalt von Produkten aus Potenzen der Variabeln, nämlich der Zahlwerte verschiedener physikalischer Größen, besitzen. Die hier erhaltenen Resultate gelten aber fast ohne Modification ganz allgemein. Dies rührt daher, daß die allgemeinste Form einer physikalischen Größe durch ein Aggregat aus Gliedern von der oben betrachteten Form und von gleicher Benennung gegeben ist.

Die Wahrheit dieser Bemerkung erhellt, wenn man eine beliebige Beziehung zwischen der Abhängigen F und den Unabhängigen $x, y, z, \ldots$ dem S. 4 erörterten Verfahren unterwirft.

Die Benennung tritt hierbei nur in der Form eines gemeinsamen Faktors aller Glieder auf und kann sich demgemäß den Argumenten irgend welcher Funktionen nur insoweit verbinden, als dieselben in letzteren als Faktoren auftreten.

Enthalten diese Argumente also die Zahlwerte physikalischer Größen in anderer Weise, so kann man ihnen ihre Benennung nur dadurch erteilen, daß man dieselbe nach dem oben angegebenen Verfahren gleichzeitig in Nenner und Zähler zufügt und dadurch auch die in den Argumenten vorkommenden Parameter zu benannten Größen macht.

Aus der Beziehung

$$F = f x y^3 e^{a x^{-2}} \cos (b y + c)$$

folgt, wenn man, wie früher, durch den entsprechenden deutschen

Buchstaben die Einheit oder Benennung einer jeden Größe bezeichnet und unter f eine reine Zahl versteht, d. h. $f = 1$ setzt:

$$(F\mathfrak{x}\,\mathfrak{y}^3) = f(x\,\mathfrak{x})(y\,\mathfrak{y})^3\, e^{(a\,\mathfrak{x}^2)(x\,\mathfrak{x})^{-2}} \cos\left[(b\,\mathfrak{y}^{-1})(y\,\mathfrak{y}) + c\right],$$

also

$$\mathfrak{F} = \frac{\mathfrak{x}\cdot\mathfrak{y}^3}{f}, \quad \mathfrak{a} = \mathfrak{x}^{+2}, \quad \mathfrak{b} = \mathfrak{y}^{-1}, \quad \mathfrak{c} = 1.$$

Ähnlich folgt aus

$$F = f_1\, x^{\xi_1} y^{\eta_1} + f_2\, x^{\xi_2} y^{\eta_2},$$

wenn $\mathfrak{F}$ gegeben ist:

$$(F\mathfrak{F}) = \left(\frac{f_1\,\mathfrak{F}}{\mathfrak{x}^{\xi_1}\cdot\mathfrak{y}^{\eta_1}}\right)(x\,\mathfrak{x})^{\xi_1}(y\,\mathfrak{y})^{\eta_1} + \left(\frac{f_2\,\mathfrak{F}}{\mathfrak{x}^{\xi_2}\cdot\mathfrak{y}^{\eta_2}}\right)(x\,\mathfrak{x})^{\xi_2}(y\,\mathfrak{y})^{\eta_2},$$

und daraus die Benennung von f_1 und f_2, nämlich

$$f_1 = \mathfrak{F}\cdot\mathfrak{x}^{-\xi_1}\cdot\mathfrak{y}^{-\eta_1}, \quad f_2 = \mathfrak{F}\cdot\mathfrak{x}^{-\xi_2}\cdot\mathfrak{y}^{-\eta_2}. \text{ —}$$

Mit dem Begriff der Einheit oder der Benennung steht im nächsten Zusammenhange der etwas allgemeinere der Dimension.

Es sei wieder, was wir jetzt als den allgemeinsten Fall erkannt haben, die Benennung $\mathfrak{F}$ einer Funktion F bei Einführung der Fundamentalgrößen $a, b, c \ldots$ gegeben durch

$$\mathfrak{F} = \frac{\mathfrak{a}^{\alpha}\cdot\mathfrak{b}^{\beta}\cdot\mathfrak{c}^{\gamma}\ldots}{f'}. \qquad \text{IV)}$$

Vertauscht man hier rechts die Einheiten $\mathfrak{a}, \mathfrak{b}, \mathfrak{c} \ldots$ der Fundamentalgrößen mit Symbolen $A, B, C \ldots$, welche nur ihre Gattung charakterisieren, aber über die zu ihrer Messung benutzten Einheiten nichts aussagen, und beseitigt den Zahlenfaktor f', so heißt das Resultat

$$A^{\alpha}\cdot B^{\beta}\cdot C^{\gamma}\ldots$$

die Dimension $[F]$ der Funktion F; die Formel

$$[F] = A^{\alpha} B^{\beta} C^{\gamma}\ldots \qquad \text{VI)}$$

nennt man die Dimensionalgleichung von F und spricht ihren Inhalt dahin aus, daß F in Bezug auf die Fundamentalgrößen $A, B, C, \ldots$ resp. $\alpha, \beta, \gamma, \ldots$-ter Dimension ist.

Die Dimension $[F]$ giebt hiernach nichts weiter an, als das Schema, nach welchem die Größe F aus den Fundamentalgrößen aufgebaut ist, und erscheint als einfache Erweiterung des gleichnamigen Begriffes in der Geometrie; denn wenn man als Symbol einer Länge den Buchstaben L anwendet, ergiebt die Anwendung des oben erläuterten Verfahrens auf den Wert einer Fläche S oder eines Volumens V

$$[S] = L^2, \quad [V] = L^3,$$

was S als Gebilde zweier, V als solches dreier Längsdimensionen erscheinen läßt. —

Während man bei der speziellen numerischen Anwendung physikalischer Gesetze stets nach den Einheiten oder Benennungen der in ihnen auftretenden Größen zu fragen hat, bietet bei der allgemeinen theoretischen Entwickelung die Beachtung ihrer Dimensionen besondere Vorteile. Sie gestattet insbesondere die schnelle Beurteilung, ob verschiedene Größen gleichartig sind, und wenn sie sich unterscheiden, wodurch; beides läßt sich häufig aus den durch die Entwickelung unmittelbar gefundenen Formeln nicht sogleich erkennen. Daneben erlaubt aber die Kenntnis der Dimension auch jederzeit leicht, die Einheit oder Benennung der untersuchten Größe zu bestimmen, wenn numerische Rechnungen dieselbe erfordern. Man hat hierzu nach den Gleichungen IV und VI in dem Ausdruck für die Dimension $[F]$ nur die Symbole für die verschiedenen Größenarten mit deren Einheiten zu vertauschen und das Resultat durch den Faktor f' zu dividieren, welcher sich nach dem oben Gesagten aus der Gleichung für F und denjenigen für die in ihr vorkommenden zusammengesetzten Argumente bestimmt.

Hiernach erscheint es gerechtfertigt, wenn wir im Folgenden für jede uns entgegentretende physikalische Funktion die Dimensionalgleichung aufstellen.

I. Teil.

Mechanik starrer Körper.

I. Kapitel.

Die Bewegung eines materiellen Punktes.

§ 1. Geschwindigkeit und Beschleunigung.

Die Aufgabe der Mechanik im weitesten Sinne des Wortes ist die Ableitung der Gesetze für die Bewegungen der Körper. Die Bewegung, d. h. die Ortsveränderung, welche ein Körper erleidet, ist bestimmt, wenn zu jeder Zeit der Ort eines jeden beliebig an oder in ihm markierten Punktes bekannt ist. Da aber von dergleichen Punkten an jedem Körper unendlich viele verschiedene gewählt werden können, deren Bewegungen im allgemeinen voneinander unabhängig sind, so würde zur Bildung des allgemeinsten Bewegungsgesetzes eines beliebigen Körpers die Aufstellung einer unendlichen Anzahl von Beziehungen nötig sein. Indessen betrachtet man in der Mechanik nur solche Bewegungen, bei denen die einzelnen Teile der Körper durch gewisse Bedingungen in ihrer Bewegungsfreiheit beschränkt sind; von diesen Bedingungen kommen insbesondere zwei Arten in Betracht, nach deren Eigenschaften man die Körper in starre und in nichtstarre sondert.

Aber auch in einer solchen Beschränkung ist das Problem zu kompliziert, um direkt in Angriff genommen werden zu können; wir gewinnen einen Weg zu seiner Lösung, indem wir zunächst einen einfachen speziellen Fall erledigen, der so gewählt ist, daß sich die allgemeineren auf ihn zurückführen lassen.

Dies ist der Fall, in welchem der bewegte Körper als ein materieller Punkt betrachtet werden kann, d. h. in welchem seine Bewegung nach derjenigen eines einzigen geeignet in ihm markierten Punktes beurteilt, also von der Größe, Gestalt, Zusammensetzung des Körpers, sowie auch von seiner Orientierung gegen irgend welche feste oder bewegliche Richtungen durchaus abgesehen werden darf.

Die Umstände, unter welchen dies zulässig ist, von vorn herein scharf zu bezeichnen, ist nicht möglich; es bedarf hierzu vielmehr der Resultate, die erst im Laufe der Entwickelung der Theorie gewonnen werden. In den meisten Fällen, aber nicht immer, genügt das eine, daß die Dimensionen des betrachteten Körpers gegen bei seiner Bewegung sonst in Betracht kommende Längen, etwa die in endlicher Zeit zurückgelegten Wege oder die Entfernungen von anderen bewegten Körpern, unendlich klein sind. Wir werden später auf diese Frage zurückkommen.

Ist der Ort des betrachteten materiellen Punktes durch seine Koordinaten x, y, z in Bezug auf ein absolut festes Koordinatensystem gegeben, so wird seine Bewegung durch deren Abhängigkeit von der Zeit bestimmt, d. h. durch drei Beziehungen von der Form:

1) $$x = \varphi(t), \quad y = \psi(t), \quad z = \chi(t).$$

Diese Gleichungen geben durch Elimination der Zeit zwei von t freie Formeln

2) $$\Phi(x, y, z) = 0, \quad \Psi(x, y, z) = 0,$$

die Gleichungen der Bahn, d. h. der Kurve, auf welcher der Punkt während seiner Bewegung fortwährend bleibt, dazu noch eine dritte t enthaltende

2') $$X(x, y, z, t) = 0,$$

welche für jede Zeit den Ort in der Bahn bestimmt und passend in die Form

2'') $$s = F(t)$$

gebracht werden kann, in welcher s den längs der Bahnkurve gemessenen Abstand dieses Ortes von einem beliebig auf derselben festgelegten Anfangspunkt bezeichnet.

Die Gleichungen (1) und (2, 2') resp. (2, 2'') sind äquivalent, aber erstere bestimmen die Bewegung des Punktes in symmetrischer, letztere in unsymmetrischer Weise.

Unsymmetrisch wird auch die Bewegung eines Punktes bestimmt durch das Gesetz, nach welchem sich der Radiusvektor von dem Koordinatenanfangspunkt aus nach Größe und Richtung ändert, d. h. durch die Angabe der Beziehung

3) $$r = R(t)$$

und zweier von den drei

$$\cos(r, x) = A(t), \quad \cos(r, y) = B(t), \quad \cos(r, z) = C(t), \tag{3'}$$

welche wegen

$$A^2 + B^2 + C^2 = 1$$

nicht voneinander unabhängig sind. Wegen

$$\left.\begin{aligned} r^2 = x^2 + y^2 + z^2, \\ \cos(r, x) : \cos(r, y) : \cos(r, z) = x : y : z \end{aligned}\right\} \tag{3''}$$

kann man Größe und Richtung des Vektors r symmetrisch durch die Koordinaten ausdrücken, welche wir auch seine Komponenten nennen können, weil er sich aus ihnen nach der Methode des Parallelepipeds zusammensetzen läßt.

Diese einfachen Bemerkungen haben eine gewisse Wichtigkeit wegen der Anwendungen, welche von ihnen gemacht werden.

Jede physikalische Funktion, welche zu ihrer vollständigen Bestimmung eine Zahl und eine Richtung erfordert, bezeichnet man nämlich im weiteren Sinne gleichfalls als Vektor, denkt sie durch eine auf der sie charakterisierenden Richtung aufgetragene Strecke von einer ihrer Größe proportionalen Länge repräsentiert und bestimmt sie symmetrisch durch ihre Komponenten oder Projektionen, die mit der Größe und Richtung des Vektors in derselben Beziehung stehen, wie nach (3'') x, y, z zur Größe und Richtung von r.

Während die Komponenten bald positiv, bald negativ sein können, betrachtet man den Wert des Vektors selbst, den man auch als die nach der Methode des Parallelepipeds aus den Komponenten erhaltenen Resultante bezeichnet, als stets positiv; ausgenommen ist nur der Fall, daß der Vektor zufällig in eine Richtung fällt, an welcher man aus irgend einem Grunde schon eine positive und eine negative Seite unterschieden hat, — hier kann man ihm dann nach Belieben auch das Vorzeichen der Richtung geben, in welche er fällt.

Den Vektoren oder Vektorgrößen stehen einerseits die durch eine bloße Zahl bestimmten Größen, die Skalaren, andererseits die kompliziertereren Funktionen, welche noch mehr Bestimmungsstücke, als die Vektoren, verlangen, gegenüber.

Zur numerischen Anwendung der Formeln (1) und der mit ihnen äquivalenten ist die Festsetzung der Einheiten für Längen und Zeiten nötig. In der theoretischen Physik wird als Längeneinheit das Centimeter, als Zeiteinheit die Sekunde, d. i. der 86 400. Teil des mittleren Sonnentages, gewählt; in den verwandten Gebieten der Technik und der Astronomie werden nach Bequemlichkeit andere Verfügungen getroffen. —

Aus den Gleichungen (1) leiten wir durch Differentiation ab

$$4)\qquad \frac{dx}{dt} = \varphi' = u, \quad \frac{dy}{dt} = \psi' = v, \quad \frac{dz}{dt} = \chi' = w,$$

worin u, v, w neue Bezeichnungen sind.

u, v, w betrachten wir als Komponenten eines Vektors V, den wir die Geschwindigkeit des Punktes nennen.

Für denselben gilt, da nach (2″)

$$dx^2 + dy^2 + dz^2 = ds^2, \quad dx : dy : dz = \cos(s, x) : \cos(s, y) : \cos(s, z)$$

ist

$$4')\qquad \begin{cases} V = \sqrt{u^2 + v^2 + w^2} = \dfrac{ds}{dt}, \\ \cos(V, x) : \cos(V, y) : \cos(V, z) = u : v : w = \cos(s, x) : \cos(s, y) : \cos(s, z). \end{cases}$$

Die Geschwindigkeit V ist also gleich dem Verhältnis des in dt zurückgelegten Weges ds zu der dazu aufgewandten Zeit und fällt mit ihrer Richtung jederzeit in die Tangente der Bahn. Man kann sie nach dem Obigen sowohl als absolute Größe betrachten, als mit einem Vorzeichen versehen; u, v, w erscheinen nach ihrer Definition (4) als die Geschwindigkeiten der Projektionspunkte des bewegten Massenpunktes auf die Koordinatenaxen.

Wir erhalten aus (4) weiter

$$5)\qquad \frac{d^2x}{dt^2} = \varphi'' = u', \quad \frac{d^2y}{dt^2} = \psi'' = v', \quad \frac{d^2z}{dt^2} = \chi'' = w';$$

und fassen u', v', w' als Komponenten eines neuen Vektors B auf, den wir die Beschleunigung des bewegten Punktes nennen. Es gilt dann wiederum:

$$5')\qquad \begin{cases} B^2 = \sqrt{u'^2 + v'^2 + w'^2}, \\ \cos(B, x) : \cos(B, y) : \cos(B, z) = u' : v' : w'. \end{cases}$$

Da u, v, w nicht mit u', v', w' proportional sind, so fällt die Richtung der Beschleunigung B im allgemeinen nicht in die Richtung der Geschwindigkeit V, sondern ist gegen die Tangente an der Bahn geneigt.

Die während dt eintretenden Zuwachse dx, dy, dz der Koordinaten kann man in Summen von Teilzuwachsen Σdx_k, Σdy_k, Σdz_k zerlegen, und gleiches gilt demnach auch von den Projektionen oder Komponenten der Geschwindigkeit u, v, w. Setzt man nun korrespondierende u_k, v_k, w_k ebenso zu einer Resultierenden V_k zusammen, wie oben u, v, w zu V, so erkennt man, daß das

System der V_k dann in Bezug auf die Bewegung des Punktes mit dem einen V äquivalent ist, wenn gilt:

$$u = \Sigma u_k, \quad v = \Sigma v_k, \quad w = \Sigma w_k. \tag{6}$$

Diese Formeln enthalten den Satz vom Parallelogramm oder Parallelepiped der Geschwindigkeiten.

Genau dieselbe Operation läßt sich mit den Zuwachsen der Geschwindigkeitskomponenten oder den Beschleunigungskomponenten

$$\frac{du}{dt} = u', \quad \frac{dv}{dt} = v', \quad \frac{dw}{dt} = w'$$

vornehmen, und man gelangt dadurch zu dem analogen Satz für die Beschleunigungen. Ein System von Beschleunigungen B_k ist mit einer einzigen B dann äquivalent, wenn

$$u' = \Sigma u'_k, \quad v' = \Sigma v'_k, \quad w' = \Sigma w'_k. \tag{6'}$$

Da nach (4) und (4')

$$u = V\frac{dx}{ds}, \quad v = V\frac{dy}{ds}, \quad w = V\frac{dz}{ds}$$

ist, so kann man auch schreiben

$$\left.\begin{aligned} u' &= \frac{dV}{dt}\cdot\frac{dx}{ds} + V^2\frac{d^2x}{ds^2}, \\ v' &= \frac{dV}{dt}\cdot\frac{dy}{ds} + V^2\frac{d^2y}{ds^2}, \\ w' &= \frac{dV}{dt}\cdot\frac{dz}{ds} + V^2\frac{d^2z}{ds^2}; \end{aligned}\right\} \tag{7}$$

letzteres Formelsystem läßt die Beschleunigung B als aus zwei Teilen zusammengesetzt erscheinen, einem ersten parallel ds oder V gelegenen von der Größe

$$B_\sigma = \frac{dV}{dt} = \frac{d^2s}{dt^2},$$

einem zweiten normal zur Bahn in der Oskulationsebene oder in dem Krümmungsradius ϱ der Bahnkurve nach deren konkaver Seite hin gelegenen von der Größe

$$B_\nu = \frac{V^2}{\varrho}.$$

Wegen

$$\left(\frac{dx}{ds}\right)^2 + \left(\frac{dy}{ds}\right)^2 + \left(\frac{dz}{ds}\right)^2 = 1 \text{ und } \frac{dx}{ds}\frac{d^2x}{ds^2} + \frac{dy}{ds}\frac{d^2y}{ds^2} + \frac{dz}{ds}\frac{d^2z}{ds^2} = 0 \tag{7'}$$

wird die gesamte Beschleunigung B gegeben durch

$$B^2 = B_\sigma^2 + B_\nu^2 = \left(\frac{dV}{dt}\right)^2 + \frac{V^4}{\varrho^2}. \tag{7''}$$

Geschwindigkeit und Beschleunigung sind die ersten zusammengesetzten oder abgeleiteten Größen, denen wir in der Mechanik begegnen. Die sie definierenden Formeln haben die einfachste Form I ohne Parameter; sie bestimmen also, nachdem die Einheiten für Länge und Zeit festgesetzt sind, die Einheiten von Geschwindigkeit und Beschleunigung vollständig. Die Dimensionalgleichungen für beide sind, falls die Dimensionen von Längen und Zeiten durch die Buchstaben l und t bezeichnet werden,

8) $$[V] = l t^{-1}, \quad [B] = l t^{-2}.$$

§ 2. Kraft und Masse.

Die Beschleunigung eines Massenpunktes verschwindet nur, wenn gleichzeitig

$$u' = 0, \quad v' = 0, \quad w' = 0$$

ist; ein Punkt, dessen Koordinaten diese Bedingungen erfüllen, bewegt sich mit konstanter Geschwindigkeit in gerader Linie. Von einem solchen nehmen wir nach dem Vorgang von GALILEI[1]) an, daß er sich selbst überlassen ist, d. h. keinen Einwirkungen unterliegt; die Existenz einer Beschleunigung führen wir auf die Wirkung einer Kraft zurück, deren Größe und Richtung wir nach der Größe und Richtung der vorhandenen Beschleunigung beurteilen. Und zwar setzen wir nach NEWTON[2]) die Kraft K der bewirkten Beschleunigung parallel und bei demselben Massenpunkt ihrer Größe proportional, was sich ausdrückt durch die Formeln

9) $$K = B\,C, \quad K \parallel B,$$

in denen C eine dem betrachteten Massenpunkt individuelle Konstante bezeichnet. Projiziert man K als Vektor, wie B, auf die Koordinatenaxen und bezeichnet die Projektionen oder Komponenten mit X, Y, Z, so kann man die gemachte Annahme symmetrisch ausdrücken durch

10) $$X = C u', \quad Y = C v', \quad Z = C w'.$$

Zerlegt man jede dieser Gleichungen in n Theile von der Form

$$X_k = C u'_k, \quad Y_k = C v'_k, \quad Z_k = C w'_k,$$

so stellt jedes derartige Tripel die Werte der Beschleunigungskomponenten u'_k, v'_k, w'_k bei Einwirkung der Teilkomponenten X_k, Y_k, Z_k dar, die ebenso zu Einzelkräften K_k zusammengesetzt werden können, wie $X, Y\,Z$ zu K. Die gleichzeitig wirkenden K_k sind hiernach mit dem einzigen K äquivalent, wenn

11) $$X = \Sigma X_k, \quad Y = \Sigma Y_k, \quad Z = \Sigma Z_k.$$

Diese Formeln enthalten den Satz des Parallelogramms oder Parallelepipeds der Kräfte[3]).

Bezüglich der in (9) und (10) enthaltenen Konstante C erkennt man, daß sie für verschiedene materielle Punkte derselben Substanz mit der Quantität M der in ihnen enthaltenen Materie, die durch den erfüllten Raum gemessen wird, proportional sein muß. Denn ein Punkt von doppelter Masse z. B. läßt sich als aus zwei einfachen Punkten zusammengesetzt betrachten und muß daher zwei gleiche Einwirkungen, welche nach (11) äquivalent sind mit einer von doppelter Größe, zu seiner Bewegung erfordern, als der einfache Punkt.

Hierdurch gewinnen wir den Ansatz

$$K = BMf, \quad K \parallel B; \tag{12)}$$

derselbe giebt uns das erste Beispiel einer Beziehung von der Form (I), die einen Parameter enthält, und zwar ist das Beispiel von ganz besonders großer Bedeutung und sehr geeignet, die Rolle, welche diese Parameter in der Physik spielen, ins rechte Licht treten zu lassen.

Der Factor f erscheint zunächst als eine der Substanz des materiellen Punktes individuelle Konstante; denn unsere Überlegung hat sich nur mit der Vergleichung von Punkten gleicher Substanz beschäftigt.

Wir dürfen ihn aber dann als eine universelle Konstante betrachten, wenn wir über die Bedingung, unter welcher zwei Massen von verschiedener Substanz als gleich gelten sollen, geeignet verfügen. Damit nämlich f für alle Substanzen den gleichen Wert habe, müssen, was ohne Kollision mit früheren Verfügungen möglich ist, solche Massen einander gleich gesetzt werden, an welchen dieselbe Kraft die gleiche Beschleunigung hervorbringt. In der That ergiebt sich aus den auf zwei verschiedene Substanzen angewandten Gleichungen

$$K = BMf \quad \text{und} \quad K' = B'M'f$$

durch Elimination von f die Beziehung

$$M.\frac{B}{K} = M'.\frac{B'}{K'},$$

welche das Gesagte beweist.

Diese letzte Gleichung giebt zugleich ein Mittel an, verschiedene Massen ihrer Größe nach miteinander zu vergleichen und daher auch, falls man die eine zur Masseneinheit wählt, sie zu messen.

Denn man braucht sie nur durch dieselbe Kraft zu beschleunigen, so wird dann

$$MB = M'B'$$

sein müssen.

Nun eine erste — freilich noch nicht für die praktische Anwendung geeignete — Methode der Messung von Massen gefunden ist, tritt auch das Bedürfnis nach einer Masseneinheit auf.

Als solche gilt in der Physik die Masse eines Kubikcentimeters Wasser im Zustand der größten Dichte bei 4° C. unter dem Druck von einer Atmosphäre, das Gramm, — in der Technik die Masse eines Kubikdecimeters Wasser, das Kilogramm, — in der Astronomie die Masse der Erde.

Wir werden sehen, dass mit der Verfügung über die Längen-, Zeit- und Masseneinheit ein System von Grundeinheiten gebildet ist, durch das sich alle physikalischen Größen messen lassen, wenn es auch zum Zwecke kürzeren Ausdruckes häufig vorteilhafter ist, den zusammengesetzten Größen eigene Einheiten zu erteilen. Zahlwerte, die unter Zugrundelegung jener drei Fundamentaleinheiten ausgedrückt sind, bezeichnet man als in absolutem Maße gegeben, und unterscheidet die verschiedenen benutzten Systeme durch Symbole, welche angeben, welche Einheiten für Länge, Masse und Zeit gewählt sind. So wird das gebräuchliche absolute Maßsystem der theoretischen Physik durch (cm, gr, sec), das der Technik durch (m, kg, sec) bezeichnet. —

Nunmehr ist in der Formel

$$K = BMf$$

rechts Dimension und Einheit der beiden variabeln Faktoren vollständig bestimmt; das weitere Fortschreiten gestaltet sich verschieden, je nachdem man die Einheit und Dimension der Größe links, der Kraft nämlich, unabhängig von dieser Gleichung durch anderweite Überlegungen festsetzen will oder nicht. Nach beiden Richtungen hin wird der vorstehende Ansatz benutzt.

In der theoretischen Physik ist man, wie schon in der Einleitung gesagt ist, bestrebt, im Interesse der Einfachheit aus den Beziehungen von vorstehender Form die Parameter, soweit nur immer möglich, fortzuschaffen. Dies geschieht, indem man die noch verfügbaren Dimensionen und Einheiten so bestimmt, daß der Parameter gleich einer reinen Zahl und zwar am besten gleich der Einheit wird.

Verfährt man hier demgemäß, so erhält man

$$K = MB, \tag{12'}$$

und dadurch zugleich die Dimensionalgleichung einer Kraft in der Form

$$[K] = m\,l\,t^{-2}, \tag{12''}$$

worin m die Dimension einer Masse bezeichnet. Ferner erkennt man, daß durch die getroffene Verfügung diejenige Kraft gleich Eins gesetzt wird, die der Masse Eins die Beschleunigung Eins erteilt.

Die so definierte Krafteinheit, die konsequent aus der Definition der Kraft entwickelt ist, heißt die Dyne; sie ist die in der wissenschaftlichen Physik fast allein gebräuchliche, ob sie gleich nicht sehr anschaulich und leicht herstellbar ist.

In der Technik und den Gebieten der Physik, die mit ihr in besonders naher Verbindung stehen, der mechanischen Wärmetheorie und der Elektrodynamik, wird häufig eine andere, sehr anschauliche und bequeme Krafteinheit angewandt, deren Einführung ein Beispiel für die zweite mögliche Art der Verwendung des obigen Ansatzes giebt.

Die einzige Kraft, welche uns in immer gleicher Weise und mit zeitlich unveränderlicher Stärke zur Verfügung steht, ist die Schwerkraft. Vielfältige Beobachtungen, deren genaueste von Bessel[4]) geliefert sind, haben festgestellt, daß ihre Wirkung auf einen materiellen Punkt mit dessen Masse, wie sie oben definiert worden, proportional ist. Diese Wirkung nennt man sein Gewicht G. Die Beschleunigung, welche die Schwerkraft einem materiellen Punkte erteilt, und welche nach dem eben Gesagten und nach der Beziehung

$$B = \frac{K}{Mf}$$

von seiner Masse unabhängig ist, wird gebräuchlicher Weise durch den Buchstaben g bezeichnet; das Gewicht des Massenpunktes ist dann allgemein durch die Formel

$$G = f\,M\,g \tag{13}$$

oder in dem speziellen Falle, daß $f = 1$ gesetzt ist, durch

$$G = M\,g \tag{13'}$$

gegeben.

Da nach der Beobachtung g auf der Erdoberfläche nicht sehr erheblich variiert, so ist auch das Gewicht eines bestimmten Massenpunktes auf derselben angenähert konstant; wo es sich um eine schärfere Definition handelt, benutzt man diejenige Kraft, welche der Massenpunkt unter der geographischen Breite von 45° und in der Höhe der Meeresoberfläche durch die Schwere erfährt, also

13″) $$G = f M g_{45},$$

als sein Gewicht im engeren Sinne des Wortes; eine eindeutige Festsetzung ist allerdings auch hierdurch nicht geliefert.

Das so definierte Gewicht der Masseneinheit, in der Regel des Kilogrammes, führt jene zweite Verfügung über die Konstante f als die Einheit der Kraft ein. Aus der Formel

$$K = B M f$$

wird dann, indem $K = 1$, $M = 1$, $B = g_{45}$ gesetzt wird,

$$1 = g_{45} f,$$

und es ergiebt sich hierdurch als zulässig, die Konstante f nach Größe und Dimension zu bestimmen durch die Formel

$$f = \frac{1}{g_{45}}.$$

Die allgemeine Beziehung nimmt hierdurch die Gestalt an

14) $$K = \frac{B M}{g_{45}}$$

und sie läßt erkennen, daß bei dieser Verfügung über f die Kraft K ihrer Dimension nach eine Masse ist, wie auch ihre Einheit nur von derjenigen abhängt, in welcher die Masse gerechnet wird. Die Konstante f aber wird eine reciproke Beschleunigung, d. h. $[f] = l^{-1} t^2$.

Für den Übergang von wissenschaftlichen zu technischen Krafteinheiten kann die Regel von Nutzen sein, welche die obige Formel an die Hand giebt: Vorausgesetzt, daß die Masseneinheit ungeändert bleibt, erhält man aus der Größe K_φ einer Kraft in wissenschaftlichen Einheiten ihren Zahlwert K_τ in technischen, indem man erstere durch 981 dividiert. Wird gleichzeitig, wie häufig geschieht, die wissenschaftliche Masseneinheit g mit kg vertauscht, so wird

14′) $$K_\tau = \frac{K_\varphi}{9 \cdot 81 . 10^5}.$$

In der That ist die technische Krafteinheit, das Gewicht von 1 kg in physikalischen Einheiten gleich $9 \cdot 81 . 10^5$.

Auf die astronomische Masseneinheit werden wir später eingehen.

§ 3. Die Bewegungsgleichungen.

Stellen wir uns weiterhin zunächst nur auf den Boden der Physik, so werden wir die Gleichungen

$$K = BM, \quad K \parallel B$$

oder die mit ihnen äquivalenten[5])

$$M \frac{d^2 x}{d t^2} = X, \; M \frac{d^2 y}{d t^2} = Y, \; M \frac{d^2 z}{d t^2} = Z \qquad 15)$$

als das Resultat der bisherigen und die Grundlage für die weiteren Entwickelungen, welche sich speziell auf die Bestimmung der Bewegung eines Massenpunktes bei gegebenen Kräften beziehen werden, zu betrachten haben. Aus ihnen folgen unter Berücksichtigung der Beziehungen (7) leicht die folgenden drei Sätze[6]), welche in nächstem Zusammenhang mit der in Formel (7″) geleisteten Zerlegung der Beschleunigung B stehen.

Die Komponente der wirkenden Kraft nach der Richtung der Tangente an die Bahn ist gleich dem Produkt aus der Masse in die Tangentialkomponente der Beschleunigung oder der Bahnbeschleunigung:

$$P = M \frac{d^2 s}{d t^2}. \qquad 15')$$

Die Komponente der Kraft nach der Richtung der Hauptnormale ist gleich dem Produkt aus der Masse in das Quadrat der Geschwindigkeit dividiert durch den Krümmungsradius der Bahn:

$$N_I = \frac{M V^2}{\varrho}. \qquad 15'')$$

Die Komponente der Kraft nach der Richtung der Binormale verschwindet:

$$N_{II} = 0. \qquad 15''')$$

Das Aggregat MV^2/ϱ führt auch den Namen[7]) der „Centrifugalkraft“ und wird anschaulich als ein Maß des Bestrebens des Massenpunktes gedeutet, den Krümmungsmittelpunkt zu fliehen; die Komponente N_I kompensiert gerade diese Wirkung. —

Ist der Massenpunkt an eine feste, aber beliebig bewegte Oberfläche gebunden, deren Gleichung

$$\varphi(x, y, z, t) = 0 \qquad 16')$$

sein mag, so sondern sich aus den Komponenten X, Y, Z die Reaktionskräfte der Oberfläche aus, die zwar, wenn die Oberfläche keine tangentiale Wirkung übt, ihrer Richtung nach bekannt sind, deren Größe N aber von der Inanspruchnahme durch die äußeren

Kräfte X, Y, Z abhängt und daher im allgemeinen unbekannt ist. Die obigen Gleichungen werden hiernach

$$16)\quad \begin{cases} M\dfrac{d^2 x}{dt^2} = X + N\cos(n, x), \\ M\dfrac{d^2 y}{dt^2} = Y + N\cos(n, y), \\ M\dfrac{d^2 z}{dt^2} = Z + N\cos(n, z). \end{cases}$$

Ganz ebenso gilt, wenn der Massenpunkt auf einer durch die beiden Gleichungen

$$17')\qquad \varphi_1(x, y, z, t) = 0, \quad \varphi_2(x, y, z, t) = 0$$

gegebenen Kurve zu bleiben gezwungen ist, das System

$$17)\quad \begin{cases} M\dfrac{d^2 x}{dt^2} = X + N_1\cos(n_1, x) + N_2\cos(n_2, x), \\ M\dfrac{d^2 y}{dt^2} = Y + N_1\cos(n_1, y) + N_2\cos(n_2, y), \\ M\dfrac{d^2 z}{dt^2} = Z + N_1\cos(n_1, z) + N_2\cos(n_2, z), \end{cases}$$

worin N_1 und N_2 die Komponenten der von der Kurve ausgeübten gesamten Reaktion N nach den Normalen n_1 und n_2 auf den beiden Oberflächen $\varphi_1 = 0$ und $\varphi_2 = 0$ bezeichnen. Der vergrößerten Zahl der Unbekannten entspricht die vergrößerte Zahl der Bedingungen.[8])

Die Systeme (15), resp. (16) und (17) bestimmen bei allein von t, x, y, z, u, v, w abhängenden Kräften die Bewegung eines Massenpunktes vollständig, wenn noch sein Anfangszustand gegeben ist, d. h. seine Koordinaten und seine Geschwindigkeitskomponenten für irgend einen Zeitpunkt vorgeschrieben sind, oder andere hiermit äquivalente Nebenbedingungen vorliegen.

Gleichgewicht findet statt, wenn bei verschwindender Geschwindigkeit auch die Beschleunigung verschwindet, also die Komponentensummen nach den Koordinatenaxen und damit nach allen Richtungen gleich Null sind.

Die drei Bedingungen

$$18)\qquad X = \Sigma X_k = 0, \quad Y = \Sigma Y_k = 0, \quad Z = \Sigma Z_k = 0$$

enthalten nach dem Gesagten bei einem frei beweglichen Massenpunkt, welches auch im allgemeinen die Abhängigkeit der Kräfte sei, nur dessen Koordinaten und bestimmen demgemäß für diese ein oder mehrere Systeme von Werten, welche den Gleichgewichtslagen des Punktes entsprechen.

Ist der Massenpunkt an eine feste, ruhende Oberfläche gebunden, so enthalten sie, wie in den Systemen (16) und (17) hervortritt, außerdem noch deren unbekannte Reaktionskraft N; man kann dieselbe eliminieren, indem man die Formeln (18) mit den Faktoren $\cos(s_1, x)$, $\cos(s_1, y)$, $\cos(s_1, z)$ und $\cos(s_2, x)$, $\cos(s_2, y)$, $\cos(s_2, z)$ zusammenfaßt, in denen s_1 und s_2 die Richtungen zweier verschiedener in der Oberfläche gelegener Linienelemente bezeichnen. Die beiden Bedingungen

$$\left.\begin{aligned} X\cos(s_1, x) + Y\cos(s_1, y) + Z\cos(s_2, z) &= 0, \\ X\cos(s_2, x) + Y\cos(s_2, y) + Z\cos(s_2, z) &= 0 \end{aligned}\right\} \qquad 18')$$

bestimmen mit $\varphi(x, y, z) = 0$ zusammen die Koordinaten der Gleichgewichtslagen.

Gleiches gilt für einen an eine ruhende, feste Kurve gebundenen Punkt in Bezug auf die drei Gleichungen

$$\left.\begin{aligned} X\cos(s, x) + Y\cos(s, y) + Z\cos(s, z) = 0, \\ \varphi_1(x, y, z) = 0, \quad \varphi_2(x, y, z) = 0. \end{aligned}\right\} \qquad 18'')$$

§ 4. Lebendige Kraft, Arbeit, Potential, Energie.

Aus den allgemeinen Bewegungsgleichungen (15) erhält man durch Zusammenfassung mit den Faktoren $dx = u\,dt$, $dy = v\,dt$, $dz = w\,dt$ die Formel

$$\tfrac{1}{2} M d(V^2) = X dx + Y dy + Z dz; \qquad 19)$$

darin heißt der Ausdruck

$$\tfrac{1}{2} M V^2 = \Psi \qquad 19')$$

die l e b e n d i g e K r a f t[9]) des Massenpunktes,

$$X dx + Y dy + Z dz = d'A \qquad 19'')$$

die A r b e i t[10]) der wirkenden Kräfte bei der Verschiebung ds. Die Arbeit stellt sich im allgemeinen nicht in der Form eines vollständigen Differentiales nach der Zeit dar, und die dafür eingeführte kurze Bezeichnung $d'A$ soll demgemäß nur einen unendlich kleinen mit dt proportionalen Betrag bedeuten; in ähnlichem Sinne wollen wir weiterhin das Symbol d' immer verwenden.

Die Gleichung (19) oder die kürzere Form

$$d\Psi = d'A \qquad 20)$$

heißt die G l e i c h u n g d e r l e b e n d i g e n K r a f t für den betrachteten

Massenpunkt. Sie liefert durch Integration zwischen zwei Zeitpunkten (1) und (2)

20′) $$\Psi_2 - \Psi_1 = \int_{(1)}^{(2)} d'A = A_{12},$$

worin A_{12} im allgemeinen nur dann bestimmbar ist, wenn innerhalb des Integrationsbereiches die Bewegung, d. h. x, y, z als Funktionen von t bestimmt sind.

Die Arbeit ist im allgemeinen von den Komponentensummen aller wirkenden Kräfte zu bilden. Man kann sie in Teile zerlegen, die den einzelnen wirkenden Kräften entsprechen, und im Anschluß an (11) schreiben

21) $$d'A = \Sigma d'A_k,$$

wo

21′) $$d'A_k = X_k dx + Y_k dy + Z_k dz$$

sich auch auf die Form bringen läßt

21″) $$d'A_k = K_k \cos(K_k, s)\, ds.$$

Ist die Bewegung an eine ruhende Kurve oder Oberfläche gebunden, so verschwinden nach den aus (16′) und (17′) durch vollständige Differentiation nach der Zeit folgenden Formeln die von den Reaktionskräften herrührenden Anteile, und die Gleichung der lebendigen Kraft enthält nur die Arbeiten der direkt gegebenen äußeren Kräfte.

In dem Falle, daß die Arbeit $d'A_k$ einer Kraft K_k sich in der Form eines vollständigen Differentiales nach der Zeit darstellt, sagt man, daß K_k ein Potential[11]) Φ_k besitzt, das man durch die Gleichung

22) $$d'A_k = -d\Phi_k$$

bis auf eine additive Konstante definiert. Gilt dies von allen wirkenden Kräften und bezeichnet $\Phi = \Sigma \Phi_k$ ihr Gesamtpotential, so nimmt die Gleichung der lebendigen Kraft die Gestalt an

22′) $$dE = d(\Psi + \Phi) = 0$$

oder integriert

22″) $$E = \Psi + \Phi = \text{Const.},$$

in welcher die neu eingeführte und wie Φ nur bis auf eine additive Konstante definierte Funktion E die Energie des Massenpunktes unter dem Einfluß aller wirkenden Kräfte[12]) heißt. Φ und Ψ erscheinen als Teile von E, die während der Bewegung jeder nur auf Kosten des anderen wachsen und abnehmen, und werden auch als potentielle und kinetische Energie bezeichnet.

Lebendige Kraft, Arbeit, Potential und Energie haben dieselbe Dimension, es gilt nämlich

$$[\Psi] = [A] = [\Phi] = [E] = m\,l^2\,t^{-2}. \qquad 22''')$$

Ihre wissenschaftliche Einheit, nämlich das Produkt der Krafteinheit in die Längeneinheit, führt den Namen Erg.

Um Energien oder Arbeiten von physikalischen Einheiten (g, cm, sec) in technische (kg, m, sec) überzuführen, hat man nach der Gleichung

$$E_\tau = \frac{E_\varphi}{9 \cdot 81 . 10^7}$$

zu verfahren; in der That ist die technische Arbeitseinheit, das Kilogrammeter, oder die Arbeit, welche erforderlich ist, um den Angriffspunkt der Krafteinheit (des kg) um 1 m zu heben, gleich $g . 10^7$.

Der Wirksamkeit einer Kraftmaschine wird nach der Arbeit beurteilt, welche sie in der Zeiteinheit liefert, d. h. nach der Funktion

$$\Gamma = \frac{d'A}{dt}, \qquad 23)$$

welche wir kurz ihren Effekt nennen wollen; für Γ gilt die Dimensionalgleichung

$$[\Gamma] = m\,l^2\,t^{-3}. \qquad 23')$$

In dem wichtigen Falle, daß die Arbeit gegen eine konstante der Bewegung entgegengesetzte Widerstandskraft W geleistet wird, welche die Geschwindigkeit V konstant erhält, hat die hervorgebrachte Leistung den Wert

$$\Gamma = W V. \qquad 23'')$$

Bei physikalischen Messungen drückt man derartige Leistungen in Erg per Sekunde aus, wie überhaupt durch die Präposition „per“ eine Größe auf eine bestimmte Zeit oder Länge bezogen wird. In der Technik, wo es sich häufig um sehr bedeutende Leistungen handelt, hat man als Einheit für dieselben die sog. Pferdekraft, nämlich 75 kg.m per sec. eingeführt. Sie ist gleich $9 \cdot 81 . 75 . 10^7$ Erg per Sekunde.

Die Elektrotechnik hat aus Gründen, die später klarer hervortreten werden, für Arbeit und Leistung Einheiten eingeführt, die aus den wissenschaftlichen abgeleitet sind. Eine Arbeit von 10^7 Erg nennt sie 1 Joule, eine Leistung von 10^7 Erg per Sekunde 1 Watt. —

Die Bedingungen für die Existenz eines Potentiales sind in dem allgemeinsten Falle, daß die Kraftkomponenten von der Zeit, den Koordinaten und ihren Differentialquotienten nach der Zeit abhängen, ziemlich kompliziert. Man erhält sie[13]), indem man die allgemeinste Variation einer Funktion φ von $t, x, y, z, x', y', z' \ldots$, worin die oberen Indices Differentialquotienten nach der Zeit bezeichnen, bildet und auf eine Form zu bringen sucht, welche der das Potential definierenden Gleichung

24) $$X\,dx + Y\,dy + Z\,dz = -d\Phi$$

entspricht.

Es ist zunächst

24') $$\left\{\begin{aligned} \delta\varphi = \frac{\partial\varphi}{\partial t}\delta t &+ \frac{\partial\varphi}{\partial x}\delta x + \frac{\partial\varphi}{\partial x'}\delta x' + \ldots \\ &+ \frac{\partial\varphi}{\partial y}\delta y + \frac{\partial\varphi}{\partial y'}\delta y' + \ldots \\ &+ \frac{\partial\varphi}{\partial z}\delta z + \frac{\partial\varphi}{\partial z'}\delta z' + \ldots \end{aligned}\right.$$

Berücksichtigt man, daß nach der Definition

$$\delta x^{(k)} = \frac{d^k(\delta x)}{dt^k},$$

ist, so kann man leicht bilden

$$\begin{aligned} \frac{\partial\varphi}{\partial x}\delta x &= \frac{\partial\varphi}{\partial x}\delta x, \\ \frac{\partial\varphi}{\partial x'}\delta x' &= \frac{d}{dt}\left(\frac{\partial\varphi}{\partial x'}\delta x\right) - \frac{d}{dt}\left(\frac{\partial\varphi}{\partial x'}\right)\delta x, \\ \frac{\partial\varphi}{\partial x''}\delta x'' &= \frac{d}{dt}\left(\frac{\partial\varphi}{\partial x''}\delta x'\right) - \frac{d}{dt}\left(\frac{d}{dt}\left(\frac{\partial\varphi}{\partial x''}\right)\delta x\right) + \frac{d^2}{dt^2}\left(\frac{\partial\varphi}{\partial x''}\right)\delta x, \\ \frac{\partial\varphi}{\partial x'''}\delta x''' &= \frac{d}{dt}\left(\frac{\partial\varphi}{\partial x'''}\delta x''\right) - \frac{d}{dt}\left(\frac{d}{dt}\left(\frac{\partial\varphi}{\partial x'''}\right)\delta x'\right), \\ &+ \frac{d}{dt}\left(\frac{d^2}{dt^2}\left(\frac{\partial\varphi}{\partial x'''}\right)\delta x\right) - \frac{d^3}{dt^3}\left(\frac{\partial\varphi}{\partial x'''}\right)\delta x, \\ &\ldots\ldots\ldots\ldots\ldots\ldots \end{aligned}$$

hieraus folgt durch Einsetzen in (24')

24'') $$\left\{\begin{aligned} &\delta x\left[\frac{\partial\varphi}{\partial x} - \frac{d}{dt}\frac{\partial\varphi}{\partial x'} + \frac{d^2}{dt^2}\frac{\partial\varphi}{\partial x''} - \frac{d^3}{dt^3}\frac{\partial\varphi}{\partial x'''} \pm \ldots\right] + \delta y\left[\ldots\right] + \delta z\left[\ldots\right] \\ &= \delta\varphi - \frac{\partial\varphi}{\partial t}\delta t - \frac{d}{dt}\Bigg[\delta x\left(\frac{\partial\varphi}{\partial x'} - \frac{d}{dt}\frac{\partial\varphi}{\partial x''} + \frac{d^2}{dt^2}\frac{\partial\varphi}{\partial x'''} \mp \ldots\right) + \delta y\left(\ldots\right) + \delta z\left(\ldots\right) \\ &\qquad + \delta x'\left(\frac{\partial\varphi}{\partial x''} - \frac{d}{dt}\frac{\partial\varphi}{\partial x'''} \pm \ldots\right) + \ldots \\ &\qquad + \delta x''\left(\frac{\partial\varphi}{\partial x'''} - \frac{d}{dt}\frac{\partial\varphi}{\partial x''''} \pm \ldots\right) + \ldots \\ &\qquad + \ldots\ldots\Bigg]. \end{aligned}\right.$$

Sind nun die Variationen δx, δy, $\delta z \ldots$ die während der Zeit dt im Laufe der Bewegung wirklich eintretenden Veränderungen, so ist

$$\begin{aligned} \delta x &= x' dt, & \delta y &= y' dt, & \delta z &= z' dt, \\ \delta x' &= x'' dt, & \delta y' &= y'' dt, & \delta z' &= z'' dt, \\ &\ldots\ldots && \ldots\ldots && \ldots\ldots \end{aligned}$$

und auch $\delta \varphi = \varphi' . dt$; dann hat die rechte Seite der letzten Formel aber immer die Form eines vollständigen Differentiales nach der Zeit, wenn φ die Zeit nicht explicit enthält, d. h. $\partial \varphi / \partial t = 0$ ist.

Deutet man also links die negativ genommenen Faktoren von δx, δy, δz als die Ausdrücke für die Kraftkomponenten X, Y, Z, so läßt sich dann die rechte Seite als das negative Differential eines allgemeinen Potentiales Φ betrachten. Es entspricht sich also

$$\left.\begin{aligned} X &= -\frac{\partial \varphi}{\partial x} + \frac{d}{dt}\frac{\partial \varphi}{\partial x'} - \frac{d^2}{dt^2}\frac{\partial \varphi}{\partial x''} \pm \cdots, \\ Y &= -\frac{\partial \varphi}{\partial y} + \frac{d}{dt}\frac{\partial \varphi}{\partial y'} - \frac{d^2}{dt^2}\frac{\partial \varphi}{\partial y''} \pm \cdots, \\ Z &= -\frac{\partial \varphi}{\partial z} + \frac{d}{dt}\frac{\partial \varphi}{\partial z'} - \frac{d^2}{dt^2}\frac{\partial \varphi}{\partial z''} \pm \cdots, \end{aligned}\right\} \quad 25)$$

$$\left.\begin{aligned} \Phi = + \varphi &- x'\left(\frac{\partial \varphi}{\partial x'} - \frac{d}{dt}\frac{\partial \varphi}{\partial x''} + \frac{d^2}{dt^2}\frac{\partial \varphi}{\partial x'''} \mp \ldots\right) + y'(\ldots) + z'(\ldots) \\ &- x''\left(\frac{\partial \varphi}{\partial x''} - \frac{d}{dt}\frac{\partial \varphi}{\partial x'''} + \ldots\right) - \ldots \\ &- x'''\left(\frac{\partial \varphi}{\partial x'''} - \frac{d}{dt}\frac{\partial \varphi}{\partial x''''} + \ldots\right) - \ldots \\ &- \ldots\ldots \end{aligned}\right\} \quad 25')$$

und jederzeit, wenn die Kraftkomponenten sich in der vorstehenden Form (25) darstellen, ergiebt der letzte Ausdruck (25') das wirksame Potential.

Der wichtigste Fall ist der, daß die Komponenten nur von den Koordinaten allein abhängen; dann muß gleiches von φ gelten und es wird

$$\Phi = \varphi.$$

Hier läßt sich also einfach schreiben

$$X = -\frac{\partial \Phi}{\partial x}, \quad Y = -\frac{\partial \Phi}{\partial y}, \quad Z = -\frac{\partial \Phi}{\partial z} \qquad 26)$$

und auch eine von Φ selbst unabhängige Bedingung für die Existenz eines solchen speziellen Potentiales bilden, nämlich

$$\frac{\partial Y}{\partial z} = \frac{\partial Z}{\partial y}, \quad \frac{\partial Z}{\partial x} = \frac{\partial X}{\partial z}, \quad \frac{\partial X}{\partial y} = \frac{\partial Y}{\partial x}. \qquad 26')$$

Die Gleichung der lebendigen Kraft (22″) gewinnt in diesem Falle eine einfache und anschauliche Bedeutung.

Wenn Φ nur die Koordinaten enthält, so giebt jede Gleichung $\Phi = \text{Const.}$ eine Oberfläche, und man kann mit dergleichen Potentialflächen den ganzen Raum erfüllen. Die Gleichung der lebendigen Kraft sagt in diesem Falle aus, daß, wo immer der Massenpunkt dieselbe Potentialfläche erreicht, er dies stets mit der gleichen Geschwindigkeit thut; insbesondere besitzt er, wenn er einen und denselben Punkt mehrfach passiert, daselbst immer dieselbe Geschwindigkeit.

Wegen dieser Eigenschaft der Bewegung nennt man Kräfte, welche ein nur von den Koordinaten abhängiges Potential besitzen, konservativ und dehnt diese Bezeichnung auch auf den Fall irgend welcher Potentiale aus.

Es möge bemerkt werden, daß die vorstehenden Entwickelungen den allgemeinen Fall nicht umfassen, unter welchem die Arbeit $d'A$ verschwindet, also auf ein konstantes Potential führt. Dieser tritt jederzeit ein, wenn die Kraftkomponenten die Form haben

26″)
$$\left\{\begin{aligned} X &= Cv - Bw, \\ Y &= Aw - Cu, \\ Z &= Bu - Av, \end{aligned}\right.$$

worin A, B, C beliebige Funktionen der Zeit, der Koordinaten und ihrer Differentialquotienten sein können. Betrachtet man A, B, C als die Komponenten eines Vektors D, wie u, v, w die Komponenten der Geschwindigkeit V sind, so steht die resultierende Kraft K normal auf der Ebene durch D und V und hat die Größe

26‴)
$$K = D\,V \sin(D, V). \;—$$

Faßt man die Gleichungen (15) mit den Faktoren δx, δy, δz zusammen, welche beliebige Variationen der Koordinaten x, y, z bezeichnen sollen, so erhält man[14])

27)
$$M\left(\frac{d^2 x}{d t^2}\delta x + \frac{d^2 y}{d t^2}\delta y + \frac{d^2 z}{d t^2}\delta z\right) - \delta' A = 0,$$

worin $\delta' A$ die Arbeit bezeichnet, welche die Kräfte bei der durch δx, δy, δz bestimmten willkürlichen Verschiebung δs leisten. Dieselbe Formel gilt auch für bedingte Bewegungen, und zwar enthält in diesem Falle $\delta' A$ allein die äußeren, nicht die Reaktionskräfte, wenn nur die δx, δy, δz und damit die Richtung und Größe der resultierenden Verrückung δs den Bedingungen genügen, die man aus (17′) resp. (18′) durch Variation bei unveränderter Zeit erhält.

Derartige Verrückungen nennt man virtuelle, und demgemäß auch die Formel (27) die Gleichung der virtuellen Verrückungen.

In diesem Sinne verstanden, gestattet die Formel (27) die Rückgewinnung der allgemeinen Gleichungen für freie und bedingte Bewegung.

Nach der Methode von LAGRANGE[15]) wird nämlich die Bedingung

$$\varphi(x, y, z, t) = 0$$

dadurch berücksichtigt, daß man die Formel

$$\frac{\partial \varphi}{\partial x}\delta x + \frac{\partial \varphi}{\partial y}\delta y + \frac{\partial \varphi}{\partial z}\delta z = 0$$

mit einem unbekannten Faktor λ multipliziert der Gleichung (27) zufügt und danach alle Variationen δx, δy, δz als willkürlich betrachtet. Man gelangt so zu dem System

$$\left.\begin{aligned} M\frac{d^2x}{dt^2} - X + \lambda\frac{\partial \varphi}{\partial x} &= 0, \\ M\frac{d^2y}{dt^2} - Y + \lambda\frac{\partial \varphi}{\partial y} &= 0, \\ M\frac{d^2z}{dt^2} - Z + \lambda\frac{\partial \varphi}{\partial z} &= 0, \end{aligned}\right\} \qquad 27')$$

das nur der Form nach von (17) verschieden ist.

Die Bedingung des Gleichgewichts verwandelt sich aus dem gleichen Grund in[16])

$$\delta' A = X\delta x + Y\delta y + Z\delta z = 0; \qquad 28)$$

sie sagt aus, daß für einen Massenpunkt Gleichgewicht stattfindet, wenn bei jeder virtuellen Verschiebung die an ihm geleistete Arbeit verschwindet.

Hat die wirkende Kraft ein Potential Φ, welches nur die Koordinaten enthält, so ist die Bedingung (28) identisch mit

$$\delta\Phi = 0; \qquad 28')$$

in der Gleichgewichtslage hat im allgemeinen Φ einen größten oder kleinsten Wert.

Wenn die Bedingung (28) nicht erfüllt ist, so tritt Bewegung ein. Gemäß der Formel (19) gilt dann für den ersten Zeitmoment

$$d\left(M\frac{V^2}{2}\right) = d'A,$$

wo der Ausdruck links, da die Bewegung von der Geschwindigkeit

$V = 0$ an beginnt, jedenfalls positiv ist. Es folgt hieraus, daß für die aus der Ruhe beginnende Bewegung eines Massenpunktes stets

28'') $$d'A > 0$$

ist, was, im Falle, daß ein Potential vorhanden ist, auf

28''') $$d\Phi < 0$$

führt.

Hieraus folgt weiter, daß, wenn in der Gleichgewichtslage Φ ein Maximum ist, eine unendlich kleine Ablenkung aus dieser Position eine Bewegung veranlaßt, welche den Massenpunkt noch weiter von der Gleichgewichtslage entfernt; wenn ein Minimum, dann eine solche, die ihn nach der Gleichgewichtslage zurückführt. Im ersteren Falle heißt das Gleichgewicht labil, im zweiten stabil, auf der Grenze zwischen beiden indifferent.

§ 5. Beispiele konservativer und nicht konservativer Kräfte.

Die in den vorigen Abschnitten entwickelten allgemeinen Grundsätze sollen nunmehr auf die wichtigsten Kräfte, für deren Einwirkung die Körper unter der auf Seite 10 gegebenen Bedingung als Massenpunkte angesehen werden können, angewandt werden.

Hier kommt in erster Linie die Schwerkraft in Betracht. Dieselbe kann an der Erdoberfläche innerhalb erheblicher Bereiche als von konstanter Größe und Richtung angesehen werden; ihre Größe ist nach Formel (13') gleich Mg, ihre Richtung steht normal zur Erdoberfläche. Legen wir also die Z-Axe des Koordinatensystems vertikal nach unten, so nehmen die Gleichungen (15) für die freie Bewegung die Gestalt an

29) $$\frac{d^2 x}{d t^2} = 0, \quad \frac{d^2 y}{d t^2} = 0, \quad \frac{d^2 z}{d t^2} = g,$$

woraus allgemein die Gesetze des Wurfes und, falls der Massenpunkt seine Bewegung ohne Anfangsgeschwindigkeit beginnt, die Gesetze des freien Falles[17]) folgen.

Die Schwerkraft erfüllt die Bedingungen (26') identisch, sie ist also eine konservative Kraft. Ihr Potential hat den Wert $-Mgz$, und die Gleichung (22'') der lebendigen Kraft lautet für sie, wenn die Bewegung frei oder an eine ruhende Kurve oder Oberfläche gebunden ist

$$V^2 - 2gz = \text{Const.};$$

die Konstante bestimmt sich zu Null, wenn man die XY-Ebene in diejenige Höhe legt, in welcher V verschwinden würde, wenn die Bedingungen ihre Erreichung gestatteten.

Aus

$$V^2 = 2 g z \tag{29'}$$

folgt dann

$$\frac{ds}{\sqrt{2 g z}} = \pm dt, \tag{29''}$$

eine Gleichung, welche sich direkt integrieren läßt, wenn der Punkt an eine feste Kurve gebunden, also ds durch dz und z ausdrückbar ist. In diesem Falle liefert die Gleichung der lebendigen Kraft allein die vollkommene Lösung des Bewegungsproblems. Das Vorzeichen in der letzten Gleichung bestimmt sich, wenn die Bewegungsrichtung für einen Wert von z vorgeschrieben ist, und kehrt sich im Laufe der Bewegung um, sowie die Höhe $z = 0$ erreicht wird.

Befindet sich der Massenpunkt auf einem Zweig der festen Bahn, welcher an zwei Stellen die Höhe $z = 0$ erreicht und dazwischen durchweg tiefer liegt, so führt er eine Oscillationsbewegung zwischen jenen beiden Stellen aus, deren Periode gleich dem Integrale des Ausdrucks in Formel (29'') ist, genommen von einem Umkehrpunkt bis zu diesem zurück.

Ist die feste Kurve eine in einer vertikalen Ebene liegende Kreislinie, so erhält man diejenige Bewegung, die man als **ebene Pendelbewegung** bezeichnet, und die man einem schweren Punkte auch dadurch erteilen kann, daß man ihn mit einem Faden von verschwindend kleiner Masse an einem Stützpunkte aufhängt und mit einer Anfangsgeschwindigkeit versieht, die ihn durch seine Gleichgewichtslage hindurchführt.

Kann man das Quadrat der Schwingungsweite neben demjenigen des Kreisradius R vernachlässigen, so liefert obige Formel für die Periode T der Oscillation den Wert[18])

$$T = 2\pi \sqrt{\frac{R}{g}}. \tag{29'''}$$

Die Beobachtung der Oscillationsdauer giebt ein Mittel zur Bestimmung der Konstanten g der Schwere, deren Kenntnis von großer Wichtigkeit ist, da zahlreiche Messungen von Kräften auf ihrer Vergleichung mit dem Gewicht eines Körpers von gegebener Masse beruhen und die Bestimmung des letzteren in absolutem Maße diejenige von g voraussetzt. Indessen kann man in Praxi die Verhältnisse nicht so einrichten, daß man den oscillierenden Körper mit einiger Schärfe als materiellen Punkt betrachten kann, und die strenge Theorie der Beobachtungsmethode erfordert demgemäß noch andere, als die bisher gewonnenen Hülfsmittel. —

Nächst der Schwere erregen wegen ihrer zahlreichen Anwendungen die Centralkräfte[19]) besonderes Interesse. Man versteht unter diesem Namen Kräfte, welche nach einem ruhenden oder in gegebener Weise bewegten Punkte, dem Kraftcentrum, hin gerichtet sind und ausschließlich von der Entfernung r des bewegten Massenpunktes von jenem Centrum abhängen.

Der einfachste Fall ist hier der, daß das Attraktionscentrum ruht, und wir wollen uns auf ihn allein beschränken.

Die Bewegung muß nach Symmetrie in der Ebene bleiben, welche durch die anfänglichen Lagen des Radiusvektors r_0 und der Geschwindigkeit V_0 bestimmt wird. Wir wählen sie zur XY-Ebene und legen das Kraftcentrum in den Koordinatenanfang. Die Bewegungsgleichungen lauten dann

30) $$M\frac{d^2 x}{d t^2} = -K\frac{x}{r}, \quad M\frac{d^2 y}{d t^2} = -K\frac{y}{r},$$

wo positive Werte K einer nach dem Centrum hin, negative einer von dem Centrum hinweg gerichteten Kraft entsprechen; im ersten Falle nennen wir die Wirkung anziehend, im letzteren abstoßend.

Kräfte der vorausgesetzten Art befriedigen die Gleichungen (26'), sind also konservativ; ihr Potential lautet bei Verfügung über die willkürliche Konstante

30') $$\Phi = \int K d r.$$

Die Gleichung der lebendigen Kraft (22'') giebt bei Einführung von Polarkoordinaten r und φ

30'') $$M\frac{r^2 d\varphi^2 + d r^2}{2 d t^2} + \Phi = c_1,$$

worin c_1 eine Konstante bezeichnet. $d\varphi / dt = \varphi'$ heißt die Winkelgeschwindigkeit des Massenpunktes; ihre Dimension ist, da Winkelgrößen reine Zahlen sind,

30''') $$[\varphi'] = t^{-1}.$$

Gleichung (30'') liefert ein erstes Integral der Bewegungsgleichungen (30); ein zweites erhält man, wenn man sie mit den Faktoren $-y$ und x zusammenfaßt in der Form

$$x\frac{dy}{dt} - y\frac{dx}{dt} = 2c_2, \tag{31)}$$

wo unter c_2 wieder eine Konstante verstanden ist.

Hierfür kann man auch schreiben

$$\frac{d'\chi}{dt} = c_2, \tag{31')}$$

falls man mit $d'\chi$ die unendlich kleine Fläche bezeichnet, welche der Radiusvektor während dt bestreicht; $d'\chi / dt = \chi'$ heißt die Flächengeschwindigkeit des Massenpunktes und hat die Dimension

$$[\chi'] = l^2 t^{-1}. \tag{31'')}$$

Sie ist nach der letzten Formel bei Centralbewegungen der betrachteten Art konstant. Bei Einführung von Polarkoordinaten erhält man aus (31')

$$\frac{r^2}{2}\frac{d\varphi}{dt} = c_2. \tag{31''')}$$

Aus (30'') und (31''') läßt sich nach Belieben dt oder $d\varphi$ eliminieren; im ersteren Falle erhält man

$$\frac{2Mc_2^2}{r^2}\left(1 + \left(\frac{dr}{r\,d\varphi}\right)^2\right) + \Phi = c_1 \tag{32)}$$

oder auch

$$\frac{dr}{r^2\sqrt{\frac{c_1 - \Phi}{2Mc_2^2} - \frac{1}{r^2}}} = \pm\, d\varphi \tag{32'}$$

und hieraus durch Integration die Gleichung der Bahn; im letzteren

$$\frac{dr}{\sqrt{\frac{c_1 - \Phi}{2Mc_2^2} - \frac{1}{r^2}}} = \pm\, 2c_2\,dt \tag{32'')}$$

und hieraus durch Integration die Bestimmung des Ortes des Massenpunktes in der Bahn als Funktion der Zeit.

Die letztere Formel versagt, wenn der Massenpunkt unter der Wirkung der Centralkraft einen Kreis um das Kraftcentrum als Mittelpunkt beschreibt, — ein Fall, der bei j e d e m Kraftgesetz durch geeignete Wahl des Anfangszustandes erzielt werden kann. Hier gelangt man in einfachster Weise zu dem Gesetz, welches φ mit t verbindet, wenn man in (31''') r konstant $= R$ nimmt.

Für die Umlaufszeit T ergiebt sich ein interessanter Satz, wenn man den Gedanken ausdrückt, daß bei kreisförmiger Bahn jederzeit die Centrifugalkraft die Centralkraft kompensieren muß. Dies giebt nach (15'')

$$K = MR\left(\frac{d\varphi}{dt}\right)^2,$$

woraus sich für die Umlaufsdauer wegen $d\varphi / dt = 2\pi / T$ ergiebt

32‴) $$T^2 = \frac{4\pi^2 MR}{K},$$

oder, wenn die Centralkraft mit der Masse M proportional, also $K = MK_0$ ist

$$T^2 = \frac{4\pi^2 R}{K_0}.$$

Bei der Wirkung von Centralkräften, die von einem ruhenden Centrum ausgehen, ist durch die Formeln (32′) und (32″) die Lösung des Bewegungsproblemes allgemein auf Quadraturen zurückgeführt.

Ist die Bahn und das Kraftcentrum gegeben, so gestattet die Gleichung (32) die Bestimmung des wirksamen Potentiales bis auf eine multiplikative Konstante c_2, ohne daß das Bewegungsgesetz bekannt zu sein braucht; c_2 bestimmt sich dabei, wenn die Geschwindigkeit des Massenpunktes an irgend einer Stelle seiner Bahn gegeben ist, nach Formel (31‴).

Einen merkwürdigen Wert für die bei der Centralbewegung wirkende Kraft erhält man in folgender Weise.

Bezeichnet man das Lot von dem Kraftcentrum auf die Richtung des Bahnelementes ds mit n, so ist

33) $$\chi' = \tfrac{1}{2} n \frac{ds}{dt} = \tfrac{1}{2} n V = c_2,$$

woraus beiläufig V indirekt proportional mit n folgt. Führt man den Winkel τ zwischen der Richtung von ds und der Richtung der X-Axe ein, von der aus φ gezählt werden mag, so ergiebt sich

33′) $$c_2 = \tfrac{1}{2} r V \sin(\tau - \varphi)$$

und daher

33″) $$u = \frac{2c_2 \cos\tau}{r\sin(\tau - \varphi)}, \quad v = \frac{2c_2 \sin\tau}{r\sin(\tau - \varphi)}.$$

Hieraus folgt durch Differentiation nach der Zeit unter Berücksichtigung der Beziehung $\operatorname{ctg}(\tau - \varphi) = dr / r\,d\varphi$

34) $$\frac{du}{dt} = \frac{d^2x}{dt^2} = -\frac{2c_2\cos\varphi}{r\sin^2(\tau - \varphi)}\frac{d\tau}{dt}, \quad \frac{dv}{dt} = \frac{d^2y}{dt^2} = -\frac{2c_2\sin\varphi}{r\sin^2(\tau - \varphi)}\frac{d\tau}{dt},$$

und wegen $r\cos\varphi = x$, $r\sin\varphi = y$ nach (30)

34′) $$K = \frac{2c_2 M}{r\sin^2(\tau - \varphi)}\frac{d\tau}{dt} = \frac{MV}{\sin(\tau - \varphi)}\frac{d\tau}{dt} = \frac{2c_2 r M}{n^2}\frac{d\tau}{dt},$$

worin $(\tau - \varphi)$ der Winkel zwischen der Richtung von r und der von ds ist, und $d\tau / dt$ die Geschwindigkeit bezeichnet, mit welcher die Bewegungsrichtung sich dreht. —

Von nicht konservativen Kräften haben besonders diejenigen eine praktische Bedeutung, deren Richtung stets in die Bewegungsrichtung des Massenpunktes fällt und deren Größe allein von seiner Geschwindigkeit abhängt. Dann ist

$$X = K_1 \frac{dx}{ds}, \quad Y = K_1 \frac{dy}{ds}, \quad Z = K_1 \frac{dz}{ds}, \tag{35}$$

wo K_1 eine Funktion der Geschwindigkeit V allein und positiv oder negativ ist, jenachdem die Kraft antreibend oder hemmend wirkt. Die Arbeit nimmt die Form

$$d'A = K_1\, ds = K_1\, V dt \tag{35'}$$

an und ist ersichtlich im allgemeinen kein vollständiges Differential nach der Zeit.

Hemmende Kräfte dieser Art erleidet ein Massenpunkt, der sich in einer Flüssigkeit bewegt.[20]) Ihr genaues Gesetz ist unbekannt; bei kleiner Geschwindigkeit erhält man eine angenäherte Darstellung der Wirklichkeit, wenn man K_1 mit V proportional, etwa $= -kV$ setzt. Hier wird dann aus (35)

$$X = -ku, \quad Y = -kv, \quad Z = -kw; \tag{36}$$

k heißt die Konstante des Flüssigkeitswiderstandes und hat die Dimensionalgleichung

$$[k] = m\,t^{-1}. \tag{36'}$$

Ihre Größe bestimmt man am bequemsten durch die Beobachtung der abnehmenden Schwingungsamplitude eines Pendels, welches in der betreffenden Flüssigkeit schwingt.

Eine antreibende Kraft dieser Art von nahe konstanter Größe K_0 erfährt eine steigende Rakete; unter Berücksichtigung des Luftwiderstandes wirkt auf sie tangential $K = K_0 - K_1(V)$, demnach eine Kraft, die mit wachsender Geschwindigkeit ihr Vorzeichen umkehrt und aus einer antreibenden zu einer hemmenden wird. —

Einen wesentlich anderen Charakter, als die vorstehend besprochenen, allein von der Geschwindigkeit abhängigen Widerstandskräfte, besitzt die gleitende Reibung[21]) eines Massenpunktes an einer festen Oberfläche oder Kurve.

Zwar ist auch ihre Richtung derjenigen der Bewegung entgegengesetzt, aber ihre Größe hängt von dem Reaktionsdruck ab, welchen die feste Oberfläche oder Kurve auf den Massenpunkt ausübt, und damit in einer meist komplizierten Weise sowohl von dem Bewegungszustand, als von den wirkenden äußeren Kräften.

Die Beobachtung gestattet für die Größe der Reibungskraft, welche ein bewegter Massenpunkt erfährt, den Ansatz

37) $$K = Nn$$

zu machen, wo n eine der Kombination der Substanzen des Massenpunktes und der Oberfläche oder Kurve individuelle Konstante, der sogenannte Reibungskoeffizient, und N der absolute Wert der normalen Reaktion der Bahn ist. Für n gilt ersichtlich

37') $$[n] = 1.$$

Auch ein ruhender Massenpunkt kann auf einer festen Oberfläche oder Kurve eine Reibungskraft erfahren. Um für deren Gesetze eine Übereinstimmung mit den allgemeinen Gleichgewichtsbedingungen und einen stetigen Anschluß an die Werte, die bei der Bewegung eintreten, zu erhalten, muß man sich vorstellen, daß ihre Richtung jederzeit derjenigen der Tangentialkomponente P der äußeren Kräfte nach der Oberfläche oder Kurve entgegengesetzt und ihre Größe derjenigen von P gleich ist, so lange $P \leqq Nn$ bleibt; für $P > Nn$ tritt ja Bewegung ein. Es wird demnach die gleitende Reibung im Zustand der Ruhe kleiner, als in dem der Bewegung sein, also, wie man sagt, nur unvollständig in Anspruch genommen werden, so daß man setzen kann

38) $$K_0 = Nn\beta,$$

worin β einen echten Bruch bedeutet.

Hieraus folgt, daß die allgemeinen Gleichgewichtsbedingungen für einen Massenpunkt auf reibender Oberfläche oder Kurve nicht eine einzelne Gleichgewichtslage, sondern ein endliches Bereich bestimmen, innerhalb dessen er an jeder Stelle ruhen kann, und dessen Begrenzung durch den extremen Wert $\beta = 1$ gegeben ist; $\beta = 0$ bestimmt den speziellen Punkt, wo die Inanspruchnahme der Reibung verschwindet, und wo demgemäß der Punkt ohne gleitende Reibung im Gleichgewicht sein würde.

Wirkt von äußeren Kräften nur die Schwere, so erkennt man leicht, daß das Gleichgewichtsbereich des Massenpunktes auf einer reibenden Oberfläche begrenzt ist durch eine Kurve, längs deren die Tangentialebene den Winkel ν mit der horizontalen einschließt, der bestimmt ist durch

38') $$\operatorname{tg} \nu = n;$$

Analoges gilt von dem Gleichgewichtsbereich auf einer festen reibenden Kurve. Der durch die Gleichung (38′) definierte Winkel v heißt der Reibungswinkel der Substanz des Massenpunktes gegen die Substanz der festen Bahn.

Befindet sich der Massenpunkt M auf einer reibenden horizontalen Ebene, und wirkt außer der Schwere noch eine horizontale Kraft K_1, so ist Gleichgewicht vorhanden, so lange

$$K_1 < Mgn \tag{39}$$

ist, und die Bewegung beginnt, sowie

$$K_1 = Mgn. \tag{39'}$$

Hierauf beruht die gebräuchlichste Methode zur experimentellen Bestimmung von n.

Bei allen Bewegungen unter der Wirkung gleitender Reibung ist wesentlich, daß der Massenpunkt am Rotieren gehindert ist, weil nur bei Erfüllung dieser Voraussetzung, also bei reinem Gleiten, die obigen Resultate anwendbar sind, überhaupt der Körper als Massenpunkt zu betrachten ist.

II. Kapitel.

Bewegung eines Systemes von materiellen Punkten.

§ 6. Schwerpunkts- und Flächensätze; Gleichung der Energie.

Unter einem Punktsystem wollen wir eine Anzahl, sagen wir von n Massenpunkten von den Massen m_h ($h = 1, 2 \ldots n$) verstehen, die ihre Bewegung derartig gegenseitig beeinflussen, daß bei gleichzeitigem Vorhandensein aller jeder einzelne sich anders bewegt, als wenn er bei sonst ungeänderten Umständen allein vorhanden wäre.

Nach der Grunddefinition von Kraft müssen also durch das Vorhandensein der übrigen Massenpunkte Kräfte auftreten, die mit den sonstigen Bedingungen des Problemes nicht gegeben sind. Wir drücken dies dadurch aus, daß wir in den für jeden einzelnen Punkt m_h aufgestellten Bewegungsgleichungen (15) aus den Kraftkomponenten Anteile aussondern, welche die Beträge darstellen, die infolge der Anwesenheit der übrigen Punkte wirksam werden; diese Anteile mögen, soweit sie von dem Massenpunkt m_k herrühren, mit X_{hk}, Y_{hk}, Z_{hk} bezeichnet werden. Bezeichnen wir den übrig bleibenden Rest, d. h. die Komponenten, welche m_h nach Beseitigung aller anderen Massenpunkte m_k erfährt, und die sowohl von festen Kraftcentren, wie von der Reaktion fester Oberflächen oder Kurven herrühren können, mit X_h, Y_h, Z_h, so nehmen die Bewegungsgleichungen folgende Gestalt an

$$40)\quad \begin{cases} m_h \dfrac{d^2 x_h}{d t^2} = X_h + \sum\limits_{k(h)} X_{hk}, \\ m_h \dfrac{d^2 y_h}{d t^2} = Y_h + \sum\limits_{k(h)} Y_{hk}, \\ m_h \dfrac{d^2 z_h}{d t^2} = Z_h + \sum\limits_{k(h)} Z_{hk}, \end{cases}$$

worin der Index $k(h)$ bedeuten soll, daß die Summen über alle Werte von k mit Ausnahme von h auszudehnen sind. Für $h = 1, 2, \ldots n$ genommen, bilden sie die Grundlage für die Theorie der Bewegungen von Punktsystemen, deren Untersuchung um so wichtiger ist, als sie nicht nur die Grundlage für die gesamte Astronomie, sondern auch für die Theorie derjenigen Massensysteme bilden, welche den Raum anscheinend kontinuierlich erfüllen.

Um aus ihnen Folgerungen zu ziehen, müssen wir den Kräften X_{hk}, Y_{hk}, Z_{hk}, welche man auch kurz, im Gegensatz zu den äußeren Kräften X_h, Y_h, Z_h, die inneren Kräfte des Punktsystemes nennt, spezielle Eigenschaften beilegen, die zum Teil durch die vorausgeschickten Definitionen an die Hand gegeben, zum Teil willkürlich gewählt sind.

Wir wollen zunächst annehmen, daß die Komponenten mit den Indices hk und kh allein von dem Zustande der Massenpunkte m_h und m_k und zwar speziell nur von ihrem relativen Verhalten abhängen; wir werden sie in diesem Fall als von den Wechselwirkungen jener beiden Punkte herrührend bezeichnen können. Dann dürfen wir folgern, daß die resultierenden Kräfte K_{hk} und K_{kh} in der Richtung der Verbindungslinie r_{hk} zwischen m_h und m_k liegen müssen und nur von deren Größe und etwa ihren Differentialquotienten nach der Zeit abhängen können. Denn nach der Definition, die wir von materiellen Punkten auf Seite 9 gegeben haben, ist an jedem einzelnen keine Richtung vor der anderen ausgezeichnet; die einzige ausgezeichnete Richtung an dem Punktpaare m_h und m_k ist also die ihrer Verbindungslinie, und aus dem gleichen Grunde ist ihr relatives Verhalten nur durch die Größe des Abstandes r_{hk} und seiner Änderung mit der Zeit gegeben.

Weiter wollen wir annehmen, daß die Kräfte K_{hk} und K_{kh} von gleicher Größe und entgegengesetzter Richtung sind. Man kann diese Annahme ersetzen durch die Hypothese, daß die Wechselwirkung zwischen den Punkten m_h und m_k auf den Kräften beruht, welche die Teile eines und desselben auf beiden Massenpunkten befindlichen Agens aufeinander ausüben. Denn daß die zwischen gleichen Mengen dieses Agens wirkenden Kräfte einander entgegengesetzt sind, folgt aus der Symmetrie, und die Wechselwirkung zwischen zwei verschiedenen Quantitäten läßt sich in eine Summe von Wechselwirkungen zwischen gleichen zerlegen.

Die als Resultat dieser Erörterung erhaltenen Eigenschaften der inneren Kräfte lassen sich folgendermaßen analytisch formulieren:

$$X_{hk} + X_{kh} = 0, \quad Y_{hk} + Y_{kh} = 0, \quad Z_{hk} + Z_{kh} = 0, \tag{40'}$$

$$X_{hk} : Y_{hk} : Z_{hk} = X_{kh} : Y_{kh} : Z_{kh} = (x_h - x_k) : (y_h - y_k) : (z_h - z_k); \tag{40''}$$

$$K_{hk} = K_{kh} = F(r_{hk}, r'_{hk}, r''_{hk}, \ldots), \tag{40'''}$$

wobei durch obere Indices die Differentialquotienten nach der Zeit bezeichnet sind.

Wir können nunmehr das System (40) auch schreiben:

$$41) \quad \begin{cases} m_h \dfrac{d^2 x_h}{d t^2} = X_h - \sum\limits_{k(h)} K_{hk} \dfrac{x_h - x_k}{r_{hk}}, \\ m_h \dfrac{d^2 y_h}{d t^2} = Y_h - \sum\limits_{k(h)} K_{hk} \dfrac{y_h - y_k}{r_{hk}}, \\ m_h \dfrac{d^2 z_h}{d t^2} = Z_h - \sum\limits_{k(h)} K_{hk} \dfrac{z_h - z_k}{r_{hk}}; \end{cases}$$

positive K_{hk} entsprechen hierin anziehenden, negative abstoßenden Wechselwirkungen.

Die gewonnene Form giebt die Möglichkeit, einige von den inneren Kräften des Systems ganz freie Beziehungen[22]) zu gewinnen.

Summiert man die einzelnen Gleichungen (41) über alle Massen m_h und definiert die Koordinaten ξ, η, ζ des Schwerpunktes oder Massenmittelpunktes des Systemes durch die Gleichungen

$$42) \quad \xi \sum m_h = \sum m_h x_h, \quad \eta \sum m_h = \sum m_h y_h, \quad \zeta \sum m_h = \sum m_h z_h,$$

wobei, wie weiterhin, immer die Summen ohne Index über alle Werte 1, 2 ... n der Summationsvariabeln zu erstrecken sind, so erhält man

$$43) \quad \begin{cases} \dfrac{d^2 \xi}{d t^2} \sum m_h = \sum X_h, \\ \dfrac{d^2 \eta}{d t^2} \sum m_h = \sum Y_h, \\ \dfrac{d^2 \zeta}{d t^2} \sum m_h = \sum Z_h. \end{cases}$$

Der Schwerpunkt des Systemes bewegt sich also wie ein Massenpunkt, in welchem alle Massen des Systems vereinigt sind und alle äußeren Kräfte angreifen. Sind speziell die äußeren Kräfte gleich Null, so findet die Bewegung in gerader Linie und mit gleichförmiger Geschwindigkeit statt.

Faßt man die Gleichungen (41) mit den Faktoren $0, -z_h, y_h$; $z_h, 0, -x_h$; $-y_h, x_h, 0$ zusammen, summiert die erhaltenen Resultate und definiert die Flächengeschwindigkeiten φ_h', ψ_h', χ_h' des Massenpunktes m_h in Bezug auf die Koordinatenebenen YZ, ZX, XY durch die Formeln

$$\left.\begin{aligned}\varphi_h' &= \frac{1}{2}\left(y_h \frac{d z_h}{d t} - z_h \frac{d y_h}{d t}\right),\\ \psi_h' &= \frac{1}{2}\left(z_h \frac{d x_h}{d t} - x_h \frac{d z_h}{d t}\right),\\ \chi_h' &= \frac{1}{2}\left(x_h \frac{d y_h}{d t} - y_h \frac{d x_h}{d t}\right),\end{aligned}\right\} \qquad 44)$$

und die Drehungsmomente L_h, M_h, N_h der auf m_h wirkenden äußeren Kräfte um die Koordinatenaxen durch die Formeln

$$L_h = y_h Z_h - z_h Y_h, \quad M_h = z_h X_h - x_h Z_h, \quad N_h = x_h Y_h - y_h X_h, \qquad 44')$$

so erhält man

$$\left.\begin{aligned}2 \sum m_h \frac{d \varphi_h'}{d t} &= \sum L_h,\\ 2 \sum m_h \frac{d \psi_h'}{d t} &= \sum M_h,\\ 2 \sum m_h \frac{d \chi_h'}{d t} &= \sum N_h.\end{aligned}\right\} \qquad 45)$$

Bezeichnet man kurz $\sum m_h \varphi_h'$, $\sum m_h \psi_h'$, $\sum m_h \chi_h'$ als die Flächenmomente des Systems um die Koordinatenaxen X, Y, Z, so giebt das erhaltene Formelsystem ihre Geschwindigkeiten gleich den bezüglichen halben Summen der äußeren Drehungsmomente.

Da sich sowohl die Flächen-, als die Drehungsmomente bei der Koordinatentransformation wie die Komponenten einer Vektorgröße verhalten, so kann man sie zu je einer Resultierenden zusammensetzen, deren Größen und Richtungen sich nach den allgemeinen für Vektoren gültigen Formeln (3″) bestimmen. Diese Resultierenden stellen die größten Werte dar, welche bei der gegebenen Bewegung das Flächenmoment und bei den gegebenen Kräften das Drehungsmoment um irgend eine Axe annehmen; die Richtung der bezüglichen Axe ist dabei die der Resultierenden selbst.

Fehlen äußere Kräfte, so sind die Flächenmomente $\sum m_h \varphi_h'$, $\sum m_h \psi_h'$, $\sum m_h \chi_h'$ um die Koordinatenaxen konstant, und Gleiches gilt von Richtung und Größe des resultierenden Momentes[23]).

Faßt man die Gleichungen (41) mit den Faktoren $d x_h$, $d y_h$, $d z_h$ zusammen und summiert über alle Massenpunkte, so erhält man wegen

$$\begin{aligned}r_{hk}\, d r_{hk} = (x_h - x_k)(d x_h - d x_k) &+ (y_h - y_k)(d y_h - d y_k)\\ &+ (z_h - z_k)(d z_h - d z_k)\end{aligned}$$

das Resultat

46) $\frac{1}{2}\Sigma m_h d V_h^2 = \sum (X_h dx_h + Y_h dy_h + Z_h dz_h) - \Sigma' K_{hk} dr_{hk}$,

worin die Summe Σ' über alle Kombinationen der Massenpunkte zu je zwei zu erstrecken ist.

Hierin ist

46′) $$\frac{1}{2}\Sigma m_h V_h^2 = \Sigma \Psi_h = \Psi$$

die Summe der lebendigen Kräfte der einzelnen Massenpunkte oder kurz die lebendige Kraft des Systemes,

46″) $$\Sigma (X_h dx_h + Y_h dy_h + Z_h dz_h) = \Sigma d'A_h = d'A$$

die Summe der von den äußeren Kräften während dt an dem System geleisteten Arbeiten oder kurz die äußere Arbeit,

46‴) $$-\Sigma' K_{hk} dr_{hk} = \Sigma' d'A_{hk} = d'A_i$$

die Arbeit der Wechselwirkungen oder kurz die innere Arbeit, sodaß man für (46) auch schreiben kann

47) $$d\Psi = d'A + d'A_i.$$

Besitzt die Arbeit einer Wechselwirkung $d'A_{hk}$ die Gestalt eines vollständigen Differentiales nach der Zeit, so nennt man die Funktion Φ_{hk}, welche durch die Gleichung

47′) $$d'A_{hk} = -d\Phi_{hk}$$

bis auf eine additive Konstante definiert ist, das Potential der Wechselwirkung K_{hk}, und

47″) $$\Phi = \Sigma' \Phi_{hk}$$

das innere Potential, oder das Potential des Systemes auf sich selbst.

In diesem Falle kann man für (47) auch schreiben

48) $$dE = d(\Psi + \Phi) = d'A,$$

wo E die Energie des Systemes heißt, und Ψ und Φ, wie früher, als Teile von E die kinetische und die potentielle Energie genannt werden.

Die Gleichung (48) sagt aus, daß es unter den gemachten Voraussetzungen für jedes Punktsystem eine ausschließlich von seiner Konfiguration und seinem Bewegungszustand abhängige Funktion E giebt, welche in jedem Zeitelement um den Betrag der äußeren Arbeit wächst; verschwindet die letztere, so ist die Energie konstant, und die Bewegung besteht in einer wechselseitigen Umsetzung zwischen ihren beiden Anteilen Φ und Ψ.

Die gesamte Energie E ist durch Gleichung (48), ebenso wie

Φ, nur bis auf eine additive Konstante bestimmt, über die man verfügen kann, indem man die Energie des Systems in einem beliebigen Normalzustand beliebig, etwa gleich Null, festsetzt. Integriert man die Gleichung von dem Normalzustand (0) aus bis zu dem betrachteten (1), so ergiebt sich daher

$$E = \int_{(0)}^{(1)} d'A, \tag{48'}$$

d. h., die Energie ist gleich der Arbeit, die erforderlich ist, um den Zustand des Systemes aus dem normalen in den gegenwärtigen überzuführen, — oder, was hiermit identisch ist, gleich der Arbeit, welche bei der Überführung aus dem gegenwärtigen in den Normalzustand aus dem System gewonnen werden kann. —

Die allgemeine Bedingung dafür, daß eine Wechselwirkung ein Potential besitzt, d. h., unter Weglassung der Indices geschrieben

$$K\,dr = d\,\Phi$$

ist, erhält man leicht auf dem S. 24 eingeschlagenen Wege.[24]) Da K nur eine Funktion von r und seinen Differentialquotienten nach der Zeit sein darf, so geben die Formeln (25) und (25') ohne weiteres

$$K = \frac{\partial \varphi}{\partial r} - \frac{d}{dt}\frac{\partial \varphi}{\partial r'} + \frac{d^2}{dt^2}\frac{\partial \varphi}{\partial r''} \pm \cdots, \tag{49}$$

$$\left.\begin{aligned} \Phi = \varphi - r' &\left(\frac{\partial \varphi}{\partial r'} - \frac{d}{dt}\frac{\partial \varphi}{\partial r''} + \frac{d^2}{dt^2}\frac{\partial \varphi}{\partial r'''} \mp \cdots\right) \\ - r'' &\left(\frac{\partial \varphi}{\partial r''} - \frac{d}{dt}\frac{\partial \varphi}{\partial r'''} \pm \cdots\right) \\ - r''' &\left(\frac{\partial \varphi}{\partial r'''} - \frac{d}{dt}\frac{\partial \varphi}{\partial r''''} \pm \cdots\right) - \cdots \end{aligned}\right\} \tag{49'}$$

Der wichtigste Fall ist wiederum der, daß φ und demgemäß K und Φ nur von r allein abhängt; hier gilt einfach

$$\Phi = \varphi \text{ und } K = \frac{d\Phi}{dr}, \tag{49''}$$

es hat somit jede nur von der Entfernung abhängige Wechselwirkung ein Potential.

Die lebendige Kraft Ψ eines Punktsystems, und analog sein inneres Potential Φ, gestattet eine eigentümliche Zerlegung[25]), die eine entsprechende der Energie E zur Folge hat und für gewisse Anwendungen wichtig ist.

Sei das Massensystem in mehrere Gruppen geteilt, und seien diese Gruppen durch die oberen Indices n unterschieden, während die unteren sich auf die Punkte derselben Gruppe beziehen.

Die lebendige Kraft der Teile einer dieser Gruppen

$$\Psi^n = \frac{1}{2}\Sigma m_h^n (V_h^n)^2 = \frac{1}{2}\Sigma m_h^n \left((u_h^n)^2 + (v_h^n)^2 + (w_h^n)^2\right)$$

transformieren wir durch Einführung der absoluten Geschwindigkeitscomponenten α^n, β^n, γ^n des Schwerpunktes der Gruppe und der relativen $\mathfrak{u}_h^n$, $\mathfrak{v}_h^n$, $\mathfrak{w}_h^n$ der Teilchen m_h^n gegen jenen. Setzt man dann

50) $$\begin{cases} (\alpha^n)^2 + (\beta^n)^2 + (\gamma^n)^2 = (\Gamma^n)^2, \\ (\mathfrak{u}_h^n)^2 + (\mathfrak{v}_h^n)^2 + (\mathfrak{w}_h^n)^2 = (\mathfrak{B}_h^n)^2, \end{cases}$$

so bezeichnet Γ^n die resultierende Schwerpunktsgeschwindigkeit der Gruppe, $\mathfrak{B}_h^n$ die relative Gesamtgeschwindigkeit von m_h^n, und man erhält nach leichter Rechnung, da

$$0 = \Sigma m_h^n \mathfrak{u}_h^n, \quad 0 = \Sigma m_h^n \mathfrak{v}_h^n, \quad 0 = \Sigma m_h^n \mathfrak{w}_h^n$$

ist,

$$\Psi^n = \frac{1}{2}(\Gamma^n)^2 \Sigma m_h^n + \frac{1}{2}\Sigma (\mathfrak{B}_h^n)^2 m_h^n,$$

oder kurz

50′) $$\Psi^n = \Psi_a^n + \Psi_i^n$$

d. h., die lebendige Kraft der Gruppe ist zerlegt in die lebendige Kraft der Schwerpunktsbewegung und die lebendige Kraft der Bewegung relativ zum Schwerpunkt. Genau so läßt sich die lebendige Kraft aller Gruppen, d. h. des ganzen Systems, schreiben

50″) $$\Psi = \Psi_a + \Psi_i .$$

Das Gesamtpotential Φ ist nach (47″) gleich $\Sigma' \Phi_{hk}$; faßt man unter Φ_a alle Wechselwirkungen zusammen, die zwischen Massen verschiedener Gruppen stattfinden, unter Φ_i die zwischen Massen derselben Gruppe, so kann man auch zerlegen

50‴) $$\Phi = \Phi_a + \Phi_i .$$

Hieraus folgt schließlich die Zerlegung der Energie

$$E = E_a + E_i .$$

Wir fügen hieran eine allgemeine Bemerkung.

Die Gleichung der Energie

$$dE = d(\Phi + \Psi) = d'A$$

ist im vorstehenden bewiesen allein für ein System von Massenpunkten mit Wechselwirkungen spezieller Art; sie wird neuerdings aber hypothetisch auf Massensysteme ganz beliebiger Art ausgedehnt.[26]) Maßgebend ist dabei die Anschauung, daß die Energie der sichtbaren Bewegung, auf welche unsere Formel zunächst bezogen ist, nur einen Teil der Gesamtenergie eines Körpers darstellt, daß andere in anderen Formen existieren, einer z. B. durch die direkt nicht wahrnehmbaren Bewegungen seiner kleinsten Teilchen gegeben ist, und daß bei ihrer Berücksichtigung sich alle in der Natur vorkommenden Kräfte als konservativ erweisen.

Daß in der That eine solche Vorstellung das Gültigkeitsbereich der Energiegleichung vergrößert und scheinbare Widersprüche zum Verschwinden zu bringen vermag, zeigt die vorstehende Zerlegung. Denn wenn man die mit dem Index (i) versehenen Anteile an lebendiger Kraft und Potential auf unsichtbare Bewegungen bezieht, so erhält man bei alleiniger Einführung der auf die sichtbaren bezüglichen Anteile (a) einen Widerspruch mit der Energiegleichung, den die vervollständigte Betrachtungsweise hebt. Umgekehrt giebt in diesem Fall die Formel

$$d'A - d(\Phi_a + \Psi_a) = d(\Phi_i + \Psi_i) = d E_i$$

den Wert der Energiewandelung an, der durch unsichtbare Vorgänge zu erklären ist, und damit zugleich ein Mittel, um seine Größe, die wegen der nicht direkten Wahrnehmbarkeit der die innere Energie enthaltenden Vorgänge einer Berechnung aus dem Bewegungszustande unzugänglich ist, quantitativ zu bestimmen, wenn man nur zuvor äußere Merkmale festgestellt hat, welche einen bestimmten inneren Zustand eindeutig charakterisieren.

Für derartige Anwendungen der Energiegleichung werden die späteren Teile mannigfaltige Beispiele liefern.

§ 7. Wechselwirkungen, die nur Funktionen der Entfernung sind. Die Gesetze von Newton und Coulomb.

Die Bewegung eines Punktsystemes zu bestimmen ist auch in dem relativ einfachen Falle, daß äußere Kräfte nicht wirken, also die Gleichungen (43) und (45) sechs erste Integrale liefern, und daß die inneren Kräfte nur Funktionen der Entfernungen sind, eine die Kräfte der Analysis im allgemeinen übersteigende Aufgabe.

Um so bemerkenswerter ist ein spezielles Gesetz der inneren Kräfte, welches die Reduktion des gestellten Problemes auf das einfache und auf Seite 31 bereits gelöste der Bewegung eines Massenpunktes unter der Wirkung eines festen Attraktionscentrums gestattet. Es ist das der Fall, wo die inneren Kräfte den Produkten der wechselwirkenden Massen in ihre Entfernung proportional sind. Dabei dürfen auch äußere Kräfte wirken, die konstant und den Massen proportional sind.

Hier nehmen die Gleichungen (41) die Form an

$$51)\quad \begin{cases} \dfrac{d^2 x_h}{d t^2} = A - f \sum\limits_{k(h)} m_k (x_h - x_h), \\ \dfrac{d^2 y_h}{d t^2} = B - f \sum\limits_{k(h)} m_k (y_h - y_k), \\ \dfrac{d^2 z_h}{d t^2} = C - f \sum\limits_{k(h)} m_k (z_h - z_k); \end{cases}$$

dabei sind A, B, C und f die, übrigens willkürlichen, Konstanten der äußeren und inneren Kräfte.

Dieses System ist nun aber unter Rücksicht auf (42) identisch mit

$$51')\quad \begin{cases} \dfrac{d^2 x_h}{d t^2} = A - f(x_h - \xi) \sum m_k, \\ \dfrac{d^2 y_h}{d t^2} = B - f(y_h - \eta) \sum m_k, \\ \dfrac{d^2 z_h}{d t^2} = C - f(z_h - \zeta) \sum m_k, \end{cases}$$

oder, da nach (43)

$$51'')\quad \frac{d^2 \xi}{d t^2} = A, \quad \frac{d^2 \eta}{d t^2} = B, \quad \frac{d^2 \zeta}{d t^2} = C$$

ist, auch mit

$$51''')\quad \begin{cases} \dfrac{d^2 (x_h - \xi)}{d t^2} = - f(x_h - \xi) \sum m_k, \quad \dfrac{d^2 (y_h - \eta)}{d t^2} = - f(y_h - \eta) \sum m_k, \\ \dfrac{d^2 (z_h - \zeta)}{d t^2} = - f(z_h - \zeta) \sum m_k. \end{cases}$$

Die relative Bewegung jedes Massenpunktes m_k um den Schwerpunkt, dessen Bewegung durch (51'') gegeben ist, vollzieht sich also ebenso, als wenn letzterer ein festes Kraftcentrum wäre, welches die Summe aller Massen enthielte und nach demselben Gesetze wirkte, wie die einzelnen Massenpunkte.

Eine ähnliche Zurückführung und darauf gegründete Lösung des Bewegungsproblemes ist bei inneren Kräften, welche beliebige Funktionen der Entfernungen sind, nur möglich, wenn die Anzahl der bewegten Punkte gleich zwei ist.

Hier folgt nämlich aus den Gleichungen (42), falls die beiden Punkte durch die Indices (1) und (2) charakterisiert werden,

$$52)\quad \begin{cases} (m_1 + m_2)(x_1 - \xi) = m_2 (x_1 - x_2), \quad (m_1 + m_2)(x_2 - \xi) = m_1 (x_2 - x_1) \\ \dots\dots\dots\dots\dots\dots\dots\dots\dots\dots\dots\dots \end{cases}$$

woraus die Werte der Entfernungen r_1 und r_2 der beiden Massen von dem Schwerpunkte sich bestimmen zu

$$(m_1 + m_2) r_1 = m_2 r_{12}, \quad (m_1 + m_2) r_2 = m_1 r_{12}. \qquad 52')$$

Setzt man noch $K_{12} = m_1 m_2 R$, wo R eine Funktion von r_{12} allein ist, so kann man die Bewegungsgleichungen (41) schreiben

$$\left.\begin{array}{l} \dfrac{d^2 x_1}{d t^2} = A - m_2 R \dfrac{x_1 - x_2}{r_{12}}, \\ \ldots\ldots\ldots\ldots\ldots \\ \dfrac{d^2 x_2}{d t^2} = A - m_1 R \dfrac{x_2 - x_1}{r_{12}}, \\ \ldots\ldots\ldots\ldots\ldots \end{array}\right\} \qquad 52'')$$

oder wie oben

$$\left.\begin{array}{l} \dfrac{d^2 (x_1 - \xi)}{d t^2} = - m_2 R_1 \dfrac{x_1 - \xi}{r_1}, \\ \ldots\ldots\ldots\ldots\ldots \\ \dfrac{d^2 (x_2 - \xi)}{d t^2} = - m_1 R_2 \dfrac{x_2 - \xi}{r_2}, \\ \ldots\ldots\ldots\ldots\ldots \end{array}\right\} \qquad 52''')$$

worin R_1 und R_2 bezeichnen, daß in der Funktion $R(r_{12})$ für r_{12} resp. der erste oder zweite der Ausdrücke aus Gleichung (52′) eingesetzt ist.

Die relative Bewegung jedes der beiden Massenpunkte um den Schwerpunkt ist also dieselbe, als wäre dieser ein ruhendes Kraftcentrum, dessen Wirkung dem aus K_{12} durch die ausgeführte Substitution erhaltenen und nur von der bezüglichen Entfernung r_1 resp. r_2 abhängigen Gesetz folgt. —

Von allen Wechselwirkungen der in diesem Abschnitt betrachteten Art beansprucht das weitaus größte Interesse die Anziehung, welche nach Newton's Hypothese[27]) zwei Massen unter den Umständen, wo man sie als materielle Punkte betrachten kann, aufeinander ausüben, die sogenannte allgemeine Gravitation. Für sie ist

$$K_{hk} = \frac{k\, m_h\, m_k}{r_{hk}^2}, \qquad 53)$$

woraus folgt

$$\Phi_{hk} = - \frac{k\, m_h\, m_k}{r_{hk}}; \qquad 53')$$

k bezeichnet eine universelle Konstante, deren Dimension — immer unter Zugrundelegung der Seite 17 getroffenen Verfügungen über Kraft und Masse — gegeben ist durch

53'') $$[k] = m^{-1} l^3 t^{-2};$$

ihr numerischer Wert ist durch die Beobachtung zu bestimmen.

Die vorstehende Form des Elementargesetzes hat — wie später zu erweisen sein wird — zur Folge, daß für die Anziehung, welche von kugelförmigen Massen mit in koncentrischen Schichten homogener Verteilung auf äußere Punkte ausgeübt wird, die Gesamtmasse im Mittelpunkt vereinigt gedacht werden kann. Da diese Voraussetzung bei den Weltkörpern aller Wahrscheinlichkeit nach nahezu erfüllt ist, so sind dieselben für die Berechnung ihrer fortschreitenden Bewegungen äußerst nahe als materielle Punkte zu betrachten, und da die übrigen Voraussetzungen, auf welchen die Gleichungen (43), (45) und (48) beruhen, gleichfalls bei dem Gesetz der allgemeinen Gravitation zutreffen, so sind deren Resultate sogleich auf die kosmischen Bewegungen anwendbar.

In dem Falle, daß das Massensystem sich auf nur zwei Punkte von sehr verschiedener Masse reduziert, wie bei der Betrachtung der Sonne und eines Planeten, oder eines Planeten und eines Satelliten, kann der Massenmittelpunkt als mit dem Punkt von größerer Masse nahe zusammenfallend betrachtet werden; der Punkt von kleinerer Masse bewegt sich relativ zu dem ersteren in einem Kegelschnitt, dessen einen Brennpunkt jener einnimmt. Bei dieser Bewegung ist nach (31') die Flächengeschwindigkeit konstant, d. h. die Radienvektoren bestreichen in gleichen Zeiten gleiche Flächen. Laufen um denselben Punkt von sehr großer Masse mehrere von sehr kleiner, deren Wechselwirkungen vernachlässigt werden können, in elliptischen Bahnen, so verhalten sich die Quadrate der Umlaufszeiten wie die Kuben der großen Axen der Bahnellipsen; — ein Satz, der in nahem Zusammenhang steht mit dem aus Gleichung (32''') geschlossenen.

Dies sind die von Kepler[28]) gegebenen Gesetze der Planetenbewegung. —

Die Konstante k des Newton'schen Gesetzes läßt sich infolge des oben citierten Satzes über die Attraktion von Kugeln leicht durch die Beschleunigung g der Schwere an der Erdoberfläche ausdrücken. Bezeichnet man nämlich die Masse der Erde durch M, ihren Radius durch R, so folgt aus (53) für die Beschleunigung eines Massenpunktes an der Erdoberfläche

53''') $$g = \frac{kM}{R^2}, \quad \text{also } k = \frac{R^2 g}{M}.$$

Der numerische Wert von k ist im (cm, g, sec)-System, da $M = 6{\cdot}03.10^{27}$, $R = 6{\cdot}37.10^8$, $g = 981$ ist

$$k = 6{\cdot}63.10^{-8}. -$$

Da die Gravitation eine allgemeine Eigenschaft der Materie ist, so kann man sie zur Definition einer von der bisher benutzten abweichenden Masseneinheit[29]) verwenden. Geht man auf den ersten Ansatz (12) zurück, durch welchen der Begriff der Kraft eingeführt ist, nämlich die Beziehung

$$K = f m B,$$

und wendet ihn auf einen Massenpunkt m an, der sich unter der Wirkung der Gravitation eines im Koordinatenanfang festgehaltenen Massenpunktes M nach diesem hin bewegt, so giebt obige Formel

$$\frac{k m M}{r^2} = f m B;$$

hieraus folgt

$$M = \frac{f}{k} \cdot B r^2.$$

Macht man hierin $f = k$, was zulässig ist, da weder über die Kraft-, noch die Masseneinheit bereits verfügt ist, so folgt

$$M = B r^2,$$

d. h., es ist diejenige Masse als Masseneinheit definiert, welche in der Entfernung Eins die Beschleunigung Eins bewirkt. Die Masse hört damit auf, eine Fundamentalgröße zu sein, sie wird zu einer abgeleiteten; demgemäß ist ihre Dimension jetzt auch

$$[M] = l^3 t^{-2}.$$

Da durch die Verfügung $f = k$ nur über die Masseneinheit verfügt ist, so behalten wir immer noch Freiheit, die Krafteinheit beliebig zu bestimmen, und sowohl das Newton'sche Gesetz, als der obige Ansatz für K legen es nahe, $f = k = 1$ zu machen. Dann ist $K = m B$ und also die neue Krafteinheit durch die neue Masseneinheit ebenso definiert, wie in unserem früheren System durch das Gramm. Die Dimension von K ist natürlich ganz verändert; es gilt jetzt

$$[K] = l^4 t^{-4}.$$

Die Masse der Erde bestimmt sich in diesem Maßsystem laut (53‴) gemäß

$$M = g R^2,$$

ist also gleich dem Produkt aus der Beschleunigung der Schwere an der Erdoberfläche in das Quadrat ihres Radius. —

Das NEWTON'sche Gesetz (53) hat nicht nur in der Mechanik Bedeutung, sondern es stellt nach den Untersuchungen von COULOMB[30]) auch die Elementarwirkung der statischen Elektricität und des Magnetismus dar; mit dem Unterschied freilich, daß hierbei die Faktoren m_1 und m_2 nicht die ponderabeln Massen der aufeinander wirkenden und als Massenpunkte betrachteten Körper bezeichnen, sondern von ihrem magnetischen oder elektrischen Zustand abhängige Funktionen, wie man kurz sagt, die Größen ihrer elektrischen oder magnetischen Ladungen. Von diesen Ladungen giebt es laut der Beobachtung zwei Modifikationen, so nämlich, daß gleichartig geladene Körper einander abstoßen, ungleichartig geladene einander anziehen.

Man drückt diese Eigenschaften in der Formulierung des Kraftgesetzes aus, indem man den Ladungen Vorzeichen beilegt und sie demgemäß auch positiv oder negativ nennt, für die Kraft K_{hk} und ihr Potential Φ_{hk} aber den Ansatz macht

$$54)\qquad K_{hk} = -\frac{k' e_h e_k}{r_{hk}^2}, \quad \Phi_{hk} = +\frac{k' e_h e_k}{r_{hk}},$$

worin e_h und e_k die Größen der Ladungen bezeichnen, k' aber eine positive Konstante, über die man so lange willkürlich verfügen kann, als über die Einheit der Größen e nichts bestimmt ist, und durch deren Bestimmung man umgekehrt über die Einheit der Ladung verfügt.

Über die Anwendung dieses Gesetzes wird im IV. Teil ausführlich gehandelt werden.

§ 8. Konservative Wechselwirkungen allgemeiner Art; das W. Weber'sche Grundgesetz.

Die allgemeine Form, in welcher konservative Wechselwirkungen und ihre Potentiale sich darstellen, ist in den Gleichungen (49) und (49') gegeben. Falls die Funktion φ nur r und $dr/dt = r'$ enthält, nehmen dieselben die spezielle Gestalt an

$$55)\qquad K = \frac{\partial \varphi}{\partial r} - \frac{d}{dt}\left(\frac{\partial \varphi}{\partial r'}\right), \quad \Phi = \varphi - r' \frac{\partial \varphi}{\partial r'},$$

welche zeigt, daß die nächste Verallgemeinerung, welche über eine Funktion von r allein hinausgeht, für die wirkende Kraft eine Abhängigkeit sowohl von r', als von r'' liefert; ausgenommen ist nur der Fall linearer Abhängigkeit von r', welcher Kraft und Potential von r' unabhängig werden läßt, also faktisch eine Erweiterung nicht bezeichnet.

Für nur zwei Massenpunkte und die Einwirkung äußerer mit den bezüglichen Massen proportionaler, im übrigen aber konstanter Kräfte läßt sich auch hier das Bewegungsproblem auf das der Einwirkung eines festen Kraftcentrums auf einen Massenpunkt und auf Quadraturen zurückführen. Denn wegen der Beziehungen (52) und (52') erhält man auch hier die Gleichungen (52'''), nur daß R_1 und R_2 jetzt außer den respektiven Entfernungen r_1 und r_2 der Massenpunkte vom Schwerpunkt auch deren erste und zweite Differentialquotienten nach der Zeit enthalten.

Betrachtet man nur den einen Punkt m_1 und legt die XY-Ebene der Ebene der relativen Bewegung um den Schwerpunkt parallel, so erhält man die beiden Integrale durch die Gleichung der lebendigen Kraft und den Flächensatz in der Form

$$\tfrac{1}{2}\mathfrak{V}_1{}^2 + \mathfrak{F}_1 = \mathfrak{C}, \quad \mathfrak{R}_1 = \mathfrak{C}' \tag{55'}$$

geliefert, worin $\mathfrak{V}_1$ die relative Linear-, $\mathfrak{R}_1$ die relative Flächengeschwindigkeit und $\mathfrak{F}_1$ das relative Potential für die Masse Eins, wie es die Substitution (52') liefert, bezeichnet, $\mathfrak{C}$ und $\mathfrak{C}'$ aber die Integrationskonstanten sind. Drückt man die relative Bewegung durch die Polarkoordinaten r_1 und φ_1 aus, so kann man aus den beiden Gleichungen (55') $d\varphi_1$ eliminiren und erhält dadurch, da $\mathfrak{F}_1$ nur r_1 und r_1' enthält, eine Gleichung zwischen diesen beiden Größen und damit zwischen r_1 und t; drückt man endlich dt in $\mathfrak{R}_1$ durch r_1 und dr_1 aus, so erhält man eine Gleichung zwischen r_1, dr_1 und $d\varphi_1$, die Differentialgleichung der Bahn. —

Unter den Wechselwirkungen der behandelten Art erregt besonderes Interesse diejenige, welche dem Ausdruck

$$\varphi = \frac{a}{r}\left(1 + \frac{r'^2}{c^2}\right) \tag{56}$$

entspricht, in dem a und c Konstanten bezeichnen.

Aus ihm folgt

$$K = -\frac{a}{r^2}\left(1 - \frac{r'^2}{c^2} + \frac{2rr''}{c^2}\right), \quad \Phi = +\frac{a}{r}\left(1 - \frac{r'^2}{c^2}\right); \tag{56'}$$

der Wert von K läßt hervortreten, daß c diejenige relative Geschwindigkeit ist, welche zwei ohne relative Beschleunigung bewegte Massenpunkte besitzen müssen, um nach dem obigen Gesetz keine Wirkung aufeinander zu üben.

Setzt man in (56')

$$a = k' e_1 e_2,$$

so erhält man die Erweiterung, welche W. WEBER[31]) dem COULOMB'schen Gesetz gegeben hat, um die Erscheinungen der Elektrostatik, Elektrodynamik und Induktion durch eine einzige Formel zu umfassen; dieselbe lautet

$$56'')\qquad K = -\frac{k' e_1 e_2}{r^2}\left(1 - \frac{r'^2}{c^2} + \frac{2 r r''}{c^2}\right), \quad \Phi = +\frac{k' e_1 e_2}{r}\left(1 - \frac{r'^2}{c^2}\right).$$

Für ihre Anwendung hat man sich die Vorstellung zu bilden, daß ein elektrischer Strom in einem linearen Leiter s dadurch zustande kommt, daß in demselben gleichzeitig gleiche Mengen positiver und negativer Elektricität mit gleichen Geschwindigkeiten nach entgegengesetzten Richtungen strömen. Befinden sich auf der Längeneinheit des Leiters die positive und die negative Elektricitätsmenge ε, und besitzen sie die Geschwindigkeiten $\pm U$, so nennt man $2 \varepsilon U = J$ die elektrische Stromstärke in dem speziellen Maße, in dem e gemessen ist. Wir legen der Stromstärke die Richtung bei, in welcher sich die positive Elektricität bewegt.

Ein solcher äußerlich ruhender Strom von konstanter Stärke übt auf ruhende elektrische Teilchen keine Einwirkung, weil für die in ihm strömende positive und negative Elektricität $(r')^2$ und r'' die gleichen sind; dagegen zeigt er spezifische Wirkungen auf andere ruhende Stromläufe und, äußerlich bewegt oder in seiner Stromstärke verändert, auch auf statische Elektricität.

Um diese Kräfte abzuleiten, dient die Hypothese, daß die Summe der Wirkungen, welche die positive und die negative Elektricität in einem Teil des Leiters erfährt, die Kraft ergiebt, welche auf die ponderable Materie dieses Teiles ausgeübt wird; daß dagegen die Differenz der nach der Richtung des Leiters genommenen Komponenten dieser Wirkungen die sogenannte elektromotorische Kraft darstellt, welche sich in einer Beschleunigung der Elektricitätsbewegung und damit einer Veränderung der Stromstärke äußert.

Denke man sich nun die Elemente ds_1 und ds_2 zweier linearer Leiter s_1 und s_2, die selbst mit den beliebigen Geschwindigkeiten V_1 und V_2 in den beliebigen Richtungen l_1 und l_2 bewegt werden, und innerhalb deren die elektrischen Teilchen $\pm e_1$ und $\pm e_2$ mit den veränderlichen Geschwindigkeiten $\pm U_1$ und $\pm U_2$ fließen, dann ist allgemein

$$57)\qquad r' = \frac{\partial r}{\partial t} = \frac{\partial r}{\partial s_1} u_1 + \frac{\partial r}{\partial s_2} u_2 + \frac{\partial r}{\partial l_1} V_1 + \frac{\partial r}{\partial l_2} V_2,$$

$$\left.\begin{aligned} r'' = \frac{\partial^2 r}{\partial t^2} &= \frac{\partial^2 r}{\partial s_1^2} u_1^2 + \frac{\partial^2 r}{\partial s_2^2} u_2^2 + \frac{\partial^2 r}{\partial l_1^2} V_1^2 + \frac{\partial^2 r}{\partial l_2^2} V_2^2 \\ &+ 2\frac{\partial^2 r}{\partial s_1 \partial s_2} u_1 u_2 + 2\frac{\partial^2 r}{\partial s_1 \partial l_1} u_1 V_1 + 2\frac{\partial^2 r}{\partial s_1 \partial l_2} u_1 V_2 \\ &+ 2\frac{\partial^2 r}{\partial s_2 \partial l_1} u_2 V_1 + 2\frac{\partial^2 r}{\partial s_2 \partial l_2} u_2 V_2 + 2\frac{\partial^2 r}{\partial l_1 \partial l_2} V_1 V_2 \\ &+ \frac{\partial r}{\partial s_1}\frac{\partial u_1}{\partial t} + \frac{\partial r}{\partial s_2}\frac{\partial u_2}{\partial t} + \frac{\partial r}{\partial l_1}\frac{\partial V_1}{\partial t} + \frac{\partial r}{\partial l_2}\frac{\partial V_2}{\partial t}; \end{aligned}\right\} \qquad 57')$$

hierin ist für ein Teilchen $\pm e_h$ resp. $u_h = \pm U_h$, $\partial u_h / \partial t = \pm \partial U_h / \partial t$ zu setzen.

Bezeichnet man die Elementarwirkung, welche ein Teilchen $\pm e_1$ von einem anderen $\pm e_2$ erfährt, durch $K_{\pm e_1, \pm e_2}$ und die Summe über alle Teilchen in $d s_1$ resp. $d s_2$ durch Σ_1 resp. Σ_2, dann wird nach der oben gegebenen Definition die ponderomotorische Wirkung P'_{12} von $d s_2$ auf $d s_1$ in der Richtung der Verbindungslinie r liegen und gegeben sein durch

$$P'_{12} = \Sigma_1 \Sigma_2 (K_{+e_1, +e_2} + K_{+e_1, -e_2} + K_{-e_1, +e_2} + K_{-e_1, -e_2}), \qquad 58)$$

die elektromotorische E'_{12} hingegen in $d s_1$ fallen und lauten

$$E'_{12} = \Sigma_1 \Sigma_2 (K_{+e_1, +e_2} + K_{+e_1, -e_2} - K_{-e_1, +e_2} - K_{-e_1, -e_2}) \cos(K, s_1) \qquad 58')$$

Diese Ausdrücke berechnen sich sehr leicht unter Rücksicht auf (57) und (57′) und ergeben, wenn man noch die Stromstärken J_1 und J_2 einführt und $\cos(K, s_1) = -\partial r / \partial s_1$ setzt, die beiden Grundformeln

$$P'_{12} = -\frac{4k' J_1 J_2 d s_1 d s_2}{r^2 c^2}\left(r \frac{\partial^2 r}{\partial s_1 \partial s_2} - \frac{1}{2}\frac{\partial r}{\partial s_1}\frac{\partial r}{\partial s_2}\right), \qquad 59)$$

$$E'_{12} = + \frac{8 k' \varepsilon_1 d s_1}{c^2}\left\{\frac{J_2}{r^2}\left(r\frac{\partial^2 r}{\partial s_2 \partial t} - \frac{1}{2}\frac{\partial r}{\partial s_2}\frac{\partial r}{\partial t}\right)\frac{\partial r}{\partial s_1} + \frac{1}{2r}\frac{d J_2}{d t}\frac{\partial r}{\partial s_1}\frac{\partial r}{\partial s_2}\right\}, \qquad 59')$$

wo die Differentialquotienten von r nach t sich allein auf die Wirkung der Translation von $d s_1$ und $d s_2$ beziehen.

Diese Gleichungen geben die Elementargesetze der Elektrodynamik und Induktion linearer Leiter, das erstere mit dem von Ampère[32]) herrührenden identisch, das letztere mit dem von F. Neumann[33]) angegebenen wesentlich gleichwertig.

Das W. Weber'sche Potential Φ'_{12} der Wechselwirkung zwischen den elektrischen Teilchen der Elemente ds_1 und ds_2 erhält man aus der zweiten Formel (56″) unter Rücksicht auf (57) folgendermaßen

$$\Phi'_{12} = -\frac{2 k' J_1 J_2 d s_1 d s_2}{r c^2}\frac{\partial r}{\partial s_1}\frac{\partial r}{\partial s_2}; \qquad 60)$$

gehören ds_1 und ds_2 zwei geschlossenen lineären Stromläufen s_1 und s_2 mit in ihrer ganzen Ausdehnung konstanten Stärken J_1 und J_2 an, so folgt hieraus das Gesamtpotential Φ_{12} ihrer Wechselwirkung

60′) $$\Phi_{12} = -\frac{2k' J_1 J_2}{c^2} \iint \frac{ds_1\, ds_2}{r} \frac{\partial r}{\partial s_1} \frac{\partial r}{\partial s_2},$$

woraus durch teilweise Integration nach s_1 oder s_2 resultiert

$$\Phi_{12} = -\frac{k' J_1 J_2}{c^2} \iint \frac{ds_1\, ds_2}{r} \frac{\partial^2 r^2}{\partial s_1\, \partial s_2}.$$

Nun ist aber leicht ersichtlicher Weise $\partial^2 r^2 / \partial s_1 \partial s_2 = -2\cos(s_1, s_2)$, also

$$\Phi_{12} = +\frac{2k' J_1 J_2}{c^2} \iint \frac{ds_1\, ds_2}{r} \cos(s_1, s_2) = -J_1 J_2 \Pi_{12}, \qquad 60'')$$

worin Π_{12} eine neue Bezeichnung ist.

Φ_{12} ist das Entgegengesetzte von dem durch F. Neumann[34]) angegebenen elektrodynamischen Potential zwischen s_1 und s_2, dessen Variation die Arbeit aller Wechselwirkungen P'_{12} angiebt; Π_{12} ist also dieses Potential selbst für die Stromstärken $J_1 = J_2 = 1$. Es kann dazu dienen, um die aus dem Ausdruck (59′) für E'_{12} durch Summation über s_1 und s_2 folgende elektromotorische Gesamtkraft E_{12}, die in s_1 durch die Bewegung von s_1 und s_2, wie durch die Änderung von J_2 induziert wird, in einfacher Weise auszudrücken.

Berücksichtigt man nämlich, daß identisch

$$\frac{\partial \frac{1}{r} \frac{\partial r}{\partial t}}{\partial s_2} = \frac{1}{r} \frac{\partial^2 r}{\partial s_2\, \partial t} - \frac{1}{r^2} \frac{\partial r}{\partial s_2} \frac{\partial r}{\partial t}$$

ist, so erhält man durch geeignete teilweise Integration des ersten Gliedes der Formel (59′) nach s_2 leicht

61) $$E_{12} = -\frac{8k'\varepsilon_1}{c^2} \iint ds_1\, ds_2 \left\{ \frac{J_2}{r^2} \left(r \frac{\partial^2 r}{\partial s_1\, \partial s_2} - \frac{1}{2} \frac{\partial r}{\partial s_1} \frac{\partial r}{\partial s_2} \right) \frac{\partial r}{\partial t} - \frac{1}{2r} \frac{dJ_2}{dt} \frac{\partial r}{\partial s_1} \frac{\partial r}{\partial s_2} \right\}.$$

Vergleicht man hierin das erste Glied mit Formel (59) und benutzt, daß $P'_{12}\, dr$ die Arbeit der Wechselwirkung P'_{12} ist, und vergleicht man das zweite Glied mit der Formel (60′), so erhält man

61′) $$E_{12} = 2\varepsilon_1 \left(J_2 \frac{d\Pi_{12}}{dt} + \Pi_{12} \frac{dJ_2}{dt} \right) = 2\varepsilon_1 \frac{d(J_2 \Pi_{12})}{dt}.$$

Die Ableitung dieser wichtigen, ebenfalls von F. Neumann[35]) herrührenden und vielfach geprüften Formel setzt aber voraus, daß $\partial r / \partial t$ längs s_2 sich stetig ändert, also der induzierende Stromlauf keine sogenannten Gleitstellen enthält. Doch läßt sie sich durch eine spezielle Untersuchung der in diesen stattfindenden Vorgänge auch allgemein beweisen.

Das W. Webersche Grundgesetz führt also, auf lineäre Stromläufe angewandt, zu Resultaten, welche mit der Beobachtung im Einklang sind. Bei der Übertragung auf räumliche Strömungen bieten sich indessen Schwierigkeiten, die bisher noch nicht befriedigend gehoben sind.

§ 9. Der Satz vom Virial; kinetische Theorie der Gase und Lösungen.

Multipliziert man die Gleichungen (40) resp. mit x_h, y_h, z_h und addiert sie, so kann man das Resultat schreiben[36])

$$\left.\begin{aligned}\frac{m_h}{2}\left(V_h^2 - \frac{1}{2}\frac{d^2(r_h^2)}{d\,t^2}\right) &= -\tfrac{1}{2}(X_h x_h + Y_h y_h + Z_h z_h)\\ &\quad - \tfrac{1}{2}\sum_k (x_h X_{hk} + y_h Y_{hk} + z_h Z_{hk}),\end{aligned}\right\} \qquad 62)$$

wobei

$$r_h = \sqrt{x_h^2 + y_h^2 + z_h^2}$$

den Abstand des Massenpunktes m_h vom Koordinatenanfangspunkt bezeichnet. Die Funktion auf der rechten Seite dieser Gleichung heißt das Virial der auf m_h wirkenden Kräfte.

Ist nur ein Massenpunkt vorhanden und dieser in oscillatorischer Bewegung, so daß über eine angemessene Zeit genommen der Mittelwert von $d^2(r^2)/d\,t^2$ verschwindet, so wird

$$\left(m\frac{V^2}{2}\right)_\mu = -\tfrac{1}{2}(Xx + Yy + Zz)_\mu, \qquad 62')$$

wo der Index μ anzeigt, daß von den Klammerausdrücken der mittlere Wert genommen werden soll.

Sind hingegen sehr viele Massenpunkte vorhanden und in solcher Bewegung, daß in der aus (62) durch Summation über alle Massenpunkte erhaltenen Formel der Ausdruck $\Sigma m_h r_h^2$ sich mit der Zeit entweder gar nicht oder nur gleichförmig ändert, so erhält man nach leichter Umformung der letzten Summe:

$$\left.\begin{aligned}\tfrac{1}{2}\Sigma m_h V_h^2 &= -\tfrac{1}{2}\Sigma(X_h x_h + Y_h y_h + Z_h z_h)\\ &\quad - \tfrac{1}{2}\Sigma'\left(X_{hk}(x_h - x_k) + Y_{hk}(y_h - y_k) + Z_{hk}(z_h - z_k)\right),\end{aligned}\right\} \qquad 63)$$

worin Σ' dieselbe Bedeutung hat, wie auf Seite 40.

In beiden Fällen ist also die mittlere lebendige Kraft gleich dem mittleren Virial.

Die letzte Formel läßt sich bei Einführung der ganzen lebendigen Kraft Ψ, der resultierenden Kräfte K_h resp. K_{hk} und der relativen Entfernung r_{hk} zwischen m_h und m_k schreiben

$$\Psi = -\tfrac{1}{2}\Sigma K_h r_h \cos(K_h, r_h) + \tfrac{1}{2}\Sigma' K_{hk} r_{hk}. \qquad 63')$$

K_{hk} ist, wie früher, positiv im Falle der Anziehung, negativ im Falle der Abstoßung gerechnet. Für ein System, welches nur äußeren oder nur inneren Kräften ausgesetzt ist, reduziert sich die rechte Seite auf das erste resp. zweite Glied.

Man benutzt diese Formel, um sich von dem Verhalten der Gase Rechenschaft zu geben, welche, obwohl ihre kleinsten Teile in anderen Aggregatzuständen gegenseitige Anziehungen zeigen, eine Expansivkraft besitzen, die auf gegenseitige Abstoßung zu deuten scheint.

Dazu stellt man sich nach dem Vorgang von D. BERNOULLI[37]) vor, daß die Atome, welche gemäß den Sätzen der Chemie sich im allgemeinen in dem Verbande von Molekülen oder Molekülgruppen befinden, eine Bewegung besitzen, deren Geschwindigkeit mit gesteigerter Temperatur wächst, und daß bei dieser Bewegung ein oftmaliges Zusammenstoßen und Zurückprallen der Moleküle stattfindet, welches mit steigender Temperatur ihren Zusammenhang immer mehr lockert. Im festen Zustande sollen die Moleküle wesentlich um unveränderliche Ruhelagen oscillieren, im flüssigen durch den ganzen erfüllten Raum fortschreiten, dabei aber dauernd gegenseitigen Attraktionen ausgesetzt sein, während im gasförmigen der Abstand der Teilchen so groß gedacht wird, daß dieselben nur selten merklich aufeinander einwirken, im allgemeinen vielmehr mit konstanter Geschwindigkeit geradlinig fortschreiten. Als ein ideales bezeichnet man ein Gas dann, wenn seine Verdünnung so groß ist, daß von allen Wechselwirkungen zwischen seinen Molekülen abgesehen werden kann.

Ein homogener fester, flüssiger oder gasförmiger Körper, der sich in äußerer Ruhe oder in einer hinreichend langsamen äußeren Bewegung befindet, erfüllt demnach die Bedingungen, unter welchen die Formel (63) anwendbar ist.

Betrachten wir ein von festen Wänden umgebenes Gasquantum, dessen Moleküle als starre Punkte angesehen werden können, also je nur aus einem Atome bestehen, in dem oben definierten idealen Zustande, und sehen wir von der Wirkung der Schwere ab, so ist die einzige Wirkung, welche dasselbe erfährt, die Reaktion der festen Wand gegen die anprallenden Moleküle, die, weil sie auf molekularen Kräften beruht, notwendig normal zu der festen Wand gerichtet ist. Dieselbe erstreckt sich, was später näher begründet werden wird, im Mittel gleichmäßig über die ganze Fläche der Wand und kann demgemäß für jedes Flächenelement do mit dessen Größe proportional, nämlich $= p\,do$, gesetzt werden. p heißt dann der **Druck**, unter welchem das Gas steht, oder welchen dasselbe gegen die Wand ausübt; seine Dimension ist

63'') $$[p] = m\,l^{-1}\,t^{-2}.$$

Wir erhalten demgemäß

$$-\tfrac{1}{2}\Sigma K_h r_h \cos(K_h, r_h) = +\frac{p}{2}\int d\sigma\, r \cos(n, r), \qquad 64)$$

wo n die Richtung der äußeren Normale auf $d\sigma$ bezeichnet. Das Integral bestimmt aber das dreifache des von dem Gase erfüllten Volumens v, und die Formel (63') ergiebt sonach, wenn die Wechselwirkungen zwischen den einzelnen Teilchen zu vernachlässigen sind:

$$\Psi = \tfrac{3}{2} p v. \qquad 64')$$

Dieses Resultat läßt sich auf den Fall übertragen, daß zwar noch von den Wechselwirkungen zwischen verschiedenen Molekülen abgesehen wird, jedes Molekül μ aber mehrere Atome m_h enthält, welche Kräfte aufeinander ausüben.

Ein solches Molekül bewegt sich nach den gemachten Grundannahmen und nach den Formeln (43) mit Ausnahme der sehr kurzen Zeiträume, wo es sich in der Wirkungssphäre der Wand befindet, so, daß sein Schwerpunkt mit konstanter Geschwindigkeit in gerader Linie fortschreitet.

Beziehen wir also das Molekül auf ein in seinem Schwerpunkt festes, parallel mit sich fortschreitendes Koordinatensystem, so ändern sich die Bewegungsgleichungen dadurch nicht und geben deshalb auch die Grundgleichung (62) in ungeänderter Form wieder; nur tritt an Stelle der g e s a m t e n lebendigen Kraft Ψ der Atome jetzt die ihrer Bewegung relativ zum Schwerpunkt des Moleküls Ψ_i. Da nun bei der großen Anzahl von Molekülen, innerhalb deren die Atome sich voraussichtlich periodisch bewegen, alle überhaupt möglichen Bewegungszustände stets gleichzeitig und gleichmäßig verteilt vorhanden sein werden, so wird auch für diese r e l a t i v e Bewegung die über alle Atome und Moleküle erstreckte Summe $\Sigma m_h r_h^2$, in der r_h jederzeit die Entfernung von dem zugehörigen Molekülschwerpunkt bezeichnet, sich mit der Zeit nicht ändern, also aus der Gleichung für die r e l a t i v e lebendige Kraft ebenso herausfallen, wie oben aus der für die a b s o l u t e aufgestellten.

Diese Überlegung führt zu dem Resultat, daß jedenfalls für die Perioden, innerhalb deren die Moleküle keine äußeren Kräfte erfahren, die Beziehung

$$\Psi_i = \tfrac{1}{2}\Sigma'(K_{hk} r_{hk})_i \qquad 65)$$

gültig ist, unter Ψ_i die innere oder relative lebendige Kraft aller Moleküle, und entsprechend, unter den K_{hk} die zwischen den Atomen desselben Moleküles stattfindenden Wechselwirkungen verstanden.

Zweifelhaft bleibt sonach, da wir Zusammenstöße der Moleküle miteinander noch ausschließen, nur die Anwendung dieser Formel auf die Zeiten, wo sich die Moleküle der Wirkung der Wand ausgesetzt finden. Indessen ist es nicht wahrscheinlich, daß durch letztere die innere lebendige Kraft beeinflußt wird; denn die Anzahl der Stöße gegen die Wände hängt bei sonst ungeänderten Umständen wesentlich von der absoluten Größe des gaserfüllten Gefäßes ab, und es sprechen keine Anzeichen dafür, daß diese auf die innere lebendige Kraft der Moleküle influiert. Wir werden daher die Formel (65) als unter den gemachten Annahmen allgemein gültig betrachten.

Setzt man nun in die Gleichung (63') die in (50'') gegebene Beziehung $\Psi = \Psi_a + \Psi_i$ ein und berücksichtigt, daß in dem vorausgesetzten Falle das erste Glied rechts mit $\frac{3}{2} p v$, das zweite mit $\frac{1}{2} \Sigma' (K_{hk} r_{hk})_i$ und nach (65) mit Ψ_i identisch ist, so erhält man

65') $$\Psi_a = \tfrac{3}{2} p v,$$

d. h. die Formel (64') mit dem einzigen Unterschiede, daß an Stelle der gesamten lebendigen Kraft der Molekularbewegung die, bei einatomigen Molekülen damit identische der Schwerpunktsbewegung steht.

Bei ungeänderter lebendiger Kraft Ψ_a, — d. h. nach dem Vorausgeschickten, bei ungeänderter Temperatur — ist sonach für das gegebene Gasquantum das Produkt aus Druck und Volumen konstant, in Übereinstimmung mit dem bekannten Gesetz von Boyle und Mariotte[38]). Bei wechselndem Wärmezustand eines idealen Gases dient aber, wie in dem, die Wärmeerscheinungen behandelnden Teil auseinandergesetzt werden wird, der einem jeden Zustand entsprechende Wert des Produktes $v p$ zur Definition der sogenannten absoluten Temperatur T, indem man nach Gay Lussac[39]) setzt

66) $$p v = M B T,$$

und unter M die Masse des Gases und unter B eine seiner Qualität individuelle Konstante versteht. Daraus folgt, daß nach der kinetischen Vorstellung die lebendige Kraft der Molekularbewegung innerhalb der Masseneinheit ein Maß der absoluten Temperatur ist; denn es gilt in der That

66') $$\frac{\Psi_a}{M} = \tfrac{3}{2} B T.$$

Die erhaltene Grundformel (65') wollen wir nach zwei Richtungen hin umformen. Erstens wollen wir die lebendige Kraft Ψ_a durch den arithmetischen Mittelwert der Quadrate aller Schwerpunktsgeschwindigkeiten ausdrücken, der nach dem Seite 52 Bemerkten mit $(V^2)_\mu$ zu bezeichnen ist; es ist dann

$$\Psi_a = \frac{1}{2} M (V^2)_\mu \tag{67}$$

und die Gleichung (65') wird dadurch zu

$$\frac{1}{3} M (V^2)_\mu = p v . \tag{67'}$$

Zweitens wollen wir das Verhältnis der Masse M des Gases zu dem von ihm anscheinend gleichförmig erfüllten Volumen v

$$\frac{M}{v} = \varrho \tag{68}$$

setzen und als die Dichte des Gases bezeichnen; es gilt dann für ϱ

$$[\varrho] = m l^{-3}, \tag{68'}$$

und die Gleichung (67') nimmt die Gestalt an

$$(V^2)_\mu = \frac{3p}{\varrho} . \tag{69}$$

Sie gestattet $\sqrt{(V^2)_\mu}$, — nicht zu verwechseln mit dem arithmetischen Mittel aller Geschwindigkeiten V_μ, — für wirkliche Gase, die dem Gesetz (66) sehr nahe folgen, zu bestimmen und dadurch eine Vorstellung über die Schnelligkeit ihrer Molekularbewegung zu gewinnen. Für Luft erhält man bei einer Temperatur von 0° C. ca. 480 m, für Wasserstoff ca. 1840 m. —

Bildet man unter Berücksichtigung der Resultate der Chemie bezüglich der Molekulargewichte, genauer der Molekularmassen, μ_h, die mittlere lebendige Kraft eines Moleküles für verschiedene Gase bei gleicher Temperatur, so findet man sie merklich gleich; es ist also

$$\mu_h (V_h^2)_\mu = \mu_k (V_k^2)_\mu \quad \text{für} \quad T_h = T_k . \tag{70}$$

Das gleiche Resultat läßt sich theoretisch dadurch gewinnen, daß man ein Gemisch der beiden Gase als im Temperaturgleichgewicht befindlich betrachtet und die Bedingung dafür aufsucht, daß die Wechselwirkungen zwischen den beiderseitigen Molekülen den mittleren Zustand einer jeden Molekülgattung nicht ändern[40]).

Ferner ergiebt die Formel (69)

$$\varrho_h (V_h^2)_\mu = \varrho_k (V_k^2)_\mu \quad \text{für} \quad p_h = p_k , \tag{70'}$$

und durch die Verbindung beider Resultate folgt

$$\frac{\varrho_h}{\mu_h} = \frac{\varrho_k}{\mu_k} \quad \text{für} \quad p_h = p_k \quad \text{und} \quad T_h = T_k ; \tag{71}$$

die Dichten sind also bei gleichem Druck und gleicher Temperatur den Molekularmassen proportional (Gesetz von Gay Lussac[41]).

Nun ist aber $\varrho / \mu = \alpha$ die Anzahl der Moleküle in der Volumeneinheit, daher läßt sich die letzte Formel auch schreiben

71′) $\qquad a_h = a_k$ für $T_h = T_k$ und $p_h = p_k$

und dahin formulieren, daß gleiche Volumina verschiedener Gase bei gleichem Druck und gleicher Temperatur die gleiche Anzahl von Molekülen enthalten (Gesetz von Avogadro[42]). —

Befinden sich in demselben Raum gleichzeitig mehrere Gase und genügen sie der Grundannahme, daß von den Kräften zwischen ihren Molekülen abgesehen werden kann, so giebt Formel (65′) unmittelbar

72) $$\Sigma(\Psi_a)_k = \tfrac{3}{2} p v,$$

wo $(\Psi_a)_k$ sich auf die Teile einer Gasart k bezieht. Wäre diese Gasart in dem Volumen v für sich allein vorhanden, so würde sie unter einem Drucke p_k stehen, gegeben durch

72′) $$(\Psi_a)_k = \tfrac{3}{2} p_k v;$$

hieraus folgt, daß bei gleichzeitiger Anwesenheit mehrerer Gasarten in demselben Raume, so lange die gemachte Voraussetzung erfüllt ist,

72′) $$p = \Sigma p_k,$$

d. h. der aktuelle Druck p gleich der Summe der Partialdrucke p_k ist, welchen jedes Gas für sich bei gleicher Temperatur in dem gleichen Volumen ausüben würde (Gesetz von Dalton[43]). —

Bedenklicher als die Berechnung des Einflusses, welchen die inneren Bewegungen und Kräfte des einzelnen Moleküles in der Virialgleichung (63) ausüben, ist die Beurteilung der Wirkung von Kräften zwischen den Atomen verschiedener Moleküle, die um so bedeutender werden muß, je dichter das Gas ist. Hier ist man nur auf ungefähre Schätzungen angewiesen.

Lägen die sämtlichen Moleküle in gleichförmiger Verteilung durch das Volumen v fest und in so dichter Lagerung, daß die Sphäre merklicher Wirkung eines jeden von ihnen eine sehr große Anzahl der anderen umschlösse, so würde die Wirkung ihrer Attraktion auf innere Punkte sich zerstören, dagegen auf die Oberflächenelemente do eine normale Resultierende $p'do$ geben, die sich zu dem Druck $p\,do$ der Wände addieren müßte. Da diese Resultierende unter den gemachten Voraussetzungen an jeder Stelle der Oberfläche von einer Anzahl Teilchen herrühren würde, die der Dichte ϱ des Gases direkt, oder dem Volumen, welches die ganze Masse erfüllt, indirekt proportional wäre und auch auf eine analoge Anzahl wirkte, so wird es wahrscheinlich, daß in diesem Falle p' mit v^2 indirekt proportional etwa gleich a/v^2 ist.

Wären die Moleküle in Bewegung, und übten sie aufeinander nur Kräfte aus, welche sich in der Undurchdringlichkeit des einen für die Teile des anderen äußern, so würde vermutlich deren Wirkung nur die sein, daß das Gesamtvolumen v in der obigen Formel (65′) durch den für die Bewegung wirklich freien Anteil desselben $(v - b)$ ersetzt werden muß, wo b sich nicht streng bestimmen läßt.

Durch derartige wenig befriedigende Überlegungen gelangt man dazu, die Formel (65′) für allgemeinere Fälle zu erweitern zu

$$\tfrac{2}{3}\,\Psi_a = \left(p + \frac{a}{v^2}\right)(v - b), \tag{73}$$

worin Ψ_a, wie oben, die lebendige Kraft der Schwerpunktsbewegung der Moleküle bezeichnet, die nach Abzug der lebendigen Kraft der Atome um die Molekülschwerpunkte allein übrig bleibt. Indem man auch hierin die linke Seite als ein Maß der absoluten Temperatur betrachtet, gelangt man zu der Gleichung von VAN DER WAALS[44])

$$MBT = \left(p + \frac{a}{v^2}\right)(v - b), \tag{73′}$$

welche sich dem Verhalten der Gase bis unter den Kondensationspunkt hinab in höchst merkwürdiger Weise anschließt, wenn man a und b als Konstanten betrachtet. Über die Natur aller dieser Konstanten wird in einem späteren Teil zu sprechen sein. —

Ebensowenig theoretisch streng zu begründen und ebenso überraschend in der Übereinstimmung mit der Erfahrung sind die Anwendungen der kinetischen Vorstellungen zur Erklärung der Eigenschaften von Lösungen, insbesondere stark verdünnten. Nach dem Vorgang von VAN 'T HOFF[45]) denkt man sich gewöhnlich die Moleküle der gelösten Substanz innerhalb des Lösungsmittels in derselben Weise in fortschreitender Bewegung begriffen, wie die Teile eines Gases innerhalb eines sonst leeren Gefäßes; die Stelle der Reaktion der festen Wände vertritt dabei die Attraktion der Teile des Lösungsmittels, welche auf innere Punkte nach Symmetrie unwirksam ist, auf Stellen nahe der Oberfläche aber eine senkrecht zu dieser stehende Resultierende ergiebt, welche die Moleküle hindert, die Flüssigkeit zu verlassen.

Die Fundamentalerscheinung, welche diese Vorstellung nahe legt, ist die sogenannte Osmose, die sich folgendermaßen auffassen läßt.

Es sei ein vertikaler Cylinder in seinem unteren Teil mit dem reinen Lösungsmittel, in seinem oberen mit der Lösung gefüllt und die Grenze durch eine sogenannte halbdurchlässige Wand, d. h. durch eine poröse Platte gebildet, welche zwar dem Lösungsmittel, nicht aber der gelösten Substanz den Durchgang gestattet. So wenig die Wirkungsweise einer solchen Platte mechanisch klargestellt ist, so kann man doch annehmen, daß sie die aufprallenden Moleküle der gelösten Substanz zurückwirft, während sie denen des Lösungsmittels den Durchgang durch die Poren gestattet.

Während nun in einem für sich allein vorhandenen Quantum der Lösung die Stöße der Moleküle der gelösten Substanz gegen diejenigen des Lösungsmittels nach allen Seiten hin gleichmäßig wirken, giebt die poröse Wand, welche gewisse Stöße auffängt, der Wirkung der entgegengesetzt gerichteten ein Übergewicht über die anderen. Wäre Wand und Lösung beweglich, so würden dieselben sonach in entgegengesetzter Richtung beschleunigt werden, während ihr gemeinsamer Schwerpunkt in Ruhe bliebe. Ist dagegen, wie bei der Anordnung des Versuches in Wirklichkeit, die poröse Wand im Cylinder fest, dieser beiderseitig offen, und wirkt auf die Oberflächen der Flüssigkeit der Druck der Atmosphäre, so folgt die Lösung dem erhaltenen Antriebe und bewegt sich von der porösen Wand hinweg, während reines Lösungsmittel durch dieselbe nachdringt und sich mit der Lösung mischt. Diese Bewegung dauert, wenn keine anderen Kräfte wirken, so lange an, bis die ganze Flüssigkeit sich auf der oberen Seite befindet; sie kann aber durch eine Kraft oder einen Druck, welcher die Lösung nach der porösen Wand hindrückt, aufgehoben werden. Der Überdruck, welcher, wenn die Schwere nicht wirkt, hierzu auf die freie Oberfläche der Lösung ausgeübt werden muß, ist gleich dem Druck, welchen die poröse Wand durch die Molekularstöße der gelösten Substanz erfährt, und heißt der osmotische Druck der Lösung.

In der Praxis tritt an Stelle eines solchen äußeren Druckes zumeist die Wirkung des Gewichtes der über der porösen Wand stehenden Lösung, abzüglich der Gegenwirkung des auf der anderen Seite drückenden reinen Lösungsmittels.

Es mag bemerkt werden, daß es feste Wände, welche die vorausgesetzte Eigenschaft der Halbdurchlässigkeit in voller Strenge besitzen, nicht giebt, die vorstehende Schilderung der Wirklichkeit also nicht ganz entspricht, daß vielmehr stets eine kleine Menge der gelösten Substanz durch die poröse Platte dringt. Am vollständigsten kann man die gemachten Voraussetzungen durch Schichten gewisser Flüssigkeiten erfüllen,[46]) welche man zwischen die Lösung und das reine Lösungsmittel einschaltet, und welche ihrerseits zwar das Lösungsmittel, aber fast nicht die gelöste Substanz auflösen. Indessen gestatten dieselben nicht die Messung des osmotischen Druckes in der oben beschriebenen Weise, da sie keine Festigkeit besitzen; überhaupt wird dieser Druck in der Regel nicht direkt beobachtet, sondern aus gewissen, später zu betrachtenden Eigenschaften verdünnter Lösungen berechnet. —

Wenn die oben auseinandergesetzte Anschauung über das Wesen der Osmose richtig ist, so müssen die früher für die Gase gemachten Ansätze sich auch hier als gültig erweisen. Es ist nun sehr merkwürdig und nahezu unverständlich, daß die Beobachtungen über den osmotischen Druck mit der einfachsten Formel (65') resp. (66)

$$\tfrac{2}{3}\,\Psi_a = p\,v = M B\,T,$$

in welcher jetzt Ψ_a nur die lebendige Kraft der Moleküle der gelösten Substanz und p den osmotischen Druck bezeichnet, in naher Übereinstimmung sind, obgleich dieselbe unter Vernachlässigung aller Wechselwirkungen erhalten ist, und obgleich der Raum von den Teilchen des Lösungsmittels anscheinend viel dichter erfüllt wird, als bei einem der Kondensation nahen Gase von dessen Molekülen. Der Sinn dieser Thatsache läßt sich dahin aussprechen, daß der osmotische Druck in einer Lösung derselbe ist, welchen das gleiche Quantum gelöster Substanz, bei derselben Temperatur innerhalb desselben Raumes vergast, auf dessen Wände ausüben würde.

Da die Formel (65') hier gilt, so kann man aus ihr genau wie S. 57 auch die Folgerung

$$(V^2)_\mu = \frac{3p}{\varrho}$$

ziehen, wo ϱ die Dichte der gelösten Substanz innerhalb der Lösung und p den osmotischen Druck bezeichnet, und mit ihrer Hilfe aus ϱ und p das mittlere Quadrat der Molekulargeschwindigkeit berechnen. Dasselbe vermag man auch durch die Formel (70)

$$\mu_h (V_h^2)_\mu = \mu_k (V_k^2)_\mu \quad \text{für} \quad T_h = T_k$$

zu leisten, wenn man nur das Molekulargewicht μ_k der gelösten Substanz kennt, indem man für μ_h das Molekulargewicht irgend eines Gases und für $(V_h^2)_\mu$ den ihm entsprechenden Wert setzt. Wählt man für die Substanz h etwa Wasserstoff und bezieht die Atomgewichte auf Wasserstoff als Einheit, so erhält man, da Wasserstoff zwei Atome im Molekül enthält, $\mu_h = 2$, und

$$(V_k^2)_\mu = \frac{2}{\mu_k}(18{,}4.10^4)^2.$$

Die Anwendung dieser Resultate wird durch den Umstand beeinträchtigt, daß die meisten löslichen Substanzen ihre molekulare Konstitution von einem Lösungsmittel zum anderen ändern, bald mehrfache, bald Teilmoleküle bilden, zuweilen auch in ihre Atome zerfallen. Auf diese Vorgänge, die man aus dem verschiedenen physikalischen und chemischen Verhalten derselben Substanz in verschiedenen Lösungsmitteln erschließt, ist an dieser Stelle einzugehen nicht der Ort.

§ 10. Weitere Ausbildung der kinetischen Theorie; die mittlere Weglänge der Moleküle. Innere Reibung, adiabatische Erwärmung, Effusion, Diffusion.

Wir wenden uns nunmehr zu einer genaueren Verfolgung der Wirkungen, welche die Kräfte zwischen den einzelnen Molekülen eines Gases ausüben, als sie oben zum Zwecke der Ableitung der van der Waals'schen Gleichung erforderlich war.

Das charakteristische dieser Wirkung ist die Ablenkung der Moleküle von ihren ursprünglichen in anders gerichtete geradlinige Bahnen; der im Mittel zwischen zwei solchen Ablenkungen, die man kurz Stöße nennt, liegende geradlinige Weg, die freie mittlere Weglänge, sowie die mit ihm im Zusammenhange stehende Anzahl der Zusammenstöße, die ein Molekül in der Zeiteinheit erleidet, liefern eine deutlichere Veranschaulichung der wirklich stattfindenden Bewegung, als es die früheren Resultate zu geben vermochten. Mit der Bestimmung dieser Größen wollen wir uns im Anschluß an die Untersuchungen von Clausius[47]) zunächst beschäftigen und dabei die Geschwindigkeit aller Moleküle innerhalb des Gases der Einfachheit halber als gleich annehmen.

Denken wir uns ein ruhendes Molekül und ein gegen dasselbe anfliegendes, so wird sich um den Schwerpunkt des ersteren eine Kugel von der Eigenschaft konstruieren lassen, daß, wenn die noch geradlinige Bahn des Schwerpunktes des zweiten Moleküles dieselbe schneidet, die Ablenkung desselben aus seiner ursprünglichen Richtung infolge der Wechselwirkung eine merkliche Größe hat. Der Radius R dieser Kugel ist nicht gleich dem Radius der Wirkungssphäre, von der ja oben angenommen war, daß sie eine große Anzahl von Molekülen umschlösse, und mag daher den neuen Namen des Stoßradius, die Kugel den der Stoßkugel empfangen. Ihre Beträge werden wahrscheinlich von der Geschwindigkeit des stoßenden Moleküles, also von der Temperatur des Gases abhängen.

Sei nun ein System gleichförmig verteilter und festgehaltener Moleküle gegeben; ν von ihnen mögen in der Volumeneinheit enthalten sein, $\nu\, ds$ also in einer Schicht von der Fläche Eins und der Dicke ds.

Bewegen sich innerhalb dieses Systemes n Moleküle in paralleler Richtung mit gleicher Geschwindigkeit V, so ist der Bruchteil dn/n der während dt abgelenkten bestimmt durch das Verhältnis der in einer ebenen Schicht von der Dicke des durchmessenen Weges $ds = Vdt$ durch Stoßkugeln bedeckten, also undurchlässigen Fläche zu der gesamten; d. h., es gilt

$$-\frac{dn}{n} = \pi R^2 \nu V dt. \tag{74}$$

Wegen der unendlichen Kleinheit von ds sind dabei die undurchlässigen Stellen als von Stoßkugeln nur einfach bedeckt zu betrachten.

Hat das bisher ruhend angenommene gestoßene System eine gemeinsame Bewegung, deren Geschwindigkeit V_1 den Winkel φ mit derjenigen der Bewegung jener n stoßenden Moleküle einschließt, so gilt dieselbe Formel bei Vertauschung der absoluten Geschwindigkeit V mit der relativen Ω, die bestimmt ist durch

$$\Omega^2 = V^2 + V_1^2 - 2VV_1 \cos\varphi. \tag{74'}$$

In dem oben bezeichneten allgemeineren Fall, daß sich alle Moleküle in beliebigen Richtungen, aber mit konstanten Geschwindigkeiten durcheinander bewegen, erhält man Aufschluß über die stattfindenden Ablenkungen, wenn man eine gegen die Gesamtzahl der überhaupt vorhandenen Moleküle kleine Anzahl n — die immerhin absolut noch sehr groß ist — von irgend einem Zeitpunkte an als stoßend betrachtet. Der stattfindende Vorgang läßt sich dann auf den einfacheren reduzieren, daß alle n stoßenden Moleküle mit der Geschwindigkeit V parallel fortschreiten und von den gestoßenen, mit den Geschwindigkeiten $V_1 = V$ behafteten, der Bruchteil

$$\frac{2\pi \sin\varphi \, d\varphi}{n\pi}$$

Bewegungsrichtungen besitzt, welche mit derjenigen der ersteren Winkel zwischen φ und $\varphi + d\varphi$ einschließen. Dann wird

$$-\frac{dn}{n} = \pi R^2 \nu V dt \int_0^\pi \sin\varphi \sin\tfrac{1}{2}\varphi \, d\varphi,$$

oder ausgerechnet

$$-\frac{dn}{n} = \frac{4\pi}{3} R^2 \nu V dt. \tag{75}$$

Hieraus folgt durch Integration

$$n = n_0 e^{\frac{4\pi}{3} R^2 \nu V t}, \tag{75'}$$

worin n_0 die Anzahl der zur Zeit $t = 0$ in irgend einer Bewegung begriffenen Moleküle, n die Anzahl der von ihnen zur Zeit t noch nicht von ihrem Wege abgelenkten bezeichnet.

Wir haben bei der Ableitung dieser Fundamentalformel die Geschwindigkeiten aller Moleküle des Gases als gleich angenommen. Da die Gleichung (75), so lange man R als von V unabhängig betrachtet, V linear enthält, so ist zu vermuten, daß bei Ausdehnung der Betrachtung auf verschiedene Geschwindigkeiten, die, wie später zu zeigen, prinzipielle Schwierigkeiten bietet, an Stelle von V angenähert das arithmetische Mittel V_μ aller vorhandenen Geschwindigkeiten gesetzt werden kann, — welches, wie schon bemerkt, keineswegs mit dem früher eingeführten $\sqrt{(\overline{V^2})_\mu}$ identisch ist.

Die erhaltenen Resultate liefern sogleich noch weitere Folgerungen.

Da $-dn/dt$ die Anzahl der innerhalb der Zeiteinheit von n bewegten Molekülen abgelenkten ausmacht, so giebt $-dn/n\,dt$ auch die Anzahl α der auf ein Molekül in der Zeiteinheit kommenden Stöße, V/α die mittlere freie Weglänge L zwischen zwei Stößen an. So gelangt man von (75) ausgehend zu

$$76)\qquad -\frac{dn}{n\,dt} = \alpha = \frac{4\pi}{3} R^2 \nu V, \quad L = \frac{V}{\alpha} = \frac{3}{4\pi R^2 \nu}.$$

Schreibt man die letztere Formel

$$76')\qquad \frac{L}{R} = \frac{v}{\frac{4}{3}\pi R^3 \nu v},$$

so spricht sie den Satz aus, daß die mittlere Weglänge L sich zu dem Stoßradius R verhält, wie das Gesamtvolumen des Gases v zu dem von den Stoßkugeln eingenommenen Raum.

Da R jedenfalls eine außerordentlich kleine Größe ist, so ergiebt sich stets, wenn

$$\frac{4\pi}{3} R^3 \nu$$

infolge großen Wertes ν einen neben 1 merklichen Wert hat, auch für L ein sehr kleiner Wert, und man hat Ursache, anzunehmen, daß in allen den Verhältnissen, welche bei den Arbeiten mit Gasen in der Praxis vorliegen, selbst bei sehr kleinen Verdünnungen, die bekannten Gase diese Eigenschaft besitzen. Man wird sich daher vorstellen müssen, daß die Bewegung der Gasmoleküle, obwohl in der größten Zeit geradlinig verlaufend, sich doch nicht über irgend merkliche Räume erstreckt, sondern in Zickzackbahnen innerhalb mikroskopischer Bereiche stattfindet. In der That zeigt Formel (75'), die sich mit Hilfe von (76) und der Beziehung $Vt = s$ auch schreiben läßt

$$n = n_0 e^{-\frac{s}{L}}, \tag{77}$$

daß schon den zehnfachen Betrag der mittleren Weglänge nur eine ganz verschwindende Zahl von Molekülen unabgelenkt zurücklegt. Dies hat dann die wichtige Folge, daß die Gestalt des Gefäßes, welches das Gas enthält, auf die Molekularbewegung nur in sehr geringem Maße einwirken kann; von dieser Thatsache ist oben bereits Anwendung gemacht, als der Druck des Gases gegen die Wände als längs derselben konstant eingeführt wurde, und wird auch weiter noch Anwendung zu machen sein.

Die vorstehenden Resultate kommen zur Anwendung bei Ableitung der Grundgleichung für die innere Reibung eines Gases aus der kinetischen Vorstellung[48]), d. h. der wechselseitigen Beschleunigung und Verzögerung, welche zwischen den Teilen eines Gases stattfindet, das sich mit einer von Ort zu Ort wechselnden Geschwindigkeit bewegt, eine Untersuchung, die deshalb von grosser Bedeutung ist, weil sie die Mittel zur numerischen Bestimmung der oben eingeführten Größen α und L durch die Beobachtung liefert.

Für ihre Entwickelung hat man sich vorzustellen, daß ein jedes Volumenelement des Gases eine scheinbare Gesamtbewegung mit den Geschwindigkeitskomponenten u, v, w besitzt, und daß zugleich seine Moleküle mit der relativen Geschwindigkeit V gegen das Volumenelement, die nur von der Temperatur abhängt, nach allen Seiten hinfahren. Bringt man den Schwerpunkt des Volumenelementes durch Zufügung der Geschwindigkeitskomponenten $-u$, $-v$, $-w$ an jedes Molekül zur Ruhe, so darf man annehmen, daß die Bewegung nach allen Richtungen in gleicher Weise stattfindet.

Wir betrachten den einfachsten Fall, daß die Geschwindigkeiten der Volumenelemente des Gases überall parallel gerichtet und in parallelen Ebenen konstant sind; die X-Axe sei die Richtung dieser Geschwindigkeiten u, nach der Z-Axe finde allein ihre Veränderung statt. Eine Schicht von einer gegen die mittlere Weglänge großen Dicke dz erleidet dann von den Nachbarschichten eine Beschleunigung du/dt, die dadurch bewirkt ist, daß nach beiden Seiten hin Moleküle ausfahren und dafür von beiden Seiten her Moleküle mit anderen mittleren Geschwindigkeitskomponenten U nach der X-Axe eintreten. Da die Dicke der Schicht groß gegen L sein soll, so durchdringen sie von den eintretenden Teilchen, ohne abgelenkt zu werden, nur unmerklich wenige; die übrigen erleiden im Innern eine

Ablenkung, beginnen somit ihre neue Bewegung als der Schicht momentan angehörige Teile.

Für die Flächeneinheit der Schicht gilt demgemäß die Formel

$$77)\quad \varrho\, dz \frac{\partial u}{\partial t} = \Sigma_e(\mu U)_+ + \Sigma_e(\mu U)_- - \Sigma_a(\mu U)_+ - \Sigma_a(\mu U)_- ;$$

hierin bezeichnen die Indices e und a, daß die bezüglichen Summen über die ein- resp. austretenden Moleküle μ zu nehmen sind, die Indices $+$ und $-$, daß sie sich auf die positive oder negative Begrenzung der Schicht beziehen.

Beachtet man, daß $\Sigma_e(\mu U)_+$ und $\Sigma_a(\mu U)_-$ einerseits, $\Sigma_e(\mu U)_-$ und $\Sigma_a(\mu U)_+$ andererseits nur dadurch voneinander verschieden sind, daß sie für zwei verschiedene, um dz voneinander entfernte Flächenstücke gelten, so kann man statt (77) auch schreiben

$$77')\quad \varrho \frac{\partial u}{\partial t} = \frac{\partial}{\partial z}(\Sigma_e \mu U - \Sigma_a \mu U),$$

wo nun beide Summen sich auf die positive Grenzfläche der Schicht beziehen. Wir brauchen somit allein den durch diese Fläche stattfindenden Austausch von Molekülen in Rechnung zu ziehen.

Bezeichnen wir mit n' die Anzahl der Teilchen, die, von einem Raumelement dk auf der positiven Seite der Grenzfläche ausgehend, die Flächeneinheit der Grenze erreichen, so läßt sich schreiben

$$78)\quad \Sigma_e \mu U = \mu \int_{(+)} n' U\, dk,$$

worin das Raumintegral über den ganzen positiven Halbraum erstreckt werden kann, obgleich nach dem Obigen nur Teilchen aus äußerst kleiner Entfernung die Schicht erreichen. Analog ist

$$78')\quad \Sigma_a \mu U = \mu \int_{(-)} n' U\, dk,$$

das Integral in demselben Sinne über den negativen Halbraum ausgedehnt.

Kombiniert man miteinander stets je zwei in Bezug auf die Grenze sich spiegelbildlich entsprechende Volumenelemente und bezeichnet ihre normalen Abstände von dieser mit $\pm c$, so wird hiernach

$$78'')\quad \Sigma_e \mu U - \Sigma_a \mu U = \mu \int n' (U_{+c} - U_{-c})\, dk,$$

denn die Anzahl n' kann für die beiden korrespondierenden Elemente dk wegen der konstanten Dichte und der gegenüber dem Gesamtwert nur unbedeutend variierenden Molekulargeschwindigkeit als gleich betrachtet werden. Da faktisch nur sehr kleine Werte c in Betracht kommen, so läßt sich (78″) auch schreiben

$$\Sigma_e \mu U - \Sigma_a \mu U = 2 \mu \int \frac{\partial U}{\partial z} n' c \, d k \, , \tag{78‴}$$

worin das Integral über den positiven Halbraum auszudehnen ist und $\partial U / \partial z$ den Wert dieses Ausdruckes in der Grenzfläche selbst bezeichnet.

Es erübrigt noch die Bestimmung von n' und von U, die mit Strenge nicht ausgeführt zu werden braucht, weil die ganze Entwickelung auf der Wirklichkeit nicht genau entsprechenden Voraussetzungen beruht.

Um n' zu berechnen, wollen wir dem ganzen System die Geschwindigkeit $-u$ erteilt denken, wodurch die Grenzfläche selbst zur Ruhe gebracht wird, die benachbarten Raumelemente dk aber von ihren Geschwindigkeiten nur unendlich kleine Beträge übrig behalten. In diesem Zustande kann man die Bewegung in jedem Volumenelement als nach allen Richtungen in nahe gleicher Weise stattfindend betrachten.

In einem Raumelement dk befinden sich nach der früheren Bezeichnung fortwährend $\nu\, dk$, aber infolge ihrer Bewegung in verschiedenen Zeitmomenten im allgemeinen verschiedene Moleküle. Da ein jedes von ihnen in der Zeiteinheit α Stöße erfährt, so beginnen in der gleichen Zeit $\alpha \nu \, dk$ Moleküle nach einer Ablenkung innerhalb des Volumenelementes ihre Bewegung. Von ihnen besitzt der Bruchteil $d\omega / 4\pi$ eine Bewegungsrichtung, die innerhalb eines Elementarkegels von der Öffnung $d\omega$ liegt, und von diesen erreicht wiederum nur der Bruchteil

$$e^{-\frac{r}{L}}$$

unabgelenkt die Entfernung r, in welcher der von dk ausgehende Elementarkegel die Grenzfläche der Schicht treffen möge.

Bezeichnet man den Winkel, den die nach dk hin positiv gerechnete Richtung von r mit derjenigen der Z-Axe einschließt, durch φ, so ist die Größe do des Flächenelementes, welches der Elementarkegel aus der Begrenzung der Schicht ausschneidet, gegeben durch

$$\cos \varphi \, d o = r^2 \, d \omega \; ;$$

die Anzahl der während der Zeiteinheit von dk nach der Flächeneinheit der Grenze kommenden Moleküle wird demgemäß

79) $$n' \, dk = \frac{\alpha \nu \cos \varphi \, dk}{4 \pi r^2} e^{-\frac{r}{L}},$$

worin n' die frühere Bedeutung hat.

Die gesamte Geschwindigkeit U der Moleküle parallel der X-Axe rührt zum Teil von der Schwerpunktsgeschwindigkeit u der Volumenelemente dk her, aus denen sie kommen, zum Teil von der relativen Geschwindigkeit V der Moleküle gegen dk, welche viel größer als u und dabei für alle Elemente konstant ist. Den letzteren Anteil darf man als bei der Integration in (78‴) aus $\partial U / \partial z$ herausfallend betrachten und demgemäß $\partial U / \partial z$ mit $\partial u / \partial z$ vertauschen, wo sich $\partial u / \partial z$ auf die Grenzfläche selbst bezieht, also bei der Integration über den Halbraum konstant ist.

Hiernach wird, da noch $c = r \cos \varphi$ ist,

80) $$\begin{cases} \Sigma_e \mu U - \Sigma_a \mu U = \dfrac{\alpha \nu \mu}{2 \pi} \dfrac{\partial u}{\partial z} \displaystyle\int_0^{\frac{\pi}{2}} \cos^2 \varphi \sin \varphi \, d\varphi \int_0^{2\pi} d\psi \int_0^{\infty} r e^{-\frac{r}{L}} dr, \\ = \frac{1}{3} \alpha \nu \mu L^2 \dfrac{\partial u}{\partial z}, \end{cases}$$

und durch Einsetzen dieses Wertes in (77′)

80′) $$\varrho \frac{\partial u}{\partial t} = \frac{1}{3} \alpha \nu \mu L^2 \frac{\partial^2 u}{\partial z^2}.$$

Der Faktor

81) $$\eta = \frac{1}{3} \alpha \nu \mu L^2$$

heißt der **Koeffizient der inneren Reibung des Gases** und ist der numerischen Bestimmung durch die Beobachtung zugänglich.

Vertauscht man in dem obigen Ausdruck nach (76) αL mit V und setzt für $\nu \mu$, d. h. für die Summe aller Massen in der Volumeneinheit, die Dichte ϱ, so erhält man auch

81′) $$\eta = \frac{1}{3} \varrho V L.$$

Benutzt man für V den nach (69) berechneten Wert von $\sqrt{(\overline{V^2})_\mu}$, was zulässig ist, wenn man nur ungefähre Resultate haben will, so gestattet die empirische Bestimmung von η und ϱ, auch L und $\alpha = V / L$ zu berechnen. Die so gefundenen Zahlen für L liegen für die schwer kondensierbaren Gase bei 0^0 C. Temperatur und 1 Atm. Druck in der Nähe von 10^{-4} cm, die für α in der Nähe von 10^9 bei Zugrundelegung der Sekunde als Zeiteinheit.

Hieraus folgt, daß die Gasmoleküle bei den vorausgesetzten Verhältnissen frei nur fast unmerkliche Wege zurücklegen, wodurch nachträglich nun auch die Entwickelungen, welche zu der Schlußformel (80′) führten, gerechtfertigt sind.

Auf die Folgerungen aus jener Gleichung, wie auch auf das Verhalten eines bewegten Gases an festen Wänden, d. h. auf die sogenannte äußere Gasreibung[49]), wollen wir nicht eingehen; unabhängig von der kinetischen Vorstellung werden diese Punkte im folgenden Teile behandelt werden. —

Eine weitere Anwendung von den im Eingang dieses Abschnittes erhaltenen allgemeinen Resultaten wollen wir auf die Erklärung der sogenannten adiabatischen Temperaturänderung[50]) eines Gases durch bloße Volumenänderung ohne thermische Einwirkung machen.

Wir denken uns ein Element do der das Gas umschließenden Gefäßwand in normaler Richtung mit der gegen die Geschwindigkeit der Gasmoleküle sehr kleinen Geschwindigkeit u' nach innen verschoben und betrachten die Einwirkung dieser Bewegung auf ein gegen do prallendes Gasmolekül; da die Dauer der Einwirkung, die wir kurz als Stoß bezeichnen, äußerst kurz ist, so können wir u' während derselben als konstant betrachten.

Für ein Atom m_h des betrachteten Moleküles gilt, falls wir die X-Koordinatenaxe vorübergehend mit der Normalen auf do zusammenfallen lassen, nach (40) das System von Bewegungsgleichungen

$$m_h \frac{d^2 x_h}{d t^2} = X_h + \sum_{k(h)} X_{hk}, \quad m_h \frac{d^2 y_h}{d t^2} = \sum_{k(h)} Y_{hk}, \quad m_h \frac{d^2 z_h}{d t^2} = \sum_{k(h)} Z_{hk}; \tag{82}$$

X_h, die Wirkung der Wand, ist eine Funktion von $(x_h - x)$ allein, falls mit x die Koordinate von do bezeichnet wird. Faßt man diese drei Gleichungen mit den Faktoren

$$(u_h - u')\,dt = d(x_h - x), \quad v_h\,dt = dy_h, \quad w_h\,dt = dz_h$$

zusammen und integriert von dem Zeitpunkt t_0 des Eintritts in die Wirkungssphäre bis zu dem t_1 des Austritts aus derselben, so erhält man wegen

$$\int_{t_0}^{t_1} X_h\,d(x_h - x) = 0$$

das Resultat

$$\left.\begin{aligned} &\tfrac{1}{2} m_h \left[(V_h)_1^2 - (V_h)_0^2 - 2u'\left((u_h)_1 - (u_h)_0\right)\right] \\ &\qquad = \sum_{k(h)} \int_{t_0}^{t_1} \left(X_{hk}\,d(x_h - x) + Y_{hk}\,dy_h + Z_{hk}\,dz_h\right) \end{aligned}\right\} \tag{82′}$$

Summiert man diese Formel über alle Atome m_h eines Moleküles μ und bedenkt, daß

$$\sum_h \sum_{k(h)} X_{hk} = 0,$$

82″)
$$\sum_h \sum_{k(h)} \int_{t_0}^{t_1} (X_{hk}\, d x_h + Y_{hk}\, d y_h + Z_{hk}\, d z_h) = A_0$$

die Arbeit der inneren Kräfte des Moleküles während des Stoßes ist, so erhält man

83)
$$e_1 - e_0 = \mu u' (U_1 - U_0).$$

Hierin bezeichnet e die gesamte Energie des Moleküles, U seine Schwerpunktsgeschwindigkeit normal zu do; da u' sehr klein gegen U ist, kann man dabei den durch u' bewirkten Unterschied zwischen $-U_0$ und U_1 vernachlässigen und setzen

83′)
$$e_1 - e_0 = 2 \mu u' U,$$

worin den Normalgeschwindigkeiten u' und U des Flächenelementes und der Moleküle gleiche oder entgegengesetzte Vorzeichen beizulegen sind, je nachdem sie vor dem Stoß entgegengesetzte oder gleiche Richtung hatten.

Nun stoßen nach (79) gegen do während der Zeit dt

83″)
$$n' dk\, do\, dt = \frac{\alpha \nu \cos\varphi\, dk\, do\, dt}{4 \pi r^2} e^{-\frac{r}{L}}$$

von dem Volumenelement dk ausgehende Moleküle; sie besitzen die Normalgeschwindigkeit

83‴)
$$U = V \cos\varphi,$$

und ein jedes erfährt bei dem Stoß die durch (83′) gegebene Energieänderung. Demgemäß erleidet die Energie E des ganzen Gases durch die Verschiebung von do während dt die Änderung

84)
$$\left\{ \begin{aligned} d'E &= \frac{V \alpha \nu \mu u' dt\, do}{2\pi} \int_0^{\frac{\pi}{2}} \cos^2\varphi \sin\varphi\, d\varphi \int_0^{2\pi} d\psi \int_0^{\infty} e^{-\frac{r}{L}} dr, \\ &= \tfrac{1}{3} V L \alpha \nu \mu u'\, dt\, do, \end{aligned} \right.$$

oder wegen $V = L\alpha$

84′)
$$d'E = \tfrac{1}{3} V^2 \nu \mu u'\, dt\, do.$$

Nun ist aber $u' dt$ die normale Verschiebung des Elementes do, also $u' dt\, do$ die durch sie bewirkte V e r k l e i n e r u n g des Volumens v des Gases; summiert man also die letzte Gleichung über alle Oberflächenelemente, so erhält man als gesamte Energieänderung infolge der Volumenänderung dv den Wert

$$dE = -\tfrac{1}{3} V^2 \nu \mu \, dv. \tag{84''}$$

Da nun noch

$$\tfrac{1}{2} V^2 \nu \mu v = \Psi_a$$

die lebendige Kraft der Schwerpunktsbewegung der Moleküle des gesamten Gases darstellt, so ist die vorstehende Formel identisch mit

$$\frac{dE}{\Psi_a} = -\frac{2}{3}\frac{dv}{v}. \tag{85}$$

Die betrachtete Energieänderung bezieht sich zunächst nur auf die der Oberfläche unmittelbar benachbarten Teile; bei hinreichend langsamer Verschiebung der Oberflächenelemente wird sich aber der Zustand im ganzen Innern ausgleichen, ohne daß dabei eine Energieänderung eintreten könnte, und da nach Gleichung (66')

$$\tfrac{2}{3} \Psi_a = MBT \tag{85'}$$

ist, unter M die Gesamtmasse des Gases verstanden, und da sich Ψ_a mit E ändern muß, so wird als Folge der Kompression eine Änderung der Temperatur des Gases eintreten.

Um dieselbe zu bestimmen, ist die Kenntnis des Zusammenhanges zwischen E und Ψ_a, der gesamten und der äußeren kinetischen Energie der Molekularbewegung, erforderlich.

Dieser ist ohne weiteres gegeben, wenn die Moleküle einatomig sind, denn dann ist die innere Energie der Moleküle verschwindend, also $E = \Psi_a$; hier folgt aus (85)

$$l\Psi_a = C - \tfrac{2}{3} l v, \tag{86}$$

worin l den natürlichen Logarithmus bezeichnet, oder wegen (85')

$$lT = lC' - \tfrac{2}{3} l v, \tag{86'}$$

und

$$T v^{\frac{2}{3}} = C', \tag{86''}$$

worin C und C' Konstanten bezeichnen.

Im Falle mehratomiger Moleküle ist eine allgemeine Beziehung zwischen E und Ψ_a auf rein mechanischem Wege ohne spezielle Annahmen nicht zu gewinnen; mit Hilfe von thermischen Betrachtungen kann man aber, wie im dritten Teile gezeigt werden wird, finden

$$dE = \frac{MB\,dT}{\varkappa - 1} = \frac{2}{3}\frac{d\Psi_a}{\varkappa - 1}, \tag{87}$$

wo $\varkappa$ eine dem Gas individuelle Konstante bezeichnet.

Hiernach wird allgemein

87′) $$\frac{d\,\Psi_a}{\Psi_a} = \frac{d\,T}{T} = -(\varkappa - 1)\frac{d\,v}{v},$$

und daraus durch Integration

87″) $$T v^{\varkappa - 1} = C'.$$

Berücksichtigt man, daß gleichzeitig gilt

$$p\,v = M B\,T,$$

so folgt aus (87″) auch

87‴) $$p\,v^{\varkappa} = C'',$$

als die Beziehung zwischen Druck und Volumen, welche bei rein mechanischer Einwirkung auf das Gas stattfindet.

Für den Wert von $\varkappa$ giebt bei Berücksichtigung des Umstandes, daß Ψ_a als ein Teil von E notwendig kleiner als E sein muß, die vorstehende Betrachtung die Ungleichung

$$\varkappa - 1 \leqq \tfrac{2}{3}, \text{ d. h. } \varkappa \leqq \tfrac{5}{3};$$

der größte Wert $^5/_3$ findet bei einatomigen Gasen statt. —

Außer den vorstehend erörterten Problemen kann man insbesondere den Vorgang der Wärmeleitung[51]) innerhalb eines Gases auf Grund der oben benutzten Anschauungen behandeln; die Ausgleichung der Temperatur zwischen verschieden warmen Teilen eines Gases stellt sich dann dar als durch den Transport lebendiger Kraft Ψ_a von den wärmeren nach den kälteren Stellen bewirkt. Indessen ist die theoretische Verfolgung dieses Gedankens dadurch erschwert, daß mit den Temperaturänderungen notwendig Druckänderungen verbunden sind, die eine Bewegung der Volumenelemente neben derjenigen der einzelnen Moleküle bewirken, und bietet überdies das prinzipielle Bedenken, daß sie von der Strahlung der Wärme von Molekül zu Molekül abstrahiert, die möglicherweise auf den ganzen Vorgang sehr wesentlich einwirkt. Darum soll von derselben abgesehen werden. —

Der Vorgang der Effusion eines Gases aus einem Reservoir durch eine sehr kleine Öffnung in einer unendlich dünnen Wand[52]) läßt sich, wenn man annimmt, daß der Zustand in unmittelbarer Nähe der Öffnung sich trotz der dauernden Ausströmung immer merklich dem im Innern des Reservoirs vorhandenen gleich erhält, leicht mit Hilfe der Gleichung (79) erledigen, denn die Masse M' des in der Zeiteinheit austretenden Gases ist gleich der auf ein

Oberflächenelement von der Größe der Öffnung q in derselben Zeit auffallenden, also gegeben durch

$$M' = \frac{\alpha \nu \mu q}{4\pi} \int \frac{\cos\varphi}{r^2} e^{-\frac{r}{L}} dk, \tag{88)}$$

die Integration über den Halbraum erstreckt. Dies giebt ausgerechnet, da $\nu \mu = \varrho$ die Dichte des Gases ist,

$$M' = \tfrac{1}{4} \alpha \nu \mu q L = \tfrac{1}{4} q \varrho V, \tag{88')}$$

worin, wie oben gesagt, V bei nicht gleichen Geschwindigkeiten der Moleküle angenähert mit V_μ vertauscht werden kann.

Die Formel wird bezüglich der Proportionalität mit q, ϱ, V, nicht aber bezüglich des absoluten Wertes von M' durch die Beobachtung bestätigt, was nach dem Vorausgeschickten begreiflich ist.

Sie läßt sich auf die gegenseitige Effusion zweier Reservoire, in denen verschiedene Drucke, aber gleiche Temperaturen herrschen, erweitern und giebt dann die von (1) nach (2) übergehende Menge

$$M'_{12} = M'_1 - M'_2 = \tfrac{1}{4} q V(\varrho_1 - \varrho_2). \text{ —} \tag{88'')}$$

Schwierigkeiten bietet dagegen die Behandlung der Diffusion innerhalb eines Gasgemisches von überall gleichem Druck, aber wechselndem Mischungsverhältnis[53]), weil hier Zusammenstöße außer zwischen Molekülen gleicher Art auch zwischen solchen verschiedener Art, und zwar alle in von Ort zu Ort wechselnder Häufigkeit, stattfinden.

Von dieser Komplikation ist in bemerkenswerter Weise frei das Problem der Diffusion innerhalb einer ungleichmäßig konzentrierten, übrigens aber verdünnten Lösung[54]); denn hier überwiegen die Zusammenstöße zwischen den Molekülen der gelösten Substanz und denjenigen des Lösungsmittels so über diejenigen zwischen den ersteren Molekülen allein, daß die letzteren außer Betracht bleiben können.

Eine andere Vereinfachung wird dadurch bewirkt, daß, wenn auch möglicherweise infolge des wechselnden osmotischen Druckes die Dichte der Flüssigkeit an den Stellen verschiedener Konzentration etwas verschieden ist, dieser Unterschied wegen der äußerst geringen Kompressibilität der Flüssigkeiten außer Betracht bleiben und demgemäß die Stoßzahl α als konstant betrachtet werden kann.

Die Formeln (75) und (76) lassen sich ohne weiteres auf unseren Fall übertragen; nur ist natürlich jetzt unter R der Stoßradius für das Zusammentreffen eines Moleküles der gelösten Substanz mit einem des Lösungsmittels zu verstehen.

Ist die Konzentration, also die Anzahl ν der Moleküle μ der gelösten Substanz in der Volumeneinheit, und damit die Dichte $\varrho = \nu\mu$ derselben eine Funktion allein der einen Koordinate z, so ist die Differenz M' der in positiver und negativer Richtung während der Zeiteinheit durch die Flächeneinheit normal zur Z-Axe gehenden Quantitäten der gelösten Substanz, d. h. die Stärke des Diffusionsstromes, nach (79) gegeben durch

89) $$M' = \frac{\alpha}{4\pi}\int(\varrho_{-c} - \varrho_{+c})\frac{\cos\varphi}{r^2}e^{-\frac{r}{L}}dk,$$

worin ϱ_{-c} und ϱ_{+c} die Dichten in zwei sich spiegelbildlich entsprechenden Volumenelementen in den normalen Abständen $\pm c$ von der betrachteten Fläche bezeichnen.

Aus demselben Grunde, der für die Umformung (78″) maßgebend war, können wir hierin

89′) $$\varrho_{-c} - \varrho_{+c} = -2c\frac{\partial \varrho}{\partial z} = -2r\cos\varphi\frac{\partial \varrho}{\partial z}$$

setzen und erhalten bei Benutzung dieses Wertes aus (89)

89″) $$M' = -\tfrac{1}{3}\alpha L^2\frac{\partial \varrho}{\partial z} = -\tfrac{1}{3}VL\frac{\partial \varrho}{\partial z}.$$

Die zeitliche Änderung der Dichte ϱ infolge der Diffusion ist dann, wie leicht erkennbar, gegeben durch

89‴) $$\frac{\partial \varrho}{\partial t} = -\frac{\partial M'}{\partial z} = +\tfrac{1}{3}VL\frac{\partial^2 \varrho}{\partial z^2}.$$

Der Faktor $\delta = \frac{1}{3}VL$ von $\partial^2\varrho/\partial z^2$ heißt der Diffusionskoeffizient der gelösten Substanz in dem bestimmten Lösungsmittel und ist der Beobachtung zugänglich; aus bekanntem δ und aus, wie Seite 61 gezeigt, berechnetem V bestimmt sich sonach L und α. Die erhaltenen Werte sind begreiflicherweise für L viel kleiner, für α größer, als die oben für Gase angegebenen.

In dieser Entwickelung ist von Kräften, welche auf die Moleküle der gelösten Substanz wirken, abgesehen; sie gilt daher nur, falls die Moleküle sich in der Lösung nicht elektrolytisch dissoziieren; denn im anderen Falle bewirken die elektrischen Ladungen, mit denen nach den Vorstellungen der Elektrochemie die Teile der Moleküle, die Ionen, behaftet sind, fernwirkende Kräfte, welche auf die Diffusion einwirken. Doch läßt sich auch dies kompliziertere Problem, welches in engem Zusammenhang mit der Elektrolyse in Folge eines durch die Lösung gehenden Stromes steht, im Anschluß an die kinetische Vorstellung lösen.[56]) Dabei sind selbstverständlich die Bewegungen jedes Ions für sich zu betrachten.

§ 11. Weitere Ausbildung der kinetischen Theorie; das Gesetz der Verteilung der Geschwindigkeiten.

Die Moleküle eines Gases können nicht dauernd sämtlich gleiche Geschwindigkeiten besitzen, denn wenn man ihnen dergleichen für einen Augenblick erteilen könnte, so würde dieser Zustand im nächsten Augenblick durch die Wechselwirkungen der Moleküle untereinander zerstört werden. Unter allen Verteilungen, welche, im Laufe der Zeit wechselnd, sich einstellen, ist nun eine wahrscheinlicher als alle übrigen, und sie wird demgemäß das durchschnittlich stattfindende Gesetz darstellen.[56])

Sei ein Gasvolumen gegeben, welches die Schwerpunktsgeschwindigkeit h mit den Komponenten a, b, c parallel den Koordinatenaxen besitzt, so läßt sich dasselbe durch Erteilung der entgegengesetzten Geschwindigkeit zu äußerlicher Ruhe bringen. In diesem Zustand hat ein Molekül, welches zuvor die absoluten Geschwindigkeitskomponenten u, v, w besaß, die modifizierten

$$\mathfrak{u} = u - a, \quad \mathfrak{v} = v - b, \quad \mathfrak{w} = w - c.$$

Von den resultierenden relativen Geschwindigkeiten

$$\mathfrak{V} = \sqrt{\mathfrak{u}^2 + \mathfrak{v}^2 + \mathfrak{w}^2}$$

ist nach der auf S. 67 ausgesprochenen Annahme jeder bestimmte Wert in allen Richtungen gleich oft vorhanden.

Der Bruchteil aller Moleküle, welcher bei beliebiger Geschwindigkeit parallel Y und Z eine Geschwindigkeit parallel der X-Axe zwischen $\mathfrak{u}$ und $\mathfrak{u} + d\mathfrak{u}$ hat, muß, falls $f(\mathfrak{u})$ eine noch unbekannte Funktion von $\mathfrak{u}$ bezeichnet, gegeben sein durch

$$f(\mathfrak{u})\,d\mathfrak{u},$$

der Bruchteil mit entsprechenden Geschwindigkeiten parallel Y oder Z durch

$$f(\mathfrak{v})\,d\mathfrak{v}, \quad f(\mathfrak{w})\,d\mathfrak{w}.$$

Daraus folgt, daß der Bruchteil, welcher gleichzeitig Geschwindigkeiten

parallel X	zwischen	$\mathfrak{u}$	und	$\mathfrak{u} + d\mathfrak{u}$
„ Y	„	$\mathfrak{v}$	„	$\mathfrak{v} + d\mathfrak{v}$
„ Z	„	$\mathfrak{w}$	„	$\mathfrak{w} + d\mathfrak{w}$

besitzt, gegeben sein muß durch

$$\mathfrak{B} = f(\mathfrak{u})f(\mathfrak{v})f(\mathfrak{w})\,d\mathfrak{u}\,d\mathfrak{v}\,d\mathfrak{w}.$$

Ist $\mathfrak{N}$ die Anzahl aller in dem gegebenen Volumen vorhandenen

Moleküle und denkt man sich ihre Geschwindigkeiten $\mathfrak{V}$ durch Strecken repräsentiert, die von einem Koordinatenanfang aus konstruiert werden, so daß ihre Projektionen gleich $\mathfrak{u}$, $\mathfrak{v}$, $\mathfrak{w}$ sind, so giebt

90) $$\mathfrak{n} = \mathfrak{N}\,\mathfrak{B} = \mathfrak{N} f(\mathfrak{u}) f(\mathfrak{v}) f(\mathfrak{w})\, d\mathfrak{u}\, d\mathfrak{v}\, d\mathfrak{w}$$

die Anzahl solcher Strecken, welche in dem Volumenelement $d\mathfrak{u}\, d\mathfrak{v}\, d\mathfrak{w}$ an der Stelle $\mathfrak{u}$, $\mathfrak{v}$, $\mathfrak{w}$ endigen.

Zerlegt man andererseits den Raum um den Koordinatenanfang in Kugelschalen von der Dicke $d\mathfrak{V}$, so ist die Anzahl der Strecken, welche innerhalb einer solchen Schale endigen, gleich $\mathfrak{N} F(\mathfrak{V})\, d\mathfrak{V}$, worin $F(\mathfrak{V})$ ebenfalls eine noch unbekannte Funktion von $\mathfrak{V}$ bezeichnet. Da nun alle Richtungen gleichwertig sind, so endigt innerhalb eines Volumenelementes $d\mathfrak{O}\, d\mathfrak{V}$ jener Schicht eine Anzahl $\mathfrak{n}'$, gegeben durch

90') $$\mathfrak{n}' = \frac{\mathfrak{N} F(\mathfrak{V})\, d\mathfrak{O}\, d\mathfrak{V}}{4\pi \mathfrak{V}^2} = \mathfrak{N} F_1(\mathfrak{V})\, d\mathfrak{O}\, d\mathfrak{V},$$

worin F_1 eine Abkürzung ist.

Ist das Volumenelement $d\mathfrak{O}\, d\mathfrak{V}$ an der Stelle $\mathfrak{u}$, $\mathfrak{v}$, $\mathfrak{w}$ gelegen, und ist seine Größe gleich $d\mathfrak{u}\, d\mathfrak{v}\, d\mathfrak{w}$, so muß auch $\mathfrak{n} = \mathfrak{n}'$ sein; dies ergiebt aber

90'') $$f(\mathfrak{u}) f(\mathfrak{v}) f(\mathfrak{w}) = F_1(\mathfrak{V}) = F_1(\sqrt{\mathfrak{u}^2 + \mathfrak{v}^2 + \mathfrak{w}^2}).$$

Diese Formel spricht eine Eigenschaft der Funktion f aus, welche ihre Form vollständig bestimmt; ihr genügt allein der Ansatz

91) $$f(\mathfrak{u}) = \mathfrak{a}\, e^{-\mathfrak{b}^2 \mathfrak{u}^2},$$

in dem $\mathfrak{a}$ und $\mathfrak{b}$ Konstanten sind. Das negative Zeichen im Exponenten erscheint notwendig, da f nicht mit unendlichem $\mathfrak{u}$ selbst unendlich werden kann.

Nach der Definition von $f(\mathfrak{u})\, d\mathfrak{u}$ als Bruchteil aller Teilchen muß

91') $$\int_{-\infty}^{+\infty} f(\mathfrak{u})\, d\mathfrak{u} = 1$$

sein; dies ergiebt $\sqrt{\pi}(\mathfrak{a} / \mathfrak{b}) = 1$, also

91'') $$f(\mathfrak{u}) = \frac{\mathfrak{b}}{\sqrt{\pi}} e^{-\mathfrak{b}^2 \mathfrak{u}^2}, \quad f(\mathfrak{v}) = \frac{\mathfrak{b}}{\sqrt{\pi}} e^{-\mathfrak{b}^2 \mathfrak{v}^2}, \quad f(\mathfrak{w}) = \frac{\mathfrak{b}}{\sqrt{\pi}} e^{-\mathfrak{b}^2 \mathfrak{w}^2}.$$

Hieraus folgt sofort

91''') $$F_1(\mathfrak{V}) = \frac{\mathfrak{b}^3}{\sqrt{\pi^3}} e^{-\mathfrak{b}^2 \mathfrak{V}^2},$$

und da $F(\mathfrak{V}) = 4\pi \mathfrak{V}^2 F_1(\mathfrak{V})$ ist,

92) $$F(\mathfrak{V}) = \frac{4\,\mathfrak{b}^3 \mathfrak{V}^2}{\sqrt{\pi}} e^{-\mathfrak{b}^2 \mathfrak{V}^2}.$$

Dies ist das MAXWELL'sche Gesetz für die Verteilung der relativen Geschwindigkeiten $\mathfrak{V}$ gegen den Schwerpunkt des bewegten Gasvolumens; $F(\mathfrak{V})\,d\,\mathfrak{V}$ giebt den Bruchteil aller Moleküle an, welche in beliebiger Richtung eine Geschwindigkeit zwischen $\mathfrak{V}$ und $\mathfrak{V} + d\,\mathfrak{V}$ besitzen.

$F(\mathfrak{V})$ hat ein Maximum für $\mathfrak{V} = 1 / \mathfrak{h}$; $1 / \mathfrak{h} = \mathfrak{W}$ ist also der wahrscheinlichste Wert von $\mathfrak{V}$, d. h. der, in dessen Nähe auf gleiches $d\,\mathfrak{V}$ mehr Moleküle kommen, als irgendwo anders.

Beschränkt man sich weiterhin auf ein ruhendes Gas, so erhält man, da nur die absoluten Geschwindigkeiten an Stelle der relativen treten,

$$F(V) = \frac{4\,V^2}{W^3\sqrt{\pi}}\,e^{-(V/W)^2}. \qquad 92')$$

Die mittlere Geschwindigkeit V_μ ist gegeben durch

$$V_\mu = \int_0^\infty V F(V)\,d\,V, \qquad 92'')$$

der mittlere Wert aller Geschwindigkeitsquadrate durch

$$(V^2)_\mu = \int_0^\infty V^2 F(V)\,d\,V. \qquad 92''')$$

Die Berechnung dieser Integrale ergiebt

$$V_\mu = \frac{2}{\sqrt{\pi}}\,W, \quad (V^2)_\mu = \tfrac{3}{2}\,W^2, \qquad 93)$$

daher

$$V_\mu \,/\, \sqrt{(V^2)_\mu} = \sqrt{\frac{8}{3\pi}} = 0{,}9213. \qquad 93')$$

Das Verhältnis dieser beiden verschieden definierten Mittelwerte ist also für alle Gase von gleicher Größe.

Da nach Formel (69) der Wert von $(V^2)_\mu = 3\,p \,/\, \varrho$ für die einzelnen Gase aus der Beobachtung bestimmbar ist, so ist für sie auch

$$V_\mu = \sqrt{\frac{8\,p}{\pi\,\varrho}} \qquad 93'')$$

zu berechnen. —

Die Aufklärung, welche das MAXWELL'sche Gesetz über den mittleren Bewegungszustand in einem Gase liefert, und der Nachweis, daß zwischen den mittleren Werten aller Potenzen der Geschwindigkeit V für alle Gase konstante Zahlenverhältnisse bestehen, sind die eigentlich wichtigen Resultate der obigen Entwickelung. Eine praktische Anwendung zur Berichtigung der oben unter Voraussetzung gleicher Geschwindigkeiten entwickelten Theorien der inneren Reibung, der Diffusion und ähnlicher gestattet das Gesetz, wenigstens ohne gleichzeitige Einführung spezieller Hypothesen über den Bau und die Wechselwirkung der Moleküle, nicht; denn so lange man den Zusammenhang nicht kennt, in welchem der Stoßradius R mit der relativen Geschwindigkeit steht, und demgemäß variierende Geschwindigkeit und konstanten Stoßradius nebeneinander benutzt, ist der Gewinn an Strenge illusorisch.

Doch kann man in den Fällen, wo es wahrscheinlich ist, daß die Berücksichtigung der verschiedenen Werte der Geschwindigkeit auf den Mittelwert V_μ führen würde, den aus (93″) folgenden Ausdruck für diese Größe setzen.

So würde die Formel (88′) für die Effusion eines Gases in den leeren Raum unter seiner Anwendung die Gestalt

94) $$M' = q\sqrt{\frac{p\varrho}{2\pi}}$$

annehmen, die für die gegenseitige Effusion zwischen zwei Reservoiren (88″) analog

94′) $$M_{12}' = \frac{q}{\sqrt{2\pi}}(\sqrt{p_1\varrho_1} - \sqrt{p_2\varrho_2}).$$

Sind die Temperaturen beiderseitig die gleichen, so ist

$$p_1 / \varrho_1 = p_2 / \varrho_2 = B\,T,$$

also

94″) $$M_{12}' = q\sqrt{\frac{B\,T}{2\pi}}(\varrho_1 - \varrho_2) = \frac{q}{\sqrt{2\pi B\,T}}(p_1 - p_2).$$

Die hieraus folgenden Resultate für das Verhältnis der Ausflußmengen verschiedener Gase bei gleichem Druck und gleicher Temperatur sind von der Beobachtung befriedigend bestätigt.

§ 12. Die Gleichungen von Hamilton und Lagrange. Cyklische Systeme.

Bezeichnet man mit δx_h, δy_h, δz_h willkürliche Variationen der Koordinaten x_h, y_h, z_h des Massenpunktes m_h, faßt nach Multiplikation mit ihnen die Gleichungen (40) additiv zusammen und summiert das Resultat über alle Massenpunkte des Punktsystemes, so erhält man

95) $$\left\{\begin{aligned}\sum_h\Big[\Big(m_h\frac{d^2x_h}{dt^2} - X_h - \sum_{k(h)}X_{hk}\Big)\delta x_h + \Big(m_h\frac{d^2y_h}{dt^2} - Y_h - \sum_{k(h)}Y_{hk}\Big)\delta y_h\\ + \Big(m_h\frac{d^2z_h}{dt^2} - Z_h - \sum_{k(h)}Z_{hk}\Big)\delta z_h\Big] = 0\,.\end{aligned}\right.$$

In den Ausdrücken für die Kraftkomponenten sind hier im allgemeinen auch die Reaktionskomponenten enthalten, welche durch etwa die Bewegung beschränkende Nebenbedingungen geliefert werden. Feste Kurven oder Oberflächen, an die ein einzelner Punkt gebunden ist, werden ihre Reaktionen in der Form äußerer, feste Verbindungen zwischen mehreren Massenpunkten in der Form innerer Kräfte auftreten lassen.

Falls die Variationen δx_h, δy_h, δz_h die Eigenschaft haben, mit den Bedingungen vereinbare Verrückungen aller Massenpunkte zu ergeben, wollen wir sie wie S. 27 virtuell nennen; an Bewegungen dieser Art können die Reaktionskräfte, welche nur den Bedingungen widersprechende Bewegungen verhindern, keine Arbeit leisten, bei der Beschränkung auf virtuelle Verrückungen enthält demnach die Formel (95) keinerlei Reaktionen, sondern nur die direkt gegebenen äußeren und inneren Kräfte und läßt sich unter Benutzung früherer Bezeichnungen kürzer schreiben, wie folgt[57]):

$$\Sigma m_h \left(\frac{d^2 x_h}{d t^2} \delta x_h + \frac{d^2 y_h}{d t^2} \delta y_h + \frac{d^2 z_h}{d t^2} \delta z_h \right) - \delta' A_i - \delta' A = 0. \quad 95')$$

Diese allgemeine Gleichung der virtuellen Verrückungen hat den ganzen Inhalt der Bewegungsgleichungen (40) in sich aufgenommen, so daß jene in allgemeinster Fassung aus ihr zurückgewonnen werden können.

Ist nämlich die Bewegung irgend welchen Nebenbedingungen von der Form $\varphi_i = 0$ unterworfen, worin die φ_i die Koordinaten beliebiger Punkte des Systems und außerdem die Zeit enthalten können, so hat man diese Bedingungen nur bei konstanter Zeit zu variieren und mit willkürlichen Faktoren λ_i multipliziert zu (95') hinzuzufügen[58]); dann kann man sämtliche δx_h, δy_h, δz_h als willkürlich betrachten und demgemäß die erhaltene Gleichung in $3n$ zerfällen, welche mit den Nebenbedingungen zusammen die Bestimmung der sämtlichen Koordinaten und der Faktoren λ_i gestatten.

Nach dem auf S. 41 Entwickelten besitzen die Wechselwirkungen ein Potential im engeren Sinne des Wortes, wenn

$$\delta' A_i = - \delta \Phi \quad 95'')$$

ist, wo Φ eine Funktion von den Koordinaten aller Massenpunkte, aber nicht von deren Differentialquotienten nach der Zeit ist.

Verschwinden bei verschwindenden Geschwindigkeiten auch die Beschleunigungen, d. h., ist das Punktsystem im Gleichgewicht, so muß gelten

$$\delta' A_i + \delta' A = 0, \quad 96)$$

oder wenn ein Potential existiert,

96′) $$\delta\,\Phi - \delta' A = 0\,.$$

Ist diese Bedingung nicht erfüllt, so tritt aus der Ruhe eine Bewegung ein, für die nach Gleichung (47), falls die Bedingungen die Zeit nicht enthalten,

97) $$d' A_i + d' A > 0\,,$$

oder bei Existenz eines Potentiales

97′) $$d\,\Phi - d' A < 0$$

ist.

In dem speziellen Falle, daß äußere Kräfte fehlen und die inneren ein Potential im engeren Sinne des Wortes haben, wird die Gleichgewichtsbedingung (96′) zu

98) $$\delta\,\Phi = 0\,,$$

diejenige für den Beginn der Bewegung aus dem Zustand der Ruhe (97′) zu

98′) $$d\,\Phi < 0\,.$$

Hieraus folgt, daß der Gleichgewichtszustand dadurch charakterisiert ist, daß für ihn Φ ein Maximum oder ein Minimum annimmt, und zwar zeigt (98′), daß stabiles Gleichgewicht einem kleinsten, labiles einem größten Wert von Φ entspricht. —

Die Gleichung (95) läßt sich auf die Form bringen

99) $$\frac{d}{dt}\Sigma m_h\left(\frac{d x_h}{dt}\delta x_h + \frac{d y}{dt}\delta y_h + \frac{d z_h}{dt}\delta z_h\right) = \delta\,\Psi + \delta' A_i + \delta' A\,,$$

wo $\Psi = \frac{1}{2}\Sigma m_h V_h^2$ wie früher die lebendige Kraft des Punktsystemes bezeichnet; hieraus folgt durch Multiplikation mit dt und Integration zwischen zwei Grenzen t_0 und t_1, an welchen sämtliche Variationen δx_h, δy_h, δz_h verschwinden[59]),

99′) $$\int_{t_0}^{t_1}(\delta\,\Psi + \delta' A_i + \delta' A) = 0\,,$$

oder, falls ein Potential existiert,

99″) $$\int_{t_0}^{t_1}\left(\delta(\Psi - \Phi) + \delta' A\right) dt = 0\,.$$

Diese Gleichung heißt das HAMILTON'sche Prinzip und ist von besonderer Wichtigkeit für die Einführung neuer Variabeln in die Bewegungsgleichungen.

Sind dieselben mit $p_1, p_2 \ldots p_n$ bezeichnet und dabei so gewählt, daß sie die der Bewegung gestellten Nebenbedingungen identisch befriedigen, so wird

$$\delta x_h = \sum_i \frac{\partial x_h}{\partial p_i}\,\delta p_i, \quad \delta y_h = \sum_i \frac{\partial y_h}{\partial p_i}\,\delta p_i, \quad \delta z_h = \sum_i \frac{\partial z_h}{\partial p_i}\,\delta p_i, \tag{100)}$$

also die Arbeit

$$\delta' A = \Sigma (X_h\,\delta x_h + Y_h\,\delta y_h + Z_h\,\delta z_h) = \Sigma P_i\,\delta p_i, \tag{100')}$$

falls

$$\sum_h \left(X_h \frac{\partial x_h}{\partial p_i} + Y_h \frac{\partial y_h}{\partial p_i} + Z_h \frac{\partial z_h}{\partial p_i} \right) = P_i \tag{100'')}$$

gesetzt wird.

Analog wie (100), aber nur unter der Voraussetzung, daß die Nebenbedingungen und daher die Beziehungen, welche die p_i durch die x_h, y_h, z_h definieren, die Zeit nicht enthalten, gilt

$$\frac{d x_h}{d t} = \sum_i \frac{\partial x_h}{\partial p_i}\,q_i, \quad \frac{d y_h}{d t} = \sum_i \frac{\partial y_h}{\partial p_i}\,q_i, \quad \frac{d z_h}{d t} = \sum_i \frac{\partial z_h}{\partial p_i}\,q_i, \tag{101)}$$

worin kurz

$$\frac{d p_i}{d t} = q_i \tag{101')}$$

gesetzt ist. Hieraus folgt, daß unter der gemachten beschränkenden Annahme die lebendige Kraft Ψ eine homogene Funktion zweiten Grades der q_i ist, deren Koeffizienten von den p_i abhängen, während das Potential Φ nur die p_i enthält.

Wegen der genannten Eigenschaft der lebendigen Kraft wird in diesem Falle die Energie E gegeben sein durch

$$E = \Psi + \Phi = \Sigma \frac{\partial \varLambda}{\partial q_i}\,q_i - \varLambda, \tag{101'')}$$

wo $\varLambda$, die sogenannte LAGRANGE'sche Funktion, definiert ist durch

$$\Psi - \Phi = \varLambda. \tag{102)}$$

Weiter erhält man

$$\delta \varLambda = \delta(\Psi - \Phi) = \Sigma \left(\frac{\partial \varLambda}{\partial p_i}\,\delta p_i + \frac{\partial \varLambda}{\partial q_i}\,\delta q_i \right), \tag{102')}$$

und die Gleichung (99″) nimmt die Form an

$$\Sigma \int_{t_0}^{t_1} \left[\left(\frac{\partial \varLambda}{\partial p_i} + P_i \right) \delta p_i + \frac{\partial \varLambda}{\partial q_i}\,\delta q_i \right] d t = 0. \tag{102'')}$$

Da aber nach der Definition (101′)

$$\delta q_i = \frac{d\,\delta p_i}{d t}$$

ist, so kann man in dieser Gleichung die in die δq_i multiplizierten Glieder durch Teile integrieren, wobei die abgesonderten Terme an den Grenzen verschwinden, weil daselbst die δx_h, δy_h, δz_h und nach (100) auch die δp_i gleich Null sind. Man erhält sonach

102‴) $$\Sigma\int_{t_0}^{t_1}\left(\frac{\partial A}{\partial p_i} - \frac{d}{dt}\left(\frac{\partial A}{\partial q_i}\right) + P_i\right)\delta p_i = 0,$$

woraus, da alle δp_i voneinander unabhängig sind, folgt

103) $$\frac{d}{dt}\left(\frac{\partial A}{\partial q_i}\right) - \frac{\partial A}{\partial p_i} = P_i,$$

oder indem man das Moment der Koordinate p_i

$$\frac{\partial A}{\partial q_i} = Q_i$$

einführt, auch

103′) $$\frac{d Q_i}{dt} - \frac{\partial A_i}{\partial p_i} = P_i.$$

Dies sind die von LAGRANGE gegebenen Bewegungsgleichungen[60]). Die p_i resp. q_i heißen die verallgemeinerten Koordinaten resp. Geschwindigkeiten, die P_i die verallgemeinerten äußeren Kräfte; letztere sind wesentlich durch die Gleichung (100″) definiert und haben, wenn die p_i gewöhnliche Koordinaten sind, die Bedeutung der gewöhnlichen Komponenten, wenn die p_i Drehungswinkel sind, die Bedeutung von Drehungsmomenten, was sich leicht nachweisen läßt.

Hängen die inneren Kräfte des Punktsystemes von den relativen Geschwindigkeiten ab, so bleiben die Formeln (103) anwendbar, wenn man nur nach (55) $A = \Psi - \varphi$ setzt.

Werden die vorstehenden Formeln auf ein starres System angewandt, so ist in ihnen Φ als konstant zu betrachten, und die HAMILTON'sche Gleichung wird zu

103″) $$\int_{t_0}^{t_1}(\delta\Psi + \delta' A)\,dt = 0,$$

die LAGRANGE'sche zu

103‴) $$\frac{d}{dt}\left(\frac{\partial \Psi}{\partial q_i}\right) - \frac{\partial \Psi}{\partial p_i} = P_i. —$$

Die vorstehenden Formeln gestatten eine Umformung[61]), die sich bei manchen Anwendungen nützlich erweist.

Wir wollen annehmen, unter den Koordinaten p_i wäre eine Kategorie, die wir mit r_k — die ihnen entsprechenden Kräfte mit R_k — bezeichnen wollen, für welche wir an Stelle der Geschwindigkeiten

$$\frac{d r_k}{d t} = s_k$$

die Momente

$$\frac{\partial A}{\partial s_k} = S_k$$

als Unabhängige einzuführen geeignet finden; dann können wir mittels der der letzten Formel analogen die s_k durch die S_k und alle r_k, p_i und q_i ausdrücken und das Resultat in A einsetzen.

Bezeichnen wir die so erhaltene Form von A durch (A), so ist ersichtlich, da p_i explicite und implicite in s_k vorkommt,

$$\frac{\partial (A)}{\partial p_i} = \frac{\partial A}{\partial p_i} + \sum_k \frac{\partial A}{\partial s_k} \frac{\partial s_k}{\partial p_i} = \frac{\partial A}{\partial p_i} + \sum_k S_k \frac{\partial s_k}{\partial p_i}, \tag{105}$$

analog auch

$$\frac{\partial (A)}{\partial q_i} = \frac{\partial A}{\partial q_i} + \sum_k S_k \frac{\partial s_k}{\partial q_i}, \quad \frac{\partial (A)}{\partial r_i} = \frac{\partial A}{\partial r_i} + \sum_k S_k \frac{\partial s_k}{\partial r_i}, \quad \frac{\partial (A)}{\partial S_i} = \sum_k S_k \frac{\partial s_k}{\partial S_i}. \tag{105'}$$

Versteht man nun die durch ϑ bezeichnete Differentiation so, daß dabei p_i, q_i, r_k und S_k als Unabhängige behandelt werden, und setzt kurz

$$A - \sum S_k s_k = A', \tag{105''}$$

so erhält man

$$\frac{\partial A}{\partial p_i} = \frac{\vartheta A'}{\vartheta p_i}, \quad \frac{\partial A}{\partial q_i} = \frac{\vartheta A'}{\vartheta q_i}, \quad \frac{\partial A}{\partial r_i} = \frac{\vartheta A'}{\vartheta r_i}, \quad - s_i = \frac{\vartheta A'}{\vartheta S_i}. \tag{106}$$

Daraus folgt auch, daß für die Kräfte P_i die Gleichung (103) sich schreiben läßt

$$\frac{d}{d t}\left(\frac{\vartheta A'}{\vartheta q_i}\right) - \frac{\vartheta A'}{\vartheta p_i} = P_i, \tag{106'}$$

woraus man auch auf dem umgekehrten Wege, wie der ist, welcher zu (103) geführt hat, schließen kann

$$\int d t (\delta_{rs} A' + \sum P_i \delta p_i) = 0, \tag{106''}$$

wo die Variation δ_{rs} die p und q allein betrifft.

Für die Kräfte R lassen sich die ursprünglichen Formeln

$$\frac{d}{d t}\left(\frac{\partial A}{\partial s_k}\right) - \frac{\partial A}{\partial r_k} = R_k$$

nicht ebenso umgestalten; doch hat dies keinen praktischen Nachteil, da es sich bei Kräften dieser Art immer nur um die Kenntnis der geleisteten Arbeit handelt, die sich, wie später an einem wichtigen Beispiel gezeigt werden soll, auf anderem Wege durch A' ausdrücken läßt. —

Wenn die lebendige Kraft Ψ die spezielle Eigenschaft hat, Glieder, welche mit Produkten der Geschwindigkeiten q_i und s_k proportional sind, nicht zu enthalten, kann man aus den vorstehenden Formeln eine sehr merkwürdige allgemeine Folgerung[62]) ziehen.

Aus

107) $$\Lambda = \Psi_q + \Psi_s - \Phi,$$

worin Ψ_q und Ψ_s die nur die q_i und nur die s_k enthaltenden Teile von Ψ bezeichnen, erhält man sogleich, da Ψ_s homogen vom zweiten Grade in den s_k ist,

107') $$\Lambda' = \Psi_q - \Psi_s - \Phi$$

und unter Rücksicht auf (106')

107'') $$\frac{d}{dt}\left(\frac{\vartheta \Psi_q}{\vartheta q_i}\right) - \frac{\vartheta \Psi_q}{\vartheta p_i} + \frac{\vartheta(\Psi_s + \Phi)}{\vartheta p_i} = P_i.$$

Ψ_s ordnet sich hier also dem inneren Potential Φ zu, und zwar nicht nur formell, sondern auch wesentlich, da es ebenso wie jenes zwar die Koordinaten p_i, aber nicht die Geschwindigkeiten q_i enthält.

Bei Bestimmung der Kräfte P_i erscheint sonach Ψ_s als ein von den Geschwindigkeiten s_k abhängiger Teil eines Gesamtpotentiales $(\Phi) = \Psi_s + \Phi$, und umgekehrt kann man dabei stets das Potential durch einen Teil der gesamten lebendigen Kraft ersetzen, der von den Geschwindigkeiten q_i unabhängig ist.

Dies Resultat erinnert an die Tendenz der kinetischen Gastheorie, den Druck, welchen das Gas auf die Gefäßwandung ausübt, durch eine Bewegung zu erklären. Wir wollen den Zusammenhang mit jenen Betrachtungen noch etwas weiter verfolgen.

Hier bestimmen die Koordinaten p_i den äußeren, r_k den inneren Zustand des Gases; bei äußerer Ruhe ist $\Psi_q = 0$.

Die lebendige Kraft Ψ_s ist äquivalent mit einem Anteil Φ_s des Potentiales der Masse auf sich selbst. Wegen des verschwindenden Ψ_q ist bei einer Volumenänderung die Arbeit der äußeren Kräfte das Entgegengesetzte von derjenigen der inneren, also

108) $$d'A = d(\Phi) = d(\Psi_s + \Phi).$$

Wird jedes Oberflächenelement do um dn nach innen verschoben, so leistet die äußere Kraft, welche den inneren Druck p kompensieren muß, die Arbeit $p\,dn\,do = -p\,dv$; hieraus folgt

108') $$d'A = -p\,dv = d(\Psi_s + \Phi).$$

Kombiniert man hiermit die aus dem Virialsatz abgeleitete Formel (65')

$$pv = \tfrac{2}{3}\Psi_s,$$

so erhält man

$$-\frac{2}{3}\frac{dv}{v} = \frac{d(\Psi_s + \Phi)}{\Psi_s}, \qquad 108'')$$

eine Gleichung, welche mit (85) wesentlich identisch ist und die Bedingung adiabatischer Volumenänderung enthält; dies ist auch begreiflich, da wir nur Kräfte der Art P_i ins Spiel gebracht, also auf den inneren Zustand des Gases direkt nicht eingewirkt haben. —

Durch die Einführung gewisser spezieller Eigenschaften der Variabeln p_i kann man aus den LAGRANGE'schen Gleichungen (103) einige allgemeine Sätze ableiten, die in inniger Beziehung zu wichtigen Fundamentalsätzen aus dem Gebiet der Wärme- und Elektricitätslehre stehen.[63])

Wir betrachten ein Punktsystem, dessen allgemeine Koordinaten p_i in zwei Klassen von verschiedener Natur zerfallen.

Die Koordinaten p_a der ersteren Klasse, die wir aus später zu erörternden Gründen die Positionskoordinaten des Systems nennen wollen, sollen die Eigenschaft haben, nur sehr langsam mit der Zeit zu variieren, so daß man ihre Geschwindigkeiten q_a als unendlich klein erster Ordnung betrachten kann.

Die Koordinaten der zweiten Klasse p_b sollen dagegen schnell mit der Zeit variieren, also große Geschwindigkeiten q_b ergeben, aber die Funktion $\Lambda = \Psi - \Phi$ soll nicht merklich von den p_b abhängen. Koordinaten dieser Art haben u. a. die Punkte einer in stationärer cyklischer Bewegung befindlichen Flüssigkeit; man nennt daher allgemein nach dem Vorgang von v. HELMHOLTZ die p_b cyklische Koordinaten und ein Massensystem, dessen Bewegung durch dergleichen gegeben ist, ein Cykel.

Über die Beschleunigungen wollen wir annehmen, daß

$$dq_b / dt = q_b'$$

als unendlich klein erster,

$$dq_a / dt = q_a'$$

als unendlich klein zweiter Ordnung angesehen werden könne.

Enthalten die Nebenbedingungen der Bewegungen die Zeit nicht, so ist die lebendige Kraft von der Form

$$\Psi = \tfrac{1}{2}\Big(\sum_a \sum_{a'} Q_{aa'}\, q_a q_{a'} + \sum_b \sum_{b'} Q_{bb'}\, q_b q_{b'} + \sum_a \sum_b Q_{ab}\, q_a q_b\Big),$$

wo die Q nur die Positionskoordinaten p_a enthalten, wie dies auch von dem Potential Φ gilt, und $q_{a'}$ resp. $q_{b'}$ Geschwindigkeiten von der Gattung der q_a resp. q_b bezeichnen.

Es folgt

$$\frac{\partial \Psi}{\partial q_a} = \frac{\partial \Lambda}{\partial q_a} = \sum_{a'} Q_{aa'} q_{a'} + \sum_b Q_{ab} q_b,$$

$$\frac{\partial \Psi}{\partial q_b} = \frac{\partial \Lambda}{\partial q_b} = \sum_{b'} Q_{bb'} q_{b'} + \sum_a Q_{ab} q_a,$$

also

$$\frac{d}{dt}\left(\frac{\partial \Lambda}{\partial q_a}\right) = \sum_{a'} q'_{a'} Q_{aa'} + \sum_b q'_b Q_{ab} + \sum_{a'} q_{a'} \sum_a \frac{\partial Q_{aa'}}{\partial p_a} q_a + \sum_b q_b \sum_a \frac{\partial Q_{ab}}{\partial p_a} q_a,$$

$$\frac{d}{dt}\left(\frac{\partial \Lambda}{\partial q_b}\right) = \sum_{b'} q'_{b'} Q_{bb'} + \sum_a q'_a Q_{ab} + \sum_{b'} q_{b'} \sum_a \frac{\partial Q_{bb'}}{\partial p_a} q_a + \sum_a q_a \sum_{a'} \frac{\partial Q_{ab}}{\partial p_{a'}} q_{a'}$$

Hierin sind jedenfalls die Summen, welche die Faktoren q'_a oder $q_a q_{a'}$ enthalten, zweiter Ordnung; es bleiben also die Glieder erster Ordnung

$$\frac{d}{dt}\left(\frac{\partial \Lambda}{\partial q_a}\right) = \sum_b q'_b Q_{ab} + \sum_b q_b \sum_a \frac{\partial Q_{ab}}{\partial p_a} q_a,$$

$$\frac{d}{dt}\left(\frac{\partial \Lambda}{\partial q_b}\right) = \sum_{b'} q'_{b'} Q_{bb'} + \sum_{b'} q_{b'} \sum_a \frac{\partial Q_{bb'}}{\partial p_a} q_a.$$

Diese stehen in der Gleichung (103), falls man sie auf die Kräfte erster Art P_a anwendet, neben endlichen Gliedern von der Form

$$\frac{\partial Q_{bb'}}{\partial p_a} q_b q_{b'},$$

sind hier also zu vernachlässigen, so daß dort resultiert

109) $$P_a = -\frac{\partial \Lambda}{\partial p_a},$$

dagegen, wenn man sie auf die Kräfte zweiter Art P_b anwendet, neben streng verschwindenden Gliedern $\partial \Lambda / \partial p_b$, so daß sie hier zu berücksichtigen sind und liefern

109') $$P_b = +\frac{d}{dt}\left(\frac{\partial \Lambda}{\partial q_b}\right).$$

Die P_b sind unendlich klein erster Ordnung; man kann sie endlich werden lassen, wenn man die $d q_b / dt = q'_b$ endlich, dafür aber die Q_{ab} unendlich klein annimmt, also in Ψ nur Glieder von der Form

$$Q_{aa'} q_a q_{a'} \quad \text{und} \quad Q_{bb'} q_b q_{b'}$$

vorkommen läßt.

Die erhaltenen Resultate ergeben als zulässig, daß man unter den gemachten Voraussetzungen auch für die Differentiationen der lebendigen Kraft den Wert

$$\Psi = \tfrac{1}{2} \sum_b \sum_{b'} Q_{bb'} q_b q_{b'} \tag{109''}$$

benutzt; demgemäß kann man auch den Ausdruck für die Energie schreiben:

$$E = \sum \frac{\partial \Lambda}{\partial q_b} q_b - \Lambda. \tag{109'''}$$

Aus (109) folgt, daß die Kräfte erster Art einem eigentümlichen Reciprocitätstheorem[64]) unterliegen.

Ändert man eine Koordinate der Gattung p_a, die mit $p_{a'}$ bezeichnet werden möge, so entspricht dem eine Änderung von P_a, gegeben durch

$$\frac{\partial P_a}{\partial p_{a'}} = - \frac{\partial^2 \Lambda}{\partial p_a \partial p_{a'}},$$

ebenso erhält man für die Anderung von $P_{a'}$ durch Variation von p_a

$$\frac{\partial P_{a'}}{\partial p_a} = - \frac{\partial^2 \Lambda}{\partial p_{a'} \partial p_a};$$

hieraus folgt

$$\frac{\partial P_a}{\partial p_{a'}} = \frac{\partial P_{a'}}{\partial p_a}. \tag{110}$$

Diese Formel, welche bei der vorausgesetzten Eigenschaft der Koordinaten erster Art immer gilt, ist für beliebige p_a nur dann erfüllt, wenn der Bewegungszustand ein derartiger ist, daß

$$\frac{d}{dt}\left(\frac{\partial \Lambda}{\partial q_i}\right) = 0$$

ist; diesen Zustand können wir als einen stationären bezeichnen. —

Für die Arbeiten der Kräfte P_a und P_b während dt erhält man nach (109) und (109')

$$\left.\begin{aligned} d'A_a &= - \frac{\partial \Lambda}{\partial p_a} dp_a = P_a dp_a, \\ d'A_b &= \frac{d}{dt}\left(\frac{\partial \Lambda}{\partial q_b}\right) dp_b = q_b d\left(\frac{\partial \Lambda}{\partial q_b}\right) = q_b dQ_b; \end{aligned}\right\} \tag{110'}$$

die Arbeit der Kräfte erster Art wird also in gewöhnlicher Weise den zeitlichen Anderungen der Koordinaten proportional, diejenige der Kräfte zweiter Art aber der Änderung der Momente. Für letztere wird hierdurch nahe gelegt, wie das auf S. 83 vorausgesetzt ist, in der Lagrangeschen Funktion Λ die Momente als unabhängige Variable einzuführen. Wir können also die Koordinaten p_b nunmehr, wenn wir wollen, mit den früheren r_k identifizieren und erhalten bei Benutzung der Bezeichnung $q_b = s_k$, $Q_b = S_k$,

$$d'A_a = P_a dp_a, \quad d'A_k = s_k dS_k, \tag{110''}$$

wobei sich $-P_a = \partial \Lambda / \partial p_a$ und s_k aus der modifizierten LAGRANGEschen Funktion Λ' nach (106) so bestimmt:

$$P_a = -\frac{\vartheta \Lambda'}{\vartheta p_a}, \quad s_k = -\frac{\vartheta \Lambda'}{\vartheta S_k}.$$

Die Gesamtarbeit der Kräfte R_k resp. P_b wird hierdurch zu

$$\Sigma d' A_k = -\Sigma \frac{\vartheta \Lambda'}{\vartheta S_k} d S_k, \tag{110'''}$$

und ist damit durch Λ' so ausgedrückt wie auf S. 83 angekündigt. —

Betrachten wir nun genauer den einfachsten Fall, daß von den Variabeln der zweiten Art nur eine vorhanden, das Massensystem, wie man sagt, ein Monocykel[65]) ist, dann wird

$$\Psi = \tfrac{1}{2} q_b \frac{\partial \Lambda}{\partial q_b} \quad \text{und} \quad E = q_b \frac{\partial \Lambda}{\partial q_b} - \Lambda, \tag{111}$$

daher die Änderung von E mit der Zeit

$$dE = q_b d\left(\frac{\partial \Lambda}{\partial q_b}\right) - \Sigma \frac{\partial \Lambda}{\partial p_a} dp_a - \Sigma \frac{\partial \Lambda}{\partial q_a} dq_a. \tag{111'}$$

Läßt man gemäß den obigen Annahmen, da $dq_a = q'_a dt$ ist, hier noch das letzte Glied als unmerklich klein fort und setzt für die übrigen ihre Werte nach (110') ein, so gelangt man zu

$$dE = d' A_b + \Sigma d' A_a, \tag{111''}$$

oder anders geschrieben

$$dE - \Sigma d' A_a = q_b d\left(\frac{\partial \Lambda}{\partial q_b}\right) = q_b dQ_b. \tag{111'''}$$

Die gesamte Energieänderung, vermindert um die zur Vergrößerung der Positionskoordinaten p_a nötige äußere Arbeit, ist also gleich der zur Vermehrung der Geschwindigkeit q_b erforderlichen Arbeit.

Diese Arbeit hat die Eigenschaft, durch Division mit q_b oder mit q_b mal einer Funktion von Q_b ein vollständiges Differential zu liefern. Unter diesen integrierenden Nennern ist besonders

$$\tfrac{1}{2} q_b Q_b$$

ausgezeichnet, weil er bei verschwindender Kleinheit der q_a nach (111) die Bedeutung der lebendigen Kraft Ψ hat. Es ist dann also

$$\frac{d' A_b}{\Psi} = \frac{dE - \Sigma d' A_a}{\Psi} = d(lQ_b^2). \tag{112}$$

In der mechanischen Wärmetheorie, welche die Wärmeerscheinungen als auf den Bewegungen der kleinsten Teilchen der Körper beruhend ansieht, und speziell in der oben besprochenen kinetischen Gastheorie betrachtet man die Koordinaten der Orte dieser Teilchen während ihrer Oscillationen als Variable der Gattung p_b, die Koordinaten, welche den Ort und das physikalische Verhalten, z. B. Größe und Gestalt des ganzen Körpers bestimmen, als Variable der Gattung p_a. Die Geschwindigkeiten q_b sind sehr groß und in einem homogenen gleich temperierten Körper im Mittel überall gleich; die Geschwindigkeiten q_a sind gegen sie verschwindend, in vielen Fällen sogar streng gleich Null; gleiches gilt von allen Beschleunigungen. Die lebendige Kraft rührt dann also ausschließlich von der inneren Bewegung her und hat demgemäß den oben benutzten Wert

$$\Psi = \tfrac{1}{2} q_b \frac{\partial A}{\partial q_b} = \tfrac{1}{2} q_b Q_b;$$

man betrachtet denselben, wie für Gase oben entwickelt ist und wie auf andere Körper hypothetisch übertragen wird, als der sogenannten absoluten Temperatur T des Körpers proportional, etwa gleich kT.

Ferner hat man die Vorstellung, daß man zwar Arbeiten der Gattung $d'A_a$ auf mechanischem Wege leisten, nämlich den Körper im Ganzen bewegen oder deformieren kann, aber nicht Arbeiten der Art $d'A_b$, welche Einwirkungen auf die einzelnen Moleküle erfordern würden, daß man letztere aber durch Zufuhr von Wärme bewirken kann; demgemäß stellt in (112) $\Sigma d'A_a$ die gesamte mechanisch, $d'A_b$ die kalorisch geleistete Arbeit dar, und man erhält somit:

$$\frac{d'A_b}{T} = \frac{dE - \Sigma d'A_a}{T} = k\,d(lQ_b^2). \qquad 112')$$

Der Zusammenhang dieser Formel mit der sogenannten zweiten Hauptgleichung der mechanischen Wärmetheorie wird später hervortreten. —

Wir können die vorstehenden Betrachtungen etwas erweitern, indem wir einen Körper betrachten, dessen Positionskoordinaten p_a endliche Geschwindigkeiten q_a besitzen, dessen lebendige Kraft aber Glieder, die mit Produkten der q_a und q_b proportional sind, nicht enthält.[66]) Die p_b sollen weder in der lebendigen Kraft Ψ, noch im Potential Φ vorkommen, dagegen soll, was auf S. 84 erläutert ist, Φ von q_b abhängen.

Dann können wir setzen

113) $$\Psi = \Psi_a + \Psi_b,$$

und nach dem oben Gesagten Ψ_b als mit der absoluten Temperatur T proportional betrachten, nämlich schreiben

113') $$\Psi_b = T\Psi_1;$$

aus dem gleichen Grunde dürfen wir auch Φ statt von q_b von T abhängig ansehen. Aus (103) erhalten wir dann wegen $\Lambda = \Psi - \Phi$ als Wert für eine der Kräfte erster Art

113'') $$P_a = \frac{d}{dt}\left(\frac{\partial \Psi_a}{\partial q_a}\right) - \frac{\partial(\Psi_a + \Psi_b)}{\partial p_a} + \frac{\partial \Phi}{\partial p_a};$$

differentiert man dies wegen T, während p_a und q_a konstant bleiben, so erhält man

113''') $$\frac{\partial P_a}{\partial T} = -\frac{\partial \Psi_1}{\partial p_a} + \frac{\partial^2 \Phi}{\partial p_a \partial T} \text{ oder } T\frac{\partial P_a}{\partial T} = -\frac{\partial \Psi_b}{\partial p_a} + T\frac{\partial^2 \Phi}{\partial p_a \partial T}.$$

Nun werde dem Körper Arbeit zugeführt, sowohl durch Vermittelung der Kräfte P_a, wie P_b; wir können dann nach Obigem $\Sigma d'A_a$ als auf mechanischem, $d'A_b$ als auf kalorischem Wege geleistet betrachten. Wegen $E = \Psi + \Phi$ erhält man aus (111'')

114) $$\Sigma d'A_a + d'A_b = d(\Psi_a + \Psi_b) + d\Phi.$$

Es ist aber einerseits

$$d\Psi_a = \Sigma\left(\frac{\partial \Psi_a}{\partial p_a} dp_a + \frac{\partial \Psi_a}{\partial q_a} dq_a\right),$$

andererseits wegen

$$2\Psi_a = \Sigma q_a \frac{\partial \Psi_a}{\partial q_a}$$

auch

$$2d\Psi_a = \Sigma\left(q_a d\left(\frac{\partial \Psi_a}{\partial q_a}\right) + \frac{\partial \Psi_a}{\partial q_a} dq_a\right),$$

und hieraus folgt durch Subtraktion

114') $$d\Psi_a = \Sigma\left(\frac{d}{dt}\left(\frac{\partial \Psi_a}{\partial q_a}\right) - \frac{\partial \Psi_a}{\partial p_a}\right) dp_a.$$

Setzt man dies in (114) ein und bedenkt, daß allgemein $d'A_a = P_a dp_a$ ist, so erhält man

$$d'A_b = \sum_a \left[\frac{d}{dt}\left(\frac{\partial \Psi_a}{\partial q_a}\right) - \frac{\partial(\Psi_a - \Phi)}{\partial p_a} - P_a\right] dp_a + d\Psi_b + \frac{\partial \Phi}{\partial T} dT,$$

oder unter Benutzung von (113'')

$$d' A_b = \sum_a \frac{\partial \Psi_b}{\partial p_a} dp_a + d\Psi_b + \frac{\partial \Phi}{\partial T} dT. \qquad 114'')$$

Ist Φ speziell von T unabhängig, und wird die Veränderung so geleitet, daß die lebendige Kraft Ψ_b konstant ist, so giebt dies unter Rücksicht auf die zweite Formel (113''')

$$d' A_b = -T \sum_a \frac{\partial P_a}{\partial T} dp_a.$$

Wird nur die eine Koordinate p_a verändert, so reduziert sich diese Gleichung auf

$$d' A_b = -T \frac{\partial P_a}{\partial T} dp_a. \qquad 114''')$$

Auch diese Formel steht mit gewissen Resultaten der mechanischen Wärmetheorie in innerer Beziehung. —

Neueste Anwendungen der LAGRANGE'schen Formeln haben ergeben, daß sie unter Umständen zu brauchbaren Resultaten führen, wenn das System, auf welches sie angewandt werden, gar nicht einen Komplex von ponderabeln Massen, oder wenigstens nicht von solchen allein, darstellt und die Größen p_i nur irgend welche Variabeln sind, die seine augenblickliche Konfiguration bestimmen. Dann sind naturgemäß auch die P_i keine Kraftkomponenten im mechanischen Sinne mehr; immer aber muß das Produkt $p_i P_i$ die Dimension einer mechanischen Arbeit haben, und dadurch bestimmt sich, wenn über die p_i verfügt ist, die Natur der P_i.

Derartige Betrachtungen liefern für die untersuchten Erscheinungen Theorien, die von den sonst entwickelten einigermaßen abweichenden Charakter besitzen und die bezeichnend Beschreibungen durch mechanische Analogie genannt werden. Sie haben eine besonders große Bedeutung in der Elektricitätslehre erhalten, wo wir näher auf sie eingehen werden. Indessen kann schon hier ihr Verhältnis zu der älteren Art der Anwendung mechanischer Grundsätze auf Vorgänge, welche nicht mechanische im engeren Sinne sind, geschildert werden. Das ältere Verfahren legte eine mehr oder weniger vollständige Vorstellung von dem Mechanismus jener Vorgänge zum Grunde, betrachtete beispielsweise die Elektricität als eine Substanz, die sich in den Leitern durch äußere Einwirkungen gegen beträchtliche Widerstände bewegt und auf andere Elektricitäten fernwirkende Kräfte ausübt. Die Methode der mechanischen Analogien enthält sich derartig detailierter Voraussetzungen und schreibt den elektrischen Körpern nur gewisse allgemeine, an mechanischen Systemen erkannte Eigenschaften zu, ohne die Frage zu erörtern, wie jene Eigenschaften in dem nicht rein mechanischen System möglich sind.

Liefert das ältere Verfahren eine größere Anschaulichkeit, so ist ihm das neuere durch die größere Strenge, welche in der Beschränkung auf das kleinste Maß der zu einem bestimmten Zwecke nötigen Annahmen liegt, und durch die Vielseitigkeit der gewonnenen Resultate jedenfalls überlegen.[67]) —

III. Kapitel.

Bewegung starrer Körper.

§ 13. Starre Körper; unendlich kleine Verrückungen; lebendige Kraft; Trägheitsmoment; Arbeit äußerer Kräfte.

Ein System von Massenpunkten wird als ein Körper bezeichnet, wenn seine Masse den Raum anscheinend stetig erfüllt; es heißt starr, wenn seine Bewegung durch Bedingungen derart beschränkt ist, daß keiner seiner Punkte seine relative Lage gegen die übrigen verändern kann.

Die erste Eigenschaft wird analytisch dadurch ausgedrückt, daß wir den vom Körper eingenommenen Raum in Volumenelemente dk zerlegen und ein jedes als mit einer Masse dm erfüllt betrachten; meist kann dann jedes Volumenelement direkt als Massenpunkt behandelt werden.

Besitzt das Verhältnis

$$\frac{dm}{dk} = \varrho \qquad 115)$$

an irgend einer Stelle des Körpers einen von der Gestalt und Größe von dk unabhängigen Grenzwert, so nennen wir in sinngemäßer Erweiterung der Definition (68) ϱ die Dichte der Massenverteilung an der betrachteten Stelle, wobei wie in (68') gilt

$$[\varrho] = m\, l^{-3}. \qquad 115')$$

Ist ϱ innerhalb des Körpers konstant, so nennen wir ihn homogen, im anderen Falle inhomogen. Man kann den Fall, daß ϱ innerhalb des Körpers längs einzelner Flächenstücke unstetig wird, für die Betrachtung dadurch ausschließen, daß man jene Flächen als Teile der Oberfläche des Körpers ansieht; weil ferner in der Wirklichkeit sich in einem unendlich kleinen Raume stets nur unendlich wenig Masse befindet, so kann man ϱ in der Physik als innerhalb der Körper endlich und stetig betrachten.

Da das Gewicht des Massenelementes dm, nämlich dG, gleich $g\,dm$ ist, so nennt man

$$\frac{dG}{dk} = \frac{g\,dm}{dk} = \gamma \qquad 115'')$$

das spezifische Gewicht des Körpers an der betrachteten Stelle; wegen der Veränderlichkeit von g an der Erdoberfläche ist γ nicht streng der Substanz individuell und kommt daher überhaupt weniger zur Verwendung als ϱ. Seine Dimension ist gegeben durch

$$[\gamma] = m\, l^{-2} t^{-2}. — \qquad 115''')$$

Die zweite Eigenschaft drückt man analytisch aus, indem man festsetzt, daß die Koordinaten a, b, c aller Massenelemente dm gegen ein mit dreien von ihnen, welche nicht in einer Geraden liegen, fest verbundenes Koordinatensystem A, B, C sich mit der Zeit nicht ändern.

Behalten wir für ihre Koordinaten gegen ein absolut festes System X, Y, Z die Bezeichnung x, y, z bei, so können wir den Zusammenhang der beiden Koordinatensysteme durch das Schema ausdrücken:

116)

	a	b	c
$x - \mathfrak{x}$	α_1	α_2	α_3
$y - \mathfrak{y}$	β_1	β_2	β_3
$z - \mathfrak{z}$	γ_1	γ_2	γ_3

worin $\mathfrak{x}$, $\mathfrak{y}$, $\mathfrak{z}$ die Koordinaten des Anfangspunktes des Systemes A, B, C, und $\alpha_h, \beta_h, \gamma_h$ gewisse Richtungscosinus sind. $\mathfrak{x}, \mathfrak{y}, \mathfrak{z}$ und drei voneinander unabhängige Winkel bestimmen vollständig die Lage des Systems A, B, C und daher auch diejenige des starren Körpers gegen das absolut feste System X, Y, Z.

Für beliebige unendlich kleine Verrückungen $\delta x, \delta y, \delta z$ gilt hiernach

$$116') \quad \begin{cases} \delta x = \delta \mathfrak{x} + a\,\delta\alpha_1 + b\,\delta\alpha_2 + c\,\delta\alpha_3, \\ \delta y = \delta \mathfrak{y} + a\,\delta\beta_1 + b\,\delta\beta_2 + c\,\delta\beta_3, \\ \delta z = \delta \mathfrak{z} + a\,\delta\gamma_1 + b\,\delta\gamma_2 + c\,\delta\gamma_3, \end{cases}$$

wobei wegen der Orthogonalitätsbedingungen nur drei der neun Variationen $\delta\alpha_h$, $\delta\beta_h$, $\delta\gamma_h$ voneinander unabhängig sind.

Führt man die Abkürzungen ein

$$116'') \quad \begin{cases} \beta_1\delta\gamma_1 + \beta_2\delta\gamma_2 + \beta_3\delta\gamma_3 = -(\gamma_1\delta\beta_1 + \gamma_2\delta\beta_2 + \gamma_3\delta\beta_3) = \delta'\mathfrak{l}, \\ \gamma_1\delta\alpha_1 + \gamma_2\delta\alpha_2 + \gamma_3\delta\alpha_3 = -(\alpha_1\delta\gamma_1 + \alpha_2\delta\gamma_2 + \alpha_3\delta\gamma_3) = \delta'\mathfrak{m}, \\ \alpha_1\delta\beta_1 + \alpha_2\delta\beta_2 + \alpha_3\delta\beta_3 = -(\beta_1\delta\alpha_1 + \beta_2\delta\alpha_2 + \beta_3\delta\alpha_3) = \delta'\mathfrak{n}, \end{cases}$$

wobei $\delta'\mathfrak{l}$, $\delta'\mathfrak{m}$, $\delta'\mathfrak{n}$ nicht Variationen von Funktionen $\mathfrak{l}, \mathfrak{m}, \mathfrak{n}$, sondern allein unendlich kleine Größen bezeichnen, so wird

$$116''') \quad \begin{cases} \delta\alpha_1 = \gamma_1\delta'\mathfrak{m} - \beta_1\delta'\mathfrak{n}, & \delta\beta_1 = \alpha_1\delta'\mathfrak{n} - \gamma_1\delta'\mathfrak{l}, & \delta\gamma_1 = \beta_1\delta'\mathfrak{l} - \alpha_1\delta'\mathfrak{m}, \\ \delta\alpha_2 = \gamma_2\delta'\mathfrak{m} - \beta_2\delta'\mathfrak{n}, & \delta\beta_2 = \alpha_2\delta'\mathfrak{n} - \gamma_2\delta'\mathfrak{l}, & \delta\gamma_2 = \beta_2\delta'\mathfrak{l} - \alpha_2\delta'\mathfrak{m}, \\ \delta\alpha_3 = \gamma_3\delta'\mathfrak{m} - \beta_3\delta'\mathfrak{n}, & \delta\beta_3 = \alpha_3\delta'\mathfrak{n} - \gamma_3\delta'\mathfrak{l}, & \delta\gamma_3 = \beta_3\delta'\mathfrak{l} - \alpha_3\delta'\mathfrak{m}, \end{cases}$$

und das System (116′) reduziert sich unter Berücksichtigung von (116″) auf[68])

$$\left.\begin{aligned} \delta x &= \delta\mathfrak{x} + (z - \mathfrak{z})\,\delta'\mathfrak{m} - (y - \mathfrak{y})\,\delta'\mathfrak{n}, \\ \delta y &= \delta\mathfrak{y} + (x - \mathfrak{x})\,\delta'\mathfrak{n} - (z - \mathfrak{z})\,\delta'\mathfrak{l}, \\ \delta z &= \delta\mathfrak{z} + (y - \mathfrak{y})\,\delta'\mathfrak{l} - (x - \mathfrak{x})\,\delta'\mathfrak{m}, \end{aligned}\right\} \quad 116'''')$$

Diese Formeln zeigen bei genauer Analyse, daß die allgemeinste unendlich kleine Verrückung eines starren Körpers gegeben ist durch die Superposition dreier Verschiebungen parallel den Koordinatenaxen $\delta\mathfrak{x}$, $\delta\mathfrak{y}$, $\delta\mathfrak{z}$, welche äquivalent sind mit einer einzigen Verschiebung

$$\delta'\mathfrak{f} = \sqrt{(\delta\mathfrak{x})^2 + (\delta\mathfrak{y})^2 + (\delta\mathfrak{z})^2}$$

in einer Richtung $\mathfrak{S}$, bestimmt durch

$$\cos(\mathfrak{s}\,x) : \cos(\mathfrak{s}\,y) : \cos(\mathfrak{s}\,z) = \delta\mathfrak{x} : \delta\mathfrak{y} : \delta\mathfrak{z},$$

und mit drei Drehungen von der Größe $\delta'\mathfrak{l}$, $\delta'\mathfrak{m}$, $\delta'\mathfrak{n}$ um zu den Axen X, Y, Z parallele Axen durch den Punkt $\mathfrak{x}$, $\mathfrak{y}$, $\mathfrak{z}$, welche äquivalent sind mit einer einzigen Drehung von der Größe

$$\delta'\mathfrak{t} = \sqrt{(\delta'\mathfrak{l})^2 + (\delta'\mathfrak{m})^2 + (\delta'\mathfrak{n})^2}$$

um eine Axe $\mathfrak{d}$ durch denselben Punkt $\mathfrak{x}$, $\mathfrak{y}$, $\mathfrak{z}$, deren Richtung gegeben ist durch

$$\cos(\mathfrak{d}, x) : \cos(\mathfrak{d}, y) : \cos(\mathfrak{d}, z) = \delta'\mathfrak{l} : \delta'\mathfrak{m} : \delta'\mathfrak{n}.$$

Nimmt man hinzu, daß nach geometrischer Anschauung parallele Verschiebungen, wie auch Drehungen um dieselbe Axe sich zu Resultierenden zusammensetzen, deren Größe je gleich der Summe der Komponenten ist, so ergiebt sich aus Vorstehendem, daß für die Zusammensetzung von beliebigen Verschiebungen und von Drehungen um beliebige durch einen Punkt gehende Axen bei entsprechender Kleinheit ganz allgemein die Methode des Parallelepipeds gilt, falls man die Drehungen durch Vektoren repräsentiert, welche auf der Drehungsaxe nach der Seite hin aufgetragen werden, von der aus betrachtet sich die Drehung als im positiven Sinne stattfindend darstellt.

Hieraus folgt für den Zusammenhang zwischen den um die Axen A, B, C stattfindenden Drehungen $\delta'\mathfrak{p}$, $\delta'\mathfrak{q}$, $\delta'\mathfrak{r}$ und den um Parallele zu den Axen X, Y, Z durch den Anfang von A, B, C wirkenden $\delta'\mathfrak{l}$, $\delta'\mathfrak{m}$, $\delta'\mathfrak{n}$ das (116) entsprechende Schema

	$\delta'\mathfrak{p}$	$\delta'\mathfrak{q}$	$\delta'\mathfrak{r}$
$\delta'\mathfrak{l}$	α_1	α_2	α_3
$\delta'\mathfrak{m}$	β_1	β_2	β_3
$\delta'\mathfrak{n}$	γ_1	γ_2	γ_3

117)

Zwischen den Drehungskomponenten $\delta'\mathfrak{p}$, $\delta'\mathfrak{q}$, $\delta'\mathfrak{r}$ und den Richtungscosinus α_h, β_h, γ_h finden dabei die Beziehungen statt:

$$117')\quad \begin{cases} \delta'\mathfrak{p} = \alpha_3\delta\alpha_2 + \beta_3\delta\beta_2 + \gamma_3\delta\gamma_2 = -(\alpha_2\delta\alpha_3 + \beta_2\delta\beta_3 + \gamma_2\delta\gamma_3), \\ \delta'\mathfrak{q} = \alpha_1\delta\alpha_3 + \beta_1\delta\beta_3 + \gamma_1\delta\gamma_3 = -(\alpha_3\delta\alpha_1 + \beta_3\delta\beta_1 + \gamma_3\delta\gamma_1), \\ \delta'\mathfrak{r} = \alpha_2\delta\alpha_1 + \beta_2\delta\beta_1 + \gamma_2\delta\gamma_1 = -(\alpha_1\delta\alpha_2 + \beta_1\delta\beta_2 + \gamma_1\delta\gamma_2), \end{cases}$$

ferner

$$117'')\quad \begin{cases} \delta\alpha_1 = \alpha_2\delta'\mathfrak{r} - \alpha_3\delta'\mathfrak{q}, & \delta\alpha_2 = \alpha_3\delta'\mathfrak{p} - \alpha_1\delta'\mathfrak{r}, & \delta\alpha_3 = \alpha_1\delta'\mathfrak{q} - \alpha_2\delta'\mathfrak{p}, \\ \delta\beta_1 = \beta_2\delta'\mathfrak{r} - \beta_3\delta'\mathfrak{q}, & \delta\beta_2 = \beta_3\delta'\mathfrak{p} - \beta_1\delta'\mathfrak{r}, & \delta\beta_3 = \beta_1\gamma'\mathfrak{q} - \beta_2\delta'\mathfrak{p}, \\ \delta\gamma_1 = \gamma_2\delta'\mathfrak{r} - \gamma_3\delta'\mathfrak{q}, & \delta\gamma_2 = \gamma_3\delta'\mathfrak{p} - \gamma_1\delta'\mathfrak{r}, & \delta\gamma_3 = \gamma_1\delta'\mathfrak{q} - \gamma_2\delta'\mathfrak{p}. \end{cases}$$

Die Formeln (116'''') lassen sich auf eine neue wichtige Form bringen, indem man die Verschiebungskomponenten $\delta'x_0$, $\delta'y_0$, $\delta'z_0$ einführt, welche der ursprünglich im Koordinatenanfang $x = y = z = 0$ stehende Punkt erfährt; man erhält so

$$118)\quad \begin{cases} \delta x = \delta'x_0 + z\,\delta'm - y\,\delta'n, \\ \delta y = \delta'y_0 + x\,\delta'n - z\,\delta'l, \\ \delta z = \delta'z_0 + y\,\delta'l - x\,\delta'm; \end{cases}$$

die zu der Verschiebung hinzukommende Drehung erscheint hier um die Axen X, Y, Z selbst ausgeführt, und es ist daher

$$\delta'\mathfrak{l} = \delta'l, \quad \delta'\mathfrak{m} = \delta'm, \quad \delta'\mathfrak{n} = \delta'n$$

gesetzt. Für parallele Axen finden sich sonach die Drehungen als gleich.

Ein diesem System entsprechendes kann man für die beweglichen Axen A, B, C aufstellen. Bezeichnet man nämlich mit $\delta'a$, $\delta'b$, $\delta'c$ die nach den Axen A, B, C genommenen Komponenten der Verschiebung eines beliebigen Punktes mit $\delta'\mathfrak{a}$, $\delta'\mathfrak{b}$, $\delta'\mathfrak{c}$, diejenigen des Punktes $a = 0$, $b = 0$, $c = 0$, so erhält man aus (118) leicht

$$118')\quad \begin{cases} \delta'a = \delta'\mathfrak{a} + c\,\delta'\mathfrak{q} - b\,\delta'\mathfrak{r}, \\ \delta'b = \delta'\mathfrak{b} + a\,\delta'\mathfrak{r} - c\,\delta'\mathfrak{p}, \\ \delta'c = \delta'\mathfrak{c} + b\,\delta'\mathfrak{p} - a\,\delta'\mathfrak{q}. \text{ —} \end{cases}$$

Giebt man den willkürlichen Verrückungen die speziellen Werte, welche sie bei der Bewegung während des Zeitelementes dt annehmen, so erhält man, indem man durch die oberen Indices Geschwindigkeiten bezeichnet,

$$119)\quad \begin{cases} \delta x = x'\,\delta t, & \delta y = y'\,\delta t, & \delta z = z'\,\delta t, \\ \delta \mathfrak{x} = \mathfrak{x}'\,\delta t, & \delta \mathfrak{y} = \mathfrak{y}'\,\delta t, & \delta \mathfrak{z} = \mathfrak{z}'\,\delta t, \\ \delta'\mathfrak{l} = \mathfrak{l}'\,\delta t, & \delta'\mathfrak{m} = \mathfrak{m}'\,\delta t, & \delta'\mathfrak{n} = \mathfrak{n}'\,\delta t, \\ \delta'\mathfrak{p} = \mathfrak{p}'\,\delta t, & \delta'\mathfrak{q} = \mathfrak{q}'\,\delta t, & \delta'\mathfrak{r} = \mathfrak{r}'\,\delta t \text{ u. s. f.} \end{cases}$$

Hierin haben zwar $x', \ldots, \mathfrak{x}', \ldots$ zugleich die Bedeutung von Differentialquotienten der Abhängigen $x, \ldots, \mathfrak{x}, \ldots$ nach der Zeit, nicht aber gilt analoges von $\mathfrak{l}', \mathfrak{m}', \mathfrak{n}', \mathfrak{p}', \mathfrak{q}', \mathfrak{r}'$.

Durch die vorstehende Substitution nimmt beispielsweise das System (116'''') die Form an

$$\left.\begin{aligned} x' &= \mathfrak{x}' + (z - \mathfrak{z})\mathfrak{m}' - (y - \mathfrak{y})\mathfrak{n}', \\ y' &= \mathfrak{y}' + (x - \mathfrak{x})\mathfrak{n}' - (z - \mathfrak{z})\mathfrak{l}', \\ z' &= \mathfrak{z}' + (y - \mathfrak{y})\mathfrak{l}' - (x - \mathfrak{x})\mathfrak{m}'; \end{aligned}\right\} \quad 119')$$

ebenso wird aus (118')

$$\left.\begin{aligned} a' &= \mathfrak{a}' + c\mathfrak{q}' - b\mathfrak{r}', \\ b' &= \mathfrak{b}' + a\mathfrak{r}' - c\mathfrak{p}', \\ c' &= \mathfrak{c}' + b\mathfrak{p}' - a\mathfrak{q}', \end{aligned}\right\} \quad 119'')$$

wo nun a', b', c' resp. $\mathfrak{a}', \mathfrak{b}', \mathfrak{c}'$ die Geschwindigkeitskomponenten nach der augenblicklichen Richtung der Axen A, B, C bezeichnen, aber nicht die Differentialquotienten von a, b, c resp. $\mathfrak{a}, \mathfrak{b}, \mathfrak{c}$ nach der Zeit, die ja nach S. 94 verschwinden.

Diese Formeln kommen bei der Bestimmung der lebendigen Kraft Ψ eines starren Körpers, deren Definition nach (46') lautet:

$$2\Psi = \int dm\,(x'^2 + y'^2 + z'^2), \quad 120)$$

zur Anwendung. Der Wert, der sich unmittelbar durch Einsetzen der Ausdrücke (119') ergiebt, schreibt sich einfacher, wenn man folgende Bezeichnungen einführt:

$$\left.\begin{gathered} \int dm = m, \quad \int (x - \mathfrak{x})\,dm = \xi' m, \quad \int (y - \mathfrak{y})\,dm = \eta' m, \\ \int (z - \mathfrak{z})\,dm = \zeta' m, \\ -\int (y - \mathfrak{y})(z - \mathfrak{z})\,dm = \mathsf{\Xi}', \quad -\int (z - \mathfrak{z})(x - \mathfrak{x})\,dm = \mathsf{H}', \\ -\int (x - \mathfrak{x})(y - \mathfrak{y})\,dm = \mathsf{Z}', \\ \int [(y - \mathfrak{y})^2 + (z - \mathfrak{z})^2]\,dm = \mathsf{\Xi}, \quad \int [(z - \mathfrak{z})^2 + (x - \mathfrak{x})^2]\,dm = \mathsf{H}, \\ \int [(x - \mathfrak{x})^2 + (y - \mathfrak{y})^2]\,dm = \mathsf{Z}. \end{gathered}\right\} \quad 120')$$

Hierin bezeichnen $\xi' = \xi - \mathfrak{x}$, $\eta' = \eta - \mathfrak{y}$, $\zeta' = \zeta - \mathfrak{z}$ die Schwerpunktskoordinaten des Körpers in Bezug auf ein Axensystem $\mathfrak{X}, \mathfrak{Y}, \mathfrak{Z}$, welches parallel zu X, Y, Z durch die Stelle $\mathfrak{x}, \mathfrak{y}, \mathfrak{z}$ gelegt ist, und es heißen $\mathsf{\Xi}, \mathsf{H}, \mathsf{Z}$ die Trägheitsmomente, $\mathsf{\Xi}', \mathsf{H}', \mathsf{Z}'$ die Deviationsmomente des Körpers um dieselben Axen, — Definitionen, die man sinngemäß auf beliebige Axen überträgt.[69])

Bei Benutzung dieser Abkürzungen schreibt sich

$$\left.\begin{aligned} 2\Psi &= m(\mathfrak{x}'^2 + \mathfrak{y}'^2 + \mathfrak{z}'^2) \\ &\quad + 2m[\mathfrak{x}'(\mathfrak{m}'\zeta' - \mathfrak{n}'\eta') + \mathfrak{y}'(\mathfrak{n}'\xi' - \mathfrak{l}'\zeta') + \mathfrak{z}'(\mathfrak{l}'\eta' - \mathfrak{m}'\xi')] \\ &\quad + \mathfrak{l}'^2\mathsf{\Xi} + \mathfrak{m}'^2\mathsf{H} + \mathfrak{n}'^2\mathsf{Z} + 2\mathfrak{m}'\mathfrak{n}'\mathsf{\Xi}' + 2\mathfrak{n}'\mathfrak{l}'\mathsf{H}' + 2\mathfrak{l}'\mathfrak{m}'\mathsf{Z}'. \end{aligned}\right\} \quad 120'')$$

Nach der Definition (120') lauten die Trägheits- und Deviationsmomente um die Axen X, Y, Z selbst

$$120''')\quad \begin{cases} \Xi_0 = \int(y^2+z^2)dm, & \mathsf{H}_0 = \int(z^2+x^2)dm, \quad \mathsf{Z}_0 = \int(x^2+y^2)dm, \\ \Xi_0' = -\int yz\,dm, & \mathsf{H}_0' = -\int zx\,dm, \quad \mathsf{Z}_0' = -\int xy\,dm. \end{cases}$$

Das Trägheitsmoment M um eine beliebige durch den Anfangspunkt des Systemes $\mathfrak{X}$, $\mathfrak{Y}$, $\mathfrak{Z}$ gehende Axe, deren Richtung durch die Cosinus α_0, β_0, γ_0 bestimmt ist, aber wird, falls e den Abstand des Massenelementes dm von der Axe bezeichnet, nach der allgemeinen Definition (120')

$$120'''')\quad \mathsf{M} = \int e^2 dm$$

oder nach Einsetzen des leicht zu erhaltenden Wertes von e

$$121)\quad \mathsf{M} = \Xi\alpha_0^2 + \mathsf{H}\beta_0^2 + \mathsf{Z}\gamma_0^2 + 2\Xi'\beta_0\gamma_0 + 2\mathsf{H}'\gamma_0\alpha_0 + 2\mathsf{Z}'\alpha_0\beta_0.$$

Also ist das Trägheitsmoment um jede Axe durch den Anfangspunkt des Systems $\mathfrak{X}$, $\mathfrak{Y}$, $\mathfrak{Z}$ durch die Trägheits- und Deviationsmomente um die Axen $\mathfrak{X}$, $\mathfrak{Y}$, $\mathfrak{Z}$ bestimmt, und zwar wird $R = 1/\sqrt{\mathsf{M}}$ durch den Radiusvektor parallel der Drehungsaxe in einem gewissen Ellipsoid, dem Trägheitsellipsoid, um den Koordinatenanfang als Centrum repräsentiert.[70]) Das Trägheitsmoment M nimmt seine größten und kleinsten Werte an, wenn die Drehungsaxe in eine der Hauptaxen des Ellipsoides fällt. Wählen wir diese Hauptträgheitsaxen zu Koordinatenaxen A, B, C, so werden die hierauf bezogenen Deviationsmomente

$$121')\quad \mathsf{A}' = -\int ab\,dm = 0, \quad \mathsf{B}' = -\int bc\,dm = 0, \quad \Gamma' = -\int ca\,dm = 0,$$

die entsprechenden Trägheitsmomente A, B, Γ werden die Hauptträgheitsmomente, und die Gleichung (121) nimmt die Form an

$$121'')\quad \mathsf{M} = \mathsf{A}\alpha_0^2 + \mathsf{B}\beta_0^2 + \Gamma\gamma_0^2.$$

Die Trägheits- und Deviationsmomente Ξ, H, Z, Ξ', H', Z' um die Axen $\mathfrak{X}$, $\mathfrak{Y}$, $\mathfrak{Z}$ drücken sich nach ihren Definitionen und bei Benutzung des Schemas (116), in welchem nur, da die Anfangspunkte der Systeme A, B, C, und $\mathfrak{X}$, $\mathfrak{Y}$, $\mathfrak{Z}$ zusammenfallen, jetzt $\mathfrak{x} = \mathfrak{y} = \mathfrak{z} = 0$ zu setzen ist, durch die Hauptträgheitsmomente A, B, Γ folgendermaßen aus:

$$121''')\quad \begin{cases} \Xi = \mathsf{A}\alpha_1^2 + \mathsf{B}\alpha_2^2 + \Gamma\alpha_3^2, & \Xi' = \mathsf{A}\beta_1\gamma_1 + \mathsf{B}\beta_2\gamma_2 + \Gamma\beta_3\gamma_3, \\ \mathsf{H} = \mathsf{A}\beta_1^2 + \mathsf{B}\beta_2^2 + \Gamma\beta_3^2, & \mathsf{H}' = \mathsf{A}\gamma_1\alpha_1 + \mathsf{B}\gamma_2\alpha_2 + \Gamma\gamma_3\alpha_3, \\ \mathsf{Z} = \mathsf{A}\gamma_1^2 + \mathsf{B}\gamma_2^2 + \Gamma\gamma_3^2, & \mathsf{Z}' = \mathsf{A}\alpha_1\beta_1 + \mathsf{B}\alpha_2\beta_2 + \Gamma\alpha_3\beta_3. \end{cases}$$

Das erste Tripel dieses Systemes ergiebt

$$121'''')\quad \Xi + \mathsf{H} + \mathsf{Z} = \mathsf{A} + \mathsf{B} + \Gamma.$$

Vergleicht man das Trägheitsmoment M um eine beliebige Axe (z. B. um eine durch den willkürlichen Koordinatenanfangspunkt) mit demjenigen M_s um eine zu ihr parallele durch den Schwerpunkt des Körpers, so giebt die einfache Rechnung den Zusammenhang[71])

$$\mathsf{M} = \mathsf{M}_s + m d^2, \tag{122}$$

worin d die senkrechte Entfernung der beiden Axen bezeichnet.

Aus Vorstehendem folgt, daß die Trägheits- und Deviationsmomente eines Körpers um beliebig gerichtete und durch einen beliebigen Punkt gehende Axen bestimmt sind durch sechs Größen, nämlich die Trägheits- und Deviationsmomente um drei zu einander normale Axen durch den Schwerpunkt des Körpers, oder, anders ausgedrückt, durch die Hauptträgheitsmomente für den Schwerpunkt und die drei Winkelgrößen, welche die Lage der Hauptträgheitsaxen bestimmen.

In manchen Fällen ist es bequem, ein Trägheitsmoment durch denjenigen Abstand $\varkappa_\alpha$ von der bezüglichen Axe α auszudrücken, in welchem die ganze Masse m des Körpers vereinigt werden müßte, um das gleiche Trägheitsmoment M_α zu geben, d. h.

$$\mathsf{M}_\alpha = m \varkappa_\alpha^2 \tag{122'}$$

zu setzen; $\varkappa_\alpha$ heißt dann der Trägheitsradius des Körpers in Bezug auf die Axe α.

Schließlich bemerken wir noch, daß für Trägheitsmomente M und Deviationsmomente Δ die Dimensionalgleichung lautet

$$[\mathsf{M}] = [\Delta] = m l^2. — \tag{122''}$$

Unter Berücksichtigung dieser Sätze läßt sich nun der Ausdruck (120') für die lebendige Kraft eines starren Körpers noch vereinfachen.

Ist der Körper frei beweglich, so kann man ohne Beschränkung den Koordinatenanfang des Axensystems A, B, C in den Schwerpunkt legen, also

$$\mathfrak{x} = \xi,\ \mathfrak{y} = \eta,\ \mathfrak{z} = \zeta \text{ daher } \xi' = \eta' = \zeta' = 0$$

und zugleich der Übereinstimmung halber

$$\mathfrak{l}' = \lambda',\ \mathfrak{m}' = \mu',\ \mathfrak{n}' = \nu'$$

setzen. Führt man noch die resultierende Verschiebungsgeschwindigkeit ω', die resultierende Rotationsgeschwindigkeit τ' durch die Gleichungen

$$\xi'^2 + \eta'^2 + \zeta'^2 = \omega'^2, \quad \lambda'^2 + \mu'^2 + \nu'^2 = \tau'^2 \tag{123}$$

ein, und bezeichnet das Trägheitsmoment um die momentane Rotationsaxe mit M, so gilt nach (121):

123′) $\Xi\lambda'^2 + \mathrm{H}\mu'^2 + \mathrm{Z}\nu'^2 + 2\,\Xi'\mu'\nu' + 2\,\mathrm{H}'\nu'\lambda' + 2\mathrm{Z}'\lambda'\mu' = \mathrm{M}\tau'^2,$

123″) $$2\,\Psi = m\,\omega'^2 + \mathrm{M}\tau'^2$$

Ist der Körper um einen festgehaltenen Punkt drehbar, so legt man in diesen die Anfangspunkte der beiden Systeme X, Y, Z und A, B, C, setzt also $\mathfrak{x} = \mathfrak{y} = \mathfrak{z} = 0$ und daher $\mathfrak{x}' = \mathfrak{y}' = \mathfrak{z}' = 0$, und erhält jetzt:

123‴) $$2\,\Psi = \mathrm{M}\tau'^2. \text{ —}$$

Statt von der Formel (120) für die lebendige Kraft kann man von der äquivalenten ausgehen

124) $$2\,\Psi = \int dm\,(a'^2 + b'^2 + c'^2),$$

worin a', b', c' die Geschwindigkeitskomponenten nach den Richtungen der Axen A, B, C bezeichnen. Unter Benutzung der Formeln (119″) erhält man dann, falls man die Koordinaten des Schwerpunktes in Bezug auf das System A, B, C mit α, β, γ, die Trägheits- und Deviationsmomente wie früher mit A, B, Γ, A', B', Γ' bezeichnet

124′) $$\begin{cases} 2\,\Psi = m(\mathfrak{a}'^2 + \mathfrak{b}'^2 + \mathfrak{c}'^2) \\ \quad + 2\,m\,[\mathfrak{a}'(\mathfrak{q}'\gamma - \mathfrak{r}'\beta) + \mathfrak{b}'(\mathfrak{r}'\alpha - \mathfrak{p}'\gamma) + \mathfrak{c}'(\mathfrak{p}'\beta - \mathfrak{q}'\alpha)] \\ \quad + \mathfrak{p}'^2\mathrm{A} + \mathfrak{q}'^2\mathrm{B} + \mathfrak{r}'^2\Gamma + 2\,\mathfrak{q}'\mathfrak{r}'\mathrm{A}' + 2\,\mathfrak{r}'\mathfrak{p}'\mathrm{B}' + 2\,\mathfrak{p}'\mathfrak{q}'\Gamma'. \end{cases}$$

Dieser Ausdruck hat gegenüber (120″) den Vorteil, daß Schwerpunktskoordinaten, Trägheits- und Deviationsmomente sich während der Bewegung nicht mit der Zeit ändern; dafür sind allerdings Linear- und Winkelgeschwindigkeiten auf mit der Zeit wechselnde Richtungen bezogen. —

Eine analoge Umformung, wie mit der lebendigen Kraft Ψ, kann man auch mit der virtuellen Arbeit $\delta' A$ äußerer Kräfte an einem starren Körper vornehmen, die nach (46″) definiert ist durch

125) $$\delta' A = \Sigma(X_h\,\delta x_h + Y_h\,\delta y_h + Z_h\,\delta z_h);$$

wirken die Kräfte nicht in endlicher Stärke auf einzelne Punkte, sondern in unendlich geringer auf jedes Volumenelement dk, sind sie, wie wir sagen, **körperliche Kräfte**, so kann man hierfür schreiben

125′) $$\delta' A = \int dk\,(\mathfrak{X}\,\delta x + \mathfrak{Y}\,\delta y + \mathfrak{Z}\,\delta z),$$

wo nunmehr $\mathfrak{X}$, $\mathfrak{Y}$, $\mathfrak{Z}$ auf die **Volumeneinheit** bezogen sind. Es gilt dann für sie, wie für ihre Resultierende $\mathfrak{K}$ die Dimensionalgleichung

125″) $$[\mathfrak{K}] = m\,l^{-2}\,t^{-2}.$$

Die Anwendung der Formeln (118) führt unter Rücksicht auf die Definitionen (44′) sogleich auf die Beziehung

$$\delta' A = X_0 \delta' x_0 + Y_0 \delta' y_0 + Z_0 \delta' z_0 + L_0 \delta' l + M_0 \delta' m + N_0 \delta' n, \qquad 126)$$

wo X_0, Y_0, Z_0 die Summen aller Komponenten nach den festen Axen X, Y, Z und L_0, M_0, N_0 die Summen aller Drehungsmomente um dieselben bezeichnen. Ebenso folgt durch Benutzung von (116'''')

$$\delta' A = X \delta \mathfrak{x} + Y \delta \mathfrak{y} + Z \delta \mathfrak{z} + L \delta' \mathfrak{l} + M \delta' \mathfrak{m} + N \delta' \mathfrak{n}, \qquad 126')$$

worin Komponenten und Momente sich auf die zu den X, Y, Z parallelen Axen $\mathfrak{X}$, $\mathfrak{Y}$, $\mathfrak{Z}$ durch den Punkt $x = \mathfrak{x}$, $y = \mathfrak{y}$, $z = \mathfrak{z}$ beziehen. Dabei ist übrigens, wie leicht zu erkennen,

$$X = X_0, \quad Y = Y_0, \quad Z = Z_0,$$

$$L = L_0 - \mathfrak{y} Z + \mathfrak{z} Y, \quad M = M_0 - \mathfrak{z} X + \mathfrak{x} Z, \quad N = N_0 - \mathfrak{x} Y + \mathfrak{y} X.$$

Endlich gelangt man, wenn man in (125) das Koordinatensystem A, B, C einführt, mit Hilfe von (118') auch zu dem Werte

$$\delta' A = A \delta' \mathfrak{a} + B \delta' \mathfrak{b} + C \delta' \mathfrak{c} + P \delta' \mathfrak{p} + Q \delta' \mathfrak{q} + R \delta' \mathfrak{r}, \qquad 126'')$$

worin A, B, C die Komponenten, P, Q, R die Momente in Bezug auf jenes Axensystem bezeichnen.

Da die beiden Koordinatensysteme $\mathfrak{X}$, $\mathfrak{Y}$, $\mathfrak{Z}$ und A, B, C einen gemeinsamen Anfangspunkt haben, gilt, wie leicht erkennbar, für die Beziehungen zwischen den auf beide bezogenen Größen das Schema:

	A	B	C		P	Q	R	
X	α_1	α_2	α_3	L	α_1	α_2	α_3	
Y	β_1	β_2	β_3	M	β_1	β_2	β_3	126''')
Z	γ_1	γ_2	γ_3	N	γ_1	γ_2	γ_3	

Haben die auf alle Punkte des starren Körpers wirkenden Kräfte ein nur von den Koordinaten abhängiges Potential $\mathfrak{F}$, so daß die auf die Volumeneinheit bezogenen Kräfte $\mathfrak{X}$, $\mathfrak{Y}$, $\mathfrak{Z}$ gegeben sind durch

$$\mathfrak{X} = -\frac{\partial \mathfrak{F}}{\partial x}, \quad \mathfrak{Y} = -\frac{\partial \mathfrak{F}}{\partial y}, \quad \mathfrak{Z} = -\frac{\partial \mathfrak{F}}{\partial z}, \qquad 127)$$

so nimmt auch die negative virtuelle Arbeit die Form einer Variation an von der Funktion

$$\Phi = \int \mathfrak{F} \, dk, \qquad 127')$$

welche das Gesamtpotential der auf den Körper ausgeübten Wirkung ist. Da aber eine Veränderung der Lage des starren Körpers nur durch Parallelverschiebung und Drehung zu erzielen ist, so ist bei Beziehung auf das System X, Y, Z

127'') $$\left\{\begin{aligned} \delta' A = -\delta\Phi = -\Big(&\frac{\partial\Phi}{\partial x_0}\delta' x_0 + \frac{\partial\Phi}{\partial y_0}\delta' y_0 + \frac{\partial\Phi}{\partial z_0}\delta' z_0 \\ &+ \frac{\partial\Phi}{\partial l}\delta' l + \frac{\partial\Phi}{\partial m}\delta' m + \frac{\partial\Phi}{\partial n}\delta' n\Big). \end{aligned}\right.$$

Vergleicht man diese Formel mit der oben für $\delta' A$ erhaltenen (126), so ergiebt sich, daß für einen Körper, der körperlichen Kräften unterliegt, welche ein Potential haben, die Gesamtkomponenten und Momente, welche er erfährt, gegeben sind durch

128) $$\left\{\begin{aligned} X_0 &= -\frac{\partial\Phi}{\partial x_0}, & Y_0 &= -\frac{\partial\Phi}{\partial y_0}, & Z_0 &= -\frac{\partial\Phi}{\partial z}, \\ L_0 &= -\frac{\partial\Phi}{\partial l}, & M_0 &= -\frac{\partial\Phi}{\partial m}, & N_0 &= -\frac{\partial\Phi}{\partial n}. \end{aligned}\right.$$

Gleicherweise erhält man bei Beziehung auf das System $\mathfrak{X}, \mathfrak{Y}, \mathfrak{Z}$ durch Vergleichung mit (126')

128') $$\left\{\begin{aligned} X &= -\frac{\partial\Phi}{\partial \mathfrak{x}}, & Y &= -\frac{\partial\Phi}{\partial \mathfrak{y}}, & Z &= -\frac{\partial\Phi}{\partial \mathfrak{z}}, \\ L &= -\frac{\partial\Phi}{\partial \mathfrak{l}}, & M &= -\frac{\partial\Phi}{\partial \mathfrak{m}}, & N &= -\frac{\partial\Phi}{\partial \mathfrak{n}}, \end{aligned}\right.$$

oder bei Anwendung des Systemes A, B, C nach (126'') auch

128') $$\left\{\begin{aligned} A &= -\frac{\partial\Phi}{\partial \mathfrak{a}}, & B &= -\frac{\partial\Phi}{\partial \mathfrak{b}}, & C &= -\frac{\partial\Phi}{\partial \mathfrak{c}}, \\ P &= -\frac{\partial\Phi}{\partial \mathfrak{p}}, & Q &= -\frac{\partial\Phi}{\partial \mathfrak{q}}, & R &= -\frac{\partial\Phi}{\partial \mathfrak{r}}. \end{aligned}\right.$$

§ 14. Bewegungsgleichungen und Gleichgewichtsbedingungen.

Da die Lage eines starren Körpers nach dem im Eingang des vorigen Paragraphen Gesagten durch sechs Unabhängige gegeben ist, so genügen auch sechs Gleichungen zur Bestimmung seiner Bewegung, wenn dieselben keine weiteren Unbekannten enthalten. Die sechs Formeln (43) und (45), welche die Schwerpunkts- und Flächensätze für ein Punktsystem aussprechen und daher auch für einen starren Körper gelten, besitzen diese Eigenschaft, falls die inneren Kräfte des Systemes, über alle Maßen summiert, verschwindende Komponentensummen und Drehungsmomente ergeben. Wir dürfen nach den auf S. 37 angestellten Betrachtungen annehmen, daß dies in Wirklichkeit stets stattfindet; denn entweder kann man die Volumenelemente selbst als Massenpunkte ansehen und daher ihren Wechselwirkungen die Eigenschaften beilegen, welche die Vorbedingungen für ihr Verschwinden aus jenen Gleichungen bilden, oder man kann sie wenigstens als Punktsysteme betrachten, deren einzelne Punkte dann Wechselwirkungen von jenem Charakter liefern.

Indessen kann man sich auch ohne derartige Überlegungen die Notwendigkeit der Gültigkeit jener Gleichungen klar machen. Enthielten sie nämlich, auf einen starren Körper angewandt, die Komponentensummen und Momente der inneren Kräfte, so müßte der Körper, wenn er weder Anfangsgeschwindigkeiten, noch äußeren Kräften ausgesetzt ist, von selbst eine Bewegung beginnen. Dies würde aber, wie sich unten noch weiter ausgeführt findet, mit der Gleichung der Energie in Widerspruch treten; denn in einem starren Körper ist die nur von den relativen Verhältnissen des Systemes abhängende innere Kräftefunktion konstant, es kann sich bei einem solchen also die lebendige Kraft nur infolge äußerer Arbeit vermehren.

Die Formeln (43) und (45) liefern hiernach unmittelbar die Bewegungsgleichungen für einen starren Körper. Führt man in ihnen die Beziehungen (119') ein, so nehmen sie die Gestalt an:

$$\left.\begin{aligned} m\frac{d}{dt}\left(\mathfrak{x}' + (\zeta - \mathfrak{z})\mathfrak{m}' - (\eta - \mathfrak{y})\mathfrak{n}'\right) &= X_0,\\ m\frac{d}{dt}\left(\mathfrak{y}' + (\xi - \mathfrak{x})\mathfrak{n}' - (\zeta - \mathfrak{z})\mathfrak{l}'\right) &= Y_0,\\ m\frac{d}{dt}\left(\mathfrak{z}' + (\eta - \mathfrak{y})\mathfrak{l}' - (\xi - \mathfrak{x})\mathfrak{m}'\right) &= Z_0; \end{aligned}\right\} \qquad 129)$$

$$\left.\begin{aligned} & m\frac{d}{dt}\left[(\mathfrak{z}'\eta - \mathfrak{y}'\zeta) - \mathfrak{l}'(\xi\mathfrak{x} + \eta\mathfrak{y} + \zeta\mathfrak{z}) + \mathfrak{x}(\xi\mathfrak{l}' + \eta\mathfrak{m}' + \zeta\mathfrak{n}')\right]\\ & + \frac{d}{dt}\left[\mathfrak{l}'\,\Xi_0 + \mathfrak{m}'\,\mathrm{Z}_0' + \mathfrak{n}'\,\mathrm{H}_0'\right] = L_0,\\ & \mathfrak{m}\frac{d}{dt}\left[(\mathfrak{x}'\zeta - \mathfrak{z}'\xi) - \mathfrak{m}'(\xi\mathfrak{x} + \eta\mathfrak{y} + \zeta\mathfrak{z}) + \mathfrak{y}(\xi\mathfrak{l}' + \eta\mathfrak{m}' + \zeta\mathfrak{n}')\right]\\ & + \frac{d}{dt}\left[\mathfrak{m}'\,\mathrm{H}_0 + \mathfrak{n}'\,\Xi_0' + \mathfrak{l}'\,\mathrm{Z}_0'\right] = M_0,\\ & m\frac{d}{dt}\left[(\mathfrak{y}'\xi - \mathfrak{x}'\eta) - \mathfrak{n}'(\xi\mathfrak{x} + \eta\mathfrak{y} + \zeta\mathfrak{z}) + \mathfrak{z}(\xi\mathfrak{l}' + \eta\mathfrak{m}' + \zeta\mathfrak{n}')\right]\\ & + \frac{d}{dt}\left[\mathfrak{n}'\,\mathrm{Z}_0 + \mathfrak{l}'\,\mathrm{H}_0' + \mathfrak{m}'\,\Xi_0'\right] = N_0. \end{aligned}\right\} \qquad 129')$$

In diesen Gleichungen sind alle, die Bewegungen etwa beschränkenden Bedingungen, wie das Festhalten eines einzelnen Punktes oder einer Drehungsaxe, durch eingeführte Reaktionskräfte berücksichtigt zu denken.

Diese zunächst sich bietende Gestalt der Bewegungsgleichungen hat noch den Übelstand, daß $L_0, M_0, N_0, \Xi_0, \mathrm{H}_0, \mathrm{Z}_0, \Xi_0', \mathrm{H}_0', \mathrm{Z}_0'$ sich auf die absolut festen Axen beziehen, dagegen $\mathfrak{l}', \mathfrak{m}', \mathfrak{n}'$ auf zu ihnen parallele durch den Punkt $x = \mathfrak{x}$, $y = \mathfrak{y}$, $z = \mathfrak{z}$. Man kann aber leicht die nötige Umgestaltung erhalten, wenn man benutzt, daß nach den oben gegebenen Definitionen

$$
129'')\quad \begin{cases} X_0 = X,\ Y_0 = Y,\ Z_0 = Z, \\ L_0 = L + \mathfrak{y} Z - \mathfrak{z} Y, \dots \\ \Xi_0 = \Xi + m\,(\mathfrak{y}^2 + \mathfrak{z}^2 + 2(\mathfrak{y}\,\eta' + \mathfrak{z}\,\zeta')), \dots \\ \Xi_0' = \Xi' - m\,(\mathfrak{y}\,\zeta' + \mathfrak{z}\,\eta' - \mathfrak{y}\,\mathfrak{z}), \dots \end{cases}
$$

ist, wobei wie oben $\xi - \mathfrak{x} = \xi', \dots$ gesetzt ist.

Zieht man noch den Wert (120'') der lebendigen Kraft heran, der in denselben Größen ausgedrückt ist, so erhält man

$$
130)\quad \frac{d}{dt}\left(\frac{\partial \Psi}{\partial \mathfrak{x}'}\right) = X,\ \frac{d}{dt}\left(\frac{\partial \Psi}{\partial \mathfrak{y}'}\right) = Y,\ \frac{d}{dt}\left(\frac{\partial \Psi}{\partial \mathfrak{z}'}\right) = Z,
$$

$$
130')\quad \begin{cases} \frac{d}{dt}\left(\frac{\partial \Psi}{\partial \mathfrak{l}'}\right) + m\left[\mathfrak{l}'(\eta'\mathfrak{y}' + \zeta'\mathfrak{z}') - \xi'(\mathfrak{m}'\mathfrak{y}' + \mathfrak{n}'\mathfrak{z}')\right] = L, \\ \frac{d}{dt}\left(\frac{\partial \Psi}{\partial \mathfrak{m}'}\right) + m\left[\mathfrak{m}'(\zeta'\mathfrak{z}' + \xi'\mathfrak{x}') - \eta'(\mathfrak{n}'\mathfrak{z}' + \mathfrak{l}'\mathfrak{x}')\right] = M, \\ \frac{d}{dt}\left(\frac{\partial \Psi}{\partial \mathfrak{n}'}\right) + m\left[\mathfrak{n}'(\xi'\mathfrak{x}' + \eta'\mathfrak{y}') - \zeta'(\mathfrak{l}'\mathfrak{x}' + \mathfrak{m}'\mathfrak{y}')\right] = N. \end{cases}
$$

Diese Formeln vereinfachen sich noch weiter, wenn man, was stets zulässig, aber nicht immer vorteilhaft ist, für den Anfangspunkt des Koordinatensystemes A, B, C den Schwerpunkt des Körpers wählt, also $\mathfrak{x} = \xi$, $\mathfrak{y} = \eta$, $\mathfrak{z} = \zeta$ und daher $\xi' = \eta' = \zeta' = 0$ setzt, wobei man dann wie Seite 99, auch l', m', n' mit λ', μ', ν' vertauschen kann. Hierdurch erhält man dann

$$
130'')\quad \frac{d}{dt}\left(\frac{\partial \Psi}{\partial \xi'}\right) = X,\ \frac{d}{dt}\left(\frac{\partial \Psi}{\partial \eta'}\right) = Y,\ \frac{d}{dt}\left(\frac{\partial \Psi}{\partial \xi'}\right) = Z,
$$

$$
130''')\quad \frac{d}{dt}\left(\frac{\partial \Psi}{\partial \lambda'}\right) = L,\ \frac{d}{dt}\left(\frac{\partial \Psi}{\partial \mu'}\right) = M,\ \frac{d}{dt}\left(\frac{\partial \Psi}{\partial \nu'}\right) = N,
$$

wobei für Ψ der Ausdruck (123'') zu setzen ist; die linken Seiten der drei ersten Gleichungen werden dabei mit $m\,d^2\xi/dt^2$, $m\,d^2\eta/dt^2$, $m\,d^2\zeta/dt^2$ identisch.

Diese Gleichungen liefern direkt sechs erste Integrale des Bewegungsproblemes, wenn die $X, \dots N$ konstant oder nur von der Zeit abhängig sind. Sie sind u. a. brauchbar für die Behandlung der Bewegung eines freien Körpers und ergeben hier das Resultat, daß diejenigen Parameter eines Körpers, welche allein in die Bewegungsgleichungen eingehen, seine Masse m und die drei Hauptträgheitsmomente um den Schwerpunkt $\mathsf{A}, \mathsf{B}, \Gamma$ sind; denn die $\Xi, \mathrm{H}, \mathrm{Z}, \Xi', \mathrm{H}', \mathrm{Z}'$ lassen sich, wie oben gezeigt, durch jene ausdrücken. Verschiedene Körper, welchen gleiche Werte m und $\mathsf{A}, \mathsf{B}, \Gamma$ entsprechen, welche in gleichen Anfangslagen gleiche Anfangsgeschwindigkeiten besitzen und gleichen äußeren Gesamt-Komponenten X, Y, Z und -Drehungsmomenten L, M, N unterliegen, bewegen sich identisch. Hierbei sind als gleiche Lagen und gleiche Bewegungen diejenigen bezeichnet, bei welchen das Koordinatensystem A, B, C sich gleichmäßig verhält. —

Da zwei auf denselben starren Körper ausgeübte Kraftsysteme in Bezug auf jede Art von Bewegung äquivalent sind, wenn sie gleiche Komponentensummen X, Y, Z und gleiche Gesamtmomente L, M, N liefern, so ist auch ein beliebiges Kraftsystem K_h mit einer einzigen Kraft K' mit den Komponenten X', Y', Z', die in einem Punkt x', y', z' angreift, dann gleichwertig, wenn

$$X' = X, \quad Y' = Y, \quad Z' = Z, \tag{131}$$

$$y'Z' - z'Y' = L, \quad z'X' - x'Z' = M, \quad x'Y' - y'X' = N \tag{131'}$$

ist. Hieraus folgt, daß das gegebene Kraftsystem durch eine Kraft nur dann ersetzbar ist, wenn die Bedingung

$$LX + MY + NZ = 0 \tag{131''}$$

erfüllt ist; findet dies statt, so bestimmt (131) Größe und Richtung von K' vollständig.

Der Angriffspunkt x', y', z' wird dagegen durch (131') nicht vollständig gegeben, sondern nur eine Gerade, welche K' enthalten muß; denn es gelten die Formeln

$$x'L + y'M + z'N = 0, \tag{131'''}$$

$$x'(YN - ZM) + y'(ZL - XN) + z'(XM - YL) = L^2 + M^2 + N^2.$$

Dies Resultat sagt aus, daß jede auf einen Punkt wirkende Kraft innerhalb des starren Körpers beliebig in ihrer Richtung verschoben werden kann, ohne ihre Wirkung zu ändern.

Die Bedingung (131'') ist stets erfüllt, wenn die wirkenden Kräfte K_h sämtlich parallel sind; in diesem Fall ist dann auch K' den K_h parallel.

Sind die Kräfte K_h überdies den Massen proportional, die auf die Masseneinheit bezogenen Komponenten also konstant, wie dies bei der Schwerkraft stattfindet, so geht die Richtung der Resultierenden K' bei jeder Lage des Körpers durch seinen Schwerpunkt.

Denn nehmen wir z. B. die Z-Axe den K_h parallel, so ist

$$X = Y = 0, \quad Z = \Sigma K_h,$$

$$L = \Sigma y_h Z_h = \eta \Sigma K_h, \quad M = -\Sigma x_h Z_h = -\xi \Sigma K_h, \quad N = 0;$$

also wird aus (131''')

$$x'\eta - y'\xi = 0, \quad x'\xi + y'\eta = \xi^2 + \eta^2,$$

woraus folgt $x' = \xi$, $y' = \eta$.

Diese Eigenschaft ist der Grund, aus welchem der Massenmittelpunkt auch Schwerpunkt genannt wird. —

Die allgemeinen Bewegungsgleichungen (130) und (130′) lassen sich leicht auf das Koordinatensystem A, B, C transformieren, wenn man nur bedenkt, daß sich die $\mathfrak{x}', \mathfrak{y}', \mathfrak{z}'$ in die $\mathfrak{a}', \mathfrak{b}', \mathfrak{c}'$, und die $\mathfrak{l}', \mathfrak{m}', \mathfrak{n}'$ in die $\mathfrak{p}', \mathfrak{q}', \mathfrak{r}'$ ebenso wie Kraftkomponenten transformieren.

Dabei ist es vorteilhaft zu benutzen, daß sich die Ausdrücke $(\xi'\mathfrak{x}' + \eta'\mathfrak{y}' + \zeta'\mathfrak{z}')$ und $(\mathfrak{l}'\mathfrak{x}' + \mathfrak{m}'\mathfrak{y}' + \mathfrak{n}'\mathfrak{z}')$, direkt in $(\alpha\mathfrak{a}' + \beta\mathfrak{b}' + \gamma\mathfrak{c}')$ und $(\mathfrak{p}'\mathfrak{a}' + \mathfrak{q}'\mathfrak{b}' + \mathfrak{r}'\mathfrak{c}')$ überführen lassen.

Bedenkt man noch, daß nach dem Wert (124′) von Ψ

$$\frac{\partial \Psi}{\partial \mathfrak{b}'}\mathfrak{c}' - \frac{\partial \Psi}{\partial \mathfrak{c}'}\mathfrak{b}' = m\left[\alpha(\mathfrak{p}'\mathfrak{a}' + \mathfrak{q}'\mathfrak{b}' + \mathfrak{r}'\mathfrak{c}') - \mathfrak{p}'(\alpha\mathfrak{a}' + \beta\mathfrak{b}' + \gamma\mathfrak{c}')\right]$$

ist, und daß noch zwei ähnliche Formeln gelten, so gelangt man bei Berücksichtigung der Definitionen von $\mathfrak{p}', \mathfrak{q}', \mathfrak{r}'$ leicht zu folgendem System[72]):

$$132)\quad \begin{cases} \frac{d}{dt}\left(\frac{\partial \Psi}{\partial \mathfrak{a}'}\right) + \mathfrak{q}'\frac{\partial \Psi}{\partial \mathfrak{c}'} - \mathfrak{r}'\frac{\partial \Psi}{\partial \mathfrak{b}'} = A, \\ \frac{d}{dt}\left(\frac{\partial \Psi}{\partial \mathfrak{b}'}\right) + \mathfrak{r}'\frac{\partial \Psi}{\partial \mathfrak{a}'} - \mathfrak{p}'\frac{\partial \Psi}{\partial \mathfrak{c}'} = B, \\ \frac{d}{dt}\left(\frac{\partial \Psi}{\partial \mathfrak{c}'}\right) + \mathfrak{p}'\frac{\partial \Psi}{\partial \mathfrak{b}'} - \mathfrak{q}'\frac{\partial \Psi}{\partial \mathfrak{a}'} = C, \end{cases}$$

$$132')\quad \begin{cases} \frac{d}{dt}\left(\frac{\partial \Psi}{\partial \mathfrak{p}'}\right) + \mathfrak{q}'\frac{\partial \Psi}{\partial \mathfrak{r}'} - \mathfrak{r}'\frac{\partial \Psi}{\partial \mathfrak{q}'} + \mathfrak{b}'\frac{\partial \Psi}{\partial \mathfrak{c}'} - \mathfrak{c}'\frac{\partial \Psi}{\partial \mathfrak{b}'} = P, \\ \frac{d}{dt}\left(\frac{\partial \Psi}{\partial \mathfrak{q}'}\right) + \mathfrak{r}'\frac{\partial \Psi}{\partial \mathfrak{p}'} - \mathfrak{p}'\frac{\partial \Psi}{\partial \mathfrak{r}'} + \mathfrak{c}'\frac{\partial \Psi}{\partial \mathfrak{a}'} - \mathfrak{a}'\frac{\partial \Psi}{\partial \mathfrak{c}'} = Q, \\ \frac{d}{dt}\left(\frac{\partial \Psi}{\partial \mathfrak{r}'}\right) + \mathfrak{p}'\frac{\partial \Psi}{\partial \mathfrak{q}'} - \mathfrak{q}'\frac{\partial \Psi}{\partial \mathfrak{p}'} + \mathfrak{a}'\frac{\partial \Psi}{\partial \mathfrak{b}'} - \mathfrak{b}'\frac{\partial \Psi}{\partial \mathfrak{a}'} = R, \end{cases}$$

Diese Gleichungen stellen die Schwerpunkts- und Flächensätze in Bezug auf das bewegliche Koordinatensystem A, B, C dar. Man kann sie direkt aus der HAMILTON'schen Gleichung ableiten, die, weil für einen starren Körper das innere Potential konstant ist, nach (103″) die Form

$$132'')\quad \int_{t_0}^{t_1} (\delta\Psi + \delta' A)\, dt = 0$$

besitzt; man hat hierzu für $\delta' A$ den durch die Variationen $\delta'\mathfrak{a}$, $\delta'\mathfrak{b}$, $\delta'\mathfrak{c}$, $\delta'\mathfrak{p}$, $\delta'\mathfrak{q}$, $\delta'\mathfrak{r}$ gegebenen Wert (126″) zu benutzen und nach (124′)

$$\delta\Psi = \frac{\partial \Psi}{\partial \mathfrak{a}'}\delta\mathfrak{a}' + \frac{\partial \Psi}{\partial \mathfrak{b}'}\delta\mathfrak{b}' + \frac{\partial \Psi}{\partial \mathfrak{c}'}\delta\mathfrak{c}' + \frac{\partial \Psi}{\partial \mathfrak{p}'}\delta\mathfrak{p}' + \frac{\partial \Psi}{\partial \mathfrak{q}'}\delta\mathfrak{q}' + \frac{\partial \Psi}{\partial \mathfrak{r}'}\delta\mathfrak{r}'$$

zu setzen, worin nun die Variationen $\delta\mathfrak{a}', \ldots \delta\mathfrak{r}'$ durch $\delta'\mathfrak{a}, \ldots \delta'\mathfrak{r}$ und ihre Differentialquotienten nach der Zeit auszudrücken sind. Es ist dabei keineswegs $\delta\mathfrak{a}' = d\,\delta\mathfrak{a}/dt$ u. s. f., weil die Richtungen, auf welche sich diese Größen beziehen, mit der Zeit wechseln; der Zusammenhang ist vielmehr nur zu gewinnen, indem man $\mathfrak{a}', \ldots \mathfrak{r}'$ durch auf das feste System bezügliche Größen ausdrückt, diese Werte variiert und in die Resultate dann $\delta\mathfrak{a}, \ldots \delta\mathfrak{r}$ einführt. —

Von den vorstehenden allgemeinen Gleichungen machen wir nun Anwendungen auf speziellere Fälle. Ist der starre Körper um einen festen Punkt drehbar, so legt man in diesen passend den Anfangspunkt sowohl des festen Systemes X, Y, Z, als des beweglichen $\mathfrak{X}, \mathfrak{Y}, \mathfrak{Z}$ resp. A, B, C, setzt also in (130) und (130'), — was Ψ betrifft, selbstverständlich erst nach ausgeführter Differentiation —, $\mathfrak{x}' = \mathfrak{y}' = \mathfrak{z}' = 0$. Wird von einer Reibung an der Befestigungsstelle abgesehen, so bewirkt die Befestigung nur Reaktionskomponenten und keine Momente; von den Gleichungen

$$\frac{d}{dt}\left(\frac{\partial \Psi}{\partial \mathfrak{x}'}\right) = X, \quad \frac{d}{dt}\left(\frac{\partial \Psi}{\partial \mathfrak{y}'}\right) = Y, \quad \frac{d}{dt}\left(\frac{\partial \Psi}{\partial \mathfrak{z}'}\right) = Z, \qquad 133)$$

$$\frac{d}{dt}\left(\frac{\partial \Psi}{\partial \mathfrak{l}'}\right) = L, \quad \frac{d}{dt}\left(\frac{\partial \Psi}{\partial \mathfrak{m}'}\right) = M, \quad \frac{d}{dt}\left(\frac{\partial \Psi}{\partial \mathfrak{n}'}\right) = N, \qquad 133')$$

sind also die letzten drei von Reaktionen frei und als die eigentlichen Bewegungsgleichungen zu bezeichnen. In ihnen kann man für Ψ nach (120'') spezieller setzen

$$2\Psi = \mathsf{\Xi}\mathfrak{l}'^2 + \mathsf{H}\mathfrak{m}'^2 + \mathsf{Z}\mathfrak{n}'^2 + 2\,\mathsf{\Xi}'\mathfrak{m}'\mathfrak{n}' + 2\mathsf{H}'\mathfrak{n}'\mathfrak{l}' + 2\mathsf{Z}'\mathfrak{l}'\mathfrak{m}'. \qquad 133'')$$

Die Gleichungen (133') sind mit dem System (130''') formal identisch; die Rotation eines frei beweglichen Körpers um seinen Schwerpunkt findet also ebenso statt, als wenn der Körper in demselben unterstützt und den gleichen Kräften und Anfangsgeschwindigkeiten ausgesetzt wäre.[73])

Die Formeln (132'), nehmen in unserem Falle wegen $\mathfrak{a}' = \mathfrak{b}' = \mathfrak{c}' = 0$ die Gestalt an

$$\left.\begin{aligned} \frac{d}{dt}\left(\frac{\partial \Psi}{\partial \mathfrak{p}'}\right) + \mathfrak{q}'\frac{\partial \Psi}{\partial \mathfrak{r}'} - \mathfrak{r}'\frac{\partial \Psi}{\partial \mathfrak{q}'} &= P,\\ \frac{d}{dt}\left(\frac{\partial \Psi}{\partial \mathfrak{q}'}\right) + \mathfrak{r}'\frac{\partial \Psi}{\partial \mathfrak{p}'} - \mathfrak{p}'\frac{\partial \Psi}{\partial \mathfrak{r}'} &= Q,\\ \frac{d}{dt}\left(\frac{\partial \Psi}{\partial \mathfrak{r}'}\right) + \mathfrak{p}'\frac{\partial \Psi}{\partial \mathfrak{q}'} - \mathfrak{q}'\frac{\partial \Psi}{\partial \mathfrak{p}'} &= R, \end{aligned}\right\} \qquad 133''')$$

worin für Ψ die aus (124') folgende spezielle Form

$$2\Psi = \mathsf{A}\mathfrak{p}'^2 + \mathsf{B}\mathfrak{q}'^2 + \mathsf{\Gamma}\mathfrak{r}'^2 + 2\mathsf{A}'\mathfrak{q}'\mathfrak{r}' + 2\mathsf{B}'\mathfrak{r}'\mathfrak{p}' + 2\mathsf{\Gamma}'\mathfrak{p}'\mathfrak{q}' \qquad 133'''')$$

gesetzt werden kann.

Legt man die Axen A, B, C in die Hauptträgheitsaxen durch den festen Punkt, so sind die Deviationsmomente $\mathsf{A}' = \mathsf{B}' = \Gamma' = 0$ und das vorstehende System reduziert sich auf[74])

$$134)\quad \begin{cases} \mathsf{A}\dfrac{d\mathfrak{p}'}{dt} + (\Gamma - \mathsf{B})\,\mathfrak{q}'\mathfrak{r}' = P, \\ \mathsf{B}\dfrac{d\mathfrak{q}'}{dt} + (\mathsf{A} - \Gamma)\,\mathfrak{r}'\mathfrak{p}' = Q, \\ \Gamma\dfrac{d\mathfrak{r}'}{dt} + (\mathsf{B} - \mathsf{A})\,\mathfrak{p}'\mathfrak{q}' = R. \end{cases}$$

Von besonderem Interesse ist der, allerdings nur unter der Voraussetzung, daß zwei von den A, B, Γ einander gleich sind, durchführbare Fall, daß als einzige äußere Kraft die Schwere wirkt.[75]) Dann ist, falls man die Z-Axe vertikal nach unten legt, das Gewicht des Körpers mit G bezeichnet und wieder unter α, β, γ die Koordinaten des Schwerpunktes in Bezug auf das System A, B, C der Hauptträgheitsaxen versteht,

$$134')\quad P = G(\beta\gamma_3 - \gamma\gamma_2)\quad Q = G(\gamma\gamma_1 - \alpha\gamma_3),\ R = G(\alpha\gamma_2 - \beta\gamma_1).$$

Liegt spezieller der Schwerpunkt auf der C-Koordinatenaxe im Abstand s vom Drehpunkt, so ist $\alpha = \beta = 0$, $\gamma = s$, also

$$134'')\quad P = -Gs\gamma_2,\quad Q = Gs\gamma_1,\quad R = 0.$$

Die allgemeine Hamiltonsche Gleichung (132'') nimmt hier die Gestalt an

$$134''')\quad \int_{t_0}^{t_1} (\delta\Psi + Gs\,\delta\gamma_3) = 0,$$

worin für Ψ der Wert (133'''') zu setzen ist. —

Ist der Körper um eine feste Axe drehbar, so wählen wir diese zur Z- und C-Axe und haben demgemäß in den Gleichungen (130) und (130') sowohl $\mathfrak{x}'$, $\mathfrak{y}'$, $\mathfrak{z}'$ als $\mathfrak{m}'$ und $\mathfrak{l}'$ gleich Null zu setzen; hieraus folgt, daß man in dem ersten Tripel von dem Wert (120'') für 2Ψ nur das Glied $2\mathfrak{n}'(\xi'\mathfrak{y}' - \eta'\mathfrak{x}')$, in dem letzten nur

$$\mathsf{Z}\mathfrak{n}'^2 + 2\mathfrak{m}'\mathfrak{n}'\Xi' + 2\mathfrak{l}'\mathfrak{n}'\mathsf{H}'$$

zu berücksichtigen braucht.

Man erhält demgemäß

$$135)\quad \begin{cases} -m\dfrac{d(\eta\mathfrak{n}')}{dt} = X,\quad +m\dfrac{d(\xi\mathfrak{n}')}{dt} = Y,\quad 0 = Z, \\ \dfrac{d(\mathsf{H}'\mathfrak{n}')}{dt} = L,\quad \dfrac{d(\Xi'\mathfrak{n}')}{dt} = M,\quad \dfrac{d(\mathsf{Z}\mathfrak{n}')}{dt} = N. \end{cases}$$

Hierin enthalten X, Y, Z, L, M Reaktionen, welche die feste Axe auf den Körper ausübt, N dagegen, wenn von Axenreibung abgesehen wird, nicht; für die Bewegung ist somit nur die letzte Gleichung maßgebend, welche, da das Trägheitsmoment um die Z-Axe bei der Rotation um diese nicht variiert, durch Einführung des von einer beliebigen Anfangslage aus gerechneten Drehungswinkels χ die Form gewinnt

$$\mathsf{Z} \frac{d^2\chi}{dt^2} = N. \qquad 135')$$

Von besonderer Wichtigkeit ist der Fall, daß das Drehungsmoment N dem Drehungswinkel χ proportional ist, wo dann die letzte Formel auf die Gestalt

$$\mathsf{Z} \frac{d^2\chi}{dt^2} = -D\chi \qquad 135'')$$

gebracht werden kann. Ist D positiv, so tritt eine Oscillation mit der Periode

$$T = 2\pi \sqrt{\frac{\mathsf{Z}}{D}} \qquad 135''')$$

ein, deren Beobachtung bei bekanntem D zur experimentellen Bestimmung von Z, bei bekanntem Z zur Bestimmung von D dienen kann.

Bei negativem D tritt eine Rotation mit immer beschleunigter, bei verschwindendem eine solche mit konstanter Geschwindigkeit ein.

Liegt die Drehungsaxe horizontal, und ist N das von der Schwere auf den starren Körper ausgeübte Moment, also gleich $-Gs \sin\chi$, worin G und s die frühere Bedeutung haben und χ den Winkel zwischen s und dem nach unten gerichteten Lot bezeichnet, so liefert die Formel (135′) die Theorie des zusammengesetzten Pendels, dessen Schwingungsdauer sich äußerst scharf bestimmen und zur Berechnung der Schwerekonstanten g benutzen läßt.[76]) —

Die ersten fünf Gleichungen (135) geben interessante Aufschlüsse auch über die Bewegung freier, sowie nur in einem Punkte unterstützter Körper, wenn man berücksichtigt, daß in den Fällen, wo die Reaktionen verschwinden, der Körper die vorgeschriebene Bewegung auch ohne die betreffende Unterstützung ausführt.

Ist die C-Axe eine Hauptträgheitsaxe des Körpers, so ist wegen $\gamma_3 = 1$ und $\gamma_1 = \gamma_2 = \alpha_3 = \beta_3 = 0$ nach (121‴) Ξ' und H' gleich Null, also nach der vierten und fünften Gleichung (135) auch L und M. Wirken keine äußeren Kräfte, so sind L und M mit den Reaktionsmomenten der Befestigung identisch, diese verschwinden daher unter der gemachten Annahme gleichfalls. Es genügt in diesem

Falle also, den Körper in dem beliebigen, zum Koordinatenanfang gewählten Punkte der C-Axe zu unterstützen, um die Rotation um dieselbe mit konstanter Geschwindigkeit dauernd zu erhalten. Wegen dieser Eigenschaft heißen die Hauptträgheitsaxen durch einen beliebigen Punkt des starren Körpers die ihm entsprechenden permanenten Drehungsaxen.

Geht die C-Axe überdies durch den Schwerpunkt des Körpers, so ist ξ und η dauernd Null und gleiches gilt nach den beiden ersten Gleichungen (135) von X und Y, also, wenn äußere Kräfte nicht wirken, auch von allen Reaktionskomponenten. Hier ist also gar keine Unterstützung nötig, um die Rotation um die C-Axe gleichförmig zu erhalten. Die Hauptträgheitsaxen durch den Schwerpunkt heißen deshalb die natürlichen Drehungsaxen eines freien starren Körpers. —

Wir wollen schließlich aus den allgemeinen Formeln (130), in denen, wie oben gesagt, alle, die Bewegungsfreiheit einschränkenden Umstände durch Reaktionskräfte ausgedrückt zu denken sind, die Bedingung dafür ableiten, daß ein starrer Körper als ein materieller Punkt zu betrachten ist, oder anders ausgedrückt, dafür, daß seine Schwerpunktsbewegung von seiner Gestalt, Massenverteilung und Orientierung unabhängig ist. Die Gleichungen (130) beantworten die Frage dahin, daß hierzu die Komponentensummen X, Y, Z, welche sowohl über die direkt gegebenen als über die Reaktionskräfte zu erstrecken sind, ausschließlich von dem Verhalten des Schwerpunktes des Körpers abhängig sein müssen.

Die ersteren Kräfte liefern im allgemeinen dann von anderen Umständen abhängige Gesamtkomponenten, wenn sie nach Größe und Richtung Funktionen des Ortes und der Geschwindigkeit ihres Angriffspunktes sind. Stetige Veränderlichkeit vorausgesetzt, läßt sich hier aber immer durch Verkleinerung der Dimensionen des Körpers ein Zustand erreichen, wo diese Abhängigkeit innerhalb einer festgesetzten Grenze bleibt, d. h. analytisch ausgedrückt, wo bei Entwickelung der Komponentensummen nach den Koordinaten relativ zum Schwerpunkt des Körpers die folgenden Glieder neben dem ersten, innerhalb des Körpers konstanten vernachlässigt werden können. Es werden dann die Komponentensummen nur Funktionen von dem Verhalten des Schwerpunktes, und damit wird der Körper zum materiellen Punkt.

Ein Beispiel für das entgegengesetzte Verhalten liefern solche Reaktionskräfte, deren Komponenten sich nicht mit alleiniger Hilfe der Bedingungsgleichung, auf Grund welcher sie eingeführt sind, bestimmen lassen, sondern auch in den Flächensätzen (130′) auftreten, also von der Rotation des Körpers abhängen. Dies findet z. B. bei dem Rollen eines Körpers auf einer mit gleitender Reibung behafteten Unterlage statt. Hier wird also auch bei Dimensionen, die gegen alle sonst in Betracht kommenden unendlich klein sind, der Körper niemals als ein materieller Punkt zu betrachten sein. —

Setzt man in dem System der Bewegungsgleichungen (130) und (130′) die sämtlichen Geschwindigkeiten gleich Null, so werden die linken Seiten aller Gleichungen homogen linear in den sechs Beschleunigungen $d\mathfrak{x}'/dt$, $d\mathfrak{y}'/dt$, $d\mathfrak{z}'/dt$, $d\mathfrak{l}'/dt$, $d\mathfrak{m}'/dt$, $d\mathfrak{n}'/dt$. Hieraus folgt, daß diese Beschleunigungen gleichzeitig nur dann verschwinden können, wenn die auf den rechten Seiten jener Gleichungen stehenden Komponenten- und Momentensummen verschwinden. Da nun die Komponenten- und Momentensummen in Bezug auf beliebige rechtwinkelige Axen nach dem oben entwickelten homogene lineare Funktionen von den dort auftretenden sind, so ergiebt sich als notwendige und hinreichende Bedingung des Gleichgewichtes, daß in Bezug auf ein beliebiges Axensystem[77])

$$X = Y = Z = L = M = N = 0 \tag{136}$$

sein muß. Dabei sind, wie oben, Bedingungen, welche die Beweglichkeit des Körpers vermindern, durch geeignete Reaktionskräfte ausgedrückt zu denken. Die Formeln (136) bilden die Grundlage der gesamten Statik starrer Körper.

Wir knüpfen hieran eine Bemerkung über die inneren Kräfte eines starren Körpers.

Wären die Momenten- und Komponentensummen der inneren Kräfte nicht gleich Null, so würden im Zustand der Ruhe und bei verschwindenden äußeren Kräften die Beschleunigungen $d\mathfrak{x}'/dt$, $d\mathfrak{y}'/dt$, $d\mathfrak{z}'/dt$, $d\mathfrak{l}'/dt$, $d\mathfrak{m}'/dt$, $d\mathfrak{n}'/dt$ nicht gleich Null sein, es würde also auch nach (120″) die lebendige Kraft zunehmen. Hierin würde, wie schon auf S. 103 hervorgehoben ist, ein Widerspruch mit der Energiegleichung liegen. —

Nach den Entwickelungen auf S. 79 und 80 kann man die sämtlichen Bedingungen des Gleichgewichtes durch die einzige Formel

$$\delta' A = 0 \tag{137}$$

umfassen, wo $\delta' A$ die Arbeit der äußeren Kräfte bei einer virtuellen Verrückung bezeichnet. Führt man die Bedingungen, denen die Beweglichkeit des starren Körpers unterliegt, nach der Methode von Lagrange ein, so kann man jedes System von Verschiebungen $\delta\mathfrak{x}$, $\delta\mathfrak{y}$, $\delta\mathfrak{z}$ und von Drehungen $\delta'\mathfrak{l}$, $\delta'\mathfrak{m}$, $\delta'\mathfrak{n}$ als virtuell betrachten und gelangt hierdurch zu Bedingungen, welche mit (136) äquivalent sind.

Haben die äußeren Kräfte ein Potential Φ, so ergiebt die Formel (137)

137') $$\delta \Phi = 0,$$

und da, wenn kein Gleichgewicht vorhanden ist, beim Beginn der Bewegung aus der Ruhe nach (98')

137'') $$d \Phi < 0$$

ist, so ist nach den Betrachtungen auf S. 28 die Bedingung (137) äquivalent damit, daß im Fall stabilen Gleichgewichtes Φ ein Minimum, in demjenigen labilen Gleichgewichtes Φ ein Maximum ist. —

Die Beobachtung der Gleichgewichtslage eines um eine feste Axe, sagen wir die C- resp. Z-Axe, drehbaren Körpers wird in der Praxis bei der sogenannten Drehwage zur Messung von Drehungsmomenten benutzt.

Sei $N(\chi)$ ein in seiner Abhängigkeit vom Drehungswinkel χ bekanntes Moment, so nimmt der Körper bei dessen alleiniger Einwirkung eine Ruhelage ein, gegeben durch

$$N(\chi_0) = 0.$$

Wird jetzt außer N noch ein zweites Moment N' ausgeübt, und ruht der Körper nun in einer durch χ_1 gegebenen Lage, so muß

$$N(\chi_1) + N' = 0$$

sein, und diese Beziehung drückt N' durch bekannte Größen aus.

Das bekannte Drehungsmoment N wird in der Praxis entweder durch Aufhängung des Körpers an einem Draht oder an zwei sehr dünnen nahezu widerstandslosen Fäden hervorgebracht.

Rührt das zu messende Moment N' von einer einzigen Kraft K' her, deren Angriffspunkt im Abstand h von der Drehungsaxe liegt, und steht K' normal zur Axe und zu h, so ist $N' = hK'$, wo h der Hebelarm der Kraft heißt. In diesem Falle liefert die Bestimmung von N' zugleich die von K'.

Bei der gewöhnlichen Wage geschieht die Messung von Kräften dadurch, daß man neben einem unbekannten Moment $N(\chi)$ zwei zu vergleichende N_1 und N_2 anbringt; diese sind entgegengesetzt gleich, wenn die Ruhelage des starren Körpers dieselbe ist, wie bei alleiniger Einwirkung von $N(\chi)$. Die Momente N_1 und N_2 werden durch die Gewichte G_1 und G_2 von Massen m_1 und m_2 geliefert, die an gleichen Hebelarmen angreifen; Gleichheit von N_1 und N_2 bedingt also die von G_1 und G_2, oder wegen $G_h = m_h g$ auch die von m_1 und m_2. Hierauf beruht die Bestimmung von Massen mittels der Wage.

§ 15. Konservative Wechselwirkungen zwischen starren Körpern.

Nach der Definition (126') ist die virtuelle Arbeit der Wechselwirkung zweier Körper m_h und m_k

$$\left.\begin{aligned}\delta' A_{hk} = X_{hk}\,\delta\xi_h + Y_{hk}\,\delta\eta_h + Z_{hk}\,\delta\zeta_h + L_{hk}\,\delta'\lambda_h + M_{hk}\,\delta'\mu_h + N_{hk}\,\delta'\nu_h \\ + X_{kh}\,\delta\xi_k + Y_{kh}\,\delta\eta_k + Z_{kh}\,\delta\zeta_k + L_{kh}\,\delta'\lambda_k + M_{kh}\,\delta'\mu_k + N_{kh}\,\delta'\nu_k,\end{aligned}\right\} \quad 138)$$

worin die $X_{hk}\ldots$, $X_{kh}\ldots$ die Komponenten, die $L_{hk}\ldots$, $L_{kh}\ldots$ die Momente der Wechselwirkungen, $\delta\xi_h\ldots$, $\delta\xi_k\ldots$ die Verschiebungen der Schwerpunkte parallel den festen Axen X, Y, Z, und $\delta'\lambda_h\ldots$, $\delta'\lambda_k\ldots$ die Drehungen um Parallele zu diesen Axen durch die bezüglichen Schwerpunkte bezeichnen.

Wir wollen untersuchen, welche Bedingungen die Kräfte und Momente erfüllen müssen, damit $\delta' A_{hk} = -\delta\Phi_{hk}$, d. h. die vollständige Variation einer nur von der relativen Lage abhängigen Funktion $\Phi_{hk} = \Phi_{kh}$ ist.[78])

Das Problem hat eine ganz spezielle physikalische Bedeutung, weil die Wechselwirkungen zwischen den Molekülen fester Körper aller Wahrscheinlichkeit nach zu der allgemeineren Art gehören, auf die uns die Betrachtung der starren Körper geführt hat, so daß nämlich das eine Molekül auf das andere nicht nur Komponenten, sondern auch Drehungsmomente ausübt. Daß dabei trotz aller Veränderungen, welche durch die relative Bewegung der Atome eines Moleküls bewirkt werden, gewisse Richtungen dauernd ausgezeichnete bleiben, zeigt das Verhalten der Krystalle.

Die relative Lage der beiden Körper m_h und m_k ist durch sechs Variable vollständig bestimmt, z. B. durch den Abstand E_{hk} ihrer Schwerpunkte und die fünf Winkel, welche die Orientierung zweier in den Körpern festen Axensysteme A_h, B_h, C_h und A_k, B_k, C_k gegeneinander und gegen die Richtung von E festlegen. Es handelt sich darum, $\delta' A_{hk}$ auf eine solche Form zu bringen, daß darin, statt der in (138) enthaltenen zwölf, nur sechs voneinander unabhängige Variationen auftreten. Dazu benutzen wir, daß $\delta' A_{hk}$ bei Variationen, welche die relative Lage der beiden Körper m_h und m_k nicht ändern, verschwinden muß, und demgemäß Φ_{hk} sich dabei nicht ändern darf.

Eine gemeinsame Verschiebung $\delta\sigma$ von m_h und m_k ist durch

$$\delta\xi_h = \delta\xi_k, \quad \delta\eta_h = \delta\eta_k, \quad \delta\zeta_h = \delta\zeta_k,$$
$$\delta'\lambda_h = \delta'\lambda_k = \delta'\mu_h = \delta'\mu_k = \delta'\nu_h = \delta'\nu_k = 0$$

gegeben; soll für beliebige Richtung und Größe von $\delta\sigma$ stets $\delta' A_{hk} = 0$ sein, so muß gelten

138′) $$X_{hk} + X_{kh} = Y_{hk} + Y_{kh} = Z_{hk} + Z_{kh} = 0.$$

Eine gemeinsame Drehung $\delta\tau$ um eine beliebige Axe durch den willkürlichen Anfangspunkt des Systemes X, Y, Z ist ebenso gegeben durch

$$\delta\xi_h = \zeta_h\delta'\mu - \eta_h\delta'\nu, \quad \delta\eta_h = \xi_h\delta'\nu - \zeta_h\delta'\lambda, \quad \delta\zeta_h = \eta_h\delta'\lambda - \xi_h\delta'\mu,$$
$$\delta\xi_k = \zeta_k\delta'\mu - \eta_k\delta'\nu, \quad \delta\eta_k = \xi_k\delta'\nu - \zeta_k\delta'\lambda, \quad \delta\zeta_k = \eta_k\delta'\lambda - \xi_k\delta'\mu,$$
$$\delta'\lambda_h = \delta'\lambda_k = \delta'\lambda, \quad \delta'\mu_h = \delta'\mu_k = \delta'\mu, \quad \delta'\nu_h = \delta'\nu_k = \delta'\nu.$$

Sollen diese Werte ebenfalls δA_{hk} zu Null machen, so muß gelten:

138″) $$\left\{\begin{array}{l} L_{hk} + L_{kh} + Z_{hk}\eta_{hk} - Y_{hk}\zeta_{hk} = 0, \\ M_{hk} + M_{kh} + X_{hk}\zeta_{hk} - Z_{hk}\xi_{hk} = 0, \\ N_{hk} + N_{kh} + Y_{hk}\xi_{hk} - X_{hk}\eta_{hk} = 0, \end{array}\right.$$

worin die relativen Koordinaten

$$\xi_h - \xi_k = \xi_{hk}, \quad \eta_h - \eta_k = \eta_{hk}, \quad \zeta_h - \zeta_k = \zeta_{hk}$$

gesetzt sind.

Aus den Formeln (138″) folgt unter anderem, daß, wenn die Resultante der Wechselwirkung zwischen m_h und m_k mit der Verbindungslinie E_{hk} ihrer Schwerpunkte parallel ist, die Drehungsmomente, welche m_h und m_k um parallele Axen erfahren, entgegengesetzt gleich sind, und dasselbe gilt umgekehrt.

Sind speziell die Körper m_h und m_k identisch und symmetrisch gegen eine Ebene gelegen, so muß nach Symmetrie das Moment um die Normale zu dieser Ebene verschwinden, dagegen das Moment um jede Axe, die jener Ebene parallel ist, für m_h und m_k gleich groß und entgegengesetzt gerichtet sein; hieraus folgt nach (138″), daß die Resultante der Wechselwirkung der Verbindungslinie der beiden Schwerpunkte parallel sein muß.

Sind dagegen die Körper identisch und mit allen entsprechenden Axen einander parallel, so müssen nach Symmetrie die Momente um parallele Axen für m_h und m_k gleiche Größe und gleiches Vorzeichen besitzen.

Die Benutzung von (138″) ergiebt

138‴) $$\left\{\begin{array}{l} \delta' A_{hk} = X_{hk}\left(\delta\xi_{hk} + \frac{1}{2}\eta_{hk}(\delta'\nu_h + \delta'\nu_k) - \frac{1}{2}\zeta_{hk}(\delta'\mu_h + \delta'\mu_k)\right) \\ \quad + Y_{hk}\left(\delta\eta_{hk} + \frac{1}{2}\zeta_{hk}(\delta'\lambda_h + \delta'\lambda_k) - \frac{1}{2}\xi_{hk}(\delta'\nu_h + \delta'\nu_k)\right) \\ \quad + Z_{hk}\left(\delta\zeta_{hk} + \frac{1}{2}\xi_{hk}(\delta'\mu_h + \delta'\mu_k) - \frac{1}{2}\eta_{hk}(\delta'\lambda_h + \delta'\lambda_k)\right) \\ \quad + \frac{1}{2}(L_{hk} - L_{kh})(\delta'\lambda_h - \delta'\lambda_k) + \frac{1}{2}(M_{hk} - M_{kh})(\delta'\mu_h - \delta'\mu_k) \\ \qquad + \frac{1}{2}(N_{hk} - N_{kh})(\delta'\nu_h - \delta'\nu_k). \end{array}\right.$$

Diese Formel läßt $\delta' \mathcal{A}_{hk}$ in der That nur von sechs Aggregaten der zwölf Variationen abhängig erscheinen, die man durch Vergleichung mit den Formeln (116'''') geometrisch deuten kann.

Existiert ein Potential Φ_{hk} der Wechselwirkung zwischen m_h und m_k, so kann man nach (138''') wegen $\delta' \mathcal{A}_{hk} = -\delta \Phi_{hk}$ die Komponenten und Momente auf folgende Weise bestimmen.

Man unterwirft beide Körper beliebigen Verschiebungen und Drehungen, die nur der Bedingung genügen, daß

$$\delta'\lambda_h + \delta'\lambda_k = \delta'\mu_h + \delta'\mu_k = \delta'\nu_h + \delta'\nu_k = 0$$

ist; dann bestehen die Beziehungen

$$\left.\begin{array}{c} X_{hk} = -\dfrac{\partial \Phi_{hk}}{\partial \xi_{hk}}, \quad Y_{hk} = -\dfrac{\partial \Phi_{hk}}{\partial \eta_{hk}}, \quad Z_{hk} = -\dfrac{\partial \Phi_{hk}}{\partial \zeta_{hk}}, \\ L_{hk} - L_{kh} = -\dfrac{\partial \Phi_{hk}}{\partial \lambda_h}, \quad M_{hk} - M_{kh} = -\dfrac{\partial \Phi_{hk}}{\partial \mu_h}, \\ N_{hk} - N_{kh} = -\dfrac{\partial \Phi_{hk}}{\partial \nu_h}. \end{array}\right\} \quad 138'''')$$

Aus diesen Werten folgen mit Hilfe von (138') und (138'') alle gesuchten Größen; es folgen aus ihnen auch durch Elimination von Φ_{hk} die Bedingungen, denen die Komponenten und Momente zu genügen haben, damit ein Potential der Wechselwirkung existiert. —

Eine durch Symmetrie ausgezeichnete Darstellung für die Arbeit der Wechselwirkung zwischen zwei Körpern erhält man durch die Überlegung, daß, wenn man durch den Anfangspunkt des absolut festen Koordinatensystemes zwei Axensysteme A_h', B_h', C_h' resp. A_k', B_k', C_k' legt, welche bei allen Bewegungen der Körper m_h und m_k je den drei in diesen festgelegten Axensystemen A_h, B_h, C_h resp. A_k, B_k, C_k, z. B. den Hauptträgheitsaxen durch die bezüglichen Schwerpunkte, parallel bleiben, dann die relative Lage der beiden Schwerpunkte durch die zwei Systeme relativer Koordinaten a_{hk}, b_{hk}, c_{hk} und a_{kh}, b_{kh}, c_{kh}, von denen das erste sich auf die Axen A_h', B_h', C_h', das letzte auf die Axen A_k', B_k', C_k' bezieht, vollständig bestimmt ist.

Es muß demgemäß möglich sein, $\delta' \mathcal{A}_{hk}$ auf die Form zu bringen

$$\left.\begin{array}{l} \delta' \mathcal{A}_{hk} = A_{hk}' \delta a_{hk} + B_{hk}' \delta b_{hk} + C_{hk}' \delta c_{hk} \\ \qquad + A_{kh}' \delta a_{kh} + B_{kh}' \delta b_{kh} + C_{kh}' \delta c_{kh}, \end{array}\right\} \quad 139)$$

wo die δ die durch Verschiebung und Drehung bewirkten Änderungen der relativen Koordinaten und die A_{hk}', ... zu bestimmende Funktionen sind.

Um letztere zu finden, geht man am besten von der gesuchten

Form (139) aus und bringt sie durch Koordinatentransformation auf die primäre Gestalt (138).

Bezeichnet man die Änderung von $a_{hk}, \ldots$ durch bloße Verschiebung mit $\delta' a_{hk}$, und die Drehungswinkel des Körpers m_h um die Axen A_h, B_h, C_h mit $\delta' p_h$, $\delta' q_h$, $\delta' r_h$, so wird

$$139')\quad \begin{cases} \delta a_{hk} = \delta' a_{hk} + b_{hk}\,\delta' r_h - c_{hk}\,\delta' q_h, \\ \delta b_{hk} = \delta' b_{hk} + c_{hk}\,\delta' p_h - a_{hk}\,\delta' r_h, \\ \delta c_{hk} = \delta' c_{hk} + a_{hk}\,\delta' q_h - b_{hk}\,\delta' p_h, \end{cases}$$

und ganz analoge Formeln folgen für $\delta a_{kh}, \ldots$ durch Vertauschung von h mit k und umgekehrt.

$\delta' a_{hk}$, $\delta' b_{hk}$, $\delta' c_{hk}$ sind dabei ersichtlich die Komponenten derselben relativen Verschiebung von m_h gegen m_k nach den Axen A'_h, B'_h, C'_h, deren Komponenten nach X, Y, Z mit $\delta \xi_{hk}$, $\delta \eta_{hk}$, $\delta \zeta_{hk}$ bezeichnet sind. Faßt man also A'_{hk}, B'_{hk}, C'_{hk} als Komponenten eines Vektors K_h nach A'_h, B'_h, C'_h auf und bezeichnet dessen Komponenten nach X, Y, Z mit X_h, Y_h, Z_h, so ist ersichtlich

$$139'')\quad A'_{hk}\,\delta' a_{hk} + B'_{hk}\,\delta' b_{hk} + C'_{hk}\,\delta' c_{hk} = X_h\,\delta \xi_{hk} + Y_h\,\delta \eta_{hk} + Z_h\,\delta \zeta_{hk}.$$

Ferner stehen die Komponenten $\delta' p_h$, $\delta' q_h$, $\delta' r_h$ der Drehung des Körpers m_h um die Axen A_h, B_h, C_h in analoger Beziehung zu den Drehungen $\delta' \lambda_h$, $\delta' \mu_h$, $\delta' \nu_h$ um Parallele zu X, Y, Z, und demgemäß erhält man leicht

$$139''')\quad \begin{cases} (b_{hk} C'_{hk} - c_{hk} B'_{hk})\,\delta' p_h + (c_{hk} A'_{hk} - a_{hk} C'_{hk})\,\delta' q_h \\ \qquad + (a_{hk} B'_{hk} - b_{hk} A'_{hk})\,\delta' r_h \\ = (\eta_{hk} Z_h - \zeta_{hk} Y_h)\,\delta' \lambda_h + (\zeta_{hk} X_h - \xi_{hk} Z_h)\,\delta' \mu_h + (\xi_{hk} Y_h - \eta_{hk} X_h)\,\delta' \nu_h. \end{cases}$$

Dabei besteht ebenso, wie zwischen den resp. Verschiebungs- und Drehungskomponenten, auch zwischen den Komponenten A_{hk}, B_{hk}, C_{hk} und X_h, Y_h, Z_h ein System linearer Gleichungen mit den Konstanten

139'''')

	A_{hk}	B_{hk}	C_{hk}
X_h	α_1^h	α_2^h	α_3^h
Y_h	β_1^h	β_2^h	β_3^h
Z_h	γ_1^h	γ_2^h	γ_3^h

worin die α^h, β^h, γ^h die Richtungscosinus des Systems A_h, B_h, C_h gegen das System X, Y, Z bezeichnen.

Stellt man die entsprechenden Formeln nun auch für die Glieder mit den Indices kh auf, so erhält man schließlich, da $\xi_{hk} = \xi_h - \xi_k$, $\xi_{kh} = \xi_k - \xi_h, \ldots$ ist

$$\left.\begin{aligned} \delta' A_{hk} = & (X_h - X_k)\,\delta\xi_h + (Y_h - Y_k)\,\delta\eta_h + (Z_h - Z_k)\,\delta\zeta_h \\ & + (X_k - X_h)\,\delta\xi_k + (Y_k - Y_h)\,\delta\eta_k + (Z_k - Z_h)\,\delta\zeta_k \\ & + (\eta_{hk} Z_h - \zeta_{hk} Y_h)\,\delta'\lambda_h + (\zeta_{hk} X_h - \xi_{hk} Z_h)\,\delta'\mu_h + (\xi_{hk} Y_h - \eta_{hk} X_h)\,\delta'\nu_h \\ & + (\eta_{kh} Z_k - \zeta_{kh} Y_k)\,\delta'\lambda_k + (\zeta_{kh} X_k - \xi_{kh} Z_k)\,\delta'\mu_k + (\xi_{kh} Y_k - \eta_{kh} X_k)\,\delta'\nu_k . \end{aligned}\right\} \quad 140)$$

Die Vergleichung mit (138) ergiebt

$$\left.\begin{aligned} X_{hk} &= X_h - X_k, \ldots; \quad X_{kh} = X_k - X_h, \ldots; \\ L_{hk} &= \eta_{hk} Z_h - \zeta_{hk} Y_h, \ldots; \quad L_{kh} = \eta_{kh} Z_k - \zeta_{hk} Y_k, \ldots; \end{aligned}\right\} \quad 140')$$

dies Wertsystem erfüllt die Bedingungen (138') und (138'') identisch, rechtfertigt somit auch indirekt den gemachten Ansatz (139).

Die vorstehenden Formeln gestatten, wenn $\delta' A_{hk}$ in der vorausgesetzten Gestalt erhalten ist — etwa durch ein Potential Φ_{hk}, welches in den a_{hk}, b_{hk}, c_{hk} und a_{kh}, b_{kh}, c_{kh} ausgedrückt ist — aus den $A'_{hk}, \ldots$ und $A'_{kh}, \ldots$ die Komponenten und Momente der Wechselwirkungen zu berechnen und ebenso das umgekehrte Problem, wenngleich minder einfach, zu behandeln. In dem Falle, daß die Körper identisch und parallel gelegen sind, also $L_{hk} = L_{kh}$, $M_{hk} = M_{kh}$, $N_{hk} = N_{kh}$ ist, wird $X_h = -X_k$, $Y_h = -Y_k$, $Z_h = -Z_k$ und $A'_{hk}, \ldots$ wie $A'_{kh}, \ldots$ nehmen direkt die Bedeutung der Hälfte der Komponenten $A_{hk}, \ldots$ resp. $A_{kh}, \ldots$ der ausgeübten Kräfte nach den Axen A_h', B_h', C_h' an, die ja nun mit A_k', B_k', C_k' parallel sind.

Die vorstehenden Formeln führen dann auf

$$\delta' A = A_{hk}\,\delta a_{hk} + B_{hk}\,\delta b_{hk} + C_{hk}\,\delta c_{hk}$$

und

$$\left. A_{hk} = -\frac{\partial \Phi_{hk}}{\partial a_{hk}}, \quad B_{hk} = -\frac{\partial \Phi_{hk}}{\partial b_{hk}}, \quad C_{hk} = -\frac{\partial \Phi_{hk}}{\partial c_{hk}}. \right\} \quad 140'')$$

—

Ein sehr allgemeiner und wichtiger Fall der Wechselwirkung zwischen zwei Körpern m_1 und m_2 ist der, daß die einzelnen Raumelemente beider als materielle Punkte betrachtet werden können, also körperliche Kräfte aufeinander ausüben, die den wirkenden Massen proportional und im übrigen nur Funktionen der wechselseitigen Entfernung sind, demgemäß nach S. 41 jedenfalls ein Elementarpotential von der Form $F(r_{12})\,dm_1\,dm_2$ besitzen. Hier nimmt dann das Potential der gesamten Wechselwirkung die Form

$$\Phi_{12} = \iint dm_1\,dm_2\,F(r_{12}) \qquad 141)$$

an.

Auch die Teile eines und desselben Körpers üben aufeinander Wirkungen, welche ein Gesamtpotential liefern; schreibt man dasselbe aber als ein Doppelintegral in der Form (141), so ist der Faktor $^1/_2$

beizufügen, weil bei dieser Darstellung jede Kombination von zwei Massenelementen zweimal berücksichtigt ist. Bezeichnen daher dm und dm' Elemente desselben Körpers, so erhält man für sein Potential auf sich selbst

141′) $$\Phi' = \tfrac{1}{2}\int\int dm\, dm'\, F(r).$$

Φ resp. Φ' lassen sich nur in wenigen Fällen in geschlossener Form berechnen, doch bieten mitunter auch Reihenentwickelungen anschauliche Resultate. So z. B. in dem wichtigen Falle, daß die Gestalten beider Körper beliebig, aber ihre Dimensionen sehr klein gegen ihre Entfernung sind, so daß man $F(r_{12})$ nach Potenzen der Koordinaten $(x_1 - \xi_1)$, $(y_1 - \eta_1)$, $(z_1 - \zeta_1)$ resp. $(x_2 - \xi_2)$, $(y_2 - \eta_2)$, $(z_2 - \zeta_2)$ der Massenelemente dm_1 resp. dm_2 relativ zu den beiden Schwerpunkten entwickeln kann.

Wir wollen zunächst nur wegen x_2, y_2, z_2 entwickeln, also die Wechselwirkung zwischen einem Element dm_1 und dem Körper m_2 berechnen. Versteht man unter e die Entfernung des Schwerpunktes ξ_2, η_2, ζ_2 von dm_1, so erhält man bei Beschränkung auf die Glieder zweiter Ordnung und bei Rücksicht auf die Definitionen (120′)

$$\begin{aligned}\Phi' &= dm_1 \int dm_2\, F(r_{12}),\\ &= dm_1 \Big[m_2 F(e) + \tfrac{1}{4}(\mathsf{H}_2 + \mathsf{Z}_2 - \Xi_2)\frac{\partial^2 F(e)}{\partial \xi_2^2} + \ldots + \ldots\\ &\qquad - \Xi'_2 \frac{\partial^2 F(e)}{\partial \eta_2\, \partial \zeta_2} - \mathsf{H}'_2 \frac{\partial^2 F(e)}{\partial \zeta_2\, \partial \xi_2} - \mathsf{Z}'_2 \frac{\partial^2 F(e)}{\partial \xi_2\, \partial \eta_2}\Big];\end{aligned}$$

dies läßt sich, wenn M_2 das Trägheitsmoment des Körpers m_2 um die Richtung von e bezeichnet, nach (121) auch schreiben

141′) $$\left\{\begin{aligned}\Phi' = dm_1 \Big[m_2 F(e) + \tfrac{1}{4}(\Xi_2 + \mathsf{H}_2 + \mathsf{Z}_2)\frac{\partial^2 F(e)}{\partial e^2}\\ - \tfrac{1}{2}\mathsf{M}_2\Big(\frac{\partial^2 F(e)}{\partial e^2} - \frac{1}{e}\frac{\partial F(e)}{\partial e}\Big)\Big].\end{aligned}\right.$$

Beschränkt man sich auf dieselbe Annäherung in Bezug auf den Körper m_1, so betrifft die Entwickelung in Bezug auf x_1, y_1, z_1 in (141′) nur das erste Glied, und man erhält ohne Rechnung, wenn man gleichzeitig durch (121′′′′) die Hauptträgheitsmomente einführt,

141′′) $$\left\{\begin{aligned}\Phi &= m_1 m_2 F(E)\\ &\quad + \tfrac{1}{4}\frac{\partial^2 F(E)}{\partial E^2}\Big[m_1(\mathsf{A}_2 + \mathsf{B}_2 + \Gamma_2) + m_2(\mathsf{A}_1 + \mathsf{B}_1 + \Gamma_1)\Big]\\ &\quad - \tfrac{1}{2}\Big(\frac{\partial^2 F(E)}{\partial E^2} - \frac{1}{E}\frac{\partial F(E)}{\partial E}\Big)(m_1 \mathsf{M}_2 + m_2 \mathsf{M}_1).\end{aligned}\right.$$

Hierin bezeichnet E die Entfernung der Schwerpunkte und M_1 resp. M_2 das Trägheitsmoment von m_1 resp. m_2 um die Richtung von E.

Die ersten beiden Glieder dieser Formel sind Funktionen von E allein, das letzte enthält außerdem noch seine Richtungscosinus gegen die absolut festen Axen. Indessen ist die letztere Abhängigkeit natürlich nur scheinbar vorhanden.

Drückt man nämlich M_h durch die Hauptträgheitsmomente A_h, B_h, Γ_h und die Richtungscosinus α_h, β_h, γ_h von E gegen die Hauptträgheitsaxen von m_h aus, setzt also

$$\mathsf{M}_h = \mathsf{A}_h \alpha_h^2 + \mathsf{B}_h \beta_h^2 + \Gamma_h \gamma_h^2,$$

so erkennt man, daß alles auf das absolut feste Koordinatensystem bezügliche hinwegfällt. Dabei hat $E\alpha_1$, $E\beta_1$, $E\gamma_1$ resp. die Bedeutung von a_{12}, b_{12}, c_{12} und $E\alpha_2$, $E\beta_2$, $E\gamma_2$ die von a_{21}, b_{21}, c_{21} in den obigen Formeln (139) bis (140''), und es ist zugleich

$$E^2 = a_{12}^2 + b_{12}^2 + c_{12}^2 = a_{21}^2 + b_{21}^2 + c_{21}^2;$$

Φ_{12} also in der Seite 115 u. f. vorausgesetzten Gestalt erhalten.

Man kann demgemäß nun auch die Gleichungen (139'''') und (140') zur Berechnung der Komponenten und Momente der Wechselwirkung anwenden. Die Resultate sind sehr kompliziert; dagegen läßt sich aus den Formeln (137') und (137'') ohne alle Rechnung ein einfacher Satz über die Gleichgewichtslage eines jeden der beiden Körper ableiten, wenn man dieselben je im Schwerpunkt unterstützt, aber übrigens frei beweglich denkt.

Ein jeder der beiden Körper ist nämlich dann im stabilen resp. labilen Gleichgewicht, wenn er mit der Hauptträgheitsaxe größten resp. kleinsten Momentes in der Richtung der Verbindungslinie E der beiden Schwerpunkte liegt, und zwar entsprechen sich die beiden Angaben direkt, wenn der Faktor von $(m_1 \mathsf{M}_2 + m_2 \mathsf{M}_1)$ positiv, indirekt, wenn er negativ ist.

In dem Falle, daß die wechselwirkende Kraft die Gravitation ist, hat $F(E)$ den Wert $-f/E$, der bezügliche Faktor wird daher $-\frac{3}{2}f/E^3$, und demgemäß giebt hier die Axe kleinsten Trägheitsmomentes stabiles Gleichgewicht.

§ 16. Molekulare Theorie der Elasticität.

Mit den Entwickelungen des vorigen Abschnittes steht eine Theorie im nächsten Zusammenhang, deren Ziel ist, die in elastischen deformierten Körpern herrschenden Druckkräfte aus Wechselwirkungen zwischen ihren Molekülen zu erklären.[79])

Dieselbe geht von der Vorstellung aus, daß ein elastischer Krystall, der den allgemeinsten Fall eines homogenen elastischen Körpers repräsentiert, im natürlichen oder undeformierten Zustand, d. h., wenn er weder körperliche, noch Oberflächendruckkräfte erfährt und überall dieselbe Temperatur besitzt, gebildet ist durch eine sehr große Zahl gleicher, regelmäßig verteilter und mit ihren korrespondierenden Axen parallel gelegener Elementarteile, die man für die Zwecke dieser Entwickelung als starre Körperchen denken kann, und die sich unter ihrer Wechselwirkung im Gleichgewicht befinden. Ob diese Elementarteile direkt Moleküle der Substanz oder Gebilde höherer Ordnung sind, ist ohne Belang.

Im deformierten Zustand ist jedes von ihnen verschoben und gedreht, und wir nehmen an, daß diese Änderungen unendlich klein und stetige Funktionen der Koordinaten sind.

Wir konstruieren nun an der Stelle x, y, z ein Flächenelement und über demselben einen normalen Cylinder vom Querschnitt q; die Richtung der Cylinderaxe bezeichnen wir durch n und rechnen sie nach Innen positiv, die Komponenten aller Wirkungen, welche die Teilchen jenseits des Flächenelementes auf die Teilchen innerhalb des Cylinders ausüben, bezogen auf die Einheit des Querschnittes, nennen wir die Komponenten des molekularen Druckes gegen das an der Stelle x, y, z gelegene und durch die Normale n definierte Flächenelement.[80])

Wir können sonach in leicht verständlicher Bezeichnung schreiben

$$142)\quad X_n = \frac{1}{q}\sum_i\sum_a X_{ia}, \quad Y_n = \frac{1}{q}\sum_i\sum_a Y_{ia}, \quad Z_n = \frac{1}{q}\sum_i\sum_a Z_{ia},$$

worin mit i die Teilchen innerhalb des Cylinders, mit a die Teilchen jenseits des Flächenelementes bezeichnet werden. Da die Wirkungen molekulare sind, so erstrecken sie sich in merklicher Stärke nur auf unmerkliche Entfernung; innerhalb der Sphäre ihrer Wirkung soll aber trotzdem eine sehr große Anzahl von Teilchen liegen. Ihre Koordinaten mögen, da die Teilchen unendlich klein sind, und eine Unterscheidung verschiedener Punkte, z. B. des Schwerpunktes, in ihnen demgemäß keinen Sinn hat, wie bei einzelnen Massenpunkten durch x_i, y_i, z_i und x_a, y_a, z_a bezeichnet und ihre relativen Koordinaten

$$x_i - x_a = x_{ia}, \quad y_i - y_a = y_{ia}, \quad z_i - z_a = z_{ia}$$

gesetzt werden.

Die in (142) auftretenden, eigentlich sechsfachen Summen, die für uns zunächst nur den Sinn von Rechnungsgrößen haben und erst später physikalische Bedeutung gewinnen werden, lassen sich auf dreifache reduzieren. Bezeichnet ν die Anzahl der Elementarteilchen innerhalb der Volumeneinheit, so kommt in jedem der Ausdrücke (142) eine Kombination $m_i m_a$ in bestimmter relativer Lage so oft vor, als in dem Abschnitt des Cylinders vom Querschnitt q und einer Höhe gleich der parallel n gemessenen relativen Koordinate n' von m_i gegen m_a Teilchen liegen, also $\nu q n'$ mal. Demgemäß können wir schreiben

$$X_n = \nu \Sigma' n' X', \quad Y_n = \nu \Sigma' n' Y', \quad Z_n = \nu \Sigma' n' Z', \qquad 142')$$

wo nun die Summation Σ' über alle möglichen Kombinationen von Teilchen m_i und m_a auszudehnen ist, doch so, daß jede einer bestimmten relativen Lage entsprechende Kombination nur einmal zu nehmen ist. Dies kommt darauf hinaus, daß ein in der Grenzfläche gelegenes Teilchen m_i mit allen auf der negativen Seite von q gelegenen m_a kombiniert werden soll.

Die Summen (142') lassen sich noch umgestalten. Da jedes Elementarteilchen in gleicher Weise von den anderen innerhalb der Wirkungssphäre liegenden umgeben sein soll, so muß auch jeder Kombination mit den relativen Koordinaten x', y', z' und n' sich eine entsprechende mit den Koordinaten $-x'$, $-y'$, $-z'$ und $-n'$ zuordnen, welche nach der Gleichheit von Wirkung und Gegenwirkung entgegengesetzt gleiche Komponenten $-X'$, $-Y'$, $-Z'$ liefern muß.

Daher kann man auch setzen

$$X_n = \frac{\nu}{2} \mathsf{S}\, n' X', \quad Y_n = \frac{\nu}{2} \mathsf{S}\, n' Y', \quad Z_n = \frac{\nu}{2} \mathsf{S}\, n' Z', \qquad 142')$$

und die Summen über alle auf ein an der Stelle x, y, z liegendes Teilchen ausgeübten Molekularwirkungen erstrecken.

Die Größe dieser Druckkomponenten hängt außer von der Lage des Punktes x, y, z und der Richtung der Normalen n von der Anordnung der Elementarteilchen des Krystalles ab, die bei jeder Deformation im allgemeinen verschieden sein wird. Im natürlichen Zustand setzen wir diese Summen für jede Stelle und jede Normalenrichtung gleich Null, eine Annahme, die im Eingang des nächsten Teiles ausführlicher begründet werden wird.

Wählt man für die Richtung n successive die Richtung der $+X$-, $+Y$-, $+Z$-Axe, so erhält man neun spezielle Druckkomponenten

$$X_x,\ Y_x,\ Z_x,\ X_y,\ Y_y,\ Z_y,\ X_z,\ Y_z,\ Z_z;$$

dabei ist zum Beispiel

$$X_x = \frac{\nu}{2} \mathsf{S}\, x' X', \quad Y_x = \frac{\nu}{2} \mathsf{S}\, x' Y', \quad Z_x = \frac{\nu}{2} \mathsf{S}\, x' Z', \qquad 143)$$

worin x', y', z' die relativen Koordinaten des einen angezogenen gegen alle die anziehenden Teilchen und X', Y', Z' den die letzteren entsprechenden Komponenten bezeichnen.

Aus den gegebenen Definitionen folgen sogleich die Formeln

143′)
$$\begin{cases} X_n = X_x \cos(n,x) + X_y \cos(n,y) + X_z \cos(n,z), \\ Y_n = Y_x \cos(n,x) + Y_y \cos(n,y) + Y_z \cos(n,z), \\ Z_n = Z_x \cos(n,x) + Z_y \cos(n,y) + Z_z \cos(n,z), \end{cases}$$

und aus ihnen als spezieller Fall für zwei entgegengesetzte Richtungen von n

143″)
$$X_n = -X_{-n}, \quad Y_n = -Y_{-n}, \quad Z_n = -Z_{-n}.$$

Für die weitere Entwickelung denken wir den Körper im deformierten Zustande befindlich und mit u, v, w die Verschiebungen, mit l, m, n die Drehungen seiner Teilchen bezeichnet, beide auf das System X, Y, Z bezogen. Die u, v, w, welche, so lange der Zusammenhang des Körpers nicht gestört ist, notwendig stetige Funktionen der Koordinaten sein müssen, entwickeln wir innerhalb des Bereiches der Molekularwirkung nach Potenzen der relativen Koordinaten und erhalten, indem wir, wie oben kurz

$$x_i - x_a = x', \; y_i - y_a = y', \; z_i - z_a = z',$$

auch

144)
$$u_i - u_a = u', \; v_i - v_a = v', \; w_i - w_a = w'$$

setzen, als erste Annäherung

144′)
$$\begin{cases} u' = x' \dfrac{\partial u}{\partial x} + y' \dfrac{\partial u}{\partial y} + z' \dfrac{\partial u}{\partial z}, \\ v' = x' \dfrac{\partial v}{\partial x} + y' \dfrac{\partial v}{\partial y} + z' \dfrac{\partial v}{\partial z}, \\ w' = x' \dfrac{\partial w}{\partial x} + y' \dfrac{\partial w}{\partial y} + z' \dfrac{\partial w}{\partial z}. \end{cases}$$

Auch l, m, n betrachten wir als stetige Funktionen der Koordinaten und dürfen uns hier, wie die Folge zeigt, mit dem niedrigsten Grad der Annäherung begnügen und l, m, n innerhalb des Bereiches der Wirkungssphäre konstant setzen.

Demgemäß legen wir durch den Anfangspunkt des absolut festen Systemes X, Y, Z ein zweites Koordinatensystem A, B, C, welches im ursprünglichen Zustand mit X, Y, Z zusammenfällt, aber bei der Deformation sich mit den Elementarteilchen dreht.

Die auf dies System bezogenen Koordinaten von m_i und m_a seien a_i, b_i, c_i und a_a, b_a, c_a; wir setzen wie oben

144″)
$$a_i - a_a = a_{ia}, \quad b_i - b_a = b_{ia}, \quad c_i - c_a = c_{ia},$$

und in dem speziellen Falle, daß nur ein angezogenes Teilchen m_i mit allen m_a kombiniert wird,

$$a_{ia} = a', \quad b_{ia} = b', \quad c_{ia} = c'. \tag{144''')}$$

Es ist dann das Potential Φ der Wechselwirkung nach dem Inhalt des vorigen Abschnittes nur eine Funktion von a', b', c', und es gilt für die parallel A, B, C genommenen Komponenten

$$A' = -\frac{\partial \Phi}{\partial a'}, \quad B' = -\frac{\partial \Phi}{\partial b'}, \quad C' = -\frac{\partial \Phi}{\partial c'}, \tag{145)}$$

und weiter einerseits

$$\left.\begin{array}{ll} a' = x' + y'n - z'm, & x' = a' - b'n + c'm, \\ b' = y' + z'l - x'n, & y' = b' - c'l + a'n, \\ c' = z' + x'm - y'l, & z' = c' - a'm + b'l, \end{array}\right\} \tag{145')}$$

andererseits ein gleiches System Formeln für die Komponenten A', B', C' und X', Y', Z'.

Diese Werte mögen sich auf den deformierten Zustand beziehen, für den natürlichen mögen dieselben Buchstaben mit dem Index $_0$ versehen werden; es ist dann zugleich

$$a_0' = x', \quad b_0' = y', \quad c_0' = z' \text{ und } l_0 = m_0 = n_0 = 0.$$

Bezeichnen wir die Komponenten der Verschiebungen nach dem System A, B, C mit f, g, h, die relativen Verschiebungen mit f_{ia}, g_{ia}, h_{ia} oder in dem oben erörterten speziellen Falle mit f', g', h', so wird

$$a' = a_0' + f', \quad b' = b_0' + g', \quad c' = c_0' + h', \tag{146)}$$

außerdem, da Φ, und somit A', B', C' nur von a', b', c' abhängen,

$$\left.\begin{array}{l} A' = A_0' + \dfrac{\partial A_0'}{\partial a_0'} f' + \dfrac{\partial A_0'}{\partial b_0'} g' + \dfrac{\partial A_0'}{\partial c_0'} h', \\ B' = B_0' + \dfrac{\partial B_0'}{\partial a_0'} f' + \dfrac{\partial B_0'}{\partial b_0'} g' + \dfrac{\partial B_0'}{\partial c_0'} h', \\ C' = C_0' + \dfrac{\partial C_0'}{\partial a_0'} f' + \dfrac{\partial C_0'}{\partial b_0'} g' + \dfrac{\partial C_0'}{\partial c_0'} h'; \end{array}\right\} \tag{146')}$$

zugleich ist unter Vernachlässigung der Glieder zweiter Ordnung

$$\left.\begin{array}{l} f' = u' + b_0' n - c_0' m, \\ g' = v' + c_0' l - a_0' n, \\ h' = w' + a_0' m - b_0' l, \end{array}\right\} \tag{146'')}$$

oder unter Rücksicht auf (144')

$$\left.\begin{array}{l} f' = a_0' \dfrac{\partial u}{\partial x} + b_0' \left(\dfrac{\partial u}{\partial y} + n\right) + c_0' \left(\dfrac{\partial u}{\partial z} - m\right), \\ g' = a_0' \left(\dfrac{\partial v}{\partial x} - n\right) + b_0' \dfrac{\partial v}{\partial y} + c_0' \left(\dfrac{\partial v}{\partial z} + l\right), \\ h' = a_0' \left(\dfrac{\partial w}{\partial x} + m\right) + b_0' \left(\dfrac{\partial w}{\partial y} - l\right) + c_0' \dfrac{\partial w}{\partial z}. \end{array}\right\} \tag{146''')}$$

Setzt man die Werte (146''') in (146) und das Resultat in das zweite System (145') ein, so erhält man:

$$
147)\quad \begin{cases} x' = a'_0\left(1+\frac{\partial u}{\partial x}\right) + b'_0\frac{\partial u}{\partial y} + c'_0\frac{\partial u}{\partial z}, \\ y' = a'_0\frac{\partial v}{\partial x} + b'_0\left(1+\frac{\partial v}{\partial y}\right) + c'_0\frac{\partial v}{\partial z}, \\ z' = a'_0\frac{\partial w}{\partial x} + b'_0\frac{\partial w}{\partial y} + c'_0\left(1+\frac{\partial w}{\partial z}\right), \end{cases}
$$

Ferner giebt die Kombination der unter Benutzung von (146''') berechneten Ausdrücke (146') für A', B' C' mit dem auf die Kraftkomponenten bezogenen zweiten System von (145') die definitiven Werte von X', Y', Z'.

Endlich findet man durch eine einfache geometrische Betrachtung die Beziehung zwischen der Anzahl ν_0 der Teilchen in der Volumeneinheit vor der Deformation und der ν nach derselben:

$$
146''')\quad \nu = \nu_0\left(1 - \frac{\partial u}{\partial x} - \frac{\partial v}{\partial y} - \frac{\partial w}{\partial z}\right).
$$

Damit sind alle zur Berechnung der Druckkomponenten $X_x, \ldots, Z_z$ nach (143) nötigen Größen erhalten.

Bei der Bildung dieser Werte hat man zu berücksichtigen, daß l, m, n und die Differentialquotienten von u, v, w innerhalb des Summationsbereiches konstant, überdies unendlich klein erster Ordnung angenommen sind. Man gelangt dann auf zwei Gattungen von Summen.

Die erste Gattung hat die Form

$$
\frac{\nu_0}{2}\,\mathrm{S}\,A'_0 a'_0, \quad \frac{\nu_0}{2}\,\mathrm{S}\,A'_0 b'_0, \text{ u. s. f.,}
$$

die Summen in dem Sinne genommen, wie in (142') festgestellt ist; sie stellen, da der Index $_0$ auf den ursprünglichen Zustand hinweist, und da in diesem die Axen A, B, C mit den Axen X, Y, Z zusammenfallen, die Werte der Molekularkomponenten $X_x, \ldots Z_z$ im natürlichen Zustand dar und sind demgemäß gleich Null. Durch diese Überlegung reduziert sich die Anzahl der Glieder in den allgemeinen Werten $X_x, \ldots, Z_z$ erheblich.

Die zweite Gattung von Summen hat die Form

$$
\frac{\nu_0}{2}\,\mathrm{S}\,\frac{\partial A'_0}{\partial a'_0} a'^2_0, \quad \frac{\nu_0}{2}\,\mathrm{S}\,\frac{\partial A'_0}{\partial b'_0} b'_0 c'_0, \text{ u. s. f.,}
$$

welche sich nach Einführung des Potentials auch schreiben läßt:

$$
-\frac{\nu_0}{2}\,\mathrm{S}\,\frac{\partial^2 \Phi_0}{\partial a'^2_0} a'^2_0, \quad -\frac{\nu_0}{2}\,\mathrm{S}\,\frac{\partial^2 \Phi_0}{\partial a'_0\,\partial b'_0} b'_0 c'_0, \text{ u. s. f.}
$$

Diese Summen sind von der hervorgebrachten Deformation ganz

unabhängig und bestimmen sich allein durch das Gesetz der Wechselwirkung und die Anordnung der Elementarteilchen der Substanz: sie sind also dem Medium individuelle Konstante. Wir bezeichnen sie mit C^{hk}_{mn}, wobei die unteren Indices auf den **Nenner** des **Differentialquotienten**, die oberen auf seine **Faktoren** hinweisen; z. B. ist hiernach

$$+\frac{\nu_0}{2}\mathsf{S}\frac{\partial^2 \Phi}{\partial a'_0\,\partial c'_0}a'_0 b'_0 = C^{12}_{13} = C^{21}_{13} = C^{12}_{31} = C^{21}_{31}. \qquad 147')$$

Die neun Komponenten $X_x, \ldots Z_z$ stellen sich als homogene lineare Funktionen der neun Argumente

$$\frac{\partial u}{\partial x},\ \frac{\partial u}{\partial y}+n,\ \frac{\partial u}{\partial z}-m,\ \frac{\partial v}{\partial x}-n,\ \frac{\partial v}{\partial y},\ \frac{\partial v}{\partial z}+l,$$

$$\frac{\partial w}{\partial x}+m,\ \frac{\partial w}{\partial y}-l,\ \frac{\partial w}{\partial z}$$

dar, die sich aus den Verschiebungen u, v, w und den Drehungen l, m, n an der betrachteten Stelle ableiten.

Das System von Faktoren dieser Funktionen stellt sich in der obigen Bezeichnung folgendermaßen dar.

	$\frac{\partial u}{\partial x}$	$\left(\frac{\partial u}{\partial y}+n\right)$	$\left(\frac{\partial u}{\partial z}-m\right)$	$\left(\frac{\partial v}{\partial x}-n\right)$	$\frac{\partial v}{\partial y}$	$\left(\frac{\partial v}{\partial z}+l\right)$	$\left(\frac{\partial w}{\partial x}+m\right)$	$\left(\frac{\partial w}{\partial y}-l\right)$	$\frac{\partial w}{\partial z}$
X_x	C^{11}_{11}	C^{12}_{11}	C^{13}_{11}	C^{11}_{12}	C^{12}_{12}	C^{13}_{12}	C^{11}_{13}	C^{12}_{13}	C^{13}_{13}
X_y	C^{21}_{11}	C^{22}_{11}	C^{23}_{11}	C^{21}_{12}	C^{22}_{12}	C^{23}_{12}	C^{21}_{13}	C^{22}_{13}	C^{23}_{13}
X_z	C^{31}_{11}	C^{32}_{11}	C^{33}_{11}	C^{31}_{12}	C^{32}_{12}	C^{33}_{12}	C^{31}_{13}	C^{32}_{13}	C^{33}_{13}
Y_x	C^{11}_{21}	C^{12}_{21}	C^{13}_{21}	C^{11}_{22}	C^{12}_{22}	C^{13}_{22}	C^{11}_{23}	C^{12}_{23}	C^{13}_{23}
Y_y	C^{21}_{21}	C^{22}_{21}	C^{23}_{21}	C^{21}_{22}	C^{22}_{22}	C^{23}_{22}	C^{21}_{23}	C^{22}_{23}	C^{23}_{23}
Y_z	C^{31}_{21}	C^{32}_{21}	C^{33}_{21}	C^{31}_{22}	C^{32}_{22}	C^{33}_{22}	C^{31}_{23}	C^{32}_{23}	C^{33}_{23}
Z_x	C^{11}_{31}	C^{12}_{31}	C^{13}_{31}	C^{11}_{32}	C^{12}_{32}	C^{13}_{32}	C^{11}_{33}	C^{12}_{33}	C^{13}_{33}
Z_y	C^{21}_{31}	C^{22}_{31}	C^{23}_{31}	C^{21}_{32}	C^{22}_{32}	C^{23}_{32}	C^{21}_{33}	C^{22}_{33}	C^{23}_{33}
Z_z	C^{31}_{31}	C^{32}_{31}	C^{33}_{31}	C^{31}_{32}	C^{32}_{32}	C^{33}_{32}	C^{31}_{33}	C^{32}_{33}	C^{33}_{33}

148)

Zu diesem Schema ist zu bemerken, daß es sich nur auf die Abhängigkeit der $X_x \ldots Z_z$ von den $\partial u/\partial x \ldots \partial w/\partial z$ und nicht auch auf die umgekehrte bezieht.

Da nach (147') das System der C^{hk}_{mn} zu der Diagonalen des vorstehenden Schemas symmetrisch angeordnet ist, so giebt es eine homogene Funktion F' zweiten Grades der oben stehenden neun Argumente, welche die Eigenschaft hat, daß

$$-X_x = \frac{\partial F'}{\partial\left(\frac{\partial u}{\partial x}\right)}, \quad -X_y = \frac{\partial F'}{\partial\left(\frac{\partial u}{\partial y} + n\right)}, \quad -X_z = \frac{\partial F'}{\partial\left(\frac{\partial u}{\partial z} - m\right)}, \ldots$$

Durch ganz analoge Ausdrücke, wie sie in (142′) für die Komponenten der Molekulardrucke aufgestellt sind, kann man nun auch molekulare Momente L_n, M_n, N_n definieren; nach den Formeln (138″) sind aber, wenn die Entfernungen, in welche die Elementarteilchen überhaupt wirken, nur unmerklich klein sind, die Momente um eine Ordnung höher unendlich klein, als die Komponenten, und ihr Einfluß im allgemeinen — die nicht wahrscheinlichen Fälle ausgeschlossen, wo in den Summen die Komponenten sich gegenseitig zum größten Teil zerstören — neben dem jener zu vernachlässigen.

Sind diese Momente unendlich klein und wirken äußere Kräfte nicht drehend auf die Elementarteile ein, was der gewöhnliche Fall ist, dann besteht, wie später aus allgemeinen mechanischen Sätzen abgeleitet werden wird, zwischen sechs der neun Druckkomponenten ganz allgemein das Formelsystem

148′) $$Y_z = Z_y, \quad Z_x = X_z, \quad X_y = Y_x.$$

Dieses System kann dazu dienen, die Drehungskomponenten l, m, n der Elementarteilchen, als direkt nicht wahrnehmbare Größen, aus den Resultaten, welche das Schema (148) enthält, zu eliminieren, und $X_x, \ldots X_y$ — andererseits aber auch die Molekulardrehungen l, m, n selbst — nur durch die äußerlich am deformierten Körper wahrnehmbaren Verrückungen u, v, w auszudrücken.

Diese Elimination ist zwar umständlich, aber ohne alle prinzipielle Schwierigkeit, und liefert folgende wichtige Resultate.

Die sechs unabhängigen Druckkomponenten X_x, Y_y, Z_z, Y_z, Z_x, X_y werden homogene lineare Funktionen nur allein der sechs Argumente

148″) $$\left\{\begin{aligned} &\frac{\partial u}{\partial x} = x_x, \quad \frac{\partial v}{\partial y} = y_y, \quad \frac{\partial w}{\partial z} = z_z, \\ &\frac{\partial v}{\partial z} + \frac{\partial w}{\partial y} = y_z, \quad \frac{\partial w}{\partial x} + \frac{\partial u}{\partial z} = z_x, \quad \frac{\partial u}{\partial y} + \frac{\partial v}{\partial x} = x_y, \end{aligned}\right.$$

welche die Deformationsgrößen an der Stelle x, y, z heißen, und sie genügen den Formeln

148‴) $$\frac{\partial X_x}{\partial x_y} = \frac{\partial X_y}{\partial x_x}, \quad \frac{\partial X_x}{\partial x_z} = \frac{\partial X_z}{\partial x_x}, \ldots$$

welche die Bedingungen dafür sind, daß sich die $X_x, \ldots X_y$ als partielle Differentialquotienten einer Funktion F von diesen sechs Argumenten ausdrücken lassen, gemäß den Beziehungen

148⁗) $$X_x = -\frac{\partial F}{\partial x_x}, \ldots \ldots \quad X_y = -\frac{\partial F}{\partial x_y}.$$

Bezeichnen wir die 21 Konstanten dieser homogenen Funktion zweiten Grades mit $c_{hk} = c_{kh}$, so gilt folgendes System von Faktoren für die Abhängigkeit der $X_x, \ldots X_y$ von den $x_x, \ldots x_y$, aber nicht umgekehrt.

	x_x	y_y	z_z	y_z	z_x	x_y
$-X_x$	c_{11}	c_{12}	c_{13}	c_{14}	c_{15}	c_{16}
$-Y_y$	c_{21}	c_{22}	c_{23}	c_{24}	c_{25}	c_{26}
$-Z_z$	c_{31}	c_{32}	c_{33}	c_{34}	c_{35}	c_{36}
$-Y_z$	c_{41}	c_{42}	c_{43}	c_{44}	c_{45}	c_{46}
$-Z_x$	c_{51}	c_{52}	c_{53}	c_{54}	c_{55}	c_{56}
$-X_y$	c_{61}	c_{62}	c_{63}	c_{64}	c_{65}	c_{66}

149)

Die Drehungskomponenten l, m, n werden lineare Funktionen von allen neun partiellen Differentialquotienten der u, v, w, oder anders ausgedrückt, sie enthalten außer den sechs Argumenten $x_x, \ldots x_y$ auch noch die Kombinationen

$$\tfrac{1}{2}\left(\frac{\partial w}{\partial y} - \frac{\partial v}{\partial z}\right) = l', \quad \tfrac{1}{2}\left(\frac{\partial u}{\partial z} - \frac{\partial w}{\partial x}\right) = m', \quad \tfrac{1}{2}\left(\frac{\partial v}{\partial x} - \frac{\partial u}{\partial y}\right) = n', \qquad 149')$$

welche, wie leicht direkt nachzuweisen ist und später noch besonders gezeigt werden wird, die Drehungskomponenten des Volumenelementes an der Stelle x, y, z im ganzen bezeichnen und von seiner Deformation unabhängig sind.

Von den höchst allgemeinen, durch das Schema (148) angedeuteten Formeln gelangt man zu einem spezielleren System, wenn man die beschränkende Annahme macht, daß die Wechselwirkungen zwischen den Elementarteilchen nur Funktionen ihrer Entfernungen sind, also nach allen Seiten hin gleichmäßig stattfinden. Dann ist, wie sich leicht durch Rechnung zeigen läßt:

$$\frac{\partial^2 \Phi}{\partial a'^2} : \frac{\partial^2 \Phi}{\partial a' \partial b'} : \frac{\partial^2 \Phi}{\partial a' \partial c'} : \ldots = a'^2 : a' b' : a' c' \ldots ; \qquad 150)$$

in Folge dieser Beziehungen wird in dem Schema (148)

$$C_{mn}^{hk} = C_{hn}^{mk} = C_{hk}^{mn} = \ldots \qquad 150')$$

d. h., man darf, ohne den Wert von C zu ändern, die vier Indices untereinander beliebig vertauschen.

Diese Eigenschaft vereinfacht das System (148) außerordentlich; es verschwinden aus ihm von selbst die Drehungskomponenten l, m, n der Elementarteilchen, die hier in der That auf die Wechselwirkungen keinen Einfluß haben können, und die neun Differentialquotienten der

u, v, w verbinden sich zu den sechs Aggregaten $x_x, \ldots x_y$ in (148''), zugleich werden von selbst die Formeln (148') und (148''') erfüllt; außerdem aber wird in X_x der Faktor von y_z gleich demjenigen von x_y in X_z u. s. f., was sich auch so ausdrücken läßt, daß die zweiten Differentialquotienten von F nach den Deformationsgrößen stets das gleiche Resultat liefern, wenn die vier im Nenner auftretenden Buchstaben die gleichen sind, so daß also gilt

150'') $$\frac{\partial^2 F}{\partial x_x \partial y_z} = \frac{\partial^2 F}{\partial x_y \partial x_z} \quad \text{u. s. f.}$$

Das so entstehende System von Molekulardrucken stimmt mit dem Schema (149) überein, wenn man dort

150''') $$\left\{ \begin{array}{l} c_{23} = c_{44}, \; c_{31} = c_{55}, \; c_{12} = c_{66} \\ c_{14} = c_{56}, \; c_{25} = c_{64}, \; c_{36} = c_{65} \end{array} \right.$$

setzt, hat also nur 15 unabhängige Faktoren und gilt, wie gesagt, nur dann, wenn die Elementarwirkungen nicht mit der Richtung variieren, die Elementarteilchen also den Charakter von materiellen Punkten haben.[81])

Die Systeme (148) und (149) stellen die allgemeinsten, aus den gemachten Annahmen ableitbaren Resultate dar; sie gelten für Krystalle jedes Systemes, nehmen aber für bestimmte von ihnen, und gar für isotrope Medien, erheblich einfachere Formen an. Für die Gewinnung derselben kommen gewisse allgemeine Grundsätze in Betracht, deren Darlegung nunmehr vorgenommen werden soll.

§ 17. Die Einführung der Symmetrieelemente in physikalische Gesetze, welche sich auf Krystalle beziehen.

Überall, wo, wie in dem vorigen Paragraphen, eine allgemeine Entwickelung zu Resultaten geführt hat, die für jeden homogenen Körper in gleicher Weise gültig sind, bietet sich die Aufgabe, dieselben für die einzelnen Krystallgruppen nach den diese auszeichnenden Eigenschaften zu spezialisieren.

Für diese Aufgabe wird stets die auf die Erfahrung gegründete fundamentale Hypothese benutzt, daß die Symmetrie des physikalischen Verhaltens nie geringer ist, als die Symmetrie der Wachstumserscheinungen, die sich meist in derjenigen der Krystallform ausdrückt, so daß also krystallographisch gleichwertige Richtungen jedenfalls auch physikalisch gleichwertig sind.

Die krystallographischen Symmetrieelemente sind Symmetriecentrum, Symmetrie- oder Spiegelungsebene, Symmetrieaxe, Spiegeldreh- oder kurz Spiegelaxe.

Ein Symmetriecentrum ist ein Punkt von der Eigenschaft, daß die Vertauschung aller von ihm ausgehenden Richtungen mit den entgegengesetzten (Inversion) das Krystallpolyëder mit sich selbst zur Deckung bringt.

Eine Symmetrieebene ist eine Ebene, in Bezug auf welche gespiegelt das Polyëder mit sich zur Deckung kommt.

Eine Symmetrieaxe ist eine Axe von der Eigenschaft, daß eine Drehung um dieselbe das Krystallpolyëder mit sich zur Deckung bringt. Ist $2\pi/n$ der kleinste der Axe entsprechende Drehungswinkel, so haben alle Drehungswinkel $2\pi h/n$, wo $h = 1, 2, \ldots n-1, n$ ist, die gleiche Eigenschaft, und die Axe heißt n-zählig. Krystallographisch möglich sind nur die Fälle $n = 2, 3, 4$ und 6.

Eine Spiegeldrehaxe ist eine Axe von der Eigenschaft, daß durch eine Drehung um dieselbe und eine folgende Spiegelung in Bezug auf eine zu der Axe normale Ebene das Polyëder mit seiner ersten Position zur Deckung gelangt. Ist π/n der kleinste Drehungswinkel, welcher dieses leistet, so haben Drehungen um $(2h+1)\pi/2n$ für $h = 1, 2 \ldots n-1$ dieselbe Eigenschaft, und die Axe heißt n-zählig. Krystallographisch möglich sind, was hier zu beweisen nicht nötig ist, nur die Fälle $n = 2$ und 3.

Zwei Symmetrieaxen oder zwei Spiegeldrehaxen sind gleichwertig, wenn es gelingt, das Polyëder dadurch mit sich zur Deckung zu bringen, daß man die eine dieser Axen in die Richtung bringt, in der ursprünglich die andere Axe lag. Symmetrieebenen sind gleichwertig, wenn man das Polyëder dadurch mit sich zur Deckung bringen kann, daß man es mit der einen Symmetrieebene in diejenige Ebene legt, welche ursprünglich die andere Symmetrieebene enthielt.

Drei zueinander normale gleichwertige Axen heißen cyklisch vertauschbar, wenn man das Krystallpolyëder dadurch mit sich zur Deckung bringen kann, daß man die Richtung der drei Axen, die in gewöhnlicher Reihenfolge gerechnet mit X, Y, Z bezeichnet werden mögen, so verändert, daß Y, Z, X oder Z, X, Y in die ursprünglichen X, Y, Z fällt.

Die an einem Krystallpolyëder überhaupt möglichen Symmetrieelemente sind keineswegs sämtlich voneinander unabhängig. Schon in dem vorstehend Angegebenen tritt dies hervor; denn offenbar ist eine sechszählige Symmetrieaxe zugleich auch zwei- und dreizählig, eine zwei- oder dreizählige Spiegelaxe zugleich auch zwei- oder dreizählige Symmetrieaxe. Während aber diese Eigenschaften als in der Definition eingeschlossen zu betrachten sind, treten durch gleichzeitiges Vorhandensein zweier unabhängiger Symmetrieelemente mitunter dritte auf, die von der Existenz jeder einzelnen von ihnen unabhängig sind.

Die hierauf bezüglichen, durch einfache geometrische Überlegungen abzuleitenden Gesetze haben nur zum Teil physikalische Bedeutung. Die wichtigsten sind die folgenden.

Steht eine p-zählige Symmetrieaxe normal zu einer n-zähligen, so giebt es notwendig noch $(n - 1)$ p-zählige gleichwertige; dieselben liegen in der Ebene normal zu der p-zähligen Axe, und die Nachbaraxen schließen gleiche Winkel ein. Hieraus folgt, daß p notwendig eine gerade Zahl sein muß, wenn $n > 2$ ist. Ist n eine gerade Zahl, etwa $= 2m$, so sind die bezüglichen Axen paarweise entgegengesetzt gerichtet; ihre Winkel werden durch $2m$ gleichfalls unter sich gleichwertige Symmetrieaxen halbiert.

Mit zwei zu einander normalen vierzähligen Symmetrieaxen werden hiernach notwendig noch weitere vier verbunden sein, die mit jenen Winkel von $\pi/2$ und π einschließen; alle sechs aber sind gleichwertig.

Mit ihnen treten ferner auf zwölf gleichwertige zweizählige Axen von paarweise entgegengesetzter Richtung, welche die zwischen den vierzähligen Axen liegenden rechten Winkel halbieren, sowie acht gleichwertige dreizählige von paarweise entgegengesetzter Richtung, welche durch die Mitte der Oktanten gehen, die durch je drei vierzählige Axen bestimmt werden.

Drei vertauschbare, zu einander normale zweizählige Axen sind notwendig verbunden mit drei entgegengesetzt gerichteten, gleichwertigen, zweizähligen Axen; je drei einen Oktanten umgebende von diesen sechs sind cyklisch vertauschbar. Durch die Mitten der Oktanten gehen acht dreizählige Axen, von denen die vier um eine zweizählige Axe liegenden abwechselnd gleichwertig sind.

Geht durch eine n-zählige Symmetrieaxe eine Symmetrieebene, so giebt es, je nachdem n gerade oder ungerade ist, noch $n/2 - 1$ oder $n - 1$ gleichwertige Symmetrieebenen, welche ebenfalls durch jene Axe gehen.

Steht eine Symmetrieaxe oder eine Spiegeldrehungsaxe normal zu einer m-zähligen Spiegeldrehungsaxe, so giebt es noch weitere $2m - 1$ gleichwertige Axen, die auf der letzteren senkrecht stehen und paarweise entgegengesetzte Richtung haben; ihre Winkel werden durch m gleichwertige Symmetrieebenen halbiert.

Zwei zu einander normale zweizählige Spiegeldrehungsaxen ziehen die Existenz von noch weiteren vier nach sich, die mit ihnen die Winkel π und $\pi/2$ einschließen; alle sechs sind gleichwertig und einander paarweise entgegengesetzt. Mit ihnen ist notwendig verbunden das Auftreten von acht dreizähligen Symmetrieaxen, welche durch die Mitten der durch die ersteren bestimmten Octanten gehen, und von denen die rings um eine Spiegelaxe liegenden abwechselnd paarweise gleichwertig sind.

Ist ein Centrum der Symmetrie vorhanden, so bedingen eine Symmetrieebene und eine senkrecht zu ihr stehende geradzählige Symmetrieaxe sich gegenseitig. —

Wir wollen nunmehr die 32 Krystallgruppen zusammenstellen und durch je ein System voneinander unabhängiger Symmetrieelemente charakterisieren. Dies kann nach dem soeben Gesagten auf sehr verschiedene Weise geschehen; für die Zwecke der Anwendung in der theoretischen Physik ist es am rationellsten, solche Symmetrieelemente zu bevorzugen, welche zu einem rechtwinkeligen Koordinatensystem, das wir als Hauptaxensystem mit dem Krystallpolyëder verbinden, in direkter Beziehung stehen. Von diesem Axensystem soll jederzeit die Z-Axe mit der ausgezeichneten Symmetrie- oder Spiegelaxe zusammenfallen, wenn die Krystallgruppe eine solche besitzt; von der X- und Y-Axe soll, wenn die Symmetrie nicht gestattet, beide in Symmetrieaxen zu legen, die X-Axe jederzeit bevorzugt werden. Der Buchstabe C bezeichne das Vorhandensein eines Symmetriecentrums, E_a das einer Symmetrieebene normal zur Richtung a; A_b^m weise auf eine m-zählige Symmetrieaxe in der Richtung b, S_c^n auf eine n-zählige Spiegeldrehungsaxe parallel c hin. Drei Axen, welche cyklisch vertauschbar sind, seien durch die Zeichen $\sim$ verbunden.

Bezüglich der Anordnung und Bezeichnung der Krystallgruppen schließe ich mich an die Vorschläge von SCHÖNFLIES [82]) an.

Die Krystallgruppen werden in sieben Systeme verteilt; in jedem System kehren mehr oder weniger vollständig dieselben Unterabteilungen wieder.

Die holoëdrische Gruppe enthält die Gesamtheit der in dem System vorkommenden Formelemente. Die übrigen Gruppen werden als hemiëdrische und als tetartoëdrische bezeichnet, je nachdem sie im Maximum die Hälfte oder ein Viertel der Maximalzahl von Flächen der holoëdrischen Gruppe aufweisen können. Bei den meisten Krystallsystemen sind mehrere Hemiëdrien und Tetartoëdrien möglich, welche dann durch besondere Bezeichnungen charakterisiert werden müssen.

Im monoklinen und rhombischen System werden diejenigen Halbflächner, welche beide Seiten der ausgezeichneten Axe gleichwertig belassen, kurz als hemiëdrisch, diejenigen, welche dieselben ungleichwertig werden lassen, spezieller als hemimorph-hemiëdrisch oder kurz als hemimorph bezeichnet.

Das rhomboëdrische, das tetragonale oder quadratische und das hexagonale System zeigen in ihren Unterabteilungen die größte Analogie.

Bleiben alle Symmetrieaxen erhalten, aber verschwinden das Centrum der Symmetrie und die Symmetrieebenen, so entstehen, je nachdem die eine oder die andere Hälfte der ursprünglichen Flächen beibehalten wird, zwei Halbflächner, die sich gegenseitig nicht zur Deckung bringen lassen; man nennt sie enantiomorph und bezeichnet mit demselben Namen die Hemiëdrie der Gruppe.

Fallen mit dem Symmetriecentrum die zur ausgezeichneten Z-Axe normalen zweizähligen Symmetrieaxen weg, so werden dadurch die beiden Seiten der Hauptaxe ungleichwertig und die Hemiëdrie nach dem Vorstehenden hemimorph.

Verschwinden endlich die Nebenaxen und die durch die Hauptaxe gehenden Symmetrieebenen, während die Hauptaxe ihre Natur behält und das Symmetriecentrum bestehen bleibt, so sind die beiden Seiten der Hauptaxe spiegelbildlich gleich und die Hemiëdrie heißt paramorph.

Das tetragonale und das hexagonale System gestatten je noch eine vierte Hemiëdrie, bei der die Hauptaxe ihre Natur ändert; sie wird nach dem Charakter der Hauptaxe bezeichnet.

Viertelflächner erhält man einmal, indem man als einziges Symmetrieelement die Hauptsymmetrieaxe mit dem durch die Holoëdrie gegebenen Charakter beibehält; sie sind als die normalen durch kein Beiwort charakterisiert.

Im tetragonalen und hexagonalen System ist außerdem noch eine Tetartoëdrie mit geändertem Charakter der Hauptaxe möglich, welche durch diesen definiert ist.

Im regulären System sind drei Hemiëdrien möglich, welche trotz der abweichenden Symmetrieverhältnisse des Systemes den eben besprochenen so analog sind, daß sie durch dieselben Beiworte bezeichnet werden können. Die einzige Tetartoëdrie ist eine mit verändertem Charakter der Hauptaxen.

Nach diesen Vorbemerkungen wird die folgende Zusammenstellung verständlich sein.

Triklines System.

1. Holoëdrie C
2. Hemiëdrie —

Monoklines System.

3. Holoëdrie CA_z^2 oder CE_z
4. Hemiëdrie E_z
5. Hemimorphie A_z^2

Rhombisches System.

6. Holoëdrie $CA_z^2 A_x^2$ oder $CA_z^2 E_x$
7. Hemiëdrie $A_z^2 A_x^2$
8. Hemimorphie $A_z^2 E_x$

Rhomboëdrisches System.

9. Holoëdrie $CA_z^3 A_x^2$ oder $CA_z^3 E_x$
10. Enantiomorphe Hemiëdrie $A_z^3 A_x^2$
11. Hemimorphe Hemiëdrie $A_z^3 E_x$
12. Paramorphe Hemiëdrie CA_z^3
13. Tetartoëdrie A_z^3

Tetragonales System.

14. Holoëdrie $CA_z^4 A_x^2$ oder $CA_z^4 E_x$
15. Enantiomorphe Hemiëdrie $A_z^4 A_x^2$
16. Hemimorphe Hemiëdrie $A_z^4 E_x$
17. Paramorphe Hemiëdrie CA_z^4
18. Tetartoëdrie A_z^4
19. Hemiëdrie mit Spiegeldrehungsaxe $S_z^2 A_x^2$
20. Tetartoëdrie mit Spiegeldrehungsaxe S_z^2

Hexagonales System.

21. Holoëdrie $CA_z^6 A_x^2$ oder $CA_z^6 E_x$
22. Enantiomorphe Hemiëdrie $A_z^6 A_x^2$
23. Hemimorphe Hemiëdrie $A_z^6 E_x$
24. Paramorphe Hemiëdrie CA_z^6
25. Tetartoëdrie A_z^6
26. Hemiëdrie mit dreizähliger Symmetrieaxe $A_z^3 E_z A_x^2$
27. Tetartoëdrie mit dreizähliger Symmetrieaxe $A_z^3 E_z$

Reguläres System.

28. Holoëdrie $CA_x^4 A_y^4$
29. Enantiomorphe Hemiëdrie $A_x^4 A_y^4$
30. Hemimorphe Hemiëdrie $S_x^2 S_y^2$
31. Paramorphe Hemiëdrie $CA_x^2 \sim A_y^2 \sim A_z^2$
32. Tetartoëdrie $A_x^2 \sim A_y^2 \sim A_z^2$.

Die Anwendung dieser Tabelle zum Zwecke der Spezialisierung allgemeiner physikalischer Gesetze für die Krystalle irgend einer Gruppe geschieht so, daß man den Krystall nacheinander auf gleichwertige Koordinatensysteme bezieht und für jedes das allgemeine Gesetz bildet. Da für gleichwertige Koordinatensysteme der Zusammenhang zwischen Abhängigen und Unabhängigen sich durch dieselben Gleichungen mit denselben Konstanten ausdrücken muß, so giebt die Kombination der verschiedenen Formeln eine Reihe von Beziehungen zwischen den Konstanten, welche das ursprüngliche Gesetz spezialisieren, eventuell vereinfachen. Es mag dabei daran erinnert werden, daß die Existenz eines Symmetriecentrums die Äquivalenz von Koordinatensystemen mit entgegengesetzten Axenrichtungen ausspricht, die Existenz einer Symmetrieebene aber die Äquivalenz von zwei Systemen, von denen nur die normal zur Symmetrieebene stehende Koordinatenaxe die entgegengesetzte Richtung besitzt, die anderen beiden aber gleiche.

Die vorstehende Tabelle enthält die im allgemeinsten Falle zur Geltung kommenden Symmetrieeigenschaften der 32 Krystallgruppen. Es giebt aber viele Fälle, wo die Verhältnisse sich vereinfachen und die Anzahl physikalisch verschiedener Gruppen sich reduziert, weil nach dem physikalischen Gesetz, um dessen Spezialisierung es sich handelt, der behandelte Vorgang selbst eine Symmetrieeigenschaft besitzt.

Der häufigste Fall ist der, daß jener Vorgang ein Symmetriecentrum hat. Dies findet zum Beispiel immer dann statt, wenn die Unabhängigen und die Abhängigen die Komponenten je einer Vektorgröße, z. B. einer Kraft oder einer Geschwindigkeit nach den Koordinatenaxen, und die Beziehungen zwischen ihnen homogen linear sind; denn in diesem Falle ändert die Vertauschung der Koordinatenaxen mit den entgegengesetzten die Formeln durchaus nicht.

In allen diesen Fällen ist also die Symmetrie des physikalischen Vorganges um das Element C höher, als diejenige der Krystallform; es resultiert hier die folgende Tabelle.

Triklines System.

Gruppe 1 und 2 C.

Monoklines System.

Gruppe 3, 4, 5 CA_z^2.

Rhombisches System.

Gruppe 6, 7, 8 $CA_z^2 A_x^2$.

Rhomboëdrisches System.

Gruppe 9, 10, 11	$C A_z^3 A_x^2$.
Gruppe 12, 13	$C A_z^3$.

Tetragonales System.

Gruppe 14, 15, 16, 19	$C A_z^4 A_x^2$.
Gruppe 17, 18, 20	$C A_z^4$.

Hexagonales System.

Gruppe 21, 22, 23, 26	$C A_z^6 A_x^2$.
Gruppe 24, 25, 27	$C A_z^6$.

Reguläres System.

Gruppe 28, 29, 30	$C A_z^4 A_y^4$.
Gruppe 31, 32	$C A_x^2 \sim A_y^2 \sim A_z^2$.

Die 32 Gruppen ordnen sich also in Bezug auf physikalische Vorgänge, welche ein Centrum der Symmetrie besitzen, in 11 Klassen; aber auch von diesen fallen in speziellen Fällen noch mehrere zusammen.

Ein zweiter spezieller Fall ist der, daß der Vorgang die Ungleichwertigkeit entgegengesetzter Richtungen verlangt, also mit einem Symmetriecentrum unvereinbar ist. Dies tritt z. B. ein, wenn ein System von Vektorkomponenten durch homogene Funktionen zweiten Grades von einem anderen System Vektorkomponenten gegeben ist. Denn hier kehrt bei der Vertauschung eines Koordinatensystems mit den entgegengesetzten die eine Seite dieser Beziehungen ihr Vorzeichen um, aber die andere nicht.

Eine solche Eigenschaft hat zur Folge, daß bei allen Krystallgruppen, welche ein Symmetriecentrum besitzen, nämlich bei

den Gruppen 1, 3, 6, 9, 12, 14, 17, 21, 24, 28, 31,

sowie bei isotropen Medien Vorgänge der genannten Art unmöglich sind, also die Konstanten, welche ihre Größe messen, verschwinden müssen. —

Wir wollen nun einige der wichtigsten in der theoretischen Physik vorkommenden allgemeinen Beziehungen zusammenstellen und für die 32 krystallographischen Gruppen spezialisieren.

Es empfiehlt sich dabei, dieselben auf die spezielle Form zu bringen, daß eine physikalische Größe F, welche den Charakter eines Skalares besitzt und die demgemäß vom Koordinatensystem unabhängig ist, einer Funktion von Vektorkomponenten oder ihnen verwandten Argumenten gleich gesetzt wird. Eine solche Größe muß dann, auf verschiedene physikalisch gleichwertige Koordinatensysteme bezogen, die gleiche Form mit gleichen numerischen Werten der Konstanten erhalten.

Mitunter werden die physikalischen Gesetze durch die Theorie direkt in der oben erörterten Form geliefert; das im vorigen Abschnitt abgeleitete elastische Potential bietet hierfür ein Beispiel, und die Funktion F hat hier unmittelbar eine physikalische Bedeutung. Wo man die gewünschte Form erst künstlich herstellen muß, fehlt dagegen der Funktion F häufig eine solche. Sie wird dann z. B. nur durch die Werte ihrer Differentialquotienten nach gewissen auxiliären Argumenten definiert, wie das unten an einem Beispiele gezeigt werden soll.

Wir betrachten zunächst Funktionen F von Vektorkomponenten und bemerken dazu im voraus, daß die Differentialquotienten von F nach diesen Argumenten wieder Vektorkomponenten sind.

I. Es sei F eine lineäre Funktion der Vektorkomponenten X, Y, Z, etwa

151) $$F = \mathfrak{a}_1 X + \mathfrak{a}_2 Y + \mathfrak{a}_3 Z,$$

so ist mit dieser Form ein Centrum der Symmetrie unvereinbar.

Die Differentialquotienten werden

151') $$\frac{\partial F}{\partial X} = \mathfrak{a}_1, \quad \frac{\partial F}{\partial Y} = \mathfrak{a}_2, \quad \frac{\partial F}{\partial Z} = \mathfrak{a}_3.$$

Wir erhalten demgemäß die folgende Zusammenstellung.

Schema I.

Triklines System.	
Gruppe 1	$\mathfrak{a}_1 = \mathfrak{a}_2 = \mathfrak{a}_3 = 0.$
Gruppe 2	$\mathfrak{a}_1, \mathfrak{a}_2, \mathfrak{a}_3.$
Monoklines System.	
Gruppe 3	$\mathfrak{a}_1 = \mathfrak{a}_2 = \mathfrak{a}_3 = 0.$
Gruppe 4	$\mathfrak{a}_1, \mathfrak{a}_2, 0$
Gruppe 5	$0, 0, \mathfrak{a}_3.$
Rhombisches System.	
Gruppe 6, 7	$\mathfrak{a}_1 = \mathfrak{a}_2 = \mathfrak{a}_3 = 0.$
Gruppe 8	$0, 0, \mathfrak{a}_3.$
Rhomboëdrisches System.	
Gruppe 9, 10, 12	$\mathfrak{a}_1 = \mathfrak{a}_2 = \mathfrak{a}_3 = 0.$
Gruppe 11, 13	$0, 0, \mathfrak{a}_3.$
Tetragonales System.	
Gruppe 14, 15, 17, 19, 20	$\mathfrak{a}_1 = \mathfrak{a}_2 = \mathfrak{a}_3 = 0.$
Gruppe 16, 18	$0, 0, \mathfrak{a}_3.$

Hexagonales System.

Gruppe 21, 22, 24, 26, 27 $\mathfrak{a}_1 = \mathfrak{a}_2 = \mathfrak{a}_3 = 0.$

Gruppe 23, 25 $0, 0, a_3.$

Reguläres System und isotrope Körper.

Gruppe 28 bis 32 $\mathfrak{a}_1 = \mathfrak{a}_2 = \mathfrak{a}_3 = 0.$

II. Es sei F eine bilineare Funktion der sechs Vektorkomponenten X, Y, Z und U, V, W und zwar gesetzt

$$\left.\begin{aligned} F = U(\mathfrak{a}_{11} X + \mathfrak{a}_{12} Y + \mathfrak{a}_{13} Z) + V(\mathfrak{a}_{21} X + \mathfrak{a}_{22} Y + \mathfrak{a}_{23} Z) \\ + W(\mathfrak{a}_{31} X + \mathfrak{a}_{32} Y + \mathfrak{a}_{33} Z). \end{aligned}\right\} \quad 152)$$

Die durch einen solchen Ansatz gegebenen Vorgänge besitzen ein Centrum der Symmetrie, es tritt sonach hier die vereinfachte Einteilung der Gruppen von S. 134 in Kraft. Die Differentialquotienten von F nach U, V, W liefern die Gleichungen

$$\left.\begin{aligned} u &= \frac{\partial F}{\partial U} = \mathfrak{a}_{11} X + \mathfrak{a}_{12} Y + \mathfrak{a}_{13} Z, \\ v &= \frac{\partial F}{\partial V} = \mathfrak{a}_{21} X + \mathfrak{a}_{22} Y + \mathfrak{a}_{23} Z, \\ w &= \frac{\partial F}{\partial W} = \mathfrak{a}_{31} X + \mathfrak{a}_{32} Y + \mathfrak{a}_{33} Z, \end{aligned}\right\} \quad 152')$$

worin u, v, w Abkürzungen sind, welche Vektorkomponenten bezeichnen, falls gleiches von U, V, W gilt und F eine skalare Funktion ist.

Das Vorstehende zeigt, daß, wenn der Ansatz (152') die direkt gegebene Beziehung zwischen den Vektorkomponenten u, v, w und X, Y, Z ist, durch (152) eine Funktion F geliefert wird, an welche man bequemer, als an (152'), die Symmetriebetrachtungen anknüpfen kann.

Das Resultat der Spezialisierung giebt die folgende Tabelle.[83])

Schema II.

Triklines System.

Gruppe 1, 2 $\mathfrak{a}_{11}, \mathfrak{a}_{12}, \mathfrak{a}_{13}; \mathfrak{a}_{21}, \mathfrak{a}_{22}, \mathfrak{a}_{23}; \mathfrak{a}_{31}, \mathfrak{a}_{32}, \mathfrak{a}_{33}.$

Monoklines System.

Gruppe 3, 4, 5 $\mathfrak{a}_{11}, \mathfrak{a}_{12}, 0; \mathfrak{a}_{21}, \mathfrak{a}_{22}, 0; 0, 0, \mathfrak{a}_{33}.$

Rhombisches System.

Gruppe 6, 7, 8 $\mathfrak{a}_{11}, 0, 0; 0, \mathfrak{a}_{22}, 0; 0, 0, \mathfrak{a}_{33}.$

Rhomboëdrisches System.

Gruppe 9, 10, 11 $\mathfrak{a}_{11}, 0, 0; 0, \mathfrak{a}_{11}, 0; 0, 0, \mathfrak{a}_{33}.$

Gruppe 12, 13 $\mathfrak{a}_{11}, \mathfrak{a}_{12}, 0; -\mathfrak{a}_{12}, \mathfrak{a}_{11}, 0; 0, 0, \mathfrak{a}_{33}.$

Tetragonales System.

Gruppe 14, 15, 16, 19 $a_{11}, 0, 0; 0, a_{11}, 0; 0, 0, a_{33}$.

Gruppe 17, 18, 20 $a_{11}, a_{12}, 0; -a_{12}, a_{11}, 0; 0, 0, a_{33}$.

Hexagonales System.

Gruppe 21, 22, 23, 26 $a_{11}, 0, 0; 0, a_{11}, 0; 0, 0, a_{33}$.

Gruppe 24, 25, 27 $a_{11}, a_{12}, 0; -a_{12}, a_{11}, 0; 0, 0, a_{33}$.

Reguläres System und isotrope Körper.

Gruppe 28, 29, 30, 31, 32 $a_{11}, 0, 0; 0, a_{11}, 0; 0, 0, a_{11}$.

Die Anzahl der verschiedenen Klassen reduziert sich hier also auf sechs. —

Ein wichtiger spezieller Fall ist der, daß $X = U$, $Y = V$, $Z = W$ ist; dann treten die a_{hk} immer nur in den Kombinationen $a_{hk} + a_{kh}$ auf, woraus folgt, daß man ihnen ohne Beschränkung der Allgemeinheit die Bedingung $a_{hk} = a_{kh}$ auferlegen kann. Dann nimmt das Schema II für die sechs unabhängigen Konstanten die folgende vereinfachte Form an.

Schema II′.

Triklines System.

$a_{11}, a_{22}, a_{33}; a_{23}, a_{31}, a_{12}$.

Monoklines System.

$a_{11}, a_{22}, a_{33}; 0, 0, a_{12}$.

Rhombisches System.

$a_{11}, a_{22}, a_{33}; 0, 0, 0$.

Rhomboëdrisches, tetragonales, hexagonales System.

$a_{11}, a_{11}, a_{33}; 0, 0, 0$.

Reguläres System und isotrope Körper.

$a_{11}, a_{11}, a_{11}; 0, 0, 0$.

Ein weiterer Spezialfall ist der, daß die sechs Variabeln nur in den Verbindungen $YW - ZV$, $ZU - XW$, $XV - YU$ vorkommen; dann erscheint a_{11}, a_{22}, a_{33} gar nicht, und die übrigen nur in den Gliedern $a_{23} - a_{32}$, $a_{31} - a_{13}$, $a_{12} - a_{21}$.

Hier kann man ohne Beschränkung

$$a_{23} = -a_{32} = a_1', \quad a_{31} = -a_{13} = a_2', \quad a_{12} = -a_{21} = a_3'$$

setzen und erhält für letztere Größen die folgende Zusammenstellung.

Schema II″.

Triklines System.	Monoklines System.	Rhombisches System.
a_1', a_2', a_3'.	$0, 0, a_3'$	$a_1' = a_2' = a_3' = 0$.

Rhomboëdrisches System.

Gruppe 9, 10, 11 $\mathfrak{a}_1' = \mathfrak{a}_2' = \mathfrak{a}_3' = 0$.
Gruppe 12, 13 $0, 0, \mathfrak{a}_3'$.

Tetragonales System.

Gruppe 14, 15, 16, 19 $\mathfrak{a}_1' = \mathfrak{a}_2' = \mathfrak{a}_3' = 0$.
Gruppe 17, 18, 20 $0, 0, \mathfrak{a}_3'$.

Hexagonales System.

Gruppe 21, 22, 23, 26 $\mathfrak{a}_1' = \mathfrak{a}_2' = \mathfrak{a}_3' = 0$.
Gruppe 24, 25, 27 $0, 0, \mathfrak{a}_3'$.

Reguläres System und isotrope Körper.

$\mathfrak{a}_1' = \mathfrak{a}_2' = \mathfrak{a}_3' = 0$. —

In verschiedenen Gebieten der Physik spielen gewisse Funktionen eine Rolle, welche zwar nicht selbst Vektorkomponenten sind, sich ihnen aber insofern verwandt erweisen, als sie sich ebenso, wie Potenzen und Produkte von solchen, auf wechselnde Koordinatensysteme transformieren. Wir wollen solche jetzt auch in den Kreis unserer Betrachtungen ziehen und mit

$$L, M, N, P, Q, R$$

im folgenden Funktionen bezeichnen, die sich orthogonal transformieren, wie X^2, Y^2, Z^2, $YZ\sqrt{2}$, $ZX\sqrt{2}$, $XY\sqrt{2}$; U, V, W mögen die frühere Bedeutung behalten.

III. Es sei F eine bilineare Funktion der neun Argumente L, M, N, P, Q, R, U, V, W, und zwar von der speziellen Form

$$\left.\begin{aligned} F = {} & U(\mathfrak{b}_{11} L + \mathfrak{b}_{12} M + \mathfrak{b}_{13} N + \mathfrak{b}_{14} P + \mathfrak{b}_{15} Q + \mathfrak{b}_{16} R) \\ & + V(\mathfrak{b}_{21} L + \mathfrak{b}_{22} M + \mathfrak{b}_{23} N + \mathfrak{b}_{24} P + \mathfrak{b}_{25} Q + \mathfrak{b}_{26} R) \\ & + W(\mathfrak{b}_{31} L + \mathfrak{b}_{32} M + \mathfrak{b}_{33} N + \mathfrak{b}_{34} P + \mathfrak{b}_{35} Q + \mathfrak{b}_{36} R). \end{aligned}\right\} \quad 153)$$

Die Differentialquotienten von F nach U, V, W sind wieder Vektorkomponenten, die nach L, M ... R haben denselben Charakter wie die letzteren Größen. Es gilt

$$\frac{\partial F}{\partial U} = \mathfrak{b}_{11} L + \mathfrak{b}_{12} M + \mathfrak{b}_{13} N + \mathfrak{b}_{14} P + \mathfrak{b}_{15} Q + \mathfrak{b}_{16} R, \quad 153')$$

. . . .

$$\frac{\partial F}{\partial L} = \mathfrak{b}_{11} U + \mathfrak{b}_{21} V + \mathfrak{b}_{31} W \quad 153'')$$

. . . .

Diese Annahme giebt ein zweites Beispiel für den oben schon erwähnten Fall, daß das physikalische Gesetz mit der Existenz eines Symmetriecentrums am Krystall unvereinbar ist.

Die Anwendung des S. 134 entwickelten Verfahrens führt hier auf die folgenden Systeme von Konstanten.[84])

Schema III.

Triklines System.

Gruppe 1 alle $\mathfrak{b}_{hk} = 0$.

Gruppe 2
$$\begin{array}{cccccc} \mathfrak{b}_{11} & \mathfrak{b}_{12} & \mathfrak{b}_{13} & \mathfrak{b}_{14} & \mathfrak{b}_{15} & \mathfrak{b}_{16} \\ \mathfrak{b}_{21} & \mathfrak{b}_{22} & \mathfrak{b}_{23} & \mathfrak{b}_{24} & \mathfrak{b}_{25} & \mathfrak{b}_{26} \\ \mathfrak{b}_{31} & \mathfrak{b}_{32} & \mathfrak{b}_{33} & \mathfrak{b}_{34} & \mathfrak{b}_{35} & \mathfrak{b}_{36} \end{array}$$

Monoklines System.

Gruppe 3 alle $\mathfrak{b}_{hk} = 0$.

Gruppe 4
$$\begin{array}{cccccc} \mathfrak{b}_{11} & \mathfrak{b}_{12} & \mathfrak{b}_{13} & 0 & 0 & \mathfrak{b}_{16} \\ \mathfrak{b}_{21} & \mathfrak{b}_{22} & \mathfrak{b}_{23} & 0 & 0 & \mathfrak{b}_{26} \\ 0 & 0 & 0 & \mathfrak{b}_{34} & \mathfrak{b}_{35} & 0 \end{array}$$

Gruppe 5
$$\begin{array}{cccccc} 0 & 0 & 0 & \mathfrak{b}_{14} & \mathfrak{b}_{15} & 0 \\ 0 & 0 & 0 & \mathfrak{b}_{24} & \mathfrak{b}_{25} & 0 \\ \mathfrak{b}_{31} & \mathfrak{b}_{32} & \mathfrak{b}_{33} & 0 & 0 & \mathfrak{b}_{36} \end{array}$$

Rhombisches System.

Gruppe 6 alle $\mathfrak{b}_{hk} = 0$.

Gruppe 7
$$\begin{array}{cccccc} 0 & 0 & 0 & \mathfrak{b}_{14} & 0 & 0 \\ 0 & 0 & 0 & 0 & \mathfrak{b}_{25} & 0 \\ 0 & 0 & 0 & 0 & 0 & \mathfrak{b}_{36} \end{array}$$

Gruppe 8
$$\begin{array}{cccccc} 0 & 0 & 0 & 0 & \mathfrak{b}_{15} & 0 \\ 0 & 0 & 0 & \mathfrak{b}_{24} & 0 & 0 \\ \mathfrak{b}_{31} & \mathfrak{b}_{32} & \mathfrak{b}_{33} & 0 & 0 & 0 \end{array}$$

Rhomboëdrisches System.

Gruppe 9 alle $\mathfrak{b}_{hk} = 0$.

Gruppe 10
$$\begin{array}{cccccc} \mathfrak{b}_{11} & -\mathfrak{b}_{11} & 0 & \mathfrak{b}_{14} & 0 & 0 \\ 0 & 0 & 0 & 0 & -\mathfrak{b}_{14} & -\mathfrak{b}_{11}\sqrt{2} \\ 0 & 0 & 0 & 0 & 0 & 0 \end{array}$$

Gruppe 11
$$\begin{array}{cccccc} 0 & 0 & 0 & 0 & \mathfrak{b}_{15} & -\mathfrak{b}_{22}\sqrt{2} \\ -\mathfrak{b}_{22} & \mathfrak{b}_{22} & 0 & \mathfrak{b}_{15} & 0 & 0 \\ \mathfrak{b}_{31} & \mathfrak{b}_{31} & \mathfrak{b}_{33} & 0 & 0 & 0 \end{array}$$

Gruppe 12 alle $\mathfrak{b}_{hk} = 0$.

Gruppe 13
$$\begin{array}{cccccc} \mathfrak{b}_{11} & -\mathfrak{b}_{11} & 0 & \mathfrak{b}_{14} & \mathfrak{b}_{15} & -\mathfrak{b}_{22}\sqrt{2} \\ -\mathfrak{b}_{22} & \mathfrak{b}_{22} & 0 & \mathfrak{b}_{15} & -\mathfrak{b}_{14} & -\mathfrak{b}_{11}\sqrt{2} \\ \mathfrak{b}_{31} & \mathfrak{b}_{31} & \mathfrak{b}_{33} & 0 & 0 & 0 \end{array}$$

Tetragonales System.

Gruppe 14 alle $\mathfrak{b}_{hk} = 0$.

Gruppe 15

$$\begin{array}{cccccc} 0 & 0 & 0 & \mathfrak{b}_{14} & 0 & 0 \\ 0 & 0 & 0 & 0 & -\mathfrak{b}_{14} & 0 \\ 0 & 0 & 0 & 0 & 0 & 0 \end{array}$$

Gruppe 16

$$\begin{array}{cccccc} 0 & 0 & 0 & 0 & \mathfrak{b}_{15} & 0 \\ 0 & 0 & 0 & \mathfrak{b}_{15} & 0 & 0 \\ \mathfrak{b}_{31} & \mathfrak{b}_{31} & \mathfrak{b}_{33} & 0 & 0 & 0 \end{array}$$

Gruppe 17 alle $\mathfrak{b}_{hk} = 0$.

Gruppe 18

$$\begin{array}{cccccc} 0 & 0 & 0 & \mathfrak{b}_{14} & \mathfrak{b}_{15} & 0 \\ 0 & 0 & 0 & \mathfrak{b}_{15} & -\mathfrak{b}_{14} & 0 \\ \mathfrak{b}_{31} & \mathfrak{b}_{31} & \mathfrak{b}_{33} & 0 & 0 & 0 \end{array}$$

Gruppe 19

$$\begin{array}{cccccc} 0 & 0 & 0 & \mathfrak{b}_{14} & 0 & 0 \\ 0 & 0 & 0 & 0 & \mathfrak{b}_{14} & 0 \\ 0 & 0 & 0 & 0 & 0 & \mathfrak{b}_{36} \end{array}$$

Gruppe 20

$$\begin{array}{cccccc} 0 & 0 & 0 & \mathfrak{b}_{14} & \mathfrak{b}_{15} & 0 \\ 0 & 0 & 0 & -\mathfrak{b}_{15} & \mathfrak{b}_{14} & 0 \\ \mathfrak{b}_{31} & -\mathfrak{b}_{31} & 0 & 0 & 0 & \mathfrak{b}_{36} \end{array}$$

Hexagonales System.

Gruppe 21 alle $\mathfrak{b}_{hk} = 0$.

Gruppe 22

$$\begin{array}{cccccc} 0 & 0 & 0 & \mathfrak{b}_{14} & 0 & 0 \\ 0 & 0 & 0 & 0 & -\mathfrak{b}_{14} & 0 \\ 0 & 0 & 0 & 0 & 0 & 0 \end{array}$$

Gruppe 23

$$\begin{array}{cccccc} 0 & 0 & 0 & 0 & \mathfrak{b}_{15} & 0 \\ 0 & 0 & 0 & \mathfrak{b}_{15} & 0 & 0 \\ \mathfrak{b}_{31} & \mathfrak{b}_{31} & \mathfrak{b}_{33} & 0 & 0 & 0 \end{array}$$

Gruppe 24 alle $\mathfrak{b}_{hk} = 0$.

Gruppe 25

$$\begin{array}{cccccc} 0 & 0 & 0 & \mathfrak{b}_{14} & \mathfrak{b}_{15} & 0 \\ 0 & 0 & 0 & \mathfrak{b}_{15} & -\mathfrak{b}_{14} & 0 \\ \mathfrak{b}_{31} & \mathfrak{b}_{31} & \mathfrak{b}_{33} & 0 & 0 & 0 \end{array}$$

Gruppe 26

$$\begin{array}{cccccc} \mathfrak{b}_{11} & -\mathfrak{b}_{11} & 0 & 0 & 0 & 0 \\ 0 & 0 & 0 & 0 & 0 & -\mathfrak{b}_{11}\sqrt{2} \\ 0 & 0 & 0 & 0 & 0 & 0 \end{array}$$

Gruppe 27

$$\begin{matrix} \mathfrak{b}_{11} & -\mathfrak{b}_{11} & 0 & 0 & 0 & -\mathfrak{b}_{22}\sqrt{2} \\ -\mathfrak{b}_{22} & \mathfrak{b}_{22} & 0 & 0 & 0 & -\mathfrak{b}_{11}\sqrt{2} \\ 0 & 0 & 0 & 0 & 0 & 0 \end{matrix}$$

Reguläres System.

Gruppe 28, 29, 31 alle $\mathfrak{b}_{hk} = 0$.

Gruppe 30, 32

$$\begin{matrix} 0 & 0 & 0 & \mathfrak{b}_{14} & 0 & 0 \\ 0 & 0 & 0 & 0 & \mathfrak{b}_{14} & 0 \\ 0 & 0 & 0 & 0 & 0 & \mathfrak{b}_{14} \end{matrix}$$

Isotrope Körper.

Alle $\mathfrak{b}_{hk} = 0$.

IV. Es sei neben L, M, N, P, Q, R das System Variabler

$$A, B, C, D, E, G$$

gegeben, das sich orthogonal transformiert, wie

$$U^2, V^2, W^2, VW\sqrt{2}, WU\sqrt{2}, UV\sqrt{2}$$

und es sei die bilineare Funktion F gegeben durch

$$154)\quad \left\{ \begin{aligned} F = & A(\mathfrak{c}_{11} L + \mathfrak{c}_{12} M + \mathfrak{c}_{13} N + \mathfrak{c}_{14} P + \mathfrak{c}_{15} Q + \mathfrak{c}_{16} R) \\ & + B(\mathfrak{c}_{21} L + \mathfrak{c}_{22} M + \mathfrak{c}_{23} N + \mathfrak{c}_{24} P + \mathfrak{c}_{25} Q + \mathfrak{c}_{26} R) \\ & + C(\mathfrak{c}_{31} L + \mathfrak{c}_{32} M + \mathfrak{c}_{33} N + \mathfrak{c}_{34} P + \mathfrak{c}_{35} Q + \mathfrak{c}_{36} R) \\ & + D(\mathfrak{c}_{41} L + \mathfrak{c}_{42} M + \mathfrak{c}_{43} N + \mathfrak{c}_{44} P + \mathfrak{c}_{45} Q + \mathfrak{c}_{46} R) \\ & + E(\mathfrak{c}_{51} L + \mathfrak{c}_{52} M + \mathfrak{c}_{53} N + \mathfrak{c}_{54} P + \mathfrak{c}_{55} Q + \mathfrak{c}_{56} R) \\ & + G(\mathfrak{c}_{61} L + \mathfrak{c}_{62} M + \mathfrak{c}_{63} N + \mathfrak{c}_{64} P + \mathfrak{c}_{65} Q + \mathfrak{c}_{66} R). \end{aligned} \right.$$

Die Differentialquotienten von F nach $A, B, \ldots$ oder nach $L, M, \ldots$ haben den Charakter dieser Größen. Es gilt

$$154')\quad \frac{\partial F}{\partial A} = \mathfrak{c}_{11} L + \mathfrak{c}_{12} M + \mathfrak{c}_{13} N + \mathfrak{c}_{14} P + \mathfrak{c}_{15} Q + \mathfrak{c}_{16} R, \\ \cdots\cdots\cdots\cdots\cdots\cdots\cdots\cdots$$

$$154'')\quad \frac{\partial F}{\partial L} = \mathfrak{c}_{11} A + \mathfrak{c}_{21} B + \mathfrak{c}_{31} C + \mathfrak{c}_{41} D + \mathfrak{c}_{51} E + \mathfrak{c}_{61} G. \\ \cdots\cdots\cdots\cdots\cdots\cdots\cdots\cdots$$

Die durch diesen Ansatz gegebenen Vorgänge sind wiederum centrisch symmetrisch; die Spezialisierung ist also unter Benutzung der Tabelle auf S. 134 auszuführen. Die Resultate enthält das nachstehende Schema. [85])

Schema IV.

Triklines System.

Gruppe 1 und 2

$$\begin{array}{cccccc}
c_{11} & c_{12} & c_{13} & c_{14} & c_{15} & c_{16} \\
c_{21} & c_{22} & c_{23} & c_{24} & c_{25} & c_{26} \\
c_{31} & c_{32} & c_{33} & c_{34} & c_{35} & c_{36} \\
c_{41} & c_{42} & c_{43} & c_{44} & c_{45} & c_{46} \\
c_{51} & c_{52} & c_{53} & c_{54} & c_{55} & c_{56} \\
c_{61} & c_{62} & c_{63} & c_{64} & c_{65} & c_{66}
\end{array}$$

Monoklines System.

Gruppe 3 bis 5

$$\begin{array}{cccccc}
c_{11} & c_{12} & c_{13} & 0 & 0 & c_{16} \\
c_{21} & c_{22} & c_{23} & 0 & 0 & c_{26} \\
c_{31} & c_{32} & c_{53} & 0 & 0 & c_{36} \\
0 & 0 & 0 & c_{44} & c_{45} & 0 \\
0 & 0 & 0 & c_{54} & c_{55} & 0 \\
c_{61} & c_{62} & c_{63} & 0 & 0 & c_{66}
\end{array}$$

Rhombisches System.

Gruppe 6 bis 8

$$\begin{array}{cccccc}
c_{11} & c_{12} & c_{13} & 0 & 0 & 0 \\
c_{21} & c_{22} & c_{23} & 0 & 0 & 0 \\
c_{31} & c_{32} & c_{33} & 0 & 0 & 0 \\
0 & 0 & 0 & c_{44} & 0 & 0 \\
0 & 0 & 0 & 0 & c_{55} & 0 \\
0 & 0 & 0 & 0 & 0 & c_{66}
\end{array}$$

Rhomboëdrisches System.

Gruppe 9 bis 11

$$\begin{array}{cccccc}
c_{11} & c_{12} & c_{13} & c_{14} & 0 & 0 \\
c_{12} & c_{11} & c_{13} & -c_{14} & 0 & 0 \\
c_{31} & c_{31} & c_{33} & 0 & 0 & 0 \\
c_{41} & -c_{41} & 0 & c_{44} & 0 & 0 \\
0 & 0 & 0 & 0 & c_{44} & c_{41}\sqrt{2} \\
0 & 0 & 0 & 0 & c_{14}\sqrt{2} & (c_{11}-c_{12})
\end{array}$$

Gruppe 12, 13

$$\begin{array}{cccccc}
c_{11} & c_{12} & c_{13} & c_{14} & -c_{25} & 0 \\
c_{12} & c_{11} & c_{13} & -c_{14} & c_{25} & 0 \\
c_{31} & c_{31} & c_{33} & 0 & 0 & 0 \\
c_{41} & -c_{41} & 0 & c_{44} & c_{45} & c_{52}\sqrt{2} \\
-c_{52} & c_{52} & 0 & -c_{45} & c_{44} & c_{41}\sqrt{2} \\
0 & 0 & 0 & c_{25}\sqrt{2} & c_{14}\sqrt{2} & (c_{11}-c_{12})
\end{array}$$

Tetragonales System.

Gruppe 14, 15, 16, 19
$$\begin{array}{cccccc} c_{11} & c_{12} & c_{13} & 0 & 0 & 0 \\ c_{12} & c_{11} & c_{13} & 0 & 0 & 0 \\ c_{31} & c_{31} & c_{33} & 0 & 0 & 0 \\ 0 & 0 & 0 & c_{44} & 0 & 0 \\ 0 & 0 & 0 & 0 & c_{44} & 0 \\ 0 & 0 & 0 & 0 & 0 & c_{66} \end{array}$$

Gruppe 17, 18, 20
$$\begin{array}{cccccc} c_{11} & c_{12} & c_{13} & 0 & 0 & c_{16} \\ c_{12} & c_{11} & c_{13} & 0 & 0 & -c_{16} \\ c_{31} & c_{31} & c_{33} & 0 & 0 & 0 \\ 0 & 0 & 0 & c_{44} & 0 & 0 \\ 0 & 0 & 0 & 0 & c_{44} & 0 \\ c_{61} & -c_{61} & 0 & 0 & 0 & c_{66} \end{array}$$

Hexagonales System.

Gruppe 21 bis 27
$$\begin{array}{cccccc} c_{11} & c_{12} & c_{13} & 0 & 0 & 0 \\ c_{12} & c_{11} & c_{13} & 0 & 0 & 0 \\ c_{31} & c_{31} & c_{33} & 0 & 0 & 0 \\ 0 & 0 & 0 & c_{44} & 0 & 0 \\ 0 & 0 & 0 & 0 & c_{44} & 0 \\ 0 & 0 & 0 & 0 & 0 & (c_{11}-c_{12}) \end{array}$$

Reguläres System.

Gruppe 28 bis 32
$$\begin{array}{cccccc} c_{11} & c_{12} & c_{12} & 0 & 0 & 0 \\ c_{12} & c_{11} & c_{12} & 0 & 0 & 0 \\ c_{12} & c_{12} & c_{11} & 0 & 0 & 0 \\ 0 & 0 & 0 & c_{44} & 0 & 0 \\ 0 & 0 & 0 & 0 & c_{44} & 0 \\ 0 & 0 & 0 & 0 & 0 & c_{44} \end{array}$$

Isotrope Körper.
$$\begin{array}{cccccc} c & c_1 & c_1 & 0 & 0 & 0 \\ c_1 & c & c_1 & 0 & 0 & 0 \\ c_1 & c_1 & c & 0 & 0 & 0 \\ 0 & 0 & 0 & c_2 & 0 & 0 \\ 0 & 0 & 0 & 0 & c_2 & 0 \\ 0 & 0 & 0 & 0 & 0 & c_2 \end{array}.$$

worin $c - c_1 = c_2$ gesetzt ist.

Von dem Ansatz (154) sind zwei spezielle Formen von besonderem Interesse, die den Seite 138 betrachteten von (152) durchaus entsprechen. Ist

$$A = L, \quad B = M, \quad C = N, \quad D = P, \quad E = Q, \quad G = R,$$

so kommen die Konstanten c_{hk} und c_{kh} nur in der Kombination $(c_{hk} + c_{kh})$ vor; man kann also ohne Beschränkung der Allgemeinheit $c_{hk} = c_{kh}$ setzen, woraus für die wenigen speziellen Fälle, wo die vorstehenden Systeme $c_{hk} = -c_{kh}$ ergeben, $c_{hk} = c_{kh} = 0$ folgt. Der Vergleich mit dem Schema (149) zeigt, daß das elastische Potential die Form (154), die elastischen Drucke die Form (154') mit der angegebenen Vereinfachung besitzen und demgemäß zu behandeln sind. Man kann übrigens die Spezialisierung statt an ihnen, auch an den S. 125 definierten Summen C^{hk}_{mn} ausführen; doch geben hierzu die obigen Schemas nicht die Mittel.[86])

Die zweite spezielle Form des Ansatzes tritt dann ein, wenn F die Produkte AL, BM, CN, DP, EQ, GR gar nicht, die übrigen nur in Differenzen von der Art $AM - BL$, $AN - CL, \ldots$ enthält. Dann treten die Konstanten nur in den Kombinationen $c_{hk} - c_{kh}$ auf, und man darf, außer $c_{hh} = 0$, auch $c_{hk} = -c_{kh}$ setzen. Wo die vorstehenden Konstantensysteme die Beziehung $c_{hk} = c_{kh}$ zeigen, folgt hieraus $c_{hk} = c_{kh} = 0$.

Bei der Einfachheit der Verhältnisse und dem großen Umfang von Schema IV mag die Aufstellung der diesen beiden speziellen Formen von F entsprechenden Schemata unterbleiben.

§ 18. Cyklische Systeme, welche starre Körper enthalten. Maxwell's Theorie der Elektrodynamik.

Am Ende des zweiten Kapitels ist der Betrachtung ein Massensystem unterworfen worden, dessen allgemeine Lagrange'sche Koordinaten p in zwei Gruppen zerfallen: langsam veränderliche oder Positionskoordinaten p_a, deren Geschwindigkeiten q_a als unendlich klein erster Ordnung betrachtet wurden, und schnell veränderliche oder cyklische Koordinaten p_b, die aber in der Lagrange'schen Funktion $\Lambda = \Psi - \Phi$ nicht auftreten sollten.

Unter der Annahme, daß beide Arten von Beschleunigungen unendlich klein wären, erhielt man dann aus den allgemeinen Formeln (103) die speziellen (109) und (109') für die Kräfte P_a und P_b, welche die beiden Arten von Koordinaten zu vergrößern streben:

$$P_a = -\frac{\partial \Lambda}{\partial p_a}, \quad P_b = +\frac{d}{dt}\left(\frac{\partial \Lambda}{\partial q_b}\right). \tag{155}$$

Finden zwischen den Massen des Cykels keine Wechselwirkungen statt, sind also etwa auftretende innere Kräfte ausschließlich kinetischen Ursprunges, so wird Λ mit der lebendigen Kraft Ψ identisch, die sich nach den gemachten Annahmen gemäß der Formel (109″) als eine homogene Funktion zweiten Grades der cyklischen Geschwindigkeiten q_b darstellt, deren Koeffizienten allein von den Positionskoordinaten p_a abhängen.

Enthält das Cykel nach seinem äußeren Verhalten, d. h. nach seinen Positionskoordinaten p_a beurteilt, nur starre Körper, so kommen für die Kräfte, die sie ausüben und erfahren, die in diesem Kapitel entwickelten allgemeinen Grundsätze zur Anwendung, und daher mag ein Beispiel dieser Art von hervorragendem physikalischen Interesse hier eingefügt werden. —

Die MAXWELL'sche Theorie [87]) der Elektrodynamik beruht darauf, daß man die wahrnehmbaren Vorgänge dieser Art zurückführt auf das Bestehen cyklischer Bewegungen, welche das Wesen der sogenannten galvanischen Ströme ausmachen sollen. Diese Bewegungen, über deren speziellere Eigenschaften nach dem S. 90 Gesagten Annahmen nicht gemacht zu werden brauchen, müssen sich, um die scheinbaren Fernwirkungen zwischen Stromleitern hervorzubringen, nicht nur in diesen selbst abspielen — wo man die Ströme in der alten Theorie ausschließlich verlaufend annahm — sondern auch in dem zwischen ihnen ausgebreiteten nichtleitenden Medium.

Betrachtet man nur lineäre geschlossene Stromleiter, so ist deren elektrodynamisches Verhalten, abgesehen von ihrer geometrischen Konfiguration, die sich in den Koordinaten p_a ausdrückt, je nur von einer elektrischen Variabeln abhängig, die man die Stärke i_h des in einem jeden cirkulierenden Stromes nennt und durch seine Fernwirkungen, z. B. elektromagnetischer Art mißt. Man wird daher für jeden lineären Stromlauf auch nur eine cyklische Geschwindigkeit q_b als charakteristisch betrachten und kann dieselbe hypothetisch direkt mit der Stromstärke proportional setzen. Identifiziert man gar direkt q_b mit i_b, so verfügt man dadurch nur über die Einheiten, in denen man die Kräfte P_b, welche die cyklischen Geschwindigkeiten q_b zu vergrößern streben, und die man im allgemeinen Sinne die elektromotorischen nennt, messen will.

Ist nur ein lineärer Stromlauf s und außerdem kein elektrodynamisch wirksames System, z. B. auch kein konstanter Magnet oder kein Stück weiches Eisen vorhanden, so stellt derselbe nach der Bezeichnung von S. 87 ein Monocykel dar; die lebendige Kraft Ψ nimmt für ihn die einfachste Form

155′) $$\Psi = \frac{1}{2} i^2 A$$

an, worin A nur die Positionskoordinaten p_a des Cykels enthält.

Als wirksame äußere Kräfte P_b sind hier einerseits die von der galvanischen Kette ausgeübte antreibende, elektromotorische Kraft im engeren Sinne E, andererseits die verzögernde Kraft $-R$ des Leitungswiderstandes einzusetzen, so daß die zweite Formel (155) geschrieben werden kann

$$E = \frac{d}{dt}\left(\frac{\partial \Psi}{\partial i}\right) + R; \qquad 155'')$$

Ihren Inhalt können wir dahin aussprechen, daß die elektromotorische Kraft E zwei Gegenkräfte zu überwinden hat, eine von der Zeit abhängige, die verschwindet, wenn alle Teile des Leiters ihre relative Lage beibehalten und die Stromstärke i konstant ist, und eine zweite, in diesem Fall allein übrige, deren Natur aus experimental festgestellten Thatsachen zu erschließen ist. Hierzu eignet sich das Ohm'sche Gesetz, wonach die Stromstärke unter den letztgenannten Umständen der elektromotorischen Kraft der Kette direkt proportional ist, während deren Faktor nur von den Dimensionen und der Substanz des Leiters abhängt. Es ist sonach $R = iW$ zu setzen, wo W den Namen des Widerstandes des lineären Leiters führt; die Formel (155'') verwandelt sich dadurch bei Berücksichtigung von (155') in

$$E = \frac{dAi}{dt} + iW. \qquad 155''')$$

Bringt man hierin das erste Glied rechts auf die linke Seite, so stellt sich

$$-\frac{dAi}{dt} = E' \qquad 155'''')$$

als eine zu E hinzukommende elektromotorische Kraft dar, welche von der zeitlichen Änderung der Konfiguration und Intensität des Stromlaufes abhängt und als induziert bezeichnet wird. —

Wir erweitern nun die Betrachtung auf ein von zwei cyklischen Koordinaten abhängiges System, oder ein Dicykel, welches nach dem Gesagten als das Bild eines aus zwei lineären Stromläufen s_1 und s_2 bestehenden Systemes zu betrachten ist[88]); von weiteren elektrodynamisch wirkenden Systemen sei auch jetzt abgesehen. Hier sind zwei Stromstärken i_1, i_2, zwei Widerstände W_1, W_2 und zwei elektromotorische Kräfte E_1, E_2 zu unterscheiden, und Ψ ist eine quadratische Form von i_1 und i_2. Bezeichnet wieder p eine der Positionskoordinaten des Systems und P die äußere Kraft, welche ihre Vergrößerung bewirkt, so folgt allgemein

$$E_1 = \frac{d}{dt}\left(\frac{\partial \Psi}{\partial i_1}\right) + i_1 W_1, \quad E_2 = \frac{d}{dt}\left(\frac{\partial \Psi}{\partial i_2}\right) + i_2 W_2, \quad P = -\frac{\partial \Psi}{\partial p},$$

oder, wenn man spezieller einführt

$$2\Psi = A_{11} i_1^2 + 2 A_{12} i_1 i_2 + A_{22} i_2^2,$$

auch

156) $E_1 = \frac{d}{dt}(A_{11} i_1 + A_{12} i_2) + i_1 W_1, \quad E_2 = \frac{d}{dt}(A_{12} i_1 + A_{22} i_2) + i_2 W_2,$

156′) $$P = -\tfrac{1}{2}\left(i_1^2 \frac{\partial A_{11}}{\partial p} + 2 i_1 i_2 \frac{\partial A_{12}}{\partial p} + i_2^2 \frac{\partial A_{22}}{\partial p}\right).$$

P reduziert sich auf das erste oder letzte Glied, wenn man entweder in dem zweiten oder dem ersten Stromlauf die Stromstärke verschwinden läßt. Da aber nur der Strom die Ursache der stattfindenden Kräfte P ist, so kann die Position des stromlosen Kreises, d. h., können die Werte seiner Positionskoordinaten in diesem Falle auf P keinen Einfluß haben; hieraus folgt, daß A_{11} nur Koordinaten p enthält, welche dem ersten, A_{22} nur solche, welche dem zweiten Stromlauf entsprechen; A_{12} kann dagegen von beiden Gattungen abhängen.

Hieraus folgt in Übereinstimmung mit (155′′′′), daß

156″) $-\frac{dA_{11} i_1}{dt} = E_{11}, \quad -\frac{dA_{12} i_2}{dt} = E_{12}, \text{ und } -\frac{dA_{12} i_1}{dt} = E_{21}, \quad -\frac{dA_{22} i_2}{dt} = E_{22}$

die in s_1 und s_2 durch Selbst- und Wechselinduktion hervorgerufenen elektromotorischen Kräfte darstellen.

Bisher ist die Betrachtung noch ganz allgemein, also auf beliebig deformierbare Stromläufe anwendbar.

Wir denken uns nun aber spezieller beide Stromläufe starr, z. B. durch aufgewickelte Drahtspulen gegeben; dann ist die Lage eines jeden durch sechs Positionskoordinaten bestimmt, die aber jetzt weder in A_{11}, noch in A_{22} auftreten können. Denn nach dem Energieprinzip kann ein starrer Körper durch bloße innere Wirkungen keine Komponenten oder Momente erfahren; solche würden aber vorausgesetzt werden, wenn, nachdem $i_1 = 0$, resp. $i_2 = 0$ gesetzt, der erste, resp. zweite Stromlauf also faktisch beseitigt ist, bei den gemachten Annahmen ein P von Null verschieden wäre. Demgemäß ist $\partial A_{11} / \partial p = \partial A_{22} / \partial p = 0$ zu setzen und die Gleichung (156′) für starre Stromläufe einfacher zu schreiben

156″) $$P = -i_1 i_2 \frac{\partial A_{12}}{\partial p}.$$

Diese Formel zeigt, daß die Richtung der Kraft P sich umkehrt, wenn man eine der Stromrichtungen umkehrt, also eines der i_h mit $-i_h$ vertauscht; man darf dies dahin deuten, daß auch die Wirkung jedes beliebigen Stückes des geschlossenen Stromlaufes mit der Richtung des in ihm fließenden Stromes sein Zeichen wechselt.

Versteht man speziell unter ξ_h, η_h, ζ_h die Schwerpunktskoordinaten der beiden Stromläufe, unter λ_h, μ_h, ν_h ihre Drehungswinkel um die Koordinatenaxen, so ergiebt sich für die Komponenten und Momente der äußeren Kräfte, welche nötig sind, um die q_a unendlich klein, d. h. die Stromläufe im Gleichgewicht zu erhalten:

$$\left.\begin{aligned} X_h &= -i_1 i_2 \frac{\partial A_{12}}{\partial \xi_h}, & Y_h &= -i_1 i_2 \frac{\partial A_{12}}{\partial \eta_h}, & Z_h &= -i_1 i_2 \frac{\partial A_{12}}{\partial \zeta_h}, \\ L_h &= -i_1 i_2 \frac{\partial A_{12}}{\partial \lambda_h}, & M_h &= -i_1 i_2 \frac{\partial A_{12}}{\partial \mu_h}, & N_h &= -i_1 i_2 \frac{\partial A_{12}}{\partial \nu_h}. \end{aligned}\right\} \quad 156''')$$

Ihnen entgegengesetzt gleich sind daher die Komponenten und Momente, welche die beiden Stromläufe aufeinander ausüben; $-A_{12}$ kann also als der Wert des Potentiales Π_{12} ihrer Wechselwirkung für $i_1 = i_2 = 1$ aufgefaßt werden.

Nachdem so die Bedeutung von A_{12} entwickelt ist, gewinnt man die von A_{11} und A_{22} durch die Betrachtung der beiden Formeln (156). Sie erscheinen dort nämlich als die Werte, welche A_{12} annimmt, wenn der zweite Stromlauf mit dem ersten oder der erste mit dem zweiten identisch ist und mit ihm zur Deckung gebracht wird. $-A_{11}$ und $-A_{22}$ sind also die Potentiale Π_{11} und Π_{22} der Stromläufe s_1 und s_2 auf sich selbst. Hieraus folgt, daß, wenn die Abhängigkeit des Potentiales Π_{12} von Gestalt und Lage der beiden Stromläufe gewonnen ist, dann die Werte von Π_{11} und Π_{22} ohne weiteres aus jenem folgen.

Um nun Π_{12} zu bestimmen, betrachten wir die Wechselwirkung zwischen zwei ebenen Stromläufen, die vom Strom 1 durchflossen werden und unendlich klein gegen ihre Entfernung sind. Diese Wirkung muß dem Produkt der umlaufenen Flächen proportional sein, denn man kann jene in gleich große und gleichwertige Flächenelemente zerlegen und statt allein die ganze Fläche ein jedes Element im gleichen Sinne von dem Strom Eins umlaufen denken, ohne nach der zu (156″) gemachten Bemerkung die Wirkung zu beeinträchtigen. Das Potential der Wechselwirkung muß sich also in der Form

$$\Pi_{12} = \varphi_{n_1 n_2} \, df_1 \, df_2 \qquad 157)$$

schreiben lassen, wo φ nur von der relativen Lage von df_1 gegen df_2, d. h. von der Entfernung r und den drei Winkeln zwischen den Richtungen von r und den Normalen n_1, n_2 auf s_1, s_2 abhängt.

Hieraus folgt für das Potential der Wechselwirkung zwischen einem beliebigen endlichen Stromlauf s_1 und dem unendlich kleinen s_2' der Ausdruck

$$\Pi_{12} = df_2 \int \varphi_{n_1 n_2} \, df_1, \qquad 157')$$

worin das Integral über alle Elemente einer durch den Stromlauf begrenzten, aber sonst völlig beliebigen Fläche zu erstrecken ist. Da der Wert des Integrales von der Gestalt der willkürlich eingeführten Oberfläche unabhängig ist, so darf man auch statt eines Flächenelementes df_1 von geeigneter dreieckiger Form die drei Flächen normal zu den Koordinatenaxen setzen, welche mit df_1 zusammen ein Elementartetraëder begrenzen. Es muß also auch sein

157'') $$\varphi_{n_1 n_2} = \varphi_{x_1 n_2} \cos(n_1, x) + \varphi_{y_1 n_2} \cos(n_1, y) + \varphi_{z_1 n_2} \cos(n_1, z),$$

worin die Funktionen $\varphi_{x_1 n_2}$, $\varphi_{y_1 n_2}$, $\varphi_{z_1 n_2}$ das bezeichnen, was aus $\varphi_{n_1 n_2}$ wird, wenn man n_1 resp. in die X-, Y-, Z-Axe legt, und außer von der Entfernung r nur noch von der Lage von n_2 gegen r abhängen können.

Durch Wiederholung dieser Operation in Bezug auf die zweite stromumflossene Fläche gelangt man dazu, das Potential der Wechselwirkung zwischen zwei unendlich kleinen, ebenen, je von der Stromstärke Eins durchlaufenen geschlossenen linearen Leitern bei Reduktion auf die Flächeneinheiten zu schreiben

157''') $$\left\{\begin{aligned} \varphi_{n_1 n_2} = {} & [\varphi_{xx}\cos(n_2,x) + \varphi_{xy}\cos(n_2,y) + \varphi_{xz}\cos(n_2,z)]\cos(n_1,x) \\ & + [\varphi_{yx}\cos(n_2,x) + \varphi_{yy}\cos(n_2,y) + \varphi_{yz}\cos(n_2,z)]\cos(n_1,y) \\ & + [\varphi_{zx}\cos(n_2,x) + \varphi_{zy}\cos(n_2,y) + \varphi_{zz}\cos(n_2,z)]\cos(n_1,z), \end{aligned}\right.$$

worin die rechts stehenden Funktionen φ sämtlich nur noch von der Entfernung r abhängen können.

Nun ist aber die gegenseitige Lage der beiden Normalen n_1 und n_2 und der Verbindungslinie r vollständig bestimmbar durch die drei Winkel (n_1, n_2), (n_1, r) und (n_2, r), wobei r immer in dem Sinne von (1) nach (2) hin gerechnet werden mag, und es ist

$$\cos(n_1, n_2) = \cos(n_1, x)\cos(n_2, x) + \cos(n_1, y)\cos(n_2, y) + \cos(n_1, z)\cos(n_2, z),$$
$$\cos(n_1, r) = \cos(r, x)\cos(n_1, x) + \cos(r, y)\cos(n_1, y) + \cos(r, z)\cos(n_1, z),$$
$$\cos(n_2, r) = \cos(r, x)\cos(n_2, x) + \cos(r, y)\cos(n_2, y) + \cos(r, z)\cos(n_2, z).$$

Die Funktion $\varphi_{n_1 n_2}$ in (157''') kann daher, da sie linear in den $\cos(n_1, x)$, $\cos(n_1, y)$, $\cos(n_1, z)$ und den $\cos(n_2, x)$, $\cos(n_2, y)$, $\cos(n_2, z)$ ist, nur die Form haben

158) $$\varphi_{n_1 n_2} = \psi \cos(n_1, n_2) + \chi \cos(n_1, r)\cos(n_2, r),$$

worin ψ und χ Funktionen von r allein sind; ein Resultat, das noch ganz ohne Benutzung spezieller empirischer Gesetze gefunden ist.

Es scheint aber, daß man ohne Zuhilfenahme einer experimentellen Thatsache die Funktionen ψ und χ nicht bestimmen kann.

Die einfachste zu diesem Ziele führende Erfahrungsthatsache dürfte die sein, daß, wenn man zwei zunächst in einer Ebene liegende unendlich kleine Stromläufe s'_1 und s'_2 betrachtet und dann s'_2 um seinen Mittelpunkt so dreht, daß seine Normale mit der Verbindungslinie r zusammenfällt, in dieser Lage die Komponente seiner Wirkung auf s'_1, normal zur Ebene genommen, ebenso groß ist, wie zuvor die in der Verbindungslinie liegende war. Dies kommt darauf hinaus, daß, wenn s'_1 im Koordinatenanfang und n_1 in der Y-Axe, s'_2 aber auf der X-Axe liegt, bei ungeändertem r der Wert von X_{12}, wenn n_2 parallel Y liegt, ebenso groß ist, wie der von Y_{12}, wenn n_2 parallel X liegt. Wir wollen diese Kraftkomponenten aus (158) berechnen.

Legt man r, n_1, n_2 in die XY-Ebene, setzt $\angle\, r, x = \gamma$, $\angle\, n_1, x = \alpha_1$ $\angle\, n_2, x = \alpha_2$, so ist

$$\varphi_{n_1 n_2} = \psi \cos(\alpha_1 - \alpha_2) + \chi \cos(\alpha_1 - \gamma) \cos(\alpha_2 - \gamma),$$

also nach leichter Rechnung allgemein

$$X_{12} = -\frac{\partial \varphi_{n_1 n_2}}{\partial x_1} = \frac{\partial \varphi_{n_1 n_2}}{\partial r} \cos\gamma - \frac{\chi}{r} \sin(\alpha_1 + \alpha_2 - 2\gamma) \sin\gamma,$$

$$Y_{12} = -\frac{\partial \varphi_{n_1 n_2}}{\partial y_1} = \frac{\partial \varphi_{n_1 n_2}}{\partial r} \sin\gamma + \frac{\chi}{r} \sin(\alpha_1 + \alpha_2 - 2\gamma) \cos\gamma.$$

Nun ist in beiden Formeln $\gamma = 0$ zu setzen, in der ersten $\alpha_1 = \alpha_2 = \frac{\pi}{2}$, in der zweiten $\alpha_1 = 0$, $\alpha_2 = \frac{\pi}{2}$; dann resultiert

$$(X_{12})_{\mathrm{I}} = \frac{d\psi}{dr}, \quad (Y_{12})_{\mathrm{II}} = \frac{\chi}{r},$$

und dies ergiebt nach dem eben Gesagten, wegen $(X_{21})_{\mathrm{I}} = (Y_{12})_{\mathrm{II}}$, sogleich

$$\chi = r\, d\psi / dr \tag{158'}$$

und, indem man dies in (158) einsetzt,

$$\varphi_{n_1 n_2} = \psi \cos(n_1, n_2) + r \frac{d\psi}{dr} \cos(n_1, r) \cos(n_2, r). \tag{158''}$$

Berücksichtigt man, daß

$$-\cos(n_1, n_2) = r \frac{\partial^2 r}{\partial n_1 \partial n_2} + \frac{\partial r}{\partial n_1} \frac{\partial r}{\partial n_2}, \tag{159}$$

$$-\cos(n_1, r) = \frac{\partial r}{\partial n_1}, \quad +\cos(n_2, r) = \frac{\partial r}{\partial n_2} \tag{159'}$$

ist, so findet sich

$$\varphi_{n_1 n_2} = -r\psi \frac{\partial^2 r}{\partial n_1 \partial n_2} - \left(\psi + r\frac{d\psi}{dr}\right) \frac{\partial r}{\partial n_1} \frac{\partial r}{\partial n_2} = \frac{\partial^2 R}{\partial n_1 \partial n_2}, \tag{159''}$$

wenn $-r\psi = dR/dr$ gesetzt wird, worin R eine Funktion von r allein bezeichnet.

Für die Wirkung eines endlichen Stromlaufes s_1 auf einen unendlich kleinen s_2' erhält man hiernach das Potential:

160) $$\Pi_{12} = df_2 \int \frac{\partial^2 R}{\partial n_1 \partial n_2} df_1 = df_2 \frac{\partial}{\partial n_2} \int \frac{\partial R}{\partial n_1} df_1 \,.$$

Dies Integral soll nun allein von der Gestalt der Randkurve, nicht von der Form der hindurchgelegten Hilfsfläche abhängen. Dies wollen wir zur Bestimmung von R benutzen, indem wir durch Betrachtung eines speziellen Falles einen Wert von R ableiten und uns danach überzeugen, daß derselbe ganz allgemein der gestellten Forderung genügt.

Unterwirft man der Berechnung einen Kreisstrom, auf dessen Axe df_2 liegt, und wählt als Oberfläche f_1 eine Kugelfläche von beliebigem Radius, so kann man leicht erhalten:

160') $$\int \frac{\partial R}{\partial n_1} df_1 = 2\pi \int_{r_0}^{r_1} \frac{r_0(r^2 + r_1^2) - e(r^2 + r_0^2)}{r_1^2 - r_0^2} \frac{dR}{dr} dr \,;$$

hierin ist e die Entfernung des Kreisstromes s_2 von der durch s_1 gelegten Ebene, r_1 die von einem Randpunkte von s_1, r_0 die von dem Axenpunkt der Oberfläche. Soll das Integral von dem Radius der Kugeloberfläche unabhängig sein, so kann es auch von r_0 nicht abhängen, welche Größe von den unter dem Integral stehenden allein mit jenem Radius variiert.

Durch teilweise Integration kann man für R oder besser für $(rR)_{r=r_0}$ leicht eine Differentialgleichung bilden; da dieselbe sich von erstem Grade und erster Ordnung findet, so ist eine jede Lösung mit einer Konstante die vollständige.

Die Formel (160') macht wahrscheinlich, daß R eine rationale Funktion von r ist; nimmt man probeweise den einfachsten Ansatz

$$R = k r^n,$$

so findet sich $n = -1$, also

160'') $$R = k/r\,.$$

In der That giebt die Einführung dieses Wertes

$$\int \frac{\partial R}{\partial n_1} df_1 = -2\pi k(1 - \cos\vartheta),$$

wenn ϑ den Winkel zwischen r_0 und r_1 bezeichnet, also eine von r_0 und daher dem Radius der Kugelfläche unabhängige Größe.

Man erkennt nun auch leicht, daß die Funktion $R = k / r$ diese Eigenschaft, die Verwandlung des Oberflächenintegrales in ein Randintegral zu gestatten, für jede Gestalt der Oberfläche besitzt. Denn das Integral

$$\int \frac{\partial \frac{1}{r}}{\partial n_1} df_1$$

hat die Bedeutung der Öffnung des von df_2 nach der Begrenzungskurve von f_1 konstruierten Kegels, und zwar positiv oder negativ genommen, je nachdem die Normale n innerhalb des Kegels dem Element df_2 abgewandt oder zugewandt ist.

Hiernach ist der definitive Wert des Potentiales zwischen zwei endlichen Stromläufen mit der Stromstärke Eins

$$\Pi_{12} = -A_{12} = k \int df_1 \int df_2 \frac{\partial^2 \frac{1}{r}}{\partial n_1 \partial n_2}. \tag{161)}$$

Derselbe läßt sich natürlich auch in ein Doppelintegral über beide Randkurven s_1 und s_2 verwandeln; das Resultat dieser Umformung, welche im nächsten Kapitel ausführlicher besprochen werden wird, ist

$$\Pi_{12} = -A_{12} = -k \int ds_1 \int ds_2 \frac{\cos(s_1, s_2)}{r}, \tag{161')}$$

falls s_1 und s_2 in positivem Sinne um n_1 und n_2 gerechnet werden. Dabei bleibt naturgemäß eine zum Argument des Integrales additiv hinzutretende Funktion, die bei Integration über einen der Kreise identisch verschwindet, willkürlich.

Die Konstante k bestimmt sich, wenn die Einheit festgesetzt ist, in welcher die Stromstärken gerechnet werden, und ihre Festsetzung dient umgekehrt dazu, um bestimmte Stromeinheiten zu definieren.

Setzt man $k = 1$, so ist dadurch die sogenannte elektrodynamische Stromeinheit festgestellt.

Nach dem auf S. 149 Gesagten unterscheidet sich nun Π_{11} und Π_{22} von Π_{12} nur dadurch, daß in dem Ausdruck für Π_{12} s_2 mit s_1, resp. s_1 mit s_2 zur Deckung gebracht wird. Infolgedessen gilt

$$\left.\begin{aligned} \Pi_{11} &= -A_{11} = -k \int ds_1 \int ds_1' \frac{\cos(s_1, s_1')}{r}, \\ \Pi_{22} &= -A_{22} = -k \int ds_2 \int ds_2' \frac{\cos(s_2, s_2')}{r}, \end{aligned}\right\} \tag{161'')}$$

und es ist nunmehr das Formelsystem (156) in allen seinen Teilen vollkommen bestimmt. —

Die vorstehenden Resultate, welche mit den auf Seite 52 abgeleiteten sachlich durchaus übereinstimmen, sind unter spezieller Voraussetzung starrer linearer Stromläufe abgeleitet und haben zunächst nur für solche Gültigkeit; sie lassen sich aber auf Grund der Bemerkung von S. 149, daß jeder lineare Strom durch ein System von Elementarströmen ersetzbar ist, welche die Elemente einer beliebigen durch den Stromlauf begrenzten Fläche umlaufen, sogleich auf beliebig deformierbare übertragen. Denn nach dieser Auffassung kann man jede Deformation durch einen Transport von Elementen dieser Fläche ohne Deformation derselben bewirken. Die Formeln (156) geben hiernach auch die bei Gestalt- und Größenänderungen beider Leiter vorkommenden ponderomotorischen und elektromotorischen Kräfte an.

Ferner kann man im Anschluß an die Formeln (156) leicht den Fall erledigen, daß außer den Stromläufen andere elektrodynamisch wirkende Systeme von unveränderlicher Stärke vorhanden sind, d. h. konstante Magnete.

In dem einfachsten Fall, daß außer ihnen nur ein linearer Strom gegeben ist, nimmt die lebendige Kraft den Wert

162) $$\Psi = \tfrac{1}{2} i^2 A + i A' + A''$$

an, worin A' linear, A'' quadratisch homogen in den cyklischen Geschwindigkeiten der unveränderlichen Systeme ist.

Sind diese Geschwindigkeiten gleich Null, so bleibt von Ψ nur das erste Glied; in diesem Falle kann man, ohne die Wirkung zu ändern, das konstante System verrücken, woraus folgt, daß A die Positionskoordinaten p' desselben nicht enthält. A ist also ebenso, wie in (155''), das Potential des Stromlaufes auf sich selbst.

Ferner kann A'' die Positionskoordinaten p des Stromlaufes nicht enthalten, weil sonst auch bei verschwindender Stromstärke eine ponderomotorische Kraft auf den Leiter ausgeübt werden würde, was den Grundannahmen widerspricht.

Wir erhalten sonach bei Benutzung der Bezeichnungen aus (156) einfach

162') $$P = -\left(\frac{i^2}{2}\frac{\partial A}{\partial p} + i\frac{\partial A'}{\partial p}\right), \quad E = \frac{d}{dt}(i A + A'),$$

und dies läßt erkennen, daß die von den p und p' abhängende Funktion $-A'$ als das Potential der Wechselwirkung zwischen dem unveränderlichen System und dem vom Strome Eins durchflossenen Leiter aufgefaßt werden kann, welches in den Formeln für P und E dieselbe Stelle einnimmt, wie das Potential der Wechselwirkung zwischen den beiden Stromläufen in (156) und (156').

Die Ausdehnung der vorstehenden Behandlungsweise auf andere als lineare Leiter läßt sich gleichfalls durchführen[89]); wir kommen auf diese Erweiterung der Theorie an geeigneter Stelle zurück.

IV. Kapitel.

Die Potentialfunktionen.

§ 19. Die NEWTON'sche Potentialfunktion von stetigen Massenverteilungen.

Das Potential Φ der nach dem NEWTON'schen Gesetz stattfindenden Wechselwirkung zwischen zwei Massenpunkten m und m_1 ist nach Formel (53')

$$\Phi = -\frac{k\,m\,m_1}{r}$$

wo r die Entfernung zwischen m und m_1 bezeichnet, und Dimension und Zahlwert der Konstante k auf S. 47 festgestellt ist.

Das auf die Masse Eins des einen, als angezogen betrachteten Massenpunktes m angewandte Potential

$$\varphi = -\frac{k\,m_1}{r}$$

nennt man die Potentialfunktion des Massenpunktes m_1 [90]; ihr hierdurch definierter Wert bildet den Ausgangspunkt der folgenden Entwickelungen. Da indessen das NEWTON'sche Gesetz mit anderer Bedeutung sowohl der Massen m_h, als der Konstanten k, in anderen Gebieten der Physik, als der Mechanik Anwendung findet, so wollen wir den dem Sinn nach allgemeineren Ausdruck

$$\varphi = \frac{f\,m_1}{r},$$

in welchem f eine beliebige Konstante, und m_1 nicht nur eine ponderable Masse, sondern irgend eine die Größe der Wirkung des Punktes charakterisierende Quantität bezeichnet, weiterhin benutzen.

Um zu den Gravitationswirkungen zurückzukehren, haben wir dann bloß $f = -k$ zu setzen und m_1 mit einer ponderabeln Masse zu identifizieren, um zu elektrischen oder magnetischen Wirkungen zu gelangen, ist nach S. 48 $f = +k'$ zu wählen und m_1 mit einer elektrischen oder magnetischen Quantität zu vertauschen.

Die Potentialfunktion eines Systemes diskreter Massenpunkte m_h folgt aus obiger Definition in der Form

$$\varphi = f \Sigma \frac{m_h}{r_h}, \tag{163)}$$

wo r_h die Entfernung des Einheitspoles von m_h bezeichnet.

Wir betrachten weiterhin die Koordinaten x_h, y_h, z_h der wirkenden Punkte m_h als unveränderlich gegeben, die Potentialfunktion also als nur von den Koordinaten x, y, z abhängig, welche den Ort der angezogenen Masseneinheit bestimmen. Als Funktion von x, y, z besitzt nun die Potentialfunktion eines Punktsystemes offenbar folgende Eigenschaften.

φ ist eindeutig und stetig, d. h. regulär, im ganzen Raum, giebt in dem Punkt m_h den Grenzwert

$$\lim_{r_h = 0} (r_h \varphi) = f m_h \tag{163')}$$

und erfüllt, falls alle Massenpunkte im Endlichen liegen, im Unendlichen die Gleichungen

$$\lim_{r_0 = \infty} (r_0 \varphi) = f \Sigma m_h, \quad \lim_{r_0 = \infty} \left(r_0^2 \frac{\partial \varphi}{\partial r_0}\right) = -f \Sigma m_h, \tag{163'')}$$

worin r_0 die Entfernung vom Koordinatenanfang bezeichnet; letzteres können wir kürzer dahin ausdrücken, daß die Funktion φ in m_h unendlich groß erster, im Unendlichen unendlich klein erster und zugleich ihre Derivierten unendlich klein zweiter Ordnung werden.

Endlich befolgt φ überall die Beziehung[91])

$$\frac{\partial^2 \varphi}{\partial x^2} + \frac{\partial^2 \varphi}{\partial y^2} + \frac{\partial^2 \varphi}{\partial z^2} = 0. \tag{163''')}$$

Diese Summe der drei zweiten Differentialquotienten nach den Koordinaten werden wir weiterhin kurz durch

$$\triangle \varphi,$$

oder, wo es der Deutlichkeit wegen wünschenswert erscheint, durch

$$\triangle_{xyz} \varphi \quad \text{oder} \quad \triangle_3 \varphi$$

bezeichnen; während das Aggregat

$$\frac{\partial^2 \psi}{\partial x^2} + \frac{\partial^2 \psi}{\partial y^2},$$

in dem ψ eine Funktion von x und y allein bedeutet, in

$$\triangle_{xy} \psi \quad \text{oder} \quad \triangle_2 \psi$$

abgekürzt werden soll. —

Sind wirksame Punkte in unendlich großer Zahl längs einer stetig gekrümmten Kurve s_1 verteilt, die ganz im Endlichen liegen mag, so daß auf dem Linienelement $d s_1$ die Masse $d m_1$ ausgebreitet ist, so heißt $d m_1 / d s_1 = \tau_1$, vorausgesetzt, daß der Grenzwert von der Größe von $d s_1$ unabhängig ist, die Dichte der Kurvenbelegung oder die lineare Dichte an der Stelle x_1, y_1, z_1, und nimmt die Potentialfunktion (163) die Form an

$$\varphi = f \int \frac{\tau_1 \, d s_1}{r}, \qquad 164)$$

in der wir τ_1 als eine stetige Funktion von s_1 ansehen wollen.

Diese Funktion verhält sich in endlicher Entfernung von der Kurve und im Unendlichen, analog wie die Potentialfunktion (163), regulär, erfüllt auch die Bedingungen (163'') und (163'''), wird aber bei Annäherung an die Kurve derart unendlich, daß die Formeln gelten

$$\lim_{n=0} \left(\frac{\varphi}{l(n)}\right) = -2 f \tau, \quad \lim_{n=0} \left(n \frac{\partial \varphi}{\partial n}\right) = -2 f \tau, \qquad 164')$$

worin n die senkrechte Entfernung von der Kurve und τ die lineare Dichte im Fußpunkt von n bezeichnet[92]).

Dies kann man beweisen, indem man die belegte Kurve zerlegt in ein dem genäherten Punkte unendlich nahes Stück, welches als eine mit homogener Dichte τ belegte Gerade betrachtet werden kann, und den Rest, der zu dem Unendlichwerden der Potentialfunktion nur einen Beitrag von niedrigerer Ordnung liefern kann.

Die Potentialfunktion φ' einer homogenen Geraden von der Länge $2L$ und der linearen Dichte τ auf einen Punkt im normalen Abstand n von ihrer Mitte bestimmt sich durch eine einfache Rechnung zu

$$\varphi' = 2 f \tau \, l\left(\frac{L + \sqrt{L^2 + n^2}}{n}\right); \qquad 164'')$$

daher wird

$$\frac{\partial \varphi'}{\partial n} = -\frac{2 f \tau L}{n \sqrt{L^2 + n^2}}. \qquad 164''')$$

Wird n unendlich klein gegen L, so wird

$$\lim_{n=0} \left(\frac{\varphi'}{l(n)}\right) = -2 f \tau, \quad \lim_{n=0} \left(n \frac{\partial \varphi'}{\partial n}\right) = -2 f \tau,$$

und dasselbe gilt nach dem Obigen für die Potentialfunktion φ einer beliebigen stetig gekrümmten Kurve mit stetig wechselnder Dichte. —

Erfüllen die wirkenden Massenpunkte in unendlich großer Zahl eine stetig gekrümmte Oberfläche o_1, welche wiederum ganz im Endlichen liegen mag, und befindet sich auf dem Flächenelement $d o_1$

die Masse dm_1, so heißt $dm_1/do_1 = \sigma_1$, vorausgesetzt, daß sein Wert von der Gestalt und Größe von do_1 unabhängig ist, die Flächendichte der Belegung an der Stelle x_1, y_1, z_1 von o_1, und lautet die Potentialfunktion dieser Massenverteilung

165) $$\varphi = f\int \frac{\sigma_1 \, d o_1}{r},$$

worin wir σ_1 als auf o_1 stetig annehmen.

Diese Funktion verhält sich in endlicher, wie in unendlich großer Entfernung von der Fläche o_1 regulär und erfüllt daselbst die Gleichungen (163'') und (163'''); sie ist in der Oberfläche endlich und geht stetig durch sie hindurch; aber ihre Ableitungen nach den Normalen n_1 und n_2 auf den beiden Seiten von o_1 erfüllen die Gleichungen

165') $$\left(\overline{\frac{\partial \varphi}{\partial n}}\right)_1 + \left(\overline{\frac{\partial \varphi}{\partial n}}\right)_2 = -4\pi f \sigma,$$

165'') $$\left(\overline{\frac{\partial^2 \varphi}{\partial n^2}}\right)_1 - \left(\overline{\frac{\partial^2 \varphi}{\partial n^2}}\right)_2 = -4\pi f \sigma \left(\frac{1}{R'} + \frac{1}{R''}\right),$$

worin σ die Dichte und R' und R'' die Hauptkrümmungsradien der Oberfläche an der Stelle $n = 0$ bezeichnen; letztere sind positiv gerechnet, wenn sie in die Normale n_1 fallen[93]). Der horizontale Strich über einem Ausdruck bedeutet hier und später, daß sein Wert in der Oberfläche genommen ist.

Die Endlichkeit von φ in der Oberfläche erkennt man ohne Rechnung, wenn man Polarkoordinaten vom Einheitspol aus einführt.

Die übrigen Sätze beweist man, indem man um die Stelle $n = 0$ eine unendlich kleine Kugel konstruiert und durch dieselbe ein Bereich β aus der Oberfläche ausschneidet, auf dem σ_1 als konstant gleich σ angesehen werden kann, und dieses der Betrachtung unterwirft; der Teil von o außerhalb β kann keine Unstetigkeit verursachen, darf also außer Betracht bleiben. Zerlegt man β durch ein System von durch die Normale n gelegten Ebenen in unendlich schmale Sektoren und faßt dieselben paarweise zusammen, so ist ersichtlich, daß ein zwischen denselben Ebenen gelegenes Sektorenpaar zu den Werten von

$$\left(\overline{\frac{\partial \varphi}{\partial n}}\right)_1 + \left(\overline{\frac{\partial \varphi}{\partial n}}\right)_2 \quad \text{und} \quad \left(\overline{\frac{\partial^2 \varphi}{\partial n^2}}\right)_1 - \left(\overline{\frac{\partial^2 \varphi}{\partial n^2}}\right)_2$$

den gleichen Anteil geben muß, wie der zwischen denselben Ebenen liegende Doppelsektor einer mit der konstanten Dichte σ belegten Kugelfläche vom Radius R, falls R den mittleren Krümmungsradius der beiden Kurven darstellt, in welchen die Oberfläche o innerhalb β von den beiden unendlich nahen Ebenen geschnitten wird.

Nun ist aber, wie eine einfache Rechnung ergiebt, die Potentialfunktion φ' einer homogenen Kugelfläche vom Radius R, der Dichte σ

und der Gesamtmasse M für einen äußeren Punkt, falls e den Abstand desselben vom Kugelcentrum bezeichnet,

$$\varphi'_a = \frac{4\pi f R^2 \sigma}{e} = f\frac{M}{e}, \tag{166}$$

für einen inneren Punkt

$$\varphi'_i = 4\pi f R \sigma = f\frac{M}{R}; \tag{166'}$$

also wird für einen Doppelsektor, welcher von zwei, im Winkel $d\chi$ durch die Richtung von e gelegte Ebenen begrenzt ist,

$$d\varphi'_a = \frac{4 f R^2 \sigma\, d\chi}{e}, \quad d\varphi'_i = 4 f R \sigma\, d\chi .$$

Für Punkte unendlich nahe der Kugelfläche erhält man

$$\overline{d\varphi'_a} = 4 f R \sigma\, d\chi, \quad \overline{d\varphi'_i} = 4 f R \sigma\, d\chi,$$

$$\frac{\partial\,\overline{(d\varphi'_a)}}{\partial e} = -4 f \sigma d\chi, \quad \frac{\partial\,\overline{(d\varphi'_i)}}{\partial e} = 0,$$

$$\frac{\partial^2\,\overline{(d\varphi'_a)}}{\partial e^2} = +\frac{8 f \sigma d\chi}{R}, \quad \frac{\partial^2\,\overline{(d\varphi'_i)}}{\partial e^2} = 0,$$

wobei das Differentialzeichen ∂ nur zum Unterschied von dem $d\chi$ entsprechenden d gesetzt ist.

Nun sind nach dem Vorstehenden für unendlich nahe Punkte die Unterschiede der Werte von φ und seiner Differentialquotienten auf beiden Seiten der Oberfläche identisch mit denjenigen der Funktionen

$$\int \overline{d\varphi'_a} \quad \text{und} \quad \int \overline{d\varphi'_i},$$

die Integrale über alle Doppelsektoren ausgedehnt.

Benutzt man bei der Berechnung, daß

$$\int d\chi = \pi, \quad \int \frac{d\chi}{R} = \frac{\pi}{2}\left(\frac{1}{R'} + \frac{1}{R''}\right)$$

ist, und führt wieder die Normalen n_1 und n_2 auf beiden Seiten der Oberfläche nach Außen gerichtet ein, so erhält man

$$\overline{\varphi}_1 - \overline{\varphi}_2 = 0,$$

$$\overline{\left(\frac{\partial\varphi}{\partial n}\right)_1} + \overline{\left(\frac{\partial\varphi}{\partial n}\right)_2} = -4\pi f\sigma$$

$$\overline{\left(\frac{\partial^2\varphi}{\partial n^2}\right)_1} - \overline{\left(\frac{\partial^2\varphi}{\partial n^2}\right)_2} = -4\pi f\sigma\left(\frac{1}{R'} + \frac{1}{R''}\right),$$

wo R' und R'' in dem oben festgesetzten Sinne positiv zu rechnen sind. Dies sind aber die zu beweisenden Formeln. —

Erfüllen endlich die wirksamen Punkte einen ganz im Endlichen liegenden Raum k_1 und bezeichnet, wie früher $dm_1/dk_1 = \varrho_1$, die stetig gedachte Dichte der räumlichen Verteilung an der Stelle x_1, y_1, z_1, so nimmt die Potentialfunktion den Wert

167) $$\varphi = f\int \frac{\varrho_1 \, dk_1}{r}$$

an. Diese Funktion verhält sich mit ihren ersten Derivierten im ganzen Raume regulär und erfüllt im Unendlichen die Gleichungen (163''), im ganzen äußeren Raum die Gleichung (163'''); ihre zweiten Differentialquotienten springen beim Durchgang durch die Grenze, falls $\bar{\varrho}$ die dort vorhandene Dichte, und n die in beliebigem Sinn gerechnete Normale bezeichnet, gemäß den Formeln

167') $$\left\{\begin{array}{l} \dfrac{\overline{\partial^2 \varphi_i}}{\partial x^2} - \dfrac{\overline{\partial^2 \varphi_a}}{\partial x^2} = -4\pi f \bar{\varrho} \cos^2(n, x), \\ \cdots\cdots\cdots\cdots\cdots\cdots \\ \dfrac{\overline{\partial^2 \varphi_i}}{\partial y \partial z} - \dfrac{\overline{\partial^2 \varphi_a}}{\partial y \partial z} = -4\pi f \bar{\varrho} \cos(n, y) \cos(n, z), \\ \cdots\cdots\cdots\cdots\cdots\cdots \end{array}\right.$$

Hiermit steht im Zusammenhang, daß in dem von Masse erfüllten Raum die Beziehung gilt

167'') $$\Delta \varphi_i = -4\pi f \varrho,$$

wo ϱ die Dichte an der Stelle x, y, z bezeichnet[94]).

Daß φ im ganzen Innern des Körpers endlich ist, ergiebt sich wiederum ohne Rechnung durch Einführung von Polarkoordinaten.

Zum Beweise der übrigen Sätze schneiden wir durch eine unendlich kleine Kugelfläche um irgend einen Punkt der Oberfläche von k_1 ein nahezu halbkugeliges Bereich β von konstanter Dichte $\bar{\varrho}$ aus dem Körper aus, welches den Einheitspol enthält, und schließen wie oben, daß der äußere Teil von k_1 zu etwaigen Sprüngen, die φ und seine Derivierten beim Durchgang durch die Grenze erleiden, keinen Anteil geben kann.

β zerfällen wir durch Meridianebenen, durch die Normale auf der Oberfläche als Polaxe gelegt, in Doppelsektoren von der Winkelöffnung $d\chi$, deren jeden wir als das Stück eines analogen Doppelsektors aus einer Voll- oder Hohlkugel von bestimmtem Radius ansehen können. Jeder Doppelsektor von β giebt also zu den Unstetigkeiten von φ den gleichen Anteil, wie ein Doppelsektor gleicher Winkelöffnung aus einer gewissen homogenen Voll- oder Hohlkugel.

Nun kann man aber leicht berechnen, daß die Potentialfunktion φ' einer Hohlkugel von den Radien R_a und R_i, der Dichte ϱ und der Gesamtmasse M auf einen Punkt im Abstand e vom Centrum, je nachdem derselbe sich im Außenraum, innerhalb der Masse oder im Hohlraum befindet, gegeben ist durch

$$\left.\begin{aligned} \varphi'_a &= \frac{4\pi f\varrho}{3e}(R_a{}^3 - R_i{}^3) = f\frac{M}{e}, \\ \varphi'_i &= \frac{2\pi f\varrho}{3}\left(3R_a{}^2 - e^2 - \frac{2R_i{}^3}{e}\right), \\ \varphi'_h &= 2\pi f\varrho(R_a{}^2 - R_i{}^2). \end{aligned}\right\} \qquad 168)$$

Für eine Vollkugel ist $R_i = 0$, $R_a = R$ zu setzen, woraus folgt

$$\left.\begin{aligned} \varphi'_a &= \frac{4\pi f\varrho R^3}{3e} = f\frac{M}{e}, \\ \varphi'_i &= \frac{2\pi f\varrho}{3}(3R^2 - e^2). \end{aligned}\right\} \qquad 168')$$

Diese Werte zeigen, daß φ' und seine erste Derivierte nach der Normalen stetig durch die sämtlichen Grenzen gehen, gleiches gilt somit auch von dem allgemeinen φ. Ferner springt der zweite Differentialquotient nach der Normalen beim Austritt aus der Masse um $-4\pi f\varrho$, also einen von dem Radius unabhängigen Betrag; gleiches gilt sonach auch von φ, so daß wir zunächst die Resultate haben

$$\left.\begin{aligned} \overline{\varphi_i} - \overline{\varphi_a} = 0, \quad \overline{\frac{\partial\varphi_i}{\partial n_i}} + \overline{\frac{\partial\varphi_a}{\partial n_a}} = 0, \\ \overline{\frac{\partial^2\varphi_i}{\partial n_i^2}} - \overline{\frac{\partial^2\varphi_a}{\partial n_a^2}} = -4\pi f\overline{\varrho}. \end{aligned}\right\} \qquad 168'')$$

Hieraus lassen sich aber leicht die Formeln (167') gewinnen.

Aus den drei ersten von ihnen folgt weiter

$$\triangle\overline{\varphi_i} - \triangle\overline{\varphi_a} = -4\pi f\overline{\varrho},$$

also wegen $\triangle\varphi_a = 0$,

$$\triangle\overline{\varphi_i} = -4\pi f\overline{\varrho}.$$

Nun zerlege man den Körper durch eine stetig gekrümmte Fläche in zwei Teile; im ersteren liege der Punkt x, y, z, und zwar unendlich nahe an der Trennungsfläche. Ebenso zerlege man φ in φ_1 und φ_2, die von den beiden Teilen herrühren. Dann ist nach der letzten Formel

$$\triangle\varphi_1 = -4\pi f\varrho,$$

wo ϱ die Dichte an der inneren Stelle x, y, z bezeichnet; zugleich gilt daselbst

$$\triangle\varphi_2 = 0,$$

also folgt, als für alle inneren Punkte gültig,

$$\triangle(\varphi_1 + \varphi_2) = \triangle\varphi = -4\pi f \varrho.$$

Im vorstehenden sind überall stetige Dichtigkeiten τ, σ, ϱ vorausgesetzt, aber es ist leicht zu erkennen, welche der erhaltenen Resultate auch bei unstetigen gültig bleiben. Von praktischem Interesse ist nur der Fall, daß die räumliche Dichte ϱ längs einer Fläche unstetig ist, wo wir dann nach S. 93 diese Fläche passend als zu der Begrenzung des Körpers gehörig betrachten. Auch in ihr bleibt φ mit seinen ersten Differentialquotienten endlich und stetig, während die zweiten springen, und zwar in der durch die Formeln (167') gegebenen Weise, falls man in ihnen an die Stelle von $\bar{\varrho}$ die Differenz der Dichten zu beiden Seiten der Unstetigkeitsfläche setzt. —

§ 20. Die Newton'sche Potentialfunktion von neutralen Polsystemen. Molekulare Theorie der diëlektrischen und magnetischen Influenz, der Pyro- und Piëzoelektricität.

Bei den Anwendungen der Potentialfunktion auf die Lehre von der Elektricität und dem Magnetismus wird man, wie schon auf S. 48 gesagt ist, veranlaßt, Wechselwirkungen in Betracht zu ziehen, bei denen die wirkenden Massen m_h bald positiv, bald negativ, also die Kräfte bald abstoßend, bald anziehend sind.

Die Sätze des vorigen Abschnittes sind für positive und negative Massen durchaus gleichmäßig gültig, nur ist der angezogene Einheitspunkt immer positiv vorausgesetzt; soll er negativ sein, so ist f mit $-f$ zu vertauschen.

Zu neuen Verhältnissen gelangt man, wenn man negative und positive Massen, je in gleichen Quantitäten einander unendlich nahe angeordnet, zu einem System vereinigt, welches als neutral bezeichnet werden mag, und dessen Potentialfunktion bestimmt.

Hier kommen zunächst die Systeme von diskreten Massenpunkten oder Polen in Betracht, die mit einiger Wahrscheinlichkeit als Analoga zu den Atomgruppen gelten können, welche die ponderabeln Körper bilden.

Ist ψ die Potentialfunktion irgend eines Massensystemes, so ist

169) $$\varphi = \lambda \frac{\partial \psi}{\partial l},$$

wo l eine beliebige Richtung und λ eine auf derselben abgegrenzte unendlich kleine Strecke bezeichnet, die Potentialfunktion eines gewissen neutralen Systemes, das aus zwei dem obigen kongruenten einfachen Systemen besteht, von denen das eine, mit den gleichen Massen behaftete, um $\lambda/2$ in der Richtung $+l$, das andere, mit den entgegengesetzten Massen behaftete, um $\lambda/2$ in der Richtung $-l$ aus der ersten Position verschoben ist; die Formel gilt indessen nur solange, als λ unendlich klein ist gegenüber der Entfernung des angezogenen Einheitspoles von allen Punkten des Systemes.

So giebt

$$\varphi_1 = f m \lambda \frac{\partial \frac{1}{r}}{\partial l} \tag{169'}$$

die Potentialfunktion eines Punktepaares, welches durch das Moment $\mu_1 = m\lambda$ und die Richtung der Axe l, von $-m$ nach $+m$ positiv gerechnet, charakterisiert ist;

$$\varphi_2 = f m \lambda \lambda' \frac{\partial^2 \frac{1}{r}}{\partial l \, \partial l'} \tag{169''}$$

dasjenige eines neutralen Doppelpaares, dessen Punkte $\pm m$ in den Ecken des Parallelogrammes mit den Seiten λ und λ' parallel l und l' liegen und für welches l, l' und $\mu_2 = m\lambda\lambda'$ charakteristisch ist.

Durch Wiederholung dieser Operation, die wir kurz Multiplikation nach bestimmten Richtungen nennen wollen, gelangen wir zu immer höheren Potentialen[95]), deren allgemeinster Ausdruck die Funktion

$$\varphi_\nu = f \mu_\nu \frac{\partial^\nu \frac{1}{r}}{\partial a^\alpha \, \partial b^\beta \, \partial c^\gamma \ldots} \tag{169'''}$$

ist, wenn $\nu = \alpha + \beta + \gamma \ldots$

$\alpha, \beta, \gamma \ldots$ mag der Grad der einzelnen Multiplikation, ν der Gesamtgrad des Potentiales und auch des zugehörigen Punktsystemes heißen. Ein Potential vom Grad ν entspricht im allgemeinen einem neutralen Punktsystem von $N = 2^\nu$ Polen; indessen können sich von diesen in bestimmten Fällen sehr viele zu mehrfachen Punkten summieren oder wegen ihres entgegengesetzten Zeichens in ihrer Wirkung zerstören.

Es ist bemerkenswert, daß die absoluten Beträge der parallel $a, b, c \ldots$ stattgefundenen Verschiebungen in dem Ausdruck (169''') für φ_ν gar nicht auftreten; daher kann man über sie ganz beliebig verfügen. Dies zeigt, daß dieselbe Potentialfunktion φ einer unendlichen Vielheit von Punktsystemen entspricht und unter Umständen ganz andere Symmetrieeigenschaften besitzen kann, als das zugehörige Punktsystem.

Die Polsysteme, welche dem Potential (169''') entsprechen und somit durch successive Multiplikation aus einem Pol abgeleitet werden können, wollen wir einfache nennen; ihnen treten gegenüber die zusammengesetzten, welche durch Ineinanderstellen mehrerer einfacher erhalten werden. Ihre Potentialfunktionen werden durch Summen von Gliedern der Form (169''') dargestellt.

Ein Hauptvorzug der Potentialfunktionen einfacher neutraler Polsysteme gegenüber denjenigen zusammengesetzter ist, daß man ihre Symmetrieeigenschaften außerordentlich bequem beurteilen und demgemäß leicht spezielle Ausdrücke bilden kann, welche gewünschte Symmetrieelemente besitzen. Die letztere Aufgabe bietet sich, wenn es sich, wie zum Zweck der Erklärung gewisser elektrischer und magnetischer Erscheinungen, darum handelt, Punktsysteme aufzufinden, die geeignet scheinen könnten, Moleküle von krystallisierten Substanzen zu bilden, also ein Potential auszuüben, welches die Symmetrie der betreffenden Krystallform hat.

Das Gleiche, wie von der Symmetrie der Potentialfunktion, gilt auch von der Symmetrie der nach irgend einer Richtung ausgeübten Komponenten, sowie von dem Potential und den Komponenten der Wechselwirkung zwischen zwei derartigen Systemen.

Es kommen hierfür folgende äußerst leicht nachweisbare Sätze in Betracht.[96])

Die Symmetrie der Potentialfunktion φ_ν ändert sich nicht, wenn man irgend welche von ihren Multiplikationsrichtungen mit den entgegengesetzten vertauscht.

Der Wert der Potentialfunktion φ_ν bleibt ungeändert, wenn man eine Multiplikationsrichtung von geradem Grade oder aber zwei von ungeradem Grade gleichzeitig umkehrt.

Die Potentialfunktion φ_ν besitzt ein Centrum C der Symmetrie, wenn ihr Gesamtgrad ν eine gerade Zahl ist.

Sie besitzt eine Symmetrieebene E, wenn die Multiplikationsrichtungen (auch ihrem Grade nach) zu dieser Ebene symmetrisch liegen oder mit Hilfe des ersten Satzes so gelegt werden können.

Sie hat eine n-zählige Symmetrieaxe A, wenn die Multiplikationsrichtungen zu je n von gleichem Grade auf einem Kreiskegel um A in gleichem Winkelabstand angeordnet werden können.

Außerdem ist A spezieller eine zweizählige Symmetrieaxe auch dann, wenn die Summe der Grade aller normal zu A liegenden Multiplikationsrichtungen eine gerade Zahl ist.

Beliebige Multiplikationen nach der Richtung von A stören diese Symmetrie nicht, wie überhaupt verschiedene Multiplikationsgruppen, welche A je denselben Charakter erteilen, sich in ihrer Wirkung nicht beeinträchtigen.

Endlich besitzt die Potentialfunktion eine m-zählige Spiegeldrehungsaxe S, wenn normal zu S m Multiplikationsrichtungen von gleichem, aber ungeradem Grade liegen, von denen die benachbarten den Winkel π / m einschließen, während parallel S eine Multiplikation von beliebigem ungeraden Grade stattfindet.

Multiplikationen, welche die Richtung S zu einer $2m$-zähligen Symmetrieaxe machen, stören jene Symmetrie nicht.

Mit Hilfe dieser Sätze kann man leicht Potentialfunktionen φ_ν bilden, welche die Symmetrie irgend einer der 32 Krystallgruppen besitzen, also auch die neutralen Polgruppen ableiten, welche jene Potentiale ausüben; hierbei wird man, um letztere von möglichst übersichtlichem Bau und möglichst hoher Symmetrie zu erhalten, die Verschiebungen λ für gleichwertige Multiplikationsrichtungen auch gleich groß wählen. —

Für das Verständnis der insbesondere von krystallinischen Nichtleitern gezeigten elektrischen Erscheinungen kann man sich einen Krystall als ein regelmäßig angeordnetes System derartiger Polgruppen mit elektrischen Ladungen denken, deren einzelne Punkte sich unter der Gesamtheit der auf sie ausgeübten Kräfte im Gleichgewicht befinden oder wenigstens, was für viele Wirkungen keinen Unterschied macht, um eine Ruhelage oscillieren. Die Anordnung der Pole im Molekül, und damit die direkt beobachtbare elektrische Wirkung des ganzen Körpers auf äußere Punkte, wird sich ändern können infolge der Einwirkung äußerer elektrischer Kräfte, infolge einer Temperaturänderung, die den Bewegungszustand beeinflußt, und infolge einer Deformation des Krystalles, welche die Anordnung und Orientierung der einzelnen Moleküle verändert.

Die Verfolgung dieser Vorstellung liefert eine molekulare Theorie der vorgenannten, an elektrischen Nichtleitern beobachtbaren Erscheinungen, welche man resp. diëlektrische Polarisation, Pyro- und Piëzoelektricität nennt; der ersteren entspricht bei magnetisierbaren Körpern der Vorgang der Influenzierung durch magnetische Kräfte.

Für diese Theorie ist zu erwägen, daß die Potentialfunktionen der durch successive Multiplikation aus einem Punkt erhaltenen Polsysteme außerordentlich schnell mit der Entfernung abnehmen, so daß ihre Wirkungen bei einigermaßen großer Polzahl nahezu als molekulare im gewöhnlichen Sinn des Wortes, nämlich als in jeder merklichen Entfernung unmerklich, betrachtet werden können. Durch die erwähnten Umgestaltungen können sie aber zu Fernwirkungen von viel größerer Intensität gebracht werden.

Um dies zu erkennen, wollen wir die Potentialfunktion des Volumenelementes $d k_1$ eines aus Molekülen der betrachteten Art zusammengesetzten neutralen Körpers berechnen; dieselbe ist zunächst gegeben durch

170) $$\varphi' = f \Sigma \frac{m_h}{r_h},$$

wo m_h die Masse des einzelnen Atomes oder Poles bezeichnet. Verstehen wir unter x_1, y_1, z_1 einen beliebig innerhalb des Volumenelementes gelegenen Punkt, unter r seine endliche Entfernung von dem Einheitspunkt an der Stelle x, y, z, unter a_h, b_h, c_h die relativen Koordinaten von m_h gegen ihn, so kann man schreiben

170′) $$\left\{\begin{aligned} \varphi' = f\Big(\frac{1}{r_1}\Sigma m_h + \frac{\partial \frac{1}{r}}{\partial x_1}\Sigma m_h a_h + \frac{\partial \frac{1}{r}}{\partial y_1}\Sigma m_h b_h + \frac{\partial \frac{1}{r}}{\partial z_1}\Sigma m_h c_h \\ + \tfrac{1}{2}\frac{\partial^2 \frac{1}{r}}{\partial x_1^2}\Sigma m_h a_h^2 + \ldots\Big). \end{aligned}\right.$$

Hierin ist Σm_h nach der Annahme gleich Null; die drei Summen $\Sigma m_h a_h$, $\Sigma m_h b_h$, $\Sigma m_h c_h$ kann man bei stetig mit dem Ort wechselnder Verteilung und bei einer Dichte, die innerhalb $d k_1$ eine sehr große Anzahl von Polen Platz finden läßt, als mit $d k_1$ proportional betrachten und daher setzen

170″) $$\Sigma m_h a_h = \alpha_1 d k_1, \quad \Sigma m_h b_h = \beta_1 d k_1, \quad \Sigma m_h c_h = \gamma_1 d k_1.$$

Man versteht nun allgemein unter den Momenten A, B, C eines neutralen Körpers nach den Koordinatenaxen die Aggregate

171) $$\Sigma m_h x_h = A, \quad \Sigma m_h y_h = B, \quad \Sigma m_h z_h = C,$$

summiert über alle in dem Körper enthaltenen Pole.

Die A, B, C transformieren sich wie Kraftkomponenten, sind auch, wie sie, von der Lage des Koordinatenanfangspunktes unabhängig, lassen sich also als Komponenten eines Vektors M betrachten, dessen Größe durch

171′) $$M^2 = A^2 + B^2 + C^2,$$

dessen Richtung durch

171″) $$\cos(L,x) : \cos(L,y) : (L,z) = A : B : C$$

gegeben ist.[97])

Der Vektor M heißt das Gesamtmoment des neutralen Körpers, seine Richtung L dessen Axe.

Diese Definitionen finden in gleicher Weise bei magnetisch, wie bei diëlektrisch erregten Körpern Anwendung.

Das Moment D nach einer beliebigen Richtung ist nach den allgemeinen Eigenschaften der Vektoren durch

$$D = M \cos (D, L) \tag{171'''}$$

gegeben; M stellt sich also als der absolut größte Wert dar, den D für irgend eine Richtung annehmen kann.

Berücksichtigt man dies, sowie, daß eine Verlegung des Koordinatenanfangs die Momente nicht verändert, so erkennt man, daß in Gleichung (170'') α_1, β_1, γ_1 die Momente der Volumeneinheit darstellen. Die Potentialfunktion φ' ist bei Beschränkung auf die niedrigsten Glieder eine lineare Funktion von ihnen und lautet nunmehr für Punkte in endlicher Entfernung von $d k_1$

$$\varphi' = f\left(\alpha_1 \frac{\partial \frac{1}{r}}{\partial x_1} + \beta_1 \frac{\partial \frac{1}{r}}{\partial y_1} + \gamma_1 \frac{\partial \frac{1}{r}}{\partial z_1}\right) d k_1, \tag{172}$$

wofür man bei Einführung des Gesamtmomentes μ_1 der Volumeneinheit und der Richtung l_1 der Axe auch schreiben kann

$$\varphi' = f \mu_1 \frac{\partial \frac{1}{r}}{\partial l_1} d k_1 . \tag{172'}$$

Vergleichen wir dies mit der Formel (169'), so erkennen wir, daß, wenn die α_1, β_1, γ_1 nicht verschwinden, das Volumenelement $d k_1$ sich wie ein einfaches Polpaar verhält. Verschwinden sie aber, so muß man die Entwickelung von $1 / r_h$ nach Potenzen von a_h, b_h, c_h weiter führen und erhält dann die Potentialfunktion φ' dargestellt durch ein Aggregat höherer Potentiale der oben besprochenen Art mit speziellen Multiplikationsrichtungen. —

Haben die Moleküle in irgend einem Zustande des Körpers, den wir den normalen nennen wollen, die Eigenschaften jener durch successive Multiplikation aus einem Punkt abgeleiteten Polsysteme, so ist, was die unmittelbare Anschauung lehrt, ihr Moment stets gleich Null, sowie ihr Grad höher ist als zwei; das Gleiche gilt, da die Momente α_1, β_1, γ_1 des Volumenelementes in Bezug auf die Koordinatenaxen nach ihrer Definition mit den Summen der bezüglichen Momente aller in demselben enthaltenen Moleküle identisch sind, auch für jene.

Nun erfordert aber auch die niedrigste Symmetrie einen Grad der molekularen Potentialfunktion, der mindestens gleich drei ist, höhere Symmetrie Grade, die selbst zwölf übersteigen; daraus folgt, daß, wenn das Volumenelement eines Körpers merkliche fernwirkende Kräfte ausübt, seine Moleküle sich nicht in jenem normalen Zustande befinden können.

Man kann nun jeden elektrisierten Nichtleiter und jeden magnetisch erregten Körper, welcher klein ist gegen seine Entfernung von dem angezogenen Einheitspunkt, als ein Volumenelement betrachten, überdies kann man die Formel (172) sofort auf endliche Körper anwenden, indem man sie über deren Volumen integriert; es sind also Mittel vorhanden, um zu prüfen, ob ein Körper sich wie ein neutrales Polsystem mit von Null verschiedenen Momenten α_1, β_1, γ_1 verhält.

Letzteres ist in der That der Fall, und es bietet sich daher die Aufgabe, das Gesetz, welches die erregten Momente α_1, β_1, γ_1 mit den erregenden Ursachen verbindet, aufzusuchen.

Eine strenge Analyse würde von bestimmten Annahmen über die Konstitution der einzelnen Moleküle und über ihre Anordnung im Körper ausgehen müssen und dadurch sowohl prekär in den Grundlagen, als kompliziert im Aufbau werden. Aus diesem Grunde ist eine solche bisher noch nicht versucht worden; man hat sich vielmehr mit einem Ansatz geholfen, der jene Schwierigkeiten umgeht, und hat die Momente α_1, β_1, γ_1 an irgend einer Stelle des betrachteten Körpers in erster Annäherung linearen Funktionen gleich gesetzt von denjenigen Argumenten, welche erfahrungsgemäß das Entstehen von Momenten bewirken: bei der diëlektrischen oder magnetischen Influenz von den Komponenten der wirkenden elektrischen oder magnetischen Kräfte, bei der Pyroelektricität von der Temperaturänderung gegen den normalen Zustand, bei der Piëzoelektricität von den Parametern, welche die Deformation des Volumenelementes bestimmen.

Die Verfolgung dieses Weges ist indessen von der molekularen Vorstellung unabhängig und gehört demgemäß nicht an diese Stelle. —

Von der allgemeinen Potentialfunktion φ' eines neutralen Volumenelementes können wir, wie schon oben erwähnt, zu der Potentialfunktion eines e n d l i c h e n neutralen Körpers von analoger Konstitution übergehen, indem wir die Formel (172) über sein ganzes Volumen integrieren. Der resultierende Ausdruck [98])

173) $$\varphi = f \int \left(\alpha_1 \frac{\partial \frac{1}{r}}{\partial x_1} + \beta_1 \frac{\partial \frac{1}{r}}{\partial y_1} + \gamma_1 \frac{\partial \frac{1}{r}}{\partial z_1} \right) dk_1,$$

in welchem α_1, β_1, γ_1 als im allgemeinen s t e t i g e Funktionen der Koordinaten anzusehen sind, gilt für endliche, unendlich dichte Polsysteme, gleichviel, ob dieselben elektrische oder magnetische Ladung haben, und ist für die Theorie der sogenannten Diëlektrika, wie der Magnete von fundamentaler Bedeutung; er giebt, da er auf Wechselwirkungen beruht, ebensowohl das Potential des Körpers auf den Pol, als dasjenige des Poles auf den Körper an.

φ ist im ganzen äußeren Raume endlich und stetig, erfüllt dort die Gleichung $\triangle \varphi = 0$ und wird, wenn das System ganz im Endlichen liegt, im Unendlichen derart unendlich klein, daß auch $\lim (r_0 \varphi)$ verschwindet, also, nach unserem kurzen Ausdrucke, unendlich klein zweiter Ordnung. Seine Differentialquotienten nach den Koordinaten x, y, z des Einheitspoles sind im äußeren Raume identisch mit den negativen, auf jenen Pol ausgeübten Kraftkomponenten.

Ist der Körper homogen erregt, d. h., sind $\alpha_1, \beta_1, \gamma_1$ in seinem Innern konstant, so kann man φ unter Einführung einer sehr kleinen Größe λ_1 auf die Form bringen

$$\varphi = \lambda_1 \frac{\partial}{\partial l_1}\left(f \int \frac{\mu_1 dk_1}{\lambda_1 r}\right); \qquad 173')$$

das Integral ist die Newton'sche Potentialfunktion des mit der Dichte μ_1 / λ_1 erfüllten Volumens k_1; φ entspricht also nach (169) dem daraus durch einfache Multiplikation nach der Richtung der Axe l_1 gebildeten neutralen System.

Für innere Punkte verliert φ zunächst vollständig seine Bedeutung, denn die Ausgangsformel (172') setzt ausdrücklich eine endliche Entfernung r_1 voraus, da sonst die Entwickelung nicht mit dem niedrigsten Glied abgebrochen werden kann. Es ist demgemäß über den Sinn, den φ und seine Differentialquotienten im Innern des Systemes annehmen, eine besondere Untersuchung anzustellen nötig; bei derselben sehen wir aber, um nicht in jedem Volumenelemente unendlich viele verschiedene Werte von φ zu erhalten, von der Art, wie die Formel (173) abgeleitet ist, d. h. von der früheren Annahme diskreter Pole, gänzlich ab und halten uns nur an die analytische Definition, operieren dadurch gewissermaßen mit lauter Mittelwerten.

Daß φ auch im Innern des erregten neutralen Körpers endlich ist, erkennt man, wenn man Polarkoordinaten vom Einheitspol aus einführt. Um zu untersuchen, ob die unendlich nahen Teile überhaupt einen endlichen Beitrag zu seinem Wert geben, schließt man den Punkt x, y, z passend durch eine unendlich kleine Kugel mit dem ihm benachbarten Mittelpunkt a, b, c ein, innerhalb deren $\alpha_1, \beta_1, \gamma_1$ als konstant angesehen werden können. Indem man dann mit der

Gleichung (173′) den Wert (168′) der NEWTON'schen Potentialfunktion φ_i' einer homogenen Kugel auf innere Punkte verbindet und bildet

$$\varphi = \frac{\partial \varphi_i'}{\partial a}\alpha_1 + \frac{\partial \varphi_i'}{\partial b}\beta_1 + \frac{\partial \varphi_i'}{\partial c}\gamma_1,$$

erhält man leicht als Potentialfunktion der kleinen Kugel

173″) $$\varphi = \frac{4\pi}{3} f\left(\alpha_1 (x-a) + \beta_1 (y-b) + \gamma_1 (z-c)\right).$$

Dieser Wert wird mit unendlich kleinem Radius selbst unendlich klein, da $(x-a)$, $(y-b)$, $(z-c)$ notwendig kleiner, als dieser sind.

Hieraus folgt, daß die unendlich nahen Teile des Systemes keinen merklichen Anteil zu der Potentialfunktion ergeben, der Punkt also im Innern eines neutralen Körpers dasselbe Potential erfährt, wie in einem unendlich kleinen Hohlraum von beliebiger Gestalt. In diesem Sinne ist also der obige Ausdruck für φ, wie auf äußere, auch auf innere, und selbstverständlich ebenso auch auf der Grenzfläche beliebig nahe Punkte anwendbar.

Die Potentialfunktion (173) gestattet eine wichtige Umformung durch teilweise Integration, welche jedenfalls zulässig ist, so lange der Einheitspol außerhalb des Systemes liegt. Man erhält nämlich, falls man unter n_1 die innere Normale auf dem Oberflächenelement do_1 versteht und

$$-\left(\alpha_1 \cos(n_1, x) + \beta_1 \cos(n_1, y) + \gamma_1 \cos(n_1, z)\right) = \sigma_1,$$

$$-\left(\frac{\partial \alpha_1}{\partial x_1} + \frac{\partial \beta_1}{\partial y_1} + \frac{\partial \gamma_1}{\partial z_1}\right) = \varrho_1$$

setzt,

173‴) $$\varphi = f\int \frac{\sigma_1\, do_1}{r} + f\int \frac{\varrho_1\, dk_1}{r},$$

wodurch sich φ als die Summe eines gewöhnlichen NEWTON'schen Flächen- und eines Körperpotentiales darstellt; σ_1 ist die Flächen-, ϱ_1 die Raumdichte der äquivalenten Verteilung.

Bei homogener Erregung verschwindet das Raumintegral, und man erhält spezieller bei Einführung des resultierenden Momentes μ_1 und der Axe l_1 desselben

$$\varphi = f\mu_1 \int \frac{\cos(n_1, l_1)\, do_1}{r},$$

eine Formel, deren Beziehung zu der früheren (173′) leicht erkennbar ist.

Ist speziell die Gestalt des Systemes die eines Fadens von wechselnden, aber gegen die Länge unendlich kleinen Querdimensionen, und liegt die magnetische, resp. elektrische Axe überall der Fadenaxe parallel, so kann man die Formel (173) schreiben

$$\varphi = f \int \mu_1 \frac{\partial \frac{1}{r}}{\partial s} q_1 \, ds_1,$$

unter q den Querschnitt des Fadens verstanden; hieraus folgt auch

$$\varphi = f\left(\left(\frac{\mu_1 q_1}{r}\right)' - \left(\frac{\mu_1 q_1}{r}\right)''\right) - f \int \frac{\partial \mu_1 q_1}{\partial s} \frac{ds_1}{r},$$

worin das mit $'$ bezeichnete Glied sich auf das positive, das mit $''$ sich auf das negative Fadenende bezieht.

Ist $\mu_1 q_1$, d. h. das Moment der Längeneinheit, längs des Fadens konstant, so ist das Integral gleich Null, und die Potentialfunktion φ reduziert sich auf die Anteile der beiden Endquerschnitte; schreibt man $\mu_1 q_1 = m_1$, so wird für das Solenoid, wie man derartige Fäden nennt,

$$\varphi = m_1 \left(\frac{1}{r_1'} - \frac{1}{r_1''}\right), \qquad 173'''')$$

worin r' die Entfernung des Einheitspoles vom positiven, r'' die vom negativen Pole des Solenoides bezeichnet.

Liegt der Einheitspol im Innern des neutralen Körpers, so läßt sich die Umformung (173''') gleichfalls als zulässig erweisen.

Denn schließen wir ein unendlich kleines Bereich um ihn herum aus, so wird nach dem Obigen dadurch φ nicht geändert, das Oberflächenintegral in (173''') ist aber nunmehr auch über die Grenzfläche dieses Bereiches zu erstrecken. Führt man aber Polarkoordinaten von dem Einheitspol aus ein, so erkennt man leicht, daß mit abnehmendem Bereich und demgemäß abnehmender Grenzfläche der darauf bezügliche Anteil des Oberflächenintegrales verschwindet. —

Während hiernach der Übertragung des Wertes (173) und (173''') der Potentialfunktion auf innere Punkte kein Hindernis entgegensteht, wird diejenige der durch sie gegebenen Ausdrücke für die Kraftkomponenten dadurch unmöglich, daß in ihnen die unendlich nahen Elemente einen endlichen Anteil zu dem Werte geben. Hiermit hängt zusammen, daß die Kraft, welche ein in einem unendlich kleinen Hohlraum befindlicher Punkt erfährt, von der Gestalt dieses Hohlraumes abhängt.[99]) Eine einfache Überlegung zeigt, daß durch den Wert

$$X = -\partial\varphi / \partial x, \quad Y = -\partial\varphi / \partial y, \quad Z = -\partial\varphi / \partial z$$

speziell diejenige Kraft gegeben ist, welche der Punkt in einem röhrenförmigen Hohlraum erfährt, dessen Axe parallel der elektrischen, resp. magnetischen Axe l_1 an der betreffenden Stelle liegt, und dessen Querdimension unendlich klein gegen seine Länge ist. Denn ein fadenförmiges Element, welches den Hohlraum ausfüllen würde, ist nach (173'''') äquivalent mit zwei auf seinen Endflächen liegenden Polen, deren Massen unendlich klein vierter Ordnung sind, also in Entfernungen, die unendlich klein erster Ordnung sind, keine endliche Wirkung üben.

Die zweimalige Anwendung der Überlegung, welche zu der Formel (172) für die Potentialfunktion eines Volumenelementes führte, liefert als das Potential der Wechselwirkung zwischen zwei in endlicher Entfernung voneinander liegenden Volumenelementen die Formel

174)
$$\left\{\begin{aligned} \varphi'' = f\Bigg[\alpha\frac{\partial}{\partial x}&\left(\alpha_1\frac{\partial\frac{1}{r}}{\partial x_1}+\beta_1\frac{\partial\frac{1}{r}}{\partial y_1}+\gamma_1\frac{\partial\frac{1}{r}}{\partial z_1}\right)\\ +\beta\frac{\partial}{\partial y}&\left(\alpha_1\frac{\partial\frac{1}{r}}{\partial x_1}+\beta_1\frac{\partial\frac{1}{r}}{\partial y_1}+\gamma_1\frac{\partial\frac{1}{r}}{\partial z_1}\right)\\ +\gamma\frac{\partial}{\partial z}&\left(\alpha_1\frac{\partial\frac{1}{r}}{\partial x_1}+\beta_1\frac{\partial\frac{1}{r}}{\partial y_1}+\gamma_1\frac{\partial\frac{1}{r}}{\partial z_1}\right)\Bigg]dk\,dk_1, \end{aligned}\right.$$

oder unter Einführung der Axen l, l_1 und der Gesamtmomente μ, μ_1 für beide Volumenelemente

174')
$$\varphi'' = f\mu\mu_1\frac{\partial^2\frac{1}{r}}{\partial l\,\partial l_1}dk\,dk_1.$$

Durch Integration über die beiden Volumina k und k_1 folgt hieraus das Potential der Wechselwirkung zwischen zwei endlichen neutralen Polsystemen. Die Kraftkomponenten und Drehungsmomente der Wechselwirkung folgen hieraus gemäß den auf S. 102 angegebenen Regeln.

§ 21. Die Newton'sche Potentialfunktion von Doppelflächen.

Ein ganz ähnlich weittragendes Interesse, wie die im vorstehenden behandelten neutralen Systeme von diskreten Massenpunkten, besitzen die Gebilde, welche man erhält, wenn man entgegengesetzt gleiche Massen auf zwei unendlich nahen parallelen Flächen derart stetig ausgebreitet denkt, daß durch Normalen aufeinander zu beziehende Flächenstücke entgegengesetzt gleiche Massen tragen.

Jedes Flächenelement einer solchen Doppelfläche[100]) kann als ein Punktpaar der in (169') vorausgesetzten Art behandelt werden, dessen Axe in die Normale auf der Fläche fällt, und man erhält so, wenn ν sein auf die Flächeneinheit bezogenes Moment nach der beliebig positiv gerechneten Normale bezeichnet, für die Potentialfunktion der Doppelfläche auf Punkte in endlicher Entfernung den Wert

$$\varphi = f \int \nu_1 \frac{\partial \frac{1}{r}}{\partial n_1} d o_1 . \tag{175}$$

Ist ν_1 auf der Fläche o_1 konstant, so läßt sich dies Integral allgemein bestimmen und giebt, wenn ω_1 die Öffnung des von dem Einheitspol nach der Randkurve von o_1 konstruierten Kegels bezeichnet,

$$\varphi = \pm f \nu_1 \omega_1 , \tag{175'}$$

wo das positive oder negative Zeichen zu nehmen ist, je nachdem das von der Randkurve begrenzte Stück der Fläche dem Einheitspol die Seite der positiven oder der negativen Normalen zuwendet.[101]) Die Potentialfunktion einer homogenen Doppelfläche ist also nicht von deren Gestalt, sondern allein vom Verlauf der Randkurve abhängig.

Dies Resultat giebt das Mittel an die Hand, die Definition (175) der Potentialfunktion einer Doppelfläche mit stetig wechselndem Moment widerspruchslos auch auf unendlich nahe Punkte zu übertragen. Denn begrenzt man ihr dem Punkt unendlich nahes Bereich β, innerhalb dessen ν_1 als konstant angesehen werden darf, durch eine Randkurve σ, so kann man, indem man σ festhält, β jederzeit so ausbauchen, daß die Entfernung aller seiner Teile von dem betrachteten Punkt unendlich groß gegen die Dicke der Doppelfläche ist, ohne die Potentialfunktion zu ändern. Nur am Rande der Doppelfläche versagt das Verfahren, dort verliert der obige Ausdruck (175) also seine Bedeutung.

Für eine geschlossene homogene Doppelfläche vom Moment ν giebt die Formel (175') auf innere (i) oder äußere (a) Punkte angewandt

$$\varphi_i = \pm 4 \pi f \nu , \quad \varphi_a = 0 , \tag{175''}$$

worin das obere oder untere Vorzeichen gilt, jenachdem die innere Seite der Doppelfläche die der positiven oder der negativen Normalen ist.

Die Potentialfunktion φ einer Doppelfläche mit stetig wechselndem Moment ist im ganzen Raume stetig, wird im Unendlichen unendlich klein vom zweiten Grade und springt beim Durchgang durch die Doppelfläche um $4 \pi f \nu$, falls ν das Moment an der Stelle des Durchganges ist, während ihre Differentialquotienten stetig hindurchgehen.

Den Beweis kann man ähnlich, wie denjenigen der entsprechenden Sätze über Flächenpotentiale, führen.

Man schneidet aus einer der beiden parallelen Flächen, etwa durch eine Kugel um denjenigen Oberflächenpunkt, in welchem man das Verhalten der Potentialfunktion untersuchen will, ein unendlich kleines Bereich β von konstantem Moment ν aus, errichtet in seinen Randpunkten Normalen und grenzt dadurch auf der Parallelfläche ein Stück ab, welches gleiche und entgegengesetzte Gesamtmasse enthält, wie β.

Die Unstetigkeit der Potentialfunktion der ganzen Fläche und die ihrer Differentialquotienten in dem betrachteten Punkte können nur von dieser unendlich kleinen homogenen Doppelfläche herrühren. Sie muß also dieselbe sein, wie die einer beliebigen homogenen, geschlossenen Doppelfläche, welche jenes ausgeschnittene Bereich enthält. Nun zeigt Formel (175″), daß für eine solche die Potentialfunktion auch in unendlicher Nähe endlich ist, beim Durchgang von der negativen zur positiven Seite um $4\pi f\nu$ springt, ihre Differentialquotienten sich aber stetig anschließen; dasselbe gilt sonach auch für die gegebene Doppelfläche mit stetig wechselnder Dichte, falls man unter ν das Moment der Flächeneinheit an der untersuchten Stelle versteht.

Wir schreiben daher

176) $$\overline{\varphi}_+ - \overline{\varphi}_- = 4\pi f\nu,$$

176′) $$\overline{\left(\frac{\partial\varphi}{\partial n}\right)}_+ + \overline{\left(\frac{\partial\varphi}{\partial n}\right)}_- = 0, \quad \overline{\left(\frac{\partial^2\varphi}{\partial n^2}\right)}_+ - \overline{\left(\frac{\partial^2\varphi}{\partial n^2}\right)}_- = 0. —$$

Da die Potentialfunktion einer Doppelfläche mit konstantem Moment nach dem zu der Formel (175′) Gesagten von der Gestalt der Fläche unabhängig und nur durch den Verlauf der Randkurve bestimmt ist, so muß sich ihr Wert in ein Randintegral verwandeln lassen, aus dem jede Beziehung auf die Gestalt der Fläche verschwunden ist. Eine additive Funktion, welche bei der Integration über die geschlossene Kurve identisch verschwindet, bleibt bei dieser Umformung unter dem Randintegral willkürlich.

Man erhält eine solche Umwandelung leicht auf geometrischem Wege.

$2\pi - (\alpha + \beta + \gamma)$ ist die Fläche eines sphärischen Dreieckes auf der Kugel vom Radius Eins mit den Außenwinkeln α, β, γ; daraus leitet sich ab

$$2\pi - \Sigma\alpha_h$$

als der Wert der Fläche eines sphärischen Polygons mit den Außenwinkeln α_h. Geht man zu einer stetig gekrümmten Kurve über, bezeichnet den unendlich kleinen Winkel zwischen zwei aufeinander folgenden Linienelementen mit $d'\alpha$ und führt die Länge des Linienelementes $d\sigma_1$, sowie den Wert P des Krümmungsradius der Kurve auf der Kugel durch die Beziehung $d'\alpha = d\sigma_1 / P$ ein, so gelangt man zu

$$\omega_1 = 2\pi - \int \frac{d\sigma_1}{P}, \tag{177}$$

wofür man auch schreiben kann

$$\omega_1 = 2\pi - \int \frac{ds_1 \sin(r, s_1)}{R}, \tag{177'}$$

falls ds_1 das Element der Randkurve von o_1, r seine Entfernung von dem betrachteten Punkte und R den Krümmungsradius der Kurve bezeichnet, in welcher eine in ds zu r normale Ebene durch den Kegel ω_1 geschnitten wird.

Auch die Komponenten der Wirkung, welche der angezogene Punkt seitens der Doppelfläche erleidet, lassen sich durch Randintegrale darstellen.

Hierbei kommt ein wichtiger, von Stokes gegebener Satz über die Verwandelung eines gewissen Oberflächenintegrales in ein Randintegral zur Anwendung.[102])

Sei A eine auf der Oberfläche o stetig veränderliche Funktion des Ortes, und bezeichne n diejenige Richtung der Normalen auf der Oberfläche o, welche von der beliebig positiv gerechneten Randkurve s in positivem Sinne umlaufen wird, so ist

$$J_1 = \int \left(\frac{\partial A}{\partial z} \cos(n, y) - \frac{\partial A}{\partial y} \cos(n, z) \right) do = \int A \frac{dx}{ds} ds. \tag{178}$$

Für den Beweis wollen wir der Bequemlichkeit halber annehmen, daß auf der ganzen Oberfläche o die positive Normale einen spitzen Winkel mit der Y- und Z-Axe einschließe. Ist dies nicht der Fall, so hat man o in Stücke zu teilen, auf denen $\cos(n, y)$ und $\cos(n, z)$ ihr Zeichen nicht wechseln, diese gesondert zu behandeln und schließlich die für sie erhaltenen Resultate zu addieren. Gleiches gilt, wenn die Oberfläche mehr als eine Randkurve besitzt.

Bezeichnet man mit $dx\,dz$ und $dx\,dy$ die Projektionen von do auf die XZ- und XY-Ebene, so erhält man zunächst

$$J_1 = \iint \frac{\partial A}{\partial z} dx\,dz - \iint \frac{\partial A}{\partial y} dx\,dy.$$

Führt man nun ein

$$F_1(x, y, z) = o$$

als Gleichung der gegebenen Oberfläche,

$$F_2(x, y, z) = \alpha, \quad F_3(x, y, z) = \beta$$

als die Gleichungen zweier Oberflächen, welche mit der ersteren zusammen einen Punkt x, y, z der Oberfläche bestimmen, so kann man umgekehrt auch schreiben

$$x = f_1(\alpha, \beta), \quad y = f_2(\alpha, \beta), \quad z = f_3(\alpha, \beta).$$

Setzt man noch fest, daß $d\alpha$, $d\beta$ und dn drei Linienelemente bestimmen, die zu einander liegen, wie X zu Y zu Z, so erhält man

$$J_1 = \iint \left[\left(\frac{\partial z}{\partial \alpha} \frac{\partial x}{\partial \beta} - \frac{\partial x}{\partial \alpha} \frac{\partial z}{\partial \beta} \right) \frac{\partial A}{\partial z} - \left(\frac{\partial x}{\partial \alpha} \frac{\partial y}{\partial \beta} - \frac{\partial x}{\partial \beta} \frac{\partial y}{\partial \alpha} \right) \frac{\partial A}{\partial y} \right] d\alpha \, d\beta,$$

und fügt man unter dem Integral den verschwindenden Ausdruck

$$\left(\frac{\partial x}{\partial \alpha} \frac{\partial x}{\partial \beta} - \frac{\partial x}{\partial \alpha} \frac{\partial x}{\partial \beta} \right) \frac{\partial A}{\partial x}$$

hinzu, so giebt dies

178′) $$J_1 = \iint \left(\frac{\partial A}{\partial \alpha} \frac{\partial x}{\partial \beta} - \frac{\partial A}{\partial \beta} \frac{\partial x}{\partial \alpha} \right) d\alpha \, d\beta.$$

Nimmt man nun an, die F_2 und F_3 seien so gewählt, daß die Oberfläche o durch ringförmige und durchmesserartige Kurven in Elemente zerlegt wird, so ist in Bezug auf α von dem centralen Wert α_0 bis zum Randwert α_1 zu integrieren, in Bezug auf β von einem beliebigen Anfangswert β_0 bis zu einem Endwert β_1, welcher der gleichen Kurve α und somit auch gleichen A und x entspricht.

Man erhält dann aus (178′) durch teilweise Integration, bei der sich das Flächenintegral forthebt,

178″) $$J_1 = \int \left[A \frac{\partial x}{\partial \beta} \right]_{\alpha_0}^{\alpha_1} d\beta - \int \left| A \frac{\partial x}{\partial \alpha} \right|_{\beta_0}^{\beta_1} d\alpha.$$

Das zweite Glied verschwindet nach dem Gesagten wegen der Einwertigkeit von A und $\partial x / \partial \alpha$, das erste giebt an der unteren Grenze den Wert Null, da dort, für den innersten, unendlich kleinen Ring, $A \partial x / \partial \beta$ konstant ist. Sonach bleibt allein der Wert an der oberen Grenze, der sich auf die Randkurve bezieht, und in dem man $(\partial x / \partial \beta) \, d\beta$ mit dx oder $(dx/ds) ds$ vertauschen kann. Dies giebt aber die zu beweisende Formel (178).

Stellt man ihr entsprechende für mit A gleichartige Funktionen B und C auf, in denen die Y- und Z-Axe dieselbe Rolle spielen, wie vorstehend die X-Axe, und summiert die bezüglichen Integrale J_1, J_2, J_3, so erhält man den allgemeinen Ausdruck des Stokes'schen Satzes, nämlich die Gleichung

$$\left.\begin{aligned}\iint\Big[\left(\frac{\partial C}{\partial y}-\frac{\partial B}{\partial z}\right)\cos(n,x)+\left(\frac{\partial A}{\partial z}-\frac{\partial C}{\partial x}\right)\cos(n,y)\\+\left(\frac{\partial B}{\partial x}-\frac{\partial A}{\partial y}\right)\cos(n,z)\Big]do=\int\left(A\frac{dx}{ds}+B\frac{dy}{ds}+C\frac{dz}{ds}\right)ds.\end{aligned}\right\}\quad 178''')$$

Mit Hilfe dieses Satzes wollen wir nun die X-Komponente der Wirkung der homogenen Doppelfläche auf den Einheitspol berechnen.

Man erhält zunächst, weil r die Koordinaten x und x_1 nur in der Verbindung $x - x_1$ enthält,

$$\left.\begin{aligned}X&=-f\frac{\partial}{\partial x}\int\nu_1\frac{\partial\frac{1}{r}}{\partial n_1}do_1\\&=+f\nu_1\int\left(\frac{\partial^2\frac{1}{r}}{\partial x_1^2}\cos(n_1,x)+\frac{\partial^2\frac{1}{r}}{\partial x_1\,\partial y_1}\cos(n_1,y)\right.\\&\qquad\left.+\frac{\partial^2\frac{1}{r}}{\partial x_1\,\partial z_1}\cos(n_1,z)\right)do_1,\end{aligned}\right\}\quad 179)$$

und wenn man benutzt, daß $\triangle(1/r)=0$ ist,

$$\begin{aligned}X=+f\nu_1\int\Bigg[&\left(\frac{\partial^2\frac{1}{r}}{\partial x_1\,\partial y_1}\cos(n_1,y)-\frac{\partial^2\frac{1}{r}}{\partial y_1^2}\cos(n_1,x)\right)\\&+\left(\frac{\partial^2\frac{1}{r}}{\partial x_1\,\partial z_1}\cos(n_1,z)-\frac{\partial^2\frac{1}{r}}{\partial z_1^2}\cos(n_1,x)\right)\Bigg]do.\end{aligned}$$

Die Anwendung der Beziehung (178''') liefert hieraus sofort, wenn man die entsprechenden Ausdrücke für Y und Z hinzufügt, das System von Werten:

$$\left.\begin{aligned}X&=f\nu_1\int\left(\frac{\partial\frac{1}{r}}{\partial z_1}dy_1-\frac{\partial\frac{1}{r}}{\partial y_1}dz_1\right),\\Y&=f\nu_1\int\left(\frac{\partial\frac{1}{r}}{\partial x_1}dz_1-\frac{\partial\frac{1}{r}}{\partial z_1}dx_1\right),\\Z&=f\nu_1\int\left(\frac{\partial\frac{1}{r}}{\partial y_1}dx_1-\frac{\partial\frac{1}{r}}{\partial x_1}dy_1\right);\end{aligned}\right\}\quad 179')$$

hierin bezeichnen dx_1, dy_1, dz_1 die Projektionen des Linienelementes ds_1 auf die Koordinatenaxen.

Man kann also die Wirkung der Doppelfläche ersetzen durch die ihrer Randkurven s_1, falls man von den einzelnen Linienelementen

ds_1 eine Kraft ausgeübt denkt, deren Komponenten — je bis auf eine willkürliche additive Funktion von der Form $d\xi / ds_1, \ldots$ — gegeben sind durch

179'')
$$\begin{cases} X' = \frac{f\nu_1}{r^3}\left((z - z_1)\,dy_1 - (y - y_1)\,dz_1\right), \\ Y' = \frac{f\nu_1}{r^3}\left((x - x_1)\,dz_1 - (z - z_1)\,dx_1\right), \\ Z' = \frac{f\nu_1}{r^3}\left((y - y_1)\,dx_1 - (x - x_1)\,dy_1\right). \end{cases}$$

Diese Ausdrücke geben eine Resultierende K' von der Stärke

179''')
$$K' = \frac{f\nu_1}{r^2} \sin(r, s_1)\, ds_1,$$

wo r nach dem Einheitspol hin positiv gerechnet ist, deren Richtung normal steht auf der Ebene durch r und ds_1 und zwar in dem Sinne, der einer positiven Drehung um die positive Richtung ds_1 entspricht, falls ν_1 positiv ist, was man bei homogenen Doppelflächen durch Verfügung über die positiv genannte Richtung der Normalen n_1 stets erreichen kann.

Dies Gesetz stimmt mit dem nach Biot und Savart[103]) benannten für die Wirkung eines in ds_1 fließenden, mit ν_1 proportionalen galvanischen Stromes auf einen nordmagnetischen Einheitspol durchaus überein; eine homogene magnetische Doppelfläche ist somit bezüglich ihrer magnetischen Wirkung einem in ihrer Randkurve kreisenden Strom vollkommen äquivalent. —

Das Potential der Wechselwirkung zwischen zwei Doppelflächen o und o_1 mit den konstanten Momenten ν und ν_1 schreibt sich unter Benutzung der auf S. 173 angestellten Überlegungen

180)
$$\Phi = f\nu\nu_1 \iint do\, do_1 \frac{\partial^2 \frac{1}{r}}{\partial n\, \partial n_1}.$$

Dieser Ausdruck gilt jederzeit, wenn die beiden Doppelflächen entweder direkt keine einander unendlich nahen Flächenelemente besitzen oder doch ohne Veränderung der Randkurven in eine solche Form gebracht werden können. Er gilt also jedenfalls **nicht**, wenn die beiden Randkurven durcheinander geschlungen sind.

Die Gleichung (180) läßt sich unter Benutzung des Satzes (178''') leicht in ein Doppelintegral über die Randkurven s und s_1 beider Doppelflächen umformen.

Denn man kann zunächst nach (175) und (180) schreiben

$$\left.\begin{aligned}\Phi &= +\nu\int do\left(\frac{\partial\varphi}{\partial x}\cos(n,x)+\frac{\partial\varphi}{\partial y}\cos(n,y)+\frac{\partial\varphi}{\partial z}\cos(n,z)\right)\\ &= +f\nu\nu_1\int ds_1\int do\left[\frac{dx_1}{ds_1}\left(\frac{\partial\frac{1}{r}}{\partial y}\cos(n,z)-\frac{\partial\frac{1}{r}}{\partial z}\cos(n,y)\right)\right.\\ &\qquad+\frac{dy_1}{ds_1}\left(\frac{\partial\frac{1}{r}}{\partial z}\cos(n,x)-\frac{\partial\frac{1}{r}}{\partial x}\cos(n,z)\right)\\ &\qquad\left.+\frac{dz_1}{ds_1}\left(\frac{\partial\frac{1}{r}}{\partial x}\cos(n,y)-\frac{\partial\frac{1}{r}}{\partial y}\cos(n,x)\right)\right],\end{aligned}\right\}\quad 180')$$

hierauf den Satz (178‴) dreimal anwenden und dadurch erhalten

$$\Phi = -f\nu\nu_1\int\int\frac{dx\,dx_1+dy\,dy_1+dz\,dz_1}{r} = -f\nu\nu_1\int\int\frac{\cos\varepsilon\,ds\,ds_1}{r},\quad 180'')$$

worin ε den Winkel zwischen den Linienelementen ds und ds_1 bezeichnet.

Dieser Ausdruck stimmt mit dem von Neumann gegebenen und schon Seite 52 und 153 benutzten Potential der Wechselwirkung zwischen zwei in s und s_1 fließenden, ihrer Stärke nach mit ν und ν_1 proportionalen, galvanischen Strömen überein.

§ 22. Der Green'sche Satz und die Green'schen Funktionen.

Ist dk das Element eines beliebig begrenzten Raumes k, do das Element seiner Begrenzungsfläche, und sind U und V zwei Funktionen von x, y, z, welche die Bedingung erfüllen, daß U, $\partial V/\partial x$, $\partial V/\partial y$, $\partial V/\partial z$ innerhalb des betrachteten Raumes eindeutig und stetig sind, so gilt, wie durch Rechnung leicht zu erweisen ist,

$$\int U\triangle V dk = -\int U\frac{\partial V}{\partial n}do - \int\left(\frac{\partial U}{\partial x}\frac{\partial V}{\partial x}+\frac{\partial U}{\partial y}\frac{\partial V}{\partial y}+\frac{\partial U}{\partial z}\frac{\partial V}{\partial z}\right)dk.\quad 181)$$

Hierin bezeichnet n die Richtung der inneren Normale auf der Oberfläche von k. Diese Gleichung führt den Namen des Green'schen Satzes.[104])

Ist auch V und $\partial U/\partial x$, $\partial U/\partial y$, $\partial U/\partial z$ innerhalb k einwertig und stetig, so läßt sich die vorstehende Gleichung auch unter Vertauschung von U und V aufstellen, und aus beiden folgt durch Subtraktion

$$\int(U\triangle V - V\triangle U)\,dk = -\int\left(\overline{U}\frac{\partial\overline{V}}{\partial n} - \overline{V}\frac{\partial\overline{U}}{\partial n}\right)do.\quad 181')$$

Wählt man speziell $U = V$, so ergiebt die Gleichung (181)

181'') $$\int V \triangle V dk = -\int \overline{V \frac{\partial V}{\partial n}} do - \int \Theta V dk,$$

worin

$$\left(\frac{\partial V}{\partial x}\right)^2 + \left(\frac{\partial V}{\partial y}\right)^2 + \left(\frac{\partial V}{\partial z}\right)^2 = \Theta V$$

gesetzt ist; nimmt man $U = 1$, so folgt aus (181)

181''') $$\int \triangle V dk = -\int \frac{\overline{\partial V}}{\partial n} do.$$

Die vorstehenden, gleichfalls von Green gegebenen Gleichungen erweisen sich nach vielen Richtungen hin überaus fruchtbar.

Zunächst wollen wir sie anwenden, um zu beweisen, daß die in den vorigen Paragraphen untersuchten Potentialfunktionen φ vollständig charakterisiert sind durch ihr reguläres Verhalten, durch die Erfüllung der Gleichung $\triangle \varphi = 0$ außerhalb der wirksamen Massenverteilungen und durch die Art ihres Verschwindens im Unendlichen; ferner bei Punkt- und Linienpotentialen durch die Stellen und die Art des Unendlichwerdens, bei Flächen- und Doppelflächenpotentialen durch das Verhalten der Funktion und ihres ersten Differentialquotienten nach der Normalen an den mit Masse belegten Flächen, bei Raumpotentialen durch die überall stattfindende Stetigkeit der Funktion und ihrer ersten Differentialquotienten und die Gültigkeit der Gleichung

$$\triangle \varphi = -4\pi f \varrho.$$

Die Potentialfunktion (173) eines endlichen neutralen Körpers ist nach (173''') auf solche der vorstehenden Art zurückführbar, bietet sonach nichts Neues.

Den angekündigten Beweis führen wir in der Weise, daß wir annehmen, es seien zwei Funktionen φ_1 und φ_2 mit den gleichen Eigenschaften, also auch gleichen Unstetigkeiten und gleichen Parametern $m, \tau, \sigma, \varrho, \nu$ möglich, und zeigen, daß ihre Differenz $\varphi_1 - \varphi_2 = \varphi'$ notwendig im ganzen Raume verschwinden muß.

Die Funktion φ' verhält sich nach ihrer Definition mit ihren ersten Differentialquotienten überall regulär und erfüllt die Gleichung $\triangle \varphi' = 0$; sie wird im Unendlichen selbst von mindestens erster, ihre ersten Differentialquotienten werden von mindestens zweiter Ordnung unendlich klein. Bildet man also für φ' die Gleichung (181'') und bezieht dieselbe auf den ganzen von einer unendlich fernen Fläche begrenzten Raum, so verschwindet in ihr sowohl das Raumintegral links, als das Oberflächenintegral rechts, und man erhält

$$0 = \int \Theta \varphi' dk;$$

hieraus folgt die Konstanz, und da φ' im Unendlichen gleich Null ist, auch das Verschwinden von φ', womit der angegebene Beweis geliefert ist. —

Die Gleichung (181″) gestattet auch zu beurteilen, welcherlei Randbedingungen neben den für jede Stelle eines endlichen Raumes k vorgeschriebenen Werten $\triangle V$ erforderlich sind, um eine stetige und eindeutige Funktion V innerhalb k vollständig zu bestimmen.

Diese Bedingungen müssen nämlich jedenfalls zur Folge haben, daß für die Differenz $V_2 - V_1 = V'$ von zwei Funktionen, welche das gleiche $\triangle V$ ergeben und den gleichen Randbedingungen genügen, das Oberflächenintegral in (181″) entweder verschwindet oder zu einer Summe von stets positiven Gliedern wird. Ersteres findet statt für Teile der Oberfläche, wo entweder $\overline{V}$ oder $\partial\overline{V}/\partial n$ vorgeschriebene Werte annimmt, letzteres für Teile, wo das Gleiche für

$$(F_1^2 \overline{V}^{2h-1} - \partial\overline{V}/\partial n) \quad \text{oder} \quad (F_2^2 \overline{V} - (\partial\overline{V}/\partial n)^{2k-1})$$

stattfindet, falls F_1 und F_2 längs der Oberfläche beliebig wechselnde Größen bezeichnen. Somit wird in allen Fällen, wo längs der Oberfläche zum Teil das eine, zum Teil das andere, zum Teil das dritte stattfindet, $\int \Theta V' dk = 0$, also V' konstant sein müssen, und diese Konstante bestimmt sich durch die Oberflächenbedingungen selbst in allen Fällen zu Null, ausgenommen den einen, daß längs der ganzen Oberfläche $\partial\overline{V}/\partial n$ gegeben ist. In diesem Falle ist also V nur bis auf eine additive Konstante, in allen übrigen aber vollständig bestimmt.

Es ist zu bemerken, daß $\overline{V}$, $\partial\overline{V}/\partial n$ und $(F_1^2 \overline{V}^{2h-1} - \partial\overline{V}/\partial n)$ resp. $(F_2^2 \overline{V} - (\partial\overline{V}/\partial n)^{2k-1})$, so weit sie nicht der Forderung der Stetigkeit widersprechen, willkürlich vorgeschrieben werden können; nur in dem obigen speziellen Falle, daß $\partial\overline{V}/\partial n$ auf der ganzen Begrenzung gegeben ist, wird eine Beschränkung der freien Verfügung durch die Formel (181‴) geliefert.

Es mag schon hier hervorgehoben werden, daß vorgeschriebene Oberflächenwerte von

$$(F_1^2 \overline{V}^{2h-1} - \partial\overline{V}/\partial n) \quad \text{oder} \quad (F_2^2 \overline{V} - (\partial\overline{V}/\partial n)^{2k-1})$$

hervorragendes Interesse nur bieten, wenn $h = k = 1$ ist, wo sich beide Ausdrücke auf $(F^2 \overline{V} - \partial\overline{V}/\partial n)$ reduzieren; auf diesen Fall wollen wir uns weiterhin auch beschränken. —

Eine überaus wichtige Formel, die unter anderem auch dazu benutzt werden kann, um V aus längs der ganzen Oberfläche von k

gegebenem $\overline{V}$ resp. $\overline{\partial V} / \partial n$ oder $(\overline{F^2 V} - \overline{\partial V} / \partial n)$ wirklich zu berechnen, erhält man aus (181'), indem man

$$U = \frac{1}{r}$$

setzt, wo r die Entfernung der Stelle x, y, z von einem beliebig innerhalb k festgelegten Punkt a, b, c bezeichnet.

Durch eine kleine Kugelfläche ist dann der Punkt a, b, c auszuschließen, um einen Raum zu erhalten, innerhalb dessen U die vorausgesetzte Stetigkeit besitzt. Das Oberflächenintegral

$$-\int \left(\overline{\frac{1}{r}} \frac{\overline{\partial V}}{\partial n} - \overline{V} \frac{\overline{\partial \frac{1}{r}}}{\partial n} \right) do$$

liefert über die kleine Kugel ausgedehnt im ersten Glied Null, im zweiten $-4\pi V_{abc}$; man erhält also in Rücksicht auf $\triangle(1/r) = 0$

$$V_{abc} = -\frac{1}{4\pi} \int \left(\overline{\frac{1}{r}} \frac{\overline{\partial V}}{\partial n} - \overline{V} \frac{\overline{\partial \frac{1}{r}}}{\partial n} \right) do - \frac{1}{4\pi} \int \frac{\triangle V}{r} dk, \tag{182}$$

wo das Flächenintegral nur über die ursprüngliche Begrenzung, und das Raumintegral zwar zunächst über den Raum k mit Ausschluß der kleinen Kugel zu nehmen ist, aber beliebig auch über diese erstreckt werden kann, da der ihr entsprechende Anteil unendlich klein ist.[105])

V drückt sich also im allgemeinsten Falle aus als NEWTON'sche Potentialfunktion einer Oberflächenbelegung von der Dichte

$$\sigma = -\overline{\partial V} / 4\pi f \partial n,$$

einer Doppelbelegung von dem Momente

$$\nu = +\overline{V} / 4\pi f$$

und einer räumlichen Verteilung von der Dichte

$$\varrho = -\triangle V / 4\pi f.$$

Letztere verschwindet, wenn der gegebene Wert von $\triangle V$ gleich Null ist.

Wird V im Unendlichen von beliebigem, $\partial V / \partial n$ von höherem als erstem Grade unendlich klein, so kann man für k den unendlichen Raum nehmen und das über die unendliche Kugelfläche erstreckte Integral vernachlässigen.

Ist dann weder V noch $\partial V / \partial n$ längs irgend einer im Endlichen gelegenen Fläche unstetig, so giebt das erste Integral in (182) den Wert Null, und V bestimmt sich als die Potentialfunktion einer räumlichen Massenverteilung, denn es wird unter Benutzung von (167'')

$$V_{abc} = -\frac{1}{4\pi}\int \frac{\triangle V dk}{r} = f\int \frac{\varrho\, dk}{r}.$$

Speziell wird hier $V = 0$, wenn noch $\triangle V = 0$ ist.

Ist dagegen zwar $\triangle V$ überall gleich Null, aber V oder $\partial V/\partial n$ längs einer Fläche unstetig, so ist diese Fläche als Begrenzung des Raumes anzusehen und unter Rücksicht auf (165') und (176) zu bilden

$$V_{abc} = -\frac{1}{4\pi}\int\left(\left(\frac{\overline{\partial V}}{\partial n}\right)_1 + \left(\frac{\overline{\partial V}}{\partial n}\right)_2\right)\frac{do}{r} = f\int \frac{\sigma\, do}{r} \text{ resp.}$$

$$V_{abc} = +\frac{1}{4\pi}\int (\overline{V_1} - \overline{V_2})\frac{\partial \frac{1}{r}}{\partial n} do = f\int v \frac{\partial \frac{1}{r}}{\partial n} do,$$

wo n_1 nach der Seite des Wertes V_1 positiv gerechnet ist.

V bestimmt sich hier in der That als Potentialfunktion einer einfachen oder Doppelfläche. —

Bei den vorstehenden Betrachtungen war das Verhalten von V im Unendlichen vorgeschrieben; es giebt Fälle, wo dasselbe nicht gegeben ist, aber aus den für das Endliche geltenden Bedingungen erschlossen werden kann.[106])

Sei $\triangle V$ nur im Endlichen von Null verschieden und $-\int \triangle V dk$ über den ganzen Raum k integriert endlich, und zwar gleich $4\pi M_i$; sei ferner $\partial V/\partial n$ nur an im Endlichen liegenden geschlossenen Oberflächen o_h vorgeschrieben, und $-\Sigma\int(\overline{\partial V}/\partial n)\,do_h$ über sie alle summiert endlich, und zwar $= +4\pi M_o$. Wir erstrecken Formel (182) auf den Raum zwischen den o_h und der unendlich großen Kugelfläche O und erhalten, wenn wir den Radius der letzteren mit R bezeichnen,

$$V_{abc} = -\frac{1}{4\pi}\int\left(\frac{1}{r}\frac{\overline{\partial V}}{\partial n} - \overline{V}\frac{\partial \frac{1}{r}}{\partial n}\right) do - \frac{1}{4\pi}\int\left(\frac{1}{R}\frac{\overline{\partial V}}{\partial n} - \frac{1}{R^2}\overline{V}\right) dO$$
$$- \frac{1}{4\pi}\int \triangle V \frac{dk}{r}.$$

Es gilt aber nach (181''')

$$\int \frac{\overline{\partial V}}{\partial n} dO = -\int \triangle V dk - \int \frac{\overline{\partial V}}{\partial n} do = +4\pi(M_i + M_o),$$

also ist das Integral links endlich und wird durch R dividiert unendlich klein. Bezeichnen wir noch die Konstante $\int \overline{V} dO / 4\pi R^2$ durch C, so erhalten wir

$$V_{abc} - C = -\frac{1}{4\pi}\int\left(\frac{1}{r}\frac{\overline{\partial V}}{\partial n} - \overline{V}\frac{\partial \frac{1}{r}}{\partial n}\right) do - \frac{1}{4\pi}\int \triangle V \frac{dk}{r}. \qquad 182')$$

Diese Formel zeigt, daß, wenn man den Punkt a, b, c ins Unendliche rückt, $V - C$ gleich $(M_0 + M_i) / R$, also unendlich klein wird, wie $1 / R$, daher $\partial V / \partial n$, wie $1 / R^2$. Schreiben wir daher die Formel (181″) für $V - C$, statt für V, so ergiebt die frühere Schlußweise, daß V bis auf eine additive Konstante durch die aufgestellten Bedingungen bestimmt ist.

Erfüllt V die Bedingung $\triangle V = 0$, so ist $M_i = 0$; ist außerdem noch $-\Sigma \int (\overline{\partial V / \partial n}) do_h$ und demgemäß M_o gleich Null, so wird V im Unendlichen erst um eine Größe zweiter Ordnung von C verschieden sein.

Diese Resultate bleiben auch dann gültig, wenn von den Oberflächen o_h Teile ins Unendliche reichen, die eine z. B. eine unendliche Ebene ist, falls nur längs jener Teile V von mindestens erster, $\partial V / \partial n$ von zweiter Ordnung unendlich klein wird. —

Man kann die vorstehenden Betrachtungen leicht auf den Fall erweitern, daß die Funktion V in dem Raum k mehrdeutig ist, aber ihre Differentialquotienten eindeutig sind.[107] Die Mehrwertigkeit von V kann nur eintreten, wenn der Raum k mehrfach zusammenhängend ist.

Man kann ihn dann einfach zusammenhängend machen durch gewisse Querschnitte, die zu den direkt gegebenen als weitere Begrenzungsflächen hinzutreten; aus der gemachten Voraussetzung der Eindeutigkeit der Differentialquotienten folgt, daß V beim Übergang über jeden Querschnitt um einen konstanten Wert springt.

Die Größe dieses Sprunges ist bekannt, wenn die Oberflächenwerte $\overline{V}$ gegeben sind, die ja natürlich die Eigenschaft der Funktion V im Innern von k bezüglich der Mehrwertigkeit teilen müssen; sie ist unbekannt, wenn $\overline{\partial V / \partial n}$ gegeben ist. Bezeichnet man das Element der Hilfsquerschnitte mit do', so liefert hier die Formel (182)

$$182'')\quad \left\{ \begin{aligned} V_{abc} = & -\frac{1}{4\pi}\int\left(\frac{\overline{1}}{r}\frac{\overline{\partial V}}{\partial n} - \overline{V}\,\frac{\overline{\partial \frac{1}{r}}}{\partial n}\right) do - \frac{1}{4\pi}\int \frac{\triangle V}{r}\, dk \\ & + \frac{1}{4\pi}\int (\overline{V}_1 - \overline{V}_2)\frac{\overline{\partial \frac{1}{r}}}{\partial n'}\, do', \end{aligned} \right.$$

die Normale n' nach der Seite des Wertes V_1 positiv gerechnet; sind mehrere Querschnitte o' vorhanden, so hat längs eines jeden im allgemeinen $\overline{V}_1 - \overline{V}_2$ einen verschiedenen Wert. Jedes der Integrale über einen Querschnitt o' stellt sich als die Potentialfunktion einer darauf befindlichen homogenen Doppelbelegung vom Moment $(\overline{V}_1 - \overline{V}_2) / 4\pi$ dar.

Bezeichnet man das letzte Integral durch $-W$, so ist

$$V + W = U$$

im ganzen Raume k, auch beim Durchgang durch die Hilfsquerschnitte, eindeutig und stetig, und man kann statt der vorigen Formel auch schreiben

$$U_{abc} = -\frac{1}{4\pi}\int\left(\overline{\frac{1}{r}}\,\overline{\frac{\partial U}{\partial n}} - \overline{U}\,\overline{\frac{\partial \frac{1}{r}}{\partial n}}\right) do - \frac{1}{4\pi}\int\frac{\triangle U}{r}\,dk. \quad \text{— 182''')}$$

Versteht man unter G eine Funktion, die innerhalb k überall eindeutig und stetig ist und speziell der Gleichung $\triangle G = 0$ genügt, so folgt für sie aus (181')

$$0 = -\int\left(\overline{G}\,\overline{\frac{\partial V}{\partial n}} - \overline{V}\,\overline{\frac{\partial G}{\partial n}}\right) do - \int G \triangle V dk.$$

Multipliziert man diese Formel mit $1/4\pi$ und addiert sie zu (182), so erhält man

$$\left.\begin{aligned} V_{abc} = &-\frac{1}{4\pi}\int\left[\left(\overline{G} + \overline{\frac{1}{r}}\right)\overline{\frac{\partial V}{\partial n}} - \overline{V}\left(\overline{\frac{\partial\left(G + \frac{1}{r}\right)}{\partial n}}\right)\right] do \\ &-\frac{1}{4\pi}\int\left(G + \frac{1}{r}\right)\triangle V dk. \end{aligned}\right\} \quad 183)$$

Wir wollen nun G noch verschiedenen Randbedingungen unterwerfen, welche diese Funktion vollständig oder bis auf eine additive Konstante bestimmen.

Ist erstens $\overline{G} = -1/\overline{r}$ vorgeschrieben (erste Green'sche Funktion[108]) G_1 oder Green'sche Funktion im engeren Sinne), so wird aus (183)

$$V_{abc} = \frac{1}{4\pi}\int\overline{V}\,\overline{\frac{\partial\left(G_1 + \frac{1}{r}\right)}{\partial n}}\,do - \frac{1}{4\pi}\int\triangle V\left(G_1 + \frac{1}{r}\right)dk; \quad 183')$$

ist zweitens $\overline{\partial G}/\partial n = c - \overline{\partial(1/r)}/\partial n$ (zweite Green'sche Funktion[109]) G_2), wo c eine Konstante bezeichnet, deren Wert aus (181''') folgt, wenn man dort $V = G$ setzt, so wird

$$V_{abc} = C - \frac{1}{4\pi}\int\overline{\frac{\partial V}{\partial n}}\left(\overline{G_2} + \overline{\frac{1}{r}}\right)do - \frac{1}{4\pi}\int\triangle V\left(G_2 + \frac{1}{r}\right)dk; \quad 183'')$$

worin C eine andere Konstante bedeutet; ist drittens

$$\overline{\partial\left(G + \frac{1}{r}\right)}/\partial n = F^2\left(\overline{G} + \overline{\frac{1}{r}}\right),$$

(dritte GREEN'sche Funktion[110]) G_3), so wird

$$183''')\quad V_{abc} = \frac{1}{4\pi}\int\left(F^2\overline{V} - \frac{\overline{\partial V}}{\partial n}\right)\left(\overline{G_3} + \frac{\overline{1}}{r}\right)do - \frac{1}{4\pi}\int\triangle V\left(G_3 + \frac{1}{r}\right)dk.$$

Diese drei Formeln zeigen, daß, wenn für einen Raum k die drei GREEN'schen Funktionen G_1, G_2, G_3 gefunden sind, die Bestimmung von V aus gegebenen inneren Werten von $\triangle V$ und gegebenen Randwerten $\overline{V}$, $\partial\overline{V}/\partial n$, $(F^2\overline{V} - \partial\overline{V}/\partial n)$ auf Quadraturen zurückgeführt ist. Bei gegebenen $\partial\overline{V}/\partial n$ bleibt eine additive Konstante erst in G_2 und sodann in V nach dem Früheren unbestimmt. Daß es für jeden Raum drei Funktionen von den Eigenschaften von G_1, G_2, G_3 giebt, kann man dabei am einfachsten aus der physikalischen Bedeutung folgern, welche diese Funktionen besitzen und welche uns später beschäftigen wird.

Die Ausdehnung dieses Verfahrens auf mehrwertige Funktionen V bietet nach dem auf S. 184 Gesagten keine Schwierigkeit. —

Unter allen Funktionen U oder V, auf welche die vorstehenden Entwickelungen anwendbar sind, beanspruchen diejenigen das größte Interesse, für welche innerhalb k speziell überall gilt

$$\triangle U = \triangle V = 0;$$

für sie vereinfacht sich eine Reihe der vorstehenden Gleichungen in bemerkenswerter, allenthalben leicht ersichtlicher Weise.

Nur auf einige spezielle Resultate soll besonders aufmerksam gemacht werden.

Zunächst folgt aus (181') und (181'''), wenn U und V mit ihren ersten Ableitungen innerhalb k regulär sind,

$$184)\quad \int\left(\overline{U}\frac{\overline{\partial V}}{\partial n} - \overline{V}\frac{\overline{\partial U}}{\partial n}\right)do = 0,\quad \int\frac{\overline{\partial V}}{\partial n}do = \int\frac{\overline{\partial U}}{\partial n}do = 0.$$

Sind U und V in (181') zwar innerhalb k im übrigen regulär, werden sie aber je in einem Punkte a_1, b_1, c_1 resp. a_2, b_2, c_2 wie $1/r_1$ resp. $1/r_2$ unendlich, so giebt die Betrachtungsweise, welche zu der Formel (182) führte,

$$V_{a_1 b_1 c_1} - U_{a_2 b_2 c_2} = -\frac{1}{4\pi}\int\left(\overline{U}\frac{\overline{\partial V}}{\partial n} - \overline{V}\frac{\overline{\partial U}}{\partial n}\right)do,$$

also in allen Fällen, wo das Oberflächenintegral verschwindet,

$$184')\quad V_{a_1 b_1 c_1} = U_{a_2 b_2 c_2}$$

Hieraus folgt der Reciprocitätssatz[111]), daß von zwei Funktionen U und V der vorausgesetzten Art, welche an der Oberfläche von k entweder den Bedingungen $\overline{U} = \overline{V} =$ Const. oder

$$F^2 \overline{U} - \partial \overline{U} / \partial n = F^2 \overline{V} - \partial \overline{V} / \partial n = 0$$

genügen, diejenige, welche in einem Punkt (1) unendlich wird, in dem Punkte (2) denselben Wert annimmt, wie diejenige, welche im Punkte (2) unendlich wird, im Punkte (1).

Die Bedingungen $\partial \overline{V} / \partial n = \partial \overline{U} / \partial n = 0$ kann man den Funktionen U und V, wenn sie nur in einem Punkte unendlich werden, nach früher Gesagtem nicht auferlegen, wohl aber dann, wenn jede an einer Stelle a_1, b_1, c_1 resp. a_2, b_2, c_2 sich wie $1/r$, an einer zweiten a_1', b_1', c_1' resp. a_2', b_2', c_2' sich wie $-1/r'$ verhält. Dann giebt die obige Betrachtungsweise

$$V_{a_1 b_1 c_1} - V_{a_1' b_1' c_1'} = U_{a_2 b_2 c_2} - U_{a_2' b_2' c_2'} . \tag{184''}$$

Diese Resultate gestatten die Anwendung auf die in (183) eingeführten Green'schen Funktionen G_h.

Leitet man aus G_1 und G_3 zwei neue Funktionen Γ_1 und Γ_3 durch die Beziehungen

$$\Gamma_1 = G_1 + \frac{1}{r}, \quad \Gamma_3 = G_3 + \frac{1}{r}$$

ab, so verhalten diese sich wie U und V in Gleichung (184'), sind also symmetrisch in Bezug auf die beiden Punkte mit den Koordinaten a, b, c und x, y, z.

Leitet man hingegen aus G_2 eine Funktion

$$\Gamma_2 = G_2 + \frac{1}{r} - \frac{1}{r'}$$

ab, wo r die Entfernung der Stelle x, y, z von a, b, c, r' die von a', b', c' bezeichnet, so hat Γ_2 die Eigenschaft von U und V in Gleichung (184''). —

Da nach dem S. 186 Gesagten sich zeigen läßt, daß für jeden Raum Green'sche Funktionen G_h resp. Γ_h existieren, welche den S. 185 gestellten Bedingungen genügen, so kann man die Formeln (183') und (183'') zur Ableitung gewisser allgemeiner Sätze benutzen.

Versteht man nämlich unter r_0 die Entfernung von einem außerhalb des Raumes k gelegenen Punkte a_0, b_0, c_0, so ist innerhalb k

$$\triangle \frac{1}{r_0} = 0,$$

und man erhält aus (183') resp. (183''), wenn man $V = 1/r_0$ setzt,

$$\frac{1}{r_0} = \frac{1}{4\pi} \int \frac{\partial \overline{\Gamma}_1}{\partial n} \frac{do}{\overline{r}_0}, \quad \frac{1}{r_0} = C - \frac{1}{4\pi} \int \overline{\Gamma}_2 \frac{\partial \overline{\frac{1}{r_0}}}{\partial n} do. \tag{185}$$

Hierin kann man $1/r_0$ auffassen als die Potentialfunktion einer in a, b, c befindlichen Masse Eins auf den Punkt a_0, b_0, c_0, und die Formeln zeigen dann, daß diese Potentialfunktion stets durch diejenige einer einfachen oder doppelten Belegung der Oberfläche o von k zu ersetzen ist, deren Dichte resp. deren Moment sich durch Γ_1 resp. Γ_2 ausdrücken läßt.

Daraus folgt nun auch, daß die Wirkung einer beliebigen, innerhalb k gelegenen Massenverteilung auf Punkte außerhalb k durch eine einfache oder doppelte Belegung von o hervorgebracht werden kann.

Erstreckt sich k ins Unendliche, und liegt a_0, b_0, c_0 innerhalb einer k im Endlichen begrenzenden Oberfläche, so erfordert die im Unendlichen liegende Begrenzung eine spezielle Betrachtung. Wir werden diesen Gegenstand im vierten Teile auf eine andere Weise der Untersuchung unterziehen. —

Wendet man die Gleichung (182) auf eine Kugel vom Radius R um die Stelle a, b, c an, so erhält man unter Benutzung von (184)

186) $$V_{abc} = \frac{1}{4\pi R^2} \int \overline{V} do,$$

also den Wert von V im Centrum gleich dem arithmetischen Mittel der auf der Oberfläche der Kugel liegenden Werte, gleichviel, welche Größe ihr Radius R besitzen möge.[112])

Dieser Gauss'sche Satz ergiebt unter anderem, daß innerhalb des Raumes k die Funktion V weder Maxima, noch Minima annehmen kann, sondern mit ihrem Werte immer zwischen dem kleinsten und größten in der Grenze liegenden bleiben muß. Ist auf der ganzen Oberfläche $\overline{V}$ konstant, z. B. gleich Null, so gilt das Gleiche auch im ganzen Innern, gleichviel ob der Raum endlich oder unendlich ist.

Ferner folgt aus (186), daß V überall innerhalb k verschwindet, wenn es innerhalb eines endlichen räumlichen Bereiches gleich Null ist. Denn wäre dies nicht der Fall, so müßte man eine Kugel konstruieren können, in deren Centrum $V = 0$ wäre, während auf der Oberfläche $\overline{V}$ zum Teil verschwindet, zum Teil gleiches Vorzeichen besitzt, und dies würde der vorstehenden Gleichung widersprechen.

§ 23. Die Zerlegung von Vektorkomponenten in potentielle und rotatorische Glieder; ihre Anwendung auf die Momente neutraler Körper.

Von den im vorigen Abschnitt abgeleiteten allgemeinen Resultaten, welche in vielen Gebieten der theoretischen Physik zur Lösung spezieller Probleme nützliche Hilfe bieten, wollen wir hier nur eine Anwendung auf die wichtige Aufgabe machen, für einen gegebenen Raum k beliebig als reguläre Funktionen der Koordinaten x, y, z gegebene Komponenten X, Y, Z eines Vektors K, z. B. die Komponenten körperlicher Kräfte, in einer gewissen Weise in Aggregate von Differentialquotienten zu zerlegen.

Wir setzen[113])

$$\left.\begin{aligned} X &= -\left(\frac{\partial \Phi}{\partial x} + \frac{\partial N}{\partial y} - \frac{\partial M}{\partial z}\right), \\ Y &= -\left(\frac{\partial \Phi}{\partial y} + \frac{\partial \Lambda}{\partial z} - \frac{\partial N}{\partial x}\right), \\ Z &= -\left(\frac{\partial \Phi}{\partial z} + \frac{\partial M}{\partial x} - \frac{\partial \Lambda}{\partial y}\right), \\ 0 &= \frac{\partial \Lambda}{\partial x} + \frac{\partial M}{\partial y} + \frac{\partial N}{\partial z}, \end{aligned}\right\} \tag{187}$$

und suchen Φ, Λ, M, N diesen Bedingungen gemäß zu bestimmen.

Man erhält zunächst

$$\left.\begin{aligned} -\triangle \Phi &= \frac{\partial X}{\partial x} + \frac{\partial Y}{\partial y} + \frac{\partial Z}{\partial z} = H, \\ -\triangle \Lambda = \frac{\partial Y}{\partial z} - \frac{\partial Z}{\partial y}, \quad -\triangle M &= \frac{\partial Z}{\partial x} - \frac{\partial X}{\partial z}, \quad -\triangle N = \frac{\partial X}{\partial y} - \frac{\partial Y}{\partial x}; \end{aligned}\right\} \tag{187'}$$

worin H eine neue Bezeichnung ist.

Legt man der Funktion Φ noch eine geeignete Oberflächenbedingung auf, so wird sie durch die erste der vorstehenden Gleichungen vollständig oder bis auf eine additive belanglose Konstante bestimmt.

Indem wir die Komponente von K nach der inneren Normale

$$X \cos(n, x) + Y \cos(n, y) + Z \cos(n, z) = P \tag{188}$$

setzen, wollen wir die Oberflächenbedingung für Φ schreiben

$$\overline{\frac{\partial \Phi}{\partial n}} + \overline{P} = Q, \tag{188'}$$

wobei wir uns die Verfügung über Q zunächst vorbehalten.

Es läßt sich dann setzen

$$\Phi = \Phi_0 + \frac{1}{4\pi} \int \frac{H_1 \, d k_1}{r}, \tag{188''}$$

wo Φ_0 durch die Gleichung

$$\triangle \Phi_0 = 0 \tag{188'''}$$

und die Oberflächenbedingung (188') bis auf eine Konstante bestimmt ist.

Es sind hierdurch auch die Werte der Ausdrücke

189) $$\begin{cases} \dfrac{\partial N}{\partial y} - \dfrac{\partial M}{\partial z} = -\left(X + \dfrac{\partial \Phi}{\partial x}\right), \\ \dfrac{\partial \Lambda}{\partial z} - \dfrac{\partial N}{\partial x} = -\left(Y + \dfrac{\partial \Phi}{\partial y}\right), \\ \dfrac{\partial M}{\partial x} - \dfrac{\partial \Lambda}{\partial y} = -\left(Z + \dfrac{\partial \Phi}{\partial z}\right) \end{cases}$$

bekannt.

Differentiiert man diese Formeln nach x, y, z, addiert sie und integriert das Resultat über den Raum k, so erhält man

189′) $$\int \left(\overline{P} + \overline{\frac{\partial \Phi}{\partial n}}\right) do = \int Q\, do = 0,$$

wodurch eine die Willkürlichkeit der Wahl von Q beschränkende Bedingung gegeben ist.

Wir führen nun drei neue Funktionen A, B, Γ ein, die wir zunächst nur den Bedingungen

189″) $$\begin{cases} \triangle A = -\left(X + \dfrac{\partial \Phi}{\partial x}\right), \ \triangle B = -\left(Y + \dfrac{\partial \Phi}{\partial y}\right), \ \triangle \Gamma = -\left(Z + \dfrac{\partial \Phi}{\partial y}\right), \\ \dfrac{\partial A}{\partial x} + \dfrac{\partial B}{\partial y} + \dfrac{\partial \Gamma}{\partial z} = 0 \end{cases}$$

unterwerfen. Die letztere gestattet, die drei ersten auf die Formen zu bringen

$$\frac{\partial}{\partial y}\left(\frac{\partial A}{\partial y} - \frac{\partial B}{\partial x}\right) - \frac{\partial}{\partial z}\left(\frac{\partial \Gamma}{\partial x} - \frac{\partial A}{\partial z}\right) = -\left(X + \frac{\partial \Phi}{\partial x}\right),$$
$$\frac{\partial}{\partial z}\left(\frac{\partial B}{\partial z} - \frac{\partial \Gamma}{\partial y}\right) - \frac{\partial}{\partial x}\left(\frac{\partial A}{\partial y} - \frac{\partial B}{\partial x}\right) = -\left(Y + \frac{\partial \Phi}{\partial y}\right),$$
$$\frac{\partial}{\partial x}\left(\frac{\partial \Gamma}{\partial x} - \frac{\partial A}{\partial z}\right) - \frac{\partial}{\partial y}\left(\frac{\partial B}{\partial z} - \frac{\partial \Gamma}{\partial y}\right) = -\left(Z + \frac{\partial \Phi}{\partial z}\right),$$

deren Vergleichung mit (189) ergiebt, daß man

$$\Lambda = \frac{\partial \Pi}{\partial x} + \frac{\partial B}{\partial z} - \frac{\partial \Gamma}{\partial y},$$
$$M = \frac{\partial \Pi}{\partial y} + \frac{\partial \Gamma}{\partial x} - \frac{\partial A}{\partial z},$$
$$N = \frac{\partial \Pi}{\partial z} + \frac{\partial A}{\partial y} - \frac{\partial B}{\partial x},$$

setzen kann; hierin bezeichnet Π eine willkürliche Funktion, die man aber ohne Beschränkung mit Null vertauschen kann, da sie bei Einsetzung der vorstehenden Werte von Λ, M, N in (187) herausfällt, also an einer eigentlichen Zerlegung von X, Y, Z keinen Anteil hat.

Sonach wird

$$\Lambda = \frac{\partial B}{\partial z} - \frac{\partial \Gamma}{\partial y}, \quad M = \frac{\partial \Gamma}{\partial x} - \frac{\partial A}{\partial z}, \quad N = \frac{\partial A}{\partial y} - \frac{\partial B}{\partial x}, \qquad 189''')$$

und man kann den Bedingungen (189'') für A, B, Γ genügen, indem man

$$\left.\begin{aligned} A = A_0 + \frac{1}{4\pi}\int\left(X + \frac{\partial \Phi}{\partial x}\right)_1 \frac{d k_1}{r}, \quad B = B_0 + \frac{1}{4\pi}\int\left(Y + \frac{\partial \Phi}{\partial y}\right)_1 \frac{d k_1}{r}, \\ \Gamma = \Gamma_0 + \frac{1}{4\pi}\int\left(Z + \frac{\partial \Phi}{\partial z}\right)_1 \frac{d k_1}{r} \end{aligned}\right\} \qquad 190)$$

setzt, worin die Funktionen A_0, B_0, Γ_0 den Bedingungen

$$\left.\begin{aligned} \triangle A_0 = 0, \quad \triangle B_0 = 0, \quad \triangle \Gamma_0 = 0 \\ \text{und} \qquad\qquad \\ \frac{\partial A_0}{\partial x} + \frac{\partial B_0}{\partial y} + \frac{\partial \Gamma_0}{\partial z} = \frac{1}{4\pi}\int\left(\overline{P} + \frac{\overline{\partial \Phi}}{\partial n}\right)_1 \frac{d o_1}{r} = \frac{1}{4\pi}\int \frac{Q_1\, d o}{r} \end{aligned}\right\} \qquad 190')$$

genügen müssen.

Es ist zu bemerken, daß A_0, B_0, Γ_0 zu Λ, M, N Anteile Λ_0, M_0, N_0 geben, welche nach (189''') die Gleichungen

$$\frac{\partial N_0}{\partial y} - \frac{\partial M_0}{\partial z} = \frac{\partial \Lambda_0}{\partial z} - \frac{\partial N_0}{\partial x} = \frac{\partial M_0}{\partial x} - \frac{\partial \Lambda_0}{\partial y} = 0$$

befriedigen, also, wie oben die von Π abhängigen, zur Zerlegung keinen Anteil geben, falls nur Q für alle Punkte von k der Bedingung

$$\int \frac{Q_1\, d o_1}{r} = 0 \qquad 190'')$$

genügt; ist diese Gleichung erfüllt, so kann man sie ebenfalls gleich Null setzen.

Die Bedingung (190'') ist aber bei endlichem k mit (189') nur dann vereinbar, wenn auf der ganzen Oberfläche $Q = 0$ ist; verfügt man demgemäß über Q, so ist die Zerlegung eindeutig bestimmt.

Ist der Raum k unendlich, wird er etwa durch im Endlichen liegende geschlossene Flächen o_h und eine Kugelfläche O von dem unendlich großen Radius R begrenzt, so ist an ersteren $Q = 0$ zu setzen, während es an letzterer willkürlich bleibt; denn für die unendliche Kugel nimmt die Gleichung (190'') die Form an

$$\frac{1}{R}\int Q\, d o = 0$$

und ist nach (189') stets erfüllt.

Man kann in diesem Falle also auch $A_0 = B_0 = \Gamma_0 = 0$ setzen, aber da die Gleichung (188') als Grenzbedingung in Wegfall kommt, ist die Zerlegung (187) im allgemeinen nicht eindeutig.

Doch ist Φ, und damit auch Λ, M, N, nach S. 183 bis auf eine irrelevante Konstante bestimmt, wenn H nur im Endlichen von Null verschieden und $\int H\,dk$, über den ganzen Raum, sowie $\Sigma \int \overline{P}_h\,do_h$, über alle Oberflächen o_h erstreckt, endlich ist. Fehlen die Oberflächen o_h, so ist speziell $\Phi_0 = 0$; ist überall

191) $$\frac{\partial X}{\partial x} + \frac{\partial Y}{\partial y} + \frac{\partial Z}{\partial z} = 0,$$

so ist $\Phi = 0$, und die allgemeinste Zerlegung lautet:

191'') $$\begin{cases} X = \dfrac{\partial M}{\partial z} - \dfrac{\partial N}{\partial y}, \quad Y = \dfrac{\partial N}{\partial x} - \dfrac{\partial \Lambda}{\partial z}, \quad Z = \dfrac{\partial \Lambda}{\partial y} - \dfrac{\partial M}{\partial x} \\ \text{und} \\ \dfrac{\partial \Lambda}{\partial x} + \dfrac{\partial M}{\partial y} + \dfrac{\partial N}{\partial z} = 0. \end{cases}$$

Gleiches gilt bei endlichem k, wenn noch an der Oberfläche $P = 0$ ist. —

Die im vorstehenden bewirkte Zerlegung der Vektorkomponenten X, Y, Z zerfällt dieselben in zwei Teile, die resp. nur von Φ oder nur von Λ, M, N abhängen, von wesentlich verschiedenen Eigenschaften. Letztere ergeben sich am deutlichsten, wenn man X, Y, Z als Komponenten einer körperlichen Kraft auffaßt und die Drehungsmomente L, M, N berechnet, welche ein sehr kleines, am einfachsten kugelförmiges Bereich des homogen gedachten Körpers, auf welchen sie wirken, um Parallele zu den Koordinatenaxen durch das Kugelcentrum erleidet. Entwickelt man innerhalb desselben X, Y, Z nach Potenzen der relativen Koordinaten x, y, z gegen den Kugelmittelpunkt, so erhält man nach (187') leicht

191''') $$\begin{cases} L = \displaystyle\int (yZ - zY)\,dm = \frac{4\pi\varrho R^5}{15} \triangle \Lambda, \\ M = \displaystyle\int (zX - xZ)\,dm = \frac{4\pi\varrho R^5}{15} \triangle M, \\ N = \displaystyle\int (xY - yX)\,dm = \frac{4\pi\varrho R^5}{15} \triangle N. \end{cases}$$

Es geben also die von Φ abhängigen potentiellen Glieder in (187) keinen Anteil zu den Drehungsmomenten und die von Λ, M, N abhängigen solche, die mit $\triangle \Lambda$, $\triangle M$, $\triangle N$ proportional sind; wir können demgemäß die letzteren Glieder rotatorische nennen. Die Anteile Λ_0, M_0, N_0 liefern keine Beiträge zu L, M, N, charakterisieren sich also auch hierdurch als fremdartig. —

Der Vollständigkeit halber fügen wir hier noch eine zweite

Zerlegung von Vektorkomponenten an, obgleich dieselbe nicht allein auf Potentialbetrachtungen beruht.[114])

Sei entsprechend (187)

$$X = \Xi - \frac{\partial \Phi}{\partial x}, \quad Y = H - \frac{\partial \Phi}{\partial y}, \quad Z = Z - \frac{\partial \Phi}{\partial z}$$

gesetzt, aber Φ beliebig gelassen; dann kann man Ξ, H, Z noch einer willkürlichen Bedingung unterwerfen. Wählt man dafür die Gleichung

$$\Xi\left(\frac{\partial Z}{\partial y} - \frac{\partial H}{\partial z}\right) + H\left(\frac{\partial \Xi}{\partial z} - \frac{\partial Z}{\partial x}\right) + Z\left(\frac{\partial H}{\partial x} - \frac{\partial \Xi}{\partial y}\right) = 0,$$

so drückt dies aus, daß

$$\Xi\, dx + H\, dy + Z\, dz$$

einen integrierenden Faktor besitzt; nennt man denselben $1/P$, so kann man setzen

$$\Xi = -P\frac{\partial \Pi}{\partial x}, \quad H = -P\frac{\partial \Pi}{\partial y}, \quad Z = -P\frac{\partial \Pi}{\partial z}$$

und daher auch

$$\left.\begin{aligned} X &= -\left(\frac{\partial \Phi}{\partial x} + P\frac{\partial \Pi}{\partial x}\right), \quad Y = -\left(\frac{\partial \Phi}{\partial y} + P\frac{\partial \Pi}{\partial y}\right), \\ Z &= -\left(\frac{\partial \Phi}{\partial z} + P\frac{\partial \Pi}{\partial z}\right). \end{aligned}\right\} \qquad 192)$$

Die Drehungsmomente L, M, N bestimmen sich daraus nach (191''') zu

$$\left.\begin{aligned} L &= \frac{4\pi\varrho R^5}{15}\left(\frac{\partial P}{\partial z}\frac{\partial \Pi}{\partial y} - \frac{\partial P}{\partial y}\frac{\partial \Pi}{\partial z}\right), \\ M &= \frac{4\pi\varrho R^5}{15}\left(\frac{\partial P}{\partial x}\frac{\partial \Pi}{\partial z} - \frac{\partial P}{\partial z}\frac{\partial \Pi}{\partial x}\right), \\ N &= \frac{4\pi\varrho R^5}{15}\left(\frac{\partial P}{\partial y}\frac{\partial \Pi}{\partial x} - \frac{\partial P}{\partial x}\frac{\partial \Pi}{\partial y}\right); \end{aligned}\right\} \qquad 192')$$

es erweisen sich hier also die von P und Π abhängenden Glieder in (192) als die rotatorischen. —

Von den beiden Zerlegungen (187) und (192) machen wir eine Anwendung auf die Momente α, β, γ der Volumeneinheit in der Potentialfunktion (173) oder (173'')

$$\begin{aligned} \varphi &= f\int\left(\alpha_1\frac{\partial \frac{1}{r}}{\partial x_1} + \beta_1\frac{\partial \frac{1}{r}}{\partial y_1} + \gamma_1\frac{\partial \frac{1}{r}}{\partial z_1}\right)dk_1 \\ &= f\int\frac{\sigma_1\, do_1}{r} + f\int\frac{\varrho_1\, dk_1}{r} \end{aligned}$$

eines neutralen, d. h. magnetisch oder diëlektrisch polarisierten Körpers, worin ist

$$\sigma_1 = -\left(\alpha_1 \cos(n_1, x) + \beta_1 \cos(n_1, y) + \gamma_1 \cos(n_1, z)\right),$$

$$\varrho_1 = -\left(\frac{\partial \alpha_1}{\partial x_1} + \frac{\partial \beta_1}{\partial y_1} + \frac{\partial \gamma_1}{\partial z_1}\right).$$

Nach der ersten Zerlegungsart (185) können wir setzen $\alpha = \alpha' + \alpha''$, $\beta = \beta' + \beta''$, $\gamma = \gamma' + \gamma''$ und

$$193)\left\{\begin{array}{lll} \alpha' = \dfrac{\partial \mathfrak{F}}{\partial x}, & \beta' = \dfrac{\partial \mathfrak{F}}{\partial y}, & \gamma' = \dfrac{\partial \mathfrak{F}}{\partial z}, \\ \alpha'' = \dfrac{\partial \mathfrak{N}}{\partial y} - \dfrac{\partial \mathfrak{M}}{\partial z}, & \beta'' = \dfrac{\partial \mathfrak{L}}{\partial z} - \dfrac{\partial \mathfrak{N}}{\partial x}, & \gamma'' = \dfrac{\partial \mathfrak{M}}{\partial x} - \dfrac{\partial \mathfrak{L}}{\partial y}, \end{array}\right.$$

$$\frac{\partial \mathfrak{L}}{\partial x} + \frac{\partial \mathfrak{M}}{\partial y} + \frac{\partial \mathfrak{N}}{\partial z} = 0.$$

Die potentiellen Glieder α', β', γ' geben ein Gesamtmoment von der Größe $\mu' = \partial \mathfrak{F} / \partial \mathfrak{n}'$, wo $\mathfrak{n}'$ die Normale auf der Fläche $\mathfrak{F} = \text{Const.}$ bezeichnet; seine Axe fällt mit $\mathfrak{n}'$ zusammen.

Zerlegt man also durch Flächen $\mathfrak{F} = \text{Const.}$, die um gleiche Inkremente $\delta \mathfrak{C}'$ fortschreitenden Konstanten entsprechen, den Körper in Schichten, so ist $\mu' \delta \mathfrak{n}' = \delta \mathfrak{C}'$, daher das Produkt aus Dicke und Gesamtmoment für alle Schichten konstant. Jede Schicht läßt sich also als eine Doppelfläche mit konstantem Moment $\nu = \mu' \delta \mathfrak{n}'$ auffassen. Eine Polarisierung von dieser Eigenschaft nennt man lamellar. Für sie nimmt die Potentialfunktion den Wert an

$$193') \qquad \varphi' = -f \int \overline{\frac{\partial \mathfrak{F}}{\partial n_1}} \frac{d o_1}{r} - f \int \triangle \mathfrak{F} \frac{d k_1}{r}.$$

Die rotatorischen Glieder α'', β'', γ'' haben die Eigenschaft, die äquivalente Raumdichte

$$\varrho'' = -\left(\frac{\partial \alpha''}{\partial x} + \frac{\partial \beta''}{\partial y} + \frac{\partial \gamma''}{\partial z}\right)$$

zu Null zu machen. Zerlegt man also den Körper in Fäden, deren Seitenwände ausschließlich durch Kurven von der Gleichung

$$dx : dy : dz = \alpha'' : \beta'' : \gamma''$$

gebildet werden, so ist für jeden einzelnen der Anteil $d\varphi''$ der Potentialfunktion gegeben durch

$$193'') \quad d\varphi'' = -f\left[\left(\mu'' \cos(n_1, \mu'') \frac{d o_1}{r}\right)_a + \left(\mu'' \cos(n_1, \mu'') \frac{d o_1}{r}\right)_b\right],$$

wo die beiden Glieder mit a und b sich auf die Flächenelemente $d o_1$ beziehen, die von dem Faden aus der Oberfläche des Körpers ausgeschnitten werden. Der Faden ist demnach vollkommen durch die Wirkung seiner Endflächen ersetzbar, nach S. 171 also ein Solenoid; der ganze Körper läßt sich in ein System von Solenoiden zerlegen, und man nennt daher die durch α'', β'', γ'' gegebene Erregung solenoidal. Bildet man die ihr entsprechende Potentialfunktion des ganzen Körpers, so erhält man

$$\left.\begin{aligned}\varphi'' = -f\int\Big[\Big(\frac{\partial \mathfrak{N}_1}{\partial y_1} - \frac{\partial \mathfrak{M}_1}{\partial x_1}\Big)\cos(n_1, x) + \Big(\frac{\partial \mathfrak{L}_1}{\partial x_1} - \frac{\partial \mathfrak{N}_1}{\partial x_1}\Big)\cos(n_1, y) \\ + \Big(\frac{\partial \mathfrak{M}_1}{\partial x_1} - \frac{\partial \mathfrak{L}_1}{\partial y_1}\Big)\cos(n_1, z)\Big]\, d o_1 .\end{aligned}\right\} \quad 193''')$$

Gemäß dem Vorstehenden kann man also die allgemeinste Erregung eines neutralen Körpers jederzeit in eine lamellare und eine solenoidale zerlegen. —

Nach (192) können wir aber auch schreiben

$$\alpha'' = \mathfrak{R}\frac{\partial \mathfrak{P}}{\partial x}, \quad \beta'' = \mathfrak{R}\frac{\partial \mathfrak{P}}{\partial y}, \quad \gamma'' = \mathfrak{R}\frac{\partial \mathfrak{P}}{\partial z}. \qquad 193'''')$$

Diese Werte ergeben die Axen überall parallel der Normalen $\mathfrak{n}''$ auf den Flächen $\mathfrak{P} =$ Const. und die Momente μ'' gleich $\mathfrak{R}\,\partial\mathfrak{P}/\partial\mathfrak{n}''$. Zerlegt man also, wie oben, durch Flächen $\mathfrak{P} =$ Const., die um gleiche Inkremente $\delta\mathfrak{C}''$ fortschreitenden Konstantenwerten entsprechen, den Körper in Schichten, so wird $\mu''\,\delta\mathfrak{n}'' = \mathfrak{R}\,\delta\mathfrak{C}''$; man kann diese Schichten also als Doppelflächen mit variablem Moment auffassen. Eine solche Erregung heißt komplex-lamellar.

Die allgemeinste Polarisierung läßt sich also auch als die Superposition einer einfach und einer komplex lamellaren auffassen.[115])

§ 24. Die NEWTON'sche Potentialfunktion mit zwei Unabhängigen.

Sind die Massen, deren Potentialfunktion mit φ bezeichnet ist, parallel der Z-Axe mit konstanter Dichtigkeit ϱ unendlich ausgedehnt, so ist φ eine Funktion nur von x und y, und die Untersuchung seiner Eigenschaften kann sich auf die XY-Ebene beschränken.

Um die Form zu bestimmen, welche φ unter dieser Voraussetzung annimmt, gehen wir von dem Fall aus, der alle übrigen als spezielle abzuleiten gestattet, daß die ganze Masse einen Cylinder von endlichem Querschnitt mit in der XY-Ebene beliebig wechselnder, aber von z unabhängiger Dichte erfüllt. Dann bestimmt sich für alle Punkte der XY-Ebene, deren normale Entfernungen vom Cylinder klein gegen dessen Länge sind, durch einfache Rechnung

$$\varphi = -2f\iint \varrho_1\, l(e)\, dx_1\, dy_1, \qquad 194)$$

worin $e = \sqrt{(x-x_1)^2 + (y-y_1)^2}$ den Abstand des Flächenelementes $dx_1\,dy_1$ von der betrachteten Stelle x, y bezeichnet. Eine bei der Integration auftretende (im allgemeinen unendlich große) Konstante ist in φ hineingezogen.

Ist ϱ_1 nur längs eines unendlich dünnen Fadens vom Querschnitt q_1 von Null verschieden, und setzt man $\varrho_1 q_1 = m_1$, so wird

194′) $$\varphi = -2 f m_1 \, l(e);$$

bedeckt die wirkende Masse eine Cylinderfläche mit der Dichte σ_1, und bezeichnet $d s_1$ ein Element ihrer Schnittkurve mit der XY-Ebene, so gilt

194″) $$\varphi = -2 f \int \sigma_1 \, l(e) \, d s_1;$$

hat die Cylinderfläche eine Doppelbelegung von dem auf die Flächeneinheit reduzierten Moment ν_1 nach der Richtung der Normalen n_1, so ist

194‴) $$\varphi = -2 f \int \nu_1 \frac{\partial \, l(e)}{\partial n_1} d s_1 .$$

Die Stetigkeitseigenschaften dieser Funktionen folgen unmittelbar aus den in den §§ 19 und 21 gegebenen Sätzen und stimmen mit denjenigen der gewöhnlichen Newton'schen Potentialfunktionen vollständig überein; nur im Unendlichen macht sich die fortgelassene unendliche Konstante, sowie die jetzt vorausgesetzte Erstreckung der Masse in's Unendliche geltend, und demgemäß wird dort φ, falls nicht $\int \varrho_1 \, d x_1 \, d y_1$ verschwindet, logarithmisch unendlich; zugleich werden die ersten Differentialquotienten nach den Koordinaten unendlich klein vom ersten Grade. —

Statt den vorstehend angegebenen Übergang von dem Newton'schen Potential zu machen, kann man auch direkt von dem Elementargesetz

$$K = -2 f \frac{m m_1}{e}$$

und daher dem Potential $\Phi = -2 f m m_1 \, l e$ für die Wechselwirkung zwischen zwei Massenpunkten ausgehen und die Entwickelung der im Anfang von § 19 parallel gestalten, muß dabei aber alle Massen ausschließlich in der XY-Ebene verteilt annehmen; die dieser Elementarwirkung zugehörige Potentialfunktion

195) $$\varphi = -2 f m_1 \, l(e)$$

führt den Namen der logarithmischen.[116])

Es spielen bei diesen Betrachtungen die Potentialfunktionen einer homogenen Kreislinie und einer ebensolchen Kreisfläche dieselbe Rolle, wie oben diejenigen der homogenen Kugelfläche und Vollkugel.

Man erhält durch einfache Rechnung die Potentialfunktion φ' der Kreislinie von dem Radius R, der Lineardichte σ, der Masse M auf äußere und innere Punkte, falls E die Entfernung des Einheitspoles vom Kreiscentrum bezeichnet, folgendermaßen:

$$\left.\begin{aligned}\varphi'_a &= -4\pi f R\sigma\, l(E) = -2fMl(E),\\ \varphi'_i &= -4\pi f R\sigma\, l(R) = -2fMl(R).\end{aligned}\right\} \qquad 195')$$

Analog findet man für die Potentialfunktion der Kreisfläche von dem Radius R, der Flächendichte ϱ, der Masse M

$$\left.\begin{aligned}\varphi'_a &= -2\pi f R^2 \varrho\, l(E) = -2fMl(E),\\ \varphi'_i &= \pi f\varrho(R^2 - E^2) - 2\pi f\varrho R^2 l(R).\end{aligned}\right\} \qquad 195'')$$

Daraus ergeben sich die folgenden Differentialeigenschaften der logarithmischen Potentialfunktionen.

Wie auch immer die Masse verteilt sei, in den Bereichen, wo keine Masse liegt, gilt die Gleichung

$$\triangle_2\varphi = \frac{\partial^2\varphi}{\partial x^2} + \frac{\partial^2\varphi}{\partial \varphi^2} = 0; \qquad 196)$$

an Kurven, welche eine stetig veränderliche Lineardichte tragen, ist

$$\left.\begin{aligned}\overline{\varphi}_1 - \overline{\varphi}_2 = 0, \quad \left(\frac{\overline{\partial\varphi}}{\partial n}\right)_1 + \left(\frac{\overline{\partial\varphi}}{\partial n}\right)_2 &= -4\pi f\sigma,\\ \left(\frac{\overline{\partial^2\varphi}}{\partial n^2}\right)_1 - \left(\frac{\overline{\partial^2\varphi}}{\partial n^2}\right)_2 &= -\frac{4\pi f\sigma}{R'},\end{aligned}\right\} \qquad 196')$$

wo die Indices (1) und (2) sich auf die beiden Seiten der Fläche beziehen, σ die Dichte, R' den Krümmungsradius der Kurve an der Durchgangsstelle bezeichnet, und R' nach der Seite der Normalen n_1 positiv gerechnet ist; an Doppelkurven mit stetig veränderlichem Moment ν_1 springt die Potentialfunktion beim Durchgang von der Seite der negativen zu derjenigen der positiven Normale, so daß

$$\overline{\varphi}_+ - \overline{\varphi}_- = 4\pi f\nu \qquad 196'')$$

wird, worin ν das Moment der Längeneinheit an der Durchgangsstelle bezeichnet, während die Differentialquotienten stetig bleiben; an der Grenze von Flächenstücken mit stetig veränderlicher Dichte ϱ_1 verhält sich φ mit seinen ersten Differentialquotienten stetig, während die zweiten springen gemäß den Formeln

$$\left.\begin{aligned}\frac{\partial^2\overline{\varphi}_i}{\partial x^2} - \frac{\partial^2\overline{\varphi}_a}{\partial x^2} &= -4\pi f\overline{\varrho}\cos^2(n, x),\\ \frac{\partial^2\overline{\varphi}_i}{\partial y^2} - \frac{\partial^2\overline{\varphi}_a}{\partial y^2} &= -4\pi f\overline{\varrho}\cos^2(n, y),\\ \frac{\partial^2\overline{\varphi}_i}{\partial y\partial x} - \frac{\partial^2\overline{\varphi}_a}{\partial y\partial x} &= -4\pi f\overline{\varrho}\cos(n, y)\cos(n, x),\end{aligned}\right\} \qquad 196''')$$

in denen $\overline{\varrho}$ die Flächendichte an der Durchgangsstelle bezeichnet; hiermit hängt zusammen, daß im Innern derartiger Bereiche die Beziehung

196'''') $$\triangle_2 \varphi = \frac{\partial^2 \varphi}{\partial x^2} + \frac{\partial^2 \varphi}{\partial y^2} = -4\pi f \varrho$$

gültig ist.

Die Verallgemeinerung dieser Sätze auf unstetige Dichtigkeiten bietet keine Schwierigkeiten, aber auch kein hervorragendes physikalisches Interesse. —

Ist dq das Element eines beliebig begrenzten Flächenstückes q der XY-Ebene, ds das Element seiner Randkurve, n die Richtung der inneren Normale auf ds, und bezeichnen U und V zwei Funktionen von x und y, die der Bedingung genügen, daß

$$U, \ \frac{\partial V}{\partial x}, \ \frac{\partial V}{\partial y}$$

auf q einwertig und stetig sind, so gilt der (181) analoge Green'sche Satz

197) $$\int U \triangle_2 V dq = -\int \overline{U} \frac{\overline{\partial V}}{\partial n} ds - \int \left(\frac{\partial U}{\partial x} \frac{\partial V}{\partial x} + \frac{\partial U}{\partial y} \frac{\partial V}{\partial y} \right) dq.$$

Findet gleiches in Bezug auf V, $\partial U / \partial x$, $\partial U / \partial y$ statt, so gilt die vorstehende Formel auch bei Vertauschung von U und V, und die Differenz beider führt auf

197') $$\int (U \triangle_2 V - V \triangle_2 U) dq = -\int \left(\overline{U} \frac{\overline{\partial V}}{\partial n} - \overline{V} \frac{\overline{\partial U}}{\partial n} \right) ds.$$

Wenn speziell $U = V$ ist, folgt aus (197)

197'') $$\int V \triangle_2 V dq = -\int \overline{V} \frac{\overline{\partial V}}{\partial n} ds - \int \Theta_2 V dq,$$

worin kurz

$$\left(\frac{\partial V}{\partial x} \right)^2 + \left(\frac{\partial V}{\partial y} \right)^2 = \Theta_2 V$$

gesetzt ist; ist $U = 1$, so ergiebt sich

197''') $$\int \triangle_2 V dq = -\int \frac{\overline{\partial V}}{\partial n} ds.$$

An diese Formeln können genau dieselben Betrachtungen geknüpft werden, wie an die entsprechenden (181) bis (181''') für die Newton'sche Potentialfunktion. Speziell ergiebt sich aus ihnen, daß eine einwertige und stetige Funktion von x und y innerhalb q vollkommen bestimmt ist, wenn an jeder Stelle $\triangle_2 V$, und an der Oberfläche $\overline{V}$ oder $(F^2 \overline{V} - \overline{\partial V} / \partial n)$ einen gegebenen Wert hat. Gleiches gilt, wenn für einen beliebigen Teil der Oberfläche $\overline{V}$, für einen anderen $\partial \overline{V}/\partial n$, für den Rest $(F^2 \overline{V} - \partial \overline{V}/\partial n)$ vorgeschrieben ist. Ist aber überall $\partial \overline{V}/\partial n$ selbst gegeben, wobei die Bedingung (197‴) zu berücksichtigen ist, so bleibt in V eine additive Konstante willkürlich.

Die Ausdehnung dieser Betrachtungen auf den Fall, daß das Bereich q sich bis ins Unendliche erstreckt, bietet keine Schwierigkeiten, wenn, über die im Unendlichen liegende Grenzkurve ausgedehnt, das Linienintegral in (197″) verschwindet; indessen findet dies bei der logarithmischen Potentialfunktion von im Endlichen liegenden Massen nur statt, wenn die Summe derselben gleich Null ist.

Hieraus folgt, daß die auf S. 198 angegebenen Eigenschaften die logarithmischen Potentiale auch nur in diesem Falle eindeutig bebestimmen; in anderen Fällen ist noch die Angabe des Grenzwertes nötig, dem sich φ im Unendlichen nähert, d. h., da derselbe bei ganz im Endlichen liegenden Massen mit $-2fl(e_0)\Sigma m_h$ identisch wird, wo e_0 die Entfernung vom Koordinatenanfang bezeichnet, die Angabe der Größe von Σm_h. —

Setzt man in die Gleichung (197′) $U = -2l(e)$, wo e die Entfernung des Elementes dq_1 von einem Punkte a, b des Bereiches q bezeichnet, so erhält man durch eine der auf S. 182 ausgeführten analoge Operation

$$V_{ab} = \frac{1}{2\pi}\int\left(\overline{l(e)}\,\frac{\partial \overline{V}}{\partial n} - \overline{V}\,\frac{\overline{\partial l(e)}}{\partial n}\right) ds + \frac{1}{2\pi}\int l(e) \triangle_2 V dq \qquad 198)$$

und damit die Bestimmung von V an der Stelle a, b durch eine (182) genau entsprechende Formel, die auch dieselben Folgerungen gestattet, wie jene.

Endlich kann man auch der GREEN'schen Funktion G im Raume eine analoge Funktion G' in der Ebene zuordnen, welche innerhalb q eindeutig und stetig ist, die Gleichung $\triangle_2 G' = 0$ erfüllt und demgemäß liefert

$$V_{ab} = \frac{1}{2\pi}\int\left((\overline{l(e)} + \overline{G'})\frac{\partial \overline{V}}{\partial n} - \overline{V}\,\frac{\overline{\partial(l(e) + G')}}{\partial n}\right) ds + \frac{1}{2\pi}\int (l(e) + G') \triangle_2 V dq. \qquad 198')$$

Unterwirft man noch G' der Bedingung, am Rande entweder $l(e) + G'$ zu Null oder $\partial(l(e) + G')/\partial n$ zu einer Konstanten oder endlich $F^2(l(e) + G') - \partial(l(e) + G')/\partial n$ zu Null zu machen, so ist, falls G' den Bedingungen gemäß bestimmt ist, die Berechnung von V auf Quadraturen zurückgeführt.

Auch der GAUSS'sche Satz des arithmetischen Mittels läßt sich auf die logarithmischen Potentialfunktionen übertragen und als Ausgangspunkt für dieselben Schlußreihen benutzen, die auf S. 188 daran geknüpft sind. —

Eine Anwendung der erhaltenen Resultate machen wir auf die Zerlegung der innerhalb eines Flächenstückes q der XY-Ebene regulären Komponenten X und Y eines Vektors K in Teile nach dem Schema

199) $$X = -\frac{\partial \Phi}{\partial x} - \frac{\partial N}{\partial y}, \quad Y = -\frac{\partial \Phi}{\partial y} + \frac{\partial N}{\partial x}.$$

Man erhält zunächst

199′) $$-\triangle_2 \Phi = \frac{\partial X}{\partial x} + \frac{\partial Y}{\partial y} = H, \quad -\triangle_2 N = \frac{\partial X}{\partial y} - \frac{\partial Y}{\partial x},$$

worin H eine neue Bezeichnung ist. Setzt man

200) $$X \cos(n, x) + Y \cos(n, y) = P,$$

so kann man Φ durch die erste Gleichung (199′) und die Randbedingung

200′) $$\overline{\frac{\partial \Phi}{\partial n}} + \overline{P} = Q$$

bis auf eine belanglose Konstante bestimmen; Q bleibt zunächst verfügbar, muß aber jedenfalls der Bedingung

200″) $$\int Q\, ds = 0$$

genügen.

Es läßt sich dann setzen

200‴) $$\Phi = \Phi_0 - \frac{1}{2\pi} \int H_1\, l(e)\, dq_1,$$

worin Φ_0 durch die Gleichung $\triangle \Phi_0 = 0$ und die Bedingung (200′) bestimmt ist.

Führt man zwei Funktionen A und B ein, welche den Bedingungen

201) $$\left\{ \begin{array}{c} \triangle A = -\left(X + \frac{\partial \Phi}{\partial x}\right), \quad \triangle B = -\left(Y + \frac{\partial \Phi}{\partial y}\right), \\ \frac{\partial A}{\partial x} + \frac{\partial B}{\partial y} = 0 \end{array} \right.$$

genügen, so kann man auf demselben Wege, der zu Formel (189‴) führt, schließen, daß

201′) $$N = \frac{\partial A}{\partial y} - \frac{\partial B}{\partial x}$$

sein muß.

Für A und B erhält man die Werte

$$\left.\begin{aligned} A &= A_0 - \frac{1}{2\pi}\int\left(X + \frac{\partial \Phi}{\partial x}\right)_1 l(e)\, dq_1, \\ B &= B_0 - \frac{1}{2\pi}\int\left(Y + \frac{\partial \Phi}{\partial y}\right)_1 l(e)\, dq_1, \end{aligned}\right\} \tag{201''}$$

worin A_0 und B_0 den Bedingungen

$$\triangle A_0 = 0, \quad \triangle B_0 = 0, \quad \frac{\partial A_0}{\partial x} + \frac{\partial B_0}{\partial y} = -\frac{1}{2\pi}\int Q_1 l(e)\, ds_1 \tag{201'''}$$

genügen müssen. A_0 und B_0 sind ohne Einfluß auf die Zerlegung, können also gleich Null gesetzt werden, wenn $\int Q_1 l(e) ds_1$ für alle Punkte innerhalb q_1 verschwindet; dies erfordert aber im allgemeinen, daß Q am ganzen Rande gleich Null ist.

Erstreckt sich q ins Unendliche, so ergiebt sich dieselbe Schwierigkeit, die S. 191 besprochen ist. Die Zerlegung (199) ist nur dann eindeutig, wenn H im Unendlichen verschwindet und sowohl $\int H\, dq$, über die ganze Ebene, als $\Sigma\int \bar{P}_h\, ds_k$, über etwaige im Endlichen liegende Begrenzungen erstreckt, endlich ist.

Fehlen jene Begrenzungen, so ist $\Phi_0 = 0$; gilt überall

$$\frac{\partial X}{\partial x} + \frac{\partial Y}{\partial y} = 0,$$

so ist $\Phi = 0$, und die allgemeinste Zerlegung lautet hier:

$$X = -\frac{\partial N}{\partial y}, \quad Y = +\frac{\partial N}{\partial x}. \tag{201''''}$$

Gleiches gilt bei e n d l i c h e m q, wenn noch am Rande $\bar{P}$ verschwindet.

Die in (192) gegebene zweite Zerlegungsart von Vektorkomponenten bietet bei Übertragung auf Funktionen von nur zwei Koordinaten keine speziellen Vorteile.

§ 25. Weitere aus der Newton'schen abgeleitete Potentialfunktionen.

Neben dem Newton'schen und dem daraus gewissermaßen gewonnenen logarithmischen Potential spielt in der Physik noch dasjenige eine besonders hervorragende Rolle, dessen Potentialfunktion (z w e i t e Potentialfunktion[117]) nach Mathieu) die Form hat

$$\psi = \frac{f m_1 r}{2}. \tag{202}$$

Auch dieses besitzt eine Verwandtschaft mit dem Newton'schen Potential, da, wie leicht durch Rechnung zu zeigen, die Relation besteht:

202') $$\triangle \psi = \frac{f m_1}{r} = \varphi,$$

woraus auch folgt:

202'') $$\triangle \triangle \psi = 0.$$

Dieser Zusammenhang gestattet, eine Reihe von Eigenschaften der neuen Potentialfunktion, wenn sie von irgend welchen Massenverteilungen genommen ist, fast ohne Rechnung abzuleiten.

Es genügt, nur die wichtigsten anzuführen.

Die Potentialfunktion

203) $$\psi = \tfrac{1}{2} f \int \sigma_1 r \, do_1,$$

von einer flächenhaften Masse von der Dichte σ_1 gebildet, ist samt ihren ersten und zweiten Differentialquotienten stetig und endlich; an der Fläche gilt

203') $$\left(\frac{\partial \triangle \psi}{\partial n}\right)_1 + \left(\frac{\partial \triangle \psi}{\partial n}\right)_2 = -4\pi f \sigma,$$

203'') $$\overline{\left(\frac{\partial^2 \triangle \psi}{\partial n^2}\right)_1} - \overline{\left(\frac{\partial^2 \triangle \psi}{\partial n^2}\right)_2} = -4\pi f \sigma \left(\frac{1}{R'} + \frac{1}{R''}\right),$$

wo σ die Dichte an der betrachteten Stelle der Oberfläche und R', R'' das Paar der Hauptkrümmungsradien, nach der Seite von n_1 positiv gerechnet, bezeichnet.

Eine homogene Kugelfläche vom Radius R_1 liefert für innere resp. äußere Punkte

203''') $$\begin{cases} \varphi'_i = \dfrac{2\pi f R_1 \sigma_1}{3} (3 R_1^2 + e^2), \\ \varphi'_a = \dfrac{2\pi f R_1^2 \sigma_1}{3e} (3 e^2 + R_1^2), \end{cases}$$

falls e die Mittelpunktsdistanz des Einheitspoles bezeichnet.

Ist

204) $$\psi = \tfrac{1}{2} f \int \varrho_1 r \, dk_1$$

die zweite Potentialfunktion einer räumlichen Verteilung von der Dichte ϱ_1, so ist im Endlichen ψ mit seinen drei ersten Differentialquotienten einwertig, endlich und stetig und erfüllt die Gleichung

204') $$\triangle \triangle \psi = -4\pi f \varrho.$$

Eine homogene Vollkugel vom Radius R_1 giebt für innere und äußere Punkte

204'') $$\left.\begin{aligned} \varphi'_i &= \tfrac{1}{3}\pi f \varrho_1 \left(\tfrac{3}{2} R_1^4 + R_1^2 e^2 - \tfrac{1}{10} e^4\right), \\ \varphi'_a &= \tfrac{2}{3}\pi f \varrho_1 R_1^3 \left(e + \frac{R_1^2}{5e}\right). \end{aligned}\right\}$$

Liegen die wirkenden Massen sämtlich im Endlichen, so werden beide Funktionen im Unendlichen selbst unendlich groß, wie die Entfernung von jenen, während ihre ersten Differentialquotienten nach den Koordinaten endlich bleiben.

Die zweite Potentialfunktion

$$\psi = \tfrac{1}{2} f \int \nu_1 \frac{\partial r}{\partial n_1} do_1 \tag{205}$$

einer Doppelfläche von dem Moment ν_1 der Flächeneinheit verhält sich mit ihren beiden ersten Differentialquotienten im Endlichen überall regulär, dagegen springt $\triangle\psi$ beim Durchgang durch die Fläche, so daß gilt

$$(\triangle\psi)_+ - (\triangle\psi)_- = 4\pi f\nu. \quad — \tag{205'}$$

Wie früher die NEWTON'sche Potentialfunktion die Mittel bot, Funktionen V zu konstruieren, welche innerhalb eines gegebenen Raumes den Ausdruck $\triangle V$ einer gegebenen Funktion der Koordinaten gleich machen und an der Oberfläche entweder selbst oder in ihrem Differentialquotienten nach der Normalen oder in einer linearen Funktion beider gegebene Werte annehmen, so leistet die zweite Potentialfunktion ähnliches bezüglich des Ausdruckes $\triangle\triangle V$.

Um dies zu zeigen, gehen wir von der Gleichung (181') aus und vertauschen in derselben U mit $\triangle W$; sie lautet dann

$$\int (\triangle W \triangle V - V \triangle\triangle W)\, dk = -\int \left(\overline{\triangle W} \frac{\partial V}{\partial n} - \overline{V} \frac{\overline{\partial \triangle W}}{\partial n}\right) do \tag{206}$$

und ist gültig für alle V und $\triangle W$, die sich mit ihren ersten Differentialquotienten innerhalb k regulär verhalten.

Setzt man speziell $V = W$, so erhält man aus (206)

$$\int W \triangle\triangle W dk = \int \left(\overline{\triangle W} \frac{\overline{\partial W}}{\partial n} - \overline{W} \frac{\overline{\partial \triangle W}}{\partial n}\right) do + \int (\triangle W)^2 dk, \tag{206'}$$

setzt man $V = 1$, so folgt

$$\int \triangle\triangle W dk = -\int \frac{\overline{\partial \triangle W}}{\partial n} do. \tag{206''}$$

Aus der Gleichung (206') kann man Folgerungen ziehen über die Oberflächenbedingungen, welche neben innerhalb k vorgeschriebenem $\triangle\triangle W$ eine mit ihren ersten drei Differentialquotienten daselbst reguläre Funktion eindeutig bestimmen. Nimmt man nämlich an, daß zwei Lösungen W_1 und W_2 mit den gleichen Bedingungen vereinbar wären, so würde, für die Differenz $W_1 - W_2 = W'$ gebildet, die Gleichung lauten

$$0 = \int \left(\overline{\triangle W'} \frac{\overline{\partial W'}}{\partial n} - \overline{W'} \frac{\overline{\partial \triangle W'}}{\partial n}\right) do + \int (\triangle W')^2 dk. \tag{206'''}$$

Jedes System von Oberflächenbedingungen für W, welches dieses Oberflächenintegral zu Null oder zu einer Summe von Quadraten macht, giebt

$$\triangle W' = 0;$$

haben dann weiter die Oberflächenbedingungen die spezielle Eigenschaft, daß für einen Teil der Oberfläche $\overline{W}$, für einen zweiten $\overline{\partial W / \partial n}$, für einen dritten $(\overline{F^2 W - \partial W / \partial n})$ vorgeschrieben, also $\overline{W'}$ resp. $\overline{\partial W' / \partial n}$ oder $(\overline{F^2 W' - \partial W' / \partial n})$ ebenda gleich Null sind, so ist nach den Entwickelungen auf S. 181 W' überall gleich Null, also W eindeutig bestimmt. Ausgenommen ist nur der Fall, daß längs der ganzen Oberfläche $\overline{\partial W / \partial n}$ vorgeschrieben ist, in welchem Falle eine additive Konstante willkürlich bleibt.

Zieht man diese Resultate in Betracht, so giebt die Überlegung der Bedingungen, unter denen das Oberflächenintegral in (206‴) verschwindet, daß für jedes Oberflächenstück mit vorgeschriebenem $\overline{W}$ vorgeschriebenes $\overline{\partial W / \partial n}$ oder $\overline{\triangle W}$ kombiniert werden kann, mit vorgeschriebenem $\overline{\partial W / \partial n}$ vorgeschriebenes $\overline{W}$ oder $\overline{\partial \triangle W / \partial n}$, mit vorgeschriebenem $\overline{F^2 W - \partial W / \partial n}$ vorgeschriebenes $\overline{F^2 \triangle W - \partial \triangle W / \partial n}$. Die letztere Bedingung scheint ohne Interesse; bei überall gegebenem $\overline{\partial \triangle W / \partial n}$ ist die Bedingung (206″) in Betracht zu ziehen. —

Vertauscht man in (206) W und V und zieht das Resultat von (206) ab, so erhält man

$$207)\quad \left\{ \begin{aligned} &\int (W \triangle\triangle V - V \triangle\triangle W)\, dk \\ &\quad = -\int \left(\overline{\triangle W} \frac{\overline{\partial V}}{\partial n} - \overline{V} \frac{\overline{\partial \triangle W}}{\partial n} - \overline{\triangle V} \frac{\overline{\partial W}}{\partial n} + \overline{W} \frac{\overline{\partial \triangle V}}{\partial n} \right) do. \end{aligned} \right.$$

Diese Formel gilt unter der Voraussetzung, daß sich V und W mit ihren ersten drei Differentialquotienten innerhalb k regulär verhalten.

Setzt man für V den Wert r ein, wobei r die Entfernung von einer Stelle a, b, c des Raumes k bezeichnet, so muß man diese Stelle durch eine kleine geschlossene Fläche aussondern, da dort $\triangle V$ unendlich wird. Das hierüber genommene Oberflächenintegral liefert wegen $\triangle V = 2 / r$ nur in seinem letzten Teile einen endlichen Wert, und zwar $+ 8\pi W_{abc}$; das Raumintegral kann auch über den ausgesonderten Teil erstreckt werden, ohne seinen Wert zu ändern.

Die letzte Gleichung liefert daher

$$\left.\begin{aligned} W_{abc} = -\frac{1}{8\pi}\int\left(\bar{r}\overline{\frac{\partial\triangle W}{\partial n}} - \overline{\triangle W}\overline{\frac{\partial r}{\partial n}} + \frac{2}{\bar{r}}\overline{\frac{\partial W}{\partial n}} - 2\overline{W}\overline{\frac{\partial\frac{1}{r}}{\partial n}}\right)do \\ -\frac{1}{8\pi}\int r\triangle\triangle W dk. \end{aligned}\right\} \quad 207')$$

W_{abc} drückt sich also als ein Aggregat von Potentialfunktionen erster und zweiter Art aus; diejenigen zweiter Art rühren her von räumlichen Verteilungen und einfachen oder doppelten Flächenbelegungen, diejenigen erster nur von den letzteren beiden.

Man wird hieraus schließen dürfen, daß das vollständige Integral der Gleichung $\triangle\triangle W = \mathfrak{F}(x, y, z)$, worin $\mathfrak{F}$ eine gegebene Funktion ist, durch eine Summe von Potentialfunktionen erster und zweiter Art erhalten wird. —

Bezeichnet F eine mit ihren ersten drei Differentialquotienten überall in k reguläre Funktion, welche ebenda die Gleichung

$$\triangle\triangle F = 0$$

erfüllt, so giebt diese statt V eingesetzt:

$$\begin{aligned} 0 = -\frac{1}{8\pi}\int\left(\overline{F}\overline{\frac{\partial\triangle W}{\partial n}} - \overline{\triangle W}\overline{\frac{\partial F}{\partial n}} + \overline{\triangle F}\overline{\frac{\partial W}{\partial n}} - \overline{W}\overline{\frac{\partial\triangle F}{\partial n}}\right) \\ -\frac{1}{8\pi}\int F\triangle\triangle W dk, \end{aligned}$$

und die Addition beider Formeln liefert:

$$\left.\begin{aligned} W_{abc} = -\frac{1}{8\pi}\int\Bigg[\left(\overline{F+r}\right)\overline{\frac{\partial\triangle W}{\partial n}} - \overline{\triangle W}\overline{\frac{\partial(F+r)}{\partial n}} + \overline{\frac{\partial W}{\partial n}}\left(\overline{\triangle F} + \frac{2}{\bar{r}}\right) \\ - \overline{W}\overline{\frac{\partial\left(\triangle F + \frac{2}{r}\right)}{\partial n}}\Bigg]do - \frac{1}{8\pi}\int(F+r)\triangle\triangle W dk. \end{aligned}\right\} \quad 208)$$

Die Funktion F kann man ähnlich wie die GREEN'sche Funktion G in (183) benutzen, doch hat man Sorge zu tragen, daß sie durch die ihr auferlegten Randbedingungen eindeutig bestimmt ist.

Hat F z. B. die Eigenschaft, an der Oberfläche den Bedingungen zu genügen,

$$\overline{F} = -\bar{r}, \quad \overline{\frac{\partial F}{\partial n}} = -\overline{\frac{\partial r}{\partial n}},$$

so wird W durch $\triangle\triangle W$, $\overline{W}$ und $\overline{\partial W}/\partial n$ gegeben sein nach

$$\left.\begin{aligned} W_{abc} = -\frac{1}{8\pi}\int\left[\overline{\left(\triangle F + \frac{2}{r}\right)}\overline{\frac{\partial W}{\partial n}} - \overline{W}\overline{\frac{\partial\left(\triangle F + \frac{2}{r}\right)}{\partial n}}\right]do \\ -\frac{1}{8\pi}\int(F+r)\triangle\triangle W dk; \end{aligned}\right\} \quad 208')$$

ist hingegen vorgeschrieben

$$\overline{F} = -\overline{r} \quad \text{und} \quad \overline{\triangle F} = -\frac{2}{\overline{r}},$$

so wird W durch $\triangle\triangle W$, $\overline{W}$ und $\overline{\triangle W}$ ausgedrückt

208'') $$\left\{ \begin{aligned} W_{abc} = &+ \frac{1}{8\pi}\int\left[\frac{\overline{\partial(F+r)}}{\partial n}\overline{\triangle W} + \frac{\overline{\partial\left(\triangle F + \frac{2}{r}\right)}}{\partial n}\overline{W}\right] do \\ &- \frac{1}{8\pi}\int(F+r)\triangle\triangle W dk. \end{aligned} \right.$$

Durch vorgeschriebene $\overline{\partial F / \partial n}$ und $\overline{\partial \triangle F / \partial n}$ ist F nur bis auf eine additive Konstante bestimmt, und gleiches gilt somit auch in Bezug auf W. —

Setzt man auch bei dieser zweiten Potentialfunktion, wie in § 24 bezüglich der ersten, Massen voraus, deren Dichte von z nicht abhängt, so hat man das Elementarpotential (202), in welchem $r^2 = e^2 + z^2$ ist, in Bezug auf z von $-\infty$ bis $+\infty$ zu integrieren. Das Resultat, die zweite elementare logarithmische Potentialfunktion, lautet bis auf eine belanglose unendliche Konstante

209) $$\psi = -\tfrac{1}{4} f m_1 e^2 l(e^2).$$

Diese Funktion giebt in der That

209') $$\triangle_2 \psi = -f m_1 l(e^2) = \varphi,$$

also die erste logarithmische Potentialfunktion, und hieraus folgt leicht eine ganze Reihe von Stetigkeits- und Differentialeigenschaften dieser neuen Funktion.

Der Green'sche Satz läßt sich genau (207) entsprechend aufstellen und an die daraus folgende Formel

210) $$\left\{ \begin{aligned} &\int(W\triangle_2\triangle_2 V - V\triangle_2\triangle_2 W)\,dq \\ &= -\int\left(\overline{\triangle_2 W}\frac{\overline{\partial V}}{\partial n} - \overline{V}\frac{\overline{\partial\triangle_2 W}}{\partial n} - \overline{\triangle_2 V}\frac{\overline{\partial W}}{\partial n} + \overline{W}\frac{\overline{\partial\triangle_2 V}}{\partial n}\right) ds \end{aligned} \right.$$

die analoge Schlußreihe anknüpfen wie an (207).

Setzt man hierin

$$V = e^2 l(e),$$

worin e die Entfernung des Punktes x, y von einem willkürlich innerhalb q festgelegten a, b bezeichnet, so muß man diesen durch eine unendlich kleine Kurve ausschließen und erhält, da für deren Verlauf $-\partial(\triangle V)/\partial n = 4/e$ ist,

$$\left.\begin{aligned} W_{ab} = -\frac{1}{8\pi}\int\left(\overline{e^2 l(e)}\,\overline{\frac{\partial \triangle_2 W}{\partial n}} - \overline{\triangle_2 W}\,\frac{\partial\, \overline{e^2 l(e)}}{\partial n} + 4\,\overline{l(e)}\,\overline{\frac{\partial W}{\partial n}} - 4\,\overline{W}\,\frac{\partial\, \overline{l(e)}}{\partial n}\right) ds \\ - \frac{1}{8\pi}\int e^2\, l(e)\, \triangle_2 \triangle_2 W\, dq\,. \end{aligned}\right\} \qquad 210')$$

W_{ab} findet sich also durch Potentiale erster und zweiter Art ausgedrückt, woraus zu folgern, daß das allgemeine Integral der Gleichung $\triangle_2\triangle_2 W = F(x,y)$ die Form einer Summe von logarithmischen Potentialfunktionen erster und zweiter Art besitzen wird, unter sinngemäßer Übertragung der Flächenintegrale in Kurvenintegrale.

Auch die Aufstellung einer Art von GREEN'scher Funktion, welche dazu dient, um W aus vorgeschriebenen $\overline{W}$ und $\overline{\partial W / \partial n}$, oder $\overline{W}$ und $\overline{\triangle W}$, oder $\overline{\partial \triangle W / \partial n}$ und $\overline{\partial W / \partial n}$ zu berechnen, ist ebenso möglich, wie das auf S. 205 für die räumliche Betrachtung erwiesen ist. —

Noch mögen zwei andere aus der NEWTON'schen Potentialfunktion abgeleitete Funktionen erwähnt werden, die, wie jene, außerhalb wirkender Massen die Gleichung $\triangle\varphi = 0$ erfüllen.[118])

Da

$$\frac{\partial}{\partial z_1} l((z_1 - z) + r) = -\frac{\partial}{\partial z} l((z_1 - z) + r) = \frac{1}{r}$$

ist, wo wie früher

$$r^2 = (x_1 - x)^2 + (y_1 - y)^2 + (z_1 - z)^2$$

ist, so giebt

$$\varphi_{\mathrm{I}} = f\int l((z_1 - z) + r)\, dm_1 \qquad 211)$$

eine Potentialfunktion, welche als die **erste abgeleitete** bezeichnet werden mag, da

$$-\frac{\partial \varphi_{\mathrm{I}}}{\partial z} = f\int \frac{dm_1}{r} = \varphi \qquad 211')$$

ist. Ihre Eigenschaften sind leicht aus denen der NEWTON'schen Potentialfunktion zu finden.

Weiter legt die Beziehung

$$\begin{aligned} \frac{\partial}{\partial z_1}\left[(z_1 - z)\, l((z_1 - z) + r) - r\right] &= -\frac{\partial}{\partial z}\left[(z_1 - z)\, l((z_1 - z) + r) - r\right] \\ &= l((z_1 - z) + r) \end{aligned}$$

nahe,

$$\varphi_{\mathrm{II}} = f\int \left[(z_1 - z)\, l((z_1 - z) + r) - r\right] dm_1 \qquad 212)$$

als eine **zweite abgeleitete** Potentialfunktion einzuführen; für sie gilt

$$-\frac{\partial \varphi_{\mathrm{II}}}{\partial z} = \varphi_{\mathrm{I}}, \quad \frac{\partial^2 \varphi_{\mathrm{II}}}{\partial z^2} = -\frac{\partial \varphi_{\mathrm{I}}}{\partial z} - \varphi. \qquad 212')$$

Litteratur zum I. Teil.

Mechanik. Rausenberger, Analytische Mechanik. 1893. — Budde, Allgemeine Mechanik der Punkte und starren Systeme. Berlin 1890. — Schell, Theorie der Bewegung und der Kräfte. Leipzig 1879. — Despeyrous-Darboux, Cours de mécanique. Paris 1884. — Somoff, Theoretische Mechanik, übers. von Ziwet. Leipzig 1878. — Ball, Theoretische Mechanik starrer Systeme, herausgeg. von Gravelius. Berlin 1889. — Poinsot, Éléments de statique. 12. édition. Paris 1877. — Routh, Treatise on analytical statics. Cambridge 1891. — Mathieu, Dynamique analytique. 3. édit. Paris 1878. — Routh, Dynamics of a system of rigid bodies. London 1891. — Jacobi, Vorlesungen über Dynamik, herausgeg. von Clebsch. Berlin 1884. — Voigt, Elementare Mechanik. Leipzig 1889. — Thomson und Tait, Treatise on natural philosophy. Cambridge 1883, 1886. — Kirchhoff, Mechanik. Leipzig 1877. — Everett, Units and Physical Constants. London 1879. — Herwig, Physikal. Begriffe und absolute Maße. Leipzig 1880.

Potentialtheorie. Lejeune-Dirichlet, Vorlesungen über die im umgekehrten Verhältnis des Quadrates der Entfernung wirkenden Kräfte. Herausgeg. von Grube. Leipzig 1876. — Riemann, Schwere, Elektricität und Magnetismus. 2. Ausg. von Hattendorf. Hannover 1880. — Clausius, Die Potentialfunktion und das Potential. Leipzig 1877. — F. Neumann, Vorlesungen über die Theorie des Potentiales und der Kugelfunktionen. Leipzig 1887. — C. Neumann, Untersuchungen über das Newton'sche und logarithmische Potential. Leipzig 1877. — Betti, Teorica delle forze Newtoniane. Pisa 1879. Übers. von Franz Meyer. Stuttgart 1885. — Harnack, Grundlagen der Theorie des logarithmischen Potentiales. Leipzig 1887. — Mathieu, Theorie des Potentiales. Paris 1890.

I. Kapitel. [1]) Galilei, Discorsi e dimostrazioni matematiche intorno a due nuove scienze attenenti alla meccanica ed ai movimenti locali. Leida 1638. 3. giornata. Auch Ostwald's Klassiker der exakten Wissenschaften, Nr. 24, S. 57. — [2]) Newton, Philosophiae naturalis principia mathematica, Liber I: Leges motus. Lex. II. — [3]) Newton, Phil. nat. principia math. Liber I. Corollarium I u. II. — [4]) Bessel, Versuche über die Kraft, mit welcher die Erde Körper von verschiedener Beschaffenheit anzieht. Abhandl. d. Berl. Akad. 1830. — [5]) Lagrange, Mécanique analytique. Paris 1788. II. partie (Dynamik), Sect. III. Art. 1. Euler, Theoria motus corporum solidorum. Introductio, Cap. III, § 175. 1765. — [6]) Euler, Mechanica sive motus scientia analytice exposita. Petersburg 1736. Tom. I. Cap. V. Propositio 98. — [7]) Huyghens, Horologium oscillatorium. Pars V. 1673. De motu et vi centrifuga. (Opuscula posthuma). 1703. — [8]) Poisson, Traité de mécanique. 1811. Tome I. Nr. 249—50. S. 374. — [9]) Coriolis, Traité de mécanique. Paris 1829. Nr. 24, S. 37. — [10]) Coriolis, Traité de mécanique. Paris 1829. Nr. 26, S. 38. — [11]) Gauss, Allgemeine Lehrsätze in Bezug auf die im verkehrten Verhältnisse des Quadrates der Entfernung wirkenden Anziehungs- und Abstoßungskräfte. Artikel 3. Resultate aus den Beob. des magnet. Vereins. Leipzig 1840. (Klassiker-Ausgabe Nr. 2, S. 6. Gauss' Werke. Bd. V. S. 200.) — [12]) Th. Young, A course of lectures on natural philosophy. London 1807. Vol. I. Lect. 8, S. 75. Rankine, On the general law of the transformation of energy. Phil. Magazine (4) V. S. 106. 1853. — [13]) E. Schering, Hamilton-Jacobi'sche Theorie für Kräfte, deren Maß von der Bewegung der Körper abhängt. Abhandl. d. K. Ges. d. Wiss. Göttingen. **18**, S. 32. 1873. W. Voigt, Elementare Mechanik. S. 86. 1889. — [14]) Lagrange, Méc. analyt. Partie II. Sect. II. Art. 5. S. 251. — [15]) Lagrange, Mécanique analytique. Partie I. Sect. IV. — [16]) Joh. Bernoulli, Brief an Varignon. 1717. — [17]) Euler, Theoria motus corporum solidorum. Introductio, Cap. IV. § 185. 1765. — [18]) Huyghens, Horologium oscillatorium. 1673. S. 57, 58. — [19]) Newton, Phil. nat. principia math. Liber I. Sect. 2 (De inventione virium centripetarum). — [20]) Newton, l. c. Liber II. Sect. 1—3. — [21]) Amontons, Mémoires Acad. des sciences. Paris 1699.

II. Kapitel. [22]) LAGRANGE, Mécanique analytique. II. partie, Sect. III, Art. 1 u. 2. — [23]) D'ARCY, Mémoires de l'Acad. r. des Sciences. 1752. S. 344—62; LAPLACE, Oeuvres. T. I. Livre I. Nr. 21. — [24]) E. SCHERING, Abhandl. d. K. Ges. d. Wiss. Göttingen. **18**, S. 32. 1873. — [25]) F. NEUMANN, Einleitung in die theoretische Physik. 1883. S. 201. — [26]) R. MAYER, Die organische Bewegung in ihrem Zusammenhange mit dem Stoffwechsel. Heilbronn 1845. HELMHOLTZ, Über die Erhaltung der Kraft. 1847. (Klassiker-Ausgabe Nr. 1.) — [27]) NEWTON, Phil. nat. principia math. Liber III. Theorema VII. — [28]) KEPLER, Astronomia nova 1609. Harmonices mundi 1619. — [29]) GAUSS, Allgemeine Lehrsätze in Beziehung auf die im verkehrten Verhältnisse des Quadrates der Entfernung wirkenden Anziehungs- und Abstoßungskräfte, Art. 1. EVERETT, Physikalische Einheiten und Konstanten. Kap. VI. § 73—75. — [30]) COULOMB, Mémoires de l'Acad. r. des Sciences. Paris 1785. S. 569—611. (Klassiker-Ausgabe Nr. 13.) — [31]) W. WEBER, Elektrodynamische Maßbestimmungen, Art. 19. Abhandl. der königl. sächs. Ges. d. Wiss. 1846. Werke, Bd. 3, S. 142. — [32]) AMPÈRE, Mém. de l'Acad. des Sciences VI. 1823. S. 204, 232, 252. — [33]) F. NEUMANN, Abhandl. der Berl. Akad. 1845. § 1. S. 15. (Klassiker Nr. 10. S. 17.) — [34]) F. NEUMANN, Abhandl. der Berl. Akad. 1845. § 11. S. 67. (Klassiker Nr. 10. S. 10.) — [35]) F. NEUMANN, Abhandl. der Berl. Akad. 1848. S. 1—5. (Klassiker-Ausgabe Nr. 36. S. 3—6.) — [36]) CLAUSIUS, POGG. Ann. **141**, S. 125. 1870. Jubelbd. S. 411. 1874. — [37]) D. BERNOULLI, Hydrodynamica seu de viribus et motibus fluidorum commentarii. 1738. Sect. X. S. 200. — [38]) BOYLE, A defense of the doctrine touching spring and weight of the air. London 1662. MARIOTTE, Essai sur la nature de l'air. Paris 1676. — [39]) GAY-LUSSAC, Ann. de chim. et de phys. XLIII. S. 137. 1802. GILBERT's Ann. **12**. S. 257. (Klassiker-Ausgabe Nr. 44.) — [40]) CLAUSIUS, POGG. Ann. **100**, S. 370. 1857. — [41]) GAY-LUSSAC, Mém. de la soc. d'Arcueil. 1809. II. S. 207. GILBERT's Ann. **36**, S. 6. 1870. — [42]) AVOGADRO, Essai d'une manière de déterminer les masses rélatives des molécules élémentaires des corps et les proportions selon lesquelles elles entrent dans les combinaisons. Journ. de phys. par Delamétherie. LXXIII. S. 58—76. 1811. (Klassiker-Ausgabe Nr. 8.) — [43]) DALTON, GILBERT's Ann. **27**, S. 388—399. 1807. (Klassiker-Ausgabe Nr. 44). — [44]) VAN DER WAALS, Kontinuität des gasförmigen und flüssigen Zustandes. London 1873. Übers. Leipzig 1881. Kap. VII. — [45]) VAN 'T HOFF, Lois de l'équilibre chimique dans l'état dilué ou dissous. Stockholm 1886. Zeitschrift f. physikal. Chemie **1**, S. 481. 1887. — [46]) LHERMITE, Compt. Rend. **39**, S. 1179. 1854. NERNST, Zeitschrift f. physikal. Chemie **6**, S. 37. 1890. — [47]) CLAUSIUS, Mechanische Wärmetheorie, Bd. 3, Abschnitt II. POGG. Ann. **105**, S. 239. 1858. — [48]) MAXWELL, Illustrations of the dynamical theory of gases. Phil. Mag. (4) XIX. S. 31. 1860. Scientific papers. I. S. 391. — [49]) O. E. MEYER, Kinetische Theorie der Gase. 1877. S. 146—152 u. 326. — [50]) W. VOIGT, Nachr. d. K. Ges. d. Wiss. Göttingen 1885. S. 228. — [51]) MAXWELL, Phil. Mag. (4) XX. S. 31. 1860. Scientific papers. I. S. 403. — [52]) O. E. MEYER, Kinetische Theorie der Gase. S. 49—52. 1877. — [53]) MAXWELL, Phil. Mag. (4) XX. S. 23. 1860. Scientific papers. I. S. 394, 400—403. — [54]) RIECKE, Zeitschr. f. physikal. Chemie. **6**. S. 564. 1890. — [55]) RIECKE, Zeitschr. f. physikal. Chemie. **6**. S. 571. 1890. — [56]) MAXWELL, Phil. Mag. (4) XIX. S. 22. 1860. Scientific papers, I. S. 380—381. — [57]) LAGRANGE, Méc. analyt. Part. II. Sect. II. Art. 5 (S. 251). 1788. — [58]) LAGRANGE, Méc. analyt. Part. II. Sect. IV. Art. 11 (S. 314—315). — [59]) HAMILTON, Philosophical Transactions. 1834. S. 251, 307. 1835. S. 99. — [60]) LAGRANGE, Mécanique analytique. II. partie. Sect. IV. Art. 10. Tome I. S. 313. 1811. — [61]) ROUTH, Stability of motion. 1877. S. 61. Dynamics of a system of rigid bodies. I. S. 337. 1891. — [62]) THOMSON-TAIT, Natural philosophy. I. section. S. 318, 319. — [63]) v. HELMHOLTZ, CRELLE's Journal **97**, S. 111. § 2. 1884. — [64]) v. HELMHOLTZ, CRELLE's Journal **100**, S. 137. § 4. 1887. — [65]) v. HELMHOLTZ, CRELLE's Journal **97**, S. 111. § 3. 1884. — [66]) J. J. THOMSON, Anwendungen der Dynamik auf Physik und Chemie. Übers. Leipzig 1890. S. 14—15. — [67]) BOLTZMANN, Katalog math. u. math.-phys. Modelle etc. München 1892. S. 89—98.

III. Kapitel. [68]) LAGRANGE, Méc. analyt. II. part. Sect. IX. S. 212. —

[69]) Euler, Theoria motus corporum solidorum. 1765. Cap. V. Nr. 422. S. 166. — [70]) Euler, l. c. Nr. 433, 452. S. 169, 177. Deutsche Ausgabe von Wolfers. 1853. S. 211—212. — [71]) Euler, l. c. Nr. 430 S. 168 bezw. S. 210. — [72]) Lagrange, Méc. analyt. II. part. Sect. IX. Art. 22. — [73]) Euler, Mémoires de l'Acad. r. des Sciences. Berlin, 1758. S. 155; Lagrange, l. c. Art. 24. — [74]) Euler, Mém. Acad. Berlin, 1758. S. 167, 170. — [75]) Lagrange. Méc. analyt. T. II. S. 244. — [76]) Huyghens, Horologium oscillatorium. Pars IV prop. XXV 1673. — [77]) Lagrange, Méc. analyt. T. I. Sect. V. Art. 62. — [78]) Voigt, Theoretische Studien über die Elasticitätsverhältnisse der Krystalle. Abhandl. d. Ges. d. Wiss. z. Göttingen. **34**, S. 6. 1887. — [79]) W. Voigt, l. c. Abschnitt I. — [80]) Cauchy, Bull. de la soc. philomatique. 1823. S. 10; Poisson, Mémoires de l'Acad. Paris. VIII. S. 374. 1829. — [81]) Poisson, l. c. — Navier, Résistance des corps solides. 3. édition par B. de Saint-Venant. 1854. Tome I. S. 556—560. 716—718. — [82]) Schönflies, Krystallsysteme und Krystallstruktur. 1891. S. 146—147. — [83]) Liebisch, Physikalische Krystallographie. 1891. S. 139—142. — [84]) Voigt, Allgemeine Theorie der piëzo- und pyroelektrischen Erscheinungen an Krystallen. S. 14—16. 23—26. Abhandl. d. Ges. d. Wiss. Göttingen. **36**. 1890. — [85]) Voigt, Über die innere Reibung der festen Körper, insbesondere der Krystalle. S. 11—17. Abhandl. d. Ges. d. Wiss. Göttingen. **36**. 1890. — [86]) Voigt, Elasticitätsverhältnisse der Krystalle. I. Nr. 4. Abhandl. d. Ges. d. Wiss. Göttingen. **34**. 1887. — [87]) Maxwell, A dynamical theory of the electromagnetic field. 1864. Scientific papers. I. S. 526—571. Treatise on Electricity and Magnetism. 1873. 3. Teil. Cap. VI u. VII. — [88]) Boltzmann, Vorlesungen über Maxwell's Theorie der Elektricität und des Lichtes. I. Teil. 1891. 4. Vorlesung. S. 24, 29—31. — [89]) Boltzmann, l. c. 9. Vorlesung.

IV. Kapitel. [90]) Lagrange, Nouv. mém. de l'Acad. de Berlin. 1777. S. 155—174. Green, Essay on the application of math. analysis on the theories of electricity and magnetism. 1828. Art. 1. — [91]) Laplace, Mém. de l'Acad. Paris. 1781. S. 249—267. — [92]) Christoffel, Crelle's Journal **64**, S. 321—369. Art. 11. 1865. Clausius, Potentialfunktion. §§ 37—39 u. 51. Betti, Potentialtheorie. Kap. I. §§ 5 u. 10. — [93]) Poisson, Mém. de l'Institut. XII. Paris 1811. S. 5, 30—34. Green, Essay... Art. 4. Paci, Giornale di Mat. XV. 1877. S. 289—298. Beltrami, Annali di Mat. (2) X. S. 59. 1880. — [94]) Poisson, Bull. soc. philomatique. III. S. 388—392. 1813. — [95]) Maxwell, Treatise on Electricity and Magnetism. I. Teil. Kap. IX. Art. 129b u. 129c. — [96]) Voigt, Beiträge zur molekularen Theorie der Piëzoelektricität. Nachr. d. Ges. d. Wiss. Göttingen. 1893. S. 659—661. — [97]) Poisson, Mémoires de l'Acad. Paris. V. 1822. S. 267—269. — [98]) Poisson, l. c. S. 294. — [99]) Maxwell, Treatise on Electr. and Magn. 3. Teil. Kap. II. Art. 398—400. — [100]) v. Helmholtz, Pogg. Ann. d. Phys. u. Chem. **89**, S. 225—230. 1853. Lipschitz, Crelle's Journ. **58**, S. 1—53. 1861. Einl. u. § 2. C. Neumann, Untersuchungen... Kap. IV. — [101]) C. Neumann, Untersuchungen... Kap. IV. § 2. — [102]) Stokes, Smith's Prize Examination. 1854. Cambridge University Calendar. — [103]) Biot u. Savart, Annales de chim. et phys. XV. 1820. p. 222—223. — [104]) Green, Essay . . . Art. 3. — [105]) C. Neumann, Untersuchungen... S. 119—123. Kirchhoff, Mechanik, 16. Vorlesung. § 4. — [106]) Kirchhoff, Mechanik. 16. Vorlesung. § 7. — [107]) Kirchhoff, Mechanik. 16. Vorlesung. § 8. — [108]) Green, Essay . . . Art. 5. — [109]) F. Neumann, Potential. Kap. 11. § 5. S. 270. Dini, Atti d. Acad. dei Lincei (2) III. S. 129—132. 1876. — [110]) Pockels, Über die partielle Differentialgleichung $\triangle u + k^2 u = 0$. Leipzig 1891. S. 255. — [111]) Green, Essay... Art. 6. — [112]) Gauss, Allgemeine Lehrsätze etc. Art. 20. — [113]) Stokes, On the dynamical theory of diffraction. Trans. Cambridge phil. Soc. IX. 1. 1849 und Math.-Phys. Papers. II. S. 258—259; Clebsch, Crelle's Journ. **61**, S. 195 ff. § 1. 1863. — [114]) Clebsch, Crelle's Journ. **56**, S. 1. § 1. 1859. — [115]) Maxwell, Treatise on Electr. and Magn. 3. Teil. Kap. III. — [116]) C. Neumann, Crelle's Journ. **59**. 1861. S. 335. — [117]) Mathieu, Liouville's Journ. XIV. 1869. S. 378—406. Potentialtheorie. Kap. III. S. 70—77. — [118]) Boussinesq, Application des potentiels à l'étude de l'équilibre et du mouvement des solides élastiques. Paris 1885. § II, S. 59—60.

II. Teil.

Mechanik nichtstarrer Körper.

I. Kapitel.

Die Grundgleichungen für das Gleichgewicht und die Bewegung nichtstarrer Körper.

§ 1. Unendlich kleine, stetige Verrückungen in einem nichtstarren Körper.

Als nichtstarre Körper bezeichnen wir solche, deren Teilchen gegenseitige Verschiebungen gestatten, also unabhängig voneinander veränderliche Koordinaten besitzen. Bedeuten x, y, z die Anfangswerte der letzteren, $x + u$, $y + v$, $z + w$ ihre zu beliebiger Zeit geltenden Beträge, so sind u, v, w, die Komponenten der Gesamtverrückung eines Teilchens, im allgemeinsten Falle Funktionen der Anfangswerte der Koordinaten x, y, z und der Zeit t.

Erfüllt der betrachtete Körper anfänglich einen Raum k stetig, so entsprechen auch allen Punkten von k bewegte Massen und demgemäß Verrückungen u, v, w. Letztere müssen dabei stetige Funktionen der Koordinaten sein, wenn bei der Bewegung weder mehrere Massen an dieselbe Stelle gelangen sollen, was mit der Undurchdringlichkeit der Materie in Widerspruch kommen würde, noch neue Begrenzungsflächen am Körper entstehen oder gar Zerfällungen desselben in mehrere Teile eintreten sollen, was die Bedingungen der Bewegung vollständig verändern würde. Wir schließen weiterhin derartige Singularitäten prinzipiell aus.

Sind aber u, v, w stetige Funktionen der Koordinaten, so können wir sie in der Umgebung oder, wie wir sagen wollen, dem Bereich B einer beliebigen Stelle x, y, z nach dem TAYLOR'schen Lehrsatz entwickeln und für einen Punkt mit den Koordinaten $x_1 = x + \xi$, $y_1 = y + \eta$, $z_1 = z + \zeta$ schreiben

$$
1)\begin{cases}
u_1 = u + \xi \frac{\partial u}{\partial x} + \eta \frac{\partial u}{\partial y} + \zeta \frac{\partial u}{\partial z} + \frac{\xi^2}{2} \frac{\partial^2 u}{\partial x^2} + \xi\eta \frac{\partial^2 u}{\partial x\,\partial y} + \xi\zeta \frac{\partial^2 u}{\partial x\,\partial z} + \ldots, \\
v_1 = v + \xi \frac{\partial v}{\partial x} + \eta \frac{\partial v}{\partial y} + \zeta \frac{\partial v}{\partial z} + \frac{\xi^2}{2} \frac{\partial^2 v}{\partial x^2} + \xi\eta \frac{\partial^2 v}{\partial x\,\partial y} + \xi\zeta \frac{\partial^2 v}{\partial x\,\partial z} + \ldots, \\
w_1 = w + \xi \frac{\partial w}{\partial x} + \eta \frac{\partial w}{\partial y} + \zeta \frac{\partial w}{\partial z} + \frac{\xi^2}{2} \frac{\partial^2 w}{\partial x^2} + \xi\eta \frac{\partial^2 w}{\partial x\,\partial y} + \xi\zeta \frac{\partial^2 w}{\partial x\,\partial z} + \ldots,
\end{cases}
$$

wo nun rechts u, v, w und ihre Differentialquotienten sich auf die Stelle $\xi = \eta = \zeta = 0$, d. h. den Punkt x, y, z beziehen.

Wir konstruieren um x, y, z eine Kugel k' mit beliebigem Radius, doch so, daß sie vollständig in dem betrachteten Bereiche liegt, und bestimmen für sie, indem wir die Verrückungskomponenten u_1, v_1, w_1 analog wie Geschwindigkeitskomponenten behandeln, die ihnen entsprechenden Schwerpunktsverschiebungen und Flächenmomente in Bezug auf die Koordinatenaxen gemäß S. 38 und 39.

Bezeichnet man die ersteren als mittlere Verschiebungskomponenten mit u_μ, v_μ, w_μ, so geschieht ihre Berechnung nach dem Schema $u_\mu k' = \int u_1\, dk'$ u. s. f. und ergiebt

$$
2)\quad \begin{cases}
u_\mu = u + \varkappa_1{}^2 \triangle u + \varkappa_2{}^4 \triangle\triangle u + \ldots, \\
v_\mu = v + \varkappa_1{}^2 \triangle v + \varkappa_2{}^4 \triangle\triangle v + \ldots, \\
w_\mu = w + \varkappa_1{}^2 \triangle w + \varkappa_2{}^4 \triangle\triangle w + \ldots.
\end{cases}
$$

Hierin ist gesetzt

$$
2')\quad \begin{cases}
\int \frac{\xi^2}{2}\, dk' = \int \frac{\eta^2}{2}\, dk' = \int \frac{\zeta^2}{2}\, dk' = k' \varkappa_1{}^2, \\
\int \frac{\xi^4}{24}\, dk' = \int \frac{\eta^4}{24}\, dk' = \int \frac{\zeta^4}{24}\, dk' = k' \varkappa_2{}^4;
\end{cases}
$$

es ist dann zugleich

$$
2'')\quad \int \frac{\eta^2 \zeta^2\, dk'}{4} = \int \frac{\zeta^2 \xi^2\, dk'}{4} = \int \frac{\xi^2 \eta^2\, dk'}{4} = 2 k' \varkappa_2{}^4 \text{ u. s. f.}
$$

Versteht man ferner unter l_μ, m_μ, n_μ mittlere Drehungen um die Koordinatenaxen bei gegebenen Flächenmomenten, so ist die Berechnung der letzteren auszuführen nach dem Schema:

$$
4 l_\mu k' \varkappa_1{}^2 = \int (\eta w_1 - \zeta v_1)\, dk' \text{ u. s. f.,}
$$

woraus folgt

$$
2''')\quad \begin{cases}
l_\mu = \frac{1}{2}\left(\frac{\partial w}{\partial y} - \frac{\partial v}{\partial z}\right) + \frac{\varkappa_2{}^4}{\varkappa_1{}^2} \triangle \left(\frac{\partial w}{\partial y} - \frac{\partial v}{\partial z}\right) + \ldots, \\
m_\mu = \frac{1}{2}\left(\frac{\partial u}{\partial z} - \frac{\partial w}{\partial x}\right) + \frac{\varkappa_2{}^4}{\varkappa_1{}^2} \triangle \left(\frac{\partial u}{\partial z} - \frac{\partial w}{\partial x}\right) + \ldots, \\
n_\mu = \frac{1}{2}\left(\frac{\partial v}{\partial x} - \frac{\partial u}{\partial y}\right) + \frac{\varkappa_2{}^4}{\varkappa_1{}^2} \triangle \left(\frac{\partial v}{\partial x} - \frac{\partial u}{\partial y}\right) + \ldots.
\end{cases}
$$

Zieht man von den in (1) gegebenen Werten der u_1, v_1, w_1 diejenigen Beträge ab, welche den Verrückungen bei einer gleichförmigen Verschiebung und Drehung des ganzen Bereiches B um die oben bestimmten mittleren Werte entsprechen, bildet also

$$\left.\begin{aligned} u' &= u_1 - u_\mu + n_\mu \eta - m_\mu \zeta, \\ v' &= v_1 - v_\mu + l_\mu \zeta - n_\mu \xi, \\ w' &= w_1 - w_\mu + m_\mu \xi - l_\mu \eta, \end{aligned}\right\} \tag{3}$$

so kann man die resultierenden u', v', w' als die einer reinen Deformation des Bereiches entsprechenden Verrückungskomponenten bezeichnen. Zieht man sie allein in Betracht, wie weiterhin zunächst geschehen mag, so bezieht man damit das betrachtete Bereich des nichtstarren Körpers auf ein gemäß den Werten u_μ, v_μ, w_μ verschobenes und gemäß l_μ, m_μ, n_μ gedrehtes Koordinatensystem.

Es mag bemerkt werden, daß es nicht angängig ist, statt der eingeführten l_μ, m_μ, n_μ die — vielleicht näher liegenden — arithmetischen Mittelwerte l'_μ, m'_μ, n'_μ der Drehungen innerhalb k', definiert durch

$$l'_\mu k' = \int \frac{\eta w_1 - \zeta v_1}{\eta^2 + \zeta^2}\, dk',$$

zu benutzen, da dieselben sich nicht wie Vektorkomponenten verhalten. —

Die Ausdrücke (3) sind im allgemeinen sehr kompliziert; sie nehmen aber eine überaus einfache Gestalt an, wenn man das Bereich B des Punktes x, y, z so klein wählt, daß innerhalb einer festgesetzten Genauigkeit die Entwickelung (1) mit dem linearen Glied abgebrochen werden kann. Dann gilt nämlich, wenn man wieder die schon S. 126 benutzten Abkürzungen

$$\left.\begin{aligned} &\frac{\partial u}{\partial x} = x_x, \quad \frac{\partial v}{\partial y} = y_y, \quad \frac{\partial w}{\partial z} = z_z, \\ &\frac{\partial v}{\partial z} + \frac{\partial w}{\partial y} = y_z = z_y, \quad \frac{\partial w}{\partial x} + \frac{\partial u}{\partial z} = z_x = x_z, \quad \frac{\partial u}{\partial y} + \frac{\partial v}{\partial x} = x_y = y_x \end{aligned}\right\} \tag{3'}$$

einführt:

$$\left.\begin{aligned} u' &= \xi x_x + \tfrac{1}{2}\eta x_y + \tfrac{1}{2}\zeta x_z, \\ v' &= \tfrac{1}{2}\xi y_x + \eta y_y + \tfrac{1}{2}\zeta y_z, \\ w' &= \tfrac{1}{2}\xi z_x + \tfrac{1}{2}\eta z_y + \zeta z_z. \end{aligned}\right\} \tag{3''}$$

Die Funktionen $x_x, \ldots x_y$, deren Werte mit der Orientierung des Koordinatensystems variieren, nennt man die Deformationsgrößen des betrachteten Gebietes oder an der Stelle x, y, z; ihre Dimension ist

$$3''') \qquad [x_x] = \ldots = [x_y] = 1;$$

sie sind also reine Zahlen.

Wenn, wie in unserem Falle, innerhalb des Bereiches die Deformationsgrößen Konstanten sind, nennt man die Deformation eine homogene.[1]) —

Setzen wir

$$\xi^2 + \eta^2 + \zeta^2 = \varrho^2, \quad \xi = \varrho\alpha, \quad \eta = \varrho\beta, \quad \zeta = \varrho\gamma,$$

so bezeichnet ϱ den Radiusvektor von x, y, z nach der Stelle $x + \xi$, $y + \eta$, $z + \zeta$, und α, β, γ sind seine Richtungskosinus. u', v', w' können wir als Komponenten einer relativen Gesamtverschiebung s' auffassen und setzen

$$s' = \varrho\sigma, \quad u' = \varrho\sigma\alpha', \quad v' = \varrho\sigma\beta', \quad w' = \varrho\sigma\gamma',$$

worin nun α', β', γ' die Richtungskosinus von s bezeichnen und σ eine neue Bezeichnung ist. Die Formeln (3″) geben dann

$$\sigma\alpha' = x_x\alpha + \tfrac{1}{2}x_y\beta + \tfrac{1}{2}x_z\gamma,$$
$$\sigma\beta' = \tfrac{1}{2}y_x\alpha + y_y\beta + \tfrac{1}{2}y_z\gamma,$$
$$\sigma\gamma' = \tfrac{1}{2}z_x\alpha + \tfrac{1}{2}z_y\beta + z_z\gamma,$$

und zeigen, daß im allgemeinen s nicht mit ϱ parallel ist. Dies wird jedoch der Fall sein, wenn die Bedingungen erfüllt sind:

$$4) \qquad \begin{cases} 0 = (x_x - \sigma)\alpha + \tfrac{1}{2}x_y\beta + \tfrac{1}{2}x_z\gamma, \\ 0 = \tfrac{1}{2}y_x\alpha + (y_y - \sigma)\beta + \tfrac{1}{2}y_z\gamma, \\ 0 = \tfrac{1}{2}z_x\alpha + \tfrac{1}{2}z_y\beta + (z_z - \sigma)\gamma, \end{cases}$$

wobei $1 = \alpha^2 + \beta^2 + \gamma^2$ ist.

Diese Gleichungen bestimmen sowohl die Richtungskosinus der speziellen Radienvektoren ϱ, denen parallel die Verschiebungen ihrer Punkte stattfinden, als auch den Wert des ihnen entsprechenden σ, welches hier offenbar die Bedeutung der Verlängerung ihrer Längeneinheit, ihrer sogenannten linearen Dilatation hat.

Durch Elimination von α, β, γ folgt aus (4)

$$4') \begin{cases} \sigma^3 - (x_x + y_y + z_z)\sigma^2 + \left(y_y z_z + z_z x_x + x_x y_y - \tfrac{1}{4}(y_z{}^2 + z_x{}^2 + x_y{}^2)\right)\sigma \\ \qquad - \left(x_x y_y z_z + \tfrac{1}{4}(y_z z_x x_y - x_x y_z{}^2 - y_y z_x{}^2 - z_z x_y{}^2)\right) = 0; \end{cases}$$

eine der Wurzeln $\sigma_1, \sigma_2, \sigma_3$ dieser, wie jeder kubischen Gleichung ist stets reell, wir wollen sie mit σ_1, den ihr entsprechenden Vektor mit ϱ_1 bezeichnen.

Drehen wir nun das Koordinatensystem X, Y, Z so, daß die X-Axe mit ϱ_1 zusammenfällt, so muß in (3″) $\xi = \varrho_1$, $\eta = \zeta = 0$ zur Folge haben $u' = \varrho_1\sigma_1$, $v' = 0$, $w' = 0$, d. h. es muß für diese Lage der Axen sein

$$4'') \qquad x_x = \sigma_1, \quad y_x = z_x = 0.$$

Hiernach wird aus (4)

$$(\sigma_1 - \sigma)\alpha = 0, \quad (y_y - \sigma)\beta + \tfrac{1}{2} y_z \gamma = 0,$$
$$\tfrac{1}{2} z_y \beta + (z_z - \sigma)\gamma = 0,$$

ein Gleichungssystem, das durch die Wurzel σ_1 und die ihr entsprechenden Werte $\alpha_1 = 1$, $\beta_1 = \gamma_1 = 0$ identisch befriedigt wird.

Für die beiden anderen Wurzeln folgt aus der ersten dieser Formeln, daß sie entweder gleich σ_1 sein oder aber Richtungen ϱ_2 und ϱ_3 normal zu ϱ_1 entsprechen müssen. Ersteres ist im allgemeinen mit (4) unvereinbar, es muß also letzteres gelten.

Legt man demgemäß die noch willkürliche Axe Y in die Richtung von ϱ_2, so folgt in derselben Weise wie oben, daß dadurch

$$y_y = \sigma_2, \quad z_z = \sigma_3, \quad y_z = 0 \tag{4'''}$$

wird, während ϱ_3 mit der Z-Axe zusammenfällt.

Wir erhalten sonach das Resultat, daß im allgemeinen nur die Punkte dreier zu einander normaler Axen, der Hauptdilatationsaxen, die wir weiter mit X_0, Y_0, Z_0 bezeichnen wollen, in der Richtung der Radienvektoren verschoben werden, und daß die diesen Axen entsprechenden Deformationsgrößen nach (4'') und (4''') die Werte haben

$$x_x^0 = \sigma_1, \quad y_y^0 = \sigma_2, \quad z_z^0 = \sigma_3, \quad y_z^0 = z_x^0 = x_y^0 = 0, \tag{5}$$

worin die σ_h die Hauptdilatationen heißen.[2])

Für diese erhält man aus (4') die Beziehungen

$$\left.\begin{aligned} \sigma_1 + \sigma_2 + \sigma_3 &= x_x + y_y + z_z, \\ \sigma_2\sigma_3 + \sigma_3\sigma_1 + \sigma_1\sigma_2 &= y_y z_z + z_z x_x + x_x y_y - \tfrac{1}{4}(y_z^2 + z_x^2 + x_y^2), \\ \sigma_1\sigma_2\sigma_3 &= x_x y_y z_z + \tfrac{1}{4}(y_z z_x x_y - x_x y_z^2 - y_y z_x^2 - z_z x_y^2), \end{aligned}\right\} \tag{5'}$$

aus denen zugleich folgt, daß die drei Aggregate rechts die einzigen aus den Deformationsgrößen zu bildenden Invarianten sind.[3]) —

Die relativen Koordinaten ξ, η, ζ nehmen infolge der Deformation die Werte

$$\left.\begin{aligned} \xi + u' &= \xi' = \xi(1 + x_x) + \tfrac{1}{2}\eta x_y + \tfrac{1}{2}\zeta x_z, \\ \eta + v' &= \eta' = \tfrac{1}{2}\xi y_x + \eta(1 + y_y) + \tfrac{1}{2}\zeta y_z, \\ \zeta + w' &= \zeta' = \tfrac{1}{2}\xi z_x + \tfrac{1}{2}\eta z_y + \zeta(1 + z_z) \end{aligned}\right\} \tag{6}$$

an, durch deren Diskussion man leicht die Bedeutung der allgemeinen Deformationsgrößen $x_x, \ldots x_y$ erhält.

Bei Einführung der Hauptdilatationsaxen wird einfacher

$$\xi_0' = \xi_0(1 + \sigma_1), \quad \eta_0' = \eta_0(1 + \sigma_2), \quad \zeta_0' = \zeta_0(1 + \sigma_3). \tag{6'}$$

Nach den Formeln (6) resp. (6') bleiben im Innern des Bereiches B bei der Deformation Gerade gerade, Ebenen eben, überhaupt behält jede Oberfläche ihren Grad. Parallele Gerade und parallele Ebenen bleiben parallel.

Ein spezielles Interesse bietet die Deformation einer Kugel innerhalb des gewählten Bereiches, weil sie eine deutliche Anschauung von der Verteilung der Verrückungen um einen Punkt gewährt. Aus ihrer ursprünglichen Gleichung $\xi^2 + \eta^2 + \zeta^2 = R^2$ wird bei Voraussetzung des Hauptaxensystemes nach den Gleichungen (6′)

6″) $$\left(\frac{\xi'_0}{1+\sigma_1}\right)^2 + \left(\frac{\eta'_0}{1+\sigma_2}\right)^2 + \left(\frac{\zeta'_0}{1+\sigma_3}\right)^2 = R^2,$$

also die Gleichung eines Ellipsoides, des sogenannten Dilatationsellipsoides, dessen Mittelpunkt von demselben Massenteilchen gebildet wird, das ursprünglich im Kugelcentrum lag, und dessen Hauptaxen in die Hauptdilatationsaxen fallen und sich je durch die entsprechenden Hauptdilatationen bestimmen.

Verbindet man mit diesem ein koncentrisches und gleichliegendes Hülfsellipsoid, dessen Gleichung ist

6‴) $$\frac{\xi_0'^2}{1+\sigma_1} + \frac{\eta_0'^2}{1+\sigma_2} + \frac{\zeta_0'^2}{1+\sigma_3} = R_1{}^2,$$

so giebt (6′) den Satz, daß ein Punkt ξ, η, ζ der Kugelfläche nach der Deformation diejenige Stelle des Dilatationsellipsoides einnimmt, in welcher letzteres geschnitten wird von dem Radiusvektor nach der Berührungsstelle einer normal zum Strahl durch ξ, η, ζ an das Hülfsellipsoid gelegten Tangentenebene. [4]) —

Wird der durch die erste Deformation hervorgerufene Zustand einer neuen Deformation unterworfen, welche durch die Größen $x'_x, \ldots x'_y$ bezeichnet werden mag, so nehmen die relativen Koordinaten die Werte an

$$\xi'' = \xi'(1 + x'_x) + \tfrac{1}{2}\eta' x'_y + \tfrac{1}{2}\zeta' x'_z, \text{ u. s. f.},$$

aus denen hervorgeht, daß sich im allgemeinen nacheinander hervorgebrachte Deformationen nicht einfach summieren. Dies geschieht indessen, wenn die Deformationen unendlich klein sind. Dann gilt einfach:

$$\xi'' = \xi(1 + x_x + x'_x) + \tfrac{1}{2}\eta(x_y + x'_y) + \tfrac{1}{2}\zeta(x_z + x'_z), \text{ u. s. w.}$$

Diesen wichtigsten Fall wollen wir weiter allein voraussetzen.

Dann gewinnen die sechs Deformationsgrößen $x_x \ldots x_y$ des Bereiches B eine vereinfachte und anschauliche Bedeutung. [5])

x_x, y_y, z_z sind die linearen Dilatationen parallel den willkürlichen Koordinatenaxen X, Y, Z.

y_z, z_x, x_y sind die Verkleinerungen der Winkel zwischen Richtungen, welche ursprünglich der Y- und Z-, der Z- und X-, der X- und Y-Axe parallel waren.

Ferner erhält man nunmehr leicht den Wert der linearen Dilatation einer in beliebiger Richtung gelegenen Strecke; es wird nämlich, wenn α, β, γ ihre Richtungscosinus bezeichnen, nach den Formeln (6)

$$\lambda = x_x \alpha^2 + y_y \beta^2 + z_z \gamma^2 + y_z \beta\gamma + z_x \gamma\alpha + x_y \alpha\beta. \qquad 7)$$

Parallel den drei Hauptdilatationsaxen wird λ resp. mit $\sigma_1, \sigma_2, \sigma_3$ in (5) identisch.

Die kubische Dilatation oder die Dilatation der Volumeneinheit ϑ aber wird

$$\vartheta = x_x + y_y + z_z, \qquad 7')$$

ist also identisch mit der ersten der in (5') angegebenen Invarianten.

Für die Einführung neuer Koordinatensysteme in die Ausdrücke der Deformationsgrößen ist zu bemerken, daß, wie eine einfache Rechnung zeigt,

$$x_x, \; y_y, \; z_z, \; y_z, \; z_x, \; x_y$$

sich genau in derselben Weise transformieren, wie die Produkte

$$X^2, \; Y^2, \; Z^2, \; 2YZ, \; 2ZX, \; 2XY$$

von Vektorkomponenten. —

Die sechs Größen $x_x, \dots x_y$ bestimmen nach dem Vorstehenden vollständig die Deformation des betrachteten Bereiches und sind für jede einzelne Stelle voneinander unabhängig; dagegen können sie innerhalb des deformierten Körpers als Funktionen der Koordinaten nicht durchaus willkürlich vorgeschrieben werden, vielmehr müssen ihre Differentialquotienten gewissen Bedingungen genügen, welche daraus entspringen, daß die sechs Größen $x_x, \dots x_y$ von nur drei willkürlichen Funktionen u, v, w der Koordinaten abgeleitet sind [6]).

Man erhält diese Gleichungen, indem man die Bedingungen dafür aufstellt, daß von den folgenden Ausdrücken:

$$\frac{\partial}{\partial x}\left(\frac{\partial u}{\partial y}\right) = \frac{\partial x_x}{\partial y}, \quad \frac{\partial}{\partial y}\left(\frac{\partial u}{\partial y}\right) = \frac{\partial x_y}{\partial y} - \frac{\partial y_y}{\partial x}, \quad \frac{\partial}{\partial z}\left(\frac{\partial u}{\partial y}\right) = \frac{1}{2}\left(\frac{\partial x_y}{\partial z} + \frac{\partial z_x}{\partial y} - \frac{\partial y_z}{\partial x}\right),$$

$$\frac{\partial}{\partial x}\left(\frac{\partial u}{\partial z}\right) = \frac{\partial x_x}{\partial z}, \quad \frac{\partial}{\partial y}\left(\frac{\partial u}{\partial z}\right) = \frac{1}{2}\left(\frac{\partial x_y}{\partial z} + \frac{\partial z_x}{\partial y} - \frac{\partial y_z}{\partial x}\right), \quad \frac{\partial}{\partial z}\left(\frac{\partial u}{\partial z}\right) = \frac{\partial z_x}{\partial z} - \frac{\partial z_z}{\partial x},$$

. . . .

je die drei in einer Linie stehenden die Differentialquotienten einer und derselben Funktion sein müssen. Sie lauten demgemäß

$$
8)\quad \left\{
\begin{aligned}
&\frac{\partial^2 y_y}{\partial z^2} + \frac{\partial^2 z_z}{\partial y^2} = \frac{\partial^2 y_z}{\partial y\,\partial z},\\
&\frac{\partial^2 z_z}{\partial x^2} + \frac{\partial^2 x_x}{\partial z^2} = \frac{\partial^2 z_x}{\partial z\,\partial x},\\
&\frac{\partial^2 x_x}{\partial y^2} + \frac{\partial^2 y_y}{\partial x^2} = \frac{\partial^2 x_y}{\partial x\,\partial y},\\
&2\frac{\partial^2 x_x}{\partial y\,\partial z} + \frac{\partial^2 y_z}{\partial x^2} = \frac{\partial^2 y_x}{\partial z\,\partial x} + \frac{\partial^2 z_x}{\partial y\,\partial x},\\
&2\frac{\partial^2 y_y}{\partial z\,\partial x} + \frac{\partial^2 z_x}{\partial y^2} = \frac{\partial^2 z_y}{\partial x\,\partial y} + \frac{\partial^2 x_y}{\partial z\,\partial y},\\
&2\frac{\partial^2 z_z}{\partial x\,\partial y} + \frac{\partial^2 x_y}{\partial z^2} = \frac{\partial^2 x_z}{\partial y\,\partial z} + \frac{\partial^2 y_z}{\partial x\,\partial z}. -
\end{aligned}
\right.
$$

Genügen die Gesamtverrückungen u, v, w der Bedingung der Stetigkeit, so muß die Begrenzungsfläche eines nichtstarren Körpers stets von denselben Teilchen gebildet sein; denn um jedes der Oberfläche beliebig nahe Teilchen als Mittelpunkt kann man eine ganz im Innern des Körpers liegende Kugel konstruieren, die sich nach (6″) in ein Ellipsoid um dasselbe Teilchen als Centrum deformiert. Nur bei unendlich starker Deformation kann daher der Abstand des Punktes von der Grenzfläche unendlich klein höherer Ordnung werden.

Man kann dies Resultat anschaulicher dahin aussprechen, daß die Grenzschicht des Körpers sich bei der Deformation zwar außerordentlich stark vergrößern und dabei verdünnen oder verkleinern und dabei verdicken kann, aber immer dieselben Teilchen enthält.

Die Gleichung der Grenzfläche, welche zu irgend einer Zeit t von einem System Koordinaten x, y, z erfüllt wird, muß hiernach, wenn während der unendlich kleinen Zeit τ die Verrückungen u, v, w eintreten, zur Zeit $t + \tau$ von den Koordinaten $x + u$, $y + v$, $z + w$ befriedigt werden. D. h., es muß nebeneinander bestehen

$$F(x, y, z, t) = 0$$

und

$$9)\quad \frac{\partial F}{\partial t}\tau + \frac{\partial F}{\partial x}u + \frac{\partial F}{\partial y}v + \frac{\partial F}{\partial z}w = 0.$$

Sind u, v, w als Funktionen von x, y, z und t gegeben, so muß jede Fläche F, welche geeignet sein soll, den nichtstarren Körper zu begrenzen, dieser Gleichung genügen. Ist hingegen F als Funktion von x, y, z und t gegeben, so liefert die Gleichung (9) eine Bedingung für die Geschwindigkeiten

$$u' = u / \tau, \quad v' = v / \tau, \quad w' = w / \tau,$$

oder im speziellen Falle des Gleichgewichts für die Verrückungen u, v, w an der Grenzfläche [7]).

Trennt die Fläche zwei Körper, von denen mindestens der eine nicht starr ist, so kann man die Gleichung (9) für beide Körper aufstellen und sodann $\partial F / \partial t$ eliminieren. Man erhält dadurch die Bedingung

$$(\overline{u}_1 - \overline{u}_2)\frac{\partial F}{\partial x} + (\overline{v}_1 - \overline{v}_2)\frac{\partial F}{\partial y} + (\overline{w}_1 - \overline{w}_2)\frac{\partial F}{\partial z} = 0, \qquad 9')$$

die ebenso für u', v', w' aufgestellt werden kann, oder, indem man die Richtung der Normalen auf der Grenze, nach einer beliebigen Seite positiv gerechnet, mit n bezeichnet,

$$(\overline{u}_1 - \overline{u}_2)\cos(n, x) + (\overline{v}_1 - \overline{v}_2)\cos(n, y) + (\overline{w}_1 - \overline{w}_2)\cos(n, z) = 0, \qquad 9'')$$

was anschaulich die Bedingung dafür ausspricht, daß die Grenzfläche auch bei der Deformation Grenze bleibt.

Hängen beide Körper in der Grenze fest zusammen, so muß noch spezieller gelten

$$\overline{u}_1 = \overline{u}_2, \quad \overline{v}_1 = \overline{v}_2, \quad \overline{w}_1 = \overline{w}_2. \qquad 9''')$$

§ 2. Die inneren Kräfte eines nichtstarren Körpers.

Ein beliebiger Teil eines nichtstarren Körpers stellt ein Massensystem unter der Wirkung innerer und äußerer Kräfte dar. In betreff der inneren Kräfte können wir auf dem, S. 102 bei der analogen Frage für starre Körper eingeschlagenen Wege schließen, daß sie die Eigenschaft haben, über den ganzen betrachteten Teil summiert, verschwindende Komponentensummen und Drehungsmomente zu liefern.

Auch die Schlußweise auf S. 103 ist anwendbar, wenn wir die Annahme benutzen, es ließe sich jeder Teil eines nichtstarren Körpers in einem beliebigen Zustand zu einem starren machen, ohne seine inneren Kräfte zu verändern.

Dies hat zur Folge, daß, wenn man für irgend einen Teil eines nichtstarren Körpers nach Maßgabe des S. 38 und 39 Angegebenen die Schwerpunkts- und Flächengleichungen bildet, aus denselben die inneren Kräfte des Teiles vollständig herausfallen, so daß die Formeln die in den Systemen (43) und (45) des vorigen Teiles gegebene Gestalt annehmen, in welcher allein die Komponenten- und Momentensummen der äußeren Kräfte auftreten, die der betrachtete Teil erfährt.

Letztere zerfallen in zwei Gruppen, nämlich einerseits in solche, welche, etwa fernwirkend nach Art der Schwere, auf innere Punkte ausgeübt werden, andererseits in solche, welche von den umlagernden Teilen desselben oder eines anderen Körpers nur auf die an der Grenzfläche liegenden Massen wirken. Erstere beziehen wir auf die Volumeneinheit und setzen ihre Komponenten gleich X', Y', Z'; letztere beziehen wir auf die Flächeneinheit der Begrenzung und bezeichnen ihre Komponenten mit X_n, Y_n, Z_n, wobei der Index n auf die Richtung der inneren Normale des Oberflächenelementes hinweist, gegen welches sie wirken.

Die durch diese Komponenten bewirkten Drehungsmomente drücken wir wie früher (S. 39) aus, lassen aber die Möglichkeit zu, daß die kleinsten Teile des Körpers auch noch direkt Drehungsmomente erfahren durch Kräfte, welche sich in den Komponentensummen nicht geltend machen, etwa weil unendlich benachbarte Punkte entgegengesetzt gleiche Kräfte erfahren. Letztere Momente bezeichnen wir, soweit sie den Charakter von Fernwirkungen haben, mit L', M', N', soweit sie von den direkt anlagernden Teilen ausgeübt werden, mit L_n, M_n, N_n und beziehen wie oben die ersteren auf die Volumen-, die letzteren auf die Flächeneinheit. Diese Momente haben nach S. 101 für alle parallelen Axen die gleichen Werte.

Der Kürze halber sollen weiterhin die Kräfte und Momente X', Y', Z', L', M', N' körperliche, die X_n, Y_n, Z_n, L_n, M_n, N_n innere oder molekulare genannt werden; wirken die letzteren gegen die äußere Grenzfläche des aus einem oder mehreren Körpern gebildeten Systems, so mögen sie oberflächliche heißen und mit $\overline{X}$, $\overline{Y}$, $\overline{Z}$, $\overline{L}$, $\overline{M}$, $\overline{N}$ bezeichnet werden; wirken sie gegen die Grenze zwischen zwei durch (h) und (k) charakterisierten Körpern, so mag für sie die Bezeichnung $\overline{X}_{hk}$, $\overline{Y}_{hk}$, $\overline{Z}_{hk}$, $\overline{L}_{hk}$, $\overline{M}_{hk}$, $\overline{N}_{hk}$ angewandt werden.

Unter Berücksichtigung dieser Festsetzungen nehmen die Gleichungen (43) und (45) des vorigen Teiles die Form an[8]):

$$\left.\begin{aligned}\int \varrho \frac{d^2 x}{d t^2} dk &= \int X' dk + \int X_n do,\\ \int \varrho \frac{d^2 y}{d t^2} dk &= \int Y' dk + \int Y_n do,\\ \int \varrho \frac{d^2 z}{d t^2} dk &= \int Z' dk + \int Z_n do,\end{aligned}\right\} \quad 10)$$

$$\left.\begin{aligned}\int \varrho \left(y \frac{d^2 z}{d t^2} - z \frac{d^2 y}{d t^2}\right) dk &= \int (L' + y Z' - z Y') dk\\ &+ \int (L_n + y Z_n - z Y_n) do,\\ \int \varrho \left(z \frac{d^2 x}{d t^2} - x \frac{d^2 z}{d t^2}\right) dk &= \int (M' + z X' - x Z') dk\\ &+ \int (M_n + z X_n - x Z_n) do,\\ \int \varrho \left(x \frac{d^2 y}{d t^2} - y \frac{d^2 x}{d t^2}\right) dk &= \int (N' + x Y' - y X') dk\\ &+ \int (N_n + x Y_n - y X_n) do.\end{aligned}\right\} \quad 10')$$

Die körperlichen Kräfte und Momente sind oben auf die Volumeneinheit bezogen, weil diese Festsetzung keinerlei Gesetz ihrer Wirkung voraussetzt; sind sie aber speziell den Massen proportional, so ist es vorteilhaft, sie auf die Masseneinheit zu beziehen und daher

$$X' = \varrho X,\ Y' = \varrho Y,\ Z' = \varrho Z,\ L' = \varrho L,\ M' = \varrho M,\ N' = \varrho N \quad 10'')$$

zu setzen.

Die Dimensionalgleichungen der verschiedenen Arten von Kräften und Momente sind folgende:

$$\left.\begin{aligned}&[X'] = [Y'] = [Z'] = m l^{-2} t^{-2}, &&[L'] = [M'] = [N'] = m l^{-1} t^{-2},\\ &[X] = [Y] = [Z] = l t^{-2}, &&[L] = [M] = [N] = l^2 t^{-2},\\ &[X_n] = [Y_n] = [Z_n] = m l^{-1} t^{-2}, &&[L_n] = [M_n] = [N_n] = m t^{-2}.\end{aligned}\right\} \quad 10''')$$

Wendet man die sechs Gleichungen (10) und (10′) auf ein cylindrisches Volumenelement von gegen die Querdimensionen unendlich kleiner Höhe an, so verschwinden aus ihnen alle Raumintegrale und auch die über die Mantelfläche erstreckten Flächenintegrale als unendlich klein höherer Ordnung, und das erste Tripel liefert:

$$X_n + X_{-n} = Y_n + Y_{-n} = Z_n + Z_{-n} = 0; \quad 11)$$

die Berücksichtigung dieses Resultates läßt im zweiten Tripel auch noch die mit X_n, Y_n, Z_n multiplizierten Glieder verschwinden und ergiebt

$$11') \qquad L_n + L_{-n} = M_n + M_{-n} = N_n + N_{-n} = 0.$$

Ist die eine Grundfläche des Cylinders eine Begrenzung des Körpers, in welcher die Komponenten und Momente direkt gleich $\overline{X}$, $\overline{Y}$, $\overline{Z}$, resp. $\overline{L}$, $\overline{M}$, $\overline{N}$ gegeben sind, so nehmen diese Gleichungen die Gestalt an

$$11'') \qquad \begin{cases} \overline{X}_n + \overline{X} = \overline{Y}_n + \overline{Y} = \overline{Z}_n + \overline{Z} = 0, \\ \overline{L}_n + \overline{L} = \overline{M}_n + \overline{M} = \overline{N}_n + \overline{N} = 0, \end{cases}$$

in denen n als äußere Normale auf der Grenzfläche des Körpers betrachtet werden kann.

Die Formeln (11) und (11') können auch auf den Fall angewandt werden, daß der Cylinder über einem Element der Grenze zwischen zwei verschiedenen Körpern h und k konstruiert ist; erfährt die Grenzfläche selbst Kräfte und Momente, wie dergleichen z. B. durch eine ihr mitgeteilte elektrische Ladung oder durch längs der Grenze stattfindende Molekularkräfte bewirkt werden könnten, so ergeben sie in sofort verständlicher Bezeichnung

$$11''') \begin{cases} (\overline{X}_n)_h + (\overline{X}_n)_k + \overline{X}_{hk} = (\overline{Y}_n)_h + (\overline{Y}_n)_k + \overline{Y}_{hk} = (\overline{Z}_n)_h + (\overline{Z}_n)_k + \overline{Z}_{hk} = 0, \\ (\overline{L}_n)_h + (\overline{L}_n)_k + \overline{L}_{hk} = (\overline{M}_n)_h + (\overline{M}_n)_k + \overline{M}_{hk} = (\overline{N}_n)_h + (\overline{N}_n)_k + \overline{N}_{hk} = 0; \end{cases}$$

die Normalen sind nach der Ableitung der Formeln je die äußeren auf dem durch den Index h resp. k bezeichneten Teil des Körpersystemes.

Wählen wir ferner als das Integrationsgebiet ein Tetraëder von unendlich kleinen Kanten, dessen Flächen resp. normal zur X-, Y-, Z-Axe und einer beliebigen Richtung n liegen — letztere positiv aus dem Tetraëder heraus gerechnet —, so ergiebt sich unter Benutzung von (11) und (11')

$$12) \qquad \begin{cases} X_n = X_x \cos(n,x) + X_y \cos(n,y) + X_z \cos(n,z), \\ Y_n = Y_x \cos(n,x) + Y_y \cos(n,y) + Y_z \cos(n,z), \\ Z_n = Z_x \cos(n,x) + Z_y \cos(n,y) + Z_z \cos(n,z), \end{cases}$$

$$12') \qquad \begin{cases} L_n = L_x \cos(n,x) + L_y \cos(n,y) + L_z \cos(n,z), \\ M_n = M_x \cos(n,x) + M_y \cos(n,y) + M_z \cos(n,z), \\ N_n = N_x \cos(n,x) + N_y \cos(n,y) + N_z \cos(n,z). \end{cases}$$

Endlich erhält man durch Anwendung der Formeln (10) auf ein unendlich kleines Prisma, dessen Flächen den Koordinatenebenen parallel sind:

$$\left.\begin{aligned}
\varrho\frac{d^2x}{dt^2} &= X' - \frac{\partial X_x}{\partial x} - \frac{\partial X_y}{\partial y} - \frac{\partial X_z}{\partial z},\\
\varrho\frac{d^2y}{dt^2} &= Y' - \frac{\partial Y_x}{\partial x} - \frac{\partial Y_y}{\partial y} - \frac{\partial Y_z}{\partial z},\\
\varrho\frac{d^2z}{dt^2} &= Z' - \frac{\partial Z_x}{\partial x} - \frac{\partial Z_y}{\partial y} - \frac{\partial Z_z}{\partial z},
\end{aligned}\right\} \qquad 13)$$

$$\left.\begin{aligned}
0 &= L' - \frac{\partial L_x}{\partial x} - \frac{\partial L_y}{\partial y} - \frac{\partial L_z}{\partial z} + Y_z - Z_y,\\
0 &= M' - \frac{\partial M_x}{\partial x} - \frac{\partial M_y}{\partial y} - \frac{\partial M_z}{\partial z} + Z_x - X_z,\\
0 &= N' - \frac{\partial N_x}{\partial x} - \frac{\partial N_y}{\partial y} - \frac{\partial N_z}{\partial z} + X_y - Y_x.
\end{aligned}\right\} \qquad 13')$$

Für die Ableitung der letzten drei Formeln sind die ersten drei zu benutzen und ist außerdem in Betracht zu ziehen, daß sich innerhalb des Integrationsgebietes die x, y, z nur unendlich wenig von Konstanten unterscheiden.

Die Gleichungen (11) bis (13) haben den ganzen Inhalt der Formeln (10) in sich aufgenommen, so daß letztere aus ihnen zurückgewonnen werden können, und zwar auch für den allgemeinsten Fall eines Systemes von verschiedenen Körpern.

In der That führt die erste Gleichung (13), über das ganze System integriert, sofort auf

$$\Sigma\int\varrho\frac{d^2x}{dt^2}dk = \Sigma\int X'dk - \Sigma\int do\left(\overline{X}_x\cos(n,x) + \overline{X}_y\cos(n,y) + \overline{X}_z\cos(n,z)\right),$$

wo die Summe Σ sich auf die verschiedenen homogenen Teile des Systemes bezieht, und n die äußere Normale auf der Grenzfläche eines homogenen Teiles des Systemes bezeichnet. Die Oberflächenintegrale reduzieren sich nach (12) auf $\Sigma\int do\overline{X}_n$ und ergeben nach (11‴) den Wert $-\Sigma'\int\overline{X}_{hk}do_{hk}$, soweit sie Grenzflächen zwischen zwei Körpern h und k des Systemes betreffen, dagegen, soweit sie sich auf äußere Begrenzungen des Systemes beziehen, nach (11″) den Wert $-\Sigma\int\overline{X}_h do_h$, so daß man schließlich erhält

$$\Sigma\int\varrho\frac{d^2x}{dt^2}dk = \Sigma\int X'dk + \Sigma\int\overline{X}do,$$

in Übereinstimmung mit der ersten Gleichung (10).

Integriert man hingegen die erste Formel (13′) über das ganze körperliche System, so erhält man

$$\begin{aligned}0 &= \Sigma\int L'dk\\
&\quad - \Sigma\int do\left(\overline{L}_x\cos(n,x) + \overline{L}_y\cos(n,y) + \overline{L}_z\cos(n,z)\right) + \Sigma\int(Y_z - Z_y)\,dk.\end{aligned}$$

Hiervon behandelt man das Oberflächenintegral genau wie das vorige, das letzte Raumintegral hingegen schreibe man

$$\int (Y_z - Z_y) dk = \iint dx\, dy \,|z Y_z| - \iint dx\, dz\, |y Z_y| - \int \left(z \frac{\partial Y_z}{\partial z} - y \frac{\partial Z_y}{\partial y} \right) dk$$

$$= \int do\, (\overline{z Y_z} \cos(n,z) - \overline{y Z_y} \cos(n,y))$$

$$- \int \left(z \left[\left(Y' - \varrho \frac{d^2 y}{dt^2} \right) - \frac{\partial Y_x}{\partial x} - \frac{\partial Y_y}{\partial y} \right] - y \left[\left(Z' - \varrho \frac{d^2 z}{dt^2} \right) - \frac{\partial Z_x}{\partial x} - \frac{\partial Z_z}{\partial z} \right] \right) dk,$$

und dies giebt leicht

$$= \int do\, (\overline{z Y_n} - \overline{y Z_n}) - \int \left[(z Y' - y Z') - \varrho \left(z \frac{d^2 y}{dt^2} - y \frac{d^2 z}{dt^2} \right) \right] dk,$$

wodurch man wie früher erhält

$$\Sigma \int \varrho \left(y \frac{d^2 z}{dt^2} - z \frac{d^2 y}{dt^2} \right) dk = \Sigma \int (L' + y Z' - z Y') dk + \Sigma \int (\overline{L} + \overline{y Z} - \overline{z Y}) do.$$

Dies ist aber die vierte Gleichung (10) in allgemeinster Fassung. —

Die vorstehenden allgemeinsten Resultate sind für die Anwendungen zu vereinfachen, da wir in Wirklichkeit, wie es scheint, keine Mittel haben, durch Oberflächenkräfte direkt auf die kleinsten Teilchen der Körper Momente auszuüben; hiernach ist

$$\overline{L} = \overline{M} = \overline{N} = 0$$

zu setzen. Das hat dann zur Folge, daß nach (11″) zunächst in den Oberflächen der Körper die inneren Momente L_n, M_n, N_n sämtlich verschwinden, und man gelangt zu keinen Widersprüchen mit der Erfahrung, wenn man nun auch überall und für beliebige n

$$L_n = M_n = N_n = 0$$

nimmt. Die körperlichen Momente L', M', N' sind durch mechanische Mittel zwar nicht hervorzubringen, es liegt aber jedenfalls die Möglichkeit vor, sie durch elektrische Kräfte zu bewirken; man würde hiernach also das System (13) zunächst zu schreiben haben[9]):

$$14) \quad \left\{ \begin{aligned} \varrho \frac{d^2 x}{dt^2} &= X' - \frac{\partial X_x}{\partial x} - \frac{\partial X_y}{\partial y} - \frac{\partial X_z}{\partial z}, \\ \varrho \frac{d^2 y}{dt^2} &= Y' - \frac{\partial Y_x}{\partial x} - \frac{\partial Y_y}{\partial y} - \frac{\partial Y_z}{\partial z}, \\ \varrho \frac{d^2 z}{dt^2} &= Z' - \frac{\partial Z_x}{\partial x} - \frac{\partial Z_y}{\partial y} - \frac{\partial Z_z}{\partial z}, \end{aligned} \right.$$

$$14') \quad \left\{ \begin{aligned} 0 &= L' + Y_z - Z_y, \\ 0 &= M' + Z_x - X_z, \\ 0 &= N' + X_y - Y_x. \end{aligned} \right.$$

Schließt man aber solche Mittel aus und setzt $L' = M' = N' = 0$, so wird aus den letzten drei Gleichungen noch einfacher

$$Y_z = Z_y, \quad Z_x = X_z, \quad X_y = Y_x. \qquad 14'')$$

Diese Annahme wird in der Praxis meistens gemacht; das aus ihr folgende Resultat (14'') ist bereits auf Seite 126 benutzt worden.[9])

Unter seiner Berücksichtigung ist der Spannungszustand an irgend einem Punkte eines beliebigen nicht starren Körpers durch die sechs Komponenten

$$X_x, \; Y_y, \; Z_z, \; Y_z, \; Z_x, \; X_y,$$

die für eine einzelne Stelle willkürlich vorgeschrieben werden können, vollständig bestimmt. Als Funktionen der Koordinaten und der Zeit unterliegen sie aber den drei Gleichungen (14), zu denen als Bedingungen für die Grenze zwischen zwei Körpern (*h*) und (*k*) drei Formeln treten, die wir in der allgemeinsten Fassung, unter Berücksichtigung äußerer auf die Grenzfläche wirkender Drucke mit den Komponenten $\overline{X}_{hk}$, $\overline{Y}_{hk}$, $\overline{Z}_{hk}$, nach (11''') schreiben

$$\left.\begin{aligned}(\overline{X}_n)_h + (\overline{X}_n)_k + \overline{X}_{hk} = 0, \; (\overline{Y}_n)_h + (\overline{Y}_n)_k + \overline{Y}_{hk} = 0,\\ (\overline{Z}_n)_h + (\overline{Z}_n)_k + \overline{Z}_{hk} = 0.\end{aligned}\right\} \qquad 14''')$$

Die Richtungen n_h resp. n_k sind dabei die der äußeren Normalen auf der Oberfläche von (*h*) resp. (*k*).

Die Formeln vereinfachen sich, wenn entweder die Drucke gegen die Grenzfläche, oder die Spannungen im Nachbarkörper Null sind oder vorgeschriebene Größe haben. —

Die Druckkomponenten $X_x \ldots X_y$ sind vom Koordinatensystem abhängig und ändern ihre Werte bei Einführung anderer Axenrichtungen. Für die Ausführung der Transformation ist die Bemerkung von Wichtigkeit, daß sich die sechs Druckkomponenten hierbei vollständig wie die sechs Komponentenprodukte

$$X^2, \; Y^2, \; Z^2, \; YZ, \; ZX, \; XY$$

verhalten.

Bezeichnet man die Resultante aus X_n, Y_n, Z_n mit P_n, und führt man ihre Richtungscosinus mit der Bezeichnung α', β', γ' ein, während man $\cos(n, x)$, $\cos(n, y)$, $\cos(n, z)$ in α, β, γ abkürzt, so wird aus dem System (12)

$$\begin{aligned}P_n\alpha' &= X_x\alpha + X_y\beta + X_z\gamma,\\ P_n\beta' &= Y_x\alpha + Y_y\beta + Y_z\gamma,\\ P_n\gamma' &= Z_x\alpha + Z_y\beta + Z_z\gamma.\end{aligned}$$

P_n fällt im allgemeinen nicht in die Richtung von n; ausgenommen sind die speziellen Werte α, β, γ, für welche gilt

$$15)\quad \begin{cases} 0 = (X_x - P)\alpha + X_y\beta + X_z\gamma, \\ 0 = Y_x\alpha + (Y_y - P)\beta + Y_z\gamma, \\ 0 = Z_x\alpha + Z_y\beta + (Z_z - P)\gamma, \end{cases}$$

wobei mit P der spezielle Wert von P_n bezeichnet ist, der normal zu dem entsprechenden Flächenelement wirkt.

Dieses Formelsystem stimmt vollständig mit (4) überein und gestattet die gleichen Folgerungen. Insbesondere ergiebt dasselbe, daß im allgemeinen nur drei zu einander normale Richtungen, die Hauptdruckaxen, existieren, in denen die Drucke, die Hauptdrucke P_1, P_2, P_3, normal gegen das zugehörige Flächenelement wirken.

Wählt man die Hauptdruckaxen zu Koordinatenaxen X^0, Y^0, Z^0, so nehmen die bezüglichen Druckkomponenten die Werte an [10])

$$15')\quad X_x^0 = P_1,\; Y_y^0 = P_2,\; Z_z^0 = P_3,\; Y_z^0 = Z_x^0 = X_y^0 = 0.$$

Zwischen ihnen und den auf ein beliebiges Axensystem X, Y, Z bezogenen Werten bestehen die Beziehungen

$$15'')\quad \begin{cases} P_1 + P_2 + P_3 = X_x + Y_y + Z_z, \\ P_2 P_3 + P_3 P_1 + P_1 P_2 = Y_y Z_z + Z_z X_x + X_x Y_y - (Y_z^2 + Z_x^2 + X_y^2), \\ P_1 P_2 P_3 = X_x Y_y Z_z + 2 Y_z Z_x X_y - (X_x Y_z^2 + Y_y Z_x^2 + Z_z X_y^2); \end{cases}$$

die Ausdrücke rechts sind die einzigen von einander unabhängigen aus den Druckkomponenten zu bildenden Invarianten.

Bei Einführung der Hauptdruckaxen X^0, Y^0, Z^0 nimmt das System (12) die Form an

$$16)\quad X_n^0 = P_1 \cos(n, x),\; Y_n^0 = P_2 \cos(n, y),\; Z_n^0 = P_3 \cos(n, z),$$

woraus durch Elimination der Richtung von n die Beziehung folgt

$$16')\quad \left(\frac{X_n^0}{P_1}\right)^2 + \left(\frac{Y_n^0}{P_2}\right)^2 + \left(\frac{Z_n^0}{P_3}\right)^2 = 1.$$

Da X_n^0, Y_n^0, Z_n^0 die Komponenten nach den Hauptdruckaxen von der Druckkraft P_n sind, welche gegen das durch die Richtung von n charakterisierte Flächenelement wirkt, so stellen sie auch die Koordinaten ξ, η, ζ des Endpunktes eines mit P_n proportionalen Vektors vom Koordinatenanfang aus dar, und die Gleichung

$$16'')\quad \left(\frac{\xi}{P_1}\right)^2 + \left(\frac{\eta}{P_2}\right)^2 + \left(\frac{\zeta}{P_3}\right)^2 = 1$$

zeigt, daß die allen möglichen Richtungen von n entsprechenden Endpunkte ein dreiaxiges Ellipsoid — das Druckellipsoid — erfüllen, dessen Hauptaxen nach Richtung und Größe durch die Hauptdrucke P_1, P_2, P_3 bestimmt sind.

Kombiniert man mit diesem Ellipsoid die concentrische und gleichliegende Hilfsfläche zweiten Grades, deren Gleichung lautet

$$\frac{\xi^2}{P_1} + \frac{\eta^2}{P_2} + \frac{\zeta^2}{P_3} = 1\,, \tag{16'''}$$

so ergiebt das Formelsystem (16) das Resultat, daß, wenn man an die Hilfsfläche (16''') eine Tangentenebene normal zu n, d. h. parallel zu dem Flächenelement legt, gegen welches P_n wirkt, die Richtung des Radiusvektors nach der Berührungsstelle mit derjenigen von P_n identisch ist.

Dieser Satz gestattet, zu jedem n das zugehörige P_n zu konstruieren, und umgekehrt.[11]) —

§ 3. Die Hamilton'sche Gleichung für nichtstarre Körper. Einführung eines rotierenden Koordinatensystemes.

Die Gleichungen (14) sind bei Annahme der Beziehungen (14'') und (14''') in eine einzige zusammenzufassen, welche den Vorteil des leichten Überganges zu anderen Koordinatensystemen bietet.[12]) Man erhält nämlich durch Multiplikation mit den virtuellen Verrückungen δx, δy, δz und Integration über das ganze System in Berührung stehender Körper:

$$\begin{aligned}\int dk\Big[&\left(\varrho\frac{d^2 x}{dt^2} - X' + \frac{\partial X_x}{\partial x} + \frac{\partial X_y}{\partial y} + \frac{\partial X_z}{\partial z}\right)\delta x\\ &+ \left(\varrho\frac{d^2 y}{dt^2} - Y' + \frac{\partial Y_x}{\partial x} + \frac{\partial Y_y}{\partial y} + \frac{\partial Y_z}{\partial z}\right)\delta y\\ &+ \left(\varrho\frac{d^2 z}{dt^2} - Z' + \frac{\partial Z_x}{\partial x} + \frac{\partial Z_y}{\partial y} + \frac{\partial Z_z}{\partial z}\right)\delta z\Big] = 0.\end{aligned}$$

Sind die Variationen δx, δy, δz im Innern des ganzen Systems, auch beim Durchgang durch die Grenze zweier verschiedener Körper, stetig, so ergiebt diese Formel durch teilweise Integration, da sich die auf die Zwischengrenzen bezüglichen Glieder nach (14''') zusammenfassen:

$$\left.\begin{aligned}\int dk\Big[&\left(\varrho\frac{d^2 x}{dt^2} - X'\right)\delta x + \left(\varrho\frac{d^2 y}{dt^2} - Y'\right)\delta y + \left(\varrho\frac{d^2 z}{dt^2} - Z'\right)\delta z\\ &- \Big(X_x\frac{\partial\,\delta x}{\partial x} + Y_y\frac{\partial\,\delta y}{\partial y} + Z_z\frac{\partial\,\delta z}{\partial z}\\ &+ Y_z\left(\frac{\partial\,\delta y}{\partial z} + \frac{\partial\,\delta z}{\partial y}\right) + Z_x\left(\frac{\partial\,\delta z}{\partial x} + \frac{\partial\,\delta x}{\partial z}\right) + X_y\left(\frac{\partial\,\delta x}{\partial y} + \frac{\partial\,\delta y}{\partial x}\right)\Big)\Big]\\ &- \int do\left(\overline{X}\,\delta\bar{x} + \overline{Y}\,\delta\bar{y} + \overline{Z}\,\delta\bar{z}\right) = 0.\end{aligned}\right\} \tag{17}$$

Dieselbe Formel gilt auch, wenn die Variationen in der Grenze unstetig sind, falls nur ihre Komponente normal zur Grenze nicht springt und der Druck senkrecht gegen die Grenzfläche wirkt.

Vergleicht man diese Formel mit (95') des ersten Teiles und berücksichtigt, daß

17') $$X'\delta x + Y'\delta y + Z'\delta z = \delta'\alpha_a$$

die auf die Volumeneinheit bezogene virtuelle Arbeit der körperlichen Kräfte,

17'') $$\overline{X}\delta\overline{x} + \overline{Y}\delta\overline{y} + \overline{Z}\delta\overline{z} = \delta'\alpha_o$$

die auf die Flächeneinheit bezogene der Oberflächendrucke gegen eine äußere oder eine Zwischengrenze ist, so erkennt man, daß

17''') $$\left\{\begin{aligned} &X_x\frac{\partial\delta x}{\partial x} + Y_y\frac{\partial\delta y}{\partial y} + Z_z\frac{\partial\delta z}{\partial z} + Y_z\left(\frac{\partial\delta z}{\partial y} + \frac{\partial\delta y}{\partial z}\right)\\ &\quad + Z_x\left(\frac{\partial\delta x}{\partial z} + \frac{\partial\delta z}{\partial x}\right) + X_y\left(\frac{\partial\delta y}{\partial x} + \frac{\partial\delta x}{\partial y}\right) = \delta'\alpha_i\end{aligned}\right.$$

die auf die Volumeneinheit bezogene Arbeit der inneren Kräfte sein muß; denn andere als diese drei Arten von Kräften treten nach der Annahme nicht ins Spiel.

Die Gleichung (17) läßt sich daher schreiben

18) $$\int dk\left[\varrho\left(\frac{d^2x}{dt^2}\delta x + \frac{d^2y}{dt^2}\delta y + \frac{d^2z}{dt^2}\delta z\right) - \delta'\alpha_i - \delta'\alpha_a\right] - \int do\,\delta'\alpha_o = 0,$$

woraus bei Einführung der gesamten virtuellen Arbeit $\delta' A$ für den Fall des Gleichgewichtes spezieller folgt

18') $$\delta' A = \int dk\,(\delta'\alpha_a + \delta'\alpha_i) + \int do\,\delta'\alpha_o = 0\,.$$

Sind die virtuellen Verrückungen die in der Zeit dt wirklich eintretenden, d. h., ist

$$\delta x = \frac{dx}{dt}dt,\ \delta y = \frac{dy}{dt}dt,\ \delta z = \frac{dz}{dt}dt,$$

so giebt die Formel (18)

18'') $$d\Psi = d' A,$$

die Gleichung der lebendigen Kraft, welche auch zeigt, daß im Falle, wo kein Gleichgewicht stattfindet, das nichtstarre System die Bewegung aus der Ruhe so beginnt, daß

18''') $$d' A > 0$$

ist.

Benutzt man die Umformung von Seite 80 und integriert die Formel (18) nach der Zeit zwischen zwei Grenzen, an denen die Variationen δx, δy, δz verschwinden, so erhält man

$$\int_{t_0}^{t_1} dt(\delta\Psi + \delta' A) = 0 \tag{19}$$

und damit die Gestalt, welche das HAMILTON'sche Prinzip für nichtstarre Körper annimmt.

Ein sehr wichtiger Fall ist der, daß die Arbeit der inneren Kräfte $\delta'\alpha_i$ die Gestalt der vollständigen Variation von einer Funktion besitzt, die nur von dem augenblicklichen Zustand abhängt, also

$$\delta'\alpha_i = -\delta\varphi$$

ist, wo man φ die auf die Volumeneinheit bezogene Potentialfunktion der inneren Kräfte nennen kann; setzt man dann $\int \varphi\, dk = \Phi$, d. h. gleich dem Gesamtpotential, und $\int dk\, \delta'\alpha_a + \int do\, \delta'\alpha_o = \delta' A_a$, d. h. gleich der gesamten äußeren Arbeit, so wird die Bedingung des Gleichgewichtes (18') zu

$$\delta' A_a - \delta\Phi = 0, \tag{19'}$$

die Gleichung der lebendigen Kraft zu

$$d(\Psi + \Phi) = dE = d' A_a, \tag{19''}$$

wo E die Energie des nichtstarren Systemes heißt. Ebenso verwandelt sich die Ungleichung (18''') in

$$d' A_a - d\Phi > 0 \tag{19'''}$$

und die Formel (19) des HAMILTON'schen Prinzipes in

$$\int_{t_0}^{t_1} dt\big(\delta(\Psi - \Phi) + \delta' A_a\big) = 0. \tag{19''''}$$

Wenn äußere Kräfte nicht wirken, wird aus (19') und (19''')

$$\delta\Phi = 0, \text{ resp. } d\Phi < 0,$$

was in der S. 28 ausgeführten Weise dahin gedeutet werden kann, daß im Zustande stabilen Gleichgewichtes Φ ein Minimum wird. —

Eine Anwenduug der Formel (19) wollen wir auf die Transformation der allgemeinen Bewegungsgleichungen (14) auf ein um die Z-Axe mit gleichförmiger Geschwindigkeit rotierendes Koordinatensystem Ξ, H, Z machen[13]).

Wir bezeichnen die Rotationsgeschwindigkeit mit ω und setzen demgemäß, indem wir t von einem beliebigen Zeitpunkt aus rechnen,

$$\left.\begin{aligned} x &= \xi\cos\omega t - \eta\sin\omega t \\ y &= \xi\sin\omega t + \eta\cos\omega t, \quad z = \zeta. \end{aligned}\right\} \tag{20}$$

Hieraus folgt, wenn man kurz die Differentialquotienten nach der Zeit durch einen oberen Index bezeichnet:

$$20') \quad \begin{cases} x' = \xi' \cos \omega t - \eta' \sin \omega t - \xi \omega \sin \omega t - \eta \omega \cos \omega t, \\ y' = \xi' \sin \omega t + \eta' \cos \omega t + \xi \omega \cos \omega t - \eta \omega \sin \omega t, \\ z' = \zeta'. \end{cases}$$

Die Variation der lebendigen Kraft ψ der Volumeneinheit nimmt demgemäß die Gestalt an

$$20'') \quad \delta \psi = \frac{\partial \psi}{\partial \xi} \delta \xi + \frac{\partial \psi}{\partial \eta} \delta \eta + \frac{\partial \psi}{\partial \xi'} \delta \xi' + \frac{\partial \psi}{\partial \eta'} \delta \eta' + \frac{\partial \psi}{\partial \zeta'} \delta \zeta',$$

aber die geleistete Arbeit

$$\delta' A = \int (\delta' \alpha_i + \delta' \alpha_a) \, dk + \int \delta \alpha_0 \, do$$

behält in den ξ, η, ζ dieselbe Form, wie in den x, y, z, was aus ihrer Definition leicht zu ersehen ist.

Setzt man $\delta \Psi = \int \delta \psi \, dk$, nach (20'') berechnet, in das Hamilton'sche Integral ein, integriert die mit $\delta \xi'$, $\delta \eta'$, $\delta \zeta'$ multiplizierten Glieder durch Teile nach der Zeit, indem man $\delta \xi$, $\delta \eta$, $\delta \zeta$ an den Grenzen verschwinden läßt, und integriert die mit

$$\frac{\partial \delta \xi}{\partial \xi}, \ldots \left(\frac{\partial \delta \eta}{\partial \zeta} + \frac{\partial \delta \xi}{\partial \eta} \right)$$

multiplizierten Glieder durch Teile nach den Koordinaten, die sich in den bezüglichen Nennern befinden, so erhält man

$$21) \quad \begin{cases} \int_{t_0}^{t_1} dt \Big\{ \int dk \Big[\left(\frac{d}{dt} \left(\frac{\partial \psi}{\partial \xi'} \right) - \frac{\partial \psi}{\partial \xi} - \Xi' + \frac{\partial \Xi_\xi}{\partial \xi} + \frac{\partial \Xi_\eta}{\partial \eta} + \frac{\partial \Xi_\zeta}{\partial \zeta} \right) \delta \xi \\ \qquad + \left(\frac{d}{dt} \left(\frac{\partial \psi}{\partial \eta'} \right) - \frac{\partial \psi}{\partial \eta} - H' + \frac{\partial H_\xi}{\partial \xi} + \frac{\partial H_\eta}{\partial \eta} + \frac{\partial H_\zeta}{\partial \zeta} \right) \delta \eta \\ \qquad + \left(\frac{d}{dt} \left(\frac{\partial \psi}{\partial \zeta'} \right) \qquad - Z' + \frac{\partial Z_\xi}{\partial \xi} + \frac{\partial Z_\eta}{\partial \eta} + \frac{\partial Z_\zeta}{\partial \zeta} \right) \delta \zeta \Big] \\ \quad - \int do \left[(\overline{\Xi} + \overline{\Xi}_n) \overline{\delta \xi} + (\overline{H} + \overline{H}_n) \overline{\delta \eta} + (\overline{Z} + \overline{Z}_n) \overline{\delta \zeta} \right] \Big\} = 0. \end{cases}$$

Da die $\delta \xi$, $\delta \eta$, $\delta \zeta$ willkürlich sind, zerfällt die obige Gleichung in drei für jeden inneren Punkt und drei für jeden Oberflächenpunkt gültige.

Wir bilden sie, nachdem wir die Werte der Differentialquotienten von ψ wie folgt eingesetzt haben:

$$21') \quad \begin{cases} \frac{\partial \psi}{\partial \xi} = \varrho (\eta' \omega + \xi \omega^2), \quad \frac{\partial \psi}{\partial \eta} = \varrho (- \xi' \omega + \eta \omega^2), \\ \frac{d}{dt} \left(\frac{\partial \psi}{\partial \xi'} \right) = \varrho (\xi'' - \eta' \omega), \; \frac{d}{dt} \left(\frac{\partial \psi}{\partial \eta'} \right) = \varrho (\eta'' + \xi' \omega), \; \frac{d}{dt} \left(\frac{\partial \psi}{\partial \zeta'} \right) = \varrho \zeta''. \end{cases}$$

Sie lauten dann:

$$\left.\begin{aligned}\varrho(\xi'' - 2\eta'\omega - \xi\omega^2) &= \Xi' - \frac{\partial \Xi_\xi}{\partial \xi} - \frac{\partial \Xi_\eta}{\partial \eta} - \frac{\partial \Xi_\zeta}{\partial \zeta},\\ \varrho(\eta'' + 2\xi'\omega - \eta\omega^2) &= H' - \frac{\partial H_\xi}{\partial \xi} - \frac{\partial H_\eta}{\partial \eta} - \frac{\partial H_\zeta}{\partial \zeta},\\ \varrho\zeta'' &= Z' - \frac{\partial Z_\xi}{\partial \xi} - \frac{\partial Z_\eta}{\partial \eta} - \frac{\partial Z_\zeta}{\partial \zeta},\\ \overline{\Xi} + \overline{\Xi}_n = \overline{H} + \overline{H}_n &= \overline{Z} + \overline{Z}_n = 0.\end{aligned}\right\} \quad 21'')$$

Bringt man die in den beiden ersten Gleichungen links neben $\varrho\xi''$ und $\varrho\eta''$ stehenden Glieder auf die rechte Seite, so kann man sie mit Ξ' und H' vereinigen und als die scheinbaren körperlichen Komponenten deuten, welche neben den wirklichen infolge der Rotation des Koordinatensystemes als auf das Volumenelement dk ausgeübt einzuführen sind.

Die Anteile

$$\Xi_1' = \varrho\xi\omega^2, \quad H_1' = \varrho\eta\omega^2$$

sind die auf die Volumeneinheit bezogenen Komponenten der Centrifugalkraft, die Anteile

$$\Xi_2' = 2\varrho\eta'\omega, \quad H_2' = -2\varrho\xi'\omega,$$

welche verschwinden, wenn der Körper relativ zu dem System Ξ, H ruht, sind die Komponenten einer Kraft, welche parallel der ΞH-Ebene senkrecht gegen die Projektion der relativen Bewegungsrichtung von dk auf diese Ebene mit der Stärke $2\varrho\omega\sqrt{\xi'^2 + \eta'^2}$ wirkt.

Von den Formeln (21″) geht man leicht zu denen über, welche die Bewegung auf ein mit seinem Anfangspunkt an der Erdoberfläche befindliches und mit der Erde rotierendes Koordinatensystem beziehen.

Sei R der Erdradius, und ϑ die nördliche geographische Breite des Koordinatenanfanges für das zu Ξ, H, Z parallele System Ξ_1, H_1, Z_1, dessen Ebene $\Xi_1 Z_1$ außerdem mit der Ebene ΞZ zusammenfallen möge, dann ist

$$\xi = R\cos\vartheta + \xi_1, \quad \eta = \eta_1, \quad \zeta = R\sin\vartheta + \zeta_1.$$

Führt man endlich noch ein Axensystem A, B, C ein, dessen C-Axe normal zur Erdoberfläche und dessen A-Axe nach Süden gerichtet ist, so wird

$$\xi_1 = a\sin\vartheta + c\cos\vartheta, \quad \eta_1 = b, \quad \zeta_1 = -a\cos\vartheta + c\sin\vartheta,$$

oder

$$a = \xi_1\sin\vartheta - \zeta_1\cos\vartheta, \quad b = \eta_1, \quad c = \xi_1\cos\vartheta + \zeta_1\sin\vartheta.$$

Man erhält demgemäß leicht, indem man die erste und letzte Gleichung (21'') mit den Faktoren $\sin\vartheta$, $-\cos\vartheta$, resp. $\cos\vartheta$, $\sin\vartheta$ zusammenfaßt und berücksichtigt, daß die rechten Seiten jener Formeln für alle rechtwinkligen Koordinatensysteme ihre Gestalt beibehalten:

$$21''')\quad \left\{\begin{aligned} &\varrho\left[a'' - 2b'\omega\sin\vartheta - \big((R+c)\cos\vartheta + a\sin\vartheta\big)\omega^2\sin\vartheta\right] \\ &\qquad = A' - \frac{\partial A_a}{\partial a} - \frac{\partial A_b}{\partial b} - \frac{\partial A_c}{\partial c}, \\ &\varrho\left[b'' + 2(a'\sin\vartheta + c'\cos\vartheta)\omega - b\omega^2\right] \\ &\qquad = B' - \frac{\partial B_a}{\partial a} - \frac{\partial B_b}{\partial b} - \frac{\partial B_c}{\partial c}, \\ &\varrho\left[c'' - 2b'\omega\cos\vartheta - \big((R+c)\cos\vartheta + a\sin\vartheta\big)\omega^2\cos\vartheta\right] \\ &\qquad = C' - \frac{\partial C_a}{\partial a} - \frac{\partial C_b}{\partial b} - \frac{\partial C_c}{\partial c}. \end{aligned}\right.$$

Diese Gleichungen kommen mit speziellen Werten der auf den rechten Seiten stehenden Kraft- und Druckkomponenten u. a. zur Anwendung bei der Theorie der Bewegungen, die in der Atmosphäre der Erde (oder eines anderen Weltkörpers) unter Mitwirkung der Rotation auftreten.

Ueber einen unendlich kleinen Körper integriert, wobei die inneren Kräfte verschwinden, geben sie die Gesetze der Bewegung eines Massenpunktes relativ zur rotierenden Erde.

II. Kapitel.

Hydrostatik.

§ 4. Die allgemeinen Gleichgewichtsbedingungen; der Druck im Innern einer ruhenden Flüssigkeit.

Ein nichtstarrer Körper, in welchem im Zustand der Ruhe tangentiale Drucke niemals auftreten, heißt eine Flüssigkeit, und wenn er diese Eigenschaft auch bei der Bewegung beibehält, eine ideale Flüssigkeit.

Die Komponenten Y_z, Z_x, X_y wirken tangential gegen die Koordinatenebenen, sie müssen also bei allen Flüssigkeiten im Zustand der Ruhe verschwinden. Führt man dies ein, so ergiebt das System (12)

$$X_n = X_x \cos(n, x), \quad Y_n = Y_y \cos(n, y), \quad Z_n = Z_z \cos(n, z),$$

und da die Resultierende P_n von X_n, Y_n, Z_n nach der Annahme in die Richtung von n fallen soll, so folgt für jedes n

$$P_n = X_x = Y_y = Z_z;$$

den gemeinsamen Wert dieser Größen nennen wir kurz den Druck an der Stelle x, y, z und bezeichnen ihn durch den Buchstaben p.

Bei Einführung dieser Resultate und unter Voraussetzung des Gleichgewichts nehmen die Gleichungen (14) die Form an [14])

$$X' = \frac{\partial p}{\partial x}, \quad Y' = \frac{\partial p}{\partial y}, \quad Z' = \frac{\partial p}{\partial z}, \tag{22}$$

worin die X', Y', Z' die Komponenten der körperlichen Kräfte bezeichnen und auf die Volumeneinheit bezogen sind, während das System (14''') liefert

$$\overline{p}_h - \overline{p}_k + p_{hk} = 0, \tag{22'}$$

worin p_{hk} die auf die Flächeneinheit der Grenze zwischen den Flüssigkeiten (h) und (k) wirkende, von ersterer nach letzterer hin positiv gerechnete Kraft bezeichnet, über deren Natur auf S. 222 gesprochen ist. Daß sie normal zur Grenze wirken muß, folgt aus (14‴), wenn man berücksichtigt, daß die tangentialen Komponenten von $(P_n)_h$ und $(P_n)_k$ verschwinden. Wir wollen p_{hk} den in o_{hk} wirkenden Grenzdruck nennen.

Die Gleichungen (22) und (22′) bilden die Grundlage für die Lehre vom Gleichgewicht der Flüssigkeiten. Sie sprechen bei gegebenen X', Y', Z' zunächst Eigenschaften des Druckes p aus, liefern aber auch nach dessen Elimination Bedingungen, welche die Kräfte allein erfüllen müssen, wenn anders Gleichgewicht unter ihrer Einwirkung möglich sein soll; beide Fragen hängen also auf's Engste zusammen.

Durch Elimination von p erhält man aus (22)

22″) $$\frac{\partial Y'}{\partial z} = \frac{\partial Z'}{\partial y}, \quad \frac{\partial Z'}{\partial x} = \frac{\partial X'}{\partial z}, \quad \frac{\partial X'}{\partial y} = \frac{\partial Y'}{\partial x},$$

und dies sagt aus, daß zum Gleichgewicht erforderlich ist, daß die auf die Volumeneinheit bezogenen körperlichen Kräfte ein Potential haben müssen.

Bezeichnet man dasselbe mit Φ', so giebt die Integration von (22)

22‴) $$\Phi' + p = \text{Const.},$$

und damit die Bestimmung des Druckes an jeder Stelle der Flüssigkeit, für welche die Funktion Φ' gilt, wenn er für eine Stelle vorgeschrieben ist.

Besteht das System aus mehreren in Berührung befindlichen Flüssigkeiten, und ist für die Grenzflächen, falls ein solcher stattfindet, der Sprung von Φ' und von p gegeben, so kann man die Formeln (22) auch über diese Grenzen hinweg integrieren und erhält beispielsweise, wenn die Indices h und k sich auf zwei beliebig gewählte Punkte im Innern der beiden Flüssigkeiten beziehen, und wenn, ebenso wie p_{hk} den durch (22′) definierten Sprung des Druckes bezeichnet, auch

23) $$\Phi'_{hk} = \overline{\Phi'_k} - \overline{\Phi'_h}$$

gesetzt wird,

23′) $$(\Phi'_k + p_k) - (\Phi'_h + p_h) = \Phi'_{hk} + p_{hk}.$$

Da die Differenz links vom Integrationsweg, und somit von der Stelle, wo derselbe die Grenzfläche passiert, unabhängig sein muß, so ergiebt sich, daß für alle Punkte der Grenze o_{kh} zwischen denselben zwei Flüssigkeiten

23″) $$\Phi'_{hk} + p_{hk} = C_{hk},$$

d. h. konstant sein muß; diese Beziehung giebt in dem vorausgesetzten Fall eine charakteristische Eigenschaft jener Grenzfläche an.

Die bisher gemachte Annahme, daß die auf die Volumeneinheit bezogenen Kräfte oder Potentiale als Funktionen des Ortes gegeben wären, ist in der Praxis ziemlich häufig erfüllt. Der wichtigste und zugleich einfachste Fall ist der der Einwirkung der Schwere auf eine Flüssigkeit von unveränderlicher Dichte ϱ, wo bei senkrecht nach unten positiv gerechneter Z-Axe $X' = Y' = 0$, $Z' = g\varrho$ ist; hier ist dann

$$\Phi' = -g\varrho z \text{ und } \Phi'_{hk} = -g\bar{z}(\varrho_k - \varrho_h). \qquad 23''')$$

Ein anderer tritt bei einer gleichförmig rotierenden Flüssigkeit ein, die man für die Anwendung der Formeln (22) nach dem S. 231 Abgeleiteten in Bezug auf ein mit ihr rotierendes Koordinatensystem als ruhend ansehen kann, wenn man außer den wirklich ausgeübten Kräften die Centrifugalkraft in Rechnung zieht. Deren Potential ist, falls man die Z-Axe zur Rotationsaxe wählt,

$$\Phi' = -\tfrac{1}{2}\varrho\,\omega^2(x^2 + y^2). \qquad 23'''')$$

Komplizierter sind die Fälle, wo die wirkenden körperlichen Kräfte und die Grenzdrucke p_{hk} von der Gestalt und der Massenverteilung der Körper abhängen; sie ergeben sich, wenn zwischen den Teilen der Flüssigkeit von unveränderlicher Dichte Fernwirkungen — z. B. die allgemeine Gravitation — oder molekulare Wirkungen — z. B. Kapillarkräfte — bestehen; sie treten auch ein, wenn magnetisch oder diëlektrisch polarisierbare Flüssigkeiten in ein magnetisches oder elektrisches Feld gebracht werden.

Alle diese Kräfte haben, auf die Volumeneinheit bezogen, Potentiale und genügen daher der Bedingung (22''); dies findet dagegen z. B. nicht statt bei den Wirkungen, welche eine vom galvanischen Strom durchflossene Flüssigkeit von konstanter Dichte im magnetischen Felde erfährt, und bei ihnen kann sonach die Flüssigkeit im Gleichgewicht nicht verharren. —

In vielen Fällen sind durch die Stellung des Problemes nicht die auf die Volumen-, sondern die auf die Masseneinheit bezogenen Kräfte direkt, z. B. als Funktionen der Koordinaten, gegeben. Setzen wir dann wie S. 221

$$X' = \varrho X, \quad Y' = \varrho Y, \quad Z' = \varrho Z,$$

so wird aus (22)

24) $$\varrho X = \frac{\partial p}{\partial x}, \quad \varrho Y = \frac{\partial p}{\partial y}, \quad \varrho Z = \frac{\partial p}{\partial z},$$

während (22′) ungeändert bleibt.

Bezüglich ihrer Dichte ϱ verhalten sich die tropfbaren und gasförmigen Flüssigkeiten verschieden.

Die Dichte der ersteren ist nur wenig mit Druck und Temperatur veränderlich, die der letzteren sehr bedeutend, und zwar in der Weise, daß sie bei konstanter Temperatur mit unendlich abnehmendem Drucke, bei konstantem Drucke mit unbegrenzt wachsender Temperatur unendlich klein wird.

Die Abhängigkeit der Dichte vom Druck können wir direkt in Rechnung ziehen, da der Druck in unseren Gleichungen bereits als Unbekannte auftritt, und wir setzen demgemäß

$$\varrho = f(p).$$

Die Abhängigkeit von der Temperatur kann dagegen nicht in derselben Weise eingeführt werden, da die Gesetze, nach welchen die Temperatur während des thermischen Gleichgewichts innerhalb eines Körpers variiert, durch besondere Gleichungen gegeben sind, die erst später abgeleitet werden können. Wir repräsentieren deshalb die Einwirkung der Temperatur dadurch, daß wir ϱ außer von p im allgemeinen auch von den Koordinaten x, y, z direkt abhängig denken.

Ein wichtiger Fall ist der bei tropfbaren Flüssigkeiten vorkommende, daß die Dichte mit dem Druck sehr wenig, mit der Temperatur beträchtlicher variiert; hier ist dann ϱ eine Funktion der Koordinaten allein.

Dasselbe tritt ein, wenn verschiedene Flüssigkeiten in demselben Raume vereinigt, etwa bei verschiedener Dichte in einem Gefäß übereinander geschichtet sind. Mischen sie sich, so ist dabei die Dichte mit dem Ort stetig veränderlich, im anderen Falle — den man indessen bequem als einen Grenzfall des ersteren betrachtet — springt sie beim Durchgang durch die Trennungsfläche. Es möge übrigens bemerkt werden, daß das Gleichgewicht von in Berührung befindlichen mischbaren Flüssigkeiten ein unvollkommenes ist, solange noch Konzentrationsdifferenzen vorhanden sind; doch geht der Ausgleich im allgemeinen so langsam von statten, daß man während desselben angenähert die hydrostatischen Gleichungen (24) anwenden kann.

Alle Fälle, wo die Dichte eine Funktion allein der Koordinaten ist, führen im Grunde auf die im Eingang gemachte Voraussetzung, daß X', Y', Z' Funktionen der Koordinaten sind, zurück; indessen ist es doch nicht ohne Interesse, sie von einer anderen Seite zu beleuchten, welche über das Verhalten der Dichte ϱ Aufschluß giebt. —

Wie allgemein auch immer das Gesetz der Dichtigkeit und der Kraft gewählt werde, stets folgt aus den Grundgleichungen (24) die Formel

$$X : Y : Z = \frac{\partial p}{\partial x} : \frac{\partial p}{\partial y} : \frac{\partial p}{\partial z}, \qquad 24')$$

oder der Satz, daß die Resultierende aller wirksamen Kräfte an der Stelle x, y, z normal gegen die hindurchgelegte Fläche p = Const. steht. Hieraus folgt, daß, wenn diese Kräfte ein Potential — oder genauer gesprochen, da sie sich auf die Masseneinheit beziehen, eine Potentialfunktion Φ — haben, stets die Flächen konstanten Potentiales und konstanten Druckes zusammenfallen müssen, oder daß p die Koordinaten x, y, z nur in der Kombination Φ enthalten kann.

Die Formeln (24) ergeben dann

$$-\varrho \frac{\partial \Phi}{\partial x} = \frac{\partial p}{\partial x}, \quad -\varrho \frac{\partial \Phi}{\partial y} = \frac{\partial p}{\partial y}, \quad -\varrho \frac{\partial \Phi}{\partial z} = \frac{\partial p}{\partial z}, \qquad 24'')$$

und hieraus folgt

$$-\varrho d\Phi = dp \quad \text{oder} \quad \varrho = -\frac{dp}{d\Phi}; \qquad 24''')$$

letztere Beziehung zeigt, daß, wenn die wirkenden Kräfte ein Potential haben, die Dichte, wie allgemein ihre Abhängigkeit auch gedacht werden mag, notwendig in Flächen konstanten Potentiales und konstanten Druckes selbst konstant sein muß. Die Grenze zwischen zwei nicht mischbaren Flüssigkeiten muß also, vorausgesetzt, daß der Druck stetig durch sie hindurchgeht, also p_{hk} verschwindet, in diesem Falle gleichfalls durch eine Potential- und Druckfläche gebildet sein.

Gehen wir nun zu spezielleren Annahmen über das Gesetz für die Dichte über.

Ist erstens ϱ nur von p abhängig, so setzen wir kurz

$$\frac{dp}{\varrho} = d\Pi, \qquad 25)$$

wo Π eine ebenfalls nur von p abhängende Funktion bezeichnet, und erhalten aus (24)

$$X = \frac{\partial \Pi}{\partial x}, \quad Y = \frac{\partial \Pi}{\partial y}, \quad Z = \frac{\partial \Pi}{\partial z}, \qquad 25')$$

woraus sich, analog wie aus (22), ergiebt, daß unter der gemachten Voraussetzung die notwendige Bedingung des Gleichgewichtes ist, daß die auf die Masseneinheit bezogenen Kräfte X, Y, Z eine Potentialfunktion Φ haben.

Durch Integration erhält man aus (25')

$$\Pi + \Phi = \text{Const.}, \tag{25''}$$

wobei die Integrationskonstante bestimmt ist, wenn für eine Stelle x_0, y_0, z_0 der Druck gleich p_0 gegeben ist. Die Auflösung dieser Formel nach p beantwortet die Frage nach dem Druck an einer beliebigen Stelle der Flüssigkeit, wenn deren Dichte nur vom Drucke abhängt.

Für den zweiten speziellen Fall, daß die Dichte ϱ eine stetige Funktion der Koordinaten allein, also vom Drucke unabhängig ist, folgt aus (24) durch Elimination von p

$$\frac{\partial \varrho Y}{\partial z} = \frac{\partial \varrho Z}{\partial y}, \quad \frac{\partial \varrho Z}{\partial x} = \frac{\partial \varrho X}{\partial z}, \quad \frac{\partial \varrho X}{\partial y} = \frac{\partial \varrho Y}{\partial x}; \tag{26}$$

hieraus kann man durch Elimination von ϱ noch bilden

$$\left\{\begin{aligned} & X\left(\frac{\partial Y}{\partial z} - \frac{\partial Z}{\partial y}\right) + Y\left(\frac{\partial Z}{\partial x} - \frac{\partial X}{\partial z}\right) + Z\left(\frac{\partial X}{\partial y} - \frac{\partial Y}{\partial x}\right) = 0 \\ & \text{und} \\ & \left(\frac{\partial Y}{\partial z} - \frac{\partial Z}{\partial y}\right) : \left(\frac{\partial Z}{\partial x} - \frac{\partial X}{\partial z}\right) : \left(\frac{\partial X}{\partial y} - \frac{\partial Y}{\partial x}\right) \\ & = \left(Z\frac{\partial \varrho}{\partial y} - Y\frac{\partial \varrho}{\partial z}\right) : \left(X\frac{\partial \varrho}{\partial z} - Z\frac{\partial \varrho}{\partial x}\right) : \left(Y\frac{\partial \varrho}{\partial x} - X\frac{\partial \varrho}{\partial y}\right), \end{aligned}\right. \tag{26'}$$

wobei natürlich die drei Gleichungen nicht voneinander unabhängig sind.

Die erste Formel (26') enthält eine Bedingung, welche die Kraftkomponenten X, Y, Z bei ganz beliebiger Abhängigkeit der Dichte von den Koordinaten befriedigen müssen, damit Gleichgewicht möglich sei; dieselbe ist z. B. stets erfüllt, wenn die Kräfte ein Potential haben. Im übrigen kommt dieser Fall, wie gesagt, auf den im Eingang behandelten zurück. —

Die Gleichung (18') der virtuellen Verrückungen für das Gleichgewicht eines nichtstarren Körpers nimmt nach S. 233 für eine Flüssigkeit die spezielle Form an

$$\int dk\left(p\left(\frac{\partial \delta x}{\partial x} + \frac{\partial \delta y}{\partial y} + \frac{\partial \delta z}{\partial z}\right) + \delta' \alpha_a\right) + \int do\, \delta' \alpha_o = 0. \tag{27}$$

Ist die Flüssigkeit inkompressibel, so verschwindet nach (7') der Faktor von p und damit die Arbeit $\delta' \alpha_i$ der inneren Kräfte, so daß nur

$$\int dk\, \delta' \alpha_a + \int do\, \delta' \alpha_o = 0 \tag{27'}$$

übrig bleibt. Um aus letzterem Ausdruck die Gleichungen (22) und (22') abzuleiten, hat man die Bedingung der Inkompressibilität

$$\frac{\partial\,\delta x}{\partial x}+\frac{\partial\,\delta y}{\delta y}+\frac{\partial\,\delta z}{\delta z}=0 \qquad 27'')$$

mit einer willkürlichen Funktion λ der Koordinaten und dem Element $d\,k$ multipliziert und über das ganze System integriert zu (27') zu addieren und wie gewöhnlich zu verfahren; man erhält dann die früheren Gleichgewichtsbedingungen zurück mit λ an Stelle von p. —

§ 5. Zurückführung der Grenzdrucke auf Oberflächenspannungen; der erste Hauptsatz der Kapillaritätstheorie.

Wir haben bei Aufstellung der hydrostatischen Gleichungen den Fall zugelassen, daß der Druck p beim Durchgang durch die Grenze zweier Flüssigkeiten oder einer Flüssigkeit und eines festen Körpers sich sprungweise ändert, und haben gezeigt, daß dies eine gegen die Grenzfläche selbst wirkende Kraft voraussetzt, die den Sprung des hydrostatischen Druckes kompensiert. Sie muß demgemäß normal gegen die Grenze wirken, und ihr auf die Flächeneinheit bezogener Betrag, der Grenzdruck p_{hk} — in der Richtung von der Flüssigkeit (h) zur Flüssigkeit (k) positiv gerechnet — der Bedingung $\overline{p}_h-\overline{p}_k+p_{hk}=0$ genügen.

Mit diesem Grenzdruck wollen wir uns jetzt näher beschäftigen.

Da er normal zur Grenze steht, so wird die Z-Komponente seiner Wirkung gegen ein beliebiges Stück o der Grenzfläche o_{hk} gegeben sein durch

$$Z_o=\int p_{hk}\cos(n,z)\;d\,o_{hk}, \qquad 28)$$

wobei auch n von (h) nach (k) hin positiv gerechnet ist.

$d\,o_{hk}\cos(n,z)$ kann, je nachdem die Normale einen spitzen oder stumpfen Winkel mit der Z-Axe bildet, gleich $\pm\,d\,x\,d\,y$ gesetzt werden; wir wollen der Einfachheit halber das betrachtete Stück der Grenzfläche so wählen, daß ersteres stattfindet, und erhalten demgemäß

$$Z_o=\int\!\!\int p_{hk}\,d\,x\,d\,y=\int p_{hk}\,d\,\omega, \qquad 28')$$

wo das Integral über die Projektion ω von o auf die XY-Ebene auszudehnen und p_{hk} als eine Funktion von x und y allein zu betrachten ist, die sich innerhalb ω regulär verhält.

Ähnlich wie S. 200 kann man aber jederzeit setzen

$$p_{hk}=-\frac{\partial A}{\partial y}+\frac{\partial B}{\partial x}, \qquad 28'')$$

wo A und B Funktionen von x und y sind, denen man noch die Bedingung

28‴) $$f_{hk} = -\frac{\partial A}{\partial x} - \frac{\partial B}{\partial y}$$

auferlegen kann, in der f_{hk} eine willkürliche Funktion von x und y bezeichnet.

Aus (28′) folgt dann nach der Gleichung (178‴) des ersten Teiles

29) $$Z_o = \int (\overline{A}\, dx + \overline{B}\, dy),$$

worin dx und dy die Projektionen des Randelementes $d\sigma$ von ω, somit auch des Randelementes ds von o bezeichnen, und die Integration in positivem Sinne rings um o zu führen ist. Hierfür kann man auch setzen

29′) $$Z_o = \int \left(\overline{A} \cos(s, x) + \overline{B} \cos(s, y)\right) ds,$$

d. h., man kann die Wirkung des Grenzdruckes p_{hk} auf das Flächenstück o zurückführen auf die von Kräften oder Spannungen, welche die Elemente ds seiner Randkurve erfahren. Bezeichnet man ihre Größe pro Längeneinheit durch S_{hk} und charakterisiert ihre Richtung durch den Buchstaben S, so muß also gelten

29″) $$Z_o = \int S_{hk} \cos(S, z)\, ds.$$

Bis hierher ist die Umformung eine rein mathematische Operation. Legt man aber nunmehr den Spannungen S wirkliche Existenz bei, so kann man über sie in ähnlicher Weise, wie S. 222 u. f. über die Druckkomponenten der inneren Kräfte, einige Sätze erhalten, indem man die Formel (29′) resp. (29″) und die ihnen entsprechenden für die Komponenten parallel zu X und Y auf verschieden gestaltete, unendlich kleine Flächenstücke anwendet und berücksichtigt, daß, wenn die Lineardimensionen derselben unendlich klein erster Ordnung sind, die Komponenten, welche sie erfahren, nach (28) zweiter Ordnung, die Momente um beliebige durch das Flächenstück gehende Axen aber dritter Ordnung sein müssen.

So erhält man bei Betrachtung eines streifenförmigen Flächenelementes das Resultat, daß gegenüberliegende Seiten gleiche und entgegengesetzt gerichtete Spannungen erfahren, und daß diese Spannungen in der Ebene des Elementes selbst liegen müssen. Der Grundeigenschaft der Flüssigkeiten, im Gleichgewichtszustand keinen tangentialen Druck zuzulassen, entspricht es dabei, daß auch S normal gegen ds wirkend angenommen wird. Die Anwendung der Formel (29′) auf ein dreieckiges Flächenstück liefert dann sogleich das Resultat, daß S zwar vom Orte auf der Grenzfläche, nicht aber von der Richtung des Elementes ds abhängt, gegen welches es wirkt.

Um die Resultate dieser Überlegungen in (29″) einzuführen, legen wir normal zu den Richtungen von s und von n, deren gegenseitige Beziehung bereits festgelegt ist, und zwar in den Außenraum von o_{hk} hinein positiv gerechnet, die Richtung von S. Dann liegt s zu n zu S, wie X zu Y zu Z, und man kann nach bekannten Fundamentalformeln sogleich schließen, daß

$$\cos(S, z) = \cos(n, y)\cos(s, x) - \cos(n, x)\cos(s, y) \qquad 29''')$$

ist. Die Einsetzung dieses Wertes in (29″) und die Vergleichung des Resultates mit (29′) ergiebt

$$A = S_{hk}\cos(n, y), \quad B = -S_{hk}\cos(n, x), \qquad 30)$$

oder wenn man die Gleichung der Oberfläche $z = F(x, y)$ einführt und

$$S_{hk} = P_{hk}\sqrt{1 + \left(\frac{\partial F}{\partial x}\right)^2 + \left(\frac{\partial F}{\partial y}\right)^2}$$

setzt,

$$A = P_{hk}\frac{\partial F}{\partial y}, \quad B = -P_{hk}\frac{\partial F}{\partial x}, \qquad 30')$$

worin P_{hk} und S_{hk} nur Funktionen des Ortes auf der Oberfläche sind. Damit diese Substitution erlaubt sei, muß in Gleichung (28‴)

$$-f_{hk} = \frac{\partial P_{hk}}{\partial x}\frac{\partial F}{\partial y} - \frac{\partial P_{hk}}{\partial y}\frac{\partial F}{\partial x} = \frac{\partial(S_{hk}\cos(n, y))}{\partial x} - \frac{\partial(S_{hk}\cos(n, x))}{\partial y} \qquad 30'')$$

sein, was eine durchaus zulässige Verfügung darstellt.

Durch die Oberflächenspannung S_{hk} drückt sich nach (28″) der Grenzdruck p_{hk} dann aus gemäß den Formeln

$$\left.\begin{aligned} -p_{hk} &= P_{hk}\triangle_{xy}F + \frac{\partial P_{hk}}{\partial y}\frac{\partial F}{\partial y} + \frac{\partial P_{hk}}{\partial x}\frac{\partial F}{\partial x} \\ &= \frac{\partial(S_{hk}\cos(n, y))}{\partial y} + \frac{\partial(S_{hk}\cos(n, x))}{\partial x}; \end{aligned}\right\} \qquad 30''')$$

andererseits bestimmt sich erstere durch letzteren vermittelst der Beziehung

$$S_{hk}^2\sin^2(n, z) = A^2 + B^2,$$

worin A und B gemäß den allgemeinen Regeln in § 24 des ersten Teiles bestimmt gedacht sind.

Die Oberflächenspannung S_{hk} an einer beliebigen Stelle von o_{hk} kann im allgemeinen stetig mit dem Ort variieren, und wird dies auch thun, wenn äußere Ursachen, wie elektrische oder magnetische Kräfte, den Grenzdruck p_{hk} bewirken; rührt letzterer hingegen nur von molekularen Wirkungen her, so erscheint es als das nächstliegende, die Oberflächenspannung S_{hk} als längs der ganzen Oberfläche o_{hk} konstant anzunehmen. Denn Einfluß auf ihre Größe könnte, so lange nicht andere Begrenzungsstücke unendlich nahe sind, wie bei sehr dünnen Lamellen, bei gegebenen Flüssigkeiten (h) und (k) nur die Gestalt von o_{hk} in der Nachbarschaft des betrachteten Punktes haben; da aber die Richtung von S_{hk} unveränderlich in die Tangentialebene fällt, erscheint es sehr unwahrscheinlich, daß ihre Größe von der Krümmung der Grenzfläche abhängen sollte.

In der That gelangt man zu einer der Beobachtung vollkommen entsprechenden Theorie der Kapillaritätserscheinungen, wenn man die Oberflächenspannung S_{hk} als eine, der Kombination der zwei Körper (h) und (k) individuelle Konstante einführt.

In diesem Falle wird aus (30''') einfacher

31) $$p_{hk} = - S_{hk}\left(\frac{\partial \cos(n, x)}{\partial x} + \frac{\partial \cos(n, y)}{\partial y}\right)$$

was, falls man unter R_1 und R_2 die beiden Hauptkrümmungsradien der Oberfläche o_{hk} an der betrachteten Stelle versteht, — diese, wie n, von der Flüssigkeit (h) nach (k) hin positiv gerechnet — identisch ist mit

31') $$p_{hk} = + S_{hk}\left(\frac{1}{R_1} + \frac{1}{R_2}\right).$$

Die Gleichung (31) resp. (31'), mit anderer Bedeutung der Konstanten S_{hk} zuerst von LAPLACE[15]) angegeben, heißt der erste Hauptsatz der Kapillaritätstheorie, S_{hk} die Kapillaritätskonstante für die Kombination der Flüssigkeiten (h) und (k), ihr Faktor in der letzten Gleichung die mittlere Krümmung der Oberfläche an dem Punkte, auf den sich R_1 und R_2 bezieht.

Die Dimension der Oberflächenspannung S_{hk} ist aus der Formel (31') leicht zu

31'') $$[S] = m\, t^{-2}$$

zu erschließen. Über ihr Vorzeichen kann man aussagen, daß es für zwei Flüssigkeiten, die in Berührung miteinander im stabilen Gleichgewicht verharren können, positiv sein muß: bei negativem S_{hk} giebt eine Vergrößerung der mittleren Krümmung eine Verkleinerung von p_{hk}, also eine Kraft, welche nicht eine Rückkehr in die ursprüngliche Lage, sondern eine Bewegung von derselben hinweg hervorruft, die schließlich eine Mischung beider Flüssigkeiten bewirkt.

An der Grenze zwischen einer Flüssigkeit und einem festen Körper kann S_{hk} sowohl positiv als negativ sein.

Die Gleichung

$$\bar{p}_h - \bar{p}_k + p_{hk} = 0$$

gestattet noch eine andere Deutung, wenn man die Vorstellung zu Grunde legt, daß weder der Druck p noch das Potential Φ' der auf die Volumeneinheit bezogenen Kräfte beim Durchgang durch die Grenzfläche unstetig wird, sondern beide sich daselbst nur sehr schnell ändern.

Wendet man dann die Gleichung (22''') auf zwei dem Element do_{hk} der Grenzfläche diesseits und jenseits sehr nahe Punkte an, so wird

$$\bar{p}_k - \bar{p}_h = \bar{\Phi}'_h - \bar{\Phi}'_k. \qquad 31''')$$

Äußere körperliche Kräfte, nach Art der Schwere, geben demgemäß zu der Potentialdifferenz rechts keinen endlichen Anteil, wohl aber bei ausreichender Intensität die Molekularwirkungen, die nahe der Grenze, der unsymmetrischen Massenverteilung wegen, wirksam werden müssen, während sie im Innern eines homogenen Körpers sich zerstören. Der Wert des Grenzdruckes

$$p_{hk} = \bar{p}_k - \bar{p}_h$$

wird also in der auf Molekularkräfte basirten Theorie durch die Potentialdifferenz $\bar{\Phi}'_h - \bar{\Phi}'_k$ dargestellt, die sich in der That auf die Form (31') zurückführen läßt.

Dies ist die Grundlage der LAPLACE'schen Theorie der Kapillaritätserscheinungen [16]. —

Betrachtet man ein Stück der Trennungsfläche, das durch eine Kurve s begrenzt ist, und verschiebt man jedes Randelement ds um eine willkürliche Strecke δn, die sich längs s stetig ändert, in der Tangentialebene normal nach außen, so leistet dabei die Oberflächenspannung S_{hk} eine Arbeit

$$\delta' \alpha_s = - S_{hk} \int \delta n\, ds = - S_{hk}\, \delta o_{hk}, \qquad 32)$$

worin δo_{hk} die durch die Verschiebung bewirkte Vergrößerung der innerhalb s liegenden Grenzfläche bezeichnet. Verschiebt man dagegen jedes Randelement ds in einer Richtung normal zu S_{hk}, so ist die dabei geleistete Arbeit gleich Null.

Da man jede Vergrößerung der Grenzfläche, auch durch ausschließliche Änderung der Krümmung bei festgehaltener Grenzkurve, durch analoge mit den einzelnen Flächenelementen vorgenommene Prozesse bewirken kann, so giebt die Gleichung (32) den allgemeinen Wert für die bei diesem Vorgang durch die Spannung S_{hk} geleistete Arbeit.

So lange die Veränderung in den Grenzen bleibt, innerhalb deren die Spannung S_{hk} konstant ist, hat die einer einzelnen Grenzfläche o_{hk} entsprechende Arbeit $\delta' \alpha_s$ ein Potential φ_s, welches lautet

32′) $$\varphi_s = S_{hk}\, o_{hk}.$$

Nachdem die Arbeit der Oberflächenspannung bestimmt ist, kann man auch die Gleichung der virtuellen Verrückungen für eine ruhende Flüssigkeit unter Berücksichtigung der Oberflächenspannung bilden. In dem gewöhnlichen Falle inkompressibler Flüssigkeiten lautet sie, wenn $\delta' A_a$, $\delta' A_o$ und $\delta' A_s$ die gesamten Arbeiten der körperlichen Kräfte, der Oberflächendrucke und der Oberflächenspannungen bezeichnen,

32″) $$\delta' A_a + \delta' A_o + \delta' A_s = 0;$$

dazu tritt als Nebenbedingung die Konstanz des von jedem Flüssigkeitsteilchen eingenommenen Volumens oder die Inkompressibilitätsbedingung (27″).

Haben die wirkenden Kräfte Gesamtpotentiale Φ_a, Φ_o, Φ_s, wie dies für die Oberflächenspannung eben gezeigt ist, so ist die vorstehende Gleichung äquivalent mit der Bedingung

32‴) $$\Phi_a + \Phi_o + \Phi_s = \text{Minimum}.$$

Diese Formel kann man, wie das von GAUSS[17]) geschehen ist, als Ausgangspunkt für die Theorie der Kapillarität wählen und Φ_s darin aus der Annahme von Molekularwirkungen zwischen den Flüssigkeitsteilchen bestimmen. Wir haben einen anderen Weg eingeschlagen, da die GAUSS'sche Theorie als eine streng molekulare nicht zu betrachten ist, insofern die einzelnen Teilchen nicht unter alleiniger Wirkung von Molekularkräften im Gleichgewicht befindlich gedacht sind, sondern die molekulare Attraktion durch die Inkompressibilität der Flüssigkeit kompensirt wird.

Eine rein molekulare Theorie wird anscheinend nur so zu gewinnen sein, daß man sich auf den Boden der kinetischen Gastheorie stellt und der Attraktion die Zusammenstöße der bewegt gedachten Teile entgegenwirken läßt.

§ 6. Über die Gestalt einer unter gegebenen Kräften im Gleichgewicht befindlichen Flüssigkeit.

Eine gegebene Menge einer gasförmigen Flüssigkeit wird, wenn sie nicht in ein festes Gefäß eingeschlossen ist, nach der S. 236 erörterten Eigenschaft, auch bei beliebig verkleinerter Dichte immer noch einen Druck auszuüben, sich unbegrenzt ausdehnen, und ihre Dichte wird, wenn sie auch in gewissen Bereichen infolge wirkender

Kräfte eine endliche sein kann, sich nach außen hin im allgemeinen asymptotisch der Null nähern.

Von einer Gestalt, welche das Gas unter den gegebenen Kräften annimmt, kann in diesen Fällen nicht die Rede sein; ein Bild seiner Ausbreitung wird aber durch das Gesetz, nach welchem seine Dichte mit dem Ort wechselt, speziell durch die Gestalt der Oberflächen konstanter Dichte geboten werden.

Anders verhält es sich mit tropfbaren Flüssigkeiten. Wenn wir von ihrer Verdampfung absehen, so nehmen sie auch im unbegrenzten leeren Raum bei endlicher Quantität nur ein endliches Volumen ein und eine bestimmte Gestalt an. Ihre Oberfläche in diesem Zustande nennt man in aller Strenge eine freie Oberfläche, insofern auf sie kein äußerer Druck wirkt. Man spricht aber im weiteren Sinne von einer freien Oberfläche auch dann, wenn eine Flüssigkeit durch diese Fläche gegen ihren Dampf oder gegen ein Gas abgegrenzt ist, vorausgesetzt, daß letztere gegenüber der Flüssigkeit eine verschwindend kleine Dichte besitzen.

In diesem Falle ist nämlich nach (24‴) die Änderung des Druckes innerhalb des Gases oder des Dampfes verschwindend klein gegenüber derjenigen, welche auf gleichen Strecken innerhalb der tropfbaren Flüssigkeit stattfindet, und demgemäß ist der gegen die Oberfläche der Flüssigkeit wirkende Druck als konstant zu betrachten. Gegen die freie Oberfläche im engeren Sinne wirkt also der Druck Null, gegen die im weiteren Sinne überhaupt ein konstanter Druck.

Hiernach reduziert sich die Aufgabe der Bestimmung der freien Oberfläche einer Flüssigkeit auf diejenige der Auffindung einer bestimmten Fläche konstanten Druckes, und ist in den Fällen, daß die Dichte ϱ nur vom Druck oder nur von den Koordinaten abhängt, durch die Formeln (25″) und (22‴) überall da bereits vollständig gelöst, wo die Kräfte X, Y, Z von der Gestalt der Flüssigkeit unabhängig und Grenzdrucke p_{hk} nicht wirksam sind[18]). Die in diesen Gleichungen auftretenden Integrationskonstanten bestimmen sich hierbei in der Regel durch die gegeben gedachte Menge der von der Fläche konstanten Druckes und von der etwa noch vorhandenen Gefäßwand begrenzten Flüssigkeit.

Wenn die wirkenden Kräfte aber von der Gestalt der Flüssigkeit abhängen, so ist die Aufgabe schwieriger, und es giebt, auch bei fehlenden Grenzdrucken, keine allgemeine Methode, sie zu lösen. Für den praktisch wichtigen Fall, daß die Kräfte aus der Centrifugalkraft der gleichförmig rotierenden inkompressibeln Flüssigkeit und ihrer gegenseitigen Gravitation bestehen, geht die Aufgabe dahin, eine Oberfläche von gegebenem Inhalt zu finden, längs welcher die Summe der Potentialfunktionen der Gravitation aller Massen und der Centrifugalkraft konstant sind. —

Ein besonderes Interesse nehmen bei der Frage nach der Gestalt einer tropfbaren Flüssigkeit die Molekularwirkungen in Anspruch, welche durch den Grenzdruck p_{hk} die Erscheinungen der Kapillarität verursachen.

Nach (23") ist bei Existenz eines Potentiales Φ' der auf die Volumeneinheit bezogenen äußeren Kräfte an der Grenze zweier Flüssigkeiten (h) und (k), in welcher das Potential um Φ'_{hk}, der Druck um p_{hk} springt, die Summe

$$\Phi'_{hk} + p_{hk} = C_{hk},$$

d. h. konstant. Diese Bedingung giebt bei Berücksichtigung der Kapillarkräfte

$$\Phi'_{hk} + S_{hk}\left(\frac{1}{R_1} + \frac{1}{R_2}\right) = C_{hk}, \tag{33}$$

und damit, wenn Φ' als Funktion der Koordinaten vorgeschrieben ist, die Differentialgleichung der Trennungsfläche o_{hk}[19]).

Die Konstanten C_{hk} bestimmen sich, wenn die Gesamtmassen der Flüssigkeiten gegeben sind, durch diese, in anderen Fällen durch die festgesetzten Koordinaten eines Punktes der betreffenden Oberfläche.

Eine mitunter besonders bequeme Verfügung beruht auf folgender Überlegung.

Hat an irgend einer Stelle α die Fläche o_{hk} eine verschwindende mittlere Krümmung, also einen verschwindenden Grenzdruck p_{hk}, so kann man, da Φ'_h und Φ'_k nur bis auf eine additive Konstante definiert sind, ebenda Φ'_{hk} zu Null machen und erhält hierdurch $C_{hk} = 0$.

Solche Stellen haben aber die Grenzflächen zwischen zwei Flüssigkeiten immer dann, wenn sie Teile besitzen, die sich ins Unendliche erstrecken, falls dort die Potentialflächen die Gestalt von Ebenen annehmen. Nimmt man also daselbst sowohl Φ'_h als Φ'_k gleich Null, so folgt gleiches für C_{hk}.

Erstrecken sich die gegebenen Flüssigkeiten nicht ins Unendliche, so kann man sie in den Fällen, wo sie mit festen Körpern in Berührung sind, mittels durch jene geführte Kanäle immer mit je einer unendlichen Flüssigkeit gleicher Art kommunizieren lassen, ohne dadurch die Bedingungen des Problemes zu ändern. Auch hier bestimmt sich, wenn man an einer ebenen Stelle von deren Grenzfläche die Potentiale Φ'_h und Φ'_k verschwinden läßt, C_{hk} zu Null. —

Ist die wirkende körperliche Kraft der Masse proportional, also $\Phi'_h = \Phi\varrho_h$, $\Phi'_k = \Phi\varrho_k$, so schreibt sich die Formel (33)

$$\bar{\Phi}(\varrho_k - \varrho_h) + S_{hk}\left(\frac{1}{R_1} + \frac{1}{R_2}\right) = C_{hk}; \tag{33'}$$

bei gleichen Dichtigkeiten ϱ_h und ϱ_k verschwindet die Wirkung der äußeren Kräfte vollständig und die Bedingung wird zu

$$\frac{1}{R_1} + \frac{1}{R_2} = C'_{hk}. \tag{33''}$$

Diesen Fall kann man realisieren, indem man eine Flüssigkeit in einer anderen von gleicher Dichte, mit welcher sie sich nicht mischt, suspendiert.

Ist die eine (k) der beiden Flüssigkeiten ein Gas, z. B. die atmosphärische Luft, so kann man ϱ_k neben ϱ_h vernachlässigen; zugleich sei ϱ_h mit ϱ und S_{hk} mit S vertauscht. Die Formel (33') lautet dann

$$S\left(\frac{1}{R_1} + \frac{1}{R_2}\right) - \bar{\Phi}\varrho = C. \tag{33'''}$$

Ist die wirkende Kraft die Schwere und ist die Z-Axe positiv nach oben gerechnet, so nimmt die Gleichung die Form an

$$S\left(\frac{1}{R_1} + \frac{1}{R_2}\right) - \varrho g\bar{z} = C; \tag{33''''}$$

die Krümmungsradien R_1 und R_2 sind dabei aus der Flüssigkeit heraus positiv gerechnet.

Denkt man sich die Flüssigkeit mit einem unendlichen Reservoir kommunizierend, dessen Oberfläche an dieselbe Gasatmosphäre grenzt, wie die eigentlich betrachtete, so kann die Flüssigkeitsoberfläche in dem Reservoir als eben angesehen werden; rechnet man z von deren Niveau aus, so ist $C = 0$.

Hat die Flüssigkeit die Form einer sehr dünnen Lamelle zwischen zwei Lufträumen, so kann man die Formel (33''') auf die eine Seite a derselben anwenden und, da die Krümmungsradien auf der zweiten Seite b überall denen auf der ersten Seite nahezu entgegengesetzt gleich sind, für die zweite bilden

$$-S\left(\frac{1}{R_1} + \frac{1}{R_2}\right) - \bar{\Phi}\varrho = C_1.$$

Die Differenz beider Formeln giebt

$$2S\left(\frac{1}{R_1} + \frac{1}{R_2}\right) = C_2, \tag{34}$$

oder, da die linke Seite nach dem oben Entwickelten gleich dem

Sprung ist, den der Druck beim Durchgang durch die Lamelle erleidet,

34'') $$2S\left(\frac{1}{R_1}+\frac{1}{R_2}\right)=p_a-p_b.$$

Die Krümmungsradien sind von der Seite b nach der Seite a positiv gerechnet.

Kommunizieren die beiderseitigen Lufträume miteinander, so ist $p_a = p_b$, und die vorstehende Gleichung wird zu

34''') $$\frac{1}{R_1}+\frac{1}{R_2}=0;$$

dies ist die für Minimalflächen charakteristische Bedingung, was sich auch aus der Gleichung (32''') in Verbindung mit (32') ableiten läßt.

Beobachtungen an Lamellen sind sehr geeignet, die Existenz der Oberflächenspannung S zu veranschaulichen, und auch, indem man die Kraft mißt, die erforderlich ist, um ein bewegliches Stück ihrer Begrenzung festzuhalten, ihre Größe zu bestimmen; dabei ist zu bemerken, daß, so lange die Dicke der Lamelle nicht unter eine gewisse Grenze sinkt, ihre Spannung das doppelte von derjenigen in einer einfachen Grenzfläche beträgt. Allerdings gestatten nur verhältnismäßig wenig Flüssigkeiten die Herstellung von Lamellen in zu Messungen geeigneten Dimensionen. —

Die Grenzbedingungen, welche neben den vorstehenden Differentialgleichungen (33) und (34) zur Bestimmung der Trennungsfläche zwischen zwei Flüssigkeiten erforderlich sind, erhält man durch Formulierung der Bedingung dafür, daß die sie begrenzenden Linienelemente unter der Wirkung der auf sie ausgeübten Kräfte im Gleichgewicht sein müssen. Äußere und Oberflächendruckkräfte liefern hier einen verschwindenden Beitrag, es kommen sonach ausschließlich die auf die Randkurve wirkenden Oberflächenspannungen in Betracht.

Treffen längs einer Kurve drei Flüssigkeiten (1), (2), (3) zusammen, und sind S_{23}, S_{31}, S_{12} die in den Grenzflächen wirkenden Spannungen, φ_1, φ_2, φ_3 die Winkel, welche die Begrenzungen der Flüssigkeiten (1), (2), (3) an dem betrachteten Linienelement einschließen und welche wir ihre Randwinkel nennen wollen, so ist die Bedingung dafür, daß die Komponentensummen der drei Spannungen nach allen Richtungen verschwinden,

35) $$\frac{S_{23}}{\sin\varphi_1}=\frac{S_{31}}{\sin\varphi_2}=\frac{S_{12}}{\sin\varphi_3}.$$

Diese Formel stellt den zweiten Hauptsatz der Kapillaritätslehre dar und ist zuerst von F. NEUMANN[20]) angegeben; sie bestimmt zusammen mit der Beziehung $\varphi_1 + \varphi_2 + \varphi_3 = 2\pi$ alle drei Winkel φ_h vollständig.

Man ersieht aus (35), daß drei Flüssigkeiten längs einer Kurve nur dann im Gleichgewicht sein können, wenn die drei Ungleichungen bestehen

$$S_{23} < S_{12} + S_{31}, \quad S_{31} < S_{23} + S_{12}, \quad S_{12} < S_{31} + S_{23}. \qquad 35')$$

Ist eine von ihnen nicht erfüllt, so wird sich die eine Flüssigkeit als eine Schicht zwischen die beiden anderen hineinschieben und sie trennen.

Sind sie aber erfüllt, so ist das Gleichgewicht stabil, denn bei einer Verschiebung der Grenzkurve wird eine Kraft erregt, die sie in die frühere Lage zurückführt.

In der That, betrachtet man die Gesamtkomponente N der drei Spannungen nach einer beliebigen Richtung n normal zu einem Linienelement der Grenzkurve, so ist zunächst nach (35):

$$N = S_{23} \cos \nu_1 + S_{31} \cos \nu_2 + S_{12} \cos \nu_3 = 0,$$

falls ν_1, ν_2, ν_3 die Winkel zwischen S_{23}, S_{31}, S_{12} und n bezeichnen. Hält man alle drei Grenzflächen von einer beliebigen endlichen Entfernung a von der Schnittkurve aus fest und verschiebt das betrachtete Linienelement in der Richtung n um δn aus seiner Gleichgewichtslage, so wird eine Kraft δN entstehen, gegeben durch

$$\delta N = -(S_{23} \sin \nu_1 \, \delta \nu_1 + S_{31} \sin \nu_2 \, \delta \nu_2 + S_{12} \sin \nu_3 \, \delta \nu_3)$$

oder, da $\delta \nu_h = \frac{\delta n}{a} \sin \nu_h$ ist, durch

$$\delta N = -\frac{\delta n}{a} (S_{23} \sin^2 \nu_1 + S_{31} \sin^2 \nu_2 + S_{12} \sin^2 \nu_3).$$

Die Kraft ist also negativ, da nach der Voraussetzung alle $S_{hk} > 0$ sind; das Gleichgewicht ist somit stabil. —

Stoßen in einer Grenzkurve mehr als drei Flüssigkeiten zusammen, so ist die Gleichgewichtslage nicht bestimmt, da für vier Winkel nur drei Bedingungen vorhanden sind, und das Gleichgewicht selbst im allgemeinen labil.

Dies erkennt man in dem Falle, daß vier Flüssigkeiten (1), (2,) (3), (4) vorhanden sind, einfach so, daß man an dem betrachteten Linienelement zwei der vier Grenzflächen [z. B. (2, 3) und (3, 4)] ungeändert läßt und die beiden anderen [(1, 2) und (1, 4)] parallel mit sich in einer beliebigen Richtung n fortschiebt, so daß parallel n

ein Stück einer neuen Grenze zwischen den Flüssigkeiten (2) und (4) entsteht, die zuvor sich noch nicht längs einer Fläche berührten. Parallel mit n wirkt nun auf das Linienelement, in dem jetzt (2), (3), (4) zusammenhängen, in leicht verständlicher Bezeichnung

$$S_{24} + S_{23} \cos \nu_{23} + S_{34} \cos \nu_{34} = N_1 ,$$

auf dasjenige, in welchem (1), (2), (4) zusammenhängen,

$$- S_{24} + S_{12} \cos \nu_{12} + S_{14} \cos \nu_{14} = N_2 .$$

Da die ursprüngliche Lage eine Gleichgewichtslage sein sollte, muß

$$S_{12} \cos \nu_{12} + S_{23} \cos \nu_{23} + S_{34} \cos \nu_{34} + S_{41} \cos \nu_{41} = 0$$

sein, es ist also $N_1 + N_2 = 0$, aber je nach den Werten der S_{hk} und der Richtung von n kann N_1 und N_2 ebenso wohl positiv als negativ sein, während zum stabilen Gleichgewicht $N_1 > 0$ und $N_2 < 0$ erforderlich wäre. Damit ist aber die Labilität des Gleichgewichtes erwiesen. —

Läuft die Grenzfläche zwischen zwei Flüssigkeiten (1) und (2) gegen einen stetig gekrümmten starren Körper (0), so wird die Komponente der Oberflächenspannungen normal zu dessen Oberfläche durch seine Festigkeit zerstört, und die Gleichgewichtsbedingung betrifft nur die tangentiale. Sie lautet hier, falls man die Randwinkel der Flüssigkeiten (1) und (2), welche sich zu π ergänzen, resp. mit φ_1 und φ_2 bezeichnet:

$$S_{12} \cos \varphi_1 + S_{01} = S_{02}$$

oder

$$S_{12} \cos \varphi_2 + S_{02} = S_{01} .$$

S_{01} und S_{02} bezeichnen die Oberflächenspannungen in den Grenzen zwischen der Flüssigkeit (1) oder (2) und dem Körper (0); sie sind positiv oder negativ, je nachdem die Flüssigkeiten das Bestreben haben, ihre Berührungsfläche mit dem festen Körper zu verkleinern oder zu vergrößern.

Man erhält somit für die Randwinkel die Beziehungen

$$35'') \qquad \cos \varphi_1 = \frac{S_{02} - S_{01}}{S_{12}}, \quad \cos \varphi_2 = \frac{S_{01} - S_{02}}{S_{12}} .$$

Es scheint hiernach, als ob bei geeigneten Werten von S_{01} und S_{02} der absolute Wert von $\cos \varphi_1$ resp. $\cos \varphi_2$ größer als Eins, der Randwinkel also imaginär werden könnte. Die Beobachtungen zeigen indessen, daß, wenn die eine der beiden Flüssigkeiten, z. B. (2), gegen den festen Körper eine negative Oberflächenspannung besitzt, sie ihn bei stattfindender Berührung in einer dünnen Schicht überzieht, d. h. benetzt, so daß der feste Körper dadurch gewissermaßen die Konstante der Flüssigkeit (2) erhält.

Demgemäß wird dann $S_{02} = 0$, $S_{01} = S_{12}$ und wir erhalten

$$\cos \varphi_1 = -1, \quad \cos \varphi_2 = +1,$$

d. h. die Grenzfläche (1, 2) tangiert die Oberfläche des festen Körpers nach der Seite der Flüssigkeit (1) hin.

Der an sich denkbare Fall, daß sowohl S_{01}, als S_{02} positiv, und die Ausdrücke (35'') ihrem absoluten Werte nach größer als Eins sind, scheint in der Natur überhaupt nicht vorzukommen; es bleibt vielmehr bei allen bekannten Kombinationen $S_{01} - S_{02}$ erheblich kleiner als das entsprechende S_{12}. —

Ein besonders wichtiger Fall ist der, daß die eine der beiden Flüssigkeiten (1) und (2), z. B. (2), ein Gas ist; dann ist S_{02} verschwindend, $S_{12} = S$, $S_{10} = S_1$ und die Bedingung (33) wird zu

$$\cos \varphi_1 = -\frac{S_1}{S}; \tag{35'''}$$

über sie gilt dasselbe, was zu der allgemeineren Formel gesagt ist.

Hat die Flüssigkeit die Gestalt einer im Luftraum ausgespannten Lamelle, die gegen einen starren von ihr benetzten Körper läuft, so wird wegen $S_{01} = S_{02}$ die Grenzbedingung zu $\cos \varphi_1 = \cos \varphi_2 = 0$; die Lamelle muß also überall normal auf dem festen Körper stehen.

Treffen mehrere Lamellen derselben Flüssigkeit in einer Kurve zusammen, so befinden sie sich nach (35) u. f. nur dann im stabilen Gleichgewicht, wenn ihre Anzahl gleich drei ist, und wenn sie die Winkel von 120° miteinander einschließen. —

Aus der allgemeinen Differentialgleichung (33) für die kapillare Oberfläche

$$\Phi'_{hk} = -S_{hk}\left(\frac{1}{R_1} + \frac{1}{R_2}\right) = S_{hk}\left(\frac{\partial \cos(n, x)}{\partial x} + \frac{\partial \cos(n, y)}{\partial y}\right),$$

in welcher die Konstante C_{hk} nach S. 246 gleich Null gesetzt und die Normale n von der Flüssigkeit h nach der Flüssigkeit k hin positiv gerechnet ist, kann man einen einfachen und allgemeinen Satz ableiten, wenn man dieselbe über die Projektion ω eines beliebigen Bereiches o der Fläche o_{hk} auf die XY-Ebene integriert. Der Einfachheit halber sei angenommen, daß diese Projektion ω die XY-Ebene überall nur einfach überdeckt, so daß in der Formel

$$dx\,dy = d\omega = \pm\, do \cos(n, z)$$

immer dasselbe Vorzeichen — etwa das positive — gilt; in dem allgemeineren Falle hat man das Integrationsbereich ω in angemessene Teile zu zerlegen.

Unter Anwendung der Betrachtungsweise, welche zu der Formel (29″) geführt hat, erhält man dann, wenn man die Randkurve von o mit s, ihre Projektion auf die XY-Ebene mit σ und deren äußere Normale mit ν bezeichnet:

36) $$\int \Phi'_{hk} \cos(n, z)\, d o = S_{hk} \int d\sigma \cos(n, \nu) = S_{hk} \int d s \cos(S, z).$$

Konstruiert man nun durch die Randkurve s einen geraden Cylinder parallel der Z-Axe bis zu der Oberfläche $\Phi = 0$, über deren Lage wie oben so verfügt ist, daß sie durch eine Stelle verschwindender mittlerer Krümmung auf o_{hk} hindurchgeht, und setzt man wie S. 247 $\Phi'_{hk} = (\varrho_k - \varrho_h)\,\overline{\Phi}$, so kann man das Integral links auch schreiben

$$(\varrho_k - \varrho_h) \int \overline{\Phi} \cos(n, z)\, d O,$$

wo die Integration über die ganze Begrenzung O des konstruierten cylindrischen Stückes ausgedehnt ist. Dies giebt aber auch

$$(\varrho_k - \varrho_h) \int \frac{\partial \Phi}{\partial z} d k \quad \text{oder} \quad -(\varrho_k - \varrho_h) \int Z\, d k,$$

wo Z die auf die Masseneinheit bezogene Komponente der wirkenden körperlichen Kraft bezeichnet, und das Integral über den Inhalt des Cylinders erstreckt ist.

Diskutiert man die verschiedenen nach den Umständen möglichen Vorzeichen, so ergiebt die ganz allgemeine schließliche Formel

36′) $$\mp (\varrho_k - \varrho_h) \int Z\, d k = S_{hk} \int d s \cos(S, z)$$

das Resultat, daß die in der Randkurve s angreifende Oberflächenspannung der Differenz der auf den Cylinder wirkenden körperlichen Kräfte bei Erfüllung mit der Flüssigkeit (h) oder (k) das Gleichgewicht hält. Dies kann man auch dahin aussprechen, daß diese Spannung jenen Cylinder, gefüllt mit der einen Flüssigkeit, innerhalb der anderen trägt.

Im Falle, daß die Schwere die einzige wirkende körperliche Kraft ist, entspricht die Oberfläche $\Phi = 0$ nach S. 247 dem unendlichen Niveau. Ist in dasselbe ein vertikaler Cylinder oder ein vertikales cylindrisches Rohr von ringsum gleicher Oberflächenbeschaffenheit eingetaucht, so ist, wenn man für s die Randlinie der Oberfläche o_{hk} wählt, daselbst $\angle S, z$ konstant und zwar gleich dem Randwinkel φ_h, falls (h) die untere Flüssigkeit bezeichnet und die Z-Axe vertikal nach unten gerichtet ist. Es gilt dann

36″) $$(\varrho_h - \varrho_k)\, g\, V = S_{hk}\, s \cos \varphi_h,$$

worin V das über das unendliche Niveau gehobene Volumen bedeutet.

Ist $\varphi_h > \pi/2$, so ist $V < 0$, und es findet demgemäß eine Depression der Oberfläche o_{hk} unter das unendliche Niveau der Flüssigkeit statt.

Ist die Flüssigkeit k ein Gas, so gilt nach früheren Bezeichnungen

$$\varrho g V = G = S s \cos \varphi, \tag{36'''}$$

wo G das gehobene Gewicht bezeichnet. Dieser spezielle Satz ist von Laplace[21]) gegeben und liefert bei benetzenden Flüssigkeiten, wo $\varphi = 0$, also $G = Ss$ ist, die Theorie einer bequemen Bestimmungsmethode für S. Hängt man nämlich eine, etwa aus dünnem Blech gefertigte, Cylinderfläche über einem großen Flüssigkeitsreservoir mit zunächst horizontaler Oberfläche so auf, daß ihre Axe vertikal steht, und die untere horizontale Begrenzung fast die Oberfläche berührt, so ist die Kraft, welche nötig ist, um den Cylinder nach erfolgter Benetzung in dieser Position zu erhalten, gleich $2Ss$, wenn s die Länge der Grundlinie des Cylinders ist.

Bei nicht benetzenden Flüssigkeiten leiden alle Methoden, bei welchen der Randwinkel in Betracht gezogen werden muß, an Ungenauigkeiten, welche daraus fließen, daß der Einstellung einer Flüssigkeit an einer nicht benetzten Wand eine starke gleitende Reibung entgegenwirkt.

Die sicherste Methode ist hier die Messung des Krümmungsradius R in der Kuppe einer Rotationsfläche und des hydrostatischen Druckes, welcher ebenda wirkt und welcher aus der Höhe der Kuppe über dem unendlichen Niveau folgt. Aus (33'''') erhält man dann

$$\varrho h g = \frac{2S}{R}.$$

Andere Beobachtungsmethoden, welche die gleichzeitige Bestimmung des Randwinkels und hierdurch der Differenz der Oberflächenspannungen $S_{01} - S_{02}$ der Flüssigkeiten gegen die feste Wand, — bei nur einer Flüssigkeit und einem Gas von S allein —, zum Ziele haben, beruhen auf der Messung von Dimensionen an theoretisch nach ihrer Gestalt bestimmbaren Grenzflächen, z. B. an Tropfen auf ebenen Unterlagen, an Flüssigkeitssäulen in engen Röhren oder zwischen parallelen Platten.

§ 7. Resultierende Komponenten und Momente des hydrostatischen Druckes gegen starre Körper. Kapillare Kräfte.

Die Kräfte und Momente, welche durch die Wirkung des Druckes p gegen einen festen Körper k', z. B. gegen ein Stück des die Flüssigkeit enthaltenden Gefäßes entstehen, sind durch die folgenden Formeln gegeben:

$$
37)\quad \begin{cases}
X' = \int p \cos(n', x)\, d o', \\
Y' = \int p \cos(n', y)\, d o', \\
Z' = \int p \cos(n', z)\, d o', \\
L' = \int p \left(y \cos(n', z) - z \cos(n', y)\right) d o', \\
M' = \int p \left(z \cos(n', x) - x \cos(n', z)\right) d o', \\
N' = \int p \left(x \cos(n', y) - y \cos(n', x)\right) d o'.
\end{cases}
$$

In ihnen ist das Integral über die gesamte von der Flüssigkeit bedeckte Oberfläche o' von k' auszudehnen; die Normale n' ist aus der Flüssigkeit heraus positiv gezählt.

Ist die Oberfläche geschlossen, und ist die Flüssigkeit in ihrem Innern vorhanden, so kann man die Oberflächenintegrale in Raumintegrale über das von der Flüssigkeit erfüllte Bereich k verwandeln, da p nach Annahme stetig ist; es folgt dann unter Rücksicht auf (22)

$$
37')\quad \begin{cases}
X' = \int \frac{\partial p}{\partial x} d k = \int X' \, d k, \\
\dots\dots\dots\dots\dots \\
L' = \int \left(y \frac{\partial p}{\partial z} - z \frac{\partial p}{\partial y}\right) dk = \int \left(y Z' - z Y'\right) d k, \\
\dots\dots\dots\dots\dots\dots\dots\dots\dots\dots
\end{cases}
$$

Die Gesamtkomponenten und Momente, welche das Gefäß erfährt, sind also dieselben, welche die Flüssigkeit seitens der ausgeübten Kräfte X', Y', Z' erleiden würde, wenn sie in einen starren Körper verwandelt werden könnte.

Ist die geschlossene starre Fläche rings von der Flüssigkeit umgeben, läßt sich p, das nur für den äußeren Raum definiert ist, in den Innenraum k' stetig analytisch fortsetzen, und gilt gleiches demgemäß von X', Y' und Z', so erhält man die obigen Resultate, nur mit entgegengesetztem Vorzeichen und mit Vertauschung von k mit k'. Die auf den starren Körper ausgeübten Komponenten und Momente sind also hier denjenigen entgegengesetzt gleich, welche sich mit den in sein Inneres analytisch fortgesetzten Kraftkomponenten X', Y', Z' berechnen würden.

Ist die Flüssigkeit homogen, so sind sie denjenigen Komponenten und Momenten entgegengesetzt gleich, die ein Hohlraum von gleicher Größe wie der Körper, mit derselben Flüssigkeit erfüllt, durch die gleichen körperlichen Kräften erfahren würde.

Dies ist die allgemeine Fassung des sogenannten Archimedischen

Prinzipes[22]), auf dem die bekannteste Methode zur Bestimmung der Dichte fester Körper beruht.

Sind unter den auf die Flüssigkeit ausgeübten Kräften solche, die, ähnlich wie Gravitationswirkungen, von dem betrachteten festen Körper ausgehen, und die S. 37 zusammengestellten Eigenschaften besitzen, so geben diese gleichfalls ihren Anteil zu den berechneten $X', \dots L'$; es ist aber zu bedenken, daß die Gegenwirkung, welche die Flüssigkeit auf den festen Körper ausübt, diesen Teil kompensiert.

In der That läßt sich dann z. B. die erste Gleichung (37') schreiben, indem man X' als von allen Elementen dk' des festen Körpers auf das Element dk der Flüssigkeit ausgeübt gleich $\int dk' X'_{kk'}$ einführt:

$$X' = \int dk \int dk' X'_{kk'};$$

die Gesamtkomponente X'_1, welche die Attraktion der Flüssigkeit auf den Körper ergiebt, ist aber

$$X'_1 = \int dk' \int dk X'_{k'k},$$

also der oberen entgegengesetzt gleich.

Ebenso erhält man dem ersten Moment in (37')

$$L' = \int dk \int dk' (Z'_{kk'} y_k - Y'_{kk'} z_k)$$

entsprechend die Reaktion

$$L'_1 = \int dk' \int dk (Z'_{k'k} y_{k'} - Y'_{k'k} z_{k'}),$$

welche ersteres gerade aufhebt.

Demgemäß kann also auch die Molekularattraktion zwischen Flüssigkeit und Körper, oder die Oberflächenspannung in der Grenze zwischen beiden keine resultierenden Kräfte und Momente auf den Körper ausüben.

Anders verhält es sich dagegen mit der Wirkung der kapillaren Oberflächenspannung, welche zur Geltung kommt, wenn die Grenze o_{hk} zweier Flüssigkeiten (h) und (k) gegen die Oberfläche des Körpers läuft, und welche die Tendenz hat, diese Oberfläche zu verkleinern.

Wird die Oberflächenspannung wieder mit S_{hk} bezeichnet, so nehmen die Werte X', Y', Z' bei ihrer Berücksichtigung die Gestalt an

$$\left.\begin{aligned} X' &= \int p \cos(n', x)\, do' + S_{hk} \int \cos(S, x)\, ds', \\ Y' &= \int p \cos(n', y)\, do' + S_{hk} \int \cos(S, y)\, ds', \\ Z' &= \int p \cos(n', z)\, do' + S_{hk} \int \cos(S, z)\, ds'. \end{aligned}\right\} \quad 38)$$

Hierin bezeichnet ds' das Element der Randkurve s', normal zu welcher die Spannung S_{hk} wirkt.

Bestimmt man die Integrationskonstante wie auf S. 246 durch Einführung einer Stelle α der Grenzfläche o_{hk}, für welche die mittlere Krümmung verschwindet, der Druck p_α beim Durchgang durch die Fläche also nicht springt, und für welche beiderseits der Potentialwert gleich Null gesetzt ist, so wird nach (22‴)

$$\overline{p_h} = p_\alpha - \overline{\Phi'_h}, \quad \overline{p_k} = p_\alpha - \overline{\Phi'_k}.$$

Führt man diese Werte in die erste Gleichung (38) ein, so erhält man, weil $\int \cos(n', x)\, d o'$ über eine geschlossene Fläche genommen verschwindet,

$$38') \quad \begin{cases} X' = -\int \left(\overline{\Phi'} \cos(n', x)\, d o'\right)_h - \int \left(\overline{\Phi'} \cos(n', x)\, d o'\right)_k \\ \qquad\qquad + S_{hk} \int \cos(S, x)\, d s'; \end{cases}$$

das erste Integral bezieht sich auf den mit (h), das zweite auf den mit (k) bedeckten Teil der Oberfläche o' des Körpers k'.

Begrenzt man einen Teil o der Trennungsfläche o_{hk} vollständig einerseits durch die Grenzlinie s', andererseits durch eine beliebige auf o_{hk} gezogene Kurve s, und wendet auf diesen Teil die Gleichung (36) an, indem man nur z mit x vertauscht, und addiert man das Resultat zu (38′), indem man bedenkt, daß in (36) die Spannung S von außen, in (38) von innen her gegen die Randkurve s' wirkend eingeführt ist, so erhält man nach leichten Reduktionen

$$38'') \quad \begin{cases} X' = -\int \left(\overline{\Phi'} \cos(N, x)\, d O\right)_h - \int \left(\overline{\Phi'} \cos(N, x)\, d O\right)_k \\ \qquad\qquad + S_{hk} \int \cos(S, x)\, d s. \end{cases}$$

Hierin bezieht sich das erste Integral auf das ganze von s begrenzte Stück $O_h = o'_h + o$ der Oberfläche von (h), das zweite auf das ganze von s begrenzte Stück $O_k = o'_k + o$ der Oberfläche von (k), welche zum Teil an die andere Flüssigkeit, zum Teil an den festen Körper grenzen; N ist die aus der betreffenden Flüssigkeit heraus positiv gerechnete Normale auf O; das Randintegral bezieht sich auf die willkürlich gezogene Grenzkurve s, und die Spannung S_{hk} ist von außerhalb o gegen sie wirkend eingeführt.

Für manche Anwendungen ist es bequem, das Randintegral zu schreiben

$$38''') \qquad \int \cos(S, x)\, d s = \int \cos(n, \nu)\, d \sigma,$$

worin σ die Projektion von s auf die YZ-Ebene und ν ihre Normale bezeichnet, welche zu σ und X liegen muß wie n zu s zu S.

Die Oberflächenintegrale lassen sich nach dem S. 252 angewandten Verfahren häufig anschaulich deuten.

Vergleicht man die Schlußformel (38″) mit der Ausgangsformel (38′), so erkennt man den Satz, daß man zum Zwecke der

Berechnung der Komponenten X', Y', Z', welche der betrachtete feste Körper erfährt, seiner Oberfläche o' ein beliebiges benachbartes Stück o der gegen ihn laufenden Trennungsfläche o_{hk} der beiden Flüssigkeiten (h) und (k) zufügen kann, wenn man nur die gegen dasselbe beiderseitig wirkenden hydrostatischen Drucke ebenfalls in Rechnung zieht und die Oberflächenspannung S_{hk} nicht gegen die wirkliche Randkurve s' der Grenzfläche o_{hk} am starren Körper, sondern gegen die zweite Begrenzung s von o wirken läßt. Dieser fruchtbare Satz läßt sich direkt durch die Überlegung plausibel machen, daß man im Gleichgewichtszustand das Stück o der Trennungsfläche starr werden und fest am Körper haften lassen kann, ohne das Gleichgewicht zu stören. —

Ist die wirkende Kraft die Schwere, und liegt die positive Z-Axe vertikal nach oben, so ist $\Phi' = \varrho g z$ also

$$\left.\begin{aligned} X' = -g\varrho_h \int (\bar{z}\cos(N,x)\,dO)_h - g\varrho_k \int (\bar{z}\cos(N,x)\,dO)_k \\ + S_{hk}\int \cos(S,x)\,ds, \end{aligned}\right\} \quad 39)$$

worin $\bar{z}$ die Z-Koordinate von dO bezeichnet. Ist endlich die obere Flüssigkeit (k) ein Gas oder der leere Raum, so gilt noch einfacher, indem man die Indices jetzt fortläßt,

$$X' = -g\varrho \int \bar{z}\cos(N,x)\,dO + S\int \cos(S,x)\,ds. \qquad 39')$$

Diese Gleichungen, denen analoge für Y' und Z' zuzufügen sind, gestatten viele interessante Resultate ohne alle Rechnung abzuleiten.[23])

Befindet sich ein beliebiger Körper, dessen Oberfläche von Ort zu Ort beliebig wechselnde Natur hat, so daß die Grenzwinkel der Flüssigkeiten ringsum stetig variieren, schwimmend in einem unendlichen Bassin, in welchem zwei verschieden schwere Flüssigkeiten übereinander geschichtet sind, so daß sein oberer Teil ganz in der oberen, der untere in der unteren Flüssigkeit liegt, so rücken wir die Grenzkurve s ins Unendliche; dort liegt die Grenzfläche o_{hk} beider Flüssigkeiten und demgemäß S_{hk} in der XY-Ebene, und infolge dessen sind hier die Randintegrale in den Formeln (39) für X', Y' und Z' gleich Null. Die Oberflächenintegrale in dem Ausdruck für X' und Y' verschwinden gleichfalls, denn die Projektionen der Oberflächen O_h und O_k überdecken die YZ- und ZX-Ebene überall ein geradzahliges Mal. Demgemäß erfährt ein schwimmender Körper unter den vorausgesetzten Umständen keine horizontale Kraftwirkung.

Dagegen geben die Oberflächenintegrale in dem Werte von Z' die Gewichte der Flüssigkeiten, welche zwischen den Flächen O_h

resp. O_k und der Ebene des unendlichen Niveaus liegen, und zwar mit verschiedenem Vorzeichen, je nachdem sich die begrenzenden Stücke unterhalb oder oberhalb der Ebene $z = 0$ befinden. In dem auf die untere Flüssigkeit (h) bezogenen Integral erscheinen die unterhalb dieser Ebene gelegenen Volumina mit negativem, die oberhalb gelegenen mit positivem Zeichen, in dem auf die obere Flüssigkeit (k) bezüglichen, wegen des entgegengesetzten Sinnes der Normalen, umgekehrt. Demgemäß ergiebt sich folgendes Resultat. Bezeichnen V_h und V_k die Volumina der Teile, in welche die Ebene $z = 0$ den festen Körper zerlegt, und bezeichnet V das Volumen der unteren Flüssigkeit, welches aus dem Niveau herausgeschoben ist, positiv, wenn es gehoben, negativ, wenn es gesenkt ist, dann gilt

39'') $$Z' = g\left(\varrho_h V_h + \varrho_k V_k + (\varrho_k - \varrho_h) V\right).$$

Die ersten beiden Glieder geben die Größe des Auftriebes, wie er dem archimedischen Prinzip entspricht, das letzte den Einfluß der Kapillaritätskräfte. Die Gleichung (39'') stellt eine Verallgemeinerung des LAPLACE'schen Satzes (36''') dar. —

Schwimmen in dem vorausgesetzten Bassin zwei in Bezug auf die YZ-Ebene spiegelbildlich gleichgestaltete und gleichgelegene, im übrigen beliebige Körper, so wird die Grenzfläche o_{hk} der Flüssigkeiten durch die YZ-Ebene normal geschnitten. Die Schnittkurve s_1 wählen wir neben einem unendlich großen Halbkreis s_2 zur Begrenzungskurve s und betrachten zunächst die X-Komponente der Kraft, welche auf den nach $+X$ zu gelegenen Körper wirkt.

Die Projektion von s auf die YZ-Ebene besteht aus der Y-Axe und der Kurve s_1, die umschlossene Fläche sei mit q bezeichnet, die Neigung der Kurve s_1 gegen die Y-Axe mit ν. Dann giebt Formel (39)

40) $$X' = -g(\varrho_h - \varrho_k)\int |z|\,dq - S_{hk}\int_{-\infty}^{+\infty} \frac{1 - \cos\nu}{\cos\nu}\,dy.$$

Von z ist der absolute Wert $|z|$ genommen, weil, wie man leicht erkennt, das Integral stets positiv sein muß.

Haben die Körper die Gestalt von Cylindern, deren Axen der Y-Axe parallel liegen, so verschwindet das zweite Integral; das erste, welches den hydrostatischen Druck gegen die Fläche q angiebt, aber von der Form und Entfernung der Cylinder im übrigen ganz unabhängig ist, bleibt allein übrig; die auf die Cylinder ausgeübte Kraft findet stets im Sinne einer gegenseitigen Anziehung statt.

Für die Y-Komponente der wirkenden Kraft ergiebt sich der

Wert Null; die Z-Komponente bestimmt sich nach Formel (39''), nur ist unter V ausschließlich das verschobene Flüssigkeitsquantum auf der einen Seite der YZ-Ebene zu verstehen. —

Ähnlich kann man den Anteil, welchen die Kapillaritätskräfte an der Z-Komponente geben, überall da leicht anschaulich bestimmen, wo sich um den untersuchten Körper auf der Flüssigkeitsoberfläche eine Kurve s von der Eigenschaft ziehen läßt, daß in ihr die Oberflächenspannung S_{hk} horizontal liegt. In allen diesen Fällen gilt die Formel (39''), wenn man das in ihr auftretende Volumen seitlich begrenzt durch den vertikalen Cylinder durch s. Ein einfaches Beispiel giebt ein Rotationskörper, der in einem gleichfalls als Rotationskörper gestalteten Gefäß koaxial schwimmt.

Wenn in dem unendlichen Bassin zwei Körper verschiedener Oberflächenbeschaffenheit schwimmen, so daß zwischen ihnen auf der Oberfläche o_{hk} eine Kurve s_1 zu ziehen möglich ist, die durchaus in der Höhe des unendlichen Niveaus liegt und sich nach beiden Seiten ins Unendliche erstreckt, so kann man sie durch einen gleichfalls im Unendlichen liegenden Kreisbogen s_2 zu einer geschlossenen Kurve s vervollständigen.

Über den umschlossenen Teil von O_h und O_k integriert verschwinden in Formel (39) die Oberflächenintegrale und es bleibt

$$X' = + S_{hk} \int \cos(S, x)\, ds, \tag{40'}$$

d. h. die Gesamtkomponente aller von außen gegen s wirkenden Oberflächenspannungen nach der Richtung von X.

Sind die beiden Körper Cylinder von der gegen ihren Abstand bedeutenden Länge L, deren Axen der Y-Axe parallel liegen, und schneidet die Oberfläche die XY-Ebene unter dem Winkel τ, so giebt die Formel

$$X' = \pm S_{hk} \int (1 - \cos\tau) dy = \pm S_{hk} L (1 - \cos\tau), \tag{40''}$$

wo sich das obere Zeichen auf den nach $+X$, das negative auf den nach $-X$ gelegenen Cylinder bezieht.

Die ausgeübte Kraft wirkt also im Sinne einer Abstoßung der beiden Körper. —

Eine der auf S. 256 ausgeführten Umformung analoge gestatten auch die unter Berücksichtigung der Oberflächenspannung gebildeten Drehungsmomente L', M', N', welche ein starrer Körper in einer Flüssigkeit erfährt; aber die Resultate geben nicht Veranlassung zu ähnlich allgemeinen und anschaulichen Sätzen, wie sie vorstehend abgeleitet sind.

§ 8. Das Gleichgewicht der Elektricität in einem Leitersystem.

Man kann die Fundamentalgesetze der Elektrostatik aus den hydrostatischen Gleichungen ableiten, wenn man von der Vorstellung ausgeht, daß die elektrischen Wirkungen von Flüssigkeiten absonderlicher Art herrühren, die sich unter der Einwirkung geeigneter Kräfte innerhalb der Elektricitätsleiter zu bewegen vermögen, aber von den Nichtleitern, wie von festen Wänden, aufgehalten werden.[24]) Diesen Flüssigkeiten muß man, um der Beobachtung entsprechende Resultate zu erhalten, folgende Eigenschaften beilegen. Sie existieren in zwei Modifikationen, die gemäß dem S. 48 Gesagten nach dem NEWTON'schen resp. COULOMB'schen Gesetz

$$K_{hk} = -\frac{k' e_h e_k}{r_{hk}^2}$$

aufeinander wirken und dabei als positive und negative Massen eingeführt werden können; sie setzen irgend welchen Deformationen Widerstände nicht entgegen, unterliegen also keinen inneren Kräften $X_x \ldots X_y$; sie besitzen endlich, was aber für die Gleichgewichtsvorgänge nicht in Betracht kommt und nur angeführt werden mag, um den Namen imponderabler Fluida zu motivieren, keine merkliche Trägheit.

In den scheinbar unelektrischen Körpern haben wir uns beide Fluida überall in gleichen Mengen vorhanden zu denken, und zwar in solchen, die unendlich groß sind gegenüber den Quantitäten, die wir den einzelnen Körpern von dem einen oder anderen Fluidum in Praxis noch zufügen können. In den scheinbar elektrischen Körpern überwiegt überall oder in gewissen Bereichen das eine Fluidum über das andere und übt demgemäß die maßgebende Wirkung, welche sich durch die unter Berücksichtigung des Vorzeichens gebildete Summe der an jeder Stelle vorhandenen Mengen beider Fluida, der sogenannten freien Elektricität, bestimmt.

Eine auf die elektrischen Fluida in einem Leiter wirkende, etwa von einer äußeren elektrischen Verteilung herrührende elektrische Kraft treibt nach dem COULOMB'schen Gesetz die positive Elektricität in der einen, die negative in der entgegengesetzten Richtung, — welcher Bewegung die zwischen beiden stattfindende Attraktion entgegenwirkt, — und drückt sie eventuell gegen die von einem Nichtleiter gebildete Begrenzung des Körpers. Hier kann sich, da die inneren Kräfte fehlen, ein Teil des Fluidums zu einem Medium von unendlich viel größerer Dichte kondensieren, von dem eine endliche

Menge ein endliches Stück der Wand doch nur mit einer unendlich dünnen Schicht überzieht und somit eine Flächenbelegung bewirkt.

Die unter Berücksichtigung des Vorzeichens gebildete Summe über die Raum- resp. Flächendichte beider Fluida ist die beziehentliche Dichte der freien Elektricität.

In der Grenzfläche zwischen zwei homogenen Leitern muß man sich infolge der unsymmetrischen Verteilung der ponderabeln Teile eine elektrische oder elektromotorische Kraft wirksam denken, die, sofern sie molekularen Ursprunges ist, als normal zur Grenze wirkend und nur von der Natur der beiden aneinandergrenzenden Medien abhängig zu betrachten ist. Ähnliche elektromotorische Kräfte müssen innerhalb eines Leiters mit stetig wechselnder Beschaffenheit wirken. —

Von diesen Vorstellungen ausgehend, gelangt man zu folgenden Gesetzen über die elektrostatische Verteilung.

Wegen des Fehlens innerer Kräfte ist $p = 0$, und aus (24) folgt als Gleichgewichtsbedingung für jeden inneren Punkt eines homogenen Leiters, falls X, Y, Z die auf die elektrische Masseneinheit bezogenen, von der gesamten elektrischen Verteilung herrührenden Komponenten bezeichnen,

$$X = Y = Z = 0; \qquad 41)$$

da nach Annahme für die elektrischen Kräfte eine Potentialfunktion Φ existiert, so ist diese Bedingung damit äquivalent, daß in jedem homogenen Leiter

$$\Phi = \text{Const.} \qquad 41')$$

sein muß. Durch diese Beziehung ist die Formel $\triangle \Phi = 0$ identisch erfüllt und sie ergiebt nach Formel (167'') auf Seite 160, daß beim Gleichgewicht innerhalb eines homogenen Leiters eine räumliche Verteilung freier Elektricität nicht bestehen kann, in jedem Raumelemente vielmehr die gleiche Menge positiven und negativen Fluidums vorhanden sein muß. Hieraus folgt dann, daß, wenn ein homogener Leiter elektrostatische Wirkungen übt, die freie Elektricität sich ausschließlich in kondensiertem Zustande an seiner Oberfläche befinden kann.

Dies findet bei inhomogenen Leitern nicht statt; denn bezeichnen X_0, Y_0, Z_0 die Komponenten der elektromotorischen Kräfte an der Stelle x, y, z, so giebt (24) die Gleichgewichtsbedingung

$$X + X_0 = Y + Y_0 = Z + Z_0 = 0, \qquad 41'')$$

und demgemäß

41''') $$\triangle \Phi = \frac{\partial X_0}{\partial x} + \frac{\partial Y_0}{\partial y} + \frac{\partial Z_0}{\partial z} = -4\pi k' \varrho,$$

worin ϱ die freie Raumdichte bezeichnet. Wir wollen indessen von diesem Fall weiterhin absehen.

Der Wert der freien Flächendichte σ bestimmt sich aus der Potentialfunktion Φ der gesamten Verteilung gemäß Gleichung (165') des ersten Teiles; da aber Φ innerhalb eines jeden homogenen Konduktors konstant ist, so liefert sie für die Grenzen gegen Nichtleiter

42) $$\left(\frac{\partial \Phi}{\partial n}\right)_a = -4\pi k' \sigma,$$

hingegen für die Grenzen o_{hk} zwischen zwei Leitern (h) und (k) $\sigma_{hk} = 0$; dies zeigt, daß wohl auf ersteren, nicht aber auf letzteren eine Flächenbelegung vorhanden ist.

Indessen müssen jene Zwischengrenzen eine Ladung anderer Art zeigen; denn die in ihnen wirkende elektromotorische Kraft verlangt zum Gleichgewicht als Kompensation ein Gefälle der Potentialfunktion Φ, das sich, wenn die elektromotorische Kraft nur in einer unendlich dünnen Schicht wirkt, durch eine Unstetigkeit von Φ beim Durchgang durch die Grenze äußern muß. Setzt man

42') $$\Phi_k - \Phi_h = \Phi_{hk},$$

so kann nach den obigen Annahmen Φ_{hk} nur von der Beschaffenheit der beiden Leiter (h) und (k) abhängen, muß also längs der Grenze o_{hk} zwischen zwei homogenen Leitern konstant sein.

Ein solcher Potentialsprung verlangt aber zu seiner Entstehung, daß die Grenzfläche O_{hk} als Doppelschicht mit konstantem Moment ν_{hk} geladen ist, dessen Größe sich nach Formel (176) bestimmt zu

42'') $$\Phi_k - \Phi_h = \Phi_{hk} = 4\pi k' \nu_{hk},$$

wobei das Moment positiv gerechnet ist in der Richtung von (h) nach (k).

An äußeren Grenzflächen des Leitersystemes findet nach den gemachten Annahmen eine solche Ladung nicht statt.

Im äußeren Raum muß Φ der Bedingung

42''') $$\triangle \Phi = -4\pi k' \varrho_0$$

genügen, falls ϱ_0 die Dichte der gegebenen elektrischen Verteilung bezeichnet, und, wenn letztere, wie auch die Leiter sämtlich im Endlichen liegen, sich im Unendlichen so verhalten, daß lim ($r_0 \Phi$) und lim $(r_0^2 \partial \Phi / \partial r_0)$ endlich sind, wobei r_0 die Entfernung vom Koordinatenanfang bezeichnet.

Hiermit sind die Fundamentalgesetze des elektrischen Gleichgewichtes in Leitern, nämlich die charakteristischen Eigenschaften der Potentialfunktion aus den vorausgeschickten Hypothesen abgeleitet. Eine Ableitung auf anderer Grundlage und, daran anschließend, die speziellen Anwendungen der vorstehenden Formeln sollen an einer anderen Stelle Platz finden. —

Auch Nichtleiter für Elektricität oder Diëlektrika erhalten durch die Wirkung elektrischer Kräfte scheinbar freie Ladungen. Man hat versucht [25]), diese Thatsache dadurch zu erklären, daß man sich die Vorstellung bildete, die Isolatoren enthielten unzählige leitende Körperchen in eine kontinuierliche nichtleitende Substanz eingebettet, und auf erstere die Betrachtungen dieses Paragraphen anwandte.

Die gleiche Behandlung, wie die Diëlektrika, gestatten die magnetisch erregbaren Körper bei Annahme zweier magnetischer Fluida, die sich innerhalb der kleinsten Teile, aber nicht zwischen ihnen bewegen können.

Nach der Seite der Qualität vermag man auf diese Weise die genannten Erscheinungen darzustellen; bezüglich der Quantität sind aber gegen diese Auffassung Bedenken erhoben, welche darauf beruhen, daß die bei Nichtleitern aus der Beobachtung zu schließenden scheinbaren Ladungen unter Umständen stärker sind, als sie aus der angedeuteten Theorie, auch unter Annahme günstiger Strukturverhältnisse, folgen. Diese Fragen sind noch nicht abgeschlossen.

Endlich hat man noch eine Erweiterung der erörterten Vorstellung in dem Sinne vorgenommen, daß man die kleinsten Teile der Diëlektrika je mit Systemen permanenter elektrischer Pole fest verbunden dachte, die ihrerseits eine elektromotorische Kraft ausüben. Da dieser Effekt sich bei einer Deformation des Diëlektrikums ändern muß, so giebt die erwähnte Anschauung die Grundlage für eine Theorie der Piëzolektricität, die auch bis zu Formeln, welche die Prüfung durch die Beobachtung gestatten, durchgeführt worden ist. [26])

Wir werden in dem Kapitel über Elektrostatik eine von speziellen Annahmen über die Struktur der Diëlektrika freie Ableitung der Grundgesetze für ihre elektrische Erregung mitteilen.

III. Kapitel.

Dynamik idealer Flüssigkeiten.

§ 9. Die EULER'schen Gleichungen.

Eine ideale Flüssigkeit ist nach § 4 eine solche, in der auch bei der Bewegung tangentiale Druckkomponenten nicht zu stande kommen. Für diese gilt dann, wie auf S. 233, wegen

$$Y_z = Z_x = X_y = 0,$$

auch

$$X_x = Y_y = Z_z = p,$$

und die allgemeinen Bewegungsgleichungen (14) nehmen, wenn man in ihnen die Geschwindigkeitskomponenten

$$\frac{dx}{dt} = u', \quad \frac{dy}{dt} = v', \quad \frac{dz}{dt} = w'$$

als Funktionen der Koordinaten und der Zeit betrachtet, die von EULER[27]) angegebene Form an

$$43)\quad \left\{ \begin{aligned} \varrho \frac{du'}{dt} &= \varrho\left(\frac{\partial u'}{\partial t} + u'\frac{\partial u'}{\partial x} + v'\frac{\partial u'}{\partial y} + w'\frac{\partial u'}{\partial z}\right) = X' - \frac{\partial p}{\partial x}, \\ \varrho \frac{dv'}{dt} &= \varrho\left(\frac{\partial v'}{\partial t} + u'\frac{\partial v'}{\partial x} + v'\frac{\partial v'}{\partial y} + w'\frac{\partial v'}{\partial z}\right) = Y' - \frac{\partial p}{\partial y}, \\ \varrho \frac{dw'}{dt} &= \varrho\left(\frac{\partial w'}{\partial t} + u'\frac{\partial w'}{\partial x} + v'\frac{\partial w'}{\partial y} + w'\frac{\partial w'}{\partial z}\right) = Z' - \frac{\partial p}{\partial z}. \end{aligned} \right.$$

Die körperlichen Kräfte X', Y', Z' sind dabei, wie in den Grundformeln (10) aus den dort angegebenen Gründen, auf die Volumeneinheit bezogen; indessen hat es keine Bedenken, durch die Formeln $X' = \varrho X$, $Y' = \varrho Y$, $Z' = \varrho Z$ die für die Masseneinheit geltenden Komponenten X, Y, Z einzuführen, weil bei Bewegungsvorgängen in der Praxis Kräfte, welche nicht mit den Massen proportional sind, wie z. B. elektromagnetische Wirkungen auf Stromleiter, nur bei nahezu inkompressibeln Flüssigkeiten in Betracht kommen, wo dann die

Dichte ϱ als konstanter Faktor geführt werden kann; wir werden demgemäß auch bei den allgemeinen Sätzen die Kraftkomponenten X, Y, Z und eventuell deren Potentialfunktion Φ benutzen.

Die Dichte ϱ wird meist als gegebene Funktion des Druckes p betrachtet, und wir setzen allgemein

$$\frac{1}{\varrho} = \frac{d\Pi}{dp}, \quad \Pi = \int \frac{dp}{\varrho}; \qquad 43')$$

bei inkompressibeln Flüssigkeiten ist ϱ konstant, also $\Pi = p/\varrho + C$, worin die Konstante C beliebig gleich Null gesetzt werden kann.

Eine letzte Beziehung zwischen den fünf Unbekannten u', v', w', p, ϱ erhält man durch die Überlegung, daß für jedes Volumenelement die Differenz der Massen der in einem Zeitelement ein- und ausströmenden Flüssigkeitsmengen der in derselben Zeit eintretenden Vermehrung der Masse des Elementes gleich sein muß; dies liefert die sogenannte Kontinuitätsgleichung

$$\frac{\partial \varrho u'}{\partial x} + \frac{\partial \varrho v'}{\partial y} + \frac{\partial \varrho w'}{\partial z} + \frac{\partial \varrho}{\partial t} = 0 \qquad . \ 43'')$$

oder

$$\varrho \left(\frac{\partial u'}{\partial x} + \frac{\partial v'}{\partial y} + \frac{\partial w'}{\partial z} \right) + \frac{d\varrho}{dt} = 0 . \qquad 43''')$$

An der Grenze zwischen zwei Flüssigkeiten (h) und (k) gilt nach (9'') und (14''')

$$(\overline{u'_h} - \overline{u'_k}) \cos(\nu, x) + (\overline{v'_h} - \overline{v'_k}) \cos(\nu, y) + (\overline{w'_h} - \overline{w'_k}) \cos(\nu, z) = 0 , \quad 44)$$

$$\overline{p_h} - \overline{p_k} + p_{hk} = 0, \qquad 44')$$

unter ν die Richtung einer Normalen auf der Grenzfläche und unter p_{hk} den in der Richtung von (h) nach (k) positiv gerechneten Grenzdruck verstanden; p_{hk} wird in der Hydrodynamik meist gleich Null gesetzt.

Die Grenzbedingungen (44) und (44') bleiben gültig in einer Unstetigkeitsfläche im Innern einer einzigen Flüssigkeit, an der Grenze zwischen einer Flüssigkeit und einem festen Körper, endlich auch längs einer sogenannten Eintrittsfläche, durch welche hindurch gegebene Zuströmungen stattfinden; sie liefern aber in den beiden letzten Fällen keine Bedingungen für den Druck p.

An einer freien Oberfläche, d. h. einer Fläche, welche die Flüssigkeit gegen den leeren Raum abgrenzt, ist der äußere Druck $p' = 0$; dasselbe muß dort, falls der Grenzdruck verschwindet, auch für den inneren Druck $\overline{p}$ gelten. Grenzt die Oberfläche die Flüssigkeit gegen ein Gas ab, dessen Dichte verschwindend ist gegen diejenige der Flüssigkeit, in dem also p' als konstant betrachtet werden darf, so folgt, daß an dieser Oberfläche auch $\bar{p}$ konstant sein muß.

Im Innern einer tropfbaren Flüssigkeit können mit den Koordinaten stetig variierende Geschwindigkeiten nur eintreten, so lange die Größe von p nicht unter einen gewissen kleinsten negativen Wert herabsinkt; unterschreitet p diesen Wert, so tritt ein Zerreißen der Flüssigkeit und demgemäß eine unstetige Bewegung ein; da indessen in den Hauptgleichungen nur die Differentialquotienten des Druckes nach den Koordinaten auftreten, so kann man bei inkompressibeln Flüssigkeiten, ohne die Art der Bewegung zu ändern, jederzeit durch Vergrößerung aller äußeren Drucke um denselben Betrag das Unterschreiten jenes Grenzwertes von p innerhalb der Flüssigkeit unmöglich machen und dadurch jene Grenzfälle, wo die Lösungen ihre Geltung verlieren, ausschließen. —

Da wir u', v', w' als Funktionen der Koordinaten und der Zeit betrachten, so ist durch

45) $$dx : dy : dz = u' : v' : w'$$

eine Kurve gegeben, welche durch ihre Tangente an jeder Stelle und zu jeder Zeit die Richtung der eben stattfindenden Geschwindigkeit angiebt; sie heißt eine Stromlinie. Ist u', v', w', ϱ, p von der Zeit unabhängig, also die Bewegung, wie man sagt, stationär, so ruhen alle Stromlinien und sind mit den Bahnkurven der Teilchen identisch, was im allgemeinen Falle nicht stattfindet.

Ein von lauter Stromlinien begrenzter Faden heißt ein Stromfaden; ist die Bewegung stationär, so muß das durch jeden beliebig gelegten Querschnitt q desselben Stromfadens in der Zeiteinheit gehende Flüssigkeitsquantum

$$\varrho\, q\,(u' \cos(\nu, x) + v' \cos(\nu, y) + w' \cos(\nu, z)) = \varrho\, q\, V \cos(V, \nu),$$

wo ν die Normale auf q und

45') $$V = \sqrt{u'^2 + v'^2 + w'^2}$$

die resultierende Geschwindigkeit bezeichnet, denselben Wert haben. Hieraus folgt, daß ein Stromfaden bei verschwindender Geschwindigkeit sich über alle Grenzen ausbreitet, bei unendlicher Geschwindigkeit sich zu einer Linie zusammenzieht, aber nicht innerhalb der Flüssigkeit aufhören kann. —

Wie die Geschwindigkeitskomponenten u', v', w', so sind auch die Rotations- oder Wirbelkomponenten

45'') $$l' = \tfrac{1}{2}\left(\frac{\partial w'}{\partial y} - \frac{\partial v'}{\partial z}\right), \quad m' = \tfrac{1}{2}\left(\frac{\partial u'}{\partial z} - \frac{\partial w'}{\partial x}\right), \quad n' = \tfrac{1}{2}\left(\frac{\partial v'}{\partial x} - \frac{\partial u'}{\partial y}\right)$$

im allgemeinen Funktionen des Ortes und der Zeit; demgemäß ist durch

$$dx : dy : dz = l' : m' : n' \qquad 45''')$$

eine Kurve gegeben, deren Tangente an jeder Stelle in die daselbst stattfindende Rotations- oder Wirbelaxe fällt; eine solche Kurve heißt eine Wirbellinie. Die Wirbellinien behalten ihre Lage unverändert nur dann bei, wenn die Flüssigkeitsströmung stationär ist. Ein Faden, dessen Oberfläche von Wirbellinien erfüllt ist, wird ein Wirbelfaden genannt.

Aus der Definition (45') der Wirbelkomponenten folgt die identische Gleichung

$$\frac{\partial l'}{\partial x} + \frac{\partial m'}{\partial y} + \frac{\partial n'}{\partial z} = 0 ; \qquad 46)$$

multipliziert man dieselbe mit dem Raumelement dk und integriert über einen beliebigen Raum, innerhalb dessen sich l', m', n' regulär verhalten, so erhält man

$$\int \left(\overline{l'} \cos(\nu, x) + \overline{m'} \cos(\nu, y) + \overline{n'} \cos(\nu, z)\right) do = 0 , \qquad 46')$$

wo do das Element der Oberfläche von k, und ν die Richtung seiner Normalen bezeichnet.

Bei Einführung der resultierenden Wirbelgeschwindigkeit

$$D = \sqrt{l'^2 + m'^2 + n'^2} \qquad 46'')$$

kann man dafür auch schreiben

$$\int \overline{D} \cos(D, \nu)\, do = 0 . \qquad 46''')$$

Wendet man diese Formel auf einen beliebigen Abschnitt eines Wirbelfadens an, so wird, weil die Mantelfläche keinen Anteil zu dem Integral giebt, nur das auf die Endquerschnitte bezügliche übrig bleiben. Das Resultat spricht den Satz aus, daß längs desselben Wirbelfadens das Produkt $q\, D \cos(D, \nu)$ aus der Größe eines beliebig gelegten Querschnittes und der Komponente der Wirbelgeschwindigkeit normal zu ihm konstant ist.

Hieraus folgt, daß ein Wirbelfaden innerhalb der Flüssigkeit nicht aufhören kann, sondern entweder von Oberfläche zu Oberfläche, oder in sich zurück verlaufen muß.

Erstreckt man die Integrale über den von einem geschlossenen Wirbelfaden eingenommenen Raum, so wird

$$\int l'\, dk = \int m'\, dk = \int n'\, dk = 0 ; \qquad 46'''')$$

denn man kann z. B. das erste schreiben

$$\int D \cos(D, x)\, q\, ds = D\, q \int \cos(s, x)\, ds ,$$

woraus die Richtigkeit der gemachten Bemerkung sofort erhellt. —

Zwischen den Strömungs- und Rotationskomponenten ergiebt sich ein bemerkenswerter rein kinematischer Zusammenhang durch Anwendung des wiederholt benützten STOKES'schen Satzes von S. 177 auf das Integral der Geschwindigkeitskomponente nach einer geschlossenen Kurve σ, welches man die Cirkulation der Flüssigkeit längs dieser Kurve nennt[27]).

Man erhält sogleich

$$47)\quad \begin{cases} \int \left(u' \cos(\sigma, x) + v' \cos(\sigma, y) + w' \cos(\sigma, z)\right) d\sigma \\ \quad = 2 \int \left(l' \cos(\nu, x) + m' \cos(\nu, y) + n' \cos(\nu, z)\right) d\omega, \end{cases}$$

worin ω eine beliebige durch die Kurve σ begrenzte Fläche und ν die Richtung ihrer positiven Normalen bezeichnet.

Auf eine Kurve und eine Fläche angewendet, die in der XY-Ebene liegen, folgt daraus

$$47')\quad \int \left(u' \cos(\sigma, x) + v' \cos(\sigma, y)\right) d\sigma = 2 \int\int n'\, dx\, dy. \text{ —}$$

Mechanische Beziehungen zwischen Strom- und Wirbellinien erhält man folgendermaßen[28]).

Fügt man zu der ersten Gleichung (43) auf der linken Seite additiv und subtraktiv das Aggregat

$$v' \frac{\partial v'}{\partial x} + w' \frac{\partial w'}{\partial x}$$

hinzu, so nimmt die Gleichung bei Einführung der resultierenden Geschwindigkeit V aus (45') die Form an:

$$48)\quad \varrho \left(\frac{\partial u'}{\partial t} + \tfrac{1}{2} \frac{\partial V^2}{\partial x} + 2(w' m' - v' n')\right) = X' - \frac{\partial p}{\partial x},$$

oder anders geordnet und bei Einführung der auf die Masseneinheit bezogenen Kraftkomponenten X, Y, Z

$$48')\quad \frac{\partial u'}{\partial t} + 2(w' m' - v' n') = X - \frac{\partial}{\partial x}(\Pi + \tfrac{1}{2} V^2).$$

Haben die äußeren Kräfte eine Potentialfunktion Φ, so kann man das ganze System (43) schreiben

$$48'')\quad \begin{cases} \dfrac{\partial u'}{\partial t} + 2(w' m' - v' n') = -\dfrac{\partial \Omega}{\partial x}, \\[2ex] \dfrac{\partial v'}{\partial t} + 2(u' n' - w' l') = -\dfrac{\partial \Omega}{\partial y}, \\[2ex] \dfrac{\partial w'}{\partial t} + 2(v' l' - u' m') = -\dfrac{\partial \Omega}{\partial z}, \end{cases}$$

worin $\Phi + \Pi + \frac{1}{2} V^2 = \Omega$ gesetzt ist.

Im Falle stationärer Bewegung ist

$$\partial u' / \partial t = \partial v' / \partial t = \partial w' / \partial t = 0$$

und die Gleichungen (48″) ergeben dann durch Zusammenfassung mit den Faktoren u', v', w' resp. l', m', n'

$$\left.\begin{aligned}\frac{\partial \Omega}{\partial x} u' + \frac{\partial \Omega}{\partial y} v' + \frac{\partial \Omega}{\partial z} w' = 0,\\ \frac{\partial \Omega}{\partial x} l' + \frac{\partial \Omega}{\partial y} m' + \frac{\partial \Omega}{\partial z} n' = 0.\end{aligned}\right\} \qquad 49)$$

Diese Formeln sagen aus, daß bei stationärer Bewegung die Oberflächen $\Omega = \text{Const.}$ von einem Netz aus Stromlinien und Wirbellinien überzogen sind. Ferner ergeben sie, wenn ν die Richtung der Normalen auf diesen Flächen, positiv von kleineren zu größeren Ω gerechnet, und Θ den Winkel zwischen Strom- und Wirbellinien an einer Stelle einer Fläche $\Omega = \text{Const.}$ bezeichnet:

$$\frac{\partial \Omega}{\partial \nu} = 2\, V D \sin \Theta. \qquad 49')$$

Das erstere Resultat läßt sich auch so aussprechen, daß längs jeder Strom- und jeder Wirbellinie Ω konstant ist, der konstante Wert aber im allgemeinen von Linie zu Linie variiert, und daß nur diejenigen Stromlinien gleichen Werten Ω entsprechen, welche durch eine Wirbellinie verbunden sind, und umgekehrt.

Der schon von Daniel Bernoulli [30]) abgeleitete Satz, daß bei stationärer Bewegung längs einer Stromlinie $\Phi + \Pi + \frac{1}{2} V^2$ konstant ist, ist hierin enthalten und bildet die Grundlage für viele Anwendungen. So liefert er für eine schwere, aus einem Gefäß ausfließende Flüssigkeit das Toricelli'sche Theorem [31]), indem man ihn auf eine Stelle der freien Oberfläche im Reservoir und auf die Oberfläche des Strahles an der Austrittsstelle anwendet. Sind dort die äußeren Drucke gleich, sind die Geschwindigkeiten resp. gleich V_0 und V_1, und ist die Tiefe der Öffnung unter dem Spiegel im Gefäß gleich h, so folgt

$$2 g h = V_1^2 - V_0^2, \qquad 49'')$$

wo nun V_0^2 meist neben V_1^2 vernachlässigt werden kann. —

Über Wirbelbewegungen existieren einige allgemeine Sätze, die man von Helmholtz [32]) verdankt.

Aus den Gleichungen (43) kann man durch Elimination der durch (43′) definierten Funktion Π drei neue bilden, die sich unter Rücksicht auf (43‴) folgendermaßen schreiben lassen:

$$\left.\begin{aligned}\varrho \frac{\left(d \frac{l'}{\varrho}\right)}{d t} + \frac{1}{2}\left(\frac{\partial Y}{\partial z} - \frac{\partial Z}{\partial y}\right) &= l' \frac{\partial u'}{\partial x} + m' \frac{\partial u'}{\partial y} + n' \frac{\partial u'}{\partial z}\\ &= l' \frac{\partial u'}{\partial x} + m' \frac{\partial v'}{\partial x} + n' \frac{\partial w'}{\partial x} \quad \text{u. s. f.}\end{aligned}\right\} \qquad 50)$$

Benutzt man die auf S. 189 gegebene Zerlegung der Kraftkomponenten und setzt nach den Formeln (187′)

50′) $$\frac{\partial Y}{\partial z}-\frac{\partial Z}{\partial y}=-\triangle \Lambda,\ \frac{\partial Z}{\partial x}-\frac{\partial X}{\partial z}=-\triangle M,\ \frac{\partial X}{\partial y}-\frac{\partial Y}{\partial x}=-\triangle N,$$

so erhält man statt des Systems (50), indem man nur den ersten der rechts stehenden Werte benutzt,

50″) $$\begin{cases} \varrho\dfrac{d\left(\dfrac{l'}{\varrho}\right)}{dt}-\frac{1}{2}\triangle \Lambda = l'\dfrac{\partial u'}{\partial x}+m'\dfrac{\partial u'}{\partial y}+n'\dfrac{\partial u'}{\partial z}, \\ \varrho\dfrac{d\left(\dfrac{m'}{\varrho}\right)}{dt}-\frac{1}{2}\triangle M = l'\dfrac{\partial v'}{\partial x}+m'\dfrac{\partial v'}{\partial y}+n'\dfrac{\partial v'}{\partial z}, \\ \varrho\dfrac{d\left(\dfrac{n'}{\varrho}\right)}{dt}-\frac{1}{2}\triangle N = l'\dfrac{\partial w'}{\partial x}+m'\dfrac{\partial w'}{\partial y}+n'\dfrac{\partial w'}{\partial z}. \end{cases}$$

Haben die wirkenden Kräfte eine Potentialfunktion, so ist

$$\Lambda = M = N = 0$$

und die vorstehenden Gleichungen ergeben in diesem Falle, daß für ein Flüssigkeitsteilchen, welches zu irgend einer Zeit nicht rotiert, d. h. verschwindende l', m', n' besitzt, l'/ϱ, m'/ϱ, n'/ϱ konstant, also gleichfalls dauernd Null sind.

Man darf daher behaupten, daß bei Einwirkung konservativer Kräfte innerhalb einer idealen Flüssigkeit Wirbelbewegungen weder entstehen noch vergehen können.

Ist die Bewegung eine e b e n e, etwa u' und v' von z unabhängig und $w = 0$, so ergeben die Formeln (50″) spezieller, daß dabei für jedes Flüssigkeitsteilchen n'/ϱ sich mit der Zeit nicht ändert. —

Wir betrachten nun zwei Flüssigkeitsteilchen, die zur Zeit t die Koordinaten x, y, z und $x+\delta x$, $y+\delta y$, $z+\delta z$ besitzen und auf einem Wirbelfaden im Abstand δs liegen; dann muß zu dieser Zeit gelten:

51) $$\delta x = \frac{l'\,\delta s}{D},\quad \delta y = \frac{m'\,\delta s}{D},\quad \delta z = \frac{n'\,\delta s}{D}.$$

Die Geschwindigkeitskomponenten u', v', w' und $u'+\delta u'$, $v'+\delta v'$, $w'+\delta w'$ stehen dabei in der Beziehung, daß

$$\delta u' = \frac{\delta s}{D}\left(l'\frac{\partial u'}{\partial x}+m'\frac{\partial u'}{\partial y}+n'\frac{\partial u'}{\partial z}\right),$$
$$\cdots\cdots\cdots\cdots\cdots\cdots$$

ist, woraus nach (50″) auch folgt

$$\delta u' = \frac{\delta s}{D}\left(\varrho\,\frac{d\left(\frac{l'}{\varrho}\right)}{dt} - 2\,\triangle\,A\right), \tag{51'}$$

. . . .

Wirken nur konservative Kräfte, so giebt dies wegen

$$\delta u' = \delta\frac{dx}{dt} = \frac{d\,\delta x}{dt} \text{ u. s. f.}$$

$$d\,\delta x = \varrho\frac{\delta s}{D}\,d\left(\frac{l'}{\varrho}\right),\quad d\,\delta y = \varrho\frac{\delta s}{D}\,d\left(\frac{m'}{\varrho}\right),\quad d\,\delta z = \varrho\frac{\delta s}{D}\,d\left(\frac{n'}{\varrho}\right), \tag{51''}$$

und hieraus folgt für die Werte

$$(\delta x)_1 = \delta x + d\,\delta x,\quad (\delta y)_1 = \delta y + d\,\delta y,\quad (\delta z)_1 = \delta z + d\,\delta z,$$

welche δx, δy, δz zur Zeit $t + dt$ besitzen, das System Formeln:

$$\left.\begin{aligned}(\delta x)_1 &= \frac{\delta s}{D}\left(l' + \varrho\,d\left(\frac{l'}{\varrho}\right)\right) = \varrho\frac{\delta s}{D}\left(\frac{l'}{\varrho}\right)_1,\\ (\delta y)_1 &= \frac{\delta s}{D}\left(m' + \varrho\,d\left(\frac{m'}{\varrho}\right)\right) = \varrho\frac{\delta s}{D}\left(\frac{m'}{\varrho}\right)_1,\\ (\delta z)_1 &= \frac{\delta s}{D}\left(n' + \varrho\,d\left(\frac{n'}{\varrho}\right)\right) = \varrho\frac{\delta s}{D}\left(\frac{n'}{\varrho}\right)_1,\end{aligned}\right\} \tag{51'''}$$

worin der Index 1 wiederum bezeichnet, daß der Wert der betreffenden Größen zur Zeit $t + dt$ zu nehmen ist.

Vorstehende Gleichungen geben das Resultat

$$\left.\begin{aligned}(\delta x)_1 : (\delta y)_1 : (\delta z)_1 &= (l')_1 : (m')_1 : (n')_1,\\ (\delta s)_1 : \delta s &= \left(\frac{D}{\varrho}\right)_1 : \frac{D}{\varrho},\end{aligned}\right\} \tag{51''''}$$

welches aussagt, daß die betrachteten beiden Flüssigkeitsteilchen auch zur Zeit $t + dt$ noch auf einer Wirbellinie liegen, und daß ihr Abstand sich in demselben Verhältnis geändert hat, wie D/ϱ, oder aber, daß das Produkt $\varrho\,\delta s/D$ konstant geblieben ist.

Hieraus folgt auch, daß ein Wirbelfaden während der Bewegung seinen Charakter beibehält; ein Abschnitt desselben von der Länge δs und dem Querschnitt q verwandelt sich also während dt in einen eben solchen von der Länge $(\delta s)_1$ und dem Querschnitt q_1. Seine Masse bleibt dabei ungeändert, d. h. es ist $q\,\varrho\,\delta s = (q\,\varrho\,\delta s)_1$, und da gleichzeitig $\varrho\,\delta s/D = (\varrho\,\delta s/D)_1$ ist, so folgt, daß das Produkt $q.D$ aus Querschnitt und Rotationsgeschwindigkeit für einen Abschnitt eines Wirbelfadens bei dessen Bewegung konstant ist.

Da überdies nach S. 267 das Produkt $q\,D$ längs desselben Wirbelfadens stets konstant ist, so kann man dasselbe als einen Parameter betrachten, der einen bestimmten Wirbelfaden ein für allemal charakterisiert.

§ 10. Potentialbewegungen, begrenzt durch feste und bewegte Wände.

Haben die äußeren Kräfte X, Y, Z eine Potentialfunktion Φ, so ist eine partikuläre Lösung der allgemeinen Gleichungen (43) gegeben durch [33])

52) $$u' = \frac{\partial F}{\partial x}, \quad v' = \frac{\partial F}{\partial y}, \quad w' = \frac{\partial F}{\partial z},$$

wo F, das Geschwindigkeitspotential, eine stetige Funktion der Zeit und der Koordinaten sein muß, aber in mehrfach zusammenhängenden Räumen vieldeutig sein darf, wenn nur seine Differentialquotienten eindeutig sind.

Diese Lösung ist die vollständige, wenn die Geschwindigkeiten so klein sind, daß man in (43) die Glieder, welche die Produkte der Geschwindigkeitskomponenten enthalten, neben den übrigen vernachlässigen kann. Hier ist dann speziell $\partial F/\partial t = T - (\Phi + \Pi)$, wo T eine Funktion von t allein bedeutet, also, falls F' eine Funktion der Koordinaten allein bezeichnet,

52′) $$F = \int (T - \Phi - \Pi)\, dt + F'.$$

Die Formeln (52) stellen eine Bewegung dar, welche stets und überall parallel der Normale N auf den Oberflächen $F =$ Const. stattfindet und zwar mit einer Geschwindigkeit

$$V = \frac{\partial F}{\partial N} = \sqrt{\left(\frac{\partial F}{\partial x}\right)^2 + \left(\frac{\partial F}{\partial y}\right)^2 + \left(\frac{\partial F}{\partial z}\right)^2}.$$

Die Bedingungen für die Existenz eines Geschwindigkeitspotentiales sind

$$\frac{\partial w'}{\partial y} - \frac{\partial v'}{\partial z} = \frac{\partial u'}{\partial z} - \frac{\partial w'}{\partial x} = \frac{\partial v'}{\partial x} - \frac{\partial u'}{\partial y} = 0$$

d. h.

$$l' = m' = n' = 0;$$

sie zeigen, daß eine wirbellose Bewegung eine Potentialbewegung ist, und umgekehrt.

Unter Berücksichtigung dieser Resultate folgt allgemein aus den drei Gleichungen (48″), daß

52″) $$\frac{\partial F}{\partial t} + \Omega = T$$

d. h. eine Funktion der Zeit allein, im Falle stationärer Bewegung aber spezieller, daß

52‴) $$\Omega = \Phi + \Pi + \tfrac{1}{2} V^2 = C$$

d. h. im ganzen von der Flüssigkeit erfüllten Raum konstant sein muß.

Die Formeln (52'') resp. (52''') enthalten neben dem Geschwindigkeitspotential noch die Funktion Π und durch sie den Druck p; wo p vorgeschrieben ist, liefern sie also eine Bedingung für F, wo das nicht der Fall ist, eine solche für p. Ersteres findet an sogenannten freien Oberflächen statt, letzteres an Flächen, wo $\partial F / \partial \nu$ gegeben ist, z. B. an festen Körpern. Wir beschränken uns zunächst auf den letzteren Fall, es kommen also jene Formeln bei der Bestimmung von F für uns zunächst nicht in Betracht. —

Die Kontinuitätsgleichung (43'') wird bei Einführung der Lösungen (49) zu

$$\triangle F + \frac{1}{\varrho} \frac{d \varrho}{d t} = 0 \tag{53}$$

oder

$$\frac{\partial}{\partial x}\left(\varrho \frac{\partial F}{\partial x}\right) + \frac{\partial}{\partial y}\left(\varrho \frac{\partial F}{\partial y}\right) + \frac{\partial}{\partial z}\left(\varrho \frac{\partial F}{\partial z}\right) + \frac{\partial \varrho}{\partial t} = 0 \tag{53'}$$

und die Bedingung an den Oberflächen, wo die Geschwindigkeitskomponente ν' nach der Normalen ν vorgeschrieben ist, zu

$$\frac{\partial F}{\partial \nu} = \nu'. \tag{53''}$$

Diese Oberflächen können durch starre, aber irgendwie bewegte Wände gebildet werden, sie können aber auch beliebige Ausströmungs- oder Einströmungsflächen sein, die nur für die Betrachtung gezogen werden, weil in ihnen die Normalgeschwindigkeit gegeben ist, die aber die Flüssigkeit nicht wirklich begrenzen.

Ändert sich die Dichte jedes Flüssigkeitsteilchens während der Bewegung nicht, d. h., ist $d\varrho / dt = 0$, etwa weil die Flüssigkeit überhaupt inkompressibel ist, so lautet die Gleichung (53)

$$\triangle F = 0, \tag{53'''}$$

und sie bestimmt mit (53'') nach S. 181 die Funktion F in ihrer Abhängigkeit von x, y, z und t bis auf eine additive Funktion der Zeit vollständig, falls ν' für die ganze Umgrenzung der Flüssigkeit gegeben ist und letztere vollständig im Endlichen liegt.

Gleiches gilt nach S. 183 für eine unendliche Flüssigkeit, wenn die Oberflächen, längs deren $\partial F / \partial \nu$ gegeben ist, vollständig im Endlichen liegen; gleiches auch, wenn sie, wie etwa eine unendliche Ebene, sich zwar ins Unendliche erstrecken, dort aber $\partial F / \partial \nu$ von mindestens zweiter Ordnung unendlich klein wird, so daß jedenfalls das Integral $\int do (\overline{\partial F / \partial \nu})$, über sie alle ausgedehnt, endlich ist.

Die Bestimmung von F kann dann nach S. 185 mit Hilfe der zweiten GREEN'schen Funktion G_2 geschehen.

Versteht man nämlich unter G_2 eine innerhalb des zunächst als einfach zusammenhängend gedachten Raumes k eindeutige und stetige Funktion, welche der Hauptgleichung $\triangle G_2 = 0$ genügt und an der Oberfläche die Bedingung

$$\frac{\overline{\partial G_2}}{\partial \nu} = c' - \frac{\overline{\partial \frac{1}{r}}}{\partial \nu}$$

erfüllt, wo r die Entfernung von einem Punkte a, b, c der Flüssigkeit, ν die innere Normale bezeichnet, so ist jederzeit

54) $$F_{abc} = -\frac{1}{4\pi}\int \frac{\overline{\partial F}}{\partial \nu}\left(\overline{G_2} + \frac{1}{\overline{r}}\right) d o + C.$$

Ist dabei die Flüssigkeit von den Wänden, längs deren $\partial F / \partial \nu$ gegeben ist, vollständig begrenzt, so muß für sie gelten

$$0 = \int \frac{\overline{\partial F}}{\partial \nu} d o;$$

ist dies nicht der Fall, sondern erstreckt sich die Flüssigkeit ins Unendliche, so kommt diese Bedingung in Wegfall.

Ist der von der Flüssigkeit begrenzte Raum mehrfach zusammenhängend, z. B. von ringförmiger Gestalt, so genügen die bisherigen Angaben nicht mehr, um F zu bestimmen, da in diesem Falle das Potential mehrwertig sein kann; sie sind dann durch die Festsetzung der Potentialsprünge zu ergänzen, die an den Hilfsquerschnitten stattfinden, durch welche der Raum in einen einfach zusammenhängenden verwandelt werden kann. Diese Potentialsprünge entsprechen Cirkulationen in den bezüglichen ringförmigen Bereichen, welche unabhängig von der Bewegung der Oberflächenelemente von k vorgeschrieben werden können. Die Methode zur Bestimmung von F giebt in diesen Fällen die Formel (182″) des ersten Teiles an. —

Ein spezieller Fall ist der, daß die Begrenzung der Flüssigkeit durch ruhende feste Wände gebildet wird und nur durch gegen deren Gesamtdimensionen kleine Öffnungen q_h in den Wänden, die wir Quellen nennen wollen, Flüssigkeit zu- oder abströmt[34]).

In diesem Falle ist $\overline{G_2} + (1/\overline{r})$ längs jeder dieser Öffnungen als konstant anzusehen, so lange der betrachtete Punkt a, b, c sich in endlicher Entfernung von ihr befindet; die Formel (54) nimmt hier also die Gestalt an

54′) $$F = -\frac{1}{4\pi\varrho}\Sigma Q_h\left(\overline{G_2} + \frac{1}{\overline{r}}\right)_h + \Sigma C_h,$$

worin

$$Q_h = \varrho \int \left(\frac{\overline{\partial F}}{\partial \nu}\right)_h d q_h$$

die in der Zeiteinheit durch die Öffnung q_h zuströmende Flüssigkeitsmenge die Ergiebigkeit der Quelle bezeichnet.

Für den Halbraum ist G_2 gleich der reziproken Entfernung $1/r'$ von dem Spiegelpunkt der untersuchten Stelle in Bezug auf die begrenzende Ebene; daher wird in der Oberfläche $\overline{G_2} = 1/\overline{r}$ und demgemäß bei beliebigem $\overline{\partial F}/\partial \nu$

$$F = -\frac{1}{2\pi}\int \frac{\overline{\partial F}}{\partial \nu}\frac{d o}{\overline{r}} + C,$$

was sich in dem zuletzt betrachteten speziellen Falle verwandelt in

$$F = -\frac{1}{2\pi\varrho}\Sigma\frac{Q_h}{\overline{r}_h} + \Sigma C_h. \tag{54''}$$

Von besonderem — allerdings mehr theoretischen als praktischen — Interesse sind weiter die Fälle, daß die Zuströmung und Abströmung von Flüssigkeit durch unendlich kleine geschlossene Oberflächen o_h im Innern des erfüllten Raumes, je von den Ergiebigkeiten Q_h, stattfindet; wenn dabei im übrigen die Begrenzung nur durch feste Wände gebildet ist, so muß $\Sigma Q_h = 0$, d. h. die durch diese Quellen zu- und abströmende Flüssigkeitsmenge, gleich groß sein; dies ist nicht erforderlich, wenn sich die Flüssigkeit ins Unendliche erstreckt.

Ist die Flüssigkeit nach allen Seiten unbegrenzt, und liegen alle Quellen im Endlichen, so ist $G_2 = \text{Const.}$, denn der Ansatz

$$F_0 = -\frac{1}{4\pi\varrho}\Sigma\frac{Q_h}{r_h}$$

genügt hier für sich allein schon allen Bedingungen; ist dagegen eine feste Begrenzung gegeben, so kann man

$$F = F_0 + F_1$$

und

$$F_1 = +\frac{1}{4\pi}\int \frac{\overline{\partial F_0}}{\partial \nu}\left(\overline{G_2} + \frac{1}{\overline{r}}\right) d o + C \tag{54'''}$$

setzen, um mit Hilfe von G_2 die Grenzbedingung $\overline{\partial F}/\partial \nu = 0$ zu erfüllen.

In den Fällen, wo die Begrenzung nur durch feste Ebenen gebildet wird, kann man die Funktion F_1 als Newton'sches Potential von mit $Q_h/4\pi\varrho$ gleichen oder entgegengesetzten und in den Spiegelpunkten der Quellen angebrachten Massen immer dann erhalten, wenn diejenigen Spiegelpunkte, welche in den von Flüssigkeit erfüllten Raum k fallen, ausschließlich in den Quellen selbst liegen. Dies findet u. a. statt beim Halbraum, bei einer von parallelen Ebenen begrenzten Schicht, bei dem rechteckigen oder gleichseitig dreieckigen Prisma, bei dem Keil von der Öffnung π/α, wo α eine ganze Zahl ist. In ähnlicher Weise kann für diese Räume G_2 gebildet werden.

Die Betrachtung gestattet die Ausdehnung auf ebene Bewegungen, und es lassen sich hier auch Begrenzungen in Kreisbogen durch die Methode der Spiegelpunkte behandeln.

Ebene Strömungen sind im allgemeinen leichter zu behandeln, als räumliche, weil partikuläre Integrale der Hauptgleichung für das Geschwindigkeitspotential

55) $$\frac{\partial^2 F}{\partial x^2} + \frac{\partial^2 F}{\partial y^2} = \triangle_2 F = 0$$

sowohl durch den reellen, als den imaginären Teil einer jeden Funktion von $x + iy$ geliefert werden.

Setzt man $F + iS = f(x + iy)$, so ist wegen

$$\frac{\partial F}{\partial x} = \frac{\partial S}{\partial y}, \quad \frac{\partial F}{\partial y} = -\frac{\partial S}{\partial x}$$

die Gleichung der Stromkurven

$$\frac{\partial F}{\partial x} : \frac{\partial F}{\partial y} = dx : dy$$

allgemein integrabel und liefert

55') $$S = \text{Const.};$$

S führt deshalb den Namen der Strömungsfunktion. Längs fester Grenzen muß die Strömungsfunktion konstant sein. —

Vorstehendes liefert eine erste physikalische Deutung der Funktion G_2 oder, noch bequemer, der S. 187 aus ihr abgeleiteten

$$\Gamma_2 = G_2 + \frac{1}{r} - \frac{1}{r'}$$

für einen allseitig begrenzten Raum k. Denn da im Innern von k $\triangle \Gamma_2 = 0$ und da an der Oberfläche $\overline{\partial \Gamma_2} / \partial \nu = 0$ sein soll, so läßt Γ_2 sich jederzeit auffassen als das Geschwindigkeitspotential der stationären Bewegung, welche, von zwei Quellen in a, b, c und a', b', c' von den Ergiebigkeiten $\pm 4\pi\varrho$ ausgehend, in dem mit inkompressibler, reibungsloser Flüssigkeit erfüllten und von festen ruhenden Wänden begrenzten Raum k stattfindet.

Da eine solche Bewegung innerhalb jedes beliebig gestalteten Bereiches möglich ist, so kann man daraus schließen, daß sich stets eine Funktion Γ_2 diesen Bedingungen entsprechend bestimmen lassen muß. Dieselbe Schlußweise läßt sich in Bezug auf ebene Bewegungen und die ihnen entsprechende zweite GREEN'sche Funktion G'_2 resp. die daraus abgeleitete $\Gamma'_2 = G'_2 + l(e) - l(e')$ anwenden. —

Besitzt die Flüssigkeit keine freie Oberfläche, so sind alle zur Bestimmung von F dienenden Gleichungen in dieser Größe linear; hierauf beruht, daß man in dem speziellen Falle, daß die Begrenzung der Flüssigkeit durch die Oberfläche eines starren, beliebig bewegten Körpers gebildet wird, das Geschwindigkeitspotential in einer bemerkenswerten Weise in Teile zerlegen kann.[35] Wir beschränken uns bei dieser Betrachtung wieder auf unveränderliche Dichte ϱ, resp. inkompressible Flüssigkeiten.

Sind $\mathfrak{x}', \mathfrak{y}', \mathfrak{z}'$ die Komponenten der Lineargeschwindigkeit eines in dem starren Körper festen Punktes $\mathfrak{x}, \mathfrak{y}, \mathfrak{z}$, und sind $\mathfrak{l}', \mathfrak{m}', \mathfrak{n}'$ diejenigen seiner Rotationsgeschwindigkeit um Parallele $\mathfrak{X}, \mathfrak{Y}, \mathfrak{Z}$ zu den absolut festen Axen X, Y, Z durch diesen Punkt, so kann man setzen

$$F = \mathfrak{x}' F_1 + \mathfrak{y}' F_2 + \mathfrak{z}' F_3 + \mathfrak{l}' F_4 + \mathfrak{m}' F_5 + \mathfrak{n}' F_6, \qquad 56)$$

wo nun wegen $\triangle_{xyz} F = 0$ und

$$\left.\begin{aligned} \frac{\partial F}{\partial n} = & (\mathfrak{x}' + (\bar{z} - \mathfrak{z})\mathfrak{m}' - (\bar{y} - \mathfrak{y})\mathfrak{n}') \cos(n, x) \\ & + (\mathfrak{y}' + (\bar{x} - \mathfrak{x})\mathfrak{n}' - (\bar{z} - \mathfrak{z})\mathfrak{l}') \cos(n, y) \\ & + (\mathfrak{z}' + (\bar{y} - \mathfrak{y})\mathfrak{l}' - (\bar{x} - \mathfrak{x})\mathfrak{m}') \cos(n, z) \end{aligned}\right\} \qquad 56')$$

die F_h sämtlich der Hauptgleichung

$$\triangle_{xyz} F_h = 0 \qquad 57)$$

und außerdem den speziellen Randbedingungen

$$\left.\begin{aligned} \overline{\frac{\partial F_1}{\partial n}} &= \cos(n, x), & \overline{\frac{\partial F_4}{\partial n}} &= (\bar{y} - \mathfrak{y}) \cos(n, z) - (\bar{z} - \mathfrak{z}) \cos(n, y), \\ \overline{\frac{\partial F_2}{\partial n}} &= \cos(n, y), & \overline{\frac{\partial F_5}{\partial n}} &= (\bar{z} - \mathfrak{z}) \cos(n, x) - (\bar{x} - \mathfrak{x}) \cos(n, z), \\ \overline{\frac{\partial F_3}{\partial n}} &= \cos(n, z), & \overline{\frac{\partial F_6}{\partial n}} &= (\bar{x} - \mathfrak{x}) \cos(n, y) - (\bar{y} - \mathfrak{y}) \cos(n, x) \end{aligned}\right\} \qquad 57')$$

genügen müssen.

Da die Lage der Oberfläche gegen das absolut feste System X, Y, Z wechselt, und da die Bedingungen (57') an dieser Oberfläche erfüllt sein müssen, so sind die F_h Funktionen außer von den Koordinaten x, y, z der betrachteten Stelle in der Flüssigkeit noch von der Gestalt und der Lage des Körpers abhängig; sie sind aber unabhängig von seinen Translations- und Rotationsgeschwindigkeiten.

Die vorstehende Zerlegung läßt sich ohne Abänderung auch auf den Fall übertragen, daß sich mehrere starre Körper in der Flüssigkeit bewegen, und jederzeit sind die F_h dann eindeutig bestimmt, wenn man sie den obigen Bedingungen unterwirft und außerdem noch festsetzt, daß sie eindeutige und stetige Funktionen der Koordinaten sind, die im Unendlichen verschwinden.

Wird nur ein starrer Körper innerhalb der Flüssigkeit bewegt, so kann man den ganzen Vorgang auch auf ein in ihm festes Koordinatensystem A, B, C beziehen. Für eine Stelle a, b, c der Flüssigkeit sind dann $\partial F / \partial a$, $\partial F / \partial b$, $\partial F / \partial c$ nach wie vor die absoluten Geschwindigkeitskomponenten, nur genommen nach den bewegten Axen, und die Funktion F folgt noch derselben Gleichung

58) $$\triangle_{abc} F = 0,$$

da sie Differentialquotienten nach der Zeit nicht enthält.

Bezeichnet man mit $\mathfrak{a}', \mathfrak{b}', \mathfrak{c}'$ die Geschwindigkeitskomponenten des im Anfang des Systems A, B, C befindlichen Punktes des Körpers, mit $\mathfrak{p}', \mathfrak{q}', \mathfrak{r}'$ die Rotationskomponenten des Körpers, beide auf das System A, B, C bezogen, so sind $(\mathfrak{a}' + c\mathfrak{q}' - b\mathfrak{r}')$, $(\mathfrak{b}' + a\mathfrak{r}' - c\mathfrak{p}')$, $(\mathfrak{c}' + b\mathfrak{p}' - a\mathfrak{q}')$ die absoluten Geschwindigkeitskomponenten des Punktes a, b, c des Körpers nach den Axen A, B, C, und die Oberflächenbedingung lautet

58') $$\left\{\begin{aligned} \frac{\partial F}{\partial n} = (\mathfrak{a}' + c\mathfrak{q}' - b\mathfrak{r}')\cos(n,a) + (\mathfrak{b}' + a\mathfrak{r}' - c\mathfrak{p}')\cos(n,b) \\ + (\mathfrak{c}' + b\mathfrak{p}' - a\mathfrak{q}')\cos(n,c). \end{aligned}\right.$$

Man kann daher auch hier zerlegen

58'') $$F = \mathfrak{a}'\mathfrak{F}_1 + \mathfrak{b}'\mathfrak{F}_2 + \mathfrak{c}'\mathfrak{F}_3 + \mathfrak{p}'\mathfrak{F}_4 + \mathfrak{q}'\mathfrak{F}_5 + \mathfrak{r}'\mathfrak{F}_6$$

und für die $\mathfrak{F}_h$ analoge Formeln aufstellen, wie (57) und (57'); diese Funktionen $\mathfrak{F}_h$ sind hier aber, da die Lage des starren Körpers gegen das System A, B, C unveränderlich ist, nur von der Gestalt des Körpers abhängig. —

Nach den vorstehenden Entwickelungen ist die lebendige Kraft Ψ eines Systems von starren Körpern und der Flüssigkeit, innerhalb deren sie sich bewegen, eine homogene Funktion zweiten Grades der Geschwindigkeiten $\mathfrak{x}', \mathfrak{y}', \mathfrak{z}', \mathfrak{l}', \mathfrak{m}', \mathfrak{n}'$ resp. $\mathfrak{a}', \mathfrak{b}', \mathfrak{c}', \mathfrak{p}', \mathfrak{q}', \mathfrak{r}'$ dieser Körper, welche vollständig bekannt ist, wenn die vorstehenden Gleichungen für das betrachtete System integriert sind. Hierauf beruht die Möglichkeit, die Gesetze der Bewegung eines solchen zusammengesetzten Systems unter der Wirkung gegebener äußerer Kräfte aus der HAMILTON'schen Gleichung abzuleiten.[36])

Nach der Gleichung (99) des ersten Teiles ergiebt sich hier

59) $$\left| \int \varrho \left(\frac{dx}{dt}\delta x + \frac{dy}{dt}\delta y + \frac{dz}{dt}\delta z \right) dk \right|_{t_0}^{t_1} = \int_{t_0}^{t_1} dt(\delta\Psi + \delta' A),$$

wobei das Integral links über Körper und Flüssigkeit ausgedehnt ist. Für die starren Körper kann man die virtuellen Verrückungen beliebig vorschreiben, auch so, daß sie für $t = t_0$ und $t = t_1$ verschwinden. Durch sie bestimmen sich die virtuellen Verrückungen für alle Teile der Flüssigkeit, wenn man denselben noch die Bedingungen auferlegt, daß sie für $t = t_0$ verschwinden, und daß die durch sie modifizierte Bewegung der Flüssigkeit wieder eine Potentialbewegung ist. Damit sind dann jene Variationen auch für $t = t_1$ bestimmt, aber nicht notwendig gleich Null.

Trotzdem verschwindet an der oberen Grenze der auf die Flüssigkeit bezogene Teil des Integrals auf der linken Seite der Gleichung (59); denn er läßt sich schreiben

$$\varrho \int \left(\frac{\partial F}{\partial x} \delta x + \frac{\partial F}{\partial y} \delta y + \frac{\partial F}{\partial z} \delta z \right) dk$$

$$= \varrho \int \overline{F} \left(\overline{\delta x} \cos(n, x) + \overline{\delta y} \cos(n, y) + \overline{\delta z} \cos(n, z) \right) do$$

$$- \varrho \int F \left(\frac{\partial \delta x}{\partial x} + \frac{\partial \delta y}{\partial y} + \frac{\partial \delta z}{\partial z} \right) dk,$$

und beide Integrale verschwinden: das Raumintegral wegen der Inkompressibilitätsbedingung; das Oberflächenintegral, soweit es sich auf die Grenzen der starren Körper bezieht, weil sich durch die für sie zur Zeit $t = t_1$ geltenden Werte $\delta x = \delta y = \delta z = 0$ die Normalkomponente der Verrückung der anliegenden Flüssigkeitsteilchen ebenfalls zu Null bestimmt; soweit es sich auf die unendlich fernen Teile bezieht, weil nach den Betrachtungen auf Seite 184 durch Bewegungen der betrachteten Art im Endlichen für unendlich ferne Punkte nur solche von zweiter Ordnung hervorgerufen werden. Demgemäß gilt auch im vorliegenden Fall

$$\int_{t_0}^{t_1} (\delta \Psi + \delta' A)\, dt = 0. \qquad 59')$$

Die Arbeit $\delta' A$ wird teils an den starren Körpern, teils an der Flüssigkeit geleistet und möge daher in $\delta' A_k + \delta' A_f$ zerlegt werden. Soll ein Geschwindigkeitspotential existieren, so müssen die auf die Flüssigkeit wirkenden Kräfte konservativ sein. Die Arbeit solcher Kräfte würde, wenn der ganze Raum von homogener Flüssigkeit erfüllt wäre, bei jeder Bewegung, welche die äußere Begrenzung nicht verändert, verschwinden. Hieraus folgt, daß die faktisch an der Flüssigkeit geleistete Arbeit $\delta' A_f$ das Entgegengesetzte ist von der $\delta' A'_k$, welche an den starren Körpern durch dieselben Kräfte geleistet werden würde, wenn ihre Dichte gleich derjenigen der Flüssigkeit wäre. Man kann demgemäß

$$\delta' A = \delta' A_k - \delta' A'_k$$

setzen und behaupten, daß sowohl $\delta \Psi$, wie $\delta' A$ nur von der Gestalt, Massenverteilung, Lage und Bewegung der starren Körper abhängen.

Bezeichnet man die Potentialfunktion der wirkenden Kraft mit Φ, so ist nach dem Gesagten

$$\delta' A = \int (\varrho_k - \varrho_f)\, \delta \Phi\, dk,$$

worin ϱ_k, die Dichte der festen Körper, mit dk variieren kann, ϱ_f, die Dichte der Flüssigkeit, aber konstant ist.

Die HAMILTON'sche Gleichung läßt sich weiter vollständig so entwickeln, wie das auf S. 107 angedeutet ist, und führt, wenn es sich um die Bewegung nur eines Körpers in einer unendlichen und im Unendlichen ruhenden Flüssigkeit handelt, bei Benutzung des im Körper festen Systemes A, B, C auf die Formeln (132) und (132') des ersten Teiles zurück.

Den Wert der lebendigen Kraft Ψ zu bestimmen muß man, wie oben gesagt, im allgemeinen das Strömungsproblem, das durch die Formeln (53) und (53'') definiert ist, gelöst haben; in dem Fall, daß ein einziger Körper vorhanden ist, welcher Symmetrieelemente besitzt, kann man, wenn die Bewegung auf ein in ihm festes System A, B, C bezogen wird, wenigstens die Form von Ψ bestimmen, ohne jene Vorbedingung zu erfüllen.

Den allgemeinen Wert Ψ der lebendigen Kraft können wir nämlich definieren durch

$$60)\quad \left\{\begin{aligned} 2\Psi = \mathfrak{a}'(&a_{11}\mathfrak{a}' + a_{12}\mathfrak{b}' + a_{13}\mathfrak{c}' + a_{14}\mathfrak{p}' + a_{15}\mathfrak{q}' + a_{16}\mathfrak{r}') \\ &+ \mathfrak{b}'(a_{21}\mathfrak{a}' + a_{22}\mathfrak{b}' + \ldots) \\ &+ \mathfrak{c}'(a_{31}\mathfrak{a}' + a_{32}\mathfrak{b}' + \ldots) \\ &+ \ldots\ldots\ldots\ldots \end{aligned}\right.$$

worin die a_{hk}, welche beiläufig der Beziehung $a_{hk} = a_{kh}$ genügen, nur von der Gestalt und der Massenverteilung des Körpers abhängen. Denn Ψ setzt sich zusammen aus der lebendigen Kraft des starren Körpers, welche von dessen Parametern nur solche enthält, die sich durch seine Massenverteilung bestimmen (nach S. 100 nämlich m, α, β, γ, A, B, Γ, A', B', Γ') und aus derjenigen der Flüssigkeit, deren Parameter nach dem zu (58'') Gesagten nur von der Gestalt des Körpers abhängen.

Fallen nun die Symmetrieelemente beider zusammen, was z. B. stets stattfindet, wenn der starre Körper homogen ist, so kann man schließen, daß nach gleichwertigen Richtungen gleiche Translations- oder Rotationsgeschwindigkeiten des Körpers auch gleiche Werte der gesamten lebendigen Kraft ergeben. Hiernach muß Ψ eine skalare Funktion der zweimal drei Vektorkomponenten $\mathfrak{a}'$, $\mathfrak{b}'$, $\mathfrak{c}'$ und $\mathfrak{p}'$, $\mathfrak{q}'$, $\mathfrak{r}'$ sein, welche die Symmetrie des starren Körpers besitzt und nach den in § 17 des ersten Teiles gegebenen allgemeinen Grundsätzen für spezielle Fälle spezialisiert werden kann[37]).

Um dies auszuführen, zerlegen wir den Ausdruck (60) nach dem Schema

$$2\Psi = \Psi_1 + 2\Psi_2 + \Psi_3,$$

worin

$$\begin{aligned}
\Psi_1 &= \mathfrak{a}'(a_{11}\mathfrak{a}' + a_{12}\mathfrak{b}' + a_{13}\mathfrak{c}') + \mathfrak{b}'(a_{21}\mathfrak{a}' + a_{22}\mathfrak{b}' + a_{23}\mathfrak{c}') \\
&\quad + \mathfrak{c}'(a_{31}\mathfrak{a}' + a_{32}\mathfrak{b}' + a_{33}\mathfrak{c}'), \\
\Psi_2 &= \mathfrak{a}'(a_{14}\mathfrak{p}' + a_{15}\mathfrak{q}' + a_{16}\mathfrak{r}') + \mathfrak{b}'(a_{24}\mathfrak{p}' + a_{25}\mathfrak{q}' + a_{26}\mathfrak{r}') \\
&\quad + \mathfrak{c}'(a_{34}\mathfrak{p}' + a_{35}\mathfrak{q}' + a_{36}\mathfrak{r}'), \\
\Psi_3 &= \mathfrak{p}'(a_{44}\mathfrak{p}' + a_{45}\mathfrak{q}' + a_{46}\mathfrak{r}') + \mathfrak{q}'(a_{54}\mathfrak{p}' + a_{55}\mathfrak{q}' + a_{53}\mathfrak{r}') \\
&\quad + \mathfrak{r}'(a_{64}\mathfrak{p}' + a_{65}\mathfrak{q}' + a_{66}\mathfrak{r}').
\end{aligned}$$

Jede dieser drei Funktionen hat den Typus II, der auf Seite 137 behandelt ist.

Ist die Z-Axe in Bezug auf die Gestalt und Massenverteilung des Körpers eine Symmetrieaxe von höherer Zähligkeit als zwei, so reduzieren sich hiernach diese Ausdrücke auf

$$\left.\begin{aligned}
\Psi_1 &= a_{11}(\mathfrak{a}'^2 + \mathfrak{b}'^2) + a_{33}\mathfrak{c}'^2, \\
\Psi_2 &= a_{14}(\mathfrak{a}'\mathfrak{p}' + \mathfrak{b}'\mathfrak{q}') + a_{36}\mathfrak{c}'\mathfrak{r}', \\
\Psi_3 &= a_{44}(\mathfrak{p}'^2 + \mathfrak{q}'^2) + a_{66}\mathfrak{r}'^2.
\end{aligned}\right\} \qquad 60')$$

Ist ferner die positive und die negative Drehungsrichtung um die Koordinatenaxen oder die positive und negative Verschiebungsrichtung ihnen parallel gleichwertig, so muß Ψ_2 verschwinden, und es resultiert

$$\Psi = a_{11}(\mathfrak{a}'^2 + \mathfrak{b}'^2) + a_{33}\mathfrak{c}'^2 + a_{44}(\mathfrak{p}'^2 + \mathfrak{q}'^2) + a_{66}\mathfrak{r}'^2. \qquad 60'')$$

Dieser Ausdruck gilt unter anderem für eine vier- oder sechsseitige Pyramide, für ein analoges Prisma, für einen beliebigen Rotationskörper, sämtlich mit homogener Dichte erfüllt gedacht.

Sind alle drei Koordinatenaxen gleichwertig, so wird noch spezieller $a_{33} = a_{11}$, $a_{66} = a_{44}$.

§ 11. Allgemeinste Flüssigkeitsbewegungen ohne freie Oberfläche.

Wendet man die Resultate der in § 23 des I. Teiles allgemein durchgeführten Zerlegung von Vektorkomponenten auf die Geschwindigkeitskomponenten u', v', w' an, so erhält man folgendes Resultat.

Innerhalb eines beliebig begrenzten Raumes k lassen sich stetige Geschwindigkeitskomponenten jederzeit darstellen in der Form

61) $$\begin{cases} u' = \frac{\partial F}{\partial x} + \frac{\partial W}{\partial y} - \frac{\partial V}{\partial z}, \\ v' = \frac{\partial F}{\partial y} + \frac{\partial U}{\partial z} - \frac{\partial W}{\partial x}, \\ w' = \frac{\partial F}{\partial z} + \frac{\partial V}{\partial x} - \frac{\partial U}{\partial y}, \end{cases}$$

wobei

$$0 = \frac{\partial U}{\partial x} + \frac{\partial V}{\partial y} + \frac{\partial W}{\partial z}.$$

Diese Zerlegung ist, vorausgesetzt, daß man Anteile an F, U, V, W, welche sich in dem obigen System rechts herausheben, außer Betracht läßt, eindeutig bestimmt, wenn man F die Oberflächenbedingung auferlegt, daß

61′) $$\overline{\frac{\partial F}{\partial \nu}} = \overline{u'}\cos(\nu, x) + \overline{v'}\cos(\nu, y) + \overline{w'}\cos(\nu, z) = \overline{\nu'}.$$

Aus dem Ansatz (61) folgt unter Benutzung von (43‴)

61″) $$\triangle F = \frac{\partial u'}{\partial x} + \frac{\partial v'}{\partial y} + \frac{\partial w'}{\partial z} = -\frac{1}{\varrho}\frac{d\varrho}{dt},$$

außerdem

61‴) $$\triangle U = -2l', \quad \triangle V = -2m', \quad \triangle W = -2n'.$$

Man kann daher für F, U, V, W folgende Werte bilden:

62) $$F = F_0 + \frac{1}{4\pi}\int\left(\frac{1}{\varrho}\frac{d\varrho}{dt}\right)_1 \frac{dk_1}{r},$$

worin F_0 durch die Gleichung

62′) $$\triangle F_0 = 0$$

und die Bedingung (61′) bestimmt ist;

62″) $$U = \frac{\partial B}{\partial z} - \frac{\partial \Gamma}{\partial y}, \quad V = \frac{\partial \Gamma}{\partial x} - \frac{\partial A}{\partial z}, \quad W = \frac{\partial A}{\partial y} - \frac{\partial B}{\partial x},$$

worin

62‴) $$\begin{cases} A = -\frac{1}{4\pi}\int\left(u' - \frac{\partial F}{\partial x}\right)_1 \frac{dk_1}{r}, \quad B = -\frac{1}{4\pi}\int\left(v' - \frac{\partial F}{\partial y}\right)_1 \frac{dk_1}{r}, \\ \Gamma = -\frac{1}{4\pi}\int\left(w' - \frac{\partial F}{\partial z}\right)_1 \frac{dk_1}{r}. \end{cases}$$

Erstreckt sich die Flüssigkeit ins Unendliche, so kommt nach S. 191 für die unendlich ferne Begrenzung die Gleichung (61') als Bedingung für F resp. F_0 in Wegfall, und die Bestimmung der Funktionen F, U, V, W hört auf, eindeutig zu sein, ausgenommen den Fall, daß $d\varrho/\varrho dt$ im Unendlichen verschwindet und $\int (d\varrho/\varrho dt) dk$, über den ganzen Raum, $\Sigma \int \overline{v}_h do_h$, über etwaige im Endlichen liegende geschlossene Begrenzungsflächen o_h erstreckt, endlich ist. Fehlen die Grenzflächen o_h, was wir weiter zunächst voraussetzen wollen, so ist F_0 gleich Null; ändert sich überdies für das einzelne Teilchen die Dichte ϱ mit der Zeit nicht, ist etwa die Flüssigkeit inkompressibel, so ist auch $F = 0$, und man kann ohne Beschränkung der Allgemeinheit setzen

$$u' = \frac{\partial W}{\partial y} - \frac{\partial V}{\partial z}, \quad v' = \frac{\partial U}{\partial z} - \frac{\partial W}{\partial x}, \quad w' = \frac{\partial V}{\partial x} - \frac{\partial U}{\partial y}, \qquad 63)$$

wobei

$$U = \frac{\partial B}{\partial z} - \frac{\partial \Gamma}{\partial y}, \quad V = \frac{\partial \Gamma}{\partial x} - \frac{\partial A}{\partial z}, \quad W = \frac{\partial A}{\partial y} - \frac{\partial B}{\partial x}$$

und

$$A = -\frac{1}{4\pi}\int \frac{u_1' \, dk_1}{r}, \quad B = -\frac{1}{4\pi}\int \frac{v_1' \, dk_1}{r}, \quad \Gamma = -\frac{1}{4\pi}\int \frac{w_1' \, dk_1}{r} \qquad 63')$$

ist.

Man erhält hier durch Kombination der letzten Gleichungen

$$\begin{aligned} U &= -\frac{1}{4\pi}\int \left(w_1' \frac{\partial \frac{1}{r}}{\partial y_1} - v_1' \frac{\partial \frac{1}{r}}{\partial z_1} \right) dk_1 \\ &= \frac{1}{4\pi}\int \left(\overline{w_1'} \cos(\nu_1, y) - \overline{v_1'} \cos(\nu_1, z) \right) \frac{do_1}{r} \\ &+ \frac{1}{4\pi}\int \left(\frac{\partial w_1}{\partial y_1} - \frac{\partial v_1}{\partial z_1} \right) \frac{dk_1}{r}, \text{ u. s. f.} \end{aligned} \qquad 63'')$$

worin ν_1 die innere Normale auf do_1 bezeichnet, und, wenn das auf die unendliche Begrenzung bezogene Oberflächenintegral verschwindet,[38])

$$U = \frac{1}{2\pi}\int \frac{l_1' \, dk_1}{r}, \quad V = \frac{1}{2\pi}\int \frac{m_1' \, dk_1}{r}, \quad W = \frac{1}{2\pi}\int \frac{n_1' \, dk_1}{r}. \qquad 63''')$$

Es ist von Interesse, daß eine der vorstehenden analoge Zerlegung auch bei Bewegungen mit wechselnden Dichtigkeiten anwendbar ist, soweit jene stationär sind.

Denn die Gleichung (43'') lautet in diesem Falle

$$\frac{\partial \varrho u'}{\partial x} + \frac{\partial \varrho v'}{\partial y} + \frac{\partial \varrho w'}{\partial z} = 0, \qquad 64)$$

man kann also für Strömungen in einer unbegrenzten Flüssigkeit setzen

64′) $$\begin{cases} \mathfrak{u} = \varrho u' = \dfrac{\partial \mathfrak{W}}{\partial y} - \dfrac{\partial \mathfrak{V}}{\partial z}, \quad \mathfrak{v} = \varrho v' = \dfrac{\partial \mathfrak{U}}{\partial z} - \dfrac{\partial \mathfrak{W}}{\partial x}, \\ \mathfrak{w} = \varrho w' = \dfrac{\partial \mathfrak{V}}{\partial x} - \dfrac{\partial \mathfrak{U}}{\partial y} \end{cases}$$

und für $\mathfrak{U}$, $\mathfrak{V}$, $\mathfrak{W}$ ähnliche Ausdrücke bilden, wie sie in (63‴) dargestellt sind. —

Die Formeln (63) und (63‴) gestatten, die Geschwindigkeitskomponenten an jeder Stelle der Flüssigkeit zu irgend einer Zeit als die Wirkung der Wirbel aufzufassen, welche gleichzeitig in derselben irgendwo stattfinden. Jedes Volumenelement δk_1 giebt zu u', v', w' Anteile $\delta u'$, $\delta v'$, $\delta w'$, welche sich in Bezug auf Stellen in endlicher Entfernung von δk_1 folgendermaßen ausdrücken:

65) $$\begin{cases} \delta u' = \dfrac{\delta k_1}{2\pi}\left(n_1' \dfrac{\partial \frac{1}{r}}{\partial y} - m_1' \dfrac{\partial \frac{1}{r}}{\partial z} \right), \\ \delta v' = \dfrac{\delta k_1}{2\pi}\left(l_1' \dfrac{\partial \frac{1}{r}}{\partial z} - n_1' \dfrac{\partial \frac{1}{r}}{\partial x} \right), \\ \delta w' = \dfrac{\delta k_1}{2\pi}\left(m_1' \dfrac{\partial \frac{1}{r}}{\partial x} - l_1' \dfrac{\partial \frac{1}{r}}{\partial y} \right). \end{cases}$$

Diese Anteile kann man als Komponenten einer Geschwindigkeit $\delta s'$ ansehen, deren Richtung sich dadurch bestimmt, daß nach Vorstehendem

65′) $$\begin{cases} l_1' \delta u' + m_1' \delta v' + n_1' \delta w' = 0 \\ \dfrac{\partial r}{\partial x} \delta u' + \dfrac{\partial r}{\partial y} \delta v' + \dfrac{\partial r}{\partial z} \delta w' = 0 \end{cases}$$

ist; $\delta s'$ steht also normal auf der Ebene durch die Rotationsaxe in δk_1 und durch die Verbindungslinie r; die Seite, nach welcher $\delta s'$ liegt, folgt aus der Rotationsrichtung in δk_1.

Die Größe von $\delta s'$ findet sich zu

65″) $$\delta s' = \sqrt{\delta u'^2 + \delta v'^2 + \delta w'^2} = \frac{\delta k_1 D_1 \sin\chi}{2\pi r^2},$$

worin D_1 die Rotationsgeschwindigkeit und χ den Winkel zwischen der Rotationsaxe und r bezeichnet.

Gleiche Richtung und Größe mit $\delta s'$ besitzt die Kraft, welche nach dem sogenannten Biot-Savart'schen Gesetze ein in x, y, z befindlicher magnetischer Einheitspol seitens eines in $d k_1$ parallel D_1 fließenden galvanischen Stromes von mit D_1 proportionaler Stärke erleidet. —

Die erhaltenen Resultate über die Größe und die Richtung von $\delta s'$ genügen in einfachen Fällen — z. B. wenn ein einziger oder zwei parallele und coaxiale kreisförmige Wirbelfäden vorhanden sind — um über die Bewegung der Flüssigkeit und demgemäß der Wirbelfäden, die nach S. 271, falls nur konservative körperliche Kräfte wirken, mit jener fortschwimmen, eine Vorstellung zu geben.

Summiert man $\delta u'$, $\delta v'$, $\delta w'$ über einen geschlossenen Wirbelfaden, vom normalen Querschnitt q_1, so ist zu berücksichtigen, daß längs desselben nach S. 267 $q_1 D_1$ konstant ist; bezeichnet man die Projektionen des Axenelementes ds_1 des Fadens durch dx_1, dy_1, dz_1, so erhält man für Punkte, die keinem Teil des Wirbelfadens unendlich nahe liegen,

$$\left.\begin{aligned}
(\delta u') &= \frac{q_1 D_1}{2\pi}\int\left(\frac{\partial \frac{1}{r}}{\partial y} d z_1 - \frac{\partial \frac{1}{r}}{\partial z} d y_1\right),\\
(\delta v') &= \frac{q_1 D_1}{2\pi}\int\left(\frac{\partial \frac{1}{r}}{\partial z} d x_1 - \frac{\partial \frac{1}{r}}{\partial x} d z_1\right),\\
(\delta w') &= \frac{q_1 D_1}{2\pi}\int\left(\frac{\partial \frac{1}{r}}{\partial x} d y_1 - \frac{\partial \frac{1}{r}}{\partial y} d x_1\right).
\end{aligned}\right\} \tag{65'''}$$

Vergleicht man diese Resultate mit dem System (179') des vorigen Teiles, so erkennt man, daß die Geschwindigkeit $(\delta s')$ nach Richtung und Größe übereinstimmt mit der Kraft, welche eine magnetische Doppelfläche von dem konstanten Moment $+q_1 D_1 / 2\pi f$, welche durch den Wirbelfaden begrenzt ist, auf einen Einheitspol an der Stelle x, y, z ausübt.

Da jene Kraft ein Potential besitzt, so hat auch die Geschwindigkeit $(\delta s')$ ein Geschwindigkeitspotential, was begreiflich ist, da die Stelle, auf welche sich die Formeln beziehen, außerhalb des Wirbelfadens liegt. —

Für ebene Flüssigkeitsbewegungen kann man nach S. 200, wenn die XY-Ebene der Bewegungsebene parallel gelegt wird, allgemein die Zerlegung anwenden:

$$u' = \frac{\partial F}{\partial x} + \frac{\partial W}{\partial y}, \quad v' = \frac{\partial F}{\partial y} - \frac{\partial W}{\partial x}, \tag{66}$$

aus der folgt

$$\triangle_2 F = \frac{\partial u'}{\partial x} + \frac{\partial v'}{\partial y} = -\frac{1}{\varrho}\frac{d\varrho}{dt} \tag{66'}$$

und

$$\triangle_2 W = -2n'. \tag{66''}$$

Unterwirft man F noch längs der Grenze s des Flächenstückes, für welches die Zerlegung gelten soll, der Bedingung

66''') $$\overline{\frac{\partial F}{\partial \nu}} = \overline{u'} \cos(\nu, x) + \overline{v'} \cos(\nu, y) = \overline{\nu'},$$

so ist es dadurch vollständig bestimmt; außerdem gilt

67) $$W = \frac{\partial A}{\partial y} - \frac{\partial B}{\partial x}$$

und

67') $$A = +\frac{1}{2\pi}\int\left(u' - \frac{\partial F}{\partial x}\right)_1 l(e)\, d q_1,\quad B = +\frac{1}{2\pi}\int\left(v' - \frac{\partial F}{\partial y}\right)_1 l(e)\, d q_1.$$

Erstreckt sich die Flüssigkeit über die ganze unendliche Ebene, und genügt die Bewegung der Bedingung

68) $$\frac{\partial u'}{\partial x} + \frac{\partial v'}{\partial y} = 0,$$

so kann man nach S. 201 F konstant setzen und erhält

68') $$u' = \frac{\partial W}{\partial y},\quad v' = -\frac{\partial W}{\partial x},$$

68'') $$\begin{cases} W = \dfrac{1}{2\pi}\displaystyle\int\left(v_1' \frac{\partial l(e)}{\partial x_1} - u_1' \frac{\partial l(e)}{\partial y_1}\right) d q_1 \\ \quad = -\dfrac{1}{2\pi}\displaystyle\int\left(\overline{v_1'} \cos(\nu_1, x) - \overline{u_1'} \cos(\nu_1, y)\right) l(e)\, d s_1 \\ \qquad - \dfrac{1}{2\pi}\displaystyle\int\left(\frac{\partial v_1'}{\partial x_1} - \frac{\partial u_1'}{\partial y_1}\right) l(e)\, d q_1 . \end{cases}$$

Wenn das Randintegral unendlich klein ist, so giebt dies [39])

68''') $$W = -\frac{1}{\pi}\int n_1' \, l(e)\, d q_1,$$

eine Formel, die sich genau so deuten und verwerten läßt, wie (63'''); W ist nach S. 276 mit der Strömungsfunktion S identisch, und die Formel $W =$ Const. bestimmt daher die Stromkurven. —

Ist n' zu der betrachteten Zeit nur in diskreten, unendlich kleinen Flächen q_h, die in endlichen Entfernungen von einander liegen, von Null verschieden, d. h., ist nur in einzelnen parallel der Z-Axe liegenden Fäden Wirbelbewegung vorhanden, und setzt man für ein jedes derselben den Wert von

69) $$\int \frac{n_h' \, d q_h}{\pi} = N_h,$$

so wird

69') $$W = -\Sigma N_h \, l(e_h),$$

wo nun e_h die Entfernung der betrachteten Stelle von dem $h$ten

Wirbelfaden bezeichnet. W ergiebt sich hier gleich dem logarithmischen Potential eines Systemes von in der XY-Ebene verteilten Massenpunkten N_h. Da nach dem auf S. 270 Gesagten bei ebenen Bewegungen unter der Wirkung konservativer Kräfte n' für jedes Flüssigkeitsteilchen konstant ist, so ist auch N_h eine den Wirbelfaden (h) charakterisierende Konstante.

Die dieser Strömungsfunktion W entsprechenden Werte der Geschwindigkeiten u' und v' an einer beliebigen Stelle x, y sind nach (68')

$$u' = -\sum_h N_h \frac{y - y_h}{e_h^2}, \quad v' = +\sum_h N_h \frac{x - x_h}{e_h^2}; \tag{69''}$$

jeder Wirbelfaden giebt also einen Anteil s'_h zur Gesamtgeschwindigkeit, welcher normal zu e_h steht und die Größe N_h/e_h hat.

Dieser Anteil ist, wie oben gesagt, unabhängig davon, ob in x, y sich etwa ein Wirbelfaden befindet; ein solcher wird also ebenso in Bewegung gesetzt, wie ein wirbelloses Flüssigkeitsteilchen. Für den $k$ten Faden gilt somit

$$u'_k = -\sum_{h(k)} N_h \frac{y_k - y_h}{e_{hk}^2}, \quad v'_k = +\sum_{h(k)} N_h \frac{x_k - x_h}{e_{hk}^2};$$

oder anders geschrieben

$$N_k u'_k = -N_k \sum_{h(k)} N_h \frac{y_k - y_h}{e_{hk}^2}, \quad N_k v'_k = +N_k \sum_{h(k)} N_h \frac{x_k - x_h}{e_{hk}^2} \tag{69'''}$$

die Summen sind über alle Fäden mit Ausnahme des $k$ten zu erstrecken, da dieser sich selbst eine Translationsbewegung nicht erteilt.

Diese Formeln haben eine gewisse Ähnlichkeit mit denen, welche die Gesetze der ebenen Bewegung eines Punktsystemes unter alleiniger Wirkung innerer Kräfte, die proportional sind mit $N_h N_k$ und $1/e_{hk}$, aussprechen; nur stehen hier die Geschwindigkeiten der Massenpunkte N_h an Stelle der Beschleunigungen dort, und die inneren Kräfte liegen hier normal, dort parallel der Verbindungslinie der Punkte.

Infolge dieser Analogie haben einige aus dem System (69''') zu ziehende Folgerungen Verwandtschaft mit den für Punktsysteme der genannten Art geltenden Sätzen.

Es gilt ein Schwerpunktssatz

$$\sum N_k u'_k = 0, \quad \sum N_k v'_k = 0, \tag{70}$$

ein Flächensatz

$$\sum N_k (x_k v'_k - y_k u'_k) = \sum' N_h N_k, \tag{70'}$$

ein Satz über das innere Potential des Punktsystemes

70″) $$\Sigma' N_h N_k l e_{hk} = C',$$

endlich ein Satz über das Trägheitsmoment um den Koordinatenanfang

70‴) $$\Sigma N_k e_k^2 = C'',$$

die alle durch geeignete Zusammenfassungen der Formeln (69″) leicht erhalten werden können; C' und C'' bezeichnen in den letzten beiden Formeln Konstanten und die Summen Σ sind über alle k, die Summen Σ' über alle Kombinationen von h und k zu erstrecken.

Die allgemeinen Sätze (70) bis (70‴) liefern jederzeit Integrale für das Problem der Bewegung eines Systemes von geradlinigen, parallelen Wirbelfäden in einer unendlichen Flüssigkeit, die aber nur in den einfachsten Fällen für sich allein ausreichen, um das Problem zu Ende zu führen. Die Bewegung wird durch äußere Kräfte, welche ein Potential haben, nicht beeinflußt, sondern nur der herrschende Druck; im allgemeinen Falle ist auf die Formeln (48) zurückzugreifen. —

Sind Begrenzungen vorhanden, so kann man bei inkompressibeln Flüssigkeiten nichtsdestoweniger die Wirbelbewegungen zu einer beliebigen Zeit willkürlich vorschreiben, so weit dabei kein Widerspruch mit der identischen Formel

$$\frac{\partial l'}{\partial x} + \frac{\partial m'}{\partial y} + \frac{\partial n'}{\partial z} = 0$$

entsteht.

Wendet man dann für U, V, W die Gleichungen (63‴) an, so erfüllen die nach (63) hieraus folgenden u', v', w' die Grenzbedingungen nicht; letztere lassen sich aber, so weit sie für die Oberfläche nur die Normalgeschwindigkeit ν' vorschreiben, jederzeit durch Zufügung einer Potentialbewegung, d. h. durch Benutzung des allgemeinen Ansatzes (61), befriedigen, wo nun F außer der Hauptgleichung $\triangle F = 0$ noch die Bedingung zu erfüllen hat

$$\overline{\frac{\partial F}{\partial \nu}} = \overline{\nu'} - \left(\left(\overline{\frac{\partial W}{\partial y}} - \overline{\frac{\partial V}{\partial z}} \right) \cos(\nu, x) + \left(\overline{\frac{\partial U}{\partial z}} - \overline{\frac{\partial W}{\partial x}} \right) \cos(\nu, y) \right.$$
$$\left. + \left(\overline{\frac{\partial V}{\partial x}} - \overline{\frac{\partial U}{\partial y}} \right) \cos(\nu, z) \right).$$

Die so erhaltenen u', v', w' gelten aber nur für den Moment, für welchen die l', m', n' vorgeschrieben sind; damit sie immer gelten, die Bewegung also stationär sei, müssen körperliche Kräfte spezieller Art wirken, deren Komponenten aus (48′) folgen, falls man dort $\partial u' / \partial t$, $\partial v' / \partial t$, $\partial w' / \partial t$ gleich Null setzt. Wendet man auf sie die Zerlegung (187) des ersten Teiles an, so erkennt man, daß die Potentialfunktion Φ von $p / \varrho = \Pi$ untrennbar ist, so daß nur die Summe beider Ausdrücke sich bestimmen läßt.

Bei vorgeschriebenen Kräften ist die Bewegung im allgemeinen veränderlich und bietet dann der analytischen Behandlung sehr große Schwierigkeit.

§ 12. Grundgleichungen für die Bewegung imponderabler Fluida innerhalb ponderabler Körper. Strömung von Wärme oder Elektricität in einem Leitersystem und verwandte Erscheinungen.

Wir wollen uns nunmehr den Raum, innerhalb dessen die strömende Flüssigkeit sich befindet, von einem feinen Netzwerk von regelmäßigem und gleichförmigem Gefüge erfüllt denken, welches der Bewegung einen Widerstand entgegensetzt. Die auf die Masseneinheit bezogenen Komponenten X_0, Y_0, Z_0 dieses Widerstandes setzen wir an jeder Stelle einerseits der Dichte der strömenden Flüssigkeit proportional und denken sie andererseits von der Größe und Richtung ihrer Geschwindigkeit abhängig; in erster Annäherung können wir sie dann als lineäre Funktionen der Geschwindigkeitskomponenten u', v', w' einführen. Endlich machen wir, wie in § 8, die Annahme, daß die inneren Kräfte der Flüssigkeit vernachlässigt werden können.

Dann erhalten wir aus (43), indem wir für die auf die Masseneinheit bezogenen körperlichen Kräfte, ausschließlich der Widerstandskomponenten X_0, Y_0, Z_0, die Bezeichnungen X, Y, Z beibehalten und unter $\varkappa_{hk}$ ein System von Konstanten verstehen,

$$\frac{du'}{dt} + \varrho(\varkappa_{11} u' + \varkappa_{12} v' + \varkappa_{13} w') = X, \text{ u. s. f.,}$$

dazu

$$\frac{\partial \varrho u'}{\partial x} + \frac{\partial \varrho v'}{\partial y} + \frac{\partial \varrho w'}{\partial z} + \frac{\partial \varrho}{\partial t} = 0.$$

Da die innern Kräfte der Flüssigkeit verschwinden, kann in der Grenze zweier Körper (h) und (k) eine unendliche Kondensation und demgemäß eine Flächendichte σ_{hk} entstehen, deren Anwachsen gegeben ist durch

$$\begin{aligned}&\overline{\varrho}_h (\overline{u}_h \cos(n_h, x) + \overline{v}_h \cos(n_h, y) + \overline{w}_h \cos(n_h, z))\\ &+ \overline{\varrho}_k (\overline{u}_k \cos(n_k, x) + \overline{v}_k \cos(n_k, y) + \overline{w}_k \cos(n_k, z)) + \frac{\partial \sigma_{hk}}{\partial t} = 0,\end{aligned}$$

worin n_h und n_k die inneren Normalen auf den bezüglichen Oberflächenelementen bezeichnen.

Hierin wollen wir abgekürzt

$$\varrho u' = \mathfrak{u}, \quad \varrho v' = \mathfrak{v}, \quad \varrho w' = \mathfrak{w},$$
$$\varrho\,(u' \cos(n,x) + v' \cos(n,y) + w' \cos(n,z)) = \mathfrak{n}$$

setzen und $\mathfrak{u}$, $\mathfrak{v}$, $\mathfrak{w}$ die Strömungskomponenten nennen; sie stellen die Menge Flüssigkeit dar, welche an der Stelle x, y, z in der Zeiteinheit durch ein Flächenelement dq normal zur X-, Y-, Z-Axe resp. zur Richtung von n hindurchtritt, durch dies Element dividiert. Es ist also

$$[\mathfrak{u}] = [\mathfrak{v}] = [\mathfrak{w}] = [\mathfrak{n}] = m\,l^{-2}\,t^{-1}.$$

Endlich nehmen wir an, daß — etwa wegen der sehr bedeutenden Größe der Konstanten $\varkappa_{hk}$ — die Beschleunigungen du'/dt, dv'/dt, dw'/dt neben den übrigen Gliedern vernachlässigt werden können. Dies wird stets dann stattfinden, wenn mit dem Verschwinden der äußeren Kräfte auch die Geschwindigkeit eines jeden Flüssigkeitsteilchens in unmerklich kurzer Zeit verschwindet, also das Fluidum sich so verhält, als besäße es keine Trägheit, als wäre es, wie man sagt, imponderabel.

Dann erhalten wir

$$\text{71)} \quad \left\{ \begin{aligned} \varkappa_{11}\,\mathfrak{u} + \varkappa_{12}\,\mathfrak{v} + \varkappa_{13}\,\mathfrak{w} &= X, \\ \varkappa_{21}\,\mathfrak{u} + \varkappa_{22}\,\mathfrak{v} + \varkappa_{23}\,\mathfrak{w} &= Y, \\ \varkappa_{31}\,\mathfrak{u} + \varkappa_{32}\,\mathfrak{v} + \varkappa_{33}\,\mathfrak{w} &= Z, \end{aligned} \right.$$

$$\text{71')} \quad \left\{ \begin{aligned} &\frac{\partial \mathfrak{u}}{\partial x} + \frac{\partial \mathfrak{v}}{\partial y} + \frac{\partial \mathfrak{w}}{\partial z} + \frac{\partial \varrho}{\partial t} = 0. \\ &\overline{\mathfrak{n}}_h + \overline{\mathfrak{n}}_k + \frac{\partial \sigma_{hk}}{\partial t} = 0. \end{aligned} \right.$$

Die Koeffizienten $\varkappa_{hk}$, welche in homogenen Körpern konstant, in inhomogenen stetig mit dem Ort veränderlich sind und in den Grenzen springen, heißen die Widerstandskoeffizienten des Mediums und spezialisieren sich eventuell nach dessen Symmetrieelementen gemäß den früher hierfür angegebenen Regeln und nach Schema II auf S. 137.

Die drei Gleichungen (71) können wir nach $\mathfrak{u}$, $\mathfrak{v}$, $\mathfrak{w}$ auflösen und also das ganze System schreiben

$$\text{71'')} \quad \left\{ \begin{aligned} \mathfrak{u} &= \lambda_{11}\,X + \lambda_{12}\,Y + \lambda_{13}\,Z, \\ \mathfrak{v} &= \lambda_{21}\,X + \lambda_{22}\,Y + \lambda_{23}\,Z, \\ \mathfrak{w} &= \lambda_{31}\,X + \lambda_{32}\,Y + \lambda_{33}\,Z, \end{aligned} \right.$$

$$\left.\begin{aligned} \frac{\partial \mathfrak{u}}{\partial x}+\frac{\partial \mathfrak{v}}{\partial y}+\frac{\partial \mathfrak{w}}{\partial z}+\frac{\partial \varrho}{\partial t}=0, \\ \bar{\mathfrak{n}}_h+\bar{\mathfrak{n}}_k+\frac{\partial \sigma_{hk}}{\partial t}=0. \end{aligned}\right\} \qquad 71''')$$

Die Faktoren λ_{hk} heißen die Leitfähigkeitskoeffizienten der Substanz und lassen sich ähnlich behandeln, wie die $\varkappa_{hk}$.

Bei isotropen Körpern wird

$$\lambda_{23}=\lambda_{32}=\lambda_{31}=\lambda_{13}=\lambda_{12}=\lambda_{21}=0, \quad \lambda_{11}=\lambda_{22}=\lambda_{33}=\lambda,$$

und analog

$$\varkappa_{23}=\varkappa_{32}=\varkappa_{31}=\varkappa_{13}=\varkappa_{12}=\varkappa_{21}=0, \quad \varkappa_{11}=\varkappa_{22}=\varkappa_{33}=\frac{1}{\lambda};$$

daraus folgt, daß hier die Strömung der treibenden Kraft stets parallel verläuft.

Es mag hervorgehoben werden, daß die letzten Formeln ungeändert bleiben, wenn wir, etwa weil die Trägheit der betrachteten Flüssigkeit gegen die sonst bekannter unmerklich ist, die bisherige mechanische Definition der Masse und die daraus fließende der Dichtigkeit aufgeben und irgend eine andere, z. B., wie bei den elektrischen Massen, die durch ihre Fernwirkungen gegebene, an ihrer Stelle einführen. Nur die $\varkappa_{hk}$ und λ_{hk} verändern dabei ihre Dimensionen und ihre numerischen Werte.

Die Formeln (71) bis (71''') sind geeignet zur Ableitung der Gesetze, nach welchen die Strömung der als Fluida aufgefaßten Wärme und Elektricität in Leitern stattfindet. $\mathfrak{u}, \mathfrak{v}, \mathfrak{w}$ bedeuten auch dann die in der Zeiteinheit parallel den Koordinatenaxen durch eine dazu normale Flächeneinheit strömenden Mengen, X, Y, Z die auf die Masseneinheit bezogenen treibenden Kräfte, die im Falle der Wärmeströmung Temperaturdifferenzen, im Falle elektrischer Strömung meist elektrostatischen Ladungen ihren Ursprung verdanken.

Bei den elektrischen Vorgängen kann man dabei, wie in § 8 des ersten Teiles schon benutzt ist, zwei Fluida mit entgegengesetzten Dichtigkeiten in voneinander unabhängiger Bewegung befindlich denken.

Ferner sind die Formeln in etwas speziellerer Fassung auf den Vorgang der Diffusion einer gelösten Substanz innerhalb eines Lösungsmittels oder derjenigen zweier mischbarer Flüssigkeiten ineinander anwendbar und bieten auch Vorteile zur anschaulichen Deutung der Gesetze der magnetischen und diëlektrischen Polarisation. —

Charakteristische Eigenschaften der allgemeinsten thermischen und elektrischen Strömungen erhält man durch Diskussion der Formeln (71''), die noch keinerlei beschränkende Annahmen enthalten.[40])

Die durch sie dargestellten Strömungskomponenten lassen sich in zwei Teile zerlegen nach dem Schema

$$\mathfrak{u} = \mathfrak{u}_1 + \mathfrak{u}_2, \quad \mathfrak{v} = \mathfrak{v}_1 + \mathfrak{v}_2, \quad \mathfrak{w} = \mathfrak{w}_1 + \mathfrak{w}_2,$$

72) $$\left\{\begin{array}{ll} \mathfrak{u}_1 = \lambda_1 X + \lambda'_3 Y + \lambda'_2 Z, & \mathfrak{u}_2 = -\tau_3 Y + \tau_2 Z, \\ \mathfrak{v}_1 = \lambda'_3 X + \lambda_2 Y + \lambda'_1 Z, & \mathfrak{v}_2 = -\tau_1 Z + \tau_3 X, \\ \mathfrak{w}_1 = \lambda'_2 X + \lambda'_1 Y + \lambda_3 Z, & \mathfrak{w}_2 = -\tau_2 X + \tau_1 Y, \end{array}\right.$$

wobei

72') $$\left\{\begin{array}{ll} \lambda_{23} = \lambda'_1 - \tau_1, & \lambda_{32} = \lambda'_1 + \tau_1, \\ \lambda_{31} = \lambda'_2 - \tau_2, & \lambda_{13} = \lambda'_2 + \tau_2, \\ \lambda_{12} = \lambda'_3 - \tau_3, & \lambda_{21} = \lambda'_3 + \tau_3, \end{array}\right.$$

außerdem kurz

$$\lambda_{11} = \lambda_1, \quad \lambda_{22} = \lambda_2, \quad \lambda_{33} = \lambda_3$$

gesetzt ist.

Die Komponenten $\mathfrak{u}_1$, $\mathfrak{v}_1$, $\mathfrak{w}_1$ geben zusammengesetzt eine Strömung $\mathfrak{B}_1$, welche gegen die Kraftrichtung ebenso liegt, wie die Normale auf einer Tangentenebene an dem Ellipsoid

72'') $$1 = \lambda_1 x^2 + \lambda_2 y^2 + \lambda_3 z^2 + 2\lambda'_1 yz + 2\lambda'_2 zx + 2\lambda'_3 xy$$

gegen den Radiusvektor nach der Berührungsstelle.

Das Ellipsoid (72'') heißt, weil seine Axen mit den Wurzeln aus den Leitfähigkeitskoeffizienten λ_{hk} indirekt proportional wachsen, das Widerstandsellipsoid.

Die Komponenten $\mathfrak{u}_2$, $\mathfrak{v}_2$, $\mathfrak{w}_2$ geben zusammengesetzt eine Strömung $\mathfrak{B}_2$, welche senkrecht steht auf der Richtung der Kraft K und der Richtung des Vektors T, den man erhält, wenn man τ_1, τ_2, τ_3 als Strecken auf den Koordinatenaxen aufträgt und zu einer Resultierenden zusammensetzt. Die Gesamtströmung $\mathfrak{B}_2$ ist gegeben durch

72''') $$\mathfrak{B}_2 = K T \sin(K, T);$$

sie hat, wenn K nach einem festen Punkte gerichtet ist, den Charakter einer Rotation, und man nennt demgemäß die Konstanten τ_h, welche für ihre Größe maßgebend sind, die rotatorischen. $\mathfrak{B}_2$ verschwindet, wenn die Bedingungen $\lambda_{hk} = \lambda_{kh}$ bestehen.

Dasselbe Verfahren kann man auf das Formelsystem (71) anwenden und erhält bei mit (72') korrespondierenden Bezeichnungen

$$X = X_1 + X_2, \quad Y = Y_1 + Y_2, \quad Z = Z_1 + Z_2,$$

73) $$\left\{\begin{array}{ll} X_1 = \varkappa_1 \mathfrak{u} + \varkappa'_3 \mathfrak{v} + \varkappa'_2 \mathfrak{w}, & X_2 = -\pi_3 \mathfrak{v} + \pi_2 \mathfrak{w}, \\ Y_1 = \varkappa'_3 \mathfrak{u} + \varkappa_2 \mathfrak{v} + \varkappa'_1 \mathfrak{w}, & Y_2 = -\pi_1 \mathfrak{w} + \pi_3 \mathfrak{u}, \\ Z_1 = \varkappa'_2 \mathfrak{u} + \varkappa'_1 \mathfrak{v} + \varkappa_3 \mathfrak{w}, & Z_2 = -\pi_2 \mathfrak{u} + \pi_1 \mathfrak{v}, \end{array}\right.$$

wo der Zusammenhang zwischen $\mathfrak{V}$ und der Resultierenden K_1 von X_1, Y_1, Z_1 durch ein zweites Ellipsoid

$$1 = \varkappa_1 x^2 + \varkappa_2 y^2 + \varkappa_3 z^2 + 2\varkappa_1' y z + 2\varkappa_2' z x + 2\varkappa_3' x y \qquad 73')$$

bestimmt wird, welches man das Ellipsoid der Leitfähigkeiten nennt.[41])

Die Axen der beiden Ellipsoide fallen im allgemeinen nicht zusammen, sondern nur in dem Falle, daß die rotatorischen Konstanten τ_h resp. π_h verschwinden. In diesem speziellen Falle sind die gleichgelegenen Axen für beide Ellipsoide einander indirekt proportional.

Dem Ellipsoid der Leitungsfähigkeiten kann man eine sehr anschauliche Bedeutung geben, wenn man aus den allgemeinen Formeln (71) die Komponente S der wirkenden Kraft nach der Strömungsrichtung, aus den Formeln (71″) die Komponente $\mathfrak{s}$ der Strömung nach der Richtung der Kraft bildet. Man erhält, wenn durch $\mathfrak{a}$, $\mathfrak{b}$, $\mathfrak{c}$ die Richtungscosinus der Strömung $\mathfrak{V}$, durch a, b, c diejenigen der treibenden Kraft K bezeichnet werden,

$$\left.\begin{aligned} S &= \mathfrak{V}(\varkappa_1 \mathfrak{a}^2 + \varkappa_2 \mathfrak{b}^2 + \varkappa_3 \mathfrak{c}^2 + 2\varkappa_1' \mathfrak{b}\mathfrak{c} + 2\varkappa_2' \mathfrak{c}\mathfrak{a} + 2\varkappa_3' \mathfrak{a}\mathfrak{b}), \\ \mathfrak{s} &= K(\lambda_1 a^2 + \lambda_2 b^2 + \lambda_3 c^2 + 2\lambda_1' b c + 2\lambda_2' c a + 2\lambda_3' a b), \end{aligned}\right\} \qquad 74)$$

oder wenn $\mathfrak{R}$ den Radiusvektor im Ellipsoid (73′) in der Richtung von $\mathfrak{V}$, R denjenigen im Ellipsoid (72″) in der Richtung von K bezeichnet

$$\mathfrak{V} = S\mathfrak{R}^2, \quad K = \mathfrak{s} R^2. \qquad 74')$$

Die erstere Formel gestattet unmittelbar die Anwendung auf einen linearen Leiter, und $\mathfrak{R}^2$, das Quadrat des Radiusvektors im Leitfähigkeitsellipsoid, erscheint hier als seine spezifische Leitungsfähigkeit.

Bezieht man den Krystall auf die Hauptaxen X^0, Y^0, Z^0 des Widerstandsellipsoides als Koordinatenaxen, so wird

$$\lambda_1' = \lambda_2' = \lambda_3' = 0, \quad \lambda_h = \lambda_h^0, \quad \tau_h = \tau_h^0,$$

und das System (71″) ergiebt

$$\left.\begin{aligned} \mathfrak{u}^0 &= +\lambda_1^0 X^0 - \tau_3^0 Y^0 + \tau_2^0 Z^0, \\ \mathfrak{v}^0 &= +\tau_3^0 X^0 + \lambda_2^0 Y^0 - \tau_1^0 Z^0, \\ \mathfrak{w}^0 &= -\tau_2^0 X^0 + \tau_1^0 Y^0 + \lambda_3^0 Z^0. \end{aligned}\right\} \qquad 74'')$$

Dies System kann man geometrisch deuten, indem man beide Seiten der Formeln mit einer unendlich kleinen Zahl ε multipliziert und $\varepsilon\mathfrak{u}^0$, $\varepsilon\mathfrak{v}^0$, $\varepsilon\mathfrak{w}^0$ als die Komponenten einer sehr kleinen Verrückung $\varepsilon\mathfrak{V}$ an einer Stelle mit den Koordinaten X^0, Y^0, Z^0 in einem nichtstarren Körper betrachtet.

Die Verrückung dieses Punktes ist dann nach dem System (74″) bewirkt durch eine gleichförmige Dilatation des Körpers nach den drei Axen X^0, Y^0, Z^0 um die Beträge $\varepsilon\lambda_1^0$, $\varepsilon\lambda_2^0$, $\varepsilon\lambda_3^0$ und eine gleichzeitige Drehung des Körpers um die Richtung des Vektors T und um den Betrag εT.

Diese Deutung zeigt beiläufig, daß der Vektor T nach Größe und Richtung unabhängig vom Koordinatensystem und allein durch die Natur des Krystalles bestimmt sein muß, auf den sich die Formeln beziehen. —

Ist die Strömung eine ebene, ist etwa $\mathfrak{w} = 0$, so wird durch Elimination von Z aus (71″) erhalten

75)
$$\begin{cases} \mathfrak{u} = \dfrac{\lambda_{11}\lambda_{33} - \lambda_{31}\lambda_{13}}{\lambda_{33}} X + \dfrac{\lambda_{12}\lambda_{33} - \lambda_{13}\lambda_{32}}{\lambda_{33}} Y, \\ \mathfrak{v} = \dfrac{\lambda_{21}\lambda_{33} - \lambda_{31}\lambda_{23}}{\lambda_{33}} X + \dfrac{\lambda_{22}\lambda_{33} - \lambda_{32}\lambda_{23}}{\lambda_{33}} Y, \end{cases}$$

ein System, an welches ähnliche Betrachtungen geknüpft werden können, wie oben an (71″).

Noch wichtiger ist der Fall, daß die eine Kraftkomponente verschwindet, und die beiden anderen, sowie alle für die Strömung gültigen Grenzbedingungen, von der jener entsprechenden Koordinate unabhängig sind, etwa $Z = 0$ ist und X und Y die Z-Koordinate nicht enthalten. Dann sind auch $\mathfrak{u}$, $\mathfrak{v}$, $\mathfrak{w}$ Funktionen von x und y allein, und der Vorgang kann, obwohl die Strömung parallel Z nicht verschwindet, ganz in der XY-Ebene verfolgt werden, da die Grenzbedingungen die Komponente $\mathfrak{w}$ nicht enthalten. Man kann dann $\mathfrak{u}$ und $\mathfrak{v}$ ähnlich wie oben zerlegen und setzen

75′)
$$\begin{cases} \mathfrak{u} = \lambda_{11} X + \lambda_{12} Y = \lambda_1 X + \lambda_3' Y - \tau_3 Y, \\ \mathfrak{v} = \lambda_{21} X + \lambda_{22} Y = \lambda_2 Y + \lambda_3' X + \tau_3 X, \end{cases}$$

auch eine Widerstandsellipse

$$1 = \lambda_1 x^2 + \lambda_2 y^2 + 2\lambda_3' xy,$$

die Schnittellipse des Ellipsoides (72″) mit der XY-Ebene, einführen, auf deren Hauptaxen bezogen $\lambda_h = \lambda_h^0$, $\tau_3 = \tau_3^0$ und $\lambda_3' = 0$ wird, und das letzte Formelsystem lautet

$$\mathfrak{u} = \lambda_1^0 X^0 - \tau_3^0 Y^0, \quad \mathfrak{v} = \lambda_2^0 Y^0 + \tau_3^0 X^0.$$

Fällt die Z-Axe mit der Richtung des Vektors T auf S. 292 zusammen, so ist in den wichtigsten Fällen, wo die rotatorischen Glieder in der Natur vorkommen, nämlich bei gewissen Gruppen des rhomboëdrischen, des tetragonalen und des hexagonalen Krystallsystemes, zugleich die X- und Y-Axe gleichwertig, $\mathfrak{w}$ mit Z gleich Null, und die Formeln (75) und (75′) nehmen die gleiche Gestalt an:

75″)
$$\mathfrak{u} = \lambda X - \tau Y, \quad \mathfrak{v} = \lambda Y + \tau X.$$

Aus derselben folgt, daß, wenn man $\tau / \lambda = \operatorname{tg} \alpha$ setzt und den Winkel der Strömungsrichtung mit der X-Axe ϑ, den der Kraftrichtung mit der X-Axe Θ nennt, jederzeit

$$\vartheta = \Theta + \alpha$$

ist, also die beiden Richtungen um eine konstante Größe gegeneinander geneigt sind. —

Im Vorstehenden sind keinerlei Annahmen über das Gesetz, nach welchem die treibenden Kräfte wirken, eingeführt. Der wichtigste hierfür in Betracht kommende Fall ist der, daß sie eine Potentialfunktion besitzen. Bei der Wärmeströmung ist dieselbe eine Funktion der Temperatur und in erster Näherung ihr proportional, kann aber, da die λ_{hk} schon Proportionalitätsfaktoren darstellen, auch der Temperatur an der Stelle x, y, z einfach gleich gesetzt werden. Gleiches gilt bei dem Vorgang der Diffusion in Bezug auf die Konzentration der Lösung.

Bei Existenz einer Potentialfunktion Φ werden die ersten drei Gleichungen (71″) zu

$$\left.\begin{aligned} -\mathfrak{u} &= \lambda_{11} \frac{\partial \Phi}{\partial x} + \lambda_{12} \frac{\partial \Phi}{\partial y} + \lambda_{13} \frac{\partial \Phi}{\partial z}, \\ -\mathfrak{v} &= \lambda_{21} \frac{\partial \Phi}{\partial x} + \lambda_{22} \frac{\partial \Phi}{\partial y} + \lambda_{23} \frac{\partial \Phi}{\partial z}, \\ -\mathfrak{w} &= \lambda_{31} \frac{\partial \Phi}{\partial x} + \lambda_{32} \frac{\partial \Phi}{\partial y} + \lambda_{33} \frac{\partial \Phi}{\partial z}; \end{aligned}\right\} \tag{76}$$

Φ betrachten wir innerhalb der Körper mit stetig wechselnder Beschaffenheit als selber stetig, lassen aber zu, daß beim Durchgang durch Flächen, wo jene springt, die wir also passend als Grenzflächen o_{hk} zwischen zwei Körpern (h) und (k) ansehen, auch Φ unstetig wird. Wir setzen, wie S. 234,

$$\overline{\Phi}_k - \overline{\Phi}_h = \Phi_{hk} \tag{76'}$$

und betrachten dabei Φ_{hk} als gegeben.

Ein Sprung des Potentiales läßt sich nach dem auf S. 261 Gesagten durch die Molekularwirkung der diesseits und jenseits der Grenzfläche o_{hk} verschiedenen Substanz der Körper (h) und (k) erklären; bei elektrischen Vorgängen ist nach der Beobachtung Φ_{hk} eine der Kombination der Körper (h) und (k) und der Temperatur der Grenzfläche individuelle Konstante, deren elektromotorische Kraft.

Die beiden Formeln (71‴)

$$76'')\qquad \begin{cases} \dfrac{\partial \mathfrak{u}}{\partial x} + \dfrac{\partial \mathfrak{v}}{\partial y} + \dfrac{\partial \mathfrak{w}}{\partial z} + \dfrac{\partial \varrho}{\partial t} = 0, \\ \overline{\mathfrak{n}}_h + \overline{\mathfrak{n}}_k + \dfrac{\partial \sigma_{hk}}{\partial t} = 0 \end{cases}$$

erfordern, um zur Bestimmung von Φ verwertet zu werden, noch Festsetzungen über die Funktionen ϱ und σ, die, wenn die Teilchen der Flüssigkeit, etwa nach Art der elektrischen Fluida, auf einander Fernwirkungen ausüben, mit Φ im Zusammenhang stehen müssen.

Der einfachste Zusammenhang ist der, daß ϱ mit Φ, und σ_{hk} mit dem Mittelwert von Φ in der Grenze o_{hk} proportional, etwa

$$76''')\qquad \varrho = \mu \Phi, \quad \sigma_{hk} = \tfrac{1}{2}\nu_{hk}(\overline{\Phi}_h + \overline{\Phi}_k)$$

ist, worin μ und ν sich mit dem Orte stetig ändern können. Man kennt übrigens kein Beispiel für von Null verschiedenes σ_{hk}, wenn die Körper (h) und (k) beide Leiter sind, und kann daher an Zwischengrenzen auch $\sigma_{hk} = 0$ setzen.

An den äußeren Grenzflächen des stromdurchflossenen Systemes können je nach deren Natur verschiedene Bedingungen bestehen.

Grenzt in ihnen das System an einen Nichtleiter, so wird dort

$$76'''')\qquad \overline{\mathfrak{n}} + \frac{\partial \sigma}{\partial t} = 0,$$

wobei $\sigma = \nu \overline{\Phi}$ ist. Werden sie als Eintrittsflächen für die Strömung betrachtet, so kann daselbst $\overline{\Phi}$ oder $\overline{\mathfrak{n}}$ selbst vorgeschrieben gedacht werden, es kommen auch Fälle vor, wo das Aggregat $\mathfrak{F}^2 \overline{\Phi} + \overline{\mathfrak{n}}$, in welchem $\mathfrak{F}$ eine Funktion des Ortes bezeichnet, gegeben ist. Die erste und letzte Größe kann, soweit die Bedingung der Stetigkeit nicht verletzt wird, als willkürliche Funktion von Ort und Zeit gewählt werden; die Wahl der $\overline{\mathfrak{n}}$ ist durch eine aus (76'') folgende Bedingung beschränkt, welche für einen Körper lautet

$$\int \overline{\mathfrak{n}}\, do = \int \frac{\partial \varrho}{\partial t}\, dk.$$

Die vorstehenden, aus der Vorstellung einer gegen Widerstände stattfindenden Flüssigkeitsbewegung abgeleiteten Formeln können umgekehrt benutzt werden, um physikalische Vorgänge, welche durch eine Funktion Φ der Koordinaten und der Zeit bestimmt sind, die den vorstehenden analoge Bedingungen erfüllt, als Strömungsvorgänge zu interpretieren. —

Die Kombination der ersten Formel (76'') mit den Werten (76) und (76''') giebt der Hauptgleichung der Potentialfunktion für einen homogenen Leiter die Gestalt

$$\mu \frac{\partial \Phi}{\partial t} = \lambda_{11} \frac{\partial^2 \Phi}{\partial x^2} + \lambda_{22} \frac{\partial^2 \Phi}{\partial y^2} + \lambda_{33} \frac{\partial^2 \Phi}{\partial z^2}$$

$$+ (\lambda_{23} + \lambda_{32}) \frac{\partial^2 \Phi}{\partial y \partial z} + (\lambda_{31} + \lambda_{13}) \frac{\partial^2 \Phi}{\partial z \partial x} + (\lambda_{12} + \lambda_{21}) \frac{\partial^2 \Phi}{\partial x \partial y},$$

wofür man nach (72') auch schreiben kann

$$\left.\begin{array}{l} \mu \dfrac{\partial \Phi}{\partial t} = \lambda_1 \dfrac{\partial^2 \Phi}{\partial x^2} + \lambda_2 \dfrac{\partial^2 \Phi}{\partial y^2} + \lambda_3 \dfrac{\partial^2 \Phi}{\partial z^2} \\ + 2 \lambda_1' \dfrac{\partial^2 \Phi}{\partial y \partial z} + 2 \lambda_2' \dfrac{\partial^2 \Phi}{\partial z \partial x} + 2 \lambda_3' \dfrac{\partial^2 \Phi}{\partial x \partial y}; \end{array}\right\} \qquad 77)$$

sie ist also von den rotatorischen Gliedern gänzlich frei. Auf einen isotropen Körper bezogen nimmt die rechte Seite die Gestalt $\lambda \triangle \Phi$ an.

Bei Einführung der Widerstandsaxen erhält man hieraus

$$\mu \frac{\partial \Phi}{\partial t} = \lambda_1^0 \frac{\partial^2 \Phi}{\partial x^2} + \lambda_2^0 \frac{\partial^2 \Phi}{\partial y^2} + \lambda_3^0 \frac{\partial^2 \Phi}{\partial z^2}. \qquad 77')$$

Die gleiche Form kann man bei Einführung von schiefwinkligen Koordinatenaxen $\mathfrak{X}$, $\mathfrak{Y}$, $\mathfrak{Z}$ auf unendlich viele Weise erhalten[42]).

Denn setzt man

$$x = \alpha_{11} \mathfrak{x} + \alpha_{12} \mathfrak{y} + \alpha_{13} \mathfrak{z},$$
$$y = \alpha_{21} \mathfrak{x} + \alpha_{22} \mathfrak{y} + \alpha_{23} \mathfrak{z},$$
$$z = \alpha_{31} \mathfrak{x} + \alpha_{32} \mathfrak{y} + \alpha_{33} \mathfrak{z},$$

so ergiebt sich als Bedingung für die Beziehung

$$\lambda_1^0 \frac{\partial^2 \Phi}{\partial x^2} + \lambda_2^0 \frac{\partial^2 \Phi}{\partial y^2} + \lambda_3^0 \frac{\partial^2 \Phi}{\partial z^2} = l_1 \frac{\partial^2 \Phi}{\partial \mathfrak{x}^2} + l_2 \frac{\partial^2 \Phi}{\partial \mathfrak{y}^2} + l_3 \frac{\partial^2 \Phi}{\partial \mathfrak{z}^2} \qquad 77'')$$

das System Formeln

$$l_1 \alpha_{11}^2 + l_2 \alpha_{12}^2 + l_3 \alpha_{13}^2 = \lambda_1^0,$$
$$\dots\dots\dots\dots\dots$$
$$l_1 \alpha_{21} \alpha_{31} + l_2 \alpha_{22} \alpha_{32} + l_3 \alpha_{23} \alpha_{33} = 0,$$
$$\dots\dots\dots\dots\dots$$

woraus man auch folgern kann

$$\frac{\alpha_{11}^2}{\lambda_1^0} + \frac{\alpha_{21}^2}{\lambda_2^0} + \frac{\alpha_{31}^2}{\lambda_3^0} = \frac{1}{l_1},$$
$$\dots\dots\dots\dots$$
$$\frac{\alpha_{12}\alpha_{13}}{\lambda_1^0} + \frac{\alpha_{22}\alpha_{23}}{\lambda_2^0} + \frac{\alpha_{32}\alpha_{33}}{\lambda_3^0} = 0,$$
$$\dots\dots\dots\dots$$

Die letzteren Gleichungen geben aber die Bedingung dafür an, daß

$$\frac{x^2}{\lambda_1^0} + \frac{y^2}{\lambda_2^0} + \frac{z^2}{\lambda_3^0} = \frac{\mathfrak{x}^2}{l_1} + \frac{\mathfrak{y}^2}{l_2} + \frac{\mathfrak{z}^2}{l_3}$$

ist, und damit auch dafür, daß die Axen $\mathfrak{X}$, $\mathfrak{Y}$, $\mathfrak{Z}$ in dem sogenannten Hauptellipsoid[43])

77''') $$\frac{x^2}{\lambda_1^0} + \frac{y^2}{\lambda_2^0} + \frac{z^2}{\lambda_3^0} = 1$$

ein System konjugierter Durchmesser bilden. Das Hauptellipsoid wird in dem speziellen Falle, daß die rotatorischen Glieder verschwinden, mit dem Ellipsoid der Leitfähigkeiten identisch. —

Macht man die Substitution[44])

78) $$x\sqrt{\lambda} = \xi\sqrt{\lambda_1^0}, \quad y\sqrt{\lambda} = \eta\sqrt{\lambda_2^0}, \quad z\sqrt{\lambda} = \zeta\sqrt{\lambda_3^0},$$

so bildet man dadurch den von dem homogenen Leiter mit den Konstanten λ_1^0, λ_2^0, λ_3^0 eingenommenen Raum k auf einen anderen $\varkappa$ ab; dem Hauptellipsoid in k entspricht dabei in $\varkappa$ eine Kugel, welche den gleichen Inhalt besitzt, falls speziell

78') $$\lambda^3 = \lambda_1^0 \lambda_2^0 \lambda_3^0$$

gesetzt wird. Zugleich nimmt die Hauptgleichung (77) die Gestalt an

78'') $$\mu \frac{\partial \Phi}{\partial t} = \lambda \triangle_{\xi\eta\zeta} \Phi,$$

wie sie für isotrope Leiter gilt.

Hat das Medium, welches der Behandlung unterworfen wird, speziell die Eigenschaft, daß für dasselbe die rotatorischen Konstanten verschwinden, so folgt aus den Werten

78''') $$\mathfrak{u} = -\lambda_1^0 \frac{\partial \Phi}{\partial x}, \quad \mathfrak{v} = -\lambda_2^0 \frac{\partial \Phi}{\partial y}, \quad \mathfrak{w} = -\lambda_3^0 \frac{\partial \Phi}{\partial z}$$

die innerhalb des homogenen Leiters durch ein beliebiges Flächenstück o gehende Strömung

$$\int \mathfrak{u}\, do = -\int \left(\lambda_1^0 \frac{\partial \Phi}{\partial x} \cos(n,x) + \lambda_2^0 \frac{\partial \Phi}{\partial y} \cos(n,y) + \lambda_3^0 \frac{\partial \Phi}{\partial z} \cos(n,z)\right) do,$$

$$= -\lambda_1^0 \iint \frac{\partial \Phi}{\partial x} dy\, dz - \lambda_2^0 \iint \frac{\partial \Phi}{\partial y} dz\, dx - \lambda_3^0 \iint \frac{\partial \Phi}{\partial z} dx\, dy,$$

$$= -\lambda \left(\iint \frac{\partial \Phi}{\partial \xi} d\eta\, d\zeta + \iint \frac{\partial \Phi}{\partial \eta} d\zeta\, d\xi + \iint \frac{\partial \Phi}{\partial \xi} d\xi\, d\eta\right),$$

also

78'''') $$\int \mathfrak{u}\, do = -\lambda \int \frac{\partial \Phi}{\partial \nu} d\omega,$$

worin das Integral über das durch Abbildung aus o gewonnene Flächenstück ω zu erstrecken ist, und ν die Normale auf dem Flächenelement $d\omega$, $-\lambda(\partial \Phi / \partial \nu)$ die normale Strömung durch dasselbe bezeichnet.

Diese Betrachtungen ergeben das Resultat, daß man für die Behandlung der Strömung an Stelle eines homogenen krystallinischen Leiters jederzeit einen durch die Substitution (78) aus ihm transformirten isotropen Körper substituieren kann. Dabei bleiben die Grenzbedingungen, soweit sie die Werte $\overline{\Phi}$ vorschreiben, stets ungeändert; soweit sie aber $\overline{\mathfrak{n}}$ oder $\mathfrak{F}^2\,\overline{\Phi} + \overline{\mathfrak{n}}$ vorschreiben, nur dann, wenn das Medium rotatorische Konstanten nicht besitzt.

Eine Ausdehnung dieser Behandlungsweise auf ein System krystallinischer Leiter ist deshalb nicht möglich, weil die Widerstandsaxen für die verschiedenen Teile im allgemeinen verschiedene Größe und Richtung haben. —

Schließlich mag noch auf eine wichtige geometrische Eigenschaft der Substitution (78) aufmerksam gemacht werden. Da sie lineär ist, so führt sie Gerade wieder in Gerade, Ebenen in Ebenen über und beläßt Abschnitten von gleicher Länge auf einer Geraden auch diese Eigenschaft. Hieraus folgt sogleich, daß konjugierten Diametralebenen und konjugierten Durchmessern des Hauptellipsoides im Raume k zueinander normale Diametralebenen und zueinander normale Durchmesser im Raume $\varkappa$ entsprechen, und umgekehrt.

Das Gleiche giebt die Berechnung mit Hilfe der auf S. 297 aufgestellten Formelsysteme. —

Ist Φ nur von zwei Koordinaten, etwa x und y, abhängig, so tritt der S. 294 charakterisierte Fall ein, und man kann den Vorgang ganz in der XY-Ebene darstellen. Dies gilt zwar immer, wenn alle Verhältnisse des Problems längs der Z-Axe konstant sind, also z. B. für cylindrische Körper bei längs der Axenrichtung konstanten Anfangs- und Oberflächenbedingungen, nicht aber auch stets bei unendlich dünnen Platten parallel der XY-Ebene; sind diese z. B. nach beiden Seiten hin durch Nichtleiter begrenzt, so wird die Z-Komponente der Strömung, also $\mathfrak{w}$, verschwinden müssen, und es kommen für $\mathfrak{u}$ und $\mathfrak{v}$ die Formeln (75) zur Geltung. Noch anders gestalten sich die Verhältnisse, wenn längs der Seitenflächen etwa $\mathfrak{F}^2\,\overline{\Phi} + \overline{\mathfrak{n}}$ gegeben ist, ein Fall, auf den wir bei Gelegenheit der Wärmeleitung eingehen wollen, wo er besonderes Interesse gewinnt.

§ 13. Die Bewegung imponderabler Fluida innerhalb ponderabler Körper; allgemeine Sätze über den stationären Zustand.

Wir gehen nunmehr zu spezielleren Anwendungen der im vorigen Abschnitt abgeleiteten allgemeinen Grundbedingungen über und wenden dieselben zunächst auf den stationären Zustand an, wo der ganze Vorgang von der Zeit unabhängig ist.

Hier reduzieren sich die Formeln (76″) auf

$$79) \quad \begin{cases} \frac{\partial \mathfrak{u}}{\partial x} + \frac{\partial \mathfrak{v}}{\partial y} + \frac{\partial \mathfrak{w}}{\partial z} = 0, \\ \overline{\mathfrak{n}}_h + \overline{\mathfrak{n}}_k = 0, \end{cases}$$

während die Gleichungen (76) und (76′) ungeändert bleiben, die Bedingungen an den äußeren Grenzen des Systems aber die Gestalt annehmen, daß entweder $\overline{\Phi}$, oder $\overline{\mathfrak{n}}$, oder $\mathfrak{F}^2\,\overline{\Phi} + \overline{\mathfrak{n}}$ als Funktion des Ortes vorgeschrieben ist.

Man kann die Betrachtung noch etwas verallgemeinern, indem man in den Gleichungen (79) die Null auf der rechten Seite je durch eine gegebene Funktion der Koordinaten ersetzt, die resp. mit $\mathfrak{r}$ und $\mathfrak{f}_{hk}$ bezeichnet werden mag; man erhält dann

$$79') \quad \begin{cases} \frac{\partial \mathfrak{u}}{\partial x} + \frac{\partial \mathfrak{v}}{\partial y} + \frac{\partial \mathfrak{w}}{\partial z} = \mathfrak{r}, \\ \overline{\mathfrak{n}}_h + \overline{\mathfrak{n}}_k = \mathfrak{f}_{hk}. \end{cases}$$

Diese Gleichungen entsprechen nach der Bedeutung der $\mathfrak{u}$, $\mathfrak{v}$, $\mathfrak{w}$ und $\mathfrak{n}$ dem Falle, daß jedes Volumenelement dk eine Quelle von der Ergiebigkeit $\mathfrak{r}\,dk$, jedes Grenzelement do_{hk} eine solche von der Ergiebigkeit $\mathfrak{f}_{hk}\,do_{hk}$ enthält.

Wir werden nun zunächst beweisen, daß die Gleichungen (79) resp. (79′) mit den dabei angegebenen Neben- und Grenzbedingungen Φ vollständig bestimmen, indem wir uns der S. 181 in einem spezielleren Falle angewandten Methode bedienen und zeigen, daß, wenn zwei Lösungen $\Phi^{(1)}$ und $\Phi^{(2)}$ mit gegebenen $\mathfrak{r}$, $\mathfrak{f}_{hk}$, Φ_{hk} und $\overline{\Phi}$ resp. $\overline{\mathfrak{n}}$, oder $\mathfrak{F}^2\,\overline{\Phi} + \overline{\mathfrak{n}}$ vereinbar wären, deren Differenz Φ' eine Konstante, und zwar im allgemeinen gleich Null sein müßte.[45])

Φ' genügt, falls wir die, statt aus Φ, aus Φ' gebildeten Größen gleichfalls durch den Index ′ bezeichnen, nach (79′) und (76′) den Gleichungen

$$79'') \quad \begin{cases} \frac{\partial \mathfrak{u}'}{\partial x} + \frac{\partial \mathfrak{v}'}{\partial y} + \frac{\partial \mathfrak{w}'}{\partial z} = 0, \\ \overline{\mathfrak{n}}'_h + \overline{\mathfrak{n}}'_k = 0, \quad \overline{\Phi}'_h = \overline{\Phi}'_k; \end{cases}$$

außerdem muß an den äußeren Grenzen des körperlichen Systemes, je nachdem dort $\overline{\Phi}$, $\overline{\mathfrak{n}}$, oder $\mathfrak{F}^2\,\overline{\Phi} + \overline{\mathfrak{n}}$ vorgeschrieben ist, $\overline{\Phi}'$, $\overline{\mathfrak{n}}'$, oder $\mathfrak{F}^2\,\overline{\Phi}' + \overline{\mathfrak{n}}'$ gleich Null werden.

Wir bilden nun aus der ersten Formel (79″)

$$\Sigma \int \Phi' \left(\frac{\partial \mathfrak{u}'}{\partial x} + \frac{\partial \mathfrak{v}'}{\partial y} + \frac{\partial \mathfrak{w}'}{\partial z} \right) dk = 0,$$

wo das Integral je über ein Bereich auszudehnen ist, innerhalb dessen die Beschaffenheit des Mediums stetig variiert, — wie man kurz sagen kann, über einen Körper — die Summe Σ über alle, und erhalten

$$-\Sigma\int\overline{\Phi'}\,\overline{\mathfrak{n}'}\,do - \Sigma\int\left(\mathfrak{u}'\frac{\partial\Phi'}{\partial x} + \mathfrak{v}'\frac{\partial\Phi'}{\partial y} + \mathfrak{w}'\frac{\partial\Phi'}{\partial z}\right)dk = 0.$$

Die Oberflächenintegrale verschwinden, soweit sie sich auf Zwischengrenzen beziehen, nach den beiden letzten Formeln (79''); soweit sie sich auf die äußere Begrenzung des Systems beziehen, überall da, wo $\overline{\Phi'}$ oder $\overline{\mathfrak{n}'}$ verschwinden, und ergeben

$$-\Sigma\int\mathfrak{F}^2\,\overline{\Phi'}^2\,do,$$

wo

$$\mathfrak{F}^2\,\overline{\Phi'} + \overline{\mathfrak{n}'} = 0$$

ist.

Setzt man noch abgekürzt die quadratische Form

$$-\left(\mathfrak{u}\frac{\partial\Phi}{\partial x} + \mathfrak{v}\frac{\partial\Phi}{\partial y} + \mathfrak{w}\frac{\partial\Phi}{\partial z}\right) = \Omega, \qquad 79''')$$

so erhält man

$$\Sigma\int\mathfrak{F}^2\,\overline{\Phi'}^2\,do + \Sigma\int\Omega'\,dk = 0.$$

Ist Ω eine definite Form, wie das bei isotropen Medien aus der Definition folgt, und wie wir auch bei anderen auf Grund aller Erfahrungen über die Werte der Konstanten λ_{hk} bei den verschiedenen physikalischen Phänomenen annehmen dürfen, so folgt aus dieser Gleichung in Verbindung mit $\overline{\Phi'_h} = \overline{\Phi'_k}$, daß Φ' im ganzen Systeme konstant sein muß, und diese Konstante bestimmt sich stets zu Null mit Ausnahme des einen Falles, daß an der ganzen äußeren Grenze $\mathfrak{n}$ vorgeschrieben ist, wo sie willkürlich bleibt. In diesem Ausnahmefall ist also noch eine weitere Angabe, etwa diejenige des Wertes von Φ für einen Punkt, nötig, um das Problem vollständig zu bestimmen.

Sind Quellen nicht vorhanden, und ist an der äußeren Begrenzung überall $\mathfrak{n}$ gleich Null, so ist die Lösung des Problemes allgemein stets angebbar, wenn die Potentialsprünge Φ_{hk}, unter Berücksichtigung der Durchgangsrichtung durch die Zwischengrenzen über jede innerhalb des Systems zu ziehende geschlossene Kurve summiert, sich zu Null ergänzen. Dann ist für jeden homogenen Teil Φ_h konstant, wobei die relativen Werte der Konstanten durch die Bedingungen

$$\overline{\Phi}_h - \overline{\Phi}_k = \Phi_{hk}$$

bestimmt sind.

Diese Lösung entspricht verschwindenden $\mathfrak{u}$, $\mathfrak{v}$, $\mathfrak{w}$, also nicht einem Strömungs-, sondern einem Gleichgewichtszustand, wie derselbe in § 8 näher untersucht ist.

Da alle Bedingungsgleichungen für Φ in dieser Größe lineär sind, so kann man Φ jederzeit in eine Summe von Teilen zerlegen, deren jeder Oberflächenbedingungen unterworfen werden kann, welche von den für Φ gegebenen abweichen, etwa vereinfacht sind, wenn nur diese Bedingungen, über alle Teile von Φ summiert, die direkt vorgeschriebenen liefern. Jeder Teil wird dann vollständig bestimmt sein, wenn die für ihn geltenden Bedingungen den aus dem Vorstehenden ersichtlichen Charakter haben.

Diese Zerlegungen haben einmal einen praktischen Nutzen, indem sie ein kompliziertes Problem auf eine Anzahl einfacherer reduzieren; sie besitzen aber auch theoretisches Interesse, weil bei der Zerlegung der Einfluß der einzelnen, Φ bestimmenden Umstände sich anschaulich sondert. —

Für einen homogenen krystallinischen Leiter ist nach dem am Ende des vorigen Paragraphen Gesagten und unter den dort angegebenen Bedingungen das Problem der Bestimmung der Strömung zurückführbar auf dasjenige der Ableitung einer Funktion Φ aus der Hauptgleichung

$$\lambda \triangle_{\xi\eta\zeta} \Phi = -\mathfrak{r}$$

und aus gegebenen Oberflächenwerten von

$$\overline{\Phi},\ \overline{\partial \Phi / \partial \nu},\ \mathfrak{F}^2 \overline{\Phi} - \lambda \overline{\partial \Phi} / \partial \nu.$$

Diese Aufgabe, welche eine Erweiterung des in § 10 erörterten Problemes der stationären Potentialbewegung einer inkompressibeln Flüssigkeit darstellt, ist in § 22 des I. Teiles allgemein behandelt.

Φ erscheint dort als die Potentialfunktion von nach gewissen, durch die Green'schen Funktionen ausgedrückten Gesetzen in die Ferne wirkenden räumlichen und flächenhaften Massenverteilungen: hier bestimmt es sich durch die von den einzelnen Punkten des Raumes und der Oberfläche ausgehenden Strömungen. Man sieht daraus, daß man dieselben Formeln auf zwei durchaus verschiedene Weisen deuten kann; ein Umstand, der für die Auffassung gewisser, später zu behandelnder Erscheinungen bedeutungsvoll geworden ist.

Ist der homogene Leiter unbegrenzt, und ist allein an der Stelle a, b, c des Raumes k, also im Punkte α, β, γ des Raumes $\varkappa$ im Abstand ϱ von ξ, η, ζ eine Quelle von der Ergiebigkeit Q vorhanden, so wird

$$\left.\begin{aligned} \Phi &= \frac{Q}{4\pi\lambda\varrho} = \frac{Q}{4\pi\lambda\sqrt{(\xi-a)^2+(\eta-\beta)^2+(\zeta-\gamma)^2}} \\ &= \frac{Q}{4\pi\lambda\sqrt{\lambda\left(\frac{(x-a)^2}{\lambda_1^0}+\frac{(y-b)^2}{\lambda_2^0}+\frac{(z-c)^2}{\lambda_3^0}\right)}}. \end{aligned}\right\} \quad 80)$$

Die Flächen konstanten Potentiales in k sind also Ellipsoide, die dem Hauptellipsoid (77‴) ähnlich und homothetisch sind.

Für eine Anzahl von Quellen gilt analog

$$\Phi = \frac{1}{4\pi\lambda}\sum\frac{Q_h}{\varrho_h}, \quad 80')$$

worin Q_h die Ergiebigkeit, und ϱ_h die Entfernung der $h$ten im Raume $\varkappa$ befindlichen Quelle von der Stelle ξ, η, ζ bezeichnet.

Befinden sich die Quellen in einem endlichen homogenen Körper k, so kann man jederzeit setzen

$$\Phi = \Phi_0 + \frac{1}{4\pi\lambda}\sum\frac{Q_h}{\varrho_h}, \quad 80'')$$

wo nun Φ_0 innerhalb k regulär ist, der Bedingung $\triangle_{\xi\eta\zeta}\Phi_0 = 0$ genügt und an der Oberfläche die Wirkung der Summe Σ so kompensieren muß, daß die dort geltenden Bedingungen erfüllt sind.

Ist nur eine Quelle im Punkte a, b, c vorhanden, und ist an der ganzen Oberfläche Φ konstant oder $\mathfrak{F}^2\Phi - \lambda\partial\Phi/\partial\nu$ gleich Null vorgeschrieben, so gilt für Φ der Reciprocitätssatz (184′) auf S. 186; sind zwei Quellen von entgegengesetzt gleicher Ergiebigkeit an den Stellen a, b, c und a', b', c' vorhanden, und ist längs der ganzen Oberfläche $\partial\Phi/\partial\nu = 0$, so gilt der Reciprocitätssatz (184″).

Φ_0 kann in diesen Fällen zur physikalischen Deutung der Green'schen Funktionen G_h auf S. 185 dienen; Φ ist dabei wesentlich identisch mit den auf S. 187 aus ihnen abgeleiteten resp. Funktionen Γ_h.

Ist der Raum k durch eine Ebene e begrenzt, so gilt Gleiches vom Raum $\varkappa$ und einer Ebene ε, und man kann bei gegebenen Quellen leicht Φ so bestimmen, daß in der Grenze entweder Φ oder $\partial\Phi/\partial\nu$ verschwindet; man hat zu diesem Zwecke nur in den Spiegelpunkten der Quellen in Bezug auf ε Quellen mit der entgegengesetzten oder der gleichen Ergiebigkeit anzubringen. Hierdurch sind dann auch die Green'schen Funktionen G_1, G_2 resp. Γ_1, Γ_2 für den Halbraum gegeben.

Die Lage der, diesen Spiegelpunkten im Raume k entsprechenden kann man ohne Rechnung finden, wenn man den oben angegebenen Satz benutzt, daß normalen Durchmessern einer Kugel im Raume $\varkappa$ konjugierte Durchmesser des Hauptellipsoides im Raume k

entsprechen. Die Verbindungslinie jeder Quelle mit der korrespondierenden ist sonach dem Durchmesser parallel, welcher der zur Grenze parallelen Centralebene des Hauptellipsoides konjugiert ist; die Abstände beider Quellen von der Grenzebene sind gleich.

Durch das Verfahren der wiederholten Spiegelung läßt sich die Stromverzweigung in einer Reihe von endlichen, nur von Ebenen begrenzten Körpern behandeln; doch haben diese Probleme für Krystalle geringeres praktisches Interesse, weil die Größe der erforderlichen Flächenwinkel jener Körper im Raume k von den Leitungsfähigkeitskonstanten des Mediums selbst abhängen.

Gleiches gilt von der Anwendung des Spiegelungsverfahrens in Bezug auf eine Kugelfläche vom Radius P im Raume $\varkappa$; hier kann man bei beliebigen Quellen auf der Kugelfläche Φ zu Null machen, indem man zu jeder, im Abstand α_h vom Centrum befindlichen, eine auf demselben Radiusvektor im Abstand $\alpha'_h = P^2/\alpha_h$ gelegene hinzufügt, deren Ergiebigkeit Q'_h bestimmt ist durch die Beziehung

$$Q'_h = Q_h \alpha'_h / P = Q_h P / \alpha_h \quad \text{oder} \quad Q_h^2 / \alpha_h = Q_h'^2 / \alpha'_h.$$

Hierdurch ist also auch die GREEN'sche Funktion G_1 resp. Γ_1 für die Vollkugel gegeben.

Der Kugel im Raume $\varkappa$ entspricht im Raume k ein, dem Hauptellipsoid ähnliches Ellipsoid.

Bei unkrystallinischen Medien haben diese Methoden eine große Wichtigkeit und gestatten dort auch die Anwendung auf gewisse Systeme von homogenen Leitern, die durch Ebenen gegeneinander abgegrenzt sind.[46]) —

Das Strömungsproblem kann nach dem auf S. 294 Gesagten auf zwei verschiedene Weisen zu einem ebenen werden, entweder indem $\mathfrak{w}$ gleich Null, oder indem Φ von z unabhängig wird.

In beiden Fällen kann man schließlich schreiben

$$81)\qquad -\mathfrak{u} = \varLambda_{11}\frac{\partial \Phi}{\partial x} + \varLambda_{12}\frac{\partial \Phi}{\partial y}, \quad -\mathfrak{v} = \varLambda_{21}\frac{\partial \Phi}{\partial x} + \varLambda_{22}\frac{\partial \Phi}{\partial y},$$

$$\frac{\partial \mathfrak{u}}{\partial x} + \frac{\partial \mathfrak{v}}{\partial y} = \mathfrak{r}, \quad \overline{\mathfrak{n}}_h + \overline{\mathfrak{n}}_k = \mathfrak{f}_{hk}.$$

Hat der betrachtete Körper keine rotatorische Eigenschaft, ist also $\varLambda_{12} = \varLambda_{21}$, so kann man durch Einführung eines Hauptaxensystemes X^0, Y^0 aus (81) erhalten

$$81')\qquad -\mathfrak{u}^0 = \varLambda_1^0\frac{\partial \Phi}{\partial x^0}, \quad -\mathfrak{v}^0 = \varLambda_2^0\frac{\partial \Phi}{\partial y^0}$$

und hierauf die (78) analoge Substitution

$$81'')\qquad x\sqrt{\varLambda} = \xi\sqrt{\varLambda_1^0}, \quad y\sqrt{\varLambda} = \eta\sqrt{\varLambda_2^0}, \quad \varLambda^2 = \varLambda_1^0\varLambda_2^0$$

anwenden, welche die gleichen Folgerungen gestattet, wie jene.

Ist nur eine Quelle von der Ergiebigkeit Q an der Stelle $x = a, y = b$ vorhanden, so erhält man den (80) entsprechenden Wert

$$\Phi = -\frac{Q}{4\pi A} l\left[A\left(\frac{(x-a)^2}{A_1^0} + \frac{(y-b)^2}{A_2^0}\right)\right] = -\frac{Q}{2\pi A} l(\varepsilon), \qquad 81''')$$

dem für eine beliebige Anzahl von Quellen mit den Ergiebigkeiten Q_h in den Punkten a_h, b_h der durch Erweiterung erhaltene Ausdruck

$$\Phi = -\frac{1}{2\pi A}\Sigma Q_h\, l(\varepsilon_h), \qquad 81'''')$$

entspricht; ε resp. ε_h bezeichnet die Entfernung des betrachteten Punktes ξ, η von der betreffenden Quelle im Raume $\varkappa$.

Bei beliebiger Begrenzung ist das auf S. 303 auseinandergesetzte Verfahren anwendbar und gestattet bezüglich gewisser Reciprocitätssätze, sowie bezüglich der physikalischen Interpretation der Green'schen ebenen Funktionen G'_h analoge Folgerungen, als dort bezüglich der räumlichen G_h gezogen sind.

Die Methode der Spiegelpunkte gilt hier in der Ebene, wenn die Begrenzungen durch Gerade und Kreisbögen gegeben sind, ähnlich wie früher im Raume bei ebenen und kugeligen Grenzen. —

Von besonderem Interesse sind bei dem ebenen Problem die Medien, für welche die rotatorischen Glieder nicht verschwinden. Legt man die Z-Axe in die Richtung des Vektors T, so nehmen in den wichtigsten ersten beiden auf S. 294 angegebenen Fällen die Gleichungen (81) die mit (75″) gleichwertige Gestalt an:

$$-\mathfrak{u} = \lambda\frac{\partial\Phi}{\partial x} - \tau\frac{\partial\Phi}{\partial y}, \quad -\mathfrak{v} = \lambda\frac{\partial\Phi}{\partial y} + \tau\frac{\partial\Phi}{\partial x}. \qquad 82)$$

Die Hauptgleichung lautet hier, soweit man von räumlichen Quellen absieht,

$$\triangle_{xy}\Phi = 0; \qquad 82')$$

die Komponente $\mathfrak{n}$ der Strömung nach der Richtung der Normalen n auf einem Kurvenelement ds wird zu

$$-\mathfrak{n} = \lambda\frac{\partial\Phi}{\partial n} + \tau\frac{\partial\Phi}{\partial s}, \qquad 82'')$$

falls man $\cos(n, x) = -\cos(s, y)$, $\cos(n, y) = +\cos(s, x)$ setzt.

Ist das Bereich der XY-Ebene, in dem die Strömung stattfindet, gar nicht oder aber durch Kurven begrenzt, längs deren Φ vorgeschriebene Werte annimmt, so kommen die rotatorischen Glieder für das Problem der Aufsuchung von Φ nicht in Betracht; anders natürlich, wenn längs der Grenzen $\mathfrak{n}$ oder $\mathfrak{F}^2\Phi + \mathfrak{n}$ vorgeschrieben ist, die selbst τ enthalten. Dies ist von Belang, wenn es sich um den experimentellen Nachweis der Existenz der rotatorischen Konstanten für ein Medium, eventuell um ihre Bestimmung handelt, und die Beobachtung nur an die Werte von Φ, nicht aber an die Größe und Richtung der resultierenden Strömung anknüpfen kann.

Die durch (82) dargestellte Strömung läßt sich jederzeit als eine Potentialbewegung auffassen, deren Potential im allgemeinen mehrwertig ist; hierin, und in dem eigentümlichen Zusammenhang, der zwischen jener Strömung und der bei verschwindender Rotationskonstante τ stattfindenden besteht, liegt das besondere Interesse, welches diese Vorgänge besitzen.

Setzt man $\tau = 0$, also

$$-\mathfrak{u}_0 = \lambda \frac{\partial \Phi}{\partial x}, \quad -\mathfrak{v}_0 = \lambda \frac{\partial \Phi}{\partial y},$$

wo sich $-\lambda \Phi$ als Strömungspotential darstellt, so kann man nach S. 276 für Φ den reellen Teil einer Funktion $f(x + iy)$ wählen; gleichzeitig giebt dann der imaginäre Teil eine Strömungsfunktion Σ, deren Konstantsetzen die Gleichung der Stromkurven liefert.

Bei nicht verschwindendem τ bilden wir aus dieser Funktion

$$f(x + iy) = (\Phi + i\Sigma),$$

indem wir wie auf S. 295 $\tau/\lambda = \operatorname{tg}\alpha$ setzen,

$$83)\quad \begin{cases} f'(x + iy) = (1 - i\operatorname{tg}\alpha) f(x + iy) = (1 - i\operatorname{tg}\alpha)(\Phi + i\Sigma), \\ \qquad = (\Phi + \Sigma\operatorname{tg}\alpha) + i(\Sigma - \Phi\operatorname{tg}\alpha) = \Phi' + i\Sigma', \end{cases}$$

worin Φ' und Σ' neue Bezeichnungen sind.

Wegen

$$\frac{\partial \Phi}{\partial x} = \frac{\partial \Sigma}{\partial y}, \quad \frac{\partial \Phi}{\partial y} = -\frac{\partial \Sigma}{\partial x}$$

gilt dann

$$83')\qquad -\mathfrak{u} = \lambda \frac{\partial \Phi'}{\partial x}, \quad -\mathfrak{v} = \lambda \frac{\partial \Phi'}{\partial y}, \quad -\mathfrak{n} = \lambda \frac{\partial \Phi'}{\partial n},$$

sowie

$$83'')\qquad -\mathfrak{u} = \lambda \frac{\partial \Sigma'}{\partial y}, \quad -\mathfrak{v} = -\lambda \frac{\partial \Sigma'}{\partial x}.$$

Demgemäß stellt sich Φ' als das Potential, Σ' als die Strömungsfunktion der rotatorischen Bewegung dar, und es gilt

$$83''')\quad \begin{cases} \Phi' = \Phi + \Sigma\operatorname{tg}\alpha, \quad \Sigma' = \Sigma - \Phi\operatorname{tg}\alpha, \\ \Phi = \dfrac{\Phi' - \Sigma'\operatorname{tg}\alpha}{1 + \operatorname{tg}^2\alpha}, \quad \Sigma = \dfrac{\Sigma' + \Phi'\operatorname{tg}\alpha}{1 + \operatorname{tg}^2\alpha}. \end{cases}$$

Ergiebt die dritte Formel Φ mehrwertig, während seine physikalische Bedeutung Einwertigkeit verlangt, so ist die bez. Lösung nur in einem angemessen begrenzten Bereich der Ebene anwendbar.

Die vorstehenden Resultate gestatten ohne Rechnung wichtige Folgerungen abzuleiten.

Ist $\Phi' = ax$, $\Sigma' = ay$, so verlaufen die Stromlinien parallel der X-Axe, und es wird

$$\Phi = a\frac{x - y\,\mathrm{tg}\,\alpha}{1 + \mathrm{tg}^2\alpha}; \tag{84}$$

Φ ist also konstant, wenn gleiches für $x - y\,\mathrm{tg}\,\alpha$ gilt. Diese Bewegung läßt sich durch zwei Gerade parallel zur X-Axe begrenzen, falls in ihnen das Medium an Nichtleiter stößt; ist die Breite des so erhaltenen Streifens gleich b, so ist die Differenz Φ_{12} der Potentialwerte in gegenüberliegenden Punkten

$$\Phi_{12} = ab \sin\alpha \cos\alpha; \tag{84'}$$

ihre Beobachtung gestattet die Bestimmung von α und somit diejenige der rotatorischen Konstanten τ.

Ganz analog läßt sich die radiale Strömung in einem schmalen Kreissektor verwenden, wenn letzterer von Nichtleitern begrenzt ist.

Für eine Quelle in der unendlichen Ebene ist nach (81''')

$$\Phi = -\frac{Q}{2\pi\lambda}\, l(e), \tag{85}$$

worin Q die Ergiebigkeit der Quelle und e ihren Abstand von dem betrachteten Punkt bezeichnet. Hieraus folgt bis auf eine irrelevante Konstante

$$\Sigma = -\frac{Q}{2\pi\lambda}\,\vartheta, \tag{85'}$$

falls ϑ den Winkel zwischen dem von der Quelle hinweg positiv gerechneten e und der X-Axe bezeichnet, und

$$\Phi' = -\frac{Q}{2\pi\lambda}\left(l(e) + \vartheta\,\mathrm{tg}\,\alpha\right), \quad \Sigma' = -\frac{Q}{2\pi\lambda}\left(\vartheta - l(e)\,\mathrm{tg}\,\alpha\right). \tag{85''}$$

Es sind in diesem Falle also die Kurven sowohl konstanter Φ' als konstanter Σ' logarithmische Spiralen mit der Quelle als Pol; erstere schließen mit den Radienvektoren die Winkel $(\pi/2) + \alpha$, letztere, die Stromkurven, mit ihnen die Winkel α ein. Durch Vergleichung mit S. 286 erkennt man, daß in dem vorliegenden Fall die Quelle zugleich die Rolle eines Wirbelfadens spielt.

Ist parallel der X-Axe eine geradlinige Grenze vorhanden, längs welcher $\mathfrak{n}$ verschwindet, so kann man der dadurch gelieferten Bedingung genügen, indem man

$$\left.\begin{aligned} \Phi' &= -\frac{Q}{2\pi\lambda}\left[\left(l(e) + l(e')\right) + (\vartheta - \vartheta')\,\mathrm{tg}\,\alpha\right], \\ \Sigma' &= -\frac{Q}{2\pi\lambda}\left[(\vartheta + \vartheta') - \left(l(e) - l(e')\right)\mathrm{tg}\,\alpha\right] \end{aligned}\right\} \tag{85'''}$$

setzt, worin e' die Entfernung des in Bezug auf die Grenzgerade genommenen Spiegelpunktes der Quelle und ϑ'_i den Winkel von e' gegen die X-Axe bezeichnet.

Diese Formeln ergeben um den Spiegelpunkt eine entgegengesetzte Rotation, wie um den Quellpunkt; der ihnen entsprechende Ausdruck für Φ ist in der stromdurchflossenen Halbebene einwertig.

Das Spiegelungsverfahren ist bei der Grenzbedingung $\bar{\mathfrak{n}} = 0$ mitunter auch anzuwenden, wenn mehrere geradlinige Grenzen vorhanden sind, und läßt sich mit einer der S. 304 erwähnten Abänderung analoger auch auf kreisförmige Grenzen übertragen.

§ 14. Die Bewegung imponderabler Fluida innerhalb ponderabler Körper; allgemeine Sätze über den veränderlichen Zustand. Diffusion.

Wenden wir uns nunmehr zur Behandlung des veränderlichen Zustandes, so sollen auch hier zunächst die Bedingungen untersucht werden, welche neben den Formeln (76″) das Strömungsproblem vollständig bestimmen[47]. Wir fügen zu den oben benutzten, daß an den Zwischengrenzen $\Phi_h - \Phi_k = \Phi_{hk}$ und an den äußeren Grenzen des Systemes entweder Φ oder $\mathfrak{n}$ oder $\mathfrak{F}^2 \Phi + \mathfrak{n}$ vorgeschrieben ist, noch die weitere, daß zu irgend einem Zeitpunkt, von welchem aus wir t rechnen wollen, Φ für das ganze System gegeben ist.

Wären zwei Lösungen Φ_1 und Φ_2 mit diesen Bedingungen vereinbar, so müßte ihre Differenz $\Phi_1 - \Phi_2 = \Phi'$ den beiden Gleichungen (76″) analoge befriedigen, es müßte an den Zwischengrenzen Φ' stetig sein, an der äußeren Begrenzung des Systemes Φ' oder $\mathfrak{n}'$ oder $\mathfrak{F}^2 \Phi' + \mathfrak{n}'$ verschwinden, desgleichen zur Zeit $t = 0$ im ganzen System Φ' selbst.

Hieraus folgt aber, wie sich zeigen läßt, daß Φ' in dem ganzen System verschwinden muß. Denn bezeichnet man wieder alle statt aus Φ aus Φ' gebildeten Funktionen durch den Index ', so folgt aus der ersten Formel (76″), die wir nach (76‴) schreiben

$$86)\qquad \frac{\partial \mathfrak{u}}{\partial x} + \frac{\partial \mathfrak{v}}{\partial y} + \frac{\partial \mathfrak{w}}{\partial z} + \mu \frac{\partial \Phi}{\partial t} = 0,$$

$$86')\qquad \Sigma \int\int \Phi' \left(\frac{\partial \mathfrak{u}'}{\partial x} + \frac{\partial \mathfrak{v}'}{\partial y} + \frac{\partial \mathfrak{w}'}{\partial z} + \mu \frac{\partial \Phi'}{\partial t} \right) dt\, dk = 0,$$

wo die $\Sigma \int dk$ sich auf das ganze System erstreckt und die Integration nach der Zeit von $t = 0$ bis zu einem beliebigen $t = t_1$ genommen wird; hieraus erhält man aber leicht

$$\left.\begin{aligned}&-\Sigma'\int\int\overline{\Phi'}\,\overline{\mathfrak{n}'}\,dt\,do\\&-\Sigma\int\int\left(\mathfrak{u}'\frac{\partial\Phi'}{\partial x}+\mathfrak{v}'\frac{\partial\Phi'}{\partial y}+\mathfrak{w}'\frac{\partial\Phi'}{\partial z}\right)dk\,dt+\tfrac{1}{2}\Sigma'\int\mu\left|\Phi'^2\right|_0^{t_1}dk=0.\end{aligned}\right\}\quad 86'')$$

Das Oberflächenintegral verschwindet an den äußeren Grenzen, soweit daselbst Φ oder $\mathfrak{n}$ vorgeschrieben ist, und giebt, soweit gleiches für $\mathfrak{F}^2\Phi+\mathfrak{n}$ gilt, $+\Sigma\int\int\mathfrak{F}^2\overline{\Phi'}^2\,do\,dt$. Wo die Bedingung (76'''') gilt, also $\overline{\mathfrak{n}}+\nu\,\partial\overline{\Phi}/\partial t=0$ ist, wird aus dem Oberflächenintegral

$$-\tfrac{1}{2}\Sigma\int\nu\left|\Phi'^2\right|_0^{t_1}do.$$

Für die Zwischengrenzen folgt durch Zusammenfassung der auf dasselbe Flächenelement do_{hk} bezüglichen Teile, falls man das gelegentlich der Gleichung (76''') über σ_{hk} Gesagte benutzt, daß sich die bezüglichen Terme sämtlich hinwegheben. Führt man noch die durch (79''') definierte Abkürzung Ω ein und berücksichtigt, daß Φ' für $t=0$ überall verschwindet, so erhält man aus (86'') schließlich

$$\left.\begin{aligned}&\Sigma\int\int\mathfrak{F}^2\overline{\Phi'}^2do\,dt+\Sigma\int\int\Omega'\,dk\,dt\\&+\tfrac{1}{2}\Sigma\int\nu(\overline{\Phi'^2})_{t_1}do+\tfrac{1}{2}\Sigma\int\mu(\Phi'^2)_{t_1}dk=0,\end{aligned}\right\}\quad 86''')$$

und dies ergiebt, daß, wenn Ω eine definite quadratische Form und μ und ν positiv ist, Φ' zu jeder Zeit innerhalb des ganzen Systemes gleich Null sein muß. Damit ist auch erwiesen, daß Φ durch die oben zusammengestellten Bedingungen vollständig bestimmt ist. —

Wie früher für den stationären, so bietet auch hier für den veränderlichen Zustand die Zerlegung der Potentialfunktion Φ und demgemäß diejenige der in ihr linearen Bedingungsgleichungen praktische und theoretische Vorteile.

Wir wollen von diesem Hilfsmittel eine Anwendung auf den Fall machen, daß die Bedingungen für die äußere Grenzfläche des körperlichen Systemes die Zeit nicht explicit enthalten, also $\overline{\Phi}$ resp. $\overline{\mathfrak{n}}$ oder $\mathfrak{F}^2\overline{\Phi}+\overline{\mathfrak{n}}$ als Funktionen des Ortes allein gegeben sind, worein verschwindendes σ einbegriffen sein mag. Dann bestimmen dieselben mit den Gleichungen (79) und den Bedingungen (76) und (76') zusammen eine Funktion Φ^1, welche den mit den Bedingungen vereinbaren stationären Zustand charakterisiert. Ist dabei an der ganzen Oberfläche $\mathfrak{n}$ vorgeschrieben, so muß $\int\overline{\mathfrak{n}}\,do=0$ sein.

Setzen wir nun

$$\Phi=\Phi^0+\Phi^1,\quad 87)$$

so muß Φ^0 die unter Rücksicht auf (76) gebildete Hauptgleichung

87′) $$\frac{\partial \mathfrak{u}^0}{\partial x} + \frac{\partial \mathfrak{v}^0}{\partial y} + \frac{\partial \mathfrak{w}^0}{\partial z} + \mu \frac{\partial \Phi^0}{\partial t} = 0$$

erfüllen, in den Zwischengrenzen

87″) $$\overline{\Phi_h^0} = \overline{\Phi_k^0} \quad \text{und} \quad \overline{\mathfrak{n}_h^0} + \overline{\mathfrak{n}_k^0} = 0$$

und an den äußeren Grenzen des Systemes, je nach den dort für Φ vorgeschriebenen Bedingungen, $\overline{\Phi^0}$, $\overline{\mathfrak{n}^0}$ oder $\mathfrak{F}^2\,\overline{\Phi^0} + \overline{\mathfrak{n}^0}$ gleich Null ergeben. Ist zur Zeit $t = 0$ der Wert von Φ gleich $F\,(x, y, z)$ vorgeschrieben, der natürlich den Bedingungen $\overline{\Phi_h} - \overline{\Phi_k} = \Phi_{hk}$ genügen muß, so gilt ebenda für Φ^0

$$\Phi^0 = F - \Phi^1.$$

Multipliziert man die Gleichung (87′) mit $\Phi^0\,dk$ und integriert über das ganze körperliche System, so erhält man unter Benutzung der Bezeichnung (79‴)

$$\tfrac{1}{2}\frac{\partial}{\partial t}\Sigma \int \mu (\Phi^0)^2\,dk = \Sigma \int \overline{\Phi^0}\,\overline{\mathfrak{n}^0}\,do - \Sigma \int \Omega^0\,dk.$$

Das Oberflächenintegral verschwindet, soweit es sich auf Zwischengrenzen bezieht, und giebt an den äußeren Grenzen den von Null verschiedenen Wert $-\Sigma \int \mathfrak{F}^2\,\overline{(\Phi^0)^2}\,do$ nur, soweit $\mathfrak{F}^2\,\overline{\Phi^0} + \overline{\mathfrak{n}^0} = 0$ vorgeschrieben ist. Man erhält sonach [48])

87‴) $$\tfrac{1}{2}\frac{\partial}{\partial t}\Sigma \int \mu (\Phi^0)^2\,dk = -\Sigma \int \mathfrak{F}^2\,\overline{(\Phi^0)^2}\,do - \Sigma \int \Omega^0\,dk.$$

Diese Formel zeigt, daß der Mittelwert von $(\Phi^0)^2$ in dem ganzen System dauernd abnimmt; diese Abnahme muß indessen mit der Zeit immer langsamer werden, da $\Sigma \int \mu (\Phi^0)^2\,dk$ jedenfalls nicht kleiner als Null werden kann, und sie verschwindet ganz, wenn die rechte Seite der Gleichung (87‴) verschwindet. Im allgemeinen ist hierzu erforderlich, daß auch Φ^0 im ganzen System verschwindet, nur in dem speziellen Falle, daß längs dessen gesamter Außengrenze $\overline{\mathfrak{n}}$ vorgeschrieben, also $\overline{\mathfrak{n}^0} = 0$ ist, geschieht dies schon, wenn Φ^0 innerhalb des Systemes konstant ist.

Hieraus ist zu folgern, daß unter den gemachten Voraussetzungen mit wachsender Zeit endlich ein stationärer Zustand eintritt, der im allgemeinen gar nicht, in dem speziellen Falle, daß an der ganzen äußeren Fläche $\overline{\mathfrak{n}}$ gegeben ist, aber nur in einer additiven Konstante von dem Anfangswert $\Phi = F$ abhängt.

Diese Konstante C, die, wie S. 301 gesagt, bei dieser letzteren Form der Oberflächenbedingung durch alleinige Betrachtung des definitiven Zustandes ohne eine spezielle auf sie bezügliche Angabe nicht bestimmbar ist, findet sich bei Rücksicht auf die Anfangswerte, aus welchen jener Zustand sich entwickelt hat, und auf die Bedingung $\Sigma \int \bar{\mathfrak{n}}\, do = 0$ folgendermaßen.

Aus (86) erhält man durch Integration über das körperliche System

$$\frac{\partial}{\partial t} \Sigma \int \mu \, \Phi \, dk = - \Sigma \int \left(\frac{\partial \mathfrak{u}}{\partial x} + \frac{\partial \mathfrak{v}}{\partial y} + \frac{\partial \mathfrak{w}}{\partial z} \right) dk = + \Sigma \int \bar{\mathfrak{n}} \, do = 0,$$

somit also

$$\Sigma \int \mu \, \Phi \, dk = \text{Const.},$$

oder da zur Zeit $t = 0$ gilt $\Phi = F$, zur Zeit des stationären Zustandes $\Phi = C$, auch

$$C = \frac{\Sigma \int \mu \, F \, dk}{\Sigma \int \mu \, dk};$$

C ist somit das in einem gewissen Sinne berechnete arithmetische Mittel aus den Anfangswerten von Φ. —

Über die Art der zeitlichen Veränderung von Φ^0 erhält man für Medien ohne rotatorische Qualität eine merkwürdige Formel, indem man durch Integration über $\partial \Omega^0 / \partial t$ bildet

$$\left. \begin{aligned} \frac{\partial}{\partial t} \Sigma \int \Omega^0 \, dk = 2 \Sigma \int \overline{\frac{\partial \Phi^0}{\partial t}} \, \bar{\mathfrak{n}}^0 \, do \\ + 2 \Sigma \int \frac{\partial \Phi^0}{\partial t} \left(\frac{\partial \mathfrak{u}^0}{\partial x} + \frac{\partial \mathfrak{v}^0}{\partial y} + \frac{\partial \mathfrak{w}^0}{\partial z} \right) dk, \end{aligned} \right\}$$

woraus gemäß der Hauptgleichung und den Grenzbedingungen von S. 301 für Φ^0 folgt

$$\frac{\partial}{\partial t} \left[\Sigma \int \Omega^0 \, dk + \Sigma \int \mathfrak{F}^2 \overline{(\Phi^0)}^2 \, do \right] = - 2 \Sigma \int \mu \left(\frac{\partial \Phi^0}{\partial t} \right)^2 dk. \qquad 88)$$

Setzt man hier den Wert der Klammer links aus (87‴) ein, so erhält man

$$\frac{\partial^2}{\partial t^2} \Sigma \int \mu (\Phi^0)^2 \, dk = 4 \Sigma \int \mu \left(\frac{\partial \Phi^0}{\partial t} \right)^2 dk,$$

oder, was hiermit identisch ist,

$$\Sigma \int \mu (\Phi^0)^2 \frac{\partial^2 l(\Phi^0)}{\partial t^2} \, dk = 0, \qquad 88')$$

eine Formel, die gar nichts auf die örtliche Veränderlichkeit von Φ^0 bezügliches mehr enthält.

Beim Eintritt des stationären Zustandes ist Φ^0 im ganzen System konstant und zwar, wenn längs der ganzen Oberfläche $\mathfrak{n}$ von der Zeit unabhängig ist, im allgemeinen von Null verschieden; hier wird dann noch einfacher

88'') $$\Sigma \int \mu \frac{\partial^2 l(\Phi^0)}{\partial t^2} dk = 0. -$$

Zum Zwecke der Ableitung allgemeiner Sätze über den veränderlichen Zustand in einem homogenen krystallinischen Körper kann man die erste Gleichung (76'') durch Einführung der schon oben benutzten Substitution (78) auf die Form

89) $$\lambda \triangle_{\xi\eta\zeta} \Phi - \mu \frac{\partial \Phi}{\partial t} = 0$$

reduzieren. Führt man eine Funktion X ein, welche der Gleichung

89') $$\lambda \triangle_{\xi\eta\zeta} X + \mu \frac{\partial X}{\partial t} = 0$$

genügt, so erhält man für Φ und X eine dem GREEN'schen Satze ähnliche Gleichung, indem man die erste Gleichung mit $X d\varkappa\, dt$, die zweite mit $\Phi d\varkappa\, dt$ multipliziert und die Differenz über einen Raum $\varkappa$ im $\Xi H Z$-System, innerhalb dessen Φ, X und ihre ersten Derivierten sich regulär verhalten, sowie über die Zeit von $t = 0$ bis zu dem betrachteten Moment, der $t = t_1$ gesetzt werden mag, integriert. Der Raum $\varkappa$ entspricht dabei einem Raum k in dem eigentlichen Körper, wie er durch die Substitution (78) sich aus $\varkappa$ ergiebt [49].

Man erhält

89'') $$\left\{\begin{aligned} &\int dt \int d\varkappa \left[X\left(\lambda \triangle \Phi - \mu \frac{\partial \Phi}{\partial t}\right) - \Phi\left(\lambda \triangle X + \mu \frac{\partial X}{\partial t}\right)\right] \\ &\qquad = -\lambda \int dt \int d\omega \left(X \frac{\partial \Phi}{\partial \nu} - \Phi \frac{\partial X}{\partial \nu}\right) \\ &\qquad\quad - \mu \int d\varkappa (\Phi X)_{t_1} + \mu \int d\varkappa (\Phi X)_0 = 0. \end{aligned}\right.$$

Hierin bezeichnet ω die Oberfläche von $\varkappa$, und ν die nach innen positiv gerechnete Normale auf $d\omega$.

Wir wollen nun annehmen, X werde zu dem Zeitpunkt $t = t_1$ an einer Stelle α, β, γ des Raumes $\varkappa$ unendlich und gleichzeitig im übrigen Raume $\varkappa$ gleich Null, so muß man in den auf die Zeit $t = t_1$ bezüglichen Teilen der vorstehenden Integrale den Punkt α, β, γ durch eine kleine Oberfläche ω', sagen wir durch eine Kugel vom Radius $\bar{\varrho}$, ausschließen und das Raumintegral nur auf den in Bezug auf sie äußeren Teil $\varkappa - \varkappa'$ von $\varkappa$ ausdehnen, das Oberflächenintegral aber auch auf die Oberfläche ω' von $\varkappa'$. Das erste Raumintegral über $\varkappa - \varkappa'$ verschwindet dabei nach der Annahme; das fragliche Oberflächenintegral, welches zu dem in (89'') vorhandenen hinzutritt, lautet, da nur die unmittelbar t_1 benachbarten Elemente des Zeitintegrales einen Wert geben,

$$J = -\lambda \int_{t_1-\tau}^{t_1} d\,t \int d\omega' \left(\overline{X} \frac{\partial \overline{\Phi}}{\partial \nu} - \overline{\Phi} \frac{\partial \overline{X}}{\partial \nu}\right), \tag{90)}$$

worin τ eine sehr kleine Zeit bezeichnet.

Nun wollen wir spezieller annehmen, daß X in der Nähe von $t = t_1$ sich verhält, wie die der Gleichung (89') genügende Funktion

$$\chi = \frac{C}{\sqrt{\tau^3}} e^{-\frac{\mu \varrho^2}{4\tau\lambda}}, \tag{90')}$$

worin $\tau = t_1 - t$, $\varrho^2 \doteq (\xi - \alpha)^2 + (\eta - \beta)^2 + (\zeta - \gamma)^2$ und C eine Konstante ist.

Es ist dann

$$\frac{\partial \chi}{\partial \nu} = \frac{\partial \chi}{\partial \varrho} = -\frac{\mu \varrho \chi}{2\tau\lambda},$$

und man kann schreiben

$$J = -\lambda \int_{t_1-\tau}^{t_1} d\,t \int d\omega' \overline{\chi} \left(\frac{\partial \overline{\Phi}}{\partial \varrho} + \mu \frac{\overline{\varrho \Phi}}{2\tau\lambda}\right).$$

Läßt man hierin $\overline{\varrho}$ und τ zugleich unendlich klein werden und zwar so, daß $\overline{\varrho}^2/\tau$ an der unteren Grenze verschwindet, an der oberen aber unendlich wird, so läßt sich das Integral berechnen.

Setzt man nämlich

$$\frac{\mu \overline{\varrho}^2}{4\tau\lambda} = \beta^2,$$

so wird

$$J = -\frac{4C\sqrt{\lambda^3}}{\sqrt{\mu}} \int \frac{d\omega'}{\overline{\varrho}} \int_0^\infty e^{-\beta^2} d\beta \left(\frac{\partial \overline{\Phi}}{\partial \varrho} + 2\frac{\overline{\Phi}}{\overline{\varrho}} \beta^2\right),$$

und es verschwindet wegen $\omega' = 4\pi\overline{\varrho}^2$ das erste Glied der Klammer mit verschwindendem $\overline{\varrho}$, das zweite giebt, da Φ stetig ist,

$$J = -8C\sqrt{\frac{\pi^3\lambda^3}{\mu}} \cdot \Phi_{\alpha\beta\gamma}.$$

Verfügt man noch über die willkürliche Konstante so, daß

$$C = \tfrac{1}{8}\sqrt{\left(\frac{\mu}{\pi\lambda}\right)^3}, \tag{90'')}$$

so folgt schließlich

$$J = -\mu\,\Phi_{\alpha\beta\gamma} \tag{90''')}$$

und die Gleichung (89'') nimmt die Gestalt an

$$91)\quad \mu\,\Phi_{\alpha\beta\gamma} = -\lambda\int_0^{t_1} dt\int d\omega\left(\overline{X}\,\frac{\overline{\partial\Phi}}{\partial\nu} - \overline{\Phi}\,\frac{\overline{\partial X}}{\partial\nu}\right) + \mu\int d\varkappa\,(\Phi X)_0,$$

drückt also den Wert von Φ zur Zeit t_1 an einer beliebigen Stelle von $\varkappa$ mit Hilfe der Funktion X durch die Randwerte von Φ und $\partial\Phi/\partial\nu$ zu jeder Zeit zwischen 0 und t_1 und den Anfangswert Φ_0 von Φ im ganzen Innern von $\varkappa$ aus.

X ist indessen durch die bisherigen Festsetzungen noch nicht vollständig bestimmt.

Legt man ihm die Bedingung auf, daß es an der Oberfläche von $\varkappa$ verschwindet, so fällt $\overline{\partial\Phi}/\partial\nu$ aus der letzten Gleichung heraus, und $\Phi_{\alpha\beta\gamma}$ bestimmt sich allein durch $\overline{\Phi}$ und Φ_0; legt man ihm die Bedingung $\overline{\partial X}/\partial\nu = \text{Const.}$ auf, so wird $\Phi_{\alpha\beta\gamma}$ bis auf eine additive Konstante durch $\overline{\partial\Phi}/\partial\nu$ und Φ_0 ausgedrückt; setzt man endlich $\mathfrak{F}^2\overline{X} - \lambda\overline{\partial X}/\partial\nu = 0$, worin $\mathfrak{F}$ auf der Oberfläche variieren kann, so wird $\Phi_{\alpha\beta\gamma}$ durch das Aggregat $\mathfrak{F}^2\overline{\Phi} - \lambda\overline{\partial\Phi}/\partial\nu$ und Φ_0 gegeben.

Daß durch diese Festsetzungen X jedesmal völlig bestimmt ist, folgt aus den Betrachtungen auf S. 309, in denen nur die Zeit $t = t_1$ an Stelle von $t = 0$ zu setzen ist.

In der That, vertauscht man in der Hilfsfunktion X das Argument t mit $t_1 - t$ und bezeichnet das Resultat als Funktion von t durch Φ', so erfüllt Φ' nach (89′) die Gleichung

$$91')\qquad \lambda\triangle\Phi' - \mu\,\frac{\partial\Phi'}{\partial t} = 0$$

und verhält sich in α, β, γ zur Zeit $t = 0$ nach (90′) und (90″) wie die Funktion

$$91'')\qquad \varphi' = \sqrt{\left(\frac{\mu}{4\pi\lambda t}\right)^3}\, e^{-\frac{\mu\varrho^2}{4t\lambda}},$$

ist aber im übrigen mit seinen ersten Derivierten endlich und stetig.

Diese Funktion Φ' hat dann eine einfache Bedeutung.

Sei über die Oberflächenwerte von Φ resp. $\partial\Phi/\partial\nu$ so verfügt, daß das Oberflächenintegral verschwindet, und sei Φ_0 überall gleich Null mit Ausnahme eines Volumenelementes $\varkappa'$ an der Stelle ξ, η, ζ, wo es gleich Eins ist, so wird aus (91)

$$\Phi_{\alpha\beta\gamma} = \varkappa'\,(X)_{t=0} = \varkappa'\,(\Phi')_{t=t_1};$$

also ist Φ' identisch mit dem Potentialwert Φ, welcher unter diesen Bedingungen zur Zeit t_1 in α, β, γ eintritt, dividiert durch $\varkappa'$.

Setzt man in (89″) für X den früheren Wert und zugleich für Φ die Funktion Φ' mit dem Pol in α', β', γ' statt in α, β, γ ein, was durch Φ'' bezeichnet werden mag, so muß für die Zeit $t = t_1$ der Punkt α, β, γ, für $t = 0$ der Punkt α', β', γ' ausgeschlossen werden. Die Raumintegrale, welche über den äußeren Raum zu erstrecken sind, verschwinden beide; von den Oberflächenintegralen bleiben, wenn, wie vorher, die auf die äußeren Begrenzungen bezüglichen durch die Verfügungen über X und Φ' zu Null gemacht werden, nur die über die Hilfsflächen erstreckten und liefern

$$\Phi''_{\alpha\beta\gamma t_1} - X_{\alpha'\beta'\gamma' 0} = 0.$$

Da nun aber $X(t) = \Phi'(t_1 - t)$ ist, so giebt dies auch

$$\Phi''_{\alpha\beta\gamma t_1} = \Phi'_{\alpha'\beta'\gamma' t_1} \qquad 91''')$$

und damit den Satz:

Wird an der ganzen Oberfläche ω entweder Φ, oder $\partial\Phi/\partial\nu$ oder $\mathfrak{F}^2\Phi - \lambda\partial\Phi/\partial\nu$ dauernd gleich Null erhalten und wird Φ zur Zeit $t = 0$ einmal in α, β, γ, das andere Mal in α', β', γ' in gleicher Weise unendlich, im übrigen Null, so hat Φ zur Zeit $t = t_1$ das erste Mal in α', β', γ', das zweite Mal in α, β, γ den gleichen Wert. —

Ist der Raum k unbegrenzt, so genügt man allen für Φ' gestellten Bedingungen, indem man $X = \chi$ setzt[50]); hierdurch erhält man dann aus (91)

$$\Phi_{\alpha\beta\gamma} = \sqrt{\left(\frac{\mu}{4\pi\lambda t_1}\right)^3} \int \Phi_0 \, e^{-\frac{\mu\varrho^2}{4 t_1 \lambda}} dx, \qquad 92)$$

worin $\varrho^2 = (\xi - \alpha)^2 + (\eta - \beta)^2 + (\zeta - \gamma)^2$ ist.

Es trägt also jedes Raumelement dx einen mit dem Anfangswert Φ_0 proportionalen Teil zu dem in α, β, γ zur Zeit t_1 stattfindenden Wert Φ bei, gemäß der räumlichen und zeitlichen Entfernung in der Weise geschwächt, wie es der Faktor von $\Phi_0 dx$ im obigen Ausdruck angiebt.

Ist Φ_0 nur in einem Raumelement von Null verschieden, und zwar $\Phi_0 dx = \varphi_0$, so erhält man für alle endlichen Werte ϱ

$$\Phi_{\alpha\beta\gamma} = \sqrt{\left(\frac{\mu}{4\pi\lambda t_1}\right)^3} \varphi_0 \, e^{-\frac{\mu\varrho^2}{4\lambda t_1}}. \qquad 92')$$

Hieraus folgt, daß zu einer Zeit

$$T = \frac{\mu\varrho^2}{6\lambda} \qquad 92'')$$

Φ einen Maximalwert erreicht von dem Betrage

$$\overline{\varphi} = \frac{\varphi_0}{\varrho^3}\left(\frac{3}{2\pi e}\right)^{\frac{3}{2}}. \qquad 92''')$$

Dieser Maximalwert nimmt also indirekt der dritten Potenz der

Entfernung ab, und die Zeit, welche bis zu seinem Eintritt verläuft, ist mit dem Quadrat der Entfernung proportional; die Fortpflanzung geschieht also nicht gleichförmig.

Ist Φ_0 längs Gerader parallel zur Z-Axe konstant vorgeschrieben, so giebt Formel (92)

$$\text{93)} \qquad \Phi_{\alpha\beta} = \frac{\mu}{4\pi\lambda t_1} \iint \Phi_0 e^{-\frac{\mu\varepsilon^2}{4\lambda t_1}} d\xi\, d\eta,$$

worin $\varepsilon^2 = (\xi - \alpha)^2 + (\eta - \beta)^2$ ist; gilt gleiches für Ebenen parallel zur ΞH-Ebene, so erhält man

$$\text{93')} \qquad \Phi_\gamma = \sqrt{\frac{\mu}{4\pi\lambda t_1}} \int \Phi_0 e^{-\frac{\mu(\zeta-\gamma)^2}{4\lambda t_1}} d\zeta.$$

Diese Formeln lassen sich ähnlich, wie (92), auf die Fälle spezialisieren, daß Φ_0 entweder nur längs einer Geraden, oder nur längs einer Ebene von Null verschieden ist, und ergeben ähnliche, aber abweichende Gesetze für die Fortpflanzung von Φ_0. —

Ist der Raum k irgendwie begrenzt, so kann man $\mathrm{X} = \chi + \mathrm{X}_0$ setzen, wo X_0 der Gleichung (89') genügt, sich in k regulär verhält und dazu dient, um die Wirkung von χ in der Grenze so zu kompensieren, daß die dort geltenden Bedingungen erfüllt werden.

Für eine Ebene kann man die Bedingung, daß X oder $\partial \mathrm{X} / \partial \nu$ längs derselben verschwindet, dadurch erfüllen, daß man X_0 resp. gleich $-\chi'$ oder $+\chi'$ setzt, wo χ' diejenige Funktion bezeichnet, welche aus χ wird, wenn man darin die Stelle α, β, γ mit ihrem Spiegelpunkt α', β', γ' in Bezug auf die Grenzebene vertauscht.

Um die Wirkung allein der in der Grenzebene vorgeschriebenen Werte von Φ oder $\partial \Phi / \partial \nu$ zur Geltung kommen zu lassen, kann man den Anfangswert Φ_0 überall gleich Null setzen und erhält so, da χ' in der Grenze gleich χ, $\partial \chi' / \partial \nu$ ebenda gleich $-\partial \chi / \partial \nu$ wird, die beiden Formeln

$$\text{94)} \qquad \left\{ \begin{aligned} \mu \Phi_{\alpha\beta\gamma} &= -2\lambda \int_0^{t_1} d\tau \int \overline{\chi} \left(\frac{\overline{\partial \Phi}}{\partial \nu} \right)_{(t_1 - \tau)} d\omega, \\ \mu \Phi_{\alpha\beta\gamma} &= +2\lambda \int_0^{t_1} d\tau \int \frac{\overline{\partial \chi}}{\partial \nu} (\overline{\Phi})_{(t_1 - \tau)} d\omega; \end{aligned} \right.$$

Ist im Raume $\varkappa$ die Grenze die ΞH-Ebene und ist längs derselben Φ oder $\partial \Phi / \partial \nu$ örtlich konstant, obwohl zeitlich variabel, so ergiebt dies wegen

$$\chi = \sqrt{\left(\frac{\mu}{4\pi\lambda\tau}\right)^3} e^{-\frac{\mu\varrho^2}{4\lambda\tau}}$$

und

$$\frac{\partial\chi}{\partial\nu} = \frac{\partial\chi}{\partial\zeta} = -2\pi(\zeta-\gamma)\sqrt{\left(\frac{\mu}{4\pi\lambda\tau}\right)^5} e^{-\frac{\mu\varrho^2}{4\lambda\tau}}, \tag{94'}$$

die Resultate

$$\left.\begin{aligned} \Phi_{\alpha\beta\gamma} &= -\sqrt{\frac{\lambda}{\pi\mu}}\int_0^{t_1}\left(\frac{\partial\overline{\Phi}}{\partial\nu}\right)_{(t_1-\tau)} e^{-\frac{\mu\gamma^2}{4\lambda\tau}}\frac{d\tau}{\sqrt{\tau}},\\ \Phi_{\alpha\beta\gamma} &= +\gamma\sqrt{\frac{\mu}{4\pi\lambda}}\int_0^{t_1}(\overline{\Phi})_{(t_1-\tau)} e^{-\frac{\mu\gamma^2}{4\lambda\tau}}\frac{d\tau}{\sqrt{\tau}^3}, \end{aligned}\right\} \tag{94''}$$

welche angesehen werden können als die Fundamentalgesetze für die Fortpflanzung ebener Wellen des imponderabeln Fluidums[51]).

Ist z. B. $\overline{\Phi}$ als periodische Funktion der Zeit mit der Periode T gegeben, so pflanzen sich, wie die Ausrechnung des letzten Integrales lehrt, in großer Entfernung γ die Maxima und Minima mit der Geschwindigkeit $\sqrt{4\pi\lambda/\mu T}$ parallel der Z-Axe fort, während ihre Größen in geometrischer Progression abnehmen. —

Von den speziellen Vorgängen, auf welche die in diesem Paragraphen angestellten allgemeinen Überlegungen Anwendung gestatten, werden die wichtigsten in späteren Abschnitten Besprechung finden. In näherer Verbindung mit den in diesem Teil behandelten Bewegungen ponderabler Massen steht von ihnen nur die Diffusion einer gelösten Substanz in einem Lösungsmittel, falls man die bei der Lösung stattfindende Volumenänderung vernachlässigen darf. Damit ist verwandt die Diffusion zweier Flüssigkeiten, die sich in allen Verhältnissen und ohne Kontraktion mischen[52]).

Hier liegen die Verhältnisse insofern besonders einfach, als bei einer Flüssigkeit alle Richtungen unterschiedslos, und die Formeln (76) daher mit den einfacheren

$$\mathfrak{u} = -\lambda\frac{\partial\Phi}{\partial x}, \quad \mathfrak{v} = -\lambda\frac{\partial\Phi}{\partial y}, \quad \mathfrak{w} = -\lambda\frac{\partial\Phi}{\partial z}$$

zu vertauschen sind.

Die Potentialfunktion, welche die Diffusion bewirkt, wird, wenn man von der Schwere absehen kann, nur von der Konzentration der Lösung oder auch der Dichte ϱ' der gelösten Substanz innerhalb der Lösung abhängen und kann nach der Beobachtung, welche die aus dieser Annahme gezogenen Folgerungen befriedigend bestätigt, der Dichte proportional, oder bei geeigneter Definition des Faktors λ ihr gleich gesetzt werden.

Man erhält so

95) $$\mathfrak{u} = -\lambda \frac{\partial \varrho'}{\partial x}, \quad \mathfrak{v} = -\lambda \frac{\partial \varrho'}{\partial y}, \quad \mathfrak{w} = -\lambda \frac{\partial \varrho'}{\partial z}, \quad \mathfrak{n} = -\lambda \frac{\partial \varrho'}{\partial n},$$

und aus (86) wegen $\mu = 1$

95′) $$\lambda \triangle \varrho' = \frac{\partial \varrho'}{\partial t};$$

λ ist der Diffusionskoeffizient, über dessen kinetische Deutung S. 74 gesprochen ist; hängt ϱ' nur von der Z-Koordinate ab, so ergiebt (95′) die dort erhaltene spezielle Form

$$\lambda \frac{\partial^2 \varrho'}{\partial z^2} = \frac{\partial \varrho'}{\partial t}.$$

An festen Wänden ist $\overline{\partial \varrho'} / \partial n = 0$, dagegen an Stücken der lösbaren Substanz $\varrho' = \overline{\varrho}'$, d. h. gleich der Dichte in konzentrierter Lösung. Flächen letzterer Art sind also als Eintrittsflächen zu betrachten, und zwar streng genommen als mit der Zeit veränderliche, da die Herstellung der vom Oberflächenelement do während dt abströmenden Menge $dm = -\overline{\varrho}' \mathfrak{n}\, do\, dt$ die Auflösung einer Schicht von der Dicke dn erfordert, gegeben durch $dm = -\varrho_0 dn\, do$, worin ϱ_0 die Dichte der festen Substanz bezeichnet. Es gilt sonach für die Verschiebung der Grenzfläche

95″) $$\lambda \overline{\varrho}' \frac{\overline{\partial \varrho'}}{\partial n} = -\varrho_0 \frac{\partial n}{\partial t};$$

indessen kompliziert ihre Berücksichtigung das Problem überaus, da sie neben der Bewegung der gelösten Substanz auch noch eine solche des Lösungsmittels veranlaßt; man trifft deshalb in Praxis Vorkehrungen, dieselbe bei Beobachtungen zum Zweck der Bestimmung von λ zu vermeiden.

§ 15. Bewegungen tropfbarer Flüssigkeiten mit freier Oberfläche.

Die Strömung von Elektricität und Wärme erstreckt sich in einem unendlichen Leiter jederzeit, wenn auch eventuell mit unendlich abnehmender Intensität, nach allen Seiten bis ins Unendliche; dagegen sind in wirklichen Flüssigkeiten, welche bis ins Unendliche reichen, Bewegungen möglich, die sich auf endliche Bezirke beschränken und durch eine Unstetigkeitsfläche gegen den äußeren ruhenden Teil abgegrenzt werden, so lange nur die Grundeigenschaft der idealen Flüssigkeiten, keine tangentialen Druckkomponenten zuzulassen, vorhanden ist.

Längs solcher Flächen muß dann also

$$\overline{u'}\cos(n,x) + \overline{v'}\cos(n,y) + \overline{w'}\cos(n,z) = 0$$

und

$$\overline{p} = f(x,y,z), \tag{96)}$$

d. h. gleich derjenigen Funktion der Koordinaten sein, welche den Druck in dem ruhenden Teile der Flüssigkeit nach den in § 4 dieses Teiles entwickelten Gesetzen angiebt. Wirken keine Kräfte, so giebt die zweite Bedingung $\overline{p}$ = Const. Dasselbe gilt angenähert, wenn die Unstetigkeitsfläche die Grenze zwischen einer bewegten tropfbaren Flüssigkeit und einem ruhenden Gas, also eine freie Oberfläche im weiteren Sinne des Wortes ist.

Bei tropfbaren Flüssigkeiten kann der Druck in der Unstetigkeitsfläche auch verschwinden, ohne daß der Vorgang unmöglich wird, und dann kann man ohne Änderung der Bewegung die ruhende äußere Flüssigkeit vollständig beseitigen und dadurch die Grenze im strengen Sinne zu einer freien Oberfläche machen.

In diesem Falle ist auch die Voraussetzung, daß die Unstetigkeitsfläche ruht, nicht mehr nötig, jede Fläche $\overline{p} = 0$ wird eine freie Oberfläche darstellen können, wenn nur die Bedingung

$$\frac{\overline{dp}}{dt} = \frac{\overline{\partial p}}{\partial t} + \overline{u'}\frac{\overline{\partial p}}{\partial x} + \overline{v'}\frac{\overline{\partial p}}{\partial y} + \overline{w'}\frac{\overline{\partial p}}{\partial z} = 0 \tag{96')}$$

erfüllt ist.

Um die neue Bedingungsgleichung $\overline{p} = f(x,y,z)$ oder $\overline{p}$ = Const. auch durch die Geschwindigkeiten auszudrücken, müßte aus den Hauptgleichungen (43) erst ein Wert für p durch einmalige Integration gewonnen werden. Dies ist aber weder auf Grund der Gleichungen (43) direkt, noch auch mit Hilfe der allgemeinen Substitution (61) möglich. Man gelangt dazu aber[53]) mit Hilfe jener zweiten Zerlegung von u', v', w', die S. 193 angegeben ist, und gemäß welcher man setzen kann

$$u' = \frac{\partial F}{\partial x} + H\frac{\partial G}{\partial x}, \quad v' = \frac{\partial F}{\partial y} + H\frac{\partial G}{\partial y}, \quad w' = \frac{\partial F}{\partial z} + H\frac{\partial G}{\partial z}. \tag{97)}$$

Hieraus folgt sogleich für die Wirbelkomponenten

$$\left.\begin{aligned} 2l' &= \frac{\partial H}{\partial y}\frac{\partial G}{\partial z} - \frac{\partial G}{\partial y}\frac{\partial H}{\partial z}, \\ 2m' &= \frac{\partial H}{\partial z}\frac{\partial G}{\partial x} - \frac{\partial G}{\partial z}\frac{\partial H}{\partial x}, \\ 2n' &= \frac{\partial H}{\partial x}\frac{\partial G}{\partial y} - \frac{\partial G}{\partial x}\frac{\partial H}{\partial y}, \end{aligned}\right\} \tag{97')}$$

und dies giebt

97'') $$\begin{cases} l'\frac{\partial G}{\partial x}+m'\frac{\partial G}{\partial y}+n'\frac{\partial G}{\partial z}=0, \\ l'\frac{\partial H}{\partial x}+m'\frac{\partial H}{\partial y}+n'\frac{\partial H}{\partial z}=0, \end{cases}$$

d. h. die Wirbellinien sind die Schnittkurven der Oberflächen $G=$ Const. und $H=$ Const.

Durch eine einfache Rechnung findet man weiter

$$\frac{\partial u'}{\partial t}=\frac{\partial}{\partial x}\left(\frac{\partial F}{\partial t}+H\frac{\partial G}{\partial t}\right)+\frac{\partial H}{\partial t}\frac{\partial G}{\partial x}-\frac{\partial G}{\partial t}\frac{\partial H}{\partial x}$$
$$\frac{du'}{dt}=\frac{\partial}{\partial x}\left(\frac{\partial F}{\partial t}+H\frac{\partial G}{\partial t}\right)+\frac{1}{2}\frac{\partial V^2}{\partial x}+\frac{dH}{dt}\frac{\partial G}{\partial x}-\frac{dG}{dt}\frac{\partial H}{\partial x}$$

u. s. f. und die Gleichungen (43) nehmen, falls man ein Kräftepotential Φ voraussetzt und

97''') $$\Phi+\Pi+\tfrac{1}{2}V^2+\frac{\partial F}{\partial t}+H\frac{\partial G}{\partial t}=\Omega'$$

abkürzt, die Gestalt an

98) $$\begin{cases} \frac{dH}{dt}\frac{\partial G}{\partial x}-\frac{dG}{dt}\frac{\partial H}{\partial x}=-\frac{\partial\Omega'}{\partial x}, \\ \frac{dH}{dt}\frac{\partial G}{\partial y}-\frac{dG}{dt}\frac{\partial H}{\partial y}=-\frac{\partial\Omega'}{\partial y}, \\ \frac{dH}{dt}\frac{\partial G}{\partial z}-\frac{dG}{dt}\frac{\partial H}{\partial z}=-\frac{\partial\Omega'}{\partial z}, \end{cases}$$

Nun bewegen sich aber nach S. 271 die Flüssigkeitsteilchen bei Einwirkung konservativer körperlicher Kräfte mit den Wirbellinien, und hieraus folgt, daß unter den gemachten Voraussetzungen

98') $$\frac{dH}{dt}=\frac{dG}{dt}=0$$

und $$\Omega'=T,$$

d. h. gleich einer Funktion von t allein sein muß. Diese Gleichung liefert allgemein das Gewünschte, denn sie ergiebt

98'') $$-\Pi=\Phi+\tfrac{1}{2}V^2+\frac{\partial F}{\partial t}+H\frac{\partial G}{\partial t}-T,$$

oder auch, da nach (98')

$$H\frac{\partial G}{\partial t}=-H\left(u'\frac{\partial G}{\partial x}+v'\frac{\partial G}{\partial y}+w'\frac{\partial G}{\partial z}\right)$$

und dies nach (97)

$$=-V^2+u'\frac{\partial F}{\partial x}+v'\frac{\partial F}{\partial y}+w'\frac{\partial F}{\partial z}$$

ist, auch

$$-\Pi = \Phi - \tfrac{1}{2}V^2 + \frac{dF}{dt} - T. \qquad 98''')$$

Für die stationäre Bewegung einer inkompressibeln Flüssigkeit folgt aus (98'')

$$p = \varrho(C - \Phi - \tfrac{1}{2}V^2), \qquad 98'''')$$

worin C eine Konstante bezeichnet; dies giebt, wenn äußere Kräfte nicht wirken und an irgend einer Stelle der Flüssigkeit $p = p_0$, $V = V_0$ vorgeschrieben ist,

$$p = p_0 + \tfrac{1}{2}\varrho(V_0^2 - V^2),$$

also die kleinsten Drucke an den Stellen größter Geschwindigkeit.

Verbinden wir mit diesen Formeln die auf S. 266 gemachte Bemerkung, daß innerhalb tropfbarer Flüssigkeiten der Zusammenhang zerreißt, wenn der Druck einen gewissen negativen Grenzwert erreicht, so können wir schließen, daß stets diskontinuierliche Bewegungen einsetzen werden, wenn die Geschwindigkeit eine gewisse Größe überschreitet.

Ein hierher gehöriger besonders einfacher Fall ist derjenige einer ebenen stationären Potentialbewegung, welche durch eine feste Wand begrenzt wird, die irgendwo eine einspringende scharfe Kante besitzt. An ihr würden, wenn man das Geschwindigkeitspotential nach den früher gegebenen Regeln berechnet, die Potentialflächen unendlich nahe zusammenrücken; es würde also die Geschwindigkeit unendlich groß werden und der Druck unter jede negative Grenze herabsinken, d. h., die so gefundene Bewegung würde unmöglich sein.

In Wirklichkeit verlassen daher die bisher längs der Wand verlaufenden Stromlinien an jener Kante in zunächst tangentialer Richtung die Wand und erfüllen weiterhin eine Fläche, längs deren die Bewegung diskontinuierlich ist. Der zwischen ihr und der Wand liegende Raum kann im einfachsten Fall mit ruhender Flüssigkeit angefüllt sein, er kann auch unabhängige Strömungen enthalten; jedenfalls aber müssen in der Diskontinuitätsfläche die Bedingungen (44) und (44') erfüllt sein.

Auch bei der Strömung gasförmiger Flüssigkeiten würde eine ähnliche Anordnung eine Diskontinuitätsfläche hervorrufen; denn an der Kante würde eine unendlich kleine Dichte und demgemäß eine faktische Trennung des Gases von der Wand eintreten. Dagegen würde sie bei einem imponderabeln Fluidum keinerlei Singularitäten bewirken. —

Beschränken wir uns weiterhin auf Grenzen, in denen $\overline{p}$ = Const.

ist, so gilt dort nach (98''), da man die Konstante mit T vereinigen kann, ganz allgemein

99) $$\overline{\Phi} + \tfrac{1}{2}\overline{V^2} + \overline{\frac{\partial F}{\partial t}} + \overline{H\frac{\partial G}{\partial t}} = T,$$

oder

99') $$\overline{\Phi} - \tfrac{1}{2}\overline{V^2} + \overline{\frac{dF}{dt}} = T;$$

bei einer Potentialbewegung wird spezieller, wegen $G = 0$,

99'') $$\overline{\Phi} + \tfrac{1}{2}\overline{V^2} + \overline{\frac{\partial F}{\partial t}} = T,$$

bei reiner Wirbelbewegung, wo $dF/dt = 0$ ist, gilt nach (99')

$$T = \overline{\Phi} - \tfrac{1}{2}\overline{V^2}.$$

Im Falle des stationären Zustandes folgt aus (98'') allgemein

99''') $$\overline{\Phi} + \tfrac{1}{2}\overline{V^2} = \text{Const.}$$

Die Kontinuitätsgleichung (43'') lautet bei Einführung der obigen Substitution und unter der Annahme, daß jedes Flüssigkeitsteilchen seine Dichte unverändert beibehält,

100) $$\triangle F + H \triangle G + \left(\frac{\partial H}{\partial x}\frac{\partial G}{\partial x} + \frac{\partial H}{\partial y}\frac{\partial G}{\partial y} + \frac{\partial H}{\partial z}\frac{\partial G}{\partial z}\right) = 0;$$

sie giebt mit den zwei Gleichungen (98'), die ausführlich lauten:

100') $$\left\{\begin{aligned} &\frac{\partial H}{\partial t} + \left(\frac{\partial F}{\partial x}\frac{\partial H}{\partial x} + \frac{\partial F}{\partial y}\frac{\partial H}{\partial y} + \frac{\partial F}{\partial z}\frac{\partial H}{\partial z}\right) \\ &\qquad + H\left(\frac{\partial H}{\partial x}\frac{\partial G}{\partial x} + \frac{\partial H}{\partial y}\frac{\partial G}{\partial y} + \frac{\partial H}{\partial z}\frac{\partial G}{\partial z}\right) = 0, \\ &\frac{\partial G}{\partial t} + \left(\frac{\partial F}{\partial x}\frac{\partial G}{\partial x} + \frac{\partial F}{\partial y}\frac{\partial G}{\partial y} + \frac{\partial F}{\partial z}\frac{\partial G}{\partial z}\right) \\ &\qquad + H\left(\left(\frac{\partial G}{\partial x}\right)^2 + \left(\frac{\partial G}{\partial y}\right)^2 + \left(\frac{\partial G}{\partial z}\right)^2\right) = 0, \end{aligned}\right.$$

die drei Hauptgleichungen des Problems, denen zu genügen indessen große Schwierigkeit bietet. Demgemäß sind Probleme, welche Wirbelbewegungen mit freier Oberfläche betreffen, streng überhaupt noch nicht behandelt, und auch bei Potentialbewegungen, für welche die letzten beiden Gleichungen identisch erfüllt sind, ist nur die Durchführung gewisser ebener Probleme gelungen, noch dazu beschränkt auf stationäre Strömungen.

Hier giebt nach S. 276 der reelle Teil einer beliebigen Funktion von $x + iy$, z. B. $F + iS = f(x + iy)$, eine partikuläre Lösung für F, und die Grenzbedingungen lassen sich, falls äußere Kräfte fehlen, dahin formulieren, daß zugleich mit S auch V konstant sein muß.

Diese Umstände haben gestattet, eine Reihe von ebenen Bewegungen zu finden, die, von Unendlich nach Unendlich verlaufend, teils von freien Randkurven, teils von festen Wänden begrenzt sind und als ebene Flüssigkeitsstrahlen bezeichnet werden können.[54]) In dem Falle, daß mehrere solcher Flüssigkeitsstrahlen zusammenstoßen, können dann die festen Wände ganz in Wegfall kommen.[55])

Weicht die freie Oberfläche der bewegten Flüssigkeit, deren Gleichung nach (99''') durch

$$\overline{\Phi} + \tfrac{1}{2}\overline{V}^2 = C$$

gegeben ist, nur wenig von einer Potentialfläche

$$\overline{\Phi} = C$$

ab, welche dieselbe Flüssigkeit im Zustand der Ruhe zu begrenzen vermöchte, so kann man die Aufgabe, eine ihr entsprechende stationäre Potentialbewegung zu finden, durch successive Annäherung lösen.[56])

Hierzu kann man zuerst die Fläche $\overline{\Phi} = C$ als feste Wand betrachten und ein ihr entsprechendes Geschwindigkeitspotential F_1 nach früheren Methoden aufsuchen, aus demselben $\overline{V}$ in erster Annäherung $= \overline{V}_1$ berechnen und die Oberfläche

$$\overline{\Phi} + \tfrac{1}{2}\overline{V}_1^2 = C$$

bestimmen. Diese korrigierte Oberfläche wird für ein neues Problem als feste Wand behandelt, eine zweite Annäherung F_2 für F aufgesucht und mit dieser eine zweite korrigierte Grenzfläche von der Gleichung

$$\overline{\Phi} + \tfrac{1}{2}\overline{V}_2^2 = C$$

bestimmt u. s. f.

Es gelingt auf diesem Wege leicht, Bewegungen spezieller Art innerhalb einer unendlichen oder geeignet begrenzten schweren Flüssigkeit mit freier Oberfläche zu finden. —

Beschränkt man sich von vornherein auf so kleine Geschwindigkeiten, daß man überall die in ihnen quadratischen Glieder neben den linearen vernachlässigen kann, so gelingt es auch, Fälle nicht stationärer Bewegung mit freien Oberflächen aufzufinden, die man allgemein als Wellen bezeichnen kann.[57])

Unter der gemachten Voraussetzung gilt zunächst der S. 272 bewiesene Satz, daß körperliche Kräfte, die eine Potentialfunktion haben, stets eine Potentialbewegung veranlassen; es ist also im obigen Ansatz (97) $G = 0$ zu setzen, das Geschwindigkeitspotential F

aber als eine Größe erster Ordnung zu betrachten, welche bei Voraussetzung einer inkompressibeln Flüssigkeit die Gleichung erfüllt

101) $$\triangle F = 0 .$$

Ferner nehmen hier die Bedingungen

$$\overline{p} = \text{Const.} \quad \text{und} \quad \overline{dp} / dt = 0$$

relativ einfache Gestalten an. Denn aus (98″) folgt, falls man die willkürliche Funktion T der Zeit in F hineinzieht,

$$-\frac{p}{\varrho} = \Phi + \frac{\partial F}{\partial t},$$

also als erste Grenzbedingung

101′) $$\overline{\Phi} + \overline{\frac{\partial F}{\partial t}} = \text{Const.};$$

dies giebt direkt die Gleichung der freien Oberfläche. Die zweite Bedingung aber lautet, wenn Φ die Zeit nicht explicite enthält, wegen $dx / dt = \partial F / \partial x, \ldots$

$$\overline{\frac{\partial^2 F}{\partial t^2}} + \overline{\frac{\partial F}{\partial x}}\,\overline{\frac{\partial \Phi}{\partial x}} + \overline{\frac{\partial F}{\partial y}}\,\overline{\frac{\partial \Phi}{\partial y}} + \overline{\frac{\partial F}{\partial z}}\,\overline{\frac{\partial \Phi}{\partial z}} = 0$$

und muß gelten für Punkte, welche der vorigen Gleichung genügen. Da aber alle Glieder der letzteren Formel bereits erster Ordnung sind, muß sie bei Vernachlässigung der Glieder zweiter Ordnung für Punkte erfüllt sein, welche $\Phi = \text{Const.}$ machen; das sind die Punkte einer freien Oberfläche, welche die Flüssigkeit im Gleichgewichtszustande zu begrenzen vermag.

Die letzte Formel kann man, wenn man mit ν die Normale auf der Oberfläche $\Phi = \text{Const.}$ bezeichnet, auch einfacher schreiben:

101″) $$\overline{\frac{\partial^2 F}{\partial t^2}} + \overline{\frac{\partial F}{\partial \nu}}\,\overline{\frac{\partial \Phi}{\partial \nu}} = 0 .$$

Ist die wirkende äußere Kraft die Schwere, und ist die Z-Axe vertikal nach unten gelegt, so wird $\Phi = -gz$, die letzte Gleichung wird also für ein bestimmtes z, etwa für $z = 0$ gelten und lauten

101‴) $$\overline{\frac{\partial^2 F}{\partial t^2}} - g\,\overline{\frac{\partial F}{\partial z}} = 0 ;$$

dazu kommt für die, die Flüssigkeit sonst noch begrenzenden festen Wände

101⁗) $$\overline{\frac{\partial F}{\partial n}} = 0 .$$

Im Falle periodischer Bewegungen ist $F = R \sin \alpha (t + t_0)$ zu setzen, worin α und t_0 Konstanten bezeichnen, deren erste mit der Periode τ der Bewegung durch die Beziehung $\alpha \tau = 2\pi$ zusammenhängt, während R eine Funktion der Koordinaten allein ist, für die folgende Beziehungen gelten

$$\left.\begin{aligned} \triangle R &= 0 \text{ für alle Punkte,} \\ \alpha^2 \overline{R} + g \frac{\overline{\partial R}}{\partial z} &= 0 \text{ für } z = 0, \\ \frac{\overline{\partial R}}{\partial n} &= 0 \text{ an begrenzenden festen Wänden.} \end{aligned}\right\} \qquad 102)$$

Diese Bedingungen haben die größte Ähnlichkeit mit denen, durch welche S. 181 u. f. eine Funktion V der Koordinaten bestimmt worden ist. Doch sind zwei Unterschiede zu beachten.

Erstens ist α hier nicht durch das Problem direkt gegeben, sondern ist selbst erst aus den Bedingungen (102) zu bestimmen.

Zweitens ist in der zweiten Formel (102) das Vorzeichen, welches die beiden Glieder verbindet, das entgegengesetzte von demjenigen in der Grenzbedingung $F^2 \overline{V} - \partial \overline{V} / \partial n = 0$, welche in der allgemeinen, auf S. 181 behandelten enthalten ist. Hieraus folgt, daß auch bei gegebenem α das System (102) die Aufgabe nicht eindeutig bestimmt.

Ein wichtiger spezieller, aber immerhin noch ziemlich allgemeiner Fall ist der, daß die Begrenzung der Flüssigkeit nach unten, d. h. für $z = h$, durch eine horizontale Ebene, nach den Seiten durch einen vertikalen Cylinder gebildet wird. Hier erhält man eine Lösung durch den Ansatz

$$R = Z U,$$

in dem Z nur z, U nur x und y enthält. Die Gleichungen (102) nehmen dabei die Form an

$$\left.\begin{aligned} \frac{1}{Z}\frac{d^2 Z}{dz^2} &= -\frac{1}{U} \triangle_{xy} U, \\ \alpha^2 \overline{Z} + g \frac{\overline{dZ}}{dz} &= 0 \text{ für } z = 0, \\ \frac{\overline{dZ}}{dz} &= 0 \text{ für } z = h, \\ \frac{\overline{\partial U}}{\partial n} &= 0 \text{ längs des Cylinders.} \end{aligned}\right\} \qquad 102')$$

Aus der ersten Formel folgt, daß sowohl der rechts-, als der linksstehende Ausdruck konstant sein muß; wählt man diese Konstante positiv gleich $\varkappa^2$, so erhält man

$$\frac{d^2 Z}{dz^2} = \varkappa^2 Z, \quad \triangle_{xy} U = -\varkappa^2 U. \qquad 102'')$$

Z bestimmt sich bis auf einen konstanten Faktor A zu

102''') $$Z = A(e^{\varkappa(h-z)} + e^{-\varkappa(h-z)}),$$

während als Beziehung zwischen α und $\varkappa$ folgt

102'''') $$\varkappa g(e^{\varkappa h} - e^{-\varkappa h}) = \alpha^2(e^{\varkappa h} + e^{-\varkappa h}).$$

Die Bedingungen für U nehmen eine Gestalt an, die uns bei der Behandlung der Schwingungen innerhalb einer elastischen Flüssigkeit beschäftigen wird, wo überhaupt die allgemeinen Eigenschaften der Wellenbewegungen ausführlich zur Sprache kommen werden.

Fehlt die seitliche Begrenzung der Flüssigkeit durch den Cylinder, so bleibt $\varkappa$ willkürlich, im anderen Falle werden durch die Grenzbedingung $\overline{\partial U / \partial n} = 0$ unendlich viele diskrete Werte als mit dem Problem vereinbar bestimmt; jedem $\varkappa$ entspricht nach (102'''') eine Bewegung mit anderer Periode.

Eine interessante partikuläre Lösung erhält man, wenn man die Gleichung (101''') statt nur für $z = 0$, für alle z gültig annimmt.[58] Man kann sie dann auch nach z differentiieren und unter Benutzung von $\triangle F = 0$ aus ihr bilden

$$\frac{\partial^4 F}{\partial t^4} + g^2 \triangle_{xy} F = 0,$$

eine Gleichung, die neben $\triangle F = 0$ für alle Punkte gelten kann, weil die eine nicht t, die andere nicht z enthält. Als Grenzbedingung für $z = 0$ bleibt die Formel (101''') bestehen; hinzu kommt, wenn die Flüssigkeit unendlich tief ist, noch die, daß $F = 0$ sein muß für $z = \infty$. —

Bei diesen Betrachtungen ist von der durch kapillare Wirkung erzeugten Oberflächenspannung abgesehen. Berücksichtigt man dieselbe, so ist $\overline{p}$ nicht konstant, sondern nach (22') um eine Konstante von dem Kapillardruck p_0 verschieden zu setzen; daher lautet die erste Grenzbedingung (101'), falls R_1 und R_2 die Hauptkrümmungsradien der Oberfläche bezeichnen, unter Berücksichtigung von (31')

103) $$\overline{\Phi} + \overline{\frac{\partial F}{\partial t}} + \frac{S}{\varrho}\left(\frac{1}{R_1} + \frac{1}{R_2}\right) = \text{Const.}$$

In dem Falle, daß die einzige äußere Kraft die Schwere, also $\Phi = -gz$ ist, weicht die freie Oberfläche unendlich wenig von einer horizontalen Ebene ab, es ist also

103') $$p_0 = -S\left(\frac{\partial^2 \overline{z}}{\partial x^2} + \frac{\partial^2 \overline{z}}{\partial y^2}\right);$$

dies giebt, wenn man die Gleichung (103) nach t differentiiert und berücksichtigt, daß

$$\frac{dz}{dt} = \frac{\partial F}{\partial z} \quad \text{und} \quad \triangle F = 0 \text{ ist,}$$

$$-g\frac{\partial \overline{F}}{\partial z} + \frac{\partial^2 \overline{F}}{\partial t^2} + \frac{S}{\varrho}\frac{\partial^3 \overline{F}}{\partial z^3} = 0, \qquad 103'')$$

die Fundamentalgleichung für die Behandlung der Kapillarwellen[59]), die eine der obigen analoge Behandlung gestattet.

§ 16. Andere Formen der hydrodynamischen Grundgleichungen.

Von den allgemeinen Bewegungsgleichungen (14) für nichtstarre Körper gelangt man durch Einführung der Fundamentaleigenschaft der idealen Flüssigkeiten

$$Y_z = Z_x = X_y = 0, \quad X_x = Y_y = Z_z = p$$

und unter der Voraussetzung, daß die wirkenden körperlichen Kräfte der Masse proportional sind, zunächst zu

$$\varrho\frac{d^2x}{dt^2} = \varrho X - \frac{\partial p}{\partial x}, \quad \varrho\frac{d^2y}{dt^2} = \varrho Y - \frac{\partial p}{\partial y}, \quad \varrho\frac{d^2z}{dt^2} = \varrho Z - \frac{\partial p}{\partial z}. \qquad 104)$$

Die in § 9 benutzte Betrachtungsweise behandelt weiterhin die Geschwindigkeitskomponenten $dx/dt = u'$, $dy/dx = v'$, $dz/dt = w'$ als Funktionen der Koordinaten und der Zeit, untersucht also, was an beliebigen Stellen zu wechselnden Zeiten stattfindet, ohne Rücksicht darauf, welche Teilchen der Flüssigkeit dabei ins Spiel kommen.

Umgekehrt kann man die Betrachtung auf die wechselnden Zustände richten, welche ein und dasselbe Flüssigkeitsteilchen mit der Zeit annimmt. Bezeichnen a, b, c irgend welche Parameter, welche ein bestimmtes Flüssigkeitsteilchen definieren, so werden seine Koordinaten zu beliebiger Zeit x, y, z, seine Dichte ϱ und der ihm zugehörige Druck p Funktionen von a, b, c und t sein.

Multipliziert man nun die Gleichungen (104) mit $\partial x/\partial a$, $\partial y/\partial a$, $\partial z/\partial a$ oder $\partial x/\partial b$, $\partial y/\partial b$, $\partial z/\partial b$ oder $\partial x/\partial c$, $\partial y/\partial c$, $\partial z/\partial c$ und addiert, so ergiebt sich das System

$$\left.\begin{aligned}
\frac{1}{\varrho}\frac{\partial p}{\partial a} + \left(\frac{d^2x}{dt^2} - X\right)\frac{\partial x}{\partial a} + \left(\frac{d^2y}{dt^2} - Y\right)\frac{\partial y}{\partial a} + \left(\frac{d^2z}{dt^2} - Z\right)\frac{\partial z}{\partial a} = 0,\\
\frac{1}{\varrho}\frac{\partial p}{\partial b} + \left(\frac{d^2x}{dt^2} - X\right)\frac{\partial x}{\partial b} + \left(\frac{d^2y}{dt^2} - Y\right)\frac{\partial y}{\partial b} + \left(\frac{d^2z}{dt^2} - Z\right)\frac{\partial z}{\partial b} = 0,\\
\frac{1}{\varrho}\frac{\partial p}{\partial c} + \left(\frac{d^2x}{dt^2} - X\right)\frac{\partial x}{\partial c} + \left(\frac{d^2y}{dt^2} - Y\right)\frac{\partial y}{\partial c} + \left(\frac{d^2z}{dt^2} - Z\right)\frac{\partial z}{\partial c} = 0,
\end{aligned}\right\} \qquad 104')$$

welches in dem Falle, daß ein Kräftepotential Φ existiert und die Dichte ϱ nur vom Druck p abhängt, wenn man wieder

$$\frac{dp}{\varrho} = d\Pi \qquad 104'')$$

setzt, die Form annimmt

$$104''')\quad \begin{cases} \dfrac{\partial(\Pi+\Phi)}{\partial a}+\dfrac{d^2x}{dt^2}\dfrac{\partial x}{\partial a}+\dfrac{d^2y}{dt^2}\dfrac{\partial y}{\partial a}+\dfrac{d^2z}{dt^2}\dfrac{\partial z}{\partial a}=0,\\ \dfrac{\partial(\Pi+\Phi)}{\partial b}+\dfrac{d^2x}{dt^2}\dfrac{\partial x}{\partial b}+\dfrac{d^2y}{dt^2}\dfrac{\partial y}{\partial b}+\dfrac{d^2z}{dt^2}\dfrac{\partial z}{\partial b}=0,\\ \dfrac{\partial(\Pi+\Phi)}{\partial c}+\dfrac{d^2x}{dt^2}\dfrac{\partial x}{\partial c}+\dfrac{d^2y}{dt^2}\dfrac{\partial y}{\partial c}+\dfrac{d^2z}{dt^2}\dfrac{\partial z}{\partial c}=0. \end{cases}$$

Diese Gleichungen rühren, wie die früheren Grundgleichungen (43), von Euler[60]) her, werden aber gewöhnlich nach Lagrange[61]) genannt, der sie unabhängig von Euler gefunden hat.

Die Kontinuitätsbedingung, welche aussagt, daß die Masse eines beliebig abgegrenzten Bereiches von Flüssigkeitsteilchen während der Bewegung sich nicht ändert, läßt sich allgemein schreiben

$$105)\quad \frac{d(\varrho\, dk)}{dt}=0,$$

worin dk ein Volumenelement der Flüssigkeit bezeichnet. Bei Einführung von a, b, c läßt sich schreiben

$$105')\quad dk=\begin{vmatrix} \dfrac{\partial x}{\partial a} & \dfrac{\partial y}{\partial a} & \dfrac{\partial z}{\partial a}\\ \dfrac{\partial x}{\partial b} & \dfrac{\partial y}{\partial b} & \dfrac{\partial z}{\partial b}\\ \dfrac{\partial x}{\partial c} & \dfrac{\partial y}{\partial c} & \dfrac{\partial z}{\partial c} \end{vmatrix}.\,da\,db\,dc=\Theta\,da\,db\,dc;$$

die Konstanz von $\varrho\, dk$ kommt sonach auf die Gleichung

$$105'')\quad \varrho\,\Theta=\text{Const.}\,(t),$$

oder, wenn ϱ konstant ist, auf

$$105''')\quad \Theta=\text{Const.}\,(t)$$

heraus. Der Fall $\Theta=0$ ist hierbei ausgeschlossen.

Die Begrenzung der Flüssigkeit enthält nach S. 218 immer dieselben Teilchen; denkt man also ihre Gleichung in x, y, z und t ausgedrückt, so muß bei Einführung der Werte von x, y, z in a, b, c und t letzteres aus der Formel für die Oberfläche der Flüssigkeit herausfallen, und diese sich in eine Gleichung zwischen a, b und c verwandeln. Daher ist es vorteilhaft, über die Größen a, b, c so zu verfügen, daß das Konstantsetzen einer von ihnen die Gleichung der Begrenzung giebt.

Neben dieser Bedingung ist in der Grenze zwischen zwei Flüssigkeiten h und k noch die weitere zu erfüllen, daß dort $\overline{p_k}-\overline{p_h}=p_{hk}$

sein muß; gleiches gilt für etwaige Unstetigkeitsflächen und für freie Oberflächen.

Die vorstehenden Formeln, welche anscheinend in allen den Fällen Vorteile bieten, wo die Oberfläche der Flüssigkeit veränderlich ist, sind erst in sehr wenig Fällen integriert worden, von denen der interessanteste Wellen von endlicher Höhe an der Oberfläche einer schweren Flüssigkeit liefert[62]). Auch für die Gewinnung allgemeiner Sätze, wie sie S. 268 bis 271 abgeleitet sind, bieten sie gegenüber den dort benutzten Formeln (43) besondere Vorteile nicht. —

Multipliziert man die Gleichungen (104''') mit dt und integriert sie zwischen Grenzen $t = 0$ und $t = t_1$, so erhält man nach geeigneter Umformung des zweiten Gliedes durch teilweise Integration, wenn man

$$\int_0^t (\Pi + \Phi - \tfrac{1}{2} V^2)\, dt = \Omega' \tag{106}$$

setzt:

$$\frac{\partial \Omega'}{\partial a} + \left| \frac{dx}{dt}\frac{\partial x}{\partial a} + \frac{dy}{dt}\frac{\partial y}{\partial a} + \frac{dz}{dt}\frac{\partial z}{\partial a} \right|_0^t = 0, \tag{106'}$$

. . . .

Verfügt man über a, b, c spezieller so, daß sie den Anfangswerten von x, y, z gleich werden, und nennt die korrespondierenden Anfangswerte der Geschwindigkeitskomponenten resp. u_0', v_0', w_0', so erhält man für die untere Grenze

$$\frac{dx}{dt} = u_0', \quad \frac{dy}{dt} = v_0', \quad \frac{dz}{dt} = w_0', \quad \frac{\partial x}{\partial a} = 1, \quad \frac{\partial x}{\partial b} = 0, \quad \frac{\partial x}{\partial c} = 0 \text{ u. s. f.}$$

und für die Gleichungen (106') daher die Form:

$$\left.\begin{aligned} u_0' &= \frac{\partial \Omega'}{\partial a} + \frac{dx}{dt}\frac{\partial x}{\partial a} + \frac{dy}{dt}\frac{\partial y}{\partial a} + \frac{dz}{dt}\frac{\partial z}{\partial a}, \\ v_0' &= \frac{\partial \Omega'}{\partial b} + \frac{dx}{dt}\frac{\partial x}{\partial b} + \frac{dy}{dt}\frac{\partial y}{\partial b} + \frac{dz}{dt}\frac{\partial z}{\partial b}, \\ w_0' &= \frac{\partial \Omega'}{\partial c} + \frac{dx}{dt}\frac{\partial x}{\partial c} + \frac{dy}{dt}\frac{\partial y}{\partial c} + \frac{dz}{dt}\frac{\partial z}{\partial c}. \end{aligned}\right\} \tag{106''}$$

Zu diesen Formeln, welche wie die Euler'schen (43) vom zweiten Grade und der ersten Ordnung sind, kommen die Gleichungen (104'') und (105'') hinzu, um das Problem vollständig zu bestimmen; sie sind von H. Weber[63]) gegeben, aber zu speziellen Folgerungen noch nicht benutzt worden.

IV. Kapitel.

Elasticität und Akustik.

§ 17. Das Gesetz der elastischen Kräfte.

Ein Körper heißt elastisch, wenn in ihm eine von einem beliebigen Anfangszustand ausgehende Deformation Spannungen erregt, welche diese Deformation rückgängig zu machen streben; er heißt vollkommen elastisch, wenn bei konstanter Temperatur der Spannungszustand allein von dem augenblicklichen Deformationszustand abhängt und die Spannungen nur mit den Deformationen verschwinden.

Bedeuten, wie in § 1, u, v, w die Komponenten der die Deformation bewirkenden Verschiebung eines Punktes mit den Anfangskoordinaten x, y, z, so ist nach S. 213 der Deformationszustand eines geeignet um den Punkt x, y, z abgegrenzten Bereiches B vollkommen bestimmt durch die sechs Deformationsgrößen

107) $$\left\{ \begin{array}{c} x_x = \frac{\partial u}{\partial x}, \quad y_y = \frac{\partial v}{\partial y}, \quad z_z = \frac{\partial w}{\partial z}, \\ y_z = \frac{\partial v}{\partial z} + \frac{\partial w}{\partial y}, \quad z_x = \frac{\partial w}{\partial x} + \frac{\partial u}{\partial z}, \quad x_y = \frac{\partial u}{\partial y} + \frac{\partial v}{\partial x}. \end{array} \right.$$

Von diesen stellen, wie S. 216 gesagt, die drei ersten die lineären Dilatationen, die drei letzten die Winkeländerungen für drei zu den Axen X, Y, Z parallele Richtungen innerhalb des Bereiches B dar.

Bezeichnen wir, wie in § 2, die Komponenten der gegen ein Flächenelement mit der inneren Normale n wirkenden Druckkraft P_n mit X_n, Y_n, Z_n, so ist nach S. 225, bei Ausschluß von auf die kleinsten Teile wirkenden Drehungsmomenten, der Spannungszustand des Bereiches B vollständig bestimmt durch die sechs Druckkomponenten

107') $$X_x, \; Y_y, \; Z_z, \; Y_z, \; Z_x, \; X_y,$$

welche gegen Flächenelemente normal zu den Koordinatenaxen wirken.

Soll also der Spannungszustand des Körpers nur von dem augenblicklichen Deformationszustand abhängen, so müssen die sechs Druckkomponenten (107') an jeder Stelle im allgemeinsten Falle Funktionen der sechs Deformationsgrößen (107) im ganzen Körper sein.

Die denkbar einfachste Annahme ist nun offenbar, daß der Spannungszustand innerhalb B von der Deformation allein des Bereiches B abhängt, und weiter, daß die Beziehungen zwischen den Druckkomponenten und den Deformationsgrößen lineäre sind. Demgemäß machen wir als erste Annäherung den Ansatz

$$\left.\begin{array}{l} -X_x = c_{11}x_x + c_{12}y_y + c_{13}z_z + c_{14}y_z + c_{15}z_x + c_{16}x_y, \\ -Y_y = c_{21}x_x + c_{22}y_y + c_{23}z_z + c_{24}y_z + c_{25}z_x + c_{26}x_y, \\ \dots\dots\dots\dots\dots\dots\dots\dots \end{array}\right\} \quad 107'')$$

Die Koeffizienten c_{hk} heißen die Elasticitätskonstanten der Substanz; in nicht homogenen Körpern betrachten wir sie als stetige Funktionen der Koordinaten.

Löst man die vorstehenden Gleichungen nach den $x_x \dots$ auf, so erhält man

$$\left.\begin{array}{l} -x_x = s_{11}X_x + s_{12}Y_y + s_{13}Z_z + s_{14}Y_z + s_{15}Z_x + s_{16}X_y, \\ -y_y = s_{21}X_x + s_{22}Y_y + s_{23}Z_z + s_{24}Y_z + s_{25}Z_x + s_{26}X_y, \\ \dots\dots\dots\dots\dots\dots\dots\dots \end{array}\right\} \quad 107''')$$

worin die Koeffizienten s_{hk}, weil sie die hauptsächlichsten der beobachtbaren elastischen Veränderungen messen, die Elasticitätsmoduln genannt werden.

Diese Formeln gelten, wie vorausgeschickt, nur dann, wenn die Temperatur bei der Deformation sich nicht ändert. Die Drucke $X_x, \dots X_y$ sind dabei die durch die Deformationen $x_x, \dots x_y$ erregten, aber nicht immer die gesamten vorhandenen; bei Gasen z. B. ist notwendig vor der Deformation bereits ein von Null verschiedener Anfangswert $X_x^0 = Y_y^0 = Z_z^0 = p^0$ vorhanden, zu dem sich die obigen Größen addieren.

Die Anzahl der Konstanten und Moduln reduziert sich ganz allgemein, wenn man die Annahme einführt, daß auch auf die elastischen Körper die Energiegleichung anwendbar ist.

Nach den auf S. 228 und 229 abgeleiteten Formeln wird der Zuwachs der Energie eines elastischen Körpers in der Zeiteinheit gegeben durch den Ausdruck

$$\left.\begin{array}{l} \dfrac{dE}{dt} = \displaystyle\int dk \Big[\tfrac{1}{2}\varrho \frac{dV^2}{dt} - \Big(X_x \frac{\partial x_x}{\partial t} + Y_y \frac{\partial y_y}{\partial t} + Z_z \frac{\partial z_z}{\partial t} \\ \qquad\qquad + Y_z \dfrac{\partial y_z}{\partial t} + Z_x \dfrac{\partial z_x}{\partial t} + X_y \dfrac{\partial x_y}{\partial t}\Big)\Big]. \end{array}\right\} \quad 108)$$

Damit der Ausdruck rechts ein Differential einer nur vom augenblicklichen Zustand abhängigen Funktion, eben der Energie, nach der Zeit sei, ist erforderlich, daß die Druckkomponenten Differentialquotienten einer Funktion der sechs Deformationsgrößen, nämlich des elastischen Potentiales φ der Volumeneinheit, nach ihren Argumenten sind, also die Formeln gelten

108′)
$$\begin{cases} X_x = -\dfrac{\partial \varphi}{\partial x_x}, \quad Y_y = -\dfrac{\partial \varphi}{\partial y_y}, \quad Z_z = -\dfrac{\partial \varphi}{\partial z_z}, \quad Y_z = -\dfrac{\partial \varphi}{\partial y_z}, \\ Z_x = -\dfrac{\partial \varphi}{\partial z_x}, \quad X_y = -\dfrac{\partial \varphi}{\partial x_y}, \end{cases}$$

woraus folgt, daß sein muß

108″)
$$\frac{\partial Y_y}{\partial z_z} = \frac{\partial Z_z}{\partial y_y}, \quad \frac{\partial Z_z}{\partial x_x} = \frac{\partial X_x}{\partial z_z}, \quad \frac{\partial X_x}{\partial y_y} = \frac{\partial Y_y}{\partial x_x}, \quad \frac{\partial Y_z}{\partial x_x} = \frac{\partial X_x}{\partial y_z}, \ldots$$

Setzt man in (108) die Werte (107‴) der Deformationsgrößen und die Werte (107″) der Druckkomponenten ein, so kann man den Zuwachs der Energie in der Zeiteinheit auch schreiben

109)
$$\begin{cases} \dfrac{dE}{dt} = \displaystyle\int dk \Big[\tfrac{1}{2}\varrho \dfrac{dV^2}{dt} - \Big(x_x \dfrac{\partial X_x}{\partial t} + y_y \dfrac{\partial Y_y}{\partial t} + z_z \dfrac{\partial Z_z}{\partial t} \\ \qquad + y_z \dfrac{\partial Y_z}{\partial t} + z_x \dfrac{\partial Z_x}{\partial t} + x_y \dfrac{\partial X_y}{\partial t}\Big)\Big]; \end{cases}$$

vergleicht man dies mit der Formel (108), so erkennt man, daß, falls φ' den Wert von φ bezeichnet, wenn darin die Deformationsgrößen nach (107‴) durch die Druckkomponenten ausgedrückt sind, auch

109′)
$$\begin{cases} x_x = -\dfrac{\partial \varphi'}{\partial X_x}, \quad y_y = -\dfrac{\partial \varphi'}{\partial Y_y}, \quad z_z = -\dfrac{\partial \varphi'}{\partial Z_z}, \\ y_z = -\dfrac{\partial \varphi'}{\partial Y_z}, \quad z_x = -\dfrac{\partial \varphi'}{\partial Z_x}, \quad x_y = -\dfrac{\partial \varphi'}{\partial X_y} \end{cases}$$

sein muß, woraus dann folgt

109″)
$$\frac{\partial y_y}{\partial Z_z} = \frac{\partial z_z}{\partial Y_y}, \quad \frac{\partial z_z}{\partial X_x} = \frac{\partial x_x}{\partial Z_z}, \quad \frac{\partial x_x}{\partial Y_y} = \frac{\partial y_y}{\partial X_x}, \quad \frac{\partial y_z}{\partial X_x} = \frac{\partial x_x}{\partial Y_z}, \ldots$$

Diese je fünfzehn Gleichungen (108″) und (109″) ergeben, mit den obigen Ansätzen (107″) und (107‴) verbunden, je fünfzehn Beziehungen von der Form

110)
$$c_{hk} = c_{kh}, \quad s_{hk} = s_{kh},$$

und reduzieren so die Anzahl der unabhängigen Elasticitätskonstanten und -moduln im allgemeinsten Falle je von 36 auf 21.

Für das Potential φ der Volumeneinheit erhält man zugleich die allgemeine Beziehung

$$-2\varphi = X_x x_x + Y_y y_y + Z_z z_z + Y_z y_z + Z_x z_x + X_y x_y, \qquad 110')$$

für die Energie ε der Volumeneinheit, falls ψ die lebendige Kraft derselben bezeichnet,

$$\varepsilon = \psi + \varphi. \qquad 110'')$$

Weitere Reduktionen treten ein, wenn der elastische Körper ein homogener Krystall ist, welcher Symmetrien besitzt, und ein spezielles, das Hauptaxensystem, eingeführt wird. Hier kommen die auf S. 217 und S. 225 angegebenen Eigenschaften der Deformationsgrößen und der Druckkomponenten zur Geltung, daß resp.

$$x_x, \quad y_y, \quad z_z, \quad y_z/\sqrt{2}, \quad z_x/\sqrt{2}, \quad x_y/\sqrt{2}$$

und

$$X_x, \quad Y_y, \quad Z_z, \quad Y_z\sqrt{2}, \quad Z_x\sqrt{2}, \quad X_y\sqrt{2}$$

sich bei Einführung anderer Koordinatensysteme transformieren, wie die Aggregate von Vektorkomponenten

$$X^2, \quad Y^2, \quad Z^2, \quad YZ\sqrt{2}, \quad ZX\sqrt{2}, \quad XY\sqrt{2}.$$

Daraus folgt dann, daß man die aus (107'') gebildeten Formeln

$$\left.\begin{array}{l}
-X_x = c_{11} x_x + c_{12} y_y + c_{13} z_z + c_{14}\sqrt{2}\,\dfrac{y_z}{\sqrt{2}} + c_{15}\sqrt{2}\,\dfrac{z_x}{\sqrt{2}} + c_{16}\sqrt{2}\,\dfrac{x_y}{\sqrt{2}}, \\
\dots\dots\dots\dots\dots\dots\dots\dots\dots\dots \\
-Y_z\sqrt{2} = c_{41}\sqrt{2}\,x_x + c_{42}\sqrt{2}\,y_y + c_{43}\sqrt{2}\,z_z + c_{44}\,2\dfrac{y_z}{\sqrt{2}} + c_{45}\,2\dfrac{z_x}{\sqrt{2}} + c_{46}\,2\dfrac{x_y}{\sqrt{2}}, \\
\dots\dots\dots\dots\dots\dots\dots\dots\dots\dots
\end{array}\right\} \qquad 111)$$

ohne weiteres nach dem Schema IV auf S. 143 für die verschiedenen Krystallgruppen spezialisieren kann; es steht nur beispielweise c_{11} an Stelle von $\mathfrak{c}_{11}$, $c_{14}\sqrt{2}$ an Stelle von $\mathfrak{c}_{14}$, $2c_{44}$ an Stelle von $\mathfrak{c}_{44}$.

Analoges gilt für die aus (107''') gebildeten Formeln

$$\left.\begin{array}{l}
-x_x = s_{11} X_x + s_{12} Y_y + s_{13} Z_z + \dfrac{s_{14}}{\sqrt{2}} Y_z\sqrt{2} + \dfrac{s_{15}}{\sqrt{2}} Z_x\sqrt{2} + \dfrac{s_{16}}{\sqrt{2}} X_y\sqrt{2}, \\
\dots\dots\dots\dots\dots\dots\dots\dots\dots\dots \\
-\dfrac{y_z}{\sqrt{2}} = \dfrac{s_{41}}{\sqrt{2}} X_x + \dfrac{s_{42}}{\sqrt{2}} Y_y + \dfrac{s_{43}}{\sqrt{2}} Z_z + \dfrac{s_{44}}{2} Y_z\sqrt{2} + \dfrac{s_{45}}{2} Z_x\sqrt{2} + \dfrac{s_{46}}{2} X_y\sqrt{2}, \\
\dots\dots\dots\dots\dots\dots\dots\dots\dots\dots
\end{array}\right\} \qquad 111')$$

in denen beispielsweise s_{11} an Stelle von $\mathfrak{c}_{11}$, $s_{14}/\sqrt{2}$ an Stelle von $\mathfrak{c}_{14}$, $s_{44}/2$ an Stelle von $\mathfrak{c}_{44}$ steht.

Wir werden im folgenden fast alle auf Krystalle bezüglichen Untersuchungen an die allgemeinsten Formelsysteme (107″) resp. (107‴) anknüpfen, also die speziellen Gestalten, welche jene annehmen können, nicht benutzen.

Doch ist die eine Bemerkung mehrfach von Interesse, daß, wenn die Z-Koordinatenaxe eine zweizählige Symmetrieaxe ist, von den Konstanten c_{hk} und von den Moduln s_{hk} die mit den Indices

111″) (14), (24), (34), (64) und (15), (25), (35), (65)

verschwinden, und daß, wenn die Zähligkeit der Axe höher ist, als zwei, außer anderen Relationen jederzeit die gelten, daß

111‴) $$\begin{cases} c_{13} = c_{23}, \; c_{11} = c_{22}, \; c_{44} = c_{55}, \; c_{45} = 0, \\ s_{13} = s_{23}, \; s_{11} = s_{22}, \; s_{44} = s_{55}, \; s_{45} = 0. \text{ —} \end{cases}$$

Häufig macht es das spezielle Problem wünschenswert, neben dem Hauptkoordinatensystem X, Y, Z noch ein anderes Ξ, H, Z einzuführen; dann handelt es sich um die Transformation des elastischen Potentiales in die neuen Koordinaten. Seien die Koeffizienten der Transformation durch das Schema

112)

	ξ	η	ζ
x	α_1	β_1	γ_1
y	α_2	β_2	γ_2
z	α_3	β_3	γ_3

gegeben, und seien die Deformationsgrößen $x_x, \dots x_y$ kurz mit $p_1, \dots p_6$, die analogen $\xi_\xi, \dots \xi_\eta$ mit $\pi_1 \dots \pi_6$ bezeichnet, dann ist das elastische Potential in der ursprünglichen Form φ gegeben durch

$$2\varphi = \sum_h \sum_k c_{hk} p_h p_k,$$

in der transformierten durch

$$2\varphi' = \sum_m \sum_n \gamma_{mn} \pi_m \pi_n,$$

wobei alle Summen Σ von 1 bis 6 zu erstrecken sind.

Ist dabei

$$p_h = \sum_m \pi_m \delta_{hm}, \quad \pi_m = \sum_k p_k d_{kn},$$

worin δ_{hm} und d_{kn} die nach der Regel auf S. 333 sogleich angebbaren Transformationskoeffizienten für die Deformationsgrößen bezeichnen, so findet sich

$$\begin{aligned} 2\varphi &= \sum_h \sum_k c_{hk} \sum_m \pi_m \delta_{hm} \sum_n \pi_n \delta_{kn} \\ &= \sum_m \sum_n \pi_m \pi_n \sum_h \sum_k c_{hk} \delta_{hm} \delta_{kn}, \end{aligned}$$

woraus der Wert der abgeleiteten Elasticitätskonstante γ_{mn} sich ergiebt zu

$$\gamma_{mn} = \sum_h \sum_k c_{hk} \delta_{hm} \delta_{kn}; \qquad 112')$$

dem entspricht umgekehrt

$$c_{hk} = \sum_m \sum_n \gamma_{mn} d_{hm} d_{kn}.$$

Ganz ebenso läßt sich die Transformation der Moduln ausführen. Man hat, falls $X_x, \dots X_y$ kurz durch $P_1, \dots P_6$, analog $\Xi_x, \dots \Xi_y$ durch $\Pi_1, \dots \Pi_6$ bezeichnet wird,

$$2\varphi = \sum_h \sum_k s_{hk} P_h P_k = \sum_m \sum_n \sigma_{mn} \Pi_m \Pi_n;$$

dabei gilt, wie nach S. 333 leicht zu erkennen,

$$P_h = \sum_m \Pi_m d_{hm}, \quad \Pi_n = \sum_k P_k \delta_{kn},$$

und hieraus folgt

$$2\varphi = \sum_h \sum_k s_{hk} \sum_m \Pi_m d_{hm} \sum_n \Pi_n d_{kn}$$
$$= \sum_m \sum_n \Pi_m \Pi_n \sum_h \sum_k s_{hk} d_{hm} d_{kn},$$

also

$$\sigma_{mn} = \sum_h \sum_k s_{hk} d_{hm} d_{kn}, \text{ ebenso } s_{hk} = \sum_m \sum_n \sigma_{mn} \delta_{hm} \delta_{kn}. — \qquad 112'')$$

Die Elasticitätsmoduln s_{hk} lassen sich anschaulich deuten, wenn man die Gleichungen (14) und (14''') für das Gleichgewicht nichtstarrer Körper benutzt, wo sie lauten:

$$\varrho X = \frac{\partial X_x}{\partial x} + \frac{\partial X_y}{\partial y} + \frac{\partial X_z}{\partial z}, \qquad 113)$$

. . . .

$$\overline{X} + \overline{X}_n = \overline{Y} + \overline{Y}_n = \overline{Z} + \overline{Z}_n = 0. \qquad 113')$$

Man kann aus ihnen nämlich schließen, daß für ein rechteckiges Prisma, dessen Flächen den Koordinatenebenen parallel sind, und das keinen körperlichen Kräften, sondern nur Oberflächendrucken von für jede Fläche konstanter Größe und Richtung ausgesetzt ist, die inneren Spannungen $X_x, \dots X_y$ sämtlich konstant sind und sich nach den Gleichungen (113') durch die Oberflächendrucke bestimmen. Man kann über diese jederzeit so verfügen, daß von allen sechs Spannungen $X_x, \dots X_y$ nur je eine von Null verschieden ist, und daher in den Gleichungen (107''') für die Deformationen je nur ein Glied übrig bleibt.

So liefert ein normaler Zug $\pm A$, auf die Einheit der beiden Prismenflächen, welche normal zur X-Axe stehen, ausgeübt, $X_x = -A$ und demgemäß

113″) $$\begin{cases} x_x = s_{11}A, & y_y = s_{12}A, & z_z = s_{13}A, \\ y_z = s_{14}A, & z_x = s_{15}A, & x_y = s_{16}A, \end{cases}$$

woraus also sogleich die s_{1h} sich als die Moduln der linearen Dilatationen und der Winkeländerungen bei dem Zug parallel der X-Axe ergeben. Gleicher Weise deuten sich die s_{2h} und s_{3h}.

Für die Interpretation der übrigen muß man auf je zwei Flächenpaare tangentiale Kräfte wirken lassen, so auf die, deren äußere Normale die $\pm Z$-Axe ist, eine Kraft F pro Flächeneinheit parallel der $\mp Y$-Axe und umgekehrt. Dann ist $Y_z = Z_y = -F$ und es wird

113‴) $$\begin{cases} x_x = s_{41}F, & y_y = s_{42}F, & z_z = s_{43}F, \\ y_z = s_{44}F, & z_x = s_{45}F, & x_y = s_{46}F; \end{cases}$$

daher stellen sich die s_{4h} als die Moduln der Axendilatationen und Axenwinkeländerungen bei tangentialen Drucken F heraus.

Dabei ist erkennbar, daß die Moduln der Axenwinkeländerungen bei normalen Drucken und die Moduln der Axendilatationen bei tangentialen Drucken in engster Beziehung stehen.

Wirken parallel der X-, Y- und Z-Axe gleichzeitig gleiche Drucke von der auf die Flächeneinheit bezogenen Größe p, so wird die räumliche Dilatation

113⁗) $$\vartheta = (x_x + y_y + z_z) = -p(s_{11} + s_{22} + s_{33} + 2(s_{23} + s_{31} + s_{12})).$$

Da ϑ eine Invariante ist, so muß gleiches von dem Aggregat der Moduln s_{hk} rechts gelten; dasselbe giebt den Modul der räumlichen Kompression bei allseitig gleichem Druck an und behält, ebenso wie die ganze Formel (113⁗), ihre Bedeutung, wie weiter unten gezeigt werden wird, auch bei beliebiger Form des dem allseitigen Druck p ausgesetzten Körpers.

Die Elasticitätskonstanten gestatten im Anschluß an die Formeln (107″) gleichfalls eine Deutung, nämlich durch die Gesamtheit der äußeren Drucke, welche erforderlich sind, um eine einzige Axendilatation oder Axenwinkeländerung hervorzubringen; aber diese Interpretation ist minder anschaulich, als die für die Moduln nach obigem mögliche. —

Die Dimensionen der Elasticitätskonstanten sind gegeben durch

114) $$[c_{hk}] = ml^{-1}t^{-2},$$

die der Moduln durch

114′) $$[s_{hk}] = m^{-1}lt^2.$$

Beide werden seltener im (cm, gr, sec) System angegeben, sondern, da sie meist durch Beobachtungen gefunden werden, bei denen Gewichte die wirkenden Kräfte repräsentieren, in einem eignen System, in welchem das Kilogramm die Krafteinheit, das Millimeter die Längeneinheit ist. Es geht dann der Zahlwert c_φ resp. s_φ in physikalischen Einheiten aus dem c_τ resp. s_τ in diesen technischen hervor gemäß der Beziehung

$$c_\varphi = 98{,}1 . 10^6 c_\tau, \quad s_\varphi = \frac{s_\tau}{98{,}1} . 10^{-6}. \text{ —} \qquad 114'')$$

Wenn nun auch, wie oben gesagt, die folgenden Entwickelungen bezüglich der Krystallgruppen meist durchaus allgemein gehalten, also keine speziellen vereinfachenden Annahmen über ihre Symmetrieverhältnisse eingeführt werden sollen, so erscheint doch mitunter die Anwendung oder Beschränkung der Betrachtungen auf isotrope Körper erwünscht.

Für diese nehmen die Formeln (107'') und (107''') nach dem Schema auf S. 144 die spezielle Gestalt an:

$$\left.\begin{aligned}
-X_x &= c x_x + c_1 y_y + c_1 z_z = c_2 x_x + c_1 \vartheta,\\
-Y_y &= c_1 x_x + c y_y + c_1 z_z = c_2 y_y + c_1 \vartheta,\\
-Z_z &= c_1 x_x + c_1 y_y + c z_z = c_2 z_z + c_1 \vartheta,\\
-Y_z &= -Z_y = \tfrac{1}{2}(c - c_1) y_z = \tfrac{1}{2} c_2 y_z,\\
-Z_x &= -X_z = \tfrac{1}{2}(c - c_1) z_x = \tfrac{1}{2} c_2 z_x,\\
-X_y &= -Y_x = \tfrac{1}{2}(c - c_1) x_y = \tfrac{1}{2} c_2 x_y;
\end{aligned}\right\} \qquad 115)$$

und

$$\left.\begin{aligned}
-x_x &= s X_x + s_1 Y_y + s_1 Z_z = s_2 X_x + s_1 \Theta,\\
-y_y &= s_1 X_x + s Y_y + s_1 Z_z = s_2 Y_y + s_1 \Theta,\\
-z_z &= s_1 X_x + s_1 Y_y + s Z_z = s_2 Z_z + s_1 \Theta,\\
-y_z &= -z_y = 2(s - s_1) Y_z = 2 s_2 Y_z,\\
-z_x &= -x_z = 2(s - s_1) Z_x = 2 s_2 Z_x,\\
-x_y &= -y_x = 2(s - s_1) X_y = 2 s_2 X_y.
\end{aligned}\right\} \qquad 115')$$

Hierin ist kurz $X_x + Y_y + Z_z = \Theta$ gesetzt.

Diese Formeln zeigen, daß bei isotropen Medien die tangentialen Druckkomponenten Y_z, Z_x, X_y mit den Winkeländerungen y_z, z_x, x_y gleichzeitig verschwinden; bei ihnen fallen also auch nach S. 215 und S. 226 die Hauptdruckaxen X^0, Y^0, Z^0 und die Hauptdilatationsaxen X_0, Y_0, Z_0 zusammen, was bei krystallinischen Medien im allgemeinen keineswegs stattfindet.

Aus den Systemen (115) und (115') folgt sogleich der Wert des elastischen Potentiales φ der Volumeneinheit

$$2\varphi = c_1 \vartheta^2 + c_2 \left(x_x^{\,2} + y_y^{\,2} + z_z^{\,2} + \tfrac{1}{2}(y_z^{\,2} + z_x^{\,2} + x_y^{\,2})\right),$$

oder kürzer

115'') $$2\varphi = c_1 \vartheta^2 + c_2 \vartheta';$$

ähnlich bei Einführung der Druckkomponenten

$$2\varphi' = s_1 \Theta^2 + s_2 (X_x^2 + Y_y^2 + Z_z^2 + 2(Y_z^2 + Z_x^2 + X_y^2)),$$

oder kurz

115''') $$2\varphi' = s_1 \Theta^2 + s_2 \Theta'.$$

Diese Resultate stehen in Übereinstimmung mit der Forderung, daß φ vom Koordinatensystem unabhängig sein muß; denn ϑ resp. Θ ist die erste, $\frac{1}{2}(\vartheta^2 - \vartheta')$ resp. $\frac{1}{2}(\Theta^2 - \Theta')$ die zweite der in den Formeln (5') resp. (15'') angegebenen Invarianten.

Für ideale Flüssigkeiten ist nach S. 233

116) $$Y_z = Z_x = X_y = 0, \quad X_x = Y_y = Z_z = p,$$

also

116') $$c = c_1, \quad p = -c\vartheta; \quad 2\varphi = -p\vartheta = +c\vartheta^2;$$

für Gase wird noch spezieller wegen der Gültigkeit des Boyle'schen Gesetzes, welches aussagt, daß bei konstanter Temperatur das Produkt aus Druck und Volumen konstant ist, die einzige Konstante

116'') $$c = p^0,$$

d. h. gleich dem Anfangsdruck, unter dem das Gas vor der Deformation stand.

Die vorstehenden Entwickelungen gelten, wie ausdrücklich hervorgehoben, nur, wenn die Deformation ohne Temperaturänderung vor sich geht, ein Fall, der bei Problemen des Gleichgewichtes meist nahe realisiert ist, weil hier die infolge der Deformationen immer auftretenden Temperaturdifferenzen Zeit haben, sich auszugleichen.

Ist dies nicht der Fall, so kompliziert das Problem sich erheblich und ist überhaupt nicht ohne Rücksicht auf Wärmeleitung und Strahlung zu behandeln; wir werden uns im nächsten Teile damit beschäftigen.

Nur in einem speziellen Falle ist von jenen Wirkungen abzusehen, nämlich dann, wenn die Deformationen so schnell, etwa periodisch, wechseln, daß ein Temperaturausgleich von irgend welchem Belang nicht eintreten kann. Dann gelten, wie die späteren Entwickelungen zeigen werden, Formeln von genau derselben Gestalt, wie (107'') und (107'''), aber mit anderen Werten der Konstanten und Modulen. Man nennt im Gegensatz zu den früheren isothermischen dieselben adiabatische.

Der Unterschied beider Arten von Konstanten, der im nächsten Teil theoretisch bestimmt werden wird, ist bei festen und tropfbarflüssigen Körpern kaum merklich, hingegen bei Gasen sehr beträchtlich; wir werden ihn demgemäß hier auch nur bei letzteren ausdrücklich berücksichtigen. —

Der Ansatz (107″) für die Komponenten der inneren oder elastischen Drucke ist, wie gesagt, nur als eine erste Annäherung zu betrachten, die allerdings in den bei weitem meisten und wichtigsten Fällen die Beobachtungen mit genügender Genauigkeit darstellt. Indessen ist in einzelnen Fällen eine weitere Annäherung dadurch gefordert, daß die Erfahrung Abweichungen von der Proportionalität zwischen den Drucken und den Deformationsgrößen erwiesen hat; um ihnen Rechnung zu tragen, hat man den Ansatz (107″) durch Glieder, welche Potenzen und Produkte der Deformationsgrößen enthalten, zu erweitern. Die ganze Betrachtung kompliziert sich hierdurch bedeutend und die strenge Durchführung spezieller Probleme stößt auf nahezu unüberwindliche Schwierigkeiten.

Relativ einfach gestaltet sich die Erweiterung der Theorie in dem angedeuteten Sinne bei isotropen Körpern[64]), weil, wie auf Seite 215 bewiesen ist, nur drei voneinander unabhängige Invarianten der Deformationsgrößen existieren, nämlich außer den oben schon benutzten ϑ und ϑ' noch

$$\vartheta'' = x_x y_y z_z + \tfrac{1}{4}(y_z z_x x_y - x_x y_z^2 - y_y z_x^2 - z_z x_y^2). \qquad 117)$$

Will man also das elastische Potential isotroper Körper (115″) durch Glieder höheren Grades erweitern, so können dieselben nur ganze Funktionen von ϑ, ϑ', ϑ'' sein.

Beschränkt man sich auf Glieder dritten Grades und bezeichnet mit c_1', c_2', c_3' drei Ergänzungskonstanten, so wird φ gegeben sein durch

$$2\varphi = c_1\,\vartheta^2 + c_2\,\vartheta' + c_1'\,\vartheta^3 + c_2'\,\vartheta\,\vartheta' + c_3'\,\vartheta''. \qquad 117')$$

Auch die Gestalt, welche das elastische Potential φ in der angegebenen Erweiterung bei Einführung der Druckkomponenten annimmt, läßt sich leicht angeben, weil, wie S. 226 bewiesen,

$$\Theta'' = X_x Y_y Z_z + 2\,Y_z Z_x X_y - X_x Y_z^2 - Y_y Z_x^2 - Z_z X_y^2 \qquad 117'')$$

für sie die einzige Invariante dritten Grades ist. Man kann daher schreiben

$$2\varphi' = s_1\,\Theta^2 + s_2\,\Theta' + s_1'\,\Theta^3 + s_2'\,\Theta\,\Theta' + s_3'\,\Theta'', \qquad 117''')$$

wo sich die Ergänzungsmoduln s_1', s_2', s_3' leicht durch Annäherung aus den Elasticitätskonstanten berechnen lassen.

Diese Erweiterung betrifft die eine der Seite 329 gemachten Annahmen, nämlich den linearen Zusammenhang zwischen Druckkomponenten und Deformationsgrößen; aber auch bezüglich der anderen wäre denkbar, daß die Erfahrung eine Korrektion verlangte, dahingehend, daß nicht nur der Deformationszustand in der nächsten Umgebung B eines Punktes die dort stattfindenden Spannungen bestimmte, sondern ein größeres Bereich in Betracht zu ziehen wäre. Dies würde darauf hinauskommen, daß in den Gleichungen (3) noch höhere, wie die in ξ, η, ζ linearen Glieder als für die Deformation maßgebend zu betrachten wären.

Eine Ausdehnung der Theorie nach dieser Richtung hin ist allgemein noch nicht vorgenommen worden.

§ 18. Eindeutigkeit des elastischen Problems.

Mit den vorstehend abgeleiteten Formeln für die elastischen Drucke sind, um das Problem des Gleichgewichtes oder der Bewegung eines Systemes elastischer Körper zu umfassen, die allgemeinen Gleichungen (14) und (14‴) für die Abhängigkeit dieser Drucke von körperlichen und Oberflächenkräften und die allgemeinen Bedingungen (9″) resp. (9‴) für die Verrückungen in der Grenze zweier nichtstarrer Körper zu verbinden.

Das System der Hauptgleichungen (14), welches für jeden inneren Punkt des körperlichen Systems gilt, nimmt, wenn man wegen der Kleinheit der Verrückungen in den ausführlichen Werten von d^2u/dt^2, d^2v/dt^2, d^2w/dt^2 die Glieder zweiter Ordnung vernachlässigt, die Gestalt an

$$118)\quad \begin{cases} \varrho\dfrac{\partial^2 u}{\partial t^2} = X' - \dfrac{\partial X_x}{\partial x} - \dfrac{\partial X_y}{\partial y} - \dfrac{\partial X_z}{\partial z}, \\[2ex] \varrho\dfrac{\partial^2 v}{\partial t^2} = Y' - \dfrac{\partial Y_x}{\partial x} - \dfrac{\partial Y_y}{\partial y} - \dfrac{\partial Y_z}{\partial z}, \\[2ex] \varrho\dfrac{\partial^2 w}{\partial t^2} = Z' - \dfrac{\partial Z_x}{\partial x} - \dfrac{\partial Z_y}{\partial y} - \dfrac{\partial Z_z}{\partial z}; \end{cases}$$

in ihm bezeichnen die X', Y', Z' die auf die Volumeneinheit bezogenen Komponenten der wirkenden körperlichen Kräfte, die, falls letztere mit den Massen proportional sind, wie S. 221 gezeigt, mit ϱX, ϱY, ϱZ vertauscht werden können.

Die Bedingungen für die äußere Begrenzung des Systems lauten verschieden je nach den dort obwaltenden Umständen.

Eine erste Klasse von Oberflächenelementen bilden diejenigen, längs deren alle Verrückungskomponenten (etwa gleich Null) vorgeschrieben sind; hier setzen wir

$$\bar{u} = u_o, \quad \bar{v} = v_o, \quad \bar{w} = w_o, \tag{118'}$$

indem wir mit u_o, v_o, w_o gegebene stetige Funktionen des Ortes und der Zeit bezeichnen.

Andere Oberflächenelemente mögen nach Richtung und Größe gegebene Drucke erleiden; hier gilt also

$$\bar{X}_n + \bar{X} = \bar{Y}_n + \bar{Y} = \bar{Z}_n + \bar{Z} = 0, \tag{118''}$$

worin $\bar{X}, \bar{Y}, \bar{Z}$ als Funktionen des Ortes und der Zeit gegebene Größen bezeichnen. Ist die gesamte äußere Begrenzung des Systemes von dieser Art, so müssen im Falle des Gleichgewichts die gewöhnlichen sechs Gleichgewichtsbedingungen durch die X', Y', Z' und $\bar{X}, \bar{Y}, \bar{Z}$ zusammen erfüllt werden.

Weiter kann, wie beim Andrücken eines starren Körpers an einen elastischen, nur die normale Komponente der Verschiebung

$$\bar{u}\cos(n,x) + \bar{v}\cos(n,y) + \bar{w}\cos(n,z) = n_o \tag{118'''}$$

gegeben sein; gleichzeitig sind dann, wenn äußere Reibung fehlt, die tangentialen Komponenten der Druckkraft gleich Null, d. h., es gilt

$$\bar{X}_n : \bar{Y}_n : \bar{Z}_n = \cos(n,x) : \cos(n,y) : \cos(n,z). \tag{118''''}$$

Erstreckt sich das System ins Unendliche, so kann es dort mitunter absolut festgehalten, also u, v, w von beliebiger Ordnung unendlich klein angenommen werden; in anderen Fällen ist das Verhalten der Verrückungen im Unendlichen aus demjenigen im Endlichen zu erschließen.

Weiter betrachten wir die Flächen, welche zwei elastische Körper gegeneinander scheiden, sehen aber dabei von den auf S. 222 eingeführten Grenzdrucken mit den Komponenten $\bar{X}_{hk}, \bar{Y}_{hk}, \bar{Z}_{hk}$ von vornherein ab.

Hängen die Körper in der Grenze fest zusammen, so ist

$$\left.\begin{aligned} \bar{u}_h - \bar{u}_k = \bar{v}_h - \bar{v}_k = \bar{w}_h - \bar{w}_k = 0 \\ (\bar{X}_n)_h + (\bar{X}_n)_k = (\bar{Y}_n)_h + (\bar{Y}_n)_k = (\bar{Z}_n)_h + (\bar{Z}_n)_k = 0; \end{aligned}\right\} \tag{119}$$

berühren sie dagegen einander nur, und zwar ohne Reibung, so ist

$$\left.\begin{aligned} (\bar{u}_h - \bar{u}_k)\cos(n,x) + (\bar{v}_h - \bar{v}_k)\cos(n,y) + (\bar{w}_h - \bar{w}_k)\cos(n,z) = 0, \\ ((\bar{X}_n)_h + (\bar{X}_n)_k)\cos(n,x) + ((\bar{Y}_n)_h + (\bar{Y}_n)_k)\cos(n,y) \\ + ((\bar{Z}_n)_h + (\bar{Z}_n)_k)\cos(n,z) = 0, \end{aligned}\right\} \tag{119'}$$

und zugleich auch

119'') $(\overline{X}_n)_h : (\overline{Y}_n)_h : (\overline{Z}_n)_h = (\overline{X}_n)_k : (\overline{Y}_n)_k : (\overline{Z}_n)_k = \cos(n,x) : \cos(n,y) : \cos(n,z).$

Handelt es sich um ein Bewegungsproblem, so muß noch für irgend eine Zeit, z. B. für $t = 0$, der Anfangszustand des Systems gegeben sein, etwa

120) $$u = u_0, \quad v = v_0, \quad w = w_0,$$

120') $$\frac{\partial u}{\partial t} = u_0', \quad \frac{\partial v}{\partial t} = v_0', \quad \frac{\partial w}{\partial t} = w_0',$$

worin die $u_0, u_0', \ldots$ stetige Funktionen der Koordinaten bezeichnen. Alle vorstehenden Gleichungen können ebenso wie auf ein absolut festes, auch auf ein parallel mit sich gleichförmig bewegtes Koordinatensystem bezogen werden.

Um die Eindeutigkeit zunächst des Gleichgewichtsproblems zu untersuchen, nehmen wir an, es seien zwei Systeme von Verrückungen mit den vorstehenden Gleichungen bei gleichen Werten der vorgeschriebenen Funktionen vereinbar, und setzen deren Differenzen gleich u', v', w', die Differenzen der ihnen entsprechenden Drucke analog gleich $X_x', \ldots X_y'$. Dann gelten für u', v', w' in jedem inneren Punkte die Formeln

121) $$\begin{cases} 0 = \dfrac{\partial X_x'}{\partial x} + \dfrac{\partial X_y'}{\partial y} + \dfrac{\partial X_z'}{\partial z}, \\ 0 = \dfrac{\partial Y_x'}{\partial x} + \dfrac{\partial Y_y'}{\partial y} + \dfrac{\partial Y_z'}{\partial z}, \\ 0 = \dfrac{\partial Z_x'}{\partial x} + \dfrac{\partial Z_y'}{\partial y} + \dfrac{\partial Z_z'}{\partial z}; \end{cases}$$

ferner an den verschiedenen Arten von Oberflächenelementen resp.

121') $$\overline{u'} = \overline{v'} = \overline{w'} = 0,$$

oder

121'') $$\overline{X_n'} = \overline{Y_n'} = \overline{Z_n'} = 0,$$

oder

121''') $$\begin{cases} \overline{u'} \cos(n,x) + \overline{v'} \cos(n,y) + \overline{w'} \cos(n,z) = 0 \\ \text{und} \\ \overline{X_n'} : \overline{Y_n'} : \overline{Z_n'} = \cos(n,x) : \cos(n,y) : \cos(n,z); \end{cases}$$

endlich an den verschiedenen Zwischengrenzen dieselben Bedingungen (119) bis (119''), denen die u, v, w selbst genügen müssen.

Multipliziert man die drei Gleichungen (121) resp. mit $u'dk$, $v'dk$, $w'dk$, addiert sie, integriert das Resultat über jeden Körper,

d. h. über jeden Teil des elastischen Systems, innerhalb dessen das elastische Verhalten stetig ist, und summiert danach über alle, so ergiebt sich nach Ausführung einer teilweisen Integration

$$
\begin{aligned}
0 = \Sigma \int do \Big[& \left(\overline{X'_x}\cos(n,x) + \overline{X'_y}\cos(n,y) + \overline{X'_z}\cos(n,z)\right)\overline{u'} \\
& + \left(\overline{Y'_x}\cos(n,x) + \overline{Y'_y}\cos(n,y) + \overline{Y'_z}\cos(n,z)\right)\overline{v'} \\
& + \left(\overline{Z'_x}\cos(n,x) + \overline{Z'_y}\cos(n,y) + \overline{Z'_z}\cos(n,z)\right)\overline{w'}\Big] \\
- \Sigma \int dk \Big[& X'_x \frac{\partial u'}{\partial x} + Y'_y \frac{\partial v'}{\partial y} + Z'_z \frac{\partial w'}{\partial z} \\
& + Y'_z\left(\frac{\partial w'}{\partial y} + \frac{\partial v'}{\partial z}\right) + Z'_x\left(\frac{\partial u'}{\partial z} + \frac{\partial w'}{\partial x}\right) + X'_y\left(\frac{\partial v'}{\partial x} + \frac{\partial u'}{\partial y}\right)\Big]
\end{aligned}
$$

oder nach (12) und (110'')

$$0 = \Sigma \int do(\overline{X'_n}\,\overline{u'} + \overline{Y'_n}\,\overline{v'} + \overline{Z'_n}\,\overline{w'}) + \Sigma \int 2\varphi' dk, \tag{122}$$

wo φ' das elastische Potential der Volumeneinheit bezeichnet, gebildet von dem Verrückungssystem u', v', w'.

Die Oberflächenintegrale verschwinden einzeln an den äußeren Grenzen und zerstören sich gegenseitig in den Zwischengrenzen, es bleibt daher nur

$$0 = \Sigma \int 2\varphi' dk. \tag{122'}$$

φ' ist nun nach S. 333 eine quadratische Form der sechs Argumente $x'_x, \ldots x'_y$; ist diese definit, was wir auf Grund aller bisherigen Beobachtungen über die Werte der Elasticitätskonstanten annehmen dürfen, so kann das Integral nur verschwinden, wenn überall in dem ganzen System

$$x'_x = y'_y = z'_z = y'_z = z'_x = x'_y = 0$$

ist. Dies ergiebt für u', v', w' durch Integration die Werte

$$\left.\begin{aligned}
u' &= a + gz - hy, \\
v' &= b + hx - fz, \\
w' &= c + fy - gx,
\end{aligned}\right\} \tag{122''}$$

welche nach den Grenzbedingungen mit denselben Konstanten a, b, c, f, g, h für alle Teile des elastischen Systems gelten und nach den Formeln (118) des I. Teiles die Werte der Verrückungskomponenten bei einer beliebigen Parallelverschiebung und Drehung des Systems im ganzen angeben.

u, v, w sind demnach durch die aufgestellten Bedingungen bis auf Glieder von der Form (122'') bestimmt; die gemachten Annahmen ergeben also stets die Deformation des Systemes, bestimmen aber im allgemeinen nicht zugleich seine Lage.

Auch letztere ist vollständig gegeben, falls die Gleichungen (121′) oder (121‴) genügen, um die sechs Konstanten a, b, c, f, g, h als der Null gleich zu bestimmen; oder anders ausgedrückt, falls jene Bedingungen, in denen man u', v', w' als die Verrückungskomponenten auffaßt, dem elastischen System eine Bewegung ohne Deformation unmöglich machen. Dies findet z. B. statt, wenn in dem ursprünglichen Problem u, v, w für drei oder mehr nicht in einer Geraden liegende Punkte gegeben waren, u', v', w' sich also für dieselben zu Null bestimmen.

Reichen diese Bedingungen zur Befestigung des Körpers nicht aus, so kann man deren willkürliche zufügen, welche aber natürlich nur die Lage, nicht die Deformation des elastischen Systems beeinflussen dürfen. Fehlen Bedingungen von der Art (118′) oder (118″) gänzlich, so ist auch die Lage des Systemes gänzlich unbestimmt; sie wird in diesem Falle ohne Beeinflussung der Deformation am einfachsten dadurch bestimmt, daß man für ein einzelnes Volumenelement die Lage im deformierten Zustand, d. h. also die Verschiebung und die Drehung aus der ursprünglichen Position heraus, vollständig vorschreibt, nämlich die Werthe von

$$u,\ v,\ w,\ \left(\frac{\partial w}{\partial y}-\frac{\partial v}{\partial z}\right),\ \left(\frac{\partial u}{\partial z}-\frac{\partial w}{\partial x}\right),\ \left(\frac{\partial v}{\partial x}-\frac{\partial u}{\partial y}\right)$$

angiebt.

Die im vorstehenden durchgeführte Betrachtung liefert eine notwendige Ergänzung zu der auf S. 335 u. f. gegebenen Deutung der Elasticitätsmoduln, denn sie erweist unsere Berechtigung, bei fehlenden körperlichen Kräften die Drucke $X_x, \ldots X_y$ innerhalb eines mit seinen Flächen den Koordinatenebenen parallelen Prismas konstant zu setzen, wenn dessen Flächen konstante äußere Drucke erfahren. In der That sind die Deformationsgrößen und demgemäß die Komponenten $X_x, \ldots X_y$ durch die aufgestellten Bedingungen (113) und (113′), wie wir gezeigt haben, eindeutig bestimmt.

Auch die allgemeine Bedeutung des in (113⁗) angegebenen Modul der kubischen Kompression ist dadurch bewiesen; denn allseitig gleicher normaler Druck p gegen einen beliebig gestalteten Körper hat für sein ganzes Innere die Beziehung

$$X_x = Y_y = Z_z = p$$

zur Folge. —

Für das Bewegungsproblem treten an Stelle der Hauptgleichungen (121) die folgenden

$$\left.\begin{aligned}
0 &= \varrho\frac{\partial^2 u'}{\partial t^2} + \frac{\partial X'_x}{\partial x} + \frac{\partial X'_y}{\partial y} + \frac{\partial X'_z}{\partial z},\\
0 &= \varrho\frac{\partial^2 v'}{\partial t^2} + \frac{\partial Y'_x}{\partial x} + \frac{\partial Y'_y}{\partial y} + \frac{\partial Y'_z}{\partial z},\\
0 &= \varrho\frac{\partial^2 w'}{\partial t^2} + \frac{\partial Z'_x}{\partial x} + \frac{\partial Z'_y}{\partial y} + \frac{\partial Z'_z}{\partial z};
\end{aligned}\right\} \qquad 123)$$

außerdem ordnen sich den Nebenbedingungen noch die aus der Festsetzung des Anfangszustandes fließenden zu, daß für $t = 0$

$$u' = v' = w' = 0, \quad \frac{\partial u'}{\partial t} = \frac{\partial v'}{\partial t} = \frac{\partial w'}{\partial t} = 0 \qquad 123')$$

sein muß. Die Gleichungen (121′) bis (121‴) bleiben ungeändert bestehen, selbst wenn in (118′) und (118″) die u_o, v_o, w_o und $\overline{X}, \overline{Y}, \overline{Z}$ als Funktionen der Zeit gegeben sind.

Multipliziert man dann die Gleichungen (123) resp. mit $(\partial u'/\partial t)\,dk\,dt$, $(\partial v'/\partial t)\,dk\,dt$, $(\partial w'/\partial t)\,dk\,dt$, integriert und summiert, wie oben, über das ganze elastische System und integriert schließlich noch über die Zeit von $t = 0$ bis t, so erhält man durch ähnliche Behandlung wie oben

$$0 = \Sigma\int dk\left\{\tfrac{1}{2}\varrho\left[\left(\frac{\partial u'}{\partial t}\right)^2 + \left(\frac{\partial v'}{\partial t}\right)^2 + \left(\frac{\partial w'}{\partial t}\right)^2\right] + \varphi'\right\}, \qquad 123'')$$

und hieraus folgt, wenn φ eine definite quadratische Form ist, daß u', v', w' von t unabhängig und von der Gestalt (122″) sein müssen. Die Bedingungen (123′) bestimmen aber sämtliche Konstanten dieses Ansatzes und damit u', v', w' selbst dauernd und überall zu Null. Dies liegt daran, daß mit gegebenem Anfangszustande jene Festsetzungen, die beim Gleichgewichtsproblem mitunter erst zugefügt werden mußten, um das Problem zu bestimmen, jederzeit implicite gegeben sind.

Die Voraussetzung der Gültigkeit dieser Untersuchung ist die Kleinheit der Verrückungen gegen ein absolut festes oder aber gleichförmig parallel mit sich bewegtes Koordinatensystem. Auf endliche Verschiebungen, wie sie in der Praxis bei sehr dünnen Stäben oder Platten vorkommen, sind die Resultate nicht anwendbar.[65])

§ 19. Elastische Flüssigkeiten. Ebene und Kugelwellen im unendlichen Raume.

Die Erscheinungen der Elasticität sind bei festen und bei flüssigen Körpern in so vielfältiger Weise verschieden, daß es sich empfiehlt, für die Behandlung eine Sonderung derselben gemäß der Natur der betrachteten Medien eintreten zu lassen.

Wir wenden uns zunächst zu denjenigen Körpern, in denen die elastischen Vorgänge die einfachste Gestalt annehmen, zu den elastischen Flüssigkeiten. Unter ihnen nehmen wiederum die Gase deshalb eine ausgezeichnete Stellung ein, weil ihnen gegenüber die festen elastischen Körper, z. B. die Gefäßwände, in großer Annäherung als starr angesehen werden können; dies hat nämlich zur Folge, daß man deren eventuelle Beteiligung an den elastischen Erscheinungen innerhalb eines mit ihnen in Berührung stehenden Gases ganz ignorieren kann, was eine bedeutende Vereinfachung der Aufgabe bewirkt. Bei tropfbaren Flüssigkeiten ist dies im allgemeinen nicht zulässig, da deren elastische Widerstandskräfte nur unbedeutend geringer sind, als diejenigen fester Körper.

Die Hauptgleichungen für eine homogene elastische Flüssigkeit lauten nach (14) und (116)

$$124)\quad \varrho\frac{\partial^2 u}{\partial t^2} = X' + c\frac{\partial\vartheta}{\partial x},\quad \varrho\frac{\partial^2 v}{\partial t^2} = Y' + c\frac{\partial\vartheta}{\partial y},\quad \varrho\frac{\partial^2 w}{\partial t^2} = Z' + c\frac{\partial\vartheta}{\partial z};$$

an den äußeren Begrenzungen kann der Druck oder die Normalkomponente der Verschiebung vorgeschrieben sein, an den Zwischengrenzen ist, wenn man von Grenzdrucken p_{hk} absieht und die Richtung der Normalen mit ν bezeichnet:

$$124')\quad \begin{cases} (\overline{u}_h - \overline{u}_k)\cos(\nu, x) + (\overline{v}_h - \overline{v}_k)\cos(\nu, y) + (\overline{w}_h - \overline{w}_k)\cos(\nu, z) = 0, \\ \overline{p}_h = \overline{p}_k. \end{cases}$$

Gleichgewicht ist wegen der Bedingungen

$$124'')\quad X' = -c\frac{\partial\vartheta}{\partial x},\quad Y' = -c\frac{\partial\vartheta}{\partial y},\quad Z' = -c\frac{\partial\vartheta}{\partial z}$$

nur möglich unter der Wirkung von konservativen Kräften, und zwar gilt für deren Potential einfach

$$124''')\quad \Phi' = c\vartheta + c',$$

wo c' eine belanglose Konstante bezeichnet.

Fehlen äußere Kräfte, so ist die räumliche Dilatation konstant und durch den sie bewirkenden Oberflächendruck p gegeben nach der Formel

$$p = -c\vartheta.$$

Diese Beziehung zeigt, daß man die einzige Elasticitätskonstante c einer Flüssigkeit durch die Beobachtung der einer gegebenen Druckzunahme p entsprechenden Kompression $-\vartheta$ bestimmen kann.

Geschieht die Kompression so, daß eine Temperatursteigerung ausgeschlossen ist, so liefert die Methode die S. 338 definierte isothermische Konstante c_i; bei Gasen hat c_i speziell den Wert des Anfangsdruckes p^0. —

Für den Fall der Bewegung kann man von der Wirkung körperlicher Kräfte, soweit sie die Zeit nicht enthalten, absehen, da deren Wirkung sich einfach über die der Bewegung lagert; man kann also ausgehen von den Hauptgleichungen

$$\varrho \frac{\partial^2 u}{\partial t^2} = c \frac{\partial \vartheta}{\partial x}, \quad \varrho \frac{\partial^2 v}{\partial t^2} = c \frac{\partial \vartheta}{\partial y}, \quad \varrho \frac{\partial^2 w}{\partial t^2} = c \frac{\partial \vartheta}{\partial z}. \tag{125}$$

Diese Formeln ergeben

$$\varrho \frac{\partial^2 \vartheta}{\partial t^2} = c \triangle \vartheta, \tag{125'}$$

$$\frac{\partial^2}{\partial t^2}\left(\frac{\partial w}{\partial y} - \frac{\partial v}{\partial z}\right) = 0, \quad \frac{\partial^2}{\partial t^2}\left(\frac{\partial u}{\partial z} - \frac{\partial w}{\partial x}\right) = 0, \quad \frac{\partial^2}{\partial t^2}\left(\frac{\partial v}{\partial x} - \frac{\partial u}{\partial y}\right) = 0, \tag{125''}$$

woraus folgt, daß die räumliche Dilatation sich mit Zeit und Ort ändert, während die Rotation an jeder Stelle in der einmal erregten, natürlich unendlich kleinen Intensität ungeändert fortbesteht.

Dies zeigt, daß, wenn die Verrückungen u, v, w Anteile besitzen, welche eine Rotation geben, diese keine eigentlich elastischen Erscheinungen bewirken, wie sie denn nach (116) und (116') auch keine elastischen Kräfte erregen; wir können sie daher weiterhin immer von der Betrachtung ausschließen.

Setzen wir demgemäß

$$\frac{\partial w}{\partial y} = \frac{\partial v}{\partial z}, \quad \frac{\partial u}{\partial z} = \frac{\partial w}{\partial x}, \quad \frac{\partial v}{\partial x} = \frac{\partial u}{\partial y},$$

so bestimmen wir hierdurch die Verrückungskomponenten als die partiellen Differentialquotienten einer und derselben Funktion F der Koordinaten und der Zeit, des Deformationspotentiales, so daß gilt

$$u = \frac{\partial F}{\partial x}, \quad v = \frac{\partial F}{\partial y}, \quad w = \frac{\partial F}{\partial z} \tag{126}$$

und

$$\vartheta = \triangle F. \tag{126'}$$

Eine durch Formeln von der Gestalt von (126) gegebene Deformation wollen wir weiterhin eine Potentialdeformation nennen; bei Flüssigkeiten kann sie als die allgemeinste Form einer Deformation gelten. Sie hat das Eigentümliche, daß in jedem Moment eine Schar von Flächen $F =$ Const. existiert, senkrecht zu welchen an jeder Stelle die Verrückung S, d. h. die Verbindungslinie der momentanen mit der ursprünglichen Lage des dort befindlichen

Massenteilchens steht; außerdem ist der normale Abstand benachbarter und gleichen Zuwachsen der Konstanten entsprechender Flächen an jeder Stelle der Größe der Verrückung S indirekt proportional.

Hieraus folgt indessen keineswegs, daß die Bewegung der einzelnen Punkte der Flüssigkeit eine geradlinige ist, denn sonst müßte aus dem Verhältnis $u:v:w$ die Zeit ganz herausfallen, was im allgemeinen nicht stattfindet.

Aus den drei Gleichungen (125) können wir nunmehr schließen

126'') $$\varrho \frac{\partial^2 F}{\partial t^2} = c \triangle F,$$

wobei eine belanglose additive Funktion der Zeit allein in F hineingezogen ist.

Die Bedingungen für eine starre, beliebig bewegte Wand reduzieren sich darauf, daß $\overline{\partial F}/\partial n$ als beliebige, aber stetige Funktion des Ortes und der Zeit vorgeschrieben ist; für eine Oberfläche, längs deren der Druck $\overline{p}$ gegeben ist, muß wegen $\overline{p} = -c\overline{\triangle F} = -\varrho \overline{\partial^2 F}/\partial t^2$ das Potential F die Form

126''') $$F = F' + F'' t - \frac{1}{\varrho} \iint \overline{p} (dt)^2$$

haben, worin F' und F'' Funktionen der Koordinaten allein bezeichnen, über die man mitunter, z. B., wenn ein gleichförmiges Wachsen oder Abnehmen von F mit der Zeit durch die übrigen Bedingungen des Problemes ausgeschlossen ist, einfach verfügen kann.

Aus gegebenen Anfangsverrückungen u, v, w und Geschwindigkeiten u', v', w' kann man nach den in § 23 des I. Teiles gegebenen Regeln die zur Zeit $t = 0$ stattfindenden Werte F_0 von F und F_1 von $\partial F/\partial t$ berechnen.

Wenn es sich nur um die Bestimmung der räumlichen Dilatation ϑ handelt, nicht auch um die der Verrückungen u, v, w, und wenn an den Grenzen ϑ und zur Zeit $t = 0$ ϑ und $\partial\vartheta/\partial t$ vorgeschrieben ist, kann man auch von der Gleichung (125') ausgehen; im allgemeinen ist es stets praktischer, direkt das Deformationspotential F aufzusuchen.

Von den Gestalten, in denen dieses sich findet, und welche je nach der Gestalt des von Flüssigkeit erfüllten Raumes und den an den Grenzen und zur Zeit $t = 0$ geltenden Bedingungen verschieden sind, haben zwei eine besondere Wichtigkeit, die durch die Art der Abhängigkeit von der Zeit charakterisiert sind.

Eine erste spezielle Bewegungsform ist gegeben durch ein Potential von der Form

$$\overline{F} = R(x, y, z)\, T(t). \tag{127}$$

Wegen der hieraus folgenden Beziehungen

$$u = T(t)\frac{\partial R}{\partial x}, \quad v = T(t)\frac{\partial R}{\partial y}, \quad w = T(t)\frac{\partial R}{\partial z} \tag{127'}$$

werden dabei die größten Elongationen, wie die Ruhelagen $u = v = w = 0$, im ganzen Raume gleichzeitig erreicht; derartige Bewegungen nennt man stehende Schwingungen.

Ferner finden die Bewegungen überall geradlinig statt, und ihre Richtungen stehen überall normal zu der Schar fester Flächen $R = \text{Const.}$, welche man die Wellenflächen der stehenden Schwingungen nennen kann. Wo R ein Maximum oder ein Minimum besitzt, ist die Verrückung dauernd gleich Null, befindet sich also, wie man sagt, ein Schwingungsknoten; wo $\triangle R$ gleich Null ist, verschwindet dauernd die räumliche Dilatation ϑ, befindet sich, wie man sagt, ein Schwingungsbauch.

Setzt man den Wert (127) in die Hauptgleichung (126'') für F ein, so erhält man

$$\frac{1}{T}\frac{\partial^2 T}{\partial t^2} = \frac{c \triangle R}{\varrho R},$$

woraus folgt, daß jedes Glied dieser Gleichung einer Konstanten gleich sein muß.

Der wichtigste Fall ist der, daß diese Konstante negativ, sagen wir gleich $-\alpha^2$ ist, weil er wegen

$$\frac{\partial^2 T}{\partial t^2} + \alpha^2 T = 0 \tag{127''}$$

auf periodische Schwingungen führt; die Periode τ hängt dabei mit α durch die Beziehung $\alpha = 2\pi/\tau$ zusammen, und die allgemeine Lösung für T lautet, da eine multiplikative Konstante in R gezogen werden kann,

$$T = \sin(\alpha t + \beta).$$

Für R gilt gleichzeitig im Innern der Flüssigkeit die Formel

$$c \triangle R + \varrho \alpha^2 R = 0; \tag{127'''}$$

an der Oberfläche ist $\partial R / \partial n$ oder R vorgeschrieben, je nachdem dort die Verrückung oder der Druck als periodische Funktion der Zeit gegeben ist.

Die Werte von α resp. τ werden dabei durch die Nebenbedingungen des Problems bestimmt, bleiben also willkürlich, wenn solche nicht existieren; im ersteren Fall findet sich je nach Umständen für sie bald nur ein einziger Wert, bald eine unendliche Anzahl diskreter Werte, z. B. Wurzeln transcendenter Gleichungen, und beides sagt aus, daß unter den gestellten Bedingungen stehende periodische Schwingungen nur von bestimmten Schwingungsdauern möglich sind.

Bei dem einer stehenden periodischen Schwingung entsprechenden Deformationspotential

127'''') $$F = R(x, y, z) \sin(\alpha t + \beta)$$

heißt dann

$$\sqrt{\Theta R} = \sqrt{\left(\frac{\partial R}{\partial x}\right)^2 + \left(\frac{\partial R}{\partial y}\right)^2 + \left(\frac{\partial R}{\partial z}\right)^2} = \frac{\partial R}{\partial n},$$

falls n die Normale auf der Fläche $R =$ Const. bezeichnet, die Amplitude, und das Argument des Sinus die Phase der Schwingung.

Der zweite spezielle Bewegungstypus ist durch das Potential

128) $$F = P(x, y, z)\, Q\,(t - f(x, y, z))$$

gegeben.

Hier findet eine Übereinstimmung der Bewegungen in verschiedenen Teilen des Raumes in der Hinsicht statt, daß der Faktor Q in verschiedenen Oberflächen von der Gleichung

$$f(x, y, z) = C_h,$$

welche man die Wellenflächen der fortschreitenden Schwingungen nennt, zu den Zeiten $t = C_h$ den gleichen Wert annimmt. Jeder Wert von Q schreitet also von Wellenfläche zu Wellenfläche fort, und daher heißen die durch (128) gegebenen Bewegungen fortschreitende Schwingungen.

Bringt man f auf die Form

$$f(x, y, z) = s \,/\, v(\xi, \eta),$$

wo $\xi =$ Const. und $\eta =$ Const. die Gleichungen einer normalen Trajektorie aller Oberflächen $f = C_h$ darstellen, und s die auf ihr von einer beliebigen dieser Flächen aus abgegrenzte Länge bezeichnet, so heißt v — nicht zu verwechseln mit der Verrückung v — die Fortpflanzungsgeschwindigkeit längs jener Trajektorie.

Die Funktion F verhält sich wegen des Faktors P komplizierter als Q, ihr absoluter Wert ändert sich von einer Oberfläche f zur anderen; ihre wesentliche Eigenschaft stimmt aber mit der von Q überein.

Ein Wert

128') $$F = P'(x, y, z)\, Q\,(t + f(x, y, z))$$

stellt eine Bewegung dar, die sich mit der gleichen Geschwindigkeit, in den gleichen Wellen, aber in der entgegengesetzten Richtung fortpflanzt, wie die durch (128) gegebene.

Die aus (128) folgenden Ausdrücke für u, v, w werden ziemlich kompliziert; bezeichnet man mit Q' den Differentialquotienten von Q nach t oder nach dem ganzen Argument, so erhält man

$$\left.\begin{array}{c} u = Q\frac{\partial P}{\partial x} - Q'P\frac{\partial f}{\partial x}, \quad v = Q\frac{\partial P}{\partial y} - Q'P\frac{\partial f}{\partial y}, \\ w = Q\frac{\partial P}{\partial z} - Q'P\frac{\partial f}{\partial z}; \end{array}\right\} \qquad 128'')$$

die Werte lassen sich in zwei Teile zerlegen, welche je eine geradlinige Bewegung normal zu einer Fläche $Q = \text{Const.}$ resp. $f = \text{Const.}$, oder, anders ausgedrückt, normal zu einer Fläche konstanter Amplitude und einer Fläche konstanter Phase von F darstellen. Enthält Q die Koordinaten nur in der Kombination f, so sind beide Teile parallel.

Der wichtigste Fall ist wieder der einer periodischen Bewegung. Setzt man $Q = \sin \alpha (t - f)$, also

$$F = P \sin \alpha (t - f), \qquad 128''')$$

so erhält man

$$u = \frac{\partial P}{\partial x} \sin \alpha (t - f) - \alpha P \frac{\partial f}{\partial x} \cos \alpha (t - f), \qquad 128'''')$$

. . . .

Bringt man (128''') auf die Form

$$F = P \cos \alpha f \sin \alpha t - P \sin \alpha f \cos \alpha t$$

und vergleicht dies Resultat mit der Formel (127''''), so erkennt man, daß eine fortschreitende periodische Schwingung als die Superposition zweier stehender, mit gleicher Periode, aber verschiedener Phase und Amplitude betrachtet werden kann.

Andererseits zeigt die Beziehung

$$P\big(\sin \alpha (t - f) + \sin \alpha (t + f)\big) = 2 P \cos \alpha f \sin \alpha t,$$

daß eine stehende periodische Schwingung sich jederzeit auffassen läßt als die Superposition zweier durch dieselben Wellenflächen mit der gleichen Geschwindigkeit in entgegengesetzter Richtung fortschreitender Schwingungen gleicher Periode. —

Unser Ohr hat die Fähigkeit, periodische Schwingungen der umgebenden Atmosphäre als Töne aufzufassen, und zwar solche, für welche das Deformationspotential durch eine einzige trigonometrische Funktion der Zeit gegeben ist, als einfache, solche, für welche es durch eine Summe derartiger Glieder dargestellt ist, im allgemeinen als zusammengesetzte Töne. Die empfundene Tonhöhe hängt von der Größe der Periode τ oder von der sogenannten Schwingungszahl $\zeta = 1/\tau$ ab, die empfundene Intensität wahrscheinlich von der mittleren Energie der stattfindenden Luftbewegung in der Nähe des Ohres.

Die augenblickliche Energie ε der Volumeneinheit ist nach (110'') und (116')

129) $$\varepsilon = \tfrac{1}{2}(\varrho V^2 + c\vartheta^2).$$

Daraus folgt die mittlere Energie ε_μ gemäß der Formel

129') $$\varepsilon_\mu = \frac{1}{2\tau}\int_t^{t+\tau}(\varrho V^2 + c\vartheta^2)\,dt,$$

worin t eine beliebige Zeit und τ die Dauer einer Periode der Schwingung bezeichnet.

Sind die Schwingungen stehende, so ist nach (127)

129'') $$V^2 = \left(\frac{\partial T}{\partial t}\right)^2 \Theta R, \quad \vartheta = T \triangle R;$$

entsprechen sie einem einfachen Ton mit der Periode τ, so ist nach (127'')

$$\frac{1}{\tau}\int_t^{t+\tau}\left(\frac{\partial T}{\partial t}\right)^2 dt = \frac{\alpha^2}{\tau}\int_t^{t+\tau} T^2\,dt = \tfrac{1}{2}\alpha^2,$$

also

$$\varepsilon_\mu = \tfrac{1}{4}(\varrho\alpha^2\Theta R + c(\triangle R)^2),$$

oder wegen (127''') und, weil $c/\varrho = v^2$ ist, auch

129''') $$\varepsilon_\mu = \tfrac{1}{4}\varrho\alpha^2\left(\Theta R + \frac{\alpha^2 R^2}{v^2}\right).$$

Hieraus folgt, daß in Schwingungsknoten gilt

$$\varepsilon_\mu = \tfrac{1}{4}c(\triangle R)^2 = \tfrac{1}{4}\varrho\frac{\alpha^4}{v^2}R^2,$$

in Schwingungsbäuchen

$$\varepsilon_\mu = \tfrac{1}{4}\varrho\alpha^2\Theta R.$$

Für **fortschreitende** Schwingungen eines einfachen Tones erhält man ähnlich allgemeine Relationen, wenn man sie, wie S. 351 gezeigt, als Superposition von zwei stehenden Schwingungen ansieht. Es folgt dann nach leichter Rechnung

129'''') $$\begin{cases} \varepsilon_\mu = \tfrac{1}{4}(\varrho\alpha^2[\Theta(P\cos\alpha f) + \Theta(P\sin\alpha f)] \\ \qquad + c[\triangle^2(P\cos\alpha f) + \triangle^2(P\sin\alpha f)]). \end{cases}$$

Ist die Bewegung eine Superposition verschiedener einfacher Töne, so ist die Energie gleich der Summe der Energien, welche jeder einzelne Ton für sich besitzen würde; denn die bei der

Berechnung von ε_μ auftretenden Glieder, die sich auf zwei Töne beziehen, verschwinden bei der Integration über die gemeinsame Periode. —

Von besonderer Einfachheit und von großer Wichtigkeit ist der Fall, daß die Bedingungen des Problems derart sind, daß F nur von einer Koordinate abhängt, sagen wir von

$$s = lx + my + nz,$$

worin l, m, n die Richtungscosinus der Wellennormalen s gegen die Koordinatenaxen bezeichnen. Dann wird die Hauptgleichung zu

$$\varrho \frac{\partial^2 F}{\partial t^2} = c \frac{\partial^2 F}{\partial s^2}, \tag{130)}$$

und ihre allgemeine Lösung besitzt die Form [66])

$$F = f_1(s + vt) + f_2(s - vt), \tag{130')}$$

worin

$$v^2 = \frac{c}{\varrho} \tag{130'')}$$

ist.

Ist die elastische Flüssigkeit unbegrenzt, und ist für $t = 0$

$$F = F_0(s), \quad \frac{\partial F}{\partial t} = F_1(s),$$

so erhält man durch eine einfache Rechnung den allgemeinen Wert

$$F = \tfrac{1}{2}\big(F_0(s + vt) + F_0(s - vt)\big) + \frac{1}{2v}\int\limits_{s-vt}^{s+vt} F_1(\sigma)\, d\sigma, \tag{130''')}$$

der sich auch schreiben läßt

$$F = \frac{1}{2v}\left[\frac{\partial}{\partial t}\int\limits_{s-vt}^{s+vt} F_0(\sigma)\, d\sigma + \int\limits_{s-vt}^{s+vt} F_1(\sigma)\, d\sigma\right] \tag{130'''')}$$

und aussagt, daß sich nach der Seite von $+s$ der halbe Wert eines Deformationspotentiales

$$F_0 - \frac{1}{v}\int F_1(\sigma)\, d\sigma,$$

nach der Seite von $-s$ der halbe Wert eines Potentiales

$$F_0 + \frac{1}{v}\int F_1(\sigma)\, d\sigma$$

mit der Geschwindigkeit v in e b e n e n Wellen fortpflanzt.

Wenn die unendliche Flüssigkeit durch eine Ebene $s = 0$ begrenzt ist, die als Ganzes in gegebener Bewegung erhalten wird, d. h., längs deren die Verrückungen als Funktionen der Zeit allein vorgeschrieben sind, so pflanzen sich nach dem S. 347 Gesagten die tangentialen Komponenten nicht fort, und die Grenzbedingung lautet für $s = 0$

$$\frac{\partial F}{\partial s} = S'(t).$$

Beginnt diese Bewegung zur Zeit $t = 0$, und ist im ganzen von der Flüssigkeit erfüllt gedachten Halbraume $s > 0$ sowohl F_0, als F_1 gleich Null, so erhält man durch eine einfache Rechnung

$$131)\qquad \begin{cases} F = -v\int\limits_0^{t-s/v} S'(\sigma)\,d\sigma & \text{für } t > \frac{s}{v}, \\ F = 0 & \text{für } t \leqq \frac{s}{v}, \end{cases}$$

woraus folgt

$$131')\qquad \begin{cases} \frac{\partial F}{\partial s} = S'\left(t - \frac{s}{v}\right) & \text{für } t > \frac{s}{v}, \\ \frac{\partial F}{\partial s} = 0 & \text{für } t \leqq \frac{s}{v}. \end{cases}$$

Ist beispielsweise $S'(t) = A \sin \alpha t$, so wird für $s > 0$ und $t > s/v$

$$F = -\frac{Av}{\alpha}\cos\alpha\left(t - \frac{s}{v}\right).$$

Die erzeugte Bewegung ist also eine mit der Geschwindigkeit v fortschreitende Schwingung. Führt man die Periode τ ein und bezeichnet das Produkt $v\tau$, die Wellenlänge, durch λ, so giebt dies

$$131'')\qquad F = -\frac{A\lambda}{2\pi}\cos 2\pi\left(\frac{t}{\tau} - \frac{s}{\lambda}\right).$$

Ist dagegen F_0 und F_1 zur Zeit $t = 0$ nicht gleich Null, sondern je gleich einer gegebenen Funktion von s, und ist die Ebene $s = 0$ festgehalten, $\partial F / \partial s$ dort also gleich Null, so kann man für den positiven Halbraum die Formel (130‴) anwenden, wenn man nur die Funktionen F_0 und F_1 in dem negativen Halbraume so definiert, daß sie für $s = -s_1$ denselben Wert annehmen, wie er für $s = +s_1$ vorgeschrieben ist. —

Wenn auch, der Übereinstimmung mit dem allgemeinen Fall wegen, oben die Untersuchung ebener Wellen an das Deformationspotential angeknüpft ist, so empfiehlt es sich doch bei dem vorliegenden speziellen Fall mehr, von der Betrachtung der resultierenden Verrückung

$$S = \frac{\partial F}{\partial s}$$

auszugehen, welche normal zur Wellenebene, also longitudinal, stattfindet, und für welche nach (125) dieselbe Hauptgleichung

$$\varrho \frac{\partial^2 S}{\partial t^2} = c \frac{\partial^2 S}{\partial s^2} \tag{132)}$$

gültig ist, wie für F. Die bisherigen Resultate sind auf S direkt übertragbar. So schreibt sich die Formel (130‴) für die Wirkung einer Anfangsverrückung S_0 und einer Anfangsgeschwindigkeit S_1

$$S = \tfrac{1}{2}\left(S_0(s + vt) + S_0(s - vt)\right) + \frac{1}{2v}\int\limits_{s-vt}^{s+vt} S_1(\sigma)\,d\sigma; \tag{132')}$$

für die Fortpflanzung der normalen Verschiebung der Ebene $s = 0$ gilt nach (131′)

$$\left.\begin{aligned} S &= S'\left(t - \frac{s}{v}\right) && \text{für } t > \frac{s}{v},\\ S &= 0 && \text{für } t \leqq \frac{s}{v}; \end{aligned}\right\} \tag{132'')}$$

für die normale Reflexion an der festen Wand $s = 0$ hat man den Anfangszustand in den negativen Halbraum so fortzusetzen, daß entgegengesetzten Argumenten s auch entgegengesetzte Funktionswerte S_0 und S_1 entsprechen, und dann die Formel (132′) zu benutzen.

Außerdem bietet die Einführung von S aber besondere Vorteile, wenn es sich um die Wirkung einer Begrenzung handelt, an welcher der Druck, und daher wegen $p = -c\vartheta = -c\partial S/\partial s$ auch $\partial S/\partial s$ als Funktion der Zeit vorgeschrieben, oder aber dauernd gleich Null ist, wie letzteres an der freien Oberfläche einer tropfbaren Flüssigkeit stattfindet.

Ist zunächst im positiven Halbraume $S_0 = S_1 = 0$, und ist für $s = 0$ und $t > 0$ vorgeschrieben $\partial S/\partial s = S''(t)$, so wird

$$\left.\begin{aligned} S &= -v\int\limits_0^{t-s/v} S''(\sigma)\,d\sigma && \text{für } t > \frac{s}{v},\\ S &= 0 && \text{für } t \leqq \frac{s}{v}. \end{aligned}\right\} \tag{132''')}$$

Ist dagegen für den positiven Halbraum S_0 und S_1 als Funktion von s vorgeschrieben und $\partial S/\partial s = 0$ für $s = 0$, so hat man S_0 und S_1 in den negativen Halbraum einfach spiegelbildlich fortzusetzen und die Grundformel (132′) anzuwenden.

Die Superposition der beiden Resultate, die sich auf in der Grenzebene gegebenes S, sowie derjenigen, die sich auf ebenda gegebenes $\partial S/\partial s$ beziehen, gestattet dann gleichzeitig vorgeschriebenes

S_0 und S_1 einerseits, gegebenes S' resp. S'' andererseits zu berücksichtigen.

Dabei tritt hervor, daß die Reflexion normal auffallender ebener Wellen an einer Ebene in derselben Weise stattfindet, ob S daselbst beliebig wechselnd gegeben ist, oder dauernd verschwindet; ebenso ergiebt beliebig wechselnd vorgeschriebenes $\partial S / \partial s$ dieselbe Reflexion, wie dauernd verschwindendes. Im ersten Falle werden die auffallenden Verrückungen mit umgekehrtem, im letzteren mit gleichem Zeichen reflektiert.

Man kann leicht die Betrachtung auf den Fall erweitern, daß an zwei parallelen Ebenen $s = 0$ und $s = L$ entweder S oder $\partial S / \partial s$ auf Null erhalten wird, indem man den zwischen ihnen gegebenen Anfangszustand durch wiederholte geeignete Spiegelung an den beiden Grenzebenen in den äußeren Raum fortsetzt. —

Größeres Interesse, als diese Probleme fortschreitender Schwingungen, besitzen diejenigen, welche sich auf stehende Schwingungen zwischen den Ebenen $s = 0$ und $s = L$ beziehen.

Die speziellen nach dem Typus (127'''') gebildeten Werte

133) $$\begin{cases} S_{\mathrm{I}} = A \sin \frac{\alpha s}{v} \sin \alpha (t + t_0), \\ \text{resp.} \\ S_{\mathrm{II}} = A \cos \frac{\alpha s}{v} \sin \alpha (t + t_0), \end{cases}$$

worin

$$\alpha L = \pi h v, \quad h = 1, 2, 3, \ldots,$$

entsprechen den Fällen, daß S resp. $\partial S / \partial s$ für $s = 0$ und $s = L$ verschwinden; die Schwingungsdauern τ und die Wellenlängen λ folgen dabei dem Gesetz

$$\tau = 2L / h v, \quad \lambda = 2L / h.$$

Dagegen entspricht

133') $$S_{\mathrm{III}} = A \sin \frac{\alpha s}{v} \sin \alpha (t + t_0),$$

worin

$$\alpha L = \frac{2h+1}{2} \pi v, \quad h = 0, 1, 2, \ldots$$

ist, dem Falle, daß S für $s = 0$ und $\partial S / \partial s$ für $s = L$ verschwindet; zugleich gilt

$$\tau = 4L / (2h + 1) v, \quad \lambda = 4L / (2h + 1).$$

Die Schwingungszahlen $\zeta = 1 / \tau$ schreiten in den ersten beiden Fällen wie die natürlichen, in dem dritten wie die ungeraden Zahlen fort.

Schwingungsknoten entsprechen den Stellen, wo S, Schwingungsbäuche denen, wo $\partial S / \partial s$ verschwindet; die Entfernung benachbarter beträgt $\lambda/2$, und ihre Messung liefert wegen $\lambda = \tau v$ ein wichtiges Mittel zur Bestimmung der Fortpflanzungsgeschwindigkeit v.

Diese Verhältnisse liegen angenähert bei den Pfeifen vor, d. h. bei cylindrischen, mit Luft erfüllten Röhren, welche an den Enden entweder durch feste Böden geschlossen sind oder sich in den Luftraum öffnen; wenn der Querschnitt der Pfeife klein ist, kann am offenen Ende eine merkliche Verdichtung oder Verdünnung nicht eintreten, ist also näherungsweise die Bedingung $\vartheta = 0$, d. h. $\partial S/\partial s = 0$ erfüllt. Eine strenge Analyse muß allerdings die von dem Rohr aus im umgebenden Luftraume fortgepflanzten Schwingungen mit in Betracht ziehen[67]; auch der Einfluß der Reibung und des Wärmeaustausches mit den Seitenwänden giebt zu Abweichungen von den obigen Formeln Veranlassung.[68] —

Ist $S = 0$ für $s = 0$, und ist $S = A \sin \alpha t$ für $s = L$, so erhält man

$$S = \frac{A \sin \frac{\alpha s}{v} \cdot \sin \alpha t}{\sin \frac{\alpha L}{v}}. \tag{133''}$$

S wird also unendlich, wenn $\alpha L = h\pi v$ ist, und hieraus ist zu schließen, daß, falls die Ebene $s = L$ eine nur unendlich schwache Bewegung ausführt, welche die Superposition sehr vieler Schwingungen mit verschiedenen Perioden bildet, nur diejenigen stehenden Schwingungen innerhalb der Flüssigkeit merklich erregt werden, für welche die Bedingung $\alpha L = h\pi v$ erfüllt ist; dies sind dieselben Schwingungen, welche bei beiderseitig festgehaltener Begrenzung allein bestehen können.

Ähnliche Formeln wie (133'') gelten, wenn für $s = 0$ nicht S, sondern ϑ verschwindet, und auch, wenn für $s = L$, statt S, ϑ vorgeschrieben ist.

Die Erregung von stehenden Schwingungen in Pfeifen bei Einwirkung auf deren Endquerschnitte kann man als Resonanz im weiteren Sinne bezeichnen; ist die Einwirkung eine periodische Druckänderung, die durch über ein offenes Ende ziehende Wellen im äußeren Luftraum bewirkt wird, so giebt dies eine Resonanz im engeren Sinne. Wir gehen weiter unten auf allgemeinere Vorgänge dieser Art ausführlicher ein. —

Der Wert der mittleren Energie ε_μ nimmt bei Schwingungen, die in ebenen Wellen stattfinden, eine besonders einfache Gestalt an.

Für stehende Schwingungen, die einem einfachen Ton entsprechen, ist nach (127'''') allgemein

$$F = a \cos \frac{\alpha}{v}(s + s_0) \sin \alpha (t + t_0),$$

und daraus folgt nach (129''')

$$\varepsilon_\mu = \frac{a^2\alpha^4\varrho}{4v^2}\left(\sin^2\frac{\alpha}{v}(s+s_0) + \cos^2\frac{\alpha}{v}(s+s_0)\right) = \frac{a^2\alpha^4\varrho}{4v^2},$$

worin das erste Glied der Klammer den kinetischen, das zweite den potentiellen Anteil der Gesamtenergie angiebt. Diese Teile wechseln also von Stelle zu Stelle, während ihre Summe überall konstant ist.

Führt man die größte Amplitude $A = a\alpha/v$ der resultierenden Verrückung $S = \partial F/\partial s$ ein, so giebt dies auch

133''') $$\varepsilon_\mu = \frac{A^2\pi^2\varrho}{\tau^2}.$$

Für fortschreitende Schwingungen mit dem Potential

$$F = a \sin\alpha\left(t + t_0 - \frac{s}{v}\right)$$

ist das Resultat bezüglich der Gesamtenergie ε_μ das gleiche; aber die zeitlichen Mittelwerte des kinetischen und des potentiellen Teiles sind hier im ganzen Raum konstant, und zwar einander gleich. —

Fallen fortschreitende ebene Wellen auf eine ebene Grenze zwischen zwei verschiedenen Flüssigkeiten auf, so werden sie zum Teil zurückgeworfen, zum Teil in die zweite Flüssigkeit hinein fortgepflanzt[69]). Nach Symmetrie müssen alle die entstehenden Bewegungen wieder in ebenen Wellen stattfinden, deren Normalen der Ebene durch das Lot auf der Grenze und durch das Lot auf der einfallenden Welle, der sogenannten Einfallsebene, parallel liegen.

Wählt man die XY- zur Grenzebene, die XZ- zur Einfallsebene und rechnet die Z-Axe von dem ersten ins zweite Medium positiv, so sind ebene fortschreitende Wellen, welche bei dem betrachteten Vorgang auftreten können, gegeben durch das Deformationspotential

$$F = a \sin\frac{2\pi}{\tau}\left(t + t_0 - \frac{s}{v}\right) = a \sin 2\pi\left(\frac{t+t_0}{\tau} - \frac{s}{\lambda}\right),$$

worin $s = lx + nz$ ist, und l, 0 und n die Richtungscosinus der in der Richtung der Fortpflanzung positiv gerechneten Wellennormale s bezeichnen.

Die Bedingungen für die Grenzfläche, d. h. für $z = 0$, gehen nach (124') dahin, daß

134) $$\left(\frac{\partial F}{\partial z}\right)_1 = \left(\frac{\partial F}{\partial z}\right)_2 \quad \text{und} \quad (c \triangle \overline{F})_1 = (c \triangle \overline{F})_2$$

sein muß; letztere Formel ist nach (126″) identisch mit

$$\varrho_1 \left(\frac{\partial^2 F}{\partial t^2}\right)_1 = \varrho_2 \left(\frac{\partial^2 F}{\partial t^2}\right)_2 . \tag{134'}$$

Bezeichnet man die einfallende, die reflektierte und die durchgehende Welle resp. durch die Indices *e*, *r* und *d*, so ist zu setzen

$$\left.\begin{aligned} F_e &= a_e \sin 2\pi \left(\frac{t}{\tau_e} - \frac{l_e x + n_e z}{\lambda_e}\right), \\ F_r &= a_r \sin 2\pi \left(\frac{t + t_r}{\tau_r} - \frac{l_r x + n_r z}{\lambda_r}\right), \\ F_d &= a_d \sin 2\pi \left(\frac{t + t_d}{\tau_d} - \frac{l_d x + n_d z}{\lambda_d}\right), \\ F_1 &= F_e + F_r, \quad F_2 = F_d. \end{aligned}\right\} \tag{134''}$$

Kombiniert man diese Werte mit den Grenzbedingungen (134) resp. (134′), so erhält man zunächst, da nach den letzteren für $z = 0$ die mit Ort und Zeit veränderlichen Faktoren stets gleich sein müssen,

$$t_r = t_d = 0, \quad \tau_e = \tau_r = \tau_d = \tau, \tag{135}$$

worin τ die allen Wellen gemeinsame Periode bezeichnet; ferner

$$\frac{l_e}{\lambda_e} = \frac{l_r}{\lambda_r} = \frac{l_d}{\lambda_d}, \tag{135'}$$

was das Gesetz der Reflexion und der Brechung der Wellennormalen ausspricht. Wegen $\lambda = \tau v$ und $v_e = v_r$ kann man nämlich hierfür auch schreiben

$$l_e = l_r, \quad \frac{l_e}{v_e} = \frac{l_d}{v_d}, \tag{135''}$$

woraus die Richtigkeit der gemachten Bemerkung erhellt.

So lange l_d, d. h. $l_e(v_d/v_e) < 1$ ist, bleibt der zu dem Richtungscosinus l_d gehörige Winkel und somit die Lösung F_d reell.

An und für sich können den durch (135″) definierten l_r und l_d je zwei Werte n_r und n_d entsprechen, gemäß den Gleichungen

$$n_r = \pm \sqrt{1 - l_r^2}, \quad n_d = \pm \sqrt{1 - l_d^2},$$

und die Betrachtung des durch (134″) gegebenen, gewissermaßen stationären Zustandes allein gestattet nicht die Entscheidung darüber, welche von ihnen den wirklichen Fortpflanzungsrichtungen entsprechen, lassen vielmehr alle vier Möglichkeiten gleichmäßig zu.

Man kann zu dieser Entscheidung das Resultat der Anschauung heranziehen, daß die durch die einfallende Welle erregten Wellen von der Grenze $z = 0$ hinweggehen müssen; noch befriedigender erscheint die Anwendung der Überlegung, daß bei stetiger Änderung der Konstanten ϱ_h und c_h die Fortpflanzungsrichtungen dieser Wellen sich gleichfalls stetig ändern müssen.

Läßt man nämlich c im zweiten Medium unendlich werden, so verwandelt sich dieses dadurch in einen — bezüglich der Fortpflanzung longitudinaler Wellen — starren Körper; die erste Bedingung (134) liefert $(\partial \overline{F}/\partial z)_1 = 0$ für $z = 0$, die zweite verliert die Bedeutung einer Grenzbedingung, da die rechte Seite die Form $0 . \infty$ annimmt. Wir erhalten dadurch den Fall der Reflexion von einer festen Wand, der im folgenden Paragraphen ganz allgemein behandelt werden wird und darauf führt, daß $n_r = -\sqrt{1 - l_r^2}$, d. h. $= -n_e$ ist.

Läßt man dagegen c und ϱ in beiden Medien gleich werden, so verschwindet die Grenze überhaupt und damit jede Unterbrechung der regelmäßigen Fortpflanzung; hier ist demgemäß

$$n_d = +\sqrt{1 - l_d^2}.$$

Indem wir dies benutzen, erhalten wir

$$s_e = l_e x + n_e z, \quad s_r = l_e x - n_e z, \quad s_d = l_d x + n_d z,$$

oder indem wir die auf die beiden Flüssigkeiten (1) und (2) direkter hinweisenden Indices 1 und 2 einführen:

$$s_e = l_1 x + n_1 z, \quad s_r = l_1 x - n_1 z, \quad s_d = l_2 x + n_2 z.$$

Unter Benutzung dieser Resultate und der Beziehungen

$$\lambda_e = \lambda_r = \lambda_1, \quad \lambda_d = \lambda_2, \quad \lambda_1 : \lambda_2 = l_1 : l_2$$

geben die Grenzbedingungen

$$136) \qquad a_d = a_e \frac{2 l_2 n_1 \varrho_1}{l_2 n_1 \varrho_2 + l_1 n_2 \varrho_1}, \quad a_r = a_e \frac{l_2 n_1 \varrho_2 - l_1 n_2 \varrho_1}{l_2 n_1 \varrho_2 + l_1 n_2 \varrho_1}.$$

Diese Formeln bestimmen die reflektierte und gebrochene Amplitude, zunächst des Deformationspotentiales und, wegen der Beziehungen

$$u = \frac{\partial F}{\partial x}, \quad v = \frac{\partial F}{\partial y}, \quad w = \frac{\partial F}{\partial z},$$

auch diejenigen der Verschiebungen.

Nach der Ableitung ist ersichtlich, daß die Summe der Energien der so bestimmten reflektierten und gebrochenen Wellen gleich der Energie der einfallenden Welle sein muß, wenn man nur die Berechnung auf Volumina bezieht, welche dieselbe Bewegung in verschiedenen Stadien der Fortpflanzung, nämlich erst als einfallende, dann als reflektierte und gebrochene enthält. Solche Volumina werden nach der geometrischen Anschauung geliefert durch rechtwinkelige Prismen, deren Kanten ξ, η, ζ resp. parallel der Wellennormalen, normal zur Einfallsebene, und parallel der Einfallsebene liegen, falls die ξ sich verhalten wie die Wellenlängen oder die Fortpflanzungsgeschwindigkeiten v, die η die gleichen sind, und die ζ sich verhalten wie die Richtungscosinus n.

Hiernach muß also bei Berücksichtigung von Formel (135′) gelten

$$(a_e^2 - a_r^2)\, l_1 n_1 \varrho_1 = a_d^2\, l_2 n_2 \varrho_2, \tag{136′}$$

was in der That erfüllt ist.

Wegen der auf S. 358 entwickelten Beziehung zwischen der kinetischen und der potentiellen Energie fortschreitender ebener Wellen ist bei der obigen Begrenzung der sich entsprechenden Volumina auch die lebendige Kraft in der einfallenden Welle für sich gleich der Summe derjenigen in der gebrochenen und reflektierten.

Die Formeln (136) zeigen, daß wegen des Auftretens der Dichten ϱ_1 und ϱ_2 aus einem Gas jederzeit nur sehr wenig Bewegung in eine tropfbare Flüssigkeit übergeht. Ist ϱ_2 groß gegen ϱ_1 und nicht gleichzeitig l_1 gegen l_2, so kann man in erster Näherung schreiben

$$a_d = 2 a_e \frac{\varrho_1}{\varrho_2}$$

und erhält für das Verhältnis der einfallenden zur gebrochenen Energie

$$(\varepsilon_\mu)_e : (\varepsilon_\mu)_d = l_1 n_1 \varrho_2 : 4 l_2 n_2 \varrho_1 . \text{ —}$$

Findet sich durch die Bedingungen (134) l_d, d. h. $l_e(v_2/v_1) > 1$, so wird der Ansatz für F_d imaginär, es kann also dann eine Bewegung der durch denselben dargestellten Art im zweiten Medium nicht stattfinden.

Diesen Fall erledigt man durch die Bemerkung, daß die Hauptgleichung für F, nämlich

$$\varrho \frac{\partial^2 F}{\partial t^2} = c \triangle F,$$

unter der Voraussetzung ebener Wellen normal zur XZ-Ebene integriert wird durch den reellen oder imaginären Teil von

$$\mathfrak{F} = \mathfrak{a}\, e^{\frac{2\pi i}{\tau}\left(t - \frac{\mathfrak{l}x + \mathfrak{n}z}{\mathfrak{v}}\right)}, \tag{137}$$

worin $\mathfrak{a}$, $\mathfrak{l}$, $\mathfrak{n}$, $\mathfrak{v}$ komplexe Größen sind, falls nur ist

$$\varrho \mathfrak{v}^2 = c(\mathfrak{l}^2 + \mathfrak{n}^2). \tag{137′}$$

Setzt man

137'') $\quad \mathfrak{l} = l - il', \quad \mathfrak{n} = n - in', \quad \mathfrak{v} = \frac{v}{1 + i\varkappa},$

so erhält man

137''') $$\begin{cases} \dfrac{\varrho v^2(1-\varkappa^2)}{(1+\varkappa^2)^2} = c\big((l^2+n^2)-(l'^2+n'^2)\big), \\ \dfrac{\varrho v^2 \varkappa}{(1+\varkappa^2)^2} = c(l\,l' + n\,n'); \end{cases}$$

diese Gleichungen bestimmen v und $\varkappa$ bei gegebenen l, l' und n, n'.

Um den speziellen vorliegenden Grenzbedingungen zu genügen, muß sich F für $z = 0$ auf die Form

$$a \sin 2\pi\left(\frac{t}{\tau} - \frac{lx}{\lambda}\right)$$

reduzieren. Wir erreichen dies, indem wir setzen

138) $\quad l' = 0, \quad n = 0, \quad l^2 - n'^2 = 1,$

woraus dann folgt, daß

138') $\quad \varkappa = 0, \quad v^2\varrho = c$

ist, und daß F_d sich auf die Form bringen läßt

138'') $$F_d = e^{-\frac{2\pi n'_d z}{\lambda_d}}\left(a_d \sin 2\pi\left(\frac{t}{\tau_d} - \frac{l_d x}{\lambda_d}\right) + a'_d \cos 2\pi\left(\frac{t}{\tau_d} - \frac{l_d x}{\lambda_d}\right)\right);$$

zugleich schreiben wir auch

138''') $$\begin{aligned} F_e &= a_e \sin 2\pi\left(\frac{t}{\tau_e} - \frac{l_e x + n_e z}{\lambda_e}\right), \\ F_r &= a_r \sin 2\pi\left(\frac{t}{\tau_r} - \frac{l_r x + n_r z}{\lambda_r}\right) + a'_r \cos 2\pi\left(\frac{t}{\tau_r} - \frac{l_r x + n_r z}{\lambda_r}\right). \end{aligned}$$

Die Anwendung der Grenzbedingungen (134) liefert zunächst

139) $$\frac{l_e}{\lambda_1} = \frac{l_r}{\lambda_1} = \frac{l_d}{\lambda_2}, \quad \tau_e = \tau_r = \tau_d = \tau;$$

für die reflektierte Welle folgt, wie früher, $n_r = -n_e$, für die durchgehende, da die Bewegung nicht mit wachsendem z unendlich werden darf, $n'_d = +\sqrt{l_d^2 - 1}$.

Vertauschen wir wieder l_e, l_r, l_d mit l_1, l_1, l_2 und n_e, n_r, n'_d mit $n_1, -n_1$ und n'_2, so resultiert

139') $$\begin{cases} a_r = a_e \dfrac{n_1^2\, l_2^2\, \varrho_2^2 - n_2'^2\, l_1^2\, \varrho_1^2}{n_1^2\, l_2^2\, \varrho_2^2 + n_2'^2\, l_1^2\, \varrho_1^2}, \\ a'_r = a_e \dfrac{2\, n_1\, n'_2\, l_1\, l_2\, \varrho_1\, \varrho_2}{n_1^2\, l_2^2\, \varrho_2^2 + n_2'^2\, l_1^2\, \varrho_1^2}, \end{cases}$$

woraus folgt

$$a_r^2 + a_r'^2 = a_e^2. \qquad 139'')$$

Die letzte Formel zeigt, daß bei dieser Art der Reflexion die gesamte Energie der einfallenden in der reflektierten Welle enthalten ist; die Reflexion wird deshalb eine totale genannt. Eine Bewegung im zweiten Medium fehlt allerdings nicht vollständig, aber sie pflanzt sich nicht mit gleicher Stärke in dasselbe fort, sondern nimmt mit wachsendem Abstand von der Grenze schnell an Intensität ab. Übrigens hat sie wesentlich andere Eigenschaften, als die in das erste Medium reflektierte; ihre Wellenebenen liegen normal zur X-Axe und pflanzen sich mit einer Geschwindigkeit v_2 / l_2 der X-Axe parallel fort, während die Ebenen gleicher Amplitude der Grenzfläche parallel sind; ersteres erklärt, daß diese Schwingungen dem ersten Medium Energie nicht entziehen.

Die reflektierte Bewegung unterscheidet sich von der bei der gewöhnlichen Reflexion erhaltenen, abgesehen von der Intensität, nur dadurch, daß die Phase um eine vom Einfallswinkel abhängige Größe geändert ist, was deutlich hervortritt, wenn man in dem Ansatz (138''') schreibt

$$F_r = \sqrt{a_r^2 + a_r'^2} \sin 2\pi \left(\frac{t + t_r}{\tau} - \frac{l_1 - n_1 z}{\lambda_1} \right). -$$

Neben den ebenen Wellen besitzen eine hervorragende Wichtigkeit die kugelförmigen. Man gelangt zu ihnen, indem man in die Gleichung (126'') die Annahme einführt, daß F außer von t nur von der Entfernung r von einem beliebigen Punkt, etwa von dem Koordinatenanfang, abhängt; die Gleichung nimmt dadurch die Form an

$$\varrho \frac{\partial^2 r F}{\partial t^2} = c \frac{\partial^2 r F}{\partial r^2}, \qquad 140)$$

welche zeigt, daß rF bei kugelförmigen Wellen dieselbe Rolle spielt, wie F selbst bei ebenen.

Die allgemeine Lösung

$$F = \frac{1}{r} \left(f_1(r + vt) + f_2(r - vt) \right) \qquad 140')$$

stellt zwei in entgegengesetzter Richtung mit wechselnder Stärke sich längs der Radien fortpflanzende Bewegungen dar; spezieller giebt

$$F = \frac{a}{r} \sin \alpha \left(t - \frac{r}{v} \right) \qquad 140'')$$

eine fortschreitende,

$$F = \frac{a}{r} \sin \frac{\alpha}{v} (r + r_0) \sin \alpha (t + t_0) \qquad 140''')$$

eine stehende periodische Bewegung mit Kugelwellen.

Die resultierenden Verrückungen S liegen bei den kugeligen, wie bei den ebenen Wellen normal zur Wellenfläche, sind also longitudinal und besitzen den Wert

$$S = \frac{\partial F}{\partial r}.$$

Für eine fortschreitende Welle von der Form (140″) giebt dies

$$S = -\frac{a}{r^2}\sin\alpha\left(t - \frac{r}{v}\right) - \frac{a\alpha}{rv}\cos\alpha\left(t - \frac{r}{v}\right),$$

für eine stehende von der Form (140‴)

$$S = -a\sin\alpha(t + t_0)\left(\frac{1}{r^2}\sin\alpha(r + r_0) - \frac{\alpha}{rv}\cos\alpha(r + r_0)\right);$$

in beiden Fällen setzt sich die Verrückung aus zwei Gliedern zusammen, die mit wachsendem r verschieden schnell abnehmen.

In großer Entfernung von dem Centrum der Bewegung $r = 0$ überwiegt je das zweite Glied, und dort erhält man daher, wenn man wieder $a\alpha / v = A$ setzt,

$$S = -\frac{A}{r}\cos\alpha\left(t - \frac{r}{v}\right), \text{ resp. } S = \frac{A}{r}\sin\alpha(t + t_0)\cos\alpha(r + r_0).$$

Analoges gilt für die mittlere Energie ε_μ; bei der Beschränkung auf das Glied niedrigster Ordnung erhält man aus (129‴) resp. (129⁗)

140⁗) $$\varepsilon_\mu = \frac{A^2\varrho\alpha^2}{4r^2} = \frac{\pi^2\varrho A^2}{r^2\tau^2}. \text{ —}$$

Fortschreitende cylindrische Wellen mit konstanter Geschwindigkeit v, die den oben betrachteten ebenen und kugeligen zugeordnet werden könnten, existieren nicht. Es ist nämlich nicht möglich, der Fundamentalgleichung

141) $$\frac{\partial^2 F}{\partial t^2} = v^2 \triangle_{xy} F,$$

welche wegen $c/\varrho = v^2$ die Übertragung von (126″) auf die Ebene darstellt, durch einen Ansatz von der Form

$$F = P(e)\,Q(e \pm vt),$$

worin

$$e^2 = (x - x_1)^2 + (y - y_1)^2,$$

zu genügen; denn die resultierende Gleichung

$$Q\left(P'' + \frac{P'}{e}\right) + Q'\left(2P' + \frac{P}{e}\right) = 0,$$

in welcher die oberen Indices die Differentialquotienten nach den ganzen Argumenten bezeichnen, ist bei willkürlich vorgeschriebenem Q überhaupt nicht zu befriedigen. Läßt man Q verfügbar, so muß, weil in P die Zeit nicht vorkommt, $Q' = Q \cdot \text{Const.}$ sein, also einem ganz speziellen Gesetz entsprechen.

Dagegen sind stehende cylindrische Wellen möglich; denn aus dem Ansatz

$$F = A(e) \sin \alpha (t + t_0)$$

folgt für A die Gleichung

$$\frac{\partial^2 A}{\partial e^2} + \frac{1}{e} \frac{\partial A}{\partial e} + \frac{\alpha^2}{v^2} A = 0,$$

welche, wenn man die Bedingung hinzunimmt, daß A für $e = 0$ logarithmisch unendlich wird,

$$A = m Y_0 \left(\frac{\alpha e}{v}\right) + n J_0 \left(\frac{\alpha e}{v}\right)$$

ergiebt, worin m und n Konstanten, Y_0 und J_0 die Bessel'schen Funktionen bezeichnen. Es wird sonach hier

$$F = \left[m Y_0 \left(\frac{\alpha e}{v}\right) + n J_0 \left(\frac{\alpha e}{v}\right)\right] \sin \alpha (t + t_0); \qquad 141')$$

für sehr große e reduziert sich dies auf

$$F = \frac{a \cos \frac{\alpha e}{v} + b \sin \frac{\alpha e}{v}}{\sqrt{\frac{\alpha e}{v}}} \sin \alpha (t + t_0), \qquad 141'')$$

unter a und b Konstanten verstanden, und zeigt, daß v bei großem e wieder die Rolle der Fortpflanzungsgeschwindigkeit spielt.

Die Ausdrücke für die potentielle und die kinetische Energie derartiger cylindrischer Wellen lassen sich ebenso ableiten, wie oben diejenigen für die Energien kugeliger. —

Bezüglich der bei ebenen und bei Kugelwellen stets auftretenden Fortpflanzungsgeschwindigkeit $v = \sqrt{c/\varrho}$ ist daran zu erinnern, daß nach S. 338 bei einigermaßen großer Schwingungszahl des erregten Tones für die Elasticitätskonstante c der speziell als adiabatisch bezeichnete Wert c_a zu setzen ist und nicht der durch statische Methoden nach S. 346 bestimmbare isothermische c_i.

Bei tropfbaren Flüssigkeiten sind beide Werte nur unmerklich verschieden; bei gasförmigen, wo das isothermische c_i nach S. 338 gleich dem Anfangsdruck p^0 ist, den das Medium vor Beginn der Bewegung erfuhr, findet sich die adiabatische Konstante

$$c_a = p^0 \varkappa, \qquad 141''')$$

wo $\varkappa$ die schon auf S. 71 eingeführte und im folgenden Teile näher zu bestimmende, der Substanz des Gases individuelle Konstante bezeichnet, welche sich für die verschiedenen Gase zwischen $\frac{5}{3}$ und 1 bewegt.

Die Formel

$$141'''') \qquad v^2 = \frac{p^0 \varkappa}{\varrho}$$

giebt, beiläufig gesagt, die bequemste Methode zu ihrer numerischen Bestimmung an die Hand, da v, p^0 und ϱ der Beobachtung leicht zugänglich sind. —

Die Grundformeln der Elasticitätslehre sind unter der speziellen Annahme abgeleitet, daß die elastischen Drucke lineäre Funktionen der Deformationen, also diese selbst, wie auch die Verrückungen und Geschwindigkeiten, sehr klein sind.

Dies ist in der Praxis auch bei Flüssigkeiten meist soweit erfüllt, daß die auf dieser Grundlage abgeleiteten Formeln mit der Erfahrung befriedigend stimmen; doch kommen bei der Fortpflanzung sehr starker Töne oder Schalle in Gasen auch Fälle merklicher Abweichung vor. Diese erfordern also eine ergänzte Theorie, die man auf der Grundlage der, wie S. 337 angegeben, erweiterten Elasticitätstheorie, oder aber auf der Grundlage der strengen hydrodynamischen Gleichungen (43) aufbauen kann.[70])

Bei dem sehr speziellen Interesse, welches diese Untersuchungen besitzen, kann hier auf dieselben nicht eingegangen werden.

§ 20. Elastische Flüssigkeiten mit beliebiger Begrenzung bei beliebiger Erregung. Resonanzerscheinungen.

Um die allgemeine Aufgabe der Bewegung einer beliebig begrenzten Flüssigkeit bei beliebigen Oberflächenbedingungen und beliebigen Anfangswerten $F = F_0$ und $\partial F / \partial t = F_1$ vorzunehmen, ziehen wir außer dem Deformationspotential F noch eine Funktion G heran, welche ebenfalls die Hauptgleichung (126'') erfüllt und, wie F, innerhalb des von der Flüssigkeit eingenommenen Raumes k sich regulär verhält, und bilden, indem wir $c/\varrho = v^2$ setzen,

$$142) \qquad \iint \left[G \left(\frac{\partial^2 F}{\partial t^2} - v^2 \triangle F \right) - F \left(\frac{\partial^2 G}{\partial t^2} - v^2 \triangle G \right) \right] dk\, dt = 0;$$

dabei ist die räumliche Integration über das gesamte k auszudehnen, die zeitliche von $t = 0$ bis zu einem zunächst beliebigen $t = T$.

Dies giebt sogleich

$$142') \qquad \int \left| G \frac{\partial F}{\partial t} - F \frac{\partial G}{\partial t} \right|_0^T dk + v^2 \int_0^T dt \int \left(\overline{G} \frac{\overline{\partial F}}{\partial n} - \overline{F} \frac{\overline{\partial G}}{\partial n} \right) do = 0,$$

und damit ein Analogon zu der aus dem GREEN'schen Satz abgeleiteten Gleichung (181') auf S. 179.[71])

Wir wollen nun für G eine Funktion wählen, die zwar im übrigen innerhalb k regulär ist, aber an einer Stelle a, b, c unendlich wird, wie

$$g = \frac{\chi(r + vt)}{r}, \tag{143}$$

worin r die Entfernung von jenem Punkte und χ eine Funktion von folgenden speziellen Eigenschaften bezeichnet. $\chi(s)$ verhält sich mit seinen Differentialquotienten regulär, verschwindet aber für alle positiven und negativen Argumente s mit Ausnahme derjenigen, welche einem speziellen endlichen positiven Werte $s = s_1$ unendlich nahe sind; letzteres wollen wir dadurch ausdrücken, daß wir

$$\chi(s) = 0$$

setzen, wenn nicht

$$s_1 - \varepsilon < s < s_1 + \varepsilon \tag{143'}$$

ist, unter ε eine unendlich kleine Größe verstanden. Innerhalb des vorstehend umgrenzten Bereiches soll $\chi > 0$ und

$$\int_{s_0}^{s_2} \chi(s)\,ds = 1 \tag{143''}$$

sein, sowie s_0 um eine endliche Größe kleiner, s_2 größer ist, als s_1.

Eine Funktion von diesen Eigenschaften ist u. a.

$$\chi(s) = \frac{\mu}{\sqrt{\pi}}\, e^{-\mu^2 (s - s_1)^2} \tag{143'''}$$

für sehr große Werte von μ.

Weiter können wir die Funktion G noch geeigneten Anfangs- und Oberflächenbedingungen unterwerfen. In ersterer Hinsicht setzen wir fest, daß zur Zeit T, welche um einen endlichen Betrag größer als $t_1 = s_1/v$ sein mag, G und $\partial G/\partial t$ innerhalb k überall verschwinden; über das Verhalten von G an der Oberfläche o von k behalten wir uns die Verfügung zunächst vor.

Um die Gleichung (142') auf ein G von obigen Eigenschaften anzuwenden, muß man den Punkt a, b, c durch eine Fläche, z. B. eine kleine Kugelfläche vom Radius R mit dem Centrum in a, b, c, ausschließen. Der auf sie bezügliche Anteil des Oberflächenintegrales in (142') lautet bei Einführung der Kegelöffnung $d\omega$

$$v^2 \int_0^T dt \int \left[R\chi(R + vt) \frac{\partial \overline{F}}{\partial r} - \Big(R\chi'(R + vt) - \chi(R + vt)\Big) \overline{F} \right] d\omega$$

und reduziert sich bei unendlich kleinem R auf

$$4\pi v^2 \int_0^T F_{abc}(t)\,\chi(R+vt)\,dt = 4\pi v\,F_{abc}(t_1),$$

worin, wie oben, t_1 für s_1/v gesetzt ist.

Von dem Raumintegral in (142') giebt der Anteil, welcher der Grenze $t=T$ entspricht, den Wert Null, da G und $\partial G/\partial t$ für jenen Zeitpunkt verschwinden; der Anteil für die Grenze $t=0$ kann über den ganzen Raum k mit Einschluß der kleinen Kugel erstreckt werden, da diese nur einen unendlich kleinen Betrag liefert.

Daher erhalten wir schließlich

$$144)\quad 4\pi v F_{abc}(t_1) = \int\left(G\frac{\partial F}{\partial t} - F\frac{\partial G}{\partial t}\right)_{t=0} dk - v^2\int_0^T dt \int\left(\overline{G}\,\overline{\frac{\partial F}{\partial n}} - \overline{F}\,\overline{\frac{\partial G}{\partial n}}\right) do.$$

Unterwirft man G der Bedingung, daß $\partial G/\partial n$ an der ganzen Oberfläche von k verschwindet, so ist es damit vollständig bestimmt. Denn vertauscht man darin t mit $T-t$, so kann man das Resultat $G(T-t)$ auffassen als das Deformationspotential, welches einer zur Zeit $t=T-t_1$ an der Stelle a, b, c hervorgebrachten starken Verdichtung entspricht, falls die Begrenzung von k starr ist und die Flüssigkeit im ganzen Raume k zur Zeit $t=0$ ruht. In diesem Falle hat man noch einfacher

$$144')\quad 4\pi v F_{abc}(t_1) = \int\left(G\frac{\partial F}{\partial t} - F\frac{\partial G}{\partial t}\right)_{t=0} dk - v^2\int_0^T dt \int \overline{G}\,\overline{\frac{\partial F}{\partial n}}\, do,$$

eine Formel, die F an jeder Stelle durch die Anfangswerte von F und $\partial F/\partial t$ und die Oberflächenwerte von $\partial F/\partial n$ bestimmt.

Setzt man, wie früher, für $t=0$,

$$F = F_0, \quad \frac{\partial F}{\partial t} = F_1,$$

und entsprechend auch

$$G = G_0, \quad \frac{\partial G}{\partial t} = G_1,$$

welch letztere Werte aus den über G gemachten Festsetzungen bestimmbar sind, so wird (144') kürzer

$$144'')\quad 4\pi v F_{abc}(t_1) = \int (G_0 F_1 - G_1 F_0)\, dk - v^2 \int_0^T dt \int \overline{G}\,\overline{\frac{\partial F}{\partial n}}\, do.$$

Ist s_1 kleiner, als der kleinste der von a, b, c nach der Oberfläche o gezogenen Radienvektoren $\overline{r}$, der mit r' bezeichnet werde, so kann man [72])

$$G = g = \frac{\chi(r + vt)}{r} \tag{145)}$$

setzen, denn für alle Oberflächenelemente do ist dann das Argument von χ größer, wie s_1, dort also $G = 0$ und $\partial G / \partial n = 0$.

Hier wird aus (144''):

$$4\pi v F_{abc}(t_1) = \iint [F_1 \chi(r) - v F_0 \chi'(r)] r\, dr\, d\omega,$$

was durch teilweise Integration liefert

$$= -v \int \Big| F_0 r \chi(r) \Big|_0^{\bar{r}} d\omega + \iint \left(r F_1 + v \frac{\partial r F_0}{\partial r} \right) \chi(r)\, dr\, d\omega.$$

Das erste Glied ist nach den vorausgesetzten Eigenschaften von χ gleich Null, das zweite liefert

$$4\pi v F_{abc}(t_1) = \int \left(r F_1 + v \frac{\partial r F_0}{\partial r} \right)_{r = s_1} d\omega. \tag{145')}$$

Die Integration über ω ist über die ganze Kegelöffnung, also bei Einführung von $s_1^2 d\omega = dO$ über eine Kugelfläche vom Radius s_1 zu erstrecken; führt man die arithmetischen Mittelwerte von F_0 und F_1 auf einer Kugel vom Radius s_1 um die Stelle a, b, c ein, indem man

$$\frac{1}{4\pi s_1^2} \int (F_0)_{r = s_1} dO = |F_0|_{s_1}, \quad \frac{1}{4\pi s_1^2} \int (F_1)_{r = s_1} dO = |F_1|_{s_1} \tag{145'')}$$

setzt, so erhält man

$$F_{abc}(t_1) = \frac{s_1}{v} |F_1|_{s_1} + \frac{\partial s_1 |F_0|_{s_1}}{\partial s_1},$$

oder wegen $s_1 = v t_1$ auch

$$F_{abc}(t_1) = t_1 |F_1|_{v t_1} + \frac{\partial t_1 |F_0|_{v t_1}}{\partial t_1}. \tag{145''')}$$

Diese wichtige, zuerst von Poisson[73]) abgeleitete Formel zeigt an, daß der durch Anfangswerte F_0 und F_1 erregte Zustand innerhalb der Flüssigkeit aufgefaßt werden kann als die Superposition von Zuständen, die von allen Teilen der Flüssigkeit mit der konstanten Geschwindigkeit v gleichmäßig nach allen Seiten hin fortgepflanzt werden. Ihre Gültigkeit ist bei begrenzten Räumen k bestimmt durch die Ungleichung $s_1 < r'$, wo r' oben definiert ist, oder durch $t_1 < r'/v$; für den unendlichen Raum gilt sie ohne Beschränkung. —

Für beliebig begrenzte Bereiche Funktionen G, den oben gegebenen Bedingungen entsprechend, zu finden, bietet im allgemeinen große Schwierigkeit, doch gelingt es mit Hilfe der Spiegelungsmethode leicht, ein G zu konstruieren, welches längs einer Ebene die Bedingung $\partial G / \partial n = 0$ erfüllt.

Setzt man nämlich

146) $$G = \frac{\chi(r + vt)}{r} + \frac{\chi(r' + vt)}{r'} = g + g',$$

worin r' die Entfernung vom Spiegelpunkt von a, b, c in Bezug auf die Ebene bezeichnet, so kann nach der Bedeutung von G in jener Ebene eine normale Verrückung, also ein von Null verschiedener Wert von $\partial G / \partial n$ nicht eintreten.

Ist die begrenzende Ebene starr, so ergiebt die Formel (144'') zunächst

146') $$4 \pi v F_{abc}(t_1) = \int \left((g_0 + g'_0) F_1 - (g_1 + g'_1) F_0 \right) dk,$$

wo das Integral über den nach der Seite der positiven Normale n gelegenen, oder kurz, über den positiven Halbraum ausgedehnt ist, für welchen allein F_0 und F_1 gegeben sind.

Nun unterscheidet sich aber g' von g nur dadurch, daß in ihm der normale Abstand des Punktes a, b, c von der Grenzebene negativ, statt positiv auftritt; definiert man daher F_0 und F_1 für den negativen Halbraum so, daß ihre Werte den im positiven Halbraum liegenden spiegelbildlich entsprechen, so kann man statt der letzten Formel auch schreiben

146'') $$4 \pi v F_{abc}(t_1) = \int (g_0 F_1 - g_1 F_0) dk,$$

das Integral über den ganzen Raum erstreckt.

Die feste Wand wirkt also ebenso, als wäre jenseits der Anfangszustand des positiven Halbraumes spiegelbildlich wiederholt und die Wand danach beseitigt. Jedes Element des positiven Halbraumes wirkt daher in a, b, c zweimal, einmal direkt, einmal durch Reflexion, und zwar, wie leicht nachzuweisen, nach einer solchen Zeit, als hätte sich die Wirkung, wie einem Lichtstrahle nach a, b, c hin folgend, mit der Geschwindigkeit v fortgepflanzt.

Dasselbe Verfahren der Fortsetzung der Funktionen F_0 und F_1 über die Grenzen von k hinaus läßt sich auf eine Reihe von durch Ebenen begrenzten Räumen übertragen. Auch sieht man leicht, daß es nicht nur auf die Wirkung von Anfangszuständen beschränkt ist, sondern sich ebenso auf eine von irgend welchen Quellen ausgehende dauernde Erregung übertragen läßt; z. B. auf die Schwingungen einer fernen Ebene, welche ebene Wellen gegen die Grenzfläche hinsendet. Damit ist denn das Resultat beiläufig erhalten, auf welches schon S. 358 Bezug genommen wurde. —

Ist die die Flüssigkeit begrenzende Wand nicht fest, sondern wird sie in von Stelle zu Stelle wechselnder Weise bewegt, verschwindet dafür aber anfänglich sowohl F, als $\partial F/\partial t$ innerhalb k überall, so bleibt von (144′) nur

$$4\pi F_{abc}(t_1) = -v\int_0^T dt\int \overline{G}\,\frac{\overline{\partial F}}{\partial n}\,do. \tag{147}$$

Bei einer unendlichen Ebene als einziger Begrenzung der Flüssigkeit ist für G der Wert (146) zu benutzen, aus dem leicht folgt

$$F_{abc}(t_1) = -\frac{v}{2\pi}\int_0^T dt\int \frac{\chi(\overline{r}+vt)}{\overline{r}}\,\frac{\overline{\partial F}}{\partial n}\,do.$$

Hierin kann man die Integrationsfolge umkehren und erhält nach (143″)

$$F_{abc}(t_1) = -\frac{1}{2\pi}\int \left(\frac{1}{\overline{r}}\,\frac{\overline{\partial F}}{\partial n}\right)_{t=t_1-\overline{r}/v} do; \tag{147′}$$

diese Formel bestimmt vollständig die in dem positiven Halbraum durch beliebige Bewegungen in der Grenzebene hervorgerufenen Vorgänge. —

Eine zweite spezielle Verfügung über G bietet die Festsetzung, daß an der Oberfläche G verschwindet. Dann nimmt (144) die Gestalt an

$$4\pi v F_{abc}(t_1) = \int (G_0 F_1 - G_1 F_0)\,dk + v^2\int_0^T dt\int \overline{F}\,\frac{\overline{\partial G}}{\partial n}\,do \tag{147″}$$

und gestattet, F aus gegebenen F_0, F_1 und $\overline{F}$ zu bestimmen.

Nun ist zwar an der Oberfläche einer elastischen Flüssigkeit in Praxis $\overline{F}$ nicht direkt vorgeschrieben, aber man kann es aus dort gegebenem ϑ oder gegebenem $p = -c\vartheta$ bestimmen, weil nach (126‴)

$$F = F_0 + F_1 t + v^2\int_0^t\int_0^t \vartheta\,(dt)^2 \tag{147‴}$$

ist. Indessen ist es hier im allgemeinen bequemer, die Untersuchung von vorn herein auf die Auffindung von ϑ zuzuspitzen, welches ja derselben Hauptgleichung folgt, wie F, und erst aus dem für ϑ gefundenen Endresultat das zugehörige F nach der letzten Formel zu berechnen.

Wir bilden demgemäß

$$148)\quad 4\pi v \vartheta_{abc}(t_1) = \int (G_0 \vartheta_1 - G_1 \vartheta_0)\, dk + v^2 \int_0^T dt \int \overline{\vartheta} \frac{\overline{\partial G}}{\partial n}\, do,$$

worin ϑ_0 den Anfangswert von ϑ, und ϑ_1 denjenigen von $\partial\vartheta/\partial t$ bezeichnet. Die Verwertung des ersten Integrales bei unbegrenztem k ist dieselbe, wie oben für F gezeigt ist.

Für den Fall, daß der Raum k nur durch eine Ebene begrenzt ist, in welcher ϑ verschwindet, wie das etwa bei einem großen Teich, der an den Luftraum grenzt, nahe erfüllt ist, wird

$$148')\quad G = g - g'$$

und

$$148'')\quad \vartheta_{abc}(t_1) = \frac{1}{4\pi v} \int \left((g_0 - g'_0)\, \vartheta_1 - (g_1 - g'_1)\, \vartheta_0 \right) dk.$$

Setzt man nun ϑ_0 und ϑ_1 in den negativen Halbraum derartig fort, daß die Werte an jeder Stelle die entgegengesetzten von denjenigen sind, welche für die spiegelbildlich entsprechende Stelle vorgeschrieben waren, so erhält man

$$148''')\quad \vartheta_{abc}(t_1) = \frac{1}{4\pi v} \int (g_0 \vartheta_1 - g_1 \vartheta_0)\, dk,$$

das Integral über den unendlichen Raum ausgedehnt.

Es tritt also auch hier eine Reflexion ein, aber die Dilatationen kehren bei der Reflexion ihr Vorzeichen um.

Ist $\vartheta_0 = \vartheta_1 = 0$ und $\overline{\vartheta}$ gegeben, so folgt aus (148), da $\partial g'/\partial n = -\partial g/\partial n$

$$149)\quad \begin{cases} \vartheta_{abc}(t_1) = \dfrac{v}{2\pi} \displaystyle\int_0^T dt \int \overline{\vartheta} \frac{\overline{\partial g}}{\partial n}\, do \\[2ex] \quad = \dfrac{v}{2\pi} \displaystyle\int_0^T dt \int \overline{\vartheta} \left(\frac{\chi'(\overline{r} + vt)}{\overline{r}} - \frac{\chi(\overline{r} + vt)}{\overline{r}^2} \right) \frac{\overline{\partial r}}{\partial n}\, do. \end{cases}$$

Kehrt man die Integrationsfolge um, so erhält man bei teilweiser Integration des ersten Gliedes

$$149')\quad \begin{cases} = \dfrac{1}{2\pi} \displaystyle\int \left| \frac{\overline{\vartheta} \chi(\overline{r} + vt)}{\overline{r}} \frac{\overline{\partial r}}{\partial n} \right|_0^T do \\[2ex] \quad - \dfrac{1}{2\pi} \displaystyle\int do \int_0^T \left(\frac{1}{\overline{r}} \frac{\partial \overline{\vartheta}}{\partial t} + \frac{v}{\overline{r}^2} \overline{\vartheta} \right) \frac{\overline{\partial r}}{\partial n} \chi(\overline{r} + vt)\, dt. \end{cases}$$

Hier ist wieder das erste Glied gleich Null, das zweite giebt

$$\vartheta_{abc}(t_1) = -\frac{1}{2\pi}\int\left(\frac{1}{v\bar{r}}\frac{\overline{\partial\vartheta}}{\partial t} + \frac{1}{\bar{r}^2}\bar{\vartheta}\right)\frac{\overline{\partial r}}{\partial n}\,do. \quad 149'')$$
$$t = t_1 - \bar{r}/v$$

Diese Formel bestimmt ϑ innerhalb des positiven Halbraumes durch seinen mit der Zeit und dem Ort beliebig, aber stetig wechselnden Wert längs der ebenen Begrenzung; durch Kombination mit (148''') kann man eine gleichzeitige Wirkung gegebener anfänglicher Dilatation und Dilatationsgeschwindigkeit mit berücksichtigen. —

Wir gehen nun zu der allgemeinen Formel (144) zurück und setzen in ihr $G = g$, während wir gleichzeitig die Zeit t_1 so groß wählen, daß $s_1 = vt_1$ größer, als der größte von a, b, c aus nach der Oberfläche von k gezogene Radiusvektor r' ist. Dann verschwindet nach dem S. 367 Gesagten das Raumintegral, was besagt, daß die gesamte Einwirkung des innerhalb k zur Zeit $t = 0$ vorhanden gewesenen Zustandes über die Stelle a, b, c hinweggegangen ist, das Oberflächenintegral gestattet die in (147') resp. (149'') ausgeführte Umformung, und man erhält

$$F_{abc}(t_1) = -\frac{1}{4\pi}\int\left[\frac{1}{\bar{r}}\frac{\overline{\partial F}}{\partial n} + \left(\frac{1}{v\bar{r}}\frac{\overline{\partial F}}{\partial t} + \frac{1}{\bar{r}^2}\bar{F}\right)\frac{\overline{\partial r}}{\partial n}\right]do. \quad 150)$$
$$t = t_1 - \bar{r}/v$$

Wir wollen uns hierin $\bar{F}$ und $\overline{\partial F}/\partial n$ als Funktionen der Zeit für jedes Oberflächenelement vorgeschrieben denken, setzen also

$$\bar{F} = f(t), \quad \frac{\overline{\partial F}}{\partial n} = f'(t);$$

wendet man dann die Spezialisierung von t auf die einzelnen Glieder der Klammer in (150) an und bedenkt, daß

$$\frac{\partial f\left(t_1 - \frac{\bar{r}}{v}\right)}{\partial t_1} = -v\,\frac{\partial f\left(t_1 - \frac{\bar{r}}{v}\right)}{\partial \bar{r}}$$

ist, wo der partielle Differentialquotient nach $\bar{r}$ sich nur auf das, durch den speziellen Wert von t in f eingeführte $\bar{r}$ bezieht, so erhält man[74])

$$F_{abc}(t_1) = -\frac{1}{4\pi}\int\left[\frac{1}{\bar{r}}f'\left(t_1 - \frac{\bar{r}}{v}\right) - \frac{\partial}{\partial n}\left(\frac{f\left(t_1 - \frac{\bar{r}}{v}\right)}{\bar{r}}\right)\right]do. \quad 150')$$

Diese Formel läßt sich sogleich auf den Fall übertragen, daß der Raum k unendlich und einerseits von beliebigen im Endlichen liegenden geschlossenen Flächen o_h, andererseits von der unendlichen Kugel begrenzt ist; man braucht dazu nur anzunehmen, daß einerseits F_0 und F_1 innerhalb k überall gleich Null sind, und andererseits die Zeit t_1, zu welcher der Zustand in k untersucht wird, endlich ist, so daß von den durch die Flächen o_h eintretenden Bewegungen kein Anteil ins Unendliche gelangt ist.

Infolge der ersteren Annahme verschwindet in (144) das Raumintegral, infolge der letzteren das Oberflächenintegral über die unendliche Kugel.

Die somit in ihrer Bedeutung verallgemeinerte Gleichung (150′) lehrt den Zustand an einer beliebigen Stelle a, b, c eines beliebig abgegrenzten Teiles einer unendlichen Flüssigkeit kennen, wenn die durch seine Begrenzung eintretenden Bewegungen, d. h. die in ihr stattfindenden Werte von F und $\partial F / \partial n$, gegeben sind. Sie dispensiert von der Bestimmung der für jede Gestalt von k besonders zu findenden Funktion G, dafür verlangt sie aber die Kenntnis der Oberflächenwerte von F und $\partial F/\partial n$, die nicht unabhängig voneinander willkürlich vorgeschrieben werden können.

Man kann diese Größen insbesondere aber dann angeben, wenn die Bewegung nur von einer Quelle außerhalb k herrührt, deren Wirkung sich bis zu der Oberfläche von k theoretisch verfolgen läßt; in diesem Falle kann man die Bewegung innerhalb k, statt durch die Quellen direkt, durch Bewegung der Oberfläche o erregt betrachten.

Diese Auffassung erhält eine ganz besondere Wichtigkeit in der Optik, wo man ihren Grundgedanken als das Huyghens'sche Prinzip bezeichnet; aber sie ist auch in der Akustik überall da nützlich zu verwenden, wo es sich um die Fortpflanzung von Wellen innerhalb einer Flüssigkeit handelt, die von einer oder mehreren Quellen ausgehen und in ihrer Ausbreitung durch irgend welche gegebene, als Schirme wirkende Körper behindert werden. Um die Verhältnisse möglichst zu vereinfachen, kann man von den letzteren annehmen, daß sie nichts von der auffallenden Bewegung durchlassen oder zurückwerfen, was voraussetzt, daß sie die Natur von Flüssigkeiten haben, die gleiche Werte v, wie die betrachteten, und außerdem ein sehr starkes Absorptionsvermögen besitzen.

Schließt man dann die Schallquelle in eine — etwa kugelförmige — Hülle von der beschriebenen Beschaffenheit ein, deren Innenraum mit dem äußeren nur durch irgend welche kleine Öffnungen kommuniziert, so gestattet die Formel (150′) bei Einsetzung der durch die Quelle in den Öffnungen erregten Bewegungen, die im Außenraum erregten zu berechnen.

Die Diskussion der allgemeinen Formel oder ihre Anwendung auf die einfachsten Fälle zeigt, daß hierbei der undurchlässige

Schirm keinen Schallschatten wirft, sondern die in der Öffnung erregte Bewegung sich nach allen Richtungen hin fortpflanzt.

Das analoge Resultat kann man übrigens ohne Benutzung der Gleichung (150′) in dem speziellen Falle, daß im unendlichen Raume eine punktförmige Schallquelle und eine starre oder in gegebener Weise oberflächlich bewegte Kugel vorhanden ist, aus der allgemeinen Formel (144′) erhalten, da sich für diesen Fall die Funktion G bestimmen läßt. —

Die Entwickelungen dieses Paragraphen gestatten keine Übertragung aus dem Raum in die Ebene, da eine dem oben benutzten g entsprechende Hilfsfunktion, welche nur von zwei Koordinaten abhängt, nach S. 365 nicht existiert.

Demgemäß sind räumliche Probleme, in denen eine Koordinate, etwa z, nicht vorkommt, trotzdem noch als räumliche zu behandeln, und auch in dem Fall einer dünnen ebenen Flüssigkeitsschicht zwischen festen, der XY-Ebene parallelen Wänden erhält man die Lösung am einfachsten, indem man die Schicht zu einer unendlichen Flüssigkeit mit von z unabhängigen Grenz- und Anfangsbedingungen ergänzt.

Man kann so z. B., wenn die Schicht seitlich unbegrenzt ist, die Wirkung eines Anfangszustandes nach dem Poisson'schen Satz beurteilen und erkennt auf diese Weise leicht, daß Anfangsverrückungen, die ursprünglich auf einem Kreiscylinder konstant waren, zwar stets auf koaxialen Kreiscylindern konstant bleiben, aber sich allmählich über den ganzen Raum ausbreiten und an jeder Stelle erst nach unendlich langer Zeit verschwinden; hierdurch erklärt sich beiläufig auch, daß etwas den ebenen und den kugeligen fortschreitenden Wellen Entsprechendes nicht zu stande kommt.

Dagegen kann man die speziellen Sätze, welche gelten, wenn der Vorgang nur von einer Koordinate und der Zeit abhängt, und welche S. 353 u. f. direkt erhalten sind, durch eine einfache Rechnung aus den allgemeinen Resultaten dieses Abschnittes zurückgewinnen. —

Wir wollen schließlich noch eine Anwendung von der allgemeinen Formel (142′) machen, welche Licht auf die Gesetze der Erregung von Schwingungen innerhalb einer beliebig begrenzten elastischen Flüssigkeit durch Einwirkungen auf Teile ihrer Oberfläche wirft, — Vorgänge, die man, wie schon S. 357 erwähnt ist, im allgemeineren Sinne als Resonanzerscheinungen bezeichnen kann. Dazu wollen wir annehmen, es sei G eine Lösung der Gleichung

$$\frac{\partial^2 G}{\partial t^2} = v^2 \triangle G,$$

welche den stehenden Schwingungen eines einfachen Tones innerhalb k entspricht, wie dieselben eintreten, wenn ein Teil o_1 der Begrenzung o von k durch eine feste Wand, ein anderer o_2 durch eine freie Oberfläche gebildet ist.

Wir setzen demgemäß

151) $$G = R \sin \alpha (t + t_0),$$

wo nun R eine Funktion der Koordinaten allein bezeichnet, die im ganzen Innern von k der Gleichung

151′) $$\alpha^2 R + v^2 \triangle R = 0$$

und längs o_1 der Bedingung $\overline{\partial R} / \partial n = 0$, längs o_2 der Bedingung $\overline{R} = 0$ genügt.

Für denselben Raum k sind bei denselben Grenzbedingungen unendlich viele diskrete Werte von α, und somit auch von R, möglich, die den Eigentönen der Flüssigkeit unter den gegebenen Bedingungen entsprechen.

Wir wählen eine dieser möglichen Lösungen und setzen zugleich die obere Grenze T des Zeitintegrales gleich einem ganzen Vielfachen von deren Periode $\tau = 2\pi / \alpha$; nehmen wir dann noch F und $\partial F / \partial t$ zur Zeit $t = 0$ selbst gleich Null, so erhalten wir aus (142′)

151″) $$\left\{\begin{aligned} &\int \left(\alpha F_T \cos \alpha t_0 - \left(\frac{\partial F}{\partial t}\right)_T \sin \alpha t_0\right) R\, dk \\ &= v^2 \int \overline{R}\, do_1 \int_0^T \frac{\overline{\partial F}}{\partial n} \sin \alpha (t + t_0)\, dt - v^2 \int \frac{\overline{\partial R}}{\partial n}\, do_2 \int_0^T \overline{F} \sin \alpha (t + t_0)\, dt, \end{aligned}\right.$$

worin das erste Integral rechts über o_1, das zweite über o_2 zu erstrecken ist.

Von dieser allgemeinen Gleichung wollen wir nun Anwendungen machen.

Sei zunächst $o_2 = 0$, also für die stehende Schwingung G der Raum k rings von festen Wänden umgeben, dann verschwindet in der Formel (151″) das letzte Integral. Eine vorgeschriebene Bewegung $\overline{\partial F / \partial n}$ der zuvor festen Wand erregt dann eine innere Bewegung der Flüssigkeit, die zur Zeit $t = T$ durch gewisse Werte von $(F)_T$ und $(\partial F / \partial t)_T$ an jeder Stelle charakterisiert ist; über deren Zusammenhang mit den von $t = 0$ bis $t = T$ auf die Oberfläche ausgeübten Einwirkungen erkennt man leicht folgendes.

Ist $\overline{\partial F / \partial n}$ eine endliche periodische Funktion der Zeit, so wird der Wert des Zeitintegrales rechts bei beliebig großem T immer endlich sein, es sei denn, daß die Periode von $\overline{\partial F}/\partial n$ der von G gleich ist; in diesem Falle wird der Ausdruck rechts mit wachsender Zeit über alle Grenzen zunehmen können. Gleiches gilt sonach von dem Integral links, und zwar wird, da t_0 völlig willkürlich ist, im ersten Falle sowohl das Integral über F_T, wie über $(\partial F/\partial t)_T$ endlich, im zweiten unendlich sein.

Werden also Teile der Wände, welche ein Flüssigkeitsquantum umschließen, so bewegt, daß die normale Komponente der Verschiebung durch eine Summe von unendlich kleinen Gliedern von allen möglichen Perioden dargestellt wird, dann können in endlicher Stärke nur die Eigentöne, welche die Flüssigkeit bei ringsum festen Wänden besitzt, ansprechen.

Damit sie wirklich ansprechen, ist noch erforderlich, daß die Teile des Oberflächenintegrales weder einzeln durch den Faktor $\overline{R}$ verschwinden, noch sich gegenseitig zerstören.

Am einfachsten werden die Verhältnisse, wenn nur innerhalb eines sehr kleinen Flächenstückes q der Oberfläche die Verrückung, und somit $\overline{\partial F}/\partial n$, von Null verschieden ist; hier kann man dann $\overline{R}$ als konstant ansehen und erhält für das Integral rechts den Wert

$$v^2 \overline{R}_q q \int_0^T \frac{\overline{\partial F}}{\partial n} \sin \alpha(t + t_0)\, dt.$$

Derselbe ergiebt, daß eine Erregung am wirksamsten ist an Orten, wo der absolute Wert von $\overline{R}$ ein Maximum, am unwirksamsten, wo er ein Minimum besitzt; ersteres entspricht den Schwingungsknoten, letzteres den Schwingungsbäuchen. Durch Bewegung eines Flächenelementes q werden also Schwingungen, welche in q einen Schwingungsbauch besitzen, auch dann nicht erregt werden, wenn sie dieselbe Periode, wie $\partial F/\partial n$, besitzen.

Man kann die Voraussetzungen dieser Entwickelungen angenähert realisieren, indem man ein kleines Stück der Wand von der Umgebung trennt und an einer schwingenden Stimmgabel befestigt. —

Ein zweiter spezieller Fall ist der, daß $o_1 = 0$ ist, daß also für die stehende Schwingung die — natürlich tropfbare — Flüssigkeit ringsum durch eine freie Oberfläche begrenzt ist; dann verschwindet in (151″) das erste Integral rechts. Im zweiten können wir nach (147‴), da F und $\partial F/\partial t$ nach Annahme für $t = 0$ überall verschwinden,

$$\overline{F} = v^2 \int_0^t \int_0^t \overline{\vartheta}\, (dt)^2$$

setzen und darin nach (124'''') $\overline{\vartheta}$ mit $-\overline{p}/c$ vertauschen, wo $\overline{p}$ den Wert des äußeren Druckes bezeichnet; hierdurch nimmt das zweite Integral die Gestalt an

$$+\frac{v^2}{\varrho}\int\frac{\partial\overline{R}}{\partial n}do\int_0^T\sin\alpha(t+t_0)\int_0^t\int_0^t\overline{p}(dt)^3.$$

Periodische Druckänderungen an der Oberfläche können also die Eigentöne wecken, die der Flüssigkeit mit ringsum freier Oberfläche zugehören.

Dieser Fall hat kein praktisches Interesse.

Dagegen eignet ein solches in hohem Maße dem Falle, daß die Flüssigkeit, — etwa ein Gas — von einer festen Wand umschlossen ist, die eine oder mehrere kleine Öffnungen besitzt, durch welche die Flüssigkeit mit einer gleichen, den Außenraum erfüllenden, kommuniziert. Bei stehenden Schwingungen darf man diese Öffnungen als freie Oberflächen betrachten, da an ihnen merkliche räumliche Dilatationen nicht zu Stande kommen können. Es wird hier also in (151'') das erste Integral rechts über die ganze feste Wand, das zweite allein über die Öffnungen zu erstrecken sein.

Denkt man sich nun das System der Wirkung von Wellen ausgesetzt, die außen über die eine Öffnung hinziehen, so wird das erste Integral verschwinden, weil auf o_1 jetzt $\partial\overline{F}/\partial n = 0$ ist; in dem zweiten kann man p als durch die über die Öffnung ziehenden Wellen immer dann vorgeschrieben betrachten, wenn deren Wellenlänge groß gegen die Dimensionen der Öffnung ist; denn dann liegen dieselben Umstände vor, wie zuvor bei den stehenden Wellen, und ϑ kann in der Öffnung von dem im Außenraum vorhandenen nicht merklich verschieden sein.

Demgemäß erhält man jetzt

$$151''')\quad\left\{\begin{aligned}&\int\left(\alpha F_T\cos\alpha t_0-\left(\frac{\partial F}{\partial t}\right)_T\sin\alpha t_0\right)R\,dk\\&\qquad=\frac{v^2}{\varrho}q\left(\frac{\partial\overline{R}}{\partial n}\right)_q\int_0^T\sin\alpha(t+t_0)\int_0^t\int_0^t\overline{p}(dt)^3,\end{aligned}\right.$$

eine Formel, welche zur Ableitung der Gesetze der Resonanz im engeren Wortsinne benutzt werden kann und analoge Resultate ausspricht, wie auf S. 377 formuliert sind.

Eine genaue Analyse würde die in Folge der inneren Bewegungen im Außenraum erregten Schwingungen mit in Betracht ziehen müssen und dann passend nicht die Entstehung der Bewegung, sondern den schließlich eintretenden stationären Zustand betreffen.

Als nahe verwandt mit der Erregung stehender Wellen in einem Luftraum durch Resonanz betrachtet man diejenige, welche durch Anblasen einer Öffnung in der begrenzenden festen Wand erfolgt; man denkt sich, daß hierbei in der Öffnung der Druck in einer Weise variiert, die der Superposition unendlich vieler, unendlich schwacher Töne entspricht, und kann demgemäß sofort die vorstehenden Betrachtungen zur Anwendung bringen. Die Beobachtung bestätigt diese Auffassung, indem sie zeigt, daß die durch Anblasen erregten Töne stehenden Schwingungen entsprechen, bei denen die Öffnung die Rolle einer freien Oberfläche spielt.

§ 21. Isotrope elastische feste Körper. Gleichgewicht und Bewegung in einem unendlichen Medium.

Den Flüssigkeiten stehen bezüglich ihrer elastischen Eigenschaften am nächsten die isotropen festen Körper, auf welche sich einige der im vorstehenden erhaltenen Resultate ohne weiteres übertragen lassen. Wir schließen daher ihre Betrachtung derjenigen der Flüssigkeiten unmittelbar an.

Die Gleichungen für einen homogenen isotropen Körper sind folgende. Für innere Punkte muß gelten

$$\left.\begin{aligned}\varrho\left(\frac{\partial^2 u}{\partial t^2}-X\right)&=\frac{c-c_1}{2}\triangle u+\frac{c+c_1}{2}\frac{\partial\vartheta}{\partial x},\\ \varrho\left(\frac{\partial^2 v}{\partial t^2}-Y\right)&=\frac{c-c_1}{2}\triangle v+\frac{c+c_1}{2}\frac{\partial\vartheta}{\partial y},\\ \varrho\left(\frac{\partial^2 w}{\partial t^2}-Z\right)&=\frac{c-c_1}{2}\triangle w+\frac{c+c_1}{2}\frac{\partial\vartheta}{\partial z};\end{aligned}\right\}\tag{152}$$

für die Oberflächenpunkte müssen entweder die Verrückungen u, v, w oder die Drucke

$$\left.\begin{aligned}\overline{X}&=-\overline{X_\nu}=(c_2\overline{x_x}+c_1\overline{\vartheta})\cos(\nu,x)+\tfrac{1}{2}c_2[\overline{x_y}\cos(\nu,y)+\overline{x_z}\cos(\nu,z)]\\ \overline{Y}&=-\overline{Y_\nu}=(c_2\overline{y_y}+c_1\overline{\vartheta})\cos(\nu,y)+\tfrac{1}{2}c_2[\overline{y_z}\cos(\nu,z)+\overline{y_x}\cos(\nu,x)]\\ \overline{Z}&=-\overline{Z_\nu}=(c_2\overline{z_z}+c_1\overline{\vartheta})\cos(\nu,z)+\tfrac{1}{2}c_2[\overline{z_x}\cos(\nu,x)+\overline{z_y}\cos(\nu,y)],\end{aligned}\right\}\tag{152'}$$

worin ν die äußere Normale bezeichnet, und $c-c_1$ kurz $=c_2$ gesetzt ist, gegebene Werte haben; es kann auch bloß die Normalkomponente der Verrückung und die Tangentialkomponente des äußeren Druckes vorgeschrieben sein, was wir der Einfachheit halber ausschließen wollen. Hierzu kommen die allgemeinen Bedingungen für den Anfangszustand, wie dieselben in § 18 auseinandergesetzt sind.

Alle Gleichungen sind in u, v, w und den äußeren Kräften lineär, darum kann man die allgemeinen Lösungen durch Superposition von partikulären bilden, die je nur einem Teil der wirkenden Kräfte entsprechen, wenn nur je die Summen der so eingeführten den aufgestellten Bedingungen genügen.

Sind innerhalb des homogenen Körpers k die Komponenten X, Y, Z der körperlichen Kräfte stetige Funktionen der Koordinaten, so kann man nach S. 189 schreiben:

153) $$\left\{\begin{aligned} X &= -\left(\frac{\partial \Phi}{\partial x} + \frac{\partial N}{\partial y} - \frac{\partial M}{\partial z}\right), \\ Y &= -\left(\frac{\partial \Phi}{\partial y} + \frac{\partial \Lambda}{\partial z} - \frac{\partial N}{\partial x}\right), \\ Z &= -\left(\frac{\partial \Phi}{\partial z} + \frac{\partial M}{\partial x} - \frac{\partial \Lambda}{\partial y}\right), \end{aligned}\right.$$

worin

$$\frac{\partial \Lambda}{\partial x} + \frac{\partial M}{\partial y} + \frac{\partial N}{\partial z} = 0$$

ist, und die Φ, Λ, M, N vollständig bestimmt sind, wenn an der Oberfläche gilt

153′) $$\overline{\frac{\partial \Phi}{\partial \nu}} + \overline{X}\cos(\nu, x) + \overline{Y}\cos(\nu, y) + \overline{Z}\cos(\nu, z) = 0.$$

Dasselbe Verfahren kann man auch auf gegebene Verrückungskomponenten u, v, w anwenden und bilden

154) $$\left\{\begin{aligned} u &= \frac{\partial F}{\partial x} + \frac{\partial W}{\partial y} - \frac{\partial V}{\partial z}, \\ v &= \frac{\partial F}{\partial y} + \frac{\partial U}{\partial z} - \frac{\partial W}{\partial x}, \\ w &= \frac{\partial F}{\partial z} + \frac{\partial V}{\partial x} - \frac{\partial U}{\partial y}, \end{aligned}\right.$$

worin

$$\frac{\partial U}{\partial x} + \frac{\partial V}{\partial y} + \frac{\partial W}{\partial z} = 0$$

ist, und an der Oberfläche gilt

154′) $$\overline{\frac{\partial F}{\partial \nu}} = \overline{u}\cos(\nu, x) + \overline{v}\cos(\nu, y) + \overline{w}\cos(\nu, z).$$

Die in (154) gegebene Zerlegung läßt die Verrückungen aus einer Potentialdeformation mit dem Potential F und einer Drillungsdeformation mit den Drillungsfunktionen U, V, W zusammengesetzt erscheinen; beide Teile stehen in nahem Zusammenhang einerseits mit der räumlichen Dilatation ϑ, andererseits mit den Drillungskomponenten l, m, n; denn es ist

154″) $$\triangle F = \vartheta, \quad \triangle U = -2l, \quad \triangle V = -2m, \quad \triangle W = -2n.$$

Die Potentialdeformationen geben also keine Drillungen l, m, n, die Drillungsdeformationen keine Dilatation ϑ.

Beide Zerlegungen (153) resp. (154) behalten ihre Bedeutung nach S. 191 auch bei einem unendlichen Medium, wenn nur X, Y, Z resp. u, v, w im Unendlichen verschwinden, und wenn

$$\frac{\partial X}{\partial x} + \frac{\partial Y}{\partial y} + \frac{\partial Z}{\partial z} \text{ resp. } \frac{\partial u}{\partial x} + \frac{\partial v}{\partial y} + \frac{\partial w}{\partial z}$$

über den ganzen Raum integriert, und

$$\overline{X}\cos(n,x) + \overline{Y}\cos(n,y) + \overline{Z}\cos(n,z)$$

resp.

$$\overline{u}\cos(n,x) + \overline{v}\cos(n,y) + \overline{w}\cos(n,z),$$

über etwaige im Endlichen liegende Grenzflächen des Mediums integriert, endlich sind.

Die Werte von Φ, A, M, N resp. F, U, V, W sind in diesem Falle auf S. 189 und 191 allgemein angegeben. Bei dem vorliegenden Problem sind zwar in der Regel X, Y, Z gegeben und u, v, w gesucht; die Zerlegung ist aber natürlich auch dann noch auf letztere Größen anwendbar.

Durch die Zerlegung (154) werden auch die Druckkomponenten $X_x, \ldots X_y$ in potentielle und rotatorische Teile zerfällt; man erhält nämlich, wenn man sich vorübergehend der Abkürzungen

$$\frac{\partial W}{\partial y} - \frac{\partial V}{\partial z} = A, \quad \frac{\partial U}{\partial z} - \frac{\partial W}{\partial x} = B, \quad \frac{\partial V}{\partial x} - \frac{\partial U}{\partial y} = C$$

bedient, die Formeln

$$\left.\begin{aligned}
-X_x &= c_1 \triangle F + c_2\left(\frac{\partial^2 F}{\partial x^2} + \frac{\partial A}{\partial x}\right),\\
-Y_y &= c_1 \triangle F + c_2\left(\frac{\partial^2 F}{\partial y^2} + \frac{\partial B}{\partial y}\right),\\
-Z_z &= c_1 \triangle F + c_2\left(\frac{\partial^2 F}{\partial z^2} + \frac{\partial C}{\partial z}\right),\\
-Y_z &= c_2\left(\frac{\partial^2 F}{\partial y\,\partial z} + \tfrac{1}{2}\left(\frac{\partial C}{\partial y} + \frac{\partial B}{\partial z}\right)\right),\\
-Z_x &= c_2\left(\frac{\partial^2 F}{\partial z\,\partial x} + \tfrac{1}{2}\left(\frac{\partial A}{\partial z} + \frac{\partial C}{\partial x}\right)\right),\\
-X_y &= c_2\left(\frac{\partial^2 F}{\partial x\,\partial y} + \tfrac{1}{2}\left(\frac{\partial B}{\partial x} + \frac{\partial A}{\partial y}\right)\right).
\end{aligned}\right\} \tag{155}$$

Die potentiellen Glieder nehmen in dem Falle, daß das Deformationspotential F die Gleichung $\triangle F = 0$ erfüllt, eine hervorragend einfache Form an und ergeben für die Drucke gegen ein Flächenelement mit der Normalen ν sogleich

$$155') \qquad -X'_\nu = c_2 \frac{\partial^2 F}{\partial x \, \partial \nu}, \quad -Y'_\nu = c_2 \frac{\partial^2 F}{\partial y \, \partial \nu}, \quad -Z'_\nu = c_2 \frac{\partial^2 F}{\partial z \, \partial \nu}.$$

Hieraus folgt für die Gesamtkomponenten der Wirkung, welche ein beliebiges Bereich k, innerhalb dessen die Ableitungen von F sich regulär verhalten, von außen erfährt,

$$155'') \qquad (X') = \int X'_\nu \, do = c_2 \int \triangle \frac{\partial F}{\partial x} \, dk = 0,$$

und analog auch $(Y') = (Z') = 0$.

Die rotatorischen Glieder werden besonders einfach, wenn nur eine der drei Funktionen U, V, W, z. B. U, von Null verschieden ist. Hier gilt dann

$$156) \quad \left\{ \begin{aligned} &-X''_x = 0, \quad -Y''_y = +c_2 \frac{\partial^2 U}{\partial y \, \partial z}, \quad -Z''_z = -c_2 \frac{\partial^2 U}{\partial y \, \partial z}, \\ &-Y''_z = \tfrac{1}{2} c_2 \left(\frac{\partial^2 U}{\partial z^2} - \frac{\partial^2 U}{\partial y^2} \right), \quad -Z''_x = -\tfrac{1}{2} c_2 \frac{\partial^2 U}{\partial x \, \partial y}, \\ &\qquad -X''_y = +\tfrac{1}{2} c_2 \frac{\partial^2 U}{\partial x \, \partial z}, \end{aligned} \right.$$

und gegen ein Flächenelement mit der Normale ν wirkt

$$156') \quad \left\{ \begin{aligned} -X''_\nu &= +\tfrac{1}{2} c_2 \left(\frac{\partial^2 U}{\partial x \, \partial z} \cos(\nu, y) - \frac{\partial^2 U}{\partial x \, \partial y} \cos(\nu, z) \right), \\ -Y''_\nu &= +\tfrac{1}{2} c_2 \left(\frac{\partial^2 U}{\partial x \, \partial z} \cos(\nu, x) + 2 \frac{\partial^2 U}{\partial y \, \partial z} \cos(\nu, y) \right. \\ &\qquad \left. + \left(\frac{\partial^2 U}{\partial z^2} - \frac{\partial^2 U}{\partial y^2} \right) \cos(\nu, z) \right), \\ -Z''_\nu &= -\tfrac{1}{2} c_2 \left(\frac{\partial^2 U}{\partial x \, \partial y} \cos(\nu, x) + \left(\frac{\partial^2 U}{\partial y^2} - \frac{\partial^2 U}{\partial z^2} \right) \cos(\nu, y) \right. \\ &\qquad \left. + 2 \frac{\partial^2 U}{\partial y \, \partial z} \cos(\nu, z) \right). \end{aligned} \right.$$

Summiert man diese Werte über eine geschlossene Fläche o, innerhalb deren die Ableitungen von U sich regulär verhalten, so erhält man

$$156'') \quad (X'') = 0, \quad (Y'') = +\tfrac{1}{2} c_2 \int \triangle \frac{\partial U}{\partial z} \, dk, \quad (Z'') = -\tfrac{1}{2} c_2 \int \triangle \frac{\partial U}{\partial y} \, dk;$$

alle Gesamtkomponenten verschwinden sonach, wenn $\triangle U = 0$ ist. —

Setzt man die Werte (153) und (154) in die Hauptgleichungen (152) ein, so nehmen sie für den Fall des Gleichgewichtes die Form an

$$\left.\begin{aligned}\varrho\left(\frac{\partial \Phi}{\partial x}+\frac{\partial N}{\partial y}-\frac{\partial M}{\partial z}\right)&=\tfrac{1}{2}c_2\triangle\left(\frac{\partial W}{\partial y}-\frac{\partial V}{\partial z}\right)+c\triangle\frac{\partial F}{\partial x},\\ \varrho\left(\frac{\partial \Phi}{\partial y}+\frac{\partial \Lambda}{\partial z}-\frac{\partial N}{\partial x}\right)&=\tfrac{1}{2}c_2\triangle\left(\frac{\partial U}{\partial z}-\frac{\partial W}{\partial x}\right)+c\triangle\frac{\partial F}{\partial y},\\ \varrho\left(\frac{\partial \Phi}{\partial z}+\frac{\partial M}{\partial x}-\frac{\partial \Lambda}{\partial y}\right)&=\tfrac{1}{2}c_2\triangle\left(\frac{\partial V}{\partial x}-\frac{\partial U}{\partial y}\right)+c\triangle\frac{\partial F}{\partial z}.\end{aligned}\right\}\quad 157)$$

Diese Gleichungen kann man befriedigen durch

$$\left.\begin{aligned}\varrho\Phi=c\triangle F=c\vartheta,\\ \varrho\Lambda=\tfrac{1}{2}c_2\triangle U,\quad \varrho M=\tfrac{1}{2}c_2\triangle V,\quad \varrho N=\tfrac{1}{2}c_2\triangle W,\end{aligned}\right\}\quad 157')$$

d. h. durch

$$\left.\begin{aligned}F=-\frac{\varrho}{4\pi c}\int\frac{\Phi_1\,dk_1}{r},\\ U=-\frac{\varrho}{2\pi c_2}\int\frac{\Lambda_1\,dk_1}{r},\quad V=-\frac{\varrho}{2\pi c_2}\int\frac{M_1\,dk_1}{r},\quad W=-\frac{\varrho}{2\pi c_2}\int\frac{N_1\,dk_1}{r}.\end{aligned}\right\}\quad 157'')$$

Ist der Körper unbegrenzt, und verschwinden die körperlichen Kräfte, wie auch die Verrückungen, im Unendlichen, und verhalten sie sich im Endlichen, wie oben erörtert, so stellen diese Formeln die vollständige Lösung des Problems dar und zeigen, daß unter den gemachten Voraussetzungen konservative Kräfte nur Potentialdeformationen, rotatorische nur Drillungsdeformationen bewirken.

Sind Φ, Λ, M, N nur innerhalb eines sehr kleinen Bereiches k_1 von Null verschieden, so kann man für Punkte in angemessener Entfernung bilden

$$F=\frac{C}{r},\quad U=\frac{C_1}{r},\quad V=\frac{C_2}{r},\quad W=\frac{C_3}{r},$$

worin

$$-\frac{\varrho}{4\pi c}\int\Phi_1\,dk_1=C,\quad -\frac{\varrho}{2\pi c_2}\int\Lambda_1\,dk_1=C_1,\ \text{u. s. f.}$$

gesetzt ist.

Ist k_1 unendlich klein, und sind die C_h trotzdem endlich, so werden F, U, V, W in k_1 unendlich, dies Element muß dann also durch eine geschlossene Oberfläche o_1 ausgesondert werden, und die resultierende Deformation ist als durch Drucke bewirkt zu betrachten, welche von innen her gegen o_1 ausgeübt werden und sich nach den Formeln auf S. 382 berechnen lassen.

Wir wollen k_1 an der Stelle a, b, c liegend und durch eine Kugel mit dem Centrum in a, b, c ausgeschlossen denken.

Bezeichnet man die Richtung von r positiv im Sinne vom Punkte a, b, c hinweg und führt durch

$$x - a = r\alpha, \quad y - b = r\beta, \quad z - c = r\gamma$$

ihre Richtungscosinus α, β, γ ein, so erhält man leicht Folgendes.

Der Potentialdeformation, die durch

$$F = \frac{C}{r}$$

gegeben ist, entspricht

158) $$\overline{X} = \overline{X}_r = -\frac{2c_2\alpha C}{\overline{r^3}}, \quad \overline{Y} = \overline{Y}_r = -\frac{2c_2\beta C}{\overline{r^3}}, \quad \overline{Z} = \overline{Z}_r = -\frac{2c_2\gamma C}{\overline{r^3}},$$

der Drillungsdeformation, gegeben durch

$$U = \frac{C_1}{r},$$

entspricht

158′) $$\overline{X} = \overline{X}_r = 0, \quad \overline{Y} = \overline{Y}_r = -\frac{3c_2\gamma C_1}{2\overline{r^3}}, \quad \overline{Z} = \overline{Z}_r = +\frac{3c_2\beta C_1}{2\overline{r^3}};$$

analoges giebt V oder W gleich C_2/r, resp. C_3/r. Das erstere System entspricht einem nach innen gerichteten Zug von der auf der Kugelfläche konstanten Größe $2c_2C/\overline{r^3}$, das letztere einem Drehungsmoment um die X-Axe von dem Betrag

158″) $$(N) = \tfrac{3}{2}c_2 C_1 \int (\beta^2 + \gamma^2)\, d\omega = 4\pi c_2 C_1.$$

Die Gesamtkomponenten sind für beide gleich Null. —

Die in (157″) enthaltenen Resultate sind wegen der Werte von Φ, A, M, N durch drei- und sechsfache Integrale gegeben, und daher zum Teil wenig übersichtlich. Man kann sie auf einem indirekten Wege aber sehr leicht durchaus in der Form dreifacher Integrale erhalten.[75])

Hierzu gehen wir aus von den partikulären Lösungen

159) $$F = \frac{qz}{r}, \quad U = -\frac{py}{r}, \quad V = +\frac{px}{r}, \quad W = 0,$$

worin $r^2 = x^2 + y^2 + z^2$ ist, und welche den Hauptgleichungen (152) resp. (157) bei verschwindenden X, Y, Z genügen, wenn nur

159′) $$2cq = c_2 p = (c - c_1)p$$

ist. Sie liefern die Verrückungen

159″) $$u = p\frac{(c + c_1)xz}{2cr^3}, \quad v = p\frac{(c + c_1)yz}{2cr^3}, \quad w = p\frac{(c + c_1)z^2 + (3c - c_1)r^2}{2cr^3},$$

die im Unendlichen verschwinden, aber im Koordinatenanfang unendlich werden; letzterer Punkt muß daher außerhalb des Mediums liegen. Wir schließen ihn durch eine Kugel um den Koordinatenanfang aus und erhalten für die Druckkomponenten gegen ein Flächenelement derselben

$$\left.\begin{aligned} X_r &= \frac{3p(c^2 - c_1^2)xz}{2cr^4}, \quad Y_r = \frac{3p(c^2 - c_1^2)yz}{2cr^4}, \\ Z_r &= \frac{3p(c^2 - c_1^2)z^2}{2cr^4} + \frac{p(c - c_1)^2}{2cr^2}, \end{aligned}\right\} \tag{160}$$

welche nach den Grenzbedingungen

$$\overline{X} - X_r = \overline{Y} - Y_r = \overline{Z} - Z_r = 0$$

durch von innen gegen die Wand der Höhlung ausgeübte Druckkomponenten $\overline{X}, \overline{Y}, \overline{Z}$ hervorgebracht sein müssen. Diese letzteren geben über die Fläche der Kugel summiert die Resultate

$$(\overline{X}) = 0, \ (\overline{Y}) = 0, \ (\overline{Z}) = 4\pi p(c - c_1). \tag{160'}$$

Ist der Hohlraum unendlich klein, so können in endlicher Entfernung von ihm die Verrückungen nicht von der Gestalt des Hohlraumes und der Verteilung der gegen seine Wandung wirkenden Drucke abhängen, sondern nur von der Größe und der Richtung ihrer Resultanten. Sie müssen also z. B. auch dann durch die Formeln (159) resp. (159'') gegeben sein, wenn der Hohlraum ausgefüllt ist und auf seinen Inhalt eine äußere körperliche Kraft von der Größe jener Resultanten ausgeübt wird. Es ist dann nur $(\overline{Z})$ mit $\varrho_1 Z_1 dk_1$ zu vertauschen, wenn dk_1 das Volumen, ϱ_1 die Dichte der den Hohlraum erfüllenden Masse bezeichnet, und Z_1 wie sonst auf die Masseneinheit bezogen wird.

Es wird in diesem Falle also

$$\left.\begin{aligned} u &= \frac{\varrho_1 Z_1 (c + c_1) xz\, dk_1}{8\pi c(c - c_1) r^3}, \quad v = \frac{\varrho_1 Z_1 (c + c_1) yz\, dk_1}{8\pi c(c - c_1) r^3}, \\ w &= \frac{\varrho_1 Z_1 \big((c + c_1) z^2 + (3c - c_1) r^2\big) dk_1}{8\pi c(c - c_1) r^3}. \end{aligned}\right\} \tag{161}$$

Befindet sich das Volumenelement dk_1 nicht im Koordinatenanfang, sondern an der Stelle x_1, y_1, z_1, so ist nur x mit $x - x_1$, y mit $y - y_1$, z mit $z - z_1$ zu vertauschen.

Von diesen Formeln ist nun sogleich der Übergang zur Lösung unseres allgemeinen Problemes möglich; denn wegen der linearen Form der elastischen Gleichungen finden sich, wenn an allen Volumenelementen beliebig gerichtete Kräfte angreifen, die Verrückungen durch Erweiterung der obigen Ausdrücke durch Zufügung der von X_1 und Y_1 abhängigen Glieder und Integration über alle Volumenelemente. So gelangt man zu den Werten

$$161')\begin{cases} u = \frac{\varrho_1}{8\pi c c_2}\int\Big[(c+c_1)(x-x_1)[X_1(x-x_1)+Y_1(y-y_1)+Z_1(z-z_1)] \\ \qquad + (3c-c_1)X_1 r^2\Big]\frac{dk_1}{r^3}, \\ v = \frac{\varrho_1}{8\pi c c_2}\int\Big[(c+c_1)(y-y_1)[X_1(x-x_1)+Y_1(y-y_1)+Z_1(z-z_1)] \\ \qquad + (3c-c_1)Y_1 r^2\Big]\frac{dk_1}{r^3}, \\ w = \frac{\varrho_1}{8\pi c c_2}\int\Big[(c+c_1)(z-z_1)[X_1(x-x_1)+Y_1(y-y_1)+Z_1(z-z_1)] \\ \qquad + (3c-c_1)Z_1 r^2\Big]\frac{dk_1}{r^3}, \end{cases}$$

welche, wie oben gesagt, nur noch dreifache Integrale enthalten.[76]) —

Ist der Körper **endlich**, so genügen die Lösungen (157″) resp. (161′) nicht den Grenzbedingungen, sie stellen aber nach dem oben Gesagten immer noch einen **Teil** der allgemeinen Lösung dar. Ein zweiter u', v', w' muß dann den Bedingungen (152) mit verschwindenden äußeren Kräften genügen und außerdem bewirken, daß an der Oberfläche entweder die Verrückungen u', v', w', oder die Drucke X_n', Y_n', Z_n' den gegebenen Werten, vermindert um die aus u, v, w sich ergebenden Beträge, gleich werden. —

Auch für die Behandlung des **Bewegungszustandes** in unendlichen isotropen Medien erweist sich die oben gegebene Zerlegung der Verrückungen geeignet. Nach S. 338 gelten hier bei hinlänglich schnell wechselnden Deformationen ebenfalls die Formeln (152), nur stehen die adiabatischen Konstanten an Stelle der isothermischen. Die Gleichungen (152) nehmen durch Einführung der in (154) gegebenen Werte die Form an

$$162)\begin{cases} \varrho\frac{\partial^2}{\partial t^2}\left(\frac{\partial F}{\partial x}+\frac{\partial W}{\partial y}-\frac{\partial V}{\partial z}\right) = \frac{1}{2}c_2\triangle\left(\frac{\partial W}{\partial y}-\frac{\partial V}{\partial z}\right)+c\triangle\frac{\partial F}{\partial x}, \\ \varrho\frac{\partial^2}{\partial t^2}\left(\frac{\partial F}{\partial y}+\frac{\partial U}{\partial z}-\frac{\partial W}{\partial x}\right) = \frac{1}{2}c_2\triangle\left(\frac{\partial U}{\partial z}-\frac{\partial W}{\partial x}\right)+c\triangle\frac{\partial F}{\partial y}, \\ \varrho\frac{\partial^2}{\partial t^2}\left(\frac{\partial F}{\partial z}+\frac{\partial V}{\partial x}-\frac{\partial U}{\partial y}\right) = \frac{1}{2}c_2\triangle\left(\frac{\partial V}{\partial x}-\frac{\partial U}{\partial y}\right)+c\triangle\frac{\partial F}{\partial z}; \end{cases}$$

von den körperlichen Kräften und Oberflächendrucken kann hierbei, wenn sie nicht mit der Zeit veränderlich sind, abgesehen werden, da sie nur eine dauernde Deformation geben, über die sich die Schwingungen lagern, ohne von ihr beeinflußt zu werden.

Zu diesen Hauptgleichungen kommen noch Bedingungen für den Anfangszustand und, wenn eine dauernde Erregung an den Grenzflächen wirkt, solche, welche die Art, wie diese stattfindet, ausdrücken.

Ist das Medium unbegrenzt und zeitlich wechselnden körperlichen Kräften nicht ausgesetzt, so können Bewegungen nur in Folge anfänglicher Verrückungen oder Geschwindigkeiten eintreten.

Wir setzen fest, daß zu der (beliebigen) Zeit $t = 0$

$$u = u_0, \quad v = v_0, \quad w = w_0, \quad \frac{\partial u}{\partial t} = u_1, \quad \frac{\partial v}{\partial t} = v_1, \quad \frac{\partial w}{\partial t} = w_1 \qquad 162')$$

ist, und daß sowohl

$$\frac{\partial u_0}{\partial x} + \frac{\partial v_0}{\partial y} + \frac{\partial w_0}{\partial z} \text{ als } \frac{\partial u_1}{\partial x} + \frac{\partial v_1}{\partial y} + \frac{\partial w_1}{\partial z}$$

im Unendlichen verschwinden und über den ganzen Raum integriert einen endlichen Wert ergeben.

Dann können wir die Zerlegung (154) auf die Anfangswerte anwenden und schreiben

$$\left.\begin{array}{l} u_0 = \dfrac{\partial F_0}{\partial x} + \dfrac{\partial W_0}{\partial y} - \dfrac{\partial V_0}{\partial z}, \\ \cdot\ \cdot\ \cdot\ \cdot\ \cdot\ \cdot\ \cdot\ \cdot \\ u_1 = \dfrac{\partial F_1}{\partial x} + \dfrac{\partial W_1}{\partial y} - \dfrac{\partial V_1}{\partial z}, \\ \cdot\ \cdot\ \cdot\ \cdot\ \cdot\ \cdot\ \cdot\ \cdot \end{array}\right\} \qquad 162'')$$

die F, U, V, W werden dabei durch die gegebenen Größen vollständig bestimmt sein, und man wird auch umgekehrt jede einzelne von ihnen willkürlich vorschreiben können.

Infolgedessen müssen die allgemeinen F, U, V, W in den Formeln (162) gleichfalls voneinander unabhängig sein, und jene Gleichungen in solche zerfallen, die sich nur auf je eine dieser Größen beziehen.

Die Gleichung für F lautet bis auf eine irrelevante Funktion der Zeit allein, die mit F' verbunden werden kann,

$$\varrho \frac{\partial^2 F}{\partial t^2} = c \triangle F, \qquad 163)$$

diejenigen für U, V, W, bis auf gleichfalls irrelevante Funktionen von x, resp. von y oder z und t

$$\varrho \frac{\partial^2 U}{\partial t^2} = \tfrac{1}{2} c_2 \triangle U, \quad \varrho \frac{\partial^2 V}{\partial t^2} = \tfrac{1}{2} c_2 \triangle V, \quad \varrho \frac{\partial^2 W}{\partial t^2} = \tfrac{1}{2} c_2 \triangle W. \qquad 163')$$

Diese Formeln sind mit der Gleichung (126''), welche für elastische Flüssigkeiten gilt, der Form nach identisch, und gestatten, da bei einem unbegrenzten Medium die F, U, V, W voneinander unabhängig sind, genau dieselbe Behandlung, wie jene, insbesondere auch die Anwendung der Poisson'schen Gleichung (145'''), welche ihre Werte zu beliebiger Zeit direkt durch die Anfangswerte ausdrückt. Einen Unterschied bedingt allein der Wert der Fortpflanzungsgeschwindigkeit v resp. ω, der für F gegeben ist durch

163'') $$v^2 = \frac{c}{\varrho}$$

für U, V, W durch

163''') $$\omega^2 = \frac{c_2}{2\varrho}.$$

Hieraus folgt, daß in einem elastischen festen Körper Anfangsverrückungen und Anfangsgeschwindigkeiten, welche die vorausgeschickten Bedingungen erfüllen, sich in je zwei Teile von dem Charakter der Potential- und der Drillungsdeformation sondern, und daß ihre Wirkungen sich mit verschiedener Geschwindigkeit fortpflanzen, sich also räumlich sondern.

Die Berechnung der einzelnen Teile $F_0, F_1, U_0, U_1, \ldots$ ist meist umständlich, überaus einfach aber in dem Fall, daß der Anfangszustand nur von einer Koordinate, z. B. von z, abhängig ist. Dann reduziert sich nämlich das System (162'') auf

$$u_0 = -\frac{\partial V_0}{\partial z}, \quad v_0 = +\frac{\partial U_0}{\partial z}, \quad w_0 = \frac{\partial F_0}{\partial z},$$
$$u_1 = -\frac{\partial V_1}{\partial z}, \quad v_1 = +\frac{\partial U_1}{\partial z}, \quad w_1 = \frac{\partial F_1}{\partial z},$$

und man kann daher die Formel (163) auf w statt auf F, die Formeln (163') auf u und v statt auf U, V, W anwenden.

Hieraus folgt, daß unter den gemachten Voraussetzungen die normal zu der Wellenebene stehenden, also longitudinalen, Verrückungen Potentialdeformationen, die ihr parallel liegenden, also transversalen, Drillungsdeformationen bewirken.

Die Resultate bezüglich der Einwirkung des Anfangszustandes sind in der Gleichung (132') auf S. 355 enthalten bei Berücksichtigung der hier stattfindenden Werte der Fortpflanzungsgeschwindigkeiten und der an Stelle von S tretenden u, v, w.

Etwas Ähnliches findet statt, wenn das Medium durch die unendliche Ebene $z = 0$ begrenzt ist, welche parallel mit sich, aber sonst beliebig, bewegt wird. Sind dabei die Anfangsverrückungen und Geschwindigkeiten im positiven Halbraum gleich Null, so muß nach Symmetrie die fortgepflanzte Bewegung auch in Wellenebenen parallel der XY-Ebene stattfinden, wodurch sich wieder u und v als Drillungs-, w als Potentialverrückung ergiebt.

Hier gewinnen die Resultate (132'') von S. 355 bei entsprechender Bestimmung der Geschwindigkeiten Geltung.

Wird die Ebene $z = 0$ absolut festgehalten, und ist der Anfangszustand von x und y unabhängig, so ist das Verfahren der entgegengesetzt-spiegelbildlichen Fortsetzung des Anfangszustandes in den negativen Halbraum hinein anwendbar.

Sind in der Ebene $z = 0$ die äußeren Drucke und hierdurch nach (152') X_z, Y_z, Z_z, die mit $\partial u/\partial z$, $\partial v/\partial z$, $\partial w/\partial z$ proportional sind, als Funktionen der Zeit allein vorgeschrieben, so wird Formel (132''') anwendbar.

Ist endlich die Ebene $z = 0$ frei, also nach (152') bei den gemachten Annahmen $\partial u/\partial z$, $\partial v/\partial z$, $\partial w/\partial z$ daselbst gleich Null, so ist die einfache spiegelbildliche Fortsetzung der Anfangswerte in den negativen Halbraum vorzunehmen.

Daraus ergeben sich dann die Regeln für die Behandlung einer planparallelen Schicht eines festen elastischen Körpers, deren Grenzen fest oder frei sind, oder gegebene Verrückungen oder gegebene Drucke erfahren; auf ihre Wiedergabe darf bei der großen Einfachheit des Problemes verzichtet werden.

Komplizierter gestalten sich die Probleme der Reflexion und der Brechung schief auffallender ebener Wellen an der ebenen Grenze zwischen zwei elastischen Medien. Hier wird eine wesentliche Vereinfachung durch die Annahme der Isotropie der Medien nicht bewirkt, sondern nur eine formale, und daher mag dies Problem erst bei Behandlung krystallinischer Medien — und aus gewissen Gründen erst im nächsten Kapitel, — in Angriff genommen werden.

Die mittlere Energie einer ebenen Welle berechnet sich genau so, wie auf S. 358 für longitudinale Wellen gezeigt ist, auch für transversale; bei Einführung der größten Amplitude A der Verrückung erhält man in beiden Fällen übereinstimmend

$$\varepsilon_\mu = \frac{A^2 \pi^2 \varrho}{\tau^2}. \quad — \qquad 163'''')$$

Neben den ebenen beanspruchen auch im festen elastischen Körper die Kugelwellen ein besonderes Interesse, welche auftreten, wenn F, U, V, W die Koordinaten nur in der Kombination enthalten, welche die Entfernung r des betrachteten Punktes von einem beliebigen festen, etwa dem Koordinatenanfang ausdrückt.

Die Gleichungen für jene Funktionen nehmen dann die Gestalt an

$$\left.\begin{array}{c} \varrho \dfrac{\partial^2 r F}{\partial t^2} = c \dfrac{\partial^2 r F}{\partial r^2}, \\ \varrho \dfrac{\partial^2 r U}{\partial t^2} = \frac{1}{2} c_2 \dfrac{\partial^2 r U}{\partial r^2}, \quad \varrho \dfrac{\partial^2 r V}{\partial t^2} = \frac{1}{2} c_2 \dfrac{\partial^2 r V}{\partial r^2}, \quad \varrho \dfrac{\partial^2 r W}{\partial t^2} = \frac{1}{2} c_2 \dfrac{\partial^2 r W}{\partial r^2}, \end{array}\right\} \qquad 164)$$

und gestatten dieselbe Behandlung, wie S. 363 die entsprechende für F allein. Die dort erhaltenen Resultate über die Potentialverrückungen, welche longitudinal stattfinden, sind sogar ungeändert auf unseren Fall zu übertragen, es braucht also nur auf die Drillungsverrückungen, die sich durch U, V, W bestimmen und deren Komponenten wir mit u', v', w' bezeichnen wollen, etwas näher eingegangen zu werden.

Aus

$$164') \quad \begin{cases} u' = \frac{\partial W}{\partial r}\frac{y}{r} - \frac{\partial V}{\partial r}\frac{z}{r}, \\ v' = \frac{\partial U}{\partial r}\frac{z}{r} - \frac{\partial W}{\partial r}\frac{x}{r}, \\ w' = \frac{\partial V}{\partial r}\frac{x}{r} - \frac{\partial U}{\partial r}\frac{y}{r} \end{cases}$$

folgt

$$u'x + v'y + w'z = 0;$$

die resultierende Verrückung S' ist also normal zu r oder transversal, analog wie bei ebenen Wellen.

Einen genaueren Einblick in ihre Natur erhält man, wenn man alle Teilchen betrachtet, welche auf einer Kugelfläche um den Anfangspunkt liegen; für diese sind mit r auch U, V, W die gleichen, das System (164′) nimmt also, wenn wir mit L, M, N jenen Teilchen gemeinsame Funktionen von t allein bezeichnen, die Form

$$u' = Ny - Mz, \quad v' = Lz - Nx, \quad w' = Mx - Ly$$

an, deren Vergleichung mit den Formeln (118) auf S. 96 zeigt, daß die Kugelfläche in dem Augenblick, wo die Werte u', v', w' gelten, eine Gesamtdrehung vom Betrage

$$D = \sqrt{L^2 + M^2 + N^2}$$

um eine Axe durch ihr Centrum, deren Richtungscosinus resp. L/D, M/D, N/D sind, erlitten hat.

Die Rotationsaxe fällt mit einer Koordinatenaxe zusammen, wenn zwei von den drei Funktionen U, V, W verschwinden.

Der einfachste Ansatz für eine fortschreitende, transversale Kugelwelle wird hiernach durch

$$164'') \quad \begin{cases} u' = \frac{\partial W}{\partial r}\frac{y}{r}, \quad v' = -\frac{\partial W}{\partial r}\frac{x}{r}, \quad w' = 0, \\ W = \frac{a}{r}\sin\alpha\left(t + t_0 - \frac{r}{\omega}\right) \end{cases}$$

erhalten.

Die resultierende Verrückung besteht wieder aus mehreren Gliedern, die nach verschiedenen Gesetzen mit wachsender Entfernung r abnehmen. In großen Entfernungen bleiben nur diejenigen merklich, bei welchen die Differentiationen nach den Koordinaten sich ausschließlich auf das unter dem Sinus vorkommende Glied beziehen, so daß man setzen kann, indem man $\partial W / \partial t$ in W' abkürzt,

$$u' = -\frac{W'}{\omega}\frac{y}{r}, \quad v' = +\frac{W'}{\omega}\frac{x}{r}, \quad w' = 0, \tag{164''}$$

und ähnlich für die lebendige Kraft ψ' der Volumeneinheit

$$2\psi' = \frac{\varrho W'^2}{\omega^2}\frac{x^2+y^2}{r^2}. \tag{165}$$

Das Potential φ' der Volumeneinheit folgt nach (115'') wegen $\vartheta = 0$ und $w = 0$ in der Form

$$2\varphi' = c_2\left[\left(\frac{\partial u}{\partial x}\right)^2 + \left(\frac{\partial v}{\partial y}\right)^2 + \frac{1}{2}\left(\left(\frac{\partial v}{\partial z}\right)^2 + \left(\frac{\partial u}{\partial z}\right)^2 + \left(\frac{\partial v}{\partial x} + \frac{\partial u}{\partial y}\right)^2\right)\right],$$

oder bei gleicher Beschränkung auf die höchsten Glieder

$$2\varphi' = \frac{W'^2 c_2}{2\omega^4}\frac{x^2+y^2}{r^2}. \tag{165'}$$

Hieraus folgt wegen $c_2 / 2\varrho = \omega^2$

$$\psi' = \varphi'$$

und

$$\varepsilon' = \frac{\varrho W'^2}{\omega^2}\frac{x^2+y^2}{r^2} = \frac{a^2\alpha^4\varrho}{r^2\omega^2}\sin^2\gamma\,\sin^2\alpha\left(t+t_0-\frac{r}{\omega}\right), \tag{165''}$$

wobei γ den Winkel zwischen r und der $+Z$-Axe bezeichnet.

Daraus ergiebt sich der Mittelwert

$$\varepsilon'_\mu = \frac{a^2\alpha^4\varrho}{2r^2\omega^2}\sin^2\gamma,$$

und bei Einführung von $a\alpha / \omega = A$ und $\alpha = 2\pi / \tau$ schließlich

$$\varepsilon'_\mu = \frac{2\pi^2 A^2 \varrho}{r^2\tau^2}\sin^2\gamma. \tag{165'''}$$

Die Fortpflanzung geschieht also nach verschiedener Richtung mit verschiedener Intensität, normal zur Rotationsaxe mit der größten, ihr parallel mit verschwindender.

§ 22. Gleichgewicht isotroper Medien bei beliebiger Begrenzung. Satz von Betti.

Wenn auf einen beliebig begrenzten isotropen elastischen Körper körperliche Kräfte wirken, so ist es nach dem vorigen Paragraphen immer möglich, ein Verrückungssystem zu finden, welches den jene enthaltenden Hauptgleichungen genügt, aber den Oberflächenbedingungen nicht entspricht. Man kann dies System als einen Teil der allgemeinen Lösung ansehen, und das Problem ist vollständig gelöst, wenn es gelingt, ein zweites System Verrückungen zu finden, welches den Hauptgleichungen bei verschwindenden körperlichen Kräften genügt und an der Oberfläche die gegebenen Werte der Verrückungen oder Drucke, vermindert um die von dem ersten System herrührenden Anteile, ergiebt. Dies soll jetzt ausgeführt werden; weil aber das Problem auch selbständige Bedeutung hat, wollen wir die bezüglichen Verrückungen wieder mit u, v, w, die Oberflächendrucke mit $\overline{X}, \overline{Y}, \overline{Z}$, die Oberflächenverrückungen mit $\overline{u}, \overline{v}, \overline{w}$ bezeichnen und von dem Zusammenhang mit der oben gelösten Aufgabe absehen.

Bei verschwindenden körperlichen Kräften lassen sich die Hauptgleichungen schreiben

166) $$\frac{\partial \vartheta}{\partial x} = -\frac{c-c_1}{c+c_1}\triangle u, \quad \frac{\partial \vartheta}{\partial y} = -\frac{c-c_1}{c+c_1}\triangle v, \quad \frac{\partial \vartheta}{\partial z} = -\frac{c-c_1}{c+c_1}\triangle w;$$

die Grenzbedingungen lauten, wenn die Verrückungen in der Oberfläche vorgeschrieben sind,

166') $$\overline{u} = u_0, \quad \overline{v} = v_0, \quad \overline{w} = w_0,$$

wenn aber die Drucke gegeben sind, kann man sie nach (152') bei Einführung der Drillungen l, m, n leicht in der Form schreiben:

166'') $$\begin{cases} \overline{\dfrac{\partial u}{\partial \nu}} = \dfrac{1}{c_2}\overline{X} - \dfrac{c_1}{c_2}\overline{\vartheta}\cos(\nu, x) - \overline{n}\cos(\nu, y) + \overline{m}\cos(\nu, z), \\ \overline{\dfrac{\partial v}{\partial \nu}} = \dfrac{1}{c_2}\overline{Y} - \dfrac{c_1}{c_2}\overline{\vartheta}\cos(\nu, y) - \overline{l}\cos(\nu, z) + \overline{n}\cos(\nu, x), \\ \overline{\dfrac{\partial w}{\partial \nu}} = \dfrac{1}{c_2}\overline{Z} - \dfrac{c_1}{c_2}\overline{\vartheta}\cos(\nu, z) - \overline{m}\cos(\nu, x) + \overline{l}\cos(\nu, y), \end{cases}$$

worin ν die äußere Normale bezeichnet und, wie schon oben, $c - c_1$ in c_2 abgekürzt ist.

Diese Formeln weisen darauf hin, daß bei gegebenen Oberflächenverrückungen zunächst auf die Bestimmung von ϑ auszugehen ist; aus dessen Werte allein findet sich dann u, v, w nach den in § 22 des ersten Teiles entwickelten Methoden für die Bestimmung einer Funktion ψ aus gegebenem $\triangle\psi$ und $\overline{\psi}$. Bei gegebenen Oberflächendrucken muß aber ϑ, l, m, n gefunden sein, um jene Methoden, und zwar für gegebenes $\triangle\psi$ und $\overline{\partial\psi/\partial\nu}$, anzuwenden; es bleibt in diesem Falle, wie begreiflich, in u, v, w je eine additive Konstante unbestimmt.

Für die Lösung der Aufgabe, ϑ und l, m, n zu finden, erweist sich eine Beziehung nützlich, welche den Namen des BETTI'schen Satzes führt.[77]) Sind nämlich zwei Systeme von körperlichen Kräften X, Y, Z und $\mathfrak{X}, \mathfrak{Y}, \mathfrak{Z}$, sowie von Oberflächendrucken $\overline{X}, \overline{Y}, \overline{Z}$ und $\overline{\mathfrak{X}}, \overline{\mathfrak{Y}}, \overline{\mathfrak{Z}}$ gegeben, und bezeichnen u, v, w und $\mathfrak{u}, \mathfrak{v}, \mathfrak{w}$ zwei Systeme mit ihnen verträglicher Verrückungen in demselben homogenen elastischen Körper k, so ist

$$\left.\begin{aligned}\int \varrho\, dk &\left[\left(X - \frac{\partial^2 u}{\partial t^2}\right)\mathfrak{u} + \left(Y - \frac{\partial^2 v}{\partial t^2}\right)\mathfrak{v} + \left(Z - \frac{\partial^2 w}{\partial t^2}\right)\mathfrak{w}\right] \\ &+ \int do\,(\overline{X}\mathfrak{u} + \overline{Y}\mathfrak{v} + \overline{Z}\mathfrak{w}) \\ = \int \varrho\, dk &\left[\left(\mathfrak{X} - \frac{\partial^2 \mathfrak{u}}{\partial t^2}\right)u + \left(\mathfrak{Y} - \frac{\partial^2 \mathfrak{v}}{\partial t^2}\right)v + \left(\mathfrak{Z} - \frac{\partial^2 \mathfrak{w}}{\partial t^2}\right)w\right] \\ &+ \int do\,(\overline{\mathfrak{X}}u + \overline{\mathfrak{Y}}v + \overline{\mathfrak{Z}}w).\end{aligned}\right\} \quad 167)$$

Diese Gleichung wird bewiesen, indem man die Werte von

$$\varrho\left(X - \frac{\partial^2 u}{\partial t^2}\right) \text{ u. s. f.}$$

aus den Hauptgleichungen (118) einsetzt und das Raumintegral so durch teilweise Integration umformt, daß alle Oberflächenintegrale verschwinden.

Man erhält aus ihr einfachere Reciprocitätssätze, indem man Verfügungen trifft, welche eine größere oder geringere Anzahl von Gliedern verschwinden lassen. Dabei ist indessen zu beachten, daß die damit eingeführten Annahmen über Kräfte und Verrückungen miteinander v e r e i n b a r sein müssen.

Betrachtet man z. B. zwei Gleichgewichtszustände, bei welchen die Oberflächenpunkte sämtlich festgehalten sind, und läßt körperliche Kräfte nur auf zwei sehr kleine Bereiche k' resp. $\mathfrak{k}'$ wirken, so erhält man

$$k'(X\mathfrak{u} + Y\mathfrak{v} + Z\mathfrak{w}) = \mathfrak{k}'(\mathfrak{X}u + \mathfrak{Y}v + \mathfrak{Z}w); \quad 167')$$

dies läßt sich, indem man von den Komponenten einige gleich Null setzt, noch weiter vereinfachen und ergiebt einen leicht in Worte zu fassenden Satz.

Befindet sich der elastische Körper unter alleiniger Wirkung von Oberflächendrucken im Gleichgewicht, so nimmt die Formel (167) die speziellere Gestalt an

$$\int do\,(\overline{X}\mathfrak{u} + \overline{Y}\mathfrak{v} + \overline{Z}\mathfrak{w}) = \int do\,(\overline{\mathfrak{X}}u + \overline{\mathfrak{Y}}v + \overline{\mathfrak{Z}}w), \quad 167'')$$

welche die Grundlage für die weitere Entwickelung dieses Abschnittes bildet.

Bei derselben soll u, v, w jederzeit das gesuchte System von Verrückungen und $\overline{X}, \overline{Y}, \overline{Z}$ das ihm entsprechende System von Oberflächendrucken bezeichnen, welches mit dem der inneren Drucke durch die Beziehungen

$$\overline{X} + \overline{X}_\nu = \overline{Y} + \overline{Y}_\nu = \overline{Z} + \overline{Z}_\nu = 0$$

verbunden ist.

$\mathfrak{u}, \mathfrak{v}, \mathfrak{w}$ soll hingegen ein System von Hilfsverrückungen bezeichnen, $\overline{\mathfrak{X}}, \overline{\mathfrak{Y}}, \overline{\mathfrak{Z}}$ das ihm entsprechende System von Drucken, und zwar wollen wir so über sie verfügt denken, daß Verrückungen und Spannungen an einer Stelle a, b, c des Körpers k unendlich werden, so daß dieselbe also durch eine unendlich kleine Oberfläche, etwa eine Kugelfläche k' um a, b, c als Centrum, ausgeschlossen werden muß, um die Formel (167″) anwenden zu können.

Außer über die gegebene Oberfläche o von k sind dann die Integrale in (167″) noch über diejenige o' von k' zu erstrecken; die auf letztere bezüglichen Werte mögen aber, als für das Innere von k geltend, nicht durch einen Strich ausgezeichnet werden.

Führt man, wie auf S. 384, die Richtungscosinus α, β, γ des Radiusvektors von a, b, c aus ein, so werden nach (152′) die in dem Integral links in Formel (167″) auftretenden Drucke an der kleinen Kugel die Werte erhalten:

$$168)\quad \left\{\begin{aligned} \overline{X} = \overline{X}_r &= -(c_2 x_x + c_1 \vartheta)\alpha - \tfrac{1}{2} c_2 (x_y \beta + x_z \gamma), \\ \overline{Y} = \overline{Y}_r &= -(c_2 y_y + c_1 \vartheta)\beta - \tfrac{1}{2} c_2 (y_z \gamma + y_x \alpha), \\ \overline{Z} = \overline{Z}_r &= -(c_2 z_z + c_1 \vartheta)\gamma - \tfrac{1}{2} c_2 (z_x \alpha + z_y \beta). \end{aligned}\right.$$

Da die wirklichen Verrückungen u, v, w innerhalb k stetig sind, so kann man hierin die Werte der Deformationsgrößen statt für die Kugelfläche o' für ihr Centrum, d. h. für den Punkt a, b, c selbst nehmen.

Was die Verrückungen u, v, w in dem Integral rechts in Gleichung (167″) angeht, so kann man auf o' für sie die Entwickelung setzen

$$168')\quad \left\{\begin{aligned} \overline{u} &= u + r\left(\frac{\partial u}{\partial x}\alpha + \frac{\partial u}{\partial y}\beta + \frac{\partial u}{\partial z}\gamma\right), \\ \overline{v} &= v + r\left(\frac{\partial v}{\partial x}\alpha + \frac{\partial v}{\partial y}\beta + \frac{\partial v}{\partial z}\gamma\right), \\ \overline{w} &= w + r\left(\frac{\partial w}{\partial x}\alpha + \frac{\partial w}{\partial y}\beta + \frac{\partial w}{\partial z}\gamma\right), \end{aligned}\right.$$

wo sich nunmehr die Größen rechts ebenfalls auf die Stelle a, b, c beziehen.

Nach diesen Vorbereitungen wählen wir zunächst für die Hilfsgrößen $\mathfrak{u}, \mathfrak{v}, \mathfrak{w}$ die Komponenten einer Verrückung, die innerhalb k regulär ist, aber an der Stelle a, b, c sich verhält wie diejenige der S. 384 betrachteten Potentialdeformation mit dem Potential

$$\mathfrak{F}' = \frac{1}{r},$$

nämlich wie

$$\mathfrak{u}' = \frac{\partial \frac{1}{r}}{\partial x} = -\frac{\alpha}{r^2}, \quad \mathfrak{v}' = \frac{\partial \frac{1}{r}}{\partial y} = -\frac{\beta}{r^2}, \quad \mathfrak{w}' = \frac{\partial \frac{1}{r}}{\partial z} = -\frac{\gamma}{r^2}. \qquad 169)$$

Setzen wir in der Formel (167″) diese Ausdrücke neben den Werten (168) in das Integral links über die kleine Kugelfläche ein und bemerken, daß

$$\int \frac{do'}{r^2} \alpha^2 = \int \frac{do'}{r^2} \beta^2 = \int \frac{do'}{r^2} \gamma^2 = \frac{4\pi}{3}, \qquad 169')$$

aber

$$\int \frac{do'}{r^2} \beta\gamma = \int \frac{do'}{r^2} \gamma\alpha = \int \frac{do'}{r^2} \alpha\beta = 0 \qquad 169'')$$

ist, so reduziert sich dasselbe auf

$$+\frac{4\pi}{3}(c_2 + 3c_1)\vartheta_{abc}.$$

In das Integral rechts ist neben den Werten (168′) das $\mathfrak{F}'$ entsprechende System der Potentialdrucke einzusetzen, das nach (158) lautet:

$$\overline{\mathfrak{X}} = -2c_2 \frac{\alpha}{r^3}, \quad \overline{\mathfrak{Y}} = -2c_2 \frac{\beta}{r^3}, \quad \overline{\mathfrak{Z}} = -2c_2 \frac{\gamma}{r^3}, \qquad 169''')$$

woraus unter Rücksicht auf (169′) folgt

$$-\frac{8\pi}{3} c_2 \vartheta_{abc}.$$

Führt man diese Werte in (167″) ein, so erhält man wegen $c_1 + c_2 = c$ das Resultat

$$4\pi c \vartheta_{abc} = \int do \left[(\overline{\mathfrak{X}u} + \overline{\mathfrak{Y}v} + \overline{\mathfrak{Z}w}) - (\overline{X\mathfrak{u}} + \overline{Y\mathfrak{v}} + \overline{Z\mathfrak{w}}) \right], \qquad 170)$$

wo sich das Integral über die gegebene Oberfläche des elastischen Körpers erstreckt.

Kann man nun für den gegebenen Körper ein System Hilfsgrößen $\mathfrak{u}, \mathfrak{v}, \mathfrak{w}$ finden, welches die Hauptgleichungen (166) und die Nebenbedingungen (169) befriedigt, und überdies an der Oberfläche des Körpers verschwindet, so ist

170′) $$4\pi c\vartheta_{abc} = \int do(\overline{\mathfrak{X}u} + \overline{\mathfrak{Y}v} + \overline{\mathfrak{Z}w});$$

es ist in diesem Falle also ϑ durch die vorgeschriebenen Oberflächenwerte $\overline{u}, \overline{v}, \overline{w}$ mit Hilfe der aus den $\mathfrak{u}, \mathfrak{v}, \mathfrak{w}$ folgenden Oberflächendrucke $\overline{\mathfrak{X}}, \overline{\mathfrak{Y}}, \overline{\mathfrak{Z}}$ vollständig bestimmt und durch eine einfache Quadratur zu finden.

Ist hingegen das Hilfssystem $\mathfrak{u}, \mathfrak{v}, \mathfrak{w}$ so bestimmt, daß an der Oberfläche $\overline{\mathfrak{X}}, \overline{\mathfrak{Y}}, \overline{\mathfrak{Z}}$ verschwindet, so wird

170″) $$4\pi c\vartheta_{abc} = -\int do(\overline{X\mathfrak{u}} + \overline{Y\mathfrak{v}} + \overline{Z\mathfrak{w}});$$

hier ist also ϑ durch die Werte der Oberflächendrucke und die Oberflächenwerte der $\mathfrak{u}, \mathfrak{v}, \mathfrak{w}$ bestimmt.

Diese Resultate haben große Verwandtschaft mit der S. 185 u. f. auseinandergesetzten Methode der GREEN'schen Funktionen zur Lösung von Randwertaufgaben für Funktionen V, die der Gleichung $\triangle V = 0$ genügen.

Für den Fall gegebener $\overline{u}, \overline{v}, \overline{w}$ ist durch Vorstehendes alles erreicht, was zur allgemeinen Bestimmung von u, v, w nötig ist. Für den Fall gegebener $\overline{X}, \overline{Y}, \overline{Z}$ muß dagegen erst, wie hier ϑ, auch noch l, m, n gewonnen werden.

Zu diesem Zwecke wählen wir für $\mathfrak{u}, \mathfrak{v}, \mathfrak{w}$ ein System von Verrückungen $\mathfrak{u}_1, \mathfrak{v}_1, \mathfrak{w}_1$, das sich im übrigen innerhalb k regulär verhält, aber an der Stelle a, b, c übereinstimmt mit demjenigen, welches einer Drillungsdeformation mit der S. 384 eingeführten Drillungsfunktion

$$\mathfrak{U}' = \frac{1}{r}$$

entspricht, also mit

171) $$\mathfrak{u}'_1 = 0, \quad \mathfrak{v}'_1 = \frac{\partial \frac{1}{r}}{\partial z} = -\frac{\gamma}{r^2}, \quad \mathfrak{w}'_1 = -\frac{\partial \frac{1}{r}}{\partial y} = +\frac{\beta}{r^2}.$$

Führt man in der Gleichung (167″) diese Werte in den Anteil des Integrales **links** ein, welchen die unendlich kleine Kugelfläche o' liefert, so erhält man nach (169″) den Wert **Null**.

Die dem obigen $\mathfrak{U}'$ entsprechenden Drillungsdrucke werden nach (158′)

171′) $$\overline{\mathfrak{X}}' = 0, \quad \overline{\mathfrak{Y}}' = -\tfrac{3}{2}c_2\frac{\gamma}{r^3}, \quad \overline{\mathfrak{Z}}' = +\tfrac{3}{2}c_2\frac{\beta}{r^3};$$

setzt man sie neben (168′) in den auf die Kugelfläche bezüglichen Anteil des Integrales **rechts** ein, so erhält man

$$4\pi c_2 l_{abc},$$

und somit das Gesamtresultat

$$4\pi c_2 l_{abc} = \int do \left[(\overline{X\mathfrak{u}_1} + \overline{Y\mathfrak{v}_1} + \overline{Z\mathfrak{w}_1}) - (\overline{\mathfrak{X}_1 u} + \overline{\mathfrak{Y}_1 v} + \overline{\mathfrak{Z}_1 w})\right], \quad 171'')$$

worin $\overline{\mathfrak{X}}_1, \overline{\mathfrak{Y}}_1, \overline{\mathfrak{Z}}_1$ die dem oben definierten System $\mathfrak{u}_1, \mathfrak{v}_1, \mathfrak{w}_1$ entsprechenden Drucke an der Oberfläche des elastischen Körpers bezeichnen.

Führt man Hilfsgrößen $\mathfrak{u}_2, \mathfrak{v}_2, \mathfrak{w}_2$ ein, die in a, b, c mit den durch die Drillungsfunktion

$$\mathfrak{B}' = \frac{1}{r}$$

bestimmten

$$\mathfrak{u}'_2 = -\frac{\partial \frac{1}{r}}{\partial z} = +\frac{\gamma}{r^2}, \quad \mathfrak{v}'_2 = 0, \quad \mathfrak{w}'_2 = +\frac{\partial \frac{1}{r}}{\partial x} = -\frac{\alpha}{r^2} \qquad 172)$$

übereinstimmen, so folgt analog

$$4\pi c_2 m_{abc} = \int do \left[(\overline{X\mathfrak{u}_2} + \overline{Y\mathfrak{v}_2} + \overline{Z\mathfrak{w}_2}) - (\overline{\mathfrak{X}_2 u} + \overline{\mathfrak{Y}_2 v} + \overline{\mathfrak{Z}_2 w})\right]. \quad 172')$$

Endlich liefert ein System $\mathfrak{u}_3, \mathfrak{v}_3, \mathfrak{w}_3$, welches in a, b, c übereinstimmt mit den aus der Drillungsfunktion

$$\mathfrak{W}' = \frac{1}{r}$$

folgenden

$$\mathfrak{u}'_3 = +\frac{\partial \frac{1}{r}}{\partial y} = -\frac{\beta}{r^2}, \quad \mathfrak{v}'_3 = -\frac{\partial \frac{1}{r}}{\partial x} = +\frac{\alpha}{r^2}, \quad \mathfrak{w}'_3 = 0, \qquad 173)$$

die Formel

$$4\pi c_2 n_{abc} = \int do \left[(\overline{X\mathfrak{u}_3} + \overline{Y\mathfrak{v}_3} + \overline{Z\mathfrak{w}_3}) - (\overline{\mathfrak{X}_3 u} + \overline{\mathfrak{Y}_3 v} + \overline{\mathfrak{Z}_3 w})\right]. \quad 173')$$

Werden die $\mathfrak{u}_h, \mathfrak{v}_h, \mathfrak{w}_h$ überdies den Bedingungen unterworfen, daß sie an der Oberfläche o verschwinden, so erhält man

$$4\pi c_2 l_{abc} = \int do (\overline{X\mathfrak{u}_1} + \overline{Y\mathfrak{v}_1} + \overline{Z\mathfrak{w}_1}), \qquad 173'')$$

. . . .

werden sie so bestimmt, daß daselbst die ihnen entsprechenden Drucke gleich Null sind, so ergiebt sich

$$4\pi c_2 l_{abc} = -\int do (\overline{\mathfrak{X}_1 u} + \overline{\mathfrak{Y}_1 v} + \overline{\mathfrak{Z}_1 w}); \qquad 173''')$$

. . . .

Diese Formeln entsprechen genau den für ϑ_{abc} abgeleiteten (170') und (170'') und gestatten, wenn für einen Raum k die zugehörigen $\mathfrak{u}_h, \mathfrak{v}_h, \mathfrak{w}_h$ gefunden sind, die Bestimmung der Drillungskomponenten l, m, n für eine jede Stelle aus gegebenen Werten der Oberflächenverrückungen oder Oberflächendrucke.

Beide Systeme können, abgesehen von der Bedingung der Stetigkeit, im allgemeinen beliebig vorgeschrieben werden; nur in dem

Falle, daß auf der ganzen Oberfläche $\overline{X}$, $\overline{Y}$, $\overline{Z}$ vorgeschrieben sind, müssen diese mit den X, Y, Z zusammen die allgemeinen mechanischen Gleichgewichtsbedingungen erfüllen.

Wie aus gefundenem ϑ allein bei gegebenen $\overline{u}$, $\overline{v}$, $\overline{w}$, aus gefundenen ϑ, l, m, n bei vorgeschriebenen $\overline{X}$, $\overline{Y}$, $\overline{Z}$ sich schließlich die Verrückungen u, v, w für jede Stelle bestimmen lassen, ist bereits auf S. 392 erörtert worden. —

Die Bestimmung geeigneter Hilfsfunktionen $\mathfrak{u}_h$, $\mathfrak{v}_h$, $\mathfrak{w}_h$ ist im allgemeinen schwierig, läßt sich aber für den Halbraum, den wir durch die Bedingung $z > 0$ definieren wollen, verhältnismäßig leicht durchführen.[78])

Bei gegebenen Oberflächenverrückungen $\overline{u}$, $\overline{v}$, $\overline{w}$ handelt es sich zunächst nur um die Berechnung von ϑ, nicht auch von l, m, n. Für dieselbe ordnen wir dem Punkte a, b, c seinen Spiegelpunkt $a, b, -c$ in Bezug auf die Ebene $z = 0$ zu und bezeichnen die Entfernung von ihm mit r'.

Setzen wir dann

174) $$\begin{cases} \mathfrak{u} = \dfrac{\partial \frac{1}{r}}{\partial x} - \dfrac{\partial \frac{1}{r'}}{\partial x} - 2 c_3 z \dfrac{\partial^2 \frac{1}{r'}}{\partial x \partial z}, \\[2ex] \mathfrak{v} = \dfrac{\partial \frac{1}{r}}{\partial y} - \dfrac{\partial \frac{1}{r'}}{\partial y} - 2 c_3 z \dfrac{\partial^2 \frac{1}{r'}}{\partial y \partial z}, \\[2ex] \mathfrak{w} = \dfrac{\partial \frac{1}{r}}{\partial z} + \dfrac{\partial \frac{1}{r'}}{\partial z} - 2 c_3 z \dfrac{\partial^2 \frac{1}{r'}}{\partial z^2}, \end{cases}$$

so genügt dies System den Hauptgleichungen (166), wenn

174′) $$c_3 = \frac{c + c_1}{3c - c_1} = \frac{2c - c_2}{2c + c_2}$$

ist, stimmt für $r = 0$ überein mit $\mathfrak{u}'$, $\mathfrak{v}'$, $\mathfrak{w}'$ in (169), verhält sich im übrigen für $z > 0$ regulär und verschwindet für $z = 0$.

Das in der Formel (170′) für ϑ vorkommende Integral ist hier über die Ebene $z = 0$ zu erstrecken, die $\overline{\mathfrak{X}}$, $\overline{\mathfrak{Y}}$, $\overline{\mathfrak{Z}}$ sind daher mit $\overline{\mathfrak{X}}_z$, $\overline{\mathfrak{Y}}_z$, $\overline{\mathfrak{Z}}_z$ identisch.

Ihre Werte findet man leicht zu

174″) $$\overline{\mathfrak{X}}_z = -4cc_4 \frac{\overline{\partial^2 \frac{1}{r}}}{\partial x \partial z}, \quad \overline{\mathfrak{Y}}_z = -4cc_4 \frac{\overline{\partial^2 \frac{1}{r}}}{\partial y \partial z}, \quad \overline{\mathfrak{Z}}_z = -4cc_4 \frac{\overline{\partial^2 \frac{1}{r}}}{\partial z^2},$$

worin

174‴) $$c_4 = \frac{c - c_1}{3c - c_1} = \frac{c_2}{2c + c_2}.$$

Vertauscht man weiterhin a, b, c mit x, y, z und bezeichnet die Koordinaten von do mit x_1, y_1, um ϑ sogleich als Funktion von x, y, z zu erhalten, wie es weiter gebraucht wird, so wird aus Formel (170')

$$\vartheta = -\frac{c_4}{\pi}\iint\left(\frac{\partial^2 \frac{1}{r}}{\partial x_1 \partial z_1}\overline{u_1} + \frac{\partial^2 \frac{1}{r}}{\partial y_1 \partial z_1}\overline{v_1} + \frac{\partial^2 \frac{1}{r}}{\partial z_1^2}\overline{w_1}\right) dx_1\, dy_1,$$

wofür man auch setzen kann

$$\vartheta = -\frac{c_4}{\pi}\frac{\partial}{\partial z}\iint\left(\frac{\partial \frac{1}{r}}{\partial x}\overline{u_1} + \frac{\partial \frac{1}{r}}{\partial y}\overline{v_1} + \frac{\partial \frac{1}{r}}{\partial z}\overline{w_1}\right) dx_1\, dy_1, \qquad 175)$$

oder, wenn man

$$\iint\frac{\overline{u_1}}{r}\, dx_1\, dy_1 = A, \quad \iint\frac{\overline{v_1}}{r}\, dx_1\, dy_1 = B, \quad \iint\frac{\overline{w_1}}{r}\, dx_1\, dy_1 = C \qquad 175')$$

setzt,

$$\vartheta = -\frac{c_4}{\pi}\frac{\partial}{\partial z}\left(\frac{\partial A}{\partial x} + \frac{\partial B}{\partial y} + \frac{\partial C}{\partial z}\right) = -\frac{c_4}{\pi}\frac{\partial P}{\partial z}, \qquad 175'')$$

wo P eine gegebene Größe bezeichnet.

A, B, C sind nach S. 158 Newton'sche Potentialfunktionen mit der Konstante $f = 1$ von Belegungen der XY-Ebene mit den Dichtigkeiten $\overline{u}, \overline{v}, \overline{w}$; sie erfüllen demgemäß die Gleichungen

$$\triangle A = \triangle B = \triangle C = 0 \qquad 176)$$

und, da sie symmetrisch zur XY-Ebene sind, nach Gleichung (165') auf S. 158 auch die anderen

$$\overline{\frac{\partial A}{\partial z}} = -2\pi\overline{u}, \quad \overline{\frac{\partial B}{\partial z}} = -2\pi\overline{v}, \quad \overline{\frac{\partial C}{\partial z}} = -2\pi\overline{w}. \qquad 176')$$

Auch P erfüllt die Gleichung $\triangle P = 0$, giebt aber für $z = 0$ auch $\partial P / \partial z = 0$.

Diese Eigenschaften zusammen mit der allgemeinen Beziehung, daß für eine Funktion φ, welche die Gleichung $\triangle \varphi = 0$ erfüllt,

$$\triangle z \varphi = 2\partial\varphi / \partial z \qquad 176'')$$

ist, kommen nun bei der Bestimmung von u, v, w aus dem gefundenen ϑ zur Anwendung.

Die Hauptgleichungen (166) für u, v, w nehmen jetzt die Form an

$$\left.\begin{aligned} \pi \triangle u &= c_3 \frac{\partial^2 P}{\partial x \partial z}, \\ \pi \triangle v &= c_3 \frac{\partial^2 P}{\partial y \partial z}, \\ \pi \triangle w &= c_3 \frac{\partial^2 P}{\partial z^2}, \end{aligned}\right\} \qquad 177)$$

die Grenzbedingungen lauten für $z = 0$,

177') $$u = \overline{u}, \quad v = \overline{v}, \quad w = \overline{w}.$$

Aus ihnen kann man nach dem Vorstehenden schließen

177'') $$\begin{cases} 2\pi u = c_3 z \dfrac{\partial P}{\partial x} - \dfrac{\partial A}{\partial z}, \\ 2\pi v = c_3 z \dfrac{\partial P}{\partial y} - \dfrac{\partial B}{\partial z}, \\ 2\pi w = c_3 z \dfrac{\partial P}{\partial z} - \dfrac{\partial C}{\partial z}, \end{cases}$$

wodurch alle Bedingungen befriedigt sind.

Die Gleichungen (177'') stellen also die Lösung des Problemes der Deformation des positiven Halbraumes durch in der Grenzebene $z = 0$ ausgeübte Verrückungen dar.

Das Resultat drückt sich aus in Summen über die Wirkungen, welche die einzelnen Oberflächenelemente ausüben. Für ein einziges $do = q$ im Koordinatenanfang und einen in endlicher Entfernung davon befindlichen Punkt x, y, z erhält man leicht, falls

$$r^2 = x^2 + y^2 + z^2,$$

177''') $$\begin{cases} \dfrac{2\pi u}{q} = \dfrac{c_3 \gamma}{r^2}\left(\overline{u}(3\alpha^2 - 1) + \overline{v}\alpha\beta + \overline{w}\alpha\gamma\right) + \overline{u}\dfrac{\gamma}{r^2}, \\ \dfrac{2\pi v}{q} = \dfrac{c_3 \gamma}{r^2}\left(\overline{u}\beta\alpha + \overline{v}(3\beta^2 - 1) + \overline{w}\beta\gamma\right) + \overline{v}\dfrac{\gamma}{r^2}, \\ \dfrac{2\pi w}{q} = \dfrac{c_3 \gamma}{r^2}\left(\overline{u}\gamma\alpha + \overline{v}\gamma\beta + \overline{w}(3\gamma^2 - 1)\right) + \overline{w}\dfrac{\gamma}{r^2}, \end{cases}$$

ein Resultat, das sich noch vereinfacht, wenn man nur eine der Komponenten $\overline{u}, \overline{v}, \overline{w}$ von Null verschieden annimmt.

Es ist bemerkenswert, daß die im Innern des Körpers erregten Verrückungen ein Glied enthalten, das von dessen elastischen Konstanten vollkommen unabhängig ist. —

Nicht so einfach ist der Fall gegebener Oberflächendrucke.

Zur Bestimmung von ϑ hat man zu setzen

178) $$\begin{cases} \mathfrak{u} = \dfrac{\partial \frac{1}{r}}{\partial x} + \dfrac{1}{c_3}\dfrac{\partial \frac{1}{r'}}{\partial x} + 2z\dfrac{\partial^2 \frac{1}{r'}}{\partial x\, \partial z}, \\ \mathfrak{v} = \dfrac{\partial \frac{1}{r}}{\partial y} + \dfrac{1}{c_3}\dfrac{\partial \frac{1}{r'}}{\partial y} + 2z\dfrac{\partial^2 \frac{1}{r'}}{\partial y\, \partial z}, \\ \mathfrak{w} = \dfrac{\partial \frac{1}{r}}{\partial z} - \dfrac{1}{c_3}\dfrac{\partial \frac{1}{r'}}{\partial z} + 2z\dfrac{\partial^2 \frac{1}{r'}}{\partial z^2}, \end{cases}$$

worin der zweite Teil sich nur durch den konstanten Faktor $-1/c_3$ von demjenigen des Ansatzes (174) unterscheidet, also den Hauptgleichungen genügt, da es jener thut; der Ansatz verhält sich für $r = 0$ wie $\mathfrak{u}', \mathfrak{v}', \mathfrak{w}'$ in Formel (169), ist im übrigen für $z > 0$ regulär und macht für $z = 0$ auch

$$\mathfrak{X}_z = \mathfrak{Y}_z = \mathfrak{Z}_z = 0.$$

Für die Ebene $z = 0$ giebt er, da

$$1 + \frac{1}{c_3} = \frac{4c}{c + c_1}$$

ist,

$$\overline{\mathfrak{u}} = \frac{4c}{c + c_1} \frac{\partial \overline{\frac{1}{r}}}{\partial x}, \quad \overline{\mathfrak{v}} = \frac{4c}{c + c_1} \frac{\partial \overline{\frac{1}{r}}}{\partial y}, \quad \overline{\mathfrak{w}} = \frac{4c}{c + c_1} \frac{\partial \overline{\frac{1}{r}}}{\partial z}, \tag{178'}$$

und man erhält aus (170'') sogleich, indem man, wie oben, a, b, c nunmehr mit x, y, z vertauscht

$$\vartheta = \frac{1}{\pi(c + c_1)} \iint \left(\overline{X}_1 \frac{\partial \overline{\frac{1}{r}}}{\partial x} + \overline{Y}_1 \frac{\partial \overline{\frac{1}{r}}}{\partial y} + \overline{Z}_1 \frac{\partial \overline{\frac{1}{r}}}{\partial z} \right) dx_1\, dy_1. \tag{178''}$$

Führen wir die erste abgeleitete Potentialfunktion φ_I eines Massenpunktes Eins im negativen Halbraume von S. 207 mit der Konstante $f = 1$ unter der Bezeichnung ein

$$\chi' = l(z_1 + z + r') \tag{179}$$

worin $r'^2 = (x - x_1)^2 + (y - y_1)^2 + (z + z_1)^2$ ist, beachten, daß die Beziehung gilt

$$\frac{\partial \chi'}{\partial z} = \frac{\partial \chi'}{\partial z_1} = \frac{1}{r'}, \tag{179'}$$

und setzen kurz

$$\left.\begin{aligned} \iint \overline{X_1 \chi'}\, dx_1\, dy_1 = A', \quad \iint \overline{Y_1 \chi'}\, dx_1\, dy_1 = B', \quad \iint \overline{Z_1 \chi'}\, dx_1\, dy_1 = C', \\ \frac{\partial A'}{\partial x} + \frac{\partial B'}{\partial y} + \frac{\partial C'}{\partial z} = P', \end{aligned}\right\} \tag{179''}$$

so erhalten wir

$$\vartheta = \frac{1}{\pi(c + c_1)} \frac{\partial P'}{\partial z}. \tag{179'''}$$

A', B', C' sind nach der Definition Potentialfunktionen der Art χ von Belegungen der Ebene $z = 0$ mit den Flächendichten $\overline{X}, \overline{Y}, \overline{Z}$ und sie genügen demzufolge den Gleichungen

$$\triangle A' = \triangle B' = \triangle C' = 0; \tag{180}$$

ebenso gilt ersichtlich

$$\triangle P' = 0. \tag{180'}$$

Ferner sind $\partial A' / \partial z$, $\partial B' / \partial z$, $\partial C' / \partial z$ die NEWTON'schen Flächenpotentiale von den gleichen Verteilungen, wie A', B', C', und es gilt demgemäß wie in (176') für $z = 0$

$$180'') \quad \overline{\frac{\partial^2 A'}{\partial z^2}} = -2\pi \overline{X}, \quad \overline{\frac{\partial^2 B'}{\partial z^2}} = -2\pi \overline{Y}, \quad \overline{\frac{\partial^2 C'}{\partial z^2}} = -2\pi \overline{Z}.$$

Diese Eigenschaften kommen bei der Fortführung unseres Problemes zur Anwendung.

Zur Bestimmung von l ist ein System $\mathfrak{u}_1, \mathfrak{v}_1, \mathfrak{w}_1$ zu finden, das den Hauptgleichungen (166) genügt, sich für $r = 0$ verhält wie $\mathfrak{u}_1', \mathfrak{v}_1', \mathfrak{w}_1'$ in (171), im Halbraum $z > 0$ übrigens regulär ist und in der Ebene $z = 0$ die Drucke

$$\overline{\mathfrak{X}_1} = \overline{\mathfrak{Y}_1} = \overline{\mathfrak{Z}_1} = 0$$

werden läßt. Man erhält ein solches mit Hilfe der von einer im Spiegelpunkt $a, b, -c$ befindlichen Masse Eins genommenen Potentialfunktion

$$\chi' = l(z + c + r')$$

in der Form

$$181) \quad \left\{ \begin{aligned} \mathfrak{u}_1 &= \qquad\qquad 2z \frac{\partial^3 \chi'}{\partial x\, \partial y\, \partial z} + \frac{2c_2}{c + c_1} \frac{\partial^2 \chi'}{\partial x\, \partial y}, \\ \mathfrak{v}_1 &= + \frac{\partial \frac{1}{r}}{\partial z} + 2z \frac{\partial^3 \chi'}{\partial y^2 \partial z} + \frac{2c_2}{c + c_1} \frac{\partial^2 \chi'}{\partial y^2} - \frac{\partial^2 \chi'}{\partial z^2}, \\ \mathfrak{w}_1 &= - \frac{\partial \frac{1}{r}}{\partial y} + 2z \frac{\partial^3 \chi'}{\partial y\, \partial z^2} - \frac{2c_2}{c + c_1} \frac{\partial^2 \chi'}{\partial y\, \partial z} - \frac{\partial^2 \chi'}{\partial y\, \partial z}, \end{aligned} \right.$$

welches, wie die Berechnung zeigt, allen gestellten Bedingungen genügt.

Da in der Grenze $z = 0$

$$181') \quad \frac{\partial \frac{1}{r}}{\partial z} = - \frac{\partial \frac{1}{r'}}{\partial z} = - \frac{\partial^2 \chi'}{\partial z^2}, \quad \frac{\partial \frac{1}{r}}{\partial y} = \frac{\partial \frac{1}{r'}}{\partial y} = + \frac{\partial^2 \chi'}{\partial y\, \partial z}$$

ist, so erhält man

$$181'') \quad \left\{ \begin{aligned} \overline{\mathfrak{u}}_1 &= + \frac{4c}{c + c_1} \overline{\frac{\partial^2 \chi'}{\partial x\, \partial y}} - 2 \overline{\frac{\partial^2 \chi'}{\partial x\, \partial y}}, \\ \overline{\mathfrak{v}}_1 &= + \frac{4c}{c + c_1} \overline{\frac{\partial^2 \chi'}{\partial y^2}} + 2 \overline{\frac{\partial^2 \chi'}{\partial x^2}}, \\ \overline{\mathfrak{w}}_1 &= - \frac{4c}{c + c_1} \overline{\frac{\partial^2 \chi'}{\partial z\, \partial y}}. \end{aligned} \right.$$

Dies ist nun in die erste Gleichung (173'') einzusetzen, wobei, wie S. 399, x, y, z mit x_1, y_1, z_1 und a, b, c mit x, y, z vertauscht werden mag, um l für den Punkt x, y, z zu berechnen.

So erhält man zunächst

$$\left.\begin{aligned} l = \frac{c}{\pi(c^2 - c_1^2)} \iint \left(\overline{X}_1 \frac{\overline{\partial^2 \chi'}}{\partial x_1 \partial y_1} + \overline{Y}_1 \frac{\overline{\partial^2 \chi'}}{\partial y_1^2} - \overline{Z}_1 \frac{\overline{\partial^2 \chi'}}{\partial z_1 \partial y_1} \right) dx_1 dy_1 \\ - \frac{1}{2\pi c_2} \iint \left(\overline{X}_1 \frac{\overline{\partial^2 \chi'}}{\partial x_1 \partial y_1} - \overline{Y}_1 \frac{\overline{\partial^2 \chi'}}{\partial x_1^2} \right) dx_1 dy_1, \end{aligned}\right\} \quad 181''')$$

oder wegen des Wertes von χ', der $\partial^2\chi'/\partial x_1 \partial y_1$ mit $\partial^2\chi'/\partial x \partial y$ und $\partial^2\chi'/\partial z_1 \partial y_1$ mit $-\partial^2\chi'/\partial z \partial y$ zu vertauschen gestattet, bei Einführung der Abkürzungen (179'')

$$l = + \frac{c}{\pi(c^2 - c_1^2)} \frac{\partial P'}{\partial y} + \frac{1}{2\pi c_2} \frac{\partial}{\partial x} \left(\frac{\partial B'}{\partial x} - \frac{\partial A'}{\partial y} \right). \qquad 182)$$

Die Berechnung von m ist nicht erforderlich, sondern das Resultat ist aus dem vorstehenden durch Vertauschung von x mit y und von y mit $-x$ sogleich zu erhalten wie folgt:

$$m = - \frac{c}{\pi(c^2 - c_1^2)} \frac{\partial P'}{\partial x} + \frac{1}{2\pi c_2} \frac{\partial}{\partial y} \left(\frac{\partial B'}{\partial x} - \frac{\partial A'}{\partial y} \right). \qquad 182')$$

Zur Bestimmung von n ist zu setzen

$$\mathfrak{u}_3 = \frac{\partial \frac{1}{r}}{\partial y} + \frac{\partial \frac{1}{r'}}{\partial y}, \quad \mathfrak{v}_3 = - \frac{\partial \frac{1}{r}}{\partial x} - \frac{\partial \frac{1}{r'}}{\partial x}, \quad \mathfrak{w}_3 = 0,$$

woraus durch leichte Rechnung folgt

$$n = \frac{1}{2\pi c_2} \frac{\partial}{\partial x} \left(\frac{\partial B'}{\partial x} - \frac{\partial A'}{\partial y} \right). \qquad 182'')$$

Hiermit sind die ϑ, l, m, n durch die gegebenen $\overline{X}, \overline{Y}, \overline{Z}$ vollständig bestimmt und es erübrigt nur noch die Ableitung der ihnen entsprechenden u, v, w aus den Hauptgleichungen (166) und den Oberflächenbedingungen (166'').

Letztere nehmen in unserem Falle, wo die XY-Ebene die Grenze bildet, die einfachere Form an

$$\left.\begin{aligned} -\frac{\overline{\partial u}}{\partial z} = \frac{1}{c_2} \overline{X} - \overline{m}, \quad -\frac{\overline{\partial v}}{\partial z} = \frac{1}{c_2} \overline{Y} + \overline{l}, \\ -\frac{\overline{\partial w}}{\partial z} = \frac{1}{c_2} \overline{Z} + \frac{c_1}{c_2} \overline{\vartheta}. \end{aligned}\right\} \quad 183)$$

Die Grenzbedingung für w enthält also keine Drillungskomponente und ist deshalb die einfachste. Für w gelten bei Benutzung des Wertes (179''') von ϑ die beiden Formeln

183') $$\begin{cases} \dfrac{\partial^2 P'}{\pi c_2 \partial z^2} = -\triangle w, \\ \dfrac{1}{c_2}\overline{Z} + \dfrac{c_1}{\pi(c^2 - c_1^2)} \dfrac{\overline{\partial P'}}{\partial z} = -\dfrac{\overline{\partial w}}{\partial z}, \end{cases}$$

denen man wegen der Eigenschaften (180) bis (180'') der A', B', C' und P', sowie wegen der allgemeinen Beziehung (176'') genügt durch

183'') $$2\pi w = \frac{P'}{(c + c_1)} + \frac{1}{c_2}\left(\frac{\partial C'}{\partial z} - z\frac{\partial P'}{\partial z}\right).$$

Für u und v lauten die Bedingungen

184) $$\begin{cases} \dfrac{1}{\pi c_2}\dfrac{\partial^2 P'}{\partial x\, \partial z} = -\triangle u, \quad \dfrac{1}{\pi c_2}\dfrac{\partial^2 P'}{\partial y\, \partial z} = -\triangle v, \\ \dfrac{1}{c_2}\overline{X} + \dfrac{c}{\pi(c^2 - c_1^2)}\dfrac{\overline{\partial P'}}{\partial x} - \dfrac{1}{2\pi c_2}\dfrac{\overline{\partial}}{\partial y}\left(\dfrac{\partial B'}{\partial x} - \dfrac{\partial A'}{\partial y}\right) = -\dfrac{\overline{\partial u}}{\partial z}, \\ \dfrac{1}{c_2}\overline{Y} + \dfrac{c}{\pi(c^2 - c_1^2)}\dfrac{\overline{\partial P'}}{\partial y} + \dfrac{1}{2\pi c_2}\dfrac{\overline{\partial}}{\partial x}\left(\dfrac{\partial B'}{\partial x} - \dfrac{\partial A'}{\partial y}\right) = -\dfrac{\overline{\partial v}}{\partial z}. \end{cases}$$

Den Hauptgleichungen genügt man durch die partikulären Lösungen u' und v', gegeben durch

184') $$2\pi c_2 u' = \frac{\partial A'}{\partial z} - z\frac{\partial P'}{\partial x}, \quad 2\pi c_2 v' = \frac{\partial B'}{\partial z} - z\frac{\partial P'}{\partial y},$$

welche in den Grenzbedingungen die Glieder $\overline{X}/c_2$ und $\overline{Y}/c_2$ hinweg heben; können also zwei Funktionen u'' und v'' so gefunden werden, daß

184'') $$\begin{cases} \triangle u'' = 0, \quad \triangle v'' = 0, \\ \dfrac{1}{2\pi(c + c_1)}\dfrac{\overline{\partial P'}}{\partial x} - \dfrac{1}{2\pi c_2}\dfrac{\overline{\partial}}{\partial y}\left(\dfrac{\partial B'}{\partial x} - \dfrac{\partial A'}{\partial y}\right) = -\dfrac{\overline{\partial u''}}{\partial z}, \\ \dfrac{1}{2\pi(c + c_1)}\dfrac{\overline{\partial P'}}{\partial y} + \dfrac{1}{2\pi c_2}\dfrac{\overline{\partial}}{\partial x}\left(\dfrac{\partial B'}{\partial x} - \dfrac{\partial A'}{\partial y}\right) = -\dfrac{\overline{\partial v''}}{\partial z} \end{cases}$$

wird, so giebt

$$u = u' + u'', \quad v = v' + v''$$

die vollständige Lösung.

Dazu definieren wir drei neue Funktionen A'', B'', C'' dadurch, daß

185) $$A' = \frac{\partial A''}{\partial z}, \quad B' = \frac{\partial B''}{\partial z}, \quad C' = \frac{\partial C''}{\partial z},$$

also auch

185') $$P' = \frac{\partial P''}{\partial z}$$

wird, wo P'' aus A'', B'', C'' ebenso gebildet ist, wie P' aus A', B', C', und nehmen die Gleichungen (184'') als für alle z gültig, so daß wir sie integrieren können. Es folgt dann

$$\left.\begin{aligned} u'' &= -\frac{1}{2\pi(c+c_1)}\frac{\partial P''}{\partial x} + \frac{1}{2\pi c_2}\frac{\partial}{\partial y}\left(\frac{\partial B''}{\partial x} - \frac{\partial A''}{\partial y}\right), \\ v'' &= -\frac{1}{2\pi(c+c_1)}\frac{\partial P''}{\partial y} - \frac{1}{2\pi c_2}\frac{\partial}{\partial x}\left(\frac{\partial B''}{\partial x} - \frac{\partial A''}{\partial y}\right), \end{aligned}\right\} \qquad 185'')$$

wobei je eine additive Funktion von x und y unbestimmt bleibt, die gleich Null gesetzt werden kann, wenn die u'', v'' den Hauptgleichungen genügen.

Nun sind aber nach der Definition (179'') A', B', C' Potentialfunktionen ebener Verteilungen von den Dichten $\overline{X}$, $\overline{Y}$, $\overline{Z}$, wie sie S. 207 als erste abgeleitete bezeichnet sind; danach sind A'', B'', C'' die entsprechenden Potentialfunktionen zweiter Art, genügen nach der Formel (212') auf S. 207 auch der Gleichung $\triangle\varphi = 0$, und gleiches gilt somit von u'' und v''.

Es wird hiernach allen Bedingungen genügt durch die definitiven Werte

$$\left.\begin{aligned} 2\pi c_2 u &= \frac{\partial A'}{\partial z} - z\frac{\partial P'}{\partial x} - \frac{c_2}{c+c_1}\frac{\partial P''}{\partial x} + \frac{\partial}{\partial y}\left(\frac{\partial B''}{\partial x} - \frac{\partial A''}{\partial y}\right), \\ 2\pi c_2 v &= \frac{\partial B'}{\partial z} - z\frac{\partial P'}{\partial y} - \frac{c_2}{c+c_1}\frac{\partial P''}{\partial y} - \frac{\partial}{\partial x}\left(\frac{\partial B''}{\partial x} - \frac{\partial A''}{\partial y}\right). \end{aligned}\right\} \qquad 185''')$$

Die Ausdrücke für u, v, w nehmen eine besonders einfache Gestalt an, wenn an der Oberfläche nur normale Drucke wirken, also

$$\overline{X} = \overline{Y} = 0$$

und daher

$$\left.\begin{aligned} A' &= B' = 0, \quad P' = \frac{\partial C'}{\partial z}, \\ A'' &= B'' = 0, \quad P'' = \frac{\partial C''}{\partial z} = C' \end{aligned}\right\} \qquad 186)$$

ist; sie lauten dann:

$$\left.\begin{aligned} 2\pi c_2 u &= -z\frac{\partial^2 C'}{\partial x\,\partial z} - \frac{c_2}{c+c_1}\frac{\partial C'}{\partial x}, \\ 2\pi c_2 v &= -z\frac{\partial^2 C'}{\partial y\,\partial z} - \frac{c_2}{c+c_1}\frac{\partial C'}{\partial y}, \\ 2\pi c_2 w &= -z\frac{\partial^2 C'}{\partial z^2} + \frac{2c}{c+c_1}\frac{\partial C'}{\partial z}, \end{aligned}\right\} \qquad 186')$$

und C' ist definiert durch

$$C' = \iint \overline{Z}_1 \chi' \, dx_1 \, dy_1.$$

Die gefundenen Resultate stellen sich dar als die Summen der Wirkungen, welche die einzelnen Flächenelemente der Grenzebene $z = 0$ infolge der erlittenen Drucke $\overline{X}$, $\overline{Y}$, $\overline{Z}$ fortpflanzen. Ist die ganze Ebene mit Ausnahme eines einzigen Elementes q im Koordinatenanfang frei, so wird für Punkte, die in endlicher Entfernung von q liegen, das letzte System die Gestalt annehmen

$$186'')\quad \left\{\begin{aligned} \frac{2\pi c_2 u}{q} &= \overline{Z}\left[\frac{\alpha\gamma}{r} - \frac{c_2}{c+c_1}\frac{\alpha}{z+r}\right],\\ \frac{2\pi c_2 v}{q} &= \overline{Z}\left[\frac{\beta\gamma}{r} - \frac{c_2}{c+c_1}\frac{\beta}{z+r}\right],\\ \frac{2\pi c_2 w}{q} &= \overline{Z}\left[\frac{\gamma^2}{r} + \frac{2c}{c+c_1}\frac{1}{r}\right], \end{aligned}\right.$$

worin $r^2 = x^2 + y^2 + z^2$ und $\alpha = x/r$, $\beta = y/r$, $\gamma = z/r$ ist.

Das Gesetz der Ausbreitung der Wirkung ist auch in diesem einfachsten Fall ziemlich kompliziert.

Analoge Behandlung, wie vorstehend für den Halbraum gezeigt ist, gestattet eine planparallele Schicht und eine Voll- oder Hohlkugel.[79])

Zu neuen interessanten Verhältnissen gelangt man, wenn man die Oberflächendrucke als nicht direkt gegeben, sondern durch einen ohne Reibung gegen die Oberfläche gedrückten zweiten elastischen Körper bewirkt denkt. Auf diese Fälle kann hier indessen nicht eingegangen werden.

§ 23. Ein durch Einwirkungen auf die Grundflächen gleichförmig gespannter Cylinder aus beliebiger homogener Substanz.

Es sei ein Cylinder aus beliebiger homogener Substanz gegeben, und es seien in ihm die Deformationen $x_x, \ldots x_y$, und demgemäß auch die Spannungen $X_x, \ldots X_y$ längs der Axenrichtung konstant angenommen. In diesem Zustand wollen wir den Cylinder gleichförmig gespannt nennen.[80])

Wählt man die Cylinderaxe zur Z-Axe, so ergiebt sich aus dieser Annahme durch eine einfache Rechnung für die Verrückungskomponenten u, v, w die allgemeinste Form

$$187)\quad \left\{\begin{aligned} u &= U + z(f_1 - \tfrac{1}{2}g_1 z - hy),\\ v &= V + z(f_2 - \tfrac{1}{2}g_2 z + hx),\\ w &= W + z(g_1 x + g_2 y + g_3), \end{aligned}\right.$$

worin die f, g, h Konstanten und U, V, W Funktionen von x und y allein sind.

Setzt man fest, daß für $x = y = z = 0$

$$187')\quad u = v = w = 0 \text{ und } \frac{\partial u}{\partial z} = \frac{\partial v}{\partial z} = \frac{\partial v}{\partial x} - \frac{\partial u}{\partial y} = 0$$

ist, d. h. daß das Teilchen im Koordinatenanfang keine Verschiebung und keine Drehung um die Z-Axe erleidet, und daß das benachbarte, ursprünglich in die Z-Axe fallende Linienelement seine Richtung beibehält, so ergeben sich für U, V, W die Bedingungen

$$U = V = W = \left(\frac{\partial V}{\partial x}\right) - \left(\frac{\partial U}{\partial y}\right) = 0 \text{ für } z = 0; \qquad 187'')$$

außerdem wird $f_1 = f_2 = 0$.

Die vier Konstanten g_1, g_2, g_3 und h lassen sich leicht deuten, denn es ist

$$\left.\begin{aligned} g_3 &= \left(\frac{\partial w}{\partial z}\right)_{x=y=0} = c', \\ g_1 &= \tfrac{1}{2}\frac{\partial}{\partial z}\left(\frac{\partial w}{\partial x} - \frac{\partial u}{\partial z}\right) = -\frac{\partial m}{\partial z} = -m', \\ g_2 &= \tfrac{1}{2}\frac{\partial}{\partial z}\left(\frac{\partial w}{\partial y} - \frac{\partial v}{\partial z}\right) = +\frac{\partial l}{\partial z} = +l', \\ h &= \tfrac{1}{2}\frac{\partial}{\partial z}\left(\frac{\partial v}{\partial x} - \frac{\partial u}{\partial y}\right) = +\frac{\partial n}{\partial z} = +n'; \end{aligned}\right\} \qquad 187''')$$

also bezeichnet $g_3 = c'$ die lineäre Dilatation der Axenfaser des Stabes, $g_2 = l'$, $-g_1 = m'$, $h = n'$ die resp. Änderungen der Drillungskomponenten l, m, n nach der Axenrichtung.

Infolge der Deformation nimmt die Faser des Cylinders, welche ursprünglich in die Z-Axe fiel, eine geänderte Gestalt an.

Führt man den längs dieser Axenkurve gemessenen Abstand s eines ursprünglich der Koordinate z entsprechenden Querschnittes ein, so ist wegen der Kleinheit der Deformation l' mit $\partial l/\partial s$, m' mit $\partial m/\partial s$, n' mit $\partial n/\partial s$ zu vertauschen. m' und $-l'$ sind daher zugleich auch die reciproken Krümmungsradien der beiden Kurven, welche die Projektion der deformierten Axenfaser auf die XZ- und die YZ-Ebene liefert, beide nach der Seite der positiven X- resp. Y-Axe hin positiv gezählt; da ihre Werte von z unabhängig sind, so sind beide Kurven Kreisbögen. n' ist die gegenseitige Drehung zweier um die Längeneinheit voneinander entfernter Querschnitte $z =$ Const. des Cylinders. Wir können daher die Größen m', l' weiter kurz die spezifischen Biegungen, n' die spezifische Drillung des Cylinders nennen, während c' seine spezifische Dehnung ist.

Nach (187''') läßt sich nun (187) auch schreiben

$$\left.\begin{aligned} u &= U + z(\tfrac{1}{2}m'z - n'y), \\ v &= V - z(\tfrac{1}{2}l'z - n'x), \\ w &= W + z(-m'x + l'y + c'), \end{aligned}\right\} \qquad 188)$$

und dies ergiebt für die Deformationsgrößen die Werte

188′) $$\begin{cases} x_x = \dfrac{\partial U}{\partial x}, \quad y_y = \dfrac{\partial V}{\partial y}, \quad z_z = -m'x + l'y + c', \\ y_z = n'x + \dfrac{\partial W}{\partial y}, \quad z_x = -n'y + \dfrac{\partial W}{\partial x}, \quad x_y = \dfrac{\partial U}{\partial y} + \dfrac{\partial V}{\partial x}. - \end{cases}$$

Für die Spannungen gelten im Falle des Gleichgewichtes wegen ihrer Unabhängigkeit von z die Formeln

189) $$0 = \frac{\partial X_x}{\partial x} + \frac{\partial X_y}{\partial y}, \quad 0 = \frac{\partial Y_x}{\partial x} + \frac{\partial Y_y}{\partial y}, \quad 0 = \frac{\partial Z_x}{\partial x} + \frac{\partial Z_y}{\partial y},$$

und für Punkte des Cylindermantels, der als frei gedacht sein mag,

189′) $$\begin{cases} 0 = \overline{X}_x \cos(n,x) + \overline{X}_y \cos(n,y), \quad 0 = \overline{Y}_x \cos(n,x) + \overline{Y}_y \cos(n,y), \\ 0 = \overline{Z}_x \cos(n,x) + \overline{Z}_y \cos(n,y). \end{cases}$$

Aus diesen Formeln folgen für die Integrale über irgend einen normalen Querschnitt des Cylinders die Beziehungen

189″) $$\begin{cases} \int X_x dq = \int Y_y dq = \int Y_z dq = \int Z_x dq = \int X_y dq = 0, \\ \int X_x x\, dq = \int Y_y x\, dq = \int Z_x x\, dq = \int X_y x\, dq = 0, \\ \int X_x y\, dq = \int Y_y y\, dq = \int Y_z y\, dq = \int X_y y\, dq = 0, \\ \int Z_x y\, dq = -\int Y_z x\, dq, \end{cases}$$

welche u. a. aussagen, daß ein Cylinder die vorausgesetzte, längs seiner Axe gleichförmige Spannung nur besitzen kann unter der Einwirkung von Kräften auf die Grundflächen, welche über diese summiert, keine Komponenten normal zur Stabaxe, sondern nur eine solche C parallel zu ihr und außerdem Momente L, M, N um die Koordinatenaxen ergeben. Es gilt nämlich

189‴) $$\begin{cases} -\int Z_z dq = C, \quad -\int Z_z x\, dq = -M, \quad -\int Z_z y\, dq = +L, \\ \int Z_x y\, dq = -\int Y_z x\, dq = \tfrac{1}{2} N, \end{cases}$$

wobei C, L, M, N auf die am positiven, $-C, -L, -M, -N$ auf die am negativen Ende liegenden Grundflächen wirken.

Die Gleichungen (189″) und (189‴) können dazu dienen, die Konstanten der Dehnung und Biegung c', l', m' ganz allgemein für beliebigen Querschnitt und beliebige Orientierung des Cylinders gegen die Krystallaxen zu bestimmen. Die dritte Gleichung (107‴) liefert nämlich unter Rücksicht auf (188′)

190) $$m'x - l'y - c' = s_{31} X_x + s_{32} Y_y + s_{33} Z_z + s_{34} Y_z + s_{35} Z_x + s_{36} X_y,$$

und hieraus folgt, wenn die Z-Axe durch die Schwerpunkte der

Querschnitte des Cylinders geht und die X- und Y-Axe deren Hauptträgheitsaxen parallel sind, durch Integration über den Querschnitt nach Multiplikation mit 1, resp. x oder y

$$\left.\begin{aligned} q\,c' &= s_{33}\,C, \\ q\,\varkappa_y^2 m' &= s_{33}\,M - \tfrac{1}{2}\,s_{34}\,N, \\ q\,\varkappa_x^2 l' &= s_{33}\,L - \tfrac{1}{2}\,s_{35}\,N, \end{aligned}\right\} \qquad 190')$$

worin $\varkappa_x$ und $\varkappa_y$ die Hauptträgheitsradien des Querschnittes q bezeichnen.

Diese Formeln zeigen, daß bei Cylindern aus krystallinischer Substanz ein Drehungsmoment um die Längsaxe im allgemeinen neben der Drillung noch eine gleichförmige Biegung bewirkt, deren Betrag nach den Hauptebenen XZ und YZ durch die Moduln s_{34} und s_{35} gemessen wird.

Die Bestimmung der spezifischen Drillung n' ist nicht in gleicher Weise allgemein durchführbar.

Aus der vierten und fünften Gleichung (107''')

$$\left.\begin{aligned} -\left(n'x + \frac{\partial W}{\partial y}\right) &= s_{41}\,X_x + s_{42}\,Y_y + s_{43}\,Z_z + s_{44}\,Y_z + s_{45}\,Z_x + s_{46}\,X_y, \\ +\left(n'y - \frac{\partial W}{\partial x}\right) &= s_{51}\,X_x + s_{52}\,Y_y + s_{53}\,Z_z + s_{54}\,Y_z + s_{55}\,Z_x + s_{56}\,X_y, \end{aligned}\right\} \qquad 190'')$$

folgt zwar auf dieselbe Weise nach Multiplikation mit x resp. y und Integration

$$\left.\begin{aligned} q\,\varkappa_y^2 n' + \int \frac{\partial W}{\partial y}\,x\,dq &= -\,s_{43}\,M + \tfrac{1}{2}\,s_{44}\,N, \\ q\,\varkappa_x^2 n' - \int \frac{\partial W}{\partial x}\,y\,dq &= -\,s_{53}\,L + \tfrac{1}{2}\,s_{55}\,N, \end{aligned}\right\} \qquad 190''')$$

aber die weitere Entwickelung verlangt die Kenntnis der Funktion W, für welche, wie auch für U und V, die Bedingungen sich durch Einsetzen der Werte (188') für die Deformationsgrößen in die Gleichungen (189) und (189') ergeben.

In dem speziellen Fall, daß ein Moment N um die Z-Axe nicht stattfindet, kann man diesen Formeln sämtlich genügen, indem man

$$X_x = Y_y = Y_z = Z_x = X_y = 0 \qquad 191)$$

setzt; aus (190) folgt dann

$$Z_z = \frac{1}{s_{33}}\,(m'x - l'y - c'), \qquad 191')$$

und dies verlangt, in die Gleichungen (190''), sowie die analogen für die anderen Deformationsgrößen eingesetzt, für U, V, W Funktionen zweiten Grades von x und y, deren Konstanten sich sämtlich durch die Gleichungen bestimmen, welche die fünf Deformationsgrößen x_x, y_y, y_z, z_x, x_y durch Z_z ausdrücken. Setzt man speziell

191'') $$W = a x + b y + \tfrac{1}{2} c x^2 + d x y + \tfrac{1}{2} e y^2,$$

so wird

191''') $$\int \frac{\partial W}{\partial y} x \, d q = q \varkappa_y^2 d, \quad \int \frac{\partial W}{\partial x} y \, d q = q \varkappa_x^2 d,$$

und (190''') giebt nach Elimination von d

192) $$2qn' = -\left(\frac{s_{43} M}{\varkappa_y^2} + \frac{s_{53} L}{\varkappa_x^2}\right);$$

C tritt hierin nicht auf; ein longitudinaler Zug bewirkt also bei der vorausgesetzten Befestigungsart weder eine Biegung noch eine Drillung.

Ist N von Null verschieden, so kommt zu obigem noch ein mit N proportionales Glied hinzu, das sich aber nicht allgemein angeben läßt, sondern für jeden Querschnitt besonders bestimmt werden muß. Wir schreiben allgemein kurz

192') $$2 q n' = -\left(\frac{s_{43} M}{\varkappa_y^2} + \frac{s_{53} L}{\varkappa_x^2}\right) + \left(\frac{s_{44}}{\varkappa_2^2} + \frac{s_{55}}{\varkappa_1^2}\right) N,$$

worin die Parameter $\varkappa_1^2$ und $\varkappa_2^2$ sich leicht durch die beiden in (190''') auftretenden Integrale ausdrücken lassen.

Man bemerkt, wie die Nebenänderungen — Drillung bei biegenden und Biegung bei drillenden Momenten — von denselben Moduln $s_{43} = s_{34}$ und $s_{53} = s_{35}$ abhängen; sie verschwinden mit diesen nach S. 334, sowie die Cylinderaxe in irgend eine elastische Symmetrieaxe fällt. —

Die Vergleichung der obigen Formeln (190') und (192') zeigt, daß man setzen kann

193) $$c' = \frac{\partial p'}{\partial C}, \quad l' = \frac{\partial p}{\partial L}, \quad m' = \frac{\partial p}{\partial M}, \quad n' = \frac{\partial p}{\partial N},$$

worin

193') $$\begin{cases} 2p' = A_0 C^2 \text{ und} \\ 2p = A_{11} L^2 + A_{22} M^2 + A_{33} N^2 \\ \qquad + 2 A_{13} L N + 2 A_{23} M N \end{cases}$$

ist, und die A aus dem Vorstehenden sich ablesen lassen. Ebenso muß dann auch geschrieben werden können, was für später notiert werden möge

194) $$C = \frac{\partial P'}{\partial c'}, \quad L = \frac{\partial P}{\partial l'}, \quad M = \frac{\partial P}{\partial m'}, \quad N = \frac{\partial P}{\partial n'},$$

worin

$$\left.\begin{aligned} 2P' &= a_0 c'^2 \quad \text{und} \\ 2P &= a_{11} l'^2 + a_{22} m'^2 + a_{33} n'^2 \\ &\quad + 2a_{13} l' n' + 2a_{23} m' n' + 2a_{12} l' m' \end{aligned}\right\} \qquad 194')$$

ist; die Koefficienten a hängen mit den A zusammen durch die Formeln:

$$\left.\begin{aligned} & a_0 = \frac{1}{A_0},\ D a_{11} = A_{22} A_{33} - A_{23}^2,\ D a_{22} = A_{11} A_{33} - A_{13}^2, \\ & D a_{33} = A_{11} A_{22},\ D a_{23} = -A_{11} A_{23},\ D a_{31} = -A_{22} A_{13}, \\ & D a_{12} = A_{23} A_{13} \\ \text{und} \\ & D = \begin{vmatrix} A_{11} & 0 & A_{13} \\ 0 & A_{22} & A_{23} \\ A_{13} & A_{23} & A_{33} \end{vmatrix}. \end{aligned}\right\} \qquad 194'')$$

Wenn die Moduln s_{34} und s_{35} und damit die Nebenänderungen verschwinden, folgt aus (190')

$$q c' = s_{33} C, \quad q \varkappa_y^2 m' = s_{33} M, \quad q \varkappa_x^2 l' = s_{33} L \qquad 195)$$

und aus (192')

$$2 q n' = \left(\frac{s_{44}}{\varkappa_2^2} + \frac{s_{55}}{\varkappa_1^2}\right) N \qquad 195')$$

und in (193') wird

$$A_{13} = A_{23} = 0,$$

in (194')

$$a_{23} = a_{13} = a_{12} = 0.$$

Hieraus erhält man die für isotrope Körper gültigen Formeln, indem man nach S. 337 setzt

$$s_{33} = s, \quad s_{44} = s_{55} = 2 s_2 = 2(s - s_1). \text{ —}$$

Die vorstehenden Betrachtungen liefern strenge Lösungen des Gleichgewichts-Problemes eines nur auf den Grundflächen von Oberflächendrucken beeinflußten Cylinders, wenn letztere eben diejenige Verteilung über die Grundflächen besitzen, welche die speziellen Werte von U, V, W verlangen. In Wirklichkeit fehlen die Mittel, über die Verteilung dieser Drucke willkürlich zu verfügen, und man kann nur ihre Komponenten- und Momentensummen über die ganze Grundfläche vorschreiben. Trotzdem giebt die obige Entwickelung praktisch brauchbare Lösungen des genannten Problemes überall da, wo die Länge z_1 des Cylinders groß gegen seine Querdimensionen ist; denn man kann annehmen, daß in einiger Entfernung von den Grundflächen die Art der Verteilung der äußeren Drucke über jene keinen Einfluß mehr übt, sondern nur die durch sie bewirkten Gesamtkomponenten und -momente.[81])

Die erhaltenen Lösungen gestatten auch eine Anwendung auf den **Bewegungszustand**, wenn die äußeren Bedingungen derartige sind, daß sie überhaupt eine Deformation der behandelten Art zulassen, und die Bewegung eine so langsame ist, daß in den allgemeinen Bewegungsgleichungen (118) die Beschleunigungen neben einzelnen der übrigen Glieder vernachlässigt werden können. Dies findet in dem wichtigsten Falle periodischer Bewegungen immer dann statt, wenn die Länge λ der Welle gleicher Periode, welche die vorausgesetzte Bewegungsart bei einem unendlichen Cylinder gleicher Natur erregen würde, sehr viel größer ist, als die Länge z_1 des betrachteten Cylinders selbst.

Teilt man nämlich dann den unendlichen Cylinder in Abschnitte von der Länge z_1, so ist jeder einzelne als gleichförmig gespannt anzusehen und die hier räumlich aufeinander folgenden Zustände sind dieselben, welche bei dem betrachteten Cylinder von der Länge z_1 zeitlich nacheinander eintreten. Veränderlich mit der Zeit sind in diesem Falle in obigen Formeln nur die vier Parameter c', l', m', n' der Deformation.

§ 24. Gleichgewicht und Bewegung eines unendlich dünnen cylindrischen Stabes.

Es sei nunmehr ein gegen seine Länge unendlich dünner Stab gegeben, der, obwohl ursprünglich gerade, durch die Einwirkung von körperlichen Kräften, die auf seine Elemente, und von Oberflächendrucken, die auf seine Endquerschnitte wirken, beliebige endliche Gestaltsänderungen erlitten hat, doch so, daß die Deformationsgrößen überall unendlich klein sind.

Wir betrachten ein Element des Stabes, welches ursprünglich von zwei Querschnitten q und q' im Abstand ds begrenzt ist. Da die Deformationsgrößen stetige Funktionen der Axenrichtungen sein müssen, so läßt sich ds stets so klein wählen, daß ihre Veränderlichkeit parallel der Axe innerhalb des betrachteten Elementes beliebig klein ist und vernachlässigt werden kann, ohne daß dabei ds klein gegen die Querdimensionen des Cylinders zu werden braucht. Das Stabelement ist dann **gleichförmig gespannt**, und wir können auf dasselbe die Resultate des vorigen Paragraphen anwenden.

Wir beziehen es zu dem Zwecke einmal auf ein in dem Schwerpunkt des Querschnittes q angebrachtes Koordinatensystem X, Y, Z, dessen Axen gemäß den Formeln (187') mit dem Element verbunden sind, und außerdem auf ein absolut festes System Ξ, H, Z. Die

Orientierung des Systemes X, Y, Z gegen Ξ, H, Z soll gegeben sein durch das Schema

	X	Y	Z
Ξ	α_1	α_2	α_3
H	β_1	β_2	β_3
Z	γ_1	γ_2	γ_3

ξ, η, ζ mögen dabei die Koordinaten eines Punktes der Stabaxe nach der Deformation sein, der vor der Deformation die Koordinaten $\xi = 0,\ \eta = 0,\ \zeta = s$ besaß.

Die HAMILTON'sche Gleichung läßt sich dann nach S. 228 und 229 schreiben

$$\int\limits_{t_0}^{t_1} dt \int dq \Big[\int\limits_{s_0}^{s_1} ds\,(\delta\psi - \delta\varphi + \delta'\alpha_a) + \delta'\alpha_0 + \delta'\alpha_1\Big] = 0, \qquad 196)$$

worin $\delta\psi$ die Variation der lebendigen Kraft, $\delta\varphi$ diejenige des elastischen Potentiales der Volumeneinheit, $\delta'\alpha_a$ die virtuelle Arbeit der auf die Volumeneinheit bezogenen körperlichen Kräfte bezeichnet, und $\delta'\alpha_0$, $\delta'\alpha_1$ die virtuellen Arbeiten der auf die Endquerschnitte $s = s_0$ und $s = s_1$ ausgeübten und auf die Flächeneinheit bezogenen Oberflächendrucke bedeuten.

Zur Berechnung der lebendigen Kraft $ds \int \psi\, dq$ eines Abschnittes des Stabes von der Länge ds setzen wir voraus, daß die lebendige Kraft der Deformation verschwindend gegen diejenige der Translation und Rotation ist, d. h. daß wir das Element als undeformiert bewegt ansehen können. Dann ist nach Formel (123″) des ersten Teiles

$$ds \int \psi\, dq = \frac{\varrho}{2}\Big[\Big(\frac{\partial \xi}{\partial t}\Big)^2 + \Big(\frac{\partial \eta}{\partial t}\Big)^2 + \Big(\frac{\partial \zeta}{\partial t}\Big)^2$$
$$+ k_x^2\Big(\frac{\partial l}{\partial t}\Big)^2 + k_y^2\Big(\frac{\partial m}{\partial t}\Big)^2 + k_z^2\Big(\frac{\partial n}{\partial t}\Big)^2\Big]\, q\, ds,$$

worin k_x, k_y, k_z die unendlich kleinen Trägheitsradien des Volumenelementes um die Hauptträgheitsaxen durch seinen Schwerpunkt, welche mit den Koordinatenaxen X, Y, Z parallel sind, bezeichnen; k_z^2 ist dabei, wie leicht ersichtlich, $= \varkappa_x^2 + \varkappa_y^2$, wo $\varkappa_x$ und $\varkappa_y$ die frühere Bedeutung haben.

Hierin können die Glieder $k_x^2(\partial l / \partial t)^2$ und $k_y^2(\partial m / \partial t)^2$ nur dann endliche Werte haben, wenn $\partial \xi / \partial t$, $\partial \eta / \partial t$, $\partial \zeta / \partial t$ unendlich schnell mit s wechseln, und können daher fortbleiben, wenn dieses ausgeschlossen wird; $\partial n / \partial t$ steht mit jenen Größen in keinem Zusammenhang. Daher reduziert sich die obige Gleichung auf

$$196') \quad \begin{cases} ds \int \psi \, dq = T ds \\ = \frac{\varrho}{2} \left(\left(\frac{\partial \xi}{\partial t} \right)^2 + \left(\frac{\partial \eta}{\partial t} \right)^2 + \left(\frac{\partial \zeta}{\partial t} \right)^2 + (\varkappa_x^2 + \varkappa_y^2) \left(\frac{\partial n}{\partial t} \right)^2 \right) q \, ds, \end{cases}$$

worin T nunmehr die lebendige Kraft der Längeneinheit des Stabes bezeichnet.

Analog machen wir für die Berechnung der virtuellen Arbeiten $\delta' \alpha_a$, $\delta' \alpha_0$, $\delta' \alpha_1$ der körperlichen Kräfte und der Oberflächendrucke die Annahme, daß die Arbeit der Deformation jener Kräfte neben derjenigen der Translation vernachlässigt werden könne.

Bezeichnen wir die Komponenten der auf die Volumeneinheit des Stabes bezogenen körperlichen Kräfte nach den absolut festen Axen mit Ξ', H', Z' und nehmen an, daß die körperlichen Kräfte um Parallele zu diesen Axen durch das betrachtete Volumenelement keine endlichen Momente ergeben, so ist

$$196'') \quad ds \int dq \, \delta' \alpha = \delta' S \, ds = q (\Xi' \delta \xi + H' \delta \eta + Z' \delta \zeta) \, ds.$$

Ebenso findet sich, wenn man die auf die Endquerschnitte q_h, wo h gleich 0 oder 1 ist, ausgeübten Gesamtkomponenten und Momente mit

$$\overline{A_h}, \ \overline{B_h}, \ \overline{\Gamma_h}, \ \overline{\varLambda_h}, \ \overline{M_h}, \ \overline{N_h}$$

und die virtuellen Drehungen um die Parallelen zu den festen Axen Ξ, H, Z durch die Schwerpunkte der Endquerschnitte mit $\overline{\delta' \lambda_h}$, $\overline{\delta' \mu_h}$, $\overline{\delta' \nu_h}$ bezeichnet,

$$196''') \begin{cases} \int dq \, \delta' \alpha_h = \delta' S_h \\ = (\overline{A_h} \, \overline{\delta \xi_h} + \overline{B_h} \, \overline{\delta \eta_h} + \overline{\Gamma_h} \overline{\delta \zeta_h} + \overline{\varLambda_h} \, \overline{\delta' \lambda_h} + \overline{M_h} \, \overline{\delta' \mu_h} + \overline{N_h} \, \overline{\delta' \nu_h}); \end{cases}$$

$\delta' S$ und $\delta' S_h$ sind neue Bezeichnungen.

Die Variationen des elastischen Potentiales für das Volumen $q \, ds$ können wir nach (17''') schreiben, da $\delta \alpha_i = -\delta \varphi$ ist,

$$ds \int \delta \varphi \, dq = - ds \int dq \left[X_x \frac{\partial \delta u}{\partial x} + Y_y \frac{\partial \delta v}{\partial y} + Z_z \frac{\partial \delta w}{\partial z} \right.$$
$$\left. + Y_z \left(\frac{\partial \delta w}{\partial y} + \frac{\partial \delta v}{\partial z} \right) + Z_x \left(\frac{\partial \delta u}{\partial z} + \frac{\partial \delta w}{\partial x} \right) + X_y \left(\frac{\partial \delta v}{\partial x} + \frac{\partial \delta u}{\partial y} \right) \right].$$

Nun ist aber nach (189) und (189') für jeden Querschnitt zwischen q_0 und q_1, wie sich durch eine teilweise Integration leicht zeigen läßt,

$$0 = ds \int dq \left[X_x \frac{\partial \delta u}{\partial x} + Y_y \frac{\partial \delta v}{\partial y} + Y_z \frac{\partial \delta w}{\partial y} + Z_x \frac{\partial \delta w}{\partial x} + X_y \left(\frac{\partial \delta v}{\partial x} + \frac{\partial \delta u}{\partial y} \right) \right]$$

und man erhält durch Addition der letzten beiden Formeln

$$ds\int \delta\varphi\, dq = -\,ds\int dq\left[Z_x\frac{\partial\delta u}{\partial z} + Z_y\frac{\partial\delta v}{\partial z} + Z_z\frac{\partial\delta w}{\partial z}\right]. \qquad 197)$$

Hierein sind die Werte (188) von u, v, w zu setzen und in ihnen die Variationen auf c', l', m', n' zu beziehen; nach Ausführung der Differentiation nach z darf man in denselben $z = 0$ setzen, da jeder Querschnitt zwischen q_0 und q_1 beliebig zum Querschnitt $z = 0$ gemacht werden kann.

So erhält man

$$\frac{\partial\delta u}{\partial z} = -\,y\delta n', \quad \frac{\partial\delta v}{\partial z} = +\,x\delta n', \quad \frac{\partial\delta w}{\partial z} = -\,x\delta m' + y\delta l' + \delta c', \qquad 197')$$

und durch Einsetzen der Werte in Formel (197) und Ausführung der Integration unter Rücksicht auf die Gleichungen (189‴)

$$ds\int \delta\varphi\, dq = (L\delta l' + M\delta m' + N\delta n' + C\delta c')\,ds. \qquad 197'')$$

Bei der Ableitung dieser Formel ist bezüglich der Verrückungen u, v, w nur allein benutzt, daß die Deformationsgrößen von z unabhängig sind, bezüglich der Druckkomponenten, daß sie den Formeln (189) und (189′) genügen; dagegen ist von den speziellen Werten, welche die $X_x, \ldots X_y$ in der Elasticitätstheorie besitzen, kein Gebrauch gemacht, — die Resultate haben also sehr allgemeine Bedeutung.

Nach (194) und (194′) ist aber in dem speziellen Falle, daß die Ansätze (107″) resp. (107‴) der Elasticitätstheorie gelten

$$C = \frac{\partial P'}{\partial c'}, \quad L = \frac{\partial P}{\partial l'}, \quad M = \frac{\partial P}{\partial m'}, \quad N = \frac{\partial P}{\partial n'},$$

worin $2P' = a_0 c'^2$,

$$2P = a_{11}\, l'^2 + a_{22}\, m'^2 + a_{33}\, n'^2 + 2a_{23}\, m'n' + 2a_{31}\, n'l' + 2a_{12}\, l'm'$$

ist, und die a_{hk} durch die Elasticitätsmoduln der Substanz und die Gestalt des Querschnittes bestimmt sind.

Sonach nimmt die Formel (197″) in unserem speziellen Falle die einfache Gestalt an:

$$ds\int \delta\varphi\, dq = (L\,\delta l' + M\,\delta m' + N\delta n' + C\,\delta c')\,ds = (\delta P + \delta P')\,ds. \qquad 197''')$$

Dabei ist es nützlich, hervorzuheben, daß nach der Ableitung auf S. 411 a_0 in Bezug auf die Querdimensionen des Stabes vom zweiten, die a_{hk} aber vom vierten Grade sind.

Unter Berücksichtigung der vorstehenden Resultate nimmt die Hamilton'sche Gleichung (196) die Form an:

$$\int\limits_{t_0}^{t_1} dt\left[\int\limits_{s_0}^{s_1} ds\,(\delta T - \delta P' - \delta P + \delta' S) + \delta' S_0 + \delta' S_1\right] = 0. \qquad 198)$$

Ist der Stab bei gegebenen Positionen der Endquerschnitte und ohne die Einwirkung körperlicher Kräfte im Gleichgewicht, so reduziert sich die Gleichung einfach auf

198′) $$\int_{s_0}^{s_1} ds (\delta P' + \delta P) = 0.$$

Hierin enthält δP nur $\delta l'$, $\delta m'$, $\delta n'$; wir wollen für $\delta P' = C \delta c'$ einen entsprechenden von δl, δm, δn abhängigen Wert bilden.

Dazu beachten wir, daß, wenn A, B, Γ die gegen einen Querschnitt q wirkenden Gesamtkomponenten parallel den absolut festen Axen bezeichnen, dann die Gleichungen (189), auf ein zwischen zwei Querschnitten q_0' und q_1' liegendes Stück des Stabes angewandt, ergeben, daß A, B und Γ längs des ganzen Stabes konstant sein, also auf beide Endquerschnitte q_0 und q_1 entgegengesetzt gleiche Kräfte wirken müssen. Gleiches gilt beiläufig von den Momenten Λ, M, N um die festen Axen.

Nun sei die Z-Axe in die Richtung der auf den Endquerschnitt q_1 wirkenden Kraft gelegt, also $A = B = 0$, dann ist $C = \Gamma \gamma_3$, falls γ_3 den Cosinus des Winkels zwischen der Z-Axe und ds an der betrachteten Stelle bezeichnet, und es ist Γ längs s konstant.

Um dann die virtuelle Änderung von c' zu bestimmen, hat man zu bedenken, daß die virtuelle Verrückung die Stabaxe nicht zerreißen darf, also eine stetige Funktion von s sein muß, im übrigen aber beliebig ist. Man erhält sogleich das veränderliche Produkt $\gamma_3 \delta c'$, durch δl, δm, δn ausgedrückt, wenn man die virtuelle Verrückung so vornimmt, daß alle Punkte der Stabaxe um beliebige Beträge normal zur Z-Axe verschoben werden; dann wird, wie eine einfache geometrische Betrachtung zeigt

$$\gamma_3 \delta c' = \delta \gamma_3 = \beta_3 \delta l - \alpha_3 \delta m,$$

also die Gleichung (198′) zu

198″) $$\int_{s_0}^{s_1} ds (\delta P + \Gamma \delta \gamma_3) = 0,$$

wo Γ längs s konstant ist.

Diese Formel vergleichen wir mit der im § 14 des ersten Teiles für die Rotation eines schweren starren Körpers um einen festen Punkt ebenfalls aus dem Hamilton'schen Prinzip abgeleiteten Gleichung (134‴), welche lautet

198‴) $$\int_{t_0}^{t_1} dt (\delta \Psi + G s \delta \gamma_3) = 0;$$

hierin ist Ψ die lebendige Kraft des starren Körpers, G sein Gewicht, s der Abstand seines Schwerpunktes vom festen Punkte und γ_3 der Cosinus des Winkels zwischen der Richtung von s und der Richtung der Schwerkraft.

Führt man ein im Körper festes Koordinatensystem X, Y, Z ein, dessen Anfang in dem festen Punkt und dessen Z-Axe in s liegt, so ist Ψ nach S. 107 eine quadratische Form der Rotationsgeschwindigkeiten l', m', n' um die Axen X, Y, Z, und zwar gilt

$$2\Psi = \Xi l'^2 + \mathsf{H} m'^2 + \mathsf{Z} n'^2 + 2\Xi' m'n' + 2\mathsf{H}' n'l' + 2\mathsf{Z}' l'm',$$

worin Ξ, H, Z die Trägheitsmomente, Ξ', H', Z' die Deviationsmomente um die Axen X, Y, Z bezeichnen.

Hält man hiermit zusammen, daß nach (194')

$$2P = a_{11} l'^2 + a_{22} m'^2 + a_{33} n'^2 + 2a_{23} m'n' + 2a_{31} n'l' + 2a_{12} l'm'$$

ist, so erkennt man, daß die formale Übereinstimmung der Gleichungen (198'') und (198''') eine vollständige ist.

Es entspricht daher jedem Stab von gegebener Substanz und gegebenem Querschnitt ein starrer Körper von bestimmten Trägheits- und Deviationsmomenten; es entspricht der längs s wechselnden Lage der im Querschnitt des Stabes festen Axen X, Y, Z gegen das absolut feste System Ξ, H, Z die mit der Zeit veränderliche Lage der im starren Körper festen Richtungen X, Y, Z; es entsprechen den für das Ende $s = 0$ geltenden Richtungen der im Stabquerschnitt festen X, Y, Z-Axen, sowie den dort stattfindenden spezifischen Biegungen und Drillungen $\partial l / \partial z$, $\partial m / \partial z$, $\partial n / \partial z$ eine Anfangsposition des starren Körpers und Anfangsrotationsgeschwindigkeiten $\partial l / \partial t$, $\partial m / \partial t$, $\partial n / \partial t$.

Ein Unterschied liegt aber darin, daß bei dem Rotationsproblem die letzteren Größen direkt gegeben sind, bei dem elastischen hingegen die auf den letzten Querschnitt wirkenden Momente L_1, M_1, N_1, aus denen sich zunächst die Λ, M, N um die absolut festen Axen bestimmen, und da diese längs des Stabes konstant sind, auch die auf die vorgeschriebenen Axenrichtungen X, Y, Z bezogenen L_0, M_0, N_0, die im ersten Querschnitt q_0 wirken. Aus ihnen folgen aber die l_0', m_0', n_0' für jenes Ende gemäß den Formeln (190') und (192').

Hiernach kann man behaupten, daß das elastische Problem auf das rein mechanische zurückgeführt ist, und daß jeder spezielle Fall, für welchen das Rotationsproblem eines schweren starren Körpers um einen festen Punkt gelöst ist, zugleich die Lösung eines elastischen Problemes liefert, das mit ihm, wie oben gezeigt, zusammenhängt.[82]) —

Die allgemeine Gleichung (198) giebt, wie für die endlichen Deformationen unendlich dünner ursprünglich gerader Stäbe, auch die Mittel für die Behandlung derjeniger ursprünglich gekrümmter, wenn man nur die Überlegung zu Hilfe nimmt, daß die Momente L, M, N, welche nötig sind, um aus der ursprünglich gekrümmten Gestalt (a) den Stab in die neue (b) zu bringen, für jedes Element durch die Differenzen derjenigen gegeben sein müssen, welche das Element aus der geradlinigen Form einmal in die Form (b), das andere Mal in die Form (a) überführen.

Der Fall eines nicht isotropen Körpers, der wegen der von Element zu Element wechselnden Orientierung der Axen X, Y, Z gegen die Hauptaxen der Substanz große Schwierigkeiten bieten würde, darf hierbei ausgeschlossen werden. Für isotrope besteht die Erweiterung darin, daß an Stelle der Funktion $2P$ auf der vorigen Seite die neue tritt

$$2P = a_{11}(l' - l'_a)^2 + a_{22}(m' - m'_a)^2 + a_{33}(n' - n'_a)^2,$$

worin l'_a, m'_a, n'_a die dem ursprünglichen Zustande des Stabes entsprechenden Werte von l', m', n' bezeichnen.

Die Gleichgewichtsbedingungen werden dann in derselben Weise durch Benutzung der HAMILTON'schen Gleichung erhalten, wie in dem Fall des ursprünglich geraden Stabes.[83])

§ 25. Unendlich kleine Verrückungen ursprünglich gerader Stäbe; Saiten.

Wir wollen nun annehmen, was der praktisch wichtigste Fall ist, daß die Verrückungen aller Punkte des ursprünglich geraden Cylinders aus ihren Ruhelagen nur unendlich klein sind; hier sind dann auch die Axen X, Y, Z an jeder Stelle nur um unendlich kleine Winkel gegen die Axen Ξ, H, Z geneigt.

Für einen beliebigen Punkt der ursprünglich in die Z-Axe fallenden Stabaxe darf man jetzt in erster Näherung setzen:

199) $$\xi = u, \quad \eta = v, \quad \zeta = z + w,$$

wo nun u, v, w Funktionen von z und t allein sind. Gleichfalls in erster Näherung ist dann nach (188)

199') $$l' = -\frac{\partial^2 v}{\partial z^2}, \quad m' = +\frac{\partial^2 u}{\partial z^2}, \quad n' = \frac{\partial n}{\partial z}, \quad c' = \frac{\partial w}{\partial z},$$

worin n den Drehungswinkel des Querschnittes um die Z- oder Z-Axe bezeichnet. Da ferner $l' = \partial l / \partial z$, $m' = \partial m / \partial z$ gesetzt war, so ist auch

199'') $$l = -\frac{\partial v}{\partial z}, \quad m = +\frac{\partial u}{\partial z},$$

wobei die Integrationskonstanten als weiterhin irrelevant unterdrückt sind.

Unter Berücksichtigung dieser Werte wird nun das System der Formeln (196'), (197'''), (196'') und (196''')

$$\left.\begin{aligned} \delta T &= \tfrac{1}{2} q \varrho \left[\delta\left(\frac{\partial u}{\partial t}\right)^2 + \delta\left(\frac{\partial v}{\partial t}\right)^2 + \delta\left(\frac{\partial w}{\partial t}\right)^2 + (\varkappa_x^2 + \varkappa_y^2)\,\delta\left(\frac{\partial n}{\partial t}\right)^2\right],\\ \delta P + \delta P' &= -L\delta\left(\frac{\partial^2 v}{\partial z^2}\right) + M\delta\left(\frac{\partial^2 u}{\partial z^2}\right) + N\delta\left(\frac{\partial n}{\partial z}\right) + C\delta\left(\frac{\partial w}{\partial z}\right),\\ \delta' S &= q(\Xi'\,\delta u + H'\,\delta v + Z'\,\delta w),\\ \delta' S_h &= \left[A\delta u + B\,\delta v + \Gamma\delta w - \Lambda\delta\left(\frac{\partial v}{\partial z}\right) + M\delta\left(\frac{\partial u}{\partial z}\right) + N\delta n\right]_h. \end{aligned}\right\} \quad 199''')$$

Wir setzen diese Werte in die HAMILTON'sche Gleichung (198) ein und zerlegen sie, indem wir je nur u, nur v, nur w, nur n variieren.

Wir erhalten auf diese Weise:

$$\left.\begin{aligned} &\int dt\Big\{\int ds\left[\tfrac{1}{2}q\varrho\,\delta\left(\frac{\partial u}{\partial t}\right)^2 - M\delta\left(\frac{\partial^2 u}{\partial z^2}\right) + q\,\Xi'\,\delta u\right]\\ &\qquad + M_0\,\delta\left(\frac{\partial u}{\partial z}\right)_0 + M_1\,\delta\left(\frac{\partial u}{\partial z}\right)_1 + A_0\,\delta u_0 + A_1\,\delta u_1\Big\} = 0,\\ &\int dt\Big\{\int ds\left[\tfrac{1}{2}q\varrho\,\delta\left(\frac{\partial v}{\partial t}\right)^2 + L\,\delta\left(\frac{\partial^2 v}{\partial z^2}\right) + qH'\,\delta v\right]\\ &\qquad - \Lambda_0\,\delta\left(\frac{\partial v}{\partial z}\right)_0 - \Lambda_1\,\delta\left(\frac{\partial v}{\partial z}\right)_1 + B_0\,\delta v_0 + B_1\,\delta v_1\Big\} = 0,\\ &\int dt\Big\{\int ds\left[\tfrac{1}{2}q\varrho\,\delta\left(\frac{\partial w}{\partial t}\right)^2 - C\delta\frac{\partial w}{\partial z} + q\,Z'\,\delta w\right] + \Gamma_0\,\delta w_0 + \Gamma_1\,\delta w_1\Big\} = 0,\\ &\int dt\Big\{\int ds\left[\tfrac{1}{2}q\varrho\,\varkappa^2\,\delta\left(\frac{\partial n}{\partial t}\right)^2 - N\delta\left(\frac{\partial n}{\partial z}\right)\right] + N_0\,\delta n_0 + N_1\,\delta n_1\Big\} = 0. \end{aligned}\right\} \quad 200)$$

Hierin, wie im folgenden, sind die Integrale nach t zwischen zwei beliebigen Grenzen t_0 und t_1, diejenigen nach z über die ganze Länge des Stabes, d. h. von $z = 0$ bis $z = z_1$ zu nehmen; in der letzten Gleichung ist $\varkappa_x^2 + \varkappa_y^2$ in $\varkappa^2$ abgekürzt.

Entwickelt man diese Formeln in bekannter Weise, so ergiebt sich für alle Punkte der Z-Axe

$$\left.\begin{aligned} q\varrho\frac{\partial^2 u}{\partial t^2} &= -\frac{\partial^2 M}{\partial z^2} + q\,\Xi', & q\varrho\frac{\partial^2 v}{\partial t^2} &= +\frac{\partial^2 L}{\partial z^2} + q\,H',\\ q\varrho\frac{\partial^2 w}{\partial t^2} &= +\frac{\partial C}{\partial z} + q\,Z', & q\varrho\,\varkappa^2\frac{\partial^2 n}{\partial t^2} &= +\frac{\partial N}{\partial z}; \end{aligned}\right\} \quad 200')$$

für die Grundfläche $z = 0$

$$\left.\begin{aligned} &M + M_0 = 0, \quad L + \Lambda_0 = 0, \quad C + \Gamma_0 = 0, \quad N + N_0 = 0,\\ &\qquad \frac{\partial M}{\partial z} - A_0 = 0, \quad \frac{\partial L}{\partial z} + B_0 = 0; \end{aligned}\right\} \quad 200'')$$

für die Grundfläche $z = z_1$

$$200''')\quad \begin{cases} M - M_1 = 0, \quad L - \Lambda_1 = 0, \quad C - \Gamma_1 = 0, \quad N - N_1 = 0, \\ \dfrac{\partial M}{\partial z} + A_1 = 0, \quad \dfrac{\partial L}{\partial z} - B_1 = 0. \end{cases}$$

Im Falle des Gleichgewichtes muß zugleich nach allgemeinen mechanischen Grundsätzen gelten, da sich dabei die äußeren Wirkungen zerstören sollen,

$$200'''')\quad \begin{cases} A_0 + A_1 + q\int \Xi' dz = B_0 + B_1 + q\int H' dz = \Gamma_0 + \Gamma_1 + q\int Z' dz \\ = N_0 + N_1 = 0, \\ M_0 + M_1 + z_1 A_1 + q\int z\,\Xi' dz = \Lambda_0 + \Lambda_1 - z_1 B_1 - q\int z H' dz = 0. \end{cases}$$

Hierzu kommen unter den S. 344 angegebenen Umständen noch die Bedingungen der Befestigung, auf die wir unten näher eingehen werden.

Alle diese Formeln sind, wie Gleichung (197'''), von den speziellen Gesetzen, welche die Komponenten und Momente mit den Deformationsgrößen verbinden, unabhängig, besitzen also eine sehr allgemeine Anwendbarkeit.

Auf die uns hier speziell beschäftigenden elastischen Erscheinungen wendet man sie an, indem man für C, L, M, N die Werte (194) unter Berücksichtigung von (194') und (199') einführt.

Wir wollen zunächst die Frage erledigen, welche Grenzbedingungen nötig sind, um mit den Hauptgleichungen (200') zusammen die Deformationen vollständig zu bestimmen.

Zur Behandlung des Gleichgewichtszustandes fassen wir die Formeln (200'), nachdem die Beschleunigungen darin gleich Null gesetzt sind, mit den Faktoren u, v, w, n zusammen und integrieren das Resultat über z von $z = 0$ bis $z = z_1$; wir erhalten dann unter Benutzung der Grenzbedingungen (200'') und (200''')

$$201)\quad \begin{cases} 0 = (u_0 A_0 + v_0 B_0 + w_0 \Gamma_0 + n_0 N_0) + (u_1 A_1 + v_1 B_1 + w_1 \Gamma_1 + n_1 N_1) \\ \quad + \left(\left(\dfrac{\partial u}{\partial z}\right)_0 M_0 - \left(\dfrac{\partial v}{\partial z}\right)_0 \Lambda_0\right) + \left(\left(\dfrac{\partial u}{\partial z}\right)_1 M_1 - \left(\dfrac{\partial v}{\partial z}\right)_1 \Lambda_1\right) \\ \quad - \int \left(M \dfrac{\partial^2 u}{\partial z^2} - L \dfrac{\partial^2 v}{\partial z^2} + C \dfrac{\partial w}{\partial z} + N \dfrac{\partial n}{\partial z}\right) dz \\ \quad + q \int (\Xi' u + H' v + Z' w)\, dz. \end{cases}$$

Führt man noch die Beziehungen (200'''') und die durch (194) und (194') definierten Funktionen P und P' ein, so erhält man

$$\left.\begin{aligned}0 = &\left[u_1 - u_0 - z_1\left(\frac{\partial u}{\partial z}\right)_0\right]A_1 + \left[v_1 - v_0 - z_1\left(\frac{\partial v}{\partial z}\right)_0\right]B_1 + (w_1 - w_0)\Gamma_1\\ &+ \left[\left(\frac{\partial u}{\partial z}\right)_1 - \left(\frac{\partial u}{\partial z}\right)_0\right]M_1 - \left[\left(\frac{\partial v}{\partial z}\right)_1 - \left(\frac{\partial v}{\partial z}\right)_0\right]\Lambda_1 + (n_1 - n_0)N_1\\ &- 2\int(P+P')dz + q\int\left\{\Xi'\left[u - u_0 - z\left(\frac{\partial u}{\partial z}\right)_0\right] + H'\left[v - v_0 - z\left(\frac{\partial v}{\partial z}\right)_0\right]\right.\\ &\qquad\left. + Z'(w - w_0)\right\}dz.\end{aligned}\right\}\quad 201')$$

Hierin können wir den von den anderen Gliedern unabhängigen, nämlich allein w enthaltenden Teil

$$0 = (w_1 - w_0)\Gamma_1 - 2\int P'dz + q\int Z'(w - w_0)dz$$

zuerst für sich betrachten.

Da $2P' = a_0(\partial w / \partial z)^2$ ist, so kann man aus dem Verschwinden dieses Ausdruckes in der auf S. 181 und 342 angewandten Weise folgern, daß bei gegebenem Z' und $(w_1 - w_0)$ oder Γ_1 die longitudinale Verrückung bis auf eine additive Konstante bestimmt ist.

Die übrigen Glieder ergeben, daß, wenn P eine definite quadratische Form ist, bei vorgeschriebenem Ξ' und H' und zugleich gegebenem

$$u_1 - u_0 - z_1\left(\frac{\partial u}{\partial z}\right)_0 \text{ oder } A_1,\; v_1 - v_0 - z_1\left(\frac{\partial v}{\partial z}\right)_0 \text{ oder } B_1,\; n_1 - n_0 \text{ oder } N_1,$$

$$\left(\frac{\partial u}{\partial z}\right)_1 - \left(\frac{\partial u}{\partial z}\right)_0 \text{ oder } M_1,\; \left(\frac{\partial v}{\partial z}\right)_1 - \left(\frac{\partial v}{\partial z}\right)_0 \text{ oder } \Lambda_1$$

n stets bis auf eine additive Konstante, u und v bald bis auf eine Konstante, bald bis auf eine lineäre Funktion von z bestimmt ist.

Hierbei hat $w_1 - w_0$ die Bedeutung der Gesamtdehnung, $n_1 - n_0$ die der Gesamtdrillung des Stabes; $(\partial u / \partial z)_1 - (\partial u / \partial z)_0$ und $(\partial v / \partial z)_1 - (\partial v / \partial z)_0$ geben die gegenseitige Neigung des letzten und ersten Elementes der Stabaxe, also etwa die Gesamtkrümmung; $u_1 - u_0 - z_1(\partial u / \partial z)_0$ und $v_1 - v_0 - z_1(\partial v / \partial z)_0$ die Ausweichung des Endes $z = z_1$ aus der Tangente an dem Ende $z = 0$ der Stabaxe, also etwa die Gesamtbiegung.

Diese Größen stehen auf der einen, die auf das Ende $z = z_1$ ausgeübten Kräfte und Momente auf der anderen Seite und beide können sich paarweise bei der Bestimmung des Problemes vertreten.

Nimmt man als Befestigungsbedingungen hinzu, daß an einem Ende z. B. für $z = 0$, u, v, w, n und $\partial u / \partial z$ und $\partial v / \partial z$ vorgeschrieben sind, so sind sämtliche Verrückungen vollständig bestimmt.

Genau dieselbe Überlegung kann man für den **Bewegungszustand** anstellen; man hat dabei nur statt der oben benutzten

Faktoren u, v, w, n jetzt $\partial u / \partial t$, $\partial v / \partial t$, $\partial w / \partial t$, $\partial n / \partial t$ in Anwendung zu bringen und außer über die Länge des Stabes auch in Bezug auf die Zeit zu integrieren, und zwar das letztere von dem Zeitpunkt $t = 0$, für welchen die antänglichen Verrückungen und Geschwindigkeiten gegeben sind, bis zu einem willkürlichen $t = t_1$. Das Resultat ist die Formel:

$$201'') \left\{ \begin{aligned} 0 = \int_0^{t_1} dt \Big\{ & (u'_0 A_0 + v'_0 B_0 + w'_0 \Gamma_0 + n'_0 N_0) \\ & + (u'_1 A_1 + v'_1 B_1 + w'_1 \Gamma_1 + n'_1 N_1) \\ & + \left[\left(\frac{\partial u'}{\partial z}\right)_0 M_0 - \left(\frac{\partial v'}{\partial z}\right)_0 \Lambda_0 \right] + \left[\left(\frac{\partial u'}{\partial z}\right)_1 M_1 - \left(\frac{\partial v'}{\partial z}\right)_1 \Lambda_1 \right] \Big\} \\ & - \int \Big| P' + P \Big|_0^{t_1} dz + q \int_0^{t_1} dt \int (\Xi' u' + H' v' + Z' w')\, dz, \end{aligned} \right.$$

in welcher die Geschwindigkeiten kurz durch obere Indices bezeichnet sind.

Diese Formel läßt sich nicht weiter reduzieren, da für den Bewegungszustand die Beziehungen (200'''') nicht gelten, und man ersieht daraus, daß für jedes Ende u' oder A, v' oder B, w' oder Γ, n' oder N, $\partial u / \partial z$ oder M, $\partial v / \partial z$ oder Λ vorgeschrieben sein muß, um u, v, w, n allgemein zu bestimmen. Unbestimmte additive Konstanten oder lineäre Funktionen von z kommen dabei nicht vor, da für die Zeit $t = 0$ alle Größen u, v, w, n als gegebene angenommen sind. —

Wir wenden uns nunmehr spezielleren Problemen zu und betrachten zunächst einen Stab von solcher Substanz, daß für ihn die Moduln s_{34} und s_{35} und damit die Nebenänderungen verschwinden; hier erhält man aus (195) u. f.

$$202) \quad C = \frac{q}{s_{33}} \frac{\partial w}{\partial z}, \quad L = -\frac{q \varkappa_x^2}{s_{33}} \frac{\partial^2 v}{\partial z^2}, \quad M = +\frac{q \varkappa_y^2}{s_{33}} \frac{\partial^2 u}{\partial z^2}, \quad N = \frac{2 q \varkappa_1^2 \varkappa_2^2}{s_{44} \varkappa_1^2 + s_{55} \varkappa_2^2} \frac{\partial n}{\partial z}$$

und somit das System der Hauptgleichungen (200') in der Form

$$202') \quad \varrho \frac{\partial^2 u}{\partial t^2} + \frac{\varkappa_y^2}{s_{33}} \frac{\partial^4 u}{\partial z^4} = \Xi', \quad \varrho \frac{\partial^2 v}{\partial t^2} + \frac{\varkappa_x^2}{s_{33}} \frac{\partial^4 v}{\partial z^4} = H',$$

$$\varrho \frac{\partial^2 w}{\partial t^2} - \frac{1}{s_{33}} \frac{\partial^2 w}{\partial z^2} = Z', \quad \varrho (\varkappa_x^2 + \varkappa_y^2) \frac{\partial^2 n}{\partial t^2} - \frac{2 q \varkappa_1^2 \varkappa_2^2}{s_{44} \varkappa_1^2 + s_{55} \varkappa_2^2} \frac{\partial^2 n}{\partial z^2} = 0.$$

In ihnen, wie in den Grenzbedingungen, erscheinen hier die Variabeln u, v, w, n völlig gesondert.[84])

Aus diesen Formeln folgen die für isotrope Körper gültigen, wenn man noch setzt

$$s_{33} = s, \quad s_{44} = s_{55} = 2 s_2;$$

die letzte Spezialisierung liefert also keine formale Vereinfachung der Gleichungen und eine wesentliche Vereinfachung nur dadurch, daß bei isotropen Körpern die Bestimmung der Parameter $\varkappa_1$ und $\varkappa_2$ geringere Schwierigkeiten bietet, als bei krystallinischen.

In dem allgemeinsten Falle beliebiger Orientierung des Cylinders und nicht verschwindender Nebenänderungen ist die Bestimmung der $\varkappa_1$ und $\varkappa_2$ bisher nur für einen elliptischen Querschnitt möglich gewesen. —

Wenden wir uns zunächst zu der speziellen Gestalt, welche die Formeln (202′) im Falle des Gleichgewichtes annehmen, so können wir dabei auch von der Wirkung körperlicher Kräfte Ξ', H', Z', deren Behandlung kein theoretisches Interesse bietet, absehen und uns allein auf die Einwirkung von Kräften und Momenten auf die Endquerschnitte beschränken. Man erkennt, daß hierbei u und v Funktionen dritten, w und n Funktionen ersten Grades von z werden, deren Konstanten sich aus den Bedingungen für den Endquerschnitt bestimmen. Biegung und Längsdehnung werden allein von dem Modul s_{33} resp. s, Drillung von den Moduln s_{44} und s_{55} resp. s_2 abhängig, und die Beobachtung der betreffenden Deformationen liefert die klassischen Methoden zu deren Bestimmung.

Hierbei wird in der Regel das eine Ende ($z = 0$) des Stabes befestigt, das andere ($z = z_1$) einer Kraft oder einem Moment ausgesetzt.

Man hat so für $z = 0$ bei Dehnung und Drillung zu setzen

$$w = 0, \quad n = 0; \tag{202''}$$

bei Biegung, wenn das Ende eingeklemmt, also vollkommen befestigt ist, und dadurch Verschiebung und Drehung verhindert wird,

$$u = v = 0, \quad \frac{\partial u}{\partial z} = \frac{\partial v}{\partial z} = 0, \tag{202'''}$$

dagegen, wenn das Ende auf einer Unterlage liegt, die eine Verschiebung unmöglich macht und ein Moment nicht ausübt, also wenn es unvollkommen befestigt ist,

$$u = v = 0, \quad \frac{\partial^2 u}{\partial z^2} = \frac{\partial^2 v}{\partial z^2} = 0. \tag{202''''}$$

Ein an beiden Enden unterstützter, in einem mittleren Punkte belasteter Stab wird in seinen beiden Teilen gesondert behandelt;

an den äußeren Enden gelten die Bedingungen (202''''), an den inneren ist die ausgeübte transversale Kraft vorgeschrieben und muß außerdem u, v, $\partial u / \partial z$, $\partial v / \partial z$ für beide Teile übereinstimmen. —

Alle Moduln s_{hk} sind nach den Formeln (112'') von der Orientierung des Axensystems X, Y, Z gegen die Krystallaxen abhängig und dabei lineäre Funktionen der 21 Hauptmoduln s_{hk}^0, die man erhält, wenn man das Hauptaxensystem zu Grunde legt. Ihre allgemeinen Werte lauten, falls man für die Richtungscosinus der Axen X, Y, Z gegen die Hauptaxen X^0, Y^0, Z^0 dasselbe Schema benutzt, das S. 413 für diejenigen gegen die willkürlichen Axen Ξ, H, Z aufgestellt ist:

$$
203)\quad \left\{\begin{aligned}
s_{33} = {} & s_{11}^0 \alpha_3^4 + s_{22}^0 \beta_3^4 + s_{33}^0 \gamma_3^4 \\
& + (s_{44}^0 + 2 s_{23}^0) \beta_3^2 \gamma_3^2 + (s_{55}^0 + 2 s_{31}^0) \gamma_3^2 \alpha_3^2 + (s_{66}^0 + 2 s_{12}^0) \alpha_3^2 \beta_3^2 \\
& + 2 \alpha_3^2 [(s_{14}^0 + s_{56}^0) \beta_3 \gamma_3 + s_{15}^0 \gamma_3 \alpha_3 + s_{16}^0 \alpha_3 \beta_3] \\
& + 2 \beta_3^2 [s_{24}^0 \beta_3 \gamma_3 + (s_{25}^0 + s_{64}^0) \gamma_3 \alpha_3 + s_{26}^0 \alpha_3 \beta_3] \\
& + 2 \gamma_3^2 [s_{34}^0 \beta_3 \gamma_3 + s_{35}^0 \gamma_3 \alpha_3 + (s_{36}^0 + s_{45}^0) \alpha_3 \beta_3],
\end{aligned}\right.
$$

$$
203')\quad \left\{\begin{aligned}
s_{44} = {} & 4 (s_{11}^0 \alpha_3^2 \alpha_2^2 + s_{22}^0 \beta_3^2 \beta_2^2 + s_{33}^0 \gamma_3^2 \gamma_2^2) \\
& + s_{44}^0 (\beta_3 \gamma_2 + \gamma_3 \beta_2)^2 + s_{55}^0 (\gamma_3 \alpha_2 + \alpha_3 \gamma_2)^2 + s_{66}^0 (\alpha_3 \beta_2 + \beta_3 \alpha_2)^2 \\
& + 8 (s_{23}^0 \beta_2 \gamma_2 \beta_3 \gamma_3 + s_{31}^0 \gamma_2 \alpha_2 \gamma_3 \alpha_3 + s_{12}^0 \alpha_2 \beta_2 \alpha_3 \beta_3) \\
& + 4 (\beta_3 \gamma_2 + \gamma_3 \beta_2)(s_{14}^0 \alpha_2 \alpha_3 + s_{24}^0 \beta_2 \beta_3 + s_{34}^0 \gamma_2 \gamma_3) \\
& + 4 (\gamma_3 \alpha_2 + \alpha_3 \gamma_2)(s_{15}^0 \alpha_2 \alpha_3 + s_{25}^0 \beta_2 \beta_3 + s_{35}^0 \gamma_2 \gamma_3) \\
& + 4 (\alpha_3 \beta_2 + \beta_3 \alpha_2)(s_{16}^0 \alpha_2 \alpha_3 + s_{26}^0 \beta_2 \beta_3 + s_{36}^0 \gamma_2 \gamma_3) \\
& + 2 [s_{56}^0 (\gamma_3 \alpha_2 + \alpha_3 \gamma_2)(\alpha_3 \beta_2 + \beta_3 \alpha_2) \\
& + s_{64}^0 (\alpha_3 \beta_2 + \beta_3 \alpha_2)(\beta_3 \gamma_2 + \gamma_3 \beta_2) \\
& + s_{45}^0 (\beta_3 \gamma_2 + \gamma_3 \beta_2)(\gamma_3 \alpha_2 + \alpha_3 \gamma_2)];
\end{aligned}\right.
$$

s_{55} geht aus s_{44} durch Vertauschung von α_2, β_2, γ_2 mit α_1, β_1, γ_1 hervor.[85])

Man erkennt leicht, daß wegen der Beziehungen, die zwischen den neun Richtungscosinus stattfinden, die 21 Hauptmoduln in den vorstehenden Ausdrücken nur in je 15 unabhängigen Kombinationen auftreten, so daß also die Beobachtung von Biegung resp. Dehnung allein oder von Drillung allein auch bei vielseitigster Veränderung der Orientierung immer nur 15 Aggregate der s_{hk}^0 abzuleiten gestattet. Um sie alle zu erhalten, ist also stets die Kombination der Untersuchung von Biegung und von Drillung nötig; auch ist es im allgemeinen unumgänglich, Stäbe in Orientierungen zu benutzen, für welche die Nebenänderungen nicht verschwinden, und die daher theoretisch und praktisch erhöhte Schwierigkeiten bieten.

Aus den gefundenen Hauptmoduln s_{hk}^0 folgen die Hauptkonstanten gemäß den aus (107″) und (107‴) sich ergebenden Beziehungen

$$\left.\begin{aligned} 1 &= s_{1h} c_{1h} + s_{2h} c_{2h} + s_{3h} c_{3h} + s_{4h} c_{4h} + s_{5h} c_{5h} + s_{6h} c_{6h}, \\ 0 &= s_{1k} c_{1h} + s_{2k} c_{2h} + s_{3k} c_{3h} + s_{4k} c_{4h} + s_{5k} c_{5h} + s_{6k} c_{6h}. \end{aligned}\right\} \quad 203'')$$

Ihre numerische Bestimmung hat ein hohes Interesse wegen der eigentümlichen Beziehungen, welche eine gewisse molekulare Theorie der elastischen Kräfte zwischen ihnen aufstellt.

Geht man nämlich von der Auffassung aus, daß die zwischen den kleinsten Teilchen eines elastischen Körpers wirkenden Kräfte nur Funktionen von deren gegenseitigen Entfernungen sind, so gelangt man nach S. 128 zu den Gleichungen (150‴)

$$c_{44} = c_{23}, \quad c_{55} = c_{31}, \quad c_{66} = c_{12}, \quad c_{14} = c_{56}, \quad c_{25} = c_{64}, \quad c_{36} = c_{45}, \qquad 204)$$

die sich nicht ergeben, wenn man die Kräfte auch noch von der Richtung der Verbindungslinie abhängig, sagen wir kurz polar wirkend, annimmt.

Die Beobachtung hat entschieden, daß bei Krystallen diese Beziehungen mitunter angenähert, mitunter aber auch gar nicht erfüllt sind, und man gelangt dadurch zu der Auffassung, daß polar wirkende Moleküle die Regel, solche mit verschwindender Polarität die Ausnahme darstellen. Ein eigentümlicher Zusammenhang zwischen elastischen und elektrischen Wirkungen wird dadurch angedeutet, daß, soweit die Beobachtungen reichen, anscheinend die Krystalle, deren Konstanten die Gleichungen (204) nicht erfüllen, piezoelektrisch erregbar sind, die übrigen nicht. —

Eine gewisse Schwierigkeit bieten die isotropen Körper, für welche die aus den Formeln (204) folgende Beziehung

$$c_1 = \tfrac{1}{2} c_2 \quad \text{oder} \quad c = 3 c_1 \qquad 204')$$

Geltung behält, gleichviel ob man die Moleküle als polar wirkend annimmt oder nicht, wenn man nur die physikalische Gleichwertigkeit aller Richtungen dadurch bewirkt denkt, daß jede Orientierung des einzelnen Moleküles gleich häufig ist. Denn offenbar wird die polare Wirkung der Moleküle dann nicht zur Geltung kommen, sondern nur ein mittlerer Wert der Kraft, der mit der Richtung nicht variiert.

Nun zeigt die Beobachtung, daß bei isotropen Körpern die Beziehung (204′) nur selten angenähert, meistens sehr wenig erfüllt ist, und fordert sonach eine von der zunächst liegenden und eben skizzierten abweichende Auffassung der Konstitution isotroper Körper.

Eine solche wird unmittelbar nahe gelegt durch die Wahrnehmung, daß eine große Zahl sogenannter isotroper Körper, insbesondere alle Metalle, nur Anhäufungen von verschieden orientierten Krystallbrocken darstellen, deren einzelne Teile gegenüber der Molekularwirkungssphäre sehr groß sind, und man kann die Annahme plausibel machen, daß diese nur quasiisotrope Struktur bei scheinbar isotropen Körpern die Regel bildet.

Das elastische Potential für solche Körper kann demgemäß aus dem für den Krystall geltenden erhalten werden, indem man von dem letzteren den Mittelwert für alle möglichen Lagen des Krystalles gegen die Koordinatenaxen bildet. Der so gefundene Ausdruck besitzt die Konstanten

204′′) $$\begin{cases} c = \frac{1}{5}(3C_1 + 2C_2 + 4C_3), \quad c_1 = \frac{1}{5}(C_1 + 4C_2 - 2C_3) \\ c_2 = \frac{1}{5}(2C_1 - 2C_2 + 6C_3), \end{cases}$$

worin

$$c_{11} + c_{22} + c_{33} = 3C_1, \quad c_{23} + c_{31} + c_{12} = 3C_2, \quad c_{44} + c_{55} + c_{66} = 3C_3$$

gesestzt ist, und erfüllt demnach die Beziehung (204′) nicht, wenn die Konstanten c_{hk} des Krystalles die ersten drei Formeln (204) nicht befriedigen.[86]) —

Das Problem der Bewegung cylindrischer Stäbe, bei welchem wiederum von der Einwirkung körperlicher Kräfte abgesehen und nur anfängliche Verrückungen und Geschwindigkeiten, sowie zeitlich wechselnde Einwirkungen auf die Endquerschnitte in Betracht gezogen werden mögen, hat praktisches Interesse allein im Fall endlicher Länge und isotroper Substanz.

Die Formeln für Dehnung und Drillung nehmen die Gestalt an

205) $$\frac{\partial^2 W}{\partial t^2} = v^2 \frac{\partial^2 W}{\partial z^2},$$

worin bedeutet

205′) $$v^2 = \frac{1}{\varrho s_{33}} \quad \text{resp.} \quad = \frac{q \varkappa_1^2 \varkappa_2^2}{\varrho(\varkappa_1^2 s_{55} + \varkappa_2^2 s_{44})(\varkappa_x^2 + \varkappa_y^2)};$$

von den Bedingungen für die Enden kommen besonders die in Betracht, daß die Verrückung, d. h. W vorgeschrieben, an festen Endpunkten speziell gleich Null ist, oder daß die äußere Kraft, d. h. $\partial W / \partial z$ vorgeschrieben, an freien Endpunkten speziell gleich Null ist.

Dies alles stimmt vollständig mit dem System der Bedingungen überein, welches für Schwingungen einer elastischen Flüssigkeit in ebenen Wellen gilt und S. 356 behandelt ist. Für begrenzte Stäbe geschieht im Falle einfacher Töne die Integration durch trigonometrische Funktionen von z, womit zusammenhängt, daß bei stehenden Schwingungen die Stäbe im allgemeinen in eine Anzahl gleichartig bewegter Teile zerfallen, deren Grenzen Schwingungsknoten bilden.

Die Gleichungen (202') für die Biegungen haben die Form

$$\frac{\partial^2 U}{\partial t^2} + \omega^2 \frac{\partial^4 U}{\partial x^4} = 0 \tag{205''}$$

worin

$$\omega^2 = \frac{\varkappa_y^2}{\varrho\, s_{33}} \quad \text{resp.} \quad = \frac{\varkappa_x^2}{\varrho\, s_{33}} \tag{205'''}$$

ist, sind also von den früher behandelten verschieden.

Die Grenzbedingungen bieten eine wesentlich größere Mannigfaltigkeit als bei dem Problem der Dehnung und Drillung.

Gegebenes U bezeichnet vorgeschriebene Verrückung, gegebenes $\partial U / \partial z$ vorgeschriebene Drehung des Stabendes um eine Queraxe; gegebenes $\partial^2 U / \partial z^2$ entspricht vorgeschriebenem Drehungsmoment um eine Queraxe, gegebenes $\partial^3 U / \partial z^3$ gegebener transversaler Kraft.

Welche Kombinationen dieser Angaben die Bewegung vollständig bestimmen, ist aus den Betrachtungen auf S. 422 zu erschließen.

Man erkennt aus ihnen, daß, neben zur Zeit $t = 0$ vorgeschriebenem U und $\partial U / \partial t$, für jedes Ende

zugleich U und $\partial U / \partial z$
oder U und $\partial^2 U / \partial z^2$
oder $\partial^3 U / \partial z^3$ und $\partial U / \partial z$
oder $\partial^3 U / \partial z^3$ und $\partial^2 U / \partial z^2$

gegeben sein müssen, damit die Bewegung bestimmt sei. Von diesen Möglichkeiten besitzen die drei besondere Wichtigkeit, daß entweder U und $\partial U / \partial z$, oder U und $\partial^2 U / \partial z^2$, oder endlich $\partial^2 U / \partial z^2$ und $\partial^3 U / \partial z^3$ verschwinden; sie entsprechen den Fällen, daß das betreffende Stabende vollkommen befestigt, unvollkommen befestigt und vollkommen frei ist.

Die Integration der Gleichung (205'') geschieht bei endlichen Stäben im Falle einfacher Töne durch Exponentialgrößen und trigonometrische Funktionen von z, womit zusammenhängt, daß bei stehenden Schwingungen die Stäbe nicht in gleichwertige Teile zerfallen. —

Ein rein theoretisches Interesse weckt der Fall der Fortpflanzung einer Bewegung längs eines unendlichen Stabes, sei sie nun durch dauernde Einwirkung auf einen Punkt, etwa einen Endpunkt, oder durch eine Anfangsverrückung und -geschwindigkeit erregt.

Für Dehnung und Drillung gelten hier die auf S. 353 und 355 abgeleiteten Formeln mit entsprechender Bedeutung von v; eine besondere Untersuchung erfordert dagegen der Fall der Biegung.

Zur Integration gehen wir aus von dem Ansatz[87])

206) $$V = \int_0^\infty f\left(pt \pm \frac{\alpha^2}{2}\right) \psi\left(\frac{z^2}{2\alpha^2}\right) d\alpha$$

und bilden, indem wir mit $\psi'(\zeta)$ den Differentialquotienten nach dem ganzen Argument ζ bezeichnen,

$$\frac{\partial V}{\partial z} = \int_0^\infty f\left(pt \pm \frac{\alpha^2}{2}\right) \psi'\left(\frac{z^2}{2\alpha^2}\right) z \frac{d\alpha}{\alpha^2},$$

was sich durch die Substitution

$$\frac{z}{\alpha} = \beta$$

überführen läßt in

206') $$\frac{\partial V}{\partial z} = \int_0^\infty f\left(pt \pm \frac{z^2}{2\beta^2}\right) \psi'\left(\frac{\beta^2}{2}\right) d\beta.$$

Hieraus folgt auch

$$\frac{\partial^2 V}{\partial z^2} = \pm \int_0^\infty f'\left(pt \pm \frac{z^2}{2\beta^2}\right) \psi'\left(\frac{\beta^2}{2}\right) z \frac{d\beta}{\beta^2},$$

oder bei Berücksichtigung von $z/\beta = \alpha$

206'') $$\frac{\partial^2 V}{\partial z^2} = \pm \int_0^\infty f'\left(pt \pm \frac{\alpha^2}{2}\right) \psi'\left(\frac{z^2}{2\alpha^2}\right) d\alpha.$$

Man erhält ebenso

$$\frac{\partial^3 V}{\partial z^3} = \pm \int_0^\infty f'\left(pt \pm \frac{z^2}{2\beta^2}\right) \psi''\left(\frac{\beta^2}{2}\right) d\beta,$$

207) $$\frac{\partial^4 V}{\partial z^4} = + \int_0^\infty f''\left(pt \pm \frac{\alpha^2}{2}\right) \psi''\left(\frac{z^2}{2\alpha^2}\right) d\alpha,$$

während auch gilt

207') $$\frac{\partial^2 V}{\partial t^2} = p^2 \int_0^\infty f''\left(pt \pm \frac{\alpha^2}{2}\right) \psi\left(\frac{z^2}{2\alpha^2}\right) d\alpha.$$

Sonach ist obiger Ansatz ein Integral unserer Gleichung, falls nur $p = \omega$ und

$$\psi''(\zeta) + \psi(\zeta) = 0, \qquad 207'')$$

also

$$\psi = a \cos \zeta + b \sin \zeta \text{ ist.}$$

Ein zweites Integral wird nahe gelegt durch den Wert (206′) von $\partial V / \partial z$, der offenbar dieselbe Behandlung gestattet, wie V selbst, und für den wir schreiben wollen

$$V' = \int_0^\infty f'\left(pt \pm \frac{z^2}{2\alpha^2}\right) \psi'\left(\frac{\alpha^2}{2}\right) d\alpha, \qquad 207''')$$

wo $\psi'(\zeta) = a' \cos \zeta + b' \sin \zeta$ ist.

Mit Hilfe dieser Lösungen kann man nun leicht die Fortpflanzung der auf ein Ende des nach der anderen Seite unendlichen Stabes ausgeübten Erregungen bestimmen; dabei kommen wieder die vier auf S. 427 angegebenen Kombinationen von Grenzbedingungen in Betracht.[88])

Ist für $z = 0$ $U = F(t)$, $\partial U / \partial z = F_1(t)$, so wird

$$U_{zt} = \frac{2}{\sqrt{\pi}} \int_0^\infty \left[F\left(t - \frac{z^2}{2\alpha^2\omega}\right) \sin \frac{\alpha^2}{2} + F_1\left(t - \frac{\alpha^2}{2\omega^2}\right) \sin \frac{z^2}{2\alpha^2} \right] d\alpha. \qquad 208)$$

Ist für $z = 0$ $U = F(t)$, $\partial^2 U / \partial z^2 = F_1'(t)$, so wird

$$\left.\begin{aligned} U_{zt} = \frac{1}{\sqrt{\pi}} \int_0^\infty \Bigg[& F\left(t - \frac{z^2}{2\alpha^2\omega}\right) \left(\cos \frac{\alpha^2}{2} + \sin \frac{\alpha^2}{2}\right) \\ & + F_1\left(t - \frac{z^2}{2\alpha^2\omega}\right) \left(\cos \frac{\alpha^2}{2} - \sin \frac{\alpha^2}{2}\right) \Bigg] dz. \end{aligned}\right\} \qquad 208')$$

Ist für $z = 0$ $\partial^3 U / \partial z^3 = F'(t)$, $\partial U / \partial z = F_1(t)$, so wird

$$\left.\begin{aligned} U = \frac{1}{\sqrt{\pi}} \int_0^\infty \Bigg[& F\left(t - \frac{\alpha^2}{2\omega}\right) \left(\cos \frac{z^2}{2\alpha^2} + \sin \frac{z^2}{2\alpha^2}\right) \\ & - F_1\left(t - \frac{\alpha^2}{2\omega}\right) \left(\cos \frac{z^2}{2\alpha^2} - \sin \frac{z^2}{2\alpha^2}\right) \Bigg] d\alpha. \end{aligned}\right\} \qquad 208'')$$

Ist für $z = 0$ $\partial^3 U / \partial z^3 = F'(t)$, $\partial^2 U / \partial z^2 = F_1'(t)$, so wird

$$U = \frac{2}{\sqrt{\pi}} \int_0^\infty \left[F\left(t - \frac{\alpha^2}{2\omega}\right) \cos \frac{z^2}{2\alpha^2} + F_1\left(t - \frac{z^2}{2\alpha^2\omega}\right) \cos \frac{\alpha^2}{2} \right] d\alpha. \qquad 208''')$$

Haben die Funktionen F und F_1 die Eigenschaft, für ein negativ unendliches Argument zu verschwinden, so gilt gleiches von den

Werten U. Diese Resultate lassen sich leicht verifizieren, wenn man die Gleichungen (206) u. f. zu Hilfe nimmt.

Komplizierter ist die Fortpflanzung einer anfänglichen Verrückung und Geschwindigkeit auf einem beiderseitig ins Unendliche reichenden Stab auszudrücken.[89])

Setzt man

$$\text{für } t = 0 \quad U = U_0, \quad \partial U/\partial t = U_1 \quad \text{und} \quad \int_{-\infty}^{z} dz \int_{-\infty}^{z} U_1(\zeta)\, d\zeta = W_0,$$

so erhält man

$$209)\qquad \begin{cases} U = \dfrac{1}{\sqrt{2\pi}} \displaystyle\int_{-\infty}^{+\infty} \Big[U_0(z + 2\alpha\sqrt{t\omega})(\sin\alpha^2 + \cos\alpha^2) \\ \qquad\qquad + W_0(z + 2\alpha\sqrt{t\omega})(\sin\alpha^2 - \cos\alpha^2)\Big]\, d\alpha, \end{cases}$$

wofür man auch schreiben kann

$$209')\qquad \begin{cases} U = \dfrac{1}{2\sqrt{2\pi\omega t}} \displaystyle\int_{-\infty}^{+\infty} \Big[U_0(\zeta)\left(\sin\frac{(\zeta - z)^2}{4\omega t} + \cos\frac{(\zeta - z)^2}{4\omega t}\right) \\ \qquad\qquad + W_0(\zeta)\left(\sin\dfrac{(\zeta - z)^2}{4\omega t} - \cos\dfrac{(\zeta - z)^2}{4\omega t}\right)\Big]\, d\zeta. \end{cases}$$

Ist nur eine Anfangsverrückung, und zwar diese nur an einer Stelle $z = z_0$ von Null verschieden gegeben, so wird hieraus

$$209'')\qquad U = \frac{C}{2\sqrt{2\pi\omega t}}\left(\sin\frac{(z_0 - z)^2}{4\omega t} + \cos\frac{(z_0 - z)^2}{4\omega t}\right),$$

worin

$$C = \int_{z_0 - \varepsilon}^{z_0 + \varepsilon} U_0(\zeta)\, d\zeta$$

ist, und ε eine kleine Größe bedeutet.

Diese Lösung zeigt, daß an jeder Stelle die Wirkung der anfänglichen Verrückung eine Schwingung mit abnehmender Amplitude und zunehmender Periode bewirkt. —

Schließlich wollen wir noch die dem Green'schen Satz für den Stab entsprechenden Formeln aufstellen und wie auf S. 376 u. f. daraus Folgerungen ziehen, die sich auf die Erregung von Schwingungen durch Resonanz beziehen.

Wir gehen aus von der allgemeinen für die Dehnungs- und Drillungsschwingungen eines Stabes gültigen Formel, die wir schreiben

$$210)\qquad \frac{\partial^2 W}{\partial t^2} - v^2 \frac{\partial^2 W}{\partial z^2} - A = 0,$$

worin A eine gegebene Funktion von z und t bezeichnet und v eine je nach dem Problem verschiedene durch (205') gegebene Konstante ist.

Sei nun V eine Lösung der Gleichung

$$\frac{\partial^2 V}{\partial t^2} - v^2 \frac{\partial^2 V}{\partial z^2} - B = 0; \tag{210'}$$

faßt man dann beide Gleichungen mit den Faktoren V und $-W$ zusammen, integriert das Resultat in Bezug auf z von 0 bis z_1, in Bezug auf t von 0 bis t_1, wo z_1 die Länge des Stabes und t_1 eine beliebige Zeit bezeichnet, so erhält man leicht

$$\left.\begin{aligned}&\int_0^{z_1} \left| V\frac{\partial W}{\partial t} - W\frac{\partial V}{\partial t}\right|_0^{t_1} dz\\ &= v^2 \int_0^{t_1} \left| V\frac{\partial W}{\partial z} - W\frac{\partial V}{\partial z}\right|_0^{z_1} dt + \int_0^{t_1}\int_0^{z_1} (AV - BW)\, dt\, dz.\end{aligned}\right\} \tag{210''}$$

Wir wollen nun V speziell so wählen, daß es den stehenden Schwingungen eines einfachen Tones ohne Einwirkung äußerer Kräfte entspricht, also setzen

$$V = Z \sin \alpha (t + t_0), \tag{211}$$

worin Z der Gleichung

$$\alpha^2 Z + v^2 \frac{d^2 Z}{dz^2} = 0 \tag{211'}$$

genügt. Ist zugleich t_1 ein Vielfaches einer Periode $\tau = 2\pi/\alpha$, und verschwindet W und $\partial W/\partial t$ für $t = 0$, dann nimmt die vorstehende Gleichung die Form an:

$$\left.\begin{aligned}&\int_0^{z_1} \left[\left(\frac{\partial W}{\partial t}\right)_{t_1} \sin \alpha t_0 - \alpha W_{t_1} \cos \alpha t_0\right] Z\, dz\\ &= v^2 \int_0^{t_1} \left| Z\frac{\partial W}{\partial z} - W\frac{dZ}{dz}\right|_0^{z_1} \sin\alpha(t+t_0)\, dt + \int_0^{t_1}\int_0^{z_1} AZ \sin\alpha(t+t_0)\, dt\, dz.\end{aligned}\right\} \tag{211''}$$

Dies Resultat vereinfacht sich noch dadurch, daß je nach den Umständen, unter denen die stehende Schwingung V stattfindet, für $z = 0$ und $z = z_1$ entweder Z selbst oder dZ/dz verschwinden muß.

Nimmt man für beide Enden $Z = 0$ an, so wird

$$Z = \sin \frac{\alpha}{v} z, \quad \alpha z_1 = h v \pi, \quad \cos \frac{\alpha z_1}{v} = \pm 1,$$

und die vorstehende Formel nimmt die Gestalt an

$$211''')\quad \left\{\begin{aligned}&\int_0^{z_1}\left[\left(\frac{\partial W}{\partial t}\right)_{t_1}\sin\alpha t_0-\alpha W_{t_1}\cos\alpha t_0\right]\sin\frac{\alpha}{v}z\,dz\\&\qquad=\alpha v\int_0^{t_1}(W_0\mp W_{z_1})\sin\alpha(t+t_0)\,dt\\&\qquad+\int_0^{t_1}\int_0^{z_1}A\sin\frac{\alpha z}{v}\sin\alpha(t+t_0)\,dt\,dz.\end{aligned}\right.$$

Sie sagt aus, daß, wenn die Enden $z = 0$ resp. $z = z_1$ gegebene Verrückungen W_0 resp. W_{z_1}, beliebige Punkte zwischen ihnen mit A proportionale Kräfte erfahren, welche Anteile mit der Periode τ von V enthalten, dann mit wachsender Zeit das Integral links und damit die durch W gegebene Schwingung über alle Grenzen wächst. Dies Resultat gilt für jedes α und jede Periode τ, welche mit den Bedingungen des Problemes vereinbar ist; ausgenommen ist nur der Fall, daß die äußere Einwirkung A sich ausschließlich auf eine Stelle erstreckt, wo bei der stehenden Schwingung von der gleichen Periode ein Knoten liegt, also $\sin(\alpha z/v)$ verschwindet.

Ganz analoge Formeln wie (211''') lassen sich für die Fälle aufstellen, daß die Enden nicht befestigt, sondern frei sind, d. h., daß daselbst nicht V sondern $\partial V/\partial z$ verschwindet, oder daß an einem Ende V, am anderen $\partial V/\partial z$ gleich Null ist.

Aus ihnen allen folgt in der auf S. 377 ausführlicher besprochenen Weise, daß bei auf mittleren oder Endpunkten ausgeübten Erregungen die Eigentöne der Stäbe stärker als alle anderen ansprechen; und zwar werden die betreffenden Eigentöne bei Erregung mittlerer Punkte durch die gegebenen Bedingungen für die Endpunkte direkt bestimmt, bei der Ausübung von Verschiebungen auf einen Endpunkt treten diejenigen auf, welche festgehaltenem Ende, bei Ausübung von Kräften diejenigen, welche freiem Ende entsprechen. —

Genau dieselbe Behandlung gestatten die Formeln für die Biegungsschwingungen von Stäben, die wir in der Form schreiben

$$212)\qquad \frac{\partial^2 U}{\partial t^2}+\omega^2\frac{\partial^4 U}{\partial z^4}-A=0,$$

worin A eine gegebene Funktion von z und t bezeichnet und ω durch die Gleichung (205''') gegeben ist.

Wir ziehen eine zweite Funktion V heran, welche der Gleichung

$$212')\qquad \frac{\partial^2 V}{\partial t^2}+\omega^2\frac{\partial^4 V}{\partial z^4}-B=0$$

genügt, multiplizieren die Formel (212) mit V, die Formel (212') mit U, subtrahieren und integrieren in Bezug auf z über die ganze Stablänge z_1, in Bezug auf t über eine beliebige Zeit t_1, und erhalten nach ausgeführter teilweiser Integration

$$\left.\begin{aligned}\int_0^{z_1}\left| V\frac{\partial U}{\partial t} - U\frac{\partial V}{\partial t}\right|_0^{t_1} dz - \int_0^{t_1}\int_0^{z_1}(AV - BU)\,dt\,dz \\ + \omega^2\int_0^{t_1}\left| V\frac{\partial^3 U}{\partial z^3} - U\frac{\partial^3 V}{\partial z^3} - \frac{\partial V}{\partial z}\frac{\partial^2 U}{\partial z^2} + \frac{\partial U}{\partial z}\frac{\partial^2 V}{\partial z^2}\right|_0^{z_1} dt = 0.\end{aligned}\right\} \quad 212'')$$

Setzt man hier für V den Wert

$$V = Z \sin\alpha(t + t_0) \qquad 213)$$

ein, der den stehenden Schwingungen eines einfachen Tones ohne äußere Kraft entspricht, wenn

$$\alpha^2 Z + \omega^2\frac{d^4 Z}{d z^4} = 0 \qquad 213')$$

ist, so erhält man wie oben, wenn U und $\partial U / \partial t$ für $t = 0$ verschwinden, und t_1 ein Vielfaches einer Periode von V ist:

$$\left.\begin{aligned}\int_0^{z_1}\left[\left(\frac{\partial U}{\partial t}\right)_{t_1}\sin\alpha t_0 - \alpha\, U_{t_1}\cos\alpha t_0\right] Z\,dz - \int_0^{t_1}\int_0^{z_1} A Z \sin\alpha(t + t_0)\,dt\,dz \\ + \omega^2\int_0^{t_1}\left| Z\frac{\partial^3 U}{\partial z^3} - \frac{dZ}{dz}\frac{\partial^2 U}{\partial z^2} + \frac{d^2 Z}{d z^2}\frac{\partial U}{\partial z} - \frac{d^3 Z}{d z^3} U\right|_0^{z_1} \sin\alpha(t + t_0)\,dt = 0.\end{aligned}\right\} \quad 213'')$$

Diese Formel gestattet dieselbe Behandlung wie (211''); durch Einführung der Grenzbedingungen für V nach einem der auf S. 427 gegebenen Schemas verschwinden vier von den acht Gliedern des dritten Integrales und es bleiben sonach im ganzen fünf Glieder unter den Integralen nach t stehen, die fünf verschiedene Erregungsarten des Stabes repräsentieren. Enthalten die ausgeübten Wirkungen Anteile mit einer der für V durch die Grenzbedingungen zugelassenen Periode, so wird das erste Integral und damit die Intensität der erregten Schwingung von dieser Periode mit wachsender Zeit über alle Grenzen wachsen.

Eine nähere Erörterung dieser Verhältnisse ist nach dem früher Gegebenen nicht nötig. —

Die am Anfang dieses Paragraphen vorgenommene Entwickelung der HAMILTON'schen Gleichung hört auf, streng zu sein, wenn die Querdimensionen des Stabes so klein und zugleich die auf ihn ausgeübte Längsspannung Γ so groß ist, daß in dem Wert (199''') für $\delta P + \delta P'$ das Glied $C\delta c'$ die übrigen weitaus übertrifft.[90])

In diesem Falle darf man sich bezüglich des Wertes der linearen Dilatation c' nicht auf die erste Annäherung (199') beschränken. Man erhält eine zweite, wenn man berücksichtigt, daß die relativen Koordinaten der Endpunkte eines Axenelementes ds nach der Deformation resp. gleich

$$\frac{\partial \xi}{\partial s} ds, \quad \frac{\partial \eta}{\partial s} ds, \quad \frac{\partial \zeta}{\partial s} ds$$

sind; daraus folgt

$$c' = \sqrt{\left(\frac{\partial \xi}{\partial s}\right)^2 + \left(\frac{\partial \eta}{\partial s}\right)^2 + \left(\frac{\partial \zeta}{\partial s}\right)^2} - 1,$$

was man nach (199) leicht in

214) $$c' = \frac{\partial w}{\partial z} + \frac{1}{2}\left(\left(\frac{\partial u}{\partial z}\right)^2 + \left(\frac{\partial v}{\partial z}\right)^2\right)$$

überführen kann, da man ds mit dz identifizieren darf.

Benutzt man diesen Wert in der HAMILTON'schen Gleichung (198) und nimmt den Stab so dünn an, daß die in δP enthaltenen, von u und v abhängigen Glieder ganz vernachlässigt werden können, und variiert man nur wegen u und v, während diese Größen an den beiden Enden $z = 0$ und $z = z_1$ gegebene Werte haben, z. B. gleich Null sind, so erhält man statt der ersten beiden Formeln (200)

214') $$\begin{cases} \int dt \int ds \left(\frac{1}{2} q\varrho\,\delta\left(\frac{\partial u}{\partial t}\right)^2 - \frac{1}{2} C\,\delta\left(\frac{\partial u}{\partial z}\right)^2 + q\,\Xi'\right) = 0, \\ \int dt \int ds \left(\frac{1}{2} q\varrho\,\delta\left(\frac{\partial v}{\partial t}\right)^2 - \frac{1}{2} C\,\delta\left(\frac{\partial v}{\partial z}\right)^2 + q\,H'\right) = 0, \end{cases}$$

während die beiden letzten sich wie früher finden lassen.

Daraus folgt aber in bekannter Weise

214'') $$\begin{cases} q\varrho \frac{\partial^2 u}{\partial t^2} = \frac{\partial}{\partial z}\left(C \frac{\partial u}{\partial z}\right) + q\,\Xi', \\ q\varrho \frac{\partial^2 v}{\partial t^2} = \frac{\partial}{\partial z}\left(C \frac{\partial v}{\partial z}\right) + q\,H', \\ q\varrho \frac{\partial^2 w}{\partial t^2} = \frac{\partial C}{\partial z} + q\,Z', \quad q\varrho \varkappa^2 \frac{\partial^2 n}{\partial t^2} = \frac{\partial N}{\partial z}. \end{cases}$$

Fehlen longitudinale Bewegungen und ebensolche körperliche Kräfte, so ist nach der dritten Formel innerhalb der benutzten Annäherung C konstant, nämlich gleich der auf die Enden wirkenden Spannung Γ, und es wird aus den zwei ersten Gleichungen (214''):

$$q\varrho\frac{\partial^2 u}{\partial t^2} = \Gamma\frac{\partial^2 u}{\partial z^2} + q\,\Xi', \qquad q\varrho\frac{\partial^2 v}{\partial t^2} = \Gamma\frac{\partial^2 v}{\partial z^2} + qH'. \qquad 214''')$$

Zur vollständigen Bestimmung des Problems treten hinzu für die Enden $z = 0$ und $z = z_1$ vorgeschriebene Werte von u und v, sowie für irgend eine Zeit, etwa $t = 0$, vorgeschriebene u, v und $\partial u/\partial t$, $\partial v/\partial t$; für die Enden der Saite gegebene $\partial u/\partial z$ und $\partial v/\partial z$, die ähnliches leisten würden, wie dort gegebene u und v, kommen in der Praxis nicht vor.

Dagegen sind Fälle denkbar, wo die Grenzbedingungen die Aggregate $F^2\overline{u} \pm \overline{\partial u}/\partial z$ und $F^2\overline{v} \pm \overline{\partial v}/\partial z$ bestimmen, etwa gleich Null; dieselben werden dann eintreten, wenn die Enden der Saite nicht völlig unverrückbar fest sind, sondern transversalen Zugkräften etwas folgen können.[91]) Solche Kräfte übt während der Bewegung die Spannung Γ der Saite selbst aus, und zwar ist der Betrag ihrer Komponenten parallel der X- und Y-Axe resp. gleich $\pm\,\Gamma\partial u/\partial z$, $\pm\,\Gamma\partial v/\partial z$. Tritt nun in jedem Augenblick eine Verschiebung des Befestigungspunktes ein, welche der wirkenden Kraft proportional ist, und versteht man unter F^2 eine geeignet bestimmte Konstante, so wird in der That $F^2\overline{u} - \overline{\partial u}/\partial z$ und $F^2\overline{v} - \overline{\partial v}/\partial z$ am Ende $z = 0$, $F^2\overline{u} + \overline{\partial u}/\partial z$ und $F^2\overline{v} + \overline{\partial v}/\partial z$ am Ende $z = z_1$ verschwinden müssen.

Diese Haupt- und Nebenbedingungen enthalten die vollständige Grundlage der Theorie des Gleichgewichts und der Schwingungen von S a i t e n. Ihre Form stimmt überein mit derjenigen der für ebene Wellen in einer Flüssigkeit und der für Dehnung und Drillung eines Stabes geltenden Formeln; ihre Behandlung ist also mit der auf S. 353 u. f. gegebenen identisch, doch haben hier andere spezielle Fälle praktische Bedeutung als dort.

Für die Fortpflanzungsgeschwindigkeit ω erhält man die Beziehung

$$\omega^2 = \Gamma / q\varrho;$$

Γ ist darin die gesamte die Saite spannende Kraft, Γ/q der auf die Flächeneinheit bezogene Wert.

Das Problem der Saite fällt im Grunde aus dem Gebiete der elastischen Erscheinungen heraus, da die Elasticität bei ihrer Bewegung keine Rolle spielt; ihr Interesse ist besonders in dem Umstand begründet, daß sie hervorragend geeignet ist, auf verschiedene Erregungsarten anzusprechen und ihre Wirkung zu zeigen.

Benutzt man n e b e n den von der Längsspannung Γ abhängigen Gliedern die in (202') enthaltenen, welche von den Elasticitätsmoduln abhängen, so erhält man allgemeinere Formeln, welche, wie man sagt, die S t e i f i g k e i t der Saite berücksichtigen.

§ 26. Gleichgewicht einer gleichförmig gespannten Platte von beliebiger homogener Substanz.

Es sei nunmehr eine planparallele Platte aus homogenem Material gegeben, und es seien in ihr die Deformationsgrößen $x_x, \ldots x_y$ und daher auch die Spannungen $X_x, \ldots X_y$ in zu den Seitenflächen parallelen Ebenen konstant angenommen. In diesem Zustand wollen wir die Platte gleichförmig gespannt nennen.

Legt man die XY-Ebene in die Mittelfläche der Platte, so ergiebt sich für die Verrückungen u, v, w aus der gemachten Annahme folgende allgemeinste Form:

$$215)\quad \begin{cases} u = U + x(f_1 + g_1 z) + y(f + hz), \\ v = V + x(g + hz) + y(f_2 + g_2 z). \\ w = W + xg_1' + yg_2' - \frac{1}{2}g_1 x^2 - \frac{1}{2}g_2 y^2 - hxy, \end{cases}$$

in der U, V, W Funktionen von z allein, die f, g, h aber Konstanten bezeichnen. Verbindet man das Koordinatensystem so mit der Platte, daß für $x = y = z = 0$

$$215')\quad u = v = w = 0, \quad \frac{\partial w}{\partial x} = \frac{\partial w}{\partial y} = \frac{\partial v}{\partial x} - \frac{\partial u}{\partial y} = 0$$

ist, was aussagt, daß der Koordinatenanfang an seiner Stelle, das benachbarte Element der XY-Ebene in seiner Ebene bleibt und keine Drehung um die Z-Axe erfährt, so ist

$$215'')\quad U = V = W = 0 \text{ für } z = 0, \text{ und auch } g_1' = g_2' = f - g = 0.$$

Die übrigen Konstanten f, g, h lassen sich leicht deuten.

Es ist nämlich

$$215''')\quad \begin{cases} f_1 = \left(\frac{\partial u}{\partial x}\right)_{z=0} = a', \; f_2 = \left(\frac{\partial v}{\partial y}\right)_{z=0} = b', \; 2f = \left(\frac{\partial u}{\partial y} + \frac{\partial v}{\partial x}\right)_{z=0} = d', \\ g_1 = \frac{1}{2}\frac{\partial}{\partial x}\left(\frac{\partial u}{\partial z} - \frac{\partial w}{\partial x}\right) = + \frac{\partial m}{\partial x} = + m', \\ g_1 = \frac{1}{2}\frac{\partial}{\partial y}\left(\frac{\partial v}{\partial z} - \frac{\partial w}{\partial y}\right) = - \frac{\partial l}{\partial y} = - l', \\ h = \frac{1}{2}\frac{\partial}{\partial y}\left(\frac{\partial u}{\partial z} - \frac{\partial w}{\partial x}\right) = \frac{1}{2}\frac{\partial}{\partial x}\left(\frac{\partial v}{\partial z} - \frac{\partial w}{\partial y}\right) = \frac{\partial m}{\partial y} = - \frac{\partial l}{\partial x} = \frac{1}{2}k', \end{cases}$$

d. h., es ist $f_1 = a'$ die lineäre Dilatation parallel der X-, $f_2 = b'$ diejenige parallel der Y-Axe, $2f = d'$ die Winkeländerung zwischen der X- und Y-Axe, — dies alles in der Mittelfläche der Platte gemessen; $+g_1 = m'$ ist die Änderung der Drillung m nach der X-, $-g_2 = l'$ diejenige der Drillung l nach der Y-Axe, während $h = \frac{1}{2}k'$ sowohl durch die Änderung von m mit y als von l mit x gegeben wird.

Die Verrückungen werden unter Einführung der neuen Abkürzungen

$$\left.\begin{aligned} u &= U + x(a' + m'z) + \tfrac{1}{2}y(d' + k'z), \\ v &= V + \tfrac{1}{2}x(d' + k'z) + y(b' - l'z), \\ w &= W - \tfrac{1}{2}x^2 m' + \tfrac{1}{2}y^2 l' - \tfrac{1}{2}xyk', \end{aligned}\right\} \qquad 216)$$

und die Deformationen lauten:

$$\left.\begin{aligned} x_x &= a' + m'z, \quad y_y = b' - l'z, \quad z_z = \frac{dW}{dz}, \\ y_z &= \frac{dV}{dz}, \quad z_x = \frac{dU}{dz}, \quad x_y = d' + k'z. \end{aligned}\right\} \qquad 216')$$

Die Hauptgleichungen werden nach den gemachten Annahmen

$$\frac{\partial X_z}{\partial z} = \frac{\partial Y_z}{\partial z} = \frac{\partial Z_z}{\partial z} = 0, \qquad 217)$$

die Bedingungen für die Plattenflächen

$$\overline{X}_z = \overline{Y}_z = \overline{Z}_z = 0, \qquad 217')$$

woraus für alle Stellen

$$X_z = Y_z = Z_z = 0 \qquad 217'')$$

folgt.

Denken wir uns die Platte seitlich durch einen Cylindermantel begrenzt, und bezeichnen die äußere Normale auf einem seiner Elemente mit n, so muß dort

$$\overline{X} + \overline{X}_n = \overline{Y} + \overline{Y}_n = \overline{Z} + \overline{Z}_n = 0 \qquad 217''')$$

sein; da Z_n nach (217'') gleich Null ist, kann die gleichförmige Deformation der betrachteten Platte nur durch gegen den Rand wirkende Zugkräfte, die in der XY-Ebene liegen, und durch Drehungsmomente bewirkt werden.

Begrenzen wir die Platte durch zur XZ- und zur YZ-Ebene parallele Seitenflächen, so sind auf diese pro Längeneinheit des Randes der Mittelfläche folgende Komponenten und Momente auszuüben

$$\left.\begin{aligned} -\int X_x dz &= A, \quad -\int Y_y dz = B, \quad -\int X_y dz = D, \\ -\int X_x z\,dz &= M, \quad +\int Y_y z\,dz = L, \quad -\int X_y z\,dz = K. \end{aligned}\right\} \qquad 217'''')$$

Von den Gleichungen (107''') lauten nunmehr die erste, zweite und letzte unter Benutzung der vorstehenden Resultate

$$\left.\begin{aligned} -(a' + m'z) &= s_{11}X_x + s_{12}Y_y + s_{16}X_y, \\ -(b' - l'z) &= s_{21}X_x + s_{22}Y_y + s_{26}X_y, \\ -(d' + k'z) &= s_{61}X_x + s_{62}Y_y + s_{66}X_y. \end{aligned}\right\} \qquad 218)$$

Integriert man sie über die Dicke $2h$ der Platte, so findet sich:

$$218') \quad \begin{cases} 2ha' = s_{11}A + s_{12}B + s_{16}D, \\ 2hb' = s_{21}A + s_{22}B + s_{26}D, \\ 2hd' = s_{61}A + s_{62}B + s_{66}D; \end{cases}$$

integriert man sie nach Multiplikation mit z, so erhält man:

$$218'') \quad \begin{cases} \frac{2}{3}h^3 m' = \quad s_{11}M - s_{12}L + s_{16}K, \\ \frac{2}{3}h^3 l' = - s_{21}M + s_{22}L - s_{26}K, \\ \frac{2}{3}h^3 k' = \quad s_{61}M - s_{62}L + s_{66}K. \end{cases}$$

Hieraus folgt, daß gesetzt werden kann:

$$219) \quad \begin{cases} a' = \frac{\partial p_1}{\partial A}, \quad b' = \frac{\partial p_1}{\partial B}, \quad d' = \frac{\partial p_1}{\partial D}, \\ \text{worin} \\ 4hp_1 = s_{11}A^2 + s_{22}B^2 + s_{66}D^2 + 2s_{12}AB + 2s_{16}AD + 2s_{26}BD \end{cases}$$

bedeutet, und

$$219) \quad \begin{cases} l' = \frac{\partial p_2}{\partial L}, \quad m' = \frac{\partial p_2}{\partial M}, \quad k' = \frac{\partial p_2}{\partial K}, \\ \text{worin} \\ \frac{4}{3}h^3 p_2 = s_{11}M^2 + s_{22}L^2 + s_{66}K^2 - 2s_{12}LM + 2s_{16}MK - 2s_{26}LK. \end{cases}$$

Umgekehrt ist auch

$$220) \quad \begin{cases} A = \frac{\partial P_1}{\partial a'}, \quad B = \frac{\partial P_1}{\partial b'}, \quad D = \frac{\partial P_1}{\partial d'}, \\ L = \frac{\partial P_2}{\partial l'}, \quad M = \frac{\partial P_2}{\partial m'}, \quad K = \frac{\partial P_2}{\partial k'}, \end{cases}$$

wo P_1 und P_2 quadratische Formen von a', b', d' resp. von l', m', k' bezeichnen, die aus den Umkehrungen der Formeln (218') und (218'') ebenso zu bilden sind, wie p_1 und p_2 aus diesen selbst.

Wir schreiben sie

$$220') \quad \begin{cases} \frac{P_1}{h} = \gamma_{11}a'^2 + \gamma_{22}b'^2 + \gamma_{66}d'^2 + 2\gamma_{12}a'b' + 2\gamma_{16}a'd' + 2\gamma_{26}b'd', \\ \frac{3P_2}{h^3} = \gamma_{11}m'^2 + \gamma_{22}l'^2 + \gamma_{66}k'^2 - 2\gamma_{12}l'm' + 2\gamma_{16}m'k' - 2\gamma_{26}l'k'; \end{cases}$$

dabei ist von Wichtigkeit zu beachten, daß P_1 den Faktor h, dagegen P_2 den Faktor h^3 hat, daß beide also in Bezug auf die Dicke der Platte verschiedene Größenordnung besitzen. —

Nunmehr können auch die noch in den Werten von u, v, w unbekannten Funktionen U, V, W von z allein leicht bestimmt werden. Denn aus der dritten, vierten und fünften Gleichung (107''') folgt bei Benutzung der Werte (216') von z_z, y_z, z_x

$$\left.\begin{aligned} -\frac{dW}{dz} &= s_{31} X_x + s_{32} Y_y + s_{36} X_y, \\ -\frac{dV}{dz} &= s_{41} X_x + s_{42} Y_y + s_{46} X_y, \\ -\frac{dU}{dz} &= s_{51} X_x + s_{52} Y_y + s_{56} X_y. \end{aligned}\right\} \tag{220''}$$

Setzt man für X_x, Y_y, X_y die aus (218) folgenden Werte ein und berücksichtigt die Bedingungen (215''), so erhält man für U, V, W Funktionen zweiten Grades von z mit völlig bestimmten Konstanten; das Problem ist also allgemein gelöst.

Wir bemerken, daß bei ausschließlicher Wirkung von Zugkräften A, B, D die von den Drehungen abhängigen l', m', k' und die quadratischen Glieder in U, V, W verschwinden, bei alleiniger Wirkung der Momente L, M, K die a', b', d' und die linearen Glieder in U, V, W gleich Null sind.

Von den Moduln haben die

$$s_{33},\ s_{43},\ s_{53},\ s_{44},\ s_{55},\ s_{45}$$

keinen Einfluß auf das gestellte Problem; die Deformation der Mittelfläche, welche durch a', b', d', l', m', k' bestimmt wird, hängt ausschließlich ab von

$$s_{11},\ s_{12},\ s_{22},\ s_{16},\ s_{26},\ s_{66}. \text{ —}$$

Von spezielleren Fällen kommt hier besonders der in Betracht, daß

$$s_{16} = s_{26} = 0$$

ist, wie das z. B. stets stattfindet, wenn die X- oder Y-Axe eine mindestens zweizählige, die Z-Axe eine drei- oder sechszählige elastische Symmetrieaxe ist.

Dann ist

$$\left.\begin{aligned} 2ha' = s_{11}A + s_{12}B,\quad 2hb' = s_{21}A + s_{22}B,\quad 2hd' = s_{66}D, \\ \tfrac{2}{3}h^3 m' = s_{11}M - s_{12}L,\quad \tfrac{2}{3}h^3 l' = -s_{21}M + s_{22}L,\quad \tfrac{2}{3}h^3 k' = s_{36}K, \end{aligned}\right\} \tag{221}$$

also wenn man abkürzt

$$\left.\begin{aligned} \frac{s_{11}}{s_{11}s_{22}-s_{12}^2} = \gamma_{22},\quad \frac{s_{22}}{s_{11}s_{22}-s_{12}^2} = \gamma_{11},\quad \frac{s_{12}}{s_{11}s_{22}-s_{12}^2} = -\gamma_{12} = -\gamma_{21}, \\ \frac{1}{s_{66}} = \gamma_{66}, \end{aligned}\right\} \tag{221'}$$

$$\left.\begin{aligned} A = 2h(a'\gamma_{11} + b'\gamma_{12}),\quad B = 2h(a'\gamma_{21} + b'\gamma_{22}),\quad D = 2hd'\gamma_{66}, \\ M = \tfrac{2}{3}h^3(m'\gamma_{11} - l'\gamma_{12}),\quad L = -\tfrac{2}{3}h^3(m'\gamma_{21} - l'\gamma_{22}),\quad K = \tfrac{2}{3}h^3 k'\gamma_{66}. \end{aligned}\right\} \tag{221''}$$

Für isotrope Körper ist spezieller

$$221''')\quad \begin{cases} s_{11} = s_{22} = s, \quad s_{12} = s_1, \quad s_{66} = s_2 = 2(s - s_1), \\ \gamma_{11} = \gamma_{22} = \gamma = \frac{s}{s^2 - s_1{}^2}, \quad \gamma_{12} = \gamma_1 = -\frac{s_1}{s^2 - s_1{}^2}, \\ \gamma_{66} = \gamma_2 = \frac{1}{2(s - s_1)} = \frac{1}{2}(\gamma - \gamma_1), \end{cases}$$

worin s, s_1, s_2 die früheren, γ, γ_1, γ_2 neue Bezeichnungen sind.

Bezüglich der Tragweite der im vorstehenden abgeleiteten Resultate und ihrer Anwendbarkeit auf die Praxis einerseits, auf Bewegungszustände andererseits sei auf das S. 411 Gesagte verwiesen.

§ 27. Gleichgewicht und Bewegung einer unendlich dünnen Platte.

Das Problem einer beliebig gespannten unendlich dünnen Platte läßt sich ebenso auf dasjenige einer gleichförmig gespannten von endlicher Dicke zurückführen, wie das Problem des unendlich dünnen Cylinders auf dasjenige des endlichen, aber gleichförmig gespannten.

Denken wir uns die Mittelfläche der Platte vor der Deformation mit der ΞH-Ebene eines absolut festen Koordinatensystemes zusammenfallend und die Platte in diesem Zustande durch Ebenen parallel zu den anderen Koordinatenebenen in parallelopipedische Elemente zerlegt; denken wir uns ferner in der der $-\Xi$ und $-H$-Axe zugewandten Ecke jedes Elementes ein Koordinatensystem X, Y, Z, wie in (215') festgesetzt ist, mit dem Element verbunden, so kann man die Volumenelemente jederzeit so klein annehmen, daß bei stetiger Deformation der ganzen Platte in einem jeden Element die Deformationsgrößen nicht merklich von x und y abhängen, ohne daß dabei die Querdimensionen der Volumenelemente verschwindend gegen ihre Dicke wären. In diesem Falle kann man also auf das Volumenelement sofort die im vorigen Paragraphen abgeleiteten Formeln anwenden. Dabei mögen die absoluten Koordinaten eines Punktes der Mittelfläche nach der Deformation mit ξ, η, ζ bezeichnet werden; $2h$ sei wieder die Dicke der Platte, dq ein Element seiner Mittelfläche, ds ein Element von deren Randkurve.

Die Hamilton'sche Gleichung lautet hier

$$222)\quad \int_{t_0}^{t_1} dt \int_{-h}^{+h} dz \left[\int dq\,(\delta\psi - \delta\varphi + \delta'\alpha_a) + \int ds\,\delta'\alpha_o\right] = 0,$$

und zwar bezeichnet darin $\delta\psi$ und $\delta\varphi$ die Variation der lebendigen Kraft und des Potentials der Volumeneinheit, $\delta'\alpha_a$ die gleichfalls auf die Volumeneinheit bezogene Arbeit der körperlichen Kräfte, $\delta'\alpha_o$

die auf die Flächeneinheit bezogene Arbeit der auf die Randfläche wirkenden äußeren Drucke. An den Integralen nach z mögen der Kürze halber weiter die Grenzen $-h$ und $+h$ fortbleiben.

Die lebendige Kraft eines Volumenelementes $2hdq$ drückt sich, wenn man wieder das einzelne Volumenelement als Ganzes bewegt denkt, analog wie in (196′) aus; da aber alle Trägheitsradien unendlich klein sind, so reduziert sich, wenn die $\partial\xi/\partial t$, $\partial\eta/\partial t$, $\partial\zeta/\partial t$ nicht unendlich schnell mit dem Ort auf der Mittelfläche der Platte wechseln, der Wert auf

$$dq\int\psi dz = Tdq = \varrho\left(\left(\frac{\partial\xi}{\partial t}\right)^2 + \left(\frac{\partial\eta}{\partial t}\right)^2 + \left(\frac{\partial\zeta}{\partial t}\right)^2\right)h\,dq. \tag{222′}$$

Die Arbeit der körperlichen Kräfte an demselben Volumen wird, wenn diese Kräfte keine Momente um zu den festen Axen parallele durch den Schwerpunkt des Elementes liefern,

$$dq\int\delta'\alpha_a dz = \delta' S\,dq = 2h(\Xi'\delta\xi + H'\delta\eta + Z'\delta\zeta)\,dq, \tag{222″}$$

worin Ξ', H', Z' auf die Volumeneinheit der Platte bezogen sind.

Endlich wird die Arbeit der Oberflächendrucke an dem Randelement $2h\,ds$, falls $\delta'\lambda$, $\delta'\mu$, $\delta'\nu$ die Drehungswinkel angeben,

$$\left.\begin{aligned} ds\int\delta'\alpha_0 dz &= \delta' S_0 ds \\ &= (A\,\delta\xi + B\,\delta\eta + \Gamma\,\delta\zeta + \Lambda\,\delta'\lambda + M\,\delta'\mu + N\,\delta'\nu)\,ds, \end{aligned}\right\} \tag{222‴}$$

worin A, B, Γ, Λ, M, N, die Komponenten und Momente nach den festen Axen, sich auf ein Stück der Randfläche von der Länge Eins beziehen. T, $\delta' S$ und $\delta' S_0$ sind neue Bezeichnungen.

Die Variation des elastischen Potentiales des Volumenelementes $2hdq$ wird hier wegen $X_z = Y_z = Z_z = 0$ einfach

$$dq\int dz\,\delta\varphi = -\,dq\int dz\left[X_x\frac{\partial\delta u}{\partial x} + Y_y\frac{\partial\delta v}{\partial y} + X_y\left(\frac{\partial\delta u}{\partial y} + \frac{\partial\delta v}{\partial x}\right)\right]. \tag{223}$$

Hier hinein sind die Werte (216′) zu setzen und das Resultat

$$= -\,dq\int dz\left[X_x(\delta a' + z\,\delta m') + Y_y(\delta b' - z\,\delta l') + X_y(\delta d' + z\,\delta k')\right]$$

nach z zu integrieren; dadurch erhält man nach (217⁗)

$$= +\left[(A\delta a' + B\delta b' + D\delta d') + (L\delta l' + M\delta m' + K\delta k')\right]dq, \tag{223′}$$

oder wegen (220) auch

$$dq\int dz\,\delta\varphi = (\delta P_1 + \delta P_2)\,dq. \tag{223″}$$

Die HAMILTON'sche Gleichung (222) lautet somit

$$223''')\qquad \int_{t_0}^{t_1} dt\left[\int dq(\delta T - \delta P_1 - \delta P_2 + \delta' S) + \int ds\,\delta' S_o\right] = 0.$$

Die vorstehenden Formeln gestatten leicht die Erweiterung auf den Fall ursprünglich gekrümmter Platten, wenn man sich dabei auf den allein in Betracht kommenden Fall isotropen Materiales beschränkt. Indem man die auf S. 418 angewandte Schlußweise wieder benutzt, kommt man zu dem Resultat, daß P_2 für den Fall, daß die Anfangswerte von l', m', k' die Beträge l'_a, m'_a, k'_a besaßen, den durch

$$\frac{3P_2}{h^3} = \gamma_{11}(m' - m'_a)^2 + \gamma_{22}(l' - l'_a)^2 + \gamma_{66}(k' - k'_a)^2 - 2\gamma_{12}(l' - l'_a)(m' - m'_a)$$

gegebenen Wert annimmt, das übrige sich aber nicht ändert.

Auf Folgerungen aus den vorstehenden allgemeinen Gleichungen, die sich auf endliche Formänderungen ebener oder ursprünglich gekrümmter Platten beziehen, gehen wir, weil sie zugleich nur umständlich zu erhalten und von geringerem praktischen Interesse sind, nicht ein.

§ 28. Unendlich kleine Verrückungen ursprünglich ebener elastischer Platten; Membranen.

In dem wichtigsten Fall, daß die Platte nur unendlich wenig von der ursprünglichen ebenen Gestalt abweicht und auch in ihrer Ebene nur unendlich kleine Verrückungen erfahren hat, bilden die in jedem Volumenelement konstruierten X, Y, Z-Axen nur unendlich kleine Winkel mit den absolut festen Ξ, H, Z-Axen.

Es kann demnach hier

$$224)\qquad \xi = x + u,\quad \eta = y + v,\quad \zeta = w$$

gesetzt werden, wo u, v, w sich auf die Mittelfläche $z = 0$ beziehen und nur von x, y und t abhängen; es ist dann weiter in erster Näherung

$$224')\qquad \begin{cases} a' = \dfrac{\partial u}{\partial x},\quad b' = \dfrac{\partial v}{\partial y},\quad d' = \dfrac{\partial u}{\partial y} + \dfrac{\partial v}{\partial x}, \\[2ex] l' = \dfrac{\partial^2 w}{\partial y^2},\quad m' = -\dfrac{\partial^2 w}{\partial x^2},\quad k' = -2\dfrac{\partial^2 w}{\partial x\,\partial y}, \end{cases}$$

also nach (215'''), bis auf zwei irrelevante Konstanten,

$$224'')\qquad l = \frac{\partial w}{\partial y},\quad m = -\frac{\partial w}{\partial x}.$$

Demgemäß wird, wenn wir nur Momente um die Randlinie der Platte zulassen, also N in dem Wert von $\delta' S_0$ gleich Null setzen,

$$\left.\begin{aligned}
\delta T &= h\varrho \left(\delta\left(\frac{\partial u}{\partial t}\right)^2 + \delta\left(\frac{\partial v}{\partial t}\right)^2 + \delta\left(\frac{\partial w}{\partial t}\right)^2\right),\\
\delta P_1 &= A\delta\left(\frac{\partial u}{\partial x}\right) + B\delta\left(\frac{\partial v}{\partial y}\right) + D\delta\left(\frac{\partial u}{\partial y} + \frac{\partial v}{\partial x}\right),\\
\delta P_2 &= L\delta\left(\frac{\partial^2 w}{\partial y^2}\right) - M\delta\left(\frac{\partial^2 w}{\partial x^2}\right) - 2K\delta\left(\frac{\partial^2 w}{\partial x \partial y}\right),\\
\delta' S &= 2h(\Xi'\delta u + H'\delta v + Z'\delta w),\\
\delta' S_0 &= \mathsf{A}\,\delta u + \mathsf{B}\,\delta v + \Gamma\delta w + \Lambda\frac{\partial w}{\partial y} - \mathsf{M}\frac{\partial w}{\partial x}.
\end{aligned}\right\} \quad 224''')$$

Führt man diese Werte in die Hamilton'sche Gleichung (223''') ein und variiert darin successive nur u, nur v, nur w, so erhält man:

$$\left.\begin{aligned}
&\int_{t_0}^{t_1} dt\left\{\int dq\left[h\varrho\delta\left(\frac{\partial u}{\partial t}\right)^2 - A\delta\left(\frac{\partial u}{\partial x}\right) - D\delta\left(\frac{\partial u}{\partial y}\right) + 2h\,\Xi'\delta u\right]\right.\\
&\qquad\qquad\left. + \int \mathsf{A}\,\overline{\delta u}\,ds\right\} = 0,\\
&\int_{t_0}^{t_1} dt\left\{\int dq\left[h\varrho\delta\left(\frac{\partial v}{\partial t}\right)^2 - B\delta\left(\frac{\partial v}{\partial y}\right) - D\delta\left(\frac{\partial v}{\partial x}\right) + 2hH'\delta v\right]\right.\\
&\qquad\qquad\left. + \int \mathsf{B}\,\overline{\delta v}\,ds\right\} = 0,\\
&\int_{t_0}^{t_1} dt\left\{\int dq\left[h\varrho\delta\left(\frac{\partial w}{\partial t}\right)^2 - L\delta\left(\frac{\partial^2 w}{\partial y^2}\right) + M\delta\left(\frac{\partial^2 w}{\partial x^2}\right) + 2K\delta\left(\frac{\partial^2 w}{\partial x \partial y}\right)\right.\right.\\
&\quad\left.\left. + 2hZ'\delta w\right] + \int\left[\Gamma\,\overline{\delta w} + \Lambda\delta\left(\overline{\frac{\partial w}{\partial y}}\right) - \mathsf{M}\delta\left(\overline{\frac{\partial w}{\partial x}}\right)\right]ds\right\} = 0.
\end{aligned}\right\} \quad 225)$$

Die Entwickelung dieser Formeln durch teilweise Integration giebt, soweit man das resultierende Flächenintegral in Betracht zieht,

$$\left.\begin{aligned}
2h\varrho\frac{\partial^2 u}{\partial t^2} &= \frac{\partial A}{\partial x} + \frac{\partial D}{\partial y} + 2h\Xi',\\
2h\varrho\frac{\partial^2 v}{\partial t^2} &= \frac{\partial D}{\partial x} + \frac{\partial B}{\partial y} + 2hH',\\
2h\varrho\frac{\partial^2 w}{\partial t^2} &= \frac{\partial^2 M}{\partial x^2} - \frac{\partial^2 L}{\partial y^2} + 2\frac{\partial^2 K}{\partial x \partial y} + 2hZ'.
\end{aligned}\right\} \quad 225')$$

Für Punkte der Randkurven giebt das Nullsetzen der Faktoren von δu und δv unter den Kurvenintegralen sogleich, falls man unter n die äußere Normale versteht:

225″) $$\begin{cases} \overline{A}\cos(n,x) + \overline{D}\cos(n,y) = \mathsf{A}, \\ \overline{D}\cos(n,x) + \overline{B}\cos(n,y) = B; \end{cases}$$

außerdem folgt für den Fall des Gleichgewichts aus allgemeinen mechanischen Bedingungen

225‴) $$\begin{cases} \int \mathsf{A}\,ds + 2h\int \Xi' dq = \int B\,ds + 2h\int H' dq = 0, \\ \int (\overline{x}B - \overline{y}\mathsf{A})\,ds + 2h\int (xH' - y\Xi')\,dq = 0. \end{cases}$$

Hingegen sind die Glieder mit $\delta(\partial w / \partial x)$, $\delta(\partial w / \partial y)$ und δw erst umzuformen. Wir haben zunächst

$$\int ds \left\{ (\overline{K}\cos(n,x) - \overline{L}\cos(n,y) + \varLambda)\,\delta\left(\overline{\frac{\partial w}{\partial y}}\right) \right.$$
$$+ (\overline{M}\cos(n,x) + \overline{K}\cos(n,y) - M)\,\delta\left(\overline{\frac{\partial w}{\partial x}}\right)$$
$$\left. - \left[\left(\overline{\frac{\partial M}{\partial x}} + \overline{\frac{\partial K}{\partial y}}\right)\cos(n,x) + \left(\overline{\frac{\partial K}{\partial x}} - \overline{\frac{\partial L}{\partial y}}\right)\cos(n,y) - \varGamma\right]\overline{\delta w} \right\} = 0.$$

Liegt s zu n, wie die Y- zur X-Axe, so ist $\cos(n,x) = \cos(s,y)$, $\cos(n,y) = -\cos(s,x)$ und

$$\delta\left(\frac{\partial w}{\partial y}\right) = \frac{\partial\,\delta w}{\partial n}\cos(n,y) + \frac{\partial\,\delta w}{\partial s}\cos(n,x)$$
$$\delta\left(\frac{\partial w}{\partial x}\right) = \frac{\partial\,\delta w}{\partial n}\cos(n,x) - \frac{\partial\,\delta w}{\partial s}\cos(n,y);$$

ferner wird, da nach der Annahme das resultierende Moment $\varDelta$ um das Randelement ds wirkt,

$$-\varLambda\cos(n,y) + M\cos(n,x) = \varDelta,$$
$$\varLambda\cos(n,x) + M\cos(n,y) = 0;$$

daraus folgt für das obige Integral, falls man kurz $\cos(n,x) = \cos\varphi$ setzt,

$$\int ds \left\{ (2\overline{K}\cos\varphi\sin\varphi - \overline{L}\sin^2\varphi + \overline{M}\cos^2\varphi - \varDelta)\,\overline{\frac{\partial\,\delta w}{\partial n}} \right.$$
$$+ (\overline{K}(\cos^2\varphi - \sin^2\varphi) - (\overline{L} + \overline{M})\cos\varphi\sin\varphi)\,\overline{\frac{\partial\,\delta w}{\partial s}}$$
$$\left. - \left[\left(\overline{\frac{\partial M}{\partial x}} + \overline{\frac{\partial K}{\partial y}}\right)\cos\varphi + \left(\overline{\frac{\partial K}{\partial x}} - \overline{\frac{\partial L}{\partial y}}\right)\sin\varphi - \varGamma\right]\overline{\delta w} \right\}.$$

Formt man das zweite Glied durch teilweise Integration über die ganze Randkurve um, wobei das abgesonderte Glied verschwindet, so ergiebt sich durch Nullsetzen der Faktoren von δw und $\delta(\partial w / \partial n)$

$$\left.\begin{array}{l}\frac{\partial}{\partial s}\left[\overline{K}(\cos^2\varphi - \sin^2\varphi) - (\overline{L} + \overline{M})\cos\varphi \sin\varphi\right] \\ + \left(\frac{\partial \overline{M}}{\partial x} + \frac{\partial \overline{K}}{\partial y}\right)\cos\varphi + \left(\frac{\partial \overline{K}}{\partial x} - \frac{\partial \overline{L}}{\partial y}\right)\sin\varphi - \Gamma = 0,\end{array}\right\} \quad 226)$$

$$2\overline{K}\cos\varphi \sin\varphi - \overline{L}\sin^2\varphi + \overline{M}\cos^2\varphi - \Delta = 0. \quad 226')$$

Zugleich muß im Falle des Gleichgewichts gelten

$$\left.\begin{array}{l}\int \Gamma ds + 2h\int Z'dq = 0, \\ \int(\Delta + \overline{y}\Gamma)ds + 2h\int yZ'dq = 0, \\ \int(M - \overline{x}\Gamma)ds - 2h\int xZ'dq = 0.\end{array}\right\} \quad 226'')$$

Außer diesen Bedingungen für die Kräfte und die Momente existieren noch solche für die Verrückungen, auf die wir weiter unten eingehen werden.

Alle die vorstehenden Bedingungen (225') bis (226'') sind unabhängig von dem speziellen Gesetz, welches die Funktionen A, B, D und L, M, K mit den Verrückungen u, v, w verbindet; sie haben also eine bemerkenswerte Allgemeinheit.

Auf das spezielle elastische Problem werden sie durch Einführung der Werte A, B, D und L, M, K, welche aus den Formeln (220) und (220') folgen, angewandt. —

Wir wenden uns zunächst zur Behandlung der longitudinalen Verschiebungen innerhalb einer Platte und bemerken dazu, daß wegen jener Werte geschrieben werden kann

$$A = -2hA_x, \quad B = -2hB_y, \quad D = -2hA_y = -2hB_x, \quad 227)$$

worin nun

$$\left.\begin{array}{l}-A_x = \gamma_{11}x_x + \gamma_{12}y_y + \gamma_{16}x_y, \\ -B_y = \gamma_{12}x_x + \gamma_{22}y_y + \gamma_{26}x_y, \\ -A_y = \gamma_{16}x_x + \gamma_{26}y_y + \gamma_{66}x_y,\end{array}\right\} \quad 227')$$

ist; zugleich nehmen die zwei ersten Gleichungen (225') die Form an

$$\left.\begin{array}{l}\varrho\frac{\partial^2 u}{\partial t^2} = \Xi' - \left(\frac{\partial A_x}{\partial x} + \frac{\partial A_y}{\partial y}\right), \\ \varrho\frac{\partial^2 v}{\partial t^2} = H' - \left(\frac{\partial B_x}{\partial x} + \frac{\partial B_y}{\partial y}\right);\end{array}\right\} \quad 227'')$$

die Randbedingungen (225'') die andere

$$\overline{A}_n + A' = \overline{B}_n + B' = 0, \quad 227''')$$

worin gesetzt ist

$$A_x\cos(n,x) + A_y\cos(n,y) = A_n, \quad A = 2hA',$$
$$B_x\cos(n,x) + B_y\cos(n,y) = B_n, \quad B = 2hB.$$

Diese interessante Form zeigt, daß die für die ebenen Deformationen einer ebenen Platte maßgebenden Formeln aus den allgemeinen für räumliche Probleme gültigen auf S. 331, 340 u. f. durch eine einfache Übertragung auf die XY-Ebene, d. h. durch Nullsetzen der Komponenten und Verrückungen parallel der Z-Axe, sowie aller Differentialquotienten nach z, — allerdings unter gleichzeitiger Veränderung der Elasticitätskonstanten c_{hk} in die γ_{hk} — erhalten werden.

Hieraus folgt, daß man für eine ganze Reihe von räumlichen elastischen Vorgängen Analoga für die ebene Platte ohne alle Rechnung behandeln kann; z. B. ist die Untersuchung über die Bestimmtheit des elastischen Problems von S. 342 u. f. direkt auf den vorliegenden Fall anwendbar.

Für spezielle Probleme kommen besonders solche Platten in Betracht, die sich für longitudinale Verrückungen wie isotrope verhalten, wozu eine bestimmte Symmetrie des Krystalles, aus dem sie hergestellt sind, und eine bestimmte Orientierung der Platte gegen die Krystallaxen erforderlich ist.[92])

Hier wird nach den ersten drei Formeln (221'')

228) $$\begin{cases} -A_x = \gamma x_x + \gamma_1 y_y, \quad -B_y = \gamma_1 x_x + \gamma y_y, \\ -A_y = -B_x = \frac{1}{2}(\gamma - \gamma_1) x_y = \frac{1}{2}\gamma_2 x_y, \end{cases}$$

und die Gleichungen (227'') lauten, wenn man

$$\frac{\partial u}{\partial x} + \frac{\partial v}{\partial y} = \vartheta_2, \quad \Xi' = \varrho \Xi, \quad H' = \varrho H$$

setzt,

228') $$\begin{cases} \varrho \frac{\partial^2 u}{\partial t^2} = \frac{1}{2}(\gamma - \gamma_1) \triangle_2 u + \frac{1}{2}(\gamma + \gamma_1) \frac{\partial \vartheta_2}{\partial x} + \varrho \Xi, \\ \varrho \frac{\partial^2 v}{\partial t^2} = \frac{1}{2}(\gamma - \gamma_1) \triangle_2 v + \frac{1}{2}(\gamma + \gamma_1) \frac{\partial \vartheta_2}{\partial y} + \varrho H. \end{cases}$$

Macht man hier die korrespondierenden Zerlegungen

228'') $$\begin{cases} \Xi = -\frac{\partial \Phi}{\partial x} - \frac{\partial N}{\partial y}, \quad H = -\frac{\partial \Phi}{\partial y} + \frac{\partial N}{\partial x}, \\ \text{und} \\ u = \frac{\partial F}{\partial x} + \frac{\partial W}{\partial y}, \quad v = \frac{\partial F}{\partial y} - \frac{\partial W}{\partial x}, \end{cases}$$

so zerfällt die letztere die Deformation in eine durch F bestimmte Potential- und eine durch W bestimmte Drillungsdeformation.

Für die Potentialdeformation ist

229) $$\begin{cases} -A_x = \gamma \frac{\partial^2 F}{\partial x^2} + \gamma_1 \frac{\partial^2 F}{\partial y^2}, \quad -B_y = \gamma_1 \frac{\partial^2 F}{\partial x^2} + \gamma \frac{\partial^2 F}{\partial y^2}, \\ -A_y = -B_x = \gamma_2 \frac{\partial^2 F}{\partial x \partial y}, \end{cases}$$

also in dem speziellen Falle, daß $\triangle_2 F = 0$ ist,

$$-A_x = \gamma_2 \frac{\partial^2 F}{\partial x^2}, \quad -B_y = \gamma_2 \frac{\partial^2 F}{\partial y^2}, \quad -A_y = -B_x = \gamma_2 \frac{\partial^2 F}{\partial x \partial y}, \qquad 229')$$

daher

$$-A_n = \gamma_2 \frac{\partial^2 F}{\partial x \partial n}, \quad -B_n = \gamma_2 \frac{\partial^2 F}{\partial y \partial n}, \qquad 229'')$$

und falls wieder $\cos(n, x) = \cos(s, y), \cos(n, y) = -\cos(s, x)$ ist, und N und S die Komponenten nach den Richtungen von n und σ bezeichnen,

$$-N_n = \gamma_2 \frac{\partial^2 F}{\partial n^2}, \quad -S_n = \gamma_2 \frac{\partial^2 F}{\partial s \partial n}. \qquad 229''')$$

Für eine Drillungsdeformation ist

$$\left. \begin{aligned} -A_x &= \gamma_2 \frac{\partial^2 W}{\partial x \partial y}, \quad -B_y = -\gamma_2 \frac{\partial^2 W}{\partial x \partial y}, \\ -A_y &= -B_x = \tfrac{1}{2}\gamma_2 \left(\frac{\partial^2 W}{\partial y^2} - \frac{\partial^2 W}{\partial x^2} \right), \end{aligned} \right\} \qquad 230)$$

daher also

$$\left. \begin{aligned} -A_n &= \tfrac{1}{2}\gamma_2 \left(\frac{\partial^2 W}{\partial y \partial n} + \frac{\partial^2 W}{\partial x \partial s} \right), \quad -B_n = \tfrac{1}{2}\gamma_2 \left(\frac{\partial^2 W}{\partial y \partial s} - \frac{\partial^2 W}{\partial x \partial n} \right), \\ -N_n &= \gamma_2 \frac{\partial^2 W}{\partial n \partial s}, \quad -S_n = \tfrac{1}{2}\gamma_2 \left(\frac{\partial^2 W}{\partial s^2} - \frac{\partial^2 W}{\partial n^2} \right). \end{aligned} \right\} \qquad 230')$$

Die Grundgleichungen (228') nehmen infolge der Substitution (228'') für den Fall des Gleichgewichtes die Gestalt an

$$\left. \begin{aligned} \varrho \left(\frac{\partial \Phi}{\partial x} + \frac{\partial N}{\partial y} \right) &= +\tfrac{1}{2}\gamma_2 \triangle_2 \frac{\partial W}{\partial y} + \gamma \triangle_2 \frac{\partial F}{\partial x}, \\ \varrho \left(\frac{\partial \Phi}{\partial y} - \frac{\partial N}{\partial x} \right) &= -\tfrac{1}{2}\gamma_2 \triangle_2 \frac{\partial W}{\partial x} + \gamma \triangle_2 \frac{\partial F}{\partial y}; \end{aligned} \right\} \qquad 231)$$

eine partikuläre Lösung ist gegeben durch

$$\varrho \Phi = \gamma \triangle F, \quad \varrho N = \tfrac{1}{2}\gamma_2 \triangle W, \qquad 231')$$

woraus man schließen kann

$$F = \frac{\varrho}{4\pi\gamma} \int \Phi_1 \, l(e^2) \, dq_1, \quad W = \frac{\varrho}{2\pi\gamma_2} \int N_1 \, l(e^2) \, dq_1. \qquad 231'')$$

Diese Lösungen sind für eine unendliche Platte, die im Unendlichen fest ist, die vollständigen; sie geben in dem speziellen Falle, daß Φ_1 und N_1 nur auf einem kleinen Flächenstück q_1 von Null verschieden sind, für Punkte in endlicher Entfernung von q_1

$$F = H\, l(e^2), \quad W = J\, l(e^2),$$

worin

$$\frac{1}{4\pi\gamma} \int \Phi_1 \, dq_1 = H, \quad \frac{1}{2\pi\gamma_2} \int N_1 \, dq_1 = J \qquad 231''')$$

gesetzt ist.

Wenn q_1 unendlich klein, aber H wie J trotzdem endlich ist, wird F und W in q_1 unendlich und dessen Ort muß demnach für die Betrachtung durch eine q_1 umschließende Kurve s_1 ausgeschlossen werden. In diesem Falle sind die Deformationen als durch Drucke, welche gegen s_1 wirken und sich nach (229″) und (230′) berechnen lassen, hervorgerufen zu betrachten.

Ist die Kurve s_1 ein Kreis vom Radius $\bar{e}$ um q_1 als Mittelpunkt, so wird die obige Potentialdeformation durch einen normal gegen s_1 wirkenden Druck von der Größe $2\gamma_2 H / \bar{e}^2$, die Drillungsdeformation durch einen tangentialen von der Größe $\gamma_2 J / \bar{e}^2$ bewirkt. —

Die allgemeinen Lösungen (231″), die in Wirklichkeit vierfache Integrale enthalten, kann man auf eine einfachere Form bringen durch Betrachtung der kombinierten Deformation, die gegeben ist durch

232) $$F = -\,q x\, l(e^2), \quad W = -\,p y\, l(e^2),$$

und die den Hauptgleichungen genügt, wenn gilt

232′) $$2 q \gamma = p \gamma_2 = p(\gamma - \gamma_1).$$

Es wird dabei

232″) $$\begin{cases} u = -\,p\left(\dfrac{3\gamma - \gamma_1}{\gamma}\, l(e) + \dfrac{\gamma_2 x^2 + 2\gamma y^2}{e^2 \gamma}\right), \\ v = +\,p\,\dfrac{\gamma + \gamma_1}{\gamma}\,\dfrac{x y}{e^2}; \end{cases}$$

die Verrückungen sind also im Unendlichen nicht gleich Null, u ist dort sogar unendlich.

Begrenzt man die Platte durch eine kleine geschlossene Kurve um den Koordinatenanfangspunkt, so sind gegen dieselbe Drucke auszuüben, deren Gesamtkomponenten sind

$$(\bar{X}) = 4\pi p(\gamma - \gamma_1), \quad (\bar{Y}) = 0.$$

Hiernach kann man, analog wie auf S. 385 und 386, sogleich bilden, wenn alle Elemente der Platte Komponenten Ξ, H erfahren

233) $$\begin{cases} u = -\,\dfrac{\varrho}{4\pi\gamma\gamma_2}\displaystyle\int\Big[\Xi_1\big((3\gamma - \gamma_1)\, e^2 l(e) + \gamma_2 (x - x_1)^2 + 2\gamma (y - y_1)^2\big) \\ \qquad - H_1 (\gamma + \gamma_1)(x - x_1)(y - y_1)\Big]\dfrac{d q_1}{e^2} \\ v = -\,\dfrac{\varrho}{4\pi\gamma\gamma_2}\displaystyle\int\Big[H_1\big((3\gamma - \gamma_1)\, e^2 l(e) + \gamma_2 (y - y_1)^2 + 2\gamma (x - x_1)^2\big) \\ \qquad - \Xi_1 (\gamma + \gamma_1)(x - x_1)(y - y_1)\Big]\dfrac{d q_1}{e^2}. \end{cases}$$

Wirken Kräfte Ξ und H nur im Endlichen, und ist

$$\int \Xi_1 \, d q_1 = \int H_1 \, d q_1 = 0, \tag{233'}$$

so ergeben diese Lösungen im Unendlichen $u = v = 0$ und lassen sich überdies auf die mit (161′) übereinstimmende Form bringen

$$\left.\begin{aligned} u &= +\frac{\varrho}{4\pi\gamma\gamma_2}\int\Big[(\gamma+\gamma_1)(x-x_1)\big(\Xi_1(x-x_1)+H_1(y-y_1)\big) \\ &\qquad -(3\gamma-\gamma_1)\,\Xi_1\, e^2 l(e)\Big]\frac{d q_1}{e^2}, \\ v &= +\frac{\varrho}{4\pi\gamma\gamma^2}\int\Big[(\gamma+\gamma_1)(y-y_1)\big(\Xi_1(x-x_1)+H_1(y-y_1)\big) \\ &\qquad -(3\gamma-\gamma_1)H_1\, e^2 l(e)\Big]\frac{d q_1}{e^2}. \end{aligned}\right\} \tag{233''}$$

Auch die in § 22 gegebenen Entwickelungen über Gleichgewichtsdeformationen beliebig begrenzter isotroper Körper infolge von Oberflächendrucken und -verrückungen gestatten eine teilweise Übertragung auf den Fall der Platte; doch mag deren Umständlichkeit wegen von der Auseinandersetzung abgesehen werden.

In gleicher Weise mag es an dem Hinweis genügen, daß die Fortpflanzung von longitudinalen geradlinigen Wellen innerhalb der Platte nach ganz analogen Gesetzen geschieht, wie die von ebenen Wellen im Raume; bezüglich der Kreiswellen gilt das auf S. 364 Gesagte. —

Wir wenden uns nun zu dem wichtigeren Problem der **transversalen** Verrückungen einer Platte und betrachten zunächst die Bedingungen des Gleichgewichtes.[93])

Die Hauptgleichung lautet nach (225′)

$$0 = \frac{\partial^2 M}{\partial x^2} - \frac{\partial^2 L}{\partial y^2} + 2\frac{\partial^2 K}{\partial x\,\partial y} + 2h\,Z'; \tag{234}$$

mit ihr sind die allgemeinen, aus (220) und (220′) folgenden Werte von L, M, K zu kombinieren.

Multiplizieren wir sie mit w und integrieren über die ganze Ausdehnung der Platte, so erhalten wir zunächst, falls n die äußere Normale bezeichnet,

$$\left.\begin{aligned} 0 &= \int\Big[\Big(\overline{\frac{\partial M}{\partial x}}+\overline{\frac{\partial K}{\partial y}}\Big)\cos(n,x)+\Big(\overline{\frac{\partial K}{\partial x}}-\overline{\frac{\partial L}{\partial y}}\Big)\cos(n,y)\Big]\,\overline{w}\,ds \\ &\quad -\int\Big[\big(\overline{M}\cos(n,x)+\overline{K}\cos(n,y)\big)\overline{\frac{\partial w}{\partial x}} \\ &\quad +\big(\overline{K}\cos(n,x)-\overline{L}\cos(n,y)\big)\overline{\frac{\partial w}{\partial y}}\Big]\,ds \\ &\quad +\int\Big(M\frac{\partial^2 w}{\partial x^2}-L\frac{\partial^2 w}{\partial y^2}+2K\frac{\partial^2 w}{\partial x\,\partial y}+2h\,Z' w\Big)\,dq; \end{aligned}\right\} \tag{234'}$$

durch teilweise Integration des zweiten Integrales und Benutzung der Formeln (226) und (226′) ergiebt dies bei Berücksichtigung des Wertes von P_2

$$0 = \int \left(\Gamma \overline{w} - \varDelta \overline{\frac{\partial w}{\partial n}} \right) ds - 2 \int (P_2 - h Z' w)\, dq. \tag{234''}$$

Hieraus folgt, falls P_2 eine definite quadratische Form ist, was wir voraussetzen wollen, in mehrfach benutzter Weise, daß w bis auf eine additive lineäre Funktion von x und y vollständig bestimmt ist, wenn, neben der äußeren Kraft Z' für alle Stellen der Platte,

noch Γ und $\varDelta$,
oder Γ und $\overline{\partial w / \partial n}$,
oder $\overline{w}$ und $\varDelta$,
oder $\overline{w}$ und $\overline{\partial w / \partial n}$

für alle Randpunkte — Γ und $\varDelta$ natürlich im Einklang mit den Bedingungen (226″) — vorgeschrieben sind.

Von besonderem Interesse sind die zwei Grenzfälle, daß Γ und $\varDelta$ oder $\overline{w}$ und $\overline{\partial w / \partial n}$ ringsum gleich Null sind; im ersten Falle ist der Rand der Platte frei, im letzteren vollkommen befestigt.

Man kann die Gleichung (234″) auf eine mit (201′) korrespondierende Form bringen, indem man die erste Formel (226″), mit $-w_0$, die zweite, mit $-(\partial w / \partial y)_0$, die dritte, mit $+(\partial w / \partial x)_0$ multipliziert, zu ihr addiert, wobei durch den Index $_0$ der Wert in dem auf der Platte liegend gedachten Koordinatenanfang bezeichnet werden mag. Das Resultat lautet

$$\left\{ \begin{aligned} 0 = \int \Big\{ &\Gamma \left(\overline{w} - w_0 - \overline{x} \left(\frac{\partial w}{\partial x} \right)_0 - \overline{y} \left(\frac{\partial w}{\partial y} \right)_0 \right. \\ &+ \varDelta \left[\overline{\frac{\partial w}{\partial y}} - \left(\frac{\partial w}{\partial y} \right)_0 \right] - M \left[\overline{\frac{\partial w}{\partial x}} - \left(\frac{\partial w}{\partial x} \right)_0 \right] \Big\} ds \\ &- 2 \int P_2 dq + 2h \int Z' \left[w - w_0 - x \left(\frac{\partial w}{\partial x} \right)_0 - y \left(\frac{\partial w}{\partial y} \right)_0 \right] dq, \end{aligned} \right. \tag{234'''}$$

bietet indessen hier keine besonderen Vorteile dar.

Dieselbe Betrachtung läßt sich für den Fall der Bewegung anstellen, wie dies auf S. 422 gezeigt ist; statt mit $w\,dq$ ist dabei die Hauptgleichung mit $(\partial w / \partial t)\, dq\, dt$ zu multiplizieren und sowohl über die Mittelfläche der Platte, als über die Zeit von $t = 0$ bis zu einem willkürlichen $t = t_1$ zu integrieren. Die Resultate bezüglich der zur Bestimmung des Problems erforderlichen Randbedingungen sind mit den früheren identisch. —

In dem auf S. 439 besprochenen speziellen Fall, daß $s_{16} = s_{26} = 0$ ist, wird

$$\left.\begin{array}{l} M = -\tfrac{2}{3}h^3\left(\frac{\partial^2 w}{\partial x^2}\gamma_{11} + \frac{\partial^2 w}{\partial y^2}\gamma_{12}\right), \quad L = +\tfrac{2}{3}h^3\left(\frac{\partial^2 w}{\partial x^2}\gamma_{12} + \frac{\partial^2 w}{\partial y^2}\gamma_{22}\right), \\ \qquad K = -\tfrac{4}{3}h^3\frac{\partial^2 w}{\partial x \partial y}\gamma_{66}, \end{array}\right\} \qquad 235)$$

und die Hauptgleichung (234) für w nimmt die Form an

$$\varrho\frac{\partial^2 w}{\partial t} + \tfrac{1}{3}h^3\left(\frac{\partial^4 w}{\partial x^4}\gamma_{11} + 2\frac{\partial^4 w}{\partial x^2 \partial y^2}(\gamma_{12} + 2\gamma_{66}) + \frac{\partial^4 w}{\partial y^4}\gamma_{22}\right) = Z'. \qquad 235')$$

Für isotrope Körper erhält man noch einfacher wegen $\gamma_{11} = \gamma_{22} = \gamma, \;\; \gamma_{12} = \gamma_1, \;\; \gamma_{66} = \gamma_2 = \tfrac{1}{2}(\gamma_1 - \gamma)$

$$\varrho\frac{\partial^2 w}{\partial t^2} + \tfrac{1}{3}h^3\gamma \triangle_2 \triangle_2 w = Z'. \qquad 235'')$$

Im Falle des Gleichgewichts bei gegebenen Randwerten von w und $\partial w / \partial n$ treten die auf S. 207 angegebenen Regeln in Kraft; die übrigen dort angegebenen Fälle von Randbedingungen haben kein physikalisches Interesse. —

Das Problem der stehenden transversalen Schwingungen einer begrenzten ebenen Platte ohne äußere Kräfte bietet im allgemeinen der Behandlung große Schwierigkeiten.

Setzt man $w = R \sin \alpha(t + t_0)$, so gilt für R die Gleichung

$$-\alpha^2 R + \omega'^2 \triangle_2 \triangle_2 R = 0, \qquad 235''')$$

wo $\omega'^2 = h^3\gamma / 3\varrho$ ist; die Randbedingungen sind dem Schema auf S. 450 bei Berücksichtigung der für isotrope Medien vereinfachten Werte von Γ und Δ aus (226) und (226') zu entnehmen.

Bei rings freiem Rande ist bisher die Lösung nur für die Kreisscheibe gefunden, bei teilweise freiem Rande für das Rechteck, hier nämlich in dem Fall, daß für ein Seitenpaar Γ und Δ, für das andere w und Δ gleich Null sind. Bei ringsum festem Rande sind die Schwierigkeiten geringer.[94])

Im allgemeinen findet sich, wie bei dem Stab, für α und damit für die Periode τ der Schwingung eine unendliche Anzahl diskreter Werte; in speziellen Fällen können zwei oder mehrere zusammenfallen, so daß also mehrere Lösungen R oder mehrere Schwingungsformen demselben Ton entsprechen. Solche Töne heißen doppelte oder mehrfache.

Die Schwingungsknoten sind bei einfachen Tönen gegeben durch

$$R = 0,$$

bei mehrfachen, falls $R_1, R_2 \ldots$ demselben α entsprechen, durch

$$R_1 + R_2 + \ldots = 0;$$

da die R_h nur Funktionen von x und y sind, so erfüllen die Knotenpunkte im allgemeinen gewisse Kurven, die Knotenlinien, stetig. Einfachen Tönen entspricht nur ein einzelnes System von Knotenlinien, n-fachen ein $(n-1)$fach unendliches; die speziellen Formen hängen in letzterem Falle von der relativen Intensität ab, welche die einzelnen einfachen Schwingungen, d. h. von der relativen Größe, welche die einzelnen Funktionen R_h in der allgemeinen Lösung besitzen.

Über die Erregung von transversalen Schwingungen in endlichen Platten durch Resonanz kann man einen allgemeinen Satz auf dem auf S. 433 für die transversalen Schwingungen endlicher Stäbe eingeschlagenen Wege erhalten, der jenem genau entspricht und hier daher ausgelassen werden kann.

Die allgemeinen Gesetze für die Fortpflanzung einer anfänglichen Verrückung und Geschwindigkeit auf einer unbegrenzten isotropen Platte sind noch nicht gefunden. —

Wenn in den Werten (224‴) von δP_1 und δP_2 zugleich wegen sehr geringer Dicke der Platte δP_2 sehr klein und wegen sehr großer A, B, D auch δP_1 sehr groß ist, so muß in den Ausdrücken für die Faktoren $\delta a', \delta b', \delta d'$ der letzteren in δP_1 noch die zweite Ordnung berücksichtigt werden. Bedenkt man die Bedeutung von a', b', c' und berücksichtigt, daß die relativen Koordinaten der Endpunkte eines Linienelementes, welches ursprünglich der Ξ-Axe parallel lag,

$$\frac{\partial \xi}{\partial x}dx, \quad \frac{\partial \eta}{\partial x}dx, \quad \frac{\partial \zeta}{\partial x}dx,$$

diejenigen eines Linienelementes, das ursprünglich der H-Axe parallel lag,

$$\frac{\partial \xi}{\partial y}dy, \quad \frac{\partial \eta}{\partial y}dy, \quad \frac{\partial \zeta}{\partial y}dy,$$

sind, so erhält man leicht, indem man schließlich

$$\xi = x + u, \quad \eta = y + v, \quad \zeta = w$$

setzt,

$$236)\quad \begin{cases} a' = \dfrac{\partial u}{\partial x} + \frac{1}{2}\left(\left(\dfrac{\partial v}{\partial x}\right)^2 + \left(\dfrac{\partial w}{\partial x}\right)^2\right), \\[2ex] b' = \dfrac{\partial v}{\partial y} + \frac{1}{2}\left(\left(\dfrac{\partial u}{\partial y}\right)^2 + \left(\dfrac{\partial w}{\partial y}\right)^2\right), \\[2ex] d' = \left(\dfrac{\partial v}{\partial x} + \dfrac{\partial u}{\partial y}\right)\left(1 - \dfrac{\partial u}{\partial x} - \dfrac{\partial v}{\partial y}\right) + \dfrac{\partial u}{\partial x}\dfrac{\partial u}{\partial y} + \dfrac{\partial v}{\partial x}\dfrac{\partial v}{\partial y} + \dfrac{\partial w}{\partial x}\dfrac{\partial w}{\partial y}. \end{cases}$$

Benutzt man diese Werte bei der Entwickelung der Hamilton'schen Gleichung (223‴) und variiert allein w, während man zugleich die von δP_2 herrührenden Glieder vernachlässigt, so erhält man zunächst

$$\left.\begin{array}{l}\int\limits_0^{t_1} dt \int dq \left[h\varrho\,\delta\left(\frac{\partial w}{\partial t}\right)^2 - \frac{1}{2}A\,\delta\left(\frac{\partial w}{\partial x}\right)^2 - \frac{1}{2}B\,\delta\left(\frac{\partial w}{\partial y}\right)^2 - D\,\delta\left(\frac{\partial w}{\partial x}\frac{\partial w}{\partial y}\right)\right. \\ \qquad\qquad \left. + 2h\,Z'\,\delta w\right] = 0.\end{array}\right\} \quad 236')$$

Führt man die Variation bei gegebenen Randwerten von w, also verschwindendem $\overline{\delta w}$ aus, so giebt dies[95])

$$2h\varrho\frac{\partial^2 w}{\partial t^2} = \frac{\partial}{\partial x}\left(A\frac{\partial w}{\partial x} + D\frac{\partial w}{\partial y}\right) + \frac{\partial}{\partial y}\left(D\frac{\partial w}{\partial x} + B\frac{\partial w}{\partial y}\right) + 2h\,Z'; \quad 236'')$$

dabei muß, wenn Bewegungen und körperliche Kräfte parallel der Platte fehlen, nach (225')

$$0 = \frac{\partial A}{\partial x} + \frac{\partial D}{\partial y}, \quad 0 = \frac{\partial B}{\partial y} + \frac{\partial D}{\partial x}, \quad 237)$$

außerdem am Rande nach (225'')

$$\overline{A}\cos(n,x) + \overline{D}\cos(n,y) = \mathsf{A}, \quad \overline{D}\cos(n,x) + \overline{B}\cos(n,y) = \mathsf{B} \quad 237')$$

sein.

Hier kann man, da t in diesen Gleichungen nicht auftritt, A, B, D als von der Zeit unabhängig ansehen, was nur aussagt, daß der Einfluß der transversalen Schwingungen auf diese Größen höherer Ordnung ist.

Der wichtigste spezielle Fall ist der, daß auf die Randkurve eine konstante normale Zugkraft Π wirkt; dann ist

$$\mathsf{A} = \Pi\cos(n,x), \quad \mathsf{B} = \Pi\cos(n,y)$$

und Π konstant; hieraus folgt

$$A = B = \Pi, \quad D = 0$$

und

$$2h\varrho\frac{\partial^2 w}{\partial t^2} = \Pi\,\triangle_2 w + 2h\,Z'. \quad 237'')$$

Dazu kommen für den Rand vorgeschriebene Werte von w, und für die Zeit $t = 0$ vorgeschriebene Werte von w und $\partial w / \partial t$, um das Problem vollständig zu bestimmen; am Rand gegebene $\partial w / \partial n$ kommen in der Praxis nicht vor, doch kann man, ähnlich wie S. 435 geschehen, den Fall konstruieren, daß am Rande $F^2\overline{w} - \partial\overline{w} / \partial n$ gegeben, etwa gleich Null ist, ohne daß derselbe eine praktische Bedeutung besäße.

Diese Formeln enthalten die Theorie des Gleichgewichts und der Bewegung einer Membran und sind die gleichen, ob jene von isotroper oder anisotroper Substanz ist, was damit zusammenhängt, daß die Elasticität der Membran bei der Erscheinung überhaupt keine Rolle spielt.

Ihre Gestalt stimmt überein mit derjenigen der Gleichungen für die nur von zwei Koordinaten abhängigen Verrückungen innerhalb einer elastischen Flüssigkeit; sie gestatten demgemäß die genau gleiche Behandlung, doch sind hier andere spezielle Fälle von praktischer Bedeutung, wie dort.

Im Falle des Gleichgewichts lautet die Hauptgleichung

238) $$0 = \Pi \triangle_2 w + 2hZ';$$

sie läßt sich also bei gegebenem $\overline{w}$ nach S. 199 mit Hilfe der ersten Green'schen Funktion behandeln.

Im Falle der Bewegung ohne körperliche Kräfte erhält man

238′) $$2h\varrho \frac{\partial^2 w}{\partial t^2} = \Pi \triangle_2 w,$$

woraus sich der Wert der Fortpflanzungsgeschwindigkeit ω geradliniger Wellen ergiebt gemäß

238″) $$\omega^2 = \frac{\Pi}{2h\varrho};$$

Π ist darin die gegen die Längeneinheit des Randes wirkende Zugkraft, $\Pi/2h$ also ihr auf die Flächeneinheit bezogener Wert.

Eine eigentliche Fortpflanzung von Kreiswellen auf einer Membran findet nicht statt, wie das schon auf S. 364 erwähnt und S. 375 näher begründet ist, sondern statt dessen eine Ausbreitung, welche die ergriffenen Punkte erst nach unendlich langer Zeit in die Ruhelage zurückkehren läßt.

Hiermit hängt zusammen, daß die Erregung einer transversalen Bewegung durch ebensolche Anfangsverrückungen und Geschwindigkeiten auf einer unendlichen Membran nach viel komplizierteren Gesetzen geschieht, als die einer Bewegung in einer unendlichen elastischen Flüssigkeit, obgleich die Bedingungen für erstere aus denen für letztere durch die Vereinfachung hervorgehen, daß in ihnen jede Abhängigkeit von der z-Koordinate beseitigt wird. Wie man das räumliche Problem für das vorliegende ebene nutzbar machen kann, ist auf S. 375 erörtert worden.

Für die Erregung stehender Kreiswellen durch die periodische Bewegung eines sehr kleinen Bereiches innerhalb einer sonst unbegrenzten Membran folgen die Gesetze aus der Formel (141′).

Von praktischer Wichtigkeit sind allein die Fälle stehender

Schwingungen in ringsbegrenzten Membranen. Hier erhält man durch die Substitution

$$w = R \sin \alpha (t + t_0), \tag{239)}$$

welche einem einfachen Ton entspricht aus (238')

$$\alpha^2 R + \omega^2 \triangle_2 R = 0, \tag{239')}$$

wo nun für α durch die Randbedingung ein System diskreter Werte bestimmt wird; unter bestimmten Umständen, z. B. bei Membranen von quadratischer Form, fallen mehrere dieser Werte zusammen und liefern dann, wie S. 451 schon ausgeführt, doppelte und mehrfache Töne. ΣR_h, über die demselben α entsprechenden Lösungen ausgedehnt und gleich Null gesetzt, giebt die Gleichung der Knotenlinien für den durch α definierten mehrfachen Ton.

Membranen mit ringsum festen Grenzen können in der Praxis nur durch Resonanz in Schwingungen gesetzt werden, und eben deshalb wollen wir schließlich noch die Grundformel der Resonanz für die Membran, die ebenso leicht, wie S. 431 für den Stab gezeigt worden, zu bilden ist, angeben; sie lautet, wenn t_1 ein ganzes Vielfaches einer Periode bezeichnet:

$$\left.\begin{aligned}\int\left(\alpha w_{t_1}\cos\alpha t_0-\left(\frac{\partial\omega}{\partial t}\right)_{t_1}\sin\alpha t_0\right)R\,dq+\frac{1}{\varrho}\int\limits_0^{t_1}dt\int Z' R\sin\alpha(t+t_0)\,dq\\+\,\omega^2\int\limits_0^{t_1}dt\int\left(\overline{R}\frac{\overline{\partial w}}{\partial n}-\overline{w}\frac{\overline{\partial R}}{\partial n}\right)\sin\alpha(t+t_0)\,ds=0.\end{aligned}\right\} \tag{239'')}$$

Ist der Rand der Membran festgehalten, also sowohl $\overline{w}$ als $\overline{R}$ gleich Null, so wird noch einfacher

$$\int\left(\alpha w_{t_1}\cos\alpha t_0-\left(\frac{\partial w}{\partial t}\right)_{t_1}\sin\alpha t_0\right)R\,dq=-\frac{1}{\varrho}\int R\,dq\int\limits_0^{t_1}Z'\sin\alpha(t-t_0)\,dt, \tag{239''')}$$

und diese Formel gestattet dieselben Schlüsse, die S. 432 an die entsprechende Formel für den Stab geknüpft sind.

V. Kapitel.

Innere Reibung und elastische Nachwirkung.

§ 29. Die Druckkomponenten der inneren Reibung und der elastischen Nachwirkung.

Die in den beiden vorhergehenden Kapiteln aufgestellten Gesetze für die Bewegung von Flüssigkeiten und von elastischen Körpern werden von der Beobachtung zwar angenähert bestätigt, bewähren sich aber keineswegs streng. Am auffälligsten von den obigen Resultaten abweichend ist die Erscheinung, daß ein in innerer, z. B. in Schwingungsbewegung begriffener, aber äußeren Einwirkungen nicht unterworfener, nichtstarrer Körper seine Energie nicht, wie oben entwickelt ist, unverändert beibehält, sondern anscheinend teilweise verliert. Man hat aus ihr zu schließen, daß die bisher in nichtstarren Körpern wirksam angenommenen Druckkräfte nicht die einzigen in Wirklichkeit vorhandenen sind, und wo die Gleichgewichtsphänomene mit der Theorie übereinstimmen, wie das jedenfalls vielfach anscheinend geschieht, wird man schließen müssen, daß die als Korrektionen zu den früher benutzten zuzufügenden Kräfte von der Bewegung, und zwar, nach dem oben Gesagten, von der inneren, d. h. der Deformationsbewegung jener Körper abhängen.

Um eine Verallgemeinerung der oben benutzten Ansätze zu erhalten, ist der einfachste Weg der, die Druckkomponenten durch Summen von Gliedern in der für die Elasticitätstheorie benutzten Form (107″), genommen über die Differentialquotienten der Deformationsgrößen nach der Zeit, auszudrücken, also zu setzen[96])

$$240)\quad \left\{ \begin{aligned} -(X_x) = \sum \Bigg(& c_{11}^{(j)} \frac{\partial^j x_x}{\partial t^j} + c_{12}^{(j)} \frac{\partial^j y_y}{\partial t^j} + c_{13}^{(j)} \frac{\partial^j z_z}{\partial t^j} + c_{14}^{(j)} \frac{\partial^j y_z}{\partial t^j} \\ & + c_{15}^{(j)} \frac{\partial^j z_x}{\partial t^j} + c_{16}^{(j)} \frac{\partial^j x_y}{\partial t^j} \Bigg) \quad \text{u. s. f.,} \end{aligned} \right.$$

wobei in den $c_{hk}^{(j)}$ der Exponent j einen Index bedeutet, und $j = 0, 1, 2, \ldots$ ist.

Setzt man

$$(X_x) = X_x + A_x, \ldots (X_y) = X_y + A_y, \tag{240'}$$

worin die $X_x, \ldots X_y$ die Bedeutung der gewöhnlichen elastischen Druckkomponenten haben, so sind A_x, $B_y, \ldots A_y$ die zu den früheren Ansätzen gefügten Korrektionen. Für manche Zwecke ist es bequem, (240) abzukürzen in

$$(X_x) = \sum X_x^{(j)}, \ldots (X_y) = \sum X_y^{(j)}, \tag{240''}$$

wo dann der obere Index j sich auf die Ordnung der in $X_x^{(j)} \ldots X_y^{(j)}$ vorkommenden Differentialquotienten nach der Zeit bezieht, und X_x^0, $\ldots X_y^0$ identisch mit $X_x, \ldots X_y$ ist.

Bei einem solchen Ansatz berührt also die Erweiterung nicht die früher gemachte Grundannahme, daß die Drucke in irgend einem Volumenelement ausschließlich von der Deformation desselben Volumenelementes, und zwar lineär, abhängen; sie läßt aber die Drucke nicht mit den Deformationsgrößen verschwinden, sondern ergiebt sie nur dann stets gleich Null, wenn gleichzeitig auch alle in dem Ansatz (240) vorkommenden Differentialquotienten der Deformationsgrößen nach der Zeit gleich Null sind; dies wird aber bei jeder Veränderung der Deformationen im allgemeinen erst nach unendlich langer Zeit eintreten.

Die zu den früheren elastischen Drucken $X_x, \ldots X_y$ neu hinzugekommenen Summen $A_x, \ldots A_y$ mögen die Komponenten der inneren Reibung im allgemeinsten Sinne heißen.

Für die Gesamtkomponenten $(X_x), \ldots (X_y)$ müssen die allgemeinen Gleichungen gelten, welche in § 2 dieses Teiles ganz ohne spezielle Annahmen über die Natur der inneren Drucke abgeleitet sind; auch die Grenzbedingungen für die Verrückungen bleiben die gleichen. Dagegen bedürfen die für letztere geltenden Anfangsbedingungen einer Erweiterung, weil die Gleichungen (14) für die Bewegung des nichtstarren Systemes durch die verallgemeinerten Werte der Drucke höhere Differentialquotienten nach der Zeit, als die zweiten enthalten. Sind die höchsten vorkommenden von $h$ter Ordnung, so erfordert die Bestimmung des Problems die Angabe der Anfangswerte für die 0ten bis $(h-1)$ten Differentialquotienten der Verrückungskomponenten nach der Zeit, oder, mit anderen Worten, die Angabe eines Teiles der Vorgeschichte des elastischen Systemes bis zur Zeit $t = 0$.

Diese Überlegung steht in engem Zusammenhang mit einer eigentümlichen Deutung, welche man dem Ansatz (240) geben kann. Schreibt man die Konstanten desselben

241) $$c_{hk}^{(j)} = (-1)^j \int_0^\infty \frac{\vartheta^j}{1.2.\ldots j} f_{hk}(\vartheta)\, d\vartheta$$

und bezeichnet mit $\xi(t)$ irgend eine der Deformationsgrößen $x_x, \ldots x_y$, so wird

$$\sum_j c_{hk}^{(j)} \frac{\partial^j \xi(t)}{\partial t^j} = \int_0^\infty f_{hk}(\vartheta)\, d\vartheta \,.\, \sum_j \frac{(-1)^j \vartheta^j}{1.2\ldots j} \frac{\partial^j \xi(t)}{\partial t^j}.$$

Dies ist aber, falls die Reihe konvergiert,

$$= \int_0^\infty f_{hk}(\vartheta) d\vartheta\, \xi(t-\vartheta),$$

oder, wenn man $t - \vartheta = \tau$ setzt,

241') $$\sum_j c_{hk}^{(j)} \frac{\partial^j \xi(t)}{\partial t^j} = \int_{-\infty}^t \xi(\tau) f_{hk}(t-\tau)\, d\tau.$$

Dann wird, wenn man $x_x, \ldots x_y$ als Funktionszeichen benutzt,

241'') $$\begin{cases} -(X_x + A_x) = \int_{-\infty}^t d\tau\, [f_{11}(t-\tau) x_x(\tau) + f_{12}(t-\tau) y_y(\tau) \\ + f_{13}(t-\tau) z_z(\tau) + f_{14}(t-\tau) y_z(\tau) + f_{15}(t-\tau) z_x(\tau) + f_{16}(t-\tau) x_y(\tau)], \end{cases}$$

d. h., es wird die Druckkraft zur Zeit t nicht nur abhängig von den Werten, welche die Deformationsgrößen zur gleichen Zeit besitzen, sondern auch von allen Werten, die sie in früheren Zeiten τ besaßen; die Funktionen $f_{hk}(t-\tau)$ stellen die Wirkungsgrade jeder einzelnen Deformationsgröße über die Zeit $(t-\tau)$ hinweg dar.

In dieser Deutung nennt man die Zusatzglieder $A_x, \ldots A_y$ die Druckkomponenten der elastischen Nachwirkung.[97]) Innere Reibung und elastische Nachwirkung sind also bei dieser allgemeinen Auffassung im Wesen nicht verschieden.

Beide Ansätze (240) und (241'') haben etwas unbefriedigendes, denn der eine enthält unendlich viele Konstanten, der andere unbekannte Funktionen, welche mit Hilfe der Beobachtung zu bestimmen sind. Da gemäß der Form (240) die Einwirkung einer vergangenen Deformation nach unendlicher Zeit verschwindet, so liegt es nahe, für die $f_{hk}(t-\tau)$ wiederum Reihen von Exponentialgrößen einzuführen, was man auch unter Benutzung plausibler Hypothesen näher begründen kann.[98])

Sieht man von dem Wege ab, auf welchem die Formeln (241″) gefunden sind, und betrachtet sie als einen frei gebildeten Ansatz, so könnte man versuchen, ihn dahin zu erweitern, daß er auch den in Wirklichkeit sehr häufigen Fall, wo durch eine frühere Deformation dauernde Veränderungen bewirkt werden, mit umfaßt. Hierzu müßten die f_{hk} für unendlich großes Argument von Null verschieden angenommen werden. Indessen erweist sich eine solche Annahme als unzulässig, da sie bei zeitlich konstanten Deformationen eine allmählich über alle Grenzen wachsende Wirkung ergeben würde.

Der Ansatz (241″) kann also dauernde Deformationen nicht mit umfassen. Praktisch bringt dies keine Nachteile, weil durch die Beobachtung sichergestellt ist, daß die dauernden Deformationen dem Gesetz der Proportionalität mit den Druckkräften, welches durch (241″) statuiert wird, nicht folgen. —

Die ursprünglichen Gleichungen (240) sind in allen den Fällen vorzuziehen, wo die in ihnen enthaltenen Reihen stark konvergieren, und man für die Anwendung auf Beobachtungen mit einer endlichen Anzahl von Gliedern auskommt. Für solche Zwecke ist es nützlich, die in (240″) definierten Summen $\Sigma X_x^{(j)}, \ldots \Sigma X_x^{(j)}$ in Gruppen von Gliedern verschiedener Eigenschaften zu zerlegen.[99])

Zunächst unterscheiden wir solche mit geraden und solche mit ungeraden Differentialquotienten nach der Zeit, und darauf zerlegen wir jedes dieser Systeme von Druckkomponenten in zwei, $(X_x^{(j)})_a$ und $(X_x^{(j)})_b$ u. s. f., mit den Koeffizienten a_{hk} und b_{hk}, von denen

$$a_{hk}^{(j)} = a_{kh}^{(j)}, \quad b_{hk}^{(j)} = -\, b_{kh}^{(j)}, \quad b_{hh}^{(j)} = 0$$

ist. Von jedem Anteil der Komponenten $(X_x^{(j)})_a$ und $(X_x^{(j)})_b$ u. s. f. bilden wir danach die Arbeit $A_a^{(j)}$ resp. $A_b^{(j)}$ während der Zeiteinheit, welche nach (17‴) lautet, falls man $\partial \chi / \partial t$ in χ' abkürzt,

$$X_x x_x' + Y_y y_y' + Z_z z_z' + Y_z y_z' + Z_x z_x' + X_y x_y'.$$

Jeder der so erhaltenen Ausdrücke besteht aus einer Reihe von Aggregaten von der Form

$$\varphi' \psi^{(j)} \pm \psi' \varphi^{(j)},$$

welche sich auch schreiben läßt

$$= \frac{d}{dt}\Big[(\varphi' \psi^{(j-1)} \pm \psi' \varphi^{(j-1)}) - (\varphi'' \psi^{(j-2)} \pm \psi'' \varphi^{(j-2)})$$
$$\mp \ldots - (-1)^n (\varphi^{(n)} \psi^{(j-n)} \pm \psi^{(n)} \varphi^{(j-n)})\Big]$$
$$+ (-1)^n (\varphi^{(n+1)} \psi^{(j-n)} \pm \varphi^{(n+1)} \varphi^{(j-n)}),$$

oder kürzer

$$= \frac{d\Phi^{\pm}(j,n)}{dt} + (-1)^n(\varphi^{(n+1)}\psi^{(j-n)} \pm \psi^{(n+1)}\varphi^{(j-n)}),$$

worin $\partial^j\chi/\partial t^j = \chi^{(j)}$ gesetzt ist, und $0 < n < j$ sein muß.

Dies ergiebt

für geradés j, d. h. $j = 2m$, falls $n = 2m - 1$ gesetzt wird,

242) $$2(\varphi'\psi^{(2m)} + \psi'\varphi^{(2m)}) = \frac{d\Phi^{+}(2m, 2m-1)}{dt},$$

und

242') $$0 = \frac{d\Phi^{-}(2m, 2m-1)}{dt};$$

für ungerades j, d. h. $j = 2m + 1$, falls $n = m$ gesetzt wird,

242'') $$\left\{ \begin{aligned} \varphi'\psi^{(2m+1)} + \psi'\varphi^{(2m+1)} = {} & \frac{d\Phi^{+}(2m+1, m)}{dt} \\ & + (-1)^m 2\varphi^{(m+1)}\psi^{(m+1)}, \end{aligned} \right.$$

aber

242''') $$\varphi'\psi^{(2m+1)} - \psi'\varphi^{(2m+1)} = \frac{d\Phi^{-}(2m+1, m)}{dt}.$$

Hieraus folgt, daß die Arbeiten $A_a^{(2m)}$ und $A_b^{(2m+1)}$ vollständige Differentialquotienten nach der Zeit sind, die sie liefernden Druckkomponenten also die Energie erhalten; sie erweisen sich daher als Ergänzungen des in (107'') gemachten Ansatzes für die elastischen Kräfte, welche, wie jene, konservative Natur besitzen.

Die Arbeiten $A_a^{(2m+1)}$ setzen sich aus zwei Teilen zusammen, aus einem Differentialquotienten nach der Zeit und einer quadratischen Form der $(m + 1)$ten Differentialquotienten der Deformationsgrößen. Ist die letztere wesentlich negativ, so wird durch die Arbeit der betreffenden Kräfte die Energie des bewegten elastischen Körpers jederzeit vermindert, nie vermehrt; legt man also den $A_b^{(2m+1)}$ die genannte Eigenschaft bei, so kommt dadurch der Ansatz (240) in Einklang mit der allgemeinen Beobachtung, daß die Energie der Deformations-Bewegung eines sich selbst überlassenen Körpers stets abnimmt, niemals wächst. Wir nennen derartige Kräfte absorbierende.

Die letzte der vier Arten innerer Arbeit $A_b^{(2m)}$ hat keine der beiden an den drei anderen nachgewiesenen Eigenschaften; sie kann vielmehr je nach dem zeitlichen Verlauf der Deformation bald die Energie derselben vergrößern, bald verkleinern; da ersteres der Beobachtung widerspricht, so wird man annehmen dürfen, daß die Koeffizienten der Drucke $(X_x^{(2m)})_b \ldots (X_y^{(2m)})_b$ in Wirklichkeit verschwinden.

Um die allgemeinen Ansätze für die verschiedenen Krystallsysteme zu spezialisieren, hat man die in § 17 des ersten Teiles gegebenen Regeln einfach auf die Arbeiten der einzelnen Anteile $X_x^{(j)}, \ldots X_y^{(j)}$

$$X_x^{(j)} x_x' + Y_y^{(j)} y_y' + Z_z^{(j)} z_z' + Y_z^{(j)} y_z' + Z_x^{(j)} z_x' + X_y^{(j)} x_y'$$

anzuwenden, die vom Koordinatensystem unabhängig sein müssen. Diese Arbeiten fallen unter die auf S. 142 angegebene Form (154) und ist darin A, B, C, D, E, G mit $x_x, y_y, z_z, y_z/\sqrt{2}, z_x/\sqrt{2}, x_y/\sqrt{2}$, L, M, N, P, Q, R mit $\partial^j x_x/\partial t^j$, $\partial^j y_y/\partial t^j$, $\partial^j z_z/\partial t^j$, $\partial^j y_z/\sqrt{2} dt^j$, $\partial^j z_x/\sqrt{2}\partial t^j$, $\partial^j x_y/\sqrt{2}\partial t^j$, wo j beliebig ist, zu identifizieren. Dabei kann man auch noch die beiden Teile der Arbeiten, welche oben mit A_a und A_b bezeichnet sind, gesondert behandeln, da sie ganz verschiedenen Charakter besitzen. Die Konstantenwerte für eine jede Krystallgruppe sind daher aus dem Schema IV auf S. 143 unmittelbar abzulesen, wenn man darin nur für die Kräfte der Gattung (*a*) die Beziehung $c_{hk} = c_{kh}$, für die Kräfte der Gattung (*b*) aber die Beziehungen $c_{hh} = 0$ und $c_{hk} = -c_{kh}$ einführt. Die Konstanten jeder Reihe der betreffenden Zusammenstellung geben dann sehr leicht die Koeffizienten der Komponenten $X_x^{(j)}, \ldots X_y^{(j)}$. —

Um die für die Anwendungen nötigen Formeln beisammen zu haben, setzen wir schließlich noch die Hauptgleichungen und die Grenzbedingungen in den verallgemeinerten Druckkomponenten hierher.

Es gilt für alle inneren Punkte

$$\varrho \frac{d^2 x}{d t^2} = X' - \left(\frac{\partial (X_x)}{\partial x} + \frac{\partial (X_y)}{\partial y} + \frac{\partial (X_z)}{\partial z} \right), \qquad 243)$$

. . . .

für die äußeren Grenzen

$$\overline{X} + (\overline{X}_n) = \overline{Y} + (\overline{Y}_n) = \overline{Z} + (\overline{Z}_n) = 0, \qquad 243')$$

für die Zwischengrenzen bei Ausschluß von Grenzdrucken

$$(\overline{X}_n)_h + (\overline{X}_n)_k = (\overline{Y}_n)_h + (\overline{Y}_n)_k = (\overline{Z}_n)_h + (\overline{Z}_n)_k = 0; \qquad 243'')$$

dazu kommen die Bedingungen für die Verrückungen oder Geschwindigkeiten, die je nach den Umständen verschieden lauten.

§ 30. Die hydrodynamischen Gleichungen bei Berücksichtigung der inneren Reibung.

Nach den Darlegungen am Ende des vorigen Paragraphen sind absorbierende Kräfte bestimmten Charakters in nichtstarren Körpern durch einen Ansatz von der Form (240) gegeben, wenn in demselben nur ungerade Differentialquotienten nach der Zeit vorkommen, und die Koeffizienten den Beziehungen $c_{hk}^{(j)} = c_{kh}^{(j)}$ entsprechen. Für isotrope Körper spezialisieren sie sich nach dem letzten System in Schema IV, welches sich auf S. 144 findet.

Den vorhandenen Beobachtungen an Flüssigkeiten wird indessen befriedigend schon genügt, wenn man sich auf die Einführung des niedrigsten derartigen Gliedes der Summen (240) in die hydrodynamischen Gleichungen beschränkt; dasselbe entspricht dem Wert $j = 1$.

Hiernach nehmen die Druckkomponenten der inneren Reibung in einer Flüssigkeit die folgende einfache Form an, in der die Konstanten kurz durch a_h bezeichnet sind, und, wie bei den elastischen Drucken $c - c_1 = c_2$, auch $a - a_1 = a_2$ gesetzt ist,[100])

$$244)\quad \left\{\begin{aligned} -A_x &= a x_x' + a_1 y_y' + a_1 z_z' = a_2 x_x' + a_1 \vartheta', \\ -B_y &= a_1 x_x' + a y_y' + a_1 z_z' = a_2 y_y' + a_1 \vartheta', \\ -C_z &= a_1 x_x' + a_1 y_y' + a z_z' = a_2 z_z' + a_1 \vartheta', \\ -B_z &= -C_y = \tfrac{1}{2} a_2 y_z', \\ -C_x &= -A_z = \tfrac{1}{2} a_2 z_x', \\ -A_y &= -B_x = \tfrac{1}{2} a_2 x_y'. \end{aligned}\right.$$

a und a_1 resp. a_1 und a_2 sind die beiden Konstanten der inneren Reibung der Flüssigkeit; ihre Dimensionalgleichung ist

$$[a_h] = m\, l^{-1} t^{-1}.$$

Eine Relation zwischen a und a_1 würde sich ergeben, wenn man, wie dies ausgesprochen ist, annehmen dürfte, baß bei einer nach allen Seiten gleichförmigen Dilatation die Kräfte der inneren Reibung verschwänden. Hierzu ist indessen gar keine innere Veranlassung gegeben und die durchgeführten Bestimmungen der a_h bei festen Körpern stehen damit in vollkommenem Widerspruch. Es sind also im allgemeinen zwei Reibungskonstanten beizubehalten.

Die Bewegungsgleichungen (243) erhalten in Rücksicht auf

$$Y_z = Z_x = X_y = 0, \quad X_x = Y_y = Z_z = p$$

allgemein die Form

$$\left.\begin{aligned}\varrho\frac{du'}{dt}&=X'-\frac{\partial p}{\partial x}+\tfrac{1}{2}(a-a_1)\triangle u'+\tfrac{1}{2}(a+a_1)\frac{\partial\vartheta'}{\partial x},\\ \varrho\frac{dv'}{dt}&=Y'-\frac{\partial p}{\partial y}+\tfrac{1}{2}(a-a_1)\triangle v'+\tfrac{1}{2}(a+a_1)\frac{\partial\vartheta'}{\partial y},\\ \varrho\frac{dw'}{dt}&=Z'-\frac{\partial p}{\partial z}+\tfrac{1}{2}(a-a_1)\triangle w'+\tfrac{1}{2}(a+a_1)\frac{\partial\vartheta'}{\partial z},\end{aligned}\right\}\qquad 244')$$

worin X', Y', Z' wie früher die auf die Volumeneinheit bezogenen körperlichen Kräfte bezeichnen; hierzu kommt die Kontinuitätsgleichung

$$\vartheta'+\frac{1}{\varrho}\frac{d\varrho}{dt}=\frac{\partial u'}{\partial x}+\frac{\partial v'}{\partial y}+\frac{\partial w'}{\partial z}+\frac{1}{\varrho}\frac{d\varrho}{dt}=0 \qquad 244'')$$

und zumeist noch eine Bedingung für ϱ, z. B.

$$\varrho=F(p); \qquad 244''')$$

indessen ist eine solche Gleichung nicht unbedenklich, da das Volumenelement von der Dichte ϱ bei Berücksichtigung der inneren Reibung gar keinen allseitig gleichen Druck von der Größe p, sondern vielmehr parallel den Koordinatenaxen die verschiedenen Drucke

$$p-A_x,\ p-B_y,\ p-C_z$$

erleidet.

Daher beschränken wir uns auf die Betrachtung inkompressibler Flüssigkeiten und gehen, indem wir zugleich die körperlichen Kräfte auf die Masseneinheit beziehen, aus von dem System

$$\left.\begin{aligned}\varrho\frac{du'}{dt}&=\varrho X-\frac{\partial p}{\partial x}+\tfrac{1}{2}a_2\triangle u',\\ \varrho\frac{dv'}{dt}&=\varrho Y-\frac{\partial p}{\partial y}+\tfrac{1}{2}a_2\triangle v',\\ \varrho\frac{dw'}{dt}&=\varrho Z-\frac{\partial p}{\partial z}+\tfrac{1}{2}a_2\triangle w',\\ \frac{\partial u'}{\partial x}&+\frac{\partial v'}{\partial y}+\frac{\partial w'}{\partial z}=0.\end{aligned}\right\}\qquad 245)$$

Zu diesen Hauptgleichungen kommen noch folgende Grenzbedingungen. Für die Geschwindigkeitskomponenten gilt in der Grenzfläche zwischen zwei Körpern (h) und (k) mit der Normalen n, von denen der eine oder auch beide flüssig sein können,

$$(\overline{u}_h'-\overline{u}_k')\cos(n,x)+(\overline{v}_h'-\overline{v}_k')\cos(n,y)+(\overline{w}_h'-\overline{w}_k')\cos(n,z)=0, \qquad 245')$$

für die Drucke

$$\left.\begin{aligned}(\overline{X}_n+\overline{A}_n)_h+\overline{X}_{hk}=0,\ (\overline{Y}_n+\overline{B}_n)_h+\overline{Y}_{hk}=0,\ (\overline{Z}_n+\overline{C}_n)_h+\overline{Z}_{hk}=0,\\ (\overline{X}_n+\overline{A}_n)_k+\overline{X}_{kh}=0,\ (\overline{Y}_n+\overline{B}_n)_k+\overline{Y}_{kh}=0,\ (\overline{Z}_n+\overline{C}_n)_k+\overline{Z}_{kh}=0,\end{aligned}\right\}\qquad 245'')$$

worin $\overline{X}_{hk}, \ldots$ die von (k) auf (h), und $\overline{X}_{kh}, \ldots$ die von (h) auf (k) ausgeübten Druckkomponenten bezeichnen, für die also gelten muß

245‴) $$\overline{X}_{hk} + \overline{X}_{kh} = \overline{Y}_{hk} + \overline{Y}_{kh} = \overline{Z}_{hk} + \overline{Z}_{kh} = 0.$$

Diese Komponenten rühren einmal von einem normalen Druck p_{hk} resp. p_{kh} in der Grenze her, sodann von einem tangentialen Widerstand R_{hk} resp. R_{kh}, welcher der Verschiebung der beiderseitigen Grenzteile aneinander hin entgegenwirkt und nach Symmetrie der relativen Geschwindigkeit V_{hk} resp. V_{kh} entgegengesetzt parallel sein wird.

Wir erhalten demnach

246) $$\left\{ \begin{array}{l} (\overline{X}_n + \overline{A}_n)_h - p_{hk} \cos(n_h, x) - R_{hk} \dfrac{\overline{u'_h} - \overline{u'_k}}{V_{hk}} = 0, \text{ u.s.f.}, \\ (\overline{X}_n + \overline{A}_n)_k - p_{kh} \cos(n_k, x) - R_{kh} \dfrac{\overline{u'_k} - \overline{u'_h}}{V_{kh}} = 0, \text{ u.s.f.}; \end{array} \right.$$

hierin sind p_{hk} und p_{kh}, R_{hk} und R_{kh}, V_{hk} und V_{kh} dem Werte nach gleich, aber von entgegengesetzter Richtung; n_h und n_k bezeichnen die resp. äußeren Normalen. R_{hk} resp. R_{kh} verschwindet, wenn V_{hk} gleich Null ist, man wird also in erster Annäherung

246′) $$R_{hk} = \overline{a}\, V_{hk}$$

setzen können, worin $\overline{a}$ der Koeffizient der äußeren Reibung zwischen den Körpern (h) und (k) heißt. Es ist ersichtlich

$$[\overline{a}] = m\, l^{-2}\, t^{-1}.$$

Wenn $\overline{a}$ über alle Grenzen wächst, so muß notwendig V_{hk} unendlich abnehmen, und im Grenzfall, wo die eine Flüssigkeit die andere oder den festen Körper, wie man sagt, benetzt, muß V_{hk} verschwinden, d. h.

246″) $$\overline{u'_h} - \overline{u'_k} = \overline{v'_h} - \overline{v'_k} = \overline{w'_h} - \overline{w'_k} = 0$$

sein. Hier verliert wegen der Unbestimmtheit der Größe und Richtung von R_{hk} das System (246) seine Bedeutung als Grenzbedingung und giebt vielmehr nur die Größe der Inanspruchnahme der Adhäsion zwischen (h) und (k); es treten an seiner Stelle die drei Formeln (246″). —

Die Bewegungsgleichungen (245) werden für den Fall, daß die körperlichen Kräfte ein Potential haben, durch dieselbe Potentialbewegung befriedigt, die ihnen bei verschwindender Reibung genügt; denn wegen der Inkompressibilitätsbedingung, die für das Geschwindigkeitspotential F die Bedingung $\triangle F = 0$ ergiebt, verschwinden die mit a_2 behafteten Glieder $\triangle u'$, $\triangle v'$, $\triangle w'$. So lange also keine

Grenzbedingungen zu erfüllen sind, hat die innere Reibung auf die Potentialbewegung durchaus keinen Einfluß.

An den Begrenzungen kann aber durch das Geschwindigkeitspotential im allgemeinen nur einer Bedingung, z. B. (245'), genügt werden; daraus folgt, daß Bewegungen mit irgend welchen Begrenzungen in reibenden Flüssigkeiten keine reinen Potentialbewegungen sein können.

Für die Wirbelkomponenten l', m', n' folgt bei Existenz einer Potentialfunktion der körperlichen Kräfte aus (245), analog wie (50''),

$$\left.\begin{aligned}\frac{d l'}{d t} &= l'\frac{\partial u'}{\partial x} + m'\frac{\partial u'}{\partial y} + n'\frac{\partial u'}{\partial z} + \frac{a_2}{2\varrho}\triangle l',\\ \frac{d m'}{d t} &= l'\frac{\partial v'}{\partial x} + m'\frac{\partial v'}{\partial y} + n'\frac{\partial v'}{\partial z} + \frac{a_2}{2\varrho}\triangle m',\\ \frac{d n'}{d t} &= l'\frac{\partial w'}{\partial x} + m'\frac{\partial w'}{\partial y} + n'\frac{\partial w'}{\partial z} + \frac{a_2}{2\varrho}\triangle n'.\end{aligned}\right\} \qquad 246''')$$

Dies zeigt, daß der Fundamentalsatz für Wirbelbewegungen in reibenden Flüssigkeiten seine Gültigkeit verliert, daß nämlich die einzelnen Teilchen Wirbelbewegungen erhalten und verlieren können.

Die Hauptgleichungen (245) lassen sich auch für den einfachsten Fall stationärer Bewegungen nur in sehr wenigen Fällen streng integrieren, so für die Strömung zwischen zwei koaxialen Kreiscylindern parallel deren Axe und parallel deren Grundlinie, — zwei Probleme, welche mit wichtigen Methoden zur Bestimmung der Reibungskonstanten a_2 und $\bar{a}$ in Zusammenhang stehen. Die Schwierigkeit liegt besonders in den in u', v', w' quadratischen Gliedern und fällt zum Teil hinweg, wenn man sich auf so kleine Geschwindigkeiten beschränkt, daß jene Glieder neben den lineären vernachlässigt werden können. Man erhält dann aus (245), falls man $p / \varrho = \Pi$ und $a_2 / 2\varrho = \alpha$ setzt,

$$\left.\begin{aligned}\frac{\partial u'}{\partial t} &= X - \frac{\partial \Pi}{\partial x} + \alpha\triangle u',\\ \frac{\partial v'}{\partial t} &= Y - \frac{\partial \Pi}{\partial y} + \alpha\triangle v',\\ \frac{\partial w'}{\partial t} &= Z - \frac{\partial \Pi}{\partial z} + \alpha\triangle w',\\ \frac{\partial u'}{\partial x} &+ \frac{\partial v'}{\partial y} + \frac{\partial w'}{\partial z} = 0.\end{aligned}\right\} \qquad 247)$$

Wegen der lineären Gestalt dieser Gleichungen kann man wie in der Elasticitätslehre verfahren, die Abhängigen, hier also Π, u', v', w', in je zwei Teile zerlegen und den ersten nur der Einwirkung der körperlichen Kräfte gemäß bestimmen, mittels des zweiten aber die Oberflächenbedingungen erfüllen. Sind die körperlichen Kräfte zeitlich konstant, so können wir für ihre Behandlung die Bewegung als stationär betrachten.

Die Hauptgleichungen nehmen aber bei stationärer Bewegung, falls man die Komponenten von Kraft und Geschwindigkeit wie früher zerlegt, die folgende Gestalt an:

248) $$\left\{\begin{aligned} &\frac{\partial(\Phi+\Pi)}{\partial x}+\frac{\partial N}{\partial y}-\frac{\partial M}{\partial z}=\alpha\triangle\left(\frac{\partial F}{\partial x}+\frac{\partial W}{\partial y}-\frac{\partial V}{\partial z}\right),\\ &\frac{\partial(\Phi+\Pi)}{\partial y}+\frac{\partial \Lambda}{\partial z}-\frac{\partial N}{\partial x}=\alpha\triangle\left(\frac{\partial F}{\partial y}+\frac{\partial U}{\partial z}-\frac{\partial W}{\partial x}\right),\\ &\frac{\partial(\Phi+\Pi)}{\partial z}+\frac{\partial M}{\partial x}-\frac{\partial \Lambda}{\partial y}=\alpha\triangle\left(\frac{\partial F}{\partial z}+\frac{\partial V}{\partial x}-\frac{\partial U}{\partial y}\right),\\ &\triangle F=0,\quad \frac{\partial U}{\partial x}+\frac{\partial V}{\partial y}+\frac{\partial W}{\partial z}=0,\end{aligned}\right.$$

woraus die partikulären Lösungen

248') $$\left\{\begin{aligned} &(\Phi+\Pi)=\text{Const.}\\ &\alpha\triangle U=\Lambda,\quad \alpha\triangle V=M,\quad \alpha\triangle W=N\end{aligned}\right.$$

folgen; für letztere Formeln kann man nach (61''') auch schreiben:

248'') $$-2\alpha l'=\Lambda,\quad -2\alpha m'=M,\quad -2\alpha n'=N.$$

Die erste Gleichung (248') bestimmt Π vollständig, wenn dasselbe für eine Stelle gegeben ist; die übrigen drei lassen sich nach bekannten Methoden integrieren und liefern in einer unendlichen Flüssigkeit, wenn überdies nach S. 283 $F=0$ ist, die vollständige Lösung.

Sind aber Begrenzungen vorhanden, so geben diese Ausdrücke nur den einen Teil der Geschwindigkeiten u', v', w' und der Funktion Π; der zweite hat den Gleichungen

249) $$\frac{\partial\Pi}{\partial x}=\alpha\triangle u',\quad \frac{\partial\Pi}{\partial y}=\alpha\triangle v',\quad \frac{\partial\Pi}{\partial z}=\alpha\triangle w',\quad \frac{\partial u'}{\partial x}+\frac{\partial v'}{\partial y}+\frac{\partial w'}{\partial z}=0$$

und dazu den Grenzbedingungen unter Rücksicht auf die von den ersten Teilen gelieferten Beiträge zu genügen. Die Grenzbedingungen nehmen ihre einfachste Form an, wenn die Begrenzung durch irgendwie bewegte und von der Flüssigkeit benetzte Wände gebildet wird; hier schreiben sie direkt die Werte der drei Geschwindigkeitskomponenten für die Flüssigkeit vor.

Daß sie neben den Hauptgleichungen (249) zur Bestimmung der u', v', w' genügen, ergiebt sich leicht; multipliziert man die Formeln (249) resp. mit u', v', w', integriert sie über den von der Flüssigkeit erfüllten Raum und addiert die Resultate, so erhält man, falls ν die innere Normale bezeichnet, wegen $\vartheta=0$

$$\left.\begin{array}{l}\int\left[\overline{u'}\cos(\nu,x)+\overline{v'}\cos(\nu,y)+\overline{w'}\cos(\nu,z)\right]\overline{\Pi}\,do\\ \quad=\alpha\int\left(\overline{u'}\,\overline{\frac{\partial u'}{\partial\nu}}+\overline{v'}\,\overline{\frac{\partial v'}{\partial\nu}}+\overline{w'}\,\overline{\frac{\partial w'}{\partial\nu}}\right)do\\ \quad-\alpha\int(\Theta u'+\Theta v'+\Theta w')\,dk.\end{array}\right\}\qquad 249')$$

Hieraus kann man aber nach früheren Methoden schließen, daß bei gegebenen Randwerten von u', v', w' durch die vorstehenden Gleichungen u', v', w' für alle Stellen der Flüssigkeit bestimmt sind.

Ist u', v', w' gefunden, so folgt Π aus (249) durch eine Quadratur bis auf eine additive Konstante, und diese bestimmt sich, wenn sein Wert für irgend eine Stelle vorgeschrieben ist.

Eliminiert man Π, so giebt (249) bei Einführung von F, U, V, W

$$\left.\begin{array}{l}\triangle F=0,\quad \triangle\triangle U=\triangle\triangle V=\triangle\triangle W=0,\\ \dfrac{\partial U}{\partial x}+\dfrac{\partial V}{\partial y}+\dfrac{\partial W}{\partial z}=0,\end{array}\right\}\qquad 249'')$$

und die Grenzbedingungen schreiben die Werte von

$$u'=\frac{\partial F}{\partial x}+\frac{\partial W}{\partial y}-\frac{\partial V}{\partial z},\quad v'=\frac{\partial F}{\partial y}+\frac{\partial U}{\partial z}-\frac{\partial W}{\partial x},\quad w'=\frac{\partial F}{\partial z}+\frac{\partial V}{\partial x}-\frac{\partial U}{\partial y}\qquad 249''')$$

vor; es existiert keine allgemeine Methode, die Unbekannten ihnen gemäß zu bestimmen.

Sehr einfach wird dagegen das Problem in dem Falle ebener Bewegungen, in welchem $U=V=0$, F und W von z unabhängig sind, und die Formeln (249'') die Gestalt annehmen:

$$\triangle_2 F=0,\quad \triangle_2\triangle_2 W=0.\qquad 249'''')$$

Hier kann man nämlich die Oberflächenbedingungen auch bei der Vereinfachung $F=0$ befriedigen. Denn aus vorgeschriebenen $\overline{u'}$ und $\overline{v'}$ resp. $\partial\overline{W}/\partial y$ und $\partial\overline{W}/\partial x$ folgt auch gegebenes $\partial\overline{W}/\partial n$ und $\partial\overline{W}/\partial s$, falls s das Element der Randkurve bezeichnet; statt des letzteren auch bis auf eine additive Konstante gegebenes $\overline{W}$. Um aber aus $\triangle_2\triangle_2 W$, $\overline{W}$ und $\partial\overline{W}/\partial n$ für alle Punkte W zu finden, ist S. 207 eine allgemeine Methode angegeben; das Problem ist hierdurch also auf ein früheres zurückgeführt.

§ 31. Die elastischen Gleichungen unter Berücksichtigung der inneren Reibung.

Zur Bestimmung der Bewegungen elastischer Körper unter Wirkung der inneren Reibung ist der allgemeine Ansatz (240) mit den in § 2 gegebenen Sätzen über die Druckkräfte in nichtstarren

Körpern zu verbinden. Das so entstehende Problem gestattet eine Behandlung bei homogenen cylindrischen Stäben, falls man den in (240) für die Druckkomponenten angesetzten Reihen die Eigenschaft beilegt, daß sich die Gleichungen durch Annäherung nach $x_x, \ldots x_y$ auflösen lassen.[101]) Dann ist

$$250)\quad \left\{ \begin{aligned} -x_x = \sum_j \Big(& s_{11}^{(j)} \frac{\partial^j (X_x)}{\partial t^j} + s_{12}^{(j)} \frac{\partial^j (Y_y)}{\partial t^j} + s_{13}^{(j)} \frac{\partial^j (Z_z)}{\partial t^j} + s_{14}^{(j)} \frac{\partial^j (Y_z)}{\partial t^j} \\ & + s_{15}^{(j)} \frac{\partial^j (Z_x)}{\partial t^j} + s_{16}^{(j)} \frac{\partial^j (X_y)}{\partial t^j} \Big) \end{aligned} \right.$$

u. s. f., wo der Exponent an den Moduln s_{hk} die Bedeutung eines Index hat, und ebensowenig, wie $c_{hk}^{(j)} = c_{kh}^{(j)}$, von vornherein auch für alle j $s_{hk}^{(j)} = s_{kh}^{(j)}$ zu sein braucht.

Der einfachste Fall ist der von Schwingungen, bei denen in jedem Moment längs der Axenrichtung z des Stabes die Deformationsgrößen, und daher die Druckkomponenten, konstant sind. Dergleichen lassen sich nach dem S. 412 Gesagten hervorbringen, indem man die Bewegungsfreiheit des Stabes geeignet beschränkt und ihn durch Verbindung mit trägen Massen zu so langsamen Schwingungen zwingt, daß in den Gleichungen (14) die Beschleunigungen vernachlässigt werden können.

Dann verwandeln sich diese Formeln in

$$250')\quad 0 = \frac{\partial (X_x)}{\partial x} + \frac{\partial (X_y)}{\partial y}, \quad 0 = \frac{\partial (Y_x)}{\partial x} + \frac{\partial (Y_y)}{\partial y}, \quad 0 = \frac{\partial (Z_x)}{\partial x} + \frac{\partial (Z_y)}{\partial y},$$

während die Grenzbedingungen ungeändert bleiben.

Man kann demgemäß genau den in § 23 eingeschlagenen Weg auch hier benutzen. Für u, v, w sind dieselben Ansätze (188)

$$250'')\quad \left\{ \begin{aligned} u &= U + z(\tfrac{1}{2} m' z - n' y), \\ v &= V - z(\tfrac{1}{2} l' z - n' x), \\ w &= W + z(-m' x + l' y + c') \end{aligned} \right.$$

einzuführen und in ihnen nur die Parameter c', l', m', n', welche wie in § 23 die Differentialquotienten der longitudinalen Verrückung und der Drillungen nach z bezeichnen, als langsam mit der Zeit wechselnd zu betrachten.

Auch die Formeln (189'') und (189''') behalten ihre Gültigkeit, wenn man nur überall die Komponenten des elastischen Druckes $X_x, \ldots X_y$, mit den Gesamtkomponenten $(X_x); \ldots (X_y)$ vertauscht.

Infolgedessen werden auch die Parameter c', l', m' ganz allgemein, in n' wenigstens die von M und L abhängenden Glieder für alle Querschnitte bestimmbar, während die in n' von N abhängenden Glieder für jeden Querschnitt einzeln berechnet werden müssen und allgemein nur in einer symbolischen Form geschrieben werden können. Man erhält so:

$$\left.\begin{aligned} q\,c' &= \sum_j s_{33}^{(j)} \frac{\partial^j C}{\partial t^j}, \\ q\,\varkappa_y^2\,m' &= \sum_j s_{33}^{(j)} \frac{\partial^j M}{\partial t^j} - \tfrac{1}{2}\sum_j s_{34}^{(j)} \frac{\partial^j N}{\partial t^j}, \\ q\,\varkappa_x^2\,l' &= \sum_j s_{33}^{(j)} \frac{\partial^j L}{\partial t^j} - \tfrac{1}{2}\sum_j s_{35}^{(j)} \frac{\partial^j N}{\partial t^j}, \\ q\,n' &= \tfrac{1}{2}\sum_j \left(\frac{s_{44}^{(j)}}{\varkappa_2^2} + \frac{s_{55}^{(j)}}{\varkappa_1^2}\right) \frac{\partial^j N}{\partial t^j} - \tfrac{1}{2}\sum_j \left(\frac{s_{43}^{(j)}}{\varkappa_y^2}\frac{\partial^j M}{\partial t^j} + \frac{s_{53}^{(j)}}{\varkappa_x^2}\frac{\partial^j L}{\partial t^j}\right). \end{aligned}\right\} \qquad 250''')$$

Ist der vertikal aufgehängte Cylinder am oberen Ende $z = 0$ fest, am unteren $z = z_1$ mit einer gegen die Masse des Cylinders selbst sehr großen trägen Masse $\mathfrak{M}$ beschwert, so kann nach dem früheren die Wirkung der Schwere außer Acht gelassen werden, und man erhält aus den allgemeinen Bewegungsgleichungen für einen starren Körper, da $z_1\,c'$ die Verschiebung w_1 des unteren Endes ist,

$$\mathfrak{M}\frac{d^2 w_1}{d\,t^2} = -\,C; \qquad 251)$$

mit Hilfe dieser Gleichung kann man aus der ersten Formel (250''') C eliminieren und findet den Ansatz

$$-\frac{w_1\,q}{z_1} = \mathfrak{M}\sum_j s_{33}^{(j)}\frac{\partial^{j+2} w_1}{\partial\,t^{j+2}}. \qquad 251')$$

Die Integration wird durch

$$w_1 = e^{-(\alpha + i\beta)t}$$

bewirkt, und die Koeffizienten α und β passend durch successive Annäherung bestimmt. Die Lösung giebt gedämpfte Schwingungen, deren Dauer und Dämpfung sich durch die Konstanten $s_{33}^{(j)}$ ausdrücken läßt.

Einer analogen Behandlung kann man auch die übrigen Formeln (250''') unterziehen, indem man den am Ende $z = 0$ befestigten Cylinder am Ende $z = z_1$ passend mit einer um einen festen Punkt drehbaren Masse verbunden denkt, so daß deren Drehungsgeschwindigkeit linear mit m', resp. l' und n' verbunden ist. Noch einfacher gestalten sich die Verhältnisse, wenn der Stab isotrop, oder derartig gegen die Krystallaxen orientiert ist, daß

$$s_{34}^{(j)} = s_{35}^{(j)} = s_{43}^{(j)} = s_{53}^{(j)} = 0$$

ist, was u. a. dann gilt, wenn seine Axe eine zwei- oder mehrzählige Symmetrieaxe ist. Dann sind die drei durch l', m' und n' gegebenen Bewegungen von einander völlig unabhängig, und man kann die träge Masse jedesmal um eine bestimmte feste Axe drehbar anbringen. Ist sie z. B. mit dem Ende $z = z_1$ des Stabes fest verbunden und um die Z-Axe drehbar, so ist ihr Drehungswinkel n_1 gegeben durch $z_1 n' = n_1$, und es gilt

251″) $$\mathfrak{M}_z \frac{\partial^2 n_1}{\partial t^2} = -N,$$

worin $\mathfrak{M}_z$ das Trägheitsmoment der Masse $\mathfrak{M}$ um die Z-Axe bezeichnet. Die Elimination von N aus der letzten Gleichung (250‴) kann also in derselben Weise stattfinden, wie oben diejenige von C. Dasselbe Verfahren ist auf L und M anwendbar. —

Um beliebige Schwingungen eines unendlich dünnen cylindrischen Stabes unter Berücksichtigung der inneren Reibung zu behandeln, kann man, wie in § 24, jedes Längselement als gleichförmig gespannt betrachten und auf dasselbe die Formeln (250″) und (250‴) anwenden, in denen nun c', l', m', n' Funktionen der Zeit und des Ortes auf der Stabaxe sind.

In dem wichtigsten speziellen Falle, daß die Verrückungen und Drillungen der einzelnen Stabelemente unendlich klein sind, ist, wie in (199′) gezeigt,

252) $$l' = -\frac{\partial^2 v}{\partial z^2}, \quad m' = \frac{\partial^2 u}{\partial z^2}, \quad n' = \frac{\partial n}{\partial z}, \quad c' = \frac{\partial w}{\partial z},$$

und da nach (200′) außerdem, wenn körperliche Kräfte nicht wirken,

252′) $$\begin{cases} q\varrho \dfrac{\partial^2 u}{\partial t^2} = -\dfrac{\partial^2 M}{\partial z^2}, \quad q\varrho \dfrac{\partial^2 v}{\partial t^2} = +\dfrac{\partial^2 L}{\partial z^2}, \\ q\varrho \dfrac{\partial^2 w}{\partial t^2} = \dfrac{\partial C}{\partial z}, \quad q\varrho \varkappa^2 \dfrac{\partial^2 n}{\partial t^2} = \dfrac{\partial N}{\partial z} \end{cases}$$

ist, so kann man nach geeigneter Differentiation nach z in (250‴) statt L, M, C, N überall u, v, w, n einführen und so die allgemeinen Bewegungsgleichungen für einen unendlich dünnen Stab bei Rücksicht auf die innere Reibung bilden.

Dieselben nehmen für isotrope Stäbe relativ einfache Formen an und lauten dort:

252″) $$\begin{cases} \varkappa_y^2 \dfrac{\partial^4 u}{\partial t^4} + \varrho \sum_j s_{33}^{(j)} \dfrac{\partial^{j+2} u}{\partial t^{j+2}} = 0, \quad \varkappa_x^2 \dfrac{\partial^4 v}{\partial t^4} + \varrho \sum_j s_{33}^{(j)} \dfrac{\partial^{j+2} v}{\partial t^{j+2}} = 0, \\ \dfrac{\partial^2 w}{\partial z^2} = \varrho \sum_j s_{33}^{(j)} \dfrac{\partial^{j+2} w}{\partial t^{j+2}}, \quad \dfrac{\partial^2 n}{\partial z^2} = \dfrac{\varrho \varkappa^2}{2} \left(\dfrac{1}{\varkappa_1^2} + \dfrac{1}{\varkappa_2^2}\right) \sum_j s_{44}^{(j)} \dfrac{\partial^{j+2} n}{\partial t^{j+2}}. \end{cases}$$

Die Summen sind hier, wie früher, von $j = 0$ bis $j = \infty$ zu nehmen, aber für die Anwendung nach einer endlichen Anzahl von Gliedern abzubrechen.

Für den Fall einer Saite kommen zu den beiden ersten Formeln (252') rechts nur noch die Glieder $\Gamma(\partial^2 u)/(\partial z^2)$ und $\Gamma(\partial^2 v)/(\partial z^2)$ hinzu, wo Γ die Längsspannung bezeichnet.

Die Theorie der gedämpften Schwingungen von Platten läßt sich in ähnlicher Weise entwickeln, bietet aber geringeres Interesse.

§ 32. Ebene Wellen in einem unendlichen elastischen und absorbierenden Medium.

Die im allgemeinen sehr komplizierten Gleichungen, die den Einfluß der inneren Reibung auf die Bewegung elastischer Medien darstellen, nehmen eine relativ einfache Form an, wenn es sich um rein periodische Bewegungen handelt. Hier kann man für u, v, w den reellen Teil von Ausdrücken von der Form

$$\mathfrak{u} = e^{\frac{2\pi i t}{\tau}} \mathfrak{f}(x, y, z) \qquad 253)$$

setzen, oder, da alle Gleichungen lineär sind, mit diesen Ausdrücken selbst rechnen, wenn man nur am Schluß sich auf den reellen Teil beschränkt. Dabei mögen hier und weiterhin komplexe Größen durch deutsche Buchstaben bezeichnet werden.

Es gilt dann

$$\frac{\partial^j \mathfrak{u}}{\partial t^j} = \left(\frac{2\pi i}{\tau}\right)^j \mathfrak{u}, \quad \frac{\partial^j \mathfrak{v}}{\partial t^j} = \left(\frac{2\pi i}{\tau}\right)^j \mathfrak{v}, \quad \frac{\partial^j \mathfrak{w}}{\partial t^j} = \left(\frac{2\pi i}{\tau}\right)^j \mathfrak{w}, \qquad 253')$$

und man kann statt des Ansatzes (240) schreiben, indem man die von $\mathfrak{u}, \mathfrak{v}, \mathfrak{w}$ statt von u, v, w gebildeten Deformationsgrößen und Drucke angemessen bezeichnet und die Dichte ϱ als Faktor vorzieht,

$$\left.\begin{array}{l} -(\mathfrak{X}_x) = \varrho(\mathfrak{C}_{11}\mathfrak{x}_x + \mathfrak{C}_{12}\mathfrak{y}_y + \mathfrak{C}_{13}\mathfrak{z}_z + \mathfrak{C}_{14}\mathfrak{y}_z + \mathfrak{C}_{15}\mathfrak{z}_x + \mathfrak{C}_{16}\mathfrak{x}_y) \\ \dots\dots\dots\dots\dots\dots\dots\dots \end{array}\right\} \qquad 253'')$$

hierin sind die $\mathfrak{C}_{hk}$ komplexe Größen, die wir nach der Formel

$$\mathfrak{C}_{hk} = C_{hk} + iC'_{hk} \qquad 253''')$$

in den reellen und imaginären Teil zerlegen, und die definiert sind durch

$$\varrho\,\mathfrak{C}_{hk} = \sum_j c_{hk}^{(j)} \left(\frac{2\pi i}{\tau}\right)^j, \qquad 253'''')$$

worin $j = 0, 1, 2, \dots$ ist.

Für ein beliebiges krystallinisches Medium nehmen dann, wenn man wieder von körperlichen Kräften absieht, die Hauptgleichungen (243) die folgende Form an:

$$
254)\quad\left\{
\begin{aligned}
\frac{\partial^2 \mathfrak{u}}{\partial t^2} = {} & \mathfrak{C}_{11}\frac{\partial^2 \mathfrak{u}}{\partial x^2} + \mathfrak{C}_{66}\frac{\partial^2 \mathfrak{u}}{\partial y^2} + \mathfrak{C}_{55}\frac{\partial^2 \mathfrak{u}}{\partial z^2} + (\mathfrak{C}_{65} + \mathfrak{C}_{56})\frac{\partial^2 \mathfrak{u}}{\partial y\,\partial z}\\
& + (\mathfrak{C}_{51} + \mathfrak{C}_{15})\frac{\partial^2 \mathfrak{u}}{\partial z\,\partial x} + (\mathfrak{C}_{61} + \mathfrak{C}_{16})\frac{\partial^2 \mathfrak{u}}{\partial x\,\partial y}\\
& + \mathfrak{C}_{16}\frac{\partial^2 \mathfrak{v}}{\partial x^2} + \mathfrak{C}_{62}\frac{\partial^2 \mathfrak{v}}{\partial y^2} + \mathfrak{C}_{54}\frac{\partial^2 \mathfrak{v}}{\partial z^2} + (\mathfrak{C}_{64} + \mathfrak{C}_{52})\frac{\partial^2 \mathfrak{v}}{\partial y\,\partial z}\\
& + (\mathfrak{C}_{14} + \mathfrak{C}_{56})\frac{\partial^2 \mathfrak{v}}{\partial z\,\partial x} + (\mathfrak{C}_{12} + \mathfrak{C}_{66})\frac{\partial^2 \mathfrak{v}}{\partial x\,\partial y}\\
& + \mathfrak{C}_{15}\frac{\partial^2 \mathfrak{w}}{\partial x^2} + \mathfrak{C}_{64}\frac{\partial^2 \mathfrak{w}}{\partial y^2} + \mathfrak{C}_{53}\frac{\partial^2 \mathfrak{w}}{\partial z^2} + (\mathfrak{C}_{63} + \mathfrak{C}_{54})\frac{\partial^2 \mathfrak{w}}{\partial y\,\partial z}\\
& + (\mathfrak{C}_{13} + \mathfrak{C}_{55})\frac{\partial^2 \mathfrak{w}}{\partial z\,\partial x} + (\mathfrak{C}_{14} + \mathfrak{C}_{65})\frac{\partial^2 \mathfrak{w}}{\partial x\,\partial y},\\
\frac{\partial^2 \mathfrak{v}}{\partial t^2} = {} & \mathfrak{C}_{61}\frac{\partial^2 \mathfrak{u}}{\partial x^2} + \mathfrak{C}_{26}\frac{\partial^2 \mathfrak{u}}{\partial y^2} + \mathfrak{C}_{45}\frac{\partial^2 \mathfrak{u}}{\partial z^2} + (\mathfrak{C}_{25} + \mathfrak{C}_{46})\frac{\partial^2 \mathfrak{u}}{\partial y\,\partial z}\\
& + (\mathfrak{C}_{65} + \mathfrak{C}_{41})\frac{\partial^2 \mathfrak{u}}{\partial z\,\partial x} + (\mathfrak{C}_{66} + \mathfrak{C}_{21})\frac{\partial^2 \mathfrak{u}}{\partial x\,\partial y}\\
& + \mathfrak{C}_{66}\frac{\partial^2 \mathfrak{v}}{\partial x^2} + \mathfrak{C}_{22}\frac{\partial^2 \mathfrak{v}}{\partial y^2} + \mathfrak{C}_{44}\frac{\partial^2 \mathfrak{v}}{\partial z^2} + (\mathfrak{C}_{42} + \mathfrak{C}_{24})\frac{\partial^2 \mathfrak{v}}{\partial y\,\partial z}\\
& + (\mathfrak{C}_{46} + \mathfrak{C}_{64})\frac{\partial^2 \mathfrak{v}}{\partial z\,\partial x} + (\mathfrak{C}_{62} + \mathfrak{C}_{26})\frac{\partial^2 \mathfrak{v}}{\partial x\,\partial y}\\
& + \mathfrak{C}_{65}\frac{\partial^2 \mathfrak{w}}{\partial x^2} + \mathfrak{C}_{24}\frac{\partial^2 \mathfrak{w}}{\partial y^2} + \mathfrak{C}_{43}\frac{\partial^2 \mathfrak{w}}{\partial z^2} + (\mathfrak{C}_{23} + \mathfrak{C}_{44})\frac{\partial^2 \mathfrak{w}}{\partial y\,\partial z}\\
& + (\mathfrak{C}_{63} + \mathfrak{C}_{45})\frac{\partial^2 \mathfrak{w}}{\partial z\,\partial x} + (\mathfrak{C}_{64} + \mathfrak{C}_{25})\frac{\partial^2 \mathfrak{w}}{\partial x\,\partial y},\\
\frac{\partial^2 \mathfrak{w}}{\partial t^2} = {} & \mathfrak{C}_{51}\frac{\partial^2 \mathfrak{u}}{\partial x^2} + \mathfrak{C}_{46}\frac{\partial^2 \mathfrak{u}}{\partial y^2} + \mathfrak{C}_{35}\frac{\partial^2 \mathfrak{u}}{\partial z^2} + (\mathfrak{C}_{45} + \mathfrak{C}_{36})\frac{\partial^2 \mathfrak{u}}{\partial y\,\partial z}\\
& + (\mathfrak{C}_{31} + \mathfrak{C}_{55})\frac{\partial^2 \mathfrak{u}}{\partial z\,\partial x} + (\mathfrak{C}_{56} + \mathfrak{C}_{41})\frac{\partial^2 \mathfrak{u}}{\partial x\,\partial y}\\
& + \mathfrak{C}_{56}\frac{\partial^2 \mathfrak{v}}{\partial x^2} + \mathfrak{C}_{42}\frac{\partial^2 \mathfrak{v}}{\partial y^2} + \mathfrak{C}_{34}\frac{\partial^2 \mathfrak{v}}{\partial z^2} + (\mathfrak{C}_{32} + \mathfrak{C}_{44})\frac{\partial^2 \mathfrak{v}}{\partial y\,\partial z}\\
& + (\mathfrak{C}_{54} + \mathfrak{C}_{36})\frac{\partial^2 \mathfrak{v}}{\partial z\,\partial x} + (\mathfrak{C}_{52} + \mathfrak{C}_{46})\frac{\partial^2 \mathfrak{v}}{\partial x\,\partial y}\\
& + \mathfrak{C}_{55}\frac{\partial^2 \mathfrak{w}}{\partial x^2} + \mathfrak{C}_{44}\frac{\partial^2 \mathfrak{w}}{\partial y^2} + \mathfrak{C}_{33}\frac{\partial^2 \mathfrak{w}}{\partial z^2} + (\mathfrak{C}_{43} + \mathfrak{C}_{34})\frac{\partial^3 \mathfrak{w}}{\partial y\,\partial z}\\
& + (\mathfrak{C}_{53} + \mathfrak{C}_{35})\frac{\partial^2 \mathfrak{w}}{\partial z\,\partial x} + (\mathfrak{C}_{54} + \mathfrak{C}_{45})\frac{\partial^2 \mathfrak{w}}{\partial x\,\partial y}.
\end{aligned}\right.
$$

Wir wollen sie benutzen, um die Fortpflanzung e b e n e r Wellen zu untersuchen, und zwar zunächst in einem a l l s e i t i g u n b e g r e n z t e n elastischen Körper. Da hier die Koordinatenaxen vollständig willkürlich sind, so kann man die Z-Axe in die Wellennormale legen und erhält hierdurch sogleich viel einfacher:

$$\left.\begin{aligned}
\frac{\partial^2 \mathfrak{u}}{\partial t^2} &= \mathfrak{C}_{55}\frac{\partial^2 \mathfrak{u}}{\partial z^2} + \mathfrak{C}_{54}\frac{\partial^2 \mathfrak{v}}{\partial z^2} + \mathfrak{C}_{53}\frac{\partial^2 \mathfrak{w}}{\partial z^2},\\
\frac{\partial^2 \mathfrak{v}}{\partial t^2} &= \mathfrak{C}_{45}\frac{\partial^2 \mathfrak{u}}{\partial z^2} + \mathfrak{C}_{44}\frac{\partial^2 \mathfrak{v}}{\partial z^2} + \mathfrak{C}_{43}\frac{\partial^2 \mathfrak{w}}{\partial z^2},\\
\frac{\partial^2 \mathfrak{w}}{\partial t^2} &= \mathfrak{C}_{35}\frac{\partial^2 \mathfrak{u}}{\partial z^2} + \mathfrak{C}_{34}\frac{\partial^2 \mathfrak{v}}{\partial z^2} + \mathfrak{C}_{33}\frac{\partial^2 \mathfrak{w}}{\partial z^2}.
\end{aligned}\right\} \qquad 254')$$

Setzt man nun zur Integration

$$\mathfrak{u} = \mathfrak{a}\,\mathfrak{F}\left(t - \frac{z}{\mathfrak{o}}\right), \quad \mathfrak{v} = \mathfrak{b}\,\mathfrak{F}\left(t - \frac{z}{\mathfrak{o}}\right), \quad \mathfrak{w} = \mathfrak{c}\,\mathfrak{F}\left(t - \frac{z}{\mathfrak{o}}\right), \qquad 255)$$

worin

$$\mathfrak{o} = \frac{\omega}{1 - i\varkappa}, \qquad 255')$$

$$\mathfrak{a} = \alpha + i\alpha', \quad \mathfrak{b} = \beta + i\beta', \quad \mathfrak{c} = \gamma + i\gamma'$$

ist, so giebt (253)

$$\mathfrak{F} = A e^{\frac{2\pi}{\tau}\left[i\left(t - \frac{z}{\omega}\right) - \frac{\varkappa z}{\omega}\right]} \qquad 255'')$$

Dieser Ansatz stellt eine in ebenen Wellen mit der Geschwindigkeit ω längs der Z-Axe fortschreitende Bewegung dar, deren Amplitude mit

$$e^{-\frac{2\pi\varkappa z}{\tau\omega}}$$

proportional ist; $\varkappa$ führt darin den Namen des **Absorptionskoeffizienten.**

Aus den Gleichungen (254') wird durch das Einsetzen dieser Werte

$$\left.\begin{aligned}
0 &= \mathfrak{a}(\mathfrak{C}_{55} - \mathfrak{o}^2) + \mathfrak{b}\,\mathfrak{C}_{54} + \mathfrak{c}\,\mathfrak{C}_{53},\\
0 &= \mathfrak{a}\,\mathfrak{C}_{45} + \mathfrak{b}(\mathfrak{C}_{44} - \mathfrak{o}^2) + \mathfrak{c}\,\mathfrak{C}_{43},\\
0 &= \mathfrak{a}\,\mathfrak{C}_{35} + \mathfrak{b}\,\mathfrak{C}_{34} + \mathfrak{c}(\mathfrak{C}_{33} - \mathfrak{o}^2).
\end{aligned}\right\} \qquad 256)$$

Diese Formeln bestimmen $\mathfrak{a}:\mathfrak{b}:\mathfrak{c}$ und $\mathfrak{o}$.

In dem speziellen Falle, daß die Konstanten $\mathfrak{C}$ der Bedingung

$$\mathfrak{C}_{hk} = \mathfrak{C}_{kh}$$

genügen, stimmt das System (256) mit demjenigen überein, welches die Lage und Größe der Maxima und Minima der Funktion

$$\mathfrak{o}^2 = \mathfrak{C}_{55}\mathfrak{a}^2 + \mathfrak{C}_{44}\mathfrak{b}^2 + \mathfrak{C}_{33}\mathfrak{c}^2 + 2\mathfrak{C}_{43}\mathfrak{b}\mathfrak{c} + 2\mathfrak{C}_{35}\mathfrak{c}\mathfrak{a} + 2\mathfrak{C}_{54}\mathfrak{a}\mathfrak{b} \qquad 256')$$

bestimmt.

$1/\mathfrak{o}$ kann hiernach als der Radiusvektor $\mathfrak{r}$ in einem gewissen komplexen dreiaxigen Ellipsoid aufgefaßt werden, welches durch die Konstanten des elastischen Mediums, durch die Periode der fortgepflanzten Schwingungen und durch die Richtung der Wellennormalen bestimmt ist; $\mathfrak{a}$, $\mathfrak{b}$, $\mathfrak{c}$ stellen die komplexen Richtungskosinus von $\mathfrak{r}$ dar.

Dies komplexe Ellipsoid wird zu einem reellen, wenn in den Konstanten $\mathfrak{C}_{hk}$ die imaginären Theile C'_{hk} verschwinden, also $\mathfrak{C}_{hk} = C_{hk}$ wird; dies ist der Fall, wenn die Konstanten $\mathfrak{C}^{(j)}_{hk}$ für ungerades z gleich Null sind, also nach S. 460 nur Energie erhaltende Kräfte wirken. Hier kann man nämlich den Gleichungen (256) durch reelle $\mathfrak{a}$, $\mathfrak{b}$, $\mathfrak{c}$ und $\mathfrak{o}$ genügen und daher $\mathfrak{a} = \alpha$, $\mathfrak{b} = \beta$, $\mathfrak{c} = \gamma$, $\mathfrak{o} = \omega$ und $\varkappa = 0$ setzen. Zugleich werden die Verrückungskomponenten u, v, w mit α, β, γ proportional, und, da letztere von der Zeit nicht abhängen, so finden in diesem Fall die Schwingungen in geraden Linien statt, sind, wie man sagt, geradlinig polarisiert; die Schwingungsrichtung, wie auch die Größe der Fortpflanzungsgeschwindigkeit ω ist von den Konstanten des Mediums, der Schwingungsdauer und der Lage der Wellennormalen abhängig.[102])

Die Existenz des hier aus (256') resultierenden reellen Ellipsoides

$$256'')\quad \omega^2 = C_{55}\alpha^2 + C_{44}\beta^2 + C_{33}\gamma^2 + 2C_{43}\beta\gamma + 2C_{35}\gamma\alpha + 2C_{54}\alpha\beta$$

spricht dabei den Satz aus, daß jeder Wellenebene drei im allgemeinen verschiedene Fortpflanzungsgeschwindigkeiten und drei zu einander normale Schwingungsrichtungen zugehören.

Die eine dieser Schwingungsrichtungen ist streng longitudinal, die anderen streng transversal, wenn eine Axe des Ellipsoides in die Z-Axe fällt, d. h.,

$$C_{43} = C_{35} = 0$$

ist.

Dies findet jedenfalls — aber nicht allein — dann statt, wenn die Z-Axe eine irgendwie vielzählige Symmetrieaxe des Krystalles ist.

Die beiden transversalen Wellen besitzen gleiche Fortpflanzungsgeschwindigkeiten, wenn zugleich das Ellipsoid ein Rotationsellipsoid um die Z-Axe ist, d. h., wenn gilt

$$C_{44} = C_{55} \text{ und } C_{45} = 0.$$

Dies findet immer — aber nicht allein — dann statt, wenn die Zähligkeit der Z-Axe eine höhere, als zwei ist. In diesem Falle sondern sich also die beiden transversalen Schwingungen nicht bei der Fortpflanzung, woraus folgt, dass jede beliebige transversale Schwingung sich parallel jenen Richtungen ungeändert fortpflanzt.

Wegen dieser Eigenschaft könnte man die elastischen Symmetrieaxen von höherer Zähligkeit, als zwei, und die Richtungen, welche etwa sonst noch die obigen Erscheinungen zeigen, um eine in der Optik gebräuchliche Bezeichnung zu übertragen, Schwingungsaxen nennen.

Das Hilfsellipsoid (256″) kann auch über die Abhängigkeit der Geschwindigkeiten und der Schwingungsrichtungen von der Richtung der Wellennormalen Aufschluß geben, wenn man die C_{hk} durch die auf irgend ein absolut festes Koordinatensystem bezogenen Hauptkonstanten C^0_{hk} ausdrückt, wie dies auf S. 334 gezeigt ist. Noch einfacher erhält man jenen Zusammenhang, wenn man statt des obigen Wertes (255″) für $\mathfrak{F}$ mit $\varkappa = 0$ den allgemeineren

$$\mathfrak{F} = A e^{\frac{2\pi}{\tau} i \left(t - \frac{r}{\omega}\right)}, \tag{256''}$$

worin $r = \lambda x + \mu y + \nu z$ ist und λ, μ, ν die Richtungskosinus der Wellennormale r bezeichnen, in die Hauptgleichungen (254) einführt. Das allgemeine dadurch erhaltene Resultat ist außerordentlich kompliziert und nur bei den höchstsymmetrischen Krystallsystemen zu übersehen. Wir wollen uns darauf beschränken, das Verhalten von ω und α, β, γ in der Nähe gewisser Schwingungsaxen, welche mit der Z-Axe zusammenfallen mögen, zu untersuchen.

Damit die Z-Axe eine Symmetrieaxe von höherer Zähligkeit, als zwei sei, ist jedenfalls erforderlich, daß gilt

$$C_{16} = C_{26} = C_{36} = C_{34} = C_{35} = C_{45} = 0$$
$$C_{11} = C_{22}, \quad C_{13} = C_{23}, \quad C_{44} = C_{55};$$

ist die Zähligkeit höher, als drei, so muß auch noch C_{14}, C_{24}, C_{15}, C_{25}, C_{46}, C_{56} verschwinden.

Ferner ist, wenn die Wellennormale der Z-Axe unendlich nahe liegt, λ und μ von erster Ordnung, ν bis auf zweite Ordnung gleich Eins.

Schließt man Größen zweiter Ordnung aus, so erhält man hiernach aus (254)

$$\begin{aligned}
0 &= \alpha(C_{44} + 2C_{56}\mu + 2C_{15}\lambda - \omega^2) + \beta\big((C_{46} + C_{25})\mu + (C_{14} + C_{56})\lambda\big) \\
&\quad + \gamma(C_{13} + C_{44})\lambda, \\
0 &= \alpha\big((C_{46} + C_{25})\mu + (C_{14} + C_{56})\lambda\big) + \beta(C_{44} + 2C_{24}\mu + 2C_{46}\lambda - \omega^2) \\
&\quad + \gamma(C_{13} + C_{44})\mu, \\
0 &= (\alpha\lambda + \beta\mu)(C_{13} + C_{44}) + \gamma(C_{33} - \omega^2).
\end{aligned}$$

Für die transversalen Wellen ist γ eine Größe erster Ordnung denn die Schwingungsrichtung liegt der XY-Ebene unendlich nahe; das letzte Glied in den ersten beiden Gleichungen ist für sie also zweiter Ordnung und deshalb zu vernachlässigen.

Wendet man das Resultat auf eine vier- oder sechszählige Axe an, so erhält man sehr einfach

$$0 = \alpha(C_{44} - \omega^2), \quad 0 = \beta(C_{44} - \omega^2),$$

was für beide transversale Wellen

$$\omega^2 = C_{44}$$

ergiebt. Hieraus folgt, daß die beiden Flächen, welche man erhält, wenn man ω auf der Richtung der Wellennormalen aufträgt, in der Z-Axe eine der XY-Ebene parallele Tangentenebene haben, sich dort also berühren, wenn die Zähligkeit der Z-Axe vier oder sechs ist.

Dies findet ersichtlich nicht statt, wenn die Axe dreizählig ist, dort schneiden sich also die beiden Flächen.

Die dreizähligen Schwingungsaxen haben also einen merklich anderen Charakter, als die vier- oder sechszähligen; eine Verschiedenheit, die sich in der Optik bei den Axen der einaxigen und der zweiaxigen Medien ähnlich wiederfindet. —

Gehen wir nun zu dem allgemeinen Falle komplexer $\mathfrak{C}_{hk}$ zurück, so resultieren dort auch komplexe $\mathfrak{a}$, $\mathfrak{b}$, $\mathfrak{c}$ und $\mathfrak{o}$; daraus folgt, daß hier die Bewegung in jeder Welle nicht geradlinig, sondern elliptisch ist. Wir können nämlich setzen

$$257) \qquad \mathfrak{a} = a e^{i\varphi}, \quad \mathfrak{b} = b e^{i\psi}, \quad \mathfrak{c} = c e^{i\chi},$$

worin a, b, c, φ, ψ, χ reelle Konstanten sind, und dadurch die Komponenten u, v, w auf die Form periodischer Funktionen mit um gewisse Konstanten verschiedenen Phasen bringen; solche setzen sich aber jederzeit zu elliptischen Bewegungen zusammen, deren Bahngleichungen man durch Elimination der Zeit leicht bilden kann. Ferner erhalten wir hier gedämpfte Schwingungen, insofern die Amplituden mit wachsendem z in geometrischer Progression abnehmen.

Für den reellen und den imaginären Teil von $\mathfrak{o}^2$, d. h. für

$$\frac{\omega^2(1-\varkappa^2)}{(1+\varkappa^2)^2} \quad \text{und} \quad \frac{2\omega^2\varkappa}{(1+\varkappa^2)^2},$$

liefern die Gleichungen (256) nach Elimination von $\alpha:\beta:\gamma$ zwei kubische Gleichungen, die aus

$$0 = \begin{vmatrix} (\mathfrak{C}_{55} - \mathfrak{o}^2) & \mathfrak{C}_{54} & \mathfrak{C}_{53} \\ \mathfrak{C}_{45} & (\mathfrak{C}_{44} - \mathfrak{o}^2) & \mathfrak{C}_{43} \\ \mathfrak{C}_{35} & \mathfrak{C}_{34} & (\mathfrak{C}_{33} - \mathfrak{o}^2) \end{vmatrix} \qquad 257')$$

durch Sonderung des Reellen und des Imaginären erhalten werden.

Diese Formeln sind im allgemeinen überaus kompliziert und geben im allgemeinen mehr als drei Wurzeln für ω^2, also auch mehr als drei in einer jeden Richtung sich fortpflanzende Wellen. Relativ einfache Gestalt nehmen sie an, wenn die imaginären Teile der Konstanten $\mathfrak{C}_{hk}$ klein gegen die reellen, und demgemäß $\varkappa$ klein neben Eins ist. Dann wird nämlich der reelle Teil bis auf Glieder zweiter Ordnung dieselbe Gestalt annehmen, als wenn gar keine Absorption stattfände, es gelten also für die Fortpflanzungsgeschwindigkeiten die oben angegebenen Sätze. [103]) —

Die im Vorstehenden behandelten Lösungen für $\mathfrak{u}$, $\mathfrak{v}$, $\mathfrak{w}$ lassen sich leicht in der Richtung erweitern, daß der reelle und der imaginäre Teil des Exponenten von e verschiedene lineäre Funktionen der Koordinaten enthält, indem man setzt

$$\mathfrak{F} = A e^{\frac{2\pi}{\tau}\left[i\left(t - \frac{r}{\omega}\right) - \frac{\varkappa r'}{\omega}\right]}, \qquad 257'')$$

wo nun $r = \lambda x + \mu y + \nu z$, $r' = \lambda' x + \mu' y + \nu' z$ und sowohl $\lambda^2 + \mu^2 + \nu^2 = 1$, als $\lambda'^2 + \mu'^2 + \nu'^2 = 1$ ist. Hier ist dann also in den Ebenen $r =$ Const. die Phase, in den Ebenen $r' =$ Const. die Amplitude die gleiche.

Derartige Lösungen kommen u. a. zur Geltung, wenn eine ebene Welle mit konstanter Amplitude, in einem nicht absorbierenden Medium fortgepflanzt, auf die ebene Grenze fällt, welche dies Medium von einem absorbierenden trennt. Die in dem zweiten Medium erregten Wellen haben dann notwendig jene allgemeinere Form.

Die Grenzbedingungen, welche den Vorgang der Reflexion und Brechung an der Grenze zweier elastischer, ev. mit innerer Reibung behafteter Medien (1) und (2) regeln, sind in § 30 allgemein angegeben.

Legen wir die XY-Ebene in die Grenze, so lauten dieselben

$$\left.\begin{array}{l} \overline{\mathfrak{u}}_1 = \overline{\mathfrak{u}}_2, \quad \overline{\mathfrak{v}}_1 = \overline{\mathfrak{v}}_2, \quad \overline{\mathfrak{w}}_1 = \overline{\mathfrak{w}}_2, \\ \overline{(\mathfrak{X}_z)}_1 = \overline{(\mathfrak{X}_z)}_2, \quad \overline{(\mathfrak{Y}_z)}_1 = \overline{(\mathfrak{Y}_z)}_2, \quad \overline{(\mathfrak{Z}_z)}_1 = \overline{(\mathfrak{Z}_z)}_2. \end{array}\right\} \qquad 257''')$$

Ihre allgemeine Verwertung liefert ungemein komplizierte Formeln, die bisher noch geringes Interesse erwecken. Einige wichtige Resultate sind aber ohne alle Rechnung zu erhalten.

Die Grenzbedingungen sind sämtlich lineär, daher kann man auch bei dem Problem der Reflexion und Brechung mit den komplexen Ansätzen (257) rechnen und braucht nur am Ende den imaginären Teil zu beseitigen.

Die für die reflektierten und gebrochenen ebenen Wellen neben der für die einfallende in die Grenzbedingungen einzusetzenden partikulären Lösungen müssen jene Gleichungen zu jeder Zeit und an jeder Stelle der Grenze $z = 0$ erfüllen. Hieraus folgt aber, daß in ihren Exponentialgrößen t, x und y allenthalben denselben Faktor haben, daß also

$$\frac{1}{\tau}, \quad \frac{\lambda}{\omega}, \quad \frac{\mu}{\omega}, \quad \frac{\varkappa \lambda'}{\omega}, \quad \frac{\varkappa \mu'}{\omega}$$

für alle Wellen den gleichen Wert besitzen müssen.

Aus der ersten Beziehung folgt, daß die Schwingungsdauer durch Reflexion und Brechung auch in dem hier vorliegenden, so allgemeinen Falle nicht geändert wird; die beiden folgenden enthalten das Brechungsgesetz für die Ebenen gleicher Phase, die beiden letzten ein analoges für die Ebene gleicher Amplitude. Hierbei ist nicht zu übersehen, daß die Nenner ω selbst im allgemeinen Funktionen der Richtungen der Normalen auf den betr. Ebenen sind und von der Schwingungsdauer τ abhängen; letzteres bewirkt Erscheinungen, welche der Dispersion in der Optik entprechen.

In dem speziellen Fall, daß die Wellennormale der einfallenden Welle in die XZ-Ebene fällt, ist für alle Wellen des Systemes $\mu = 0$, liegen also alle Wellennormalen in der XZ-Ebene.

Ist noch spezieller das erste Medium frei von Absorption, so ist in ihm $\varkappa = 0$, es muß also für das zweite Medium, wenn wegen dort vorhandener Absorption $\varkappa$ nicht verschwinden kann, notwendig $\lambda' = \mu' = 0$ und $\nu' = 1$ sein; d. h., die Ebenen konstanter Amplitude müssen daselbst parallel der Grenze liegen.

§ 33. Beziehungen zur Theorie des Lichtes.

Die im vorigen Paragraphen beschriebenen Vorgänge haben so große Ähnlichkeit mit den bei der Fortpflanzung des Lichtes innerhalb krystallinischer Körper beobachteten, daß es nahe liegt, die letzteren als in Schwingungen eines Mediums bestehend anzusehen, welches sich im Krystall befindet und sich der Krystallsubstanz ähnlich verhält, indessen nicht mit ihr identisch sein kann, weil die Fortpflanzungsgeschwindigkeit des Lichtes unvergleichlich viel größer ist, als sie sich für nicht absorbierende Medien aus der Dichte und den Elasticitätskonstanten des Krystalles nach den Resultaten des vorigen Abschnittes berechnet. Dieses hypothetische Medium bezeichnet man als den Lichtäther.

Da nach dem Obengesagten für den Äther Gleichungen von der Form der in (254) gegebenen gelten sollen, und da diese Gleichungen für das Quadrat der Fortpflanzungsgeschwindigkeit ω Werte liefern, welche gegeben sind durch lineäre Funktionen der allgemeinen elastischen Konstanten, dividiert durch die Dichte des Mediums, so wird man aus den beobachteten enormen Lichtgeschwindigkeiten in allen bekannten Körpern auf eine sehr geringe Dichte und eine sehr große elastische Widerstandskraft des Äthers schließen müssen.

Außerdem wird man dem Äther eine Eigenschaft beilegen müssen, die das Zustandekommen gewisser Wellen verhindert, welche von den obigen allgemeinen Formeln gefordert werden, aber der Beobachtung nicht entsprechen.

Beobachtungen verschiedener Art haben mit großer Schärfe den Nachweis dafür geliefert, daß ebene Lichtwellen mit konstanten Amplituden in isotropen Medien nur transversale Schwingungen enthalten können, und machen es wahrscheinlich, daß sie in krystallinischen Medien streng oder wenigstens nahe transversale Bewegungen ausführen. Da nun die longitudinalen Schwingungen jederzeit von Kompressionen und Dilatationen begleitet sind, so werden erstere nicht zu stande kommen, wenn die letzteren durch irgend einen Umstand unmöglich gemacht werden. Dies drückt man, ohne sich über die Ursache der Erscheinung zu äußern, analytisch dadurch aus, daß man die Verrückungskomponenten u, v, w der Bedingung

$$\vartheta = \frac{\partial u}{\partial x} + \frac{\partial v}{\partial y} + \frac{\partial w}{\partial z} = 0 \qquad 258)$$

unterwirft.[104]) Diese Bedingung kann natürlich neben den drei allgemeinen Bewegungsgleichungen (243) durch die drei Funktionen u, v, w nur dann erfüllt sein, wenn von den letzteren drei Formeln die eine mit Hilfe der Gleichung $\vartheta = 0$ aus den beiden anderen folgt, d. h., wenn die Koeffizienten der Kräfte $(X_x), \ldots (X_y)$ gewisse Bedingungen erfüllen.

Diese Bedingungen folgen aus (243), wenn man die drei Formeln, in denen man nach dem Früheren die körperlichen Kräfte X, Y, Z gleich Null setzen kann, nach x, y, z differentiiert und addiert und in dem so resultierenden Ausdrucke:

258′) $$\left\{\begin{aligned} 0 = \frac{\partial}{\partial x}\left(\frac{\partial(X_x)}{\partial x} + \frac{\partial(X_y)}{\partial y} + \frac{\partial(X_z)}{\partial z}\right) + \frac{\partial}{\partial y}\left(\frac{\partial(Y_x)}{\partial x} + \frac{\partial(Y_y)}{\partial y} + \frac{\partial(Y_z)}{\partial z}\right) \\ + \frac{\partial}{\partial z}\left(\frac{\partial(Z_x)}{\partial x} + \frac{\partial(Z_y)}{\partial y} + \frac{\partial(Z_z)}{\partial z}\right), \end{aligned}\right.$$

die Faktoren der unabhängigen Differentialquotienten der Verrückungen für sich gleich Null setzt.[105]) Dabei ist zu berücksichtigen, daß wegen der Willkürlichkeit des Gesetzes der fortgepflanzten Schwingungen verschieden hohe Differentialquotienten der Verrückungen u, v, w nach der Zeit voneinander unabhängig sind, von den gleichen Differentialquotienten nach der Zeit aber eine größere Zahl durch die Bedingungen verknüpft ist, welche aus $\vartheta = 0$ durch Differentiation nach den Koordinaten und nach der Zeit hervorgehen. Es sind dies, wenn der Kürze halber

$$\frac{\partial^j \varphi}{\partial t^j} = \varphi^{(j)}$$

gesetzt wird, allgemein die Formeln:

258″) $$\frac{\partial^2 \vartheta^{(j)}}{\partial x^2} = \frac{\partial^2 \vartheta^{(j)}}{\partial y^2} = \frac{\partial^2 \vartheta^{(j)}}{\partial z^2} = \frac{\partial^2 \vartheta^{(j)}}{\partial y\, \partial z} = \frac{\partial^2 \vartheta^{(j)}}{\partial z\, \partial x} = \frac{\partial^2 \vartheta^{(j)}}{\partial x\, \partial y} = 0\,;$$

sie ergeben, daß von den 30 dritten Differentialquotienten von $u^{(j)}$, $v^{(j)}$, $w^{(j)}$ nur 24 voneinander unabhängig sind, woraus folgt, daß für jedes System von Konstanten $c^{(j)}_{mn}$ sich 24 Bedingungen aus der Gleichung $\vartheta = 0$ ergeben müssen.

Diese führen auf folgendes System von Werten der Koeffizienten

259)

	$\frac{\partial^j x_x}{\partial t^j}$	$\frac{\partial^j y_y}{\partial t^j}$	$\frac{\partial^j z_z}{\partial t^j}$	$\frac{\partial^j y_z}{\partial t^j}$	$\frac{\partial^j z_x}{\partial t^j}$	$\frac{\partial^j x_y}{\partial t^j}$
$-X^{(j)}_x$	0	$-2c^{(j)}_{66}$	$-2c^{(j)}_{55}$	$-2c^{(j)}_{56}$	0	0
$-Y^{(j)}_y$	$-2c^{(j)}_{66}$	0	$-2c^{(j)}_{44}$	0	$-2c^{(j)}_{64}$	0
$-Z^{(j)}_z$	$-2c^{(j)}_{55}$	$-2c^{(j)}_{44}$	0	0	0	$-2c^{(j)}_{45}$
$-Y^{(j)}_z$	$-2c^{(j)}_{56}$	0	0	$c^{(j)}_{44}$	$c^{(j)}_{45}$	$c^{(j)}_{64}$
$-Z^{(j)}_x$	0	$-2c^{(j)}_{64}$	0	$c^{(j)}_{45}$	$c^{(j)}_{55}$	$c^{(j)}_{56}$
$-X^{(j)}_y$	0	0	$-2c^{(j)}_{45}$	$c^{(j)}_{64}$	$c^{(j)}_{56}$	$c^{(i)}_{66}$

Es ist bemerkenswert, daß für die allein übrigen Koefficienten die Beziehung

$$c^{(j)}_{kh} = c^{(j)}_{hk}$$

gilt, daß sonach Kräfte der auf S. 460 als vierte bezeichneten Art durch die Einführung der Inkompressibilitätsbedingung unmöglich gemacht werden.

Die Bewegungsgleichungen (243) oder (254) nehmen bei Einführung dieser Vereinfachungen und unter Benutzung der Abkürzungen

$$\mathfrak{l} = \tfrac{1}{2}\left(\frac{\partial \mathfrak{w}}{\partial y} - \frac{\partial \mathfrak{v}}{\partial z}\right), \quad \mathfrak{m} = \tfrac{1}{2}\left(\frac{\partial \mathfrak{u}}{\partial z} - \frac{\partial \mathfrak{w}}{\partial x}\right), \quad \mathfrak{n} = \tfrac{1}{2}\left(\frac{\partial \mathfrak{v}}{\partial x} - \frac{\partial \mathfrak{u}}{\partial y}\right),$$

in welchen $\mathfrak{u}, \mathfrak{v}, \mathfrak{w}$ die schon S. 471 eingeführten komplexen Verrückungskomponenten bezeichnen, die Gestalt an[106]);

$$\left.\begin{array}{c} \dfrac{\partial^2 \mathfrak{u}}{\partial t^2} = \dfrac{\partial}{\partial z}\left(\dfrac{\partial \mathfrak{G}}{\partial \mathfrak{m}}\right) - \dfrac{\partial}{\partial y}\left(\dfrac{\partial \mathfrak{G}}{\partial \mathfrak{n}}\right), \quad \dfrac{\partial^2 \mathfrak{v}}{\partial t^2} = \dfrac{\partial}{\partial x}\left(\dfrac{\partial \mathfrak{G}}{\partial \mathfrak{n}}\right) - \dfrac{\partial}{\partial z}\left(\dfrac{\partial \mathfrak{G}}{\partial \mathfrak{l}}\right), \\ \dfrac{\partial^2 \mathfrak{w}}{\partial t^2} = \dfrac{\partial}{\partial y}\left(\dfrac{\partial \mathfrak{G}}{\partial \mathfrak{l}}\right) - \dfrac{\partial}{\partial x}\left(\dfrac{\partial \mathfrak{G}}{\partial \mathfrak{m}}\right), \end{array}\right\} \quad 259')$$

worin

$$\mathfrak{G} = \mathfrak{C}_{44}\mathfrak{l}^2 + \mathfrak{C}_{55}\mathfrak{m}^2 + \mathfrak{C}_{66}\mathfrak{n}^2 - 2(\mathfrak{C}_{56}\mathfrak{m}\mathfrak{n} + \mathfrak{C}_{64}\mathfrak{n}\mathfrak{l} + \mathfrak{C}_{45}\mathfrak{l}\mathfrak{m}) \quad 259'')$$

ist, und die $\mathfrak{C}_{hk}$ die in (253'''') definierten komplexen Funktionen der Schwingungsdauer τ bezeichnen.

Für jedes τ, d. h. für jede Farbe, läßt sich ein Koordinatensystem angeben, auf welches bezogen der reelle, und eines, für welches der imaginäre Teil von $\mathfrak{C}_{56}$, $\mathfrak{C}_{64}$, $\mathfrak{C}_{45}$ verschwindet; diese Axen wird man als die Symmetrieaxen der konservativen und der absorbierenden Kräfte für das bestimmte τ bezeichnen können. Verschwinden die absorbierenden Kräfte, oder fallen nach den allgemeinen Symmetrieverhältnissen des Krystalles beide Axensysteme zusammen, so müssen die Erscheinungen der Fortpflanzung von Schwingungen symmetrisch in Bezug auf die durch jene gegebenen Koordinatenebenen verlaufen, wenn die Erregungen symmetrisch zu ihnen stattfinden. Im allgemeinen Falle hingegen besitzen sie derartige Symmetrieebenen nicht.

Die Formeln (259') und (259''), welche das Resultat der Einführung der Bedingung $\vartheta = 0$ in die allgemeinen Gleichungen (254) sind, gestatten die Ableitung aller bekannten Erscheinungen, welche die Fortpflanzung von Lichtwellen innerhalb durchsichtiger oder absorbierender, z. B. farbiger, Krystalle begleiten, und verbinden daher diese Vorgänge nahe mit denen der Elasticität und der inneren Reibung. Ihre Behandlung wird in dem letzten Teil dieses Buches vorgenommen werden. —

Während die Ableitung der obigen Hauptgleichungen der Optik aus den Vorstellungen dieses Teiles überaus glatt und einfach möglich war, bietet diejenige der Grenzbedingungen eine eigentümliche Schwierigkeit.

Nachdem durch die Einführung der Bedingung $\vartheta = 0$ die Anzahl der in einer Richtung fortgepflanzten Wellen reduziert ist, so daß sie in durchsichtigen krystallinischen Medien nunmehr zwei beträgt, ist es nämlich nicht mehr möglich, den für die Grenze zwischen zwei zusammenhängenden nichtstarren Körpern geltenden allgemeinen Bedingungen

260) $$\overline{u_1} = \overline{u_2}, \quad \overline{v_1} = \overline{v_2}, \quad \overline{w_1} = \overline{w_2},$$

260') $$(\overline{X_\nu})_1 + (\overline{X_\nu})_2 = (\overline{Y_\nu})_1 + (\overline{Y_\nu})_2 = (\overline{Z_\nu})_1 + (\overline{Z_\nu})_2 = 0$$

durch sie zu genügen; denn mit den vier Konstanten der beiden reflektierten und der beiden gebrochenen Wellen, die zu einer einfallenden gehören, kann man nicht sechs Gleichungen befriedigen.

Daß die Grenzbedingungen für die im Äther fortgepflanzten Bewegungen mit den für die Schwingungen der ponderablen Körper gültigen nicht übereinstimmen, kann an sich allerdings nicht Wunder nehmen, da der in der Trennungsfläche stattfindende Vorgang in beiden Fällen ein ganz verschiedener ist.

Mit den schwingenden ponderabeln Körpern bewegt sich auch die Grenzfläche selbst, bei Ätherschwingungen steht infolge des Ruhens der ponderabeln Teile die Grenzfläche zwischen zwei heterogenen Bereichen fest, und die Bewegung führt wechselweise Äther in der einen und der anderen Richtung durch sie hindurch.

Daher kann man zwar die beiden ersten Bedingungen (260) für optische Probleme ungeändert beibehalten, wenn man einen festen Zusammenhang zwischen dem in beiden ponderabeln Körpern befindlichen Äther annimmt; statt der letzten aber wird, wenn die Dichte ϱ in beiden Körpern verschieden ist, d. h., der Äther sich in verschieden komprimiertem Zustande befindet, die Gleichung

260'') $$\left\{\begin{aligned} &\varrho_1 \left[\overline{u_1}\cos(\nu,x) + \overline{v_1}\cos(\nu,y) + \overline{w_1}\cos(\nu,z)\right] \\ &= \varrho_2 \left[\overline{u_2}\cos(\nu,x) + \overline{v_2}\cos(\nu,y) + \overline{w_2}\cos(\nu,z)\right] \end{aligned}\right.$$

einzusetzen sein, welche ausdrückt, daß in der Grenzfläche das auf der einen Seite eintretende Quantum dem auf der anderen austretenden gleich sein muß.

Auch die Bedingungen für die Drucke (260') nehmen unter den vorliegenden Verhältnissen andere Gestalt an. Denn der Äther wird hier nicht nur unter der Wirkung innerer Kräfte stehen, sondern auch unter der Wirkung solcher, die von der ponderabeln Masse ausgehen, und wenn die letzteren sich auch nach Symmetrie im I n n e r n eines homogenen Körpers zerstören, so werden sie doch in der G r e n z e, entsprechend der Unsymmetrie der diesseits und jenseits verschiedenen Masse, einen Grenzdruck erzeugen, dem verwandt, der auf S. 222 eingeführt ist.

Hiernach werden an die Stelle der Gleichungen (260″) die allgemeinen (14‴) zu setzen sein, welche lauten:

$$(\overline{X}_\nu)_1 + (\overline{X}_\nu)_2 + \overline{X}_{12} = (\overline{Y}_\nu)_1 + (\overline{Y}_\nu)_2 + \overline{Y}_{12} = (\overline{Z}_\nu)_1 + (\overline{Z}_\nu)_2 + \overline{Z}_{12} = 0. \qquad 260''')$$

In ihnen sind allerdings die $\overline{X}_{12}$, $\overline{Y}_{12}$, $\overline{Z}_{12}$ unbekannt und erfordern zu ihrer Bestimmung spezielle Annahmen, die als einigermaßen willkürlich am besten vermieden würden.

Man umgeht dergleichen, indem man als Erfahrungsthatsache benutzt, daß in der Grenzfläche selbst, auch zwischen zwei absorbierenden Medien, Energie der fortgepflanzten Schwingungen nicht verloren geht.[107]) Dies kann man einerseits aus optischen Messungen schließen, sicherer noch aus der Beobachtung, daß in der Grenze keine Wärmeentwickelung stattfindet, die zu erwarten sein würde, wenn daselbst optische Energie verschwände, ein Umsatz, der im Innern absorbierender Körper in der That stattfindet.

Um diesen Gedanken analytisch zu formulieren, bilden wir die Gleichung der lebendigen Kraft für ein System von Körpern, welche Äther enthalten. Wir erhalten dieselbe einmal, indem wir die Gleichungen (243) mit den Faktoren

$$\frac{dx}{dt}dk, \quad \frac{dy}{dt}dk, \quad \frac{dz}{dt}dk$$

zusammenfassen und das Resultat über das System integrieren, in der Form:

$$\left.\begin{aligned}\frac{\partial \Psi}{\partial t} = &- \sum\int\left[(\overline{X}_\nu)\overline{u'} + (\overline{Y}_\nu)\overline{v'} + (\overline{Z}_\nu)\overline{w'}\right] do \\ &+ \sum\int\left[(X_x)x'_x + (Y_y)y'_y + (Z_z)z'_z + (Y_z)y'_z + (Z_x)z'_x + (X_y)x'_y\right] dk.\end{aligned}\right\} \qquad 261)$$

Sodann können wir sie auch erhalten, indem wir das System (259′) nach Zufügung des Faktors ϱ analog behandeln und von dem Resultat den reellen Teil nehmen; in der komplexen Form schreibt sie sich

$$\left.\begin{aligned}\frac{\partial \mathfrak{P}}{\partial t} = \sum\varrho\int\Bigg[&\left(\frac{\partial\overline{\mathfrak{G}}}{\partial \mathfrak{m}}\cos(\nu,z) - \frac{\partial\overline{\mathfrak{G}}}{\partial \mathfrak{n}}\cos(\nu,y)\right)\overline{u'} \\ &+ \left(\frac{\partial\overline{\mathfrak{G}}}{\partial \mathfrak{n}}\cos(\nu,x) - \frac{\partial\overline{\mathfrak{G}}}{\partial \mathfrak{l}}\cos(\nu,z)\right)\overline{v'} \\ &+ \left(\frac{\partial\overline{\mathfrak{G}}}{\partial \mathfrak{l}}\cos(\nu,y) - \frac{\partial\overline{\mathfrak{G}}}{\partial \mathfrak{m}}\cos(\nu,x)\right)\overline{w'}\Bigg] do \\ &- 2\sum\varrho\int\left(\frac{\partial\mathfrak{G}}{\partial \mathfrak{l}}l' + \frac{\partial\mathfrak{G}}{\partial \mathfrak{m}}m' + \frac{\partial\mathfrak{G}}{\partial \mathfrak{n}}n'\right) dk.\end{aligned}\right\} \qquad 261')$$

ν bezeichnet hierin die äußere Normale auf der Begrenzung des betreffenden homogenen Teils des Systemes; von den unter dem Summenzeichen stehenden Oberflächenintegralen beziehen sich immer zwei Anteile auf dasselbe Flächenstück.

Diese beiden Zerlegungen in ein Raum- und ein Oberflächenintegral sind im allgemeinen verschieden; die Oberflächenintegrale sind aber gleich, wenn u, v, w in der Grenze Funktionen derselben Funktion von t, x und y sind, wie dies nach S. 478 bei den Problemen der Reflexion und Brechung der Fall sein muß. Die Raumintegrale sind beide von der Form, welche S. 459 betrachtet ist, und werden durch die angenommenen Kräfte, soweit sie konservativ sind, zu vollständigen Differentialquotienten nach der Zeit, soweit jene absorbierend sind, zu wesentlich negativen quadratischen Formen gemacht.

In betreff der Form (261) ist dies unmittelbar aus den Entwickelungen in § 29 evident; in betreff der Form (261′) erkennt man es leicht, wenn man den Wert (259″) von $\mathfrak{G}$ benutzt und berücksichtigt, daß die imaginären Teile von $\mathfrak{l}, \mathfrak{m}, \mathfrak{n}$ den ersten Differentialquotienten von l, m, n nach der Zeit proportional sind.

Soll nun in den Grenzflächen bei den Schwingungen Energie nicht verloren gehen, so müssen die Oberflächenintegrale entweder die Form vollständiger Differentialquotienten nach der Zeit haben, oder, da dies ersichtlich nicht möglich ist, verschwinden, und zwar, da erfahrungsgemäß die einzelnen Oberflächenelemente voneinander unabhängig sind, in ihren auf die einzelnen Elemente bezüglichen Teilen für sich.

Betrachten wir also wie oben zwei Medien (1) und (2), die durch die XY-Ebene geschieden werden, so ergiebt dies

$$\varrho_1 \left(\overline{\frac{\partial \mathfrak{G}}{\partial \mathfrak{m}}} \overline{u'} - \overline{\frac{\partial \mathfrak{G}}{\partial \mathfrak{l}}} \overline{v'}\right)_1 = \varrho_2 \left(\overline{\frac{\partial \mathfrak{G}}{\partial \mathfrak{m}}} \overline{u'} - \overline{\frac{\partial \mathfrak{G}}{\partial \mathfrak{l}}} \overline{v'}\right)_2,$$

oder wegen $\overline{u_1}' = \overline{u_2}'$, $\overline{v_1}' = \overline{v_2}'$ auch

$$\left(\varrho_1 \left(\overline{\frac{\partial \mathfrak{G}}{\partial \mathfrak{m}}}\right)_1 - \varrho_2 \left(\overline{\frac{\partial \mathfrak{G}}{\partial \mathfrak{m}}}\right)_2\right) \overline{u'} = \left(\varrho_1 \left(\overline{\frac{\partial \mathfrak{G}}{\partial \mathfrak{l}}}\right)_1 - \varrho_2 \left(\overline{\frac{\partial \mathfrak{G}}{\partial \mathfrak{l}}}\right)_2\right) \overline{v'}.$$

Bedenkt man, daß u, v, w voneinander unabhängig sind, und $\mathfrak{G}$ alle drei Größen enthält, so kann man hieraus schließen

$$261'') \qquad \varrho_1 \left(\overline{\frac{\partial \mathfrak{G}}{\partial \mathfrak{m}}}\right)_1 = \varrho_2 \left(\overline{\frac{\partial \mathfrak{G}}{\partial \mathfrak{m}}}\right)_2, \quad \varrho_1 \left(\overline{\frac{\partial \mathfrak{G}}{\partial \mathfrak{l}}}\right)_1 = \varrho_2 \left(\overline{\frac{\partial \mathfrak{G}}{\partial \mathfrak{l}}}\right)_2,$$

Formeln, welche vereinbar sind mit der aus der dritten Gleichung (259′) — bei Anwendung auf die Grenze und bei Berücksichtigung von (260″) — folgenden Gleichung

$$\varrho_1\left[\frac{\partial}{\partial y}\left(\frac{\overline{\partial \mathfrak{G}}}{\partial \mathfrak{l}}\right)-\frac{\partial}{\partial x}\left(\frac{\overline{\partial \mathfrak{G}}}{\partial \mathfrak{m}}\right)\right]_1=\varrho_2\left[\frac{\partial}{\partial y}\left(\frac{\overline{\partial \mathfrak{G}}}{\partial \mathfrak{l}}\right)-\frac{\partial}{\partial x}\left(\frac{\overline{\partial \mathfrak{G}}}{\partial \mathfrak{m}}\right)\right]_2.$$

Die Verhältnisse vereinfachen sich noch dadurch, daß die Vergleichung der aus diesen Gleichungen folgenden Resultate mit der Beobachtung auf die Relation $\varrho_1 = \varrho_2$ führt, die sich mit der Grundvorstellung eines innerhalb der verschiedenen Körper befindlichen Fluidums von konstanter Dichte aufs beste verträgt. Hierdurch erhält man das System von Grenzbedingungen[108])

$$\overline{u_1}=\overline{u_2},\ \overline{v_1}=\overline{v_2},\ \left(\frac{\overline{\partial \mathfrak{G}}}{\partial \mathfrak{l}}\right)_1=\left(\frac{\overline{\partial \mathfrak{G}}}{\partial \mathfrak{l}}\right)_2,\ \left(\frac{\overline{\partial \mathfrak{G}}}{\partial \mathfrak{m}}\right)_1=\left(\frac{\overline{\partial \mathfrak{G}}}{\partial \mathfrak{m}}\right)_2; \qquad 261''')$$

aus ihnen folgt $\overline{w_1} = \overline{w_2}$, was mitunter praktisch statt einer der letzten beiden Formeln benutzt wird.

Diese Bedingungen sind höchst allgemein; sie gelten für isotrope, wie für krystallinische, für durchsichtige, wie für absorbierende Körper und führen auf der Erfahrung durchaus entsprechende Resultate. —

Die vorstehenden Betrachtungen gestatten noch eine Erweiterung, indem man die von den ponderablen Massen auf den Äther in ihrem Innern ausgeübten Kräfte nicht nur in die Grenzbedingungen, sondern auch in die Hauptgleichungen einführt; sie fallen dann unter die in den allgemeinen Bewegungsgleichungen (243) auftretenden äußeren, auf die Volumeneinheit bezogenen Komponenten X', Y', Z'. Diese Kräfte brauchen nämlich nicht allein von den Deformationsgrößen $x_x, \ldots x_y$ abzuhängen, sondern können Funktionen der Verschiebungen u, v, w und aller ihrer Differentialquotienten sein.[109])

Beschränkt man sich, um nicht in durchsichtigen Körpern mehr als zwei Wellen zu erhalten, auf nullte, erste und zweite Differentialquotienten nach den Koordinaten und beliebige nach der Zeit, so kann man diese sehr allgemeinen Ansätze, genau wie oben den spezielleren, zunächst in absorbierende und in konservative Teile zerlegen und sodann durch die Einführung der Bedingung $\vartheta = 0$ spezialisieren. Unter den so erhaltenen Resultaten befindet sich naturgemäß das System (259) als spezieller Fall, außerdem geben sie aber noch Formeln, welche die Ableitung der Erscheinungen der natürlichen und der magnetischen Cirkularpolarisation gestatten.

Wir wollen auf diese Betrachtungsweise nicht eingehen, sondern eine andere anwenden, welche die gleichen Resultate auf einem wesentlich einfacheren und anschaulicheren Wege liefert, überdies mit früheren Entwickelungen in engem Zusammenhange steht.

§ 34. Medien ohne innere Kräfte; mechanische Analogie zu den Gesetzen des elektromagnetischen Feldes.

Die allgemeinen Gleichungen (13) und (13′) auf S. 223 für nichtstarre Körper, welche die Wirkungen von Drehungsmomenten L', M', N' noch nicht ausschließen, lassen sich folgendermaßen schreiben:

$$262)\quad \left\{\begin{aligned} &\varrho \frac{d^2 x}{dt^2} = X' - \left[\frac{\partial X'_x}{\partial x} + \frac{\partial X'_y}{\partial y} + \frac{\partial X'_z}{\partial z}\right] - \frac{\partial X''_y}{\partial y} + \frac{\partial Z''_x}{\partial z}, \\ &\cdots\cdots\cdots\cdots\cdots\cdots \\ &0 = L' - \left[\frac{\partial L_x}{\partial x} + \frac{\partial L_y}{\partial y} + \frac{\partial L_z}{\partial z}\right] + 2 Y''_z, \\ &\cdots\cdots\cdots,\ \cdots,\ \cdots\cdots \end{aligned}\right.$$

worin

$$\frac{Y_z + Z_y}{2} = Y'_z = Z'_y, \quad \frac{Y_z - Z_y}{2} = Y''_z = -Z''_y$$
$$\cdots\cdots\cdots\cdots\cdots\cdots$$

gesetzt ist.

Denken wir uns nun ein nichtstarres Medium, in dem Momentendrucke $L_x, \ldots N_z$ nicht wirken, so ist für dieses

$$262')\quad 2 Y''_z = -L', \quad 2 Z''_x = -M', \quad 2 X''_y = -N';$$

sind auch noch die X_x, Y_y, Z_z, X'_y, $X'_z \ldots$ gleich Null, so ist

$$262'')\quad \left\{\begin{aligned} 2\left(\varrho \frac{d^2 x}{dt^2} - X'\right) &= \frac{\partial N'}{\partial y} - \frac{\partial M'}{\partial z}, \\ 2\left(\varrho \frac{d^2 y}{dt^2} - Y'\right) &= \frac{\partial L'}{\partial z} - \frac{\partial N'}{\partial x}, \\ 2\left(\varrho \frac{d^2 z}{dt^2} - Z'\right) &= \frac{\partial M'}{\partial x} - \frac{\partial L'}{\partial y}. \end{aligned}\right.$$

Von einem solchen Medium dürfen wir sagen, daß in ihm innere Kräfte überhaupt nicht wirken, denn Y''_z, Z''_x, X''_y haben nach den Gleichungen (262′) den Charakter äußerer Kräfte (genauer äußerer Momente). Ein solches Medium würde, in freiem Zustand betrachtet, keiner Deformation irgend einen Widerstand leisten. [110])

Wir wollen dasselbe nun innerhalb eines Raumes befindlich denken, wo es, etwa seitens einer sehr großen Zahl regelmäßig verteilter Kraftcentren, unter denen wir uns ponderable Moleküle vorstellen können, Kräfte und Drehungsmomente erfährt, sowie es aus einem ursprünglichen Normalzustande verschoben wird. X', Y', Z' sind dann die auf die Volumeneinheit bezogenen Kräfte,

$$262''')\quad L' = 2 Z_y = -2 Y_z, \quad M' = 2 X_z = -2 Z_x, \quad N' = 2 Y_x = -2 X_y$$

die auf die Volumeneinheit bezogenen Momente.

Führt man noch die Geschwindigkeiten

$$\frac{dx}{dt} = u', \quad \frac{dy}{dt} = v', \quad \frac{dz}{dt} = w'$$

ein, so erhält man bei Beschränkung auf unendlich kleine Werte derselben

$$\left.\begin{aligned}
\varrho \frac{\partial u'}{\partial t} &= X' + \frac{\partial N'}{2\partial y} - \frac{\partial M'}{2\partial z},\\
\varrho \frac{\partial v'}{\partial t} &= Y' + \frac{\partial L'}{2\partial z} - \frac{\partial N'}{2\partial x},\\
\varrho \frac{\partial w'}{\partial t} &= Z' + \frac{\partial M'}{2\partial x} - \frac{\partial L'}{2\partial y}.
\end{aligned}\right\} \tag{263)}$$

Zu diesen Hauptgleichungen kommen Oberflächenbedingungen für die Grenze zwischen zwei Medien, die wir nur für den speziellen Fall aufstellen, daß die Grenze durch die XY-Ebene gebildet wird.

Setzt man voraus, daß die beiden Medien in der Grenzfläche zusammenhängen, so muß jedenfalls daselbst

$$\overline{u_1'} = \overline{u_2'}, \quad \overline{v_1'} = \overline{v_2'} \tag{263')}$$

sein, während bezüglich der Komponente w Gleiches nicht auszusagen ist. Denn einerseits ist bei einem Fluidum ohne innere Kräfte, wie schon S. 260 bemerkt, eine Kondensation in der Grenze nicht ausgeschlossen, also die Bedingung $\varrho_1 \overline{w_1}' = \varrho_2 \overline{w_2}'$ keineswegs notwendig; andererseits würde dieselbe, solange über das Verhalten von ϱ keine spezielle Annahme notwendig ist, dies also als unbekannt gelten muß, keine Bedingung für u', v', w' liefern.

Die allgemeinen Bedingungen für die Drucke

$$(\overline{X_z})_1 = (\overline{X_z})_2, \quad (\overline{Y_z})_1 = (\overline{Y_z})_2, \quad (\overline{Z_z})_1 = (\overline{Z_z})_2$$

nehmen hier, da nach S. 486

$$2\,X_z = M', \quad 2\,Y_z = -L', \quad Z_z = 0$$

ist, die spezielle Form an:

$$\overline{L_1'} = \overline{L_2'}, \quad \overline{M_1'} = \overline{M_2'}. \tag{263'')}$$

Bildet man aus dem System (263) die Gleichung der lebendigen Kraft, so ergiebt sich für die Volumeneinheit

$$\frac{\partial \psi}{\partial t} = (X'u' + Y'v' + Z'w') + \left(\frac{\partial N'}{\partial y} - \frac{\partial M'}{\partial z}\right)\tfrac{1}{2}u' + \left(\frac{\partial L'}{\partial z} - \frac{\partial N'}{\partial x}\right)\tfrac{1}{2}v'$$
$$+ \left(\frac{\partial M'}{\partial x} - \frac{\partial L'}{\partial y}\right)\tfrac{1}{2}w',$$

und über ein beliebiges endliches Volumen integriert,

$$263''')\begin{cases} \frac{\partial \Psi}{\partial t} = \frac{1}{2}\int\Big[\big(N'\cos(\nu,y) - M'\cos(\nu,z)\big)u' + \big(L'\cos(\nu,z) - N'\cos(\nu,x)\big)v' \\ \qquad\qquad + \big(M'\cos(\nu,x) - L'\cos(\nu,y)\big)w'\Big]do \\ \quad + \int\Big[(X'u' + Y'v' + Z'w') + (L'l' + M'm' + N'n')\Big]dk, \end{cases}$$

worin ν die äußere Normale auf das Oberflächenelement bezeichnet.

Das Oberflächenintegral verschwindet, soweit es sich auf Zwischengrenzen bezieht, nach den Grenzbedingungen (263') und (263''), resp den ihnen bei beliebiger Lage des Grenzelementes entsprechenden.

Die Funktion unter dem Raumintegral ist die Arbeit der wirkenden Kräfte für die Raum- und Zeiteinheit. Man kann sie denselben Betrachtungen unterwerfen, wie die Arbeit der inneren Kräfte eines elastischen Mediums auf S. 459, und für die Komponenten und Momente solche lineäre Ausdrücke bilden, welche die Energie stets erhalten, und solche, welche sie stets verzehren.

Ein System ersterer Art ist u. a.

$$264)\quad \begin{cases} -X' = a_{11}u'' + a_{12}v'' + a_{13}w'', \\ -Y' = a_{21}u'' + a_{22}v'' + a_{23}w'', \\ -Z' = a_{31}u'' + a_{32}v'' + a_{33}w'', \end{cases}$$

$$264')\quad \begin{cases} -L' = b_{11}l + b_{12}m + b_{13}n, \\ -M' = b_{21}l + b_{22}m + b_{23}n, \\ -N' = b_{31}l + b_{32}m + b_{33}n; \end{cases}$$

eines der letzteren

$$264'')\quad \begin{cases} -X' = c_{11}u' + c_{12}v' + c_{12}w', \\ -Y' = c_{21}u' + c_{22}v' + c_{23}w', \\ -Z' = c_{31}u' + c_{32}v' + c_{33}w'. \end{cases}$$

Für ihre Konstanten müssen dabei die Beziehungen $a_{hk} = a_{kh}$, $b_{hk} = b_{kh}$, $c_{hk} = c_{kh}$ gelten.

Das System (264') wollen wir nach l, m, n auflösen und schreiben

$$264''')\quad \begin{cases} -4l = e_{11}L' + e_{12}M' + e_{13}N', \\ -4m = e_{21}L' + e_{22}M' + e_{23}N', \\ -4n = e_{31}L' + e_{32}M' + e_{33}N'. \end{cases}$$

Betrachtet man endlich die Dichte ϱ als unendlich klein, oder zieht sie in die Faktoren a_{11}, a_{22}, a_{33} hinein, um eine symmetrische Endform zu erhalten, so nehmen die Formeln (263) und (264''') folgende Gestalt an

$$\left.\begin{aligned}
\frac{\partial}{\partial t}(a_{11}u' + a_{12}v' + a_{13}w') &= -(c_{11}u' + c_{12}v' + c_{13}w') \\
&\quad + \tfrac{1}{2}\left(\frac{\partial N'}{\partial y} - \frac{\partial M'}{\partial z}\right), \\
\frac{\partial}{\partial t}(a_{21}u' + a_{22}v' + a_{23}w') &= -(c_{21}u' + c_{22}v' + c_{23}w') \\
&\quad + \tfrac{1}{2}\left(\frac{\partial L'}{\partial z} - \frac{\partial N'}{\partial x}\right), \\
\frac{\partial}{\partial t}(a_{31}u' + a_{32}v' + a_{33}w') &= -(c_{31}u' + c_{32}v' + c_{33}w') \\
&\quad + \tfrac{1}{2}\left(\frac{\partial M'}{\partial x} - \frac{\partial L'}{\partial y}\right);
\end{aligned}\right\} \quad 265)$$

dazu kommt wegen der Werte von l', m', n'

$$\left.\begin{aligned}
\tfrac{1}{2}\frac{\partial}{\partial t}(e_{11}L' + e_{12}M' + e_{13}N') &= \frac{\partial v'}{\partial z} - \frac{\partial w'}{\partial y}, \\
\tfrac{1}{2}\frac{\partial}{\partial t}(e_{21}L' + e_{22}M' + e_{23}N') &= \frac{\partial w'}{\partial x} - \frac{\partial u'}{\partial z}, \\
\tfrac{1}{2}\frac{\partial}{\partial t}(e_{31}L' + e_{32}M' + e_{33}N') &= \frac{\partial u'}{\partial y} - \frac{\partial v'}{\partial x}.
\end{aligned}\right\} \quad 265')$$

Diese Systeme von Hauptgleichungen (265) und (265'), von Oberflächengleichungen (263') und (263''), gehen in die von Hertz [111]) formulierten Grundgleichungen der Maxwell'schen Theorie der Elektrodynamik über, wenn man

$$u' = \Xi, \quad v' = H, \quad w' = Z$$

mit den Komponenten der elektrischen,

$$\tfrac{1}{2}L' = \Lambda, \quad \tfrac{1}{2}M' = M, \quad \tfrac{1}{2}N' = N$$

mit den Komponenten der magnetischen Kraft identifiziert.

Nichtleiter für Elektricität sind dann solche Körper, in welchen nur Energie erhaltende, Leiter solche, in denen auch absorbierende Kräfte auf den Äther wirken.

Wir machen die obige Einführung nur für isotrope Körper, wo in den Systemen (264) bis (264''') sich die rechten Seiten auf die Diagonalglieder reduzieren, deren Konstanten gleich werden und weiter ohne Index geführt werden mögen.

Man erhält hier

$$\left.\begin{aligned}
a\frac{\partial \Xi}{\partial t} &= -c\Xi + \frac{\partial N}{\partial y} - \frac{\partial M}{\partial z}, \\
a\frac{\partial H}{\partial t} &= -cH + \frac{\partial \Lambda}{\partial z} - \frac{\partial N}{\partial x}, \\
a\frac{\partial Z}{\partial t} &= -cZ + \frac{\partial M}{\partial x} - \frac{\partial \Lambda}{\partial y},
\end{aligned}\right\} \quad 266)$$

$$266') \quad \begin{cases} e\frac{\partial \Lambda}{\partial t} = \frac{\partial H}{\partial z} - \frac{\partial Z}{\partial y}, \\ e\frac{\partial M}{\partial t} = \frac{\partial Z}{\partial x} - \frac{\partial \Xi}{\partial z}, \\ e\frac{\partial N}{\partial t} = \frac{\partial \Xi}{\partial y} - \frac{\partial H}{\partial x}, \end{cases}$$

und außerdem an einer der XY-Ebene parallelen Grenze zwischen zwei Körpern (1) und (2)

$$266'') \quad \overline{\Xi}_1 = \overline{\Xi}_2, \quad \overline{H}_1 = \overline{H}_2, \quad \overline{\Lambda}_1 = \overline{\Lambda}_2, \quad \overline{M}_1 = \overline{M}_2.$$

Folgerungen aus diesen Gleichungen werden im IV. Teil gezogen werden, wo sich auch eine Ableitung aus der Erfahrung ohne Zuhilfenahme spezieller Vorstellungen finden wird. —

Die obigen linearen Ansätze (264) sind ganz spezielle und nur ausgewählt, um eine spezielle Gestalt der Endformeln zu erhalten. Die allgemeinst möglichen, welche für die Zwecke der Optik Bedeutung gewinnen, sind nach den allgemeinen Angaben auf S. 460 zu bilden.

Wir können demgemäß folgende Zusammenstellung geben.

Konservative Kräfte.

$$267) \quad \text{1. Art.} \quad -X' = \frac{\partial^{2j}}{\partial t^{2j}}(\alpha_{11}^{(j)}u + \alpha_{12}^{(j)}v + \alpha_{13}^{(j)}w),$$

. . . .

wobei $\alpha_{hk}^{(j)} = \alpha_{kh}^{(j)}$.

$$267') \quad \text{2. Art.} \quad -L' = \frac{\partial^{2j}}{\partial t^{2j}}(a_{11}^{(j)}l + a_{12}^{(j)}m + a_{13}^{(j)}n),$$

. . . .

wobei $a_{hk}^{(j)} = a_{kh}^{(j)}$.

$$267'') \quad \begin{cases} \text{3. Art.} \quad -X' = \frac{\partial^{2j}}{\partial t^{2j}}(\mathfrak{a}_{11}^{(j)}l + \mathfrak{a}_{12}^{(j)}m + \mathfrak{a}_{13}^{(j)}n), \\ \quad \ldots\ldots\ldots\ldots \\ \text{und zugleich} \\ \quad -L' = \frac{\partial^{2j}}{\partial t^{2j}}(\mathfrak{a}_{11}^{(j)}u + \mathfrak{a}_{21}^{(j)}v + a_{31}^{(j)}w), \\ \quad \ldots\ldots\ldots\ldots \end{cases}$$

Hier ist nicht notwendig $\mathfrak{a}_{hk}^{(j)} = \mathfrak{a}_{kh}^{(j)}$.

$$267''') \quad \text{4. Art.} \quad -X' = \frac{\partial^{2j+1}}{\partial t^{2j+1}}(\beta_{12}^{(j)}v + \beta_{13}^{(j)}w),$$

. . . .

worin $\beta_{hk}^{(j)} = -\beta_{kh}^{(j)}$.

$$5. \text{ Art.} \quad -L' = \frac{\partial^{2h+1}}{\partial t^{2h+1}}(b_{12}^{(j)} m + b_{13}^{(j)} n), \qquad 267''')$$

. . . .

worin $b_{hk}^{(j)} = -b_{kh}^{(j)}$.

In die Gleichungen (263) bis (263'') eingesetzt, führt die erste oder zweite Art auf die Gesetze der Doppelbrechung, die dritte auf diejenigen der natürlichen, die vierte oder fünfte auf diejenigen der magnetischen Zirkularpolarisation.

Absorbierende Kräfte.

$$1. \text{ Art.} \quad -X' = \frac{\partial^{2j+1}}{\partial t^{2j+1}}(\gamma_{11}^{(j)} u + \gamma_{12}^{(j)} v + \gamma_{13}^{(j)} w), \qquad 268)$$

. . . .

worin $\gamma_{hk}^{(j)} = \gamma_{kh}^{(j)}$.

$$2. \text{ Art.} \quad -L' = \frac{\partial^{2j+1}}{\partial t^{2j+1}}(c_{11}^{(j)} l + c_{12}^{(j)} m + c_{13}^{(j)} n), \qquad 268')$$

. . . .

worin $c_{hk}^{(j)} = c_{kh}^{(j)}$.

Sie geben, neben den konservativen eingeführt, die Modifikationen, welche die genannten optischen Erscheinungen in absorbierenden Körpern erfahren.

Endlich sei noch ein spezieller Ansatz von abweichendem Charakter erwähnt.

Setzt man

$$-X' = e\frac{\partial u'}{\partial s}, \quad -Y' = e\frac{\partial v'}{\partial s}, \quad -Z' = e\frac{\partial u'}{\partial s}, \qquad 268'')$$

worin s eine willkürliche Richtung bezeichnet, so läßt sich für die Arbeit schreiben

$$\int dk(X'u' + Y'v' + Z'w') = -e\int(\overline{u'}^2 + \overline{v'}^2 + \overline{w'}^2)\cos(n, s)\,do,$$

woraus hervorgeht, daß sie als ganz in der Oberfläche geleistet aufgefaßt werden kann.

Dieser Ansatz erweist sich geeignet, um die optischen Erscheinungen in bewegten Medien abzuleiten.

Die Grenzbedingungen behalten in allen Fällen die in (263') und (263'') gegebene Gestalt.

Auf die Behandlung spezieller hierher gehöriger Probleme wird im V. Teil eingegangen werden; hier handelt es sich nur um die Herstellung der Verbindung zwischen der Dynamik gewisser nichtstarrer Körper und den Grundformeln der Optik.

Litteratur zum II. Teil.

Kirchhoff, Mechanik. Leipzig 1877. — Voigt, Elementare Mechanik. Leipzig 1889. — Thomson und Tait, Treatise on Natural Philosophy. Cambridge 1883, 1886. — Riemann, Partielle Differentialgleichungen, herausgeg. von Hattendorf. 2. Aufl. Braunschweig 1876. — F. Neumann, Vorlesungen über die Theorie der Kapillarität, herausgeg. von Wangerin, Leipzig 1894. — Mathieu, Théorie de la Capillarité. Paris 1883. — Lamb, Treatise on the math. theory of the motion of fluids. Cambridge 1879. — Basset, Treatise on Hydrodynamics, Cambridge 1888. — Lamé, Leçons sur la théorie mathématique de l'élasticité des corps solides. Paris 1852. — Clebsch, Theorie der Elasticität fester Körper. Leipzig 1862. Übersetzung mit Anmerkungen von Saint-Venant. Paris 1883. — Beer, Einleitung in die math. Theorie der Elasticität und Kapillarität. Leipzig 1869. — Navier, Leçons sur l'application de la mécanique. I. Résistance des corps solides. 3. édit. par Saint-Venant. Paris 1864. — F. Neumann, Vorlesungen über die Theorie der Elasticität, herausgeg. von O. E. Meyer. Leipzig 1885. — Jbbetson, Math. theory of perfectly elastic solids and viscous fluids. London 1887. — Love, Treatise on the math. theory of elasticity. Cambridge 1892. — Poincaré, Leçons sur la théorie de l'élasticité. Paris 1892. — Duhem, Hydrodynamique, Élasticité, Acoustique. Cours professé en 1890—91. Paris 1891. — W. Thomson, Artikel Elasticity in der Encyclopaedia Britannica, 9. ed., 1878. — Rayleigh, Theory of sound. London 1877. Übers. von Neesen. Braunschweig 1880. — Boussinesq, Application des potentiels à l'étude de l'équilibre et du mouvement des solides élastiques. Paris 1885.

I. Kapitel. [1]) Moebius, Der barycentrische Calcul. 2. Abschn., Kap. III. Leipzig 1827; Thomson-Tait, Natural Philosophy, Vol. I, Sect. 155—159, S. 114—115. — [2]) Cauchy, Exercices de Mathématiques II, S. 62. 1827. — [3]) Beltrami, Rendiconti del Circolo Matematico di Palermo III, S. 73, 1889. — [4]) Cauchy, Exercices de Math. II, S. 62, 1827; III, S. 237—242, 1828. — [5]) W. Thomson, Theory of Elasticity, Chap. VIII, IX; Math.-phys. papers III, S. 94. — [6]) Kirchhoff, Mechanik, 27. Vorlesung, S. 399. — [7]) Poisson, Traité de Mécanique, Livre VI, Chap. I, No. 652. — [8]) Voigt, Theoret. Studien über d. Elasticitätsverhältnisse der Krystalle, S. 11. Abhandl. Ges. d. Wiss. Göttingen 1887. — [9]) Cauchy, Exercices de Math. II, S. 111, 1827; III, S. 166, 1828. — [10]) Cauchy, ibid. II, S. 52. — [11]) Cauchy, ibid. II, S. 53, Théorème III. — [12]) Thomson-Tait, Treatise on Natural Philosophy, I, S. 327. — [13]) Kirchhoff, Mechanik, 9. Vorlesung.

II. Kapitel. [14]) Poisson, Traité de Mécanique, Livre V, Chap. II, Nr. 581. 1833. — [15]) Laplace, I. Supplément au livre X de la Mécanique céleste, Nr. 3. 1805. — Oeuvres, T. IV, S. 366. — [16]) Laplace, l. c. Nr. 1. — [17]) Gauss, Principia generalia theoriae figurae fluidorum in statu aequilibrii. Comment. soc. Gottingensis VII, 1830. Werke Bd. V, S. 29—77. — [18]) Poisson, Traité de Mécanique II, Nr. 583—584. — [19]) Laplace, l. c. Nr. 4, S. 369. — [20]) F. Neumann, Vorlesungen über d. Theorie der Kapillarität (herausgeg. von Wangerin, 1894), S. 161. — [21]) Laplace, II. Supplément au livre X de la Méc. céleste, Oeuvres T. IV, S. 432. — [22]) Archimedes, De iis quae in aqua vehuntur, Liber I, Theorema VI u. VII. Opera, herausgeg. von Heiberg, Leipzig 1881, S. 368—369. — [23]) Kirchhoff, Mechanik, 13. Vorlesung, S. 149. — [24]) Coulomb, Mém. Acad. roy. des Sciences Paris 1785, S. 578—611. — [25]) Clausius, Mechanische Wärmetheorie, II, Abschnitt 3, § 4. — Poisson, Théorie du Magnétisme. Mém. Acad. Paris V, 1821—22, S. 247, § 1. — [26]) Riecke, Molekulartheorie der piëzoelektr. u. pyroelektr. Erscheinungen. S. 6. Abhandl. Ges. d. Wiss. Göttingen **38**, 1892.

III. Kapitel. [27]) EULER, Principes généraux du mouvement des fluides. Hist. de l'Acad. de Berlin 1755. p. 286. — Theorie des Gleichgew. u. d. Bewegung d. Flüssigkeiten. Übers. von BRANDES, Leipzig 1806. S. 139—140. — [28]) W. THOMSON, On vortex motion, Trans. Roy. Soc. Edinb. XXV, S. 248—49. 1869. — [29]) LAMB, Mathematical theory of the motion of fluids, (Cambridge 1879). Chap. VI, Art. 145. — [30]) DANIEL BERNOULLI, Hydrodynamica, Sect. IX, S. 179. 1738. — [31]) TORRICELLI, Trattato del moto dei gravi, Florenz 1641. — [32]) v. HELMHOLTZ, CRELLE's Journal **55**. S. 25—55, § 2. 1858. — [33]) v. HELMHOLTZ, l. c. S. 25. — [34]) BASSET, Hydrodynamics, III. Chap. — [35]) KIRCHHOFF, Mechanik, 18. Vorlesung, § 3. — [36]) KIRCHHOFF, Mechanik, 19. Vorl., § 2. — [37]) KIRCHHOFF, l. c. §§ 2, 3. — [38]) v. HELMHOLTZ, CRELLE's Journal **55**, S. 38, 1858. — [39]) KIRCHHOFF, Mechanik, 20. Vorl. § 2. — [40]) STOKES, Cambr. and Dublin Math. Journ. **6**, S. 215—38, 1851. — W. THOMSON, Trans. R. Soc. Edinb. **21**, S. 165, 1857. — [41]) BOUSSINESQ, Compt. Rend. **63**, S. 104, 1867. — LIOUVILLE's Journ. de math. (2) **14**, S. 265, 1869. — [42]) LAMÉ, Théorie analytique de la chaleur, § 25. 1861. — [43]) LAMÉ, l. c. S. 42. — [44]) STOKES, Cambr. and Dublin Math. Journ. **6**, S. 224. 1851. — [45]) KIRCHHOFF, Mechanik, 16. Vorl. §§ 5 u. 6. — [46]) W. THOMSON, LIOUVILLE's Journal X, 1845, S. 364—67. Reprint of papers on Electr. and Magnet. S. 52. — MAXWELL, Treatise on Electr. and Magn. Chap. XI u. XII. — [47]) AMSLER, CRELLE's Journal **42**, S. 322—23. 1851. — [48]) MINNIGERODE, Wärmeleitung in Krystallen. Dissertation, Göttingen 1862. S. 13. — AMSLER, l. c. S. 323. — [49]) MINNIGERODE, l. c. S. 9. — [50]) MINNIGERODE, l. c. S. 9, 11, 15. — [51]) RIEMANN, Partielle Differentialgleichungen (Braunschweig 1876). S. 135. — KIRCHHOFF, Vorlesungen über die Theorie der Wärme (Leipzig 1894), 2. Vorl. § 6. — [52]) FICK, Poggend. Annalen **94**, S. 66. 1855. — [53]) CLEBSCH, CRELLE's Journal Bd. **56**, S. 1. 1859. — [54]) KIRCHHOFF, Mechanik, 22. Vorlesung. — [55]) VOIGT, Math. Annalen Bd. **28**, S. 14—33, 1885. — [56]) VOIGT, Nachrichten v. d. Ges. d. Wiss. Göttingen 1891, S. 54—64. — [57]) KIRCHHOFF, Mechanik, 25. Vorlesung, § 3. — [58]) BOUSSINESQ, Application des potentiels etc., Note II, § IV, Nr. 24. — [59]) KOLAČEK, Wied. Annalen **5**, S. 425, 1878. — W. THOMSON, Phil. Magazine (4) **42**, S. 368—77, 1871. — BASSET, Hydrodynamics Vol. II, Chap. XVII, S. 177. — [60]) EULER, De principiis motus fluidorum. Novi comm. acad. sc. imp. Petropolitanae **14**, Teil I, 6. Kap., S. 358. 1759. — [61]) LAGRANGE, Mécanique analytique II, Sect. XI. — [62]) GERSTNER, Theorie der Wellen etc. Prag 1804. — RANKINE, Phil. Transactions 1863, I, S. 227. — [63]) H. WEBER, CRELLE's Journal **68**, S. 287. 1868.

IV. Kapitel. [64]) VOIGT, Wied. Annalen **52**, S. 536. 1894. — [65]) KIRCHHOFF, CRELLE's Journal **56**, S. 291. 1859. — F. NEUMANN, Vorl. über Elasticitätstheorie, §§ 60, 61. — [66]) D'ALEMBERT, Mém. de l'Acad. Berlin 1763. — [67]) v. HELMHOLTZ, CRELLE's Journal **57**, S. 1. 1860. — [68]) KIRCHHOFF, Pogg. Annalen **134**, S. 177. 1868; ges. Abhandlungen S. 540. — [69]) POISSON, Mémoires de l'Inst. Paris, II, S. 305, 1819 und X, S. 317. 1831. — GREEN, Trans. Cambridge phil. soc. 1838, Math. Papers S. 234. — [70]) RIEMANN, Über d. Fortpflanzung ebener Luftwellen von endlicher Schwingungsweite. Abhandl. k. Ges. d. Wiss. Göttingen, Bd. **8**. 1860; Werke, S. 145—164. — [71]) KIRCHHOFF, Berl. Sitzungsber. 1882, S. 644; Wied. Ann. **18**, S. 667; ges. Abhandl. Nachtrag S. 26. — [72]) KIRCHHOFF, Mechanik, 23. Vorl. § 3. — [73]) POISSON, Mém. de l'Insitut III, S. 121. 1820. — [74]) KIRCHHOFF, Berl. Sitzungsber. 1882, S. 641, § 2; Wied. Annalen **18**, S. 663, 1883; ges. Abhandl. Nachtrag S. 22. — [75]) VOIGT, Elementare Mechanik, S. 439—441. — [76]) W. THOMSON, Natural philosophy 1883, §§ 730, 731. — [77]) BETTI, Nuovo Cimento (2) VII, S. 89. (Teoria dell' elasticità § 6). 1872. — [78]) CERRUTI, Mem. R. Acad. d. Linc. (3) XIII, S. 81. 1881/82. — BOUSSINESQ, Application des potentiels etc. Chap. III u. IV. — [79]) CERRUTI, Rend. Acad. d. Linc. (4) II, S. 461, 586. 1886. — [80]) VOIGT, Theoret. Studien über d. Elasticitätsverhältnisse d. Kryst. S. 52—79. Abhandl. Ges. d. Wiss. Göttingen **34**. 1887. — [81]) SAINT-VENANT, Mémoire sur la torsion des prismes etc., Mém. sav. étrang., Chap. III, § 33, T. XIV, S. 291—99. Paris 1856. — [82]) KIRCHHOFF, Mechanik, 28. Vorl., § 5, S. 422. — [83]) KIRCHHOFF, l. c. § 7. — [84]) POISSON,

Mém. sur l'équilibre et le mouvement des corps élastiques § IV. Mém. Acad. Paris VIII, 1829. Traité de mécanique, Livre IV, Chap. 8, § 5. — [85]) VOIGT, Wied. Ann. **16**, S. 404. 1882. — [86]) VOIGT, Theoret. Studien üb. d. Elasticitätsverhältnisse der Krystalle, S. 52. Abhandl. Ges. d. Wiss. Göttingen **34**, 1887. — [87]) BOUSSINESQ, Application des potentiels, Note II, § 1. — [88]) BOUSSINESQ, l. c. Note II, § 3. Nr. 17. — [89]) BOUSSINESQ, l. c. Note II, § 3. Nr. 20. — [90]) KIRCHHOFF, Mechanik, 29. Vorl. § 7, S. 445. — [91]) POCKELS, Über die part. Differentialgleichung $\triangle u + k^2 u = 0$. Leipzig 1891, S. 36. — [92]) KIRCHHOFF, Mechanik, 30. Vorl., § 3, S. 459. — [93]) KIRCHHOFF, l. c. § 4, S. 460. — [94]) KIRCHHOFF, CRELLE's Journ. **40**, 1850, § 4. — VOIGT, Nachr. Ges. d. Wiss. Göttingen 1893 Nr. 6. — [95]) KIRCHHOFF, l. c. § 5, S. 465.

V. Kapitel. [96]) MAXWELL, Constitution of bodies, Encycl. Brit. VI, S. 313. 1877; Scientific papers II, S. 623. — [97]) BOLTZMANN, Pogg. Annalen, Erg.-Bd. **7**, S. 629—30. 1876. — [98]) WIECHERT, Über elastische Nachwirkung, Königsberg 1889; Wied. Ann. **50**, S. 335. 1893. — [99]) VOIGT, Wied. Ann. **43**, S. 414—420. 1891. — [100]) STOKES, Transact. Cambridge phil. soc. VIII, P. III, S. 297. 1847. — [101]) VOIGT, Über die innere Reibung der festen Körper, § 2. Abhandl. Ges. d. Wiss. Göttingen, Bd. **36**, 1889. — [102]) F. NEUMANN, Pogg. Ann. **25**, S. 418, § 3. 1832. — [103]) VOIGT, Wied. Ann. **23**, S. 109. 1884. — [104]) C. NEUMANN, Theorie der magnetischen Drehung der Polarisationsebene des Lichtes. § 8. Halle 1863. — [105]) VOLKMANN, Wied. Ann. **35**, S. 354—360. 1888. VOIGT, Wied. Ann. **43**, S. 423. 1890. — [106]) KIRCHHOFF, Abhandl. d. Berliner Akad. 1876, S. 73; ges. Abhandl. S. 366. — VOIGT, Wied. Ann. **43**, S. 410, Abschnitt II u. IV. — [107]) VOIGT, l. c. Abschn. III. — [108]) KIRCHHOFF, l. c. S. 74—75 bezw. S. 366—67. — [109]) VOIGT, l. c. Abschn. I. — [110]) VOIGT, Wied. Ann. **52**, S. 665. 1894. — [111]) HERTZ, Wied. Ann. **40**, S. 577, 1890.

III. Teil.

Wärmelehre.

I. Kapitel.

Thermisch-mechanische Umsetzungen.

§ 1. Grunddefinitionen. Die erste Hauptgleichung der mechanischen Wärmetheorie.

Die Beobachtung, welche der ganzen Wärmelehre zur Grundlage dient, ist die Wahrnehmung unseres Temperatursinnes, daß verschiedene Körper sich im allgemeinen in verschiedenen Wärmezuständen befinden, oder, wie man sagt, verschiedene Temperaturen besitzen, und daß mit den Änderungen der Temperaturen Veränderungen in dem sonstigen Verhalten der Körper zusammenhängen.

Um den Wärmezustand eines Körpers konstant zu erhalten, muß man ihn durch Hüllen aus Substanzen, welche für Wärme in jeder Weise undurchdringlich sind, adiathermane Nichtleiter, von anderen Körpern trennen, ein Prozess, der in Wirklichkeit nur angenähert möglich ist, den wir aber zum Zwecke der Feststellung fundamentaler Definitionen vollkommen realisiert denken dürfen.

Bringt man innerhalb einer solchen Hülle zwei verschiedene Körper zur Berührung, so verändern sie im allgemeinen ihren Wärmezustand und nehmen schließlich einen konstanten neuen Zustand an, von welchem wir aussagen, daß in ihm Temperaturgleichgewicht herrscht, oder daß beide Körper gleiche Temperatur besitzen. Derselbe Vorgang tritt ein, wenn wir mehrere beliebig temperierte Körper in dieselbe isolierende Hülle bringen.

Auf diesem Vorgang und der darangeknüpften Festsetzung beruhen die gewöhnlichen Methoden der Temperaturmessung, bei denen als Maß der Temperatur eines Körpers gewisse erfahrungsmäßig vom Wärmezustande abhängige Eigenschaften eines mit ihm in Temperaturgleichgewicht gelangten Normalkörpers oder Thermometers benutzt werden.

Sind die Normalkörper feste, so wird ihre Länge, sind sie flüssige, so ihr Volumen, sind sie gasförmig, so der von ihnen auf das sie einschließende Gefäß ausgeübte Druck als Maß der Temperatur τ benutzt, indem man die Änderungen der ersteren Größen denen der letzteren proportional setzt.

Indessen geben verschiedene Normalkörper, nach dieser Regel benutzt und durch Anwendung auf dieselben zwei Normaltemperaturen graduiert, im allgemeinen verschiedene Temperaturangaben; nur die Gase liefern stets nahezu, und je weiter ihr Zustand von ihrem Kondensationspunkt entfernt liegt, d. h. je verdünnter und je wärmer sie sind, um so genauer übereinstimmende Skalen. Daher ist man übereingekommen, Gase, die sich in diesem sogenannten idealen Zustande befinden, als Normalkörper für die Festlegung einer Temperaturskala zu benutzen, so daß man also, indem man den Druck, welchen ein in einem unveränderlichen Volumen eingeschlossenes ideales Gas ausübt, mit P bezeichnet, zu setzen hat

$$P = a + b\tau .$$

Die Konstanten a und b werden durch zwei willkürlich als 0 und 100 festgesetzte Temperaturgrade — Schmelzpunkt und Siedepunkt des Wassers unter 76 cm Quecksilberdruck im Meeresniveau auf 45° Breite — bestimmt, so daß also durch die Beobachtungen der zugehörigen Drucke P_0 und P_{100} das Thermometer vollständig graduiert ist. Es gilt nämlich:

$$P = P_0 + \frac{P_{100} - P_0}{100}\,\tau$$

oder

$$\tau = \frac{P - P_0}{P_{100} - P_0}\,100 .$$

Die vorstehende Definition der Temperatur läßt scheinbar im Stiche, wenn es sich um Körper mit zeitlich und räumlich variabler Temperatur handelt. Hier muß man sich ein Volumenelement des betrachteten Körpers in äußere und innere Ruhe versetzt, mit einer isolierenden Hülle umgeben, aus dem Zusammenhang der übrigen getrennt und mit dem Thermometer in Berührung gebracht denken; ist die Temperatur des letzteren der des Volumenelementes gleich, so verharren beide im Wärmegleichgewicht. Dieser Prozeß ist praktisch nicht ausführbar, kann aber zur Definition ebensowohl herangezogen werden, wie ähnliche in anderen Gebieten der Physik.

Die Temperatur τ eines Körpers betrachten wir als eine neue Fundamentalgröße und setzen ihre Dimension

$$[\tau] = u\,;$$

sie als reine Zahl zu führen, wie mitunter geschieht, empfiehlt sich wegen daraus folgender Mißstände nicht. —

Um die Temperatur eines Körpers zu ändern, ist das einfachste Mittel, ihn mit einem kälteren oder einem wärmeren Körper in Berührung zu bringen, wodurch, wie man sagt, ein Wärmeübergang von dem wärmeren nach dem kälteren eingeleitet wird. Die Quantität der übergegangenen Wärme beurteilt man nach der Wirkung, d. h. der Temperaturänderung, die sie hervorbringt. Als Wärmeeinheit kann man dabei, so lange es sich nur um thermische Vorgänge handelt, eine ganz beliebige Wärmemenge wählen und auch deren Dimension willkürlich lassen, also die Wärmemenge als neue Fundamentalgröße betrachten. In der theoretischen Physik dient als Wärmeeinheit die Grammkalorie, d. h. diejenige Wärmemenge, die bei Ausschluß aller anderen Einwirkungen erforderlich ist, um 1 g Wasser unter Atmosphärendruck von 0^0 auf 1^0 C. zu erwärmen; in der Technik die (Kilogramm-) Kalorie, welche sich ebenso auf das Kilogramm bezieht, und mitunter für 15^0 statt für 0^0 definiert wird.

Diese Einheiten sind theoretisch nicht sehr glücklich gewählt, weil sie zur Definition den Begriff der Temperatureinheit voraussetzen, sie sind aber praktisch sehr bequem. So geschieht es, daß, obwohl eine absolute Einheit der Wärme vorhanden und im Gebrauch ist, die Kalorie mehr, als irgend eine andere spezielle Einheit, noch neben der absoluten benutzt wird. Wir wollen Wärmemengen, die in Kalorien ausgedrückt sind, durch den Buchstaben W, ihre Dimension durch w bezeichnen. —

Eine zweite besonders einfache Art, die Temperatur eines Körpers zu erhöhen, ist die, daß man auf ihn gar nicht kalorisch, sondern nur mechanisch einwirkt, ihn z. B. komprimiert oder seine Teile gegeneinander reibt. Dieselbe wird in Praxi bald absichtlich ausgeübt, wie bei den angeführten Beispielen, bald stellt sie sich als Begleitung ausgeübter kalorischer Wirkungen infolge der veränderten Temperatur von selbst ein und ist nur durch besondere Kunstgriffe zu verhindern.

Die Beobachtung hat gezeigt, daß, wenn diese mechanische Einwirkung nur zur Erhöhung der Temperatur dient, also z. B. dem betrachteten Körper keinerlei Geschwindigkeit erteilt, die zugeführte Arbeit A hinsichtlich der bewirkten Temperaturänderung jederzeit mit einer ihr proportionalen Wärmemenge W äquivalent ist, so daß

1) $$A = \mathfrak{A} W.$$

Der Proportionalitätsfaktor $\mathfrak{A}$, der numerisch gegeben ist durch die Arbeitsmenge, welche mit der Wärmeeinheit, also z. B. mit einer Grammkalorie, äquivalent ist, hat nach vielfachen und genauen Messungen für alle benutzten Körper und für jede Art mechanischer Arbeit denselben Wert und heißt das mechanische Wärmeäquivalent. Seine Bestimmung nach einer Reihe von sehr verschiedenen Methoden und der dadurch erbrachte Nachweis seiner Unabhängigkeit von der Art und Weise der Arbeitszuführung ist hauptsächlich von JOULE geliefert.[1] Für die Dimension von $\mathfrak{A}$ gilt

1′) $$[\mathfrak{A}] = m\, l^2 t^{-2} w^{-1}.$$

Der aus den zuverlässigsten Beobachtungen geschlossene Zahlenwert von $\mathfrak{A}$ ist im [cm sec g] System bei Voraussetzung von Grammkalorien

$$\mathfrak{A} = 4{,}22 \,.\, 10^7,$$

bei Voraussetzung von Kilogrammkalorien und der technischen Arbeitseinheit aber $\mathfrak{A} = 430$.

Diese Resultate legen eine andere Wärmeeinheit nahe, als die oben benutzte, welche von der Temperatureinheit unabhängig ist und demzufolge theoretisch den Vorzug verdient, nämlich die Wärmemenge, die mit der Arbeitseinheit äquivalent ist; dieselbe ist dargestellt durch

1″) $$W = 1/\mathfrak{A},$$

sie ist also der $4{,}22 \,.\, 10^7$. Teil von einer Grammkalorie.

Der Zahlwert einer in dieser Einheit angegebenen Wärmemenge mag mit Ω bezeichnet werden, dann ist

1‴) $$\Omega = \mathfrak{A} W \quad \text{und} \quad [\Omega] = m\, l^2 t^{-2}. \text{ —}$$

Hält man zusammen, daß nach § 6 des ersten Teiles bei rein mechanischen Einwirkungen und bei rein mechanischer Energie, wie sie durch die kinetische Energie der sichtbaren Bewegung und die potentielle Energie der Wechselwirkung zwischen allen Volumenelementen bestimmt ist, der Zuwachs $d E$ der Energie eines körperlichen Systemes der zugeführten Arbeit $d' A$ gleich ist, daß aber zugeführte Arbeit nach dem eben Gesagten noch eine andere Wirkung üben kann, als eine Vergrößerung dieser rein mechanischen oder sichtbaren Energie, nämlich eine Steigerung der Temperatur, so wird man zunächst zu dem Schluß geführt, daß eine Temperaturerhöhung ebenfalls eine Energievermehrung repräsentiert, daß also neben der äußeren sichtbaren oder mechanischen noch eine unsichtbare oder thermische Energie in einem jeden körperlichen System in Betracht zu ziehen ist.

So gelangt man zu der Erweiterung der Energiegleichung (48) des ersten Teiles in

$$dE = dE_i + dE_a = d'A,$$

die auf ganz andere Weise bereits S. 42 plausibel gemacht ist.

Nimmt man noch hinzu, daß bezüglich der Vermehrung dieser inneren Energie auch eine Wärmemenge statt einer Arbeit wirksam sein kann, so erscheint eine zweite Erweiterung wahrscheinlich durch Zufügung der etwa zugeführten Wärme in mechanischem Maße $d'\Omega$ auf der rechten Seite der Gleichung, welche dadurch die Form annimmt [2])

$$dE = dE_i + dE_a = d'A + d'\Omega. \qquad 2)$$

Diese Gleichung, welche wir als hypothetische Erweiterung der früher abgeleiteten Formel der Mechanik betrachten, sagt aus, daß, wenn einem System Wärme und Arbeit zugeführt wird, und zugleich ein Austausch von innerer und äußerer Energie stattfindet, die Änderung der Gesamtenergie stets gleich der Summe aller gemachten Aufwendungen ist. Man bezeichnet sie wohl als die erste Hauptgleichung der mechanischen Wärmetheorie.

Sie darf aber nicht etwa in dem Sinne aufgefaßt werden, als ob die in ihr angedeuteten und in Zusammenhang gebrachten Umsetzungen stets im ganzen Umfang physikalisch möglich wären; als ob wir beispielsweise, wenn wir $d'A + d'\Omega = 0$, also die Summe der äußeren Einwirkungen verschwindend nehmen, beliebig viel der inneren Energie in äußere überführen könnten; oder als ob, wenn wir $dE_i + dE_a = 0$, also den Anfangs- und Endzustand gleichwertig annehmen, es möglich wäre, beliebige zugeführte Wärme $d'\Omega$ als Arbeit $d'A$ wieder zu gewinnen. Die Formel spricht nur eine Beziehung aus, die, wenn alle vier Änderungen dE_i, dE_a, $d'A$ und $d'\Omega$ möglich sind, jederzeit erfüllt sein muß.

Bei den Problemen der Wärmelehre ist häufig eine andere Zerlegung der Energie von Nutzen, als die im vorstehenden eingeführte $E = E_i + E_a$, nämlich die durch Absonderung der lebendigen Kraft Ψ der sichtbaren Bewegung erhaltene $E = E' + \Psi$. Hier kann E', da fernwirkende Kräfte im allgemeinen ausgeschlossen sein werden, in einem anderen Sinne als die innere Energie des Systems bezeichnet werden. Gleichung (2) nimmt dadurch die Gestalt an

$$dE' + d\Psi = d'A + d'\Omega. \qquad 2')$$

In unserer Grundformel (2) ist E eine Funktion nur des augenblicklichen Zustandes, dE ihre Änderung in einem beliebigen Zeitraum; $d'A$ und $d'\Omega$ sind aber keine Differentiale, sondern nur willkürlich gegebene, unendlich kleine Beträge von Wärme und Arbeit. Dies hat zur Folge, daß angewandt auf den Übergang zwischen zwei verschiedenen Zuständen (1) und (2) die obige Formel ergiebt

$$2'') \qquad E_2 - E_1 = \int_{(1)}^{(2)} d'A + \int_{(1)}^{(2)} d'\Omega = A_{12} + \Omega_{12},$$

wo die Werte der Integrale rechts von dem Integrationsweg, d. h. den zwischen (1) und (2) passierten Zwischenzuständen, abhängen, A_{12} und Ω_{12} aber Abkürzungen bezeichnen, die auch weiter in gleicher Bedeutung benutzt werden sollen.

Ist speziell der Anfangs- und Endzustand der gleiche, die Veränderung ein sogenannter Kreisprozeß, so folgt hieraus

$$2''') \qquad 0 = (A) + (\Omega),$$

worin die Klammer ( ) die bei dem Kreisprozeß im ganzen zugeführten Beträge andeutet. Bei einem Kreisprozeß ist also die erforderliche Arbeit und die erforderliche Wärme für sich je von Null verschieden, ihre Summe aber verschwindet.

Es mag im voraus darauf hingewiesen werden, daß, weil $d'A$ und $d'\Omega$ positiv oder negativ sein können, (A) und (Ω) keineswegs die ganzen in Bewegung gesetzten Beträge bedeuten, sondern nur die Differenzen der zu- und der abgeführten Mengen. Dies ist insbesondere von Bedeutung bei der zugeführten Wärme (Ω), die wir nach S. 497 geeignet temperierten Wärmereservoiren entnommen denken müssen; dieselbe wird bei ganz verschiedenen Temperaturen zu- und abgeführt werden, und es ist daher ersichtlich, daß am Schluß des Kreisprozesses zwar das, wie man sagt, arbeitende System, nämlich der Körper, der den Kreisprozeß durchläuft, und auch das Arbeitsreservoir, aus dem (A) bestritten wird, wieder in den Anfangszustand zurückgeführt ist, nicht aber die beteiligten Wärmereservoire.

§ 2. Allgemeine Bestimmung des zu vorgeschriebenen Zustandsänderungen erforderlichen Aufwandes von Arbeit und Wärme. Die zweite Hauptgleichung der mechanischen Wärmetheorie.

Während im vorigen Abschnitt $d'A$ und $d'\Omega$ unendlich kleine, aber willkürlich zu wählende Beträge von zuzuführender Arbeit und

Wärme bezeichneten, sollen dieselben jetzt nicht mehr als direkt gegeben betrachtet, sondern aus der durch sie zu bewirkenden Zustandsänderung des gegebenen Körpers berechnet werden.

Der Zustand des in Ruhe befindlichen homogenen Körpers sei durch eine Anzahl von n unabhängigen Variabeln $a, b, c \ldots$ bestimmt, eine Zustandsänderung ist dann durch ein System von Variationen

$$da, \; db, \; dc \ldots$$

dargestellt, und es ist die Aufgabe, $d'A$ und $d'\Omega$ als Funktionen dieser Größen zu finden.

Die Zustandsänderungen teilt man in zwei Klassen: umkehrbare und nicht umkehrbare, je nachdem man sie in den beiden, durch entgegengesetzt gleiche Werte der Variationen $da, db, dc, \ldots$ gegebenen Richtungen unter entgegengesetzt gleichen Aufwendungen von Arbeit und Wärme bewirken kann oder nicht. Zu den umkehrbaren gehören unter anderen die isothermischen Deformationen vollkommen elastischer Körper, die erhalten werden, wenn man den Körper in Berührung mit einem unendlichen Wärmereservoir von gleicher Temperatur unendlich langsam anwachsenden äußereren Kräften aussetzt. Zu den nicht umkehrbaren gehören u. a. die mechanischen Vorgänge, bei welchen durch Reibungskräfte Arbeit in Wärme übergeführt wird.

Da $d'A$ und $d'\Omega$ Funktionen der unendlich kleinen Variationen $da, db, dc, \ldots$ sind, so kann man durch Entwickelung bilden

$$\left.\begin{aligned} d'A &= A_a\, da + A_b\, db + A_c\, dc + \ldots, \\ d'\Omega &= \Omega_a\, da + \Omega_b\, db + \Omega_c\, dc + \ldots; \end{aligned}\right\} \qquad 3)$$

bei umkehrbaren Zustandsänderungen sind dann die $A_a, \ldots \Omega_a, \ldots$ nur Funktionen — und zwar naturgemäß eindeutige — der Ausgangswerte $a, b, c \ldots$, welche als solche zu bestimmen unsere Aufgabe ist.

Die Anzahl der Variabeln $a, b, c \ldots$ ist je nach der Natur des betrachteten Körpers verschieden. Für eine homogene gasförmige oder tropfbare Flüssigkeit braucht man zur Festlegung des Zustandes nur zwei Variabeln, — etwa das Volumen, welches die Flüssigkeit einnimmt, und die Temperatur, welche sie besitzt; für homogene feste Körper bedarf man deren im allgemeinsten Falle sieben, nämlich außer der Temperatur etwa die sechs Deformationsgrößen, die, wenn der Körper homogen deformiert sein soll, in seiner ganzen Ausdehnung konstant sein müssen. Bei besonderer Form des festen Körpers und bei besonderer Verteilung der äußeren Einwirkungen genügt auch wohl eine kleinere Anzahl. —

Der Wert der **Arbeit** $d'A$ berechnet sich in allen Fällen vollständig nach der S. 40 gegebenen Definition

3') $$\begin{cases} d'A = \Sigma(X_h\,dx_h + Y_h\,dy_h + Z_h\,dz_h) \\ \quad\;\; = \Sigma K_h\,ds_h \cos(K_h\,ds_h); \end{cases}$$

er nimmt z. B. für einen kontinuierlichen Körper den Wert an

3'') $$\begin{cases} d'A = \int dk(X'\,dx + Y'\,dy + Z'\,dz) \\ \qquad + \int do(\overline{X_n}\,\overline{dx} + \overline{Y_n}\,\overline{dy} + \overline{Z_n}\,\overline{dz}), \end{cases}$$

worin X', Y', Z' die Komponenten der auf die Volumeneinheit bezogenen körperlichen Kräfte, $\overline{X_n}$, $\overline{Y_n}$, $\overline{Z_n}$ die Komponenten der auf die Flächeneinheit bezogenen Oberflächendrucke und x, y, z die Koordinaten ihrer Angriffspunkte bedeuten.

Für eine im Gleichgewicht befindliche Flüssigkeit reduziert sich dieser Ausdruck bei verschwindenden X', Y' Z', da hier nur eine normal wirkende Druckkraft P von überall konstanter Größe übrig bleibt, wie schon auf S. 238 benutzt, auf

3''') $$d'A = -P\,dV,$$

worin dV die die Zustandsänderung begleitende Volumenvergrößerung bezeichnet. —

Der zu einer gegebenen Zustandsänderung aufzuwendende **Wärmebetrag** $d'\Omega$ läßt sich allgemein nicht ebenso vollständig angeben; doch gelingt es ohne irgend eine Voraussetzung über die Natur des betrachteten Körpers immerhin, ganz allgemein die analytische Form zu finden, in welcher sich $d'\Omega$ darstellen muß.

Zur Erreichung dieses Zieles ist eine Vorbereitung nötig.

Ist der Zustand des betrachteten Körpers von n Variabeln abhängig, die man bequem als die Koordinaten eines Punktes in einem n dimensionalen Raume auffassen kann, so ergiebt, da die Energie eine Funktion dieser Variabeln ist, die aus der Gleichung (2') für $d'\Omega = 0$ und $d\Psi = 0$ hervorgehende Formel

$$dE' = d'A$$

die Differentialgleichung einer einfach unendlichen Schar räumlicher Gebilde von $(n-1)$ Dimensionen, die wir kurz **Flächen** nennen wollen. Ihr Integral sei

4) $$f(a, b, c\ldots) = \omega,$$

und ω bezeichne den Parameter dieser Schar.

Jede dieser Flächen ist der geometrische Ort aller derjenigen Zustände, die man von einem auf ihr liegenden Anfangszustand ohne thermische, durch alleinige mechanische Einwirkung erreichen kann;

man nennt sie kalorische oder adiabatische Flächen. Ist der Zustand des Körpers durch nur zwei Variabeln bestimmt, so wird der oben betrachtete Raum von n Dimensionen zu einer Ebene; die kalorischen Flächen verwandeln sich in kalorische Kurven.

Drückt man nun einen beliebigen Anfangszustand durch n neue voneinander unabhängige Koordinaten aus, unter denen auch ω ist, z. B. durch

$$\varphi(a, b, c, \ldots), \quad \psi(a, b, c, \ldots), \quad \ldots \omega(a, b, c \ldots),$$

und demgemäß eine Zustandsänderung durch die n Differentiale

$$d\varphi, \; d\psi, \ldots d\omega,$$

so muß sich nach (3) die zu dieser Änderung aufzuwendende Wärmemenge $d'\Omega$ als Funktion von $d\varphi, d\psi, \ldots d\omega$ schreiben lassen:

$$d'\Omega = \Pi_\varphi d\varphi + \Pi_\psi d\psi + \ldots \Pi_\omega d\omega. \tag{4'}$$

Hierin muß aber, da bei verschwindendem $d\omega$ die Veränderung auf einer kalorischen Fläche liegt, $d'\Omega$ mit $d\omega$ verschwinden; d. h., es müssen alle Π_h mit Ausnahme des letzten gleich Null sein, so daß resultiert

$$d'\Omega = \Pi d\omega, \tag{4''}$$

worin Π, der Kürze halber für Π_ω gesetzt, eine Funktion der n Variabeln $\varphi, \psi, \ldots \omega$ ist, die ohne Beschränkung der Allgemeinheit als stets positiv betrachtet werden kann.

Dies ist die Form, in der man allgemein $d'\Omega$ darstellen kann; in welcher Weise die Funktionen Π und ω von den direkt gegebenen Variabeln abhängen, ist in jedem einzelnen Falle aufzusuchen. Die erste dieser beiden Aufgaben läßt sich aber ganz allgemein noch eine Strecke weit durchführen.

Außer den kalorischen Flächen

$$\omega = \text{Const.}$$

sind hierfür noch die Temperaturflächen

$$\tau = \text{Const.}$$

von Nutzen.

Wenn nämlich die Variabeln $a, b, c, \ldots$ den Zustand eines homogenen Körpers vollständig angeben, so müssen sie auch seine Temperatur eindeutig bestimmen, und daraus folgt, daß durch konstantes τ ein geometrischer Ort, eine Fläche im n-dimensionalen Raume, eine Kurve in der Ebene, gegeben ist. Wir können also auch τ als eine der neu eingeführten Unabhängigen $\varphi, \psi, \ldots$ betrachten.

Von allen Veränderungen sind nun diejenigen die wichtigsten, welche ganz auf Temperatur- oder ganz auf kalorischen Flächen verlaufen; solche sind auch praktisch in ziemlicher Annäherung zu erhalten, indem man den zu ändernden Körper mit einem sehr großen Wärmereservoir von konstanter Temperatur in Berührung erhält oder mit nicht für die Wärme durchlässigen Hüllen umgiebt, und das eine, wie das andere Mal mechanisch auf ihn einwirkt.

Kreisprozesse, welche aus zwei auf verschiedenen kalorischen und zwei auf verschiedenen isothermischen Flächen liegenden Wegen zusammengesetzt sind, heißen CARNOT'sche Kreisprozesse[3]; sind die Parameter dieser Flächen resp. τ_1, τ_2 und ω_1, ω_2, wobei $\tau_2 > \tau_1$ und $\omega_2 > \omega_1$ gesetzt sein mag, so ist ein CARNOT'scher Kreisprozeß durch ein Kurvenviereck mit den festgelegten Eckpunkten auf den Kurven (τ_1, ω_1), (τ_1, ω_2), (τ_2, ω_2), (τ_2, ω_1) charakterisiert, welche mit 1), 2), 3), 4) bezeichnet werden mögen.

Es ist dann bei einem Umlauf im Sinne wachsender Zahlen die für jede Seite des Kurvenvierecks aufzuwendende Wärme gegeben durch

$$5)\quad \begin{cases} \Omega_{12} = \int_{\omega_1}^{\omega_2} \Pi_{(\tau=\tau_1)}\, d\omega, & \Omega_{23} = 0, \\ \Omega_{34} = \int_{\omega_2}^{\omega_1} \Pi_{(\tau=\tau_2)}\, d\omega, & \Omega_{41} = 0, \end{cases}$$

worin der Zusatz $\tau = \tau_1$ resp. $\tau = \tau_2$ den Integrationsweg zwar nicht erschöpfend, aber doch für das Verständnis ausreichend charakterisiert; ferner ist nach (2'') und (2''')

$$5')\quad (\Omega) = \Omega_{12} + \Omega_{34} = \int_{\omega_1}^{\omega_2} \left(\Pi_{(\tau=\tau_1)} - \Pi_{(\tau=\tau_2)}\right) d\omega$$

und

$$5'')\quad (\Omega) + (A) = 0.$$

Hieraus folgt, daß, wenn die Klammer in dem Integral (5') positiv ist, der Kreisprozeß Wärme in Arbeit verwandelt, wenn negativ, Arbeit in Wärme; bei entgegengesetzter Umlaufung findet das Umgekehrte statt.

Mittels zweier Wärmereservoire kann man mehrere beliebige Körper gleichzeitig CARNOT'sche Kreisprozesse durchlaufen lassen, deren adiabatische Strecken ganz beliebig sind, während die isothermischen gleichen Temperaturen, z. B. τ_1 und τ_2, entsprechen müssen. Wir wollen zunächst annehmen, daß alle diese Kreisprozesse umkehrbar, d. h. in beiden Richtungen ausführbar sind.

Seien nur zwei arbeitende Körper k' und k'' vorhanden und für beide die dem obigen $\omega_2 - \omega_1$ entsprechenden Änderungen der

Parameter ω' und ω'' unendlich klein, resp. gleich $d\omega'$ und $d\omega''$, so wird nach dem Vorstehenden die während der durch $d\omega'$ und $d\omega''$ charakterisierten Veränderungen von ihnen aus dem höheren und tieferen Reservoir aufgenommene Wärme resp. sein

$$\left.\begin{array}{ll} d_2'\Omega' = \Pi_2' d\omega', & d_2'\Omega'' = \Pi_2'' d\omega'', \\ d_1'\Omega' = \Pi_1' d\omega', & d_1'\Omega'' = \Pi_1'' d\omega'', \end{array}\right\} \qquad 6)$$

wobei ohne Beschränkung der Allgemeinheit sämtliche $\Pi > 0$ genommen werden können.

Läßt man nun k' bei der höheren Temperatur Wärme aufnehmen, k'' bei der tieferen, so ist bei n'-maligem, resp. n''-maligem Umlauf der Kreise die Summe aller zugeführten Wärmemengen aus dem oberen Reservoir

$$d_2'\Omega = n'\Pi_2' d\omega' - n''\Pi_2'' d\omega'',$$

aus dem unteren

$$d_1'\Omega = -n'\Pi_1' d\omega' + n''\Pi_1'' d\omega'', \qquad 6')$$

also die Gesamtsumme

$$(\Omega) = n'(\Pi_2' - \Pi_1') d\omega' - n''(\Pi_2'' - \Pi_1'') d\omega''. \qquad 7)$$

Unter Rücksicht auf die Gleichung (2''') folgt hieraus die ganze zugeführte Arbeit

$$(A) = -(\Omega) = -n'(\Pi_2' - \Pi_1') d\omega' + n''(\Pi_2'' - \Pi_1'') d\omega''. \qquad 7')$$

Bei umgekehrter Richtung der Umlaufung beider Kreisprozesse kehren alle Ω und A die Vorzeichen um.

Diese Formeln können zur Auffindung einer allgemeinen Eigenschaft der Funktionen Π benutzt werden durch Einführung der von CLAUSIUS[4]) aus der Erfahrung, daß Wärme von selbst jederzeit vom wärmeren zum kälteren Körper übergeht, abgeleiteten fundamentalen Hypothese, daß es nicht möglich ist, durch irgend einen Kreisprozeß ohne Arbeitsaufwand Wärme von einem niedriger temperierten Reservoir nach einem höher temperierten überzuführen. Denn wenn durch geeignet gewählte Werte von n' und n'' (A) zu Null gemacht wird, soll hiernach sowohl bei der ersten, wie bei der zweiten Richtung des Umlaufs $d_1'\Omega \leqq 0$, also $d_2'\Omega \geqq 0$ sein, was nur möglich ist, wenn beide Größen gleich Null sind, d. h., wenn gilt

$$\left.\begin{array}{l} n'\Pi_2' d\omega' = n''\Pi_2'' d\omega'', \\ n'\Pi_1' d\omega' = n''\Pi_1'' d\omega''; \end{array}\right\} \qquad 8)$$

daraus ergiebt sich

$$\frac{\Pi_2'}{\Pi_1'} = \frac{\Pi_2''}{\Pi_1''},$$

oder ausführlicher geschrieben, um die in jedem Ausdrucke stattfindenden Werte der Argumente $\varphi, \psi, \ldots \tau, \omega$ hervortreten zu lassen,

8') $$\frac{\Pi'(\varphi_2', \psi_2', \ldots \tau_2, \omega')}{\Pi'(\varphi_1', \psi_1', \ldots \tau_1, \omega')} = \frac{\Pi''(\varphi_2'', \psi_2'', \ldots \tau_2, \omega'')}{\Pi''(\varphi_1'', \psi_1'', \ldots \tau_1, \omega'')}.$$

Hieraus folgt aber notwendig, daß die Funktionen Π die Form haben müssen eines Produktes aus einer universellen Funktion der Temperatur, die mit T bezeichnet werden mag, und einer der Substanz individuellen Funktion von ω, die π heißen mag, so daß also

8'') $$\Pi' = T\pi'(\omega'), \quad \Pi'' = T\pi''(\omega'')$$

wird. Setzt man dieses Resultat in die Beziehung $d'\Omega = \Pi d\omega$ ein, so erhält man

9) $$d'\Omega = T\pi(\omega)\, d\omega,$$

worin $\pi(\omega)\, d\omega$ als ein vollständiges Differential in dH abgekürzt werden mag. Es ist dann H eine Funktion, die konstant ist, wenn ω sich nicht ändert, und die also ebensowohl als Parameter der adiabatischen Flächen betrachtet werden kann, wie ω selbst.

Sonach sind wir zu dem allgemein gültigen Resultat gelangt, daß

9') $$d'\Omega = T\, dH$$

ist, d. h., daß die zu einer bestimmten, umkehrbaren Zustandsänderung aufzuwendende Wärmemenge gegeben wird durch eine universelle Funktion der Temperatur, multipliziert in die Variation einer, jeder Substanz individuellen Funktion H der den augenblicklichen Zustand bestimmenden Variabeln, welche auf jeder kalorischen Fläche konstant ist.

Die Gleichung (9) resp. (9') wird die zweite Hauptgleichung der mechanischen Wärmetheorie genannt.[5])

Integriert man die Gleichung (91) nach Division durch T über einen beliebigen umkehrbaren Kreisprozeß und bezeichnet die Integration über eine geschlossene Bahn hier und weiterhin durch Klammern um das Integralzeichen, so erhält man

9'') $$(\int) \frac{d'\Omega}{T} = 0,$$

eine Formel, die sich der Formel (2''') für Kreisprozesse zuordnet.

Verläuft der Kreisprozeß durchaus auf derselben Temperaturfläche, so ist die Funktion T konstant und nach (9'') (Ω) und somit auch (A) gleich Null.

Dies ergiebt den Satz, daß die durch einen umkehrbaren isothermen Kreisprozeß zu gewinnende Arbeit stets gleich Null ist. —

Die oben eingeführte Funktion H nennt man die Entropie des betrachteten Körpers im augenblicklichen Zustand[6]), die vorläufig noch unbekannte Funktion T der Temperatur τ die CARNOT'sche Funktion.

Letztere steht in enger Beziehung zu dem CARNOT'schen Satz über das Verhältnis der bei einem CARNOT'schen Kreisprozeß in Arbeit umgewandelten zu der überhaupt in Bewegung gesetzten Wärmemenge, ein Verhältnis, welches man den Wirkungsgrad ν des Prozesses nennt. Verläuft der Kreisprozeß zwischen den Temperaturen τ_1 und τ_2, wobei $\tau_2 > \tau_1$ sein möge, und zwischen den Entropien H_1 und H_2, wobei $H_2 > H_1$ sein möge, so ist die aus dem Reservoir von der Temperatur τ_2 entnommene Wärmemenge nach (9')

$$\Omega_2 = T_2(H_2 - H_1),$$

die an das Reservoir von der Temperatur τ_1 abgegebene

$$\Omega_1 = T_1(H_2 - H_1),$$

die in Arbeit umgesetzte also

$$(\Omega) = \Omega_2 - \Omega_1 = (T_2 - T_1)(H_2 - H_1),$$

wofür man wegen (2''') auch schreiben kann

$$(\Omega) = -(A) = \Omega_2 \frac{T_2 - T_1}{T_2} = \Omega_1 \frac{T_2 - T_1}{T_1}. \qquad 9''')$$

Hieraus folgt für die Größe des Wirkungsgrades

$$\nu = \frac{(\Omega)}{\Omega_2} = \frac{T_2 - T_1}{T_2}. \qquad 9'''')$$

Diese Gleichung spricht den CARNOT'schen Satz aus, wonach der Wirkungsgrad eines CARNOT'schen Prozesses nicht von der arbeitenden Substanz, sondern nur von den Temperaturen abhängt, zwischen denen er verläuft.[7]) —

Die ganze vorstehende Entwickelung ruht auf der Annahme, daß die beiden auf S. 504 eingeführten und kombinierten Kreisprozesse in beiden Richtungen ausführbar sind. Indessen ist schon früher bemerkt, daß es Zustandsänderungen giebt, die eine Umkehrung nicht gestatten.

Enthält einer der beiden S. 505 benutzten Kreisprozesse einen Teil von diesem Charakter, so führt die dort angestellte Betrachtung, statt auf die Gleichungen (8), auf die Ungleichung

$$n' \Pi_2' d\omega' \geqq n'' \Pi_2'' d\omega'',$$

während aus $(A) = 0$ sich wie früher

$$n'(\Pi'_2 - \Pi'_1)\,d\omega' = n''(\Pi''_2 - \Pi''_1)\,d\omega''$$

ergiebt. Hieraus folgt also

$$\frac{\Pi'_2 - \Pi'_1}{\Pi'_2} \leqq \frac{\Pi''_2 - \Pi''_1}{\Pi''_2},$$

oder

$$\frac{\Pi'_2}{\Pi'_1} \leqq \frac{\Pi''_2}{\Pi''_1}.$$

Ist der Kreisprozeß (′) umkehrbar, so gilt für ihn nach (8″)

$$\frac{\Pi'_2}{\Pi'_1} = \frac{T_2}{T_1},$$

man erhält also

$$\frac{\Pi''_2}{\Pi''_1} \geqq \frac{T_2}{T_1},$$

oder nach (6) auch

10)
$$\frac{d'_2\,\Omega''}{T_2} \geqq \frac{d'_1\,\Omega''}{T_1}.$$

Diese Ungleichung gewinnt erst dann an Wert, wenn man weiß, ob der nicht umkehrbare Kreisprozeß, den wir weiterhin ohne den Index (″) lassen wollen, Wärme in Arbeit oder Arbeit in Wärme verwandelt. Gewöhnlich nimmt man als Resultat der Erfahrung an, daß alle nicht umkehrbaren Kreisprozesse das letztere leisten. In diesem Falle würde also $(-\,d'_2\,\Omega)$ die aus dem oberen, $(+\,d'_1\,\Omega)$ die aus dem unteren Reservoir entnommene Wärmemenge sein, und die Ungleichung (10) in der Form

10′)
$$\frac{(d'_1\,\Omega)}{T_1} + \frac{(-\,d'_2\,\Omega)}{T_2} \leqq 0$$

aussagen, daß bei dem nicht umkehrbaren Carnot'schen Prozeß die Summe der aufgenommenen Wärmen durch den entsprechenden Wert der Carnot'schen Funktion dividiert nicht notwendig gleich Null ist, sondern auch kleiner, als Null, sein kann.

Diese Gleichung läßt sich leicht auf einen beliebigen Kreisprozeß erweitern; denn einen solchen kann man durch eine Zickzackkurve ersetzen, deren Wegelemente abwechselnd adiabatisch und isothermisch sind, und zwar können die letzteren so gewählt werden, daß sie überall durch ein und dasselbe System adiabatischer Flächen begrenzt werden. In diesem Falle giebt es zu jedem isothermischen Linienelement ein zweites mit demselben $d\omega$, das im Kreisprozeß in entgegengesetzter Richtung durchlaufen wird, und für beide gilt demgemäß die Ungleichung (10′). Summiert man dieselbe über den ganzen Kreisprozeß, und berücksichtigt, daß auf den adiabatischen Linienelementen Wärme nicht aufgenommen wird, so erhält man für denselben

$$(\int)\frac{d'\Omega}{T} \leqq 0, \tag{10''}$$

wo nun $d'\Omega$ in demselben Sinne, wie in Formel (9''), positiv ist, wenn eine Wärmezufuhr, negativ, wenn eine Wärmeentnahme für den Körper stattfindet, und das Integral alle auf dem Kreisprozeß stattfindenden Wärmezufuhren umfaßt.[8])

Der hier eingeschlagene Weg hat den Übelstand, eine Eigenschaft nicht umkehrbarer Kreisprozesse zu benutzen, die in deren Definition nicht liegt, sondern als Resultat der Beobachtung anzusehen ist. Wir werden analoge und noch weitergehende Resultate später auf einem befriedigenderen Wege gewinnen.

§ 3. Spezifische und Reaktionswärmen.

Ehe wir in der Bestimmung des Wertes der zu einer gegebenen Zustandsänderung notwendigen Wärme $d'\Omega$ weiter fortschreiten können, müssen wir den dazu nötigen Begriff der spezifischen Wärme erörtern.

Wenn ein homogener, gleich temperierter Körper von der Masse M infolge der Zuführung der Quantität $d'W$ von Wärme in kalorischem Maße eine Temperaturänderung $d\tau$ erfährt, so bezeichnet man das Verhältnis

$$\frac{d'W}{M\,d\tau} = C \tag{11}$$

als die spezifische Wärme der Substanz des Körpers bei dem beschriebenen Vorgang[9]). Dabei ist ersichtlich

$$[C] = w\,m^{-1}\,u^{-1}. \tag{11'}$$

Da nun aber $\mathfrak{A}\,d'W = d'\Omega$ die zugefügte Wärmemenge in absolutem Maße war, so stellt

$$\frac{d'\Omega}{M\,d\tau} = \mathfrak{A}\,C = \Gamma \tag{11''}$$

die gleiche spezifische Wärme in absolutem Maße dar. Es gilt dafür

$$[\Gamma] = l^2\,t^{-2}\,u^{-1}. \tag{11'''}$$

Die spezifische Wärme ist keineswegs, wie der Name anzudeuten scheint, eine der Substanz des betrachteten Körpers allgemein oder auch nur in einem speziellen Zustande, d. h. für spezielle Werte der diesen bestimmenden Variabeln, individuelle Konstante, sondern eine Funktion der Verhältnisse der Variationen, welche diese Variabeln während der Zuführung der Wärmemenge $d'\Omega$, eventuell unter gleichzeitiger mechanischer Einwirkung, erleiden.

Man erkennt dies, wenn man der letzteren Formel unter Benutzung von (9) oder (9') die Gestalt giebt

12) $$\Gamma = \frac{T\pi(\omega)\,d\omega}{M\,d\tau} = \frac{T\,dH}{M\,d\tau}$$

und sich erinnert, daß τ und ω voneinander unabhängig sind, also das Verhältnis $d\omega \,/\, d\tau$ völlig unbestimmt ist, so lange nicht in den durch die ursprünglichen Variabeln $a, b, c \ldots$ ausgedrückten Zuwachsen

12') $$\begin{cases} d\omega = \dfrac{\partial \omega}{\partial a}\,da + \dfrac{\partial \omega}{\partial b}\,db + \dfrac{\partial \omega}{\partial c}\,dc + \ldots \\ d\tau = \dfrac{\partial \tau}{\partial a}\,da + \dfrac{\partial \tau}{\partial b}\,db + \dfrac{\partial \tau}{\partial c}\,dc + \ldots \end{cases}$$

das Verhältnis

$$da : db : dc : \ldots$$

und damit die Richtung der gesamten, die Erwärmung begleitenden Zustandsänderung vorgeschrieben ist. Außerdem erfordert aber, wie gesagt, die Bestimmung von Γ noch die Festsetzung der Anfangswerte $a, b, c \ldots$, von denen aus die Veränderung stattfindet.

Dieselbe Betrachtung, wie an die Gleichung (12), kann man auch in für das Folgende noch geeigneterer Weise an die Formel

13) $$\Gamma = \frac{dE' - d'A}{M\,d\tau}$$

anknüpfen, die man aus (11'') durch Einsetzen des Wertes von $d'\Omega$ gemäß (2') bei verschwindendem $d\Psi$ erhält. In der That kann man unter Rücksicht darauf, daß $d'A$ kein vollständiges Differential ist, auch schreiben

13') $$dE' - d'A = \left(\frac{\partial E'}{\partial a} - A_a\right) da + \left(\frac{\partial E'}{\partial b} - A_b\right) db + \ldots$$

und gelangt zu der gleichen Folgerung, wie oben.

Unter den unendlich vielen spezifischen Wärmen, die ein Körper in einem bestimmten Zustand besitzt, erwecken diejenigen ein besonderes Interesse, welche Zustandsänderungen entsprechen, bei denen alle Variabeln $a, b, c \ldots$ bis auf eine konstant bleiben. Wir wollen dieselben durch einen oberen Index bezeichnen, welcher diejenige Variable enthält, die sich allein ändert.

Sonach würde

14) $$\Gamma^{[a]} = \frac{T}{M} \cdot \frac{\dfrac{\partial H}{\partial a}}{\dfrac{\partial \tau}{\partial a}} = \frac{\dfrac{\partial E'}{\partial a} - A_a}{M\,\dfrac{\partial \tau}{\partial a}}$$

die spezifische Wärme bei konstantem $b, c, \ldots$ bezeichnen, und man kann unter Rücksicht hierauf den allgemeinen Wert (12) auch schreiben

$$\Gamma = \frac{\Gamma^{[a]} \frac{\partial \tau}{\partial a} da + \Gamma^{[b]} \frac{\partial \tau}{\partial b} db + \ldots}{\frac{\partial \tau}{\partial a} da + \frac{\partial \tau}{\partial b} db + \ldots}. \qquad 14')$$

Diese Resultate vereinfachen sich erheblich für homogene Körper, welche, wie die meisten, mit denen man thermisch operiert, unter allseitig gleichem Druck sich im Gleichgewicht befinden, also in ihrem Zustande durch nur zwei Unabhängige bestimmt sind. Wählt man für letztere Druck P und Volumen V, so wird aus Formel (13)

$$\Gamma = \frac{\frac{\partial E'}{\partial P} dP + \left(\frac{\partial E'}{\partial V} + P\right) dV}{M\left(\frac{\partial \tau}{\partial P} dP + \frac{\partial \tau}{\partial V} dV\right)} \qquad 15)$$

und

$$\Gamma^{[P]} = \frac{\frac{\partial E'}{\partial P}}{M \frac{\partial \tau}{\partial P}} = \Gamma_v, \qquad \Gamma^{[V]} = \frac{\frac{\partial E'}{\partial V} + P}{M \frac{\partial \tau}{\partial V}} = \Gamma_p, \qquad 15')$$

worin Γ_v und Γ_p neue, dem eingebürgerten Gebrauch entsprechende, im allgemeinen Falle aber nicht so praktische Bezeichnungen sind. Die allgemeine spezifische Wärme (14') nimmt die Form an

$$\Gamma = \frac{\Gamma_p \frac{\partial \tau}{\partial V} dV + \Gamma_v \frac{\partial \tau}{\partial P} dP}{\frac{\partial \tau}{\partial V} dV + \frac{\partial \tau}{\partial P} dP}. — \qquad 15'')$$

Die gewöhnlichen Beobachtungen über die Temperaturwirkung von Wärmeaufnahme oder -abgabe finden in der Weise statt, daß sich die betreffenden Körper dauernd unter dem Atmosphärendruck befinden und ungehindert ausdehnen können; sie liefern also $\Gamma^{[V]}$ oder Γ_p. Die gewöhnlichste der angewandten Messungsmethoden ist die der **Mischung**, bei welcher die Menge der von einem festen Körper während des Temperaturausgleiches an einen umgebenden flüssigen abgegebenen Wärme aus der Temperaturerhöhung geschlossen wird, welche dieser erfährt. Es gilt dabei das Gesetz

$$M' \int_{\tau'}^{\tau} \Gamma_p' d\tau = M'' \int_{\tau}^{\tau''} \Gamma_p'' d\tau, \qquad 16)$$

in welchem die oberen Indices sich auf die beiden im Wärmeaustausch befindlichen Körper beziehen, τ', τ'', die resp. Anfangstemperaturen und τ die erreichte Mischungstemperatur bezeichnet.

Ist für die eine Substanz Γ_p als Funktion von τ völlig bekannt, so liefert diese Methode die mittlere spezifische Wärme des anderen Körpers innerhalb der benutzten Temperaturgrenzen, und, wenn man für diese betr. spezifische Wärme selbst einen Ansatz von der Form

16′) $$\Gamma_p = \Gamma_0 + \Gamma_1 \tau + \Gamma_2 \tau^2 + \ldots$$

einführt, bei geeigneter Veränderung der Grenztemperaturen auch die Zahlwerte der einzelnen Koeffizienten $\Gamma_0, \Gamma_1, \Gamma_2, \ldots$

Letztere sind im allgemeinen Funktionen des Druckes P, unter welchem der Körper bei der Temperaturänderung steht, ändern sich aber meist nur wenig mit P. Bei Gasen ist Γ_p, als Funktion von V und τ dargestellt, mit τ nur mäßig, mit V aber anscheinend gar nicht veränderlich.[10])

Γ_v gestattet keine direkte Beobachtung, da in jedem Falle die Vorrichtungen, die erforderlich sind, um das Volumen des Körpers bei der Erwärmung konstant zu erhalten, sich an dem Wärmeaustausch so stark beteiligen, daß die Messungen unsicher werden.

Dagegen giebt es Hilfsmittel, auf die wir im nächsten Paragraphen eingehen werden, um, wenigstens für Gase, mit ziemlicher Genauigkeit das Verhältnis

16″) $$\frac{\Gamma_p}{\Gamma_v} = \frac{C_p}{C_v} = \varkappa$$

zu bestimmen, wodurch also indirekt auch Γ_v geliefert wird.

Zahlreiche Beobachtungen haben gezeigt, daß $\varkappa$, und somit auch Γ_v, ähnlich wie Γ_p, bei Gasen von der Temperatur nur wenig, vom Volumen aber anscheinend gar nicht abhängig ist[11]); eine Thatsache, die, wie sich zeigen wird, große theoretische Bedeutung besitzt. —

Es giebt für Körper der betrachteten Art Zustände, für welche bei konstantem Druck eine zugeführte Wärmemenge keine Temperaturänderung bewirkt, Γ_p also $= \infty$ wird. Dies findet dann statt, wenn die Körper die dem vorhandenen Druck entsprechende Temperatur besitzen, bei welcher sie eine Umwandlung aus einer Modifikation (z. B. einem Aggregatzustande) in eine andere erleiden, und demgemäß beide Modifikationen nebeneinander im Gleichgewicht sind. Hier verliert C_p resp. Γ_p seinen Sinn, die zugefügte Wärme dient nicht mehr zur Temperaturerhöhung, sondern zur Umwandlung einer bestimmten Quantität dM der Substanz in die durch Wärmezufuhr entstehende zweite Modifikation.

Das Verhältnis

17) $$\frac{d'W}{dM} = L$$

heißt die spezifische Reaktionswärme in kalorischem, das Verhältnis

$$\frac{d'\Omega}{dM} = \Lambda \tag{17'}$$

diejenige in absolutem Maße; beide sind ersichtlich Funktionen des Druckes oder der mit ihm eindeutig verbundenen Reaktionstemperatur allein. [12]) Ihre Dimensionalgleichungen lauten:

$$[L] = w\,m^{-1}, \quad [\Lambda] = l^2 t^{-2}.$$

In dem speziellen Falle, daß die Umwandlung den Übergang aus dem festen in den flüssigen oder aus dem flüssigen in den dampfförmigen Zustand betrifft, heißt L resp. Λ die spezifische Schmelzwärme oder die spezifische Verdampfungswärme. Alle diese Größen werden uns weiterhin noch vielfach beschäftigen.

§ 4. Mechanische Wärmetheorie für ideale Gase. Bestimmung der CARNOT'schen Funktion.

Da T eine universelle Funktion der Temperatur allein ist, so ist sie für alle Substanzen gefunden, wenn es gelingt, sie für eine zu bestimmen. Körper, für welche das Problem durchführbar ist, sind die sogenannten idealen Gase.

Unter einem idealen Gase versteht man in der Wärmelehre speziell eine gasförmige Flüssigkeit, welche die drei Eigenschaften besitzt:

1) Das BOYLE'sche Gesetz über den Zusammenhang zwischen Volumen V und Druck P zu befolgen;

2) die spezifische Wärme bei konstantem Druck Γ_p und

3) die spezifische Wärme bei konstantem Volumen Γ_v mit dem Volumen gar nicht, mit der Temperatur nur wenig zu ändern.

Die wirklichen Gase erfüllen diese Voraussetzungen nicht genau, aber um so strenger, je weiter entfernt sie sich vom Kondensationspunkt befinden; deshalb erscheint die Annahme von Körpern, die ihnen völlig entsprechen, physikalisch unbedenklich.

Die erste Eigenschaft führt zusammen mit der auf S. 496 gegebenen Definition der Temperatur zu der Formel

$$\frac{PV}{\delta + \tau} = \mathfrak{B} = MB, \tag{18}$$

in der δ eine für alle Gase gleiche Konstante, B aber der gegebenen Gasart individuell ist; man nennt diese Gleichung, wie schon S. 56 erwähnt, das Gesetz von BOYLE und GAY LUSSAC.

Weil bei der Temperatur $\tau = -\delta$ die idealen Gase in jedem Volumen den Druck Null auf die Gefäßwände ausüben und dementsprechend durch einen beliebig kleinen Druck auf ein unendlich kleines Volumen gebracht werden würden, so betrachtet man diese Temperatur als besonders geeignet zum Nullpunkt einer allgemeinen Temperaturskala und nennt

$$\delta + \tau$$

die **absolute Temperatur** des Körpers, dessen Temperatur nach der Celsius'schen Skala τ beträgt.

Der Zustand eines ruhenden Gases wird, wie schon S. 501 gesagt, durch nur zwei Unabhängige vollständig bestimmt, läßt sich also durch einen Punkt in einer Ebene repräsentieren. $\tau =$ Const. gesetzt definiert eine Kurve in dieser Ebene, $\omega =$ Const. oder $H =$ Const. eine andere; diese Temperatur- und kalorischen Kurven treten, wie oben gesagt, an Stelle der im allgemeineren Falle betrachteten $(n-1)$-dimensionalen räumlichen Gebilde analogen Charakters. In der VP-Ebene sind die Temperaturkurven für ein ideales Gas nach (18) gleichseitige Hyperbeln, welche die Koordinatenaxen zu Asymptoten haben.

Um die zweite und dritte der für ideale Gase charakteristischen Eigenschaften zu verwerten, führen wir zunächst das spezielle Gesetz (18) für τ, welches

$$18') \qquad MB\frac{\partial \tau}{\partial V} = P, \quad MB\frac{\partial \tau}{\partial P} = V, \quad MB\,d\tau = P\,dV + V\,dP$$

ergiebt, in die Gleichungen (15') für die spezifischen Wärmen Γ_p und Γ_v bei konstantem Druck und konstantem Volumen ein.

Wir erhalten so

$$18'') \qquad \Gamma_p = B\left(\frac{\partial E'}{P\,\partial V} + 1\right), \quad \Gamma_v = B\frac{\partial E'}{V\,\partial P},$$

woraus nach leichten Reduktionen für dE' der Wert folgt

$$19) \qquad dE' = M\left[(\Gamma_p - \Gamma_v - B)(\delta + \tau)\frac{dV}{V} + \Gamma_v d\tau\right].$$

Da hierin rechts ein vollständiges Differential stehen muß, so ergiebt sich, wenn, wie angenommen, für ideale Gase Γ_p und Γ_v vom Volumen unabhängig sind, und wenn ein Unendlichwerden der Energie mit unendlichem Volumen ausgeschlossen wird, zunächst die Bedingung

$$19') \qquad \Gamma_p - \Gamma_v = B,$$

welche eine wichtige Beziehung zwischen der Boyle'schen Konstante und den spezifischen Wärmen Γ_p und Γ_v darstellt. Zugleich nimmt (19') die Form an

$$19'') \qquad dE' = M\Gamma_v\,d\tau,$$

welche zeigt, daß die innere Energie eines idealen Gases eine Funktion von dessen Temperatur allein ist.[13])

Setzt man die erhaltenen Werte (3'''), (9') und (19'') für $d'A$, $d'\Omega$ und dE' in die Energiegleichung (2') und zugleich $d\Psi$ wie bisher gleich Null, so erhält man

$$M\Gamma_v d\tau = -P dV + T dH$$

oder

$$dH = \frac{M}{T}\left(\Gamma_v d\tau + B(\delta + \tau)\frac{dV}{V}\right). \tag{20}$$

Da dieser Ausdruck ein vollständiges Differential sein muss, so bestimmt sich hieraus bis auf einen konstanten Faktor, der nach (9') in die Funktion H hineingezogen werden kann,

$$T = \delta + \tau, \tag{20'}$$

wodurch die Gleichung (21) die Form annimmt

$$dH = M\left(\Gamma_v \frac{d\tau}{T} + B\frac{dV}{V}\right). \tag{20''}$$

Die gesuchte universelle Carnot'sche Funktion der Temperatur ist hiernach die absolute Temperatur selbst[14]), für welche weiterhin nun auch der Buchstabe T beibehalten werden mag, so daß die Gleichung (9') ihre Form

$$d'\Omega = T dH \tag{21}$$

bewahrt; das Boyle'sche Gesetz aber geschrieben werden kann:

$$PV = MBT, \tag{21'}$$

oder bei Einführung der Dichte $\varrho = M/V$ auch

$$P = BT\varrho. \tag{21''}$$

Beschränkt man sich, wie meist zulässig ist, auf solche Fälle, in denen man Γ_v als konstant betrachten kann[15]), so folgt aus (19''), wenn man E' für $\tau = -\delta$ gleich Null setzt,

$$E' = M\Gamma_v T \tag{22}$$

aus (20''), indem man eine irrelevante Konstante unterdrückt,

$$H = M(\Gamma_v l(T) + B l(V)), \tag{22'}$$

oder nach (19') und wegen $\Gamma_p/\Gamma_v = \varkappa$

$$H = M\Gamma_v l(V^{\varkappa-1} T). \tag{22''}$$

Bei Absonderung einer anderen Konstanten erhält man nach (22') hierfür auch

$$H' = M\Gamma_v l(V^\varkappa P) \text{ oder } H'' = M\Gamma_v l(T^\varkappa / P^{\varkappa-1}). \tag{22'''}$$

Diese Formeln liefern die Gleichung der kalorischen Kurven in den drei Gestalten

$$V^{\varkappa-1} T = A_0, \quad T^\varkappa / P^{\varkappa-1} = A_1, \quad V^\varkappa P = A_2, \tag{23}$$

worin die A_h Konstanten bezeichnen; die letzte Gleichung läßt erkennen, daß diese Kurven eine den Temperaturkurven $PV = \text{Const.}$

ähnliche Gestalt besitzen, aber, falls die P-Axe vertikal steht, stärker fallen, als jene. Zugleich giebt sie ein Mittel zur experimentellen Bestimmung von $\varkappa$ für ein ideales Gas an; denn jede Beobachtung über den Zusammenhang von Druck und Volumen bei adiabatischen Zustandsänderungen wird von dieser Größe abhängig. Adiabatische Vorgänge spielen sich aber am vollkommensten bei raschen Schwingungen ab, die den erzeugten Temperaturdifferenzen keine Zeit zur Ausgleichung lassen; demgemäß ist auch die genaueste Methode zur Bestimmung von $\varkappa$ auf die Messung der Fortpflanzungsgeschwindigkeit von Schallwellen gegründet. Wir kommen hierauf weiter unten zurück. —

Nachdem oben die CARNOT'sche Funktion T der absoluten Temperatur $\vartheta + \tau$ gleich gefunden ist, gewinnen die am Ende von § 2 erhaltenen allgemeinen Resultate anschaulichere Bedeutung. Dies gilt insbesondere von den Formeln (9'') und (9''').

Aus (9'') folgt bei Anwendung auf den CARNOT'schen Kreisprozeß von S. 504:

23') $$\frac{\Omega_2}{T_2} = -\frac{\Omega_1}{T_1},$$

d. h., die absoluten Werte der bei einem umkehrbaren CARNOT'schen Prozesse aus dem oberen und unteren Reservoir entnommenen Wärmemengen sind deren absoluten Temperaturen proportional. Dieses Resultat kann man zur Feststellung einer absoluten Temperaturskala benutzen, welche den Vorteil hat, sich nicht auf das Verhalten spezieller (bis zu einem gewissen Grade hypothetischer) Körper zu stützen; die so erhaltene Skala stimmt natürlich mit der des Luftthermometers überein, soweit das dieses letztere füllende Gas als im Idealzustande befindlich betrachtet werden kann.

Aus (9''') folgt für den Wirkungsgrad

23'') $$\nu = \frac{T_2 - T_1}{T_2},$$

was aussagt, daß eine vollständige Umwandlung der in Bewegung gesetzen Wärme nur möglich wäre, wenn das untere Reservoir auf die Temperatur des absoluten Nullpunktes gebracht werden könnte.

Schließlich sei noch auf die mechanische Deutung aufmerksam gemacht, welche die zweite Hauptgleichung der mechanischen Wärmetheorie (21) durch die Vergleichung mit der Formel (112') auf S. 89 erfährt; ebenso auch auf die Beziehungen, die zwischen den Entwickelungen auf der vorigen Seite und den auf S. 71 und 72 mitgeteilten Resultaten der kinetischen Gastheorie bestehen.

§ 5. Allgemeines über Energie und Entropie.

Wie die erste Hauptgleichung (2) der mechanischen Wärmetheorie

$$dE = d'A + d'\Omega$$

eine Definition der Energie enthält, so liefert die zweite (22) in der Form

$$dH = \frac{d'\Omega}{T}$$

eine Definition der Entropie. Beide bestimmen die betreffende Funktion nur bis auf eine additive Konstante, über die man verfügen kann, indem man für einen gewissen Zustand des Systemes, den Normalzustand (0), Entropie und Energie gleich Null setzt. Dann ist für jeden anderen Zustand (1) Energie und Entropie gegeben durch die beiden Formeln

$$E = \int_{(0)}^{(1)} (d'A + d'\Omega), \qquad H = \int_{(0)}^{(1)} \frac{d'\Omega}{T}\,; \tag{24}$$

in Bezug auf die letztere ist nur Sorge zu tragen, daß der Zustand (1) aus dem Zustande (0) auf umkehrbarem Wege erreichbar sei, da nur in diesem Falle das Integral eine eindeutige Bestimmung von H ergiebt.

Es ist nützlich, darauf hinzuweisen, daß, wenn für alle Teile eines körperlichen Systems, z. B. für die Elemente eines Systems von chemischen Verbindungen, die Normalzustände festgesetzt sind, dann die Energie und die Entropie jenes Systems in allen beliebigen Zuständen, in welche dasselbe durch Zufuhr oder Entziehung von Wärme und Arbeit versetzt werden kann, gleichfalls vollständig bestimmt sind. —

Die oben speziell für ideale Gase gefundenen Werte der Energie (22) und Entropie (22') haben sich mit der Masse des betrachteten Gases proportional ergeben; es bietet sich demgemäß die Frage, unter welchen Umständen dies bei beliebigen anderen Körpern gleichfalls stattfindet. Diese Frage ist ein spezieller Fall der allgemeinen und fundamentalen, unter welchen Bedingungen die Energie eines körperlichen Systems gleich der Summe der Energien seiner Teile ist, wenn man die Zerlegung in beliebiger Weise bewirkt. Wir wollen letztere Frage jetzt in Angriff nehmen.[16])

Was zunächst die Energie des ganzen Systems angeht, so ist dieselbe nach (24) in der Form zu schreiben

$$E = \sum_h (A_h + \Omega_h),$$

worin

$$A_h = \int_{(0)}^{(1)} d' A_h, \quad \Omega_h = \int_{(0)}^{(1)} d' \Omega_h$$

ist, und die Summe Σ sich auf alle Zufuhren von Wärme und Arbeit bezieht, welche die einzelnen Teile von Quellen außerhalb des Systems erhalten. Dagegen wird die Energie eines einzelnen Teiles (h) gegeben sein durch

$$E_h = A_h + \Omega_h + \sum_k (A_{hk} + \Omega_{hk}),$$

worin die Summe Σ die seitens der anderen Teile (k) des Systemes an (h) stattfindenden Abgaben darstellt.

Hieraus folgt

$$\sum_h E_h = \sum_h (A_h + \Omega_h) + \sum_h \sum_k (A_{hk} + \Omega_{hk}),$$

oder auch

24′) $$E = \sum_h E_h - \sum_h \sum_k (A_{hk} + \Omega_{hk}),$$

was bedeutet, daß die Gesamtenergie der Summe der Teilenergieen nur dann gleich ist, wenn bei der ganzen Überführung aus dem Normal- in den betrachteten Endzustand die Summe der inneren Austausche gleich Null ist.

Dieses ganz allgemeine Resultat läßt sich in speziellen Fällen noch anschaulicher und einfacher darstellen.

Wir wollen zunächst voraussetzen, daß die Teile des Körpers aus dem Ganzen durch Zerlegung seines Volumens hergestellt sind, — im Grenzfall die Teile die Raumelemente eines endlichen, homogenen oder stetig veränderlichen Körpers darstellen.

Haben dann die zwischen den Teilen stattfindenden Wechselwirkungen Potentiale Φ_{hk}, so erhält man durch eine leichte Reduktion

$$\sum_h \sum_k A_{hk} = \Phi_{hk}^{(1)} - \Phi_{hk}^{(0)},$$

und dies zeigt, daß, wenn irgend welche Fernwirkungen von der Art der Gravitation in Betracht gezogen werden, die Summe links im allgemeinen nicht verschwindet; es sei denn, daß die beiden Zustände (0) und (1) derselben äußeren Konfiguration des körperlichen Systems, also gleicher Gestalt und gleicher Massenverteilung entsprechen.

Finden keine Fernwirkungen, sondern nur Druckkräfte in den Grenzflächen zwischen den Teilen statt, so ist

$$A_{hk} = \int (\overline{X} d\overline{u} + \overline{Y} d\overline{v} + \overline{Z} d\overline{w})_h \, do_{hk},$$

$$A_{kh} = \int (\overline{X} d\overline{u} + \overline{Y} d\overline{v} + \overline{Z} d\overline{w})_k \, do_{hk};$$

hierin gilt längs desselben Flächenelementes

$$\overline{X}_h + \overline{X}_k = \overline{Y}_h + \overline{Y}_k = \overline{Z}_h + \overline{Z}_k = 0,$$

und es wird daher also stets

$$A_{hk} + A_{kh} = 0$$

sein, wenn die Körper fest zusammenhängen, und die Drucke beliebig gerichtet sind, oder wenn die Körper aneinander hingleiten, und die Drucke normal zur Grenze stehen.

Bezüglich des zwischen den Teilen (h) und (k) des vorausgesetzten Systems stattfindenden Wärmeaustausches Ω_{hk} und Ω_{kh} können wir auf Grund der bisherigen Resultate nur wenig behaupten. Erst in § 9 werden wir Mittel erhalten, zu zeigen, daß, gewisse Grenzfälle ausgenommen, die zwischen räumlich getrennten Teilen eines Systems stattfindende thermische Wechselwirkung immer der Bedingung

$$\Omega_{hk} + \Omega_{kh} = 0$$

genügt.

Demgemäß können wir für den Fall, daß von fernwirkenden Kräften zwischen den Teilen des Systems abgesehen werden könne die Beziehung

$$E = \sum E_h \tag{24''}$$

anwenden, die bei einem homogenen Körper die Gestalt

$$E = M\varepsilon = V\varepsilon_1 \tag{24'''}$$

annimmt, in welcher ε die Energie der Massen-, ε_1 diejenige der Volumeneinheit bezeichnet.

Diese Resultate sind im Grunde stillschweigend bereits in den früheren Abschnitten benutzt worden, wo mit homogenen Körpern operiert wurde; denn die jenen zugeführte Arbeit und Wärme wird in Wirklichkeit direkt nur den an der Oberfläche liegenden Raumelementen mitgeteilt und pflanzt sich zu den inneren fort; die ganzen Überlegungen der §§ 2 und 4 sind also nur haltbar, wenn

$$A_{hk} + A_{kh} = \Omega_{hk} + \Omega_{kh} = 0$$

ist.

Sind die Teile des Systems nicht in verschiedenen Räumen liegende Massen, sondern Bestandteile, welche in demselben Volumen nebeneinander existieren, etwa die Elemente einer chemischen Verbindung, so liegen die Verhältnisse total anders und werden im folgenden Kapitel genauer untersucht werden.

Was dann weiter die Entropie eines Systems angeht, so setzt die Definition (24) voraus, daß die Wärmezufuhr $d'\Omega$ ausschließlich auf umkehrbarem Wege, also durch Abgabe von einem gleichtemperierten Körper, stattfindet. Dies ist angenähert erfüllt auch innerhalb eines Systems von stetig mit dem Ort wechselnder Temperatur, falls der Austausch nur zwischen unendlich benachbarten Elementen, wie man sagt durch Leitung, nicht durch Strahlung stattfindet. Zerlegt man ein solches System durch beliebige Flächen in unendlich kleine Teile, innerhalb deren die Temperatur als konstant betrachtet werden kann, und stellt die frühere Überlegung an, so erhält man

$$H = \sum_h \int \frac{d'\Omega_h}{T_h}, \quad H_h = \int \frac{d'\Omega_h + \sum_k d'\Omega_{hk}}{T_h},$$

also

25) $$H = \sum_h H_h - \sum_h \sum_k \int \frac{d'\Omega_{hk}}{T_h},$$

worin das letzte Integral verschwindet, wenn der Austausch nur zwischen den benachbarten Elementen stattfindet, und die frühere Beziehung $d'\Omega_{hk} + d'\Omega_{kh} = 0$ gültig ist.

Für einen Körper mit stetig wechselnder Temperatur, der für Wärmestrahlung undurchlässig ist, kann man daher setzen

25′) $$H = \sum H_h,$$

woraus für einen homogenen und gleichförmig temperierten bei mit (24‴) übereinstimmender Bezeichnung auch folgt

25″) $$H = M\eta = V\eta_1. -$$

Die Energiegleichung (2′) wird für $\Psi = 0$ bei Einführung des Wertes von $d'\Omega$ zu

26) $$dE' = d'A + T\,dH$$

und stellt in dieser Form ein wichtiges Hilfsmittel dar zur Bestimmung der Funktionen E' oder H für eine bestimmte Substanz aus empirischen Gesetzen über deren Verhalten thermischen und mechanischen Einwirkungen gegenüber.

Sei z. B., was die Resultate besonders symmetrisch werden läßt, der Zustand des Körpers durch die Temperatur τ oder T und beliebige $(n - 1)$ unabhängige Variable $a, b, c, \ldots$ bestimmt, so wird

$$\left.\begin{aligned} dE' &= \frac{\partial E'}{\partial T} dT + \mathfrak{S} \frac{\partial E'}{\partial a} da, \\ dH &= \frac{\partial H}{\partial T} dT + \mathfrak{S} \frac{\partial H}{\partial a} da, \\ d'A &= A_T\, dT + \mathfrak{S}\, A_a\, da, \end{aligned}\right\} \qquad 26')$$

wobei die Summen über die von allen Variabeln $a, b, c \ldots$ herrührenden Anteile zu erstrecken sind.

Setzt man dies in (26) ein und berücksichtigt, daß die Differentiale sämtlich voneinander unabhängig sind, so erhält man

$$\left.\begin{aligned} \frac{\partial E'}{\partial T} &= A_T + T\frac{\partial H}{\partial T}, \\ \frac{\partial E'}{\partial a} &= A_a + T\frac{\partial H}{\partial a}, \\ & \ldots\ldots\ldots\ldots \end{aligned}\right\} \qquad 26'')$$

oder bei Einführung der Abkürzung

$$E' - TH = \Xi, \qquad 27)$$

worin Ξ den Namen der freien Energie trägt [17]), auch

$$\frac{\partial \Xi}{\partial T} = A_T - H, \qquad \frac{\partial \Xi}{\partial a} = A_a, \qquad \frac{\partial \Xi}{\partial b} = A_b, \ldots \qquad 27')$$

Die Verbindung dieser Werte mit der dritten Gleichung (26') ergiebt

$$d'A = H dT + d\Xi, \qquad 27'')$$

worin $d\Xi$ die gesamte Änderung von Ξ mit $a, b, c, \ldots$ und T bezeichnet. Für isothermische Vorgänge erhält man noch einfacher

$$d'A = d_T \Xi, \qquad 27''')$$

was eine wichtige Eigenschaft der freien Energie ausdrückt.

Aus (27') folgen Beziehungen zwischen den A_h und H, indem man Ξ eliminiert, z. B.

$$\frac{\partial A_T}{\partial a} - \frac{\partial A_a}{\partial T} = \frac{\partial H}{\partial a}, \quad \frac{\partial A_T}{\partial b} - \frac{\partial A_b}{\partial T} = \frac{\partial H}{\partial b}, \ldots \qquad 28)$$

und auch

$$\frac{\partial A_a}{\partial b} = \frac{\partial A_b}{\partial a}, \quad \frac{\partial A_a}{\partial c} = \frac{\partial A_c}{\partial a}, \ldots; \qquad 28')$$

die Verbindung der Werte (27'') mit der zweiten Gleichung (26') führt dann auf

$$dH = \frac{\partial H}{\partial T} dT + \mathfrak{S}\left(\frac{\partial A_T}{\partial a} - \frac{\partial A_a}{\partial T}\right) da, \qquad 28'')$$

was man auch schreiben kann

$$dH = \frac{\partial (H - A_T)}{\partial T} dT + dA_T - \mathfrak{S} \frac{\partial A_a}{\partial T} da, \qquad 28''')$$

wobei dA_T die gesamte Änderung von A_T mit $T, a, b, c \ldots$ bezeichnet.

In dem wichtigsten speziellen Falle, daß die Arbeit verschwindet, wenn $da = db = \ldots = 0$ ist, d. h., daß $A_T = 0$ ist, giebt dies einfacher

28'''') $$dH = \frac{\partial H}{\partial T} dT - S \frac{\partial A_a}{\partial T} da.$$

Nun ist allgemein bei umkehrbaren Zustandsänderungen

29) $$d'\Omega = M\Gamma dT = TdH,$$

worin Γ die allgemeine spezifische Wärme bezeichnet. Benutzt man dies, und versteht unter Γ^0 denjenigen speziellen Wert von Γ, der $da = db = \ldots 0$ entspricht, so wird

29') $$\Gamma^0 = \frac{T}{M} \frac{\partial H}{\partial T} \quad \text{und}$$

29'') $$d'\Omega = M\Gamma^0 dT + TS\left(\frac{\partial A_T}{\partial a} - \frac{\partial A_a}{\partial T}\right) da,$$

oder in dem speziellen Falle $A_T = 0$ auch

29''') $$d'\Omega = M\Gamma^0 dT - TS \frac{\partial A_a}{\partial T} da.$$

Diese Gleichung wird für den Fall $dT = 0$ identisch mit der Formel (114''') auf S. 91 und deshalb durch die Vorstellungen, die zu jener geführt haben, mechanisch interpretiert. —

Von den obigen Resultaten wollen wir eine Anwendung auf den wichtigen Fall machen, daß es sich um einen Körper handelt, der unter allseitig gleichem Druck P im Gleichgewicht ist; hier ist außer T nur noch eine Unabhängige einzuführen. [18])

Wählen wir hierfür das Volumen, setzen also $a = V$, so ist $\Gamma^0 = \Gamma_v$ und

30) $$d'A = -PdV, \quad \text{daher } A_a = -P, \quad A_T = 0,$$

und wir erhalten sofort aus (27') und (27'')

30') $$\frac{\partial \Xi}{\partial V} = -P, \quad \frac{\partial \Xi}{\partial T} = -H, \quad \frac{\partial H}{\partial V} = \frac{\partial P}{\partial T},$$

30'') $$d'\Omega = M\Gamma_v dT + T\frac{\partial P}{\partial T} dV; \quad \Gamma_v = \frac{T}{M}\frac{\partial H}{\partial T}.$$

Wählt man dagegen als zweite Unabhängige den Druck, setzt also $a = P$, so ist $\Gamma^0 = \Gamma_p$ und

31) $$\left\{\begin{aligned} d'A &= -P\left(\frac{\partial V}{\partial P} dP + \frac{\partial V}{\partial T} dT\right), \quad \text{also} \\ A_a &= -P\frac{\partial V}{\partial P}, \quad A_T = -P\frac{\partial V}{\partial T}, \end{aligned}\right.$$

und man erhält analog

31') $$\frac{\partial \Xi}{\partial P} = -P\frac{\partial V}{\partial P}, \quad \frac{\partial \Xi}{\partial T} = -P\frac{\partial V}{\partial T} - H, \quad \frac{\partial H}{\partial P} = -\frac{\partial V}{\partial T},$$

$$d'\Omega = M\Gamma_p dT - T\frac{\partial V}{\partial T}dP, \quad \Gamma_p = \frac{T}{M}\frac{\partial H}{\partial T}. \qquad 31'')$$

Beachtet man, daß

$$\frac{\partial V}{\partial T} = V\alpha, \quad \frac{\partial V}{\partial P} = -V\beta \qquad 31''')$$

ist, worin α der Koeffizient der thermischen kubischen Dilatation, β derjenige der elastischen kubischen Kompression ist, — ersterer bei konstantem Druck, letzterer bei konstanter Temperatur genommen, — so erkennt man, daß Beobachtungen über die Abhängigkeit dieser Größen, sowie der spezifischen Wärme Γ_p von Druck und Temperatur die Bestimmung von H und Ξ, und wegen (27), auch von E' gestatten.

In der Regel wird man α, β, Γ_p dabei durch Konstanten oder durch lineäre Funktionen hinreichend genau darstellen, auch die Änderung von T häufig neben seinem Gesamtwert vernachlässigen können; dadurch erhält man dann für H und Ξ resp. E' Funktionen von ziemlich einfacher Gestalt.

§ 6. Mechanische Wärmetheorie für elastische Körper.

Die im vorigen Paragraphen entwickelten Grundsätze wenden wir nunmehr auf umkehrbare Zustandsänderungen eines elastischen, beliebig deformierten und temperierten Körpers an.[19]) Wir können dabei, weil die obigen Betrachtungen sich zum Teil nur auf homogene Körper beziehen, nicht den gesamten Körper mit einem Male, sondern nur seine einzelnen Volumenelemente, in denen die Deformationen und die Temperatur als konstant angesehen werden dürfen, der Behandlung unterwerfen. Warum und inwieweit in diesem Fall die Wärmezufuhr zu jedem Volumenelement als auf umkehrbarem Wege stattfindend angesehen werden kann, ist oben angedeutet und wird später noch genauer erörtert werden.

Als ursprünglichen oder normalen Zustand betrachten wir denjenigen, der sich bei überall gleicher Temperatur T_0 einstellt, falls auf den Körper entweder keinerlei oder aber bestimmt gegebene äußere Kräfte wirken; der deformierte Zustand ist dann für jede Stelle gegeben durch die sechs Deformationsgrößen $x_x, \ldots x_y$ und die von Ort zu Ort wechselnde Temperatur T; erstere werden als neben 1 sehr kleine Größen angesehen, während T, und auch die relative Temperatur $T - T_0 = \tau$, wo τ eine allgemeinere Bedeutung hat, als in den früheren Paragraphen, zunächst beliebige Größen haben können.

Die Deformationsgrößen sollen innerhalb eines homogenen oder in seiner Natur stetig veränderlichen Körpers stetige Funktionen der Koordinaten sein, sie können aber in der Grenze zwischen zwei dergleichen Körpern springen; die Temperatur soll indessen überall stetig sein, da auch in der Grenze zweier Körper, welche ursprünglich verschieden temperiert zur Berührung gebracht werden, sich nach der Erfahrung augenblicklich ein stetiges Temperaturgefälle bildet.

Die Verrückungskomponenten mögen, wie im IV. Kapitel des II. Teiles, mit u, v, w bezeichnet werden, die Komponenten der körperlichen, auf die Volumeneinheit bezogenen Kräfte mit X', Y', Z', diejenigen der auf die Flächeneinheit bezogenen äußeren Drucke mit $\overline{X}, \overline{Y}, \overline{Z}$; dagegen mögen die Komponenten der inneren Drucke als von den früher betrachteten, rein mechanischen, durch Berücksichtigung des Einflusses der Temperatur verschieden, gleich $\Xi_x, H_x, Z_x, \ldots$ gesetzt werden; sie gestatten indessen die ungeänderte Anwendung der auf S. 221 u. f. angestellten Überlegungen.

Demgemäß haben sie in jedem Punkte des körperlichen Systemes den Hauptgleichungen

$$\text{32)} \qquad \varrho \frac{\partial^2 u}{\partial t^2} = X' - \left(\frac{\partial \Xi_x}{\partial x} + \frac{\partial \Xi_y}{\partial y} + \frac{\partial \Xi_z}{\partial z}\right),$$
$$\cdots\cdots\cdots\cdots\cdots$$

an der äußeren Begrenzung den Bedingungen

$$\text{32')} \qquad \overline{\Xi}_n + \overline{X} = \overline{H}_n + \overline{Y} = \overline{Z}_n + \overline{Z} = 0,$$

an der Grenze zwischen zwei Körpern (k) und (h) den Formeln

$$\text{32'')} \qquad (\overline{\Xi}_n)_h + (\overline{\Xi}_n)_k = (\overline{H}_n)_h + (\overline{H}_n)_k = (\overline{Z}_n)_h + (\overline{Z}_n)_k = 0$$

zu genügen, in denen

$$\text{32''')} \qquad H_z = Z_y, \quad Z_x = \Xi_z, \quad \Xi_y = H_x$$

und

$$\text{32'''')} \qquad \Xi_n = \Xi_x \cos(n,x) + \Xi_y \cos(n,y) + \Xi_z \cos(n,z),$$
$$\cdots\cdots\cdots\cdots\cdots$$

ist.

Die einem beliebigen Volumen k zugeführte unendlich kleine äußere Arbeit ist definiert durch

$$\text{33)} \qquad \left\{ \begin{aligned} d'A &= \int (X' du + Y' dv + Z' dw)\, dk \\ &+ \int (\overline{X} d\overline{u} + \overline{Y} d\overline{v} + \overline{Z} d\overline{w})\, do, \end{aligned} \right.$$

und läßt sich durch Berücksichtigung von (32') und (32''''), sowie durch eine teilweise Integration leicht auf die Form bringen

$$\left.\begin{aligned} d'A = &\int dk(X'\,du + Y'\,dv + Z'\,dw) \\ &- \int dk \Big[\frac{\partial}{\partial x}(\Xi_x\,du + \Xi_y\,dv + \Xi_z\,dw) \\ &+ \frac{\partial}{\partial y}(H_x du + H_y\,dv + H_z\,dw) \\ &+ \frac{\partial}{\partial z}(Z_x\,du + Z_y\,dv + Z_z\,dw)\Big]. \end{aligned}\right\} \quad 33')$$

Für ein unendlich kleines Volumen dk benutzt, giebt diese Formel nach Division mit dk den Wert der auf die Volumeneinheit bezogenen Arbeit $d'A \,/\, dk = d'\alpha_1$

$$\left.\begin{aligned} d'\alpha_1 = &(X'\,du + Y'dv + Z'dw) \\ &- \frac{\partial}{\partial x}(\Xi_x\,du + \Xi_y\,dv + \Xi_z\,dw) \\ &- \frac{\partial}{\partial y}(H_x du + H_y dv + H_z\,dw) \\ &- \frac{\partial}{\partial z}(Z_x\,du + Z_y\,dv + Z_z\,dw), \end{aligned}\right\} \quad 33'')$$

oder unter Berücksichtigung von (32)

$$d'\alpha_1 = -(\Xi_x\,dx_x + H_y dy_y + Z_z dz_z + H_z dy_z + Z_x\,dz_x + \Xi_y\,dx_y) + d\psi_1, \quad 34)$$

worin ψ_1 die lebendige Kraft der Volumeneinheit an der betrachteten Stelle ist.

Hierzu fügen wir, indem wir unter ε_1 die auf die Volumeneinheit bezogene Energie verstehen:

$$\left.\begin{aligned} d\varepsilon_1 = &\frac{\partial \varepsilon_1}{\partial x_x}\,dx_x + \frac{\partial \varepsilon_1}{\partial y_y}\,dy_y + \frac{\partial \varepsilon_1}{\partial z_z}\,dz_z + \frac{\partial \varepsilon_1}{\partial y_z}\,dy_z + \frac{\partial \varepsilon_1}{\partial z_x}\,dz_x \\ &+ \frac{\partial \varepsilon_1}{\partial x_y}\,dx_y + \frac{\partial \varepsilon_1}{\partial T}\,dT + d\psi_1\,; \end{aligned}\right\} \quad 34')$$

ebenso giebt sich für die Entropie η_1 der Volumeneinheit, welche nach ihrer Definition von der Bewegung unabhängig sein muß:

$$\left.\begin{aligned} d\eta_1 = &\frac{\partial \eta_1}{\partial x_x}\,dx_x + \frac{\partial \eta_1}{\partial y_y}\,dy_y + \frac{\partial \eta_1}{\partial z_z}\,dz_z + \frac{\partial \eta_1}{\partial y_z}\,dy_z + \frac{\partial \eta_1}{\partial z_x}\,dz_x \\ &+ \frac{\partial \eta_1}{\partial x_y}\,dx_y + \frac{\partial \eta_1}{\partial T}\,dT. \end{aligned}\right\} \quad 34'')$$

Da zwischen den vorstehend definierten Größen die Beziehung

$$d\varepsilon_1 = d'\alpha_1 + d'\omega_1 = d'\alpha_1 + T\,d\eta_1 \quad 34''')$$

besteht, in welcher sich das von der Geschwindigkeit abhängige Glied $d\psi_1$ heraushebt, so sind die hier vorliegenden Verhältnisse den am Ende des vorigen Paragraphen vorausgesetzten gleich, auch ist der Wert $d'\alpha_1$ von der einfachsten Gestalt, bei welcher A_T verschwindet.

Demgemäß können wir alle dort allgemein erhaltenen Resultate auf unser Problem einfach übertragen.

Setzen wir abgekürzt

35) $$\varepsilon_1 - T\eta_1 - \psi_1 = \varepsilon_1' - T\eta_1 = \xi_1,$$

worin ξ_1 als die freie Energie der Volumeneinheit zu bezeichnen ist, so erhält man aus (27')

35') $$\Xi_x = -\frac{\partial \xi_1}{\partial x_x}, \ldots, \; \Xi_y = -\frac{\partial \xi_1}{\partial x_y}, \; \eta_1 = -\frac{\partial \xi_1}{\partial T},$$

aus (28)

35'') $$\frac{\partial \eta_1}{\partial x_x} = \frac{\partial \Xi_x}{\partial T}, \ldots \; \frac{\partial \eta_1}{\partial x_y} = \frac{\partial \Xi_y}{\partial T}$$

und aus (28')

35''') $$\frac{\partial \Xi_x}{\partial y_y} = \frac{\partial H_y}{\partial x_x}, \; \frac{\partial \Xi_x}{\partial z_z} = \frac{\partial Z_z}{\partial x_x}, \ldots .$$

Mit der Formel (28'') korrespondiert wegen der Beziehung (29)

36) $$d\eta_1 = \frac{\varrho \Gamma}{T} d\,T = \frac{\partial \eta_1}{\partial T} d\,T + \left(\frac{\partial \Xi_x}{\partial T} dx_x + \ldots + \frac{\partial \Xi_y}{\partial T} dx_y\right),$$

und wenn man nach (29') die spezifische Wärme Γ_d bei konstanter Deformation, welche durch $dx_x = dy_y = \ldots = dx_y = 0$ definiert ist und der Größe Γ^0 auf S. 522 entspricht, mittelst der Beziehung

36') $$\Gamma_d = \frac{T}{\varrho} \frac{\partial \eta_1}{\partial T} = -\frac{T}{\varrho} \frac{\partial^2 \xi_1}{\partial T^2}$$

einführt, giebt dies auch

36'') $$d\eta_1 = \frac{\varrho \Gamma_d}{T} d\,T + \left(\frac{\partial \Xi_x}{\partial T} dx_x + \ldots + \frac{\partial \Xi_y}{\partial T} dx_y\right).$$

Hierdurch ist $d\eta_1$ mit Hilfe von wohldefinierten und direkter oder indirekter Bestimmung durch die Beobachtung zugänglichen Größen ausgedrückt.

Weitere reciproke Beziehungen erhält man durch Kombination von (35'') und (36') in der Form

36''') $$\frac{1}{T} \frac{\partial \varrho \Gamma_d}{\partial x_x} = \frac{\partial^2 \Xi_x}{\partial T^2}, \ldots \; \frac{1}{T} \frac{\partial \varrho \Gamma_d}{\partial x_y} = \frac{\partial^2 \Xi_y}{\partial T^2};$$

sie sprechen einen merkwürdigen Zusammenhang zwischen der spezifischen Wärme Γ'_d und den Gesamtdrucken $\Xi_x, \ldots \Xi_y$ aus, auf den wir bei gewissen speziellen Fällen noch zurückkommen.

Eine zweite wichtige spezifische Wärme, nämlich diejenige Γ_s bei konstanten Spannungen $\Xi_x, \ldots \Xi_y$, erhält man, indem man in der Formel (36) die Veränderungen $dx_x, \ldots dx_y$ so bestimmt, daß sie die $d\Xi_x, \ldots d\Xi_y$ zu Null machen; man kann das Resultat schreiben

$$\Gamma_s = \Gamma_d + \frac{T}{\varrho}\left(\frac{\partial \Xi_x}{\partial T}\frac{\partial x_x}{\partial T} + \ldots + \frac{\partial \Xi_y}{\partial T}\frac{\partial x_y}{\partial T}\right), \qquad 36'''')$$

wenn man sich in den ersten Faktoren der Ausdrücke in der Klammer die Drucke durch die Deformationsgrößen und die Temperatur, in den zweiten die Deformationsgrößen durch die Drucke und die Temperatur ausgedrückt denkt. —

Bis hierher sind die Entwickelungen vollständig allgemein; nunmehr wollen wir zu speziellen Ansätzen übergehen und nehmen dazu an, daß die Abweichungen der vorkommenden Temperaturen T von der normalen T_0, also $T - T_0 = \tau$ als eine Größe erster Ordnung neben T_0 betrachtet werden können, wie gleiches für die Deformationsgrößen gegenüber Eins gilt. Wir können dann ξ_1 nach Potenzen von $x_x, \ldots x_y$ und τ entwickeln und mit dem niedrigsten Glied abbrechen. Macht man die beiden speziellen Annahmen, daß im Normalzustande, d. h. mit verschwindendem $x_x, \ldots x_y$ und τ, sowohl die Drucke, als die Entropie verschwinden — von denen nach dem oben Gesagten die erstere wesentliche, die zweite nur formale Bedeutung besitzt —, so stellt sich ξ_1 als eine homogene Funktion zweiten Grades dar, die wir bei Einführung der Konstanten c_{hk}, q_h und r schreiben wollen[20]):

$$\left.\begin{aligned} 2\xi_1 = c_{11}x_x^2 &+ 2c_{12}x_x y_y + 2c_{13}x_x z_z + 2c_{14}x_x y_z + 2c_{15}x_x z_x + 2c_{16}x_x x_y \\ &+ c_{22}y_y^2 + 2c_{23}y_y z_z + 2c_{24}y_y y_z + 2c_{25}y_y z_x + 2c_{26}y_y x_y \\ &\cdot\;\cdot\;\cdot\;\cdot\;\cdot\;\cdot\;\cdot\;\cdot\;\cdot\;\cdot\;\cdot\;\cdot\;\cdot\;\cdot\;\cdot\;\cdot \\ &- 2\tau(q_1 x_x + q_2 y_y + q_3 z_z + q_4 y_z + q_5 z_x + q_6 x_y) - r\tau^2. \end{aligned}\right\} \qquad 37)$$

Für die Größe von r folgt aus (36')

$$r = \frac{\varrho\,\Gamma_d}{T}; \qquad 37')$$

betrachtet man hierin, gemäß der eingeführten Beschränkung auf Glieder zweiter Ordnung, ϱ und T als die konstanten Normalwerte ϱ_0 und T_0, wie dies weiterhin geschehen soll, so findet sich in gleicher Annäherung Γ_d konstant.

Aus (37) erhält man gemäß den Beziehungen (35')

$$37'')\quad \begin{cases} -\Xi_x = c_{11}\,x_x + \ldots + c_{16}\,x_y - q_1\,\tau = -(X_x + q_1\,\tau), \\ \ldots\ldots\ldots\ldots\ldots\ldots \\ -\Xi_y = c_{61}\,x_x + \ldots + c_{66}\,x_y - q_6\,\tau = -(X_y + q_6\,\tau), \\ +\eta_1 = \dfrac{\varrho_0\,\Gamma_d\,\tau}{T_0} + q_1\,x_x + \ldots + q_6\,x_y; \end{cases}$$

die Größen $X_x, \ldots X_y$ stellen sich also als die elastischen isothermischen Drucke des Ansatzes (107'') auf S. 331 dar, die Produkte $q_h\,\tau$ als die Zuwachse, welche sie infolge der Temperaturänderungen erhalten, und die man kurz die thermischen Drucke nennt.[21])

Die isothermischen Elasticitätskonstanten c_{hk} und die Konstanten q_h der thermischen Drucke folgen aus ξ_1 durch zweimalige Differentiation; denn es ist

$$c_{11} = \frac{\partial^2 \xi_1}{\partial x_x^2},\quad c_{12} = \frac{\partial^2 \xi_1}{\partial x_x\,\partial y_y},\ldots;\quad q_1 = -\frac{\partial^2 \xi_1}{\partial x_x\,\partial \tau},\quad q_2 = -\frac{\partial^2 \xi_1}{\partial y_y\,\partial \tau},\ldots$$

Die freie Energie ξ_1 läßt sich unter Einführung des elastischen Potentials φ_1 der Volumeneinheit schreiben

$$\xi_1 = \varphi_1 - \tau\,(q_1\,x_x + \ldots + q_6\,x_y) - \tfrac{1}{2}\,r\,\tau^2,$$

und für die gesamte Energie ε_1 der Volumeneinheit findet man nach (35)

$$37''')\quad \varepsilon_1 = (\varphi_1 + \psi_1) + T_0\,(q_1\,x_x + \ldots + q_6\,x_y) + \tfrac{1}{2}\,r\,(T^2 - T_0^2),$$

worin $(\varphi_1 + \psi_1)$ den rein mechanischen Anteil derselben darstellt; die innere Energie ε_1' wird daraus durch Beseitigung des Gliedes ψ_1, der lebendigen Kraft, erhalten. Da die Deformationsgrößen, sowie die Differenz $T - T_0 = \tau$, als Größen erster Ordnung gelten, so enthält ε_1' Glieder erster und zweiter Ordnung nebeneinander; bei Beschränkung auf die ersteren wird unter Rücksicht auf (37') sehr einfach

$$37'''')\quad \varepsilon_1' = T_0\,(q_1\,x_x + \ldots + q_6\,x_y) + \varrho_0\,\Gamma_d\,\tau.$$

Die elastische Energie ist hieraus vollständig verschwunden, und der übrigbleibende Teil ist mit $\eta_1\,T_0$ identisch. —

Bezeichnet man die isothermischen Elasticitätsmoduln, wie im IV. Kapitel des II. Teiles, mit s_{hk} und setzt abgekürzt

$$38)\quad q_1\,s_{h1} + q_2\,s_{h2} + \ldots + q_6\,s_{h6} = a_h,$$

so gilt auch umgekehrt

$$36')\quad a_1\,c_{h1} + a_2\,c_{h2} + \ldots + a_6\,s_{h6} = q_h.$$

Unter Berücksichtigung dieser Beziehungen kann man die ersten sechs Gleichungen (37') leicht nach $x_x, \ldots x_y$ auflösen, indem man sie mit den Faktoren $s_{h1}, s_{h2}, \ldots s_{h6}$ zusammenfaßt; setzt man noch die erhaltenen Werte in die letzte Gleichung (37″) ein, so erhält man das (37″) entsprechende System

$$\left.\begin{aligned} -x_x &= s_{11}\,\Xi_x + \ldots + s_{16}\,\Xi_y - a_1\,\tau, \\ &\ldots\ldots\ldots\ldots \\ -x_y &= s_{61}\,\Xi_x + \ldots + s_{66}\,\Xi_y - a_6\,\tau, \\ +\eta_1 &= \frac{\varrho_0\,\Gamma_s\,\tau}{T_0} - (a_1\,\Xi_x + \ldots + a_6\,\Xi_y), \end{aligned}\right\} \qquad 38'')$$

worin nach Formel (36″″)

$$\Gamma_s = \Gamma_d + \frac{T_0}{\varrho_0}(q_1\,a_1 + \ldots + q_6\,a_6). \qquad 38''')$$

Es ist also in der eingeführten Annäherung, sowie Γ_d, auch Γ_s von $x_x, \ldots x_y$ und τ unabhängig.

Weiter gilt bei Vernachlässigung der Glieder zweiter Ordnung auch

$$\varepsilon_1' = \varrho_0\,\Gamma_s\,\tau - T_0\,(a_1\,\Xi_x + \ldots + a_6\,\Xi_y) = \eta_1\,T_0. \qquad 38'''')$$

Für krystallinische Körper, welche Symmetrieen besitzen, spezialisieren sich die Teile des Ansatzes (37) nach den Schemas IV und II auf S. 137 und 143. Für isotrope Körper wird speziell

$$2\,\xi_1 = c_1\,(x_x + y_y + z_z)^2 + c_2\left(x_x^2 + y_y^2 + z_z^2 + \tfrac{1}{2}(y_z^2 + z_x^2 + x_y^2)\right) - 2\,q\,\tau\,(x_x + y_y + z_z) - \frac{\varrho_0\,\Gamma_d\,\tau^2}{T_0}$$

oder bei Benutzung der Abkürzungen ϑ und ϑ' von S. 336

$$2\,\xi_1 = c_1\,\vartheta^2 + c_2\,\vartheta' - 2\,q\,\tau\,\vartheta - \frac{\varrho_0\,\Gamma_d\,\tau^2}{T_0}, \qquad 39)$$

und hieraus folgt

$$\left.\begin{aligned} -\Xi_x &= c_2\,x_x + c_1\,\vartheta - q\,\tau, & -H_z &= \tfrac{1}{2}\,c_2\,y_z, \\ -H_y &= c_2\,y_y + c_1\,\vartheta - q\,\tau, & -Z_x &= \tfrac{1}{2}\,c_2\,z_x, \\ -Z_z &= c_2\,z_z + c_1\,\vartheta - q\,\tau, & -\Xi_y &= \tfrac{1}{2}\,c_2\,x_y, \\ \eta_1 &= \frac{\varrho_0\,\Gamma_d\,\tau}{T_0} + q\,\vartheta, & q &= a(c + 2\,c_1); \end{aligned}\right\} \qquad 39')$$

$$\left.\begin{aligned} -x_x &= s\,\Xi_x + s_1\,H_y + s_1\,Z_z - a\,\tau, & -y_z &= 2\,s_2\,H_z, \\ -y_y &= s_1\,\Xi_x + s\,H_y + s_1\,Z_z - a\,\tau, & -z_x &= 2\,s_2\,Z_x, \\ -z_z &= s_1\,\Xi_x + s_1\,H_y + s\,Z_z - a\,\tau, & -x_y &= 2\,s_2\,\Xi_y, \\ \Gamma_s &= \Gamma_d + \frac{3\,T_0\,q\,a}{\varrho_0}, & a &= q\,(s + 2\,s_1), \end{aligned}\right\} \qquad 39'')$$

wobei wie früher $c - c_1 = c_2$, $s - s_1 = s_2$ gesetzt ist. Für Flüssigkeiten wird speziell

$$c = c_1, \quad c_2 = 0, \quad \text{also} \quad q = 3\,a\,c. \qquad 39''')$$

Bei isotropen Körpern hat, wie man sieht, der thermische Druck die Natur eines hydrostatischen Druckes; er ist normal gegen das Flächenelement gerichtet und von dessen Orientierung unabhängig. Die Entropie enthält die Deformationsgrößen nur in der Kombination ϑ, und hieraus folgt bei Rücksicht auf (36), daß auf die spezifischen Wärmen auch nur das Verhalten der räumlichen Dilatation Einfluß hat. Demgemäß muß hier die spezifische Wärme bei konstanter Deformation mit der bei konstantem Volumen identisch sein, und da nach der vorletzten Gleichung (39″) auch nur eine spezifische Wärme bei konstanter Spannung existiert, muß diese mit derjenigen bei konstantem allseitig gleichen Druck übereinstimmen.

Wir wollen demgemäß, um die Verbindung mit der früheren Bezeichnung herzustellen, für isotrope Körper setzen

39‴″) $$\Gamma_d = \Gamma_v, \quad \Gamma_s = \Gamma_p. —$$

Diese Resultate bedürfen einer Ergänzung, wenn im Normalzustande die äußeren Kräfte, und daher die inneren Spannungen, nicht verschwinden, sondern beliebig vorgeschriebene Werte $\Xi_x^0, \ldots \Xi_y^0$ besitzen, ein Fall, der fast nur bei Gasen ein Interesse hat und daher durch einen Zusatz erledigt werden mag. Hier ist zu dem Werte von ξ_1 in (37) noch das Glied

$$-2\left(\Xi_x^0 x_x + \ldots + \Xi_y^0 x_y\right)$$

hinzuzufügen, welches bewirkt, daß in den Formeln (37″), wie denen des Systems (38) bis (38‴″), $\Xi_x - \Xi_x^0 = \Xi_x', \ldots \Xi_y - \Xi_y^0 = \Xi_y'$ an Stelle der $\Xi_x, \ldots \Xi_y$ tritt, und daß sich in (37‴″) auf der rechten Seite

$$\alpha_1 = -\left(\Xi_x^0 x_x + \ldots + \Xi_y^0 x_y\right),$$

d. h. die Arbeit, welche die Deformation bei konstanten Anfangsspannungen erfordert, den übrigen Gliedern zuordnet, so daß $\varepsilon_1' = \alpha_1 + \eta_1 T_0$ wird.

Die Notwendigkeit dieser Ergänzung erkennt man deutlich, wenn man die Energie eines idealen Gases berechnet, das im Normalzustande unter dem Druck P_0 stehen mag. Hier wird die ergänzte Formel (37‴″) zu

40) $$\varepsilon_1' = T_0 q \vartheta + \varrho_0 \tau \Gamma_v - P_0 \vartheta;$$

zugleich folgt aus (39′)

(40′) $$\Xi_x' = H_y' = Z_z' = p = -c\vartheta + q\tau.$$

Nun giebt aber das Boyle-Gay Lussac'sche Gesetz bei vollständiger Differentiation

$$P\,dV + V\,dP = MB\,dT,$$

und hieraus folgt in der jetzt benutzten Bezeichnung

$$p = -P_0\vartheta + B\varrho_0\tau = -P_0\vartheta + \frac{P_0\tau}{T_0}. \qquad 40'')$$

Die Vergleichung mit (40′) zeigt, daß bei idealen Gasen einerseits $c = P_0$ sein muß, was schon früher benutzt ist, andererseits

$$q = B\varrho_0 = \frac{P_0}{T_0}; \qquad 40''')$$

letzteres führt, in (40) eingesetzt, sogleich auf

$$\varepsilon_1' = \Gamma_v\varrho_0\tau, \qquad 40'''')$$

in Übereinstimmung mit Formel (20), wenn man berücksichtigt, daß wir bei der jetzigen Betrachtung die Energie von dem Normalzustande $\tau = 0$, nicht von $T = 0$ aus rechnen. —

Der Ansatz (37), welcher für sehr kleine Temperaturintervalle $\tau = T - T_0$ gilt, muß für größere verallgemeinert werden, und es wird der nächste Grad der Genauigkeit erreicht, wenn man die Konstanten c_{hk}, q_h und r mit linearen Funktionen der Temperatur vertauscht; eine Berücksichtigung höherer Potenzen der Deformationsgrößen ist dabei noch nicht nötig, da diese in praxi immer sehr klein sind.[22])

Dieser verallgemeinerte Ansatz führt auf dieselben Formeln für die Druckkomponenten $\Xi_x, \ldots \Xi_y$, nur ist die Bedeutung der c_{hk} und q_h eine andere geworden; dagegen ist der Ausdruck für η_1 viel komplizierter, denn es tritt zu den in (37″) aufgeführten Gliedern noch der negative Wert von ξ_1 selbst, nachdem in demselben die c_{hk}, q_h und r mit $\partial c_{hk}/\partial\tau$, $\partial q_h/\partial\tau$ und $\partial r/\partial\tau$ vertauscht sind.

Wir wollen ihn daher nicht aufstellen, sondern nur hervorheben, dass nach (36′) unter der gemachten Voraussetzung, falls man $\partial\varphi/\partial\tau$ in φ' abkürzt, folgt

$$\Gamma_d = \frac{T}{\varrho}\left[q_1' x_x + \ldots + q_6' x_y + r + 2r'\tau\right]. \qquad 41)$$

Es wird hier also Γ_d sowohl von der Temperatur, als von den Deformationsgrößen abhängig.

Die Formeln (36‴) aber lauten hier

$$\frac{1}{T}\frac{\partial\varrho\Gamma_d}{\partial x_x} = q_1', \ldots \quad \frac{1}{T}\frac{\partial\varrho\Gamma_d}{\partial x_y} = q_6'; \qquad 41')$$

bei isotropen Körpern enthält $\Gamma_d = \Gamma_v$ die Deformationsgrößen nur in der Kombination $\vartheta = x_x + y_y + z_z$, und es gilt

$$\frac{1}{T}\frac{\partial\varrho\Gamma_v}{\partial\vartheta} = q', \qquad 41'')$$

wodurch eine merkwürdige Beziehung zwischen der Wärmekapacität der Volumeneinheit $\varrho \Gamma_v$ und dem Koëffizienten q des thermischen Druckes ausgesprochen ist.

§ 7. Thermische Dilatation. Adiabatische Deformation.

Die oben gefundenen Formeln (37″) für die in einem elastischen, beliebig temperierten Körper wirkenden Gesamtdrucke, welche allerdings kleine Abweichungen τ der Temperatur T von der Anfangstemperatur T_0 voraussetzen, bieten die Grundlage für die Entwickelung der allgemeinen Gesetze der thermischen Dilatation bei mäßiger Temperaturänderung.[23])

Wir betrachten zunächst nur Körper mit in der ganzen Ausdehnung konstanter Temperatur ohne Einwirkung äußerer Kräfte. Man genügt in diesem speziellen Falle den Haupt- und Oberflächenbedingungen (32) und (32′) zugleich, indem man überall

$$\Xi_x = H_y = \ldots = \Xi_y = 0$$

setzt. Es folgt dann aus (38″)

42) $$x_x = a_1 \tau, \; y_y = a_2 \tau, \; z_z = a_3 \tau, \; y_z = a_4 \tau, \; z_x = a_5 \tau, \; x_y = a_6 \tau,$$

und hierdurch werden die Konstanten a_1, a_2, a_3 als die Konstanten der thermischen linearen Dilatationen parallel den Koordinatenaxen, a_4, a_5, a_6 als diejenigen der thermischen Axenwinkeländerungen definiert; sie sind sämtlich reine Zahlen, es gilt also

42′) $$[a_h] = 1 .$$

Die räumliche thermische Dilatation findet sich nach (42)

42″) $$\vartheta = (a_1 + a_2 + a_3)\tau = a\tau ,$$

der Faktor von τ ist also der kubische thermische Dilatationskoëffizient.

Die lineäre thermische Dilatation λ in einer beliebigen, durch die Richtungskosinus α_s, β_s, γ_s gegebenen Richtung s ist nach Formel (7) auf S. 217

42‴) $$\lambda = a_s \tau = (a_1 \alpha_s^2 + a_2 \beta_s^2 + a_3 \gamma_s^2 + a_4 \beta_s \gamma_s + a_5 \gamma_s \alpha_s + a_6 \alpha_s \beta_s)\tau ,$$

woraus folgt, daß aus einer Kugel, die aus einem beliebigen Krystall hergestellt ist, durch gleichförmige Erwärmung jederzeit ein Ellipsoid wird.

Von erheblichem praktischen Interesse ist ferner die thermische Änderung des Winkels zwischen zwei in oder an einem Krystall bezeichneten Ebenen, welche der Beobachtung fast noch leichter zugänglich ist, als die lineäre Dilatation einer an ihm markierten Strecke.[24])

Seien die Gleichungen der beiden Ebenen vor der Deformation

$$x\alpha_h + y\beta_h + z\gamma_h = r_h \quad \text{für } h = 1 \text{ und } h = 2, \tag{43)}$$

so sind

$$\xi_h = \frac{r_h}{\alpha_h}, \; \eta_h = \frac{r_h}{\beta_h}, \; \zeta_h = \frac{r_h}{\gamma_h}$$

die Abschnitte, welche dieselben auf den Koordinatenaxen markieren. Infolge der Deformation erhalten die Schnittpunkte die folgenden Koordinaten

$$\xi_h\left(1 + \frac{\partial u}{\partial x}\right), \; \xi_h \frac{\partial v}{\partial x}, \; \xi_h \frac{\partial w}{\partial x},$$
$$\eta_h \frac{\partial u}{\partial y}, \; \eta_h\left(1 + \frac{\partial v}{\partial y}\right), \; \eta_h \frac{\partial w}{\partial y},$$
$$\zeta_h \frac{\partial u}{\partial z}, \; \zeta_h \frac{\partial v}{\partial z}, \; \zeta_h\left(1 + \frac{\partial w}{\partial z}\right),$$

und wenn man die Gleichungen der Ebenen nach der Deformation schreibt

$$x\alpha'_h + y\beta'_h + z\gamma'_h = r'_h, \tag{43')}$$

so läßt sich α'_h / r'_h, β'_h / r'_h, γ'_h / r'_h dadurch bestimmen, daß die Gleichungen (43') durch die Koordinaten des vorstehenden Systems befriedigt werden müssen.

Man erhält, da u, v, w unendlich klein sind, durch Annäherung sehr leicht

$$\frac{\alpha'_h}{r'_h} = \frac{\alpha_h}{r_h} - \left(\frac{\alpha_h}{r_h}\frac{\partial u}{\partial x} + \frac{\beta_h}{r_h}\frac{\partial u}{\partial x} + \frac{\gamma_h}{r_h}\frac{\partial w}{\partial x}\right) \text{ u. s. f.,} \tag{43'')}$$

oder, da r'_h und r_h sich auch nur um eine Größe erster Ordnung $r'_h - r_h = \varrho_h$ unterscheiden,

$$\alpha'_h = \alpha_h\left(1 + \frac{\varrho_h}{r_h}\right) - \left(\alpha_h \frac{\partial u}{\partial x} + \beta_h \frac{\partial v}{\partial x} + \gamma_h \frac{\partial w}{\partial x}\right) \text{ u. s. f.} \tag{43''')}$$

Nun sind zwar die Strecken, welche bei der Deformation aus den Loten r_1 und r_2 werden, nicht mit r'_1 und r'_2 identisch; sie unterscheiden sich aber, wie die bloße Anschauung lehrt, nur um eine Größe zweiter Ordnung von ihnen; daher dürfen wir ϱ_h / r_h mit der lineären Dilatation λ_h in der Richtung von r_h identifizieren.

Ist weiter χ der ursprüngliche, χ' der durch Deformation erhaltene Winkel zwischen den beiden Ebenen und $\chi' - \chi = \nu$, so erhält man wegen

$$\cos\chi = \alpha_1\alpha_2 + \beta_1\beta_2 + \gamma_1\gamma_2, \quad \cos\chi' = \alpha_1'\alpha_2' + \beta_1'\beta_2' + \gamma_1'\gamma_2'$$

sogleich

$$44)\quad \begin{cases} \cos\chi' - \cos\chi = -\nu\sin\chi \\ \qquad = (\lambda_1 + \lambda_2)\cos\chi - 2(x_x\alpha_1\alpha_2 + y_y\beta_1\beta_2 + z_z\gamma_1\gamma_2) \\ \qquad - \left[y_z(\beta_1\gamma_2 + \gamma_1\beta_2) + z_x(\gamma_1\alpha_2 + \alpha_1\gamma_2) + x_y(\alpha_1\beta_2 + \beta_1\alpha_2)\right]. \end{cases}$$

Setzt man in diesen allgemeinen Wert die Ausdrücke (42) und (42'''), so ergiebt dies schließlich:

$$44')\quad \begin{cases} \nu\sin\chi = a_{12}\tau\sin\chi = \left[2(a_1\alpha_1\alpha_2 + a_2\beta_1\beta_2 + a_3\gamma_1\gamma_2)\right. \\ \quad \left. + a_4(\beta_1\gamma_2 + \beta_2\gamma_1) + a_5(\gamma_1\alpha_2 + \gamma_2\alpha_1) + a_6(\alpha_1\beta_2 + \alpha_2\beta_1)\right]\tau \\ \quad -\left[a_1(\alpha_1^2 + \alpha_2^2) + a_2(\beta_1^2 + \beta_2^2) + a_3(\gamma_1^2 + \gamma_2^2)\right. \\ \quad \left. + a_4(\beta_1\gamma_1 + \beta_2\gamma_2) + a_5(\gamma_1\alpha_1 + \gamma_2\alpha_2) + a_6(\alpha_1\beta_1 + \alpha_2\beta_2)\right]\tau\cos\chi. \end{cases}$$

Die Formel vereinfacht sich erheblich, wenn die beiden Flächen ursprünglich zu einander normal waren.

Bei regulären Krystallen und isotropen Körpern wird

$$44'')\qquad \vartheta = 3a\tau = \alpha\tau, \quad \lambda = a\tau, \quad \nu = 0;$$

bei idealen Gasen ist überdies

$$44''')\qquad 3a = \alpha = 1/T;$$

denn aus dem Boyle-Gay-Lussac'schen Gesetze folgt

$$\frac{1}{V}\frac{\partial V}{\partial T} = \frac{B\varrho}{P},$$

und die linke Seite ist gleich α, die rechte gleich $1/T$. —

Die Hauptgleichungen (32) werden im Falle des Gleichgewichtes auch durch beliebige konstante, aber von Null verschiedene Werte der Druckkomponenten $\Xi_x, \ldots \Xi_y$ befriedigt. Bestimmt man deren Größe dadurch, daß man die Deformationsgrößen sämtlich gleich Null setzt, so geben die Gleichungen (37'')

$$45)\qquad \Xi_x = q_1\tau, \; H_y = q_2\tau, \ldots \; \Xi_y = q_6\tau,$$

und aus den Formeln (32') und (32'''') kann man dann diejenigen Werte der äußeren Drucke bestimmen, welche notwendig sind, um die Wirkung der konstanten Temperaturänderung τ gerade zu kompensieren.

Für ein rechteckiges Prisma, dessen Flächen den Koordinatenebenen parallel sind, erhält man die Werte (45) selbst als die Beträge der Komponenten der äußeren Drucke. Sie drücken sich in den der direkten Beobachtung zugänglichen thermischen Deformationskoeffizienten a_h und den isothermischen Elasticitätskonstanten c_{hk} aus gemäß der Formel (38')

$$q_h = a_1 c_{h1} + a_2 c_{h2} + \dots a_6 c_{h6}. \text{ —} \qquad 45')$$

Das allgemeine Problem der Deformation eines verschieden temperierten Körpers ist bei gegebener Temperatur auf dasjenige der Deformation eines Körpers unter der Wirkung körperlicher Kräfte und oberflächlicher Drucke zurückführbar. Denn in den Hauptgleichungen (32) lassen sich die Anteile, welche die thermischen Drucke zu den $\Xi_x, \dots \Xi_y$ liefern, als körperliche Kraftkomponenten deuten, in den Oberflächenbedingungen (32') als die Komponenten von Oberflächendrucken.

In praxi komplizieren sich die Verhältnisse dadurch, daß die Temperaturverteilung nicht direkt gegeben, sondern aus gewissen Bedingungen, welche ihrerseits die Deformation des Körpers enthalten, zu bestimmen ist. Die Gleichungen dieses Problems werden in § 9 abgeleitet werden. —

Adiabatische Zustandsänderungen eines elastischen Körpers sind solche, bei denen keinerlei Wärmeaustausch zwischen den einzelnen Volumenelementen des Körpers, wie auch zwischen dem Körper und seiner Umgebung stattfindet. Sie treten bei homogenen Deformationen stets dann ein, wenn der Körper von adiathermanen Hüllen umgeben ist, bei nicht homogenen allein im Falle von schnellen Schwingungen, bei welchen der Wärmeübergang zwischen Nachbarelementen der Kürze der Zeit halber, welche ein jeder Zustand andauert, nicht merklich ist. Letzteres ist bei allen tönenden Schwingungen sehr nahe erfüllt; für sie gelten daher in erster Linie die folgenden Gesetze.[25])

Da die Entropie η_1 im natürlichen Zustande des Körpers gleich Null gesetzt war, so sind adiabatische Zustandsänderungen solche, bei welchen $\eta_1 = 0$ bleibt. Dies ergiebt nach (37'') und (38'') zwei Formen der daraus folgenden Beziehungen, nämlich

$$-\frac{\varrho_0 \Gamma_d \tau}{T_0} = q_1 x_x + \dots + q_6 x_y \qquad 46)$$

und

$$\frac{\varrho_0 \Gamma_s \tau}{T_0} = a_1 \Xi_x + \dots + a_6 \Xi_y; \qquad 46')$$

die erstere bestimmt die bewirkte Temperaturänderung τ durch die hervorgebrachten Deformationen, die letztere durch die erregten

Druckkomponenten. Das Verhältnis beider Formeln bei gleichem τ, nämlich:

46'') $$\frac{\Gamma_s}{\Gamma_d} = -\frac{a_1 \Xi_x + \ldots + a_6 \Xi_y}{q_1 x_x + \ldots + q_6 x_y},$$

drückt das Verhältnis der beiden spezifischen Wärmen Γ_s/Γ_d durch die bei einer adiabatischen Deformation einander entsprechenden Drucke und Deformationsgrößen aus.

Für isotrope Körper liefert (46) unter Berücksichtigung, daß hier $\Gamma_d = \Gamma_v$ ist,

47) $$-\frac{\varrho_0 \Gamma_v \tau}{T_0} = q\,\vartheta = \frac{a\,\vartheta}{s + 2\,s_1},$$

wobei $3\,a$ nach Formel (44'') die Bedeutung des kubischen thermischen Dilatationskoefficienten α und $3(s+2s_1)$ nach Formel (113'''') auf S. 336 diejenige des kubischen Kompressionsmoduls β besitzt; (46') ergiebt wegen $\Gamma_s = \Gamma_p$

47') $$\frac{\varrho_0 \Gamma_p \tau}{T_0} = a(\Xi_x + H_y + Z_z),$$

also bei allseitig gleicher Druckänderung $p = P - P_0$

47'') $$\frac{\varrho_0 \Gamma_p \tau}{T_0} = 3\,a p.$$

a, der thermische lineäre Ausdehnungskoeffizient, ist je nach der Substanz meist größer, in vereinzelten Fällen auch kleiner, als Null; in dem ersteren Falle bewirkt nach der letzten Formel ein allseitig gleicher Druck eine Steigerung, in letzterem eine Erniedrigung der Temperatur. Dies Resultat ist durch Beobachtungen bestätigt.

Durch Elimination von τ folgt aus (47) und (47'')

48) $$\frac{\Gamma_p}{\Gamma_v} = \varkappa = -\frac{3\,p\,(s + 2\,s_1)}{\vartheta},$$

eine Beziehung, die eine experimentelle Bestimmung von $\varkappa$ ermöglicht. Bedenkt man nämlich, daß bei isothermischer Deformation

48') $$\vartheta_\tau = -3\,(s + 2\,s_1)p$$

ist, so kann man, indem man die demselben Druck entsprechende adiabatische Dilatation, durch ϑ_a bezeichnet, auch schreiben

48'') $$\varkappa = \frac{\vartheta_\tau}{\vartheta_a},$$

woraus die Richtigkeit der gemachten Bemerkung erhellt.

Für ideale Gase ist nach (44''') $3\,a = 1/T_0$, also wird für sie aus (47'')

48''') $$\varrho_0\,\Gamma_p\,\tau = p.$$

Hierin bezeichnen τ und p nur die einander entsprechenden Zuwachse von Druck und Temperatur, sind also, um zu den Formeln von § 4 zurück zu leiten, durch dT und dP zu ersetzen. Es wird dann wegen $V\varrho = M$

$$M\Gamma_p dT = VdP,$$

oder, da

$$MBT = VP, \ B = \Gamma_p - \Gamma_v \text{ und } \Gamma_p/\Gamma_v = \varkappa$$

ist, auch

$$\varkappa \frac{dT}{T} = (\varkappa - 1)\frac{dP}{P}.$$

Dies giebt durch Integration

$$T^\varkappa = A_1 P^{\varkappa-1} \text{ oder } V^\varkappa P = A_2,$$

worin A_1 und A_2 Konstante bezeichnen, in Übereinstimmung mit den Formeln (23‴) für adiabatische Zustandsänderungen idealer Gase. —

Entnimmt man den Formeln (46) und (46′) den Wert der adiabatischen Temperaturänderung τ und setzt ihn resp. in die Gleichungen (37″) und (38″) ein, so resultiert ein System von Beziehungen zwischen den Druckkomponenten $\Xi_x, \ldots \Xi_y$ und den Deformationsgrößen $x_x, \ldots x_y$, wie es speziell den adiabatischen Deformationen entspricht.[26]) Es wird

$$\left.\begin{array}{l} -\Xi_x = c'_{11}x_x + c'_{12}y_y + c'_{13}z_z + c'_{14}y_z + c'_{15}z_x + c'_{16}x_y, \\ \cdots\cdots\cdots\cdots\cdots\cdots \\ -\Xi_y = c'_{61}x_x + c'_{62}y_y + c'_{63}z_z + c'_{64}y_z + c'_{65}z_x + c'_{66}x_y, \end{array}\right\} \quad 49)$$

worin

$$c'_{hk} = c_{hk} + \frac{q_h q_k T_0}{\varrho_0 \Gamma_d} \quad 49')$$

ist; analog wird

$$\left.\begin{array}{l} -x_x = s'_{11}\Xi_x + s'_{12}H_y + s'_{13}Z_z + s'_{14}H_z + s'_{15}Z_x + s'_{16}\Xi_y, \\ \cdots\cdots\cdots\cdots\cdots\cdots \\ -x_y = s'_{61}\Xi_x + s'_{62}H_y + s'_{63}Z_z + s'_{64}H_z + s'_{65}Z_x + s'_{66}\Xi_y, \end{array}\right\} \quad 50)$$

worin

$$s'_{hk} = s_{hk} - \frac{a_h a_k T_0}{\varrho_0 \Gamma_s}. \quad 50')$$

Berücksichtigt man das auf S. 338 über Deformationen ohne Wärmebewegung Gesagte, so erkennt man, daß die Faktoren c'_{hk} mit den dort erwähnten adiabatischen Elastizitätskonstanten, die s'_{hk} mit den adiabatischen Elastizitätsmoduln des Körpers identisch sind; ihr Zusammenhang mit den isothermischen Konstanten und Moduln c_{hk} und s_{hk} ist nach (49′) und (50′) in sehr einfacher Weise durch die Koeffizienten der thermischen Drucke und der thermischen Deformationen vermittelt.

Eine besonders einfache Bedeutung haben die Formeln für die Elasticitätsmoduln, weil diese Größen, wie im IV. Kapitel des II. Teiles gezeigt ist, das Maß einer Reihe von wichtigen Deformationen bilden.

Der isothermische Modul s_k der räumlichen Kompression bei allseitig gleichem Drucke ist nach Formel (113'''') auf S. 336

$$s_k = s_{11} + s_{22} + s_{33} + 2(s_{23} + s_{31} + s_{12}),$$

für den adiabatischen s'_k erhält man nach (50')

$$51)\qquad s'_k = s_k - \frac{T_0}{\varrho_0 \Gamma_s}(a_1 + a_2 + a_3)^2 = s_k - \frac{T_0 \alpha^2}{\varrho_0 \Gamma_s},$$

worin α nach (42'') die Bedeutung des kubischen thermischen Dilatationskoeffizienten hat.

Der isothermische Modul der linearen longitudinalen Dilatation bei einseitiger Dehnung eines Cylinders ist, wenn die zunächst beliebige Z-Axe in die Richtung der Cylinderaxe gelegt wird, nach der ersten Formel (190') auf S. 409 gleich s_{33}; für den adiabatischen giebt (50')

$$51')\qquad s'_{33} = s_{33} - \frac{T_0 a_3^2}{\varrho_0 \Gamma_s},$$

wo a_3 nach (42) der lineare thermische Dilatationskoeffizient nach der Cylinderaxe ist.

Die isothermischen Moduln der Drillung eines Cylinders durch ein Moment um seine Axe, sind, wenn man wieder die Z-Koordinatenaxe in die Cylinderaxe legt, nach Formel (192') auf S. 410 gleich s_{44} und s_{55}, die adiabatischen werden nach (50')

$$51'')\qquad s'_{44} = s_{44} - \frac{T_0 a_4^2}{\varrho_0 \Gamma_s}, \quad s'_{55} = s_{55} - \frac{T_0 a_5^2}{\varrho_0 \Gamma_s};$$

darin haben a_4 und a_5 nach (42) die Bedeutung der Koeffizienten der thermischen Winkeländerungen der Y- und Z-, resp. der X- und Z-Axe. Die isothermischen und adiabatischen Moduln sind hier also gleich, wenn die Cylinderaxe sich durch die Erwärmung nicht gegen die Ebene des Querschnittes neigt. Dies ist immer der Fall, wenn die Cylinderaxe in eine krystallographische Symmetrieaxe fällt.

Für isotrope Körper vereinfachen sich die Formeln (49), da (49') hier speziell die drei Beziehungen

$$52)\qquad c' = c + \frac{q^2 T_0}{\varrho_0 \Gamma_v}, \quad c'_1 = c_1 + \frac{q^2 T_0}{\varrho_0 \Gamma_v}, \quad c'_2 = c_2$$

liefert, zu

$$\left.\begin{array}{l} -\Xi_x = c_2 x_x + \left(c_1 + \frac{q^2 T_0}{\varrho_0 \Gamma_v}\right)\vartheta, \quad -H_z = \frac{1}{2} c_2 y_z, \\ \dots\dots\dots\dots\dots\dots\dots\dots \end{array}\right\} \qquad 52')$$

ebenso ergiebt (50′) hier

$$s' = s - \frac{a^2 T_0}{\varrho_0 \Gamma_p}, \quad s_1' = s_1 - \frac{a^2 T_0}{\varrho_0 \Gamma_p}, \quad s_2' = s_2, \qquad 52'')$$

und wird demgemäß aus (50)

$$\left.\begin{array}{l} -x_x = s_2 \Xi_x + \left(s_1 - \frac{a^2 T_0}{\varrho_0 \Gamma_p}\right)(\Xi_x + H_y + Z_z), \quad -y_z = 2 s_2 H_z \\ \dots\dots\dots\dots\dots\dots\dots\dots \end{array}\right\} \qquad 52''')$$

Bei Flüssigkeiten wird $c_2 = 0$, $c = c_1$, also auch $c_2' = 0$, $c' = c_1'$; c ist dabei identisch mit dem auf S. 347 eingeführten c_i, c' mit dem S. 365 benutzten c_a.

Es ist bemerkenswert, daß bei allen isotropen Körpern der Unterschied zwischen isothermischen und adiabatischen Konstanten oder Moduln sich nur bei solchen Deformationen geltend macht, die von einer kubischen Dilatation begleitet sind. —

Bei allen festen und tropfbar flüssigen Körpern ist der Unterschied der adiabatischen von den isothermischen Konstanten und Moduln sehr klein; bei den gasförmigen dagegen wird er außerordentlich bedeutend.

Wir wollen c' für ein ideales Gas bestimmen.

Hier ist $c = P_0$, d. h. gleich dem Druck im Normalzustande, $q = P_0 / T_0$, worin T_0 die Normaltemperatur bezeichnet; es folgt aus der ersten Formel (52)

$$c' = P_0 + \frac{P_0^2}{T_0 \varrho_0 \Gamma_v},$$

worin ϱ_0 den Werten P_0 und T_0 entspricht. Da nun ferner

$$\frac{P_0}{\varrho_0 T_0} = B = \Gamma_p - \Gamma_v$$

ist, so wird auch

$$c' = P_0 \frac{\Gamma_p}{\Gamma_v} = P_0 \varkappa, \qquad 52''')$$

eine Beziehung, die unter etwas abweichender Bezeichnung schon auf S. 365 erwähnt und benutzt worden ist.

§ 8. Nicht umkehrbare Vorgänge ohne Wärmebewegung.

Im vorstehenden sind ausschließlich umkehrbare Zustandsänderungen eines körperlichen Systemes, oder wenigstens solche, die sich nur unendlich wenig von dergleichen unterscheiden, der Betrachtung unterworfen worden. Auf nicht umkehrbare ist ein großer Teil der erhaltenen Resultate, nämlich alles, was sich auf die zweite Hauptgleichung der mechanischen Wärmetheorie, d. h. auf die Formel $d'\Omega = T\,dH$ gründet, nicht mehr anwendbar. Trotzdem kann man diese Vorgänge der Theorie bis zu einem gewissen Grade unterwerfen, weil die Energiegleichung für alle Arten von Vorgängen gültig ist, und der analytische Ausdruck der Energie eines Systemes für jeden Zustand, der überhaupt aus dem Normalzustand auf umkekrbarem Wege zu erhalten ist, — und es scheint, als ob alle Zustände diese Eigenschaft besäßen — jederzeit nach früheren Methoden angebbar ist. Demgemäß giebt die Formel

$$53)\qquad dE = d_i'A + d_i'\Omega,$$

wenn $d_i'A$ und $d_i'\Omega$ die auf dem nicht umkehrbaren Wege gemachten Aufwendungen von Arbeit und Wärme bedeuten, und dE die Differenz der den beiden Endzuständen entsprechenden Energieen angiebt, eine jederzeit gültige und fruchtbare Beziehung.

Nehmen wir z. B. den wichtigsten speziellen Fall an, daß das körperliche System aus einem Anfangszustand (1) der Ruhe, welcher kein Gleichgewichtszustand war, in Bewegung gekommen und unter der Wirkung innerer Widerstände nach einiger Zeit in einen stabilen Gleichgewichtszustand (2) gelangt ist, ohne daß während des Übergangs äußere Einwirkungen stattgefunden hätten, so giebt die letzte Formel das Resultat, daß sich dabei die innere Energie nicht geändert hat, also

$$53')\qquad E_2' = E_1'$$

sein muß. Für homogene Körper reduziert sich diese Formel auf

$$53'')\qquad (\varepsilon_1')_1 = (\varepsilon_1')_2 .$$

Der Anfangszustand ist dabei vollständig gegeben zu denken, der Endzustand nur bis auf den Wert einer der Unabhängigen, meistens der Temperatur, der dann durch vorstehende Formel bestimmt wird. —

Wir betrachten einen elastischen Körper, der ursprünglich bei normaler Temperatur T_0 irgendwie homogen auf das Potential φ_1^0

der Volumeneinheit gespannt gewesen ist und nun ohne Arbeits- und Wärmeaufnahme diese Spannungen verliert.

Hier ist, da wir von den extremen Fällen, in denen die Glieder zweiter Ordnung Bedeutung erhalten könnten, absehen, von dem Wert (38'''') der inneren Energie ε_1' der Volumeneinheit

$$\varepsilon_1' = \varrho_0 \Gamma_s \tau - T_0 (a_1 \Xi_x + \ldots + a_6 \Xi_y)$$

auszugehen. Im ersten Zustand ist nach Annahme τ gleich Null, dadurch Ξ_x mit $X_x, \ldots \Xi_y$ mit X_y identisch und somit

$$(\varepsilon_1')_1 = - T_0 (a_1 X_x + \ldots + a_6 X_y),$$

im zweiten Zustande ist

$$\Xi_x = \ldots = \Xi_y = 0,$$

daher

$$(\varepsilon_1')_2 = \varrho_0 \Gamma_s \tau .$$

Die Formel (53'') ergiebt also in unserem Falle für die eintretende Temperaturänderung

$$\tau = - \frac{T_0}{\varrho_0 \Gamma_s} (a_1 X_x + \ldots + a_6 X_y). \qquad 53''')$$

Die aus (37'''') analog zu gewinnende Formel

$$\tau = + \frac{T_0}{\varrho_0 \Gamma_d} (q_1 x_x^0 + \ldots + q_6 x_y^0)$$

würde dem Falle entsprechen, daß in dem zweiten Zustande die Deformationen, welche an und für sich durch die Temperaturänderung bewirkt worden wären, durch äußere Kräfte rückgängig gemacht würden, deren Arbeit wiederum durch eine Wärmeentnahme kompensiert wäre — ein Fall, der kein praktisches Interesse hat.

Ist der Körper beliebig gestaltet und war er ursprünglich einem allseitig gleichen normalen Gesamtdrucke P ausgesetzt, so ist

$$X_x = Y_y = Z_z = P, \quad Y_z = Z_x = X_y = 0,$$

also

$$\tau = - \frac{T_0 P}{\varrho_0 \Gamma_s} (a_1 + a_2 + a_3) = - \frac{T_0 P \alpha}{\varrho_0 \Gamma_s},$$

worin α den kubischen thermischen Dilatationskoeffizienten bezeichnet.

Ist der Körper ein Cylinder, dessen Axe in die Z-Axe fällt, und war er ursprünglich durch einen longitudinalen Zug von der Größe Z pro Flächeneinheit gestreckt, so ist

$$Z_z = - Z, \; X_x = Y_y = Y_z = Z_x = X_y = 0,$$

also

$$\tau = + \frac{T_0 Z}{\varrho_0 \Gamma_s} a_3,$$

worin a_3 den thermischen longitudinalen Ausdehnungskoeffizienten des Cylinders bezeichnet.

Diese speziellen Formeln nehmen für isotrope Körper einfachere Gestalten nicht an; die allgemeine Gleichung (53″) hingegen lautet

53‴′) $$\tau = - \frac{T_0 a}{\varrho_0 \Gamma_p}(X_x + Y_y + Z_z). -$$

Von dem betrachteten Falle gänzlich fehlender kann man leicht zu dem unvollständiger Arbeitszufuhr oder Arbeitsleistung übergehen, der überall da stattfindet, wo beim Beginn des nicht umkehrbaren Prozesses die inneren Spannungen des betrachteten Körpers durch die äußeren Drucke und Kräfte nicht vollständig im Gleichgewicht gehalten werden. Sind die äußeren Kräfte und Drucke konstant, so ist es bequemer, den ihnen entsprechenden Zustand des Körpers als den normalen einzuführen, und von ihm aus Spannungen und Deformationen zu rechnen. Dann ist also von dem uach S. 530 vervollständigten Ausdruck für die Energie

$$\varepsilon_1' = \varrho_0 \Gamma_s \tau - T_0 (a_1 \Xi_x' + \dots + a_6 \Xi_y')$$
$$- (\Xi_x^0 x_x + \dots + \Xi_y^0 x_y)$$

auszugehen und dieser in die allgemeine Formel

54) $$(\varepsilon_1')_2 - (\varepsilon_1')_1 = \alpha_i + \omega_i$$

einzusetzen, in der α_i und ω_i die zu der Überführung aus dem Zustand (1) in den Zustand (2) auf irreversibelm Wege erforderliche Wärme und Arbeit bezeichnen. Man erhält dadurch

54′) $$\varrho_0 \Gamma_s \tau + T_0 (a_1 \Xi_x' + \dots + a_6 \Xi_y') + (\Xi_x^0 x_x + \dots + \Xi_y^0 x_y)$$
$$= \alpha_i + \omega_i,$$

wobei rechts für α_i nur der Anteil der äußeren Arbeit zu setzen ist, welcher der Steigerung der inneren Energie zu gute kommt, d. h. derjenige, welcher im Zustande des Gleichgewichtes die inneren Spannungen $\Xi_x^0, \dots \Xi_y^0$ bewirken würde, also nach (34) der Anteil

$$\alpha_i = + (\Xi_x^0 x_x + \dots + \Xi_y^0 x_y);$$

derselbe ist hier mit dem positiven Zeichen zu nehmen, weil die Arbeit das Verschwinden, nicht das Entstehen der durch $x_x, \dots x_y$ gegebenen Deformation begleitet.

Sonach gilt in dem betrachteten allgemeineren Falle einfach

54″) $$\varrho_0 \Gamma_s \tau + T_0 (a_1 \Xi_x' + \dots + a_6 \Xi_y') = \omega_i.$$

Für die Ausdehnung eines Gases mit unvollkommener Arbeit benutzt man am einfachsten den Wert der Energie aus (40‴′) und erhält so ohne weiteres

54‴) $$\varrho_0 \Gamma_v \tau = \alpha_i + \omega_i. -$$

Die Formeln (53‴) bis (54‴) setzen wesentlich den Ansatz (37) für die freie Energie ξ_1 voraus und verlangen daher im allgemeinen, um verwendbar zu sein, unendlich kleine Änderungen der Temperatur und der Deformationsgrößen. Nur für ideale Gase gilt, wie der Wert der Energie (40⁗), auch die Formel (54‴) allgemein; dagegen würde für die wirklichen Gase und für Dämpfe das Verfahren die Anwendbarkeit verlieren, sowie die Druckänderung p mit dem Gesamtdruck P_0 vergleichbar ist. Denn für diese Körper, wie für alle Flüssigkeiten, ist der Parameter c des Potentiales mit P_0 identisch, darf also nicht mehr als konstant angesehen werden, sowie der Gesamtdruck im Laufe des Vorganges um eine endliche Größe variiert. Da aber die nicht umkehrbaren Veränderungen dieser Körper ein hohes Interesse besitzen, so soll ihre Theorie nunmehr unabhängig von dem Ansatz (37) allgemein entwickelt werden.

Der Grundgedanke des einzuschlagenden Weges, der auch für beliebige feste und tropfbarflüssige Körper anwendbar ist, besteht darin, daß in die Grundformel (53)

$$dE = d_i'A + d_i'\Omega$$

links der Wert der Energieänderung eingesetzt wird, wie er sich aus dem Betrage $d'A$ an Arbeit und $d'\Omega$ an Wärme berechnet, die auf umkehrbarem Wege die Energieänderung dE hervorzubringen vermögen; die hierdurch erhaltene Formel

$$d'A + d'\Omega = d_i'A + d_i'\Omega \tag{55}$$

bildet die Grundlage des folgenden.

Wir betrachten nun speziell einen Körper, der, wie eine ruhende Flüssigkeit, unter allseitig gleichem normalen Druck im Gleichgewichte ist.

Wählen wir als unabhängige Variabeln V und T, so ist nach (30) und (30″)

$$d'A = -P\,dV, \quad d'\Omega = M\Gamma_v\,dT + T\frac{\partial P}{\partial T}dV,$$

also giebt (55)

$$M\Gamma_v\,dT + \left(T\frac{\partial P}{\partial T} - P\right)dV = d_i'A + d_i'\Omega; \tag{55'}$$

wählen wir P und T, so ist nach (31) und (31″)

$$d'A = -P\left(\frac{\partial V}{\partial P}dP + \frac{\partial V}{\partial T}dT\right), \quad d'\Omega = M\Gamma_p\,dT - T\frac{\partial V}{\partial T}dP,$$

also nach einfacher Umformung

$$-d(VP) + M\Gamma_p\,dT + \left(V - T\frac{\partial V}{\partial T}\right)dP = d_i'A + d_i'\Omega. \tag{55''}$$

Hieraus erhält man durch Integration zwischen zwei Endzuständen (1) und (2)

$$55''')\quad (VP)_1 - (VP)_2 + \int_{(1)}^{(2)} \left[M\Gamma_p\, dT + \left(V - T\frac{\partial V}{\partial T}\right) dP \right] = A_i + \Omega_i.$$

Die letzte Formel kann zur Berechnung der fundamentalen Beobachtungen von W. THOMSON und JOULE[27]) über die Dilatation einiger Gase bei unvollständiger Arbeitsleistung benutzt werden. Die Genannten unterzogen der Messung die Temperaturänderung, welche ein Gas beim Ausströmen aus einem Gasometer erlitt, während seine Geschwindigkeit durch einen im Ausflußrohr eingeschalteten Widerstand — einen porösen Pfropfen — auf eine solche Größe herabgedrückt wurde, daß seine lebendige Kraft vernachlässigt werden konnte.

Bezeichnet P_1 den Druck im Gasometer, P_2 den im äußeren Luftraume, und begrenzt man durch eine diesseits und eine jenseits des Pfropfens normal zu der Bewegungsrichtung konstruierte Fläche, etwa durch zwei normale Querschnitte durch das cylindrische Ausflußrohr, ein Volumen U, so wird der darin enthaltenen Masse, die zusammengesetzt ist aus dem umschlossenen Gasquantum und dem Pfropfen, während dt eine Arbeit zugeführt, welche gegeben wird durch

$$d'_i A = P_1 q_1 ds_1 - P_2 q_2 ds_2,$$

worin die q_h die Querschnitte und die ds_h die während dt von den in ihnen befindlichen Gasteilchen zurückgelegten Wege bezeichnen. Es ist dann also $q_1 ds_1 = dU_1$ das Volumen, welches das während dt austretende Gasquantum innerhalb des Gasometers, $q_2 ds_2 = dU_2$ dasjenige, welche es im äußeren Luftraume einnimmt. Ist P_1 und P_2 konstant, so läßt sich die Formel auf eine beliebige endliche Zeit anwenden und ergiebt

$$A_i = P_1 U_1 - P_2 U_2$$

als den Betrag der beim Ausströmen einer Masse $V_1 \varrho_1 = V_2 \varrho_2 = M$ aufgewandten äußeren Arbeit; hierin bezeichnet ϱ_1 und ϱ_2 die Dichte des Gases innerhalb und außerhalb des Gasometers.

Ist während des Ausströmens ein stationärer Zustand erreicht, also die Wandung allenthalben von gleicher Temperatur, wie das Gas, so ist Ω_i gleich Null, und die Formel (55''') nimmt bei Benutzung des obigen Wertes von A_i, in dem man U_1 mit V_1, U_2 mit V_2 identifizieren kann, die Gestalt an

$$55'''')\quad \int_{(1)}^{(2)} \left[M\Gamma_p\, dT + \left(V - T\frac{\partial V}{\partial T}\right) dP \right] = 0;$$

sie gestattet, wenn V und Γ_p als Funktionen von P und T bekannt sind, die einer gegebenen Druckänderung $P_2 - P_1$ entsprechende Temperaturänderung $T_2 - T_1$ zu berechnen.

Bei idealen Gasen ist $\partial V / \partial T = V / T$ und Γ_p konstant, also $T_2 - T_1 = 0$.

Für kleines $\tau = T_2 - T_1$ und kleines $\pi = P_1 - P_2$ kann man schreiben

$$M \Gamma_p \tau = \left(V - T \frac{\partial V}{\partial T}\right) \pi$$

und aus beobachteten Wertpaaren τ und π den Differentialquotienten $\partial V / \partial T$ berechnen; indessen ist dies Verfahren wegen der starken thermischen Änderung von V bedenklich.

Legt man die VAN DER WAALS'sche Gleichung (73') auf S. 59 für Gase und Dämpfe zu Grunde, setzt also

$$P = \frac{M B T}{V - b} - \frac{a}{V^2}, \tag{56}$$

so wird

$$V - T \frac{\partial V}{\partial T} = \frac{b - \dfrac{2 a (V - b)^2}{M B T V^2}}{1 - \dfrac{2 a (V - b)^2}{M B T V^3}}.$$

Der ganze Ausdruck rechts kann, da er bei idealen Gasen verschwindet, bei den wirklichen als eine Größe erster Ordnung angesehen werden. Betrachtet man noch b / V als von erster Ordnung, so erhält man bis auf zweite Ordnung exklusive

$$V - T \frac{\partial V}{\partial T} = \frac{b - \dfrac{2 a}{M B T}}{1 - \dfrac{2 a}{M B T V}},$$

und wenn man auch a so klein annimmt, daß das Glied im Nenner neben 1 vernachlässigt werden kann,

$$V - T \frac{\partial V}{\partial T} = b - \frac{2 a}{M B T}. \tag{56'}$$

Setzt man dies in (55'''') ein und bedenkt, daß der Ausdruck unter dem Integral ein vollständiges Differential sein muß, so findet sich

$$\frac{\partial \Gamma_p}{\partial P} = \frac{2 a}{M^2 B T^2},$$

also

$$\Gamma_p = \frac{2 a P}{M^2 B T^2} + f(T),$$

worin die Funktion f von T allein durch Anwendung der Formel auf verschwindende Drucke, wo die Eigenschaften idealer Gase eintreten, sich zu einer Konstante Γ'_p bestimmt, so daß folgt:

56'') $$\Gamma_p = \frac{2\,a\,P}{M^2 B\, T^2} + \Gamma'_p.$$

Integriert man unter Rücksicht hierauf den Ausdruck (55'''') zwischen den Grenzzuständen (1) und (2), so erhält man

$$P_2\left(b - \frac{2\,a}{M\,B\,T_2}\right) + M\Gamma'_p\,T_2 = P_1\left(b - \frac{2\,a}{M\,B\,T_1}\right) + M\Gamma'_p\,T_1.$$

Da $T_2 - T_1 = \tau$ immer sehr klein neben T_1 oder T_2 ist, so kann man, indem man wieder $P_1 - P_2 = \pi$ setzt, das Resultat auch schreiben

56''') $$M\Gamma'_p\,\tau = -\pi\left(\frac{2\,a}{M\,B\,T} - b\right).$$

Nach den Beobachtungen über die Abhängigkeit des Volumens von Druck und Temperatur ist für die von Joule und Thomson untersuchten Gase (Luft und Kohlensäure) a und b positiv und das erste Glied der Klammer größer, als das zweite; in der That lieferten die Messungen eine Temperaturerniedrigung beim Ausströmen, welche mit steigender absoluter Temperatur abnahm und der Größe nach befriedigend mit der obigen Formel übereinstimmt.

Da positives a nach S. 58 einer wechselseitigen Anziehung der Gasteile entspricht, so ist eine solche auch durch die genannten Beobachtungen festgestellt.

Dasselbe Resultat giebt auch Formel (55'), wenn man darin nach (56)

57) $$T\frac{\partial P}{\partial T} - P = \frac{a}{V^2}$$

setzt; Γ_v muß hier konstant sein, und man erhält

57') $$A_i + \Omega_i = M\Gamma_v\,\tau + a\left(\frac{1}{V_1} - \frac{1}{V_2}\right),$$

also bei Ausdehnung ohne Wärme- und Arbeitsaufnahme

57'') $$M\Gamma_v\,\tau = +a\left(\frac{1}{V_2} - \frac{1}{V_1}\right).$$

Einer Abkühlung bei Volumenvergrößerung entspricht $a > 0$, einer Erwärmung $a < 0$. —

Die am Anfang dieses Abschnittes eingeführte Annahme, daß alle Zustände eines Systemes auf umkehrbarem Wege aus dem Normalzustand erhalten werden können, gestattet aus der Ungleichung

$$\oint \frac{d'\Omega}{T} \leqq 0,$$

die nach Seite 509 für nicht umkehrbare Kreisprozesse unter gewissen Voraussetzungen zu erhalten war, eine interessante Folgerung zu gewinnen.[28])

Wir wollen annehmen, daß der Kreisprozeß nur auf einem Teil zwischen den Zuständen (0) und (1) nichtumkehrbare Änderungen enthalte, und daß diese ohne äußere Wärmezufuhr vor sich gingen. Dann fällt jener Teil aus dem obigen Integral wegen des verschwindenden $d'\Omega$ fort, und es bleibt nur

$$\int_{(1)}^{(0)} \frac{d'\Omega}{T} \leqq 0, \tag{58}$$

oder, da für die Zustände auf dem umkehrbaren Teil des Kreises

$$d'\Omega = T\,dH$$

ist,

$$H_1 - H_0 \geqq 0, \quad H_1 \geqq H_0. \tag{58'}$$

Dies sagt aus, daß unter den gemachten Voraussetzungen auf dem nicht umkehrbaren Teil bei mangelnder Wärmezufuhr die Entropie des Körpers stets zunimmt.

Fügt man die plausible Annahme hinzu, daß die Zustandsänderungen, welche in der Natur in abgeschlossenen Systemen sich von selbst abspielen, nichtumkehrbare sind, so erhält man das Resultat, daß diese Vorgänge jederzeit von einem Wachstum der Entropie begleitet sind.

Wir werden ein diesem Resultat nahe verwandtes im nächsten Abschnitt auf einem anderen Wege beiläufig noch einmal ableiten, der die S. 508 gemachte Annahme über nicht umkehrbare Vorgänge nicht voraussetzt.

§ 9. Nicht umkehrbare Vorgänge, die mit Wärmebewegung verbunden sind. Theorie der Wärmeleitung.

Einer der wichtigsten nicht umkehrbaren Vorgänge ist die innerhalb eines körperlichen Systemes infolge von Temperaturdifferenzen stattfindende Wärmebewegung; auch für sie und die sie begleitenden Vorgänge bietet die Energiegleichung in der Form (53), wie sie den Ausgangspunkt der Entwickelungen des vorigen Paragraphen bildete, die geeignete theoretische Grundlage.

Wir schreiben dieselbe zunächst, indem wir die Bezeichnungen ε_1, u, v, w, X', Y', Z' und $\overline{X}$, $\overline{Y}$, $\overline{Z}$ in demselben Sinne benutzen, wie S. 524 u. f.

$$59)\quad \left\{ \begin{aligned} \int (d\varepsilon_1)\,dk &= \int (X'\,du + Y'\,dv + Z'\,dw)\,dk \\ &+ \int (\overline{X}\,d\overline{u} + \overline{Y}\,d\overline{v} + \overline{Z}\,d\overline{w})\,do + d_i'\Omega. \end{aligned} \right.$$

Hierin sind, solange die Wärmezufuhr völlig willkürlich gelassen wird, Beziehungen zwischen den äußeren und den inneren Kräften nicht vorhanden, und die in § 6 hierfür benutzten Gleichungen haben deshalb zunächst keine Gültigkeit.

In der That, könnte man einem beliebig abgegrenzten Volumen k des Körpers für sich allein in unendlich kleiner Zeit eine endliche Wärmemenge zuführen, so würde dessen Temperatur sich augenblicklich um einen endlichen Betrag erhöhen, und in gleicher Weise würden seine inneren Drucke variieren, während in seiner Umgebung alles konstant bliebe, und daher auch die gegen seine Oberfläche wirkenden Drucke die früheren Werte behalten müßten; dies würde dann einen Fall geben, welcher der Ausdehnung eines Gases bei unvollkommener Arbeitsleistung analog wäre und an gewissen Stellen auf unendliche Beschleunigungen führte.

Anders in der Wirklichkeit; die stets langsame Wärmeeinströmung, welche nie ein Volumenelement allein trifft, und die große Fortpflanzungsgeschwindigkeit von Deformationen innerhalb elastischer Körper wirken übereinstimmend dahin, daß in letzteren auch bei Wärmebewegungen in jedem Augenblick die verallgemeinerten elastischen Fundamentalgleichungen (32) und (32′) äußerst nahe gültig sind. Ist dies aber der Fall, so kann man die Gleichung (59) unter Benutzung von (32) und (32′) umformen und bei Einführung der inneren Energie ε_1' der Volumeneinheit erst schreiben

$$59')\qquad \int (d\varepsilon_1' + \Xi_x\,dx_x + \ldots\,\Xi_y\,dx_y)\,dk = d_i'\Omega,$$

und sodann bei Berücksichtigung von (35) und (35′) auch folgern

$$59'')\qquad \int (T\,d\eta_1)\,dk = d_i'\Omega.$$

Letzteres giebt, auf ein Volumenelement angewandt, die Gleichung

$$T\,d\eta_1 = \frac{d_i'\Omega}{dk} = d_i'\omega$$

und somit dieselbe Formel, als wenn die Wärmezufuhr in umkehrbarer Weise stattfände; wir wollen deshalb auch weiterhin an $d'\Omega$ und $d'\omega$ den Index $_i$ nicht mehr anbringen.

Durch Vorstehendes ist die auf S. 523 eingeführte Annahme begründet und ihr Gültigkeitsbereich begrenzt.

Zerlegt man den Körper durch eine beliebige Fläche in zwei Teile (1) und (2) und bezeichnet die Wärmemenge, die (1) von (2) erhält, mit $d'\Omega_{12}$, die umgekehrte mit $d'\Omega_{21}$, so folgt aus (59″) ersichtlich

$$d'\Omega_{12} + d'\Omega_{21} = 0\,;$$

denn wenn man das Integral über den ganzen Körper erstreckt, darf nur die von außen zugeführte Wärme übrig bleiben. Gleiches gilt offenbar bei beliebiger Zerlegung des Körpers für den Wärmeaustausch zwischen beliebigen Teilen (h) und (k), sodaß aus den obigen Voraussetzungen nunmehr auch die Beziehung

$$d'\Omega_{hk} + d'\Omega_{kh} = 0$$

folgt, welche auf S. 519 erwähnt und benutzt ist. —

Nimmt man an, daß die ganze Wärmezufuhr direkt nur einer unendlich dünnen Oberflächenschicht zukommt, der Körper also, wie man sagt, absolut adiatherman ist, so kann man statt (59″) schreiben

$$\int T\frac{\partial \eta_1}{\partial t}\,dk = \int \Omega_n\,do, \tag{59‴}$$

worin Ω_n die durch do eintretende, auf die Einheit von Zeit und Fläche reduzierte Wärmemenge in absolutem Maße bezeichnet, deren Dimensionalgleichung lautet

$$[\Omega_n] = mt^{-3}. \tag{59⁗}$$

Hierin ist $\partial\eta_1/\partial t$ ein totaler Differentialquotient, insofern er die ganze durch $T, x_x, \ldots x_y$ vermittelte Änderung von η_1 darstellt; er ist zugleich ein partieller, insofern er sich auf eine einzige Stelle x, y, z des Körpers bezieht. —

Bei der vorstehenden Entwickelung ist in Übereinstimmung mit dem Inhalt von § 6 stillschweigend angenommen, daß die Druckkomponenten $\Xi_x, \ldots \Xi_y$ keine absorbierenden Anteile enthalten, also durchaus konservativ sind. Ist dies nicht der Fall, enthalten sie vielmehr noch Glieder $\Xi'_x, \ldots \Xi'_y$ in sich, welche, wie die Komponenten der inneren Reibung im engeren Sinne des Wortes, von den Deformationsgeschwindigkeiten abhängen, so fällt deren Anteil in dem Raumintegral auf der linken Seite von (59′) nicht fort, es bleibt vielmehr, wenn wir

$$(\Xi'_x\,dx_x + \ldots + \Xi'_y\,dx_y) = d'\alpha_j \tag{60}$$

setzen, $d'\alpha_j$ in den weiteren Formeln bestehen, sodaß (59″) lautet

$$\int (T\,d\eta_1 + d'\alpha_j)\,dk = d'\Omega, \tag{60′}$$

und analog (59‴), falls $d'\alpha_j/dt = \alpha_j$ gesetzt wird,

$$\int \left(T\frac{\partial \eta_1}{\partial t} + \alpha_j\right) dk = \int \Omega_n\,do. \tag{60″}$$

Ganz ähnliche Entwickelungen sind in den Fällen anzuwenden, daß noch Kräfte von der Art der höheren Glieder des allgemeinen Ansatzes (240) auf S. 456 eingeführt werden.

Indessen kompliziert sich hier die Betrachtung dadurch, daß dann ξ_1 und ε_1' noch von mehr, als den früheren sieben Argumenten abhängen, und sie mag daher umsomehr unterbleiben, als die Resultate praktische Bedeutung zunächst noch nicht haben. —

Wendet man die Gleichung (59‴) oder (60″) auf ein unendlich kleines Volumenelement an, so müssen in dem Oberflächenintegrale die endlichen Glieder sich gegenseitig zerstören, weil das Volumen um eine Ordnung höher unendlich klein ist, als die Oberfläche des Elementes.

Man erhält, indem man für das Volumen k zunächst einen unendlich niedrigen Cylinder wählt, dessen Grundflächen die inneren Normalen $+n$ und $-n$ haben,

61) $$\Omega_{+n} + \Omega_{-n} = 0\,,$$

eine Formel, die auch gilt, wenn der Cylinder über der Grenzfläche zwischen zwei verschiedenen Körpern h und k errichtet ist, und die sich hier anschaulicher schreibt

61′) $$(\overline{\Omega}_n)_h + (\overline{\Omega}_n)_k = 0\,.$$

Wählt man für k ein Elementartetraëder, dessen Flächen normal zur X-, Y-, Z-Axe und einer beliebigen nach außen positiv gerechneten Richtung n sind, so folgt

61″) $$\Omega_n = \Omega_x \cos(n,x) + \Omega_y \cos(n,y) + \Omega_z \cos(n,z)\,.$$

Ω_x, Ω_y, Ω_z sind hierin die speziellen Werte, die Ω_n annimmt, wenn die Normale n auf do in die X-, Y-, Z-Axe fällt; sie sind innerhalb k als Funktionen der Temperatur zu betrachten und dürfen mit dieser selbst stetig gesetzt werden.

Betrachtet man Ω_x, Ω_y, Ω_z als die Komponenten eines Vektors Ω_s, dessen Richtung (s) sei, so ist nach (61″)

61‴) $$\Omega_n = \Omega_s \cos(n,s)\,.$$

Auf der Geltung der Beziehungen (61) bis (61‴) beruht die Berechtigung, für die Vorgänge des Wärmeaustausches zwischen sich berührenden Volumenelementen die Wärme als eine Flüssigkeit zu betrachten; Ω_x, Ω_y, Ω_z sind dann die Strömungskomponenten, Ω_s die resultierende Strömung, die parallel mit s stattfindet.

Setzt man Ω_n aus Formel (61″) in (60″) ein, so erhält man, da nach der gemachten Annahme die teilweise Integration erlaubt ist,

$$\int (\overline{\Omega}_x \cos(n,x) + \overline{\Omega}_y \cos(n,y) + \overline{\Omega}_z \cos(n,z))\, do$$
$$= -\int \left(\frac{\partial \Omega_x}{\partial x} + \frac{\partial \Omega_y}{\partial y} + \frac{\partial \Omega_z}{\partial z}\right) dk = \int \left(T \frac{\partial \eta_1}{\partial t} + \alpha_j\right) dk.$$

Diese Formel gilt für jede Gestalt des Volumens k, also folgt auch für jede Stelle

$$\left(\frac{\partial \Omega_x}{\partial x} + \frac{\partial \Omega_y}{\partial y} + \frac{\partial \Omega_z}{\partial z}\right) + T \frac{\partial \eta_1}{\partial t} + \alpha_j = 0, \tag{62}$$

und damit das Gesetz, nach welchem sich die Entropie η_1 der Volumeneinheit unter den gemachten Voraussetzungen mit der Zeit ändert.

Entnimmt man der Formel (36'') den allgemeinen Wert für $\partial \eta_1 / \partial t$, der Formel (60) den für α_j, so erhält man schießlich

$$\left.\begin{array}{l} \varrho \Gamma_d \frac{\partial T}{\partial t} + \frac{\partial \Omega_x}{\partial x} + \frac{\partial \Omega_y}{\partial y} + \frac{\partial \Omega_z}{\partial z} \\ + T\left(\frac{\partial \Xi_x}{\partial T}\frac{\partial x_x}{\partial t} + \ldots + \frac{\partial \Xi_y}{\partial T}\frac{\partial x_y}{\partial t}\right) + \Xi'_x \frac{\partial x_x}{\partial t} + \ldots + \Xi'_y \frac{\partial x_y}{\partial t} = 0; \end{array}\right\} \tag{62'}$$

hier erscheint die Temperatursteigerung gegeben durch den Wärmestrom und durch die mechanische Wirkung der konservativen, wie der absorbierenden Kräfte; das letzte Glied stellt die S. 460 erwähnte, in der Volumeneinheit während der Zeiteinheit **absorbierte** Arbeit dar.

Die Gleichung (62') ist — abgesehen von der Beschränkung auf sieben Argumente — noch ganz allgemein, setzt z. B. nichts über den Grad voraus, in welchem die Druckkomponenten die Temperatur und die Deformationsgrößen enthalten; ebensowenig ist über das Gesetz der Ω etwas angenommen. Nun erst wollen wir hierüber besondere Verfügungen treffen.

Für die Behandlung spezieller Probleme beschränkt man sich in Bezug auf Ω_x, Ω_y, Ω_z stets auf einen Ansatz, der, etwa wie der Ansatz (37) für ξ_1, als eine erste Annäherung zu betrachten ist. Man setzt nämlich, da die Wärmeströmungen unzweifelhaft von der **Änderung der Temperatur mit dem Orte abhängen**, die Strömungskomponenten gleich linearen Funktionen der Temperaturgefälle nach den Koordinatenaxen, nimmt also

$$\left.\begin{array}{l} -\Omega_x = \lambda_{11} \frac{\partial \tau}{\partial x} + \lambda_{12} \frac{\partial \tau}{\partial y} + \lambda_{13} \frac{\partial \tau}{\partial z} \\ -\Omega_y = \lambda_{21} \frac{\partial \tau}{\partial x} + \lambda_{22} \frac{\partial \tau}{\partial y} + \lambda_{23} \frac{\partial \tau}{\partial z} \\ -\Omega_z = \lambda_{31} \frac{\partial \tau}{\partial x} + \lambda_{31} \frac{\partial \tau}{\partial y} + \lambda_{33} \frac{\partial \tau}{\partial z}. \end{array}\right\} \tag{63}$$

Hierin sind die λ_{hk} die Wärmeleitungskoeffizienten in mechanischem Maße, $l_{hk} = \lambda_{hk}/\mathfrak{A}$ diejenigen in calorischem Maße; und zwar gilt offenbar

63') $$[\lambda_{hk}] = m\, l\, t^{-3}\, u^{-1},$$

dagegen

63'') $$[l_{hk}] = w\, l^{-1}\, t^{-1}\, u^{-1}.$$

Die Formeln (63) stimmen mit den auf S. 295 u. f. behandelten Ansätzen für die Strömungskomponenten einer imponderabeln Flüssigkeit vollständig überein, gestatten also ohne weiteres die Übertragung der dort aus ihnen gezogenen Folgerungen.

Was die Druckkomponenten angeht, so wollen wir uns zunächst auf konservative Kräfte beschränken, die $\Xi_x', \ldots \Xi_y'$ also gleich Null setzen; sodann wollen wir, als in der Praxis meist genügend, den Ansatz (37) einführen, welcher für ξ_1 eine Funktion zweiten Grades von $x_x, \ldots x_y$ und τ giebt, und aus welchem das System der Druckkomponenten (37'') folgt.

Benutzt man gleichzeitig die obigen Werte von Ω_x, Ω_y, Ω_z, so erhält man aus (62')

64) $$\left\{\begin{aligned} \Gamma_d\, \varrho\, \frac{\partial \tau}{\partial t} &= \lambda_{11} \frac{\partial^2 \tau}{\partial x^2} + \lambda_{22} \frac{\partial^2 \tau}{\partial y^2} + \lambda_{33} \frac{\partial^2 \tau}{\partial z^2} + (\lambda_{23} + \lambda_{32}) \frac{\partial^2 \tau}{\partial y\, \partial z} \\ &\quad + (\lambda_{31} + \lambda_{13}) \frac{\partial^2 \tau}{\partial z\, \partial x} + (\lambda_{12} + \lambda_{21}) \frac{\partial^2 \tau}{\partial x\, \partial y} \\ &\quad - T \frac{\partial}{\partial t} (q_1\, x_x + q_2\, y_y + q_3\, z_z + q_4\, y_z + q_5\, z_x + q_6\, x_y), \end{aligned}\right.$$

oder unter Rücksicht auf (38'') auch

64') $$\left\{\begin{aligned} \Gamma_s\, \varrho\, \frac{\partial \tau}{\partial t} &= \lambda_{11} \frac{\partial^2 \tau}{\partial x^2} + \lambda_{22} \frac{\partial^2 \tau}{\partial y^2} + \lambda_{33} \frac{\partial^2 \tau}{\partial z^2} + (\lambda_{23} + \lambda_{32}) \frac{\partial^2 \tau}{\partial y\, \partial z} \\ &\quad + (\lambda_{31} + \lambda_{13}) \frac{\partial^2 \tau}{\partial z\, \partial x} + (\lambda_{12} + \lambda_{21}) \frac{\partial^2 \tau}{\partial x\, \partial y} \\ &\quad + T \frac{\partial}{\partial t} (a_1\, \Xi_x + a_2 H_y + a_3\, Z_z + a_4\, H_z + a_5\, Z_x + a_6 \Xi_y). \end{aligned}\right.$$

Hierin ist innerhalb der durch den Ansatz (37) eingeführten Annäherung ϱ und T als konstant, etwa gleich ϱ_0 und T_0 anzusehen.

Für isotrope Körper giebt (64) unter Rücksicht auf (39''')

65) $$\Gamma_v\, \varrho_0 \frac{\partial \tau}{\partial t} = \lambda \triangle \tau - T_0\, q \frac{\partial \vartheta}{\partial t},$$

oder, da nach der vorletzten Formel (39'')

61') $$\Gamma_p - \Gamma_v = \frac{3\, T_0\, q\, a}{\varrho_0}$$

ist, auch

$$\Gamma_v \varrho_0 \frac{\partial \tau}{\partial t} = \lambda \triangle \tau - \varrho_0 \frac{(\Gamma_p - \Gamma_v)}{3a} \frac{\partial \vartheta}{\partial t}; \qquad 65'')$$

die Deformationen haben hier also nur dann Einfluß auf τ, wenn sie mit der Zeit veränderliche räumliche Dilatationen ϑ bewirken.[29])

Die Formeln (64) resp. (65) bilden mit den Gleichungen (32) nach Einsetzen der Werte (37'') für die Drucke $\Xi_x, \ldots \Xi_y$ die Hauptgleichungen für das ganz allgemein und streng gefaßte Problem des Gleichgewichts und der Bewegung elastischer Körper ohne innere Reibung, bei Berücksichtigung der thermisch-mechanischen Umsetzungen, oder, anders ausgedrückt, für das Problem der Wärmeleitung bei Einführung der mechanisch-thermischen Wirkungen; dazu kommen die Grenzbedingungen der Elasticität für äußere und Zwischengrenzen, in den $\Xi_x, \ldots \Xi_y$ statt in den $X_x, \ldots X_y$ ausgedrückt, und die thermischen Grenzbedingungen, welche an Zwischengrenzen lauten:

$$\overline{\tau}_h = \overline{\tau}_k, \; (\overline{\Omega}_n)_h + (\overline{\Omega}_n)_k = 0,$$

und an Außengrenzen entweder τ oder Ω_n oder ein Aggregat von der Form $F^2 \tau + \Omega_n$ vorschreiben; endlich auch noch die Angaben über die Anfangswerte von u, v, w, τ und $\partial u / \partial t = u'$, $\partial v / \partial t = v'$, $\partial w / \partial t = w'$.

Sie bilden zusammengenommen ein System, welches nur in seltenen Fällen analytischer Behandlung zugänglich ist.

Um zu untersuchen, ob es das Problem eindeutig bestimmt, hat man ähnlich, wie auf S. 308 und S. 345 zu verfahren. Man nimmt an, daß zwei Systeme von Lösungen für u, v, w und τ möglich wären, bezeichnet ihre Differenzen mit u', v', w' und τ', bildet die Haupt- und Grenzgleichungen für letztere Größen und faßt die den Gleichungen (32) entsprechenden mit den Faktoren

$$(\partial u' / \partial t)\, dk\, dt, \; (\partial v' / \partial t)\, dk\, dt, \; (\partial w' / \partial t)\, dk\, dt$$

zusammen, addiert hierzu die der Gleichung (64) entsprechende mit dem Faktor $\tau' dk\, dt / T_0$, integriert und summiert über das System und integriert nach t von 0 bis t_1. Man erkennt leicht, daß in dem so erhaltenen Aggregat die Glieder, welche in die q_h multipliziert sind, sich herausheben und dadurch das Resultat sich als einfache Superposition der S. 308 und S. 345 erhaltenen darstellt; es gestattet somit auch die früheren Schlüsse, daß nämlich das Problem eindeutig bestimmt ist, wenn das elastische isothermische Potential und die Wärmeleitungsfunktion (79''') auf S. 301 definite quadratische Formen sind. —

Der einfachste und zugleich wichtigste spezielle Fall ist derjenige der Fortpflanzung von Schwingungen in einer unendlichen Flüssigkeit.

Die dafür geltenden Hauptgleichungen (124) von S. 346 nehmen jetzt, falls man von körperlichen Kräften absieht, die Gestalt an

$$66)\quad \begin{cases} \varrho_0 \dfrac{\partial^2 u}{\partial t^2} = c \dfrac{\partial \vartheta}{\partial x} - q \dfrac{\partial \tau}{\partial x}, \quad \varrho_0 \dfrac{\partial^2 v}{\partial t^2} = c \dfrac{\partial \vartheta}{\partial y} - q \dfrac{\partial \tau}{\partial y}, \\ \varrho_0 \dfrac{\partial^2 w}{\partial t^2} = c \dfrac{\partial \vartheta}{\partial z} - q \dfrac{\partial \tau}{\partial z}; \end{cases}$$

zu ihnen kommt die thermische Gleichung (65″) von S. 553.

Wenn es sich nur um die Bestimmung von ϑ handelt, kann man statt der vorstehenden drei die eine Formel benutzen

$$66')\quad \varrho_0 \frac{\partial^2 \vartheta}{\partial t^2} = c \triangle \vartheta - q \triangle \tau,$$

während man für (65″) kurz schreiben kann:

$$66'')\quad \frac{\partial \tau}{\partial t} = \lambda' \triangle \tau - \varkappa' \frac{\partial \vartheta}{\partial t}.$$

Durch Elimination von τ erhält man hieraus für ϑ die Gleichung

$$66''')\quad \varrho_0 \frac{\partial^3 \vartheta}{\partial t^3} + \lambda' \triangle \left(c \triangle \vartheta - \varrho \frac{\partial^2 \vartheta}{\partial t^2} \right) - (\varkappa' q + c) \triangle \frac{\partial \vartheta}{\partial t} = 0,$$

welche durch Exponentialgrößen und trigonometrische Funktionen integriert werden kann. Sie zeigt u. a., daß fortschreitende ebene Schwingungen mit wachsender Entfernung von der Erregungsstelle, stehende Schwingungen, welche durch einen Anfangszustand bewirkt sind, mit wachsender Zeit schwächer werden, während die mittlere Temperatur an jeder Stelle sich nicht ändert.

Dieses Resultat ist offenbar unrichtig, denn es steht mit der Energiegleichung im Widerspruch. Verursacht ist die Ungenauigkeit dadurch, daß die ganze vorstehende Betrachtung nur die niedrigsten Korrektionsglieder berücksichtigt.

Man erkennt dies am einfachsten, wenn man den Ansatz (37) als streng richtig betrachtet und bei seiner Anwendung keine Vernachlässigungen eintreten läßt. Dies kommt darauf hinaus, daß man im Endresultate (64) resp. (65) T, und damit $\varrho \Gamma_d = r\, T$, worin r eine Konstante ist, nicht mehr als konstant ansieht. Führt man den Wert $T = T_0 + \tau$ ein, so findet man an Stelle der Formel (66″) eine von der Gestalt

$$\frac{\partial \tau}{\partial t} = \lambda' \triangle \tau - (\varkappa' + \varkappa_1' \tau) \frac{\partial \vartheta}{\partial t} - \frac{\tau}{T_0} \frac{\partial \tau}{\partial t},$$

welche in der That dauernde Temperaturänderungen infolge von Bewegungen ergiebt. —

Auch für die absorbierenden Kräfte wollen wir uns mit der einfachsten Annahme begnügen. Wählt man für sie den der inneren

Reibung entsprechenden Ansatz (244) von S. 462, so tritt an Stelle von (66) folgendes System

$$\left.\begin{aligned}\varrho_0 \frac{\partial^2 u}{\partial t^2} &= c\frac{\partial \vartheta}{\partial x} + \tfrac{1}{2}(a - a_1)\triangle\frac{\partial u}{\partial t} + \tfrac{1}{2}(a + a_1)\frac{\partial^2 \vartheta}{\partial x\,\partial t} - q\frac{\partial \tau}{\partial x},\\ \varrho_0 \frac{\partial^2 v}{\partial t^2} &= c\frac{\partial \vartheta}{\partial y} + \tfrac{1}{2}(a - a_1)\triangle\frac{\partial v}{\partial t} + \tfrac{1}{2}(a + a_1)\frac{\partial^2 \vartheta}{\partial y\,\partial t} - q\frac{\partial \tau}{\partial y},\\ \varrho_0 \frac{\partial^2 w}{\partial t^2} &= c\frac{\partial \vartheta}{\partial z} + \tfrac{1}{2}(a - a_1)\triangle\frac{\partial w}{\partial t} + \tfrac{1}{2}(a + a_1)\frac{\partial^2 \vartheta}{\partial z\,\partial t} - q\frac{\partial \tau}{\partial z},\end{aligned}\right\} \quad 67)$$

und an Stelle von (65)

$$\left.\begin{aligned}&\Gamma_v\,\varrho_0\frac{\partial \tau}{\partial t} = \lambda\triangle\tau - T_0\,q\frac{\partial \vartheta}{\partial t} + a_1\left(\frac{\partial \vartheta}{\partial t}\right)^2\\ &+a_2\left(\left(\frac{\partial x_x}{\partial t}\right)^2 + \left(\frac{\partial y_y}{\partial t}\right)^2 + \left(\frac{\partial z_z}{\partial t}\right)^2 + \tfrac{1}{2}\left[\left(\frac{\partial y_z}{\partial t}\right)^2 + \left(\frac{\partial z_x}{\partial t}\right)^2 + \left(\frac{\partial x_y}{\partial t}\right)^2\right]\right),\end{aligned}\right\} \quad 67')$$

worin a, a_1 oder a_1, $a_2 = a - a_1$ die Reibungskonstanten der Flüssigkeit sind.

Beschränkt man sich in der letzten Formel, wie früher, auf die niedrigsten Glieder, so reduziert sie sich auf[30])

$$\Gamma_v\,\varrho_0\frac{\partial \tau}{\partial t} = \lambda\triangle\tau - T_0\,q\frac{\partial \vartheta}{\partial t}, \quad 67'')$$

wozu aus (67) tritt

$$\varrho_0\frac{\partial^2 \vartheta}{\partial t^2} = c\triangle\vartheta + a\triangle\frac{\partial \vartheta}{\partial t} - q\triangle\tau. \quad 67''')$$

Aus ihnen kann man τ eliminieren und erhält eine (66''') ähnliche Gleichung, die die analogen Folgerungen gestattet, wie jene; sie führt auch auf den gleichen Widerspruch mit dem Energieprinzip, der sich ähnlich, wie dort, aus der Vernachlässigung der Glieder zweiter Ordnung erklärt. —

Bei der Untersuchung der Wärmeleitung in festen und flüssigen Körpern spielt erfahrungsgemäß die Wirkung der Deformationen auf die Temperatur nur eine untergeordnete Rolle, und man kann sie in den meisten Fällen der Praxis vernachlässigen. In gleicher Annäherung kann man auch den Unterschied zwischen der spezifischen Wärme Γ_d und der, direkter Beobachtung zugänglichen Γ_p ignorieren. Dann nehmen die Formeln (62') und (64) die Gestalt an[31])

$$\varrho_0\,\Gamma_p\frac{\partial \tau}{\partial t} + \frac{\partial \Omega_x}{\partial x} + \frac{\partial \Omega_y}{\partial y} + \frac{\partial \Omega_z}{\partial z} = 0, \text{ oder} \quad 68)$$

$$\left.\begin{aligned}\varrho_0\,\Gamma_p\frac{\partial \tau}{\partial t} &= \lambda_{11}\frac{\partial^2 \tau}{\partial x^2} + \lambda_{22}\frac{\partial^2 \tau}{\partial y^2} + \lambda_{33}\frac{\partial^2 \tau}{\partial z^2} + (\lambda_{23} + \lambda_{32})\frac{\partial^2 \tau}{\partial y\,\partial z}\\ &+ (\lambda_{31} + \lambda_{13})\frac{\partial^2 \tau}{\partial z\,\partial x} + (\lambda_{12} + \lambda_{21})\frac{\partial^2 \tau}{\partial x\,\partial y},\end{aligned}\right\} \quad 68')$$

welche letztere sich bei isotropen Körpern reduziert auf

68'') $$\varrho_0 \Gamma_p \frac{\partial \tau}{\partial t} = \lambda \triangle \tau.$$

Die Formel (68') ist identisch mit der allgemeinen, in § 13 und § 14 des II. Teiles behandelten Hauptgleichung der Bewegung imponderabler Fluida, und gleiches gilt bezüglich der Grenz- und Oberflächenbedingungen für τ, die auf S. 553 angegeben sind.

Wir wollen die Umstände erörtern, unter denen die eine oder die andere Form der letzteren in praxi Geltung gewinnt.

Die erste der für Zwischengrenzen gültigen Bedingungen

69) $$\overline{\tau}_h = \overline{\tau}_k, \quad (\overline{\Omega}_n)_h + (\overline{\Omega}_n)_k = 0$$

gilt stets, wenn die Körper in der Grenze relativ zu einander ruhen, die zweite immer dann, wenn die Grenzfläche keine Quellen enthält, was wir hier voraussetzen wollen, was aber, wie im folgenden Teile sich zeigen wird, nicht immer stattfindet.

An einer Außengrenze ist die Temperatur dann konstant vorgeschrieben, wenn die Oberfläche mit einem Körper in Berührung ist, der sich auf derjenigen Temperatur befindet, bei welcher er seinen Aggregatzustand ändert, z. B. mit Wasserdampf im Sättigungszustande oder mit Eis bei Schmelztemperatur. Ist Sorge getragen, das Umwandlungsprodukt — hier Wasser — dauernd zu beseitigen und die Berührung zu erhalten, so vermag die bei der Umwandlung in Aktion tretende Wärme jederzeit, die durch Leitung abgeführte zu ersetzen und die Oberflächentemperatur konstant zu erhalten.

Wird die Quantität umgewandelter Masse der Messung unterworfen, so giebt dieselbe bei stationärem Zustande nach Gleichung (17') zugleich die Größe von Ω_n an.

Zwei Fälle von besonderer praktischer Bedeutung führen auf die Oberflächenbedingung, welche den Wert von $F^2 \tau + \Omega_n$ vorschreibt.

Der erste ist der, daß die betreffende Oberfläche des Körpers von einer stark umgerührten Flüssigkeit bespült wird, innerhalb deren man daher die Temperatur τ' als konstant ansehen kann.

Faßt man die betreffende Oberfläche als eine Zwischengrenze auf, so handelt es sich darum, in einer, der zweiten Gleichung (69) entsprechenden Bedingung die in die Flüssigkeit übergehende Wärmemenge Ω' zu bestimmen; diese wird, falls der Übergang nur durch L e i t u n g stattfindet, eine Funktion der Oberflächentemperatur $\overline{\tau}$ des Körpers und der Temperatur τ' der Flüssigkeit sein, die nach S. 495 verschwinden muß, wenn $\overline{\tau} = \tau'$ ist. Infolgedessen wird man setzen können

$$\Omega = \lambda'(\overline{\tau} - \tau') + \lambda'_1(\overline{\tau} - \tau')^2 + \ldots,$$

worin die λ'_h Konstanten sind, welche von der Natur der Grenzfläche und etwa noch von dem Bewegungszustande der Flüssigkeit abhängen. Setzt man kleine Temperaturdifferenzen voraus, so kann man sich auf das erste Glied der Reihe beschränken und erhält nach der zweiten Gleichung (69)

$$\overline{\Omega}_n + \lambda'(\overline{\tau} - \tau') = 0, \qquad 69')$$

also wenn τ' gegeben, etwa durch die direkte Beobachtung bestimmt ist, eine Grenzbedingung, welche der oben angegebenen entspricht.

Eine ähnliche Formel, in analoger Weise begründet, wird auch in dem Falle angewandt, daß der Wärme abgebende oder empfangende Körper vom leeren Raum oder einem Gase umgeben ist, und die Wärmebewegung, wie man sagt, weniger durch Leitung, als durch Strahlung bewirkt wird; nur steht dann an Stelle von λ' eine andere Konstante $\overline{\lambda}$, die sogenannte äußere Leitfähigkeit, an Stelle von τ' die Temperatur τ_u, welche ein Thermometer, in bedeutender Entfernung von dem Körper oder durch einen Schirm gegen dessen Wirkung geschützt, anzeigt, und welche man als die Temperatur der Umgebung bezeichnet, während $\overline{\tau}$ in dem Falle, daß der Körper selbst adiatherman ist, beibehalten werden kann. Man kann hier also schreiben[32])

$$\overline{\Omega}_n + \overline{\lambda}(\overline{\tau} - \tau_u) = 0. \qquad 69'')$$

Nach der Ableitung werden die beiden Gleichungen (69′) und (69″) nur im Falle sehr kleiner Temperaturdifferenzen der Wirklichkeit entsprechen. Die Dimensionen der Konstanten λ' und $\overline{\lambda}$ sind

$$[\lambda'] = [\overline{\lambda}] = m\,t^{-3}u^{-1}. \text{ —} \qquad 69''')$$

Wegen der im Vorstehenden nachgewiesenen Übereinstimmung zwischen den für die Wärmeleitung, ohne Rücksicht auf die mechanischen Wirkungen, gültigen Gleichungen und denjenigen, die wir der Theorie der Bewegung eines imponderabeln Fluidums innerhalb eines Leiters zu Grunde gelegt haben, sind alle bei dem früheren Problem gewonnenen Resultate auf das neue einfach übertragbar, mögen sie nun den stationären oder den veränderlichen Zustand betreffen. Es genügt daher, hier auf einige Punkte hinzuweisen, die von besonderem Interesse für das thermische Problem sind.

Hier kommt in erster Linie der Umstand in Betracht, daß wir in praxi ein System thermisch zu isolieren nicht vermögen, daß also die in anderen Gebieten vorkommende Oberflächenbedingung $\overline{\Omega}_n = 0$ in der Wärmelehre keine Anwendung findet, sondern überall durch eine Bedingung von der Form (69″) ersetzt wird. Hierdurch erhalten die für die Beobachtung so wichtigen Probleme der Wärmebewegung in Platten und Stäben ihr eigentümliches Gepräge.[33])

Handelt es sich um eine planparallele Platte von der Dicke $2h$, die so dünn gegen ihre Länge und Breite ist, daß man τ als in der Dickenrichtung merklich konstant ansehen kann, so wollen wir die XY-Ebene in die Mittelfläche der Platte legen und die Hauptgleichung (68) dadurch umformen, daß wir sie nach Multiplikation mit dz von $z = -h$ bis $z = +h$ integrieren. Dann wird nach (63)

$$\int_{-h}^{+h} \frac{\partial \Omega_x}{\partial x} dz = -2h \frac{\partial}{\partial x}\left(\lambda_{11}\frac{\partial \tau}{\partial x} + \lambda_{12}\frac{\partial \tau}{\partial y}\right),$$

$$\int_{-h}^{+h} \frac{\partial \Omega_y}{\partial y} dz = -2h \frac{\partial}{\partial y}\left(\lambda_{21}\frac{\partial \tau}{\partial x} + \lambda_{22}\frac{\partial \tau}{\partial y}\right),$$

$$\int_{-h}^{+h} \frac{\partial \Omega_z}{\partial z} dz = +(\overline{\Omega}_z + \overline{\Omega}_{-z}) = 2\overline{\lambda}(\tau - \tau_u),$$

wobei schon die Bedingung (69″) benutzt ist. Durch Einsetzen erhält man die Hauptgleichung für homogene ebene Platten:

70) $$\varrho_0 \Gamma_d \frac{\partial \tau}{\partial t} + \frac{\overline{\lambda}}{h}(\tau - \tau_u) = \lambda_{11}\frac{\partial^2 \tau}{\partial x^2} + (\lambda_{12} + \lambda_{21})\frac{\partial^2 \tau}{\partial x \partial y} + \lambda_{22}\frac{\partial^2 \tau}{\partial y^2}.$$

Sie läßt sich durch Wahl eines geeigneten Koordinatensystemes X_0, Y_0 auf die Form

70′) $$\varrho_0 \Gamma_d \frac{\partial \tau}{\partial t} + \frac{\overline{\lambda}}{h}(\tau - \tau_u) = \lambda_1^0 \frac{\partial^2 \tau}{\partial x_0^2} + \lambda_2^0 \frac{\partial^2 \tau}{\partial y_0^2}$$

und bei konstantem τ_u durch Einführung von

$$\tau - \tau_u = \tau'$$

und durch die Substitution

70″) $$x_0\sqrt{\lambda} = \xi\sqrt{\lambda_1^0},\ y_0\sqrt{\lambda} = \eta\sqrt{\lambda_2^0},\ \lambda^2 = \lambda_1^0\lambda_2^0$$

auf die andere

70‴) $$\varrho_0 \Gamma_d \frac{\partial \tau'}{\partial t} + \frac{\overline{\lambda}}{h}\tau' = \lambda \triangle_{\xi\eta}\tau'$$

bringen. Eine partikuläre Lösung von der Form

$$\tau' = f\left(t, \sqrt{\xi^2 + \eta^2}\right)$$

läßt sich dem Fall anpassen, daß sich an der Stelle $\xi = \eta = 0$ der unbegrenzten und anfänglich auf konstanter Temperatur befindlichen Platte eine Quelle befindet; in demselben sind die Kurven konstanter Temperatur gegeben durch die Gleichung

$$\frac{x^2}{\lambda_1^0} + \frac{y^2}{\lambda_2^0} = \text{Const.},$$

welche Ellipsen darstellt, die der Schnittkurve des Hauptellipsoides (77''') auf S. 298 mit der $X_0 Y_0$-Ebene ähnlich und gleichliegend sind.

Auf diesem Resultate beruht eine bekannte Methode, die Lage und das Größenverhältnis der Hauptaxen jener Kurven experimentell angenähert zu bestimmen.

Ist die Platte seitlich begrenzt, so wird am Rande entweder die Temperatur $\bar{\tau}$ vorgeschrieben sein, oder es wird freie Ausstrahlung stattfinden; im letzteren Falle gilt daselbst die Bedingung (69''). —

Für einen geraden Cylinder, dessen Dicke gegen seine Länge so gering ist, daß man die Temperatur als auf jedem Querschnitt merklich konstant ansehen darf, ist ähnlich zu verfahren; wir legen die Z-Axe in eine beliebige, etwa die Axenfaser des Cylinders und integrieren die Formel (68) über den Querschnitt q. Dann wird

$$\int \left(\frac{\partial \Omega_x}{\partial x} + \frac{\partial \Omega_y}{\partial y}\right) dq = - \int \Omega_n ds = \int \bar{\lambda}(\bar{\tau} - \tau_u)\, ds = \bar{\lambda}_0 s (\tau - \tau_u),$$

falls $\bar{\lambda}_0$ die mittlere äußere Leitfähigkeit und s die Länge der Peripherie des Querschnittes q bezeichnet; außerdem ist

$$\int \frac{\partial \Omega_z}{\partial z} dq = - q \lambda_{33} \frac{\partial^2 \tau}{\partial z^2},$$

also nimmt die Hauptgleichung die Gestalt an

$$\varrho_0 \Gamma_p \frac{\partial \tau}{\partial t} + \frac{\bar{\lambda}_0 s}{q} (\tau - \tau_u) = \lambda_{33} \frac{\partial^2 \tau}{\partial z^2}, \tag{71}$$

oder bei konstantem τ_u und bei Einführung von $\tau - \tau_u = \tau'$ auch

$$\varrho_0 \Gamma_p \frac{\partial \tau'}{\partial t} + \frac{\bar{\lambda}_0 s}{q} \tau' = \lambda_{33} \frac{\partial^2 \tau'}{\partial z^2}. \tag{71'}$$

An den Enden wird entweder die Temperatur $\bar{\tau}$ vorgeschrieben sein, oder es wird freie Ausstrahlung stattfinden; im letzteren Falle gilt daselbst die Bedingung

$$\pm \lambda_{33} \overline{\frac{\partial \tau}{\partial z}} + \bar{\lambda}(\bar{\tau} - \tau_u) = 0, \tag{71''}$$

wobei das obere Zeichen dem negativen, das untere dem positiven Ende des Cylinders entspricht.

Diese Formeln, welche durch Exponentialgrößen und trigonometrische Funktionen integriert werden, enthalten die Grundlage wichtiger Beobachtungsmethoden zur Bestimmung der Leitfähigkeitskonstanten λ_{hk}; handelt es sich um krystallinische Körper, so müssen mehrere, verschieden gegen die Krystallaxen orientierte Stäbe der

Untersuchung unterworfen werden, um alle Konstanten zu finden. Benutzt man das Schema der Richtungskosinus auf S. 413 und betrachtet darin die Axen Ξ, H, Z als die krystallographischen Hauptaxen, auf welche bezogen das System der Hauptkonstanten mit λ_{hk}^0 bezeichnet werden mag, so ergiebt sich leicht aus den Grundformeln (63)

$$71''')\quad \begin{cases} \lambda_{33} = \lambda_{11}^0 \alpha_3^2 + \lambda_{22}^0 \beta_3^2 + \lambda_{33}^0 \gamma_3^2 \\ \qquad + (\lambda_{23}^0 + \lambda_{32}^0)\beta_3 \gamma_3 + (\lambda_{31}^0 + \lambda_{13}^0)\gamma_3 \alpha_3 + (\lambda_{12}^0 + \lambda_{21}^0)\alpha_3 \beta_3 ; \end{cases}$$

dies Resultat zeigt, daß man überhaupt mit Hilfe von Stäben nur sechs Aggregate der neun Konstanten λ_{hk}^0 bestimmen und speziell die rotatorischen Glieder $(\lambda_{23}^0 - \lambda_{32}^0)$ u. s. f. nicht erhalten kann.

Die Gleichungen für den stationären Zustand, die man aus (68), (70) und (71) erhält, indem man in denselben $\partial \tau / \partial t$ gleich Null setzt, enthalten ebenso, wie die zugehörigen Grenzbedingungen, von den Leitungskoeffizienten $\bar{\lambda}$ und λ_{hk} nur die Verhältnisse, woraus folgt, daß absolute Werte durch die Beobachtungen des stationären Zustandes nicht gewonnen werden können. Diese liefert, die vorhergegangene Bestimmung des Produktes $\Gamma_p \varrho_0$ vorausgesetzt, nur die Untersuchung des veränderlichen Zustandes, welche sowohl bei Kugeln und Parallelepipeden, als bei cylindrischen Stäben theoretisch und praktisch durchgeführt ist.

Für den stationären, wie für den veränderlichen Zustand kommt dabei die folgende Bemerkung in Betracht.

Alle Methoden zur Bestimmung der λ_{hk}, bei denen Oberflächenbedingungen von der Form (69') oder (69'') einen wesentlichen Einfluß auf das Resultat besitzen, sind nach dem S. 556 und 557 Gesagten prinzipiell bedenklich. Demgemäß wird insbesondere die Anwendung von dünnen Stäben und Platten nur dann zuverlässige Werte der Konstanten durch die Beobachtung abzuleiten gestatten, wenn Mittel vorhanden sind, die Gültigkeit dieser Bedingungen durch das Experiment zu prüfen. Theoretisch am vollkommensten wird jederzeit eine Methode sein, welche den veränderlichen Zustand innerhalb eines homogenen Mediums beobachtet, das in erster Annäherung als unendlich betrachtet werden kann; angenähert realisieren läßt sich z. B. der Fall des Halbraumes von anfänglich konstanter Temperatur, dessen Grenzebene von einem bestimmten Zeitpunkt an auf einer abweichenden konstanten Temperatur erhalten wird. —

Eine Schwierigkeit wird in der Praxis dadurch hervorgebracht, daß das Thermometer, welches zur Beobachtung der Temperatur mit dem zu untersuchenden Körper in Verbindung gebracht werden muß, sich an der Wärmebewegung beteiligt und sonach bei der Theorie in das System mit einbezogen werden muß. Um seinen Einfluß möglichst klein und möglichst leicht auswertbar zu machen, wählt man als Thermometer zumeist ein Thermoelement, aus zwei Drähten gebildet, welche als lineäre Leiter von unendlicher Länge betrachtet werden können. —

Rotatorische Qualitäten können in Bezug auf die Wärmeleitung bei Krystallen gewisser Gruppen vorkommen, die aus dem Schema II″ auf S. 138 zu ersehen sind; sie können in isotropen Körpern auftreten, wenn dieselben während der Wärmebewegung einer magnetischen Kraft ausgesetzt werden, wie dies im nächsten Teile erörtert werden wird.

Über den experimentellen Nachweis dieser Eigenschaften ist auf S. 305 u. f. in dem Falle gesprochen worden, daß die Strömung in einer beiderseitig isolierten Platte stattfindet; das Verfahren ist im wesentlichen auch noch anwendbar, wenn auf den Seitenflächen das Ausstrahlungsgesetz (69″) gilt, nur ist die Theorie der Methode dann natürlich komplizierter. —

Eine besondere Erwähnung verdient schließlich noch der in den früheren allgemeinen Entwickelungen nicht enthaltene und praktisch wichtige Fall, daß die Zwischengrenze zwei Körper von derselben Zusammensetzung, aber in verschiedenem Aggregatzustande scheidet, z. B. Wasser und Eis. Hier hat die Wärmebewegung die Umwandlung von Masse aus der einen in die andere Modifikation und damit zugleich eine Verlegung der Grenzfläche zur Folge; sieht man von der Verschiedenheit der Dichte der beiden Modifikationen ab, so kann man das System im übrigen als ruhend betrachten.

Bezeichnet hierbei dn die während dt stattfindende Verschiebung der Zwischengrenze in der Richtung der Normalen in diejenige Modifikation hinein, die durch Wärmezufuhr aus der anderen entsteht, und bezeichnet, wie in (17′), $\varLambda$ die spezifische Reaktionswärme in mechanischem Maße, so erhält man leicht die Bedingung[34])

$$(\overline{\Omega}_n)_h + (\overline{\Omega}_n)_k + \varLambda \varrho \frac{dn}{dt} = 0, \tag{72}$$

zu welcher noch hinzuzunehmen ist, daß die Temperatur in der Grenze der Umwandlungstemperatur gleich sein muß.

§ 10. Die allgemeinen Bedingungen für das thermisch-mechanische Gleichgewicht.

In der reinen Mechanik haben wir gefunden, daß alle Bedingungen für das Gleichgewicht eines beliebigen materiellen Systemes unter der Wirkung konservativer innerer und beliebiger äußerer Kräfte in das eine Symbol

73) $$\delta \Phi - \delta' A = 0$$

zusammengefaßt werden können, in dem $\delta \Phi$ eine virtuelle Variation des Potentiales der inneren, und $\delta' A$ die virtuelle Arbeit der äußeren Kräfte bezeichnet.

Kann dagegen das System in der gegebenen Konfiguration nicht im Gleichgewicht verharren, so folgt die im ersten Moment eintretende Bewegung der Ungleichung

73′) $$d \Phi - d' A < 0.$$

Letztere Bedingung hat zur Folge, daß bei mangelnden äußeren Kräften die Bedingung des Gleichgewichts auf die Form

73″) $$\Phi = \text{Minimum}$$

gebracht werden kann.

Diese Resultate gestatten auch die Anwendung auf nicht konservative Kräfte, wenn dieselben mit den Geschwindigkeiten selbst verschwinden; denn da in beiden Formeln (73) und (73′) Ruhe oder unendlich kleine Geschwindigkeit vorausgesetzt ist, so können die Arbeiten solcher Kräfte in ihnen nicht auftreten. —

Es liegt nun nahe, durch analoge Schlüsse, wie sie auf S. 499 den Übergang von der rein mechanischen Gleichung der Energie (48) auf S. 40 zu der durch Heranziehung der thermischen Vorgänge erweiterten Gleichung der Energie (2) auf S. 499 vermittelten, auch die vorstehenden mit der Gleichung der mechanischen Energie in Zusammenhang stehenden Bedingungen zu erweitern, das Potential durch die gesamte innere Energie E' des Körpers, die Arbeit durch die Summe von zugeführter Arbeit und Wärme zu ersetzen. Man gewinnt dadurch als Bedingung des Gleichgewichts die Formel

74) $$\delta E' - \delta' \Omega - \delta' A = 0,$$

und als charakteristische Eigenschaft des Beginnens der Bewegung aus der Ruhe die andere

74′) $$d E' - d' \Omega - d' A < 0.$$

Daß die erste Bedingung im Falle des Gleichgewichts erfüllt, also notwendig ist, ergiebt ihre Vergleichung mit der Energiegleichung (2′), indem man in derselben die lebendige Kraft Ψ der äußeren Bewegung gleich Null setzt. Daß sie aber auch die hinreichende Bedingung für den Eintritt des mechanischen Gleichgewichtes bildet, läßt sich für den oben betrachteten Fall eines beliebigen elastischen Mediums auf folgende Weise zeigen.

Wir nehmen an, die Wärmebewegung finde auf eine Weise statt, die sich nur unendlich wenig von einer umkehrbaren unterscheidet, eine Annahme, über die S. 548 gesprochen ist, setzen also

$$\delta' \Omega = \int (T \delta \eta_1) \, dk;$$

unter Benutzung der Bezeichnungen aus § 6 lautet dann die Gleichgewichtsbedingung (74) ausführlich

$$\int (\delta \varepsilon_1' - T \delta \eta_1 - \delta' a_i) \, dk - \int \delta' a_o \, do = 0 .$$

Führt man wieder die freie Energie ξ_1 der Volumeneinheit durch die Beziehung

$$\xi_1 = \varepsilon_1' - T \eta_1$$

ein, so erhält man

$$\int (\delta \xi_1 + \eta_1 \delta T - \delta' a_i) \, dk - \int \delta' a_o \, do = 0 .$$

Entwickelt man ferner

$$\delta \xi_1 = \frac{\partial \xi_1}{\partial x_x} \delta x_x + \ldots + \frac{\partial \xi_1}{\partial x_y} \delta x_y + \frac{\partial \xi_1}{\partial T} \delta T$$

und bedenkt, daß nach (35′)

$$\frac{\partial \xi_1}{\partial T} = - \eta_1$$

ist, so fällt δT unter dem Raumintegral ganz heraus, und es bleiben nur die sechs unabhängigen Variationen $\delta x_x, \ldots \delta x_y$ übrig.

Da nach (35′) ferner

$$\frac{\partial \xi_1}{\partial x_x} = - \Xi_x, \ldots \frac{\partial \xi_1}{\partial x_y} = - \Xi_y$$

ist, so erhält man durch Umformung des Raumintegrales und Berücksichtigung der Werte:

$$\delta' a_i = X' \delta u + Y' \delta v + Z' \delta w ,$$

$$\delta' a_o = \overline{X} \delta \overline{u} + \overline{Y} \delta \overline{v} + \overline{Z} \delta \overline{w}$$

leicht die Gleichungen

$$X' = \frac{\partial \Xi_x}{\partial x} + \frac{\partial \Xi_y}{\partial y} + \frac{\partial \Xi_z}{\partial z} ,$$

$$\ldots\ldots\ldots\ldots\ldots\ldots$$

$$\overline{\Xi}_n + \overline{X} = \overline{H}_n + \overline{Y} = \overline{Z}_n + \overline{Z} = 0 .$$

Dies sind aber die Bedingungen (32) und (32′) des mechanischen Gleichgewichtes bei Berücksichtigung der thermisch-mechanischen Wirkungen, wie sie auf S. 524 aufgestellt sind; die Gleichung (74) ist also die **hinreichende** Bedingung des **mechanischen** Gleichgewichtes.

Soll gleichzeitig auch thermisches Gleichgewicht stattfinden, so muß die Temperatur im Innern des Systemes konstant sein.

Die Formel (74′) läßt sich in dem betrachteten Falle noch einfacher nachweisen. Denn da E' die Gesamtenergie E minus der lebendigen Kraft Ψ bezeichnet, so ist nach (2′) der Ausdruck links der negative Zuwachs der lebendigen Kraft während dt, also beim Beginn der Bewegung stets kleiner als Null. —

Wir haben früher aus der nur für spezielle Probleme der Mechanik direkt bewiesenen Energiegleichung ein allgemeines Prinzip von größter Fruchtbarkeit gewonnen, indem wir sie hypothetisch auf jede Art von Vorgängen erweiterten. Es liegt nahe, die obigen zwei Formeln, die mit der Energiegleichung so nahe verwandt sind, in ähnlicher Weise zu verallgemeinern und die erstere als stets gültige Gleichgewichtsbedingung, die letztere als stets gültige Regel für den Sinn einer aus der Ruhe bei fehlendem Gleichgewicht eintretenden Veränderung anzusehen. Dies wird wahrscheinlich gemacht durch die Vorstellung, daß alle Umsetzungen in letzter Instanz mechanische sind. Die Erfahrung hat die Richtigkeit der so gewonnenen Bedingungen bisher in allen Fällen, auf welche sie angewandt wurden, und welche hauptsächlich thermochemische Probleme darstellen, bestätigt. Deren Zahl ist allerdings noch nicht sehr groß, da es in praxi meist große Schwierigkeiten macht, für körperliche Systeme, namentlich für Mischungen, Lösungen und Verbindungen, die Ausdrücke für die Energie und die Entropie zu gewinnen. Immerhin genügen sie, um die allgemeine Gültigkeit der neuen Prinzipe sehr wahrscheinlich zu machen. —

Die Gleichungen (74) und (74′), die wir nun in der Form schreiben [35])

75) $$\delta E' - T\delta H - \delta' A = 0,$$

75′) $$dE' - T dH - d'A < 0,$$

gestatten verschiedene Deutungen.

Setzt man nur isothermische Änderungen voraus, so kann man, indem man wieder die freie Energie

76) $$E' - TH = \Xi$$

einführt, schreiben:

76′) $$\delta \Xi - \delta' A = 0, \quad d\Xi - d'A < 0,$$

woraus folgt, daß bei isothermischen umkehrbaren Zustandsänderungen die freie Energie genau dieselbe Rolle spielt, wie bei rein mechanischen Vorgängen nach (73) und (73′) das innere Potential; man nennt daher Ξ auch das thermodynamische Potential bei konstanter Temperatur.

Steht das System unter allseitig gleichem Druck, und wird außer diesem auch die Temperatur konstant erhalten, so kann man wegen $\delta' A = -P \delta V$

$$E' - TH + PV = Z \tag{77}$$

setzen und die beiden Gleichungen schreiben

$$\delta Z = 0, \quad \text{resp.} \quad dZ < 0. \tag{77'}$$

Z nennt man das thermodynamische Potential bei konstantem Druck und konstanter Temperatur; es spielt bei diesen Vorgängen dieselbe Rolle, wie das innere Potential bei äußeren Kräften nicht unterworfenen mechanischen Systemen.

Nimmt man an, daß äußere Kräfte nicht vorhanden sind, oder daß die Bedingungen des Problems ihre Arbeit zu Null machen, so ist $\delta' A = 0$, $d' A = 0$, und die Gleichungen geben als spezielle Folgerungen:

für konstante Entropie

$$\delta E' = 0, \quad dE' < 0, \tag{78}$$

für konstante Energie

$$\delta H = 0, \quad dH > 0. \tag{78'}$$

Der letztere Fall findet bei einem mechanisch und thermisch isolierten System statt. Die letzte Gleichung besitzt eine gewisse Verwandtschaft mit dem auf S. 549 angegebenen, allerdings nicht völlig sicher basierten Resultat über die Zunahme der Entropie bei natürlichen Vorgängen. Dort war gezeigt, daß bei einem beliebigen nicht umkehrbaren Vorgang, der ohne Wärmezufuhr, aber bei beliebiger Arbeitsleistung stattfindet, die Entropie zunimmt; hier ergiebt sich das Gleiche nur, wenn das körperliche System nach außen völlig isoliert ist, und die Veränderung aus einem Ruhezustand beginnt, welcher kein Gleichgewichtszustand ist.

Aus den Gleichungen (78) und (78') ergiebt sich in früherer Weise, daß im Zustand stabilen Gleichgewichtes bei vorgeschriebener Entropie die Energie ein Minimum, bei vorgeschriebener Energie die Entropie ein Maximum ist.

Die vorstehenden Betrachtungen werden in dem nächsten Teil wichtige Anwendung finden.

II. Kapitel.

Thermisch-chemische Umsetzungen.

§ 11. Grundvorstellungen und Definitionen.

In dem vorigen Kapitel sind ausschließlich Umsetzungen behandelt worden, bei denen die Substanz des veränderten Körpers ungeändert blieb. Wir wenden uns nunmehr denjenigen zu, welche die Substanz in Mitleidenschaft ziehen, sei es nun, daß sie den Aggregatzustand oder die Modifikation eines Körpers bei ungeänderter chemischer Zusammensetzung wandeln, sei es, daß sie die Zusammensetzung selbst verändern. Alle diese Umsetzungen haben so viel Gemeinsames, daß wir sie unter dem Namen der allgemeinsten von ihnen, der chemischen, zusammenfassen wollen.

Für letztere können wir uns folgendes allgemeine Schema bilden.

In einem Raume sind verschiedene chemisch aufeinander wirkende Substanzen vereinigt und werden, während sie nach außen thermisch und mechanisch isoliert bleiben, in irgend welchem fein verteilten Zustande andauernd durcheinander gerührt, bis sich alle Umsetzungen , die ohne äußere Einwirkungen eintreten können, abgespielt haben. Es wird sich schließlich ein Gleichgewichtszustand einstellen, bei welchem die Temperatur und der Druck in dem ganzen Raume konstante Werte haben.

Die Produkte der chemischen Prozesse sind dann entweder feste, oder flüssige, oder gasförmige Körper. Die festen — etwa in Form von Krystallen erhalten — sind stets in gesonderten Räumen vorhanden, die flüssigen nur, wenn sie nicht mischbar sind, die gasförmigen dagegen nie, denn sie durchdringen sich, wenn man von der Schwere absieht, jederzeit vollkommen.

Die voneinander unabhängigen chemischen Bestandteile des

Systems, seien sie nun chemische Elemente oder Verbindungen, die bei den stattfindenden Umsetzungen nicht zerlegt werden, nennen wir nach Gibbs seine Komponenten, die räumlich gesonderten Körper, welche sich aus ihnen bilden, seine Phasen.[36])

Die Anzahl der festen und flüssigen Phasen ist beliebig, die Anzahl der gasförmigen stets gleich Eins. In einer Phase können alle Komponenten vereinigt sein, sie kann aber auch deren nur eine einzige enthalten. Es ist nicht ausgeschlossen, daß gleichzeitig mehrere, ja alle Phasen dieselben Komponenten in dem gleichen Verhältnis enthalten, also dieselbe chemische Zusammensetzung besitzen; dies kommt z. B. bei den verschiedenen Aggregatzuständen einer und derselben Substanz vor. —

Nachdem die Chemie festgestellt hat, in welchen einzelnen Phasen unter irgend beliebigen Umständen gegebene Komponenten bestehen können, eröffnet sich für die Wärmetheorie die Aufgabe, die charakteristischen Eigenschaften der Phasen eines Systemes aufzufinden, welche dieselben befähigen, bei gegebenen Umständen einzeln oder nebeneinander im Gleichgewicht zu verharren; damit steht die weitere Aufgabe im nächsten Zusammenhang, die infolge geänderter äußerer Umstände, d. h. gegebener dP und dT, sowie infolge gegebener äußerer Einwirkungen, d. h. gegebener $d'A$ und $d'\Omega$, eintretenden Veränderungen innerhalb des Systems zu bestimmen.

Für die Inangriffnahme dieser Aufgabe hat man sich des Fundamentalgesetzes der Chemie zu erinnern, nach welchem die Umsetzungen nach konstanten, für die einzelnen Stoffe charakteristischen Massenverhältnissen, den ganzzahligen Vielfachen der sogenannten Äquivalentgewichte, stattfinden[37]); die Äquivalentgewichte sind hiernach, selbst wenn eines von ihnen willkürlich gewählt ist, zunächst nur bis auf einen willkürlichen ganzzahligen Faktor definiert, und es steht frei, über letzteren für die verschiedenen Stoffe so zu verfügen, daß die erhaltenen Zahlen irgend welche spezielle Bequemlichkeit bieten.

Für den idealen Gaszustand ist dabei maßgebend die Beobachtung von Gay Lussac[38]), daß sich ideale Gase nicht nur nach ganzzahligen Vielfachen der Äquivalentgewichte, sondern auch nach ganzzahligen Vielfachen der ursprünglichen Volumina verbinden, wenn man die Substanzen bei gleichem Druck und gleicher Temperatur voraussetzt.

Man definiert nämlich für die Zwecke der Thermochemie nach Avogadro[39]) diejenigen Äquivalentgewichte als Molekulargewichte μ, welche die Anzahl der Moleküle $\nu = \varrho / \mu$ in der

Volumeneinheit bei gleichem Druck und gleicher Temperatur für alle idealen Gase gleich werden lassen. Die Massen μ sind hierdurch bis auf einen, allen gemeinsamen, konstanten Faktor vollständig definiert; letzteren bestimmt man, indem man μ für Wasserstoff gleich 2 Gramm setzt. Die hierdurch festgestellte Quantität μ eines Gases — und analog eines beliebigen anderen Körpers — bezeichnet man auch wohl als ein Grammmolekül seiner Substanz.

Es ist nützlich, darauf hinzuweisen, daß diese Definitionen und Festsetzungen von einer speziellen Vorstellung über die Konstitution der Materie vollkommen unabhängig sind und keineswegs etwa die atomistische voraussetzen.

Bei Gasen oder Dämpfen, die sich nicht im idealen Zustand befinden, ebenso bei flüssigen und festen Körpern, existiert eine ähnlich vollständige Definition des Molekulargewichtes nicht, und man muß sich vielfach damit behelfen, den Wert vom gasförmigen Zustand derselben Substanz zu übernehmen, oder ihn gemäß der chemischen Konstitutionsformel zu berechnen.

Nur bei verdünnten Lösungen hat man auf Grund von Beobachtungen, auf die wir weiter unten zurückkommen, eine der Avogadro'schen analoge Definition des Molekulargewichtes für die gelösten Substanzen aufgestellt, die zu widerspruchsfreien Resultaten führt.[40])

Als das Atomgewicht eines chemischen Elementes definiert man die kleinste Masse dieses Stoffes, welche in den Molekülen seiner Verbindungen auftritt. Ist die Einheit des Molekulargewichtes wie oben festgestellt, so bleibt doch bei den Atomgewichten ein ganzzahliger Faktor unbestimmt, weil man nicht sicher sein kann, alle Verbindungen des betreffenden Elementes zu kennen. Die Zahlwerte, welche sich durch diese Definition ergeben, sind also gewissermaßen vorläufige; indessen besitzen die gegenwärtig angenommenen eine bedeutende innere Wahrscheinlichkeit, wegen einer Reihe von Gesetzmäßigkeiten, welche sie zeigen. Unter diesen kommt für uns besonders das von Dulong und Petit[41]) gegebene Gesetz von der angenäherten Konstanz der Atomwärmen, d. h. der Produkte aus spezifischer Wärme Γ_p und Atomgewicht, in Betracht, ein Gesetz, welches sich auf Grund der Virialgleichung, welche den Ausgangspunkt für die Betrachtungen in § 9 des ersten Teiles bildete, auch mechanisch plausibel machen läßt.[42])

§ 12. Allgemeine Sätze über das thermisch-chemische Gleichgewicht.

Die Grundlage für die Bearbeitung der im vorigen Abschnitt formulierten Aufgaben bieten die S. 564 abgeleiteten Bedingungen, nach welchen in einem durchweg gleichtemperierten System mechanisches Gleichgewicht vorhanden ist, falls bei allen virtuellen Änderungen

$$\delta E' - T\delta H - \delta' A = 0 \tag{79}$$

ist, und daß bei nicht vorhandenem Gleichgewicht die Veränderung aus der Ruhe in dem Sinne eintritt, daß

$$dE' - TdH - d'A < 0. \tag{79'}$$

In unserem speziellen Falle allseitig gleichen Druckes ist $\delta' A = -P\delta V$ und $d'A = -PdV$.

Wir bezeichnen allgemein die Phasen durch obere Indices, die Komponenten durch untere, verstehen also unter $m_k^{(i)}$ die Masse der Komponente (k), welche in der Phase (i) vorhanden ist; weiter setzen wir kurz

$$\sum_i m_k^{(i)} = m_k, \tag{80}$$

wo m_k die Gesamtmasse der Komponente k in allen Phasen, und

$$\sum_k m_k^{(i)} = m^{(i)}, \tag{80'}$$

wo $m^{(i)}$ die Gesamtmasse der Phase (i) ist.

Da die Phasen räumlich getrennt sind, so ist das Gesamtvolumen

$$V = \sum_i V^{(i)} = \sum_i m^{(i)} v^{(i)}, \tag{81}$$

unter $v^{(i)}$ das Volumen der Masseneinheit oder das spezifische Volumen der Phase (i) verstanden. Ferner dürfen wir mit Rücksicht auf die S. 518 u. f. angestellten Betrachtungen auch setzen

$$E' = \sum_i E'^{(i)} = \sum_i m^{(i)} \varepsilon'^{(i)}, \quad H = \sum_i H^{(i)} = \sum_i m^{(i)} \eta^{(i)}, \tag{81'}$$

wo nun $\varepsilon'^{(i)}$ und $\eta^{(i)}$ Energie und Entropie der Masseneinheit oder spezifische Energie und spezifische Entropie der Phase (i) bezeichnen und Funktionen von Druck, Temperatur und der Zusammensetzung der Phase, d. h. der Verhältnisse der $m_k^{(i)}$ für dasselbe i, sind.

Da weiter V, E, H bei proportionaler Zunahme aller $m_k^{(i)}$ in gleichem Verhältnis zunehmen, so sind alle drei homogene Funktionen ersten Grades der $m_k^{(i)}$, was wir durch die Ansätze

81'') $V = \sum_i \sum_k v_k^{(i)} m_k^{(i)}, \quad E' = \sum_i \sum_k \varepsilon'^{(i)}_k m_k^{(i)}, \quad H = \sum_i \sum_k \eta_k^{(i)} m_k^{(i)}$

ausdrücken, in denen nun die Koeffizienten $v_k^{(i)}$, $\varepsilon'^{(i)}_k$, $\eta_k^{(i)}$ gleichfalls außer von P und T im allgemeinen noch von den Verhältnissen der gleichen Werten i entsprechenden $m_k^{(i)}$ abhängen.

Es mag beiläufig bemerkt werden, daß die in (81'') enthaltenen Zerlegungen von V, E', H keineswegs mit denen identisch sind, welche aus (81') durch Einführung der Substitution (80') resultieren.

In der Gleichgewichtsbedingung (79) betreffen die Variationen sowohl P und T als die Mengen der Komponenten in den verschiedenen Phasen, also die Zusammensetzung des Systems; aber die Variation wegen P und T liefert keine neuen Gesetze, da sie aus der obigen Formel die bekannte Bedingung des thermisch-mechanischen Gleichgewichtes macht, welche wegen der Konstanz von P und T identisch erfüllt ist. Für uns haben also nur die Variationen der $m_k^{(i)}$ eine Bedeutung, und daher können wir für unsere Zwecke, indem wir, wie S. 565,

82) $$E' - TH + PV = Z$$

setzen, die obige Bedingung in

82') $$\delta_{PT} Z = 0$$

abkürzen, wo die Indices die Konstanz von P und T bei der Variation aussprechen. Z heißt, wie gesagt, das thermodynamische Potential des Systemes bei konstantem Druck und konstanter Temperatur.

Wie V, E' und H, so ist auch Z eine homogene Funktion ersten Grades der $m_k^{(i)}$; es kann also gesetzt werden

83) $$Z = \sum_i \sum_k \zeta_k^{(i)} m_k^{(i)},$$

worin

83') $$\zeta_k^{(i)} = \frac{\partial Z}{\partial m_k^{(i)}},$$

das Potential[43]) der Komponente k in der Phase i, außer von P und T, im allgemeinen auch von den Verhältnissen der $m_k^{(i)}$, welche gleichen Werten i entsprechen, oder was damit äquivalent ist, von den Dichtigkeiten $\varrho_k^{(i)} = m_k^{(i)} / v^{(i)}$ abhängig ist.

Die Gleichgewichtsbedingung (82') nimmt hiernach die Form an

83'') $$0 = \sum_i \sum_k \zeta_k^{(i)} \delta m_k^{(i)}.$$

Die Wahl der in den vorstehenden Gleichungen auftretenden Komponenten $m_k^{(i)}$ ist bis zu einem gewissen Grade beliebig. Unter

Umständen kann man sie mit den Elementen der das System bildenden chemischen Verbindungen identifizieren, wobei natürlich, wenn in derselben Phase ein Element in mehreren Verbindungen auftritt, demselben auch mehrere $m_k^{(i)}$ mit gleichem i und verschiedenem k entsprechen; doch ist diese Wahl keineswegs stets vorteilhaft. Die hier vorliegende Willkür wird ausgeglichen durch den Umstand, daß jeder getroffenen Verfügung andere Formen der für die virtuellen Variationen $\delta m_k^{(i)}$ geltenden Nebenbedingungen entsprechen. Man wird die äußere Gestaltung des Problems am meisten vereinfachen, wenn man über die Komponenten so verfügt, daß die Anzahl der Nebenbedingungen möglichst klein ist.

Handelt es sich beispielsweise um ein System, welches nur eine chemische Verbindung in verschiedenen Phasen enthält, etwa eine Substanz in verschiedenen Aggregatzuständen, so wird man diese Substanz selbst als einzige Komponente wählen und hierdurch die Gleichungen (83) und (83″) auf

$$Z = \sum_i \zeta^{(i)} m^{(i)}, \qquad 0 = \sum_i \zeta^{(i)} \delta m^{(i)} \tag{84}$$

reduzieren. Überhaupt wird man mehrere Elemente, die stets nur in derselben chemischen Verbindung vorkommen, passend zu einer Komponente zusammenfassen.

Auch wenn nur eine Phase vorhanden ist, und in ihr eine Anzahl von h chemischen Elementen in mehreren, z. B. in n Verbindungen vorkommen, wird man praktisch nicht die Elemente, sondern diese Verbindungen als Komponenten einführen, weil man dadurch deren Zahl möglichst klein macht. Es wird dann

$$Z = \sum_k \zeta_k m_k, \qquad 0 = \sum_k \zeta_k \delta m_k. \tag{84'}$$

Die Bedingungen, welche für die $\delta m_k^{(i)}$ bestehen und nach der Methode der Lagrange'schen Multiplikatoren mit der Hauptgleichung (83″) zu kombinieren sind, fließen zum Teil aus den chemischen Konstitutionsformeln der Komponenten und hängen daher von den speziellen Problemen ab. Außerdem müssen aber stets die Gleichungen erfüllt sein, welche aussprechen, daß die Gesamtmengen eines jeden chemischen Elementes vorgeschrieben sind, ohne daß sie in allen Fällen direkt die Nebenbedingungen des Problems darstellen.

Wählt man z. B. als Komponenten beliebige Verbindungen, welche nur die Eigenschaft haben, daß innerhalb des betrachteten Systems ein Austausch zwischen ihnen nicht stattfindet, so treten an Stelle dieser letzteren Bedingungen diejenigen, daß die Gesamtmasse jeder Komponente gegeben und unveränderlich ist, d. h. die Formeln

$$\sum_i m_k^{(i)} = m_k,$$

woraus folgt

85) $\sum_i \delta m_k^{(i)} = 0$, für $k = 1, 2 \ldots n$ und $i = 1, 2 \ldots h$.

Bestehen keinerlei andere Bedingungen, so erhält man in der angegebenen Weise die Formel

85') $$\sum_i \sum_k (\zeta_k^{(i)} - \lambda_k)\, \delta m_k^{(i)} = 0,$$

welche in die $h \cdot n$ Gleichungen

85'') $$\zeta_k^{(i)} - \lambda_k = 0$$

zerfällt; dieselben enthalten den von W. Gibbs entdeckten Satz, daß unter den gemachten Voraussetzungen das Gleichgewicht nur dann stattfindet, wenn die Potentiale jeder Komponente in allen Phasen gleich sind.[44])

Durch Elimination der λ_k erhält man aus (85'')

85''') $$\zeta_k^{(1)} = \zeta_k^{(2)} = \ldots = \zeta_k^{(h)}, \quad \text{für } k = 1, 2, \ldots n,$$

also ein System von $n(h-1)$ Gleichungen zwischen den $nh + 2$ Variabeln, nämlich P, T und den $n \cdot h$ Massen $m_k^{(i)}$ oder den $n \cdot h$ Dichtigkeiten $\varrho_k^{(i)}$. Zu ihnen kommen noch die Zustandsgleichungen für die einzelnen h Phasen, nämlich die Beziehungen, welche die Verhältnisse der $m_k^{(i)}$ und das Volumen $v^{(i)}$, oder symmetrischer die Dichten $\varrho_k^{(i)}$, der Komponenten einer Phase i mit P und T verbinden, so daß also $nh + 2$ Variabeln $n(h-1) + h$ Gleichungen gegenüberstehen.

Ist die Anzahl n der Komponenten gegeben, so kann man aus diesem Verhältnis Schlüsse ziehen über die Anzahl der Phasen, die nebeneinander im Gleichgewicht verharren können.

Das Problem wird im allgemeinen unmöglich, wenn die Anzahl der Gleichungen größer ist, als die der Variabeln. Wir schließen daher, daß jedenfalls

$$h \leqq n + 2$$

sein muß, d. h. daß die Anzahl der Phasen höchstens um zwei größer sein kann, als die Anzahl der Komponenten.[45])

Ist $h = n + 2$, so bestimmt das Gleichungssystem alle Variabeln vollständig, und damit auch ein bestimmtes Wertpaar P und T, welchem allein jene höchste Zahl koexistierender Phasen entspricht.

Ist $h = n + 1$, so folgt aus dem Gleichungssystem nach der

Elimination der $\varrho_k^{(i)}$ eine Beziehung zwischen P und T, also eine zusammengehörige Wertreihe dieser Größen. Ist $h < n + 1$, so bleiben P und T beliebig verfügbar.

Diese Resultate kann man sich so veranschaulichen, daß man über einer PT-Ebene soviel Blätter aufschichtet, als Phasen überhaupt möglich sind, und jedes Blatt einer Phase zuordnet.

Die Anzahl der überhaupt möglichen Phasen, und somit der Blätter, sei gleich j, und $j \geqq n + 2$, worin n wie früher die Anzahl der Komponenten bedeutet. Jede einzelne Phase ist im allgemeinen in isoliertem Zustande nur innerhalb eines gewissen Wertbereiches von P und T beständig; es wird also auf jedem Blatt eine Fläche das Beständigkeitsbereich der entsprechenden Phase darstellen.

Ein Bereich, wo mehrere, etwa h Phasen nebeneinander existieren können, muß auf eine Fläche fallen, welche von den Beständigkeitsbereichen aller der betreffenden h Phasen bedeckt wird.

Je $h = n + 2$ Phasen können nach dem Vorstehenden nur in einem Punkte der PT-Ebene nebeneinander bestehen, den wir einen $(n + 2)$fachen Punkt nennen wollen. Ist $j > n + 2$, so giebt es deren mehrere, ist $j = n + 2$, so nur einen einzigen. Je $h = n + 1$ Phasen können nebeneinander nur längs einer Kurve existieren, welche von einem $(n + 2)$fachen Punkte ausgehen und entweder nach einem anderen oder ins Unendliche verlaufen muß.

Diese Kurven begrenzen Flächenstücke, längs deren je n Phasen zusammen existieren können, und aus diesen setzen sich wiederum Flächenkomplexe zusammen, die dem Gleichgewichte von je $n - 1$, $n - 2, \ldots$, schließlich von je einer Phase entsprechen. Die übrigen Bereiche geben für jede Kombination labile oder unmögliche Zustände.

Jene $(n + 1)$fachen Kurven haben für die Theorie besondere Bedeutung, denn sie geben die Grenzen an, über welche hinüber die Umsetzungen zwischen den beiderseits verschiedenen Phasen stattfinden; in den durch sie getrennten Gebieten sind stets $(n - 1)$ Phasen gleich, während eine verschieden ist. Die Umsetzungen betreffen sonach immer die letztere.

Haben diese benachbarten verschiedenen Phasen dieselbe Zusammensetzung, so kann eine Umwandlung zwischen ihnen allein stattfinden; im anderen Falle ändert sich dabei gleichzeitig auch die Quantität der beiderseitig gleichen Phasen.

Für diese Umwandlung läßt sich ein höchst allgemeiner Satz durch Anwendung der auf die Masseneinheit bezogenen Gleichung (9''), also der Beziehung

$$(\int) \frac{d'\omega}{T} = 0$$

auf eine geschlossene Kurve erhalten, welche ein Element der Grenzkurve rings umschlingt. Die beiden Seiten der Grenzkurve mögen nach den dort vorhandenen verschiedenen Phasen mit α und β bezeichnet, die Enden des Kurvenelementes durch die Wertpaare P_1, T_1 und P_2, T_2 definiert werden. Führt man mit der Masse Eins diesen Kreisproceß aus, so erhält man

$$\int_{T_1}^{T_2} \frac{\overline{\Gamma^{(\alpha)}}\, d\,T}{T} + \frac{(\omega_{\alpha\beta})_2}{T_2} - \int_{T_1}^{T_2} \frac{\overline{\Gamma^{(\beta)}}\, d\,T}{T} - \frac{(\omega_{\alpha\beta})_1}{T_1} = 0,$$

wo $(\omega_{\alpha\beta})_2$ resp. $(\omega_{\alpha\beta})_1$ die der Masseneinheit zuzuführende Umwandlungswärme ($-(\omega_{\alpha\beta})_2$ und $-(\omega_{\alpha\beta})_1$ die sogenannte Wärmetönung) für den Übergang $\alpha \rightarrow \beta$ bei der Temperatur T_2 resp. T_1 bezeichnet, und $\overline{\Gamma^{(\alpha)}}$ resp. $\overline{\Gamma^{(\beta)}}$ die spezifischen Wärmen in absolutem Maße für die Zustandsänderungen längs der Grenzkurve sind.

Rückt man T_2 unendlich nahe an T_1, so erhält man

86) $$\overline{\Gamma^{(\beta)}} - \overline{\Gamma^{(\alpha)}} = T \frac{\partial \left(\frac{\omega_{\alpha\beta}}{T}\right)}{\partial T},$$

wo der Differentialquotient längs der Grenzkurve zu nehmen ist.[46])

Die in diesen Formeln auftretenden spezifischen Wärmen $\overline{\Gamma^{(\alpha)}}$ und $\overline{\Gamma^{(\beta)}}$ lassen sich näher bestimmen mit Hilfe der allgemeinen Beziehung (31″), die, auf die Masseneinheit der Phase (α) oder (β) angewandt und bei Einführung der Bezeichnung $V/M = v$, lautet

$$d'\omega = \Gamma d\,T = \Gamma_p d\,T - T \frac{\partial v}{\partial T} d\,P.$$

Setzt man nämlich für $d\,P/d\,T$ den speziellen Wert ein, der der Grenzkurve entspricht, so erhält man sogleich

86′) $$\overline{\Gamma} = \Gamma_p - T \frac{\partial v}{\partial T} \frac{\overline{d\,P}}{\overline{d\,T}};$$

hierin hat $\partial v / \partial T$ die Bedeutung der spezifischen thermischen Volumenänderung bei konstantem Druck, ist also bei festen und flüssigen Körpern eine so kleine Größe, daß für letztere angenähert $\overline{\Gamma}$ mit dem durch Messung direkt zu erhaltenden Γ_p zu vertauschen ist.

Ist sonach $\overline{\Gamma}$ für die eine Phase, z. B. (α), bekannt, und ist das Gesetz, welches $\omega_{\alpha\beta}$ mit T verbindet, gegeben, so liefert die Gleichung (86) $\overline{\Gamma}$ für die andere Phase (β). —

Wir stellen nunmehr die wichtigen Differentialeigenschaften zusammen, welche das Potential Z besitzt.

Aus seiner Definition

$$Z = E' + PV - TH$$

ergiebt sich unter Rücksicht darauf, daß bei Änderungen, die nur P und T betreffen,

$$dE' + PdV - TdH = 0$$

ist[47]);

$$\frac{\partial Z}{\partial T} = -H, \quad \frac{\partial Z}{\partial P} = V. \qquad 86'')$$

Ferner gilt aus demselben Grunde

$$\frac{\partial}{\partial T}\left(\frac{Z}{T}\right) = -\frac{E' + PV}{T^2}. \qquad 86''')$$

Wendet man die letzten beiden Formeln auf zwei Zustände (1) und (2) desselben Systemes an, welche gleicher Temperatur und gleichem Druck, aber verschiedenen $m_k^{(i)}$ entsprechen, so erhält man[48])

$$\left.\begin{aligned} \frac{\partial}{\partial P}(Z_2 - Z_1) &= V_2 - V_1 = V_{12}, \\ \frac{\partial}{\partial T}\left(\frac{Z_2 - Z_1}{T}\right) &= -\frac{(E' + PV)_2 - (E' + PV)_1}{T^2} = -\frac{\Omega_{12}}{T^2}, \end{aligned}\right\} \qquad 86'''')$$

wo Ω_{12} die mechanisch gemessene Wärmemenge bezeichnet, welche zur Überführung des Systems aus dem Zustand (1) in den Zustand (2) bei konstantem Druck und konstanter Temperatur erforderlich ist. —

Endlich sei noch bemerkt, daß die aus der Energiegleichung (2) für einen beliebigen Kreisprozeß gezogene Folgerung

$$(A) + (\Omega) = 0 \qquad 87)$$

unter Umständen dazu dienen kann, die Umwandlungswärme Ω_{12} oder die Wärmetönung $-\Omega_{12}$ für den direkten Übergang aus einem Zustand (1) in einen Zustand (2), die sich direkter Beobachtung entzieht, aus dem Betrag Ω'_{12} zu berechnen, der bei der auf Umwegen bewirkten Umwandlung erforderlich ist. Denn da die beiden Umwandlungen sich zu einem Kreisprozeß kombinieren lassen, so kann man die obige Formel schreiben

$$(A) + \Omega_{12} - \Omega'_{12} = 0. \qquad 87')$$

Findet die Umwandlung beide Male bei konstantem Volumen statt, was sich leicht bewirken läßt, wenn die eine Komponente bei beiden Überführungen gasförmig ist, so gilt streng

$$\Omega_{12} = \Omega'_{12}; \qquad 87'')$$

dieselbe Formel wird als sehr nahe richtig zu benutzen sein, wenn die Reaktion in flüssigem Zustande stattfindet, und die sie begleitende Volumenänderung unbedeutend ist. Die Gleichung (87″) ist durch eine große Zahl von Messungen bestätigt worden.[49])

§ 13. Eine Komponente in h Phasen. Gleichgewicht zwischen verschiedenen Aggregatzuständen desselben Körpers.

Die denkbar einfachste Anwendung der allgemeinen Resultate des vorigen Abschnittes betrifft den Fall eines Systemes mit nur einer Komponente. Ein solches wird geliefert durch eine Substanz, die bei verschiedenen Temperaturen und Drucken verschiedene Modifikationen oder Aggregatzustände besitzt, falls von diesen Modifikationen nur eine gasförmig ist, und die tropfbarflüssigen sich nicht mischen.

Hier gilt dann nach (84)

$$Z = \sum_i \zeta^{(i)} m^{(i)}, \quad 0 = \sum_i \zeta^{(i)} \delta m^{(i)},$$

und die einzige Nebenbedingung hat die Form

$$\sum_i m^{(i)} = m, \quad \text{d. h.} \quad \sum_i \delta m^{(i)} = 0,$$

woraus sogleich folgt

$$\sum (\zeta^{(i)} - \lambda)\, \delta m^{(i)} = 0, \quad \text{oder}$$
$$\zeta^{(1)} = \zeta^{(2)} = \ldots\ \zeta^{(h)} = \lambda.$$

Dies giebt in Übereinstimmung mit dem allgemeinen GIBBS'schen Satz S. 572 als Bedingung des Gleichgewichts zwischen verschiedenen Phasen die Gleichheit ihrer Potentiale; zugleich nehmen die Folgerungen aus diesem Satze wegen $n = 1$ hier die spezielle Form an, daß mehr wie drei Phasen niemals, drei nur in einzelnen Punkten und zwei nur in einzelnen Kurven der PT-Ebene nebeneinander im Gleichgewicht sein können.

Die S. 573 besprochene Veranschaulichung wird demgemäß sehr einfach.[50])

In der PT-Ebene liegen je nach Umständen ein oder mehrere dreifache Punkte, gegeben durch

$$\zeta^{(\alpha)} = \zeta^{(\beta)} = \zeta^{(\gamma)}$$

für beliebige (α), (β), (γ); zwischen ihnen oder von ihnen ins Unendliche erstrecken sich die Doppelkurven mit den Gleichungen

$$\zeta^{(\alpha)} = \zeta^{(\beta)},$$

welche so liegen müssen, daß sie sich nur in den dreifachen Punkten schneiden, und begrenzen Flächengebiete, in denen nur je eine Phase im Gleichgewicht verharren kann. Wenn wir also jeder Phase ein über die PT-Ebene gelegtes Blatt zuordnen, so stellen nur die innerhalb dieser Grenzen gelegenen Bereiche stabile Gleichgewichtszustände dar, die darüber hinausliegenden Zustände labilen oder aber fehlenden Gleichgewichts. Die Verlängerungen der Grenzkurven über die dreifachen Punkte hinaus müssen dann dem labilen Gleichgewicht zwischen zwei labilen Phasen entsprechen.

Man kann bei den vorliegenden einfachen Verhältnissen die Veranschaulichung noch weiter treiben.

Man hebe an jeder Stelle der horizontal gedachten PT-Ebene das dort liegende Phasenblatt um eine Höhe, welche proportional ist mit dem Volumen $v^{(i)}$, welches die Masseneinheit der Phase bei dem obwaltenden P und T einnimmt, dann erhält man statt ebener Blätter soviel Oberflächen von der Gleichung

$$v^{(i)} = F^{(i)}(P, T),$$

als Phasen vorhanden sind; wir wollen diese Flächen kurz Phasenflächen nennen und mit $F^{(i)}$ bezeichnen.

Über den Grenzkurven $\zeta^{(\alpha)} = \zeta^{(\beta)}$ errichte man vertikale Cylinderflächen $C_{\alpha\beta}$, so begrenzen ihre Schnittkurven mit den Phasenflächen $F^{(i)}$ auf den letzteren die Gebiete stabilen Gleichgewichts, und die zwischen zwei Schnittkurven liegenden Teile der Cylinderflächen $C_{\alpha\beta}$ repräsentieren die Zustände des Überganges von einer Phase zur anderen, während dessen die Substanz nicht homogen, sondern aus zwei verschiedenen Phasen gemischt ist.

Die über die Grenzkurven hinausragenden Teile der Flächen $F^{(i)}$ werden labile Gleichgewichtszustände darstellen.

Gewisse Beobachtungen[51]) machen es nun wahrscheinlich, daß diese Flächenstücke zwischen den Phasenblättern $F^{(\alpha)}$ und $F^{(\beta)}$ der benachbarten Bereiche (α) und (β) eine vollständige Verbindung herstellen, die eben deshalb sich im allgemeinen der erschöpfenden experimentellen Untersuchung entzieht, weil sie labile Gleichgewichtszustände enthält. Diese Verbindungsstücke müssen dann, wie die unmittelbare Anschauung ergiebt, um sich an zwei in verschiedener Höhe liegende Phasenblätter stetig anzuschließen, **S**-förmig gekrümmt sein, also die Cylinderfläche einmal durchsetzen.

In diesem Falle wird eine Zustandsgleichung $v = F(P, T)$ das Verhalten der Substanz in den beiden zusammenhängenden Phasen darstellen. Die Gleichgewichtsbedingung $\overline{\zeta^{(\alpha)}} = \overline{\zeta^{(\beta)}}$ gewinnt hier eine besonders einfache und anschauliche Bedeutung.

Legen wir durch die Flächen F und C einen der VP-Ebene parallelen ebenen Schnitt $T =$ Const., so schneidet derselbe die Oberfläche F in der Nähe der Grenzkurve $(\alpha\beta)$ nach dem Gesagten in einer **S**-förmigen Kurve, auf der ebenfalls T konstant ist, die Cylinderfläche C in einer vertikalen Geraden, in der sowohl P, als T sich nicht ändert; diese Gerade schneidet die genannte Kurve in drei Punkten. Bezeichnen wir diese Punkte von unten nach oben fortschreitend mit 1), 2), 3), so umschließen beide Kurven zwischen 1) und 2) und zwischen 2) und 3) Flächenstücke f_1 und f_2, deren Größen nach der Anschauung resp. gegeben sind durch

$$f_1 = \pm \int_1^2 (P - P_1)\, dv, \quad f_2 = \pm \int_2^3 (P_1 - P)\, dv,$$

wo P den auf der gekrümmten Randkurve variabeln, P_1 den auf der geradlinigen konstanten Druck bezeichnet; von den doppelten Vorzeichen gehören die beiden oberen oder die beiden unteren zusammen.

Integrieren wir die Energiegleichung

$$d\varepsilon = T d\eta - P dv$$

längs der **S**-förmigen Kurve, für welche T konstant, P aber variabel ist, zwischen den Grenzen 1) und 3), so ergiebt sie

$$\varepsilon_3 - \varepsilon_1 = T(\eta_3 - \eta_1) - \int_1^3 P dv;$$

hiermit kombinieren wir die Gleichung $\overline{\zeta^{(\beta)}} = \overline{\zeta^{(\alpha)}}$, die sich ersichtlich auf die Punkte 1) und 3) anwenden läßt und dann die Form annimmt

$$\varepsilon_3 - \varepsilon_1 = T(\eta_3 - \eta_1) - P_1 (v_3 - v_1),$$

und erhalten

$$\int_1^3 (P - P_1)\, dv = 0 \quad \text{oder}$$

$$\int_1^2 (P - P_1)\, dv = \int_2^3 (P_1 - P)\, dv \quad \text{und somit}$$

$$f_1 = f_2 \,.$$

Die Lage der Grenzkurven $(\alpha\beta)$ ist also dadurch, daß sie die oben definierten Flächenstücke gleich machen muß, anschaulich festgelegt.[52])

Nachdem wir somit an der Hand der Gibbs'schen Phasenregel eine deutliche Anschauung von dem Verhalten unseres speziellen materiellen Systemes in dem PVT-Koordinatensysteme gewonnen haben, wollen wir nun auch die weiteren allgemeinen Sätze auf den vorliegenden speziellen Fall übertragen.

Die Gleichung (86)

$$\overline{\Gamma^{(\beta)}} - \overline{\Gamma^{(\alpha)}} = T \frac{\partial\left(\frac{\omega_{\alpha\beta}}{T}\right)}{\partial T}$$

gewinnt bei unserem Beispiel eine besonders einfache Bedeutung, weil beim Überschreiten der Grenzkurve $(\alpha\beta)$ keine anderen Phasen, als eben (α) und (β) in Betracht kommen, $\omega_{\alpha\beta}$ also direkt die Umwandlungswärme der Masseneinheit aus dem Zustand (α) in den Zustand (β) bedeutet.

Nach der zweiten Formel (86''') ist weiter in unserem Falle

$$\overline{\frac{\partial}{\partial T}\left(\frac{\zeta^{(\beta)} - \zeta^{(\alpha)}}{T}\right)} = -\frac{\omega_{\alpha\beta}}{T^2}, \tag{88}$$

denn die Zustände diesseits und jenseits der Grenzkurve entsprechen der gemachten Voraussetzung, daß Druck und Temperatur für sie übereinstimmen.

Nun ist aber längs der Grenzkurve $(\alpha\beta)$ die Beziehung $\overline{\zeta^{(\alpha)}} = \overline{\zeta^{(\beta)}}$ erfüllt, daher ist die letztere Formel identisch mit

$$\overline{\frac{\partial}{\partial T}(\zeta^{(\beta)} - \zeta^{(\alpha)})} = -\frac{\omega_{\alpha\beta}}{T}. \tag{88'}$$

Ferner folgt aus der ersten Gleichung (86''')

$$\overline{\frac{\partial}{\partial P}(\zeta^{(\beta)} - \zeta^{(\alpha)})} = v_{\alpha\beta}, \tag{88''}$$

falls $v_{\alpha\beta} = v^{(\beta)} - v^{(\alpha)}$ die Änderung des spezifischen Volumens bezeichnet, welche den Übergang $(\alpha) \rightarrow (\beta)$ begleitet.

Verbindet man mit diesen Beziehungen die Gleichung

$$\overline{\frac{\partial}{\partial T}(\zeta^{(\beta)} - \zeta^{(\alpha)})}\, dT + \overline{\frac{\partial}{\partial P}(\zeta^{(\beta)} - \zeta^{(\alpha)})}\, dP = 0,$$

welche daraus folgt, daß die Bedingung $\zeta^{(\alpha)} = \zeta^{(\beta)}$ für jede Stelle der Grenzkurve gültig ist, so erhält man die überaus wichtige Gleichung[53])

$$\frac{\omega_{\alpha\beta}}{T} = v_{\alpha\beta}\left(\frac{dP}{dT}\right)_{\alpha\beta}, \tag{88'''}$$

welche den Zusammenhang zwischen Umwandlungswärme, Volumenänderung und dem für die Grenzkurve $(\alpha\beta)$ charakteristischen

Differentialverhältnis von Umwandlungsdruck und -temperatur ausspricht.

Da $(d\,T/d\,P)_{\alpha\beta}$ zugleich die Tangente des Winkels ist, den in der $P\,T$-Ebene die Grenzkurve $(\alpha\beta)$ mit der P-Axe einschließt, so giebt die Gleichung (88''') auch für diesen Winkel eine Beziehung. Stellt man sie für die in einem dreifachen Punkt $(\alpha\beta\gamma)$ zusammenkommenden drei Kurven $(\alpha\beta)$, $(\beta\gamma)$, $(\gamma\alpha)$ auf und berücksichtigt, daß im dreifachen Punkt identisch sowohl

88'''') $$\begin{cases} v_{\alpha\beta} + v_{\beta\gamma} + v_{\gamma\alpha} = 0, \text{ als} \\ \omega_{\alpha\beta} + \omega_{\beta\gamma} + \omega_{\gamma\alpha} = 0 \end{cases}$$

ist, so erhält man leicht einfache Beziehungen zwischen den Winkeln, unter denen die Kurven von dem dreifachen Punkt ausgehen, die wir aber allgemein nicht aufstellen wollen. —

Der wichtigste spezielle Fall, welcher sich auch zur experimentellen Prüfung der Resultate der vorstehenden Entwickelungen hervorragend eignet, ist derjenige, daß die Phasen des Systemes durch die verschiedenen Aggregatzustände des betrachteten Körpers geliefert werden; in anderen Fällen werden die theoretisch notwendigen Reaktionen häufig durch Widerstände so verzögert, daß der Moment ihres Eintrittes nur sehr ungenau zu beobachten ist. Die Phasen der drei Aggregatzustände seien durch die oberen Indices s (starr), f (flüssig), d (dampfförmig) bezeichnet.

Hier giebt es nur einen dreifachen Punkt, definiert durch die Gleichung

89) $$\zeta^{(s)} = \zeta^{(f)} = \zeta^{(d)};$$

von ihm aus gehen drei Doppelkurven (sf), (fd), (ds), welche die Grenzen zwischen den Gebieten der bezüglichen drei Phasen bilden und durch die Gleichungen

89') $$\overline{\zeta^{(s)}} = \overline{\zeta^{(f)}}, \quad \overline{\zeta^{(f)}} = \overline{\zeta^{(d)}}, \quad \overline{\zeta^{(d)}} = \overline{\zeta^{(s)}}$$

definiert sind, ins Unendliche.

Nach der Natur der Vorgänge, welche die Übergänge über diese Kurven im Sinne steigender Temperatur bedeuten, nennt man sie anschaulich Schmelzkurve, Verdampfungskurve, Sublimierkurve, und mit den analogen Namen bezeichnet man die Bereiche auf den Cylinderflächen C, welche die Verbindungen zwischen den, wie oben erörtert, in verschiedenen Höhen über der $P\,T$-Ebene liegenden Phasenblättern herstellen und Übergänge durch inhomogene Zustände repräsentieren. Analog bezeichnet man ferner die resp. auf die Masseneinheit bezogenen oder spezifischen Überführungswärmen ω_{sf}, ω_{fd}, ω_{sd} als Schmelzungs-, Verdampfungs- und Sublimierwärmen; sie sind Gegenstände der exakten Messung und sind sämtlich bei Übergängen, die im Sinne der Reihenfolge der Indices $(s) \rightarrow (f)$ u. s. f. stattfinden, positiv gefunden.

Auch die die Überführung begleitenden Volumenänderungen der Masseneinheit v_{sf}, v_{fd}, v_{sd} sind meßbar; aber während die letzten beiden, im Sinne der Reihenfolge der Indices stattfindend, sich stets positiv ergeben, ist die erstere, die Volumenänderung beim Schmelzen, bei einigen wenigen Substanzen, unter denen sich das Wasser befindet, negativ. —

Was nun die Prüfung der oben abgeleiteten Gesetze angeht, so ist die in den Gleichgewichtsbedingungen (89') ausgesprochene Thatsache, daß ein Gemisch von zwei Aggregatzuständen, so lange der Druck konstant ist, seine Temperatur nicht ändert und umgekehrt, vollständig sichergestellt und bildet eine Hauptstütze der Theorie.

Weiter kann die Formel (86), angewandt auf die Grenze zwischen der flüssigen und dampfförmigen Phase, die Gelegenheit zu einer Prüfung der Theorie liefern. [54]) Wir schreiben sie

$$\overline{\Gamma^{(d)}} = \overline{\Gamma^{(f)}} + T \frac{d}{dT}\left(\frac{\omega_{fd}}{T}\right) = \overline{\Gamma^{(f)}} + \frac{d\omega_{fd}}{dT} - \frac{\omega_{fd}}{T} \qquad 90)$$

und bemerken, daß sie die spezifische Wärme des Dampfes an der Grenzkurve (f, d), d. h. des gesättigten und bei der Temperaturänderung gesättigt bleibenden Dampfes, aus der spezifischen Wärme der Flüssigkeit längs derselben Kurve und aus dem Verhalten der Verdampfungswärme zu berechnen gestattet. Indessen ist eine direkte Beobachtung der spezifischen Wärme $\Gamma^{(d)}$ und $\Gamma^{(f)}$ kaum möglich, und die Prüfung der obigen Formel geschieht deshalb besser auf einem indirekten Wege, den wir weiter unten besprechen werden.

Endlich gestattet die Formel (88''') eine sehr feine Vergleichung mit der Wirklichkeit, denn sie enthält einen Zusammenhang zwischen drei der genauen Beobachtung zugänglichen Größen.

Auf den Uebergang $(f \rightarrow d)$ und $(s \rightarrow d)$ angewandt ergiebt sie

$$\frac{\omega_{fd}}{T} = v_{fd}\left(\frac{dP}{dT}\right)_{fd}, \quad \frac{\omega_{sd}}{T} = v_{sd}\left(\frac{dP}{dT}\right)_{sd}, \qquad 90')$$

also, da nach Obigem hier sowohl die ω als die v positiv sind, für dP/dT positive Werte, d. h. mit dem Druck wachsende Verdampfungs- und Sublimiertemperaturen. Bei dem Übergang $(s \rightarrow f)$ ist v bald positiv, bald negativ, daher liefert die Formel

90″) $$\frac{\omega_{sf}}{T} = v_{sf}\left(\frac{dP}{dT}\right)_{sf}$$

unter Umständen, z. B. im Falle des Eises, mit wachsendem Druck fallende Schmelztemperaturen. Die Beobachtungen haben diese Resultate qualitativ und quantitativ vollständig bestätigt.[55])

Wir wollen weiterhin die Körper mit positivem v_{sf} normale, die mit negativem anormale nennen, bemerken aber zugleich, daß an sich möglich, wenn gleich noch nicht beobachtet, auch der allgemeine Fall ist, daß eine Substanz sich bei gewissen Temperaturen normal, bei anderen anormal verhält.

Berücksichtigt man die für jeden dreifachen Punkt gültigen Beziehungen (88″″), so erhält man aus den Gleichungen (90′) und (90″) leicht

90‴) $$\frac{\omega_{sf}}{T} = v_{sd}\left(\frac{dP}{dT}\right)_{sd} - v_{fd}\left(\frac{dP}{dT}\right)_{fd};$$

diese noch strenge Formel, der sich zwei ähnliche zuordnen, vereinfacht sich durch die Überlegung, daß bei den Umständen, welche für den dreifachen Punkt charakteristisch sind, das spezifische Volumen $v^{(d)}$ der dampfförmigen Phase vielemale größer ist, als dasjenige der flüssigen resp. festen. Infolge dessen kann man sie nämlich schreiben

90″″) $$\frac{\omega_{sf}}{Tv^{(d)}} = \left(\frac{dP}{dT}\right)_{sd} - \left(\frac{dP}{dT}\right)_{fd}$$

und erhält damit einen Aufschluß über die gegenseitige Neigung der Kurven $(s\,d)$ und $(f\,d)$ im dreifachen Punkt. —

Durch das oben Entwickelte sind wir nun auch in den Stand gesetzt, die Lage der drei Doppelkurven deutlich zu übersehen. Wählen wir die P-Axe als Abscissen-, die T-Axe als Ordinatenaxe, so steigt die Kurve $(f\,d)$ bei allen bekannten Körpern vom dreifachen Punkt aus nach rechts an, die Kurve $(s\,d)$ fällt nach links hin ab; die Kurve (s, f) hingegen steigt nach rechts hin nur bei normalen, sie fällt nach rechts hin bei anormalen Körpern. Von den drei Gebieten (s), (f), (d) liegt (d) oben links, (f) oben rechts, (s) unten. Die Phasenfläche (d) liegt bei allen Körpern längs der Grenzkurven $(f\,d)$ und $(s\,d)$ höher als die Phasenfläche (f) resp. (s), aber längs der Grenze (s, f) ist bei normalen Körpern die Fläche (f), bei anormalen die Fläche (s) die höhere.

Folgen wir von dem dreifachen Punkt aus der Grenzkurve $(f\,d)$, so wird nach der Beobachtung der Unterschied in Volumen oder Dichte beider Phasen immer geringer, der Höhenunterschied der angrenzenden Phasenflächen (*f*) und (*d*) mit wachsendem *P* und *T* also immer kleiner, und für eine Reihe von Körpern ist mit dem Experiment[56]) ein Zustand erreicht worden, wo die Dichte der flüssigen und der dampfförmigen Phase gleich und damit überhaupt jeder Unterschied zwischen den beiden Phasen verschwunden ist; diese Eigentümlichkeit bleibt auch bei weiter gesteigertem *P* und *T* erhalten. Unter diesen Umständen verläuft also die Grenzkurve (*f d*) nicht ins Unendliche, sondern endigt in Wirklichkeit bei einem bestimmten Punkt, den man den kritischen Punkt nennt.

Da einem Wachsen von *P* und *T* prinzipiell keine Grenze gesetzt werden kann, so darf man sich vorstellen, daß die nach der Seite wachsender *P* und *T* verlaufende Kurve (*f d*) für alle Körper mit einem kritischen Punkt der betrachteten Art endigt. Gleiches gilt von der Grenzkurve (*s f*) für normale Körper.

Anders verhält es sich mit der Kurve (*s d*), die vom dreifachen Punkte aus nach kleineren Werten *P* und *T* verläuft; hier ist durch die Werte $P = 0$ und $T = 0$, die in Praxis nicht zu überschreiten sind, eine Begrenzung der Kurve im Endlichen gegeben, und demnach ist ein diese Kurve abschließender kritischer Punkt nur ausnahmsweise zu erwarten.

Ähnliches wird für die Grenzkurve (*s f*) bei anormalen Körpern gelten, wenn dieselbe dauernd und in genügendem Grade fällt, um die *P*-Axe im Endlichen zu erreichen. —

Der Umstand, daß die Phasenblätter (*f*) und (*d*) oberhalb des kritischen Punktes über die Grenze (*f d*) hinweg zusammenhängen, legt von neuem die Vorstellung nahe, daß auch längs der ganzen übrigen Strecke der Kurve (*f d*) eine stetige Verbindung zwischen ihnen möglich ist, welche homogenen, aber instabilen Zuständen entspricht. Ist diese Vorstellung richtig, so muß es nach dem S. 577 Gesagten möglich sein, das Verhalten beider Phasen (*f*) und (*d*) durch ein einziges Gesetz darzustellen.

Dies ist in einer bemerkenswerten Weise durch die VAN DER WAALS'sche Zustandsgleichung[57]) geleistet, die wir schon früher beiläufig benutzt haben, die aber erst bei dem hier vorliegenden Problem des stetigen Überganges aus dem flüssigen in den gasförmigen Zustand ihre volle Bedeutung erhält. Daß man sie durch theoretische Überlegungen ableiten kann, ist S. 58 u. f. gezeigt worden; bei der geringen Strenge, welche jene Entwickelungen besitzen, betrachtet man sie indessen besser als eine zur Darstellung der Beobachtungen gebildete Interpolationsformel.

Wir wollen sie jetzt speziell auf die Masseneinheit beziehen und daher schreiben

91) $$\left(P + \frac{a}{v^2}\right)(v - b) = B\,T;$$

hierin bezeichnet v das Volumen der Masseneinheit oder das spezifische Volumen der Substanz. Die Dimensionen der Konstanten dieser Gleichung sind

91') $$[a] = m^{-1}l^5t^{-2}, \quad [b] = m^{-1}l^3, \quad [B] = l^2t^{-2}u^{-1}.$$

Die Gleichung ist in Bezug auf das spezifische Volumen v vom dritten Grade, so daß sich also zu gegebenem P und T drei Wurzeln v ergeben, die unter gewissen Voraussetzungen sämtlich reell sind; sie entsprechen den S. 578 erwähnten Schnittpunkten einer Normalen auf der PT-Ebene mit der Volumenfläche. Der kritische Punkt ist nach dem soeben Entwickelten dadurch definiert, daß in ihm die drei Wurzeln für v zusammenfallen.

Bezeichnet man die diesem Punkte entsprechenden Werte der Variabeln, welche man die k r i t i s c h e n nennt, mit $\overline{P}$, $\overline{v}$, $\overline{T}$, so erhält man als Bedingungen dafür, daß die Gleichung (91) die Form $(v - \overline{v})^3 = 0$ annimmt,

$$3\overline{v} = b + \frac{B\overline{T}}{\overline{P}}, \quad 3\overline{v}^2 = \frac{a}{\overline{P}}, \quad \overline{v}^3 = \frac{ab}{\overline{P}}.$$

Hieraus folgen die kritischen Daten, durch die Konstanten ausgedrückt:

91') $$\overline{v} = 3b, \quad \overline{P} = \frac{a}{27b^2}, \quad \overline{T} = \frac{8a}{27bB},$$

und umgekehrt die Konstanten, durch diese ausgedrückt:

91'') $$a = 3\overline{P}\overline{v}^2, \quad b = \frac{\overline{v}}{3}, \quad B = \frac{8\overline{P}\overline{v}}{3\overline{T}}.$$

Kombiniert man mit der VAN DER WAALS'schen Formel die allgemeine Gleichung (30'') für $d'\Omega$ bei Benutzung der Unabhängigen T und V, die, auf die Masseneinheit bezogen, lautet:

$$d'\omega = \Gamma_v dT + T\frac{\partial P}{\partial T}dv,$$

so erhält man leicht

92) $$d'\omega = \Gamma_v d\,T + \frac{B\,T}{v - b}dv;$$

da außerdem die, ebenso auf die Masseneinheit bezogene Formel für die Arbeit lautet

92') $$d'\alpha = -P dv,$$

so findet man

92'') $$d\varepsilon' = \Gamma_v d\,T + \frac{a}{v^2}dv,$$

also

$$\varepsilon' = c + \int \Gamma_v d T - \frac{a}{v}, \tag{93}$$

während zugleich

$$\eta = c' + \int \frac{\Gamma_v d T}{T} + B l (v - b) \tag{93'}$$

wird; c und c' bezeichnen hierin Integrationskonstanten. Das Potential ζ berechnet sich daraus zu

$$\zeta = c - c' T + \int \Gamma_v d T - T \int \frac{\Gamma_v d T}{T} - \frac{a}{v} - B T l (v - b) + P v$$

oder nach Elimination von P zu

$$\zeta = c - c' T + \int \Gamma_v d T - T \int \frac{\Gamma_v d T}{T} - \frac{2 a}{v} - B T \left(l (v - b) - \frac{v}{v - b} \right). \tag{93''}$$

Da nach den Formeln (92) und (92'') Γ_v nur eine Funktion von T sein kann, so haben die drei Gleichungen für ε', η, ζ die Formen

$$\varepsilon' = \Theta_\varepsilon - \frac{a}{v}, \tag{94}$$

$$\eta = \Theta_\eta + B l (v - b), \tag{94'}$$

$$\zeta = \Theta_\zeta - \frac{2 a}{v} - B T \left(l (v - b) - \frac{v}{v - b} \right), \tag{94''}$$

in denen die Θ Funktionen von T allein bezeichnen. Führt man die durch die Beobachtung nahegelegte Annahme ein, daß Γ_v merklich konstant ist, so lassen sich die drei Funktionen Θ allgemein angeben.

Aus der Formel (94) folgt für zwei Zustände (1) und (2), die gleicher Temperatur entsprechen,

$$\varepsilon'_2 - \varepsilon'_1 = a \left(\frac{1}{v_1} - \frac{1}{v_2} \right); \tag{95}$$

berücksichtigt man die Gleichung (2') der Energie, so erhält man die zur Überführung nötige Wärmemenge

$$\omega_{12} = a \left(\frac{1}{v_1} - \frac{1}{v_2} \right) + \int_{(1)}^{(2)} P d v. \tag{95'}$$

Sind die Zustände (1) und (2) mit den oben betrachteten der koexistierenden flüssigen und dampfförmigen Phase identisch, so ist bei isothermischer Überführung auf dem Wege über lauter stabile Zustände auch P konstant und die letzte Formel identisch mit

$$\omega_{fd} = a \left(\frac{1}{v^{(f)}} - \frac{1}{v^{(d)}} \right) + P (v^{(d)} - v^{(f)}). \tag{95''}$$

Dies Gesetz wird durch die Beobachtung sehr unvollständig bestätigt, woraus folgt, daß die VAN DER WAALS'sche Formel selbst nur angenähert richtig sein kann.[58]) —

Wir wollen nun einige der vorstehenden Formeln dadurch umgestalten, daß wir die Konstanten a, b, B nach (91″) durch die kritischen Daten ausdrücken und dann

96) $$\frac{P}{\overline{P}} = \pi, \quad \frac{v}{\overline{v}} = \varphi, \quad \frac{T}{\overline{T}} = \vartheta$$

setzen, also die Verhältnisse von Druck, Volumen und Temperatur zu den kritischen Werten einführen, welche man die reduzierten Größen dieser Variabeln nennt.

Wir erhalten dann aus (91)

96′) $$\left(\pi + \frac{3}{\varphi^2}\right)(3\varphi - 1) = 8\vartheta,$$

die reduzierte Form der VAN DER WAALS'schen Formel[59]); ferner aus (94″)

96″) $$\zeta = \Theta_\zeta - \frac{6\overline{Pv}}{\varphi} - \frac{8\overline{Pv}}{3}\vartheta\left(l(3\varphi - 1) - \frac{3\varphi}{3\varphi - 1}\right).$$

Diese Resultate schreiben wir kürzer

$$f_1(\varphi, \pi) = \vartheta, \quad \zeta = \Theta_\zeta - \overline{Pv} f_2(\varphi, \vartheta),$$

worin zwar Θ_ζ noch der Substanz individuelle Parameter enthält, nicht aber f_1 und f_2; die letzteren Größen sind also universelle Funktionen.

Hieraus folgt einerseits, daß in einem $\pi\vartheta\varphi$-Koordinatensystem die möglichen Zustände aller Körper durch die Punkte einer und derselben Oberfläche $f_1(\varphi, \pi) = \vartheta$ dargestellt werden; es folgt auch andererseits, daß die Grenzkurve, welche auf dieser Fläche die Bereiche labiler Zustände gegen diejenigen stabiler Zustände scheidet, für alle Körper, welche die Gleichung (91) befolgen, gleich liegt. Denn sie ist die Schnittkurve der genannten Oberfläche mit dem Cylinder, dessen Gleichung allgemein $\zeta^{(\alpha)} = \zeta^{(\beta)}$ ist, und diese Gleichung lautet in unserem Falle

$$f_2^{(\alpha)}(\varphi, \vartheta) = f_2^{(\beta)}(\varphi, \vartheta),$$

ist also gleichfalls für alle Körper die gleiche. Auch dies Resultat wird durch die Beobachtung nur unvollkommen bestätigt.[60])

Führen wir endlich die reduzierten Variabeln in die Formel (95″) ein, so nimmt dieselbe die Gestalt

96‴) $$\omega_{fd} = \overline{Pv}\left[\left(\frac{3}{\varphi^{(f)}} - \frac{3}{\varphi^{(d)}}\right) + \pi\left(\varphi^{(d)} - \varphi^{(f)}\right)\right]$$

an. In ihr hat die Klammer bei gegebenem ϑ für alle Körper denselben Wert; ω_{fd} wird also bei gleichen reduzierten Temperaturen für verschiedene Substanzen den Produkten aus dem kritischen Druck und dem kritischen Volumen proportional sein.

§ 14. Eine Komponente in *h* Phasen. Eigenschaften eines Gemisches zweier koexistierender Phasen. Einfluß der Oberflächenspannung in der Grenzfläche.

Die Umwandlung einer Masse von einer Phase (α) in eine andere (β) mit ihr zusammen bestehende findet, wie oben gesagt, in Wirklichkeit so statt, daß ein Massenteilchen nach dem anderen sprungweise die neue Natur annimmt, so daß also während des Überganges die Masse ein Gemisch von beiden koexistierenden Phasen bildet. Die Untersuchung der Eigenschaften eines solchen Gemisches ist sonach gleichwertig mit der Entwickelung der Gesetze des Überganges selbst.[61])

Für die Behandlung des Übergangszustandes sind die bisher benutzten Unabhängigen P und T nicht mehr anwendbar, da ja der ganze Zustand durch die Beziehung

$$\zeta^{(\alpha)} = \zeta^{(\beta)}$$

definiert ist, welche P und T miteinander verbindet. Wir wählen vorläufig als Unabhängige T, die Umwandlungstemperatur, und die Masse $m^{(\beta)}$ der einen Phase, welche dadurch eine ausgezeichnete Stellung erhält. Zwischen ihr und der Masse $m^{(\alpha)}$ der anderen Phase besteht die Beziehung

$$m^{(\alpha)} + m^{)\beta)} = M, \tag{97)}$$

wobei M, die Gesamtmasse der Substanz, konstant ist; mit dem Volumen V ist $m^{(\beta)}$ verbunden durch die Formel

$$V = m^{(\alpha)} v^{(\alpha)} + m^{(\beta)} v^{(\beta)} = M v^{(\alpha)} + m^{(\beta)} v_{\alpha\beta}, \tag{97')}$$

worin wie früher $v^{(\alpha)}$ und $v^{(\beta)}$ die spezifischen Volumina der beiden Phasen (α) und (β), $v_{\alpha\beta}$ aber die Volumenänderung $v^{(\beta)} - v^{(\alpha)}$ bei der Umwandlung in der Richtung (α)→(β) bezeichnet. $v^{(\alpha)}$ und $v^{(\beta)}$, also auch $v_{\alpha\beta}$, hängen bei dem betrachteten Problem nur von der Temperatur ab.

In den Variabeln T und $m^{(\beta)}$ drückt sich unter Benutzung von (3) die zugeführte Wärmemenge sehr einfach aus. Schreibt man

$$d'\Omega = \Omega_T \, dT + \Omega_m \, dm^{(\beta)},$$

so sieht man, daß Ω_T einer Erwärmung ohne Umwandlung und Ω_m einer Umwandlung ohne Temperaturänderung entspricht.

Es muß daher gelten

$$98)\qquad d'\Omega = (m^{(\alpha)}\bar{\Gamma}^{(\alpha)} + m^{(\beta)}\bar{\Gamma}^{(\beta)})\,d\,T + \omega_{\alpha\beta}\,d\,m^{(\beta)};$$

die spezifischen Wärmen in der Klammer sind mit den früher so bezeichneten identisch, denn sowohl die Phase (α), wie die Phase (β), befindet sich in dem der Grenzkurve ($\alpha\,\beta$) entsprechenden Zustande.

Drückt man hierin $\bar{\Gamma}^{(\beta)}$ mit Hilfe der Gleichung (86) aus, so erhält man nach leichter Umformung

$$98')\qquad d'\Omega = M\bar{\Gamma}^{(\alpha)}\,d\,T + T\,d\left(\frac{m^{(\beta)}\,\omega_{\alpha\beta}}{T}\right),$$

wobei, wie weiterhin immer, bei einer Abhängigen Φ der Ausdruck $d\,\Phi$ das vollständige Differential bezeichnet.

Ferner folgt aus der Definition $d'A = -P\,d\,V$ unter Benutzung von (97')

$$98'')\qquad \begin{cases} d'A = -P\left[M\,d\,v^{(\alpha)} + d\,(m^{(\beta)}\,v_{\alpha\beta})\right] \\ \quad\;\; = -P\,M\,d\,v^{(\alpha)} - d\,(m^{(\beta)}\,P\,v_{\alpha\beta}) + m^{(\beta)}\,v_{\alpha\beta}\,d\,P, \end{cases}$$

oder unter Benutzung der Beziehung (88''') auch

$$98''')\qquad d'A = -P\,M\,d\,v^{(\alpha)} + \frac{m^{(\beta)}\,\omega_{\alpha\beta}}{T}\,d\,T - d\,(m^{(\beta)}\,P\,v_{\alpha\beta}).$$

Die Werte von $d'\Omega$ und $d'A$ können zur Bestimmung der Funktionen E', H und Z dienen.

Man hat nämlich zunächst nach (2') wegen $\Psi = 0$

$$99)\qquad d\,E' = M\left(\bar{\Gamma}^{(\alpha)} - P\frac{d\,v^{(\alpha)}}{d\,T}\right)d\,T + d\left[m^{(\beta)}\,(\omega_{\alpha\beta} - P\,v_{\alpha\beta})\right],$$

also, falls C eine Konstante bezeichnet,

$$99')\qquad E' = M\left[C + \int\left(\bar{\Gamma}^{(\alpha)} - P\frac{d\,v^{(\alpha)}}{d\,T}\right)d\,T\right] + m^{(\beta)}\,(\omega_{\alpha\beta} - P\,v_{\alpha\beta});$$

ferner nach (22)

$$99'')\qquad d\,H = M\bar{\Gamma}^{(\alpha)}\frac{d\,T}{T} + d\left(\frac{m^{(\beta)}\,\omega_{\alpha\beta}}{T}\right),$$

also, wenn C' eine andere Konstante bedeutet,

$$99''')\qquad H = M\left[C' + \int\frac{\bar{\Gamma}^{(\alpha)}\,d\,T}{T}\right] + \frac{m^{(\beta)}\,\omega_{\alpha\beta}}{T};$$

endlich erhält man nach (82) durch eine einfache Umformung

$$Z = M\left[C - C'T + Pv^{(\alpha)} + \int\left(\overline{\Gamma}^{(\alpha)} - P\frac{d v^{(\alpha)}}{d T}\right)d T - T\int\frac{\overline{\Gamma}^{(\alpha)}\, d T}{T}\right]. \qquad 99'''')$$

Daß Z hier wirklich, wie Gleichung (99'''') zeigt, eine Funktion von T allein und mit M proportional sein muß, ergiebt sich durch die Überlegung, daß das allgemeine

$$Z = m^{(\alpha)}\zeta^{(\alpha)} + m^{(\beta)}\zeta^{(\beta)}$$

für die Grenzkurve $(\alpha\beta)$ wegen der dort geltenden Bedingung $\zeta^{(\alpha)} = \zeta^{(\beta)}$ die Form

$$Z = M\bar{\zeta}$$

annehmen muß, worin $\bar{\zeta}$ nur T enthalten kann.

Um diese Formeln anzuwenden, muß $P, v^{(\alpha)}$, $\overline{\Gamma}^{(\alpha)}$ und $\omega_{\alpha\beta}$ oder $v_{\alpha\beta}$ als Funktion von T durch die Beobachtung gegeben sein.

Ein besonders wichtiger spezieller Fall ist der, daß die Phase (α) flüssig oder starr, die Phase (β) gasförmig ist. Hier kann man nämlich $\overline{\Gamma}^{(\alpha)}$ und $v^{(\alpha)}$ als nahezu von der Temperatur unabhängig, also als absolut konstant betrachten und erhält, indem man gleichzeitig $\omega_{\alpha\beta}$ durch Anwendung der Beziehung (88''') eliminiert und $m^{(\beta)}$ nach (97') durch V ausdrückt, die einfacheren Formeln

$$\left.\begin{aligned} E' &= M(C + \overline{\Gamma}^{(\alpha)} T) + (V - M v^{(\alpha)})\left(T\left(\frac{d P}{d T}\right)_{\alpha\beta} - P\right), \\ H &= M(C' + \overline{\Gamma}^{(\alpha)} l(T)) + (V - M v^{(\alpha)})\left(\frac{d P}{d T}\right)_{\alpha\beta}, \\ Z &= M\left[C - C' T + \overline{\Gamma}^{(\alpha)} T(1 - l(T)) + P v^{(\alpha)}\right]. \end{aligned}\right\} \qquad 100)$$

Diese Gleichungen sind u. a. für die Entwickelung der Theorie der Dampfmaschine, die ja mit einem Gemisch von Wasser und Wasserdampf arbeitet, von Wichtigkeit.

Ferner gestatten sie die Anwendung zur Bestimmung der bei nicht umkehrbaren Vorgängen eintretenden Veränderungen, wozu in § 8 die allgemeinen Regeln angegeben sind.

Beschränken wir uns auf den Fall der Ausdehnung ohne Arbeits- und Wärmezufuhr und bezeichnen die beiden Grenzzustände mit (1) und (2), so erhalten wir, indem wir den Wert der Energie in

$$E' = M F(T) + V f(T) \qquad 100')$$

abkürzen,

$$M\left[F(T_2) - F(T_1)\right] = V_1 f(T_1) - V_2 f(T_2), \qquad 100'')$$

was T_2 aus gegebenem T_1, V_1 und V_2 zu berechnen gestattet.

während (97') den beiden Zuständen zugehörigen Wert $(m^{(\beta)})_1$ und $(m^{(\beta)})_2$ angiebt. —

Wir wollen endlich noch die Wirkung bestimmen, die eine adiabatische umkehrbare Volumenänderung auf das Gemisch ausübt.

Hierzu ist in der Formel (98) $d'\Omega$ gleich Null, also auch

$$101)\qquad (m^{(\alpha)}\bar{\Gamma}^{(\alpha)} + m^{(\beta)}\bar{\Gamma}^{(\beta)})\,d\,T + \omega_{\alpha\beta}\,d\,m^{(\beta)} = 0$$

zu setzen und durch Benutzung von (97') $d\,V$ an Stelle von $d\,T$ einzuführen. Aus letzterer Gleichung folgt

$$m^{(\beta)}\frac{d\,v_{\alpha\beta}}{d\,T}\,d\,T = d\,V - v_{\alpha\beta}\,d\,m^{(\beta)},$$

und man erhält daher aus (101) allgemein

$$101')\quad (m^{(\alpha)}\bar{\Gamma}^{(\alpha)} + m^{(\beta)}\bar{\Gamma}^{(\beta)})(d\,V - v_{\alpha\beta}\,d\,m^{(\beta)}) + m^{(\beta)}\,\omega_{\alpha\beta}\frac{d\,v_{\alpha\beta}}{d\,T}\,d\,m^{(\beta)} = 0.$$

Wir wollen uns nun auf den Fall beschränken, daß nahezu die ganze Masse M sich in der Phase (β) befindet, also gasförmig ist; dann ist $m^{(\alpha)} = 0$, $m^{(\beta)} = M$ zu setzen, und die letzte Gleichung liefert

$$101'')\qquad \frac{-\bar{\Gamma}^{(\beta)}\,d\,V}{\omega_{\alpha\beta}\dfrac{d\,v_{\alpha\beta}}{d\,T} - v_{\alpha\beta}\,\bar{\Gamma}^{(\beta)}} = d\,m^{(\beta)}.$$

Hierin überwiegt das erste Glied des Nenners jederzeit wegen des neben $\bar{\Gamma}^{(\beta)}$ stets großen Wertes $\omega_{\alpha\beta}$ weit das zweite; da $d\,v_{\alpha\beta}/d\,T$, wie schon auf S. 582 bemerkt, kleiner als Null ist, so hat der ganze Nenner einen negativen Wert; man kann also schreiben, indem man durch A eine Funktion der Temperatur bezeichnet,

$$101''')\qquad A^2\,\bar{\Gamma}^{(\beta)}\,d\,V = d\,m^{(\beta)}.$$

Die nach (90) ausgeführte Berechnung hat $\bar{\Gamma}^{(\beta)}$ für einige Flüssigkeiten und für bestimmte Temperaturen positiv, für andere negativ ergeben. Berücksichtigt man, daß negatives $d\,m^{(\beta)}$ eine Kondensation von Dampf angiebt, so zeigt die letzte Formel, daß bei positivem $\bar{\Gamma}^{(\beta)}$ die Kondensation durch Kompression, bei negativem durch Dilatation bewirkt werden muß. Da die Kondensation, wenn sie hinreichend schnell stattfindet, zu einer Nebelbildung innerhalb des in gesättigtem Zustande zunächst durchsichtigen Dampfes führt, so ist hierdurch der Beobachtung ein einfaches Mittel gegeben, um das Vorzeichen von $\bar{\Gamma}^{(\beta)}$ zu kontrollieren und mit dem aus der Berechnung folgenden zu vergleichen. Diese eigentümliche Prüfung der Theorie, auf die schon S. 581 hingewiesen worden ist, hat zu einer vollständigen Bestätigung derselben geführt.[62]). —

Die Gesetze der Umwandlung werden durch Berücksichtigung der in der Grenzfläche zwischen den koexistierenden Phasen etwa stattfindenden Oberflächenspannungen in einer bemerkenswerten und im Anschluß an die Grundformel (79) auf S. 569 leicht angebbaren Weise modifiziert.

Da keine Beobachtung bisher dafür spricht, daß zur Vergrößerung oder Verkleinerung der Grenzfläche außer mechanischer Arbeit, die z. B. bei einer Deformation der Randkurve der Fläche zu leisten wäre, auch Wärme zugeführt werden muß, so ist die Entropie von der Gestalt und Größe der betrachteten Fläche unabhängig. Setzen wir ferner voraus, daß bei der Variation der Grenzfläche äußere Kräfte keine Arbeit leisten, so enthält auch $\delta' A$ keinen auf die Grenzfläche bezüglichen Teil. Es bleibt also nur in E ein auf sie bezügliches Glied, welches als Energie der Grenzfläche bezeichnet werden kann, zu berücksichtigen, und von diesem ist nach dem oben Gesagten klar, daß es mit dem auf S. 244 eingeführten Oberflächenpotential $S_{\alpha\beta}\, o_{\alpha\beta}$ identisch sein muß; hierin bezeichnet $o_{\alpha\beta}$ die Größe der Grenzfläche zwischen den Phasen (α) und (β), $S_{\alpha\beta}$ die in ihr wirkende Oberflächenspannung, welche als der Kombination der Körper (α) und (β) bei gegebener Temperatur individuell betrachtet werden kann.

Wir erhalten sonach als Potential Z der beiden koexistierenden Phasen

$$Z = m^{(\alpha)} \zeta^{(\alpha)} + m^{(\beta)} \zeta^{(\beta)} + S_{\alpha\beta}\, o_{\alpha\beta}. \qquad 102)$$

Für die Anwendung dieses Ausdruckes wollen wir uns speziell vorstellen, daß die Phase (α) außer durch die Oberfläche $(\alpha\beta)$ nur noch durch starre Wände begrenzt wird; fehlen solche, so muß sie hiernach rings von (β) umgeben sein. Die äußere Begrenzung der Phase (β) mag entweder konstante Größe besitzen oder von Oberflächenspannung frei sein.

Bei der Variation ist dann zu benutzen, daß

$$\delta m^{(\alpha)} + \delta m^{(\beta)} = 0,$$

und daß nach einem bekannten geometrischen Satze zugleich

$$\left.\begin{aligned} &\delta m^{(\alpha)} = \varrho^{(\alpha)} \int d\, o_{\alpha\beta}\, \delta v \\ \text{und} \qquad &\delta o_{\alpha\beta} = -\int d\, o_{\alpha\beta}\, \delta v \left(\frac{1}{R_1} + \frac{1}{R_2}\right) \end{aligned}\right\} \qquad 102')$$

ist, wobei δv die normale Verschiebung der Grenzfläche an der Stelle des Elementes $d o_{\alpha\beta}$ nach der Seite der Phase (β), und R_1, R_2 die Hauptkrümmungsradien ebenda und analog gerechnet bezeichnen.

Wirken körperliche Kräfte nicht, so ist nach S. 247 $(1/R_1 + 1/R_2)$ längs der ganzen Grenze konstant, und es folgt daher aus (102')

$$102'') \qquad \delta m^{(\alpha)} \left(\frac{1}{R_1} + \frac{1}{R_2}\right) + \varrho^{(\alpha)} \delta o_{\alpha\beta} = 0;$$

die Variation der Gleichung (102) führt somit auf die Formel

$$102''') \qquad \varrho^{(\alpha)} (\zeta^{(\alpha)} - \zeta^{(\beta)}) - S_{\alpha\beta} \left(\frac{1}{R_1} + \frac{1}{R_2}\right) = 0,$$

welche bei Berücksichtigung der Oberflächenspannung an Stelle von $\zeta^{(\alpha)} = \zeta^{(\beta)}$ tritt.

Die weitere Entwickelung der Theorie erfordert die Aufstellung der Potentialwerte ζ für die beiden Phasen, ist also nur unter speziellen Voraussetzungen möglich.

Wir wollen uns auf die Betrachtung des speziellen Falles beschränken, daß die Phase (α) durch eine Flüssigkeit, (β) durch ihren Dampf gebildet wird, und die Formel (94'') für ζ benutzen unter der Annahme, daß die Dichten der beiden Phasen bei der vorliegenden Temperatur sehr verschieden sind.

In dem Ausdrucke für die flüssige Phase können wir dann v, wie S. 589, als konstant betrachten und schreiben

$$103) \qquad \zeta^{(\alpha)} = \Theta^{(\alpha)} + P v^{(\alpha)},$$

worin $\Theta^{(\alpha)}$ eine Funktion von τ oder T allein bezeichnet; in dem für die gasförmige können wir v als sehr groß neben a und b ansehen und in analoger Bezeichnung schreiben

$$103') \qquad \zeta^{(\beta)} = \Theta^{(\beta)} - B T l(v^{(\beta)}) + P v^{(\beta)}.$$

Es gilt sonach, da auch $\varrho^{(\alpha)} v^{(\alpha)} = 1$ ist,

$$103'') \qquad \Theta' + P\left(\frac{v^{(\alpha)} - v^{(\beta)}}{v^{(\alpha)}}\right) + \frac{B T}{v^{(\alpha)}} l(v^{(\beta)}) = S_{\alpha\beta} \left(\frac{1}{R_1} + \frac{1}{R_2}\right).$$

Vernachlässigt man noch $v^{(\alpha)}$ neben $v^{(\beta)}$ und läßt den Dampf angenähert das Boyle-Mariotte'sche Gesetz befolgen, setzt also

$$P v^{(\beta)} = B T,$$

so hat man schließlich, wenn Θ eine neue Funktion von T bezeichnet,

$$103''') \qquad \Theta - \frac{B T}{v^{(\alpha)}} l(P) = S_{\alpha\beta} \left(\frac{1}{R_1} + \frac{1}{R_2}\right).$$

Differentiiert man dies bei konstantem T nach P, so muß sich der Ausdruck in der Klammer rechts ändern, und es folgt

$$\frac{BT}{v^{(\alpha)}}\frac{dP}{P} = \frac{\varrho^{(\alpha)}}{\varrho^{(\beta)}}dP = -S_{\alpha\beta}d\left(\frac{1}{R_1}+\frac{1}{R_2}\right). \qquad 103''')$$

Diese merkwürdige Formel ergiebt, wie der Sättigungsdruck bei konstanter Temperatur mit der mittleren Krümmung der Grenzfläche variiert, welche den Dampf gegen die Flüssigkeit scheidet.[63]).

§ 15. $(n+1)$ Komponenten in einer Phase. Dissociation der Gase und Lösungen.

Nach Gleichung (83) kann zwar für das thermodynamische Potential Z jederzeit der Ansatz gemacht werden

$$Z = \sum_i \sum_k \zeta_k^{(i)} m_k^{(i)},$$

aber nur in ganz speziellen Fällen, von denen einer im vorigen Abschnitt behandelt ist, sind die Koeffizienten $\zeta_k^{(i)}$ allein von P und T, nicht aber auch vom Verhältnis der Massen $m_k^{(i)}$ abhängig. Der allgemeinere Fall bietet stets erhebliche Schwierigkeiten, und nur bei wenigen Beispielen ist bisher die vollständige Bestimmung der Potentiale $\zeta_k^{(i)}$ möglich gewesen. Eines von diesen liefert der Fall, daß die Komponenten (k) e i n e r Phase die Eigenschaft besitzen, in den Ansätzen für Energie und Volumen, welche hier aus (81) und (81′) folgen, nämlich in den Formeln

$$E' = \sum \varepsilon'_k m_k, \quad V = \sum v_k m_k, \qquad 104)$$

für ε'_k und v_k Funktionen von P und T a l l e i n zu geben, während über die Koeffizienten η_k in der Formel

$$H = \sum \eta_k m_k \qquad 104')$$

nichts ausgesagt wird.

Dieser Fall ist physikalisch dadurch charakterisiert, daß die Vereinigung der Komponenten (k) zu dem betrachteten System bei konstantem P und T weder von einer Volumenänderung begleitet ist, noch Wärme- oder Arbeitsaufwand erfordert. Denn $v_k m_k$ ist nach der gemachten Annahme das Volumen V_k, welches die Masse m_k der Komponente (k), bei gleichem Druck und gleicher Temperatur für sich allein vorhanden, einnehmen würde, und $V = \sum V_k$; $\varepsilon'_k m_k$ ist die entsprechende Energie E'_k, und $E' = \sum E'_k$.

Für die Entropie erhalten wir aus der Energiegleichung unter Benutzung der Ansätze (104) und (104') die Bedingung

$$\sum m_k d\eta_k = \sum \frac{m_k}{T}(d\varepsilon'_k + P dv_k),$$

worin die Differentiale sich auf P und T allein beziehen. Da die m_k vollkommen willkürlich sind, kann man hieraus schließen

$$d\eta_k = \frac{1}{T}(d\varepsilon'_k + P dv_k) \quad \text{für} \quad k = 1, 2, \ldots n + 1 .$$

Hier stellt der Ausdruck rechts das Differential der Entropie η_k^0 der Volumeneinheit der Komponente (k) dar, wenn dieselbe allein vorhanden ist, und hängt nur von P und T ab. Da aber η_k außer diesen Argumenten noch die Verhältnisse der Massen m_k enthält, so folgt durch Integration

104'') $$\eta_k = \eta_k^0 + M_k,$$

worin M_k eine Funktion der m_k allein ist. Die gesuchte Größe η_k unterscheidet sich also von der Entropie η_k^0 der Masseneinheit der Komponente (k) bei den Werten P und T, denen das ganze System ausgesetzt ist, nur durch eine von P und T unabhängige Größe.[64])

Führt man das Resultat (104'') in den Ausdruck

$$\varepsilon'_k - T\eta_k + P v_k = \zeta_k$$

für das thermodynamische Potential der Masseneinheit der Komponente (k) ein und kürzt ab

$$\varepsilon'_k - T\eta_k^0 + P v_k = \zeta_k^0,$$

wo dann ζ_k^0 das Potential bei Abwesenheit der übrigen Komponenten angiebt, so erhält man

104''') $$\zeta_k = \zeta_k^0 - T M_k ;$$

diese Formel läßt den Einfluß der Mischung mit anderen Komponenten auf den Wert des Potentiales deutlich hervortreten.

Über die Funktionen M_k läßt sich ohne Zuhilfenahme von neuen experimentell festgestellten Thatsachen oder neuen Hypothesen nur soviel sagen, daß M_k eine Funktion der n-Argumente

$$\frac{m_0}{m_k}, \frac{m_1}{m_k}, \frac{m_2}{m_k}, \ldots \frac{m_{k-1}}{m_k}, \frac{m_{k+1}}{m_k}, \ldots \frac{m_n}{m_k}$$

sein muß, welche sich auf eine Konstante reduziert, wenn deren Zähler verschwinden; da in η_k^0 schon eine willkürliche Konstante enthalten ist, so kann man jene zweite beliebig gleich Null setzen.

In dem speziellen Fall, daß eines der m_k, z. B. m_0, alle anderen sehr weit übertrifft, ist allerdings für M_0 sogleich der Ansatz zu bilden

$$M_0 = \frac{1}{m_0}\sum_1^n c_h m_h, \tag{104''''}$$

in welchem die c_h Konstanten bezeichnen; aber sowohl die übrigen M_k, als auch der Wert von M_0 im allgemeinen Falle sind zunächst unbekannt.

Ein Weg zu ihrer Bestimmung ist geboten, wenn man die Vereinigung der Komponenten zu dem Gemisch auf umkehrbarem Wege isotherm zu vollziehen und die dabei eintretende Energieänderung $E_2 - E_1$, wie die dabei aufzuwendende Arbeit A_{12} zu bestimmen vermag. Dann gilt nämlich allgemein, weil $H_1 = \sum \eta_k^0 m_k$, $H_2 = \sum \eta_k m_k$ ist,

$$E_2 - E_1 - A_{12} = T(H_2 - H_1) = T\sum M_k m_k, \tag{105}$$

woraus der Wert des einzelnen M_k zu entnehmen ist. Da wir hier aber nur Fälle betrachten, bei welchen die Energie sich bei der Vereinigung der Komponenten nicht ändert, so haben wir noch einfacher

$$-A_{12} = T\sum m_k M_k. \tag{105'}$$

Wir wenden diese Formel auf ein Gemisch von idealen Gasen an, welches den auf S. 593 gemachten Voraussetzungen genügt, denken also alle Komponenten (k) anfänglich bei gleichem P und T in getrennten Behältern von den Volumina $V_k = m_k v_k$, für welche $\sum V_k = V$ ist, befindlich und diese Behälter dann in Kommunikation gesetzt. Daß bei der Vereinigung mit P und T auch V, oder umgekehrt mit V und T auch P ungeändert bleibt, können wir dahin deuten, daß jedes Gas bei seiner Ausbreitung durch das Volumen V einen Partialdruck p_k von einer solchen Größe erreicht, daß die Summe über alle Partialdrucke

$$\sum p_k = P, \tag{106}$$

d. h. gleich dem Anfangsdruck ist; dies von Dalton angegebene Gesetz ist bereits S. 58 erwähnt worden.

Die so verlaufende Vereinigung ist indessen nicht umkehrbar. Umkehrbar kann sie vollzogen werden, indem man zunächst zwei Gase (a) und (b) in einen Cylinder bringt, der in zwei Abschnitte von den Größen V_a und V_b durch zwei aufeinander liegende Schirme geschieden ist, von denen der dem Gas (a) zugewandte nur für (a), nicht aber für (b), der dem Gas (b) zugewandte nur für (b), nicht aber für (a) durchlässig ist, so daß die Kombination beider sowohl (a) als (b) den Durchgang verbietet.

Halbdurchlässige Schirme von genau solcher Eigenschaft

sind zwar in der Natur nicht vorhanden, wohl aber von so weit ähnlicher, daß die Annahme keine physische Unmöglichkeit enthalten dürfte.[65])

Beide Schirme müssen, falls ihr Querschnitt gleich Q ist, mit einer Kraft $K = QP$ gehalten werden, um in Ruhe zu bleiben.

Nun lasse man beide Gase sich ausdehnen, indem man die auf die Schirme wirkende Kraft jederzeit unendlich wenig geringer sein läßt, als die Resultierende des auf sie wirkenden Druckes; die Schirme werden dann in der Richtung des von den resp. Gasen auf sie ausgeübten Druckes sich verschieben. Wenn sie auf ihrer Bewegung die Enden des Cylinders erreicht haben, ist die Vereinigung auf umkehrbarem Wege bewirkt, denn sie läßt sich durch den entgegengesetzt gleichen Arbeitsaufwand rückgängig machen.

Jedes der beiden Gase befolgt bei diesem Prozeß das Boyle-Gay Lussac'sche Gesetz; es gilt sonach für nur zwei Komponenten

$$A_{12}' = -\int_{V_a}^{V} P_a dV_a' - \int_{V_b}^{V} P_b dV_b' = -T\left\{B_a m_a l\left(\frac{V}{V_a}\right) + B_b m_b l\left(\frac{V}{V_b}\right)\right\},$$

was sich für deren $(n+1)$ sogleich erweitern läßt zu

106') $$A_{12} = -T\sum m_k B_k l\left(\frac{V}{V_k}\right).$$

Nun ist aber gleichzeitig

$$Vp_k = m_k B_k T \quad \text{und} \quad V_k P = m_k B_k T,$$

oder unter Berücksichtigung von (106),

$$VP = T\sum m_i B_i \quad \text{und} \quad V_k P = m_k B_k T;$$

führt man dies in (106') ein, so erhält man sofort

106'') $$A_{12} = +T\sum m_k B_k l\left(\frac{m_k B_k}{\sum m_i B_i}\right),$$

und wegen (105') als schließliches Resultat:

106''') $$M_k = -B_k l\left(\frac{m_k B_k}{\sum m_i B_i}\right) = -B_k l(N_k),$$

worin N_k eine neue Bezeichnung ist.

Für ideale Gase gilt somit[66]) nach (104'') und (104''')

107) $$\eta_k = \eta_k^0 - B_k l(N_k),$$

und

107') $$\zeta_k = \zeta_k^0 + B_k T l(N_k).$$

Für die weitere Entwickelung wirkt vereinfachend die Avo-

GADRO'sche Regel, nach welcher bei gleichem Druck P' und gleicher Temperatur T', denen die Dichte ϱ'_k entspricht, gleiche Volumina verschiedener Gase gleiche Anzahlen ν'_k von Grammmolekülen μ_k enthalten, nach welcher also unter den genannten Umständen

$$\nu'_k = \varrho'_k / \mu_k \tag{108}$$

für alle Gase gleich ist. Denn da nach dem BOYLE-GAY LUSSAC'schen Gesetz

$$\frac{1}{\varrho'_k} = \frac{B_k T'}{P'}$$

ist, so ergiebt sich

$$\frac{1}{\nu'_k} = \frac{\mu_k B_k T'}{P'}, \tag{108'}$$

und die obige Regel sagt aus, daß

$$\mu_k B_k = R \tag{108''}$$

eine universelle Konstante sein muß.

Benutzt man dies und beachtet, daß bei Einführung der effektiven Anzahl ν_k der vorhandenen Grammmoleküle der Komponente (k)

$$m_k = \mu_k \nu_k \tag{109}$$

ist, so kann man in dem Wert des Gesamtpotentiales

$$Z = \sum m_k [\zeta_k^0 + B_k T l(N_k)] \tag{109'}$$

auch

$$N_k = \frac{\nu_k}{\sum \nu_i} \tag{109''}$$

setzen, oder bei Einführung der Bezeichnung

$$\mu_k \zeta_k^0 = \xi_k \tag{109'''}$$

schreiben

$$Z = \sum \nu_k [\xi_k + R T l(N_k)]. \tag{109''''}$$

Hierin stellt der Faktor von ν_k das Potential für ein Grammmolekül der Komponente (k) dar; N_k kann als die Konzentration des Gemisches in Bezug auf die Komponente (k) bezeichnet werden.

Die vorstehenden Resultate sind zwar zunächst nur für ideale Gase abgeleitet, besitzen jedoch eine erheblich allgemeinere Gültigkeit. Denn da die Funktionen M_k von Druck und Temperatur unabhängig sind, so ist es gleichgültig, bei welchen Werten dieser Größen der für ihre Ableitung vorausgesetzte Vorgang, nämlich die auf umkehrbarem Wege stattfindende Vereinigung, sich abspielt Hieraus folgt dann sogleich, daß die erhaltenen M_k für jedes System von $(n + 1)$ Komponenten in einer Phase anwendbar sind, welches sich durch Veränderung von Temperatur und Druck in den Zustand eines idealen Gases überführen läßt, ohne dabei chemische Umsetzungen zu erfahren.[67]) Einen solchen allgemeinen Fall können wir daher weiterhin zunächst voraussetzen. —

Nun mögen mit wechselnden P und T zwischen den Komponenten Umsetzungen derartig stattfinden, daß

110) $$\delta \nu_k = \lambda \alpha_k$$

ist, wobei λ eine Konstante und α_k eine ganze, positive oder negative Zahl, im speziellen auch Null bedeutet.

Zerfallen z. B. α_0 Moleküle μ_0, und bilden sich aus ihren Produkten $\alpha_1, \alpha_2 \ldots$ Moleküle $\mu_1, \mu_2 \ldots,$ — ein Vorgang, den man eine einfache Dissociation der Komponente (0) nennt — so ist

110') $$\delta \nu_0 = -\lambda \alpha_0, \quad \delta \nu_1 = +\lambda \alpha_1, \quad \delta \nu_2 = +\lambda \alpha_2 \ldots$$

zu setzen. Ähnlich bei simultanen Dissociationen, wo mehrere Molekülarten gleichzeitig zerfallen müssen, um das Material für die Neubildungen zu liefern.

Anders dagegen bei den stufenweisen Dissociationen, wo die Zersetzungsprodukte zum Teil in dieser Gestalt fortbestehen, zum Teil weiter zerfallen. Hier wird für jede neue Zerfällung eine neue Formel der obigen Art mit willkürlichem Faktor und gegebenem α_k aufzustellen sein; z. B.

110'') $$\delta' \nu_k = \lambda' \alpha_k', \quad \delta'' \nu_k = \lambda'' \alpha_k'', \ldots$$

Da aber jede dieser Gleichungen in derselben Weise zu verwerten ist, wie die erste, so genügt es, diese weiter zu verfolgen.

Die Gleichgewichtsgleichung (84') nimmt nach (109'''') die Form an

111) $$\sum [\xi_k + RTl(N_k)]\, \alpha_k = 0,$$

oder

$$-\frac{1}{RT} \sum \xi_k \alpha_k = l\left[\prod (N_k^{\alpha_k})\right],$$

was wir durch die Bezeichnung

111') $$-\frac{1}{RT} \sum \xi_k \alpha_k = l(K)$$

abkürzen in

111'') $$K = \prod (N_k^{\alpha_k}).$$

Hier steht rechts eine Funktion allein der Argumentreihen ν_k und α_k, deren erste die Zusammensetzung des betrachteten Systemes und deren letzte die stattfindenden Umsetzungen charakterisiert, links eine Funktion von Druck und Temperatur allein.

Unterscheidet man unter den α_k die positiven und die negativen, welche sich bildenden und zerfallenden Verbindungen entsprechen, durch die Indices als α_p und $-\alpha_n$, so nimmt die letzte Gleichung die Form an

$$K = \frac{\prod N_p^{\alpha_p}}{\prod N_n^{\alpha_n}}, \tag{111'''}$$

in welcher sie als das GULDBERG- und WAAGE'sche Gesetz der Massenwirkung[68]) bezeichnet wird. Sie giebt eine Beziehung an, welche im Zustand des Gleichgewichtes bei ungeändertem P und T bei beliebig geänderten Massenverhältnissen zwischen den bez. Konzentrationen N_k bestehen muß. Die Funktion K heißt der Gleichgewichtskoeffizient; seine Abhängigkeit von P und T ist nicht ein für allemal angebbar, doch kann man über seine Natur einiges ganz allgemein behaupten. —

Die kleinstmögliche Anzahl von unzerlegten Molekülen, welche zur Ausführung der gedachten Umwandlung nötig sind, (bei der einfachen Dissociation also α_0 von der Gattung μ_0), wollen wir eine Molekülgruppe, und den Zustand, in welchem sie unzerlegt sind, den Zustand (1) nennen. Nach vollständiger Umwandlung soll die Gruppe den Zustand (2) erreicht haben.

Dann läßt sich die in (111) links stehende Funktion auffassen als die Differenz der Werte der auf die einzelne Gruppe bezogenen Funktion Z, die wir in dieser Bedeutung durch Z' bezeichnen wollen, in dem Zustand (1) und (2); denn die positiven α_k entsprechen den neugebildeten, die negativen den zerfallenen Molekülen. Die Gleichung (111) ist dann identisch mit

$$Z'_2 - Z'_1 = 0.$$

Wendet man hierauf die Formeln (86''') an, so erhält man leicht

$$\frac{\partial}{\partial P}(Z'_2 - Z'_1) = +v'_{12}, \tag{112}$$

$$\frac{\partial}{\partial T}\left(\frac{Z'_2 - Z'_1}{T}\right) = -\frac{\omega'_{12}}{T^2}, \tag{112'}$$

in denen v'_{12} die Volumenvergrößerung bezeichnet, welche die Grammmoleküle der Gruppe bei der Umwandlung $(1) \rightarrow (2)$ erfahren, ω'_{12} die zur Umwandlung nötige Wärmezufuhr.

Nach der Bedeutung von $Z'_2 - Z'_1$ giebt dies aber sogleich

$$\frac{\partial}{\partial P}\left(\sum \xi_k \alpha_k\right) = +v'_{12}, \quad \frac{\partial}{\partial T}\left(\sum \frac{\xi_k \alpha_k}{T}\right) = -\frac{\omega'_{12}}{T^2}, \tag{112''}$$

oder unter Berücksichtigung von (111') auch

$$\frac{\partial l(K)}{\partial P} = -\frac{v'_{12}}{RT}, \quad \frac{\partial l(K)}{\partial T} = +\frac{\omega'_{12}}{RT^2}, \tag{112'''}$$

wodurch zwei wichtige Eigenschaften der Funktion K ausgesprochen sind.

Die letzte Formel führt den Namen des van't Hoff'schen Gesetzes.[69] —

Nach diesen allgemeinen Entwickelungen kehren wir wieder zu dem speziellen Falle zurück, von dessen Betrachtung wir ausgegangen waren, und nehmen an, daß das System ein Gemisch idealer Gase sei.

Hier lassen sich die Funktionen ζ^0 sogleich vollständig angeben; man erhält sie aus der Gleichung (93″), welche unter Voraussetzung des van der Waals'schen Gesetzes abgeleitet war, indem man darin $a = b = 0$ und Γ_v konstant nimmt. Um die Indices nicht zu häufen, wollen wir weiterhin

113) $$\Gamma_v = \Gamma, \; \Gamma_p = \Gamma'$$

setzen. Dann ergiebt sich zunächst

113′) $$\zeta_k^0 = c_k - k_k' T - \Gamma_k T l(T) - B_k T l(v_k),$$

worin c_k und k_k Konstanten bezeichnen, oder, bei Einführung von

$$P v_k = B_k T$$

passender in P und T allein ausgedrückt,

113″) $$\zeta_k^0 = c_k - k_k' T - \Gamma_k' T l(T) + B_k T l(P).$$

Hieraus folgt nach (109‴) bei Einführung anderer Konstanten h und i sogleich

113‴) $$\xi_k = \mu_k \zeta_k^0 = h_k - i_k T - \gamma_k' T l(T) + R T l(P),$$

wobei $\gamma_k' = \mu_k \Gamma_k'$ die Molekularwärme der Komponente (k) bei konstantem Druck bezeichnet.

Setzt man dies Resultat in die Grundformel (111) ein und kürzt ab

114) $$\frac{1}{R}\sum \alpha_k h_k = -l(A), \quad \frac{1}{R}\sum \alpha_k i_k = l(J), \quad \frac{1}{R}\sum \alpha_k \gamma_k' = C',$$

so erhält man[70])

114′) $$A^{\frac{1}{T}} J T^{C'} = \prod [(N_k P)^{\alpha_k}] = \prod (p_k^{\alpha_k}).$$

Nun ist aber

$$p_k = B_k T \varrho_k,$$

also liefert die obige Formel

114″) $$A^{\frac{1}{T}} D T^{C} = \prod (\varrho_k^{\alpha_k}),$$

wo D eine neue Konstante und

$$C = \frac{1}{R} \sum \alpha_k \gamma_k$$

ist, unter γ_k die Molekularwärme bei konstantem Volumen verstanden.

Benutzt man noch, daß die Atomwärme eines Elementes anscheinend in allen Verbindungen sich gleich bleibt, so ist $C = 0$, und die letzte Formel wird zu

$$A^{\frac{1}{T}} D = \prod (\varrho_k^{\alpha_k}). \qquad 114''')$$

Giebt man dieser Formel die mit (111''') verwandte Gestalt

$$\Theta = \frac{\Pi(\varrho_p^{\alpha_p})}{\Pi(\varrho_n^{\alpha_n})}, \qquad 115)$$

so ist hier Θ eine Funktion der Temperatur allein.

Diese Formel ist für die Vergleichung der Theorie mit der Beobachtung von besonderer Wichtigkeit, da die Partialdichten ϱ_k sich relativ leicht bestimmen lassen.

Hierzu dient außer der Definition der beobachtbaren Gesamtdichte

$$\varrho = \sum_k \varrho_k \qquad 115')$$

und der Gleichung des Boyle'schen Gesetzes in der Form

$$\sum \frac{\varrho_k}{\mu_k} = \frac{R\,T}{P} \qquad 115'')$$

noch das System von Formeln, welches ausdrückt, daß die Umsetzung glatt aufgehen muß, wenn nicht, wie hier ausgeschlossen sein mag, eines der Dissociationsprodukte von vornherein im Überschuß vorhanden ist, nämlich

$$\frac{\varrho_1}{\mu_1 \alpha_1} = \frac{\varrho_2}{\mu_2 \alpha_2} = \ldots = \frac{\varrho_n}{\mu_n \alpha_n}; \qquad 115''')$$

die Formeln (115) bis (115'') geben zusammen $(n + 1)$ Gleichungen, die zu der gewünschten Operation ausreichen.

Die Beobachtungen auch an Dämpfen, welche von dem Zustand der idealen Gase ziemlich weit entfernt sind, haben die vorstehenden Resultate der Theorie sehr befriedigend bestätigt. —

Außer auf Gemische von idealen Gasen gestatten die obigen Formeln noch die Anwendung auf sehr verdünnte Lösungen, welche die ersten der vorstehend eingeführten Voraussetzungen erfüllen, da die Beobachtungen gezeigt haben, daß von einem gewissen Verdünnungsgrade an der Zusatz von Substanz gleicher Temperatur weder eine Kontraktion, noch eine Wärmetönung bewirkt. Demgemäß sind für sie jedenfalls die Formeln (104'') und (104''') zu benutzen, und ist daher

116) $$\eta_k = \eta_k^0 + M_k, \quad \zeta_k = \zeta_k^0 - T M_k$$

zu setzen.

Auch die auf S. 596 u. f. durchgeführte Bestimmung der Funktionen M_k würde anwendbar bleiben, wenn man die Lösung in den idealen Gaszustand bringen könnte, ohne daß hierbei chemische Veränderungen einträten. Dies ist indessen in hohem Grade unwahrscheinlich, und daher ist die Übertragung der Werte (106''') für die M_k auf unseren Fall nicht unbedenklich.

Nimmt man sie als richtig an, so werden durch den Umstand, daß in den zu betrachtenden Lösungen die Masse des Lösungsmittels diejenigen der gelösten Substanzen sehr übertrifft, die Ausdrücke, welche oben für die Funktionen M_k abgeleitet sind, einigermaßen vereinfacht.

Bezeichnet man nämlich das Lösungsmittel durch den Index (0), die gelösten Substanzen durch die Indices $h = 1, 2, \ldots n$, so folgt aus (106''') leicht in erster Annäherung

116') $$\mu_0 M_0 = R \sum \frac{\nu_h}{\nu_0}, \quad \mu_h M_h = - R\, l\left(\frac{\nu_h}{\nu_0}\right).$$

Da außerdem das Lösungsmittel an den Umsetzungen, die innerhalb der Lösung stattfinden, nicht beteiligt ist, so ist in der Formel (111) $\alpha_0 = 0$, und N_0 fällt dadurch gänzlich aus ihr heraus Im übrigen finden sich die Schlußformeln für die in der Lösung stattfindenden Veränderungen, z. B. Dissociationen, genau wie oben für Gase gezeigt ist.[71])

§ 16. Zwei Phasen mit mehreren Komponenten, deren eine beiden Phasen gemeinsam ist. Siede- und Gefrierpunkte von Lösungen; der osmotische Druck.

Außer den in den vorigen beiden Paragraphen behandelten extremen Fällen nur einer Komponente oder nur einer Phase haben bisher nur wenige eine vollständige Durchführung und eine Vergleichung mit der Beobachtung gefunden. Die Schwierigkeit für die Theorie liegt jederzeit in der Aufstellung der Potentialwerte $\zeta_k^{(i)}$, welche meist nur auf Grund des Experimentes und dann nur in Form mehr oder weniger unbequemer Interpolationsformeln möglich ist; dabei kann überdies der oben bei dem VAN DER WAALS'schen

Gesetz hervorgehobene Fall eintreten, daß eine so gewonnene Formel gewisse Beobachtungen anscheinend vollständig darstellt, während aus ihr abgeleitete Gesetze infolge ungünstiger Kombinationen ihrer Konstanten kaum angenähert der Wirklichkeit entsprechen. Relativ vollkommen haben sich die am Ende des vorigen Paragraphen erwähnten Formeln für stark verdünnte Lösungen bewährt, besonders der in (116') gegebene Ausdruck für M_0, was nicht Wunder nehmen darf, da sich derselbe, abgesehen von dem Werte des Faktors R, nach (104'''') ohne spezielle Annahmen bilden läßt. In der That kann man den nicht unbedenklichen Weg, welcher zu der ersten Formel (116') geführt hat, vermeiden, indem man von dem allgemeinen Resultat (104'''') ausgeht und darin die Konstanten c_h durch eine Vergleichung mit der Beobachtung bestimmt; zu letzterer eignet sich besonders das unten abzuleitende Gesetz über den osmotischen Druck.

Aus diesen Gründen wollen wir bei den folgenden Entwickelungen, die einen in mancher Hinsicht allgemeineren Fall betreffen, als die beiden letzten Paragraphen, Anwendungen bevorzugen, bei denen jener Wert von M_0 eine Rolle spielt. —

Wir denken uns nunmehr zwei Phasen (α) und (β) gegeben, von denen die eine $n^{(\alpha)}+1$, die andere $n^{(\beta)}+1$ Komponenten enthält. Ist die einzige, beiden Phasen gemeinsame Komponente durch den unteren Index i charakterisiert, so ist nach (85''') die einzige Gleichgewichtsbedingung, auf welche die allgemeinen Regeln des § 12 führen,

$$\zeta_i^{(\alpha)} - T M_i^{(\alpha)} = \zeta_i^{(\beta)} - T M_i^{(\beta)}. \tag{117}$$

Diese allgemeine Formel kommt u. a. zur Anwendung, wenn die beiden Phasen zwei nicht mischbare Flüssigkeiten sind, welche außer beliebigen, je nur in einer von beiden lösbaren Substanzen, auch eine in beiden lösbare Komponente, nämlich eben (i) enthalten. Sind beide Lösungen so verdünnt, daß man den zweiten Wert (116'), in dem sich der Index (0) auf das Lösungsmittel bezieht, für (i) an Stelle von (h) benutzen kann, so erhält man

$$\zeta_i^{(\alpha)} + \frac{TR}{\mu_i} l\left(\frac{\nu_i}{\nu_0}\right)^{(\alpha)} = \zeta_i^{(\beta)} + \frac{TR}{\mu_i} l\left(\frac{\nu_i}{\nu_0}\right)^{(\beta)},$$

also bei Benutzung der Abkürzung $\nu_i / \nu_0 = N_i$

$$l\left(\frac{N_i^{(\alpha)}}{N_i^{(\beta)}}\right) = \frac{\mu_i}{TR}(\zeta_i^{(\beta)} - \zeta_i^{(\alpha)}). \tag{117'}$$

Diese Gleichung enthält das Gesetz der Verteilung einer Substanz zwischen zwei in Berührung stehenden Lösungsmitteln und spricht, solange man die ζ auf der rechten Seite nicht kennt, nur die Thatsache aus, daß das Verhältnis der N links allein von Druck und Temperatur, nicht aber von den absoluten Konzentrationen abhängig ist.

Diese Betrachtung läßt sich leicht auf den Fall erweitern, daß beiden Phasen mehrere Komponenten gemeinsam sind, z. B. die gelöste Substanz sich dissociiert. Dann sind Überlegungen der im vorigen Paragraphen angewandten Art mit den vorstehenden zu kombinieren. Hierdurch werden die Resultate natürlich complizierter; sie haben aber, solange man die ζ unbestimmt läßt, stets den Charakter des soeben erhaltenen, indem sie nämlich aussprechen, daß gewisse Funktionen der Konzentrationen nur von Druck und Temperatur abhängen.[72]) —

Wir wollen uns nun zu dem wichtigen Fall wenden, daß die gemeinsame Komponente in beiden Phasen weitaus die Massen der nicht gemeinsamen überwiegt, und hierbei, um die Verbindung mit früheren Bezeichnungen herzustellen, (i) mit (0) identifizieren.

Da $\zeta_0^{(\alpha)}$ und $\zeta_0^{(\beta)}$ die Potentiale der Komponente (0) in den beiden Phasen bei Abwesenheit der übrigen Komponenten darstellen, so giebt

118) $$\zeta_0^{(\alpha)} = \zeta_0^{(\beta)}$$

die Bedingung für die Koexistenz der beiden Phasen (α) und (β) der Komponente (0) allein.

Da die beiden Formeln (117) und (118) durch verschiedene Wertpaare P, T und P_0, T_0 erfüllt werden, so schreiben wir sie in der Form

118') $$\left\{\begin{array}{ll} \zeta_0^{(\alpha)}(P_0, T_0) & = \zeta_0^{(\beta)}(P_0, T_0), \\ \zeta_0^{(\alpha)}(P, T) - T M_0^{(\alpha)} & = \zeta_0^{(\beta)}(P, T) - T M_0^{(\beta)}. \end{array}\right.$$

Aus diesen Gleichungen lassen sich allgemeine Folgerungen ziehen, wenn $M_0^{(\beta)} - M_0^{(\alpha)}$, und demgemäß auch die Differenzen

$$T - T_0 = \tau, \quad P - P_0 = \pi,$$

als Größen erster Ordnung betrachtet werden können; in diesem Falle giebt nämlich die Differenz der resp. mit T_0 und T dividierten Formeln (118')

118'') $$\frac{\partial}{\partial T}\left(\frac{\zeta_0^{(\beta)} - \zeta_0^{(\alpha)}}{T}\right)\tau + \frac{\partial}{\partial P}\left(\frac{\zeta_0^{(\beta)} - \zeta_0^{(\alpha)}}{T}\right)\pi = M_0^{(\beta)} - M_0^{(\alpha)}.$$

Vergleicht man dies mit den Formeln (88) und (88''), so erhält man

118''') $$v_{\alpha\beta}\frac{\pi}{T_0} - \omega_{\alpha\beta}\frac{\tau}{T_0^2} = M_0^{(\beta)} - M_0^{(\alpha)},$$

wobei $v_{\alpha\beta}$ die Volumenänderung, $\omega_{\alpha\beta}$ den Wärmeaufwand bezeichnet, der die Umwandlung der Masseneinheit der Komponente (0) aus dem Zustand (α) in den Zustand (β) begleitet.

Von dieser allgemeinen Formel sind besonders die beiden speziellen Fälle von Bedeutung, die man erhält, wenn man erst π und dann τ gleich Null wählt.

Die Formel

$$\tau = -\frac{T_0^2}{\omega_{\alpha\beta}}(M_0^{(\beta)} - M_0^{(\alpha)}) \tag{119}$$

giebt nämlich die Steigerung der Gleichgewichtstemperatur an, welche eintritt, wenn man bei ungeändertem Druck der Komponente (0) in beiden Phasen verschiedene weitere Komponenten zufügt; die andere

$$\pi = +\frac{T_0}{v_{\alpha\beta}}(M_0^{(\beta)} - M_0^{(\alpha)}) \tag{119'}$$

analog die Steigerung des Gleichgewichtsdruckes, wenn man die Zufügung bei ungeänderter Temperatur vornimmt.

Vorbedingung für ihre Gültigkeit ist, daß nur die Komponente (0) beiden Phasen gemeinsam ist.

Wir wollen uns weiterhin auf den Fall beschränken, daß die Phase (β) dauernd von der Komponente (0) **allein** gebildet wird, daß also $M_0^{(\beta)}$ verschwindet. Dieser Fall tritt z. B. ein, wenn in einer Flüssigkeit (0) Substanzen gelöst sind, die in deren dampfförmige oder feste mit der flüssigen koexistierende Phase nicht übergehen. Dann wird aus (119) und (119')

$$\tau = +\frac{T_0^2}{\omega_{\alpha\beta}} M_0^{(\alpha)}, \quad \pi = -\frac{T_0}{v_{\alpha\beta}} M_0^{(\alpha)}, \tag{119''}$$

und wir können für $M_0^{(\alpha)}$ den speziellen Wert (116') setzen, auf dessen Wichtigkeit im Eingang dieses Paragraphen hingewiesen ist. Bezeichnen wir noch die Produkte $\mu_0\,\omega_{\alpha\beta}$ und $\mu_0\,v_{\alpha\beta}$, d. h. die Umwandlungswärme und Volumenänderung eines Grammmoleküles, mit $\omega'_{\alpha\beta}$ und $v'_{\alpha\beta}$, so erhalten wir schließlich [73])

$$\tau = +\frac{R T_0^2}{\nu_0 \omega'_{\alpha\beta}}\sum \nu_h, \quad \pi = -\frac{R T_0}{\nu_0 v'_{\alpha\beta}}\sum \nu_h. \tag{119'''}$$

Diese Formeln geben die Änderungen von Siede- resp. Schmelztemperatur bei konstantem Druck, sowie die Änderung des Gleichgewichtsdruckes bei konstanter Temperatur, die eintreten, wenn man in der Flüssigkeit fremde Substanzen löst, welche die oben hervorgehobenen Eigenschaften besitzen.

Da $\omega'_{\alpha\beta}$ beim Schmelzpunkt negativ, beim Siedepunkt positiv ist, so wird die Schmelztemperatur durch Zufügung lösbarer Substanz stets erniedrigt, die Siedetemperatur stets erhöht. $v'_{\alpha\beta}$ ist beim Siedepunkt stets positiv, beim Schmelzpunkt bald positiv, bald negativ; der Sättigungsdruck wird also durch den Zusatz lösbarer Substanz im ersteren Falle stets vermindert, im letzteren bald gesteigert, bald vermindert.

Die Formeln (119''') sind in der Praxis oft deshalb schwierig anzuwenden, weil, wie schon am Ende des vorigen Paragraphen erörtert, die gelösten Substanzen häufig sich dissociieren, nicht selten aber sich auch polymerisieren. Über die Art, wie dies geschieht, kann man meistens keinen vollkommen sicheren Aufschluß erhalten, und dann ist die Anwendung der Formel, in der ν_h/ν_0 jederzeit dem Dissociationszustand entsprechend zu bestimmen ist, schwierig. In der That wendet man sie auch häufig umgekehrt dazu an, um über den Dissociationszustand durch die Beobachtung der Änderungen des Schmelz- und Siedepunktes Aufklärung zu erhalten. [74]) —

Denkt man sich die Lösung und das reine Lösungsmittel durch eine nur für die gelösten Substanzen undurchlässige Wand voneinander getrennt, so tritt laut der Beobachtung ein Gleichgewichtszustand nur ein, wenn man auf die Lösung einen größeren äußeren Druck ausübt, als auf das Lösungsmittel. Die Wand erfährt dabei also von beiden Seiten verschiedene Drucke; da aber das Lösungsmittel frei durch sie passiert, so scheint es möglich, die Gleichgewichtsbedingung (117) auf dasselbe auch hier in Anwendung zu bringen.[75]) Damit die in der halbdurchlässigen Wand selbst befindlichen Teile des Lösungsmittels bei dem diesseits und jenseits verschiedenen Druck im Gleichgewicht verharren können, müssen sie eine einseitige molekulare Kraft von der Wand erfahren; befinden sich die äußeren Begrenzungen des Systemes in endlicher Entfernung von jenem Diaphragma, so geht diese Wirkung in die Gleichgewichtsgleichung nicht ein, da ihre virtuelle Arbeit verschwindet.

Wir setzen daher, indem wir wieder (i) mit (0) identifizieren und den ersten Wert (116') für M_0 benutzen,

120) $$\zeta_0^{(\alpha)} - \frac{RT}{\mu_0} \sum \left(\frac{\nu_h}{\nu_0}\right)^{(\alpha)} = \zeta_0^{(\beta)}.$$

Für ζ_0 erhalten wir eine angenähert richtige Form, indem wir von der nach (31''') gebildeten Gleichung für das spezifische Volumen v ausgehen und schreiben

120') $$dv = v(\alpha\, dT - \beta\, dP),$$

worin α den räumlichen thermischen Dilatationskoeffizienten, β den Kompressionsmodul bei allseitig gleichem Druck bezeichnet.

Damit kombinieren wir die Formel (31″), nach welcher

$$d'\omega = \Gamma_p\, dT - Tv\alpha\, dP \tag{120″}$$

ist, und erhalten, indem wir Γ_p und in dem kleinen Glied mit α auch αv als konstant annehmen,

$$\eta = \Gamma_p\, l(T) - v\alpha P + k, \tag{120‴}$$

worin k die Integrationskonstante bezeichnet.

Ferner ergiebt sich, wenn wir die äußere Arbeit

$$d'\alpha = -vP(\alpha\, dT - \beta\, dP)$$

zu $d'\omega$ addieren,

$$d\varepsilon = \Gamma_p\, dT - v\alpha(TdP + PdT) + v\beta P dP, \tag{121}$$

also bei ähnlicher Annäherung

$$\varepsilon = \Gamma_p T - v\alpha TP + \tfrac{1}{2} v\beta P^2 + h, \tag{121′}$$

unter h eine andere Integrationskonstante verstanden.

Daraus folgt aber für

$$\left.\begin{aligned} &\zeta = \varepsilon - T\eta + Pv \text{ der Wert:} \\ &\zeta = (\Gamma_p - k)T - \Gamma_p T l(T) + Pv(1 + \tfrac{1}{2}\beta P) + h. \end{aligned}\right\} \tag{121″}$$

Hierin ist bei allen in Betracht kommenden Fällen $\frac{1}{2}\beta P$ sehr klein neben Eins, und man erhält bei seiner Vernachlässigung schließlich

$$\zeta = F(T) + Pv. \tag{121‴}$$

Setzt man diesen Wert bei beiderseitig gleichem T, aber verschiedenem P in Formel (120) ein, so resultiert, da man den kleinen Unterschied der spezifischen Volumina $v_0^{(\alpha)}$ und $v_0^{(\beta)}$ ignorieren kann,

$$v_0 \mu_0 (P_0^{(\alpha)} - P_0^{(\beta)}) = RT \sum \left(\frac{\nu_h}{\nu_0}\right)^{(\alpha)}. \tag{122}$$

Die Druckdifferenz $P_0^{(\alpha)} - P_0^{(\beta)} = p$ nennt man den **osmotischen Druck** in der Lösung. Man erhält aus (122), da $\nu_0 \mu_0 = \varrho_0$ und $\varrho_0 v_0 = 1$ ist, bei Fortlassung des Index (α)

$$p = RT \sum \nu_h, \tag{122′}$$

so daß p als eine Summe von Gliedern p_h erscheint, die den verschiedenen gelösten Substanzen ihren Ursprung verdanken. Jedes Glied

$$p_h = RT\nu_h$$

nimmt wegen $R = B_h \mu_h$ die Form an

$$p_h = B_h \varrho_h T. \tag{122''}$$

Darin ist B_h die Konstante des BOYLE'schen Gesetzes für die vergaste Substanz (h), ϱ_h die Dichte derselben innerhalb der Lösung.

Der osmotische Druck folgt hiernach also dem BOYLE'schen Gesetz mit demselben numerischen Werte der Konstanten, welcher der vergasten Substanz zugehört.

Damit ist das Gesetz, welches wir auf S. 61 aus der kinetischen Vorstellung plausibel gemacht haben, nun auch thermodynamisch, wenngleich nicht ohne spezielle Annahmen, abgeleitet.

Litteratur zum III. Teil.

F. Neumann, Vorlesungen über die Theorie der Wärmeleitung (im Druck). — Kirchhoff, Vorlesungen über die Theorie der Wärme. Leipzig 1894. — Clausius, Mechanische Wärmetheorie, Bd. 1. 3. Aufl. Braunschweig 1887. — Maxwell, Theory of heat, 10 ed. London 1891. — W. Thomson, Artikel „Heat“ in Encyclopaedia Britannica, 1878. Math. phys. papers Vol. III, Art. 92. — C. Neumann, Vorlesungen über die mechanische Theorie der Wärme. Leipzig 1875. — Hirn, Théorie mécanique de la chaleur. Paris 1875/76. — Rühlmann, Handbuch der mechanischen Wärmetheorie. Braunschweig 1876. — Bertrand, Thermodynamique, Paris 1887. — Poincaré, Thermodynamique. Paris 1892. — Fourier, Théorie analytique de la chaleur. Paris 1822. Übers. von Weinstein Berlin 1889. — Lamé, Leçons sur la théorie analytique de la chaleur. Paris 1861. — Duhem, Le potentiel thermodynamique, Paris 1886. — Gibbs, Thermodynamische Studien, Übers. von Ostwald. Leipzig 1892. — J. J. Thomson, Anwendungen der Dynamik auf Physik u. Chemie. Übers. Leipzig 1890. — Ostwald, Lehrbuch der allgemeinen Chemie, Leipzig 1891, 1893. — Nernst, Theoretische Chemie vom Standpunkte der Avogadro'schen Regel und der Thermodynamik. Stuttgart 1893. — Jahn, Grundsätze der Thermochemie. 2. Aufl. Wien 1892. — Planck, Grundriss der Thermochemie. Breslau 1893. — van Laar, Die Thermodynamik in der Chemie. Leipzig 1893.

---

1) R. Mayer, die organische Bewegung in ihrem Zusammenhange mit dem Stoffwechsel; Heilbronn 1845, § 3. (Mechanik der Wärme. Stuttgart 1893, S. 56). — Joule, Phil. Mag. (3) **23**, S. 263, 347, 435, 1843; **26**, S. 369, 1845; **27**, S. 205, 1845; **31**, S. 173, 1847; Phil. Transact. 1850, S. 61; Pogg. Ann. Erg.-Bd. **4**, S. 601. Das mechanische Wärmeäquivalent, deutsch von Spengel. Braunschweig 1872. — 2) R. Mayer, Die organische Bewegung etc. Helmholtz, Die Erhaltung der Kraft. — 3) Carnot, Réflexions sur la puissance motrice du feu et les machines propres à développer cette puissance. Paris 1824, S. 32—37. (Klassikerausgabe Nr. 37, S. 20—22.) — 4) Clausius, Pogg. Ann. **79**, S. 503, 1850; **93**, S. 487—88, 1854. Mechanische Wärmetheorie **1**, Abschn. III, § 5. — W. Thomson, Dynamical theory of heat, Edinb. Trans. XX, S. 265, 1851. — 5) Clausius, Pogg. Ann. **93**, S. 500, 1854. Mechan. Wärmetheorie **1**, S. 93. — 6) Clausius, Pogg. Ann. **125**, S. 390, 1865. — 7) Carnot, l. c. S. 38. (Klassikerausgabe Nr. 37, S. 23.) — 8) Clausius, Pogg. Ann. **116**, S. 77, 1862; Mechan. Wärmetheorie Abschn. X, § 1, S. 221. — 9) Wilke, Mém. Acad. R. de Stockholm, 1781; Observations et Mémoires sur la physique, Tome XXVI, p. I, S. 259, 1785. — 10) Régnault, Mém. Acad. des Sciences. Paris XXVI, S. 298, 301, 1862. — 11) P. Müller, Wied. Ann. **18**, S. 94, 1883. — 12) Black, Lectures on the elements of chemistry, herausgeg. von Robinson. Edinb. 1803. — 13) Clausius, Mechanische Wärmetheorie, Bd. **1**, Abschn. II, §§ 3 u. 4, IX, § 5. — 14) Clausius, Pogg. Ann. **93**, S. 494—497, 1854; Mechan. Wärmetheorie **1**, III, § 7. — 15) Clausius, Mechan. Wärmetheorie, **1**, IX, § 5. — 16) C. Neumann, Ber. d. sächs. Ges. d. Wiss. **43**, S. 98—103, 1891. — 17) v. Helmholtz, Zur Thermodynamik chemischer Vorgänge, § 1, Berl. Sitzungsber. 1882, S. 9; ges. Abhandl. II, S. 965. — 18) Kirchhoff, Pogg. Ann. **103**, S. 178, 1858; ges. Abhandl. S. 454—56. — 19) W. Thomson, Quarterly Journ. of Math. I, S. 57, 1857. — Schiller, Journ. d. russ. phys. Ges. **11**, S. 6, 1879. — Planck, Gleichgewichtszustände isotroper Körper. München 1880. — v. Helmholtz, Berliner Sitzungsber. 1882. — Voigt, Göttinger Nachr. 1888, S. 360 u. f. — 20) Voigt, l. c. S. 363. — 21) F. Neumann, Vorl. über Elasticitätstheorie, S. 109. — Voigt, Best. d. Elast.-Konst. von Beryll u. Bergkrystall. 1886, S. 15. — 22) Voigt, Göttinger Nachr. 1888, S. 373. — 23) F. Neumann, Vorl. über Elasticitätstheorie § 58. — 24) Voigt, Wied. Ann. **16**, S. 416, 1882. — 25) Voigt, l. c. S. 364—65. — W. Thomson, Artikel „Heat“ in Encycl. Brit., 1878; Math.-phys. papers III, S. 188. — 26) Maxwell, Theorie der Wärme. Braunschweig 1878, S. 197. — Voigt, l. c. S. 366. — 27) Joule u. Thomson, Phil. Transactions 1853, S. 357; 1854, S. 321;

1862, S. 579. — [28]) W. Thomson, Phil. Mag. (4) IV, S. 304, 1852. — Clausius, Pogg. Ann. **125**, S. 398—400, 1865. — [29]) Kirchhoff, Pogg. Ann. **134**, S. 177, 1868; ges. Abhandl. S. 540. — [30]) Kirchhoff, l. c. S. 543. — [31]) Duhamel, Journal de l'Ecole polytechnique, T. XIII, Cahier XXI, S. 360, 365, 1832. — [32]) Newton, Scala graduum caloris, Phil. Trans. 1701. — Dulong u. Petit, Ann. chim. phys. VII, S. 225, 337; 1818. — [33]) Fourier, Analyt. Theorie der Wärme Kap. I, Art. 74—76. — Lamé Théorie analyt. de la chaleur § 211—213. — Duhamel, Liouville's Journal IV, 1839; Journ. de l'École polytechnique, Cahier XXXII, S. 177, 1848. — [34]) F. Neumann, Vorl. über Wärmetheorie (im Druck). — Stefan, Wiener Sitzungsber. **98**, IIa, S. 473, 1889. — [35]) Gibbs, Trans. of the Connecticut Academy III, S. 149, 1876; Thermodynamische Studien S. 109. — Duhem, Le potentiel thermodynamique, § II. — [36]) Gibbs, l. c. S. 152; bezw. S. 115. — [37]) Dalton, A new system of chemical philosophy, Vol. I, pt. 1. London 1808. Klassikerausgabe Nr. 3. — [38]) Gay-Lussac, Mémoires de la Société d'Arcueil II, 1809, S. 207—234. — [39]) Avogadro, Journal de physique par Delamétherie LXXIII, S. 58, 1811. — [40]) van t'Hoff, Lois de l'équilibre chimique dans l'état dilué ou dissous, § 4. K. Svenska Ventensk.-Akad. Handl. **21**, Nr. 17. Stockholm 1886. Ztschr. f. phys. Chemie **6**, S. 481, 1890. — [41]) Dulong und Petit, Ann. chim. phys. X, S. 405, 1819. — [42]) Boltzmann, Sitzungsber. Akad. d. Wiss. Wien, **63**, (II), S. 731, 1871. — Richarz, Wied. Ann. **48**, S. 708, 1893. — [43]) Gibbs, Trans. Connecticut Acad. III, S. 149; Thermodynam. Studien S. 111. — [44]) Gibbs, l. c. S. 119 bezw. 79. — [45]) Gibbs, l. c. S. 152—156 bezw. S. 115—119; Riecke, Göttinger Nachr. 1890, S. 228. — [46]) Clausius, Mech. Wärmetheorie **1**, Abschnitt VI, § 1, S. 132. — [47]) Gibbs, l. c. S. 142 (104). — [48]) Gibbs, l. c. S. 142 (104). — [49]) Hess, Thermochemische Untersuchungen, Pogg. Ann. **50**, S. 392, 1840, **57**, S. 572, 1842. Klassikerausgabe Nr. 9. — [50]) Gibbs, l. c. S. 137. — Riecke, l. c. S. 228—36. — [51]) Frankenheim, Pogg. Ann. **111**, S. 3, 1860. Dufour, Ann. chim. phys. (3) LXVIII, S. 370, 1863. — [52]) Maxwell, Nature XI, S. 358, 1875. — Clausius, Wied. Ann. **9**, S. 337, 1880. — [53]) Clausius, Wärmetheorie **1**, S. 358, Abschn. V, S. 125, VI, S. 132, VII, S. 172. — [54]) Clausius, ibid. Abschnitt VI, §§ 1 u. 2, S. 132, 136. — [55]) W. Thomson, Phil. Mag. (3) **37**, S. 123, 1850; Pogg. Ann. **81**, S. 163, 1850. — Bunsen, Pogg. Ann. **81**, S. 562, 1850. — [56]) Cagniard de la Tour, Ann. chim. phys. (2) XXI, S. 127, 178, 1822 und XXII, S. 410, 1823. — Andrews, Pogg. Ann. Erg.-Bd. **5**, S. 64, 1871; Phil. Trans. 1869, S. 575. — [57]) van der Waals, Kontinuität des gasförmigen und flüssigen Zustandes. Leipzig 1881. Kap. VII. — [58]) Nernst, Theoretische Chemie, S. 204. — [59]) van der Waals, l. c. Kap. XII. — [60]) Riecke, Nachr. Ges. d. Wiss. Göttingen 1894, S. 126—128. — Young, Phil. Mag. (5) XXXIV, S. 505, 1892. — [61]) Clausius, Wärmetheorie **1**, VI, §§ 1, 11, 12, 13. — [62]) Hirn, Bull. soc. industr. Mulhouse Nr. 133, S. 137, 1853; Cosmos, 10. April 1863. — Cazin, Ann. chim. phys. (4) XIV, S. 374, 1868. — Clausius, Wärmetheorie **1**, VI, § 2—5. — [63]) W. Thomson, Proc. Roy. Soc. Edinb. 1870, S. 63; Phil. Mag. (4), **42**, S. 448, 1871. — [64]) Gibbs, l. c. S. 216 bez. 185. — Planck, Wied. Ann. **32**, S. 487, 1887. — [65]) Nernst, Theoret. Chemie S. 89. — [66]) Rayleigh, Phil. Mag. XLIX, S. 311, 1875. — Boltzmann, Sitzungsber. Akad. Wien **76**, S. 373, 1877; **77**, S. 733, 1878. — Gibbs, Thermodynam. Studien, S. 185. — [67]) Planck, Wied. Ann. **32**, S. 487, 1887. — [68]) Guldberg und Waage, Études sur les affinités chimiques. Christiania 1867; Journ. f. prakt. Chemie (2) **19**, S. 69, 1879. — [69]) van t'Hoff, Études de dynamique chimique, Amsterdam 1884. Lois de l'équilibre chimique, Svenska Vetensk.-Akad. Handlingar **21**, Nr. 17, 1886. — [70]) Gibbs, l. c. S. 233 bezw. 203. — Boltzmann, Wied. Ann. **22**, S. 65, 1884. — [71]) Planck, Wied. Ann. **32**, S. 489, 1887. — [72]) Nernst, Nachr. Ges. d. Wiss. Göttingen, 1890, S. 401; Zeitschr. f. phys. Chem. **8**, S. 110, 1891. — Riecke, Nachr. Ges. d. Wiss. Göttingen 1890, S. 449. Zeitschr. f. phys. Chem. **7**, S. 97, 1891. — [73]) van t'Hoff, l. c. S. 22, 24; Zeitschr. f. phys. Chemie **1**, S. 495, 497. — Riecke, l. c. S. 441—443. — Planck, l. c. S. 495—499. — [74]) Arrhenius, Zeitschr. f. physik. Chemie **1**, S. 631, 1887; **2**, S. 491, 1888. — [75]) Gibbs, l. c. S. 138 bezw. 99. — Planck, Zeitschr. f. phys. Chem. **6**, S. 187, 1890. — Riecke, Nachr. Ges. d. Wiss. Göttingen 1890, S. 452.

FSC
www.fsc.org
MIX
Papier | Fördert
gute Waldnutzung
FSC® C083411

Kolibri 360 GmbH
Ferdinand-Jühlke-Straße 7
99095 Erfurt, Deutschland
produktsicherheit@kolibri360.de